架空输电线路施工与巡检新技术

《架空输电线路施工与巡检新技术》编委会　编著

内 容 提 要

本书分为两篇。第一篇为高压输电线路施工新技术，分为十章，内容包括高压输电线路施工管理创新、高压输电线路基础施工新技术、高压输电线路架线新技术、电子技术在线路施工中的应用、高压输电线路施工现场关键点作业安全管控措施、高压输电线路工程质量通病防治技术、高压输电线路施工先进标准工艺、高压输电线路冻土基础优化设计和施工关键技术、输电线路工程工艺标准库、输电线路施工新技术应用示例。第二篇为高压输电线路巡检新技术，分为十四章，内容包括高压输电线路巡检管理创新、高压输电线路直升机巡检技术、架空输电线路无人直升机巡检系统、固定翼无人直升机巡检系统、架空输电线路无人机巡检作业管理、架空输电线路无人机巡检作业安全、高压输电线路检修新技术、高压输电线路检修工具创新研制、带电作业新技术、高压输电线路技术改造、高压输电线路多旋翼无人机巡检拍摄技术、机器人在高压输电线路巡检中的应用、电网智能运检新技术、输电线路状态评价与状态检修新技术。

本书可供输电线路施工、巡检技术人员和管理人员阅读，也可供输电线路设计、监理人员参考，还可作为电力技术学院相关专业师生的参考读物。

图书在版编目（CIP）数据

架空输电线路施工与巡检新技术 / 《架空输电线路施工与巡检新技术》编委会编著. -- 北京 : 中国水利水电出版社, 2021.9
ISBN 978-7-5170-9918-5

Ⅰ. ①架… Ⅱ. ①架… Ⅲ. ①架空线路－输电线路－架线施工②架空线路－输电线路－巡回检测 Ⅳ. ①TM726.3

中国版本图书馆CIP数据核字(2021)第182201号

书　　名	**架空输电线路施工与巡检新技术** JIAKONG SHUDIAN XIANLU SHIGONG YU XUNJIAN XIN JISHU
作　　者	《架空输电线路施工与巡检新技术》编委会　编著
出版发行	中国水利水电出版社 （北京市海淀区玉渊潭南路1号D座　100038） 网址：www.waterpub.com.cn E-mail：sales@waterpub.com.cn 电话：（010）68367658（营销中心）
经　　售	北京科水图书销售中心（零售） 电话：（010）88383994、63202643、68545874 全国各地新华书店和相关出版物销售网点
排　　版	中国水利水电出版社微机排版中心
印　　刷	北京印匠彩色印刷有限公司
规　　格	184mm×260mm　16开本　50印张　1217千字
版　　次	2021年9月第1版　2021年9月第1次印刷
定　　价	**290.00**元

《架空输电线路施工与巡检新技术》
编委会名单

主　　任　谢永胜

副 主 任　开赛江

委　　员　白　伟　吕新东　乔西庆　张惠玲　李　亚
王河川　杨新猛　周　慧　于　勇　胡　奎
米和勇

主　　编　杨新猛　于　勇

主　　审　吕新东　乔西庆　李　亚

副 主 编　姚　晖

编写人员　盛建星　陈先勇　焦　傲　王　胜　于　龙
陈锦龙　金晓兵　李　超　詹禹曦　张起福
张　鑫　张　宁　张继升　马海超　钟明亮
李树兵　张燕春　陈舒理　刘　毅　董景峰
杨云雷　贾逸豹　胡　兵　李大伟　王龙龙
贺义平　董莉娟　师伟焘　曹　军　李月民
黄浦江　李绍伟　李冬冬　朱鹏舸　朱超平
田建涛　金　毅　许　博　赵　越　王　政
李焜烨　张　鑫　成　健

前言

“十三五”期间我国输配电网快速发展，有力支撑了国民经济快速发展的用电需要，同时也存在跨区输电通道利用率低、直流多馈入及“强直弱交”安全问题突出、高比例新能源系统特性复杂等问题和挑战。应对挑战，适应新时代我国能源开发和消费新格局，“十四五”期间电网发展将会以安全为基础、以需求为导向，统筹主网和配网、系统一次和二次、城乡及东西部发展需求，加快构建以特高压为骨干网架的东西部同步电网建设，各级电网协调发展，着力提高电网安全水平、运行效率和智能化水平，实现更大范围资源优化配置，促进清洁能源大规模开发和高效利用，为经济社会发展和人民美好生活提供安全、优质、可持续的电力保障。到2025年，我国东部区域加快形成“三华”特高压同步电网，建成“五横四纵”特高压交流主网架。华北优化完善特高压交流主网架，华中建成“日”字形特高压交流环网，华北-华中、华北-华东、华中-华东分别建成2个、2个、3个特高压交流通道。推进落实我国新时代西部大开发新格局，新建7个西北、西南能源基地电力外送特高压直流工程，总输电容量达到5600万kW。其中，西北外送建设陕北榆林-湖北武汉、甘肃-山东、新疆-重庆3个特高压直流输电工程，总输送容量达到2400万kW；西南外送新建四川雅中-江西南昌、白鹤滩-江苏、白鹤滩-浙江、金上-湖北4个特高压直流输电工程，总输送容量达到3200万kW。到2025年，我国特高压直流工程达到23回，总输送容量达到1.8亿kW。

高压输电线路的建设施工任务艰巨而光荣，伴随而来的输电线路的巡检工作量也日益繁重和艰苦。为适应新时代电力发展的需求，作者在总结回顾“十三五”期间高压输电线路施工和巡检的基础上，编写了《架空输电线路施工与巡检新技术》一书，以期对“十四五”乃至以后的输电线路施工和巡检有借鉴作用。鉴于推行不停电作业，在施工、检修等工作中积极应用直升机、无人机，本书也更加侧重这方面的内容。

本书分两篇。第一篇为高压输电线路施工新技术，分为十章，内容包括高压输电线路施工管理创新、高压输电线路基础施工新技术、高压输电线路架线新技术、电子技术在线路施工中的应用、高压输电线路施工现场关键点作业安全管控措施、高压输电线路工程质量通病防治技术、高压输电线路施工先进标准工艺、高压输电线路冻土基础优化设计和施工关键技术、输电线路工程工艺标准库、输电线路施工新技术应用示例。第二篇为高压输电线路巡检新技术，分为十四章，内容包括高压输电线路巡检管理创新、高压输电线路直升机巡检技术、架空输电线路无人直升机巡检系统、固定翼无人直升机巡检系统、架空输电线路无人机巡检作业管理、架空输电线路无人机巡检作业安全、高压输电线路检修新技术、高压输电线路检修工具创新研制、带电作业新技术、高压输电线路技术改造、高压输电线路多旋翼无人机巡检拍摄技术、机器人在高压输电线路巡检中的应用、电网智能运检新技术、输电线路状态评价与状态检修新技术。

在本书编写过程中，作者结合了日常工作实践，参考了众多专家的相关专著、论文及相关标准、图集等文献资料，在此向相关文献的作者致以诚挚的谢意，并衷心希望继续得到各位同仁的帮助和指导。

本书在编写过程中得到国网新疆电力有限公司基建部、新疆送变电有限公司的大力支持和帮助，在此表示诚挚的谢意。

本书可供输电线路施工、巡检技术人员和管理人员阅读，也可供输电线路设计、监理人员参考，还可作为电力技术学院相关专业师生的参考读物。

由于作者的经验和水平有限，书中可能还有错误和不足之处，请广大读者批评指正。

作者

2021 年 4 月

目录

前言

第一篇　高压输电线路施工新技术

第二篇 高压输电线路巡检新技术

第一篇

高压输电线路施工新技术

第一章

高压输电线路施工管理创新

第一节　输变电工程初步设计审批管理

一、初步设计审批的总体要求和评审管理流程

（一）初步设计审批的总体要求

初步设计审批的总体要求是依据可行性研究的方案和投资估算，开展国网公司系统境内投资35kV（含新建变电站同期配套10kV送出线路工程）及以上输变电工程建设方案的技术经济分析和评价，确定安全可靠、技术先进、造价合理、控制精准的设计方案。

（二）工程初步设计评审管理流程

输变电工程初步设计评审管理流程及过程描述如图1-1-1-1所示。

二、初步设计评审会议

（一）初步设计评审会议职责

初步设计评审会议由批复单位或委托项目法人单位主持召开，评审单位具体承担评审工作。公司各级单位发展、财务、设备管理、调控、科技、安监等部门应参与工程初步设计评审，并提出专业意见。国网经研院、省经研院、地市经研所等技术支撑单位应积极参与承担初步设计评审工作。

（1）发展部门负责审查初步设计执行可研情况，重点对接入系统方案、变电站主接线形式及总平面布置、建设规模、线路路径和站址等情况进行审查。

（2）设备管理部门负责对初步设计执行输变电技术标准、主设备选择、“三新”设备采用、安全可靠性、反措等提出专业意见。

（3）调控部门负责对系统接线方式、继电保护、监控和自动化等提出专业意见。

（4）财务、科技、安监等部门负责对工程提出专业意见。各部门（单位）应充分发表专业建议，经沟通协调，形成统一的建设方案。

（二）初步设计评审要求

1. 基本要求

（1）对于特殊地质、地理环境等现场条件对造价影响较大的工程，宜安排实地踏勘，在工程所在地召开评审会议。

（2）评审单位应保证在评审和收口阶段技术要求和工作人员的连续性。

（3）工程初步设计技术方案和概算投资原则上应同时开展评审。

2. 初步设计评审会议应确定主要设计方案和概算投资

（1）变电站工程建设规模、主接线形式、电气布置、主要设备型式及参数、总平面布置和主要建筑结构形式等。

（2）线路工程路径、气象条件、导地线、绝缘配置、杆塔和基础、光缆敷设及引入、电缆线路敷设等。

（3）需单独立项的工程科研项目。

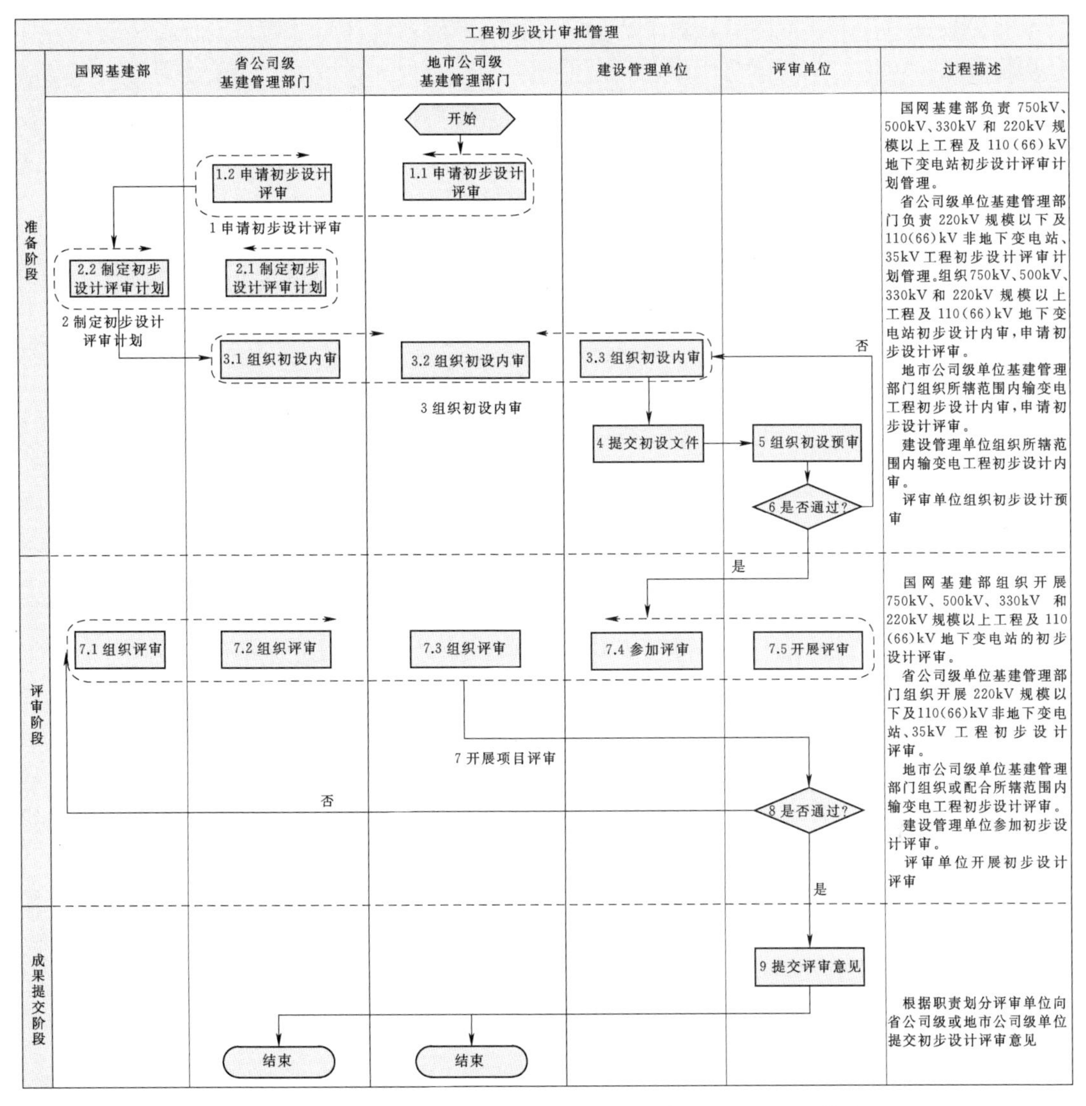

图1-1-1-1　输变电工程初步设计评审管理流程及过程描述

（4）对外委单项工程的设计文件进行评审或确认。

（5）工程概算投资。

（6）初步设计与通用设计对比，概算与可研估算、通用造价、年度造价分析结果对比，通用设备和新技术、新设备、新工艺等应用情况。

3. 工程初步设计评审会议纪要

纪要内容包括评审具体意见、遗留问题及要求、对初步设计评审收口工作的建议、计价依据未明确或计价标准可调整的费用一览表。

三、初步设计批复和评价考核

（一）初步设计批复

（1）国家电网有限公司批复的项目由省公司级单位提出请示，省公司级单位批复的项目由建设管理单位（地市公司）提出请示，地市公司级单位批复的项目由地市公司自行批复。批复单位根据请示文件和评审意见，批复工程初步设计。

（2）请示文件内容包括对评审意见的评价，与可研批复和核准文件中建设规模、建设方案和投资的差异，列示初步设计评审意见、工程核准文件和可研批复文件文号。请示文件应以初步设计评审意见和工程核准文件作为附件。

（3）多项工程可在同一个初步设计批复申请或批复文件中合并办理，分项计列。

（4）初步设计及投资概算经审定后，作为考核控制工程造价的依据，原则上不予调整。

（二）评价考核

评审单位应具备符合国家有关规定的工程咨询资质。将评审单位的评价结果作为评审费用和评审工作量调整的依据。

1. 对项目法人单位或建设管理单位评价内容

（1）评审计划安排及执行情况。

（2）初步设计文件内审质量把关及深度要求，工程各项建设条件的合规有效性。

（3）评审集中管理及流程规范性。

（4）初步设计批复及时性及规范性。

2. 对评审单位评价的主要内容

（1）评审范围和深度合规性。

（2）技术方案的优化适用性、概算投资的合理可控性。

（3）评审成果的完整性、准确性和及时性。

（4）评审计划落实情况及过程管理规范性。

（5）评审过程（会议）效率及评审过程规范性。

3. 信息反馈的主要内容

（1）工程设计评审工作月度报表。

（2）评审工作中需要协调的主要问题。

第二节　输变电工程设计施工监理招标管理

一、输变电工程设计施工监理招标基本要求和职责

1. 基本要求

（1）公司系统35kV及以上输变电工程设计施工监理招标实行集中管理。

（2）公司系统输变电工程设计施工监理招标工作实行“一级平台、两级管理”，公司系统招标活动应当在公司一级部署的电子商务交易平台信息系统进行，由公司总部、省（自治区、直辖市）电力公司（以下简称“省公司”）按分工负责开展招标集中管理。

（3）公司系统输变电工程达到国家《工程建设项目招标范围和规模标准规定》（中华人民共和国国家发展计划委员会令第3号）规定规模标准的，必须公开招标。公司总部负责特

高压、直流工程和500～750kV输变电工程中跨区跨省以及中央部署、公司关注的重大战略性工程设计施工监理招标集中管理，负责对省公司设计施工监理招标活动的监督管理。省公司负责总部招标范围外的35kV及以上电压等级输变电工程设计施工监理招标集中管理。

2. 职责分工

（1）国网基建部是公司输变电工程设计施工监理招标集中管理的专业管理部门，负责制订招标集中管理的规章制度，负责制订输变电工程设计施工监理队伍招标的资格业绩条件、项目标包划分原则，负责输变电工程设计施工监理招标的专业管理、建设现场合同履约管理、工程承包商的资信管理等工作。

（2）国网特高压部是特高压工程和直流工程设计施工监理招标的专业管理部门，负责制订特高压、直流工程设计施工监理队伍招标的资格业绩条件、项目标包划分原则，负责特高压、直流工程设计施工监理招标的专业管理、建设现场合同履约管理等工作。

（3）国网物资部（国网招投标中心）是公司输变电工程设计施工监理招标工作的归口管理部门，负责组织实施纳入总部集中招标项目的招标活动。

（4）国网基建部、国网物资部（国网招投标中心）负责对省公司组织的输变电工程设计施工监理招标工作进行检查监督和指导。

（5）国网法律部、省公司法律部门分别为公司总部、省公司组织的输变电工程设计施工监理招标活动提供法律支持和保障。

（6）国网监察局、省公司监察部门分别负责对公司总部、省公司组织的输变电工程设计施工监理招标活动进行全过程监督。

（7）业主单位（建设管理单位）组织工程项目招标技术文件编制，组织编制招标控制价（施工招标控制价须委托有相应资质的造价咨询单位编制）。国网特高压部负责组织编制特高压、直流工程设计施工监理招标技术文件和招标控制限价；特高压、直流工程由属地省公司组织招标的，属地省公司负责组织编制招标技术文件和招标控制限价，且招标控制限价须经国网特高压部审核。750kV及以下工程招标控制价须经项目所属省公司基建管理部门审核。

二、输变电工程设计施工监理招标管理

1. 资格业绩条件

在国家规定相应的资质基础上，输变电工程设计施工监理承包商的资格业绩条件主要包括：

（1）承担不同电压等级工程任务的业绩条件。设计施工监理承包商承担输变电工程的资格业绩条件由基建管理部门商项目法人单位在招标文件中明确。

（2）资信条件。资信条件以每年国网基建部及省公司建设部发布的资信评价结果为依据。

（3）公司规定的其他条件。

2. 招标计划管理

（1）公司输变电工程设计施工监理招标实行计划管理。年度招标计划分公司总部直接组织的招标计划、省公司组织的招标计划两部分。

（2）公司总部、省公司根据工程建设实际和重点工程进展，合理安排招标批次。总部负责招标的输变电工程，也可委托工程相关省公司组织。省公司负责招标的输变电工程，不得委托下属单位组织。

3．招标公告发布

公司系统输变电工程的设计施工监理招标须严格执行国家的法律、法规和公司招投标管理的规定，规范开展招标活动，采用公司招标文件范本，在法定媒体及公司电子商务平台上发布招标公告。

公司总部和省公司招投标管理部门商基建管理部门提出评标委员会组建方案，经招投标工作领导小组（办公室）批准后，在监察部门的监督下，按规定抽取评标专家（从相应专家库抽取的专家不得少于评标委员会人数的$\frac{2}{3}$），组成评标委员会。评标委员会的主任委员由基建管理部门指派人员担任，副主任委员由招投标管理部门指派人员担任。评标委员会技术组和商务组均应有业主单位的代表参加。

公司系统输变电工程设计施工监理招标评标采用综合评分法。

三、输变电工程设计施工监理招标工作流程

1．总部直接组织的输变电工程设计施工监理招标工作流程

总部直接组织的输变电工程设计施工监理招标工作流程如图1-1-2-1所示。

（1）招标任务下达。根据年度招标批次计划，国网基建部、特高压部根据工程实际情况，提出招标方案（资格业绩、标包划分、标包限制等），必要时向分管领导签报请示，经分管领导同意后按领导批示向国网物资部（国网招投标中心）递送招标计划函。国网物资部（国网招投标中心）据此向合同受托招标代理机构（以下简称“招标代理机构”）下达招标任务。

（2）招标文件编制。国网物资部（国网招投标中心）、基建部、国网特高压部分别组织招标代理机构、业主单位等根据公司招标文件范本，编写招标文件的商务部分和技术部分。

（3）招标文件审查与会签。国网物资部（国网招投标中心）牵头，会同国网基建部、特高压部、法律部等相关部门组织对招标文件进行审查，并履行会签、批准手续。

（4）招标文件发布。招标代理机构通过法定媒体及电子商务平台等媒体发布招标公告和招标文件。

（5）现场踏勘与答疑。业主单位组织投标人进行现场踏勘（必要时），国网物资部（国网招投标中心）会同国网基建部（或国网特高压部）组织招标答疑。

（6）按规定组建评委会。

（7）开标和评标。招标代理机构组织开标。评标委员会负责评标工作，完成评标报告并提出中标推荐意见。

（8）定标和公告。国网物资部（国网招投标中心）向公司招投标工作领导小组专题会议报告评标情况，经领导小组定标后，组织招标代理机构发布中标候选人公示、中标公告，发出中标通知书。

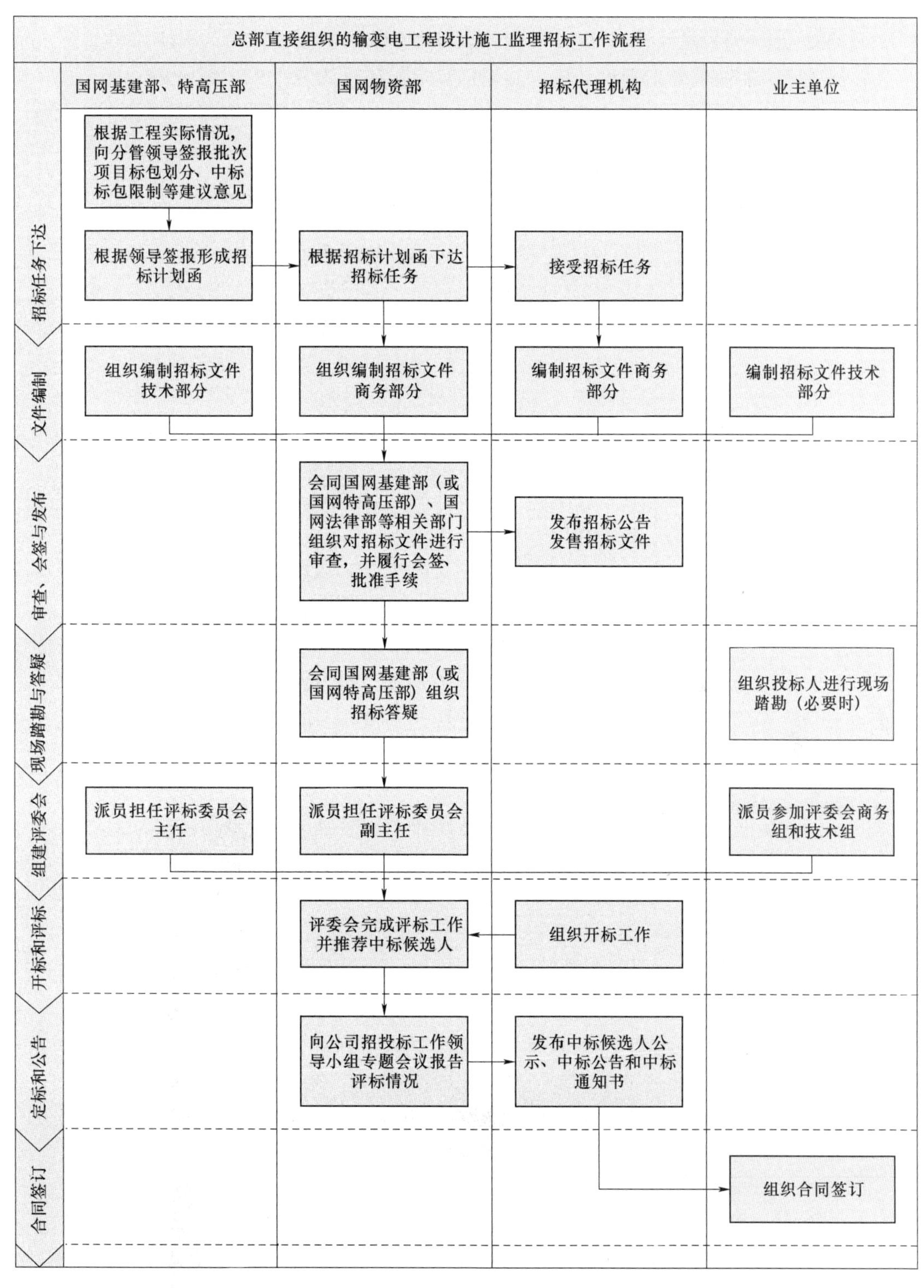

图1-1-2-1　总部直接组织的输变电工程设计施工监理招标工作流程

（9）合同签订。业主单位根据中标结果组织合同签订。

2. 省公司组织的输变电工程设计施工监理招标工作流程

省公司组织的输变电工程设计施工监理招标工作流程如图1-1-2-2所示。

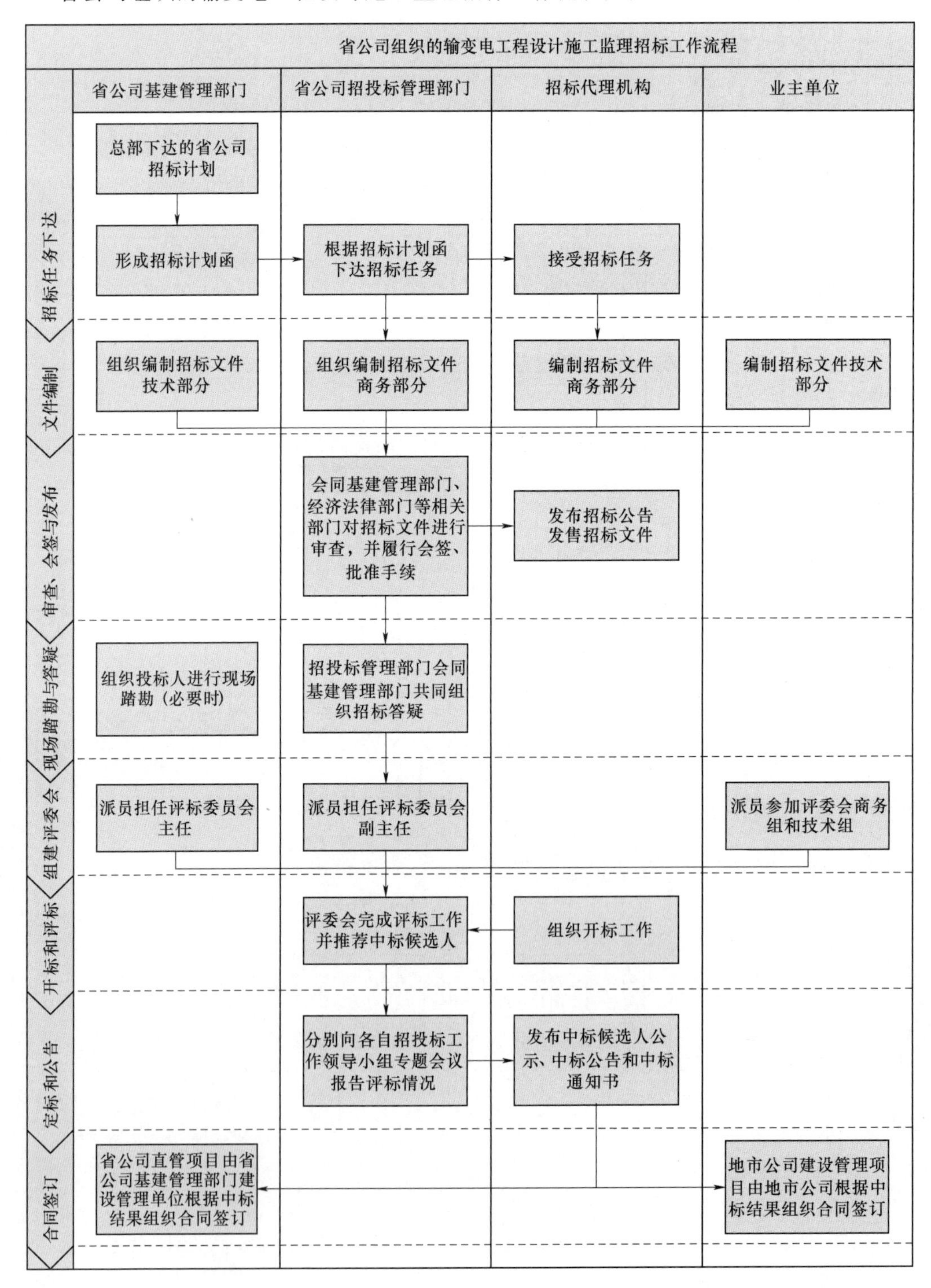

图1-1-2-2　省公司组织的输变电工程设计施工监理招标工作流程

（1）招标任务下达。按照总部下达的省公司招标计划，在每批项目招标前，省公司基建管理部门向招投标管理部门提出招标计划函，招投标管理部门接函后向招标代理机构下达招标任务。

（2）招标文件编制。省公司招投标管理部门、基建管理部门组织招标代理机构、业主单位根据公司招标文件范本，分别编写招标文件的商务部分和技术部分。

（3）招标文件审查与会签。省公司招投标管理部门会同基建管理部门、经济法律部门等相关部门对招标文件进行审查，并履行会签、批准手续。

（4）招标文件发布。招标代理机构招标代理机构通过法定媒体及电子商务平台等媒体发布招标公告和招标文件。

（5）现场踏勘与答疑。省公司基建管理部门组织投标人进行现场踏勘（必要时），招投标管理部门会同基建管理部门共同组织招标答疑。

（6）按规定组建评标委员会。

（7）开标和评标。招标代理机构组织开标。评标委员会负责评标工作，完成评标报告并提出中标推荐意见。

（8）定标和公告。省公司招投标管理部门分别向各自招投标工作领导小组专题会议报告评标情况，经领导小组定标后，组织招标代理机构发布中标候选人公示、发布中标公告及发出中标通知书。

（9）合同签订。省公司直管项目由省公司基建管理部门或省公司委托建设管理单位根据中标结果组织合同签订；地市公司建设管理项目由地市公司根据中标结果组织合同签订。

第三节　输变电工程设计质量管理

一、基本要求

（一）输变电工程设计质量管理目的

输变电工程设计质量管理目的是落实国家电网有限公司（以下简称“公司”）安全、优质、经济、绿色、高效的发展理念，进一步加强设计管理，提升输变电工程设计质量，深入推进电网高质量建设，实现电网建设本质安全、绿色环保、全寿命周期最优。

（二）输变电工程设计质量管理工作内容

输变电工程设计质量管理主要工作包括工程设计质量全过程管控、设计质量评价考核、设计承包商资信管理、设计质量监督检查等。

（三）职责分工

输变电工程设计质量管理实行公司总部、省（自治区、直辖市）电力公司（以下简称“省公司”）两级管理。国网特高压部负责特高压工程的设计质量管理工作。建设管理单位负责贯彻落实公司输变电工程设计质量管理相关制度、管理要求，加强工程设计质量全过程管控，按照合同约定对设计单位进行管理，落实设计质量终身责任制要求。

1. 国网基建部管理职责

（1）负责输变电工程设计质量归口管理，制定输变电工程设计质量管理制度。

（2）明确 35～750kV 输变电工程设计质量管控要点，制定设计质量评价标准，发布设计质量控制技术重点清单、设计常见病清册。

（3）按照负面清单形式开展设计承包商资信评价管理。

（4）对省公司 35～750kV 工程设计质量管理情况进行监督、检查，搭建设计技术交流提升平台。

2. 省公司建设部管理职责

（1）负责贯彻执行公司输变电工程设计质量管理相关制度、管理要求。

（2）履行设计质量管理主体责任，负责所辖区域内输变电工程设计质量全过程管控工作。

（3）对照设计质量控制技术重点清单，严格控制技术要点，落实管理要求。

（4）对照设计常见病清册，在工程设计管理中组织逐项落实、整改，及时记录、总结、分析整改情况。

（5）按照设计质量评价标准，组织开展工程设计质量评价及考核，汇总、分析工程设计质量问题，形成设计承包商负面清单，报送国网基建部。

二、设计质量全过程管控

（一）基本要求

（1）加强设计质量全过程精益化管控，推行标准化设计、工厂化加工、模块化建设、机械化施工、智能化技术，强化勘测设计深度，提高工程设计质量。重点工程杜绝重大设计变更，一般工程减少设计变更。

（2）坚持先勘测、再设计的原则，强化勘测与设计无缝衔接、设计方案与勘测结论匹配一致。勘测队伍应具备相应的资质和能力。

（3）项目可研应加强站址、路径、环评、水保等前期工作深度，实现可研与初步设计切实衔接，避免后续阶段出现颠覆。

（4）初步设计应执行相关法律法规、规程规范、项目可行性研究报告批复文件，遵循全寿命周期设计理念，全面应用标准化建设成果，积极应用成熟适用的新技术。设计方案应进行比选论证，满足初步设计内容深度规定、技术标准以及技术管理要求。

（5）初步设计评审应严格遵守国家有关工程建设方针、政策和强制性标准，对工程设计方案全面审核、把关。评审意见应全面、准确反映公司设计管理要求。对评审过程中发现的问题，应要求设计单位及时修改完善。

（6）施工图设计应执行相关规程规范，全面落实初步设计批复意见，应用公司标准化建设成果，落实相关技术管理要求。在满足施工图设计内容深度规定的基础上，精细化开展施工图设计，注重与施工有效衔接。

（7）施工图会检应严格执行初步设计批复意见，重点检查专业之间的协调性、设计文件的正确性完整性，以及设计常见病发生情况。必要时应结合工程情况开展重点技术专项

审查，确保设计方案安全可行。

（8）工程开工前设计单位应按要求进行施工图交底。工程实施过程中设计单位应按要求配置工地代表，及时协调解决设计技术问题。

（9）竣工图设计应符合国家、行业、公司相关竣工图编制规定，内容应与施工图设计、设计变更、施工验收记录、调试记录等相符合，真实、完整体现工程实际。

（二）设计质量关键环节重点管控

为进一步提高工程设计质量，强化设计质量关键环节重点管控，公司定期梳理影响工程设计质量的技术问题，发布输变电工程设计质量控制技术重点清单、设计常见病清册，明确工程设计阶段设计质量管控要点，提前防范技术问题。

（1）初步设计阶段，建设管理单位要对照设计质量控制技术重点清单，对技术重点进行严格管理，如有涉及清单中的问题，应按程序报批，经批准后实施。

（2）初步设计、施工图设计阶段，建设管理单位要对照设计常见病清册中的常见技术问题，组织逐项梳理、落实整改，并做好问题记录、分析总结。

（3）省公司要定期梳理、总结、分析工程初步设计评审、施工图会检等关键环节中发现的设计技术问题，制订针对性的设计质量改进提升措施。

（三）输变电工程设计质量管理流程

输变电工程设计质量管理流程如图 1－1－3－1 所示。

三、工程设计质量评价和监督检查

（一）工程设计质量评价

开展工程设计质量评价要统一量化评价标准，推进各阶段设计质量管控要求落地。

（1）设计质量评价要素紧扣公司基建技术管理重点工作，主要包括标准化成果应用、重点推广新技术应用、勘测设计深度等方面。

（2）各省公司组织对所辖工程设计质量进行真实、客观评价，评价结果纳入设计合同，按合同约定对设计单位进行考核。

（3）设计相关质量事件按照公司有关规定进行调查处理，经认定属于设计责任的，由设计单位按照合同约定赔偿损失。

（4）对设计责任造成的六级及以上质量事件、设计责任造成的重大设计变更等重大设计质量问题，各省公司要立即组织查明原因、及时整改，对相关责任单位约谈问责，编制设计质量问题情况分析报告，并形成设计承包商负面清单。

（5）省公司每季度末将设计承包商负面清单（附设计质量问题情况分析报告及相关佐证材料）报送国网基建部。公司根据省公司报送的负面清单开展设计承包商资信管理，纳入公司供应商专业评价，作为公司系统工程设计招标的重要依据。

（二）设计质量监督检查

落实“放管服”改革要求，公司加强对省公司设计质量管理的事中监督、事后检查，不定期对不同阶段工程的设计质量及管理要求落实情况进行抽查，强化落实省公司设计质量管理的主体责任。

（1）对处于实施阶段的工程开展设计质量事中监督，重点检查通用设计和通用设备应

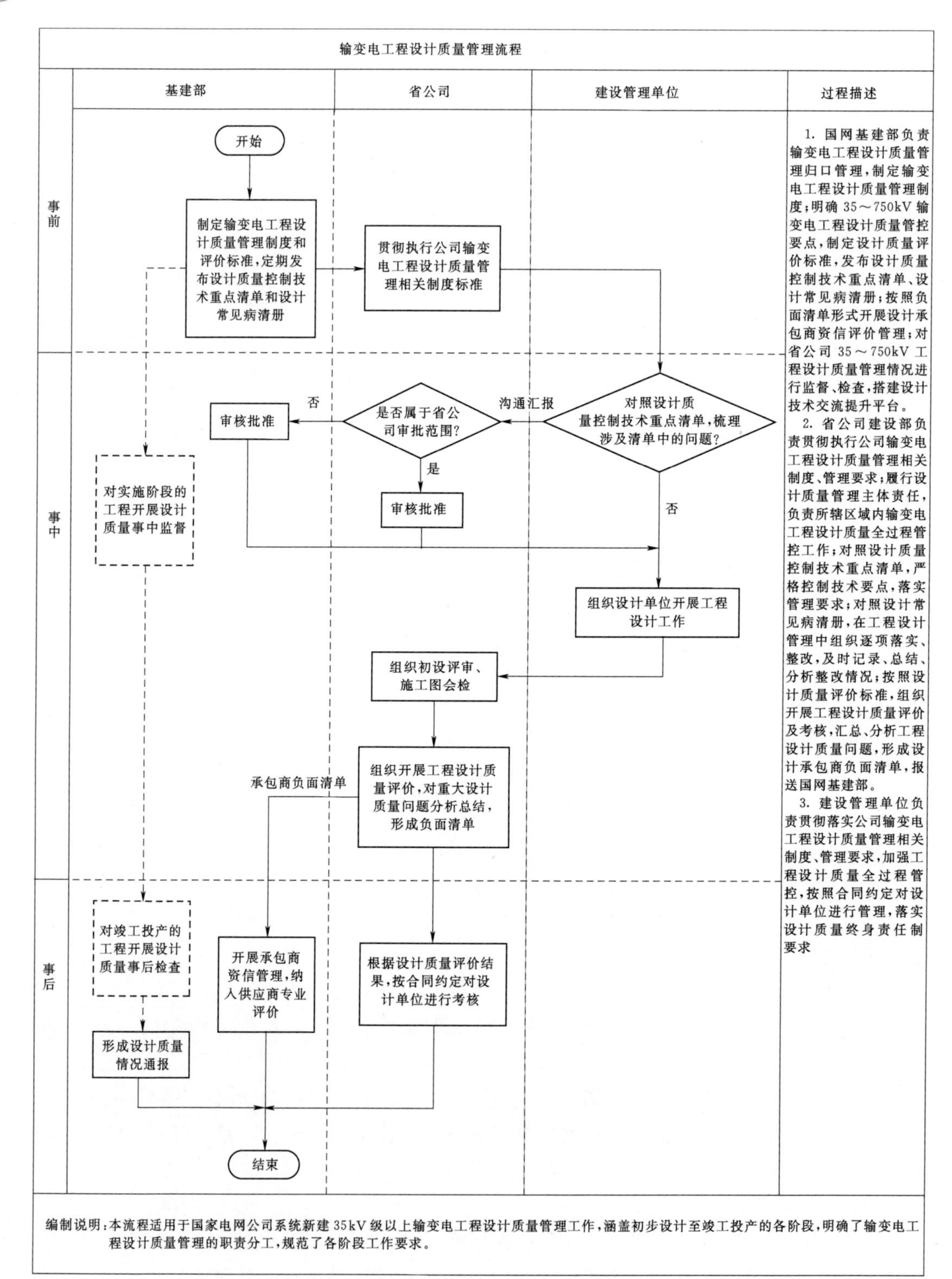

图1-1-3-1　输变电工程设计质量管理流程

用情况、设计质量控制“一单一册”落实情况、工程勘测设计深度、各阶段设计原则一致性等。

（2）对竣工投产的工程开展设计质量事后检查，重点检查设计质量评价情况、通用设备“四统一”执行情况、模块化和机械化关键技术落实情况、设计原因引起的变更等。

（3）对监督检查中发现的设计质量问题以及设计管理不到位、问题整改不坚决等情况，形成设计质量情况通报。对出现重大设计质量问题的设计单位和设计质量管理流于形式的省公司进行约谈问责。

（三）输变电工程设计质量评价和监督重点

输变电工程设计质量评价和监督重点见表1-1-3-1。

表1-1-3-1　　输变电工程设计质量评价和监督重点

序号	内容		评价和监督重点
一	标准化		
1	通用设计	变电站通用设计	（1）原则上，应直接采用通用设计方案。 （2）条件受限时，可对通用设计方案进行拼接调整，应方案优化、指标合理。 （3）特殊情况未采用通用设计方案时，应报批
		线路通用设计	（1）原则上，应直接采用通用设计模块。 （2）无直接可采用通用设计模块时，可采用相邻模块代用，应经校验，裕度合理。 （3）特殊情况未采用通用设计模块时，应报批
2	通用设备	通用设备应用	（1）原则上，直接应用适用的通用设备。 （2）特殊情况未采用通用设备时，应报批
		“四统一”执行	设备招标采购、资料确认、施工图设计、施工安装等全过程应严格执行通用设备“四统一”要求
二	技术方案		
1	设计方案一致性		原则上，工程可研设计、初步设计、施工图设计、竣工图设计等各阶段建设规模、技术原则、主要技术方案应协调一致
2	勘测		（1）坚持先勘测、再设计的原则。 （2）严格执行各阶段勘测深度规定。 （3）设计方案应与勘测结论合理匹配
3	初步设计		（1）严格执行初步设计内容深度规定。 （2）严格遵循技术标准及电网反事故措施。 （3）避免设计常见病
4	施工图设计		（1）严格执行施工图设计内容深度规定。 （2）严格执行相关强制性条文及电网反事故措施。 （3）避免设计常见病。 （4）有效指导施工
5	设计变更		重点工程杜绝重大设计变更，一般工程减少设计变更
三	公司重点推广技术		对于公司重点推广的基建技术（如三维设计、变电站模块化建设、线路机械化施工、环保基础等），特殊情况不能推广应用时，应报批

第四节　输变电工程进度计划管理

一、基本要求和职责分工

（一）基本要求

（1）进度计划指各级单位相关管理部门根据职责分工对输变电工程（境内35kV及以上输变电工程）项目前期、工程前期、工程建设、总结评价阶段建设全过程关键节点的时间安排，是对综合计划的细化落实。

（2）进度计划管理遵循“依法开工、有序推进、均衡投产”的原则。

（3）输变电工程进度计划管理流程如图1-1-4-1所示。

（二）国网公司总部职责分工

1. 基建部管理职责

（1）负责工程前期工作的归口管理。

（2）负责500kV及以上电网工程、中央部署重大战略性工程（乡村振兴、脱贫攻坚、军民融合、清洁供暖等）进度计划的制定下达与执行管理，对35～330kV电网工程按照总体规模进行计划管控。

（3）负责跨区跨省常规电网项目的建设总体协调，组织项目启动投运。

（4）负责工程建设方面重大问题协调。

（5）负责开工、投产计划完成情况统计。

（6）负责开展省、自治区、直辖市电力公司（以下简称“省公司”）的工程前期和工程建设等进度计划管理情况的检查考核。

2. 建设部管理职责

（1）负责所辖工程建设进度计划及调整建议编制、上报、下达与组织实施，配合发展部编制综合计划及调整建议。

（2）负责按明细分解除中央部署重大战略性工程（乡村振兴、脱贫攻坚、军民融合、清洁供暖等）以外的35～330kV工程，下达年度进度计划并组织实施。

（3）负责所辖工程的进度管控与建设协调工作。

（4）负责所辖工程建设进度信息的维护管理，开展进度计划执行情况的统计与分析，出现偏差时，制订并落实纠偏措施。

（5）负责对建设管理单位的工程前期和工程建设等进度计划管理情况的检查与考核。

3. 其他部门职责

（1）发展部负责所辖工程的项目前期工作管理，负责综合计划的编制、上报、下达与组织实施。

（2）财务部负责所辖工程建设资金、预算的管理，负责工程预算的组织编制、下达与调整。

（3）物资部（招投标管理中心）负责招标计划的编制、上报，负责组织开展省公司层

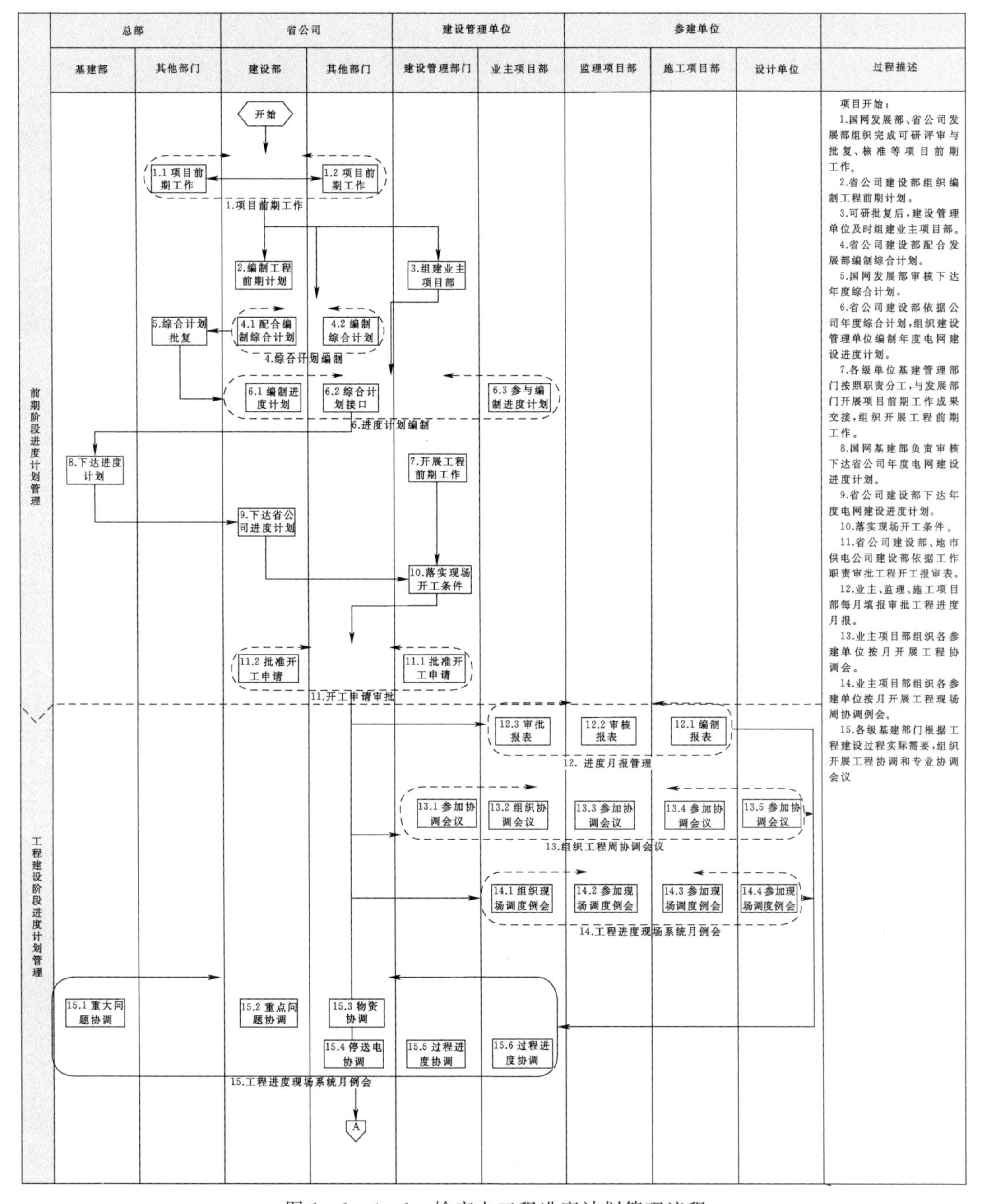

图 1-1-4-1 输变电工程进度计划管理流程

面的集中招标工作，负责省公司层面物资履约重大问题协调工作。

（4）科信部门负责所辖工程竣工环保、水保设施验收管理，负责验收计划的编制、下达与组织实施。

（5）调控部门负责审定调管范围内工程停送电计划，负责与上级调度的沟通协调。

（6）特高压建设部负责特高压交直流工程进度计划管理。

（三）省级建设分公司职责

（1）负责所辖工程建设进度计划及调整建议的编制、上报与组织实施。

（2）负责所辖工程建设进度信息的维护管理，开展进度计划执行情况的统计与分析，出现偏差时制订并落实纠偏措施。

（3）负责所辖工程预算的组织编制、上报。

（4）负责所辖工程停送电计划的组织编制、上报。

（四）地市供电企业层面管理职责

1. 建设部职责

（1）负责所辖工程建设进度计划及调整建议的编制、上报与组织实施，配合发展部编制所辖工程综合计划及调整建议。

（2）负责所辖工程的进度管控与建设协调工作。

（3）负责所辖工程建设进度信息的维护管理，开展进度计划执行情况的统计与分析，出现偏差时制订并落实纠偏措施。

（4）负责组织开展各级输变电工程建设的属地协调工作。

2. 其他部门职责

（1）发展部负责所辖工程的项目前期工作管理，负责综合计划的编制、上报与组织实施。

（2）财务部负责所辖工程建设资金、预算管理，负责工程预算的组织编制、上报与调整。

（3）物资部（物资供应中心）负责所辖工程的物资需求计划汇总上报与初审，并按计划组织开展物资供应，协调解决存在的问题。

（4）调控部门负责审定调管范围内工程的停送电计划，负责与上级调度的沟通协调。

3. 县供电企业和乡镇供电所

县供电企业发展建设部、乡镇供电所开展各级输变电工程建设的属地协调工作，参与工程前期工作协调。

（五）业主项目部（项目管理部）管理职责

（1）根据工程建设进度计划，编制项目进度实施计划，审批设计单位编制的项目设计计划、施工项目部编制的施工进度计划，并监督执行。

（2）根据项目进度实施计划，组织编制工程物资需求计划，协调物资供应进度。

（3）负责督促施工项目部上报停电需求计划，并监督执行。

（4）负责检查工程现场建设进度计划执行情况，对偏离进度计划的项目，制订并落实纠偏措施。

（5）负责建设协调工作，定期组织召开月度工作例会，协调进度计划管理工作。

（6）通过基建管理系统，及时、准确填报工程建设进度信息。

（六）参建单位相关责任

1. 监理单位（监理项目部）责任

（1）审核施工项目部编制的施工进度计划，并监督其按计划组织施工。

（2）组织召开工程进度现场协调会，协调解决建设进度计划执行存在的问题，向业主

项目部反馈进度计划执行管控情况。

（3）完成合同约定的其他相关工作。

2. 施工单位（施工项目部）责任

（1）编制施工进度计划，报监理项目部审核、业主项目部审批后实施。

（2）参加工程进度现场协调会，向监理项目部反馈进度计划执行与管控情况。

（3）负责上报施工停电需求计划。

（4）完成合同约定的其他相关工作。

3. 设计单位责任

（1）编制项目设计计划，按计划提交施工图纸，开展设计交底、现场服务、竣工图编制等工作。

（2）完成合同约定的其他相关工作。

二、工程前期管理和开工管理

（一）工程前期管理

工程前期是指由基建管理部门牵头负责的项目开工前的建设准备工作，包括设计招标、初步设计及评审、物资招标、施工图设计、施工及监理招标、施工许可相关手续办理、“四通一平”、工程策划等。

工程前期管理应遵循“依法合规、统筹兼顾、保障建设”原则。

（1）各级单位发展策划部门应及时完成可研评审与批复、核准等项目前期工作，确保电网项目储备充足。

（2）建设管理部门（单位）应提前并深度参与项目可行性研究工作，对站址、路径、主要技术原则、重要交叉跨越、停电过渡方案等关键因素提出意见。

（3）工程前期工作启动前，建设管理单位与项目前期管理部门应做好项目前期工作成果交接工作，履行正式交接手，交接的成果资料应按照国家电网有限公司输变电工程前期管理办法规定执行。

（4）为确保工程前期工作有序推进，应提前编制新开工项目工程前期计划，计划编制时应充分考虑工程前期的合理工作周期，不同类型工程前期的合理工作周期应按照国家电网有限公司输变电工程前期管理办法规定执行。

（5）全面推广“先签后建”建设模式，在工程本体开工前即开展通道清理工作。重大通道障碍物应在初步设计阶段签订赔偿协议，具备条件的在工程本体开工前拆迁完毕。

（二）输变电工程开工前必须落实的标准化开工条件

开工管理遵循“依法合规、分层报批”原则。变电工程以主体工程基础开挖为开工标志，线路工程以线路基础开挖为开工标志。输变电工程开工前必须落实以下标准化开工条件。

1. 取得以下行政审批手续

（1）项目核准。

（2）建设工程（市政工程）规划许可证。

（3）林木采伐许可证、海域使用权证书（如需要）。

（4）临时用地审批（如需要）。

（5）国有土地划拨决定书或建设用地批准书。

（6）建筑工程施工许可证（如需要）。

（7）变电站工程消防设计审核合格意见（或备案）。

（8）质量监督注册书。

（9）环评批复（如需要）。

（10）水保批复（如需要）。

2. 应满足的管理要求

（1）项目已列入公司年度综合计划及预算。

（2）已下达投资预算，完成新开工计划备案。

（3）已取得初步设计批复。

（4）已完成设计、施工、监理招标，并与中标单位签订合同。

（5）已组建业主、监理项目部（项目管理部）、施工项目部，项目部配置已达标，项目管理实施规划已审批。

（6）施工图交付计划已制定，交付进度满足连续施工需求，开工相关施工图已会检。

（7）变电工程已完成“四通一平”，线路工程已完成复测。“四通一平”：指变电站项目建设前期，施工现场进行的通水、通电、通信、通路及场地平整等工作。

（8）施工人力和机械设备已进场，物资、材料供应满足连续施工的需要。

（三）开工前需履行的内部审批手续

（1）开工条件满足后，施工项目部提交工程开工报审表，经监理项目部审查同意后，报业主项目部（项目管理部）。

（2）业主项目部（项目管理部）审核通过后，220kV 及以上工程开工报审表上报省公司建设部审批，110kV 及以下工程开工报审表上报地市公司建设部审批，审批通过后，方可开工建设。

（3）同一工程含有多个施工标段时，第一个开工标段的开工时间为工程的开工时间，其他标段的工程开工报审表，由业主项目部（项目管理部）负责审批，确保满足依法合规开工条件。

（4）开工准备信息及时录入基建管理系统，并完成流程审批。

（四）输变电工程开工报审表

输变电工程开工报审表格式见表 1-1-4-1。

三、工期管理

工期是指从开工到投产的工程建设阶段所持续的时间。输变电工程建设应加强工期管理，在合理工期内开展工程建设。工程建设阶段关键路径的实际进度与目标计划发生偏离时，应分析原因，制订并落实纠偏措施。

（一）科学合理制定工期

输变电工程建设的合理工期综合电压等级、气候条件、工艺要求、外部环境、设备供应等因素科学合理制定。

表 1-1-4-1　　输变电工程开工报审表

工程开工报审表（220kV 及以上工程）

工程名称：　　　　　　　　　　　　　　　　　　　　　　　编号：

致　　　　　　　　监理项目部：

我方承担的　　　　　　工程，已完成了开工前的各项准备工作，特申请于　　年　　月　　日开工，请审查。

☐ 项目管理实施规划已审批；
☐ 施工图会检已进行；
☐ 各项施工管理制度和相应的施工方案已制定并审查合格；
☐ 输变电工程施工安全管控措施满足要求；
☐ 施工安全技术交底已进行；
☐ 施工人力和机械已进场，施工组织已落实到位；
☐ 物资、材料准备能满足连续施工的需要；
☐ 计量器具、仪表经法定单位检验合格；
☐ 特种作业人员能满足施工需要。

施工项目部（章）：
项目经理：
日　　期：

监理项目部审查意见：

监理项目部（章）：
总监理工程师：
日　　期：

业主项目部审查意见：

业主项目部（章）：
项目经理：
日　　期：

建设管理单位审查意见：

建设管理单位/部门（章）：
建设部门负责人：
日　　期：

省级公司建设部审批意见：

建设部（章）：
建设部负责人：
日　　期：

注　本表一式　　份，由施工项目部填报，业主项目部、监理项目部各一份，施工项目部　　份。

续表

工程开工报审表（110kV 及以下工程）

工程名称：　　　　　　　　　　　　　　　　　　　　　　编号：

致　　　　　　　监理项目部：

我方承担的　　　　　工程，已完成了开工前的各项准备工作，特申请于　　年　　月　　日开工，请审查。

☐ 项目管理实施规划已审批；
☐ 施工图会检已进行；
☐ 各项施工管理制度和相应的施工方案已制定并审查合格；
☐ 输变电工程施工安全管控措施满足要求；
☐ 施工安全技术交底已进行；
☐ 施工人力和机械已进场，施工组织已落实到位；
☐ 物资、材料准备能满足连续施工的需要；
☐ 计量器具、仪表经法定单位检验合格；
☐ 特种作业人员能满足施工需要。

施工项目部（章）：
项目经理：
日　　期：

监理项目部审查意见：

监理项目部（章）：
总监理工程师：
日　　　　期：

业主项目部审查意见：

业主项目部（章）：
项目经理：
日　　期：

建设管理单位审批意见：

建设管理单位/部门（章）：
建设部门负责人：
日　　期：

注　本表一式　　份，由施工项目部填报，业主项目部、监理项目部各一份，施工项目部　　份。

（1）常规新建工程的合理工期：110(66)kV 工程 10～13 个月，220kV、330kV 工程 13～16 个月，500kV 工程 15～18 个月，750kV 工程 16～19 个月。

（2）年度日均气温低于 5℃在 90 天以上的地区，工期可相应增加 3 个月。

（3）地下变电站、隧道电缆等特殊工程的合理工期，由各省公司按类别制定试行，适时纳入公司统一管理。

（二）工程建设不得随意压缩工期

（1）电力工程建设标准强制性条文、标准工艺中有明确工艺要求的建设环节，必须保证相应工序的施工时间。

（2）因项目前期或工程前期等原因造成开工推迟的，按合理工期要求相应顺延投产时间。

在项目前期，由发展策划部门负责的从可研到核准工作，包括立项、可研编制、可研审批、规划意见书、土地预审、环评批复（如需要）、水保批复（如需要）、核准等内容。

（三）应急工程的工期管理要求

对于建设周期紧张，需在较短时间内建成投运发挥作用的关系到国计民生的应急工程，必须提前制定安全质量保障措施，经审批后方可实施。其中，220kV及以上工程由省公司建设部、安质部审批；110kV及以下工程由地市公司建设部、安质部审批。物资部门应配合提前开展设备材料物资采购、设计施工监理招标等工作。

（四）超过计划工期的工程

超过计划工期的建设项目，各级单位基建管理部门应加强警示督办，超过以下时限的工程视为建设周期过长工程。

110(66)kV工程19个月；220kV、330kV工程22个月；500kV工程24个月；750kV工程25个月；地下变电站48个月；隧道电缆工程36个月（5km以内）、42个月（5km以上）；城市综合管廊电缆工程48个月。

四、进度计划编制

（一）进度计划编制基本要求

（1）公司综合计划及进度计划是开展输变电工程建设的主要依据，财务、物资、调度运行、生产运维及科信、营销等部门制订的电网建设相关专项计划应与其协调一致。

（2）进度计划编制工作由基建部门负责，发展、物资、调度、科信部门提供项目前期、招标采购、停电配合、环保水保验收关键节点的时间信息。

（3）国家电网公司下达的进度计划包含以下重要节点的时间信息：项目前期的可研批复、核准批复；工程前期的设计招标、初步设计批复、首批物资定标、施工招标；以及工程建设阶段的开工、投产等。

（4）省公司下达的进度计划主要包含以下重要节点时间信息：项目前期的可研批复、核准批复、环评批复（如需要）、水保批复（如需要）等；工程前期的设计及监理招标、初步设计批复、首批物资招标、施工招标、消防设计审核（或备案）等；工程建设阶段的开工、土建（基础）、安装（组塔）、调试（架线）、消防验收、环保验收（如需要）、水保验收（如需要）、投产等。

（5）进度计划编制应充分考虑外部环境、建设规模、招标采购及设备物资生产供应合理周期、初设评审及批复周期、施工难度、停电安排等因素，把握开工节奏，保证合理工期，实现均衡投产。

（6）对于多个建设管理单位负责建设管理的跨辖区工程，由上级基建管理部门协调统一制定项目进度计划。

（7）各级基建管理部门应会同发展、运检、物资、调度、信通等部门，逐级、逐项开展工程建设进度计划审查工作。

（8）公司年度建设进度计划下达后，省公司建设部负责分解落实建设任务，编制下达省公司年度建设进度计划。

（9）省公司年度建设进度计划下达后，建设管理单位组织业主项目部（项目管理部）按照进度计划编制项目进度实施计划，组织参建单位编制具体实施计划。

（二）进度计划编制具体要求

进度计划编制应充分考虑项目前期、工程前期工作时间及进展情况，严格遵循基本建设程序，合理制定计划开工时间。

（1）可研批复之前，不得开展设计、监理招标。

（2）取得以下要件之前，不得组织开展初步设计评审：

1）选址（选线）意见书批复。

2）核准批复。

3）站址（路径）保护区批复（如需要）。

4）站址（路径）生态红线评估批复（如需要）。

5）经审查的环评报告（如需要）。

6）经审查的水保报告（如需要）。

7）消防水源、文物、军事、水利、林业、安全、气象、交通、地震、公安、民航、军航、电信、防洪、通航、重要厂矿等相关协议（如需要）。

（3）项目核准、初设批复之前，不得安排物资采购与施工招标。

（4）落实标准化开工条件之前，不得安排开工。

（5）取得以下要件之前，不得安排投产：

1）质量监督阶段验收报告。

2）变电站工程消防验收合格意见（或备案）。

3）工程竣工验收报告。

4）不动产登记权证（土地）登记或土地许可。

5）环保验收报告（如需要）。

6）水保验收报告（如需要）。

（三）进度计划编制主要工作流程

（1）每年8—10月，省公司建设部配合发展部编制下年度综合计划建议，并据此编制下年度进度计划建议。

（2）每年11月，省公司建设部以综合计划项目预安排计划为基础，编制上报下年度一季度开工投产项目进度计划建议，经公司审批后，12月下达一季度开工投产项目进度预安排。

（3）次年1—2月，省公司上报下年度电网建设进度计划建议，经公司审核后，2月下达公司年度建设进度计划。

五、进度计划实施

（一）基本要求

（1）各级单位基建管理部门负责协调财务、物资、调度、运检、科信部门，统筹工程投资预算、物资供应、停电计划、验收启动等工作安排，按目标计划对工程建设阶段关键路径加强管控，满足进度计划要求。

（2）业主、监理项目部（项目管理部）、施工项目部应用基建管理系统，及时、准确填报工程进度计划实施情况。

（3）各级单位基建管理部门应用基建管理系统，开展开工、投产计划月度完成情况统计、分析与预测，形成进度月报表，总结和指导进度计划实施工作。

（4）每年3月、6月、9月，国网基建部组织省公司建设部，开展开工、投产计划季度完成预测。

（5）每年10月，省公司应将列入下年度上半年开工预安排且已核准、已取得初步设计评审意见的项目，申报纳入集中招标批次，开展工程物资、施工招标采购工作。

（6）公司各级单位整合发展策划、基建管理、运维检修及营销等资源，建立统一的电网建设协调与对外服务协同机制，统筹加强外部协调。

（7）各级单位基建管理部门应利用基建工作月度协调会、重点工程建设协调会等协调机制，协调解决工程建设重大问题，推动进度计划有效实施。

（二）进度计划调整原则与要求

（1）对于未列入年度综合计划，符合公司“绿色通道”、应急项目管理范畴的，在履行国网公司相应决策程序后实施，并按照公司管理要求，及时纳入年度综合计划，进行预算调整。

（2）因不可抗力、项目前期、工程前期、外部条件、设备供货延期等原因影响开工、投产时间的项目，确需调整进度计划的，建设管理单位向省公司建设部申请调整进度计划。需跨年度调整开工或投产时间的，纳入综合计划调整建议，报国网发展部审批。

（3）每年8—10月，各级单位发展策划部门会同基建管理部门，开展年度综合计划调整工作，同步开展进度计划调整工作。省公司建设部会同发展策划部，梳理开工投产跨年度调整项目需求，纳入综合计划调整建议。

（4）省公司建设部根据国网公司下达的调整计划及时调整进度计划，建设管理单位根据省公司调整的进度计划及时调整项目进度实施计划，确保调整后的进度计划刚性实施。

第五节　基建新技术研究及应用管理

一、基本要求及职责分工

（一）基本要求

基建新技术是指以提高工程寿命、节能降耗、绿色环保为方向，解决工程建设技术重点、难点问题为目标的设计类新技术、施工类新技术。为贯彻建设“三型两网”世界一流能源互联网企业战略目标，激发基建技术创新活力，推进基建新技术实用化研究及应用，必须加强国家电网公司基建新技术研究及应用管理。基建新技术研究及应用管理，是指采取依托工程、设计竞赛等方式，确定研究内容、技术宣贯、成果应用、监督考核等管理方面的工作要求。

基建新技术研究及应用采取国网基建部、省（自治区、直辖市）公司（以下简称“省公司”）建设部两级管理的方式，并依托公司双创线上平台、基建综合数字化管理平台等，利用信息化手段提高管理实效。管理范围为公司建设管理的 35kV 及以上输变电工程（含新建变电站同期配套 10kV 送出线路工程）的基建新技术研究及应用管理工作。

基建新技术研究及应用管理流程如图 1-1-5-1 所示。

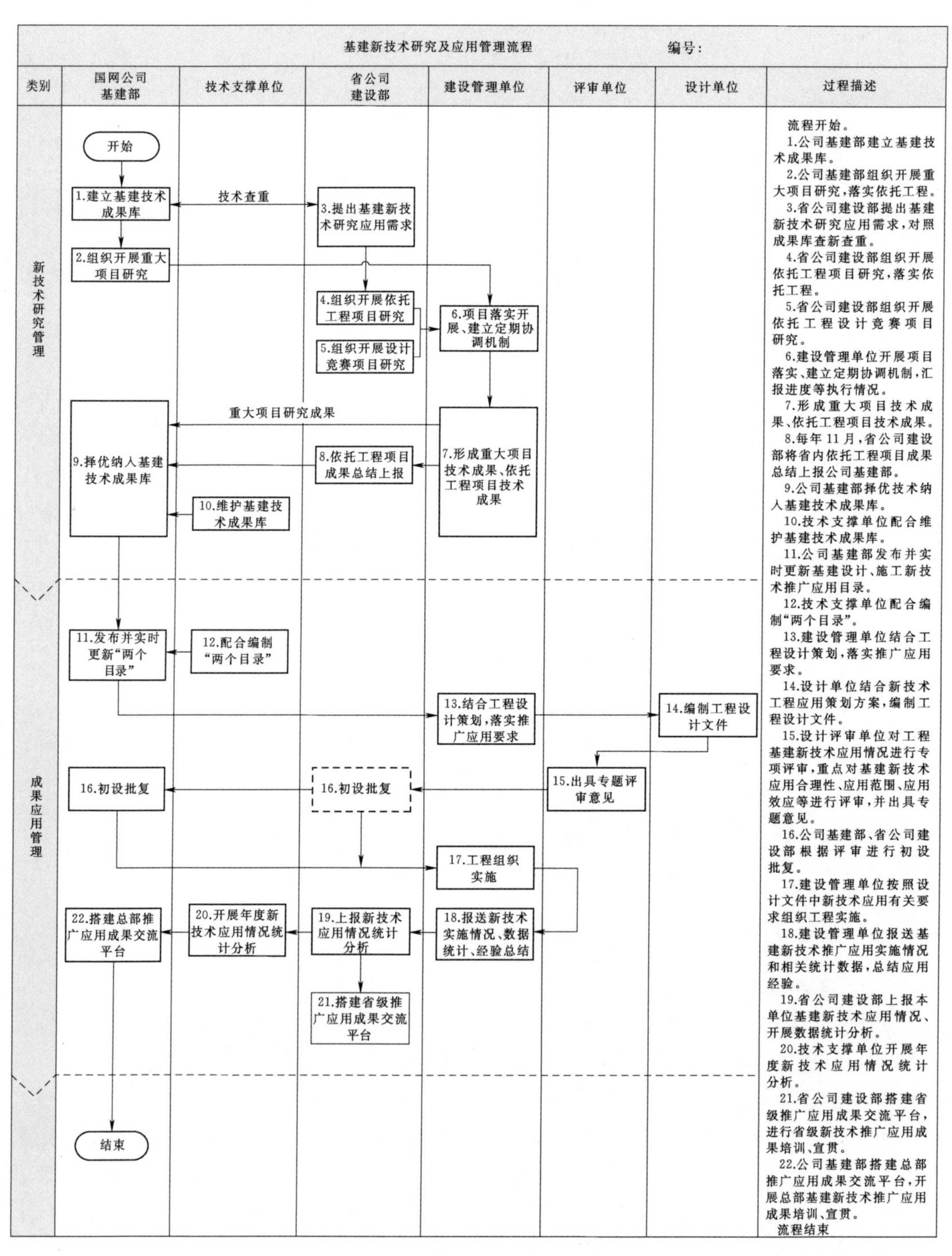

图 1-1-5-1　基建新技术研究及应用管理流程

（二）国网基建部管理职责

（1）负责基建新技术研究及应用工作的推进、指导、协调和监督。

（2）负责提出基建新技术研究方向及目标。

（3）负责牵头组织重大、关键基建新技术研究，确定试点工程。

（4）负责基建新技术研究成果发布及管理。

（5）负责组织重大基建新技术研究成果应用培训、宣贯。

（三）省公司建设部管理职责

（1）负责组织开展本省基建新技术研究工作，配合国网基建部组织开展重大、关键基建新技术研究。

（2）负责组织本省基建新技术研究成果培训、宣贯。

（3）负责确定本省基建新技术试点工程，配合国网基建部确定重大、关键基建新技术研究的试点工程。

（四）建设管理单位（负责具体工程建设管理的省公司级单位、地市供电企业、县供电企业，下同）管理职责

（1）负责基建新技术研究的落实，掌握研究进度、阶段成果和质量水平等情况。

（2）负责明确各工程新技术应用条目，组织基建新技术推广应用成果在工程中的具体实施。

（3）报送基建新技术推广应用实施情况和相关统计数据，总结应用经验。

（五）技术支撑单位管理职责

（1）中国电科院、国网经研院、国网联研院等直属科研单位负责跟踪国内外工程建设新技术、新材料、新工艺、新装备发展动态并按季度报送国网基建部。

（2）中国电科院负责配合国网基建部编制基建技术（含新技术）统计指标体系，并按年度开展统计分析工作。

（3）中国电科院负责配合国网基建部编制基建新技术推广应用实施目录；维护公司基建新技术成果库。

（4）省公司经研院负责配合省公司建设部开展基建新技术研究及应用工作。

二、基建新技术研究方向和研究内容

（一）基建新技术研究方向

基建新技术研究方向包括但不限于：

（1）由于国家强制标准调整，需要结合电网工程建设实际情况开展研究的。

（2）国家部委发布推广应用的工程建设新技术等。

（3）公司规划设计、工程建设标准及其他技术规定等需结合工程实践进行优化调整的。

（4）《国家电网公司重点推广新技术目录》《国家电网公司新技术目录》、公司年度科技成果等需要结合工程实践开展深化应用的。

（5）国内外其他领域技术在电网建设工程中集成创新和综合应用的。

（二）基建新技术研究内容

1. 设计新技术研究

设计新技术研究包括变电一次设计、变电二次设计、变电土建设计、线路电气设计、线路结构设计等。

2. 施工科技创新研究

施工科技创新研究包括施工技术、施工装备、施工调试和施工管理等。

（三）基建新技术研究管理重点

（1）省公司建设部负责组织提出基建新技术研究应用需求，利用基建新技术成果库进行查新查重，避免重复研究。新技术依托工程是为新技术应用提供验证的工程，根据拟采用基建新技术的具体特点，结合电网工程具体建设的实际情况，可选取拟建、在建工程。

（2）依托工程开展研究，其经费在依托工程概算的知识产权转让与研究试验费中计列，专款专用。研究经费结算，应统一纳入依托工程结算管理。

（3）依托工程开展设计竞赛，应围绕竞赛重点进行专项研究，分类梳理创新亮点，将创新亮点整合集成到依托工程中，结合工程进度及时总结应用成效。

（4）依托工程基建新技术研究应按照国家相关法律法规、公司招投标管理有关规范进行。

（5）依托工程开展基建新技术研究，研究工作应在工程施工结束前完成，确保研究成果应用落地。

（6）省公司建设部加强研究全过程管理，建立定期检查协调机制。开展阶段性成果检查与协调，掌握研究进展，推进研究按计划实施。每年 11 月，省公司建设部汇总全年研究成果，电子版材料报送国网基建部。

（7）在基建新技术研究过程中，依托工程建设发生重大变化，研究内容无法实施或目标无法实现的，研究工作可以终止，并报省公司备案。

三、基建新技术成果应用管理

（一）基建新技术成果分类

根据基建新技术先进性、成熟度、适用性，基建新技术成果分为推广应用类、发布应用类、限制禁止类三类。

（1）推广应用类。安全可靠、技术先进、效益显著的技术，工程条件适用时应积极应用。

（2）发布应用类。安全可靠，技术原理、方法可行的技术，应结合工程条件专题论证，经公司批复后方可采用。

（3）限制禁止类。已无法满足电网工程建设的实用要求，阻碍技术进步及行业发展的技术，或已有替代技术，需加以限制、禁止。

（二）基建新技术成果发布

基建新技术成果按年度发布，采取“两个目录”的方式：设计新技术以基建设计新技术应用实施目录形式发布，施工新技术以施工科技创新成果推广目录形式发布。

（三）基建新技术成果应用

（1）国网基建部建立基建技术研究成果滚动更新机制，及时将具有推广应用价值的成果纳入“两个目录”，推动成果在公司系统内共享共用。

（2）技术成果及知识产权应按照《国家电网公司知识产权管理办法》等相关规定进行申请、登记、保护和使用。

（3）基建新技术主要通过新技术试点工程和技术交流等形式进行推广应用。

（4）搭建技术交流平台，加强基建新技术推广应用成果培训、宣贯。总部和各省公司原则上每年组织不少于一次的新技术推广应用培训宣贯会议。

（5）省公司建设部应组织建设、设计、施工等单位，结合工程设计策划，推进基建新技术推广应用工作。

（6）建设管理单位在工程初步设计开展前，策划新技术应用条目，在工程建设过程中全面落实基建新技术应用的有关要求。

（7）设计阶段应在初步设计中专题（或章节）论述新技术成果应用方案，在相关工程施工图文件中落实新技术应用，并向施工、监理单位进行交底。施工单位、设计单位应当根据设计要求，制定新技术施工方案和监理方案。

（8）设计评审中应对工程初步设计和施工图阶段的基建新技术应用情况进行专项评审，重点对基建新技术应用合理性、应用范围、应用效益、施工图落地等进行评审，并出具专题意见。

（9）对于成熟可靠、适用范围广的基建新技术推广应用成果，纳入通用设计等标准化建设成果。鼓励将基建新技术研究中形成的专有技术、专利技术向技术标准、产品标准转化，推动基建新技术与工程应用、标准制定、产业升级协同发展。

（四）基建新技术研究及应用管理检查考核

（1）对未按照基建新技术试点工程实施计划和要求组织实施的相关单位，将给予通报批评。

（2）发生重大质量事故或弄虚作假、编造资料的，按照公司有关规定追究相关人员的责任。

（3）对应用限制禁止类技术的设计单位、施工单位、监理单位，将其纳入供应商不良行为。

（4）国网基建部组织对省公司基建新技术研究及应用全过程管理情况进行督导检查，对履行管理主体责任不力的单位进行通报批评。

第六节 基建施工装备管理

一、施工装备分类与重大施工装备目录

施工装备主要是指公司基建工程施工使用的具有1kW以上动力的资产类装备。施工装备按应用分，可分为通用施工装备和电网专用施工装备；按重要性分，可分为重大施工

装备和一般施工装备，其中重大施工装备是指功能（钻孔扭矩、起重力矩、额定张力等）较强或价值较高（原值200万元以上），主要应用于重点电网工程建设的专用施工装备。为保障基建施工安全和质量，提升工程机械化施工水平，应加强和规范国家电网有限公司（以下简称“公司”）基建施工装备（以下简称“施工装备”）管理。

重大基建施工装备目录（2019年版）见表1-1-6-1。

表1-1-6-1　　重大基建施工装备目录（2019年版）

序号	工序	名称	主要参数
1	基础施工	轮胎式旋挖钻机（电网工程专用）	最大钻孔扭矩100kN·m及以上
2		履带式旋挖钻机（电网工程专用）	最大钻孔扭矩150kN·m及以上
3	组塔施工	单动臂落地抱杆	额定起重力矩在50t·m及以上
4		双平臂落地抱杆	额定起重力矩在80t·m及以上
5	架线施工	牵引机	额定牵引力在250kN及以上
6		张力机	额定张力在2×80kN及以上
7	变电施工	真空净油机	滤油速度在12000L/h及以上
8		加热装置	低频型：额定输出容量在800kVA，额定加热功率在600kW及以上。 工频型：额定输出容量在3000kVA，额定加热功率在600kW及以上

注　重大施工装备除表中所列装备外，还包括价值较高（原值200万元以上）且主要用于重点电网工程建设的专用施工装备。

二、职责分工

1. 国网基建部职责

（1）负责制定施工装备相关管理制度，指导施工装备发展方向，对省公司施工装备管理工作进行监督和检查。

（2）负责推动和协调省公司创新研发重大施工装备。

（3）负责监督和检查省公司新型装备应用、重大装备安全使用等工作。

（4）负责推进施工装备信息化管理。

2. 省公司建设部职责

（1）负责贯彻落实公司关于施工装备管理的有关要求；负责对省公司资产施工装备的专业管理，监督相关单位按公司要求开展安全使用、台账维护、资产运营等管理。

（2）根据电网建设发展需要，负责组织辖区内施工企业开展施工装备创新研发，指导购置施工装备。

（3）负责指导辖区内施工企业开展施工装备信息化管理。

3. 施工企业职责

（1）严格执行国家、行业、公司施工装备安全管理规定和要求。

（2）根据企业发展和电网建设的需求，开展施工装备创新研发和新型装备应用。

（3）按公司管理要求，开展施工装备信息化相关工作。

（4）根据电网工程建设特点和市场需求，开展施工装备租赁业务，并做好租赁装备的安全管理、维修保养、档案管理、信息化应用等工作。

4. 中国电科院职责

（1）负责贯彻落实公司施工装备管理工作要求，为公司施工装备管理工作提供技术支撑。

（2）协助国网基建部开展施工装备创新研发工作。

（3）作为检验检测机构，接受各单位新型施工装备的检验检测委托；负责集中购置施工装备的抽样检验、重点工程施工装备的现场检验等工作。

（4）接受施工企业的培训委托，协调公司系统内、外培训机构开展施工装备操作技能培训。

三、施工装备配置和创新研发

1. 施工装备配置

（1）施工企业应按照国家有关管理要求购置施工装备，满足企业资质要求和支撑所承揽的工程建设任务。

（2）施工企业应按照国家和公司招标管理要求开展施工装备购置工作。

（3）省公司因工作需要采购的重大施工装备，应按照公司要求开展采购工作。

（4）省公司要加强所属装备的管理，做好设备的完好状态、资产运营和寿命管理工作。

2. 施工装备创新研发

（1）结合公司对电网工程建设的特殊需求，开展电网专用施工装备研发工作。

（2）公司采取科技项目立项、重点工程专项等形式开展重大施工装备的创新研发。

（3）充分发挥施工企业自主创新积极性，结合工程建设、施工，开展一般施工装备创新研发。

（4）施工装备创新研发应注重成果推广应用，按照样机研制、试验检测、试点应用、持续改进、扩大试点应用的研发流程开展。

3. 评价与考核

（1）省公司对所辖施工企业的重大施工装备应用维护、安全使用、资产运营进行评价、考核。

（2）省公司对所辖施工企业的施工装备创新研发项目验收和成果推广进行评价、考核。

（3）国家电网公司对重大装备的研发、管理和应用情况进行评价、考核。

四、施工装备安全使用与信息化管理

1. 施工装备安全使用

（1）施工装备的使用严格执行国家、行业、公司安全管理方面的法律法规、管理制度；对进入现场的施工装备按照施工装备技术标准进行安全管理和使用。

（2）应依据采购合同、技术规范书等相关文件对新购施工装备进行出厂验收和入库。

（3）应按标准规范对新研制施工装备检测合格后方可投入现场应用。

（4）应根据相关管理要求对施工装备开展定期检验，确保长期处于安全可用状态。

（5）施工装备超过规定使用年限或不具备修复价值时，进行资产处置、停用处理，流程执行公司相关管理办法。

（6）超过规定使用年限的施工装备，经专业鉴定仍可继续使用时，应通过缩短安全检测周期、增加使用前检测环节等方式加强管理。

2. 施工装备信息化管理

（1）充分利用信息化管理手段，实现施工装备标准化管理，为施工装备的更新换代提供决策依据。

（2）重大施工装备逐步实现实时在线管理，促进施工企业间施工装备信息共享，提高施工装备应用效率。

（3）利用信息化管理手段，定期更新发布重大施工装备信息。

第七节　基建项目管理规定

一、项目管理与基建项目管理

项目管理是以项目建设进度管理为主线，通过计划、组织、控制与协调，有序推动工程依法合规建设，全面实现项目建设目标的过程，主要管理内容包括进度计划管理、建设协调、参建队伍选择及合同履约管理、信息与档案管理、总结评价等，安全、质量、技术、造价管理要求在各自专业管理规定中明确。

国家电网公司基建项目管理是指境内35kV及以上输变电工程项目管理。

为规范国家电网有限公司（以下简称“公司”）基建项目管理工作，提高项目管理水平，必须加强基建项目管理。

二、职责分工

1. 公司各级单位职责分工

按照基建工程建设程序及各相关业务部门管理职责，公司各级单位发展、基建、物资、设备、调控、财务、科技、营销、信通、档案等部门参与工程项目建设全过程管理。

（1）发展部门负责基建项目前期（立项、可研、核准及其他支撑性材料）阶段管理，负责年度综合计划管理，形成项目前期工作成果移交基建管理部门组织实施。

（2）基建管理部门参与项目前期工作，负责工程前期、工程建设与总结评价三个阶段管理工作，负责组织基建工程的工程设计、设备安装、设备调试、竣工验收阶段的技术监督工作，负责与设备部门共同组织启动验收，负责基建工程项目档案的直接管理与组织协调工作。工程启动投运后移交设备部门运行，工程结算后移交财务部门决算，投运后工程档案移交档案部门归档。

(3) 物资（招投标管理）部门负责基建工程相关招标采购管理和物资管理，负责组织实施相关招标采购、物资合同签订履约、质量监督、配送和仓储管理等工作，负责制定招标批次、物资供应计划。

(4) 设备部门负责生产运行准备，协调基建部门开展工程设计、设备安装、设备调试、竣工验收阶段技术监督，会同基建部门开展竣工验收阶段中设备交接验收的技术监督工作，参与工程设计审查、主要设备验收、阶段性验收，与基建管理部门共同组织启动验收。

(5) 调控部门参与工程设计审查，负责新设备启动调试调度准备工作，负责根据调试方案编制基建工程新设备启动调度方案，审定停送电计划，参与启动验收、投产试运行等工作。

(6) 财务部门负责基建工程建设资金管理、竣工决算和转资管理，会同基建管理部门加强基建成本管理。

(7) 科技部门是基建项目环保、水保管理的业务归口部门，负责工程项目环保、水保专项验收和监督检查；参与工程初步设计审查、启动验收、竣工验收。

(8) 营销部门负责在基建工程的设计审查、建设和竣工验收阶段指导国家计量法律法规、公司计量管理方面的规章制度及技术标准的执行。

(9) 信通部门参与工程设计审查、阶段性验收、启动验收及投产试运行，负责配套通信项目专业化管理，重点开展生产运行准备、质量管理及技术监督工作。

(10) 档案部门是工程项目档案管理的业务归口部门，负责基建工程项目档案管理的监督检查指导，负责本单位重大基建项目档案的验收，接收和保管符合公司档案管理要求的相关档案。

2. 公司各级单位基建管理部门项目管理职责分工

(1) 国网基建部监督、检查、指导、考核省公司级单位［省（自治区、直辖市）电力公司及直属建设公司］项目管理工作。负责500kV及以上电网工程、中央部署重大战略性工程（乡村振兴、脱贫攻坚、军民融合、清洁供暖等）进度计划的制定下达与执行管理，对35～330kV电网工程按照总体规模进行计划管控。负责推进项目部标准化建设，协调处理项目建设重大问题等工作。负责设计施工监理（咨询）队伍招标基建专业管理，会同国网物资部（招投标管理中心）开展500～750kV工程中，跨区跨省和中央部署、公司关注的重大战略性工程队伍集中招标工作。

国网特高压部负责特高压和直流工程项目建设管理，会同国网物资部（招投标管理中心）开展特高压和直流工程队伍集中招标工作。

(2) 省公司建设部负责组织推进所辖工程项目建设，监督、检查、指导、考核省建设分公司、地市（县）供电企业项目管理工作。负责编制进度计划，上报国网基建部审批后组织实施；按明细分解除中央部署重大战略性工程（乡村振兴、脱贫攻坚、军民融合、清洁供暖等）以外的35～330kV工程，下达年度进度计划并组织实施。负责省公司建设项目工程前期管理，负责特高压建设统筹协调，组织地市（县）供电企业开展辖区内各级电网建设项目属地协调等工作。负责所辖输变电工程设计施工监理（咨询）队伍招标专业管理，会同省物资部（招投标管理中心）开展总部招标范围外其余500kV、750kV输变电项目以及500kV以下电压等级输变电工程队伍集中招标工作。负责所辖输变电工程合同、信息、档案管理。省公司建设分公司（以下简称“省建设分公司”）受托负责公司总部和省公司直接管理工程项目的建设管理。负责编制项目进度计划建议，执行省公司下达的建设进度计划。负责本单位建设管理工程的业主项目部组建及管理，以及工程合同、信息、档案管理。

（3）地市供电企业建设部负责编制项目进度计划建议，执行省公司下达的建设进度计划。负责所辖地区各级电网建设项目的属地协调工作。负责所辖业主项目部管理工作的监督检查，以及工程合同、信息、档案管理。

地市供电企业项目管理中心负责业主项目部组建，负责电网项目的建设过程管理，推动工程建设按计划实施，实现工程进度、安全、质量、技术和造价等各项建设目标。

（4）县供电企业承担所辖地区各级电网建设项目的属地协调工作。

三、进度计划管理

1. 进度计划管理基本要求

进度计划管理应遵循项目建设的客观规律和基本程序，科学编制电网建设进度计划，开展进度计划全过程管理，采取有效的管理措施，实现基建工程依法开工、有序推进、均衡投产的总体控制目标。

2. 进度计划管理总体流程

（1）建设管理单位滚动修订年度电网建设进度计划并报省公司。

（2）省公司级单位［包括省（自治区、直辖市）电力公司和公司直属建设公司］统筹考虑均衡投产要求组织审查、修订电网建设进度计划并报国网基建部。

（3）国网基建部下达年度电网建设进度计划并监督执行。

（4）建设管理单位（负责具体工程项目建设管理的省公司级单位、地市供电企业、县供电企业）执行年度电网建设进度计划，有序推进工程建设。

（5）各级单位基建管理部门按期统计上报工程开工、投产计划执行情况，定期分析项目建设进展情况并开展进度纠偏。

（6）因外部条件等原因造成不能按计划开工、投产的工程，提出进度计划和综合计划调整申请报上级管理部门批准，经决策后实施。

3. 工期管理

科学确定合理工期，并严格执行，确保工程建设安全质量。

（1）根据设备制造、施工建设的客观规律，结合科技进步、工艺创新对降低工期的促进作用，按照工程电压等级、气候条件等不同参数，确定输变电工程从开工到投产的合理工期。

（2）保证相应工序的合理施工时间，严禁随意压缩工期。

（3）因项目前期或工程前期等原因造成开工推迟的，应顺延投产时间。

4. 合理编制电网建设进度计划

（1）电网建设进度计划编制应以公司综合计划为依据，充分考虑电网规划、项目前期、工程前期、招标采购及物资生产供应合理周期及电网实际运行情况等因素，落实合理

工期、均衡投产等要求。

（2）电网建设进度计划应包含工程建设各阶段的重要节点进度信息，如可研评审意见取得、项目核准、设计招标定标、初设评审批复、首批物资招标定标、施工招标定标、场平完成、开工、投产、工程结算等节点时间。

5. 严格执行电网建设进度计划

严格执行电网建设进度计划，有序推进工程建设，确保建设任务按期完成。

（1）基建管理部门严格执行电网建设进度计划，推进工程前期工作，落实标准化开工条件，履行相关开工手续，依法开工建设。

（2）业主项目部（项目管理部）根据电网建设进度计划，组织有关参建单位编制项目进度实施计划、招标需求计划、设计进度计划、物资供应计划、停电计划等，实现各项计划有效衔接，按计划有序推进工程建设。

（3）各级单位基建管理部门和业主项目部，应及时统计分析所辖工程的建设进度计划执行情况，当项目进度偏离计划进度时，应及时采取有效的纠偏措施。

（4）因项目前期、设备供货延期、外部条件、不可抗力等原因，确需调整电网建设进度计划的，应履行相关审批手续。

四、建设协调与队伍合同管理

1. 建设协调

按照“统筹资源、属地协调”管理原则，推进建设外部环境协调和内部横向工作协调，提高建设协调效率，确保工程按计划实施。

（1）统筹公司建设外部协调资源，建立常态协调工作机制，落实各级单位建设协调责任。加强与政府部门的沟通汇报，争取政府部门政策支持。

（2）建立电网建设协调与对外服务协同机制，加强各级单位基建管理部门与发展、物资、营销、设备、调控、科技、通信、财务、档案等相关专业部门的协调沟通与工作衔接。加强综合计划与建设进度计划、工程形象进度与财务进度的协调统一，建立物资协调工作机制和工程建设外部协调属地化工作机制，动态跟踪设备、材料的生产和供货情况，及时协调解决出现的问题，提高工程建设效率。加强工程项目文件材料积累管理，实现工程项目建设与工程文件材料收集整理同步推进。加强工程环保、水保重大变动管控，依法合规办理相关手续。

（3）各级单位基建管理部门定期组织召开重点工程建设协调会，分析建设进度计划执行情况，协调解决存在问题，提出改进措施并跟踪落实。

（4）业主项目部（项目管理部）具体负责工程的日常协调管理，开展项目建设外部协调和政策处理工作，重大问题上报建设管理单位协调解决。

（5）工程启动验收投运前，按规定成立工程启动验收委员会（启委会），启委会工作组根据启委会确定的验收、投运等时间节点开展工作，确保工程有序启动投运。

2. 参建队伍选择

按照国家法律法规及公司相关规定，遵循“公开、公平、公正和诚实信用”的原则，择优选择参建队伍。

（1）总部、省公司两级基建管理部门，按照国家招投标有关规定，择优选择资质合格、业绩优秀、服务优质的工程设计、施工、监理（咨询）队伍。

（2）公司系统输变电工程设计、施工、监理（咨询）队伍选择，必须通过有相应资质的招标代理机构（公司系统招标活动应当在公司一级部署的电子商务交易平台或省级政府规定的统一招标平台）进行，由公司总部、省公司按分工负责开展招标集中管理。

（3）根据年度电网建设进度计划，制订设计、施工、监理（咨询）集中招标申报计划，满足项目开工、进度需要。

（4）基建管理部门重点做好标段划分、招标文件审查、评标等工作。在招标文件中明确公司标准化建设及管理要求，安全、质量、进度、技术、造价等管理目标。

3. 合同管理

规范设计、施工、监理（咨询）合同管理。

（1）建设管理单位根据招标结果，负责签订工程设计、施工、监理（咨询）合同。

（2）建设管理单位加强合同执行管理，监督参建单位落实合同约定的目标、措施、要求。

（3）建设管理单位组织业主项目部（项目管理部），根据参建单位合同履约情况开展评价考核。

（4）工程建设中发生工程建设合同变更事项的，由工程建设合同签订单位组织办理工程建设合同变更，按照公司合同会签程序，签订工程建设合同变更协议或补充协议。

4. 参建队伍选择和合同管理的总体流程

（1）基建管理部门根据两级集中招标范围划分和建设进度计划安排，制定设计、施工、监理（咨询）招标计划并上报。

（2）设计、施工、监理（咨询）招标计划审定下达后，基建管理部门商招标管理部门进行招标，各级单位基建管理部门参与招标文件审查和评标。

（3）建设管理单位根据中标结果组织签订合同，业主项目部（项目管理部）监督合同执行，根据履约情况对参建队伍进行激励评价。

五、项目部管理

1. 基本要求

基建工程组织成立业主项目部（项目管理部），配备合格的业主项目经理，根据管理需要配备管理专责，并落实业主项目部标准化管理要求。

（1）公司以业主项目部（项目管理部）为项目管理的基本执行单元，业主项目部（项目管理部）工作实行项目经理负责制，负责项目建设过程管控和参建单位管理，通过计划、组织、协调、监督、评价，有序推动项目建设，实现工程建设进度、安全、质量、造价和技术管控目标。

（2）业主项目部（项目管理部）负责对设计、监理（咨询）、施工、物资供应商等参建单位的管理协调。推进监理项目部、施工项目部标准化建设。

2. 项目管理总体流程

项目管理总体流程如下：

（1）建设管理单位根据年度工程建设任务组建业主项目部；省建设分公司（监理公司）负责建设管理并同时承担监理业务的输变电工程，可组建项目管理部。

（2）业主项目部（项目管理部）编制项目管理策划文件并下发参建单位执行，审定设计、施工、监理（咨询）单位项目管理策划文件。

（3）业主项目部（项目管理部）落实工程开工条件，依法组织工程开工。

（4）业主项目部（项目管理部）加强对参建队伍和建设过程关键节点管控，推动参建各方按计划进行工程建设，收集、整理、上报工程建设信息。

（5）业主项目部（项目管理部）参与工程启动验收，及时完成工程项目文件材料的收集、整理、归档工作；对施工、监理项目部进行评价，配合建设管理单位基建管理部门对设计质量进行评价。

六、信息档案管理与检查考核

1. 信息档案管理

（1）应用基建管理系统，及时准确统计上报工程项目建设进展情况，定期分析关键信息，提升工程项目管理效率。

（2）按照公司电网建设项目档案管理办法要求，将工程项目档案管理融入工程日常管理。项目开工前，明确工程项目文件材料收集计划、归档要求、时间节点、责任单位等；工程建设过程中，注重督导参建单位确保文件材料积累进度与工程建设进度相协同，开展预立卷；项目竣工后，及时组织有关部门和参建单位完成项目文件材料的收集、整理工作，并以工程项目为单位向档案部门归档。

2. 检查考核

（1）建立基建项目管理逐级评价考核常态机制，根据年度基建项目管理重点工作安排，制定年度基建项目管理考核标准及评价标准，定期逐级开展评价。

（2）建立基建项目管理创新激励机制，鼓励各单位在贯彻落实标准化管理要求的同时，推进管理方式方法创新，经公司总结提炼和深入论证后，形成可供推广实施的典型经验。

（3）公司总部、省公司级单位分层组织开展项目管理竞赛，促进项目管理整体水平的稳步提升。

（4）建立业主项目部（项目管理部）工作评价机制，在工程投产后一个月内，建设管理单位组织开展业主项目部（项目管理部）管理综合评价。

（5）建立项目经理持证上岗和评价激励机制，分层级评选“优秀业主项目经理”，促进业主项目经理管理技能和业务水平提升。

第八节　基建改革配套政策及其验收标准

一、基建改革配套政策

国家电网公司出台“深化基建队伍改革、强化施工安全管理”12项配套政策。12项配套政策着眼于推动基建队伍的改革发展，强化落实安全管理责任，有针对性地解决施工安全难题。

1. 施工现场关键点作业安全管控措施

明确施工现场关键点作业风险提示、作业必备条件、作业过程安全管控措施，划出关键作业施工安全管理的底线、红线，作为强制性措施。完成输变电工程施工作业票修订，将施工现场关键点作业安全管控措施纳入施工作业票，明确施工作业任务分工、安全必备条件、技术要点，落实“签字放行”要求，推动管控措施有效落实到作业现场。启动安全警示教育视频培训教材编制工作，强化一线作业人员安全培训，进一步提高宣贯培训实效。

2. 输变电工程安全责任量化考核意见

明确安全管控关键点责任单位和关键人员的量化考核标准，将安全责任落实到单位和个人，实现安全管控责任“对号入座”和量化评价考核；组织省公司根据实际研究制定实施细则，省公司组织所属建管、施工、监理单位制定个人安全责任量化考核奖惩实施细则，逐级抓好落实。同时，建立两级基建安全责任落实督查及量化考核常态机制，依据督查结果定期对参建单位及关键人员进行量化考核排名，与队伍招标、同业对标、企业负责人考核及个人奖惩挂钩，并建立约谈警示机制，推动安全管控责任落实，确保一级对一级负责。

3. 关于加强线路工程作业层班组建设的指导意见

明确线路工程组塔、架线只能劳务分包，劳务分包队伍必须在施工单位作业班组骨干的组织、指挥、监护下开展具体作业，严禁采取专业分包或分包队伍自行施工；同时，明确施工单位线路组塔、架线作业班组骨干配置的最低标准（班长兼指挥、安全员、技术兼质检员）及任职资格，推动施工单位强化技能人才补充、培养和配置。

4. 关于加强线路工程核心劳务分包队伍培育及管控的指导意见

明确劳务核心分包队伍准入条件、培育支持政策、择优使用原则，核心劳务分包队伍必须具备长期稳定的技能骨干，施工单位在择优使用、核心人员培养、工程结算等方面出台具体的培养扶持政策，建立互惠共赢的战略合作关系，每年进行核心劳务分包队伍量化评价和动态调整，形成公平竞争态势，推动核心劳务分包队伍逐步成长为业务精干、服务优质的劳务作业专业公司，成为施工单位有力支撑，从机制上杜绝没有核心人员、没有实际作业能力的“皮包分包队伍”进入分包市场，让“干得好、干得多”的队伍“干得更多、干得更好”；明确了施工单位强化核心分包队伍人员“四统一”管理有关要求，强化分包队伍核心人员培训及管理，提升分包队伍业务素质；明确公司各级财务、审计、经法、监察等相关专业强化分包管理的有关要求，确保劳务分包依法合规。

5. 关于加强项目管理关键人员全过程管控的指导意见

明确关键人员全过程管控意见。一是统一建库，将业主、监理、施工三个项目部及作业层管理骨干作为项目管理关键人员（简称“关键人员”）进行全过程管控；二是持证上岗，在公司层面建立统一数据库对关键人员信息进行集中管控和查询核实；统一明确关键人员岗位任职资格及培训持证上岗要求；三是招标核实，将关键人员配置作为施工监理招

标硬约束，从机制上杜绝成建制人员配置不到位、实际能力不足的施工、监理单位进入施工、监理市场；四是履职监督，采取远程监控和现场督查相结合的方式，强化关键人员现场履职监督；五是量化考核，在安全质量责任量化考核中对关键人员进行量化评价考核，并与个人绩效工资挂钩。

6. 基建安全日常管控体系优化方案

优化完善安全管理工作流程，归并精简过程档案资料和日常信息报表，形成第一批减负清单，精简日常案头工作量40%左右。同时进一步明晰基建安全工作重点及各级管控责任，确保各级管理人员突出重点抓落实，集中精力抓实现场管控。

7. 施工单位技术装备配置规划及计划、预算安排

将施工单位技术装备购置纳入年度综合计划和预算安排，将施工装备技术创新项目纳入年度科技项目，形成施工单位技术装备购置应用、创新研发的良性态势；将7种、2.9亿元施工装备急需采购计划纳入2017年综合计划和预算安排调整，其余28种、2亿元装备采购计划纳入2018年综合计划和预算安排；形成输变电工程19种施工装备创新研发需求，纳入公司2018年科技项目。

8. 施工监理企业劳动用工及薪酬激励指导意见

在深化完善施工监理企业用工机制方面，一是盘活企业内部人员存量，施工监理企业一线人员占比达80%以上；二是优化毕业生招聘学历及专业结构，重点补充一线紧缺专业人才；三是优化社会化用工机制，以省公司为单位加强用工总量管控，省公司指导施工监理企业根据实际业务需要，在总量控制范围内动态调整社会化用工规模，并报上级单位备案；四是加强劳动合同管理和用工机制建设，通过考核评价，及时淘汰不符合业务发展需要人员，实现管理人员能上能下、员工能进能出，以满足施工监理业务发展需求。

在健全完善施工监理企业考核分配机制方面，一是指导各省公司优化施工监理企业工资总额管理机制，工资总额核定与企业利润、营业收入、产值等指标紧密挂钩；二是指导施工监理企业深化岗位绩效工资制度改革，加大一线岗位薪酬激励力度，与项目安全、质量等目标量化考核相挂钩，调动一线员工积极性，有效落实安全质量责任。

9. 基建相关机构及职责调整完善方案

有效整合公司建设管理和监理队伍资源，统筹加强工程项目管理，强化落实业主、监理、施工单位安全责任。

在加强省公司层面工程项目管理方面，一是将省经研院建设管理中心、监理公司独立出来，合并组建省建设分公司（省监理公司），履行省公司层面建设管理单位职责和监理单位职责；二是统筹业主项目部、监理项目部力量，同时承接建设管理、工程监理任务，合并组建监理项目部（业主项目部），加强现场工程项目建设全过程管理；三是全过程工程咨询试点单位“一步到位”，组建电力建设全过程工程咨询公司，现场将业主项目部、监理项目部整合成项目管理部，减少现场一个管理层级，优化管理流程和要求，做实甲方项目现场管理。

在加强地市层面工程项目管理方面，将地市公司项目管理中心从建设部独立出来，作为地市公司二级机构，定位为工程项目管理专业机构，实现对基建、配网、技改、大修、

营销等工程项目建设过程集约化、专业化管理（根据需要设基建项目管理组、配网项目管理组）。

在加强各级基建部门的建设职能管理方面，省公司、地市公司建设部负责本单位基建进度、安全、质量、技术、造价、队伍的专业管理及监督考核，不再担任业主项目经理直接负责现场工程建设过程管理。调整省公司建设部项目管理处职责，负责工程技术管理、项目部标准化建设及监督考核、特高压及常规工程建设统筹协调等职责，不再负责省公司直管项目现场建设过程管理职责。省公司建设部特高压管理处（选设，部分单位有）项目现场建设过程管理职责及人员划转到省建设分公司（省监理公司）。

在加强所属施工企业安全管理方面，在保持现有机构数量不增加的情况下，依据相关法律法规要求独立设置安全监察部，加强现场安全监督检查，强化落实施工安全管理主体责任。

同时，建立省公司动态核定建设管理单位人员编制的机制，总部不再控制省公司所属单位人员编制。

10. 施工集体企业瘦身健体优化整合指导意见

在推进施工企业整合的同时，重点加强其核心能力建设。一是加强作业层能力建设，通过技能人才补充优化，组建成建制作业班组，自行承担变电安装、调试和线路组塔、架线等核心业务，劳务分包作业必须在施工集体企业作业班组骨干的组织、指挥、监护下作业，坚决杜绝违规分包、违法转包；二是加强施工管理能力建设，施工项目部能够实现对自行作业班组和分包作业队伍施工安全、质量、技术、进度等进行有效管控；三是加强技术装备补充和管理，严禁劳务分包队伍自带技术装备及施工工器具进行作业；四是严格依据实际承载力承接施工任务，施工集体企业根据自身实际能力，参与施工市场竞争，量力而行承接施工作业任务，确保施工作业安全。

11. 开展全过程工程咨询试点的实施方案

明确开展全过程工程咨询试点的总体思路和原则要求，主动适应国家全过程工程咨询改革形势要求，积极探索输变电工程建设管理新模式，切实提高建设项目现场全过程管控实效，有效解决业主项目部和监理项目部两层都薄弱、两层都不到位等问题，全面提升基建本质安全水平，按照依法依规、注重实效、有序推进的原则开展改革试点工作。

确定试点单位及试点范围，选择北京、上海、江苏、浙江、福建、湖南、四川等七个省（直辖市）公司开展省公司层面的输变电工程全过程工程咨询改革试点。

明确改革试点的主要内容及工作要求，改革试点主要内容包括调整组织机构、优化管理界面及流程、强化人才补充和激励、创造良好改革条件四个方面，要求7家试点单位适时开展试点，积极争取有关政策，研究制定具体操作方案。

12. 推进质量监督体制改革的实施方案

公司积极与国家能源局沟通，一是争取剥离挂靠公司系统的省电力工程质量监督中心站非电网工程质量监督职能；二是在公司层面设立质量监督分站，挂靠基建部管理，办事机构设在中国电科院质监中心，协助基建部对27个省电力工程质量监督中心站进行业务指导，并具体负责组织开展特高压等跨区重点工程质量监督。公司将继续跟踪国家能源局改革方案，并根据相关要求推进公司系统质量监督体系深化完善。

以上12项配套措施涉及管理模式、组织机构、劳动用工、薪酬分配、管控机制、市场机制、考核机制、技术装备、技术措施、管控手段等多个方面，归纳起来核心是做实现场两级管理、抓住两个关键因素、加强三个支撑保障、健全两个管控机制。

（1）做实现场两级管理。一是做实施工单位作业现场管控。加强施工单位作业层班组建设，确保劳务分包作业在施工单位组织、指挥、监护下进行，从根本上解决“以包代管”问题。二是做实甲方现场工程项目管理。整合建设管理和工程监理资源，统筹加强工程项目管理。

（2）抓住两个关键因素。一是抓住项目管理关键人。通过统一建库、持证上岗、招标核实、现场监督、量化考核，进行全过程管控。二是抓住现场作业关键点。划出关键作业施工安全管理的底线、红线，作为强制性措施，落实“签字放行”要求。

（3）加强三个支撑保障。一是加强施工监理企业人力支撑保障。明确施工、监理企业长期职工、社会化用工补充渠道，重点补充急需技术技能人才；建立面向一线的薪酬激励机制，推动存量人员向一线流动，下决心解决一线“空壳化”、机关“贵族化”问题。二是培育核心分包队伍形成施工单位有力劳务支撑保障。通过严格准入、培育支持、择优使用等政策，推动核心劳务分包队伍逐步成长为业务精干、服务优质的劳务作业专业公司，形成施工单位长期稳定的劳务支撑。三是加强施工技术装备支撑保障。研究制定基建施工企业装备配置管理办法，建立施工单位技术装备定期补充、创新提升的常态机制。

（4）健全两个管控机制。一是健全队伍市场化激励约束机制。将现场关键人员配置作为施工、监理招标硬约束，从机制上杜绝成建制人员不足的队伍进入施工、监理市场；将具有一定数量长期稳定的技能骨干作为核心劳务分包队伍的准入门槛，从机制上杜绝没有实际作业能力的分包队伍进入分包市场。二是健全现场督查及量化考核机制。推动“关键人”落实责任，有效管控“关键点”。

“深化基建队伍改革、强化施工安全管理”12项配套政策概要见表1-1-8-1。

表1-1-8-1　“深化基建队伍改革、强化施工安全管理”12项配套政策概要

序号	政策名称	拟解决的问题	核心内容	主管部门	备注
1	施工现场关键点作业安全管控措施	施工一线作业人员因缺乏基本安全意识、基本安全常识和基本技能，野蛮施工作业引发低级安全事故	分析输变电工程施工现场各作业环节中可能导致人身事故的关键点，重点针对责任不落实、制度不落实、方案不落实、措施不落实问题，总结提炼出能够有效防止人身事故的关键措施，供一线人员宣贯培训和学习执行和各级检查必查内容	基建部	已于2017年6月22日以国家电网基建〔2017〕503号文印发
2	输变电工程安全责任量化考核意见	安全责任不能落实到具体单位和个人，责任落实无考核标准，“尽职免责、失职追责”要求不能落到实处	建立基建安全责任落实督查及量化考核常态机制，明确安全管控关键点责任单位和关键人员的量化考核标准，将安全责任具体落实到单位和个人，实现安全管控责任“对号入座”和量化评价考核，并于个人上岗、薪酬绩效挂钩，与施工监理单位招投标挂钩，与各单位主要负责人业绩考核和同业对标挂钩	基建部	已于2017年6月22日以国家电网基建〔2017〕503号文印发

续表

序号	政策名称	拟解决的问题	核心内容	主管部门	备注
3	关于加强线路工程作业层班组建设的指导意见	线路工程“以包代管”，由分包单位自行组织、指挥作业，公司现场管理要求无法落地，安全风险难以受控	明确线路工程组塔、架线只能劳务分包，劳务分包队伍必须在施工单位作业班组骨干的组织、管控、监护下开展具体作业，严禁专业分包或分包队伍自行施工。明确施工单位线路组塔、架线作业班组骨干配置的最低标准（班长兼指挥、安全员、技术兼质检员）及任职资格，推动施工单位强化技能人才补充、培养和配置，切实加强作业层班组建设，牢牢把握施工单位安全质量管控主动权	基建部	本次印发。需省公司制定实施方案并组织所属施工单位制定实施细则
4	关于加强线路工程核心劳务分包队伍培育及管控的指导意见	分包队伍多、杂、散，能力水平整体不足、参差不齐，对公司线路工程施工难以有效支撑	明确了劳务核心分包队伍准入条件、培育支持政策、择优使用原则，推动优秀劳务分包队伍逐步成长为业务精干、服务优质的劳务作业专业公司，形成施工单位有力支撑，从机制上杜绝没有核心人员、没有实际作业能力的“皮包分包队伍”进入分包市场；明确施工单位强化核心分包队伍人员“四统一”管理有关要求，强化分包队伍核心人员培训及管理，提升分包队伍素质；明确公司各级财务、审计、经法、监察等相关专业强化分包管理的有关要求，确保劳务分包依法合规	基建部	本次印发。需省公司制定实施方案并组织所属施工单位制定实施细则
5	关于加强项目管理关键人员全过程管控的指导意见	一线关键人员配置不足、能力不足、责任心不足、履职不到位，各单位对关键人员配置及履职状况难以有效掌握和管控	将业主、监理、施工三个项目部及作业层管理骨干作为项目管理关键人员统一建库进行全过程管控；统一明确关键人员岗位任职资格，以及培训持证上岗要求，在公司层面建立统一数据库对关键人员信息进行集中管控和查询核实，确保持证上岗；将关键人员配置作为施工监理招标硬约束，修订公司施工、监理招标文件范围及合同范本，从机制上杜绝成建制人员配置不到位、实际能力不足的施工、监理单位进入施工现场；采取远程监控和现场督查相结合，强化关键人员现场履职监督；在安全质量责任量化考核中对关键人员进行量化评价，并与个人绩效工资挂钩	基建部	本次印发。需要各省公司研究制定实施细则
6	基建安全日常管控体系优化方案	减轻一线人员“案头”工作负担，突出重点抓落实，确保管理人员将主要精力放在抓现场管控上，确保将法律法规强制要求的重点工作有效落实到位	优化业主监理安全管理总体策划、风险管理、分包管理流程，以量化考核替代安全管理评价、将数码照片管理融入具体管理内容。强化风险管理，对固有风险重新梳理，落实省公司层面对三级及以上风险管理责任；规范作业票管理，将作业票与风险管理相结合、与班组级交底相结合、与作业层管理相结合，突出现场作业管理“一张票”管理。简化现场资料记录，除法规要求外，管理记录以可追溯证据方式可查为主（如微信记录等），不片面追求纸质文档。精减日常案头工作量40%左右	基建部	本次印发

续表

序号	政策名称	拟解决的问题	核心内容	主管部门	备注
7	施工单位技术装备配置规划及计划、预算安排	施工单位技术装备定期补充机制不健全，施工单位技术装备购置费用不足，先进实用装备研究投入补充	将施工单位技术装备购置纳入年度综合计划和预算安排，将施工装备技术创新项目纳入年度科技项目，形成施工单位技术装备购置应用、创新研发的良性态势；将7种、2.9亿元施工装备急需采购计划纳入了今年综合计划和预算安排调整，其余28种、2亿元装备采购计划纳入2018年综合计划和预算安排；形成输变电工程19种施工装备创新研发需求，纳入公司2018年科技项目，从专业化、标准化、系列化等三个方面创新提升施工装备技术水平，提高机械化施工能力	基建部	10月27日已通过公司规委会审查，文另发
8	施工监理企业劳动用工及薪酬激励指导意见	施工作业层“空壳化”、监理单位人员素质严重不足，人员下一线缺乏积极性，增量人员补充方式单一，施工“以包代管”、监理“形同虚设”问题	深化完善施工监理企业用工机制：盘活人员存量，优先从施工监理企业内部做好存量盘活，确因业务发展需要的可由省公司统筹，通过内部市场平台在所属地市、县公司范围内，选拔合适人员支援施工监理企业，施工监理企业一线人员占比达80%以上；优化毕业生招聘学历及专业结构，重点补充一线紧缺专业人才；优化社会化用工机制，以省公司为单位加强用工总量管控，省公司指导施工监理企业根据实际业务需要，在总量控制范围内动态调整社会化用工规模，并报上级单位备案；加强劳动合同管理和用工机制建设，通过考核评价，及时淘汰不符合业务发展需要人员，实现管理人员能上能下、员工能进能出，满足施工监理业务发展需求。 健全完善施工监理企业考核分配机制：指导各省公司优化施工监理企业工资总额管理机制，工资总额核定与企业利润、营业收入、产值等指标紧密挂钩，实现工资总额与企业效益和产值同向升降，并在省公司工资总额计划内单独申报；指导施工监理企业深化岗位绩效工资制度改革，加大一线岗位薪酬激励力度，与项目安全、质量等目标量化考核相挂钩，调动一线员工积极性，有效落实安全质量责任	人资部	由人资部发文，需各省公司编制省公司层面施工监理企业劳动用工和薪酬激励实施细则，并具体填报人员补充相关需求
9	基建相关机构及职责调整完善方案	解决职能管理与项目管理界面不够清晰、项目管理力量不足、施工单位安全管理能力不足等问题	省公司建设部不再直接参与工程项目业务操作层面工作，调整项目管理处职责，撤销特高压处；剥离省经研院项目管理中心除工程前期以外的其他职责和人员，监理公司成建制划转，调整省经研院部分职能部门人员，组建省建设分公司（省监理公司）；地市公司建设部（项目管理中心）拆分为建设部和项目管理中心。省公司所属施工企业独立设置安全监察部，原质量管理职责调整到其他部门	人资部	由人资部发文。各省公司要组织及时调整到位

续表

序号	政策名称	拟解决的问题	核心内容	主管部门	备注
10	施工集体企业瘦身健体优化整合指导意见	施工集体企业施工水平参差不齐、实际作业能力不足	加强作业层能力建设，通过技能人才补充优化，组建成建制作业班组，自行承担变电安装、调试和线路组塔、架线等核心业务，劳务分包作业必须在施工集体企业作业班组骨干的组织、管控、指挥下作业，坚决杜绝违规分包、违法转包；加强施工管理能力建设，施工项目部能够实现对自行作业班组和分包作业队伍施工安全、质量、技术、进度等进行有效管控；加强技术装备补充和管理，严禁劳务分包队伍自带技术装备及施工工器具进行作业；严格依据实际承载力承接施工任务，施工集体企业根据自身实际能力，参与施工市场竞争，量力而行承接施工作业任务，确保施工作业安全	产业部	已于2017年8月16日以国家电网办〔2017〕656号文下发
11	开展全过程工程咨询试点的实施方案	落实国家相关改革要求，解决业主项目部、监理项目部两层都薄弱、两层都不到位问题	是明确开展全过程工程咨询试点的总体思路、原则要求，按照依法依规、注重实效、有序推进的原则开展改革试点工作；确定试点单位及试点范围，按照国家推进全过程工程咨询试点的地域范围，选择北京、上海、江苏、浙江、福建、湖南、四川等七个省（直辖市）公司开展省公司层面的输变电工程全过程工程咨询改革试点；改革试点主要内容包括调整组织机构、优化管理界面及流程、强化人才补充和激励、创造良好改革条件四个方面，7家试点单位按照公司明确的统一要求适时开展试点，积极向属地住建厅汇报实施方案，积极争取采取直接委托方式开展全过程咨询的有关政策	体改办	由体改办发文，试点单位要认真落实国家有关文件精神和公司确定的基本框架、具体要求，研究制定具体操作方案，细化明确机构设置、人员配置、主要职责、管理界面、管理流程、管控要求、业务委托、业务运作、费用支付等内容。操作方案经省公司党委会研究审定后，报总部审批
12	推进质量监督体制改革的实施方案	省电力工程质量监督中心站承担非电网工程质量监督职能的能力不足	剥离挂靠公司系统的省电力工程质量监督中心站非电网工程质量监督职能；在公司层面设立质量监督分站，挂靠基建部管理，办事机构设在中国电科院质监中心，协助基建部对27个省电力工程质量监督中心站进行业务指导，并具体负责组织开展特高压等跨区重点工程质量监督	体改办	待能源局下发质监体系改革方案后统一明确和实施

二、基建改革12项配套措施验收标准

基建改革12项配套措施验收标准见表1-1-8-2。

表 1-1-8-2　　基建改革 12 项配套措施验收标准

序号	重点要求或标准（条文）	分值	检查地点	验收方法	验收评价标准	备注
1	输变电工程施工现场关键点作业安全管控措施（100 分）					
1.1	各省公司要组织做好口袋书征订工作，确保全面发放至一线	5	作业现场	□抽查现场人员 5 人	□现场人员没有配置口袋书或者 APP 学习无记录，一人不满足要求扣 1 分	
1.2	组织专门的师资力量，深入各项目一线进行专题培训	5	项目部	□检查培训记录	□未见培训记录，扣 5 分	
1.3	确保每一位作业人员都熟悉所从事施工作业的关键点、作业必备条件、作业过程安全控制措施，不达必备条件不施工、措施不到位不施工，在施工现场营造“我要安全、我会安全、拒绝无知、相互监督”的安全文化	60	作业现场	□对正在作业的现场作业关键点管控措施进行检查	□施工作业的关键点、作业必备条件、作业过程安全控制措施不落实，每一处扣 5 分。 □施工作业现场存在Ⅰ类隐患或触碰停工红线，扣完 60 分	扣完 60 分，直接导致本项措施未通过验收。下同
1.4	各单位要建立健全各级现场安全督查机制，严格督查关键点作业安全措施落实情况	30	项目部/作业现场	□检查上级督查记录。 □对正在作业的现场作业关键点管控措施进行检查	□处于施工高峰期的项目，省公司进行过督查，得 10 分。地市级公司进行过督查，得 5 分。 □上级单位督查发现的问题未在现场重复发生，得 30 分，存在重复发生的，每发现一项扣 10 分	
2	输变电工程安全质量责任量化考核办法（100 分）					
2.1	省公司每季度根据每个考核周期内的累计检查结果发布一次量化考核结果，并按单位和人员类别分别进行排名	10	省公司/项目部	□检查省公司考核结果通报。 □抽查现场三个项目部管理人员	□省公司未发布通报，每缺一个季度扣 5 分。 □现场管理人员不知晓本人考核结果，每缺一人扣 2 分	
2.2	各单位应针对发现的问题认真组织整改闭环。对整改及时并能举一反三推动安全管控能力提升的单位，进行适当加分	10	项目部	□检查整改通知单	□施工单位每季度对每个在建项目检查少于一次，施工单位分管领导每半年应对每个在建项目检查少于一次；监理单位每季度应对每个在建项目检查少于一次，监理单位分管领导每半年应对每个在建项目检查少于一次；建设管理单位分管领导每季度对每个在建项目（标段）检查少于一次，每缺一次扣 2 分	

续表

序号	重点要求或标准（条文）	分值	检查地点	验收方法	验收评价标准	备注
2.3	省公司建立督查专家库，规范专家管理，加强对作业现场的督查，每季度覆盖所有参建单位	10	省公司	□检查成立专家库文件	□未成立专家库，扣10分	
2.4	将施工、监理单位的量化考核结果作为公司输变电工程招标投标评标考核业绩之一	10	省公司	□检查抽查项目的评标文件	□检查抽查项目的评标文件未考虑量化考核结果，扣10分	
2.5	建设管理、监理、施工单位在每次考核中排名在后3名、或不合格的，由其上级主管单位主要负责人对被考核单位主要负责人进行约谈	10	省公司	□检查相关文件	□约谈每缺一人，扣2分	
2.6	将建设管理单位量化考核的结果作为该单位基建安全同业对标和负责人业绩考核的计分依据	10	省公司	□检查相关文件	□未纳入考核，扣10分	
2.7	将施工、监理、业主项目部管理人员量化考核的结果纳入有关人员上岗、薪酬或有关奖励范畴	20	项目部	□抽查现场人员5人，查相关记录	□未纳入考核，每人扣2分	
2.8	省公司应根据自身实际情况明确基建安全量化考核实施细则。各参建单位应针对参建人员制定安全奖惩实施细则，并在本单位工资总额中安排安全奖惩项目，促进量化考核工作深入开展	20	省公司	□查相关文件	□省公司未明确基建安全量化考核实施细则，扣10分。 □参建单位应针对参建人员制定安全奖惩实施细则，扣10分。 □参建单位工资总额中未安排安全奖惩项目，扣20分	
3	关于加强线路工程作业层班组建设的指导意见（100分）					
3.1	作业层班组作为最基层执行单元，要将作业票、交底、站班会、质量验收等基础管理要求落实到位，开展标准化作业	10	作业现场	□查作业现场资料	□作业现场无工作票或交底、站班会，扣10分。 □施工单位对作业层班组无标准化管理标准，扣5分	

续表

序号	重点要求或标准（条文）	分值	检查地点	验收方法	验收评价标准	备注
3.2	施工单位认真开展本单位人力资源分析，根据线路工程作业层班组建设需要，具体研究存量人员培训转岗安排、长期职工及社会聘用人员补充需求，依据公司施工单位用工指导意见明确的补充渠道及要求，把该补充的人员补充到位	10	省公司	□查相关文件	□施工单位缺员未得到补充，每缺一人扣2分。 □施工单位未开展本单位人力资源分析，实际缺员未提出要求，扣10分	
3.3	作业层班组骨干人员上岗前，应经施工单位或上级单位组织的岗位技能培训、考试考核合格持证（班长兼指挥、安全员还应同时取得省公司颁发的安全培训合格证）	20	作业现场	□抽查作业层班组骨干，查相关记录	□每缺一证，扣10分	
3.4	班长兼指挥需具备担任作业负责人、填写作业票、全面组织指挥现场作业的能力	否决项	作业现场	□对班长兼指挥询问作业情况。 □要求班长兼指挥实际开票	□班长兼指挥不具备相应能力，本项改革措施未通过	
3.5	安全员要具备担任现场作业安全监护人、识别现场安全作业条件、抓实现场安全风险管控的能力	否决项	作业现场	□对安全员询问现场安全管理要求。 □对安全员进行抽考	□不具备相应能力，本项改革措施未通过	
3.6	技术兼质检员具备现场施工技术管理、开展施工质量自检的能力	否决项	作业现场	□对质检员询问现场质量管理要求。 □对质检员进行抽考	□不具备相应能力，本项改革措施未通过	
3.7	施工单位结合量化考核要求，建立向一线倾斜的薪酬分配体系和个人量化考核激励实施细则，对作业层班组骨干人员任务完成、安全质量责任落实等方面进行量化考核，将绩效与收入挂钩，坚持权、责、利对等原则，体现有奖有罚、重奖重罚	20	作业现场/项目部	□查相关记录	□未落实要求，每缺一人扣10分	

续表

序号	重点要求或标准（条文）	分值	检查地点	验收方法	验收评价标准	备注
3.8	在施工招标时，应依据最低标准要求提出作业班组骨干人员配置要求	20	省公司	□查招标记录	□未落实要求，扣20分	
3.9	施工单位进场施工时，应由业主项目部和监理项目部核实实际进场的作业层班组骨干人员是否与投标承诺一致，不一致的不允许进场作业	20	作业现场/项目部	□查招标记录并与现场核对	□与投标承诺不一致，每偏差20%扣10分	
3.10	对于作业班组形同虚设、名义为班组实际仍为分包独立作业的情况，除对相关人员通报处理外，纳入施工单位的资信评价在后续施工招标时进行扣分	否决项	省公司	□查作业层班组骨干人员来源、了解实际情况	□分包独立作业，本项不通过	
4	关于加强线路工程核心劳务分包队培育及管控的指导意见（100分）					
4.1	组塔、架线施工作业班组采取“施工单位作业层班组骨干+核心分包队伍劳务作业人员”组建方式	否决项	作业现场/项目部	□了解现场实际情况	□分包人员未编入作业层班组，本项不通过	
4.2	核心劳务分包队伍为施工单位相应作业层班组提供合格的劳务作业人员，在施工单位作业层班组骨干的组织、指挥、监护下开展工作，不得自行作业，不得自带材料、机具	否决项	作业现场/项目部	□了解现场实际情况。 □查分包合同	□分包合同仍为老合同，本项不通过	
4.3	核心劳务分包人员是适应线路工程劳务分包需要、具有相关技能水平、经施工单位培训合格上岗、从事组塔和架线具体作业、资信良好的劳务作业人员	否决项	作业现场/项目部	□了解现场实际情况。 □抽查核心分包人员5人	□核心分包人员不合格，本项不通过	
4.4	省公司在线路工程施工招标时，应提出必须使用核心分包劳务队伍的要求	否决项	省公司	□查招标记录	□未落实要求，本项不通过	

续表

序号	重点要求或标准（条文）	分值	检查地点	验收方法	验收评价标准	备注
4.5	施工单位结合实际情况，在法规、制度允许的范围内，规范核心劳务分包队伍选择或合作方式，实现核心劳务分包人员在施工项目的高效配置和有效掌控	否决项	省公司	□查相关文件	□分包队伍选择方式与核心分包队伍管控要求存在冲突，本项不通过	
4.6	将核心劳务分包人员纳入施工单位“四统一”管理	否决项	作业现场/项目部	□全面了解现场实际情况	□施工单位未实现对核心分包人员直接掌控，或核心分包人员仍受控于分包单位，本项不通过	
5	关于加强项目管理关键人员全过程管控的指导意见（100分）					
5.1	各单位要严格按照项目管理关键人员任职资格要求，加强上岗前的培训持证工作	20	作业现场/项目部	□抽查项目管理关键人员，查相关记录	□项目经理、专职安全员、总监不具备任职资格，扣20分。 □其他人员未完成上岗前培训持证，每缺一证，扣5分	
5.2	各单位要确保项目管理关键人员能力能够满足岗位工作的能力需要，在岗、履职情况记录准确、全面、及时	20	作业现场/项目部	□对项目关键人员询问现场项目管理要求。 □检查项目关键人员现场履职记录	□不具备相应能力，扣10分。 □未认真进行履职，扣10分	
5.3	省公司将项目总监理工程师、施工项目经理、施工项目部安全员、施工作业层班组骨干等关键人员的配置要求作为准入项，纳入施工监理招标专用资格条件，并写入合同进行管理	20	省公司	□查招标记录。 □查施工监理合同	□招标文件中未落实要求，扣10分。 □合同中未落实要求，扣10分	
5.4	建管、施工、监理单位关键人员统一建库	20	作业现场/项目部	□查相关记录	□现场项目部关键人员未在库中，每发现一人，扣5分	目前正在调试，预计最早年底具备条件
5.5	对已在基建管理系统中录入的总监理工程师、施工项目经理、施工安全员等项目管理关键人员，不得随意调换。确需调整时应经建设管理单位同意批准，方可实施信息变更	10	作业现场/项目部	□检查项目部关键人员与管控系统中录入的人员是否一致	□未经建设管理单位同意，随意变更项目关键人员，每发现一人，扣5分	

续表

序号	重点要求或标准（条文）	分值	检查地点	验收方法	验收评价标准	备注
5.6	省公司对关键人员进行严格监督及量化考核	10	省公司	□检查省公司考核结果通报	□省公司未对关键人员进行量化考核，扣10分	
6	关于基建日常管控体系简化优化的实施方案（100分）					
6.1	建设管理纲要与监理实施细则项目特点明确、针对性措施要求具体，执行责任人、监督责任人、落实节点时间、落实情况跟踪等关键信息准确，施工、监理、业主审批签字程序及过程监督落实记录准确	20	作业现场/项目部	□建设管理纲要与监理实施细则	□执行责任人、监督责任人、落实节点时间、落实情况跟踪等关键信息不够准确，每发现一项，扣15分。 □施工、监理、业主审批签字程序及过程监督落实记录不准确，不完整，每发现一项，扣5分	
6.2	省公司层面对三级及以上风险管理责任落实到位	20	省公司	□检查省公司对三级及以上风险的许可备案管理记录	□省公司未全面掌握三级及以上风险管理，每遗漏一项，扣5分	
6.3	作业票填写、签发管理规范	20	作业现场/项目部	□检查现场作业票、工作票或相关工作记录	□作业票填写不规范，每发现一张扣5分。 □作业票内容与现场实际作业不一致，每发现一张扣5分	
6.4	在现场作业班组填写施工作业票前，对作业环境按照风险管控关键因素进行评估核实，与“施工安全风险识别、评估及预控措施清册”进行对比分析，评估是否需要提高风险等级，并在施工作业票中反映复测评估结果	20	作业现场/项目部	□查作业票及风险清册	□填写作业票时未按要求开展风险复测，每发现一张扣5分	
6.5	作业票与班组级交底相结合、与作业层管理相结合，实现现场作业“一张票”管理	20	作业现场/项目部	□查相关记录	□施工作业票未进行每日交底，每发现一次，扣10分。 □作业票交底存在代签名，每发现一人扣5分	
7	基建施工企业装备配置管理办法（100分）					
7.1	现场装备、工器具、安全文明设施、劳保用品等配置到位。施工企业建立技术装备定期补充机制，技术装备配置应满足施工装备配置基本要求	100	施工企业本部/作业现场/项目部	□施工企业技术装备补充计划、年度综合计划，技术装备报审情况及现场实际配置情况	□无施工企业技术装备补充计划、年度综合计划每项扣10分，技术装备未及时报审扣10分、现场实际配置不齐全每项扣5分	

续表

序号	重点要求或标准（条文）	分值	检查地点	验收方法	验收评价标准	备注
8	关于加强施工监理企业劳动用工与薪酬激励的指导意见（100分）					
8.1	各种用工补充计划结合企业实际情况申报，并得到落实。施工监理企业通过内部培训转岗下一线、内部市场招聘、毕业生招聘、劳务派遣等措施深化完善施工监理企业用工机制，重点补充一线技术技能人才	50	施工监理企业本部/项目部	□查相关上报记录	□无用工补充计划扣10分。 □未采取有效措施补充劳动用工每少一项措施扣10分	
8.2	建立与施工监理企业营业收入、利润等要素挂钩的工资总额核定机制，实现工资与企业业绩同向升降，并得到认真执行，效果良好。施工监理企业深化岗位绩效工资制度改革，加大一线岗位薪酬激励力度，与项目安全、质量等目标量化考核相挂钩，调动一线员工积极性，有效落实安全质量责任	50	施工监理企业本部/项目部	□查措施文件及执行记录	□未建立工资总额核定机制扣10分。 □未采取有效措施深化岗位绩效工资制度改革扣10分。 □监理施工项目部配置不齐全每个项目部扣10分	
9	基建相关机构及职责调整完善方案（100分）					
9.1	相关机构调整到位情况。各省级公司成立省建设分公司（省监理公司），地市公司成立项目管理中心	40	省建设分公司（省监理公司）/地市公司项目管理中心	□查相关文件及实际到位情况	□机构未建立或不齐全全扣	
9.2	人员补充到位情况。业主项目经理、业主项目部安全专责、质量专责关键人员配置齐全，能满足甲方现场管控要求	30	省建设分公司（省监理公司）/地市公司项目管理中心	□查相关文件及实际到位情况	□业主项目部关键人员配置不齐全，每少一人扣10分	
9.3	改革过渡阶段安全保障措施及实际执行情况	30	省建设分公司（省监理公司）/地市公司项目管理中心	□查相关文件资料及实际执行记录	□未建立业主项目部管理措施扣10分。 □未执行甲方现场安全管控每个项目部扣10分	

续表

序号	重点要求或标准（条文）	分值	检查地点	验收方法	验收评价标准	备注
10	关于突出核心业务实施瘦身健体推动集体企业改革发展的工作方案（100分）					
10.1	集体企业认真开展本单位人力资源分析，开展关键人员和承揽项目摸底校核，数据可靠	10	省公司/集体企业	□查相关文件。 □座谈交流	□集体企业未开展人力资源分析，扣5分；未开展承揽项目摸底校核，扣5分。 □人力资源分析和承揽项目摸底数据不可靠，扣2分	
10.2	根据线路工程作业层班组建设需要，具体研究存量人员培训转岗安排、长期职工及社会聘用人员补充需求，依据公司施工单位用工指导意见明确的补充渠道及要求，把该补充的人员补充到位	30	省公司/集体企业	□查相关文件。 □座谈交流	□集体企业作业层班组未按承揽工程数量组建，扣10分。 □集体企业人员缺额未提出人员增补方案，扣10分。 □集体企业人员缺额增补措施执行不到位，每缺一人扣2分	
10.3	施工集体企业承建项目的项目部管理人员及作业层班组人员配置符合要求，满足有效管控需要	20	省公司/集体企业	□查招标记录。 □查施工合同	□作业层班组未纳入招标要求，扣10分。 □施工合同未明确作业层班组配置要求，扣5分，未明确作业层班组骨干人员，扣5分	
10.4	施工集体企业承建项目的施工机械配备、安全文明施工标准化、分包人员管理等符合要求	20	施工现场	□查施工机械台账。 □查分包人员台账。 □查安全文明施工	□施工机械台账与实际不符，每台扣2分。 □分包人员台账与实际不符，每人扣2分。 □施工现场存在较大安全隐患，每处扣5分	
10.5	施工集体企业承建项目的作业层班组骨干人员应熟悉安全管理关键环节、安全管控重点措施	20	施工现场	□人员问询。 □查施工作业票	□作业层班组骨干人员与施工合同不符，每人扣2分。 □作业层班组骨干人员不熟悉安全管控措施，每人扣5分。 □作业票安全管控措施与现场实际不符，每处扣2分	
11	开展全过程工程咨询试点的实施方案（100分）					
11.1	整合省经研院建设管理中心、省监理公司力量，成立工程建设咨询公司	10	省公司/咨询公司	□查企业执照	□未成立工程建设全过程咨询公司，扣10分	
11.2	工程建设咨询公司各部门、各项目管理部设置合理，人员配置到位	20	省公司/咨询公司	□查岗位清单	□相关机构设置未按国网人资方案执行，扣10分。 □相关人员未配置到位，每人扣2分	

续表

序号	重点要求或标准（条文）	分值	检查地点	验收方法	验收评价标准	备注
11.3	工程建设咨询公司应及时开展内部培训，各项目管理部人员应满足业务需求	20	省公司/咨询公司	□查培训记录	□未开展业务培训，扣10分。 □项目管理部人员未参加培训，每人扣2分	
11.4	工程建设咨询公司已成立安全监察部，相关人员已配置到位；组建安全检查组定期开展安全检查	30	省公司/咨询公司	□查岗位清单。 □查检查记录。 □人员问询	□相关人员未配置到位，每人扣5分。 □基建安全管理不熟悉，每人扣5分。 □未组建安全检查组或定期开展安全检查活动，扣10分	
11.5	业主项目部与监理项目部合署办公，专业合理、责权统一、管理有效	20	施工现场	□查项目部人员配置。 □查三级风险备案	□项目部管理人员专业配置不合理，每人扣2分。 □三级风险备案不规范，每次扣5分	

注　第12项推进质量监督体制改革的实施方案，待国家能源局下发质量体系改革方案后统一明确实施。

第二章

高压输电线路基础施工新技术

第一节　机械洛阳铲在人工挖孔基础施工中的应用

一、洛阳铲

洛阳铲因是河南洛阳附近村民李鸭子于20世纪初发明而得名，并为后人逐渐改进。洛阳铲是中国考古钻探工具的象征。最早广泛用于盗墓，后成为考古学工具。著名的考古学家卫聚贤在1928年目睹盗墓者使用洛阳铲的情景后，便运用于考古钻探，在中国著名的安阳殷墟、洛阳偃师商城遗址等古城址的发掘过程中，发挥了重要作用。如今，学会使用洛阳铲来辨别土质，已是每一个考古工作者的基本功。

20世纪50年代，洛阳成为重点建设城市。工厂选址常遇到古墓，以机器钻探取样，费时费工，于是工程施工人员就利用这种凹形探铲，准确地探测出千余座古墓。之后这种凹形探铲推广到全国，并很快传到东欧和亚非各国，洛阳铲从此驰名中外。

洛阳是洛阳铲在中国的唯一产地。然而，长期以来，洛阳铲的生产经营一直处在民间手工作坊的原始状态，面临后继乏人的窘境。一些考古专家呼吁对有着重要历史价值和社会价值的洛阳铲制作工艺进行科学整理和规模开发，甚至建议将“洛阳铲制作技艺”申报人类非物质文化遗产项目。

2014年，洛阳铲文化保护协会把“洛阳铲”注册商标，将洛阳铲真正留在了洛阳。洛阳铲博物馆等相关机构也在逐步建设，洛阳铲作为一个世界性文化符号迎来了发展的高速期。

洛阳铲因为要作为挖掘探洞、采集探土之用，故而铲身不是扁形而是半圆筒形，类似于瓦筒状，很像20世纪七八十年代常见的一种凶器——管儿插。

常见的洛阳铲铲夹宽仅2寸，宽成U字半圆形，铲上部装长柄。洛阳铲虽然看似半圆，其实形状是不圆也不扁，最关键的是成型时弧度的打造。长20～40cm，直径5～20cm，装上富有韧性的木杆后，可打入地下十几米，通过对铲头带出的土壤结构、颜色和包含物的辨别，可以判断出土质以及地下有无古墓等情况。洛阳铲的制作工序有20多道，最关键的是成型时打造弧度，需要细心敲打，稍有不慎，打出的铲子就带不上土。不仅如此，洛阳铲在制作工艺上更为复杂，通常制造一把小铲需要经过制坯、煅烧、热处理、成型、磨刃等近20道工序，故而只能手工打制。

随着时代的发展，一般的洛阳铲已经被淘汰，新的铲子是在洛阳铲的基础上改造的，分重铲和提铲（也叫泥铲）。由于洛阳铲铲头后部接的木杆太长，目标太大。所以弃置不用，改用螺纹钢管，半米上下，可层层相套，随意延长。平时看地形的时候，就拆开，背在双肩挎包里。而今，洛阳铲的家族已经十分庞大，比如电动洛阳铲，俨然是一个小型的钻探机。

二、机械洛阳铲

1. 机械洛阳铲结构

机械洛阳铲主要结构为组装式三脚架一副、铲头一台、柴油发电机一台，结构简单，

组装方便。

2. 机械洛阳铲技术参数

机械洛阳铲技术参数见表 1-2-1-1。

表 1-2-1-1　　机械洛阳铲技术参数

产品型号	卷扬机质量 /kg	电机动力 /kW	铲头本体直径 /m	可调节最大开挖外径 /m	打桩深度 /m	桩架高度 /m
NCY-JD80	800	11	0.8	0.8～1.6	1～22	4.2
NCY-JD100	800	11	1.0	1.0～2.0	1～22	4.2
NCY-JD120	800	11	1.2	1.2～2.4	1～22	4.2
NCY-JD140	800	11	1.4	1.4～2.8	1～22	4.2

3. 机械洛阳铲的优势

(1) 机械洛阳铲主要适用于陕西、甘肃、宁夏、山西、河南等地区，这些地区地质条件为黄土、湿陷性黄土、含石量较少且硬度较低的松砂石。

(2) 机械洛阳铲主要适用于人工挖孔基础、掏挖式基础等圆形断面基坑的开挖，采用农用三轮车即可实现施工转场运输。

(3) 机械洛阳铲与同类机械中旋挖钻比较，优点是组装方便、结构简单、占地用地面积小，主要适用于农田地、山区、丘陵地带，避免了大型旋挖钻机进入施工现场对施工道路及占地用地的特殊要求。

三、机械洛阳铲基坑开挖技术经济效益

机械洛阳铲在基坑开挖中的应用如图 1-2-1-1 所示。

使用机械洛阳铲进行基坑开挖，可将人工挖孔基础基坑开挖中坑深 5～15m 三级风险、15m 以上四级风险分别降为二级、三级风险；可节约施工成本、提高施工效率。机械洛阳铲人工挖孔基础施工在酒泉-湖南±800kV 特高压直流输电线路工程中得到大范围应用，功效提升及施工成本控制效果显著。

图 1-2-1-1　机械洛阳铲在基坑开挖中的应用

1. 技术对比

下面以酒泉-湖南±800kV 特高压直流输电线路工程（甘 6 标段）3250 号、3254 号塔基相同基础形式、相同地质、相同土方量基坑开挖为例进行技术对比，详见表 1-2-1-2、表 1-2-1-3。

2. 经济效益对比

下面以酒泉-湖南±800kV 特高压直流输电线路工程（甘 6 标段）3250 号、3254 号塔基基坑开挖为例进行经济效益对比，详见表 1-2-1-4、表 1-2-1-5。

表 1-2-1-2　　两种开挖形式技术对比

基础形式：WZC27104B2009　　断面直径：1.6m

基坑深度：16m　　开挖土方量：4×32.2=128.8m^3

洛阳铲型号：NCY-JD100

序号	3254 号塔基人工开挖		3250 号塔基机械开挖	
	工种/机械	投入	工种/机械	投入
1	现场负责人	1	现场负责人	1
2	机械操作手（吊机）	1	机械操作手（洛阳铲）	1
3	安全员	1	安全员	1
4	技术员	1	技术员	1
5	质量员	1	质量员	1
6	普工	4	普工	2
7	发电机	1	发电机	1
8	小型吊机（提土用）	1	机械（洛阳铲）	1
9	小车	1	小车	1
10	铁锹	2	铁锹	0
11	镐头	2	镐头	0
12	取土桶	2	取土桶	0
13	风险等级	四级	风险等级	三级
14	使用工时	15d	使用工时	2.5d

表 1-2-1-3　　技术对比结果

序号	投入	人工开挖	机械开挖	机械与人工对比结果
1	人工	9 人	7 人	机械开挖减少 2 人
2	机械、工器具	—	—	机械减少铁锹、镐头、取土桶等 6 把工器具
3	工时	15 工日	2.5 工日	机械减少 12.5 工日
4	风险等级	四级	三级	机械开挖风险降低

表 1-2-1-4　　两种开挖形式经济效益对比

序号	3254 号人工开挖（15d）		3250 号机械开挖（2.5d）	
	机械购置及人工	费用/元	工种/机械	费用/元
1	现场负责人	5000	现场负责人	834
2	机操作手（吊机）	3000	操作手（洛阳铲）	500
3	安全员	2500	安全员	416
4	技术员	4000	技术员	667
5	质量员	2500	质量员	416

续表

序号	3254号人工开挖（15d）		3250号机械开挖（2.5d）	
	机械购置及人工	费用/元	工种/机械	费用/元
6	普工4人	8000	普工2人	666
7	发电机	2000	发电机	2000
8	小型吊机（提土用）	2000	机械（洛阳铲）	28000
9	小车	300	小车	300
10	铁锹	100	铁锹	0
11	镐头	100	镐头	0
12	取土桶	100	取土桶	0
13	机械一次性投入	4600	机械一次性投入	30300
14	人工费投入	25000	人工费投入	3499

表1-2-1-5　　经济效益对比结果

序号	投入	人工开挖	机械开挖	机械与人工对比结果
1	人工费	25000元	3499元	机械开挖人工费费用降低21501元
2	机械、工器具一次性投入费	4600元	30300元	人工开挖一次性投入费用相对降低25700元

3. 经济效益分析

结合资源投入分析，当单基开挖土方量为128.8m³时，人工开挖比机械开挖节约4199元，经计算采用人工开挖人工费194元/m³、洛阳铲开挖人工费27.2元/m³。因机械费为一次性投入费用，后续施工仅为维修保养费，维修保养主要为发电机，两种开挖方式均使用发电机，维修保养费用基本相同，因此后续仅对开挖土方量及人工工时费进行对比分析，见表1-2-1-6。

表1-2-1-6　　经济效益对比分析

开挖土方量	人工开挖费用	洛阳铲开挖费用	对比结果
154.08m³	人工费+机械费=154.08×194元+4600元=34491元	人工费+机械费=154.08×194元+30300元=34491元	当开挖土方量界定中间值154.08m³时人工开挖与洛阳铲开挖经济效益相同

（1）当人工挖孔基础中开挖土方量较少，不大于154.08m³时，建议采用人工开挖经济效益效益较高；针对深基坑基础开挖四级风险采取相应防护措施。

（2）当人工挖孔基础中开挖土方量较大，大于154.08m³时，建议优先采用机械洛阳铲进行开挖；当开挖方量大于154.08m³时，每开挖一立方米洛阳铲机械开挖比人工开挖节省人工费为194－27.2＝166.8（元）；假设人工挖孔基础开挖土方量为1000m³，则采用洛阳铲开挖比人工开挖将节约人工成本为（1000－154.08）×166.8＝141099（元）。由此可见，开挖土方量越大，使用机械洛阳铲比人工开挖费用节约的成本将会成倍增加，施工风险等级可降低为三级风险。

第二节　长螺旋钻孔压灌混凝土后插钢筋笼灌注桩基施工方法

一、长螺旋钻孔压灌混凝土后插钢筋笼灌注桩基施工方法的优点

××变电站的详勘报告称，拟建场地貌单元为荒地，场地底层主要为较厚的第四系全新统冲洪积层，岩性主要由粉土、细砂、中砂、圆砾等组成。据此，地基处理工程采用钻孔灌注桩工艺进行试桩，试桩时采用旋挖钻机械成孔灌注桩工艺，采用埋设护桶、泥浆护壁成孔，发现地勘地质情况与实际底层地质不相符。实际地质为：2～17m有流沙层，还有夹泥层。采用旋挖钻机械成孔灌注桩试桩结果发现：旋挖钻机械成孔灌注成孔效率低，原材料及水资源浪费大，泥浆破坏施工场地环境，泥浆运输增加成本。因此，决定在后期工程桩施工采用长螺旋钻孔压灌混凝土后插钢筋笼灌注桩施工工艺，此施工工艺具有操作简便、混凝土灌注速度快、成桩质量好、造价低等优点。

二、设备特点和技术参数

1. 设备特点

长螺旋钻机主要是由动力头、钻杆、立柱、液压步履式底盘、回转机、卷扬机拉动及电气液压系统等组成的地基与基础处理设备。在工作状态下，通过操纵液压系统，可实现行走、回转，起落立柱和桩机对位。适用于CFG桩工法、灌注桩、预制桩、地下连续墙等软基加固，特别适用于基础工程的桩基础施工。工作时由动力头驱动钻杆、钻头旋钻钻进，卷扬机控制钻具升降，钻至设计孔深，采取边提钻边压注混凝土而成桩。

2. 技术参数

（1）桩机型号：LX-22型液压步履式长螺旋钻机。

（2）成孔直径：300～800mm。

（3）最大成桩深度：25m。

（4）回转角度：180°。

（5）桩机质量：36t。

（6）钻杆转速：23r/min。

（7）工作状态（长×宽×高）：10.07m×5.5m×27.05m。

（8）运输状态（长×宽×高）：4.3m×2.8m×3.8m。

三、设备先进性

打桩施工中，一般遇到卵石层钻进速度变慢，容易卡钻；插放钢筋笼的辅助振动装置晃动大，控制有困难。设备先进性体现在以下两方面：

（1）在钻头上有两道切削，提高了卵石层地基钻进效率，减少卡钻事故。钻头改进后效果见图1-2-2-1。

（2）弹簧振动装置，弹簧振动锤利用电动机带动两组偏心块做相反的转动，使它们所产生的横向离心力相互抵消，而垂直离心力则相加，由于偏心轴转速快，于是使整个系统产生垂直的上下振动，从而达到沉桩更为稳定，并且具有灌入力强、沉桩质量好、坚固耐用、故障少、使用方便、电源适应强、噪声低等特点，如图1-2-2-2所示。

图1-2-2-1　钻头

图1-2-2-2　弹簧振动锤

弹簧振动锤主要技术主参数如下：

（1）型号：DZ4。

（2）电机功率：4kW。

（3）振动频率：1100r/min。

（4）激振力：26kN。

（5）外形尺寸（长×宽×高）：0.87m×0.64m×0.96m。

（6）质量：0.58t。

四、效益与应用

1. 施工工艺简单、效率高

长螺旋钻孔压灌混凝土后插钢筋笼灌注桩施工主要工序包括桩机就位、钻进成孔、泵灌混凝土和插放钢筋笼工作，施工全过程利用液压步履式长螺旋钻机成孔，灌注混凝土料，插放钢筋笼至成桩，如图1-2-2-3所示。较常规冲击钻机成孔、安放钢筋笼后灌注混凝土成桩工艺，简化了桩位埋设护筒、泥浆、渣石清理、导管安装、水下浇混凝土及泥浆清运、埋设等工作，同时设备利用率也相对较高。

××变电站工程采取长螺旋钻孔压灌混凝土后插钢筋笼灌注桩施工成桩，共计完成灌注桩816根，成桩16320.0m，施工有效工作日40d，有效工作时间960h，单台机组平均每台班（8h）可成桩10根。采用冲击钻机成孔、安装钢筋笼后灌注混凝土成桩工艺施工，本工程桩正常施工情况下，单台机组平均每台班可成桩1根，需配置4台套冲击钻机进行施钻方可满足工程进度要求。从而得知，采取长螺旋钻孔压灌混凝土后插钢筋笼灌注桩施

图 1-2-2-3　施工现场

工成桩技术较为明显提高了施工效率，加快了施工进度。

2. 取得的成果

根据本变电站地质状况，针对液化严重及流沙夹泥层地层情况，地基工程将旋挖钻成孔灌注桩工艺调整为长螺旋钻孔压灌混凝土后插钢筋笼桩。长螺旋钻孔压灌混凝土后插钢筋笼桩工艺不仅保证了桩身完整性，有效避免了工程施工中出现的颈缩、断桩、虚桩等难题，同时该工艺具有污染小、噪声小、扰动小、施工速度快、成本相对低等优势，也有利于改善作业环境和现场环保。

（1）工期。按照当时业主要求和土建交接情况，地基打桩共计 816 根桩，工期为 40d。如果采取旋挖钻成孔灌注桩工艺，平均 4h 完成一根桩，每天完成 5 根工作量，很难满足工期要求。经过试验对比后采用长螺旋钻孔压灌混凝土后插钢筋笼灌注桩工艺，平均 40min 一根桩，每天完成 32 根。

（2）施工成本对比：

1）旋挖钻机械成孔灌注桩成本，20m 桩需泥浆 7.5m^3，泥浆成本 450 元/m^3，每孔材料人工费共计 3700 元。排浆及泥浆外运 90 元/m^3，每孔 630 元/桩。

2）长螺旋采用干成孔，不存在制作泥浆及排浆问题，不产生额外成本。

（3）环保对比：

1）旋挖钻机械成孔灌注桩由于要进行泥浆护壁，在放钢筋笼和灌注混凝土时造成泥浆排除，渣土及泥浆外运，造成现场脏乱，破坏施工环境。

2）长螺旋采用干成孔，成孔后只需要处理渣土。

第三节　预制混凝土方桩典型施工方法

一、预制混凝土方桩典型施工方法的特点

该施工方法具有施工简单、质量易控制、工期短、在相同土层地质条件下单桩承载力最高、造价低等显著特点。但与静压法比较，有振动大、噪声高、在深度大于30m的砂层中沉桩困难等缺点。

二、施工工艺流程

（1）桩机就位调整，使桩架处于铅垂状态，并在拟打桩的侧面或桩架上设置标尺。

（2）根据桩长，采用合适的吊点将下节桩吊起，并令其垂直对准桩位中心，将桩锤下的桩帽（已加好缓冲垫材）徐徐松下套住桩顶，解除吊钩，检查并使桩锤、桩帽与桩三者处于同一轴线上，且垂直插入土中。

（3）起锤轻压或锤击，在两台经纬仪的校核下，使桩保持垂直，即可正式沉桩。

（4）当下节桩顶近地表50cm，即可停打，用同样方法吊起上节桩，与下节桩对正后，即可接桩。

（5）焊接接桩完毕后，方可继续沉上节桩。

（6）当上节桩桩顶距地表50cm，选用合适的送桩器送桩，并使送桩器中心线与桩身中心线吻合一致。送桩到设计标高后，再拔出送桩器。

（7）桩基移位，进入下一根桩位。

三、施工操作要点

1. 试桩

按要求进行试桩施工，记录每米的锤击数以及总锤击数、桩顶标高、最后1m锤击数、最后三阵贯入度、桩身长度等技术参数，进行试桩检测、试验（小应变检测桩身的完整性、单桩竖向抗压静载试验、单桩竖向抗拔静载试验）等。通过试桩所得数据和检测、试验的结果给设计提供设计依据，优化桩型、桩数及承台构造，指导现场大面积施工。因此，桩基施工试验在施工过程中占重要地位，试桩工程现场如图1-2-3-1所示。

图1-2-3-1　试桩工程现场

2. 定位放线

依据设计图纸及测绘文件计算各桩位与控制坐标点的相对尺寸，采用电子全站仪或经纬仪放出桩位。通过测量对桩位进行复核。

桩位放出后，在桩位中心用30cm长的$\phi 8$钢筋插入土中，钢筋两端做好标识，并制作与方桩等大的模具，在地面以桩位为中心沿模具用白灰撒放标记。

由于压桩机的行走会挤压作为桩位插入的钢筋，当桩机就位后还需重新测量桩位。

图1-2-3-2 吊桩及插桩

3. 桩机就位

施工现场场地承载力必须满足压桩机械的施工及移动，不得出现因沉陷导致机械无法行走甚至倾斜的现象。

4. 吊桩及插桩

方桩长度一般在12m以内，可直接用压桩机上的吊机自行起吊及插桩。采用双千斤（吊索）加小扁担（小横梁）的起吊法，可使桩身竖直进入夹桩的钳口中。

当桩被吊入钳口后，由前台指挥人员指挥压桩司机将桩缓慢降到桩头离地面10cm左右为止，然后夹紧桩身，微调压桩机使桩头对准桩位，将桩压入土中0.5～1.0m后暂停下压，用两台经纬仪从桩的两个正交侧面校正桩位垂直度。当桩身垂直度满足规范要求时才可正式入桩，如图1-2-3-2所示。

5. 压桩

在每节单桩桩身划出以米为单位的长度标记，观察桩的入土深度。

桩垂直度偏差不得超过桩长的0.5%。在压桩过程中还要不断观测桩身垂直度，以防发生位移、偏移等情况并做好过程记录。

宜将每根桩一次性连续压到底，且最后一节有效桩长不宜小于5m。抱压力不应大于桩身允许侧向压力的1.1倍。

6. 送桩

当桩顶设计标高较自然地面低时必须进行送桩。送桩时，送桩器的轴线与桩身轴线吻合。根据测定的局部地面标高，在送桩器上事先标出送桩深度。通过水准仪根据观测，准确地将桩送入设计标高。

送桩的最大压力值不宜超过桩身允许抱压力的1.1倍。

7. 沉桩

到达设计标高或终压值达到设计标准后终止沉桩，如图1-2-3-3所示。

图1-2-3-3 送桩及沉桩

四、质量控制

1. 预制钢筋混凝土方桩质量保证

(1) 桩在现场预制时，应对原材料、钢筋骨架、混凝土强度进行检查。采用工厂生产的成品桩时，桩进场后应进行外观及尺寸检查。

(2) 施工中应对桩体垂直度、沉桩情况、桩顶完整状况、接桩质量等进行检查，对电焊接桩，重要工程应做10%的焊缝探伤检查。

(3) 施工结束后，应对承载力及桩体质量做检验。

(4) 对长桩或总锤击数超过500击的锤击桩，应符合桩体强度及28d龄期的两项条件才能锤击。

2. 计量器具质量保证

测量工具应在检定的有效期内。

3. 桩位控制

通过精确的测量保证桩位的精度，同时满足场地平整坚硬。

4. 垂直度控制

用两台经纬仪在十字交叉的方向进行观察，以便及时发现问题。当桩垂直偏差大于1%时，应停止继续打桩，拔出桩并找出原因与设计沟通同意补桩。严禁移动打桩机进行强行纠偏。

5. 标高控制

每次施工前，复核控制点无误。将水准仪安放在桩机与控制点之间适当位置，测定此时水准仪下面的送桩长度，并记录在送桩器上，送桩时，设专人指挥。

五、经济效益分析

预制桩在基础工程中应用的经济效益很明显，以某工程为例，现根据地质报告就锤击预制桩和钻孔灌注桩两者的经济指标进行分析，详见表1-2-3-1。

表1-2-3-1　两种桩型经济指标表

拟建物	桩型	桩径/mm	桩长/m	桩顶标高/m	桩尖入⑦-1层深度/m	单桩垂直承载力/(kN/根)	桩数/根	市场单方造价/元	总造价/万元
桩型1号	预制桩	350×350	12.5	1091.9	2.7	350	587	1874.32	168.47
	灌注桩	ϕ600	12.5	1091.9	2.7	350	587	1484.05	307.72
桩型2号	预制桩	350×350	10.5	1092.1	1.0	350	138	1874.32	33.26
	灌注桩	ϕ600	10.5	1092.1	1.0	350	138	1484.05	60.76
桩型3号	预制桩	300×300	10.5	1093	1.0	350	669	1874.32	118.49
	灌注桩	ϕ600	10.5	1093	1.0	350	669	1484.05	294.6

从表1-2-3-1可以看出，预制桩明显比灌注桩具有经济优势，同时不包含灌注桩的充盈系数所带来的成本增加。一般来说，由于预制桩施工噪声大及挤土效应给周围环境带来的危害限制了它在市区的施工。但是由于其造价低、工期短，因而在郊区的工程建设中日益得到推广。

第四节　液压分裂机在基础施工中的应用

一、用分裂机代替爆破岩石的优越性

随着电网建设的快速发展，电力线路走廊多为山区，目前山区输电线路工程中多采用人工挖孔基础、掏挖式基础等形式。山区施工地质多为岩石，部分地质不适用采用爆破方式进行开挖。西藏藏中和昌都电网联网工程，地质多为岩石，且地质较破碎，塔位全部位于高山密林自然保护区内，西藏地区自然环境特殊，采用爆破施工有诸多不便。为了工程真正实现绿色环保施工的理念且有效降低施工风险，部分基础采用液压分裂机取代爆破。该作业方式操作简单，安全高效，是值得推广的一种绿色环保施工方法。图1-2-4-1和图1-2-4-2分别示出了岩石分裂机和分裂枪。

图1-2-4-1　岩石分裂机

图1-2-4-2　分裂枪

二、主要技术创新点

(1) 安全性。液压分裂机在静态液压环境下工作是可控性的，因此不会像爆破和其他冲击性拆除、凿岩设备那样，产生一些安全隐患，无须采取复杂的安全措施。

(2) 环保性。液压分裂机工作时，不会产生震动、冲击、噪声、粉尘飞屑等，周围环境不会受到影响。即使在人口稠密的地区或室内，以及紧密设备旁，都可以无干扰地进行工作。

(3) 经济性。液压分裂机数秒钟就可以完成分裂过程并且可以连续无间断地工作，效率高；其运行及维护保养成本低；无须像爆破作业那样采取隔离或其他耗时和昂贵的安全措施。

（4）实用性。液压分裂机人性化的使用设计和耐用性的结构设计，确保了其使用方法简单易学，仅需单人操作；维护保养便捷；使用寿命长；分裂机和动力站的搬运也十分方便。

（5）精确性。与大多数传统的拆除方法和设备不同，液压分裂机可以预先精确确定分裂方向，分裂形状以及需要取出的部分尺寸，分裂、拆除精度高。

（6）灵活性。液压分裂机具有体积小、重量轻、分裂力大的特点（最大分裂力可达500tf），在室内或狭窄的场地都可以十分方便地进行拆除分裂；同时还可以在水下作业。

三、效益与应用

采用爆破施工需单独招标有资质的爆破单位来施工，需采用专业分包的方式进行。采用液压分裂机施工无须单独招标施工单位，劳务分包人员只需要简单培训就可以施工使用。

爆破施工需要施工单位做专项施工方案，并经施工单位总公司审批、专家审核论证、经施工项目部、监理项目部、业主项目部审核后才可以实施，手续烦琐麻烦。采用液压分裂机施工，只需施工项目部编写施工方案，报监理、业主审核即可。

爆破施工需报备当地公安局，修建炸药库，需要有爆破资质人员进行施工，炸药的进出库需登记清楚，炸药的运输需专车运输、专人押运，费用较高。采用液压分裂机施工，只需花费机器采购的费用和日常维护费用。以一队与二队分别采用液压机施工和爆破施工为例，对比分析相同地质、相同基础形式的基础施工。采用液压分裂机施工时，需购买设备1台及配套钳头等，花费5万元，开挖直径2m，长度30m岩石基础，需技工3人，普工6人，时间约20d，按照技工350元/d，普工200元/d，运输费用10000元，合计费用105000元。采用爆破施工时，开挖直径2m，长度30m岩石基础，需要专业爆破人员2人，普通6人，时间约30d，爆破人员400元/d，普工200元/d，炸药库费用50000元/月，炸药费用约6000元，每天押运费用（包括车、公安人员）500元/d，费用合计131000元。此计算费用只按照单基对比分析，工程量越大，施工时间越长，液压分裂机平均施工费用越低，而爆破施工的平均费用却不会降低，如图1-2-4-3和图1-2-4-4所示。

液压分裂机人性化的使用设计和耐用性的结构设计，确保了其使用方法简单易学，仅需单人操作，维护保养便捷，使用寿命长。分裂机和动力站的搬运也十分方便，不受地形和场地限制，受天气影响小，可连续作业，作业范围精确，避免因开挖过大造成浪费，且在施工中不会产生震动、冲击、噪声、粉尘飞屑等，对周围环境影响小。采用爆破施工受周围环境影响大，不能连续作业，有时因炸药、天气、政治环境等因素需停工等待，而且施工过程中动静大、乱石、粉尘大，对周围环境及地质扰动大。

采用爆破施工安全风险大，现场危险点多，爆破施工属于四级风险，需公司领导、监理部总监、业主项目部经理、安全员全部到岗到位。采用液压分裂机施工属于三级风险，项目部可以管控到位，现场施工风险较低，不会占用项目部较多的管理资源。

液压分裂机主要用于建筑石材的开采作业，大块矿石的二次解体，混凝土构件局和全部拆迁作业，天然石材开采、分裂、破碎。特别适用于大块岩石的二次分裂，是一种完全可以取代爆破作业和手工解体的理想设备。

图 1-2-4-3　液压分裂机作业现场

图 1-2-4-4　液压分裂机在分裂岩石

第五节　铁塔掏挖坑测距仪

一、研究背景

在掏挖式基础的施工设计中，掏挖坑完成挖掘以后则需要人工到坑底使用卷尺等工具完成相关直径数据的测量工作，存在安全隐患，特别是基坑深度超过 5m 及以上的深基坑开挖，依据《国家电网公司电力安全工作规程（电网建设部分）》要求，人员进入基坑前需检测有害气体含量，上下基坑需绑扎安全带，坑口须设置安全监护人等，工作要求严格，且人员进入基坑测量误差较大，风险较大。针对上述问题，急需提供一种测量精确、使用方便、安全性能高的铁塔掏挖坑测距仪，测量人员无须上下基坑，就可以精确测量掏挖基坑坑底尺寸。

二、主要技术创新点

铁塔掏挖坑测距仪利用超声波传感器的发射头发出的超声波以一定速度在空气中传播，在到达被测物体时被其表面反射返回，再由超声波传感器的接收头接收，可得其往返时间，由此可算出测试的距离数据，最后通过处理将测得数据传送至液晶显示屏显示。此设备测试后运行稳定可靠，数据准确，使用方便，如图 1-2-5-1 所示。

测距仪测量精度很高，铁塔掏挖坑测距仪在 750kV 线路工程中实际应用情况，测量 750kV 线路工程掏挖坑，设计数据，测量误差可控制在 0.02mm 范围内。应用铁塔掏挖坑测距仪，可以有效地测量掏挖基坑的坑底测量数据，减少劳动量与人为因素造成的测量误差，同时也降低了施工作业人员进入基坑测量的安全风险，提高了测量数据的精确度，同时提高了工作效率。

三、效益与应用

铁塔掏挖坑测距仪主要解决检测人员在深基坑数据验收时上下基坑测量数据的问题，

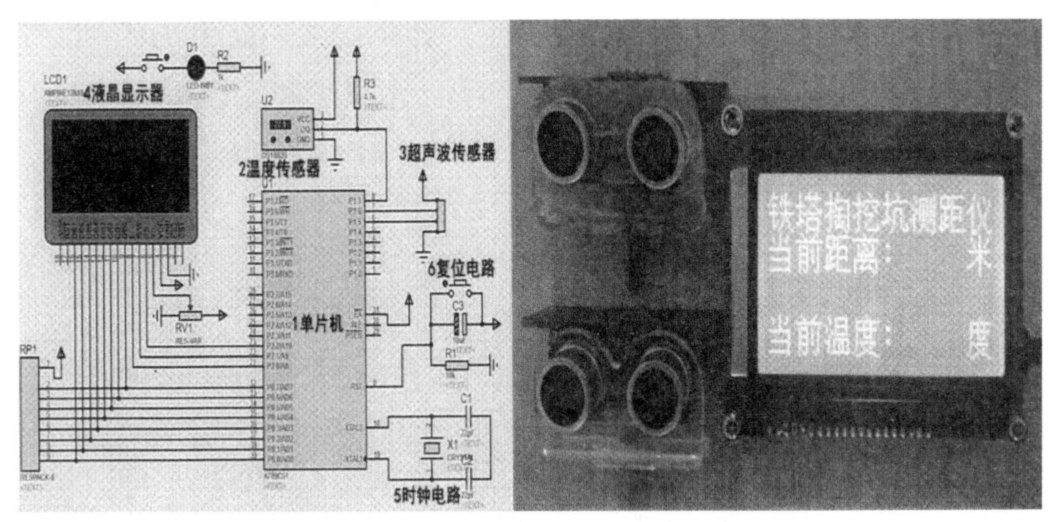

图 1-2-5-1　铁塔掏挖坑测距仪原理及实物图

基坑验收人员通过掏挖坑测距仪，直接可以显示坑底各项数据尺寸，避免了人员上下基坑存在的安全风险。表 1-2-5-1 是使用测距仪前后效益比较表。

表 1-2-5-1　　使用测距仪前后效益比较表

序号	工作内容	人员数量	测量时间	备　注
1	基坑测量（使用前）	2 人	60min/基	包含有害气体检测、上下基坑、安全监护
2	基坑测量（使用后）	1 人	10min/基	掏挖坑测距仪，无须上下基坑

铁塔掏挖坑测距仪相关材料采购及人员费用 5000 元。每人工资 260 元/d，全线掏挖坑 167 基，可节约时间 140h。

铁塔掏挖坑测距仪只需将由温度传感器与超声波传感器集成的测量电路主板使用伸缩棒送至掏挖坑底即可代替人工上下基坑完成输电线路铁塔基础掏挖坑的相关测量工作，减少了劳动量与人为因素造成的测量误差，主要是降低了施工作业人员进入基坑测量的风险，提高了测量数据的精确度，同时提高了工作效率，符合智能高效施工、方便快捷施工、安全经济施工的要求，安全就是效益，保证安全就可以提升工程建设的经济效益。

该铁塔掏挖坑测距仪研制成功后，可广泛用于国内同行业 220～1000kV 输电线路掏挖基础基坑基础数据的测量工作，有较高的实用价值，在国内极具推广价值。铁塔掏挖坑测距仪是国内首创，解决了输电线路掏挖基坑无须上下基坑便可数据测量的问题。现已申请了实用新型专利，并确认受理通过。

第六节　插入式角钢基础角钢固定模具的使用

一、插入式角钢基础角钢固定模具工作原理

目前自立式铁塔插入式角钢的固定施工过程中使用的固定模具比较落后。如果选用插

入式角钢基础角钢固定模具，可使自立式铁塔插入式角钢的固定以及后期浇制过程中的调整效率提高30%。

此插入式角钢基础，角钢固定模具由支撑架、支撑螺杆、调整固定螺丝、固定插钢架组成，如图1-2-6-1所示。插入式角钢基础角钢固定模具工作原理如下：

（1）通过支撑螺杆的调平和调整角钢单面坡比达到设计值要求。

（2）调整固定螺丝辅助支撑螺杆工作。

（3）固定插钢架起固定插钢作用。

（4）支撑架在其零件的配合下支撑整个角钢作用。

（5）花篮螺丝可起到调整综合坡比的作用，使角钢达到设计值要求。

图1-2-6-1　插入式角钢基础角钢固定模具

二、主要技术创新点

（1）施工前期准备时方便运输，相对于斜柱插入式角钢的调整长杆，更方便运输，同时安装简单方便，由现场带班班长带领施工人员能很快准备好，进行下一道工序开展。

（2）在施工过程中，利用支架可调的性质，在浇制即将结束进行角钢调整时，能以最快的速度进行角钢的校准工作。

（3）施工现场占地小，对施工现场狭窄的工程特别有利。插入式角钢基础角钢固定模具的使用则很好地弥补了对环境破坏方面的问题。

（4）在施工运输过程中，因当地劳工法规定，人员与工器具需要分开装运，所以对车辆的要求较多，当运输较长较大工器具时需要单独派遣车辆。插入式角钢基础角钢固定模具因其体积较小，可转载于人员车厢后的车斗中，不需要单独安排其他车辆进行运输，同时到施工现场时可以人工装卸，便于施工。

（5）插入式角钢基础角钢固定模具是一套定做加工完成的工具，可重复使用，且在施工时便于调节，这样可以节约出大量的时间，便于其他工序的展开，人员的效率可大幅提升，也间接降低了人员的使用费用。

第七节　环形水泥杆钢质口对接焊成型托架的研制和应用

一、主要技术创新点

1. 要求

在新建变电站工程中，全站构架水泥杆体对焊是重要工序，如图1-2-7-1和图1-2-7-2所示。因此，环形水泥杆钢质口对接焊成型滚轮托架应满足以下要求：

（1）便于施工现场安装简便。

（2）降低制造成本，可以重复利用。

（3）方便操作，降低施工人员投入。

（4）占地面积小，焊接完成方便吊装。

图1-2-7-1　将水泥杆体找正对接

图1-2-7-2　检查焊缝打磨并刷漆

2. 加工难点

加工难点集中在滚轮装配体、托架、手动丝杆这几部分。

（1）滚轮装配体。滚轮的外壳是外圆，表面是直接与水泥杆体，重达500kg圆轴面接触，需要高硬度、高耐磨性，经过筛选选用符合尼龙材质的轴质材料。

（2）托架。托架选用毛坯铸铁件，在加工前看有无明显铸造缺陷，加工余量是否足够，要求满足位置和尺寸精度，用于与基础连接，如图1-2-7-3所示。

（3）手动丝杆。丝杆需要在车床加工，精度要求高。

3. 现场使用及吊装

焊缝的宽度及厚度达到设计要求，焊工在焊接时，可以随时转动，不需要挖坑躺在坑底焊接，如图1-2-7-4所示。以往水泥杆在焊接之前，要放置15d左右，原因是必须经过杆口对接、杆口焊接、爬梯及附件安装等工序，才能起吊，现在使用成品托架，就可以在托架上一次完成以上工序，防止污染杆体。

图1-2-7-3 托架

图1-2-7-4 作业现场

二、效益与应用

(1) 变电站交叉施工，各个作业面都在开展施工，实际安装方面选用空地不占用资源，安装时间为2d，利用施工现场现有条件，快速便利。

(2) 选用市场成熟材料加工制作，可使用成熟焊接托架，成本折旧率低。

(3) 在某变电站工程中，与以前的变电站构架杆施工比较，要省人力12～15人，以往构架施工需要35～40名工人，施工周期为3个月。目前本站施工，人力成本节省450工时，工期缩短至2个月内，间接成本节省5万元左右，达到精细化施工要求。

第八节 钢筋工程外箍筋坑内绑扎辅助工具研制应用

一、辅助工具的研制

输电线路杆塔基础工程的主要形式是人工挖孔基础。如果塔基多位于山地，施工时受地理限制影响，施工作业面小，无法使用常规方法将基础钢筋在地面绑扎完成后使用吊车等起重设备将钢筋笼分段或整体吊入基坑孔内。必须采取有效措施在坑内制作钢筋笼而又能够确保基础钢筋质量验收符合规范要求的方法进行基础钢筋工程的施工。

该基础形式钢筋笼主要由主筋、内箍筋、外箍筋三部分构成。在坑内制作钢筋笼时首先将主筋通过人工操作放置基坑孔内，然后再将材料站加工完成的内箍筋按照设计图纸尺寸点焊在主筋上，但由于钢筋保护层厚度设计值只有50mm，再加上根据设计图纸要求，外箍筋为一根平均长度为400m左右的ϕ8圆钢（设计要求：不允许截断再焊接），在施工过程中加大了施工现场钢筋绑扎难度，不能满足钢筋工程质量验收要求。

为了很好地解决此项工程技术难题，研制成功了钢筋外箍筋坑内绑扎辅助工具，如图1-2-8-1所示。此辅助工具的成功诞生顺利解决了该项工程的技术难题，同时也提高了工作效率。图1-2-8-2所示为外箍筋坑内绑扎现场。

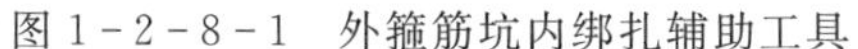

图 1-2-8-1　外箍筋坑内绑扎辅助工具

图 1-2-8-2　外箍筋坑内绑扎现场

二、主要技术创新点

该工具制作简单、生产材料随处可见，制作成本低廉，使用方法简单易懂，受到施工作业人员的好评。

通过产品试用，该工具满足设计、规范和工艺要求，提高工作效率。施工使用时满足基础钢筋验收规范要求，满足施工进度要求。

通过使用该工具，目前满足施工各项要求，工具性能良好。此辅助工具成功地解决了山区基础施工作业绑筋困难的技术难题，推动了施工进度，减少了施工难度，保障了工程质量。

三、效益与应用

该工具制作简单，成本低廉。可旋转线盘架可以用废旧的普通自行车车轮骨架代替，底部支架可以用两根 1.5m 长钢管焊接而成。这些零件都可以到废旧市场买到，而且价格便宜。通过使用该工具，大大减少了人力、提高了工作效率、缩短了工作时间、更好地控制了施工质量等。

第三章

高压输电线路架线新技术

第一节　山区地形采用重型索道运输牵引设备跨越500kV电力线路

一、采用重型索道运输牵引设备的必要性

在险峻的山区，经常遇到无法设置常规牵张场的问题，容易出现重要电力线路交叉跨越等特殊条件情况下的架线施工难题。面对恶劣、特殊的施工条件，为保证电网的安全及运行，采用6t级重型索道运输牵引设备至山上，采用定长导线减少压接时间等措施，实现最短天数完成跨越施工。

二、技术创新点

（1）作为重要、高难度跨越，采用6t级重型索道运输牵引设备至山上开设的牵引施工平台完成施工任务，为输电线路跨越施工首次，建立了新的跨越施工模式。

（2）6t级重型索道是目前特高压建设中使用的最高重量等级的重型索道，由于索道架设及运行的高危险性，项目部技术人员在原有索道理论基础上进行了综合整理，山区现场反复勘查、试验，独立设计完成，大大提高了目前重型索道的运输能力及重量等级。

索道平面分解布置如图1-3-1-1所示。

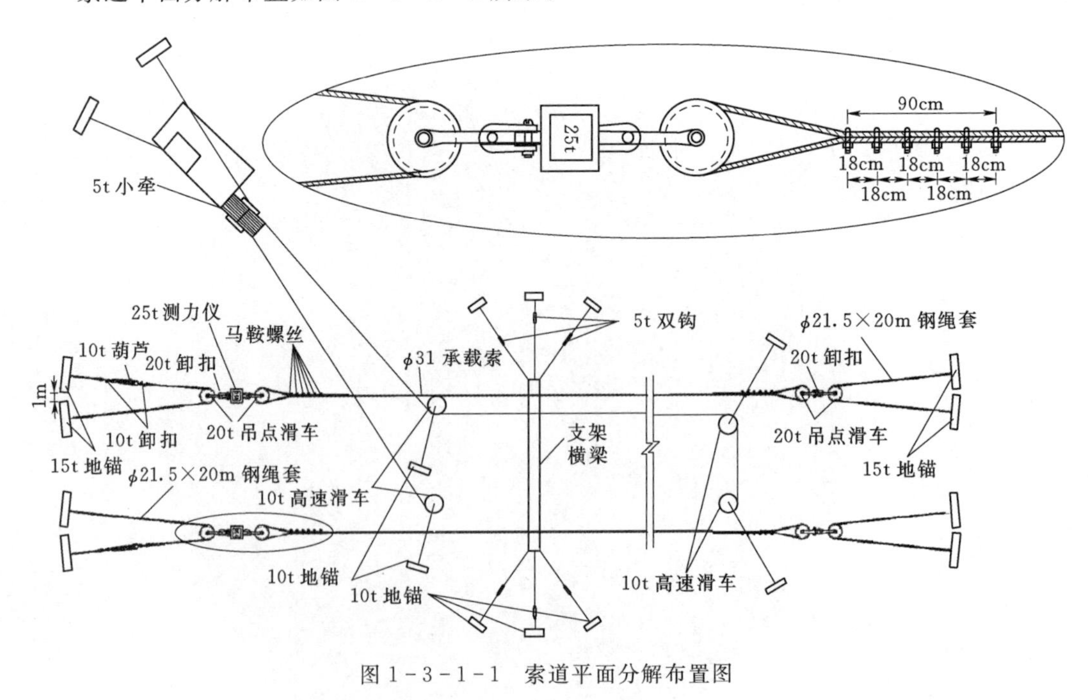

图1-3-1-1　索道平面分解布置图

（3）针对6t级索道在设计过程中的众多安全风险点，进行了2～3层的保护设置，对鞍座进行了减震改进等措施，以保证索道的运行安全及高效。

索道运输牵引设备施工现场如图1-3-1-2所示。

(a) 布置

(b) 运输

图1-3-1-2　索道运输牵引设备施工现场

三、效益与应用

(1) 本次涉及跨越的500kV输电线路，按照原方案需停电18d，采用此方案后停电时间控制在了10d。

(2) 前期计划是使用直升机运输，配合山上牵引场的施工方案，费用极高；而改用索道运输牵引机，费用仅为其$\frac{1}{5}$左右。

(3) 实践证明此种施工方案使安全及效益达到最优。此施工方案投入的费用小，产生的效益大。此种施工方案可以运用到类似的施工任务中。

第二节　无人机展放引绳技术在750kV输电线路工程跨越施工中的应用

一、跨越施工方案的制订

目前输电线路进行跨越施工时，通常采用人工渡绳的方法。采用这种方法时，植被破坏严重，前期协调困难，投入人员众多，施工进度缓慢。如遇高速公路、带电线路等情况，将严重影响施工安全及进度。在淮北-乌北双回750kV线路工程施工中，Ⅰ标段A1033～A1035、A2033～A2035停电同时分别跨越35kV线路6条，停电时限为1d(24h)，需要封网、渡线、拆网，时间紧迫，工作量大，跨越线路多，危险点多，气候寒冷，采用人工展放引绳的方法不能满足施工要求。面对如此多的工作环节和如此大的工作量及紧张的工期，如何安全有效快捷地完成跨越施工变得十分重要。为此，需要研究如何在限定的时间内安全、快捷、有效完成施工任务。利用A1034、A2034塔身安装假横担，被跨越物外侧搭设抱杆跨越架封网，无人机高空展放一级绳引渡导引绳张力展放导线，制订确实可行的方案，采用ϕ2.0杜邦丝绳→ϕ4.0迪尼玛绳→ϕ10迪尼玛绳→ϕ16迪尼玛绳从空中张力引渡，确保施工安全、快捷、有效。

图 1-3-2-1 所示为封网现场，图 1-3-2-2 所示为无人机作业前在试飞。图 1-3-2-3 所示为无人机带绳飞越铁塔。

图 1-3-2-1　封网现场

图 1-3-2-2　无人机试飞

二、主要技术创新点

图 1-3-2-3　无人机带绳飞越铁塔

1. 时限性对比

采用普通钢管杆跨越架施工搭设和拆除跨越架需要 9d 时间，而采用无人机展放一级引绳搭设和拆除抱杆只需要 4d 时间，无人机只需 4 人 8min 完成渡绳操作，时限性要求更加精准、快捷。

2. 人员设备对比

采用普通钢管杆跨越架施工需要高空及地面人员 44 人，2 条施工线路及 6 条被跨线路 12 处跨越点需用钢管近万根，而且租赁到如此多的钢管将非常麻烦；而采用无人机配合假横担施工方式需要高空及地面人员 24 人，自有 6 根迪尼玛绳、配套抱杆、一套无人机系统及 4 名操作人员即可。八旋翼无人机系统采用目前国内最先进的飞控系统，遥控飞行半径 3000m，飞行高度 1000m，具备断桨保护、失联自动返航、飞行数据分析、黑匣子等功能，抗风抗低温，续航及载重能力强，操控性能稳定可靠。

3. 安全性对比

在普通钢管跨越架搭设过程中，钢管与带电导线安全距离不好控制，操作人员操作一不小心就有可能出现大的安全事故，而采用无人机展放引绳的施工方式绳体与被跨线路安全距离更容易控制，且无须人员攀爬跨越架，安全性更高。普通钢管搭设的跨越架过载，跨越架就会断裂和倾覆，倒向被跨电力线，造成断线或线路短路引发重大事故，而采用无人机技术只需要 8min 就可全程展放一级绳，安全性、可操作性得到极大提高。此施工方法同目前国内特高压输电线路无人机放线施工水平相当。

三、效益与应用

如果采用钢管架搭设方案，6 条被跨线路 12 处跨越点，每处跨越点采用双排制钢管

架搭设，每处搭设长度44m，搭设高度12m，每处4面，双回线累计需要钢管12处×608根/处=7296根，钢管6m/根，累计需要钢管43776m。钢管的租赁价格为0.2元/(m·d)，搭设6d，放线施工7d，拆除3d，工期计16d，钢管的租赁费用为43776×0.2×16=14（万元）。搭设时需配置24名高空及20名地面人员，搭设用工费用为（24人×400元/d+20人×150元/d)×9d=11.34万元，累计费用25.34万元。而采用无人机配合假横担施工方式需要ϕ400抱杆9副，ϕ400抱杆租赁价格为15元/(副·d)，搭设3d，放线施工7d，拆除1d，工期计11d，ϕ400抱杆的租赁费用为9×15×11=0.1485（万元）。抱杆、绳具、无人机系统往返乌鲁木齐运费为1.3万元，组立抱杆吊车费用为0.6万元，搭设用工费用为（14人×400元/d+10人×150元/d)×4d=2.84万元，累计费用4.8885万元，而且设备自有且可反复使用。

根据实际费用对比可知：人工搭设普通钢管架费用为25.34万元，此次采用无人机配合抱杆和假横担施工为4.8885万元，比传统方法节省了20.4515万元。

输电线路施工经常遇到跨越农田地、果园、古树林，采用人工展放引绳植被破坏严重，施工进度缓慢，前期协调困难且赔偿费用高昂，采用无人机展放引绳技术可以完全避免以上现象，大幅加快施工进度。采用该方法进行输电线路的跨越施工不需要停电，能非常有效地解决现场的实际问题，特别对群跨、高跨，一挡多跨、跨越点地形高差大、沼泽、湖泊、高速公路、带电电力线路等难度大的跨越点，更显其优越性和成效。采用无人机展放引绳技术省时、省力、省工、省料、安全性高，可操作性强，在输电线路施工中属于新技术、新工艺，同时也充分展示了装备能力和技术水平，具有非常好的社会效益和经济效益，在输电线路施工领域将能得到广泛的应用和推广。

另外，如果提升无人机的配置水平，配合无人机地面站系统，配置高清图传、数传装置，将航拍技术应用在线路施工中，利用无人机搭载的高清云台相机对线路进行巡视检查拍照，利用所获取的实时图像视频信息动态掌握线路的消缺状况，可大幅提升施工过程中的检修水平及消缺率，保证线路工程的零缺陷移交，将为后续输电线路施工提供更可靠的依据和手段，为线路施工保驾护航。

第三节　降低牵张放线设备噪声技术

一、噪声

噪声是指发声体做无规则振动时发出的声音。声音由物体的振动产生，以波的形式在一定的介质（如固体、液体、气体）中进行传播。当噪声对人及周围环境造成不良影响时，就形成噪声污染。噪声对人体最直接的危害是听力损伤。人们在进入强噪声环境时，暴露一段时间，会感到双耳难受，甚至会出现头痛等感觉。噪声不但会对听力造成损伤，而且能诱发多种致命的疾病，同时对人们的生活和工作造成一定的困扰。

在张力架线作业过程中，各类机械设备的制造和使用，给架线作业带来了方便和进步，但同时也产生了越来越多且越来越强的噪声，对作业人员造成不利影响，如图

1－3－3－1所示。为此选择降噪作为研究课题，如图1－3－3－2所示。

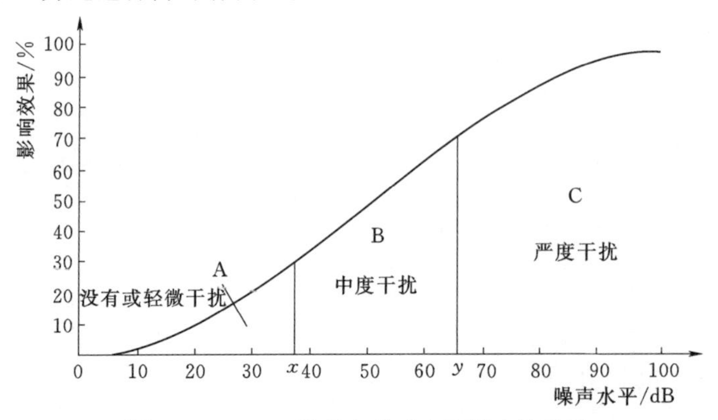

图1－3－3－1　噪声水平对人的影响效果图

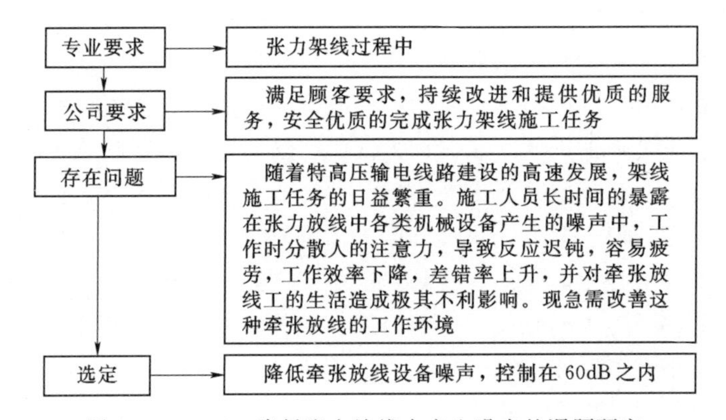

图1－3－3－2　降低张力放线中产生噪声的课题研究

二、张力放线设备噪声原因分析和确认

1. 原因分析

张力放线设备噪声原因分析鱼骨图如图1－3－3－3所示。

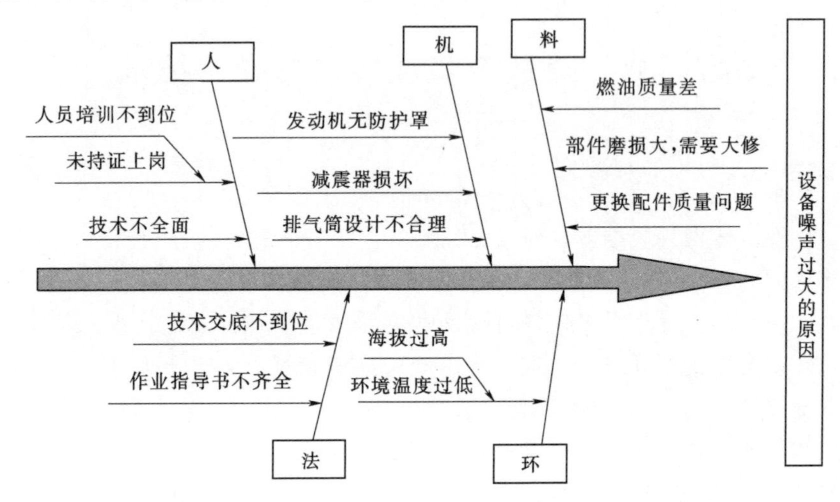

图1－3－3－3　张力放线设备噪声原因分析鱼骨图

2. 原因确认

通过“人、机、料、法、环”五方面的原因分析，制订详尽的要因确认表安排专人进行逐条确认，并得出鱼骨图中13条末端因素，见表1－3－3－1。

表1－3－3－1　　张力放线噪声要因确认计划表

序号	末端因素	确认内容	确认方法	标　　准	确认人
1	人员培训不到位	操作人员是否参加培训考试	调查分析	牵张放线设备操作规程规定	×××
2	未持证上岗	操作手是否持证上岗	调查分析	牵张放线设备操作规程规定	×××
3	技术不全面	班组人员是否新老搭配，并具备维修技能	调查分析	各班组负责人均由5年以上员工担任	×××
4	发动机无防护罩	检查施工现场设备发动机防护罩的安装情况	现场验证	《输电线路施工机具设计、试验基本要求》(DL/T 875—2004)	×××
5	减震器坏损	对设备的减震器进行抽查统计	抽样检查	牵张设备说明书、《输电线路施工机具设计、试验基本要求》(DL/T 875—2004)	×××
6	排气筒设计不合理	对排气筒结构进行检查，查看内部结构	现场验证	《输电线路施工机具设计、试验基本要求》(DL/T 875—2004)	×××
7	燃油质量差	是否添加私人家人站的油品	调查分析	应添加正规加油站的油品（中国石油）	×××
8	部件磨损大，需要大修	对易损部件进行检查，不合格的及时更换	现场验证	牵张设备说明书	×××
9	更换配件质量不过硬	设备维修部件的进出库明细、合格证	现场验证	牵张设备说明书	×××
10	技术交底不到位	分公司有具体的技术措施交底，交底签字真实有效	资料查阅	牵张放线设备操作规程规定	×××
11	作业指导书不齐全	查询分公司交底记录，查看交底栏签字	调查分析	牵张放线设备操作规程规定	×××
12	海拔过高	工作过程中，详细记录施工点海拔	资料查阅	结合当地政府提供的标准数值，记录发动机在各海拔标准情况下的运行情况正常	×××
13	环境温度过低	使用温度计进行测量，了解环境温度对噪声的影响	调查分析		×××

三、降低张力放线噪声的对策制订和实施

1. 制订对策

针对造成设备噪声过大的原因，通过对发动机加装保护罩和对设备排气筒进行改装，并制订出对策，见表1－3－3－2。

表 1-3-3-2　　张力放线降低噪声的措施

要因	对策	目标	措施	完成时间	负责人
设备噪声过大的原因分析	对设备发动机加装保护罩	降低设备噪声分贝	为设备安装保护罩	2016 年 11 月	×××
	对设备的排气筒进行改装		（1）重新制作排气筒。 （2）设计排气筒满足功能性需求，并大幅度降低设备噪声		

2. 实施对策

张力放线降低噪声的对策见表 1-3-3-3。

表 1-3-3-3　　张力放线降低噪声的对策

对策	实施情况	实施效果	优缺点	负责人
一	对设备发动机加装保护罩	阻尼、隔振噪声，噪声分贝有所降低	优点：能降低部分噪声分贝。 缺点：安装、维护烦琐	×××
二	（1）重新制作排气筒。 （2）设计排气筒满足功能性需求，并大幅度降低设备噪声	此方案实施后，小组成员对现场噪声实测发现噪声分贝大幅度降低	优点：制作安装简单，降低噪声分贝显著。 缺点：需要自行设计、加工，费用较高	×××

对策二实施后的实物如图 1-3-3-4 所示。

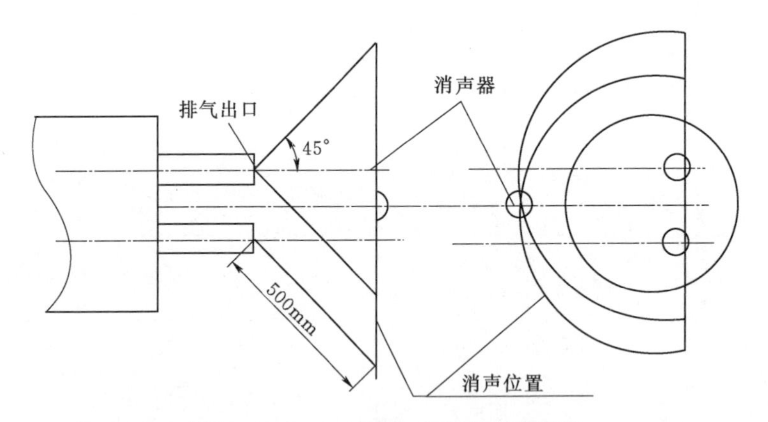

图 1-3-3-4　对策二实施后的实物图

柴油发动机消音器是利用多孔吸声材料来降低噪声，把吸声材料固定在气流通道的内壁上或按照一定方式在管道中排列，就构成了阻性消音器。当声波进入阻性消声器时，一部分声能在多孔材料的孔隙中摩擦而转化成热能耗散掉，使通过消声器的声波减弱。阻性消音器就好像电学上的纯电阻电路，吸声材料类似于电阻，此消声器对中高频消声效果较好、对低频消声效果较差。

四、降噪效果检查

设备不同阶段噪声分贝统计表见表 1-3-3-4。从表 1-3-3-4 中可以看出，安装改进后的消声器装置，可以大幅度减少设备运行时的噪声。

表 1-3-3-4　　改进排气装置后各工程牵张设备的噪声统计表

序号	发动机型号	功率/kW	生产厂家	生产日期	改进前噪声/dB(A)	改进后噪声/dB(A)
1	BF4L912	48	德国道依茨	2011 年	105	54
2	BF4L912	48	德国道依茨	2002 年	91	55
3	F4L912	51	德国道依茨	2009 年	102	56
4	F4L912	51	德国道依茨	2009 年	98	51
5	F4L912	51	德国道依茨	2009 年	102	52
6	F4L912	51	德国道依茨	2009 年	104	53
7	F4L912	48	中国华莱	1998 年	93	56
8	F4L912	48	中国华莱	1998 年	92	54
9	BF4L2011	44	德国道依茨	2007 年	89	51
10	F4L913	56	德国道依茨	2007 年	93	53
11	BF4L2011	53.5	德国道依茨	2007 年	92	54

根据统计，设备在作业过程中产生的震动与发动机工作产生的震动会使排气筒焊接部位产生应力，而这个焊接部位较为脆弱，极易发生破裂，从而使废气从破裂处漏出，使之进一步恶化，以致断裂，使排气管与排气消声器无法正常工作，损坏后每个排气筒焊接需300元，更换新排气筒需要1800元，按每年累计损坏16个计算，对设备排气管进行改造后则每年可为公司节约30000多元。

在对设备排气管进行改造后，不仅降低了排气管的噪声，而且降低了排气管的维修次数，节约了维修费用。经比较，在对排气管进行改造后，设备排气管未发生过断裂这种情况，大大延长了使用寿命，节约了维修费用。

快速高效的施工是工程质量和进度的有力保障，分公司现有60余台牵张放线设备，改进后的排气装置有效保证了设备的正常作业，提高了设备的创收，为公司创造更多的效益，在后续的工作过程中，将进一步推广新型排气装置。

第四节　数显智能扭矩扳手

一、输电线路铁塔螺栓扭矩值测量的重要性

铁塔螺栓的紧固程度是通过扭矩值的测量来验证的，铁塔螺栓的扭矩值测量是输电线路竣工验收、运维检修过程必检项目，是线路安全运行的关键，螺栓扭矩值不达标严重时会造成倒塔、断线等大规模停电故障。如何能完整、准确、快速地测量铁塔螺栓的扭矩值至关重要。通过对扭矩扳手的改进和创新，实现了扭矩值数字显示、计数、自动统计目标件扭力值的功能，节省螺栓扭矩值测量与统计的耗费工时，提高输电线路杆塔扭矩测量的效率和准确度、完整度，为设备运维提供可靠的数据支撑，降低了测量铁塔螺栓扭矩数据

的笼统性。通过现场使用验证，在测量螺栓扭矩的过程中能够节省大量时间，提高生产效率，降低人力资源的损耗。图1-3-4-1所示为改进创新后的扭矩扳手。

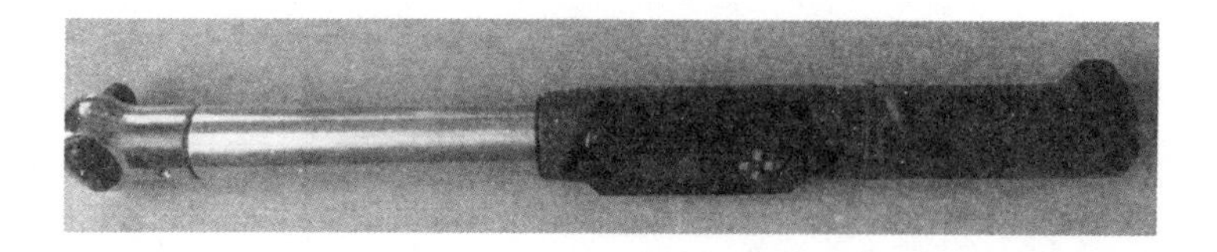

图1-3-4-1 改进创新后的扭矩扳手

二、主要技术创新点

(1) 通过机械精加工及功能模块加装、编程，在不改变扭力测量精度（0.1N·m）量程为40～340N·m基本功能前提下，在扳手上加装扭矩预制计数器功能，实现了统计每颗测量螺栓数量，并记录存储，如图1-3-4-2所示。

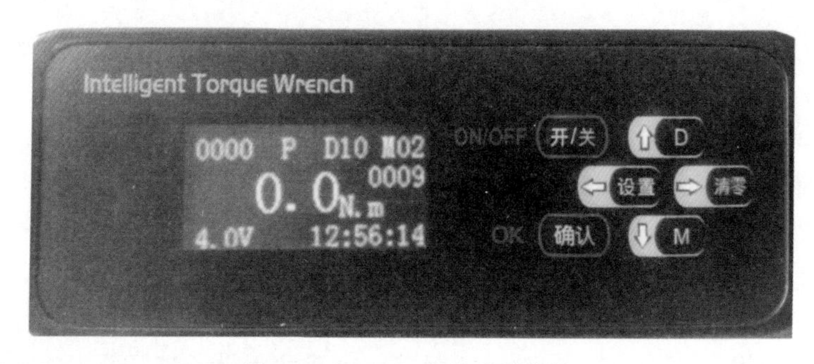

图1-3-4-2 加装功能模块

(2) 扭矩扳手通过传感器传输到存储器及显示屏有较高的灵敏性与准确性。通过数显统计杆塔螺栓的数据具有与符合现场测量工作要求的功能，电源的持续工作时长8h。手动存储的按钮设置在手把处，方便操作，重量为1.5kg。

(3) 存储第一级为杆塔序号，第二级为该杆塔螺栓测量序号和螺栓规格，进行扭矩测量，达到预设值时，发出报警声1号，并在2s内自动存入螺栓序号及相应的扭矩值，未达到预设值时，不发出报警。

(4) 数据查看分析。能够查看所有测量的杆号塔、规格、螺栓扭矩值，并显示当基塔螺栓合格螺栓的占比，见表1-3-4-1。

表1-3-4-1 螺栓扭矩测量报告

序号	螺母规格	该规格螺母紧固序号	实际扭力值/(N·m)	目标扭力值/(N·m)	检测日期	杆塔号
1	M24	2	310	300	2017-12-14	01
2	M24	3	285	300	2017-12-14	01
3	M24	4	302	300	2017-12-14	01

三、效益与应用

截至 2017 年年底，新疆送变电工程公司研制的数显智能扭矩扳手已在公司 4 条 750kV 输电线路开展应用，共计测量杆塔 374 基，实现了精确统计杆塔螺栓扭矩值，进一步提高了验收工作的标准化作业流程，通过存储功能和数据分析软件，能够快速分析杆塔扭矩值的合格率，提高了现场工作人员的效率，提升电网检测技术水平，具有重要意义和推动作用。

第五节　SA－QY－250 牵引机外接尾绳盘支架改造

一、课题提出

目前，现场 250 牵引机使用的牵引线盘直径大部分是 1.5m，这种线盘的容绳量最多 500m，尾架绳盘偏小，施工过程需要频繁换盘，影响施工进度。但对于 250 牵引机，本机尾架及使用的线盘可以比直径 1.5m 的线盘大，考虑到现场实际操作，为此提出为 250 牵引机单独配套一个容绳量大的 400/50 导线盘作为牵引线盘，该导线盘直径为 2.0m，宽度为 1.5m，可以容纳 2500m 的钢丝绳。

250 牵引机外接尾绳盘改造项目突破原有的三角盘支架，同时能够提供较大的容绳量，不需要频繁更换线盘，250 牵引机按照最大放线速度时的卷线速度，实现自动摆线和卷线的功能，达到项目改进的总体目标。改进后可以在大牵引机的放线过程中普遍使用，进一步推广，如图 1－3－5－1 和图 1－3－5－2 所示。

图 1－3－5－1　SA－QY－250 牵引机外接尾绳盘架改造实物图

图 1－3－5－2　SA－QY－250 牵引机外接尾架支架实物图

二、主要技术创新点

（1）固定线盘的支架，单独的尾架采用分体式的结构，根据所用的直径是2.0m的尾绳盘设计了一套与其相适应的尾绳盘架，该支架的结构类似于现有90×2张力机的三角导线盘支架，新支架长2.1m、高1.7m。

（2）与主机连接用于摆线的动力方面采用液压驱动的方式，因为尾绳盘直径和重量都比较大，卷线动力输出部分优先使用现有的张力机尾架动力头，即减速机（RR310）配马达（OMT250）的装置。

（3）250牵引机的摆线部分的实现原理和卷线部分相同，需多加一个OMT250的摆线马达，利用截止阀、快换接头及液压胶管将本机动力油输出到尾绳盘马达；利用250牵引机的辅泵及插装阀块上的调节来实现驱动，需要调节部分仍可采用原机调节系统。

（4）电气控制回路配合液压摆线马达共同完成，液压摆线马达要通过操作本机加装的单向节流阀才可在远程与本机之间切换，需要辅助电气切换回路进行重新接线，电气部分主要解决的问题是自动摆线的换向控制。

三、效益与应用

该改造为电力行业提供便捷的牵引线工具，为企业赢得荣誉，运用到750kV、500kV架线作业过程中，减少了人工投入和人员的劳动强度，提高了工作效率。改进前牵引机牵引一盘2500m导线需要90～100min，每盘牵引绳缠绕500m，需要换盘5次，每次换盘大约需要7min，需投入人工10人；使用新设计的装置能节约4次换盘时间，累计节约28min，从而完成2500m导线牵引作业仅需50～60min，只需投入人工6人。

该新型牵引机外接尾绳盘支架改造研制成功后，可广泛用于国内同行业220～750kV张力架线施工作业，有较高的实用价值，在国内极具推广价值。现已申请了国家实用新型专利，并确认受理通过。

第六节　大截面导线压接工艺新技术

一、《大截面导线压接工艺导则》与《输变电工程架空导线及地线液压压接工艺规程》的适用范围及区别

1. 本导则与原规程的适用范围

（1）本液压工艺以《大截面导线压接工艺导则》（Q/GDW 1571—2014）的内容依据，导则仅对大截面导线的压接施工进行规范，地线的压接仍按照《输变电工程架空导线及地线液压压接工艺规程》（DL/T 5285—2013）中的相关规定执行。

（2）本导则规定了耐张线夹铝管的压接顺序采用“倒压”，接续管铝管的压接顺序采用“顺压”。

2. 本导则与原规程的区别

本导则与原规程的区别见表1-3-6-1。

表 1-3-6-1　　本导则与原规程的区别

项目	《输变电工程架空导线及地线液压压接工艺规程》(DL/T 5285—2013)	《大截面导线压接工艺导则》(Q/GDW 1571—2014)
区别一：压接模具加工	经验公式 钢压接管压接模具六边形对边距 $S_1=0.866\times(k_1D)^{-0.10}_{-0.20}$。 铝压接管压接模具六边形对边距 $S_2=0.866\times(k_2D)^{-0.05}_{-0.15}$。 钢芯及镀锌钢绞线，$k_1$ 取 0.993～0.990。 720mm² 以上标称截面的导地线，k_2 取 0.990～0.986。 钢压接管压接模具压接系数在 0.86～0.857 范围内。 铝压接管压接模具压接系数在 0.857～0.852 范围内	经验公式 钢、铝压接管压接模具六边形对边距： 压口长 $L_m=\dfrac{kP}{HBD}$ (mm)　　$S=0.86D^{-0.1}_{-0.2}$ P—液压机出力，N； k—液压机使用系数，2000kN、2500kN、3000kN 液压机，$k=0.08$； HB—压接管材料的布氏硬度，N/mm²（铝管的硬度不大于 HB25，钢管硬度不大于 HB137）； D—压接管外径，mm。 钢、铝压接管压接模具压接系数在 0.86
区别二：压接后对边距	$S=0.866kD+0.2$ S—压接管六边形的对边距离，mm； D—压接管外径，mm； k—压接管六边形的压接系数。 钢芯、镀锌钢绞线、720mm² 及以下导地线压接管 k 取 0.993，720mm² 以上导地线压接管 k 取 0.997。 铝压接管压后对边距合格判定压接系数由 0.860，提高到 0.863，以满足 4 层铝线结构的导地线及压接管的弹性系数产生变化	$S=0.860D+0.2$ S—压接管六边形的对边距离，mm； D—压接管外径，mm
区别三：压接管弯曲度	DL/T 5285—2013 的规定比较宽松。 压接后的压接管不应有扭曲变形，其弯曲变形应小于压接管长度的 2%。(允许)，且有明显弯曲变形时应校直。(2%以内可校直也可不校直，视具体情况) 校直是指弯曲变形小于 2%范围内的可视变形，变形等于或大于 2%或校直过程中出现裂纹的，应重新压接（割断）	Q/GDW 1571—2014 的规定严格。 液压后铝管不应有明显弯曲，弯曲度超过 1%应校正，无法校正（达到 1%以内）割断重新压接。弯曲度由 2%提高到 1%
区别四：压接管压接两模重叠长度	钢管相邻两模重叠压接应不小于 5mm，铝管相邻两模重叠压接应不小于 10mm（减少压接管弯曲）	钢管、铝管相邻两模重叠应不小于 5mm
区别五：压接管压后对飞边处理	DL/T 5285—2013 的规定严格。 压接管压接后，应去除飞边、毛刺；铝压接管应锉成圆弧状，并应用细砂纸打磨光滑。(压后对边距尺寸满足规定值) 删除了“管子压完后因飞边过大而使对边距尺寸超过规定值时，应将飞边锉掉后重新施压”条款。 飞边并不构成量取对边距尺寸影响，故删除了该条款。换另一个解释就是：如果对边距尺寸超过规定值情况，则必须割断重新压接，不允许复压	Q/GDW 1571—2014 的规定比较宽松。 当压接管压完后有飞边时，应将飞边锉掉，铝管应锉为圆弧状，同时用细砂纸将锉过处磨光。 管子压完后因飞边过大而使对边距尺寸超过规定值时，应将飞边锉掉后重新施压（允许复压）

续表

项目	《输变电工程架空导线及地线液压压接工艺规程》(DL/T 5285—2013)	《大截面导线压接工艺导则》(Q/GDW 1571—2014)
区别六：压接握着力判定	判定导地线压接握着力合格条件严格。 导地线液压连接的握着力不应小于导地线设计使用拉断力的95%(1个95%)。 这里设计使用拉断力＝额定拉断力(RTS)	判定导地线压接握着力合格条件较宽松。 试件的握着力不应小于导线设计计算拉断力(设计使用拉断力)的95%(两个95%)。 这里设计使用拉断力＝95%额定拉断力(RTS)
区别七：压接管外观尺寸检查	(1) 对于采用搭接方式连接的导地线，搭接接续管内径检查：搭接接续管内径应不大于1.67d_1(d_1为7根钢芯绞线的钢线及镀锌钢绞线直径)。 当其内径为1.67d_1，且公差为正偏差值时，应在管内加填2～3根同批次导地线的钢线；当其内径大于《电力金具通用技术条件》(GB/T 2314)规定的正偏差值时不应使用。 (2) 铝压接管外径极限偏差：GB/T 2314规定铝压接管外径极限偏差应小于＋1.0mm(50mm≤D≤80mm)。 三层及以下铝线结构绞线铝压接管的外径极限偏差宜符合《电力金具通用技术条件》(GB/T 2314)的规定。 四层铝线的铝压接管的外径极限偏差应小于＋0.6mm。 (3) 压接管(钢管)中心同轴度公差：小于ϕ0.3。 测量钢压接管壁厚，至少测量3个对称点，最大值减去最小值得出中心同轴度公差。 (4) 铝压接管坡口长度。根据《接续金具》(DL/T 758—2009)中规定坡口长度为导线直径1～1.5倍。实践证明，铝压接管的坡口长度对导地线压接时的握着力影响很大，在一定范围内坡口越长，握着力越大。 三层及以下铝线结构绞线铝压接管的坡口长度应不小于导线外径的1.2倍。 四层及以上铝线结构绞线铝压接管的坡口长度应不小于导线外径的1.5倍	金具外观、尺寸、公差应符合《电力金具通用技术条件》(GB/T 2314—2008)的要求

二、大截面导线压接工艺施工质量控制要点

1. “倒压”与“顺压”的意义

(1) 大截面导线压接造成较为严重散股的原因。导线截面大、铝钢比大、压接铝管直径大、长度大及压接后铝管伸长量大等诸多不利因素导致大截面导线压接管在压接后会形成较为严重的松股现象，紧线后散股仍不能消除，如图1-3-6-1和图1-3-6-2所示。大截面导线断面如图1-3-6-3所示，其耐张金具如图1-3-6-4所示。

(2) 压接散股对工程的影响。

1) 机械性能。使各股铝线受力不均匀，影响绞线整体抗拉强度。

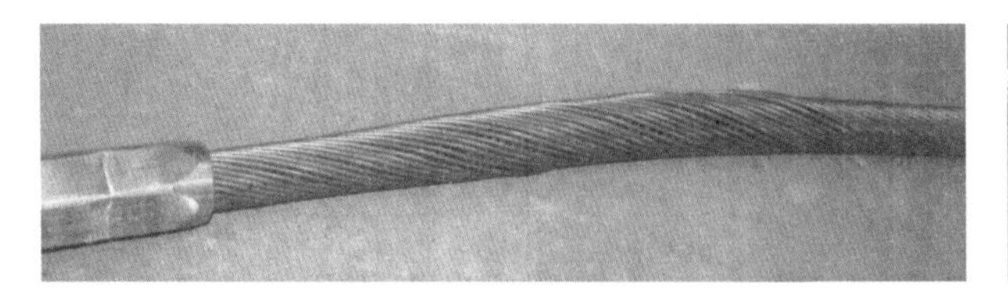

图 1-3-6-1　压接引起的导线散股

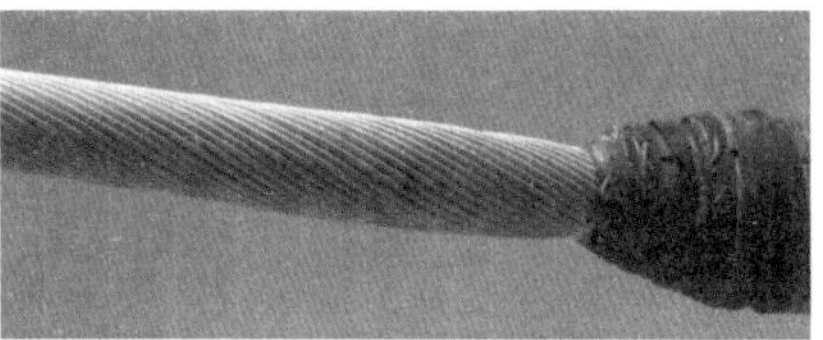

图 1-3-6-2　紧线后导线松股

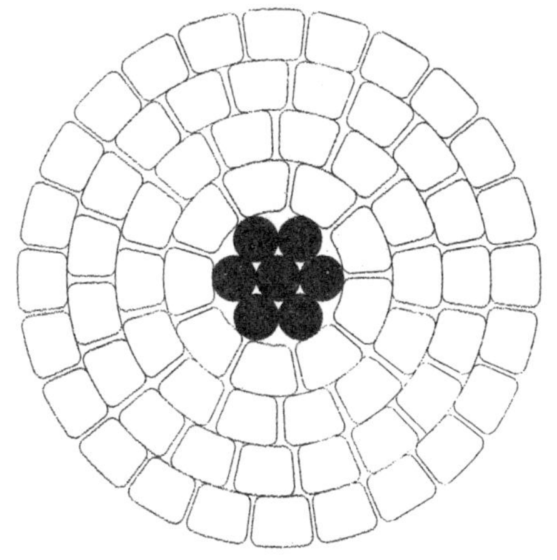

(a) 1250mm² 钢芯铝型线绞线断面

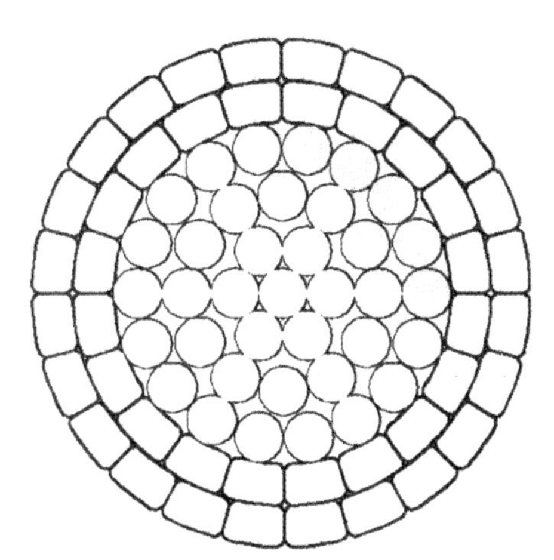

(b) 800mm² 铝合金芯铝型线绞线断面

图 1-3-6-3　大截面导线断面图

(a) 1250mm² 钢芯铝型线绞线及耐张金具

(b) 800mm² 铝合金芯铝型线绞线及耐张金具

图 1-3-6-4　大截面导线的耐张金具

2）电气性能。导线外层铝股松散后，如有突起严重的数根单线会导致电场变化，降低导线起晕电压。

3）外观工艺。外观质量差，不能满足“施工质量标准”要求。

（3）耐张线夹铝管“倒压”，直线接续管铝管“顺压”的意义。在保证导线与金具配合握力的前提下，通过“倒压”与“顺压”的方式可减小在铝管管口处出现的“导线松股”程度，提高大截面导线液压接续施工质量。

2. 耐张线夹与接续管主要参数

（1）通过优化设计和大量试验，确定了 1250mm² 导线耐张线夹夹及接续管结构尺寸，主要参数见表 1-3-6-2。工艺图纸如图 1-3-6-5～图 1-3-6-10 所示。

表 1-3-6-2　　耐张线夹与接续管主要参数　　单位：mm

金具型号规格	钢锚			铝管				
	钢（铝合金）管内径	钢管（铝合金）外径	压接长度	内径（衬管内径）	外径（衬管外径）	拔梢长度	压接长度	铝管长度
NY-1250/70	11.7	30.0	150	50.6	80.0	150	530	795
JYD-1250/70	18.2	30.0	150	50.6	80.0	150	820	1010
NY-1250/100	12.8	36.0	180	51.0	80.0	150	530	795
JYD-1250/100	22.2	40.0	180	51.0	80.0	150	820	1050
NY-800/550	34.0	55.0	220	58.0 (49.5)	80.0 (57.0)	150	500	900
JY-800/550	34.0	55.0	440	58.0 (49.5)	80.0 (57.0)	150	870	1370
NY-JL1X1-G3A-1250-70	11.7	30.0	150	50.0	80.0	150	530	795
JYD-JL1X1-G3A-1250-70	18.2	30.0	150	50.0	80.0	150	820	1010
NY-JL1X1-G2A-1250-100	12.8	36.0	180	50.0	80.0	150	530	795
JYD-JL1X1-G2A-1250-100	22.2	40.0	180	50.0	80.0	150	820	1050

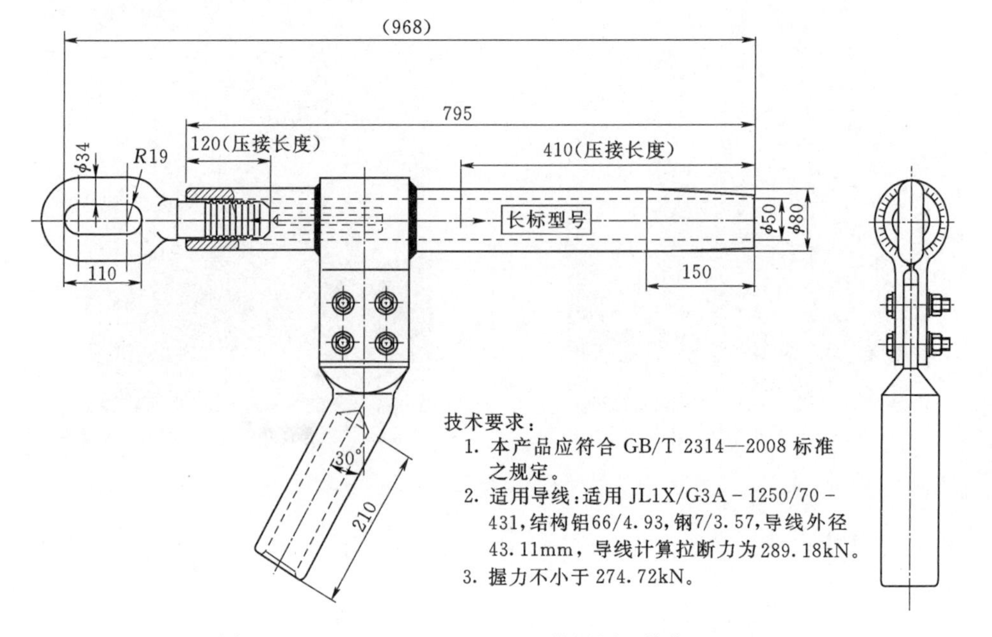

图 1-3-6-5　NY-1250/70 工艺图纸（单位：mm）

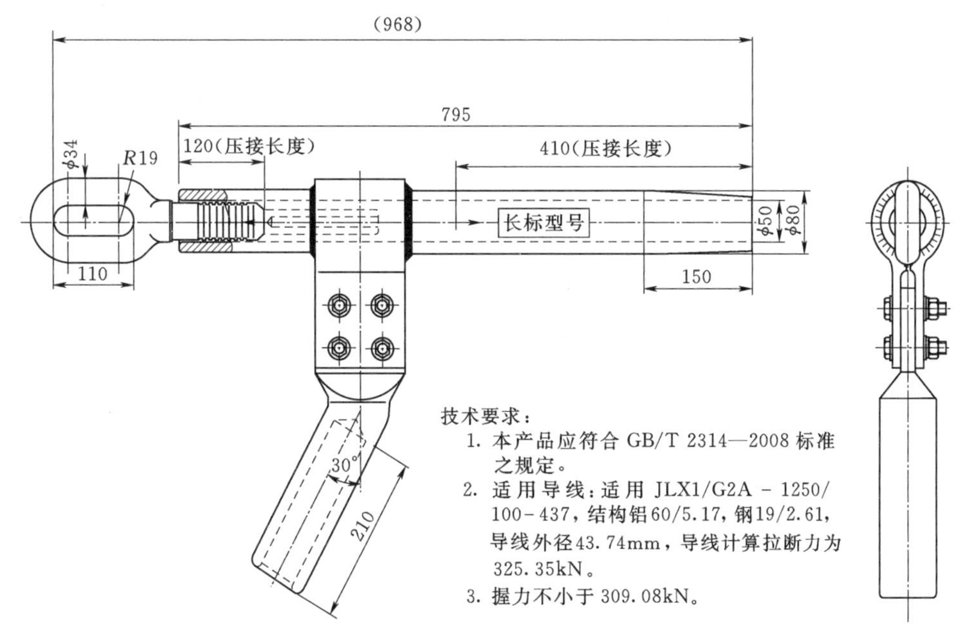

图 1-3-6-6 NY-1250/100 工艺图纸（单位：mm）

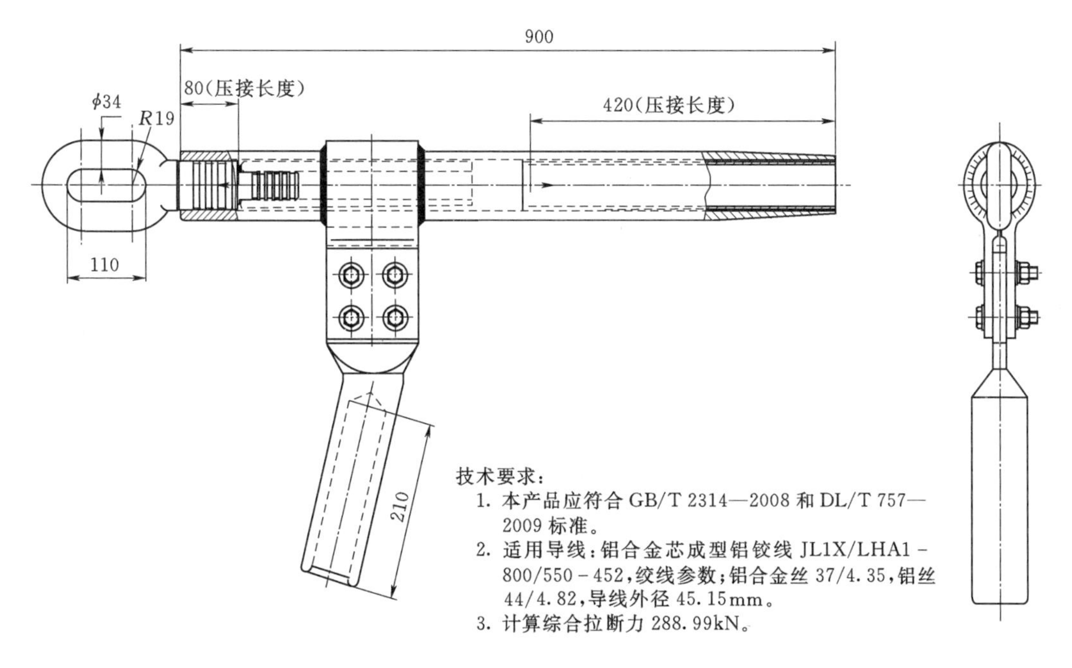

图 1-3-6-7 NY-800/550 工艺图纸（单位：mm）

（2）耐张线夹及接续管的外观、尺寸、公差除满足相关技术图纸要求外，还应符合《电力金具通用技术条件》（GB/T 2314—2008）标准要求，极限偏差见表 1-3-6-3。

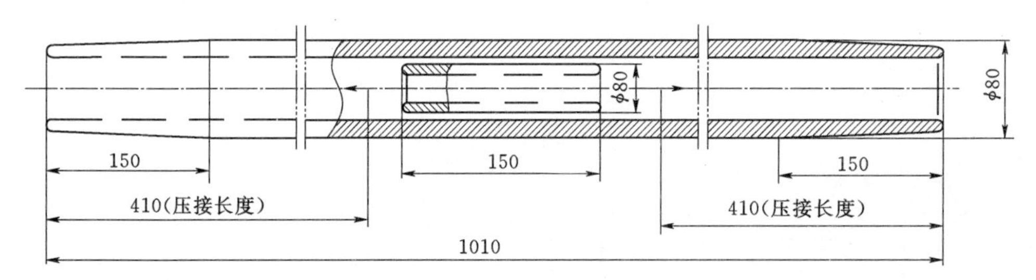

图 1-3-6-8　JYD-1250/70 工艺图纸（单位：mm）

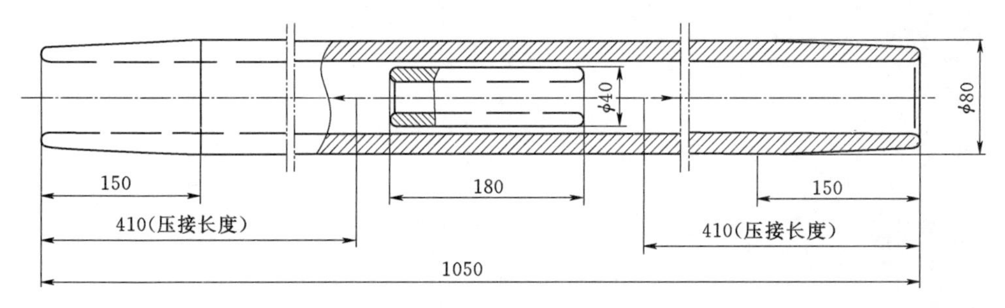

图 1-3-6-9　JYD-1250/100 工艺图纸（单位：mm）

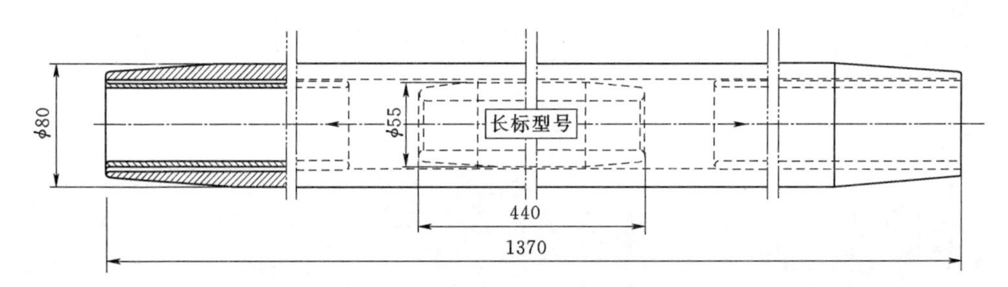

图 1-3-6-10　JY-800/550 工艺图纸（单位：mm）

表 1-3-6-3　　　接续管极限偏差　　　单位：mm

类别	外径 D		内径 d	
	基本尺寸	极限偏差	基本尺寸	极限偏差
钢管	$D\leqslant14$	±0.2	$d\leqslant9$	±0.15
	$14<D\leqslant22$	−0.2～+0.3	—	—
	$22<D\leqslant40$	−0.2～+0.4	$9<d\leqslant16$	±0.2
铝管	$D\leqslant32$	±0.4	$d\leqslant22$	−0.3
	$32<D\leqslant50$	+0.6	$22<d\leqslant36$	−0.4
	$50<D\leqslant80$	+1.0	$36<d\leqslant55$	−0.5

3. 液压设备及工具

(1) 压接机。接续管钢管及耐张线夹钢锚的压接时，可选用 1000kN、2000kN、

2500kN、3000kN 等液压机及配套模具，在压接直线接续管和耐张线夹的铝管时，应选用 2000kN 及以上的液压机及配套模具。

建议在张力场配置 3000kN 液压机，以提高压接效率及压接质量；高空压接操作时，配置 2000kN 液压机。

常用压接机的主要技术参数见表 1-3-6-4，设备外形如图 1-3-6-11 所示。

表 1-3-6-4　　常用压接机的主要技术参数

设备名称	最大压接力		2000kN 压接机	2500kN 压接机	3000kN 压接机
压接机（液压钳头）	最大压接直径/mm	铝管	84	95	110
		钢管	54	58	60
	压接行程/mm		25	50	52
	最大油压/MPa		94	94	94
	重量/kg		85	145	126(216)
液压泵站	功率/kW		2.94	—	—
	最大油压/MPa		94	—	—
	最大油压/MPa		80	—	—
	重量/kg		60	—	—
压接模具	压模有效宽度/mm		74	90	110

图 1-3-6-11　压接机

（2）压接模具。应选用与液压机型号相匹配的铝模或钢模，模具对边距：$S=0.86D_{-0.2}^{-0.1}$。

钢模或铝模（按照 Q/GDW 1571—2014 规定）的主要参数见表 1-3-6-5，模具外形如图 1-3-6-12 所示。

表 1-3-6-5　　钢模或铝模的主要参数

金具型号规格	钢模		铝模	
	规格/mm	推荐对边距/mm	规格/mm	推荐对边距/mm
NY-1250/70	30.0	25.60～25.70	80.0	68.60～68.70
JYD-1250/70	30.0	25.60～25.70	80.0	68.60～68.70
NY-1250/100	36.0	30.76～30.86	80.0	68.60～68.70
JYD-1250/100	40.0	34.20～34.30	80.0	68.60～68.70
NY-800/550	55.0	47.10～47.20	80.0	68.60～68.70
JY-800/550	55.0	47.10～47.20	80.0	68.60～68.70
NY-JL1X1-G3A-1250-70	30.0	25.60～25.70	80.0	68.60～68.70
JYD-JL1X1-G3A-1250-70	30.0	25.60～25.70	80.0	68.60～68.70
NY-JL1X1-G2A-1250-100	36.0	30.76～30.86	80.0	68.60～68.70
JYD-JL1X1-G2A-1250-100	40.0	34.20～34.30	80.0	68.60～68.70

（3）测量工具。

1）压接现场应配备游标卡尺、钢直尺或钢卷尺。

2）在测量直线接续管、耐张线夹和引流线夹的内、外直径时，需使用精度不低于0.02mm的游标卡尺，读到小数点后两位。

3）进行长度测量时可采用钢卷尺或钢板尺，测量数据精确到毫米。

（4）其他工具。压接现场还导线卡箍、液压管校直设备、砂轮锯或手工锯、断线钳、耐张线夹引流板角度定位尺等必要工具。

4. 操作一般规定

（1）清洗清理。

1）清洗。用洗液清洗压管内壁的油垢，并将管口封堵，如图1-3-6-13所示。

图1-3-6-12　各种规格的模具外形图

图1-3-6-13　清洗压管内壁的油垢

2）清理。用棉丝清除导线穿管范围内铝线表面和裸露钢芯部分的油垢。

（2）涂抹电力脂。电力脂也叫导电脂、导电膏、电力复合脂等，将电力脂抹涂在外层铝绞线上，如图 1-3-6-14 所示。涂抹长度应不大于铝管压接部分长度，且电力脂涂抹应均匀。

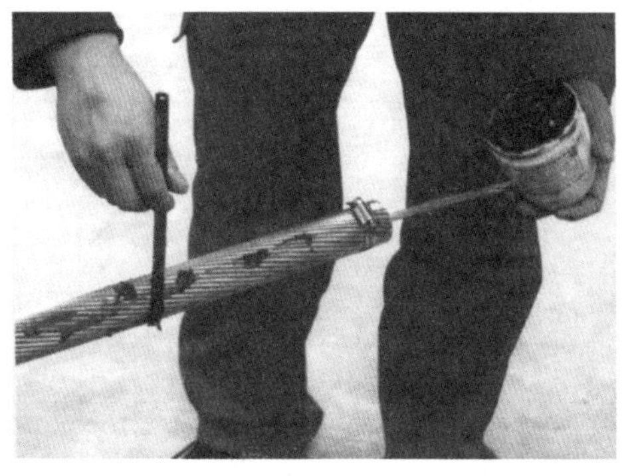

图 1-3-6-14　涂抹电力脂于铝绞线外层上

（3）耐张线夹“倒压”。“倒压”是相对于原液压规程耐张线夹铝管的压接方向而言，指耐张线夹铝管的压接顺序是从导线侧管口开始，逐模施压至同侧不压区标记点，跳过“不压区”后，再从钢锚侧不压区标记点顺序压接至钢锚侧管口，如图 1-3-6-15 所示。“倒压”工艺只针对耐张线夹的压接，不涉及接续管的压接。

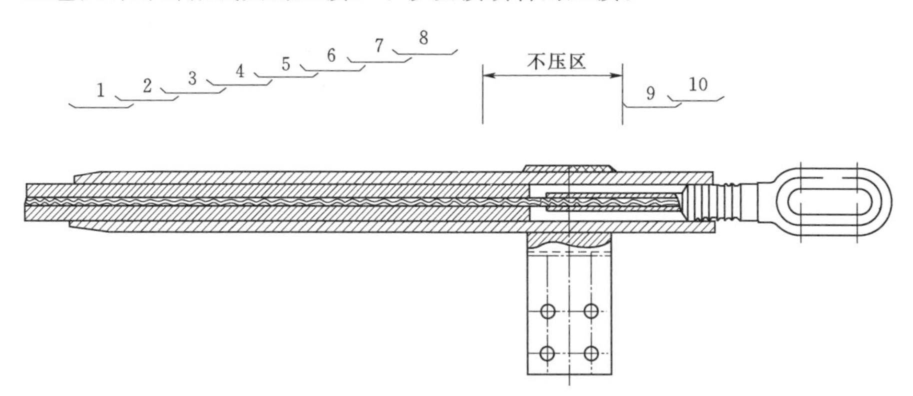

图 1-3-6-15　耐张线夹“倒压”工艺

（4）接续管“顺压”。“顺压”是相对于原液压规程中接续管铝管的压接方向而言，指接续管铝管的压接顺序是从牵引场侧管口开始，逐模施压至同侧不压区标记点，跳过“不压区”后，再从另一侧不压区标记点顺序压接至张力场侧管口，如图 1-3-6-16 所示。“顺压”工艺只针对接续管的压接，不涉及耐张线夹的压接。

（5）耐张线夹“倒压”及接续管“顺压”中关键问题。按照耐张线夹“倒压”及接续管“顺压”工艺对耐张线夹及接续管进行压接时其中有个关键问题是根据耐张线夹及接续管的压接后铝管的伸长量在压接开始时对耐张线夹及接续管进行预偏（没有“顺压”和“倒压”就不存在预偏）。耐张线夹的预偏量应为压后整个铝管的伸长量，接续管的伸长量应为一侧压接区压接后的伸长量（应为总伸长量一半），伸长量与多个因素有关，应先进行试验掌握伸长量后确定预偏量。压接伸长量主要与以下几个因素

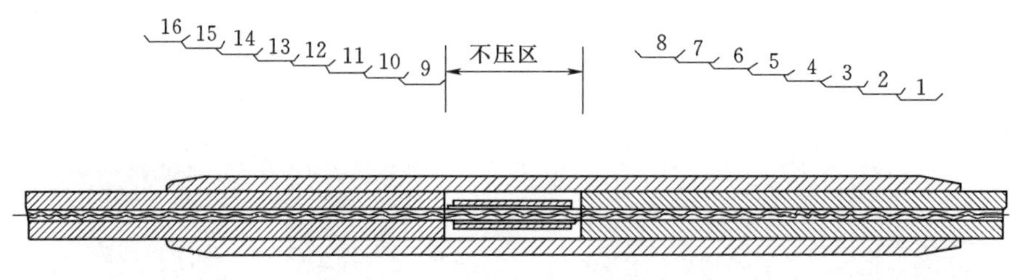

图 1-3-6-16 接续管“顺压”工艺

相关，应引起足够重视。

1）铝管的压接长度。铝管压接长度发生变化时，压接后铝管长度会有很大变化，铝管长度越大则伸长量越大。

2）压接时采用的压接机吨位（压接模具的有效宽度）。采用大吨位的压接机时其压接模具的宽度较大，每模压接时铝管与模具接触面积更大，导致铝管较难往外延伸，其压接试件的紧密性较小吨位高，导致压接伸长量较小。

3）压接操作时每两模之间的搭模宽度。搭模宽度大相当于减小了压接模具的宽度，因此搭模宽度越大，压接管的伸长量越大。

4）实际压接部分长度。由于使用压接机的情况及其他人为操作因素会造成实际压接部分长度有所变化从而会影响到压接管的总伸长量，如未压接到压接印记或压过压接印记。

5）压接管表面状况。在压接管表面涂抹液压油或是电力脂等以方便脱模，因为减小了压接管与压模之间的摩擦系数，压接管伸长量会变大。

（6）压接操作控制要点。

1）合模控制。压接时操作时，应以模具达到合模状态为标准，并保持合模压力 3～4s 后卸荷，合模时的参考压力值约为 75MPa。

2）模间重叠。多模压接时，模间应有重叠区，两模间重叠应不小于 5mm。

3）多模压接。多模压接应连续完成。

（7）压接管压后处理。液压完成后，首先检查弯曲度，必要时校直处理。清除钢管上的飞边和毛刺，并用 0 号砂纸打光。对于液压钢管，还应喷涂富锌漆防锈处理。

（8）接续管、耐张管压接重要的三个步骤。

1）导线剥线（钢管压接）。操作时要考虑钢管压前长度、压后伸长、裕度（对接方式减半）。

2）导线画印（预偏后标记铝管位置）。

a. 预偏前：为了以后预偏准备，一般自钢管压后中心向两端各量铝管长度 1/2 标记（接续管）；耐张铝管推至钢锚环极限位置后标记（耐张管）。

b. 预偏后：由预偏前印记向施压反方向移动预偏值再画印。

3）铝管画印（标记不压区）。自铝管端头向内各量取（铝管长度－钢管压后两铝线端头距离）/2，分别画印（接续管）；耐张铝管导线侧管口向内量取第一起始点画印，耐张铝管钢锚侧管口向内量取第二起始点画印。

三、耐张线夹“倒压”工艺操作步骤及要求

1. 导线剥线

导线剥线长度见表 1-3-6-6。

表 1-3-6-6　　铝线剥开长度（$L+\Delta L+25mm$）

导线规格型号	铝线剥开长度/mm	导线规格型号	铝线剥开长度/mm
JL1/G3A-1250/70-76/7	200	JL1X/G2A-1250/100-437	240
JL1/G2A-1250/100-84/19	240	JL1X/LHA1-800/550-452	280
L1X/G3A-1250/70-431	200		

2. 导线端头倒角

导线端头倒角如图 1-3-6-17 所示。

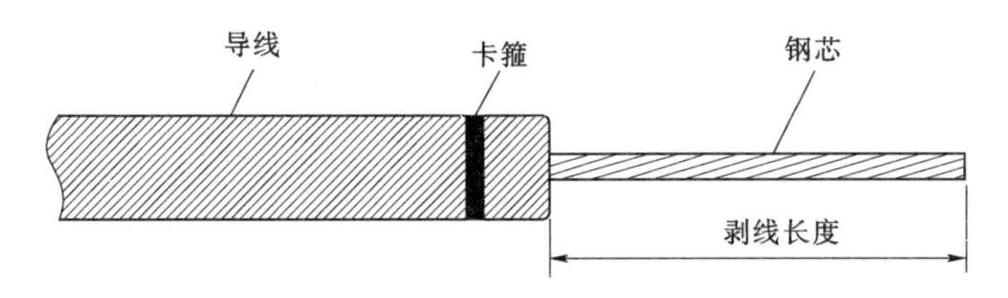

图 1-3-6-17　导线端头倒角

3. 钢芯（铝合金芯）穿管深度及尺寸

钢芯（铝合金芯）穿管深度及尺寸见表 1-3-6-7，穿管后状态如图 1-3-6-18 所示。

表 1-3-6-7　　钢芯（铝合金芯）穿管深度及尺寸

导线规格型号	穿管深度/mm	线端与管口间距/mm
JL1/G3A-1250/70-76/7	150	50
JL1/G2A-1250/100-84/19	180	60
L1X/G3A-1250/70-431	150	50
JL1X/G2A-1250/100-437	180	60
JL1X/LHA1-800/550-452	240	40

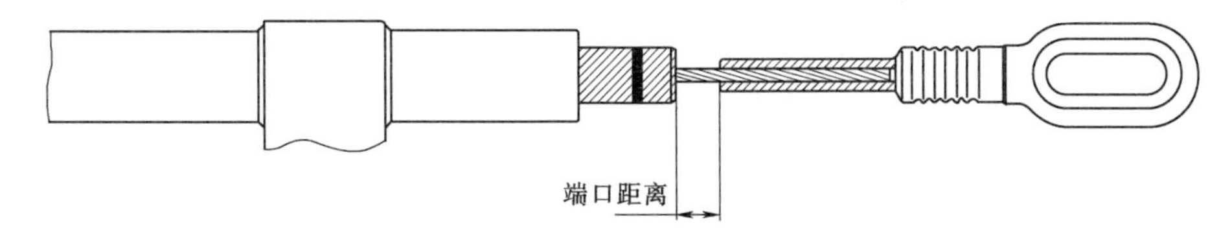

图 1-3-6-18　钢芯（铝合金芯）穿管后状态图

4. 钢管（铝合金管）液压顺序和工艺图

（1）钢管（铝合金管）液压顺序如图 1-3-6-19 所示。

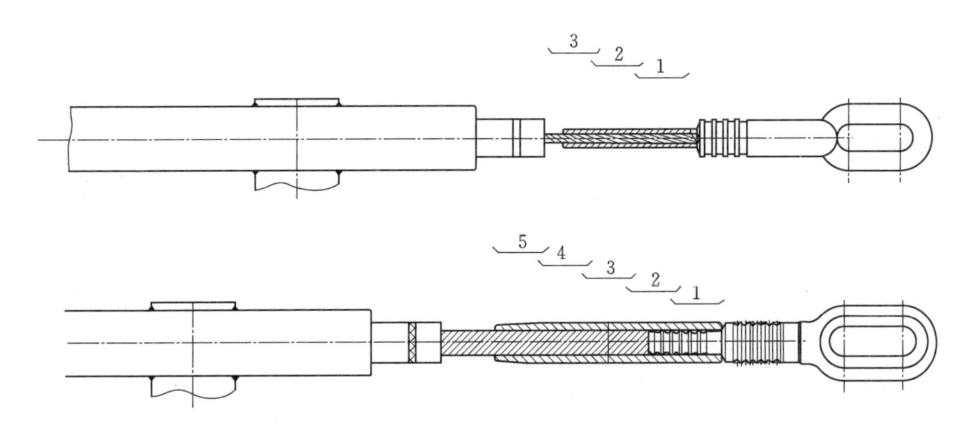

图 1-3-6-19 钢管（铝合金管）液压顺序

（2）铝管穿入位置如图 1-3-6-20 所示，推荐预偏量见表 1-3-6-8。

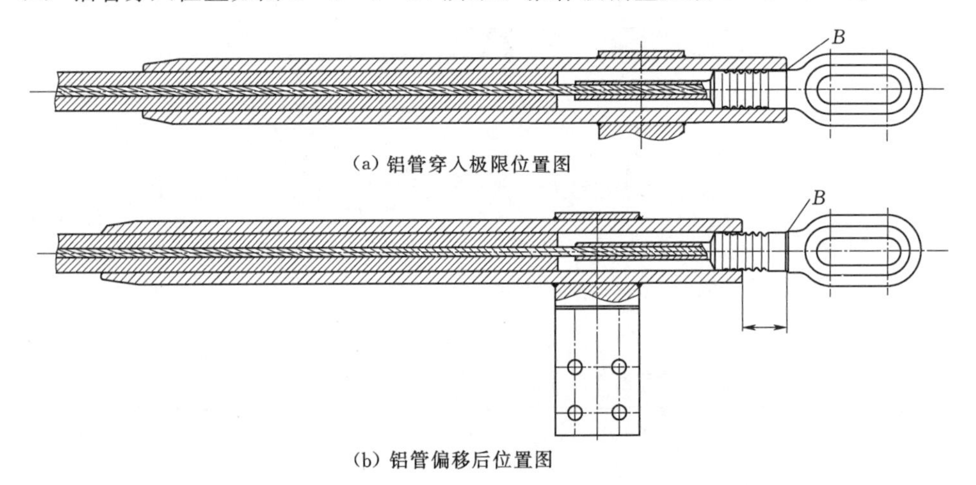

图 1-3-6-20 铝管穿入位置

表 1-3-6-8 **推 荐 预 偏 量**

导线规格型号	200t 压接机铝管穿管预偏值/mm	300t 压接机铝管穿管预偏值/mm
JL1/G3A-1250/70-76/7	60	50
JL1/G2A-1250/100-84/19	60	50
JL1X/G3A-1250/70-431	60	50
JL1X/G2A-1250/100-437	60	50
JL1X/LHA1-800/550-452	60	50

（3）钢管（铝合金管）液压工艺图如图 1-3-6-21 和图 1-3-6-22 所示。

（4）向注脂式耐张线夹注电力复合脂，如图 1-3-6-23 所示。将约 500g 电力复合

脂充入注脂枪腔内，拧开注脂孔上的螺栓，移动铝管使注脂孔移至钢锚压接区上方，将注脂枪的管口与注脂孔相连接，松开注脂枪尾部的锁紧装置，使腔内产生压力。扳动注脂枪手柄开始注脂，至铝管管口溢出复合脂时止，此时空腔内已充满电力脂。

图 1-3-6-21　液压工艺（一）

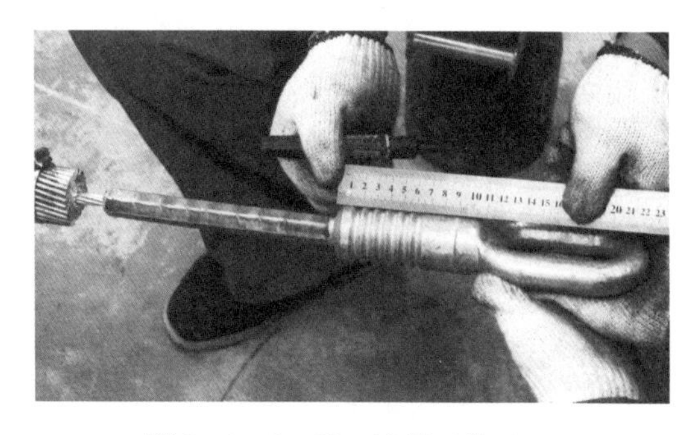

图 1-3-6-22　液压工艺（二）

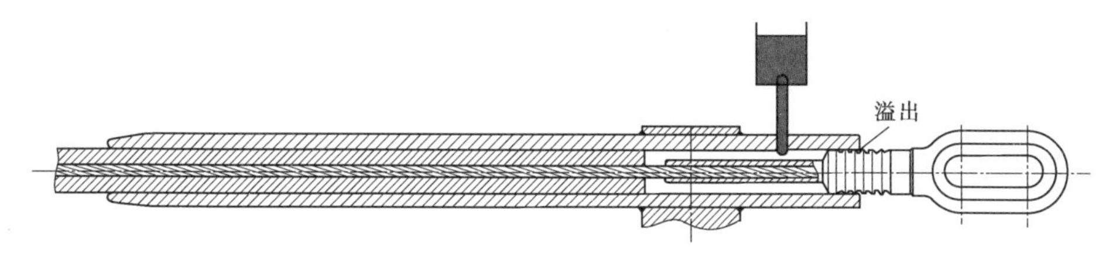

图 1-3-6-23　注脂

5. 铝管液压顺序和工艺图

铝管液压顺序如图 1-3-6-24 所示。从导线侧管口处开始压接，逐模施压至标记点 E_1，跳过不压区，再从标记点 C_1 逐模压至钢锚侧管口 B_1。铝管液压工艺图如图 1-3-6-25 所示。

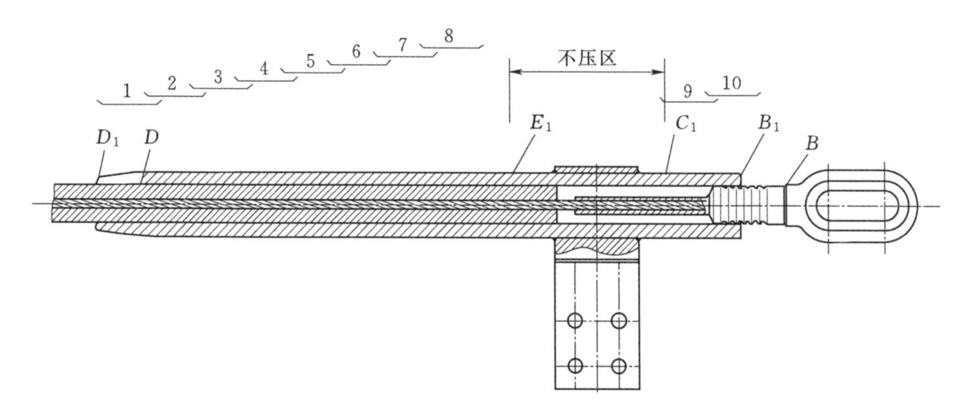

图 1-3-6-24　铝管液压顺序图

6. 技术要求

（1）校核项目。钢锚的凹凸槽部位是否全部被铝管压住。

(2) 校核方法。采用“钢锚比量法”或“钢尺校对法”，如图1-3-6-26所示。

(3) 问题处理。如压区长度不够，可以进行补压。

(4) 重要级别。必须检查的项目。

图1-3-6-25 铝管液压工艺图

图1-3-6-26 钢锚比量法

四、接续管“顺压”工艺操作步骤及要求

1. 接续管导线剥开长度

接续管导线剥开长度：搭接为 $L+\Delta L+25$mm，对接为 $(L+\Delta L)/2+25$mm，见表1-3-6-9。

表1-3-6-9 接续管导线剥开长度

导线规格型号	铝线剥开长度/mm	导线规格型号	铝线剥开长度/mm
JL1/G3A-1250/70-76/7	200	JL1X/G2A-1250/100-437	220
JL1/G2A-1250/100-84/19	220	JL1X/LHA1-800/550-452	260
L1X/G3A-1250/70-431	200		

2. 导线端头倒角

导线端头倒角如图1-3-6-27所示。

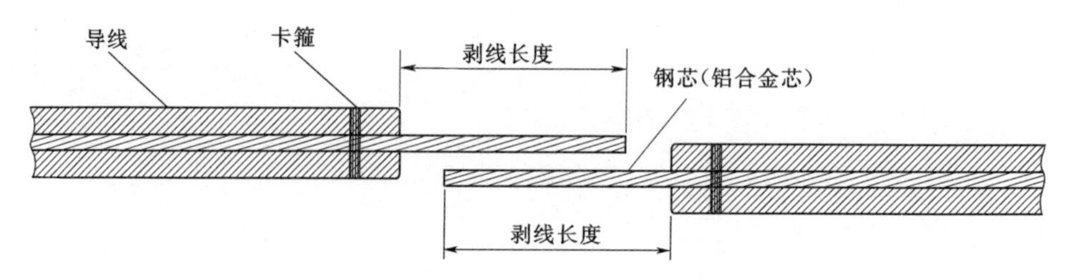

图1-3-6-27 导线端头倒角

3. 线芯穿管

(1) 液压接续管钢芯穿管（搭接）工艺如图1-3-6-28所示。

(2) 液压接续管铝合金芯穿管（对接）工艺如图1-3-6-29所示。JL1X/LHA1-800/550-452导线对接时，铝合金管长度为440mm，并注意对中。

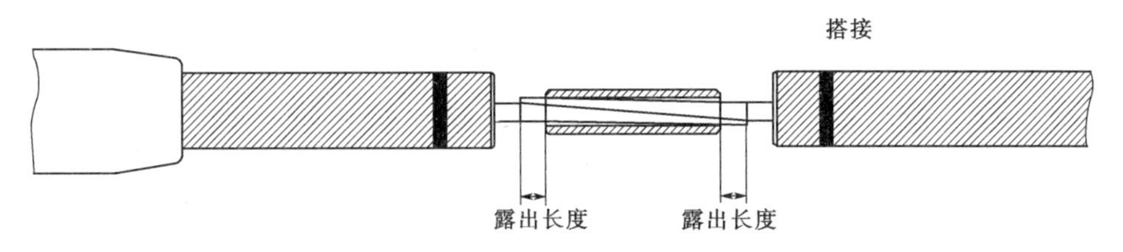

导线规格型号	钢管长度/mm	钢芯露出管口长度/mm
JL1/G3A－1250/70－76/7	150	12
JL1/G2A－1250/100－84/19	180	12
L1X/G3A－1250/70－431	150	12
JL1X/G2A－1250/100－437	180	12

图 1－3－6－28　液压接续管钢芯穿（搭接）工艺

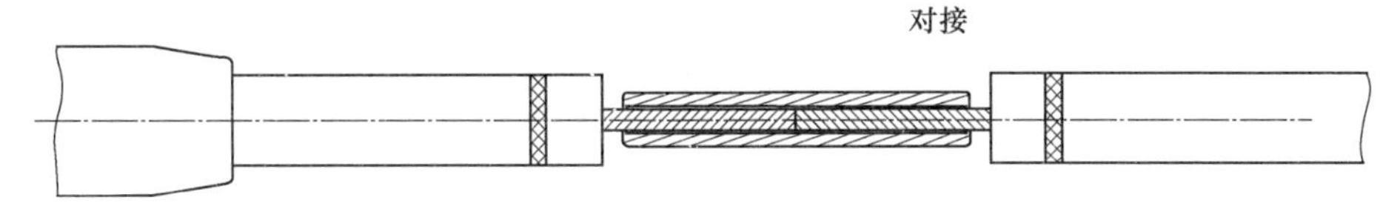

图 1－3－6－29　液压接续管铝合金芯穿管（对接）工艺

4. 接续管液压顺序和预偏量

(1) 液压顺序如图 1－3－6－30 所示，实际压接工艺如图 1－3－6－31 和图 1－3－6－32 所示。

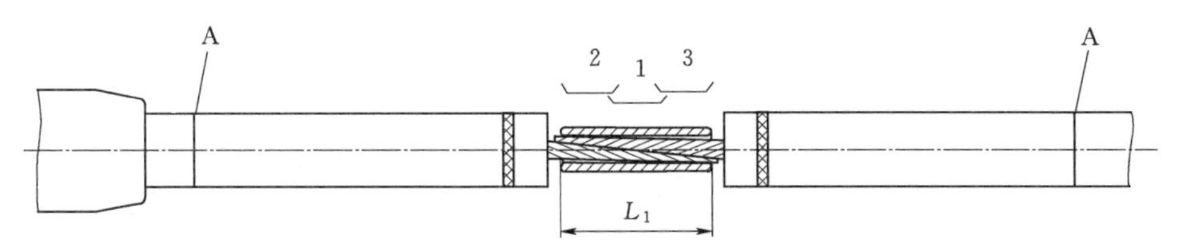

图 1－3－6－30　接续管钢管（铝合金管）液压顺序示意图

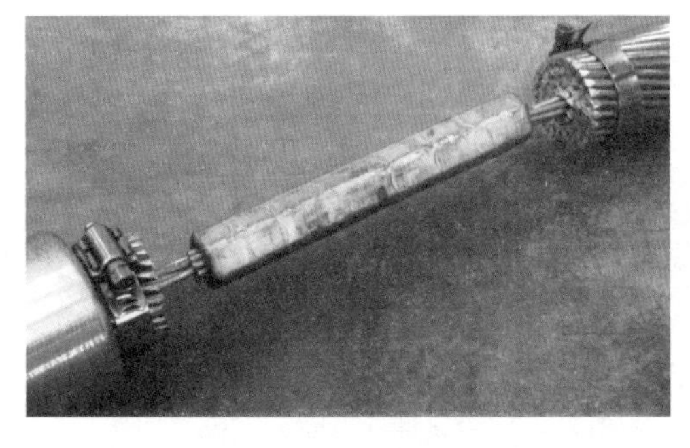

图 1－3－6－31　液压工艺图（一）

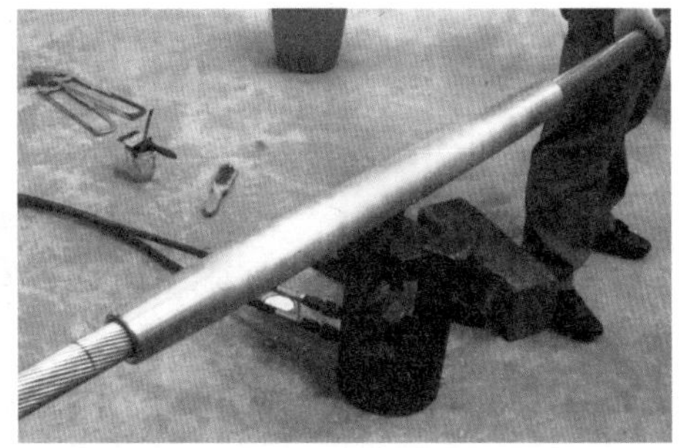

图 1－3－6－32　液压工艺图（二）

从钢管（铝合金管）中心开始压第一模，然后向一侧逐模施压至管口后，再从中心向另一侧逐模施压至管口。

(2) 钢芯铝绞线铝管穿管推荐预偏值如图 1－3－6－33 所示。

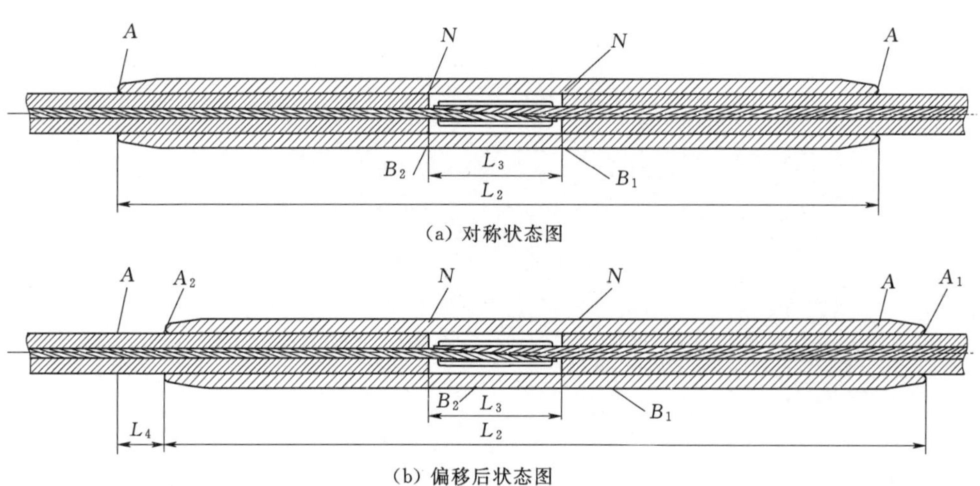

导线规格型号	铝管穿管预偏值/mm	导线规格型号	铝管穿管预偏值/mm
JL1/G3A－1250/70－76/7	45	JL1X/G3A－1250/70－431	45
JL1/G2A－1250/100－84/19	50	JL1X/G2A－1250/100－437	50

图 1－3－6－33　钢芯铝绞线铝管穿管推荐预偏值

（3）铝合金芯成型铝绞线铝管穿管推荐预偏值如图 1－3－6－34 所示。

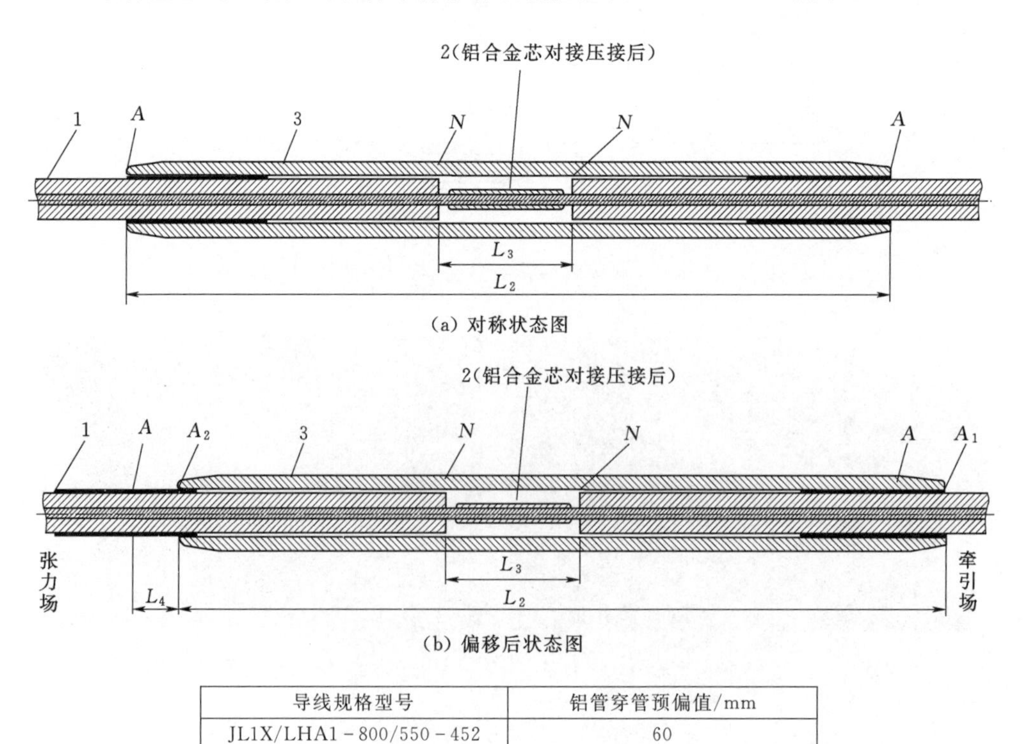

导线规格型号	铝管穿管预偏值/mm
JL1X/LHA1－800/550－452	60

图 1－3－6－34　铝合金芯成型铝绞线铝管穿管推荐预偏值

5. 铝管压接顺序

铝管压接顺序如图 1-3-6-35 所示。从牵引场侧管口开始压第一模，逐模向张力场侧施压至同侧标记点 B_1；隔过不压区后，再从另一侧标记点 B_2 逐模施压至张力场侧管口。铝管现场压接工艺，如图 1-3-6-36 所示。

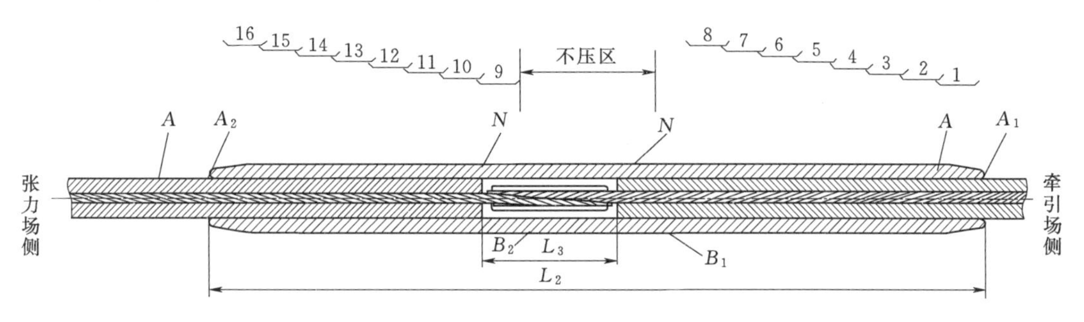

图 1-3-6-35　铝管压接顺序图

五、压接工艺质量检验等级评定

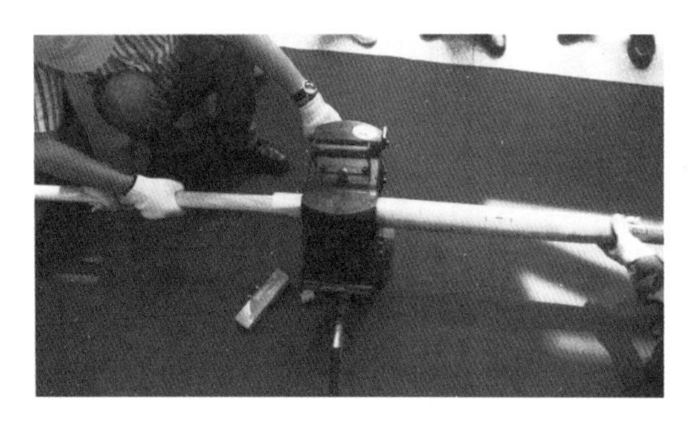

图 1-3-6-36　铝管压接工艺

1. 工艺评定

工艺评定包括以下内容：

(1) 握着力值达到相应标准的要求。

(2) 压接管弯曲符合相应标准要求。

(3) 压接后导线无明显的松股、背股。

2. 质量检验等级评定标准及检查

依据±800kV 架空送电线路施工质量检验及评定规程填写施工记录，执行耐张线夹接续管相关质量检验等级评定标准及检查方法。

3. 压后对边距要求

液压管压后对边距尺寸为 $S=0.866\times0.993D+0.2$(mm)，要满足 Q/GDW 1571—2014 要求，见表 1-3-6-10。

表 1-3-6-10　压接后对边距允许值

金具型号规格	钢锚（铝合金管）		铝　管	
	直径/mm	压接后对边距允许值/mm	直径/mm	压接后对边距允许值/mm
NY-1250/70	30.0	≤26.00	80.0	≤69.00
JYD-1250/70	30.0	≤26.00	80.0	≤69.00
NY-1250/100	36.0	≤31.16	80.0	≤69.00
JYD-1250/100	40.0	≤34.60	80.0	≤69.00
NY-800/550	55.0	≤47.50	80.0	≤69.00
JY-800/550	55.0	≤47.50	80.0	≤69.00

续表

金具型号规格	钢锚（铝合金管）		铝　管	
	直径/mm	压接后对边距允许值/mm	直径/mm	压接后对边距允许值/mm
NY-JL1X1-G3A-1250-70	30.0	≤26.00	80.0	≤69.00
JYD-JL1X1-G3A-1250-70	30.0	≤26.00	80.0	≤69.00
NY-JL1X1-G2A-1250-100	36.0	≤31.16	80.0	≤69.00
JYD-JL1X1-G2A-1250-100	40.0	≤34.60	80.0	≤69.00

第四章

电子技术在线路施工中的应用

第一节　基于互联网+APP输电精益化验收管控系统的研发

一、输电线路工程传统验收方式

1. 传统验收方式工作内容

输电线路工程验收按照隐蔽工程、中间延后和竣工验收规定的项目、内容进行。竣工验收是输电线路投入运行前的最后一次验收，验收质量的好坏直接决定了输电线路以后的安全稳定运行状况。

在验收前要做好全面、充分的准备工作，包括人员组织、图纸资料收集、编制验收"三措"和技术交底等。验收过程中，要做到四"逐"九"每"的全检方式，即逐基到位、逐基登杆、逐相出现、逐挡走线，认真仔细地检查每处边坡、每个塔腿、每根塔材、每颗螺栓（销钉）、每片绝缘子、每个金具、每个压接管、每根导线、每处通道。不遗漏任何一个地方，不放过任何一条缺陷，尽可能地把验收工作质量做到滴水不漏。

目前，国内输电线路验收仍沿用传统的验收方式，主要内容包括：

（1）高空人员喊话告知地面人员缺陷。

（2）地面人员记录纸质版缺陷。

（3）高空人员用传统相机拍照喊话告知地面人员编号。

（4）地面人员记录照片编号。

（5）人员分组将纸质版缺陷录入电子表格中。

（6）查询缺陷定级标准。

（7）缺陷定级。

（8）将照片从相机中导入。

（9）对照片名称进行编辑。

（10）负责人集中汇总各组缺陷、照片。

（11）统计分析形成报告。

（12）召开小结会。

由于步骤多，人员工作量大，效率低下，工作质量难以保证。

2. 传统验收方式存在问题

（1）验收总体流程较多，多达12步甚至更多，人员需参与过程多，难以全过程集中。

（2）验收全体人员除了需现场体力劳动，还需回到驻地进行数据录入、照片编辑、分析统计、开车小结等脑力劳动，全体工作时间超过12h，人员疲劳、效率低下、质量难以保证。

（3）由于经验水平不一，现场人员会出现对存在的问题描述不清楚，导致缺陷的填写、分类、缺陷定性不准确。

（4）现场人员填写存在依赖性，借助照片补写"回忆录"，导致部分缺陷遗漏。

（5）验收工作属于迁移性质，验收人员每天汇总缺陷数据所需的电脑，都为自行携

带，每小组至少携带1～2台笔记本电脑，一般验收有8～10个组，存在电源不足、资源浪费等问题。

二、主要技术创新点

现有科学技术水平发展迅速，互联网、智能手机（相机）、APP软件发展水平已经具备提升验收管理，减轻工作人员工作量，增加线路验收管理的条件。以强化输电线路验收精益化管理、提高输电线路现场验收质量和效率、提高运检验收智能化管理水平为目标，结合现有互联网及相关科学技术发展现状，开展基于互联网＋APP的输电精益化验收管控系统的研发。主要技术创新点如下：

(1) 该系统利用互联网的思想，将蓝牙技术、智能手机技术、大数据技术、互联网＋等当今先进科学技术进行有机整合，改进为高空人员语音输入，拍照地面人员审核上传，生成数据报告导出等三个步骤，工作效率大幅提高。

(2) 该系统的主要操作流程为高空人员打开软件点击语音输入，通过蓝牙耳机语音录入缺陷内容，对缺陷部位拍照并保存数据，地面负责人审核缺陷内容并上传，后台数据处理，人员直接导出报告。

(3) 国内首个在输电线路验收中应用互联网思维的成效，将原有落后的手写、拍照、收录、收导的验收模式变更为口录、手拍、目审、网传、机算模式。国内外先进软件、硬件装备得到高效整合。

(4) 国内首次研发设计了输电线路验收APP软件，软件包括了分组、手选录入、语音录入、数据保存、上次记录、资料查询等模块，具备了验收资料实时查阅，缺陷隐患实时录入保存、上传功能。

(5) 国内首次研发设计了输电线路验收APP关联的大数据，后台服务系统，实现了现场APP上传数据的实时接收、汇总、分析功能，使用人员可直接导出最终所需的验收报告、表格、照片文件，过程方便快捷，如图1-4-1-1～图1-4-1-3所示。

图1-4-1-1　后台管控系统界面

图1-4-1-2　手机APP界面

图 1-4-1-3　现场试用

(6) 具有数据暂存、内密传输、单片传输功能，保证了数据传输的安全性，在没有网络地区，可将验收数据在终端进行保存，等有网络了再进行数据传输，且可实现蓝牙传输，确保了数据的安全。

三、效益与应用

(1) 提升了验收效率。

(2) 节约了人工成本。

(3) 人均每日工作时间缩短 2h，人员体力更好恢复，现场安全系数和质量系数大幅提升。

(4) 现场验收标准可手机实施查询，缺陷录入有标准选项，验收缺陷准确率可提升至 98%以上。

第二节　二维码技术在线路施工中的应用

一、引入二维码技术实现数据模块化

近年来超高压、特压线路工程日益增多，线路施工图纸量增大，查找对比比较烦琐，现场质量、数据检查提供资料较多，为减轻运维单位图纸库存及现场验收的资料数据携带，结合近年来新技术在线路工程中的应用，引入二维码技术，可实现各类数据模块化、数据集中收集及检查汇总，实现单基数据的集中反映。结合“新安全生产法”责任终身制要求，跟踪落实责任终身制相关要求，也须引入二维码技术在本区域的合理利用。

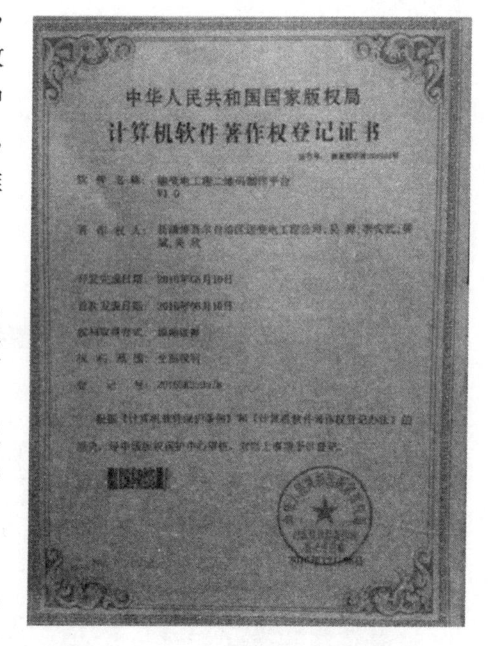

中华人民共和国国家版权局
计算机软件著作权登记证书

图 1-4-2-1　软件类专利登记证书

目前已经形成的成果包括：

(1) 2016 年 11 月在《科技尚品》期刊上已经发表题目为“二维码技术在线路施工中的应用”的论文。

(2) 2016 年 12 月在中华人民共和国国家版权局申报“输变电工程二维码制作平台”，软件类专利登记证书如图 1-4-2-1 所示。

1. 技术分析

二维码（QR）技术又称二维条码，用于特定的几何图形上，并按照一定规律分布在黑白间隔的图形上，是收集所有数据信息的关键。

二维码主要是根据业务的不同形态分为主读和被读两种类型。根据输电线路施工的管理要求，通常分为工程管理、技术支撑、实体测量类型，制作相应的二维码标识，并在相应位置上显示出来。现场施工及运行人员需要通过移动设备，如PAD、智能手机，扫描二维码，进入到根据二维码技术所研发的程序界面，对施工区域、工艺信息、检查记录、验收档案等对应界面进行仔细查看。

2. 信息存储及保护

对施工阶段的基础、铁塔、导线、金具等相关数据进行正确的收集和整理，绘制数据表。利用二维码生成器生成二维码图标，采用相应的打印技术制作成现场安装牌或图片，在基础、组塔、架线验收前喷涂或粘贴在基础或塔材表面，便于检查人员现场检查核对。施工阶段二维码为动态活码，为了对输电线路信息保密，施工期间使用活码后台管理，在施工期间均可扫出相关内容。工程结束后，在网络平台删除相关信息，即可保证企业信息不泄露，现场遗留的二维码将无法扫出任何信息。

3. 实际运用

在运行阶段，将施工阶段的基础、铁塔、架线等相关数据进行汇总，绘制数据表。制作永久二维码标示牌，便于运行人员现场检查参考，运行阶段二维码采用静态二维码，可保证信息不可修改。对于需要长期应用的地方，将制作静态二维码，更具有稳定性及永久性，如图1-4-2-2所示。

图1-4-2-2 静态二维码

二、主要技术创新点

（1）采用活码技术，可保证企业信息不泄露，工程结束后，后台删除网络上传信息，二维码将无法再扫出相关信息。

（2）采用静态二维码可保证信息不可修改，对于需要长期应用的地方，将制作静态二维码，更具有稳定性。

（3）二维码统一管理后将建立清晰台账，进出库的工器具等能及时掌握信息；随着信息时代的发展，二维码的技术应用将愈来愈广泛，申请建立二维码制作平台，可便于管理现场粘贴二维码信息的工器具等。

三、效益与应用

1. 经济效益对比

（1）节约人力、物力、资源投入。

（2）提高线路施工及运维工作效率。

（3）操作简单，便于操作人员理解及现场勘查核实。

（4）需购买二维码生成软件及标牌制作，前期投入费。

2. 提升信息管理水平

二维码技术的应用不仅在经济效益方面取得良好效果，还进一步提升了信息管理水平，具体表现如下：

（1）质量标准化。现场施工人员通过对工艺流程、标准、作业指导手册以及工艺参照等查询，进而明确工作要点，确保工艺流程的顺利实施，达到所规定的工艺标准。项目管理人员通过浏览质量检查记录信息对现场施工质量进行验收和检查，并为施工人员提供有效性的意见，进而保证施工质量的提高。

（2）提升工程质量。通过智能化的移动客户端能够顺利完成质量检查工作，并完成检查信息的实时更新，现场施工人员以及项目检查人员均能够通过二维码查询施工质量的图片和信息，实现人人监督和互相监督的效果，进而提升整体的施工质量。

（3）提升信息工程的溯源性。通过质量检查和工程验收等过程中形成的检查记录以及验收图片，现场施工人员可以查看施工人员、质检人员、验收时间、检查项目等方面的信息，实现信息工程的溯源性。

第五章

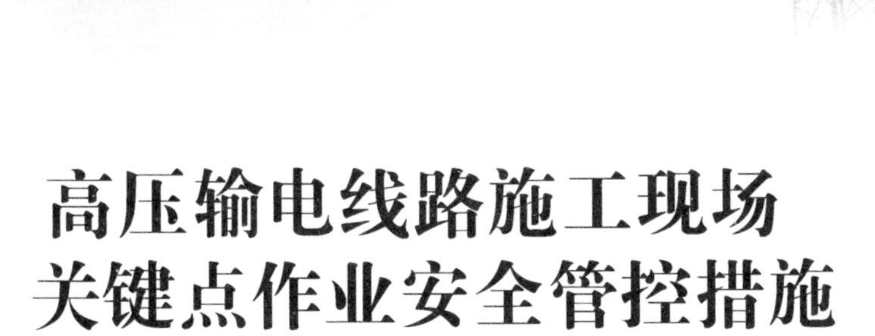

高压输电线路施工现场关键点作业安全管控措施

第一节 概 述

为吸取事故教训，针对输变电工程可能发生人身事故的施工现场关键点作业，制定切实可行的安全管控措施，强力遏制人身事故多发势头，重建基建安全稳定局面，国家电网公司基建部组织行业专家集中编制，并经广泛征求各方面意见后，于2017年6月下发《输电线路（电缆）工程施工现场关键点作业安全管控措施》（以下简称“管控措施”）。

管控措施的编制是在分析输变电工程施工现场各作业环节中可能导致人身事故的关键点，重点针对责任不落实、制度不落实、方案不落实、措施不落实问题，总结提炼出能够有效防止人身事故的关键措施。管控措施是参考《电力安全工作规程（电网建设部分）》《国家电网公司输变电工程施工安全风险识别、评估及预控措施管理办法》、施工方案、作业指导书，结合事故教训提炼出的施工重点控制措施，作为强制性措施，划出关键作业施工安全管理的底线、红线，施工过程中必须严格执行，违反管控措施由监理下发停工令，并告知业主。

管控措施针对输电线路工程（含电缆），由架空线路工程特殊环境交通与运输、土石方施工、杆塔施工、架线施工、电缆线路工程明开隧道施工、浅埋暗挖隧道施工、盾构隧道施工、电缆敷设及接头施工、电缆绝缘耐压试验、电缆线路停电切改施工等十个部分组成（本章只讲述高压架空输电线路，电缆线路不在本章范围内）。管控措施必须作为省公司、地市公司、监理公司、施工企业、三个项目部等各级检查的必查内容。

与此同时，还应加强以下三个方面的管控措施。

1. 加强施工技术方案管理措施

（1）拉线必须经过计算校核。

（2）地锚必须经过计算校核。

（3）临近带电体作业安全距离必须经过计算校核。

2. 加强作业关键环节验收把关措施

（1）拉线投入使用前必须通过验收。

（2）地锚投入使用前必须通过验收。

（3）索道投入使用前必须通过验收。

（4）组塔架线作业前地脚螺栓必须通过验收。

3. 加强施工过程管控措施

（1）在有限空间内作业，禁止不配备使用有害气体检测装置。

（2）组塔架线高空作业，禁止不配备使用攀登自锁器及速差自控器。

（3）乘坐船舶或水上作业，禁止不配备使用救生装备。

（4）紧断线平移导线挂线，禁止不交替平移子导线。

（5）组立超过30m的抱杆，禁止使用正装法。

第二节　输电线路工程施工现场关键点作业各级安全管控通用要求

一、施工项目部和施工单位现场关键点作业安全管控措施

1. 施工项目部现场关键点作业安全管控措施

(1) 组织项目管理人员及专业分包管理人员参加业主项目部组织的风险初勘、交底及会签。

(2) 梳理、掌握本工程可能涉及的人身伤亡事故的风险，将其纳入项目管理实施规划、安全风险管理及控制方案等策划文件。

(3) 施工项目部根据工程情况编制分部工程安全文明施工设施标准化配置计划。并报审监理项目部进行进场验收把关，对现场检查出安全文明施工设施使用不规范的情况，给予责任单位及人员相应考核。

(4) 分包工程开工前，施工项目部向监理项目部、业主项目部报批“同进同出”人员名单以及“同进同出”作业范围。负责收集并检查“同进同出”人员的履职记录及留存的数码照片。

(5) 施工项目部将分包计划报审监理项目部审查，批准后上报拟分包合同及安全协议，确保分包商的施工能力满足工程需要。分包人员进场前，施工项目部为全体分包人员建立二维码登记档案，同时跟踪、考核分包人员动态管理的情况。

(6) 在关键点作业过程中，施工项目部应严格落实“施工现场关键点作业安全管控措施”的相关要求，履行签字手续。三级及以上施工风险作业时，施工作业负责人、施工项目部安全员现场监护，现场跟踪、逐项检查三级及以上施工风险作业情况，符合要求的由施工作业负责人在“每日执行情况检查记录表”中签字。三级及以上施工风险作业时，执行“输变电工程三级及以上施工安全风险管理人员到岗到位要求”。施工项目部建立配套施工作业票台账，结合工作票检查，同步检查关键点作业的每日检查记录台账。

(7) 对现场施工违反规定与要求的分包商，责令其改进或停工整顿，并报本单位管理部门，依据分包施工合同进行考核。对“施工现场关键点作业安全管控措施”落实不到位、存在问题拒不整改的分包商、分包商项目经理及主要管理人员，报本单位管理部门，建议清除出场。对不执行“施工现场关键点作业安全管控措施”、拒不听从指挥的分包作业人员，书面通知分包商项目经理，责令其将该类人员清除出工程现场，并通过基建管理系统记录其劣迹，避免混入其他工程建设中。

(8) 落实施工项目部验收职责，认真开展施工队自检、项目部复检工作，并报审公司专检、监理初检验收，完成各级验收消缺整改工作。未经验收通过，不得开展后续作业。

2. 施工单位现场关键点作业安全管控措施

(1) 按要求配备施工项目经理、项目总工、技术员、安全员、质检员、造价员、资料信息员、材料员、综合管理员等项目管理人员。安全员、质检员必须为专职，不可兼任项目其他岗位。

(2) 全面掌握公司所属在建工程三级及以上施工安全作业风险，执行“输变电工程三级及以上施工安全风险管理人员到岗到位要求”，适时开展“施工现场关键点作业安全管控措施”的监督检查。施工企业副总工程师以上的管理人员到现场检查四级风险作业情况，符合要求的在“每日执行情况检查记录表”中签字。

(3) 在架空输电线路工程杆塔组立前和架线前等关键环节，组织开展公司级专检验收工作，对施工项目部一级、二级自检进行把关检查，督促整改。

(4) 组织开展关键点作业日常安全监督检查，对检查中发现的问题及时予以现场整改、通报批评，并对相关责任单位及责任人进行考核。

(5) 严格审查专项施工方案是否根据现场实际编制，对经过审批的施工方案现场执行不严格的，追究现场管理人员、施工负责人的责任。

(6) 对现场施工违反规定与要求的分包商，责令其改进或停工整顿，依据分包施工合同进行考核。对“施工现场关键点作业安全管控措施”落实不到位、存在问题拒不整改的分包商、分包商项目经理及主要管理人员、分包人员清除出场，并报告建设管理单位，提出永久禁入建议。

二、监理项目部和监理单位现场关键点作业安全管控措施

1. 监理项目部现场关键点作业安全管控措施

(1) 工程开工前，参与业主项目部组织的安全风险交底及风险的初勘，针对本工程可能涉及的人身伤亡事故的风险作业，提出监理意见。

(2) 审查施工单位上报的关键点安全管控措施，制订针对性的监理控制措施，并对监理项目部人员进行全员交底。

(3) 风险作业开始前，监理员检查风险作业必备条件，不满足要求不允许作业。对现场检查出的不符合项出具监理整改通知单，并督促施工单位整改闭环。三级及以上施工风险作业前，监理人员现场检查作业必备条件和班前会工作是否符合要求，符合要求的在安全施工作业票中签字。

(4) 严格审查拟进场分包商施工资质、人员配备、施工机具和队伍管理能力，提出监理审查意见，不符合要求的严禁进场；检查施工项目部分包人员二维码的建档情况和“同进同出”人员配置情况；施工过程中，检查分包人员动态管理情况。

(5) 在关键点作业过程中，对“施工现场关键点作业安全管控措施”的落实情况进行严格把关。按照制订的监理安全旁站计划，开展安全监理旁站工作。三级及以上施工风险作业时，监理人员现场检查施工作业风险控制专项措施的落实情况，并在每日执行记录表中签字。监理人员检查检查施工项目部建立配套施工作业票台账，同步检查关键点作业的每日检查记录台账，将检查情况记录到监理日志中。

(6) 对关键点作业实施监理过程中发现的安全隐患，要求施工项目部整改，必要时要求施工项目部立即停止施工，下达“停工令”，并及时报告业主项目部或书面汇报本单位管理部门。监理单位应立即开展调查，情况属实且监理项目部仍无法推动的，监理单位要书面告知建设管理单位、施工单位，形成记录，直至符合管控措施要求。监理项目部跟踪

整改结果。

(7) 加强工程转序管理，落实监理初检职责，对施工三级自检严格审核，对不满足条件的严禁转序。

2. 监理单位现场关键点作业安全管控措施

(1) 为工程项目配备认真履责、合格的总监理工程师和安全监理工程师，按要求开展关键点作业安全管控工作。

(2) 审批监理项目部编制的监理规划、安全监理工作方案，对其中关键点作业安全管控措施重点把关。

(3) 梳理公司所承揽工程存在的关键点作业，制定抽查计划，确定检查重点，现场抽查“施工现场关键点作业安全管控措施”的落实情况及记录卡的执行情况，同时对留存记录卡进行核查，对存在的问题出具整改通知单并跟踪整改。

(4) 履行输变电工程三级及以上施工安全风险监理单位到岗到位要求，监理公司相关管理人员对跨越施工、深基坑开挖、临近带电线路组塔及电缆隧道工程等四级风险作业进行现场检查，并在每日执行记录表中签字。

(5) 在输电线路工程杆塔组立前和架线前等关键环节，对转序验收工作进行同步检查，对检查发现的问题下发监理整改通知单，并跟踪整改闭环情况。

(6) 对“现场施工管理混乱，拒不整改或多次整改仍达不到要求”和“施工现场关键点作业安全管控措施”落实不到位的施工单位，下达书面整改通知，并报告建设管理单位或省公司，提出处理建议。

(7) 检查、评价、考核监理项目部关键点作业安全管控工作情况，对发现的问题提出整改要求，监督整改闭环。

三、业主项目部和建设管理单位现场关键点作业安全管控措施

1. 业主项目部现场关键点作业安全管控措施

(1) 对两个及以上施工企业在同一作业区域内进行施工，可能危及对方生产安全的作业活动，组织签订安全协议，并指定专职安全生产管理人员进行安全检查与工作协调。

(2) 针对人身伤害的关键环节，组织设计单位对施工、监理项目部进行风险初勘、交底，在设计交底过程中，重点对可能造成人身伤害的风险进行专项交底，由相关方会签后，经业主项目经理签发后执行。

(3) 组织施工、监理项目部梳理、掌握本工程可能造成人身伤亡事故的风险，将其纳入项目总体策划、应急处置方案等策划文件，制定管控计划，履行审批手续。

(4) 风险作业的分部工程开始前，将防护人身伤害的安全设施配置情况纳入开工、转序的必备条件，对其中可能造成人身伤害的“关键项”不符合要求的，不批准开工。对现场检查出安全文明施工设施标准化配置不符合项出具处罚意见，在结算时扣罚相应考核金，同时，通报相应责任单位。

(5) 分包单位进场前，严格履行分包商进场验证检查手续，核查分包商施工资质、人员配备、施工机具和队伍管理能力，确保分包商的施工能力满足工程需要。检查施工项目部分包人员二维码的建档情况，同时跟踪、考核分包人员动态管理的情况。

(6) 通过规范分包管理工作流程，强化分包作业现场人身事故的防控。在分包工程开工前，审批施工项目部报送的“同进同出”人员名单，以及“同进同出”作业范围。监督施工项目部严格执行同进同出作业现场的刚性要求，检查“同进同出”人员的履职记录及留存的数码照片。

(7) 在关键点作业过程中，应重点检查施工、监理项目部“施工现场关键点作业安全管控措施”的落实情况，履行签字手续。考核执行“施工现场关键点作业安全管控措施”不到位的监理项目部总监及监理人员、施工项目部经理及其他人员，必要的报建设管理单位，书面通知相关单位提出撤换要求。

(8) 四级风险作业前，业主项目经理或安全管理人员现场检查施工作业必备条件，符合要求在安全工作票中签字允许作业。四级风险作业时业主项目经理或安全管理人员现场检查施工作业风险控制专项措施的执行情况，并在每日执行记录表中签字。施工项目部建立配套施工作业票台账，结合工作票检查，同步检查关键点作业的每日检查记录台账。

(9) 加强转序管理，按“谁检查谁签字、谁签字谁负责”的原则，强化工程验收“痕迹”管理，落实中间验收职责，对施工三级自检、监理初检报告严格审核，对不满足转序条件严禁转序。

2. 建设管理单位现场关键点作业安全管控措施

(1) 根据下周关键点作业安排，制订现场抽查计划，确定检查重点以及检查责任人，深入作业现场抽查“施工现场关键点作业安全管控措施”的落实情况及记录卡的执行情况，同时对留存记录卡进行核查。出具检查报告，根据检查情况，对存在的问题出具整改通知单并跟踪整改。

(2) 全面掌握跨越施工、邻近带电作业、电缆隧道施工、深基坑开挖等关键点作业进展情况，执行“输变电工程三级及以上施工安全风险管理人员到岗到位要求”，适时开展“施工现场关键点作业安全管控措施”的监督检查。四级风险作业时建管单位有关人员现场检查施工作业风险控制专项措施的执行情况，并在每日执行记录表中签字。

(3) 结合工程质量监督检查工作，在架空输电线路工程杆塔组立前和架线前的关键环节，同步监督检查各参建单位转序验收工作，对验收把关不到位的单位进行点评通报、跟踪整改。

(4) 对“现场施工管理混乱，拒不整改或多次整改仍达不到要求”“安全文明施工费挪作他用”的施工单位，或履责不到位的监理单位予以停工整顿、通报批评，对有关人员提出撤换、清除现场的建议。当符合违约解除合同条款时，发出解除合同通知，启动索赔程序。

(5) 对施工方案编制与现场实际不符的，追究编制人员及审核、审批人员的责任；对施工方案执行不严格的，追究施工负责人、监督管理人员及监理人员的责任。

(6) 对违反规定与要求的施工承包商，责令其改进或停工整顿，依据施工合同进行考核。对“施工现场关键点作业安全管控措施”落实不到位、存在问题拒不整改的分包商、分包商项目经理及主要管理人员、分包人员清除出场，并报告省公司，提出永久禁入建议。

四、省公司级单位基建管理部门现场关键点作业安全管控措施

（1）加强“四不两直”安全巡查工作力度，每月制订安全巡查计划，围绕“施工现场关键点作业安全管控措施”，明确巡查的建设管理单位和项目范围、数量和巡查责任人，及时通报存在问题的责任单位和项目，对落实不到位的责任单位，采取通报批评、约谈、同业对标考核、限制投标等责任追究。“四不两直”是国家安全生产监督管理总局2014年9月建立并实施的一项安全生产暗查暗访制度，也是一种工作方法，即：不发通知、不打招呼、不听汇报、不用陪同接待、直奔基层、直插现场。

（2）全面掌握跨越施工、电缆隧道施工、深基坑开挖等关键环节进展情况，执行“输变电工程三级及以上施工安全风险管理人员到岗到位要求”，适时开展“施工现场关键点作业安全管控措施”的抽查。省公司建设部安全管理人员适时对四级风险施工作业开展情况进行监督检查。检查施工安全工作票和“施工现场关键点作业安全管控措施”的执行情况。检查发现的问题以电网建设整改通知单指令整改，及时跟踪检查问题整改闭环落实情况。

风险分级管控的基本原则是安全风险等级从高到低划分为4级，并按各自等级情况处理：

A级（四级）：重大风险红色风险，评估属不可容许的危险。必须建立管控档案，应由企业重点负责管控，必须立即整改，不能继续作业，只有当风险登记降低时，才能开始或继续工作。

B级（三级）：较大风险/橙色风险，评估属高度危险。必须建立管控档案，必须制定措施进行控制管理，应由本企业安全主管部门和各职能部门根据职责分工负责管控。

C级（二级）：一般风险/黄色风险，评估属高度危险。应由所在车间负责管控，公司（厂）安全管理部门负责监督落实。

D级（一级）：低风险/蓝色风险，评估属轻度危险和可容许的危险。应由所在的班组负责管控，车间负责监督落实。

第三节　输电线路工程施工现场关键点作业安全管控具体措施

一、架空线路工程特殊环境交通及运输

（一）索道架设

风险提示：该类作业安全控制的核心是设备选用及设置、架设弛度控制。不执行以下安全管控措施，将导致物体打击、机械伤害，造成人身伤害事故，固有风险等级属三级。

1. 作业必备条件

（1）施工方案已批准，并完成项目部和班组级交底。

（2）各类人员、安全工器具、施工机械设备、材料等已经报审并批准，满足现场安全

技术要求。施工作业前仔细检查现场安全工器具、施工机械设备合格后方可使用。

（3）索道架设按施工方案选用承力索、支架等设备及部件。

（4）驱动装置严禁设置在承载索下方。

（5）上述措施完成后，由作业负责人办理“安全施工作业票B”，施工项目部审核签发。监理人员现场检查确认后，在作业票中签字，同意开始作业。

2. 作业过程安全管控措施

（1）作业负责人站班会上通过读票方式进行安全交底，并随机抽取3～5名施工人员提问，被提问人员清楚且回答正确后开始作业。

（2）作业过程中，作业负责人、监理人员按照作业流程，逐项确认风险控制专项措施落实，同时在“每日执行情况检查记录表”中签字确认。

（3）提升工作索时防止绳索缠绕且慢速牵引，架设时严格控制弛度。

（4）索道架设后在各支架及牵引设备处安装临时接地装置。

（二）索道运输

风险提示：该类作业安全控制的核心是人员站位、设备使用和检查。不执行以下安全管控措施，将导致物体打击、机械伤害，造成人身伤害事故，固有风险等级属三级。

1. 作业必备条件

（1）施工方案已批准，并完成项目部和班组级交底。

（2）各类人员、安全工器具、施工机械设备、材料等已经报审并批准，满足现场安全技术要求。施工作业前仔细检查现场安全工器具、施工机械设备合格后方可使用。

（3）必须经验收、试运行合格后方可运行。

（4）索道运输前必须确保沿线通信畅通。

（5）上述措施完成后，由作业负责人办理“安全施工作业票B”，施工项目部审核签发。监理人员现场检查确认后，在作业票中签字，同意开始作业。

2. 作业过程安全管控措施

（1）作业负责人站班会上通过读票方式进行安全交底，并随机抽取3～5名施工人员提问，被提问人员清楚且回答正确后开始作业。

（2）作业过程中，作业负责人、监理人员按照作业流程，逐项确认风险控制专项措施落实，同时在“每日执行情况检查记录表”中签字确认。

（3）小车与跑绳的固定应采用双螺栓，且必须紧固到位，防止滑移脱落。

（4）索道运输时装货严禁超载，严禁运送人员，索道下方严禁站人，驱动装置未停机装卸人员严禁进入装卸区域。

（5）定期检查承载索的锚固、拉线、各种索具、索道支架，并做好相关检查记录。

（三）水上运输

风险提示：该类作业安全控制的核心是船舶情况及超员、超载情况的禁止。不执行以下安全管控措施，将导致溺水，造成人身伤害事故，固有风险等级属三级。

1. 作业必备条件

（1）施工方案已批准，并完成项目部和班组级交底。

（2）各类人员、安全工器具、材料等已经报审并批准，满足现场安全技术要求。施工

作业前仔细检查现场安全工器具、合格后方可使用。

（3）乘坐有运输资质的船舶，船舶上配备有救生设备。

（4）上述措施完成后，由作业负责人办理“安全施工作业票 B”，施工项目部审核签发。监理人员现场检查确认后，在作业票中签字，同意开始作业。

2. 作业过程安全管控措施

（1）作业负责人站班会上通过读票方式进行安全交底，并随机抽取 3～5 名施工人员提问，被提问人员清楚且回答正确后开始作业。

（2）作业过程中，作业负责人、监理人员按照作业流程，逐项确认风险控制专项措施落实，同时在“每日执行情况检查记录表”中签字确认。

（3）易滚、易滑和易倒的物件必须绑扎牢固。

（4）禁止超员、超载。

（5）遇有洪水或者大风、大雾、大雪等恶劣天气，严禁水上运输。

（四）山区交通

风险提示：该类作业安全控制的核心是车辆情况、超员及人货混装情况的禁止。不执行以下安全管控措施，将导致高处坠落、机械伤害，造成人身伤害事故。固有风险等级属二级。

1. 作业必备条件

（1）施工方案已批准，并完成项目部和班组级交底。

（2）各类人员、安全工器具、材料等已经报审并批准，满足现场安全技术要求。施工作业前仔细检查现场安全工器具，合格后方可使用。

（3）行车前，驾驶员对车辆的转向、制动、照明装置等进行检查。

2. 作业过程安全管控措施

（1）严禁在路况、气象不佳情况下强行乘坐交通工具。

（2）控制车速，保持车距，弯道减速慢行，禁止弯道超车。

（3）严禁人员与设备、材料混装，严禁乘坐非载人车辆。

二、架空线路工程土石方施工

（一）土石方开挖作业

风险提示：该类作业安全控制的核心是人员上下基坑方式、边坡稳定。不执行以下安全管控措施，将导致高处坠落、物体打击、坍塌、机械伤害，造成人身伤害事故。开挖深度 3（含）～5m，固有风险等级属三级；开挖深度大于等于 5m，固有风险等级属四级。

1. 作业必备条件

（1）施工方案已批准，并完成项目部和班组级交底。

（2）各类人员、安全工器具、施工机械设备、材料等已经报审并批准，满足现场安全技术要求。施工作业前仔细检查现场安全工器具、施工机械设备合格后方可使用。

（3）作业区域设置硬质围栏、安全标志牌，并设专人监护。

（4）发电机、配电箱等接线由专业电工担任，接线头必须接触良好，导电部分不得裸露，金属外壳必须接地，做到“一机一闸一保护”，使用软橡胶电缆，电缆不得破损、漏电，工作中断时必须切断电源。

（5）上述措施完成后，由作业负责人办理“安全施工作业票B”，施工项目部审核签发。开挖深度3（含）～5m，监理人员现场检查确认后，在作业票中签字，同意开始作业。（开挖深度大于等于5m，总监理工程师现场检查签字，业主项目经理确认签字，同意开始作业。）

2. 作业过程安全管控措施

（1）作业负责人站班会上通过读票方式进行安全交底，并随机抽取3～5名施工人员提问，被提问人员清楚且回答正确后开始作业。

（2）作业过程中，作业负责人、监理人员（四级还需要施工项目部、监理项目部、业主项目部、施工企业、监理企业、建设管理单位相关管理人员）按照作业流程，逐项确认风险控制专项措施落实，同时在“每日执行情况检查记录表”中签字确认。

（3）规范设置供作业人员上下基坑的安全通道（梯子）。不得攀登挡土板支撑上下，不得在基坑内休息。

（4）堆土应距坑边1m以外，高度不得超过1.5m。

（5）必须按照设计规定放坡，施工过程发现坑壁出现裂纹、坍塌等迹象，立即停止作业并报告施工负责人，待处置完成合格后，再开始作业。

（二）掏挖基础开挖作业

风险提示：该类作业安全控制的核心是人员上下基坑方式、提土设备使用、边坡稳定。不执行以下安全管控措施，将导致高处坠落、物体打击、坍塌、机械伤害，造成人身伤害事故。开挖深度大于5m，固有风险等级属四级。

1. 作业必备条件

（1）施工方案已批准，并完成项目部和班组级交底。

（2）各类人员、安全工器具、施工机械设备、材料等已经报审并批准，满足现场安全技术要求。施工作业前仔细检查现场安全工器具、施工机械设备合格后方可使用。

（3）作业区域设置孔洞盖板和硬质围栏、安全标志牌，并设专人监护。

（4）发电机、配电箱等接线由专业电工担任，接线头必须接触良好，导电部分不得裸露，金属外壳必须接地，做到“一机一闸一保护”，使用软橡胶电缆，电缆不得破损、漏电，工作中断时必须切断电源。

（5）上述措施完成后，由作业负责人办理“安全施工作业票B”，施工项目部审核签发。总监理工程师现场检查签字，业主项目经理确认签字，同意开始作业。

2. 作业过程安全管控措施

（1）作业负责人站班会上通过读票方式进行安全交底，并随机抽取3～5名施工人员提问，被提问人员清楚且回答正确后开始作业。

（2）作业过程中，施工项目部、监理项目部、业主项目部、施工企业、监理企业、建设管理单位相关管理人员按照作业流程，逐项确认风险控制专项措施落实，同时在“每日执行情况检查记录表”中签字确认。

（3）配备良好的通风设备。

（4）规范设置供作业人员上下基坑的安全通道（梯子）。

（5）基坑深度达2m时，必须用取土器械取土；人力提土绞架刹车装置、电动葫芦提土机械自动卡紧保险装置应安全可靠。

（6）提土斗应为软布袋或竹篮等轻型工具，吊运土不得满装，吊运土方时孔内人员靠孔壁站立。

（7）在扩孔范围内的地面上不得堆积土方。

（三）岩石基坑开挖作业

风险提示：该类作业安全控制的核心是人员上下基坑方式、民爆公司能力。不执行以下安全管控措施，将导致高处坠落、物体打击、坍塌、爆炸，造成人身伤害事故。固有风险等级属四级。

1. 作业必备条件

（1）施工方案已批准，并完成项目部和班组级交底。

（2）各类人员、安全工器具、施工机械设备、材料等已经报审并批准，满足现场安全技术要求。施工作业前仔细检查现场安全工器具、施工机械设备合格后方可使用。

（3）作业区域设置提示围栏、安全标志牌，专人把守重要路口和人员经常出入的危险区域。

（4）上述措施完成后，由作业负责人办理“安全施工作业票B”，施工项目部审核签发。总监理工程师现场检查签字，业主项目经理确认签字，同意开始作业。

2. 作业过程安全管控措施

（1）作业负责人站班会上通过读票方式进行安全交底，并随机抽取3～5名施工人员提问，被提问人员清楚且回答正确后开始作业。

（2）作业过程中，施工项目部、监理项目部、业主项目部、施工企业、监理企业、建设管理单位相关管理人员按照作业流程，逐项确认风险控制专项措施落实，同时在“每日执行情况检查记录表”中签字确认。

（3）规范设置供作业人员上下基坑的安全通道（梯子）。

（4）选择具有相关资质的民爆公司实施，签订专业分包合同和安全协议，并报监理、业主审批，公安部门备案。

（5）专项施工方案由民爆公司编制，施工项目部审核，并报监理、业主审批。爆破施工专项方案应经专业人员审核，报地方公安部门备案。

（6）民爆公司作业人员必须持证上岗，爆破器材符合国家标准，满足现场安全技术要求。

（四）特殊基坑开挖作业

风险提示：该类作业安全控制的核心是人员上下基坑方式、边坡稳定。不执行以下安全管控措施，将导致高处坠落、物体打击、坍塌、触电，造成人身伤害事故。固有风险等级属三级。

1. 作业必备条件

（1）施工方案已批准，并完成项目部和班组级交底。

（2）各类人员、安全工器具、施工机械设备、材料等已经报审并批准，满足现场安全技术要求。施工作业前仔细检查现场安全工器具、施工机械设备合格后方可使用。

（3）作业区域设置硬质围栏、安全标志牌，并设专人监护。

（4）上述措施完成后，由作业负责人办理“安全施工作业票B”，施工项目部审核签发。监理人员现场检查确认后，在作业票中签字，同意开始作业。

2．作业过程安全管控措施

（1）作业负责人站班会上通过读票方式进行安全交底，并随机抽取3～5名施工人员提问，被提问人员清楚且回答正确后开始作业。

（2）作业过程中，作业负责人、监理人员按照作业流程，逐项确认风险控制专项措施落实，同时在“每日执行情况检查记录表”中签字确认。

（3）规范设置供作业人员上下基坑的安全通道（梯子）。

（4）泥沙坑、流沙坑施工，严格按照施工方案采取挡泥板或护筒措施。

（5）固壁支撑所用木料不得腐坏、断裂，板材厚度不小于50mm，撑木直径不小于100mm。

（6）高边坡基础施工前观察地质情况是否稳定，施工时必须先清除上山坡浮动土石。内边坡的放坡系数必须符合规范要求。

（7）发现挡泥板、护筒有变形或断裂现象，立即停止坑内作业，处理完毕后方可继续施工。

（8）更换挡泥板支撑应先装后拆。拆除挡泥板应待基础浇制完毕后与回填土同时进行。

（9）边坡开挖时，由上往下开挖，依次进行。严禁上、下坡同时撬挖。土石滚落下方不得有人。在悬岩陡坡上作业时设置防护栏杆并系安全带。

（五）人工挖孔基础开挖作业

风险提示：该类作业安全控制的核心是人员上下孔方式、提土设备使用、孔内空气检测及送风、坑壁稳定及孔洞防护。不执行以下安全管控措施，将导致高处坠落、物体打击、触电、中毒、窒息、坍塌，造成人身伤害事故。作业孔深小于15m，固有风险等级属三级；作业孔深大于等于15m，固有风险等级属四级。

1．作业必备条件

（1）施工方案已批准，并完成项目部和班组级交底。

（2）各类人员、安全工器具、施工机械设备、材料等已经报审并批准，满足现场安全技术要求。施工作业前仔细检查现场安全工器具、施工机械设备合格后方可使用。

（3）必须设置孔洞盖板、安全围栏、安全标志牌，并设专人监护。

（4）上述措施完成后，由作业负责人办理“安全施工作业票B”，施工项目部审核签发。作业孔深小于15m，监理人员现场检查确认后，在作业票中签字，同意开始作业（作业孔深大于等于15m，总监理工程师现场检查签字，业主项目经理确认签字，同意开始作业）。

2．作业过程安全管控措施

（1）作业负责人站班会上通过读票方式进行安全交底，并随机抽取3～5名施工人员提问，被提问人员清楚且回答正确后开始作业。

（2）作业过程中，作业负责人、监理人员（四级还需要施工项目部、监理项目部、业

主项目部、施工企业、监理企业、建设管理单位相关管理人员）按照作业流程，逐项确认风险控制专项措施落实，同时在“每日执行情况检查记录表”中签字确认。

（3）吊运土不要满装，使用的电动葫芦、吊笼等应安全可靠并配有自动卡紧保险装置。电动葫芦用按钮式开关，使用前必须检验其安全起吊能力。

（4）孔深超过5m时，用风机或风扇向孔内送风不少于5min。坑深超过10m时，用专用风机向孔下送风，风量不得少于25L/s。

（5）每日开工下孔前应检测孔内空气。当存在有毒、有害气体时应先排除，禁止在孔内使用燃油动力机械设备。

（6）孔下作业不得超过两人，每次不得超过2h。

（7）根据土质情况采取相应护壁措施防止塌方。

（8）在孔内上下递送工具物品时，不得抛掷，应采取措施防止物件落入孔内，人员上下必须使用软梯。

（9）在扩孔范围内的地面上不得堆积土方。

三、架空线路工程杆塔施工

（一）钢管杆施工

风险提示：该类作业安全控制的核心是起重机受力工器具、起吊系统稳定性、起吊重量控制、人员站位。不执行以下安全管控措施，将导致起重机倾覆、脱钩断绳，造成人身伤害事故。固有风险等级属三级。

1. 作业必备条件

（1）施工方案已批准，并完成项目部和班组级交底。

（2）各类人员、安全工器具、施工机械设备、材料等已经报审并批准，满足现场安全技术要求。施工作业前仔细检查现场安全工器具、施工机械设备合格后方可使用。

（3）上述措施完成后，由作业负责人办理“安全施工作业票B”，施工项目部审核签发。监理人员现场检查确认后，在作业票中签字，同意开始作业。

2. 作业过程安全管控措施

（1）作业负责人站班会上通过读票方式进行安全交底，并随机抽取3～5名施工人员提问，被提问人员清楚且回答正确后开始作业。

（2）作业过程中，作业负责人、监理人员按照作业流程，逐项确认风险控制专项措施落实，同时在“每日执行情况检查记录表”中签字确认。

（3）起重机工作位置的地基必须稳固，附近的障碍物清除。

（4）吊装构件前，对已组杆段进行全面检查，螺栓紧固，吊点处不缺件。

（5）起重臂及吊件下方划定作业区，地面设安全监护人，吊件垂直下方不得有人。

（6）指挥人员看不清作业地点或操作人员看不清指挥信号时，均不得进行起吊作业。

（7）吊件离开地面约100mm时暂停起吊并进行检查，确认正常且吊件上无搁置物及人员后方可继续起吊。起吊速度应均匀，缓提缓放。

（8）塔脚板就位后，上齐匹配的垫板和螺帽，组立完成后拧紧螺帽，并打毛丝扣。

（9）仔细核对施工图纸的吊段参数，严格按照施工方案控制单吊重量，严禁超重

起吊。

（10）当风速达到12.0m/s及以上或大雨、大雪、大雾等恶劣天气时，停止露天的起重吊装作业。重新作业前，先试吊，并确认各种安全装置灵敏可靠后进行作业。

（二）悬浮抱杆分解组立

风险提示：该类作业安全控制的核心是抱杆本体强度、起吊系统稳定性、起吊重量控制、人员站位。不执行以下安全管控措施，将导致抱杆倾覆、高处坠落，造成人身伤害事故。固有风险等级属三级。

1．作业必备条件

（1）施工方案已批准，并完成项目部和班组级交底。

（2）各类人员、安全工器具、施工机械设备、材料等已经报审并批准，满足现场安全技术要求。施工作业前仔细检查现场安全工器具、施工机械设备合格后方可使用。

（3）上述措施完成后，由作业负责人办理“安全施工作业票B”，施工项目部审核签发。监理人员现场检查确认后，在作业票中签字，同意开始作业。

2．作业过程安全管控措施

（1）作业负责人站班会上通过读票方式进行安全交底，并随机抽取3～5名施工人员提问，被提问人员清楚且回答正确后开始作业。

（2）作业过程中，作业负责人、监理人员按照作业流程，逐项确认风险控制专项措施落实，同时在“每日执行情况检查记录表”中签字确认。

（3）检查金属抱杆的整体弯曲不超过杆长的1/600。严禁抱杆违反方案超长使用。

（4）根据作业指导书的要求分拉线坑，各拉线间以及拉线及对地角度、地锚埋设符合方案要求。

（5）抱杆根部采取防滑或防沉措施。

（6）附着式外拉线抱杆将抱杆根部与塔身主材绑扎牢固，抱杆倾斜角度不宜超过15°。

（7）抱杆超过30m，采用多次对接组立必须采取倒装方式，禁止采用正装方式。

（8）塔脚板就位后，上齐匹配的垫板和螺帽，组立完成后拧紧螺帽及打毛丝扣。

（9）吊件螺栓全部紧固，吊点绳、承托绳、控制绳及内拉线等绑扎处受力部位，不得缺少构件。

（10）吊件垂直下方不得有人，在受力钢丝绳的内角侧不得有人。

（11）承托绳绑扎在主材节点的上方，与抱杆轴线间夹角不大于45°。

（12）吊件在起吊过程中，下控制绳应随吊件的上升随之送出，保持与塔架间距不小于100mm。

（13）组装杆塔的材料及工器具禁止浮搁在已立的杆塔和抱杆上。

（14）仔细核对施工图纸的吊段参数，严格按照施工方案控制单吊重量，严禁超重起吊。

（三）整体立塔

风险提示：该类作业安全控制的核心是临时地锚布置及埋设、抱杆系统的布置、起立过程控制、人员站位。不执行以下安全管控措施，将导致铁塔倾覆、物体打击、机械伤

害，造成人身伤害事故。固有风险等级属三级。

1. 作业必备条件

(1) 施工方案已批准，并完成项目部和班组级交底。

(2) 各类人员、安全工器具、施工机械设备、材料等已经报审并批准，满足现场安全技术要求。施工作业前仔细检查现场安全工器具、施工机械设备合格后方可使用。

(3) 上述措施完成后，由作业负责人办理“安全施工作业票B”，施工项目部审核签发。监理人员现场检查确认后，在作业票中签字，同意开始作业。

2. 作业过程安全管控措施

(1) 作业负责人站班会上通过读票方式进行安全交底，并随机抽取3～5名施工人员提问，被提问人员清楚且回答正确后开始作业。

(2) 作业过程中，作业负责人、监理人员按照作业流程，逐项确认风险控制专项措施落实，同时在“每日执行情况检查记录表”中签字确认。

(3) 抱杆根部应采取防沉、防滑移措施。人字抱杆根部应保持在同一水平面上，并用钢丝绳连接牢固。

(4) 现场指挥人员站在能够观察到各个岗位的位置，在抱杆脱帽前应位于四点一线的垂直面上，不得站在总牵引地锚受力的前方。

(5) 吊件垂直下方不得有人，在受力钢丝绳的内角侧不得有人。

(6) 电杆根部监视人员应站在杆根侧面，下坑操作前停止牵引。

(7) 抱杆脱帽时，拉绳操作人必须站在抱杆外侧。

(8) 铁塔就位后，应将所有地脚螺栓的螺帽装齐拧紧后，方可拆除铁塔拉线及工器具。

(四) 起重机吊装组立

风险提示：该类作业安全控制的核心是起重机受力工器具、起吊系统稳定性、起吊重量控制、人员站位。不执行以下安全管控措施，将导致起重机倾覆、脱钩断绳，造成人身伤害事故。固有风险等级属三级。

1. 作业必备条件

(1) 施工方案已批准，并完成项目部和班组级交底。

(2) 各类人员、安全工器具、施工机械设备、材料等已经报审并批准，满足现场安全技术要求。施工作业前仔细检查现场安全工器具、施工机械设备合格后方可使用。

(3) 上述措施完成后，由作业负责人办理“安全施工作业票B”，施工项目部审核签发。监理人员现场检查确认后，在作业票中签字，同意开始作业。

2. 作业过程安全管控措施

(1) 作业负责人站班会上通过读票方式进行安全交底，并随机抽取3～5名施工人员提问，被提问人员清楚且回答正确后开始作业。

(2) 作业过程中，作业负责人、监理人员按照作业流程，逐项确认风险控制专项措施落实，同时在“每日执行情况检查记录表”中签字确认。

(3) 起重机作业位置的地基稳固，附近的障碍物清除。衬垫支腿枕木不得少于两根且长度不得小于1.2m。

(4) 起重机吊装杆塔必须指定专人指挥。

(5) 指挥人员看不清作业地点或操作人员看不清指挥信号时，均不得进行起吊作业。

(6) 起重臂及吊件下方划定作业区，地面设安全监护人，吊件垂直下方不得有人。

(7) 吊件离开地面约100mm时暂停起吊并进行检查，确认正常且吊件上无搁置物及人员后方可继续起吊。

(8) 塔脚板就位后，上齐匹配的垫板和螺帽，组立完成后拧紧螺帽及打毛丝扣。

(9) 对已组塔段进行全面检查，螺栓紧固，吊点处不缺件。

(10) 当风速达到12.0m/s及以上或大雨、大雪、大雾等恶劣天气时，停止露天的起重吊装作业。重新作业前，先试吊，并确认各种安全装置灵敏可靠后进行作业。

(11) 仔细核对施工图纸的吊段参数，严格按照施工方案控制单吊重量，严禁超重起吊。

(五) 落地抱杆分解组立

风险提示：该类作业安全控制的核心是抱杆本体强度、起吊系统稳定性、起吊重量控制、人员站位。不执行以下安全管控措施，将导致抱杆倾覆、高处坠落，造成人身伤害事故。固有风险等级属三级。

1. 作业必备条件

(1) 施工方案已批准，并完成项目部和班组级交底。

(2) 各类人员、安全工器具、施工机械设备、材料等已经报审并批准，满足现场安全技术要求。施工作业前仔细检查现场安全工器具、施工机械设备合格后方可使用。

(3) 上述措施完成后，由作业负责人办理“安全施工作业票B”，施工项目部审核签发。监理人员现场检查确认后，在作业票中签字，同意开始作业。

2. 作业过程安全管控措施

(1) 作业负责人站班会上通过读票方式进行安全交底，并随机抽取3～5名施工人员提问，被提问人员清楚且回答正确后开始作业。

(2) 作业过程中，作业负责人、监理人员按照作业流程，逐项确认风险控制专项措施落实，同时在“每日执行情况检查记录表”中签字确认。

(3) 抱杆组装应正直，连接螺栓的规格应符合规定，并应全部拧紧。连接螺栓应根据规定定期保养或更换。

(4) 抱杆底座应坐在坚实稳固平整的地基或设计规定的基础上，软地基时应采取防止抱杆下沉的措施。

(5) 平臂抱杆应用良好的接地装置，接地电阻不得大于4Ω。

(6) 铁塔构件应组装在起重臂下方，且符合起重臂允许起重力矩要求。

(7) 塔脚板就位后，上齐匹配的垫板和螺帽，组立完成后拧紧螺帽及打毛丝扣。

(8) 吊件螺栓全部紧固，吊点绳、控制绳及内拉线等绑扎处受力部位，不得缺少构件。

(9) 仔细核对施工图纸的吊段参数，严格按照施工方案控制单吊重量，严禁超重起吊。

(10) 吊件垂直下方不得有人，在受力钢丝绳的内角侧不得有人。

（11）组装杆塔的材料及工器具禁止浮搁在已立的杆塔和抱杆上。

（12）平臂抱杆起重小车行走到起重臂顶端，终止点距顶端应大于1m。

（13）提升（顶升）抱杆时，要加装不少于两道腰环，腰环固定钢丝绳应呈水平并收紧，同时应设专人指挥。

（14）抱杆采取单侧摇臂起吊构件时，对侧摇臂及起吊滑车组应收紧作为平衡拉线。

（15）抱杆拆除必须严格按施工方案要求顺序进行拆除，拆除前检查相邻组件之间是否还有电缆连接。

（六）临近带电体杆塔组立

风险提示：该类作业安全控制的核心是人员及设备与带电体安全距离的保证、设备的接地设置。不执行以下安全管控措施，将导致触电，造成人身伤害事故。固有风险等级属四级。

1. 作业必备条件

（1）施工方案经过专家论证、审查并批准，完成项目部和班组级交底。

（2）各类人员、安全工器具、施工机械设备、材料等已经报审并批准，满足现场安全技术要求。施工作业前仔细检查现场安全工器具、施工机械设备合格后方可使用。

（3）上述措施完成后，由作业负责人办理“安全施工作业票B”，施工项目部审核签发。总监理工程师现场检查签字，业主项目经理确认签字，同意开始作业。

2. 作业过程安全管控措施

（1）作业负责人站班会上通过读票方式进行安全交底，并随机抽取3～5名施工人员提问，被提问人员清楚且回答正确后开始作业。

（2）作业过程中，施工项目部、监理项目部、业主项目部、施工企业、监理企业、建设管理单位相关管理人员按照作业流程，逐项确认风险控制专项措施落实，同时在“每日执行情况检查记录表”中签字确认。

（3）铁塔底段就位组装完成后，必须将铁塔与接地体可靠良好连接。

（4）作业人员、施工、牵引绳索和拉线等必须满足与带电体安全距离规定的要求。如不能满足要求的安全距离时，应按照带电作业工作或停电进行。

（5）作业过程风力应不大于5级，并应有专人监护。

（6）使用起重机组塔时，车身应使用不小于16mm^{2}的铜线可靠接地。起重机臂架、吊具、辅具、钢丝绳及吊物等应符合与带电体安全距离规定的要求。

（七）架空线路架线前杆塔验收施工

风险提示：该类作业安全控制的核心是高处作业和近电作业。不执行以下安全管控措施，将导致高处坠落、感应电伤人，造成人身伤害事故。固有风险等级属三级。

1. 作业必备条件

（1）验收专项方案已批准，并完成验收班组交底。

（2）各类人员、安全工器具、计量器具等已经报审并批准，满足现场安全技术要求。施工作业前仔细检查现场安全工器具、计量器具设备合格后方可使用。

（3）上述措施完成后，由作业负责人（验收负责人）办理“安全施工作业票B”，施工项目部审核签发。监理人员现场检查确认后，在作业票中签字，同意开始作业。

2. 作业过程安全管控措施

(1) 作业负责人（验收负责人）站班会上通过读票方式进行安全交底，并随机抽取3～5名施工人员提问，被提问人员清楚且回答正确后开始作业。

(2) 作业过程中，作业负责人（验收负责人）、监理人员按照作业流程，逐项确认风险控制专项措施落实，同时在“每日执行情况检查记录表”中签字确认。

(3) 高处作业人员登塔验收设专责监护人，由专责监护人确认攀登杆塔号是否正确，杆塔接地装置是否良好可靠连接。

(4) 高处作业人员应衣着灵便，衣袖、裤脚应扎紧，穿软底防滑鞋，并正确使用全方位防冲击安全带。

(5) 高处作业人员携带的力矩扳手应用绳索拴牢，套筒等工具应放在工具袋内。

(6) 高处作业人员上下杆塔必须沿脚钉或爬梯攀登，必须正确使用攀登自锁器，水平移动时应正确使用水平拉锁或临时扶手。

(7) 临近电体作业作业，工器具传递绳使用干燥的绝缘绳。

(8) 遇雷、雨、大风等情况威胁到人员、设备安全时，作业负责人或专责监护人应下令停止作业。

(9) 高塔高处作业配备可与地面联系的信号或通信设施。

(10) 在霜冻、雨雪后进行高处作业，配备取防冻、防滑设施。

(11) 尽量避免交叉作业，如遇交叉作业应采取防高处落物、防坠落等防护措施。

四、架空线路工程架线施工

（一）跨越架搭设与拆除

风险提示：该类作业安全控制的核心是人员高处作业、架体结构稳定、架体拆除方式。不执行以下安全管控措施，将导致跨越架倒塌，造成人身伤害事故。超过24m，固有风险等级属三级。

1. 作业必备条件

(1) 施工方案已批准，并完成项目部和班组级交底。

(2) 各类人员、安全工器具、施工机械设备、材料等已经报审并批准，满足现场安全技术要求。施工作业前仔细检查现场安全工器具、施工机械设备合格后方可使用。

(3) 关键部位塔材不得缺失。

(4) 高处作业人员必须穿软底防滑鞋，使用全方位防冲击安全带，垂直移动和水平移动不得失去保护。

(5) 架线过程中，各作业点、监护点必须保持与现场指挥人联系畅通。

(6) 跨越架搭设前，必须对跨越点进行复测，确保跨越架与被跨越物的最小安全距离符合安规规定。

(7) 跨越架材质和规格必须满足安规规定。

(8) 上述措施完成后，由作业负责人办理“安全施工作业票B”，施工项目部审核签发。监理人员现场检查确认后，在作业票中签字，同意开始作业。

2. 作业过程安全管控措施

（1）作业负责人站班会上通过读票方式进行安全交底，并随机抽取3～5名施工人员提问，被提问人员清楚且回答正确后开始作业。

（2）作业过程中，作业负责人、监理人员按照作业流程，逐项确认风险控制专项措施落实，同时在“每日执行情况检查记录表”中签字确认。

（3）木质、毛竹、钢管跨越架两端及每隔6～7根立杆设剪刀撑杆、支杆和拉线，拉线与地面夹角不得大于60°。

（4）木质、毛竹、钢管跨越架的立杆、大横杆及小横杆的间距、搭接长度必须符合安规规定。

（5）木质、毛竹跨越架立杆埋深不得少于0.5m，支杆埋深不得少于0.3m；钢管跨越架立杆底部必须设置金属底座或垫木，并设置扫地杆，组立后及时做好接地措施。

（6）钢格构式跨越架组立后，及时做好接地措施；跨越架的各个立柱设置独立的拉线系统。

（7）跨越架悬挂醒目的安全警告标志、夜间警示装置和验收标志牌；跨越公路的跨越架，按照交通管理部门的相关规定设置提示标志。

（8）强风、暴雨过后必须对跨越架进行检查，合格后方可使用。

（9）附件安装完毕后方可拆除跨越架，拆除时不得抛扔，不得上下同时拆架，不得将跨越架整体推倒。

（二）不停电跨越施工

风险提示：该类作业安全控制的核心是设备的接地、绳索的绝缘以及与带电体安全距离的保证，不执行以下安全管控措施，将导致触电，造成人身伤害事故。不停电跨越110kV以下带电线路风险等级属三级；不停电跨越110kV及以上带电线路。固有风险等级属四级。

1. 作业必备条件

（1）施工方案已批准，并完成项目部和班组级交底。

（2）各类人员、安全工器具、施工机械设备、材料等已经报审并批准，满足现场安全技术要求。施工作业前仔细检查现场安全工器具、施工机械设备合格后方可使用。

（3）架线施工前必须对铁塔螺栓、地脚螺栓安装紧固情况进行复查。

（4）关键部位塔材不得缺失。

（5）高处作业人员必须穿软底防滑鞋，使用全方位防冲击安全带，垂直移动和水平移动不得失去保护。

（6）架线过程中，各作业点、监护点必须保持与现场指挥人联系畅通。

（7）办理电力线路第二种工作票，施工单位向运维单位书面申请该带电线路“退出重合闸”。

（8）可能接触带电体的绳索，使用前必须经绝缘测试并合格。

（9）牵张设备、机动绞磨以及跨越挡相邻两侧杆塔上的放线滑车必须接地，人力牵引跨越放线时，跨越挡相邻两侧的施工导、地线必须接地。

（10）上述措施完成后，由作业负责人办理“安全施工作业票B”，施工项目部审核签发。监理人员现场检查确认后，在作业票中签字，同意开始作业（不停电跨越110kV及以上带电线路，总监理工程师现场检查签字，业主项目经理确认签字，同意开始作业）。

2. 作业过程安全管控措施

（1）作业负责人站班会上通过读票方式进行安全交底，并随机抽取3～5名施工人员提问，被提问人员清楚且回答正确后开始作业。

（2）作业过程中，作业负责人、监理人员（四级还需要施工项目部、监理项目部、业主项目部、施工企业、监理企业、建设管理单位相关管理人员）按照作业流程，逐项确认风险控制专项措施落实，同时在"每日执行情况检查记录表"中签字确认。

（3）施工期间发生故障跳闸时，在未取得现场指挥同意前，不得强行送电。

（4）跨越架、操作人员、工器具与带电体之间的最小安全距离必须符合安规规定，施工人员严禁在跨越架内侧攀登或作业，严禁从封顶架上通过。

（5）导引绳通过跨越架必须使用绝缘绳做引绳，最后通过跨越架的导线、地线、引绳或封网绳等必须使用绝缘绳做控制尾绳。

（6）遇雷电、雨、雪、霜、雾等，相对湿度大于85%或5级以上大风天气时，严禁进行不停电跨越作业。

（7）跨越挡两端铁塔的附件安装必须进行二道防护，并采取有效接地措施。

（8）在带电线路上方的导线上测量间隔棒距离时，禁止使用带有金属丝的测绳、皮尺。

（三）导线展放

风险提示：该类作业安全控制的核心是受力工器具、设备地锚设置、人员站位，不执行以下安全管控措施，将导致高处坠落、物体打击、触电、机械伤害，造成人身伤害事故。固有风险等级属三级。

1. 作业必备条件

（1）施工方案已批准，并完成项目部和班组级交底。

（2）各类人员、安全工器具、施工机械设备、材料等已经报审并批准，满足现场安全技术要求。施工作业前仔细检查现场安全工器具、施工机械设备合格后方可使用。

（3）架线施工前必须对铁塔螺栓、地脚螺栓安装紧固情况进行复查。

（4）关键部位塔材不得缺失。

（5）高处作业人员必须穿软底防滑鞋，使用全方位防冲击安全带，垂直移动和水平移动不得失去保护。

（6）架线过程中，各作业点、监护点必须保持与现场指挥人联系畅通。

（7）网套连接器、钢丝绳损伤，抗弯、旋转连接器销子变形等，严禁使用。

（8）使用前牵张设备的布置、锚固、接地装置符合施工方案要求，并做运转试验。

（9）动力伞展放导引绳，必须遵守国家关于无人机禁飞区的相关规定，必须选用有专业资质的分包单位，必须进行试飞前操作。

（10）上述措施完成后，由作业负责人办理"安全施工作业票B"，施工项目部审核签发。监理人员现场检查确认后，在作业票中签字，同意开始作业。

2. 作业过程安全管控措施

(1) 作业负责人站班会上通过读票方式进行安全交底，并随机抽取3～5名施工人员提问，被提问人员清楚且回答正确后开始作业。

(2) 作业过程中，作业负责人、监理人员按照作业流程，逐项确认风险控制专项措施落实，同时在“每日执行情况检查记录表”中签字确认。

(3) 遇有五级及以上风或暴雨、雷电、冰雹、大雪、大雾、沙尘暴等恶劣气候时，立即停止牵引作业。

(4) 运行时牵引机、张力机进出口前方不得有人通过。各转向滑车围成的区域内侧禁止有人。

(5) 导引绳、牵引绳或导线临锚时，其临锚张力不得小于对地距离为5m时的张力，同时满足对被跨越物距离的要求。

(四) 紧线、挂线

风险提示：该类作业安全控制的核心是受力工器具、地锚设置、紧线牵引、人员站位，不执行以下安全管控措施，将导致高处坠落、物体打击、触电、机械伤害，造成人身伤害事故。固有风险等级属三级。

1. 作业必备条件

(1) 施工方案已批准，并完成项目部和班组级交底。

(2) 各类人员、安全工器具、施工机械设备、材料等已经报审并批准，满足现场安全技术要求。施工作业前仔细检查现场安全工器具、施工机械设备合格后方可使用。

(3) 牵引地锚距紧线杆塔的水平距离应满足安全施工要求。地锚布置与受力方向一致，并埋设可靠。

(4) 架线施工前必须对铁塔螺栓、地脚螺栓安装紧固情况进行复查。

(5) 关键部位是否有塔材缺失。

(6) 高处作业人员必须穿软底防滑鞋，使用全方位防冲击安全带，垂直移动和水平移动不得失去保护。

(7) 架线过程中，各作业点、监护点必须保持与现场指挥人联系畅通。

(8) 上述措施完成后，由作业负责人办理“安全施工作业票B”，施工项目部审核签发。监理人员现场检查确认后，在作业票中签字，同意开始作业。

2. 作业过程安全管控措施

(1) 作业负责人站班会上通过读票方式进行安全交底，并随机抽取3～5名施工人员提问，被提问人员清楚且回答正确后开始作业。

(2) 作业过程中，作业负责人、监理人员按照作业流程，逐项确认风险控制专项措施落实，同时在“每日执行情况检查记录表”中签字确认。

(3) 紧线过程人员不得站在悬空导线、地线的垂直下方。不得跨越将离地面的导线或地线；人员不得站在线圈内或线弯的内角侧。

(4) 挂线时，过牵引量严格执行设计要求，停止牵引后作业人员方可从安全位置到挂线点操作。

(5) 在完成地面临锚后应及时在操作塔设置过轮临锚。导线地面临锚和过轮临锚的设置应相互独立。

(6) 设置过轮临锚时，锚线卡线器安装位置距放线滑车中心不小于3～5m。

(7) 高空压接必须双锚。

(8) 紧线段的一端为耐张塔，且非平衡挂线时，应在该塔紧线的反方向安装临时拉线。临时拉线对地夹角不得大于45°，必须经计算确定拉线型号、地锚位置及埋深；如条件不允许，经计算后采取可靠措施。

(五) 附件安装

该类作业安全控制的核心是受力工器具、地锚设置、紧线牵引、人员站位。不执行以下安全管控措施，将导致高处坠落、物体打击，造成人身伤害事故。固有风险等级属三级。

1. 作业必备条件

(1) 施工方案已批准，并完成项目部和班组级交底。

(2) 各类人员、安全工器具、施工机械设备、材料等已经报审并批准，满足现场安全技术要求。施工作业前仔细检查现场安全工器具、施工机械设备合格后方可使用。

(3) 上下绝缘子串必须使用下线爬梯和速差自控器。

(4) 架线施工前必须对铁塔螺栓、地脚螺栓安装紧固情况进行复查。

(5) 关键部位塔材不得缺失。

(6) 高处作业人员必须穿软底防滑鞋，使用全方位防冲击安全带，垂直移动和水平移动不得失去保护。

(7) 架线过程中，各作业点、监护点必须保持与现场指挥人联系畅通。

(8) 上述措施完成后，由作业负责人办理"安全施工作业票B"，施工项目部审核签发。监理人员现场检查确认后，在作业票中签字，同意开始作业。

2. 作业过程安全管控措施

(1) 作业负责人站班会上通过读票方式进行安全交底，并随机抽取3～5名施工人员提问，被提问人员清楚且回答正确后开始作业。

(2) 作业过程中，作业负责人、监理人员按照作业流程，逐项确认风险控制专项措施落实，同时在"每日执行情况检查记录表"中签字确认。

(3) 相邻杆塔不得同时在同相（极）位安装附件，作业点垂直下方不得有人。

(4) 附件安装时，安全绳或速差自控器必须拴在横担主材上；安装间隔棒时，安全带挂在一根子导线上，后备保护绳挂在整相导线上。

(5) 高处作业所用的工具和材料必须放在工具袋内或用绳索绑牢；上下传递物件用绳索吊送，严禁抛掷。

(6) 使用飞车安装间隔棒时，前后刹车卡死（刹牢）方可进行工作。

(六) 竣工投运前验收

风险提示：该类作业安全控制的核心是安全工器具、感应触电、高处坠落、人员正确站位。不执行以下安全管控措施，将导致高处坠落、物体打击、触电，造成人身伤害事故。固有风险等级属三级。

1. 作业必备条件

(1) 验收专项方案已批准，并完成验收班组交底。

（2）各类人员、安全工器具、计量器具等满足现场安全技术要求。作业前仔细检查安全工器具，合格后方可使用。

（3）高处作业人员必须穿软底防滑鞋，使用全方位防冲击安全带，垂直移动和水平移动不得失去保护。

（4）高处作业人员登塔验收设专责监护人，由专责监护人确认攀登杆塔号是否正确，杆塔接地装置是否良好可靠连接。上下瓷瓶串必须使用下线爬梯和速差自控器。

（5）上述措施完成后，由作业负责人办理"安全施工作业票B"，施工会同验收单位负责人审核签发。

2. 作业过程安全管控措施

（1）作业负责人站班会上通过读票方式进行安全交底，并随机抽取3～5名验收人员提问，被提问人员清楚且回答正确后开始作业。

（2）作业过程中，作业负责人、验收总负责人按照作业流程，逐项确认风险控制专项措施落实，同时在"每日执行情况检查记录表"中签字确认。

（3）高处作业人员上下杆塔必须沿脚钉或爬梯攀登，必须正确使用攀登自锁器，水平移动时应正确使用水平拉锁或临时扶手。

（4）高处作业所用的工具和材料必须放在工具袋内或用绳索绑牢；上下传递物件用绳索吊送，严禁抛掷。

（5）要求施工单位保留部分临时接地线，并做好记录，验收结束后方可拆除。如验收工作段内有跨越电力线路或邻近带电线路时，应在验收工作段内加装工作接地线。

（6）地面检查人员应不得在高空检查人员的垂直下方逗留。

（7）下导线检查附件时，安全绳或速差自控器必须拴在横担主材上；走线检查间隔棒时，安全带挂在一根子导线上，后备保护绳挂在整相导线上。

五、架空线路工程拆旧

风险提示：该类作业安全控制的核心是邻近带电体作业、分解拆除铁塔、导地线拆除、临锚及拉线设置。不执行以下安全管控措施，将导致设备停运、铁塔倾覆、人员触电、高处坠落、物体打击、机械伤害，造成人身伤害事故。固有风险等级属三级及以上，根据具体作业内容及环境判定固有风险等级。

1. 作业必备条件

（1）施工方案已批准，并完成项目部和班组级交底。

（2）各类人员、安全工器具、施工机械设备、材料等已经报审并批准，满足现场安全技术要求。施工作业前仔细检查现场安全工器具、施工机械设备合格后方可使用。

（3）上述措施完成后，由作业负责人办理"安全施工作业票B"，施工项目部审核签发。三级风险经监理人员现场检查确认后，在作业票中签字，同意开始作业。四级风险由总监理工程师现场检查签字，业主项目经理确认签字，同意开始作业。

2. 作业过程安全管控措施

（1）作业负责人站班会上通过读票方式进行安全交底，并随机抽取3～5名施工人员提问，被提问人员清楚且回答正确后开始作业。

（2）作业过程中，作业负责人、监理人员按照作业流程，逐项确认风险控制专项措施落实，同时在“每日执行情况检查记录表”中签字确认。

（3）拆除线路在登塔（杆）前必须先核对线路名称，再进行验电、挂接地；与带电线路临近、平行、交叉时，使用个人保安线。

（4）拆除转角、直线耐张杆塔导地线时按专项方案要求在拆除导线的反向侧打好拉线。必要时对横担和塔身采取补强措施。

（5）拆除旧导、地线时禁止带张力断线。

（6）分解吊拆杆塔时，待拆构件受力后，方准拆除连接螺栓。

（7）指挥人员看不清作业地点或操作人员看不清指挥信号时，均不得进行吊拆作业。

（8）吊件垂直下方不得有人。

（9）使用起重机拆塔时，车身应可靠接地。起重机臂架、吊具、辅具、钢丝绳及吊物等应符合与带电体安全距离规定的要求。

（10）切割杆塔主材时必须严格按专项方案制定的顺序切割。

第六章

高压输电线路工程质量通病防治技术

第一节　基　础　工　程

一、基础蜂窝、麻面及二次修饰

1. 描述

铁塔基础表面存在蜂窝、麻面及二次修饰现象，如图 1-6-1-1～图 1-6-1-3 所示。

2. 规定

(1)《110kV～750kV 架空输电线路施工及验收规范》(GB 50233—2014) 第 6.2.17 条规定："浇筑基础应表面平整"。

(2)《110kV～750kV 架空输电线路施工质量检验及评定规程》(DL/T 5168—2016) 第 4.3.1 条规定："混凝土表面平整，无蜂窝麻面，无破损"，如图 1-6-1-4 所示。

图 1-6-1-1　基础表面蜂窝

图 1-6-1-2　基础表面麻面

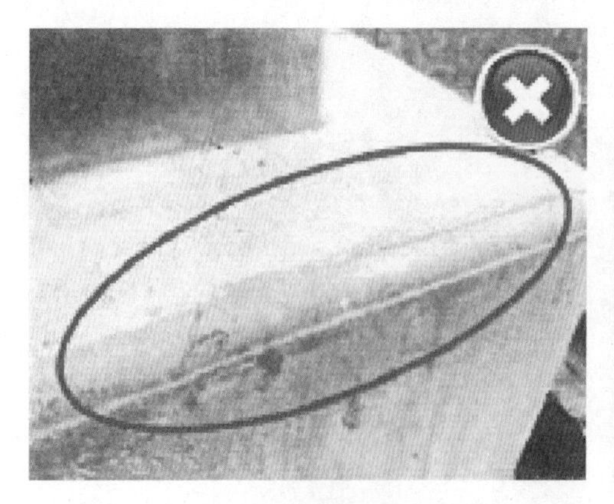

图 1-6-1-3　基础表面二次修饰

图 1-6-1-4　基础制作规范

3. 防治技术

(1) 浇筑混凝土的模板应表面平整、清洁且接缝严密。

(2) 混凝土浇筑前，模板表面应涂抹脱模剂；混凝土浇筑过程中，严格按照要求进行

振捣，保证气泡顺利排出；混凝土浇筑结束后，及时对基础顶面进行抹面收光。

（3）杜绝拆模后二次修饰。

二、基础棱角磕碰、损伤

1．描述

未对基础进行成品保护，造成基础棱角磕碰、损伤，如图1－6－1－5所示。

2．规定

《110kV～750kV架空输电线路施工及验收规范》（GB 50233—2014）第6.1.11条规定："基础施工完成后，应采取保护基础成品的措施"，如图1－6－1－6所示。

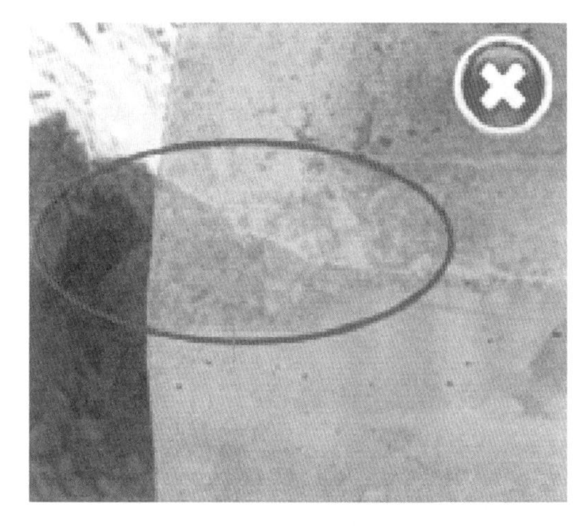

图1－6－1－5　基础棱角磕碰

图1－6－1－6　基础采取成品保护

3．防治技术

（1）拆模时，模板轻拆轻放，避免磕碰基础。

（2）基础回填完成，对棱角采取保护措施。

（3）制作接地引下线，先煨弯再安装，避免接地引下线磨损基础。

三、钢筋保护层厚度不符合设计要求

1．描述

钢筋保护层厚度不均匀、偏差较大，不符合设计要求。

2．规定

《110kV～750kV架空输电线路施工及验收规范》（GB 50233—2014）第6.2.17条规定："保护层厚度的负偏差不得大于5mm"。

3．防治措施

（1）混凝土浇筑前，钢筋笼与模板之间合理设置垫块，保证钢筋笼与模板之间的距离符合保护层厚度要求。

(2) 基础浇筑过程中，注意检查钢筋保护层变化情况，钢筋或模板发生偏移时及时进行调整。

四、钢筋机械连接不符合要求

1. 描述

钢筋丝头未切平，钢筋丝头长度不符合要求，接头安装外露螺纹、紧固力矩不符合要求，如图 1-6-1-7 所示。

2. 规定

《钢筋机械连接技术规程》(JGJ 107—2016) 第 6.2.1 条规定：“直螺纹钢筋丝头钢筋端部应采用带锯、砂轮锯或带圆弧形刀片的专用钢筋切断机切平；钢筋丝头长度应满足产品设计要求，极限偏差应为 0～2.0p (p 为螺纹的螺距)”；第 6.3.1 条规定：“钢筋丝头应在套筒中央位置相互顶紧，标准型、正反丝型、异径型接头安装后的单侧外露螺纹不宜超过 2p；接头安装后应用扭力扳手校核拧紧扭矩”。如图 1-6-1-8 所示。

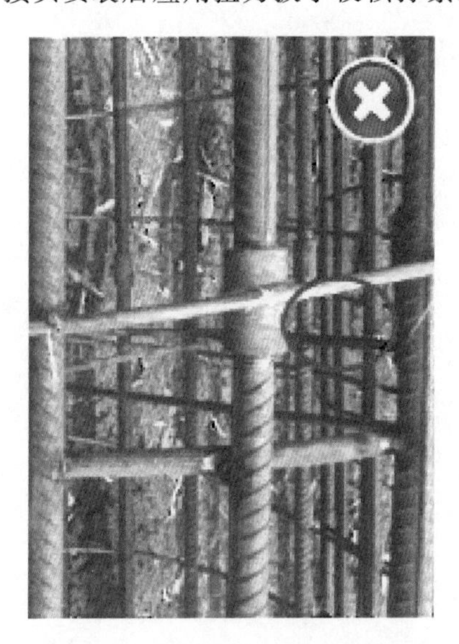

图 1-6-1-7 钢筋机械连接外露螺纹

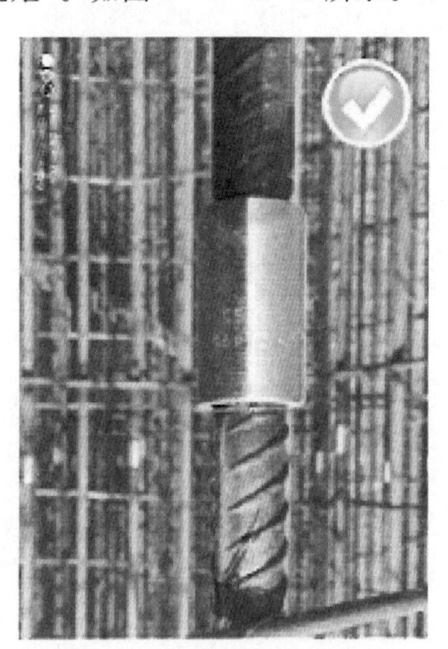

图 1-6-1-8 规范的钢筋机械连接

3. 防治技术

(1) 加强操作工人的专业培训，培训合格后方可上岗。

(2) 接头外漏螺纹、紧固力矩按规定进行检验，紧固力矩不合格时，重新拧紧全部接头，直到合格为止。

五、基础回填不规范

1. 描述

基础回填沉降或防沉层设置不符合要求，如图 1-6-1-9、图 1-6-1-10 所示。

图 1-6-1-9　基础回填土高于基础面

图 1-6-1-10　基础回填沉降后低于地面

2. 规定

(1)《110kV～750kV 架空输电线路施工及验收规范》(GB 50233—2014) 第 5.0.12 条规定："杆塔基础坑及拉线基础坑的回填应分层夯实，回填后坑口上应筑防沉层，其上部边宽不得小于坑口边宽。有沉降的防沉层应及时补填夯实，工程移交时回填土不应低于地面"；第 5.0.13 条规定："石坑应以石子与土按 3：1 的比例掺和后回填夯实。石坑回填应密实，回填过程中石块不得相互叠加，并应将石块间缝隙用碎石或砂土充实"。

图 1-6-1-11　基础回填规范

(2)《国家电网公司输变电工程标准工艺（三） 工艺标准库（2016 年版）》（基坑回填 0201010503）要求："防沉层应高于原始地面，低于基础表面"。如图 1-6-1-11 所示。

3. 防治技术

严格按规程规范工艺要求施工。

第二节　接　地　工　程

一、接地体焊接及防腐不符合要求

1. 描述

接地体焊接不饱满、清渣不彻底或焊接长度不足、防腐长度不足，如图 1-6-2-1～图 1-6-2-3 所示。

2. 规定

(1)《110kV～750kV 架空输电线路施工及验收规范》(GB 50233—2014) 第 9.0.6 条

规定："当采用搭接焊时，圆钢的搭接长度不应少于其直径的 6 倍并应双面施焊；扁钢的搭接长度不应少于其宽度的 2 倍并应 4 面施焊；接地体的连接部位应采取防腐措施，防腐范围不应少于连接部位两端各 100mm"，如图 1-6-2-4 所示。

图 1-6-2-1　接地体焊接不饱满

图 1-6-2-2　接地体焊接未刷防腐漆

图 1-6-2-3　接地体防腐长度不足

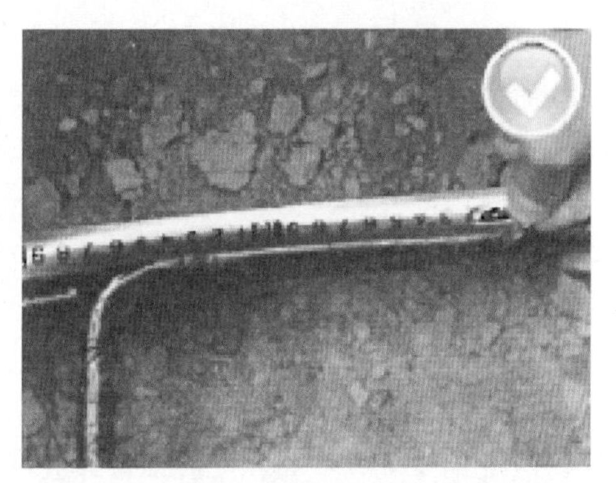

图 1-6-2-4　接地体焊接及防腐规范

(2)《电气装置安装工程接地装置施工及验收规范》(GB 50169—2016) 第 4.3.3 条规定："在防腐处理前，表面应除锈并去掉焊接处残留的焊药"。

3. 防治技术

严格执行规程规范。

二、接地体埋深、接地电阻值不符合要求

1. 描述

接地体埋深不足、接地电阻值大于设计值，如图 1-6-2-5 所示。

2. 规定

(1)《110kV～750kV 架空输电线路施工及验收规范》(GB 50233—2014) 第 5.0.11 条规定："接地沟开挖的长度和深度应符合设计要求且不得有负偏差，影响接地体与土壤的杂物应清除。在山坡上宜沿等高线开挖接地沟"。

(2) 第 9.0.2 条规定："接地体的规格、埋深不应小于设计值"。

(3) 第 9.0.8 条规定："接地电阻的测量可采用接地装置专用测量仪表。所测得的接地电阻值不应大于设计工频接地电阻值"。如图 1-6-2-6 所示。

图 1-6-2-5　接地体埋深不足

图 1-6-2-6　接地体埋深合格

3. 防治技术

（1）严格检验接地沟深度，检验合格后方可进行接地体埋设，埋深应以自然地面为基准，接地体应平直，避免局部突起导致埋深不足。

（2）严格落实施工三级自检，逐基测量接地电阻值，接地电阻值大于设计值时采取降阻措施。

三、接地引下线镀锌层损伤、锈蚀

1. 描述

接地引下线煨弯造成镀锌层损伤、锈蚀，如图 1-6-2-7 所示。

2. 防治技术

（1）接地引下线应进行热镀锌处理，严格检验镀锌层厚度，避免镀锌层过厚或不足造成煨弯时的锌层脱落。

（2）煨弯时采用专用煨弯工具，保护镀锌层不受损伤，如图 1-6-2-8 所示。

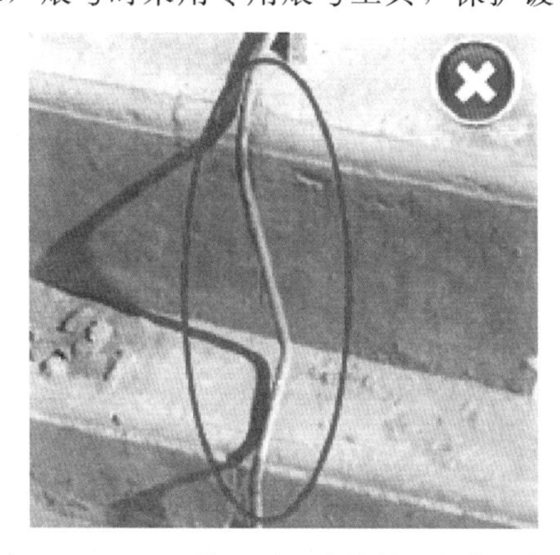

图 1-6-2-7　接地引下线镀锌层损伤、锈蚀

图 1-6-2-8　制作规范的接地引下线

四、接地引下线螺栓未采取防松措施

1. 描述

接地引下线螺栓未采取防松措施，接地板与塔材间有缝隙、接触不良，如图 1－6－2－9 所示。

2. 规定

（1）《电气装置安装工程接地装置施工及验收规范》（GB 50169—2016）第 4.7.10 条规定："接地线与杆塔的连接应可靠且接触良好，并应便于打开测量接地电阻"。

（2）《国家电网公司输变电工程标准工艺（三）　工艺标准库（2016 年版）》（接地引下线安装 0202020101）要求："接地螺栓安装应设防松螺母或防松垫片，宜采用可拆卸的防盗螺栓"，如图 1－6－2－10 所示。

图 1－6－2－9　接地引下线螺栓未采取防松措施、接地板与塔材间有缝隙

图 1－6－2－10　接地引下线螺栓采取防松、防盗措施

第三节　铁　塔　工　程

一、塔脚板与铁塔主材间有缝隙

1. 描述

塔脚板与铁塔主材间有缝隙，未采取密封防水措施，如图 1－6－3－1 所示。

2. 规定

《国家电网公司输变电工程标准工艺（三）　工艺标准库（2016 年版）》（保护帽浇筑 0201010504）要求："主材与靴板之间的缝隙应采取密封（防水）措施"，如图 1－6－3－2 所示。

图 1-6-3-1　塔脚板与铁塔主材间有缝隙

图 1-6-3-2　塔脚板与铁塔主材间接触严密、缝隙进行封堵

二、防盗螺母缺失、紧固不到位

1. 描述

防盗螺母缺失，防盗螺母与普通螺母间有缝隙、紧固不到位，如图 1-6-3-3 所示。

2. 规定

《110kV～750kV 架空输电线路施工质量检验及评定规程》（DL/T 5168—2016）第 4.4 条规定："杆塔工程中螺栓防卸符合设计要求"，如图 1-6-3-4 所示。

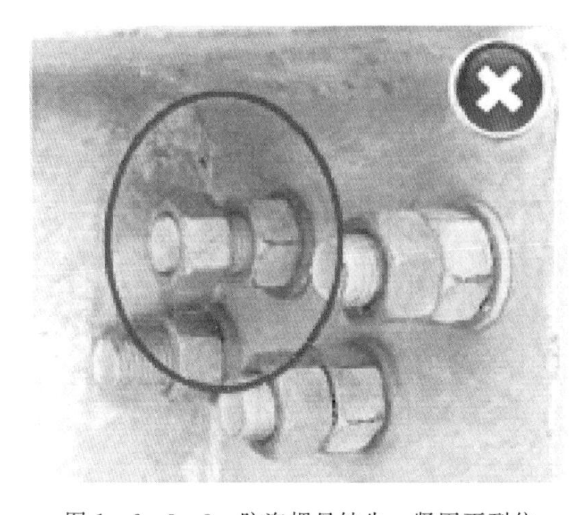

图 1-6-3-3　防盗螺母缺失、紧固不到位

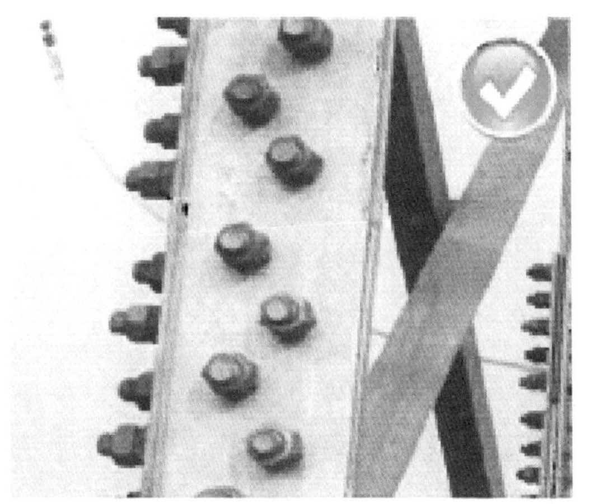

图 1-6-3-4　防盗螺母安装规范

3. 防治技术

（1）螺栓紧固合格后及时安装防盗螺母，防盗螺母应齐全、紧固到位。

(2) 严格落实施工三级自检，对防盗螺母安装及紧固不到位的进行补装和紧固。

三、螺栓规格使用错误

1. 描述

螺栓紧固后露扣不符合要求，同一部位螺栓规格不一致，如图1-6-3-5、图1-6-3-6所示。

图1-6-3-5　双螺母螺栓未平扣

图1-6-3-6　同部位螺栓规格使用不一致

图1-6-3-7　螺栓安装规范

2. 规定

《110kV～750kV架空输电线路施工及验收规范》(GB 50233—2014) 第7.1.3条规定："螺母紧固后，螺栓露出螺母的长度：对单螺母，不应小于两个螺距；对双螺母，可与螺母相平"，如图1-6-3-7所示。

3. 防治技术

组塔施工时，螺栓应分类摆放，标识准确，避免螺栓混用、错用。组塔过程中，加强质量检验，对用错的螺栓及时进行更换。

四、塔材交叉处垫圈或垫板安装错误

1. 描述

塔材交叉处应采用垫板未采用垫板，或使用垫圈超过2个，如图1-6-3-8所示。

2. 规定

《110kV～750kV架空输电线路施工及验收规范》(GB 50233—2014) 第7.1.2条规

定："杆塔各构件的组装应牢固，交叉处有空隙时应装设相应厚度的垫圈或垫板"；第7.1.3条规定："螺栓加垫时，每端不宜超过2个垫圈"，如图1-6-3-9所示。

图1-6-3-8 塔材交叉处垫圈

图1-6-3-9 垫块按照规范超过2个，应使用垫块

3. 防治技术

（1）铁塔检验时，加强塔材垫圈、垫板清点，确保相应厚度的垫圈、垫板数量符合设计要求。

（2）组塔过程中，加强质量检验，对用错的垫圈或垫板及时进行更换。

五、铁塔螺栓紧固率不符合要求

1. 描述

铁塔螺栓紧固扭矩值不满足规范要求，整基铁塔螺栓紧固率低。

2. 规定

（1）《110kV～750kV架空输电线路施工及验收规范》(GB 50233—2014) 第7.1.6条规定："杆塔连接螺栓应逐个紧固，受剪螺栓紧固扭矩值不应小于表7.1.6的规定，其他受力情况螺栓紧固扭矩值应符合设计要求"；第7.1.7条规定："杆塔连接螺栓在组立结束时应全部紧固一次，检查扭矩值合格后方可架线。架线后，螺栓还应复紧一遍"。

（2）《110kV～750kV架空输电线路施工质量检验及评定规程》(DL/T 5168—2016) 第4.4.1条规定："紧固率应满足：组塔后95%，架线后97%"。

3. 防治技术

严格落实施工三级自检，对紧固率不符合要求的铁塔螺栓进行复紧。

六、脚钉弯钩朝向不一致，脚蹬侧露丝

1. 描述

脚钉安装存在弯钩朝向不一致、脚蹬侧露丝现象，如图1-6-3-10、图1-6-3-11所示。

图 1-6-3-10　脚蹬侧露丝

图 1-6-3-11　脚钉弯钩朝向不一致

2. 规定

《国家电网公司输变电工程标准工艺（三）　工艺标准库（2016 年版）》（角钢铁塔分解组立 0201020101）要求："杆塔脚钉安装应齐全，脚蹬侧不得露丝，弯钩朝向应一致向上"。如图 1-6-3-12 所示。

3. 防治技术

（1）加强标准工艺培训和交底，施工人员掌握脚钉安装标准。

（2）脚钉安装过程中，先紧固脚蹬侧螺母，保证脚蹬侧不漏丝扣，再安装脚钉，脚钉安装完成及时调整弯钩朝向。

（3）脚钉可采取新型做法，选用六棱端头脚钉，可避免弯钩朝向不一致问题，如图 1-6-3-13 所示。

图 1-6-3-12　脚钉安装规范

图 1-6-3-13　脚钉安装新型做法

七、塔脚板与基础面接触不良

1. 描述

塔脚板焊接变形或基础顶面平整度差，塔脚板与基础顶面接触不良，之间有空隙且未处理，如图 1－6－3－14 所示。

2. 规定

《110kV～750kV 架空输电线路施工及验收规范》（GB 50233—2014）第 7.2.7 条规定："铁塔组立后，各相邻主材塔脚板应与基础面接触良好，有空隙时应用铁片垫实，并应浇筑水泥砂浆"，如图 1－6－3－15 所示。

图 1－6－3－14 塔脚板与基础面之间有空隙

图 1－6－3－15 塔脚板与基础面接触良好

3. 防治技术

（1）严格控制基础顶面平整度，塔脚板安装后对地脚螺栓进行紧固、打毛，组塔、架线过程中严禁松卸地脚螺母。

（2）塔脚板与基础面之间空隙较大时，均匀填充垫铁并浇筑水泥砂浆。

八、塔材有损伤、锈蚀

1. 描述

塔材运输或组塔过程中成品保护措施不到位，塔材有磨损、生锈、变形现象，如图 1－6－3－16、图 1－6－3－17 所示。

2. 规定

（1）《110kV～750kV 架空输电线路施工及验收规范》（GB 50233—2014）第 7.1.1 条规定："杆塔组立过程中，应采取防止构件变形或损伤的措施"，如图 1－6－3－18、图 1－6－3－19 所示。

（2）《国家电网公司输变电工程标准工艺（三） 工艺标准库（2016 年版）》（角钢铁塔分解组立 0201020101）要求："塔材无弯曲、脱锌、变形、错孔、磨损"。

3. 防治技术

（1）塔材运输过程中采取保护措施，大件塔材装卸使用起吊工具，禁止抛扔塔材。

图 1-6-3-16　塔材磨损生锈

图 1-6-3-17　塔材变形

图 1-6-3-18　塔材采取保护措施

图 1-6-3-19　钢丝绳固定采用专用夹具

(2) 组塔过程中，合理使用塔身施工用孔，塔片吊点与钢丝绳接触位置包裹软物保护，钢丝绳固定、转向宜采用专用夹具，避免塔材磨损、变形和生锈。

九、保护帽浇筑不符合要求

1. 描述

保护帽有破损、裂缝，混凝土浆未清理，污染塔材，如图 1-6-3-20～图 1-6-3-22 所示。

2. 规定

《110kV～750kV 架空输电线路施工及验收规范》(GB 50233—2014) 第 7.2.7 条规定："铁塔应检查合格后方可浇筑混凝土保护帽，其尺寸应符合设计规定，并应与塔脚结合严密，不得有裂缝"，如图 1-6-3-23 所示。

图 1-6-3-20　保护帽破损

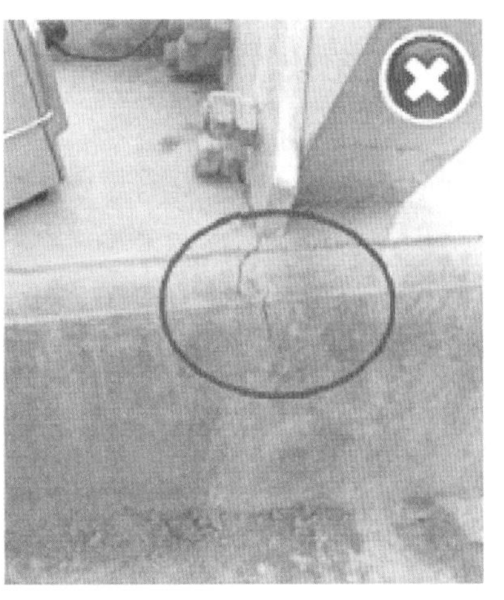

图 1-6-3-21　保护帽有裂缝

图 1-6-3-22　混凝土浆污染塔材及螺栓

图 1-6-3-23　正确的保护帽做法

3. 防治技术

（1）根据保护帽设计强度，严格控制混凝土配合比。保护帽浇筑时，应清理干净基础顶面，模板、塔脚板间距符合设计要求。

（2）混凝土浇筑一次成型，拆模时保护棱角及表面不受损伤，及时清理塔腿及基础顶面的混凝土浆，并按要求进行养护。

（3）转角塔应在架线后浇筑保护帽。

第四节　架　线　工　程

一、悬垂绝缘子串偏斜

1. 描述

悬垂线夹安装位置误差较大，绝缘子串偏移超差，如图 1-6-4-1、图 1-6-4-2 所示。

图 1-6-4-1　悬垂绝缘子串偏斜

图 1-6-4-2　金具串偏斜

2. 规定

《110kV～750kV 架空输电线路施工及验收规范》（GB 50233—2014）第 8.6.6 条规定："悬垂线夹安装后，绝缘子串应竖直，顺线路方向与竖直位置的偏移角不应超过 5°，且最大偏移值不应超过 200mm。连续上（下）山坡处杆塔上的悬垂线夹的安装位置应符合设计规定"。如图 1-6-4-3、图 1-6-4-4 所示。

图 1-6-4-3　悬垂绝缘子串竖直

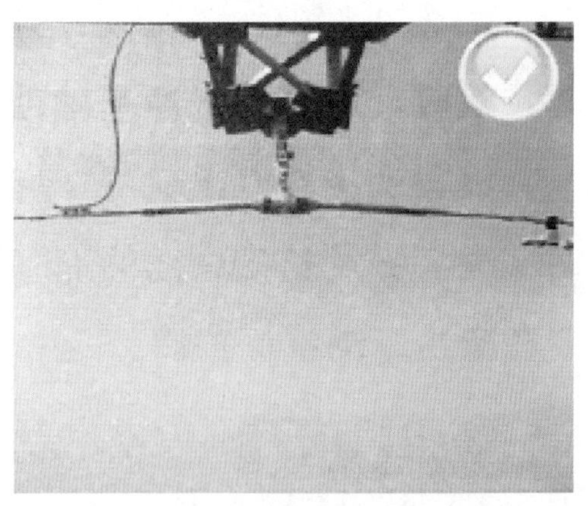

图 1-6-4-4　金具串竖直

3. 防治技术

（1）架线施工前应检查放线滑车，确保滑车转动灵活，避免附件安装导线与滑车脱离时导线弛度发生变化。

（2）在悬垂线夹安装位置画印时，施工人员应相互配合，确保画印位置准确。连续上下山，应按照设计给定的调整值进行画印安装。

二、导线间隔棒不在同一竖直面上

1. 描述

间隔棒安装距离超差，不在同一竖直面上，如图 1-6-4-5 所示。

2. 规定

《110kV～750kV架空输电线路施工及验收规范》（GB 50233—2014）第8.6.12条规定："分裂导线的间隔棒的结构面应与导线垂直，杆塔两侧第一个间隔棒的安装距离允许偏差为端次挡距的±1.5%，其余为次挡距的±3%。各相间隔棒宜处于同一竖直面"，如图1-6-4-6所示。

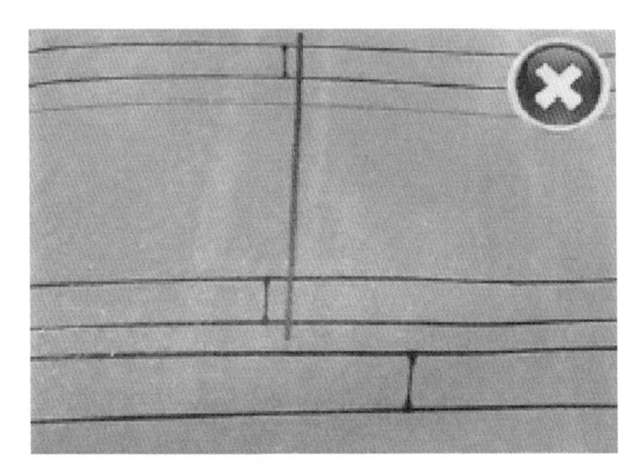

图1-6-4-5　间隔棒不在同一竖直面上

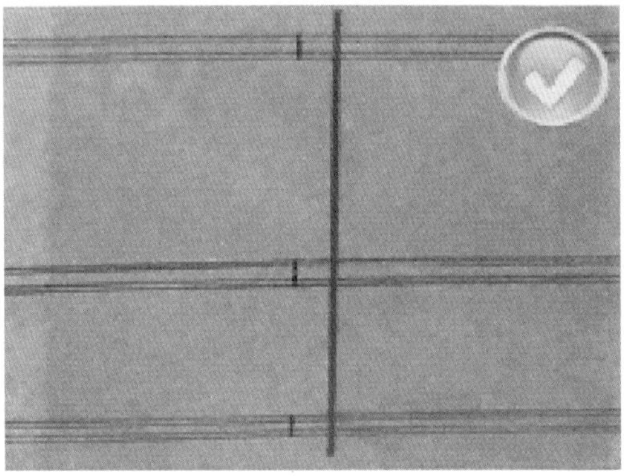

图1-6-4-6　间隔棒安装规范

3. 防治技术

安装间隔棒时，施工人员严格使用绝缘测绳（尺）进行距离测量并画印，保证间隔棒安装距离准确。严格落实施工三级自检，对间隔棒安装距离超差进行处理。

三、防振锤安装不符合要求

1. 描述

防振锤安装距离超差、歪斜，或未与被连接导地线在同一铅垂面，如图1-6-4-7～图1-6-4-9所示。

图1-6-4-7　防振锤安装距离超差

图1-6-4-8　防振锤与导线不在同一铅垂面

2. 规定

《110kV～750kV 架空输电线路施工及验收规范》（GB 50233—2014）第 8.6.11 条规定："防振锤及阻尼线与被连接的导线或架空地线应在同一铅垂面内，设计有要求时应按设计要求安装。其安装距离允许偏差为±30mm"。如图 1-6-4-10 所示。

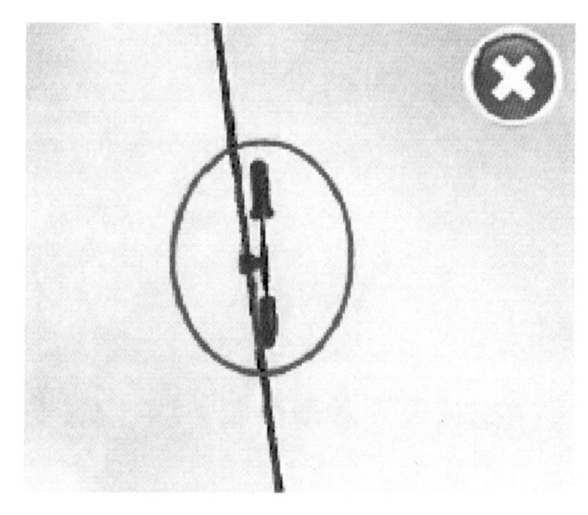

图 1-6-4-9　防振锤安装歪斜

图 1-6-4-10　防振锤安装规范

3. 防治技术

（1）加强技术交底和培训，施工人员掌握防振锤安装要求。

（2）防振锤安装完成后，有歪斜的及时进行调整。

（3）严格落实施工三级自检，对安装不合格的防振锤进行处理。

四、压接管弯曲、表面有飞边和毛刺

1. 描述

压接管压后弯曲，飞边、毛刺未处理，如图 1-6-4-11～图 1-6-4-13 所示。

图 1-6-4-11　压接管弯曲（一）

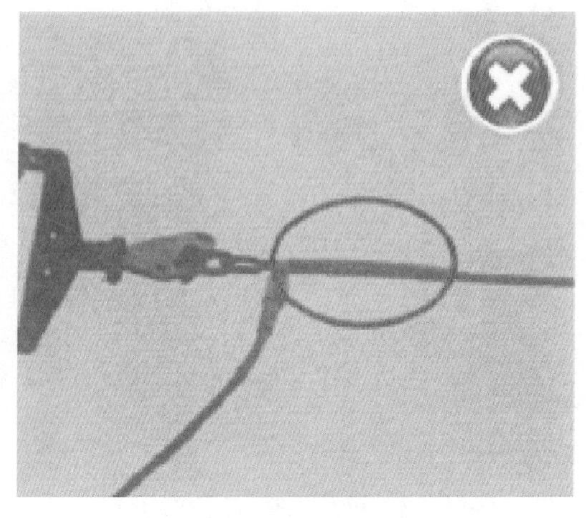

图 1-6-4-12　压接管弯曲（二）

2. 规定

《110kV～750kV 架空输电线路施工及验收规范》（GB 50233—2014）第 8.4.11 条规定："飞边、毛刺及表面未超过允许的损伤应锉平并用 0 号以下细砂纸磨光；压后应平直，有明显弯曲时应校直，弯曲度不得大于 2%"。如图 1-6-4-14 所示。

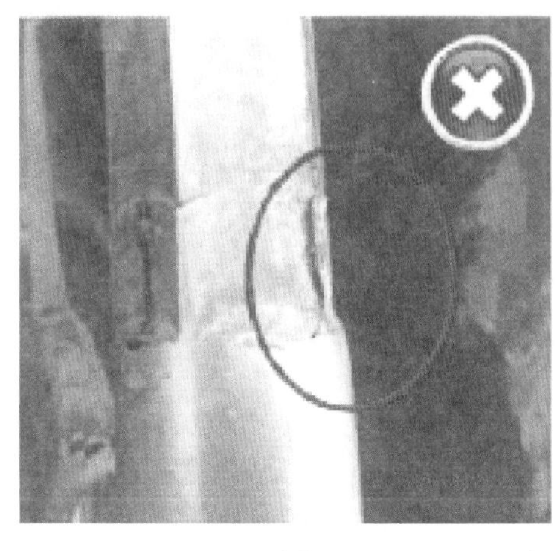

图 1-6-4-13　压接管表面有飞边、毛刺

图 1-6-4-14　压接管平直、光滑

3. 防治技术

（1）压接施工时，液压机两侧管、线要抬平扶正，保证压接后接续管或耐张管平直、棱角顺直。

（2）有明显弯曲时应校直，校直后的压接管如有裂纹应切断重接。

（3）压接后的飞边应锉平，毛刺进行磨光。

（4）平衡挂线高空压接时，应加强监督，保证压接质量。

五、金具销子穿向不一致，开口不到位

1. 描述

绝缘子串、金具上销子穿向不统一，开口销开口角度不足，如图 1-6-4-15～图 1-6-4-17 所示。

2. 规定

《110kV～750kV 架空输电线路施工及验收规范》（GB 50233—2014）第 8.6.7 条规定："绝缘子串、导线及架空地线上的各种金具上的螺栓、穿钉及弹簧销子除有固定的穿向外，其余穿向应统一"；第 8.6.8 条规定："当采用开口销时应对称开口，开口角度不宜小于 60°"。如图 1-6-4-18 所示。

3. 防治技术

（1）架线施工前应进行金具试组装，统一明确金具销子穿向标准，加强培训和技术交底，施工人员掌握销子穿向及开口要求。

（2）金具串地面组装完毕，立即进行检查，对销子穿向错误、开口不合格的进行调整；挂线完成，再次进行检查，对销子穿向发生变化的再次进行调整。

图 1-6-4-15　金具销子穿向不一致

图 1-6-4-16　开口销开口角度不足

图 1-6-4-17　绝缘子销子穿向不一致

图 1-6-4-18　金具销子穿向一致

六、悬垂线夹铝包带缠绕不规范

1. 描述

铝包带缠绕不紧密，未露出线夹或露出线夹过长，如图 1-6-4-19～图 1-6-4-21 所示。

2. 规定

《110kV～750kV 架空输电线路施工及验收规范》（GB 50233—2014）第 8.6.9 条规

定："铝包带应缠绕紧密，缠绕方向应与外层铝股的绞制方向一致；所缠铝包带应露出线夹，但不应超过10mm，端头应回缠绕于线夹内压住"。如图1-6-4-22所示。

图1-6-4-19　铝包带缠绕不紧密

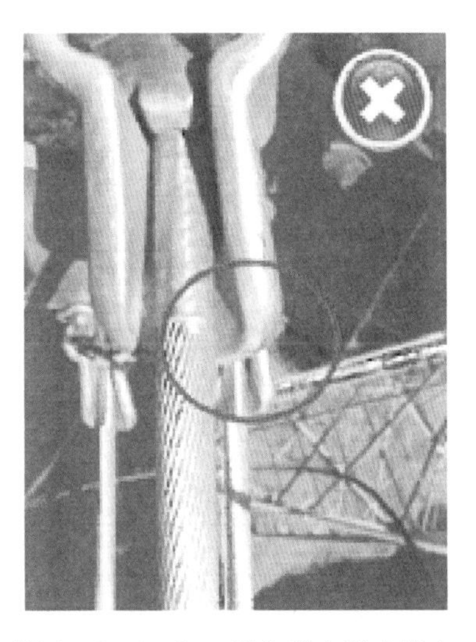

图1-6-4-20　铝包带未露出线夹

图1-6-4-21　铝包带露出线夹过长

图1-6-4-22　铝包带缠绕规范

3. 防治技术

（1）架线前加强培训和交底，施工人员掌握线夹安装标准。

（2）严格落实施工三级自检，对安装不合格的按规定进行处理。

七、光缆引下线、余缆盘安装不规范

1. 描述

光缆未沿主材引下，固定间距太大，与塔材相碰，未使用余缆夹固定，如图

1-6-4-23～图1-6-4-25所示。

2. 规定

《国家电网公司输变电工程标准工艺（三）　工艺标准库（2016年版）》（铁塔OPGW引下线安装0202011701）要求："引下线用夹具固定在塔材上，其间距为1.5～2m""引下线夹具的安装，应保证引下线顺直、圆滑，不得有硬弯、折角"；余缆架安装0202011901要求："余缆紧密缠绕在余缆架上""余缆架用专用夹具固定在铁塔内侧的适当位置"。如图1-6-4-26所示。

图1-6-4-23　光缆未使用余缆架固定

图1-6-4-24　光缆未沿着主材引下

图1-6-4-25　光缆与塔材相碰

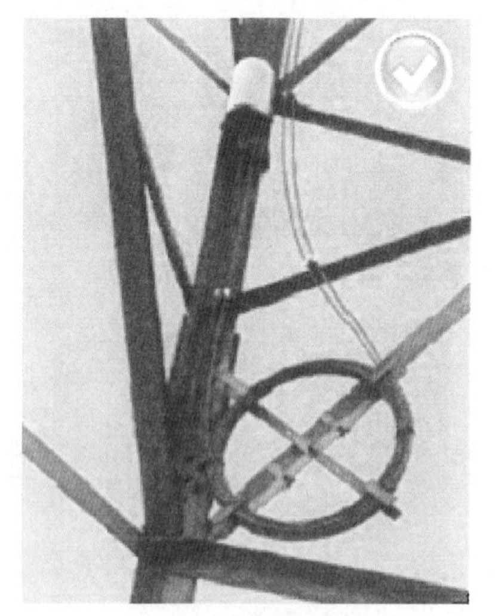

图1-6-4-26　光缆正确引下方式

3. 防治技术

（1）引下线夹要自上而下安装，安装距离在1.5～2m范围之内。

（2）线夹固定在突出部位，不得使余缆线与角铁发生摩擦碰撞。

（3）引线要自然顺畅，两固定线夹间的引线要拉紧。余缆要按线的自然弯盘入余缆架，将余缆固定在余缆架上，固定点不少于4处，余缆长度总量放至地面后应有不少于5m的裕度。

八、瓷绝缘子损伤

1. 描述

瓷绝缘子有损伤、损坏现象，如图 1-6-4-27～图 1-6-4-29 所示。

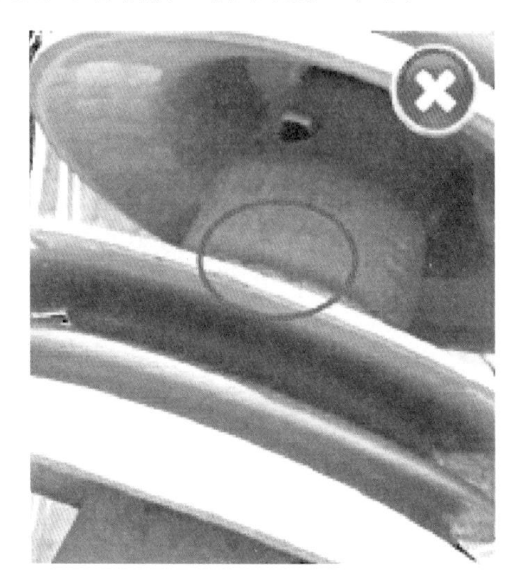

图 1-6-4-27 绝缘子损伤（一）

图 1-6-4-28 绝缘子损伤（二）

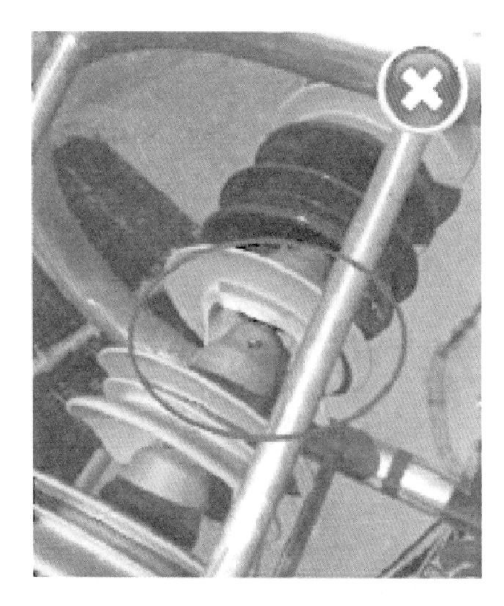

图 1-6-4-29 绝缘子损坏

图 1-6-4-30 绝缘子无损伤

2. 防治技术

（1）瓷绝缘子运输应采取保护措施，搬运要轻搬轻放，严禁抛扔。

（2）绝缘子串组装时，地面应铺垫软物，避免地面磨损绝缘子。

（3）起吊过程中，应注意观察绝缘子串升空情况，避免绝缘子与金具挤压或碰撞。

（4）高空作业人员应避免施工工具、安全保护用品磕碰、磨损绝缘子，如图 1-6-4-30 所示。

第五节 资 料

一、钢筋、水泥质量证明文件及跟踪记录不规范

1. 描述

钢筋质量证明文件复印件未注明原件留存处、未盖供货商红章，水泥 28d 报告不齐全。钢筋、水泥跟踪记录填写内容不全，与施工实际不符。

2. 规定

(1)《建设项目档案管理规范》(DA/T 28—2018) 第 7.1.4 条规定："归档的项目文件应为原件。因故用复印件归档时，应加盖复印件提供单位的公章或档案证明章，确保与原件一致"。

(2)《电网建设项目文件归档与档案整理规范》(DL/T 1363—2014) 第 6.1.7 条规定："原材料质量证明文件，应按原材料的种类、进货批次等特征，结合原材料管理台账分类编制跟踪记录"。

3. 防治技术

加强档案整理人员培训，落实档案管理责任。原材料检验，加强质量证明文件的审查，对内容不全、不规范的文件及时进行整改。根据施工进度，及时填写原材料使用跟踪记录，确保跟踪记录反映原材料实际使用部位。

二、施工检查及评定记录填写不规范

1. 描述

施工检查及评定记录存在填写数据错误、漏填、与实际不符等问题，缺乏真实性和可追溯性。

2. 防治技术

(1) 落实质量责任制，严格执行现场质量验收"三实管理"要求，实行质量验收负责人"实名制"备案，依据质量验收责任清单，施工、监理在编制、审核工程施工质量验收范围划分表的同时将验收责任人名单向业主报备。

(2) 规范验收数据实测实量及实时记录，各级验收人员到工程现场对实体质量进行实测实量，实时记录验收数据，确保验收数据真实、可追溯。

三、竣工图归档不规范

1. 描述

竣工图章、竣工图审核章不规范，内容填写不符合规定。

2. 规定

(1)《建设项目档案管理规范》(DA/T 28—2018) 第 7.2.1.5 条规定："按施工图施工没有变更的，由竣工图编制单位在施工图上逐张加盖并签署竣工图章"。

（2）第 7.2.1.8 条规定："施工单位重新绘制的竣工图，标题栏应包括施工单位名称、图纸名称、编制人、审核人、图号、比例尺、编制日期等标识项，并逐张加盖监理单位相关责任人审核签字的竣工图审核章"。

（3）第 7.2.1.9 条规定："行业规定设计单位编制或建设单位、施工单位委托设计单位编制竣工图，应在竣工图编制说明、图纸、目录和竣工图上逐张加盖并签署竣工图审核章"。

（4）第 7.2.2.2 条规定："竣工图章、竣工图审核章中的内容应填写齐全、清楚，应由相关责任人签字，不得代签；经建设单位同意，可盖执业资格印章代替签字"。

3. 防治技术

加强竣工图验收管理，建设管理单位依据合同要求，对竣工图进行详细审查，监督落实各相关单位管理责任，确保竣工图准确、审核程序规范及归档规范。

第七章

高压输电线路施工先进标准工艺

第一节 标准工艺管理办法

自 2005 年以来，国网公司组织对输变电工程施工工艺进行了深入研究和推广应用，逐步形成了较完善的标准工艺管理和成果体系。

按照“大建设”体系建设以及国网公司进一步提高工程建设安全质量和工艺水平的要求，不断深化施工工艺的标准化研究与应用，通过“标准工艺”的研究制定、推广实施、持续完善，加大成熟施工技术的应用与交流，推动输变电工程施工技术进步，促进工程质量和工艺水平的持续提升。

一、标准工艺的含义和构成

1. 标准工艺的含义

标准工艺是对输变电工程质量管理、工艺设计、施工工艺和施工技术等方面成熟经验、有效措施的总结与提炼而形成的系列成果，由输变电工程“工艺标准库”“典型施工方法”“工艺设计标准图集”等组成，经国网公司统一发布、推广应用。

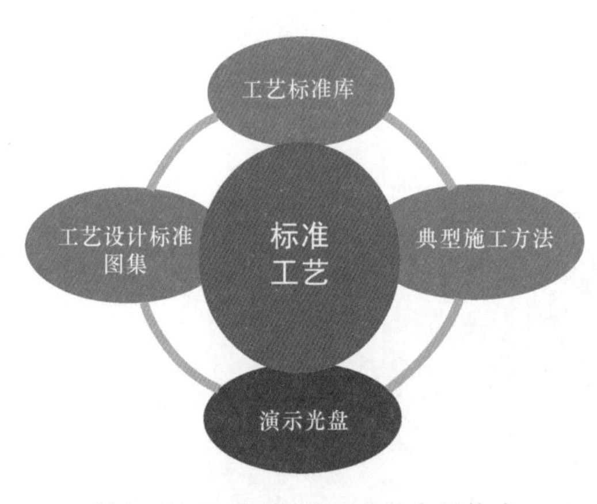

图 1-7-1-1 标准工艺的主要构成

2. 标准工艺的特点

标准工艺具有技术先进、安全可靠、经济适用、便于推广等特点。

3. 标准工艺的作用

标准工艺是工程项目开展施工图工艺设计、施工方案制定、施工工艺选择等相关工作的重要依据。

4. 标准工艺的主要构成

标准工艺的主要构成如图 1-7-1-1 所示。

5. 标准工艺研究的方向

标准工艺研究的方向主要如下：

(1) 结合“五新”应用及解决工程建设中的技术难题，开展技术创新，形成新的施工工艺。

(2) 总结工程实践经验，形成实用性强、广泛适用的先进施工工艺。

(3) 为消除工程质量通病，通过技术攻关，形成有效的施工工艺。

(4) 分析产生质量问题的原因，在工艺方面研究提出改进措施，形成新的施工工艺。

二、职责分工

涉及工程标准工艺的单位有公司基建部、省公司级单位和建设管理单位，以及业主项目部、设计单位（设计项目部）、施工单位（施工项目部）及监理单位（监理项目部）等。

它们之间的关系如图1-7-1-2所示。

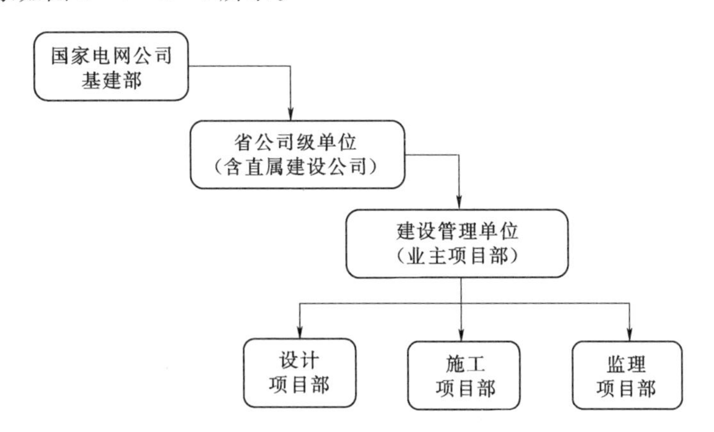

图1-7-1-2　标准工艺有关单位的层级关系

施工单位（施工项目部）的职责主要如下：

（1）开展标准工艺施工策划，负责工程项目标准工艺的具体实施，并对实施效果负责。

（2）负责标准工艺的培训、技术交底、实施检查和影像资料采集。

（3）在分包合同中明确标准工艺的实施要求。严控分包工程标准工艺应用质量。

（4）参与标准工艺的研究或补充完善工作。

三、标准工艺的应用与实施

标准工艺实施应贯穿于工程项目建设的全过程（施工准备、施工、竣工验收三个阶段），工程参建各方应明确标准工艺实施工作内容，执行工程项目标准工艺应用的评价要求。

1．施工准备阶段各项目部工作内容

施工准备阶段各项目部工作内容见表1-7-1-1。

表1-7-1-1　施工准备阶段各项目部工作内容

项目部名称	工　作　内　容
业主项目部	在工程建设管理纲要中明确标准工艺实施的目标和要求，负责组织参建各方开展标准工艺实施策划
设计单位	根据初步设计审查意见、业主项目部相关要求，全面开展标准工艺设计，确定工程采用的标准工艺项目，填写标准工艺应用统计表，见表1-7-1-2。 在工程初步设计文件中明确标准工艺应用的要求；在施工图设计中应用标准工艺，明确主要技术要求。在施工图总说明中明确标准工艺应用清单；开展施工图标准工艺应用内部审查，审查各专业接口间的工艺配合；设计交底应涵盖标准工艺应用的相关内容
施工项目部	在工程施工组织设计中编制标准工艺施工策划章节，落实业主项目部提出的标准工艺实施目标及要求，执行施工图工艺设计相关内容。按专业明确实施标准工艺的名称、数量、工程部位等内容；制定标准工艺实施的技术措施、控制要点；策划标准工艺的实施效果和成品保护措施
监理项目部	在工程监理规划中编制标准工艺监理策划章节，按照业主项目部提出的实施目标和要求，明确标准工艺实施的范围、关键环节，制定有针对性的控制措施

表 1-7-1-2　　输变电工程标准工艺应用统计表

（输变电工程标准工艺应用率及应用效果评分表）

工程名称：库车 750kV 变电站工程　　　　时间：2014 年 8 月 31 日

建设单位		国网新疆电力公司		设计单位	中南电力设计院
监理单位		新疆电力工程监理有限责任公司		施工单位	国网山西送变电工程公司
标准工艺应用数量		110		标准工艺实施数量	110
序号	工艺编号	工艺名称	是否应用	应用效果应得分	应用效果实得分
1	0101010101	墙面抹灰			
2	0101010102	内墙涂料墙面			
3	0101010103	内墙贴瓷砖墙面			
4	0101010201	人造石材			
5	0101010303	防静电			
6	0101010304	自流平地面			
7	0101010307	水泥砂浆			
8	0101010401	涂料顶棚			

2. 施工阶段各项目部工作内容

施工阶段各项目部工作内容见表 1-7-1-3。

表 1-7-1-3　　施工阶段各项目部工作内容

项目部名称	工　作　内　容
业主项目部	业主项目部负责标准工艺应用管理工作： （1）组织参建单位开展标准工艺宣贯和培训。 （2）施工图会检时，组织审查标准工艺设计。 （3）组织对标准工艺实体样板进行检查、验收。 （4）在工程检查、中间验收等环节，检查标准工艺实施情况。 （5）组织召开标准工艺实施分析会，完善措施、交流工作经验
设计单位	设计单位参加标准工艺实施分析会，对标准工艺设计进行交底，及时解决标准工艺实施过程中相关问题
施工项目部	施工项目部负责标准工艺实施工作： （1）将标准工艺作为施工图内部会检内容进行审查，提出书面意见。 （2）在施工方案等施工文件中，明确标准工艺实施流程和操作要点。 （3）根据施工作业内容开展标准工艺培训和交底。 （4）制作标准工艺样板，经业主和监理项目部验收确认后组织实施。 （5）标准工艺实施完成并自检合格后，报监理项目部验收，并留存数码照片。 （6）参加标准工艺实施分析会，制定并落实改进工作的措施
监理项目部	监理项目部负责标准工艺实施过程管理工作： （1）对施工图中采用的标准工艺组织内部会检，提出书面意见。 （2）参加标准工艺样板验收并形成记录。 （3）对标准工艺的实施效果进行控制和验收。 （4）主持标准工艺实施分析会，及时纠偏，跟踪整改。 （5）对输变电工程标准工艺应用率及应用效果评分表进行审核

3. 竣工验收阶段各参建单位工作内容

竣工验收阶段各参建单位工作内容如下：

（1）建设管理单位（部门）结合工程竣工预验收对标准工艺应用工作进行评价。

（2）参建单位在工程总结中对标准工艺实施工作进行总结。

4．标准工艺的评价与考核

要做好标准工艺应用实施的评价与考核工作，应明确标准工艺应用率、研究得分率和应用得分率计算方式，执行评价与考核的有关规定，明确考核标准和流程，如图1－7－1－3所示。

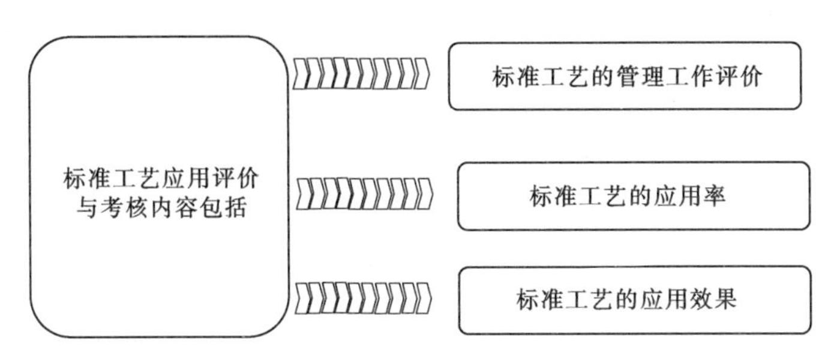

图1－7－1－3　标准工艺的评价与考核内容

$$标准工艺应用得分率=管理工作评价得分率\times k_1+标准工艺应用率\times k_2+标准工艺应用效果得分率\times k_3$$

其中，k_1、k_2、k_3为各类评价权重系数，分别按0.15、0.25、0.6取值，公司进行动态调整。

（1）标准工艺应用率是指该工程已实施的标准工艺数量占应该采用标准工艺数量的百分比。

（2）管理工作评价得分率用于考核工程标准工艺管理工作。按表1－7－1－4的要求对业

表1－7－1－4　　输变电工程“标准工艺”管理工作评价表

工程名称：

考核项目	评分标准	扣分及原因
业主项目部（20分）	在设计、监理和施工合同文件中，未明确“标准工艺”应用及奖惩要求，每份扣1分（最多扣2分）	
	未在工程建设策划文件中编制“标准工艺”策划章节、明确“标准工艺”实施的目标和要求，扣2分，针对性差扣1分	
	在工程开工前未审批参建单位标准工艺实施策划文件，每份扣1分（最多扣2分）	
	未组织参建项目部开展“标准工艺”的培训和交流，扣2分	
	施工图会检未检查“标准工艺”设计，施工图纸会检纪要无相关内容扣2分，针对性差扣1分	
	未组织对“标准工艺”实体样板进行检查、验收，扣4分，每缺一次扣1分（最多扣2分）	
	工程检查、中间验收等环节，无“标准工艺”实施情况检查内容，扣2分，针对性差、流于形式扣1分	
	是否组织召开实施分析会，交流经验，未召开扣2分	
	未在工作总结中对“标准工艺”的实施效果进行总结，扣2分，针对性差，扣1分	

主项目部、设计单位、施工项目部、监理项目部标准工艺管理工作进行评分，业主项目部、设计单位、施工项目部、监理项目部的合计得分与总分的比值为该工程的管理工作评价得分率。

其中，业主9项20分、设计9项25分、监理8项25分、施工11项30分，合计标准工艺管理工作评价总分100分。

（3）标准工艺应用效果得分率是指工程的实体工艺与“工艺标准库”要求的符合程度。评价时对工程考核范围内的标准工艺按照评分标准进行评分，所有评分项目的实际得分率的算术平均值为该工程的标准工艺应用效果得分率。

（4）输变电工程标准工艺管理工作评价表、标准工艺应用效果考核评分表实行动态管理，国网公司根据实际情况动态调整。

5. 建设管理单位标准工艺实施管理评价

工程竣工预验收时，建设管理单位（部门）组织业主、施工、监理项目部，以及设计单位对标准工艺应用情况进行评价。

（1）按表1-7-1-4所列全部项目对标准工艺应用管理工作进行评价，按表1-7-2-1中的对工程所有应采用的标准工艺进行考核。

（2）填写输变电工程标准工艺管理及实施效果评价表（表1-7-1-5），完成依托本工程开展的标准工艺研究项目，加2%。

表1-7-1-5　　输变电工程标准工艺管理及实施效果评价表

工程名称：库车750kV变电站工程　　　　评价时间：　　年　　月　　日

<table>
<tr><td colspan="2">监理单位</td><td colspan="2">新疆电力工程监理有限责任公司</td></tr>
<tr><td colspan="2">设计单位</td><td colspan="2">中南电力设计院</td></tr>
<tr><td colspan="2">施工单位</td><td colspan="2">国网山西送变电工程公司</td></tr>
<tr><td colspan="2">“工艺标准库”工艺应用数量</td><td colspan="2">110</td></tr>
<tr><td>序号</td><td colspan="2">评价项目</td><td>得分率</td></tr>
<tr><td>A</td><td colspan="2">管理工作得分率</td><td>96%</td></tr>
<tr><td>B</td><td colspan="2">标准工艺应用率</td><td>100%</td></tr>
<tr><td>C</td><td colspan="2">标准工艺实施效果得分率</td><td>99%</td></tr>
<tr><td colspan="3">评价得分率 A×0.15+B×0.25+C×0.6</td><td>98.8</td></tr>
<tr><td colspan="3">加分项目</td><td>实际加分</td></tr>
<tr><td colspan="3">已完成依托本工程开展的标准工艺研究项目，加2%</td><td></td></tr>
<tr><td colspan="3">总体评价：
本工程标准工艺实施及效果优良，标准工艺管理工作得分率、应用率及实施效果得分率均达到目标，三个项目部及设计单位在工程建设全过程注重策划，样板引领</td><td></td></tr>
</table>

第二节　线路工程标准工艺

高压输电线路工程标准工艺见表1-7-2-1。

表 1-7-2-1　　高压输电线路工程标准工艺

序号	工艺名称	施　工　要　点	工艺示范图
1	直柱大板基础	（1）基坑开挖根据土层地质条件确定放坡系数。地下水位较高时，应采取有效的降水措施，流沙坑宜采取井点排水。基础浇筑时应保证无水施工。 （2）基坑开挖完成后应及时浇筑，否则应在基础浇筑前预留 200mm 以上的土层不开挖以保证坑底原状土质，待基础浇筑前开挖。湿陷性黄土、泥水坑等情况应按设计要求进行垫层处理。垫层强度符合要求后方可进行钢筋绑扎和模板支设。 （3）浇筑混凝土的模板表面应平整且接缝严密，混凝土浇筑前模板表面应涂脱模剂。 （4）钢筋焊接符合 JGJ 18 要求，钢筋绑扎牢固、均匀，在同一截面的焊接头错开布置，同截面焊接头数量不得超过 50%。 （5）钢筋保护层厚度控制符合设计要求。 （6）混凝土浇筑前钢筋、地脚螺栓表面应清理干净，复核地脚螺栓的间距、基础根开、立柱标高正确。 （7）现场浇筑混凝土应采用机械搅拌，并应采用机械捣固。在有条件的地区，可尽量应用商品混凝土或集中搅拌站拌制混凝土。 （8）混凝土下料高度超过 2m 时，应采取防止离析措施。 （9）基础混凝土应根据季节和气候采取相应的养护措施。冬期施工应采取防冻措施。 （10）基础混凝土应一次浇筑成型，内实外光，杜绝二次抹面。 （11）浇筑完成的基础应及时清除地脚螺栓上的残余水泥砂浆，并对基础及地脚螺栓进行保护	
2	掏挖基础施工	（1）基础放样时应核实边坡稳定控制点在自然地面以下，并保证基础埋深不小于设计值。 （2）掏挖施工可采用人工掏挖或旋挖钻机掏挖。人工掏挖应有安全保证措施，对孔壁风化严重或砂质层应采取护壁措施。 （3）地面以上部分基础模板支设要牢固。 （4）钢筋焊接符合 JGJ 18 要求，钢筋绑扎牢固、均匀，在同一截面的焊接头错开布置，同截面焊接头数量不得超过 50%。 （5）钢筋保护层厚度控制符合设计要求。 （6）混凝土浇筑前钢筋、地脚螺栓表面应清理干净。 （7）成孔与浇筑宜连续作业。 （8）现场浇筑混凝土应采用机械搅拌，并应采用机械捣固。在有条件的地区，可尽量应用商品混凝土或集中搅拌站拌制混凝土。 （9）混凝土下料高度超过 2m 时，应采取防止离析措施。 （10）基础混凝土应根据季节和气候采取相应的养护措施。	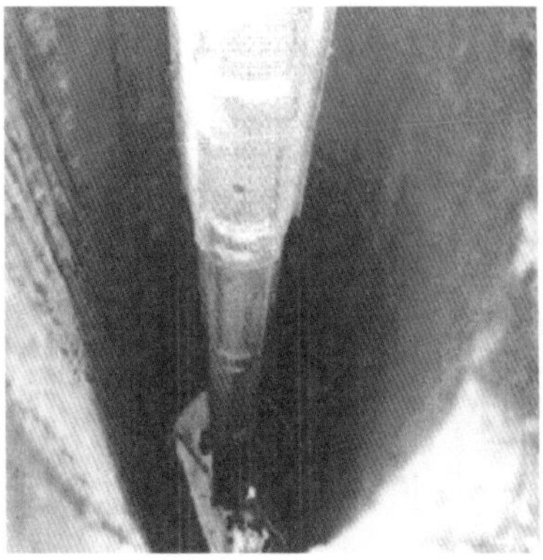

续表

序号	工艺名称	施　工　要　点	工艺示范图
2	掏挖基础施工	（11）冬期施工应采取防冻措施。 （12）基础混凝土应一次浇筑成型，内实外光，杜绝二次抹面。 （13）露出地面以上部分基础立柱可采用圆形或外切方形。外切方形进入基面以下不小于300mm。 （14）浇筑完成的基础应及时清除地脚螺栓上的残余水泥砂浆，并对基础及地脚螺栓进行保护	
3	基础防护工程	（1）挡土墙或护坡应砌筑在稳固的地基上，基础埋深应满足设计要求。 （2）挡土墙或护坡砌筑前，底部浮土必须清除，石料上的泥垢必须清洗干净，砌筑时保持砌石表面湿润。 （3）采用坐浆法分层砌筑，铺浆厚度宜为30～50mm，用砂浆填满砌缝，不得无浆直接贴靠，砌缝内砂浆应采用扁铁插捣密实。 （4）砌体外露面上的砌缝应预留约40mm深的空隙，以备勾缝处理。 （5）勾缝前必须清缝，用水冲净并保持槽内湿润，砂浆应分次向缝内填塞密实。勾缝砂浆标号应高于砌体砂浆，应按实有砌缝勾平缝。砌筑完毕后应保持砌体表面湿润做好养护。 （6）排水孔数量、位置及疏水层的设置应满足规范、设计要求	
4	基坑回填	（1）回填的土料，必须符合设计或施工规范的规定，回填时应清除坑内杂物，并不得在边坡范围内取土，回填土要对称均匀回填。 （2）基础坑的回填应连续进行，尽快完成。回填土应分层夯实。每回填300mm厚度夯实一次。 （3）泥水坑应先排除坑内积水然后回填夯实，对岩石基坑应以碎石掺土回填夯实，碎石与土的比例为3∶1。 （4）雨季施工时应有防雨措施，要防止地面水流入基坑内，以免边坡塌方或基土遭到破坏。 （5）冻土回填时应先将坑内冰雪清除干净，把冻土块中的冰雪清除并捣碎后进行回填夯实。冻土坑回填在经历一个雨季后应进行二次回填。 （6）回填土铺设对称均匀，确保回填过程中基础立柱稳固不位移。 （7）接地沟的回填宜选取未掺有石块及其他杂物的土料并夯实。 （8）回填经过沉降后应及时补填夯实	

续表

序号	工艺名称	施　工　要　点	工艺示范图
5	保护帽浇筑	（1）保护帽宜采用专用模板现场浇筑，严禁采用砂浆或其他方式制作。 （2）保护帽顶面应适度放坡，混凝土初凝前进行压实收光，确保顶面平整光洁。 （3）保护帽拆模时应保证其表面及棱角不损坏，塔腿及基础顶面的混凝土浆要及时清理干净。 （4）保护帽应按要求进行养护。 （5）混凝土应一次浇筑成型，杜绝二次抹面	
6	角钢铁塔分解组立	（1）基础混凝土强度达到设计要求的70%，方能进行分解组塔。 （2）铁塔组装前应根据塔型结构图分段选料核对塔材，并对塔材进行外观检查，不符合规范要求的塔材不得组装。 （3）角钢铁塔分解组立可采用座地抱杆、悬浮抱杆等工器具，宜采用专用夹具安装抱杆承托绳、腰箍拉线等。 （4）铁塔组立应有防止塔材变形、磨损的措施，临时接地应连接可靠，每段安装完毕铁塔辅材、螺栓应装齐，严禁强行组装。 （5）抱杆每次提升前，须将已组立塔段的横隔材装齐，悬浮抱杆腰箍不得少于2道。 （6）吊片就位应先低后高，严禁强拉就位。 （7）塔身分片吊装，吊点应选在两侧主材节点处距塔片上段距离不大于该片高度的1/3，对于吊点位置根开较大、辅材较弱的吊片应采取补强措施。 （8）铁塔组立后，塔脚板应与基础面接触良好。铁塔经检查合格后，可随即浇筑混凝土保护帽。 （9）在施工过程中需加强对基础和塔材的成品保护	
7	导地线展放	（1）导地线必须进行到货检查。导地线连接进行握着力试验，握着强度不得小于设计使用拉断力的95%。 （2）电压等级为330kV及以上线路工程的导线展放必须采用张力放线。良导体架空地线及220kV线路的导线展放也应采用张力放线。110kV线路工程的导线展放宜采用张力放线。 （3）导线放线滑车宜采用挂胶滑车。导线滑车轮槽底直径不宜小于20d（d为导线直径），地线滑车轮槽底直径不宜小于15d（相应线索），光纤复合架空地线滑车轮槽底直径不宜小于40d（相应线索），且应大于500mm。 （4）放线段长度宜控制在6～8km，且不宜超过20个放线滑车。 （5）展放施工应合理选择牵张设备及场地，合理控制牵张力，确保导线满足对地及跨越物的安全距离。张力机放线主卷筒槽底直径$D \geqslant 40d-100$mm（d=导线直径）。	

续表

序号	工艺名称	施工要点	工艺示范图
7	导地线展放	（6）做好运输、展放、紧线、附件各施工过程中的防磨措施。 （7）对损伤导线应按规范要求进行打磨、补修或重接接续。 （8）合理布线，接头避开不允许接头挡，尽量减少接续管数量。精确控制接续管位置，确保接续管位置满足规范要求。 （9）接续管的保护钢甲应有足够的刚度，确保过滑车后不弯曲。 （10）导线展放完毕后要及时进行紧线，附件安装时间不应超过5d	
8	导线耐张管压接	（1）割线印记准确，断口整齐，不得伤及钢芯及不需切割的铝股。 （2）将压接管及导线表面清洗干净，导线表面用细钢丝刷清刷表面氧化膜，均匀涂抹一层电力复合脂，保留电力复合脂进行压接。 （3）施压时，液压机两侧管、线要抬平扶正，保证压接管的平、正，压后耐张管棱角顺直。有明显弯曲时应校直，校直后的压接管如有裂纹应切断重接。 （4）钢管压接后清理压接飞边和毛刺，凡锌皮脱落者，不论是否裸露于外，皆涂以富锌漆；对清除钢芯上防腐剂的钢管，压后应将管口及裸露于铝线外的钢芯上都涂以富锌漆，以防生锈。铝管压后的飞边、毛刺应锉平，并用0号砂纸磨光。用精度不低于0.02mm并检定合格的游标卡尺测量压后尺寸。 （5）压接完成检查合格后，打上操作者的钢印	
9	导线接续管压接	（1）割线印记准确，断口整齐，不得伤及钢芯及不需切割的铝股。 （2）当使用对穿管时，应在线上画出1/2管长的印记，穿管后确保印记与管口吻合。 （3）将接续管及导线表面清洗干净，导线表面用细钢丝刷清刷表面氧化膜，均匀涂抹一层电力复合脂，保留电力复合脂进行压接。 （4）施压时，液压机两侧管、线要抬平扶正，保证接续管的平、正，压后接续管棱角顺直。有明显弯曲时应校直，校直后的压接管如有裂纹应切断重接。 （5）钢管压接后清理压接飞边和毛刺，凡锌皮脱落者，不论是否裸露于外，皆涂以富锌漆；对清除钢芯上防腐剂的钢管，压后应将管口及裸露于铝线外的钢芯上都涂以富锌漆，以防生锈。铝管压后的飞边、毛刺应锉平并用0号砂纸磨光。用精度不低于0.02mm并检定合格的游标卡尺测量压后尺寸。 （6）压接完成检查合格后，打上操作者的钢印	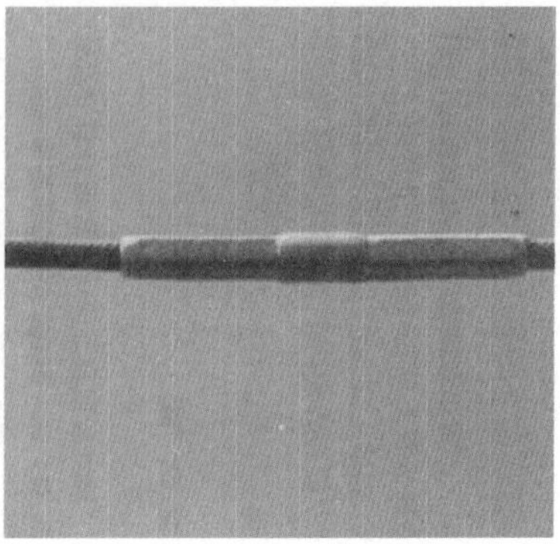

续表

序号	工艺名称	施　工　要　点	工艺示范图
10	铝包钢绞线耐张管压接	（1）割线印记准确，断口整齐。 （2）将压接管及铝包钢绞线表面清洗干净，铝包钢绞线表面用细钢丝刷清刷表面氧化膜，均匀涂抹一层电力复合脂进行压接。 （3）施压时，液压机两侧管、线要抬平扶正，保证压接管的平、正，压后耐张管棱角顺直。有明显弯曲时应校直，校直后的压接管如有裂纹应切断重接。 （4）钢管压接完成后，在铝管压接前将铝衬管安装到位。 （5）钢管压接后清理压接飞边和毛刺，凡锌皮脱落者，不论是否裸露于外，皆涂以富锌漆，铝管压后的飞边、毛刺应锉平，并用0号砂纸磨光。用精度不低于0.02mm并检定合格的游标卡尺测量压后尺寸。 （6）压接完成检查合格后，打上操作者的钢印	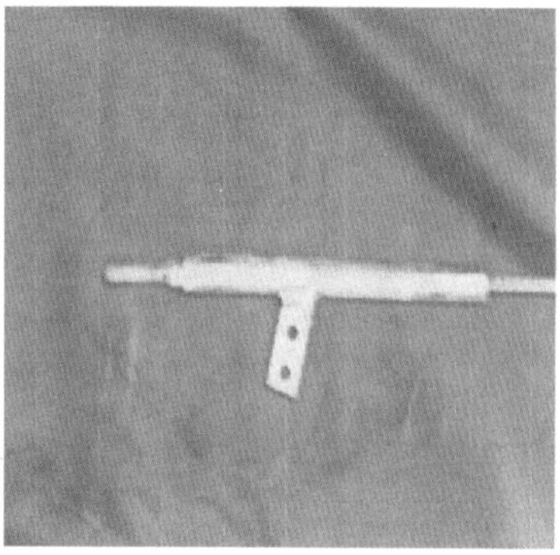
11	铝包钢绞线接续管压接	（1）割线印记准确，断口整齐。 （2）当使用对穿管时，应在线上画出1/2管长的印记，穿管后确保印记与管口吻合。 （3）要把所压管清洗干净，铝包钢绞线表面应均匀涂抹一层电力复合脂进行压接。 （4）施压时，液压机两侧管、线要抬平扶正，压后接续管棱角顺直。有明显弯曲时应校直，校直后的压接管如有裂纹应切断重接。 （5）钢管压接完成后，在铝管压接前将两侧铝衬管安装到位。 （6）钢管压接后清理压接飞边和毛刺，凡锌皮脱落者，不论是否裸露于外，皆涂以富锌漆，铝管压后的飞边、毛刺应锉平，并用0号砂纸磨光。用精度不低于0.02mm并检定合格的游标卡尺测量压后尺寸。 （7）压接完成检查合格后，打上操作者的钢印	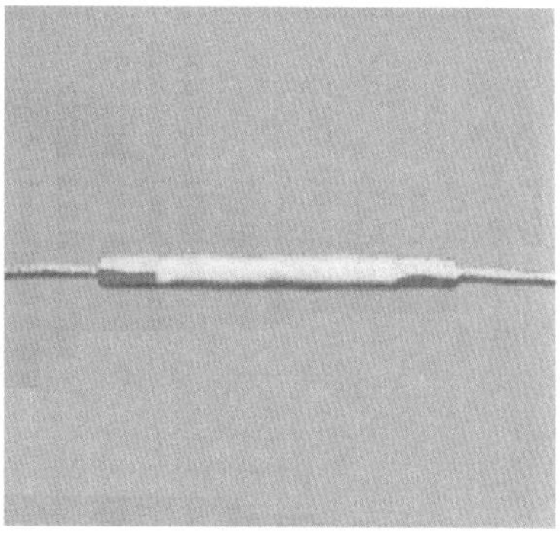
12	导线弧垂控制	（1）导线展放完毕后应及时进行紧线。 （2）应合理选择观测挡。弧垂宜优先选用等长法观测，并用经纬仪观测校核。 （3）观测弧垂时，应考虑放线方法的不同对导线初伸长的影响。 （4）同相间子导线应同时收紧，弧垂达标后应逐挡进行微调。 （5）温度变化达到5℃时，应及时调整弧垂观测值。 （6）子导线弧垂偏差超过允许值时，应作相应调整。 （7）导线画印时，各塔宜同时进行	

续表

序号	工艺名称	施 工 要 点	工艺示范图
13	地线弧垂控制	(1) 应合理选择观测挡。弧垂宜优先选用等长法观测，并用经纬仪观测校核。 (2) 温度变化达到5℃时，应及时调整弧垂观测值	
14	导线I形悬垂绝缘子串安装	(1) 运输和起吊过程中做好绝缘子的保护工作，尤其是合成绝缘子重点做好运输期间的防护，瓷绝缘子重点做好起吊过程的防护。 (2) 绝缘子表面要擦洗干净，避免损伤。安装时应检查碗头、球头与弹簧销子之间的间隙。施工人员沿合成绝缘子出线，必须使用软梯。合成绝缘子不得有开裂、脱落、破损等现象。 (3) 缠绕的铝包带、预绞丝护线条的中心与印记重合，以保证线夹位置准确。铝包带顺外层线股绞制方向缠绕，缠绕紧密，露出线夹，并不超过10mm，端头要压在线夹内。预绞丝护线条两端整齐。 (4) 线夹螺栓安装后两边露扣要一致，并达到扭矩要求。 (5) 各种螺栓、销钉穿向符合要求，金具上所用闭口销的直径必须与孔径相匹配，且弹力适度。 (6) 安装附件所用工器具要采取防损伤导线的措施。 (7) 附件安装及导线弧垂调整后，如绝缘子串倾斜超差要及时进行调整。 (8) 锁紧销的装配应使用专用工具，以免损坏金属附件的镀锌层。若有损坏应除锈后补刷防锈漆	
15	导线V形悬垂绝缘子串安装	(1) 运输和起吊过程中做好绝缘子的保护工作，尤其是合成绝缘子重点做好运输期间的防护，瓷绝缘子重点做好起吊过程的防护。 (2) 绝缘子表面要擦洗干净，避免损伤。合成绝缘子不得有开裂、脱落、破损等现象，施工人员出线不得踩踏合成绝缘子。 (3) 使用球头和碗头连接的绝缘子，安装时应检查碗头、球头与弹簧销子之间的间隙。 (4) 缠绕的铝包带、预绞丝护线条的中心与印记重合，以保证线夹位置准确。铝包带顺外层线股绞制方向缠绕，缠绕紧密，露出线夹，并不超过10mm，端头要压在线夹内。预绞丝护线条两端整齐。 (5) 线夹螺栓安装后两边露扣要一致，并达到扭矩要求。 (6) 各种螺栓、销钉穿向符合要求，金具上所用闭口销的直径必须与孔径相匹配，且弹力适度。 (7) 安装附件所用工器具要采取防损伤导线的措施。 (8) 附件安装及导线弧垂调整后，如绝缘子串顺线路方向倾斜超差要及时进行调整。 (9) 锁紧销的装配应使用专用工具，以免损坏金属附件的镀锌层。若有损坏应除锈后补刷防锈漆	

续表

序号	工艺名称	施工要点	工艺示范图
16	多联导线耐张绝缘子串安装	（1）对绝缘子串应逐个进行检查，绝缘子表面要擦洗干净，避免损伤。 （2）金具串连接要注意检查碗口球头与弹簧销子是否匹配。 （3）各种螺栓、销钉穿向符合要求，金具上所用闭口销的直径必须与孔径相匹配，且弹力适度。 （4）锁紧销的装配应使用专用工具，以免损坏金属附件的镀锌层。 （5）调整好各绝缘子串的补偿距离。 （6）瓷绝缘子重点做好运输、组装、起吊过程的防护。 （7）多串耐张串同时起吊时，应做好平衡措施，保证绝缘子及金具在安装过程受力均衡	
17	均压环、屏蔽环安装	（1）均压环、屏蔽环运至现场不得拆除外包装，安装过程必须采取防磕碰措施。 （2）均压环、屏蔽环外表面有明显凹凸缺陷时，不得安装。 （3）均压环、屏蔽环环体上不应上人踩压、不得放置施工器具，严防耐张串均压环上下距离不一致。 （4）固定环体的支撑杆应有足够的强度，固定的螺栓紧固满足要求，安装时确保环体对各对称部位的距离一致。 （5）施工验收应逐塔、逐串检查耐张串均压环、屏蔽环的外观情况	
18	绝缘型地线悬垂金具安装	（1）核查所画印记在放线滑车中心，并保证绝缘子串垂直地平面。 （2）绝缘子表面应擦洗干净，避免损伤。并注意调整好放电间隙。 （3）如需缠绕铝包带、预绞丝护线条时，缠绕的铝包带、预绞丝护线条的中心与印记重合，以保证线夹位置准确。铝包带顺外层线股绞制方向缠绕，缠绕紧密，露出线夹不大于10mm，端头应压在线夹内。预绞丝护线条两端整齐。 （4）线夹螺栓安装后两边露扣应一致，并达到扭矩要求。 （5）各种螺栓、销钉穿向符合要求，金具上所用闭口销的直径必须与孔径相匹配，且弹力适度。 （6）安装附件所用工器具应采取防损伤地线的措施。 （7）附件安装及地线弧垂调整后，如绝缘子串倾斜超差应及时进行调整	

续表

序号	工艺名称	施工要点	工艺示范图
19	接地型地线悬垂金具安装	（1）核查所画印记在放线滑车中心，并保证金具串垂直地平面。 （2）如需缠绕铝包带、预绞丝护线条时，铝包带、预绞丝护线条中心与印记重合，以保证线夹位置准确。铝包带顺外层线股绞制方向缠绕，缠绕紧密，露出线夹不大于10mm，端头应压在线夹内。如用护线条，两端应整齐。 （3）线夹螺栓安装后两边露扣应一致，并达到扭矩要求。 （4）各种螺栓、销钉穿向符合要求，金具上所用闭口销的直径必须与孔径相匹配，且弹力适度。 （5）安装附件所用工器具应采取防损伤地线的措施。 （6）附件安装及地线弧垂调整后，如金具串倾斜超差应及时进行调整。 （7）接地线应自然、顺畅、美观，并沟线夹方向不得偏扭，或垂直，或水平，螺栓紧固应达到扭矩要求	
20	绝缘型地线耐张金具安装	（1）绝缘子表面应擦洗干净，避免损伤，并注意调整好放电间隙。 （2）各种螺栓、销钉穿向符合要求，金具上所用闭口销的直径必须与孔径相匹配，且弹力适度	
21	接地型地线耐张金具安装	各种螺栓、销钉穿向符合要求，金具上所用的闭口销的直径必须与孔径相匹配，且弹力适度	

续表

序号	工艺名称	施　工　要　点	工艺示范图
22	软引流线制作	(1) 制作引流线的导线应未经过牵引。 (2) 安装引流线线夹和间隔棒应从中间向两端安装，导线应自然顺畅，分裂导线间距保持一致。 (3) 引流线的走向应自然、顺畅、美观，呈近似悬链状自然下垂。引流线如有与均压环等金具可能发生摩擦碰撞时，应加装小间隔棒固定。 (4) 耐张线夹引流连板的光洁面必须与引流线夹连板的光洁面接触，接触面要清洗干净，均匀涂抹一层电力复合脂。螺栓穿向应符合要求，紧固应达到扭矩要求。 (5) 引流线安装完毕后应检查电气间隙是否符合设计要求。 (6) 引流线引流板的朝向应满足使导线的盘曲方向与安装后的引流线弯曲方向一致	
23	笼式硬引流线制作	(1) 做好铝管在运输、组装、起吊过程中的防护，避免损伤。 (2) 制作引流线的导线应未经过牵引受力。 (3) 安装引流线线夹和间隔棒应从中间向两端安装，导线应自然顺畅，分裂导线间距保持一致。 (4) 柔性引流线的走向应自然、顺畅、美观。引流线如有与均压环等金具可能发生摩擦碰撞时，应加装小间隔棒固定。 (5) 引流线线夹连板的光洁面必须与耐张线夹引流连板和铝管连板的光洁面接触，接触面应清洗干净，均匀涂抹一层电力复合脂，螺栓穿向要符合要求，紧固要达到扭矩要求。 (6) 引流线安装完毕后应检查电气间隙是否符合设计要求。 (7) 为避免导线耐张串引流与金具、均压环相碰，在延长拉杆与引流间安装支撑间隔棒。 (8) 组装管形母线必须采取支垫、调平，确保硬管形母线平直。 (9) 硬管形母线接头应涂抹电力复合脂。 (10) 安装软引流线间隔棒时施工人员不得上线，确保软引流线流畅美观	
24	导线防振锤安装	(1) 防振锤要无锈蚀、无污物，锤头与挂板应成一平面。 (2) 防振锤在线上应自然下垂，锤头与导线应平行，并与地面垂直。 (3) 铝包带顺外层线股绞制方向缠绕，缠绕紧密，露出线夹不大于10mm，端头应压在线夹内。 (4) 安装距离应符合设计规定，螺栓紧固力应达到扭矩要求。 (5) 防振锤分大小头时，朝向和螺栓穿向应按要求统一	

续表

序号	工艺名称	施　工　要　点	工艺示范图
25	地线防振锤安装	（1）防振锤要无锈蚀、无污物，锤头与挂板应成一平面。 （2）防振锤在线上应自然下垂，锤头与线应平行，并与地面垂直。 （3）如需缠绕铝包带时，铝包带顺外层线股绞制方向缠绕，缠绕紧密，露出线夹不大于 10mm，端头应压在线夹内。 （4）安装距离应符合设计规定，螺栓紧固力应达到扭矩要求。 （5）防振锤分大小头时，朝向和螺栓穿向应按要求统一	
26	预绞式防振锤安装	（1）防振锤要无锈蚀、无污物。 （2）防振锤在线上应自然下垂，锤头与线应平行，并与地面垂直。 （3）缠绕预绞丝时应保证两端整齐，并保持原预绞形状，预绞丝缠绕导线时应采取防护措施防止预绞丝头在缠绕过程中磕碰损伤导线。 （4）安装距离应符合设计规定，螺栓紧固力应达到扭矩要求。 （5）防振锤分大小头时，朝向和螺栓穿向应按要求统一	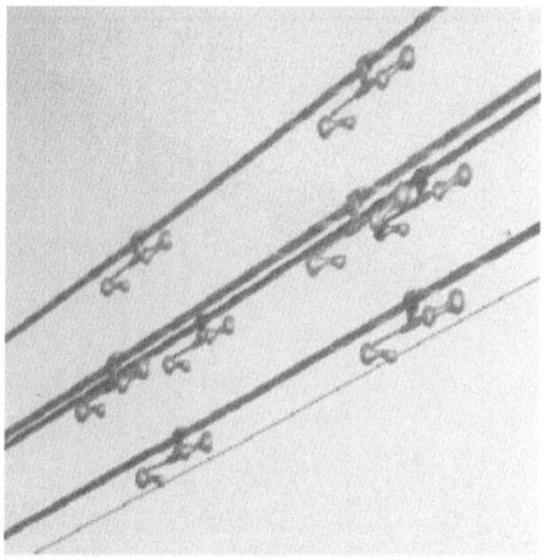
27	线夹式间隔棒安装	（1）根据设计图纸确定间隔棒的型式，依据厂家的安装说明进行安装。 （2）间隔棒的结构面应与导线垂直，相（极）间的间隔棒应在导线的同一垂直面上，安装距离应符合设计要求。引流线间隔棒的结构面应与导线垂直，其安装位置应符合图纸要求。 （3）各种螺栓、销钉穿向符合要求，金具上所用闭口销的直径必须与孔径相匹配，且弹力适度。间隔棒夹口的橡胶垫应安装到位。 （4）间隔棒安装位置遇有接续管或补修金具时，应在安装距离允许误差范围内进行调整，使其与接续管或补修金具间保持 0.5m 以上距离	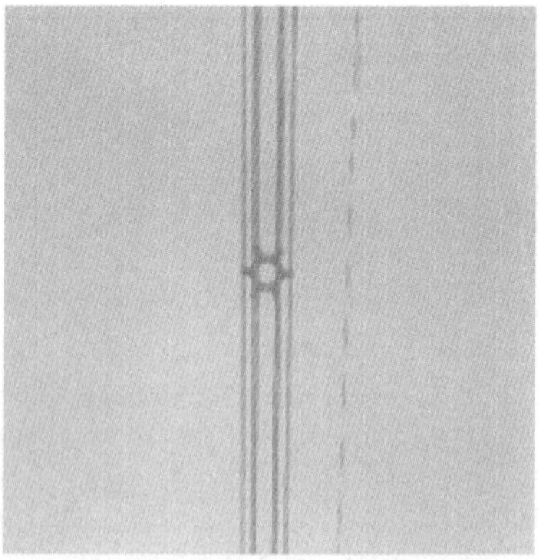
28	OPGW 弧垂控制	（1）弧垂观测应优先选用等长法，弛度板量尺固定要准确。 （2）放线和紧线滑车直径及张力机轮径要满足 OPGW 弯曲半径的要求。 （3）OPGW 展放完毕后应及时进行紧线。 （4）温度变化达到 5℃时，应及时调整弧垂观测值。 （5）OPGW 紧线时应用 OPGW 专用紧线器。OPGW 耐张预绞丝重复使用不得超过两次。 （6）弧垂达到设计要求后，应测量 OPGW 与被穿越导线的距离，换算被穿越导线最大弧垂时应满足规程要求	

续表

序号	工艺名称	施 工 要 点	工艺示范图
29	OPGW悬垂串安装	(1) 核查所画印记在放线滑车中心，并保证金具串垂直地平面。 (2) 护线条中心应与印记重合，护线条缠绕应保证两端整齐，并保持原预绞形状。 (3) 各种螺栓、销钉穿向符合要求，金具上所用闭口销的直径必须与孔径相匹配，且弹力适度。 (4) 附件安装及OPGW弧垂调整后，如金具串倾斜超差应及时进行调整	
30	OPGW接头型耐张串安装	(1) 缠绕预绞丝时应保证两端整齐，并保持原预绞形状。 (2) 各种螺栓、销钉穿向符合要求，金具上所用闭口销的直径必须与孔径相匹配，且弹力适度。 (3) OPGW引线及接地线应自然引出，引线自然顺畅，接地并沟线夹方向不得偏扭，或垂直或水平，螺栓紧固应达到扭矩要求。 (4) OPGW耐张预绞丝重复使用不得超过两次	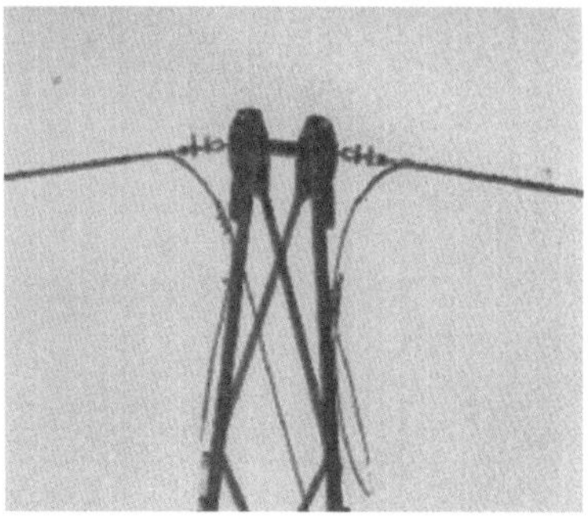
31	OPGW直通型耐张串安装	(1) 缠绕预绞丝时要保证两端整齐，并保持原预绞形状。 (2) 各种螺栓、销钉穿向符合要求，金具上所用闭口销的直径必须与孔径相匹配，且弹力适度。 (3) OPGW引流线应自然顺畅呈近似悬链状态，弧垂符合图纸要求。 (4) 接地线引线自然、顺畅，接地并沟线夹方向不得偏扭，或垂直或水平，螺栓紧固应达到扭矩要求。 (5) OPGW耐张预绞丝重复使用不得超过两次	
32	OPGW架构型耐张串安装	(1) 缠绕预绞丝要保证端头整齐，并保持原预绞形状。 (2) 各种螺栓、销钉穿向符合要求，金具上所用闭口销的直径必须与孔径相匹配，且弹力适度。 (3) 绝缘型耐张串应调整好放电间隙，绝缘子表面应擦洗干净避免损伤。 (4) OPGW引线应自然、顺畅。 (5) OPGW耐张预绞丝重复使用不得超过两次	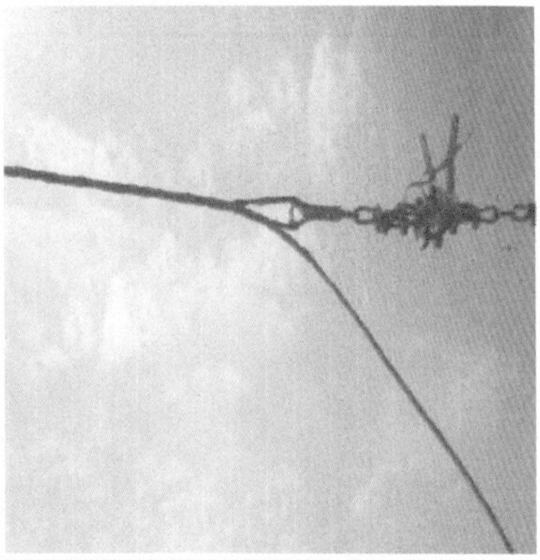

续表

序号	工艺名称	施　工　要　点	工艺示范图
33	OPGW 防振锤安装工程	（1）防振锤要无锈蚀、无污物，锤头与挂板要成一平面。 （2）防振锤在线上要自然下垂，锤头与线要平行。 （3）防振锤大小头设置要符合设计要求，螺栓紧固力要达到要求	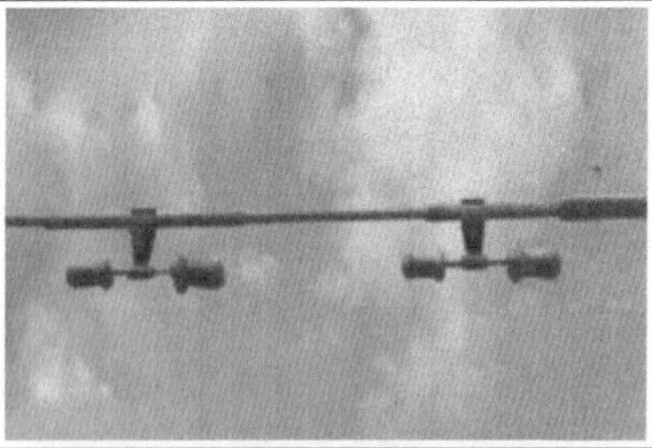
34	铁塔 OPGW 引下线安装	（1）引下线夹要自上而下安装，安装距离在 1.5～2m 范围之内。线夹固定在突出部位，不得使余缆线与角铁发生摩擦碰撞。 （2）引线要自然顺畅，两固定线夹间的引线要拉紧	
35	光纤熔接与布线	（1）熔纤盘内接续光纤单端盘留量不少于 500mm，弯曲半径不小于 30mm。 （2）光纤要对色熔接，排列整齐。光纤连接线用活扣扎带绑扎，松紧适度。 （3）接头盒内应采取防潮措施，防水密封良好	
36	接头盒安装	（1）安装位置应符合要求，固定螺栓要紧固。 （2）进出线应顺畅自然，弯曲半径符合要求	

续表

序号	工艺名称	施工要点	工艺示范图
37	余缆架安装	（1）余缆要按线的自然弯盘入余缆架，将余缆固定在余缆架上，固定点不少于4处，余缆长度总量放至地面后应有不少于5m的裕度。 （2）在合适的位置将余缆架固定好，余缆架以外的引线用引下线夹固定好，不要产生风吹摆动现象	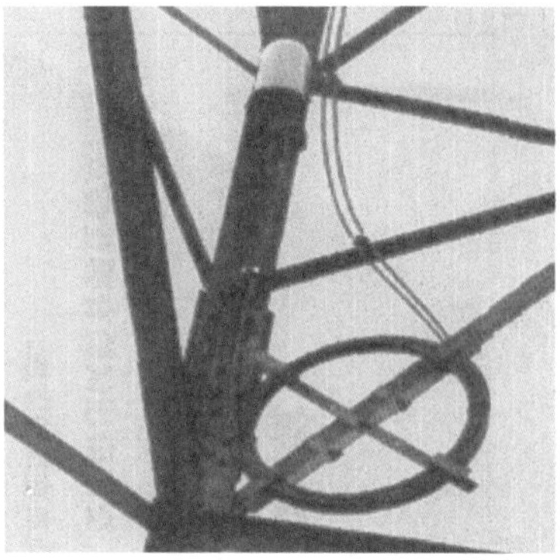
38	接地引下线安装	（1）铁塔审图时注意接地孔位置，确保接地引下线安装顺利。 （2）接地引下线的规格、焊接长度应符合设计要求。 （3）铁塔接地引下线要紧贴塔材和基础及保护帽表面引下，引下线煨弯宜采用煨弯工具。应避免在煨弯过程中引下线与基础及保护帽磕碰造成边角破损影响美观。 （4）接地板与塔材应接触紧密。 （5）使用的连接螺栓长度应合适	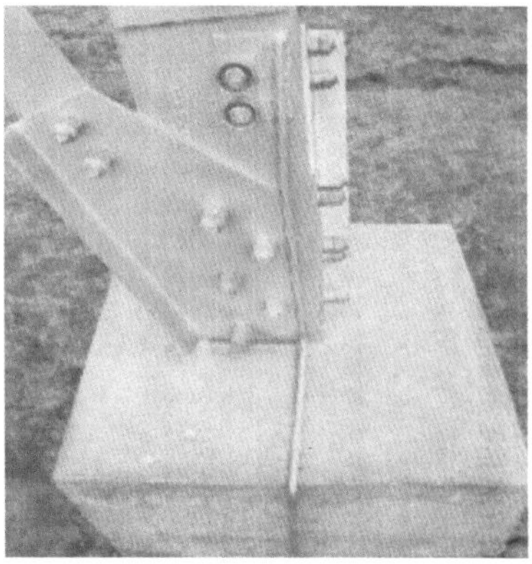
39	接地体制作	（1）接地体的规格、埋深不应小于设计规定。 （2）接地体应采用搭接施焊，圆钢搭接长度应不小于直径的6倍并双面施焊；扁钢搭接长度应不小于宽度的2倍并四面施焊。焊缝要平滑饱满。 （3）圆钢采用液压连接时，其接续管的型号与规格应与所压圆钢匹配。接续管的壁厚不得小于3mm。长度不得小于：①搭接时圆钢直径的10倍；②对接时圆钢直径的20倍	

续表

序号	工艺名称	施工要点	工艺示范图
40	塔位牌安装、相位标识牌安装、警示牌安装	采用螺栓固定，牢固可靠	

第三节　创优示范工程

一、创优示范工程应具备的条件

国家电网公司输变电工程优质工程，也称“创优示范工程”，代表着当前国网公司输变电工程质量管理的先进水平。

国网创优示范工程项目应具备如下条件：

（1）满足《国家电网公司输变电工程优质工程评定管理办法》确定的输变电优质工程命名条件。

（2）工程过程管理严格、规范，优质工程得分率排名在同批项目前列。

（3）100%应用标准工艺并取得预期成果，建筑和安装做到一次成优。

（4）国网公司当期的创新质量管理措施、重点工作要求在项目中得到有效实施。

（5）参建单位质量管理体系和职业健康安全管理体系覆盖项目安全质量管理关键要素并有效运行。

（6）设备交接试验和试运行一次通过，实现“零缺陷”移交；运行考核期各项指标优良。

二、国网创优示范工程申报和过程管理

1. 国网创优示范工程申报项目和名额

（1）满足上报范围、且属于公司优质工程评定范围内的输变电工程新建项目均可申报。项目包划分按照评优办法确定。

（2）省公司级单位应在每年 12 月 20 日、6 月 20 日前，报送下一半年度开工的“创优示范工程”申报意向项目。每个单位每年两次申报总计不超过 4 个项目。

（3）国网公司对各单位申报的项目汇总、审核后，发布“创优示范工程”建设项目名单。特殊情况需要调整的，应在调入项目开工前提出。

（4）省公司级单位统计汇总年度优质工程评定项目和上报当期优质工程评定范围项目时，应包括满足优质工程评定要求的“创优示范工程”申报意向项目。

2. 国网创优示范工程过程管理

（1）应按照国网公司优质工程评定标准的要求，严格落实各项管理制度和阶段性要求，加强建设现场管控。

（2）国网公司结合流动红旗检查、飞行检查、各项督查等工作对“创优示范工程”参评项目至少组织一次过程检查，检查结果按优质工程评定标准打分、排序。

（3）利用月度分析点评会等平台，有关单位对“创优示范工程”创建情况进行展示、汇报。

（4）申报“创优示范工程”的项目在工程建设和运行考核期发生不满足获奖条件的情况时，该单位当期不得调整项目。

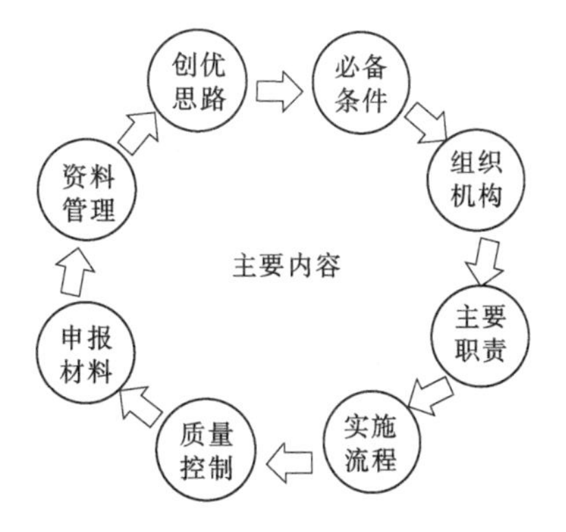

图 1-7-3-1 创优示范工程管理要点

3. 创优示范工程管理要点

为了确保质量目标的顺利实现，在工程质量各项保证措施的基础上制定工程创优措施。其主要内容如图 1-7-3-1 所示。

4. 做好创优示范工程管理工作

做好创优示范工程管理工作的程序和要求如图 1-7-3-2 所示。

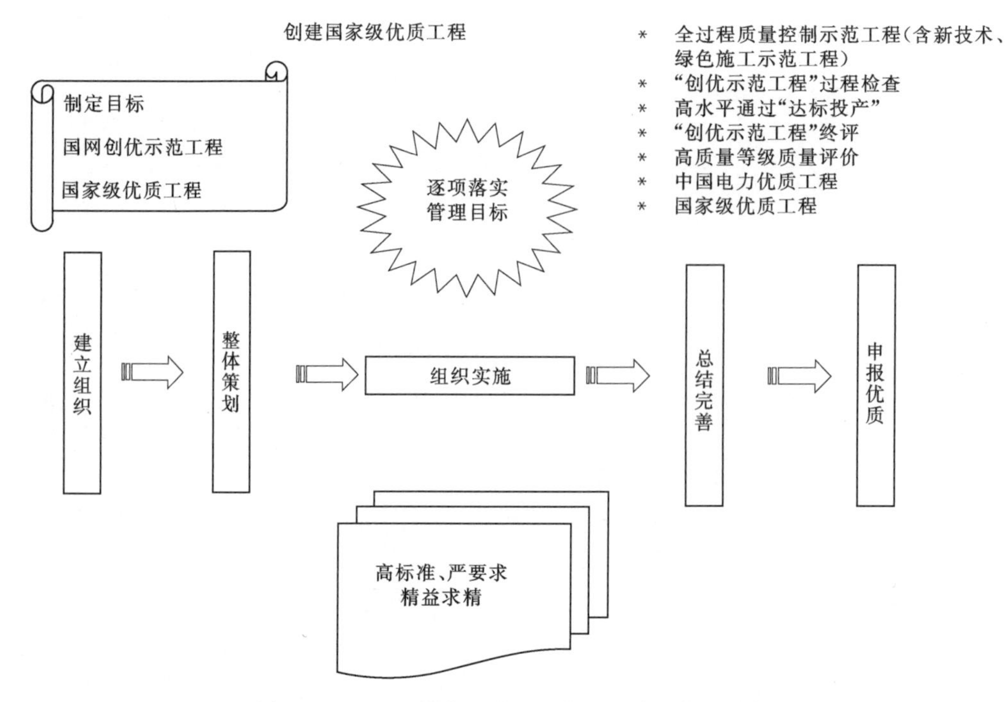

图 1-7-3-2　创优示范工程管理工作程序和要求

三、国网创优示范工程核检和命名

（1）“创优示范工程”项目评选与公司优质工程最终核检同步进行，但不作为优质工程评定抽取样本项目（即“创优示范工程”项目为必检项目）。

（2）“创优示范工程”与同批优质工程一并评分、排名。满足下列条件的项目为进入评定命名环节的必要条件：项目排名名次 N_1（比如第 27 名）≤当期纳入“创优示范工程”核检范围项目总数 N（比如 38 项）。

（3）每年年底，对进入评定命名环节的“创优示范工程”申报项目进行最终评分、排序。最终评分按下式确定：

$$最终评分=k_1\times核检评分+k_2\times过程评分$$

其中：k_1、k_2 暂按 $k_1=0.6$，$k_2=0.4$ 取值，并根据实际情况进行调整（对于 2015 年 1—6 月间投运且建设过程未安排检查的项目，$k_1=1$，$k_2=0$）。

排序在国网公司年度“创优示范工程”控制名额范围内的项目具备命名条件。

（4）符合命名条件的项目通过公示、征求总部有关部门意见等批准程序后，发文授予“国家电网公司输变电创优示范工程”称号。

四、国网创优示范工程其他规定

（1）“创优示范工程”评定结果纳入省公司同业对标考核指标。

（2）获得“创优示范工程”称号的工程项目，如在运行期间发生由于工程建设原因导

致设备或电网事故，取消其“创优示范工程”称号，并纳入当年相关考核。

（3）未获得“创优示范工程”的输变电工程项目原则上不参与申报国家级奖项。

第四节　优质工程评定否决项清单

国家电网公司基建部于2015年印发《国家电网公司优质工程评定“否决项”清单》的通知，要求全面落实“过程创优、一次成优”的管理要求，持续提升公司优质工程创建水平。

优质工程评定“否决项”清单分为综合管理、施工过程质量控制与检测资料、现场实物质量三大项共20条。每条分为检查和判定要求。每一条都具有否决优质工程命名的否决权。

一、综合管理

（一）工程合法性文件

（1）检查。检查时调阅工程项目可行性研究批复、核准文件。

（2）判定。不能提供原件或复印件的，不予优质工程命名。

（二）数码照片管理

（1）检查。检查业主、施工、监理项目部采集的数码照片。通过对照片EXIF属性的检查，判定是否存在替代、补拍、合成等情况。

（2）判定。替代、补拍、合成等数码照片多于10张，或照片数量总体不足应有照片总数50%的，不予以优质工程命名。

二、施工过程质量控制与检测资料

（一）主要材料设备试验报告

1. 与结构强度有关的试验报告缺失或报告结论“不合格”

（1）检查。抽查混凝土强度、钢筋连接、螺栓机械强度试验报告等。

（2）判定。报告数量不全、不能提供原件，或报告结论“不合格”仍用于工程的，不予以优质工程命名。

2. 重要设备出厂试验报告、施工试验报告或检测报告缺失或报告结论“不合格”

（1）检查。全数检查变压器的出厂试验报告、运输冲撞记录；检查GIS的出厂试验报告、SF_6出厂合格证、运输冲撞记录；检查PT、CT的出厂试验报告；检查耐张线夹液压试验报告、变压器油样试验报告、变压器局放及绕组变形试验报告、电气一次设备交接试验报告，保护调试报告等施工过程试验检测报告。

（2）判定。报告数量不全、未提供报告原件或报告结论“不合格”仍然安装使用的，不予以优质工程命名。

3. 主要材料进场记录和检验报告缺失或报告结论“不合格”

（1）检查。抽查水泥、钢材等主要材料跟踪台账、材料出厂证明、复试报告等。

（2）判定。无质量证明文件、未按规定进行复试或报告结论“不合格”仍用于工程的，不予以优质工程命名。

（二）隐蔽工程记录

隐蔽工程验收记录与工程实际严重不符。

（1）检查。检查地基验槽、钢筋工程、地下混凝土工程、防水、防腐、主接地网、直埋电缆、封闭母线等隐蔽工程记录。

（2）判定。隐蔽记录数量不全、记录内容缺失累计达10%以上，或检查记录与相关数码照片、图纸不吻合的，不予以优质工程命名。

三、现场实物质量

（一）变电站工程

1. 现浇混凝土构件表面二次抹面修饰

（1）检查。检查建（构）筑物基础等混凝土构件。

（2）判定。基础混凝土表面有除设计文件明确用于防腐等涂层外的二次抹面、喷涂等修饰情况且达三处以上，或修补面积超过该基础面积5%的，不予以优质工程命名。

2. 建（构）筑物渗漏水

（1）检查。检查所有建筑物屋面、楼面、墙面。

（2）判定。渗漏水的，不予以优质工程命名。

3. 建（构）筑物墙体结构裂缝

（1）×××。

（2）×××。

4. 充油（气）设备渗漏油（气）

（1）×××。

（2）×××。

5. 接地连接不符合工程建设标准强制性条文

（1）检查。全数检查变压器、油浸电抗器等设备本体、中性点系统接地；抽查GIS组合电器等设备接地跨接，其他设备的接地连接质量。

（2）判定。不符合工程建设标准强制性条文要求的，不予以优质工程命名。

6. 软母线、引下线及跳线安装质量不符合规范要求

（1）检查。检查软母线、引下线及跳线安装质量。

（2）判定。导线断股及损伤，导线压接管飞边、毛刺以及压接管弯曲度超标的，不予以优质工程命名。

7. 防火封堵不符合封堵规范要求

（1）检查：抽查电缆沟、屏柜、端子箱及就地控制柜等封堵部位。

（2）判定：未进行防火封堵，或封堵材料不符合防火要求的工程项目，不予以优质工程命名。

8. GIS伸缩节安装质量不满足规范要求

(1) 检查：全数检查GIS伸缩节螺栓连接和相邻筒体高差。

(2) 判定：存在筒体高低差超标、伸缩节螺栓未按要求松扣的，不予以优质工程命名。

(二) 线路工程

1. 基础表面二次抹面修饰

(1) 检查。抽查铁塔基础。

(2) 判定。基础表面二次抹面、喷涂等修饰情况且检查发现三处及以上，或基础严重破损进行修补的，不予以优质工程命名。

2. 接地质量不符合工程建设标准强制性条文

(1) 检查。抽查接地引下线埋深、接地电阻值、接地连接焊接质量等。

(2) 判定。搭接不符合建设工程标准强制性条文要求，接地埋设深度、接地电阻实测值不符合设计要求的，不予以优质工程命名。

3. 杆塔结构倾斜超标

(1) 检查。抽查铁塔结构倾斜。

(2) 判定。耐张塔（转角塔、终端塔）向受力侧倾斜，或直线塔结构倾斜大于2.4‰（高塔1.2‰）的，不予以优质工程命名。

4. 导线压接管质量不符合验收规范要求

(1) 检查。抽查线路导线压接管工艺质量。

(2) 判定。压接管弯曲度超标，或压接管毛刺、飞边未处理的，不予以优质工程命名。

5. 螺栓安装质量不符合规范

(1) 检查。抽查铁塔螺栓安装情况。

(2) 判定。存在以小代大、螺栓紧固力矩小于规定值、螺栓不露扣的，不予以优质工程命名。

6. 野蛮施工

(1) 检查。检查铁塔安装工艺质量。

(2) 判定。安装缺件、气割或扩孔、烧孔等，以及部件强行安装等野蛮施工情况的，不予以优质工程命名。

第八章

高压输电线路冻土基础优化设计和施工关键技术

第一节　冻土与冻土基础

一、冻土的概念

冻土是指负温或零温度并含有冰的各种岩石和土壤，一般可分为短时冻土、季节冻土、多年冻土等。该土体介质含有丰富的地下冰，导致其对温度极为敏感，具有流变性、长期强度远低于瞬时强度的特征。我国多年冻土区约占国土面积的20%，其中青藏高原是世界中、低纬度海拔最高、面积最大的多年冻土分布区，多年冻土面积占我国多年冻土面积的70%。随着西部大开发，输电工程穿越青藏高原不可避免，且呈增多趋势。在西藏电网规划中，加快“西电东送”接续能源基地规划进度，实现“藏电外送”是西藏电力事业发展的突破点之一，这意味着未来几年将有更多高电压等级、高海拔、长距离穿越高原冻土地区输电线路工程将陆续建设，高原高寒地区冻土基础选型、设计、施工、安全稳定承载和正常使用等，将是青藏直流联网等类似工程所面临的难题，因此冻土问题是类似工程成败的关键问题。

二、冻土基础

在穿越青藏高原多年冻土区的输电工程建设中，冻土地基基础的设计、施工是工程所面临的建设难题之一，且具有自身行业工程特点。首先，地基基础是输电线路的一个重要组成部分，要解决复杂的冻土工程危害，确保工程顺利建设且基础稳定；其次，输电工程主要采用开挖回填式基础，锚固或埋设于地基中，必然对冻土地基扰动较大，处理不当则冻融危害更突出；此外，输电铁塔基础一般以抗拔和抗倾覆稳定作为其设计的主要控制条件，其所关注的重点冻害问题与以抗压承载为主的基础工程存在一定差别。

自2008年以来，相关单位针对如何减轻或消除冻拔、冻胀倾覆危害等突出难题，采取了室内模型试验、现场真型试验、物理力学性质测试、地温监测，以及结合理论分析的研究手段，从新型基础研发、设计方法、地基快速回冻施工、地基传热规律及基础静置时间等方面，研究解决输电冻土基础设计、施工技术问题，主要研究内容包括：通过基础结构的优化设计及相关性能试验，优化适用于青藏高原冻土环境、承载性能优良的新型基础；基于现场输电杆塔冻土基础载荷试验结果，研究地基处于冻结和最大融化深度状态下输电冻土基础承载特性；基于试验和长期温度监测结果，研究冻融状态对地基基础力学性能的影响，分析地温分布规律及回填地基回冻效果；研究开挖基础上拔工况稳定性分析模型及设计方法，分析设计参数取值；利用热传导理论，研究地基土传热性能和孔隙率对地基回冻的影响及杆塔基础回填冻土施工技术。为青藏高原输电线路冻土基础的建设运行提供技术依据，为类似工程提供参考。

三、输电铁塔基础与公路铁路路基或基础的差异

冻土作为特殊土地基之一，温度变化易导致其冻融状态的交替，地基工程性质往往随

之发生突变，必然对杆塔基础状态和工程特性造成影响。穿越青藏高原的重大输电线路工程，与交通、建筑等工程类似，其冻土地基基础的设计、施工是工程所面临的建设难题之一。以青藏公路和青藏铁路为代表的交通、建筑等工程，曾利用实际工程开展了大量的试验和理论研究，既确保了工程的顺利建设和安全服役，也为冻土区其他工程难题的克服提供了技术参考，加深了人类对冻土的认识。输电线路基础工程所承受的荷载更复杂，稳定性要求更特殊。首先，地基基础要解决复杂的冻土工程危害，确保工程顺利建设且基础稳定。其次，输电工程主要采用开挖回填式基础，其与上部结构相连接，锚固或埋设于地基中，必然对冻土地基扰动较大，处理不当则冻融危害更突出，如图 1-8-1-1 所示。再者，输电铁塔基础一般以抗拔和抗倾覆稳定作为其设计的主要控制条件，其所关注的重点冻害问题与以抗压承载为主的基础工程存在一定差别。

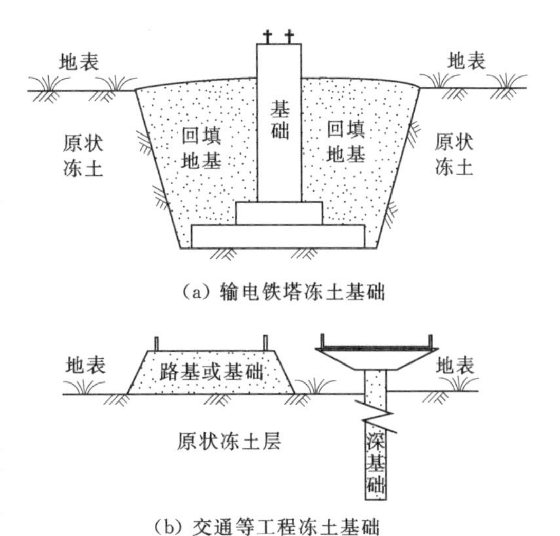

(a) 输电铁塔冻土基础

(b) 交通等工程冻土基础

图 1-8-1-1　输电铁塔基础与交通工程路基或基础的差异

第二节　输电铁塔新型冻土基础结构优化及承载性能分析

一、关键技术问题

中国电力科学研究院和国网四川电力送变电建设公司的工程师们（程永锋、丁士君、鲁先龙、杨与平、杨文智、景文川、童瑞铭、朱照清、刘华清、刘新川）为实现在冻土设计和建造新型冻土铁塔基础展开了深入的研究和实验，提出了如下拟解决的关键技术问题：

（1）由于高电压等级及长距离穿越多年冻土区的输电线路工程经验严重不足，如何选择多种基础型式适用不同的多年冻土条件是工程设计首先需解决的问题，以及开挖类具有明显输电工程独特性的基础形式，如何进行结构优化甚至研发新型基础，均是需解决的问题。

（2）开挖类基础易造成地表沉降加大较大，且基础作用力状况输电工程与交通等冻土工程基础存在显著差异，如何根据输电杆塔基础的受力特点及开挖类冻土基础的工程特性构建其设计方法及相关设计参数取值，对其大规模应用至关重要。

（3）输电铁塔开挖类基础必须埋置在冻土层一定深度内，必然存在回填地基，而且回填地基是影响基础抗拔能力的重要因素，在现有工程经验不足的情况下，提出一种新的施工方法及如何形成多种技术措施确保工程施工质量，以满足输电杆塔安全承载和稳定运行的要求。

二、装配式基础

1. 青藏输电工程冻土钢筋混凝土预制装配式基础

装配式基础已成为杆塔基础的重要型式之一，尤其适用于特殊环境和要求下的输电线路工程，基础构件由钢筋混凝土或金属材料预制加工而成，国内外常用的装配式基础是由钢筋混凝土或金属板条状底板和支架组成。针对青藏输电工程冻土基础的特殊性，经过优化选型设计研究，确定选用钢筋混凝土预制装配式基础，该基础结构不同于常用板条底板与支架结合的形式，而是采用 2 块底板与 1 根圆立柱通过钢筋混凝土梁、锚栓等构件连接装配形成板式钢筋混凝土基础。该结构形式在我国输电杆塔基础工程中的应用尚属首次，国内外缺乏工程研究、设计、施工的经验，尤其外荷载作用下基础不同构件之间承载变形特性与协同工作特性、不同构件之间的连接件承载特性是设计的关键点与难点，也是基础安全稳定的重要保证。

2. 室内基础原型荷载试验

通过室内基础原型荷载试验，加载实景如图 1－8－2－1 所示，模拟了基础各种可能受荷工况，根据试验荷载与位移关系曲线特征和加载过程中地基基础的表现，经综合分析表明装配式基础具有良好的承载性能，且在竖向与水平向荷载共同作用时，由于装配式基础结构的固有特性，导致未进入地基和基础结构构件破坏的情况下水平向位移较大。

(a) 竖向下压加载

(b) 竖向上拔加载

图 1－8－2－1　荷载试验加载实景

试验荷载与法兰和底板位移关系的分析表明：

（1）竖向荷载作用下法兰盘与基础顶部位移变化基本同步，法兰盘连接有效。

（2）由于基础各组成部分之间拼装间隙、拼装过程中螺帽松紧程度不同，以及基础预制过程的加工误差等因素存在，在下压或上拔荷载作用下，预制装配式基础拼装底板以拼装缝为轴，两边分别呈向上或向下弯折趋势，但竖向位移量的差异在基础整个承载过程中均呈有限和规律性发展，卸载后不可恢复的残余位移量差异较小。

（3）通过对基顶、法兰盘和底板的荷载位移关系的比较，各构件承载变形基本同步，该装配式基础结构形式具有较好的整体性、变形协调，但应加强预制、装配阶段的施工质量控制。

3. 基础构件和连接件应变测试

从基础构件和连接件应变测试结果分析可以看出：主柱锚栓需按上拔工况设计，同时合理考虑施工误差、应力集中等影响；底板连接锚栓和槽钢非传递荷载主要构件，可按底板整体性和变形协调要求进行设计。基础与地基间土压力测试结果分析表明在基础拼装间隙、拼装过程中螺帽拧紧程度不同、基础加工与施工误差等因素作用下，基础各构件之间的间隙必然进行调整、各连接构件之间承担荷载的重分配，土压力重分布而产生不均，但该现象是实现预制装配式基础和地基之间、基础各组成部分之间的协同工作和共同承载的内在机制。

总之，室内装配式基础力学性能分析显示采用2块底板与1根圆立柱通过钢筋混凝土梁、锚栓等构件连接装配形成板式钢筋混凝土基础承载力高、变形协调、整体性强的优点，满足输电工程要求，成果为检验和验证装配式基础的承载能力和工程设计应用提供了技术依据。

三、现浇钢筋混凝土锥柱式基础

直柱钢筋混凝土板式基础是现阶段输电线路工程应用最为广泛的基础形式，具有适用性强、施工简单等优点，由于此类基础需剧烈扰动冻土地基，处理不当则冻胀危害突出，据此对直柱钢筋混凝土板式基础结构进行优化研究，确定现浇钢筋混凝土锥柱式基础结构形式如图1－8－2－2所示，不仅具有直柱钢筋混凝土板式基础的主要优点，且具有以下特点：

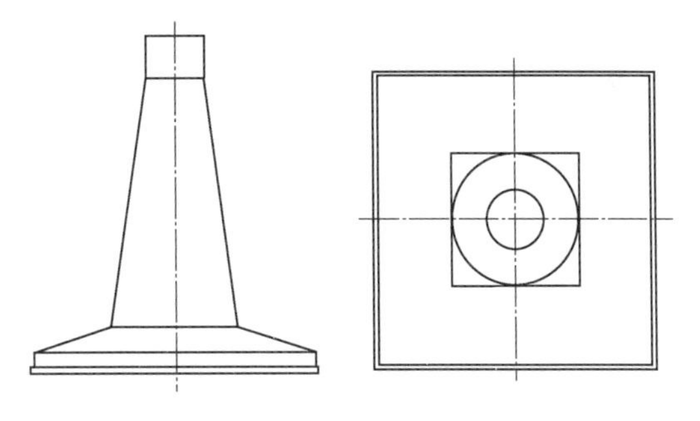

图1－8－2－2　锥柱式基础结构形式

（1）基础立柱采用锥柱形，可削弱因冻土冻胀所产生的冻胀力和冻拔力，有利于基础抗拔稳定。

（2）基础立柱段采用外包玻璃钢，减小基础立柱侧面摩擦系数，实现减轻冻胀力，且玻璃钢外套可作为模板直接适用，减小基础浇筑模板使用。

（3）底板等部位采用变截面等处理，节约材料量。

四、现场静载试验及承载特性分析

选取五道梁地区典型冻土场地和具有代表性的锥柱和装配式基础作为试验基础形式，每种基础3个为1组，共6个。试验基础施工与青藏直流工程基础施工同步，采取“三同”的原则，即：①与实际工程采用相同地基基础形式，选择该工程冻土地区应用广泛的锥柱基础和装配式基础，试验场地选取在采用相应形式的工程基础附近场地，与最近的工程基础尺寸相同；②与实际工程基础采取相同施工时期，试验基础与工程基础施工时期重

叠；③与实际工程基础采取相同施工工艺，试验基础与工程基础组装或浇筑混凝土方法、顺序等一致。

2010年试验基础施工完成后，即进入回填土回冻和基础静置的时期，保持与工程基础状态一致。2011年3—4月和8—9月在冻土地基处于冻结（简称冻结期）和最大融化深度（简称融化期）时，分别进行6个载荷试验及位移等测试。

基础载荷试验采取三向加载，与基础实际受力状态一致。输电冻土基础的主要承载特性如下：

（1）上拔工况下融化期基础试验中各方向位移均大于冻结期，而下压工况下融化期试验位移与冻结期差异很小，表明冻结状态地基强度高于融化期。由于基础底部位于多年冻土层，无论活动层冻结与否对下压工况基顶位移影响较小，尤其是锥柱式现浇钢筋混凝土基础。

（2）同一场地、尺寸、试验时期，装配式基础上拔工况加载与变形轨迹一致性较差，而锥柱式基础一致性较好。由于装配式基础装配时施工误差，造成受荷状态时基础顶部位移随机性差异性较大。

（3）装配式和锥柱式基础在试验工况下，基础发生破坏时的主要表现为水平位移过大且均大于竖向位移。冻土地基输电铁塔基础抗倾覆能力是分析该形式基础稳定性的关键。

试验验证了：①地基处于冻结和融化时期，装配式和锥柱式基础承载力满足青藏直流工程上部铁塔结构对基础承载力的设计要求；②虽然地基处于冻结状态时杆塔基础承载性能由于融化期，但试验装配式和锥柱式两种基础具有良好的抗拔、抗压和抗倾覆性能。

第三节　冻土铁塔基础上拔稳定计算方法与参数取值

上拔工况下开挖回填基础需满足以下稳定性要求：

$$\frac{\sqrt{2}}{3}B(T_Z-Q_f)+T_H\left(h-d-\frac{z_t}{2}\right)\geqslant\frac{5\sqrt{2}}{16}wB^3$$

式中　T_Z、T_H——上拔工况下上部杆塔对基础的竖向上拔作用力和水平向作用合力设计值；

Q_f——基础重量；

h——基础高度；

B、d——基础底板宽度和厚度；

z_t——基础底板上表面埋深；

w——细粒冻土场地开挖基础底板上表面极限压力设计值，按“土重法”计算，计算模型如图1-8-3-1所示。

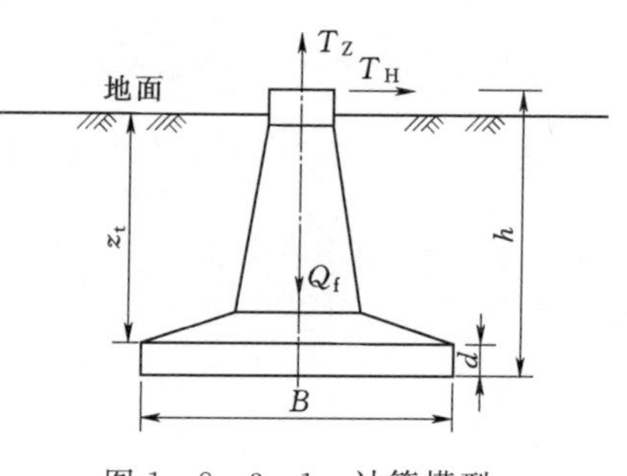

图1-8-3-1　计算模型

现场物理理学性质试验表明：冻结状态与否对地基土的抗剪强度指标有较大影响，但细颗粒黏土地基含水率较高处于融化状态时，地基土呈流塑

状，接近软土特性，回填地基土物理力学性质试验及基础载荷试验表明地基是否处于冻结状态不仅决定了土体的性质指标，且对基础承载力存在一定影响。保持深部回填地基冻结状态，不仅有利于基础下压承载的安全，而且有利于抗拔安全。

设计参数取值：①细粒冻土地基处于冻结状态时上拔角设计值取值为20.5°，融化状态时该值可取为零；②粗粒冻土地基上拔角设计值取为18.5°。

第四节　铁塔冻土基础施工技术

一、回填土施工质量对冻土的影响

1. 回冻效果分析

监测及现场测量表明冻土地温分布规律主要受地基土构成、冻土热扩散能力、气候等因素影响，地温均随气温呈周期性波动，地温振幅随深度增加而减小，在浅部，因气温影响均存在冻融状态交替的冻融活动层。试验场地监测期内融化深度为2.2～3.2m，深度以下地基土温度低于0℃，在冻土活动层融化期试验场地回填冻土上限与原状永久冻土层上限深度差别较小，地基回冻效果良好。回填地基深部土体温度在本观测期内变化幅度较小，且在回填初期温度升高，而上部土体温度变化较大，在回填初期24h内呈波动特性，总体变化趋势与大气温度变化趋势一致，表明冬季施工对保持地基冻结状态有利。

输电线路基础工程回填冻土处于类似杯形容器内，冻结状态的土块类似块石，由其回填形成的地基属于多孔介质。虽然冬季时降温速度小于暴露于空气中的冻土堆，但是冻土具有冻融状态交替和自然固结的特性，有利于地基土密实。该特性和杯形容器的作用均有利于在夏季温度升高时保持地基冻结状态，类似热棒的作用。

2. 回填地基冻融活动层深度内保持适当孔隙率

通过地温监测期不同时间因试验场地地基土固结导致地表沉降对比，表明融沉导致地表下沉而地基的压实度提高。在试验基础地温观测期内虽然发生了冻土融沉等现象，但基础并未发生偏位、倾覆等问题而影响其承载，说明在基底保持冻结状态下基础对底板上覆土的沉降较不敏感。因此，冬季时在冻融活动层深度内保持冻土地基具有一定的孔隙率将提高其热扩散能力，提高了上部较冷空气在土体内自然对流速度，有利于地基土体散热，且在冬季施工后活动层土体将因自然固结和冻土融沉而密实，在此时土层形成了密实的隔热层，暖季时可减弱热流向地基深部的扩散，因此，回填地基冻融活动层深度内保持适当孔隙率有利于地基回冻和保持冻结状态，如图1-8-4-1所示。冬季施工、在活动层范围内保持地基适当孔隙率且施工过程控制合理，不仅不会影响杆塔基础的安全承载和稳定性，而且有利于冻土地基回冻和保持冻结状态，具有明显冻土地基与输电杆塔基础的工程特点。

二、施工静置时间的影响

基于地温监测，进行地温分布及回冻速度等方面的理论分析。在青藏高原冬季冻土地区进行输电线路基础施工时，地基土回填时处于冻结状态呈块状，且该试验基础施工中地

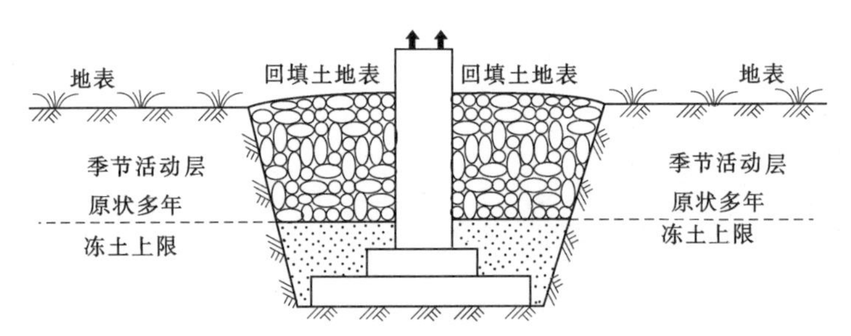

(a) 回填施工完成(上部土孔隙有利于地基回冻)

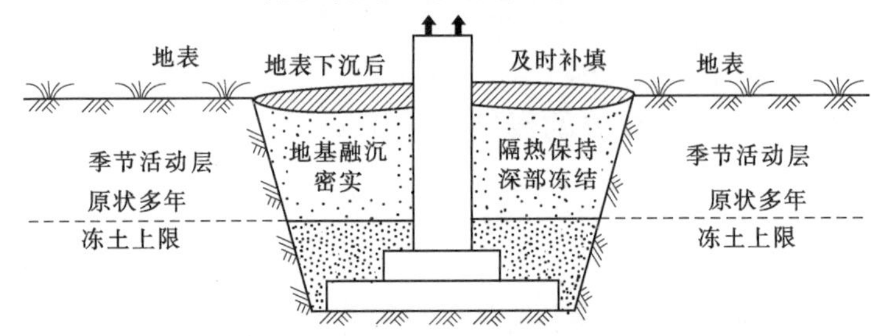

(b) 暖季冻土基础状态(深部地基保持冻结,基础对底板上覆土沉降不敏感)

图 1-8-4-1　地基快速回冻回填施工方法

基土未有效采取分层夯实等提高压实度的措施，冻土块类似石块会导致回填冻土地基孔隙较大。对于输电线路工程杆塔基础回填土地基在孔隙率较大时，自然对流主要发生在地温沿深度升高阶段，且地基回冻主要发生在冬季，因此，针对冬季进行回填冻土地温分布规律分析。根据传热理论，建立二维回填冻土体传热偏微分方程如下：

$$\frac{\partial T}{\partial t}=\alpha\left(\frac{\partial^2 T}{\partial y^2}+\frac{\partial^2 T}{\partial z^2}\right)-u_z\frac{\partial T}{\partial z}$$

根据回填冻土地基传热的特点，给定 $T(z,r,t)$ 方程形式为

$$T(z,r,t)=[F(z)+G(r)]\cdot H(t)$$

解偏微分方程得

$$T(z,r,t)=c_3\mathrm{e}^{kt}\left(c_1\mathrm{e}^{z\frac{\sqrt{u_z^2+4ka}+uz}{2a}}+c_2\mathrm{e}^{z\frac{-\sqrt{u_z^2+4ka}+uz}{2a}}+\mathrm{e}^{y\sqrt{\frac{k}{a}}}+\mathrm{e}^{-y\sqrt{\frac{k}{a}}}\right)$$

式中的 k、c_1、c_2 为待定系数，由边界和初始条件确定。根据相关资料，粗粒土的热扩散系数 α 取 0.039m²/d，参考五道梁地区气候条件等资料该试验场地近地表处回填土内空气自然对流速度 $u_z|_{z=0}$ 取 0.12m/d，地表以下对流速度 u_z 与空气的体积热膨胀系数、动力黏滞系数、回填土渗透率、孔隙率、地温梯度等因素有关，u_z 沿深度存在衰减。

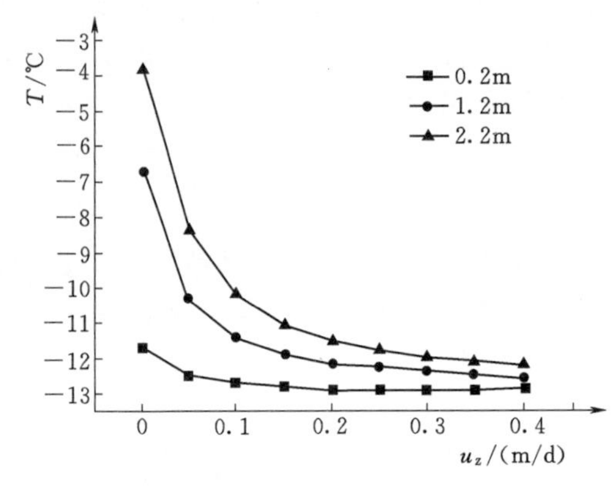

图 1-8-4-2　不同深度处温度与自然对流速度关系

取 2010 年 12 月 23 日至 2011 年 1 月 31 日为分析时间段，共 40d，根据地温实测结果，进行冬季回填冻土温度计算结果与实测对比，图 1-8-4-2 为在 t 取 30d 时，地基不同深度处温度随 z 向自然对流速度 u_z 的

变化关系。图1-8-4-2显示在冬季同深度温度随u_z增大而降低，但在$u_z>0.2\text{m/d}$时，对温度的影响较小，这主要是地基冻土热扩散能力有限所致。表明随着孔隙率下降及深部空气对流速度受限，到一定程度后或当地表温度高于土体时对流散热的功能降低，监测及理论分析均显示青藏高原输电杆塔冻土基础冬季回填施工，静置期在1～2个月内回填地基温度接近甚至低于原状地基，且基础底板对回填地基土沉降不敏感。

第五节　铁塔冻土基础关键技术和创新点

一、成果的关键技术

（1）冻土基础选型与优化设计。通过基础结构的优化设计及相关基础真型及构件的力学性能试验，优化开发了适用于青藏高原冻土环境、承载性能优良的输电线路杆塔冻土基础，包括装配式基础和锥柱式基础。

（2）输电杆塔开挖类冻土基础设计技术。基于试验测试结果和地基处于冻结和最大融化深度状态下输电冻土基础承载特性的分析，提出了开挖冻土基础上拔工况稳定性分析模型及分析方法及关键设计参数的取值。

（3）输电杆塔开挖类多年冻土基础施工技术。基于试验和长期温度监测结果和地温分布规律及回填地基回冻效果的分析，揭示了冻融状态对地基基础力学性能的影响规律，利用热传导理论，研究了地基土传热性能和孔隙率对地基回冻的影响，提出了杆塔基础回填冻土施工技术要求。

二、主要创新点

（1）提出了一种输电线路基础冻土地基快速回冻的施工方法，通过冻土回填时在活动层深度内保持地基土一定的孔隙率，有利于地基冬季回冻、暖季隔热和保持冻结状态。

（2）提出了输电线路冻土地基铁塔基础上拔工况下稳定性计算方法及地基冻土处于冻结和融化状态下上拔角取值，丰富了输电线路铁塔基础稳定性计算理论，填补了相关设计计算空白。

（3）提出了冻结和融化状态下粗粒和细粒回填冻土强度指标，揭示了地基冻结状态对地基强度和基础承载的影响及基础对其底板上覆土沉降的敏感性规律，通过冻结和融化状态下荷载试验、地温长期监测等的验证，为合理设置输电冻土基础静置期提供了理论和技术依据。

（4）优化开发了适用于多年冻土区的新型预制混凝土构件装配式基础和现浇钢筋混凝土锥柱式基础，选用合理的基础结构形式消除或减轻冻土危害，有利于青藏高原复杂环境条件下基础工程的施工和运行安全。

三、主要技术性能指标及用途

1．主要技术性能

（1）新型基础方面。研发了适用于青藏高原多年冻土区的预制钢筋混凝土构件装配式基础和现浇钢筋混凝土锥柱式基础，并已在青藏高原重大输电工程中成功应用。通过室内和现场原型试验，分析表明新型基础具有良好的承载性能，满足大荷载、高海拔冻土复杂条件。

（2）试验技术方面。首次针对冻土这一特殊地质条件和恶劣自然环境，在青藏高原冻土活动层处于冻结和融化状态时，系统全面模拟高电压等级输电铁塔基础荷载试验，为试验验证重大输电工程铁塔基础承载性能提供了解决技术方案。

（3）稳定性计算方法与参数取值方面。技术成果提出了该计算方法和关键设计参数（上拔角）的取值，且该取值针对地基的冻结和融化状态分别取值，填补了相关设计技术空白。

（4）冻土性质指标方面。通过系统进行不同冻融状态输电线路冻土回填地基原位直剪等试验，所获得的输电工程铁塔基础回填冻土特性指标为认识冻土积累了基础数据。

（5）冻土地基快速回冻施工技术方面。所提出的输电线路基础冻土地基快速回冻的施工技术使冻土回填时在活动层深度内土体保持一定的孔隙率，有利于地基冬季回冻、暖季隔热和保持冻结状态。

2. 用途

本项目研究成果可为冻土地区输变电工程基础施工、设计等提供技术依据，可直接应用于输电杆塔冻土基础工程的建设。所提出的冻土基础施工技术可利用冻土和杆塔基础的特性加快冻土地基回冻，有利于减少工程施工对冻土的影响；所提出的输电杆塔冻土基础稳定性分析方法及参数取值为该类型冻土基础设计提供了直接依据，弥补了相关不足；所优化开发的新型基础，完善和补充了输电杆塔基础形式。

第九章

输电线路工程工艺标准库

第一节　输电线路工程工艺标准库研究原则和主要用途

一、研究原则

长期以来，电网工程施工工艺效果主要取决于施工人员的经验、认识及技术水平，存在诸多的随意性，而施工队伍的整体水平参差不齐，尤其是大量劳务分包队伍的涌入，造成工艺实施成果随意、离散、不标准的现象比较普遍。国家电网公司开展标准工艺研究和应用，形成了标准工艺系列成果，通过标准工艺的研究制定、推广应用、持续完善，促进质量工艺水平的持续提升。其中，架空线路工程工艺标准库是标准工艺系列成果之一，由国网山东省电力公司经济技术研究院和山东送变电工程公司承担具体研究工作。研究原则如下：

1. 通用性原则

综合考虑不同区域的实际情况，同时相关工艺对35kV电压等级及以上工程进行规范，涵盖不同电压等级工程的相关设备、工艺形式，使得工艺标准库具备广泛的通用性。

2. 规范性原则

工艺标准库成果要用词准确、依据充分，对施工过程质量控制具有较好的示范作用和指导意义。

3. 先进性原则

（1）依托技术创新，结合“五新”研究或解决工程建设中的重大技术问题，形成新的施工工艺。

（2）总结工程实践经验，对原有工艺进行完善，提高其先进性。

4. 应用性原则

工艺标准、施工要点描述清晰、到位，搜集有代表性的关键环节和成品图片，切实起到指导施工的作用，给施工带来便利。

二、研究成果

架空线路工程工艺标准库包括结构工程子库和电气工程子库两部分，对基础工程、杆塔组立工程、架线工程、接地工程和线路防护工程的84项基本工艺单元的工艺标准、施工要点进行规范，统一施工工艺要求和规范施工工艺行为，更有效地促进了电网施工技术进步和技术积累，加大成熟施工技术、施工工艺的应用和交流，促进了质量工艺水平的持续提升。同时，将不同电压等级、不同区域，尤其是在特高压、智能电网建设中和在施工工艺创新中出现新工艺及时进行总结归纳、推广应用，提高其先进性、实用性，满足工程建设需要。主要供工程项目设计、监理、施工单位技术和管理人员使用，为其编制工程创优实施细则等项目质量指导文件时提供依据，同时，每一项工艺单元都附有多张关键过程控制和成品图片示例，生动、直观，便于应用。

通过架空线路工程工艺标准库应用与深入研究，以架空线路工程的分项工程为基本研究对象，对施工项目内容进行了进一步细化、分类形成84项基本工艺单元，架空线路工

程工艺标准库、包括结构工程子库和电气工程子库两部分，每项工艺单元内容包括工艺标准和规范的施工要点，并配以典型施工图片和成品图片。同时，还完成架空线路工程工艺标准库电子化应用管理系统的开发，搜索、查询、导出等应用更加灵活、方便。

三、主要用途

架空线路工程工艺标准库的实施，在工程质量策划、工程建设全过程质量控制和检查等方面都发挥了重要作用。具体如下：

1. 应用策划

在工程策划文件中编制标准工艺实施策划专篇，建设管理单位明确标准工艺实施的目标和要求，工程其他参建单位要制定措施落实相应目标及要求。

2. 实施操作

开展工艺标准库宣贯和培训，在施工方案、作业指导书等各类施工文件中，全面应用工艺标准库。实行首例样板制，制作实体样板，满足要求后全面推广实施。过程中工程各参建单位采取多种方式控制工艺标准库的实施效果，并把工艺标准库应用实施情况作为工程自检和验收的重要内容。

3. 总结评价

在各工程项目开展标准工艺实施及效果的检查，重点考核标准工艺实施策划情况、施工过程中工艺标准库实施要求的落实情况、工程成品观感及工艺与工艺标准库质量要求的符合情况。建设管理单位负责各自管辖项目标准工艺实施及效果的评价，评价与工程竣工验收同步完成，做出评价等级结论并根据有关规定予以奖惩。

4. 交流提高

通过开展不同形式的竞赛、标准工艺示范工地建设等活动，以及组织召开质量管理现场会等形式，推广标准工艺应用经验，发挥先进项目示范引领作用，提升工艺质量水平。

第二节　输电线路工程工艺标准库技术原理

一、技术路线

以架空线路工程的各分项工程作为研究对象，以施工过程为主线，选取典型工程逐项列出施工过程工序及各个关键节点，形成基本工艺单元。明确每个关键节点的工艺标准要求，研究施工操作要点，同时对关键控制过程及成品以实物图及效果图的形式进行直观展示，形成一整套系统的、贯穿输电工程施工全过程的、涵盖“人机料法环”全方位的标准化应用体系成果，同时完成架空线路工程工艺标准库电子化应用管理系统的开发。为确保内容的合理性、先进性，选取了 8 个 110～1000kV 常规输电线路工程和特高压交直流输电线路工程作为典型工程开展应用和深化研究。

研究以工艺单元为单位，逐项开展相应应用和深化研究工作。一是根据施工及质量验收规范、施工质量检验及评定规程、施工工艺导则、运行规程及其他各专业有关标准、规范，对工艺的策划准备、实施操作、评价总结等全过程进行应用效果分析，查找存在问题和不足，编制工艺标准、施工要点和图片示例，确保内容的合理性、先进性。二是按照施工流程开展“五新”研究，与工艺施工要点使用效果进行对比分析，形成工艺标准库创新成果。三是归纳总结在不同电压等级、不同区域尤其是在特高压、智能电网建设中出现的新工艺，根据工程施工需要和依托设计创新，补充工艺项目。四是征求各单位有关意见和建议，收集具有地方特点的成熟工艺。

二、工艺单元的确定方法

架空送电线路施工点多、线长、面广，工艺单元繁多、复杂、千变万化，工艺单元的确定方法如下：

（1）从工艺的策划准备、实施操作、评价总结等全过程进行梳理，开展相关分析研究，对工艺标准、施工要点和图片示例进行编制、采集。

（2）对于应用较为普遍的常规工艺单元项目，在工程应用中需进一步理清工艺标准、施工要点，并描述清晰、到位、搜集有代表性的施工过程和成品图片，提高其先进性、适用性和可操作性，切实起到指导施工的作用，给施工带来便利。

（3）由于线路所在地区的地形地质、气候条件等存在差异，同时各地施工单位的操作习惯不同，造成不同区域间的施工工艺差别较大，特别是存在某些具有地方特点的特殊、独有工艺单元，需要进行统一的总结。

（4）来自施工单位在施工中开展“新技术、新工艺、新流程、新装备、新材料”研究，应用依托设计创新而形成的先进成熟施工工艺和方法要点，确定新工艺单元。

三、研究手段和方法

（1）在省内各线路工程，国家电网公司所属特高压、超高压线路工程及线路工艺示范基地中，对工艺标准库进行全面印证和深化研究，在广泛收集研究成果的基础上进行归纳、总结、提炼，提高研究工作质量。

（2）项目研究主要以各电压等级线路施工的架空送电线路施工及质量验收规范、架空送电线路施工质量检验及评定规程、施工工艺导则、其他各专业有关标准、规范和国家电网公司质量管理有关文件为理论依据。

（3）通过对投运工程质量回访等工作，对存在的工艺缺陷进行专题研究。

（4）将质量通病防治技术措施的相关内容融入工艺标准中。

（5）归纳总结在不同电压等级、不同区域尤其是在特高压、智能电网建设中出现的新工艺。

四、研究依据

（1）各电压等级架空送电线路施工及质量验收规范。

（2）各电压等级架空送电线路施工质量检验及评定规程。

（3）有关施工工艺导则。

（4）其他各专业有关标准、规范。

第三节　输电线路工程工艺标准关键技术和创新点

一、关键技术

1. 精准的工艺标准实现

以关键节点施工为引导，重点梳理各电压等级线路工程的质量检验及评定规程、施工工艺导则、材料设备质量标准有关要求，分解相应目标指标，明确每一个关键节点的工艺标准，其中包括检查项目、检查标准、检查方法、检查数量等信息，内容以体现成品和阶段性成果应达到的标准和要求，落脚点在于工作的结果，涵盖每一个细节的落实，并且以优质工程标准为基本要求。如：对“岩石锚杆基础施工”“钻孔灌注桩基础施工”的原材料要求提出了更为明确、细致的要求；明确了钢管杆、混凝土电杆爬梯安装的工艺标准；导地线、铝包钢绞线压接施工，依据架空送电线路导线及避雷线液压施工工艺规程对钢管、钢芯的防锈处理进行了规范和明确；明确了焊接防腐的相关工艺标准要求等。

2. 量化的操作要点实现

以过程控制为重点，以各电压等级线路工程的施工及质量验收规范、典型施工方法为主要编制依据，同时参照其他相关专业工程施工规范，强调过程操作控制的具体相关要求，规范过程控制，具体要求予以量化。如角钢插入基础施工中防内倾措施操作要点的要求；提出了铁塔各部位吊装的专项要求；在预绞丝安装施工中，提出了预绞丝缠绕导线时应采取防护措施防止预绞丝头在缠绕过程中磕碰损伤导线的施工要求；强调了接地施工中接地引下线、接地体焊接长度、焊接要求的施工要点。

3. 直观的示例图片实现

（1）示例照片采集涵盖了关键过程控制和成品照片，如基础施工应有模板安装完毕后的照片，铁塔施工应有塔材吊装过程的照片等，如图1-9-3-1和图1-9-3-2所示。

图1-9-3-1　角钢插入基础支模

图1-9-3-2　钢管结构大跨越铁塔组立

(2) 特殊工艺项目的照片包含有阶段性半成品照片，如岩石锚杆基础应有成孔后的照片，掏挖基础、岩石嵌固施工应有成孔后的照片，人工开挖基础施工应有护壁完成后的照片，如图 1-9-3-3 和图 1-9-3-4 所示。

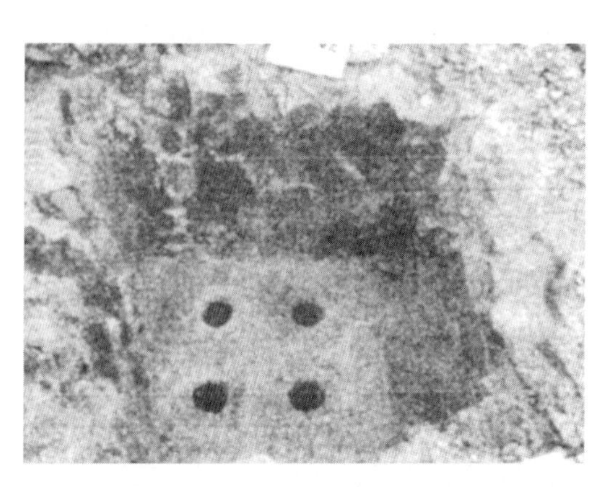

图 1-9-3-3　岩石锚杆基础成孔后

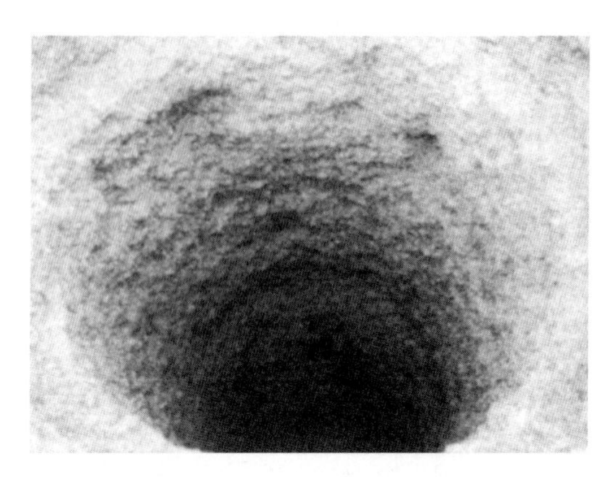

图 1-9-3-4　人工掏挖基础成孔后

(3) 相对复杂的工艺项目（部件种类较多）同时有整体和细部的成品照片，如导线悬垂安装、耐张串安装、均压环安装等应有细部成品照片以表现螺栓穿向、销子开口、瓷瓶大口等细节，如图 1-9-3-5 和图 1-9-3-6 所示。

图 1-9-3-5　铝管式硬引流线安装成品

图 1-9-3-6　导线耐张串均压环、屏蔽环安装成品

(4) 示例图片兼顾不同电压等级，尽可能涵盖不同电压等级工程的相关设备、材料和工艺形式，如图 1-9-3-7 和图 1-9-3-8 所示。

二、创新点

架空线路工程工艺标准库应用与深入研究是以架空线路工程分项工程为划分单元，通过对施工项目内容的细化和对工艺标准、施工要点的进一步梳理，配以典型施工图片和成品图片，形成了实用性强、便于操作的工程施工指导性文件，是架空线路工程开展施工图工艺设计、施工工艺实施、施工方案制定等相关工作的重要依据。具有以下创新点。

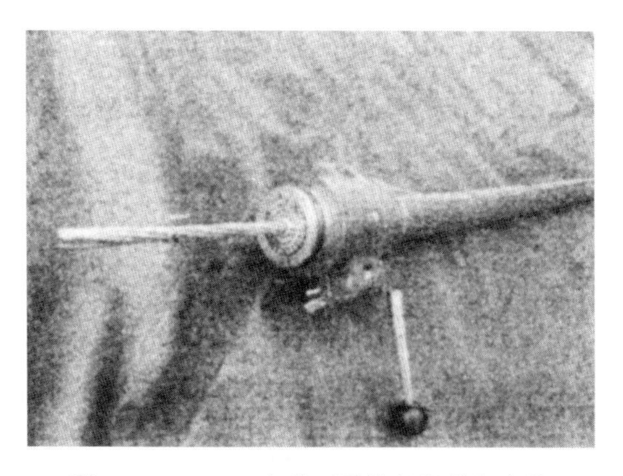

图 1-9-3-7　大截面导线铝股截切完毕

图 1-9-3-8　钢管杆整体组立

1. 规范合理

创新设计了“工艺单元”，研究成果分类科学、系统合理、结构先进，能够克服目前标准繁多、分散，现场执行随意等应用问题，进一步规范工程现场标准工艺的应用管理。

2. 形式新颖

创新标准工艺成果的表现形式，形成工艺标准、操作要点、示例图片为内容的工艺单元组成结构，图文并茂，使标准工艺应用更直观、有效。同时开发完成电子化应用管理系统，应用更加方便。

3. 技术先进

大量吸收了目前先进的施工技术，运用先进的施工设备，总结提炼成功的施工经验，将近年来在特高压、智能电网建设及施工工艺创新中出现的新工艺纳入其中，并把优质工程标准作为基本要求，代表了当前先进水平的工艺创新成果。

4. 标准统一

以创优质工程标准为前提，设计统一应用工艺标准，统一规范施工工序作业流程、工艺标准、质量控制要点及要达到的外观效果，设置统一编号，实现了设计、实施、评定的标准统一。

5. 系统完整

贯穿架空线路工程结构、电气施工全过程，将工序流程、工艺质量标准、操作要点等方面组合起来，形成目标明确、流程清晰、互相协调、互相促进的完整体系，实现对施工全过程、全方位的指导控制作用。

6. 覆盖全面

综合考虑了不同地区的区域特点和不同电压等级的适用情况，能够适应不同地域、不同电压等级工程施工全过程的应用要求，方便推广。

7. 强化应用

国家电网公司专门下文，在公司全系统推广应用，有利于进一步提高工程质量和工艺水平。

三、技术指标对比分析

通过数据查新检索，与同类先进成果技术指标对比情况如下：

(1) 可靠性。依据充分，相关工艺标准、施工要点的可靠性高，对施工过程质量控制具有较好的示范作用和指导意义。

(2) 先进性。将近年来在特高压、智能电网建设及施工工艺创新中出现的新工艺纳入其中，并把优质工程标准作为基本要求，代表了当前先进水平的工艺创新成果。

(3) 通用性。涵盖了不同地域35kV及以上各电压等级架空线路工程施工全过程的工艺标准和控制要点。

(4) 规范性。研究成果分类科学、系统合理、用词准确、依据充分、工艺先进，对施工过程质量控制具有较好的示范作用和指导意义。

(5) 可操作性。研究成果量化了工艺标准，明确了原材料的使用，细化了过程控制要点，为全过程指导施工作业提供了技术支撑，具有很强的可操作性。

(6) 经济性。从全寿命周期成本控制角度来看，统一实行了经过实践验证的先进的施工工艺和操作技术，大幅提升了工程建设质量水平和观感效果，不但降低了工程投运前处理各类缺陷和质量事件所投入的费用，也同时减少了交付使用后的运行维护、保修和报废处理费用，降低了工程内外部故障成本，实现了电网建设项目全寿命周期成本的优化。

第四节 推广应用前景和效益

一、推广应用情况

架空线路工程工艺标准库是对架空线路工程各施工工序的作业流程、工艺标准、质量控制要点以及要达到的外观效果提出统一要求的标准化的工艺指导性文件，图文并茂，注重工艺细节，具有先进性、实用性和可推广性。

国家电网公司系统内认真学习宣贯标准工艺系列成果，并将其应用于工程项目的创优策划中，应用率、覆盖面逐步扩大，现已推广至110kV及以上各电压等级线路工程项目。

国网山东省电力公司持续推进标准工艺应用，在500kV岱宗输电线路、500kV海阳核电送出线路等工程全面应用架空线路工程工艺标准库，2013年度实现了工艺标准库在110kV及以上电压等级架空线路工程中的全面应用，应用率达100%。

二、应用前景

架空线路工程工艺标准库具有较强的通用性、先进性、适用性和可操作性，已能够涵盖不同地域35kV及以上各电压等级架空线路工程施工过程的相关标准和要求，为全过程指导施工作业提供了技术支撑，对施工过程质量控制具有较好的示范作用和指导意义，应用前景广阔。

(1) 将架空线路工程工艺标准库应用作为提升工程质量工艺水平的关键手段，建立健

全管理制度与激励约束机制，切实做好工艺标准库的推广应用工作。同时，建立工艺库研究更新常态机制，定期对工艺库进行滚动修订，满足工程施工需要。

（2）架空线路工程工艺标准库在低电压等级工程项目上的深化应用。35kV及以下的农网和配网项目为了达到全面建设优质工程的要求，全面推动架空线路工程工艺标准库应用的全电压等级覆盖。

（3）持续推进施工技术创新。在应用中，强化日常过程积累和创新研究，做好技术支撑，加强各单位相互学习协作，群策群力，加大先进技术交流，从而不断完善丰富工艺标准库，保持标准工艺的先进性，不断丰富标准工艺的内涵，为进一步提升工程建设安全质量和工艺管理水平奠定基础。

三、经济及社会效益

1. 经济效益

架空线路工程工艺标准库应用与深化研究是结合当前电网建设新特点，在分析架空线路工程施工工艺标准的基础上，细化操作要点，统一了施工工艺要求，规范了施工工艺行为，提高了施工工艺水平，更能够促进施工技术进步和技术积累，加大成熟施工技术、施工工艺的应用，推动施工技术水平和技术创新能力的提高，进一步保障工程建设质量的稳步提升。从全寿命周期成本控制角度来看，统一实行了经过实践验证的先进的施工工艺和操作技术，大幅提升了工程建设质量水平和观感效果，不但降低了工程投运前处理各类缺陷和质量事件所投入的费用，也同时减少了交付使用后的运行维护、保修和报废处理费用，降低了工程内外部故障成本，实现了电网建设项目全寿命周期成本的优化。

2. 社会效益

社会效益主要体现在以下方面：

（1）从有关统计数据可以看出，供电可靠性和用户满意度逐年提高。

（2）电网建设越来越得到地方政府的大力支持和密切配合。

（3）规范了作业流程，减少了施工对环境的影响和污水废弃物的排放，减少了对周边水土资源的污染。

（4）在固化和推广最新工艺创新成果和质量通病防治成效方面，发挥了重要的载体作用。

（5）在提高培训效率及培训效果方面发挥了重要的作用。

3. 结论

架空线路工程工艺标准库具有良好的经济效益和社会效益。在质量方面，其应用是保障单位工程一次成优率的重要手段，是提升工程获奖率的有效途径，为提升工程质量整体水平奠定了基础。在经济效益方面，在一定程度上减少了交付使用后的运行维护费用，工程全寿命周期效益良好。在社会效益方面，随着标准工艺的逐步应用和电网建设质量的大幅提升，社会效益也逐步显现。

第十章

输电线路施工新技术应用示例

第一节　青海-河南±800kV特高压直流输电线路工程

一、工程概况

（一）基本情况

青海-河南±800kV特高压直流输电线路工程（陕Ⅰ标段）的线路起于甘肃省陇南市康县迷坝乡侯家沟附近，止于陕西省汉中市勉县茶店镇李家坪附近。途经康县、略阳县。沿线地形比例为：一般山地20%、高山80%，沿线海拔600～1500m。沿线设计基准风速为27m/s、30m/s，设计覆冰为10mm、15mm。沿线有G7011高速及镇（乡）、村级公路与线路垂直交叉，主要可利用X222、X302县级公路及乡村道路，整体交通条件较好。路径长度64.885km，共有杆塔102基（其中3基岩石嵌固基础，99基挖孔基础）。

施工范围包括：N4001～N4104基础、组塔、接地装置及导线、地线跳线。

（二）施工条件

（1）基础施工条件。本标段基础形式为岩石嵌固基础、挖孔基础。施工前要按设计和施工验收规范要求制订相应的施工方法，并预先制订充分、可靠的控制措施，同时对参加施工的技术人员、测工、技工要进行严格的技术培训和现场交底。

在挖孔基础施工方面，施工单位已具备丰富的施工技术和经验，根据不同的地形条件将采取各项安全保证措施开挖基坑，以确保人身安全和工程进度，弃土的运输也满足环保的要求。在本工程中将进一步加强基础施工质量的控制和管理，确保本工程的基础分部工程一次验收合格率达到100%。

（2）组塔施工条件。本标段铁塔全部采用角钢塔设计，该铁塔特点是塔身高、根开大、单件重量重、横担长。根据现场条件，计采取700mm×700mm×32m内悬浮外拉线全钢抱杆分解吊装组立，具备条件的塔位推广应用吊车辅助组塔（组立铁塔下段），并严格逐基论证施工方案（一基一方案、一基一策划），保证抱杆高度和结构符合吊装要求，以满足塔窗和横担的就位安装和吊装安全。

本标段塔材运输将根据现场地形复杂的特点采用轮胎式运输车或轻型索道的办法解决塔材运输到位的问题。

（3）架线施工条件。本标段架线施工时选用三台25t牵引机，张力机采用三台二线张力机组合，采用“3×(一牵二）”同步展放的方式进行张力架线施工，以确保架线工程进度。本标段施工场地条件较差，架线施工将受到场地的一定影响，牵张场地需合理选择。

本标段内交叉跨越较多，在跨越公路、电力线、河流、果园（经济作物）等前，要详细调查、研究各跨越物的具体特点，有针对性地论证和编写跨越施工安全技术措施，严格按措施作业，保证跨越施工的安全、优质、高效。

（三）质量控制点内控标准和施工质量薄弱环节分析及预控措施

（1）工程质量控制点内控标准见表1-10-1-1。

表 1-10-1-1　青海-河南±800kV 特高压直流输电线路工程（陕Ⅰ标段）工程质量控制点内控标准

分部工程	分项工程	质量控制点内控标准
土石方工程	路径复测	(1) 直线塔横线路方向偏差不超过 50mm。 (2) 挡距偏差不超过设计挡距的 1%。 (3) 转角塔角度偏差不超过 1′30″。 (4) 塔位高程误差不超过 500mm
	基础坑分坑	(1) 坑深误差为+100mm、−0mm。 (2) 坑底部断面尺寸符合设计要求。 (3) 人工挖孔桩基础孔深不得小于设计值，成孔尺寸应大于设计值，且应保证设计锥度
基础工程	岩石嵌固式基础	(1) 立柱允许偏差不超过−0.8%。 (2) 地脚螺栓、钢筋数量规格符合设计要求。 (3) 地脚螺栓倾斜允许偏差不超过 1.0%。 (4) 地脚螺栓式基础根开及对角线允许偏差不超过±1.6‰。 (5) 保护层厚度允许偏差不超过−5mm。 (6) 基础顶面间相对高差不超过 5mm。 (7) 同组地脚螺栓中心对主柱中心偏移不超过 8mm。 (8) 地脚螺栓露出基础顶面高度允许偏差不超过+8mm、−4mm。 (9) 整基基础中心与中心桩间位移不超过 24mm。 (10) 整基基础扭转不超过 8′。 (11) 垂直度允许偏差为 1%
	挖孔基础	(1) 孔径不小于设计值。 (2) 桩垂直度一般不应超过桩长的 3‰，且最大不超过 50mm。 (3) 立柱及承台断面尺寸：−0.8%。 (4) 钢筋保护层厚度：−5mm。 (5) 钢筋笼直径：±10mm。 (6) 主筋间距：±10mm。 (7) 箍筋间距：±20mm。 (8) 钢筋笼长度：±50mm。 (9) 基础根开及对角线：一般塔±1.6‰；高塔±0.6‰。 (10) 基础顶面高差：5mm。 (11) 同组地脚螺栓对立柱中心偏移：8mm。 (12) 整基基础中心位移：顺线路方向 24mm；横线路方向 24mm。 (13) 整基基础扭转：一般塔 8′；高塔 4′。 (14) 地脚螺栓露出混凝土面高度：10mm、−5mm
杆塔工程	自立式角钢塔组立	(1) 螺栓紧固率架线后不小于 97%。 (2) 节点间主材弯曲 1/750。 (3) 直线塔结构倾斜不大于 2‰，高塔不大于 1.2‰，耐张塔不向内角倾斜
接地工程	接地装置	接地埋设方式、深度及实测电阻值必须符合设计要求。接地线应镀锌防止腐蚀，焊接要符合设计要求
架线工程	导地线展放	(1) 一挡内，每根导（地）线上只允许有一个接续管不允许有补修管。 (2) 跨越电力线、弱电线路、铁路、公路、及通航河流时，导（地）线在跨越挡内接头应符合设计规定或规范规定
	导地线连接管	(1) 导（地）线与接续管、耐张线夹连接，其握着强度不小于线材保证计算拉断力的 95%。 (2) 接续管、耐张线夹压后弯曲度允许偏差不大于 1.6%

续表

分部工程	分项工程	质量控制点内控标准
架线工程	紧线	(1) 一般情况下弧垂允许偏差不超过±2%。 (2) 一般情况下相间弧垂的相对允许偏差不大于250mm。 (3) 分裂导线同相子导线允许偏差不大于50mm
	附件安装	(1) 本工程区段的悬垂线夹顺线路方向最大偏移不大于240mm。 (2) 铝包带缠绕露出线夹口不应超过10mm。 (3) 防振锤安装位置偏差不超过±24mm。 (4) 间隔棒安装：端次挡距不超过±1.2%，次挡距不超过±2.4%。 (5) 刚性跳线安装应平、美、正、直，软跳线部分近似悬链状，弧垂和电气距离符合设计规定。 (6) 地线绝缘间隙安装距离偏差不超过±2mm
线路防护设施		防护设施施工（安装）符合设计、合同要求

(2) 施工质量薄弱环节分析及预控措施见表1-10-1-2。

表1-10-1-2 青海-河南±800kV特高压直流输电线路工程（陕Ⅰ标段）施工质量薄弱环节分析及预控措施

序号	薄弱环节	表现形式	防治措施	防治时间	责任人
1	质量管理薄弱环节	引用质量管理制度、标准不规范	及时的更新管理制度、标准规范等，确保项目质量管理文件、作业指导文件引用有效版本，管理制度、标准规范等	各阶段施工	总工、技术员、质量员
		质量管理文件编审批不规范	严格执行项目部文件编审制度，规范项目质量相关文件编审批责任主体、签字、日期等		
		过程质量控制数码照片不真实	严格按照国家电网公司下发的《关于强化输变电工程施工过程质量控制数码照片采集与管理的工作要求》文件内容进行数码照片的整理工作。确保数码照片的真实性、有效性		安全员、质量员、技术员、资料信息员
		质量控制文件有明显错误	严格按照各种规范、设计文件、本工程特点及现场实际情况编制质量控制文件。确保文件具有针对性、可操作性		总工、技术员、质量员
		施工记录不真实	按照国家电网公司归档要求，真实记录施工现场数据，现场采集的原始数据必须及时保留备查		总工、技术员、质量员、资料信息员
2	线路复测薄弱环节	线路方向桩、转角桩、杆塔中心桩应有可靠的保护措施，防止丢失和移动	线路方向桩、转角桩、杆塔中心桩应有可靠的保护措施，防止丢失和移动。并按照单基制作了《线路调查表》，标注了包括坐标、地理位置、道路、附近跨越物等内容	线路复测阶段	项目部技术员、质检员
3	基础施工薄弱环节	基坑开挖前要对基础中心桩进行二次复核，并设置稳固的辅助桩位，确认桩位及各个基础腿的方位准确	遇特殊地质条件，开挖前应将杆塔中心桩引出。辅助桩应采取可靠保护措施，基础浇制完成后，必须恢复塔位中心桩	基础施工阶段	项目部质检员

续表

序号	薄弱环节	表现形式	防　治　措　施	防治时间	责任人
3	基础施工薄弱环节	基础根开等尺寸误差大	在基础开挖完成前后分别对基础尺寸进行二次校核，基础浇筑前、中、后多次对基础尺寸校核，浇制过程中调整	基础施工阶段	项目部质检员
		混凝土配比不符合要求	混凝土施工前应取得有资质的试验室出具的设计配合比（附有试配强度报告）	基础施工阶段	项目部质检员、材料员
		混凝土不符合要求	混凝土的配合比必须经过试验且强度等级合格，具备良好的和易性，而且必须保证混凝土量能实现现场连续浇筑		
		混凝土浇筑不规范	混凝土浇筑严格按照规程规范施工。及时制作混凝土试块，送检	基础施工阶段	项目部质检员、技术员
		基础及保护帽的外观质量太差	应用崭新模板，并在基础浇制过程中充分振捣，同时在浇筑时采用下料漏斗防止混凝土离析而产生麻面、蜂窝、露石等严重质量问题		项目部质检员
		基面整理不符合要求，现场环境未及时恢复	按照要求浇筑保护帽、修筑防沉层、及时清理施工现场废弃施工材料、及时恢复现场植被		项目部质检员
4	接地施工薄弱环节	接地电阻大于要求值	按照设计要求进行接地施工，保证接地体焊接质量、埋设深度、长度，按要求安装接地模块	接地施工阶段	项目部质检员、技术员
5	组塔施工薄弱环节	铁塔塔件变形	在运输及装卸过程中采取补强等措施，起吊时合理绑扎，严禁强行组装	铁塔组立施工阶段	运输人员、项目部材料员、质检员
		铁塔塔材镀锌层磨损	到货后及时会同监理等单位验收，在堆放、施工过程中应用枕木补强，对绑扎点垫层材料进行保护，对于成品铁塔使用专用保护卡具		
		螺栓不匹配	严格按照设计要求进行螺栓安装，按照螺栓的等级、规格、型号分类码放，对使用有误的螺栓及时更换		项目部材料员、质检员
		螺栓紧固不到位	设计单位应提供螺栓紧固力矩的范围。螺栓紧固时其最大力矩不宜大于紧固力矩最小值的120%，对于螺栓数量较多的法兰盘，必须采用对面依次穿入，全部穿入后，再对侧轮流交替紧固		项目部质检员
		铁塔联板等火曲件与塔材接触不紧密	严格按照设计图纸，正确使用螺栓，保证螺栓的紧固率，并按照要求加垫块或垫片，消除火曲件与塔材之间的间隙		项目部质检员
		铁塔主材与塔脚板结合不紧密	基础施工时，严格控制地脚螺栓小根开。在浇筑过程前、中、后对地脚螺栓小根开分别进行二次校核，如有问题，及时调整		项目部质检员、技术员
6	架线施工薄弱环节	导线磨损、鞭击	装卸、运输导线过程中应采取保护措施，防止导线磨损和碰伤；导线架设过程中控制张力，监护跨越架；导线落地及压接时铺设彩条布；锚线时套胶皮管	架线施工阶段	项目部质检员、技术员

续表

序号	薄弱环节	表现形式	防治措施	防治时间	责任人
6	架线施工薄弱环节	子线超差	放线滑车使用前要检查保养，保证转动灵活，消除其对子导线弧垂的影响。耐张塔平衡挂线时，划印及断线位置应标示清楚、准确。避免在较恶劣的天气紧线	架线施工阶段	项目部质检员、技术员
		压接管弯曲	压接管压接后应检查弯曲度，不得超过2%L。有明显弯曲时应校直，校直后如有裂纹应割断重接。经过滑车的接续管应使用与接续管相匹配的护套进行保护。当接续管通过滑车时，应提前通知牵引机减速。对于超过30°的转角塔、垂直挡距较大、相邻档高差大的直线塔，要合理设置双放线滑车		
		引流线安装工艺不美观	在制作引流时，用绳实际量取各子引流线长度，并按照实际量取的结果画印、压接，并按照次序一一安装，完成安装后进行调整。保证引流线美观		
		附件安装位置、距离等不满足规范要求，安装不牢固等	（1）开口销不得漏装，不得出现半边开口和开口角度小于60°的现象。 （2）合成绝缘子串附件安装时，应使用专用工具，禁止踩踏合成绝缘子。 （3）铝包带的缠绕应紧密，并与导线外层铝股绞制方向一致。两端露出线夹长度不超出10mm，其端头回绕于线夹内压住。 （4）绝缘架空地线放电间隙的安装，应使用专用模具，控制误差不超出±2mm		
7	线路防护薄弱环节	“三牌”安装位置不正确	设计单位应给出杆塔标牌的固定位置、螺栓的规格。线路杆号牌、标示牌、警示牌安装要牢固、规范。其朝向应面向小号侧，或面向道路或人员活动方向	监理预验收前	项目部质检员、技术员
		护坡、保坎等未修理	根据设计要求，靠近季节性河流和容易冲刷的杆塔基础要有相应的保护		

二、土石方及基础工程

（一）土石方及基础工程质量控制流程图

土石方及基础工程质量控制流程如图1-10-1-1所示。

（二）基础施工方法与主要施工机械选择

（1）线路复测施工方法与主要施工机械选择见表1-10-1-3。

表1-10-1-3　　线路复测施工方法与主要施工机械选择

序号	施工项目	施工方法	主要施工机具选择
1	直线方向	两点间定线法，延长直线法等	全站仪
2	转角角度	采用全站仪和经纬仪用测回法或方向法进行测量	经纬仪、全站仪
3	水平距离	一般地段采用经纬仪视距法测量，跨越档采用全站仪进行测距	全站仪
4	高程	采用三角高程测量的方法进行高程测量和计算	全站仪

续表

序号	施工项目	施　工　方　法	主要施工机具选择
5	不通视情况下的复测	采用等腰三角形法、矩形法、任意辅助桩法进行复测。特殊情况下根据设计提供的塔位中心桩坐标，采用GPS定位系统进行坐标复核	全站仪 GPS定位系统
6	交叉跨越物	采用经纬仪综合测量的方法进行复测	经纬仪 测高仪
7	地形凸起点高程	用经纬仪和塔尺按三角高程测量的方法进行综合测量	经纬仪
8	危险点及风偏	用经纬仪和塔尺按三角高程测量的方法进行综合测量	经纬仪

注　线路复测必须执行国家工程测量规范现行标准的有关规定，测量中要进行往返观测或多次复测进行相互校核，以免出错。误差必须满足验收规范的标准要求。

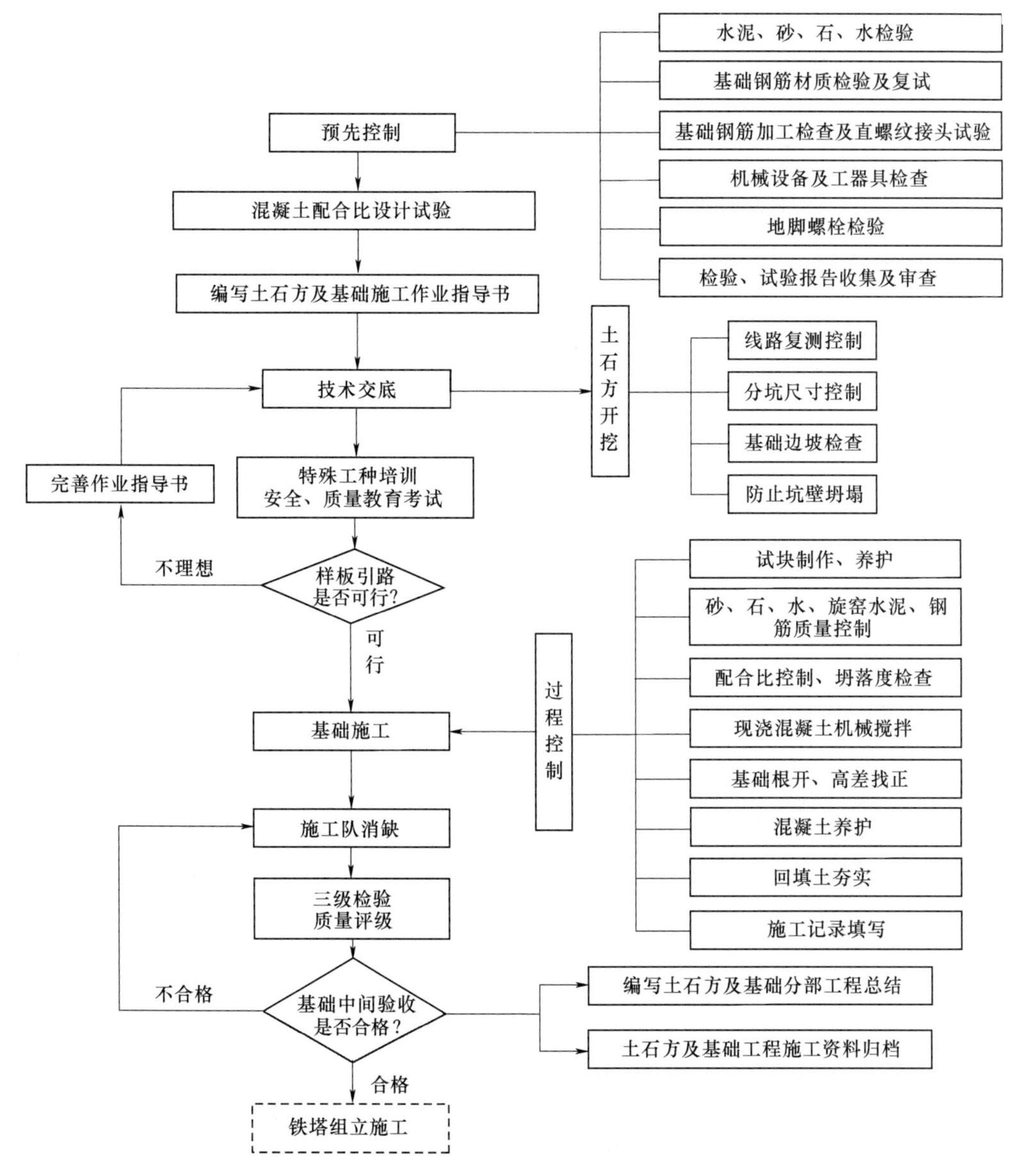

图1-10-1-1　土石方及基础工程质量控制流程图

（2）一般土石方工程施工方法与施工机械见表1－10－1－4。

表1－10－1－4　　一般土石方工程施工方法与施工机械

作业内容	主作业机械选择	施工方法	适用范围	备注
人工挖孔桩、掏挖坑土方开挖	旋挖钻和镳铲	人工和机械掏挖，镳铲出土	无地下水、坚土、使用掏挖基础	
石方开挖	风镐	爆破、与人工开凿结合	松砂石、岩石	
坑壁稳定		坑壁放坡，护筒、个别坑必要时用挡土板，混凝土方沉井	泥水坑、砂土地基处	
其他土方		人工为主、有条件时机械挖方		接地、风偏、基面等

（3）一般普通现浇基础见表1－10－1－5。

表1－10－1－5　　普通现浇基础施工方法与施工机械

作业内容	主作业机械选择	施　工　方　法	适用范围	备注
模板	标准钢模板与专用立柱模板、玻璃钢面钢-木结构模板	人工拼装、支撑	普遍适用	
钢筋	主筋连接采用直螺纹连接	工厂化集中加工、现场安装、绑扎法	普遍适用	
地脚螺栓找正	样板、经纬仪、钢卷尺	样板支承，极坐标法找正，直角坐标法和四腿通测校核	普遍适用	
混凝土浇制	集中搅拌、商混、搅拌机、振捣器、高山大岭大型机械无法到达的地方采用搅拌机搅拌	集中搅拌采用机械搅拌（搅拌站）和车辆运输；人工上料、出料、机械搅拌、振捣	普遍适用	
养护		浇水或涂氧化剂，雨季、冬季大棚覆盖	普遍适用	
回填土	打夯机	人工回填、人工夯实	普遍适用	含接地
接地安装	接地电阻测量仪	人工开挖、人工敷设、人工测量	普遍适用	

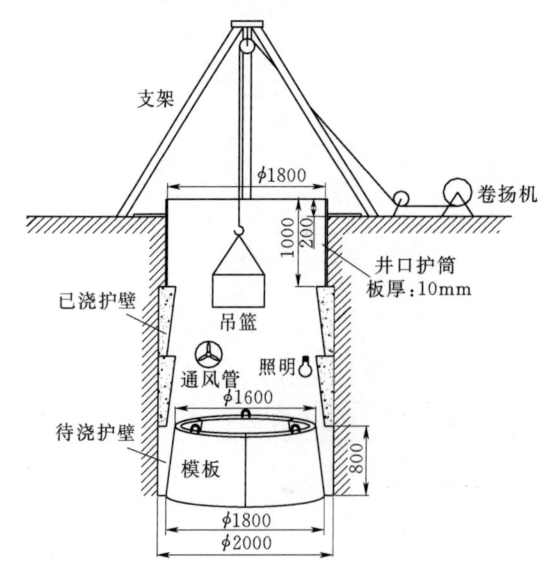

图1－10－1－2　深基坑开挖方法示意图
（单位：mm）

（三）深基坑开挖方法

深基坑开挖属于危险性较大的分部分项工程，如图1－10－1－2所示。应编制专项施工方案，经公司技术管理部门组织施工、质量、安全、技术部门专业人员审核合格后经公司技术负责人签字，报项目总监理工程师审核、业主备案后方可实施。

深基坑开挖分人工和机械开挖两种方法。

1．人工方法

人工开挖深基坑（掏挖基础），主要应防止基坑塌方、缺氧窒息和雨水倒灌，在基坑开挖过程中做好基础四周排水措

施。随着基础深度加深及时进行护壁施工，混凝土护壁采取边挖边浇，逐层向下浇筑的方法，每层护壁高度一般不大于0.8m。由于掏挖基础施工操作面狭窄，只能是坑内一人操作，坑口一人控制电动提土装置出土，一人进行安全监护。坑内作业人员在安全逃生笼内作业，坑上设通风设施将通风导管伸入基坑内，在坑内用蜡烛火光测试坑内氧气是否满足人员呼吸量，当蜡烛火光燃烧微弱或忽明忽暗时，应向坑内输送空气。坑内人员山下基坑时应从安全爬梯上下，坑口应设置安全围栏，围栏应设置牢固，坑口作业人员应将安全带、安全自锁器绑扎在围栏上，防止坠落坑内。坑口四周严禁车辆、机械装置通行，坑内出土堆放在事先规划的距离之外，坑内和坑上人员作业时应加强对基础四周进行观察，基面和基础四周是否有裂纹和异常现象，防止基础坍塌。掏挖基础掏挖成孔后应及时浇灌混凝土，禁止成型土胎隔夜浇制，防止坍塌。

2. 机械方法

根据基础孔径大小和坑深选择旋挖钻头大小和钻杆长度，当钻头内充满泥土后，提升钻杆清空泥土，继续钻探直至达到满足设计尺寸要求。

（四）基面处理及基础保护

根据设计、业主和社会对环境保护要求，结合本工程所在地脆弱的生态环境特点，施工中加大“基面土处理、基础保护、植被恢复、防止水土流失”等工作力度，坚持“预防为主、保护优先”的环保方针，坚决遏制新的人为生态破坏。并确保设计要求的各项环保措施得到高质量完成。

（1）按设计要求施工排水沟、护坡（面）、挡土墙及保坎。每基塔位或单个塔腿严格按设计要求做成龟背形或斜面，恢复自然排水，对可能出现的汇水面、积水塔位修砌排水沟，并保证基础辅助设施施工工艺质量和外形美观。

（2）对于降基及基坑开挖多余的土石方，应运转到塔位附近对环境影响最小、且不影响农田耕作、不易出现水土流失的地方堆放，对施工中无法避免破坏的植被，要采取恢复措施，防止水土流失。

（3）基坑回填采用人工回填，回填土按每300mm分层夯实，并应有相当坑口面积高出地面300mm的防沉层。

三、铁塔组立工程

（一）铁塔组立工程质量控制流程图

铁塔组立工程质量控制流程如图1-10-1-3所示。

（二）铁塔组立施工方法与主施工机械选择

1. ±800kV铁塔组立方案的分析

（1）由于±800kV线路直线塔的主要特点是横担长、横担重和横担开挡尺寸大。根据以往工程的施工经验，常规±800kV线路铁塔组立的工器具从抱杆的高度、起吊重量等方面考虑，均不能满足本工程±800kV线路直线塔组立的要求。因干字形耐张塔铁塔结构比较紧凑集中，组塔方法相对简单，本工程铁塔组立的难度主要集中在直线铁塔塔头的组立方面。根据《±800kV架空输电线路铁塔组立施工工艺导则》（Q/GDW 262—2009）的规定，本工程铁塔组立抱杆选择700mm×700mm×32m外拉线悬浮钢抱杆分解

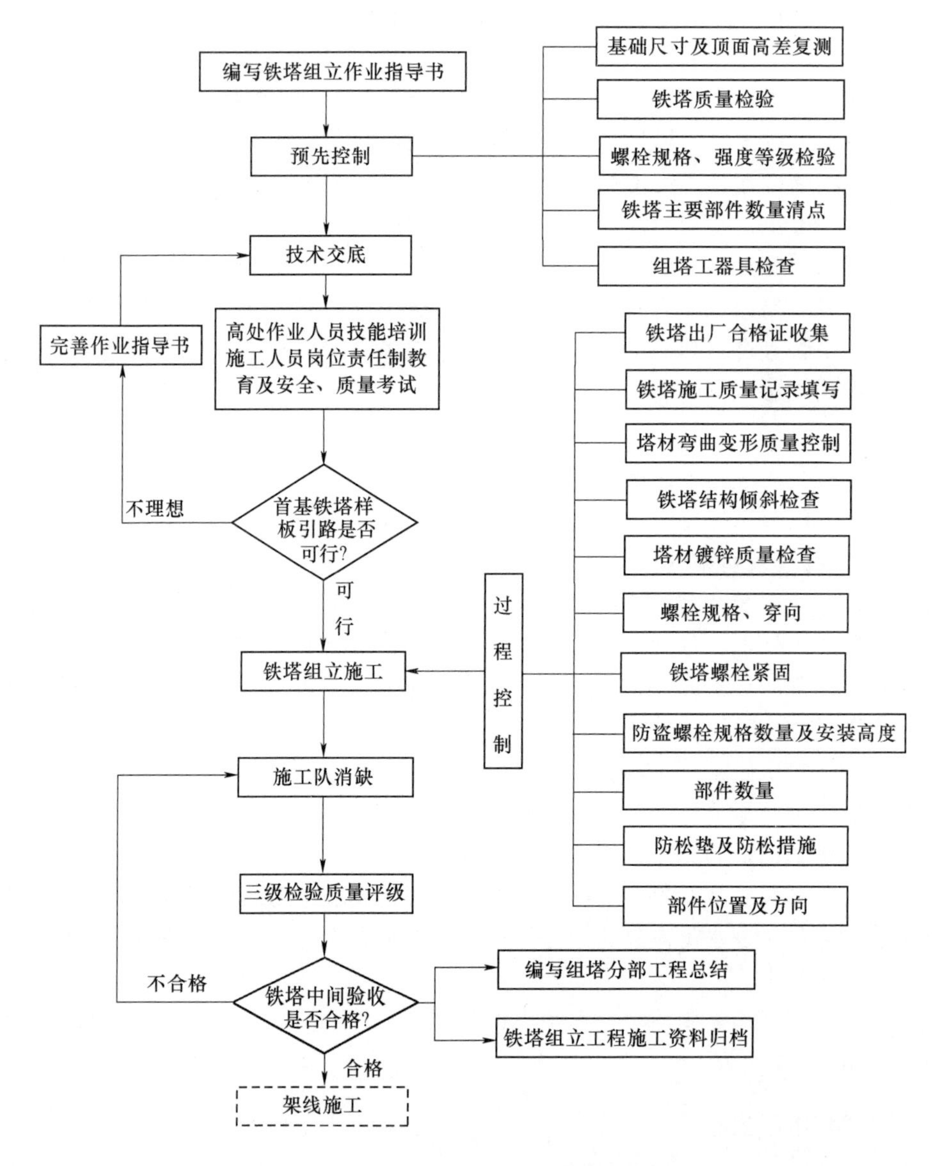

图 1-10-1-3　铁塔组立工程质量控制流程

组立。该抱杆在 32m 高度下，倾斜 5°时，最大起吊重量为 3t。该抱杆从起吊高度、起吊重量、安全可靠性等方面均能满足±800kV 线路铁塔组立的要求。

（2）700mm×700mm×32m 外拉线悬浮钢抱杆主要技术参数见表 1-10-1-6。

表 1-10-1-6　　700mm×700mm×32m 外拉线悬浮钢抱杆技术参数

参　数	钢　抱　杆
断面尺寸	C×C：钢抱杆大端为 700mm×700mm 断面
	C1×C1：钢抱杆小端为 400mm×400mm 断面
主材规格	70mm×70mm×8mm 角钢

续表

参　数	钢　抱　杆
斜材规格	56mm×56mm×4mm 角钢
抱杆高度	32m
抱杆允许中心受压负荷（5倍安全系数）	128kN
最大允许起吊负荷	5t

注　1. 抱杆上（下）段长度为2m。
2. 抱杆中段长度分别为4m。
3. 可以按抱杆要求的不同长度进行组合，抱杆重量约5t。

2. 铁塔施工的方法

（1）铁塔组立施工方法与主施工机械选择如图1-10-1-4所示。

<table>
<tr><td rowspan="3">选用的组塔方法</td><td>组塔条件</td><td colspan="2">选用的组塔方法</td></tr>
<tr><td>地形受限制地区</td><td colspan="2">内拉线内悬浮抱杆分解组塔法（一般不提倡使用此方法）</td></tr>
<tr><td>开阔地区</td><td colspan="2">外拉线内悬浮抱杆分解组塔法</td></tr>
<tr><td>组塔抱杆</td><td colspan="3">采用700mm×700mm×(29～32)m内悬浮外拉线钢抱杆分解组立，允许起吊重量3t，抱杆允许倾斜不超过5°。抱杆的高度根据不同的塔型选取不同的高度</td></tr>
<tr><td rowspan="9">选用的施工方法</td><td>作业内容</td><td>施　工　方　法</td><td>备注</td></tr>
<tr><td>抱杆组立</td><td>利用地面段塔身开口面或人字木抱杆进行起立，一次起立抱杆的高度不得超过4节（16m），待塔身部分吊装一定高度后，利用倒装方法，将后续抱杆安装完毕，继续吊装塔头部分</td><td></td></tr>
<tr><td>吊段地面组装</td><td>正面分段成片组成结构，侧面斜材带装于正面结构（只用一个螺栓松带）</td><td rowspan="4">相应的吊点U形套使用3t或5t装带，防止塔件锌层破坏</td></tr>
<tr><td>塔身吊装</td><td>铁塔塔身采用分片吊装，按吊段进行地面组装，吊至塔上合拢。待塔身吊装完毕后，再吊装横担</td></tr>
<tr><td>抱杆提升</td><td>用提升系统提升。外拉线时用拉线调控抱杆，使正直上升；内拉线时用腰环控制抱杆正直</td></tr>
<tr><td>塔头吊装</td><td>直线塔塔头部分的上、下曲臂、边横担和中横担分别采取整体吊装，具体吊装要点见下面所述。耐张塔导线横担利用地线支架进行整体吊装。吊装时，将地线支架利用抱杆本体进行补强</td></tr>
<tr><td>抱杆拆除</td><td>用塔顶作支承点，从塔身内将抱杆松至地面拆除</td><td></td></tr>
<tr><td>隔材安装</td><td>零散传送，塔上组装</td><td></td></tr>
<tr><td>螺栓紧固</td><td>采取人工紧固和电动扳手紧固相结合的方法</td><td>电动扳手</td></tr>
</table>

图1-10-1-4　铁塔组立施工方法与主施工机械选择

（2）700mm×700mm×32m断面外拉线悬浮抱杆组塔示意图如图1-10-1-5所示。

3. 700mm×700mm×32m外拉线悬浮抱杆组立±800kV线路直线塔的要点

（1）塔身部分的吊装采取分片吊装，其方法与常规线路的吊装方法相同。

（2）直线塔横担的吊装方法。根据以往施工过的±800kV输电线路工程的经验，直线铁塔横担整体一般重5.147～10.79t，即左右地线支架、左右边导线横担、中部铁塔横

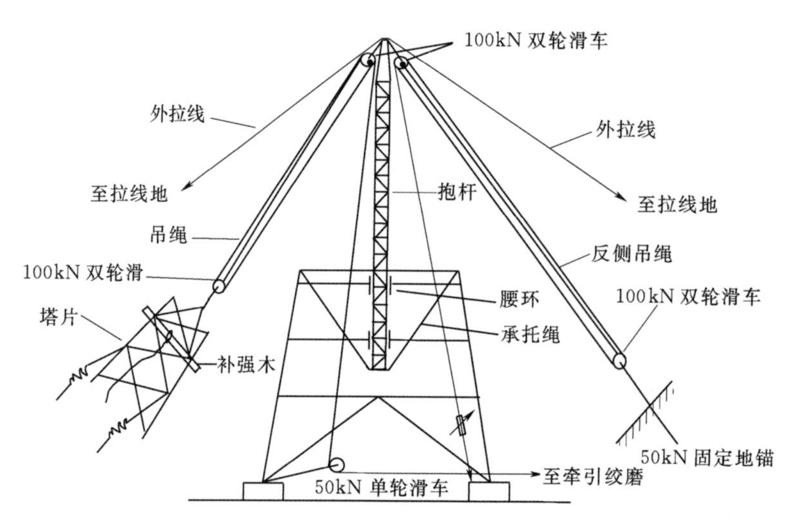

图 1-10-1-5　外拉线悬浮抱杆立塔示意图

担重量一般在 5.147～10.79t 之间。部分塔型横担整体超过抱杆最大允许起吊范围。

4. 施工时铁塔横担的吊装方法

(1) 当铁塔横担的整体重量小于抱杆最大允许起吊重量 3t 时，铁塔横担采取整体吊装，即将左右地线支架、左右边导线横担、中部铁塔横担组装成一个整体进行吊装。±800kV线路铁塔横担整体起吊布置图如图 1-10-1-6 所示，起吊方法如图 1-10-1-7 所示。

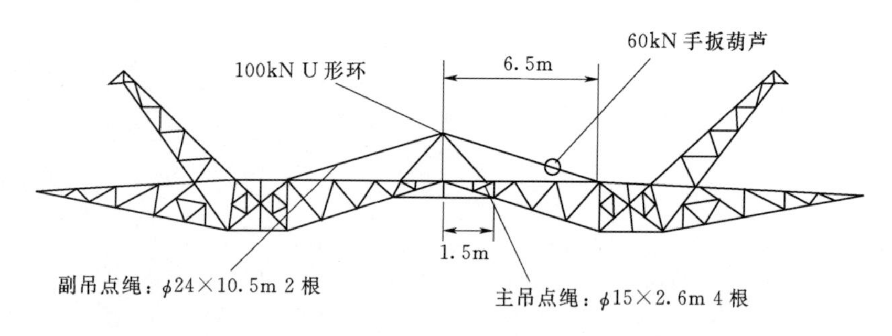

图 1-10-1-6　±800kV 线路铁塔横担整体起吊布置图

(2) 当铁塔横担的整体重量大于抱杆最大允许起吊重量 3t 时，根据铁塔塔头结构，拆除左右地线支架等其他附件，在满足抱杆要求的情况下采取整体吊装。当超出部分太多，无法通过拆卸来满足时，或铁塔横担整体重量在 10t 左右时，应采取分片吊装的方法，即将横担组成前后两片，通过补强后，分前后两片分别进行吊装（图 1-10-1-8 所示）。铁塔边导线横担采取整体吊装，两边导线横担和地线支架分别组装后单独进行吊装。

(3) 700mm×700mm×32m 外拉线悬浮抱杆的外拉线与线路方向按 45°夹角布置，当受地形条件限制，外拉线对抱杆的夹角不能满足要求时，应根据技术部门的验算，在抱杆起吊高度不变的情况下，根据地形条件缩小外拉线对抱杆的夹角，减轻起吊重量，按分片吊装的方法进行吊装，确保起吊安全。

图 1-10-1-7　±800kV 线路铁塔横担整体起吊方法

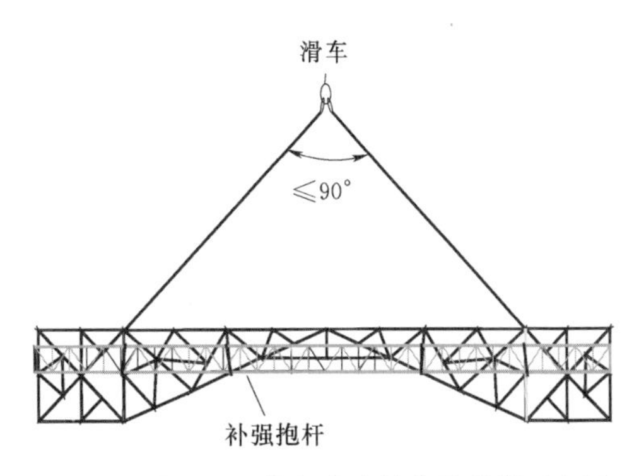

图 1-10-1-8　横担分片吊装及补强示意图

(4) 由于抱杆较长，抱杆本体较重，从抱杆的稳定性角度考虑，不宜采用内拉线的形式。

(5) 整体起吊横担时，为防止受力变形，应做好横担补强措施。

(6) 由于起吊重量较重，组塔工器要经常进行检查、维修、保养，吊点钢丝绳、起重滑车、承拖钢丝绳、抱杆等重要受力工器具要在起吊前后进行详细检查，变形、受损的工器具，严禁使用。

(三) 700mm×700mm×32m 断面外拉线内悬浮抱杆组塔注意事项

(1) 由于起吊抱杆系统重，结构长，在使用外拉线的情况下，考虑提升抱杆的稳定性，抱杆提升时必须设两道腰环。同时在收工或工作间隙时，抱杆应设防风拉线。抱杆底部平衡滑车布置示意图如图 1-10-1-9 所示。

(2) 在任何情况下，承托绳对抱杆的夹角不得大于 45°，抱杆升出铁塔顶面的高度应根据起吊塔片的高度进行计算，确保塔片的顺利就位。

(3) 抱杆的起吊系统、工器具的选择，每种塔型使用的抱杆高度，待施工图出版后根据铁塔结构特点等进行验算后确定。

(4) 针对±800kV 线路塔高、塔重及塔头结构尺寸大的原则，本工程铁塔组立选用 700mm×700mm×32m 的外拉线悬浮抱杆分解组立，起吊重量不得超过 5t，抱杆的组立高度根据不同的塔型选取不同的高度。

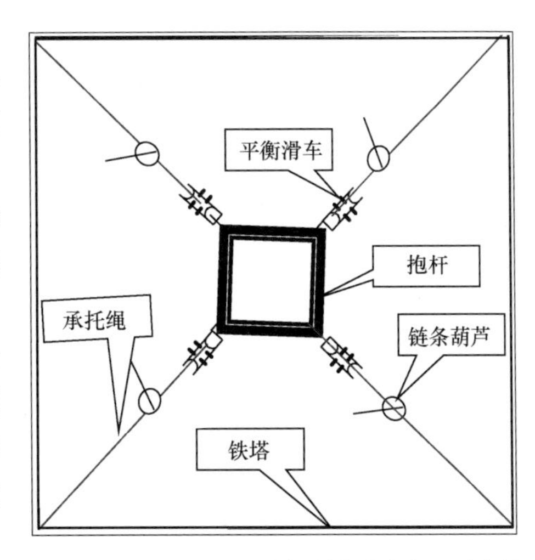

图 1-10-1-9　抱杆底部平衡滑车布置示意图

(5) 利用耐张塔地线支架吊装导线横担时，地线支架应作好补强措施，根据受力大小，必要时采用抱杆本体起吊系统进行补强。

(6) 凡与钢丝绳接触的铁件及吊点处必须采取里垫外包的保护措施。在计算吊点位置时，应尽可能的使用铁塔施工眼孔，避免钢丝绳对铁塔的磨损。

（7）为了减少内悬浮抱杆下拉线承托绳绑扎对塔材的磨损，本工程设计承托绳与塔材之间的专用卡具，专用卡具固定在塔身主材处，通过U形卸扣与抱杆承托绳连接。同时将传统内悬浮抱杆底部两个平衡滑车改成四个，四角布置，承托绳通过平衡滑车与铁塔四角处的专用卡具连接。此项改进可以使承托绳不必过粗，有利于施工操作，同时采用四个平衡滑车有利于提高抱杆底部的稳定性，承托绳的受力也有明显改善。

（四）主要工艺

1. 抱杆组立

（1）地形条件许可时，采用倒落式人字抱杆将抱杆整体组立。

（2）地形条件不许可时，先利用小型倒落式人字抱杆整体组立抱杆上段，再利用抱杆上段将铁塔组立到一定高度，然后采用倒装提升方式，在抱杆下部接装抱杆其余各段，直至全部抱杆组装完成。

2. 塔腿吊装

（1）根据塔腿重量、根开、主材长度、场地条件等，可以采用单根吊装或分片组立方法安装塔腿。

（2）分片组立塔腿时，抱杆和其他工器具应按整体组立铁塔施工进行计算。

（3）塔腿组立时应选择合理的吊点位置，必要时在吊点处采取补强措施。

（4）单根主材或塔片组立完成后，应马上安装并固定好地脚螺栓或接头包铁螺栓并打好临时拉线。

3. 提升抱杆

（1）铁塔组立到一定高度，塔材全部安装齐全紧固螺栓后即可提升抱杆。由于抱杆较重，应采用两套平衡滑车组进行提升。

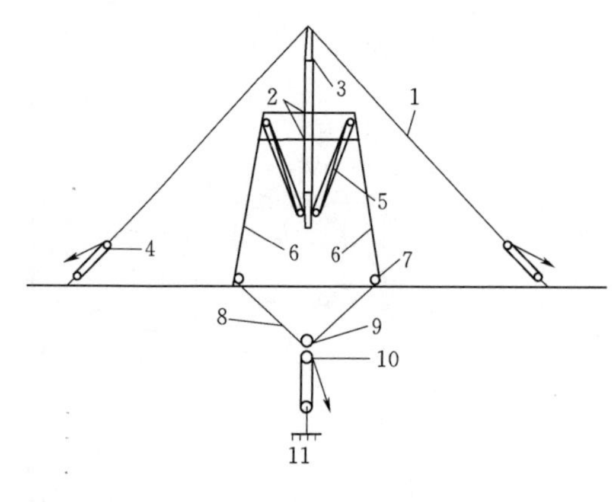

图1-10-1-10　提升抱杆示意图
1—拉线调节滑车组；2—腰环；3—抱杆；4—抱杆拉线；5—提升滑车组；6—已立塔身；7—转向滑车；8—牵引绳；9—平衡滑车；10—牵引滑车组；11—地锚

（2）提升过程中应设置两道腰环，腰环拉绳收紧并固定在四边的主材上，两道腰环的间距不得小于6m。抱杆高出已组塔身的高度，应满足待吊段的顺利就位。外拉线未受力前，不应松腰环；外拉线受力后，腰环应呈现松弛状态。提升抱杆示意图如图1-10-1-10所示。

（3）在塔身两对角处各挂上一套提升滑车组，滑车组的下端与抱杆下部的挂板相连，将两套滑车组牵引绳通过各自塔腿上的转向滑车引入地面上的平衡滑车，相互连接，平衡滑车与地面滑车组相连，利用地面滑车组以“2变1”方式进行平衡提升，提升时依靠两道腰环及顶部落地拉线控制抱杆。

（4）抱杆提升过程中，应设专人对腰环和抱杆进行监护；随抱杆的提升，应同步缓慢

放松拉线，使抱杆始终保持竖直状态。

（5）抱杆提升到预定高度后，将承托绳固定在主材节点的上方或预留孔处。

（6）抱杆固定后，收紧拉线，调整腰环使腰环呈松弛状态。调整抱杆的倾斜角度，使其顶端定滑车位于被吊构件就位后的结构中心的垂直上方。

4. 塔身吊装

（1）塔身吊装时，抱杆应适度向吊件侧倾斜，但倾斜角度不宜超过10°，以使抱杆、拉线、控制系统及牵引系统的受力更为合理。

（2）在吊件上绑扎好倒V形吊点绳，吊点绳绑扎点应在吊件重心以上的主材节点处，若绑扎点在重心附近时，应采取防止吊件倾覆的措施。

（3）V形吊点绳应由2根等长的钢丝绳通过卸扣连接，两吊点绳之间的夹角不得大于120°。

5. 直线塔横担吊装

直线塔的横担长度为40～46m，塔头断面尺寸为3.4～4.8m，可以采用前后分片吊装或左右分段吊装。

采用前后分片吊装时，塔头整体稳定性差，且横担补强工作量大，但组装工作简单安全，在地面只组一个平面。

采取左右分段吊装时，左右分段吊装横担在地面的组装工作量大。

（1）左右分段吊装横担的现场布置如图1-10-1-11所示。

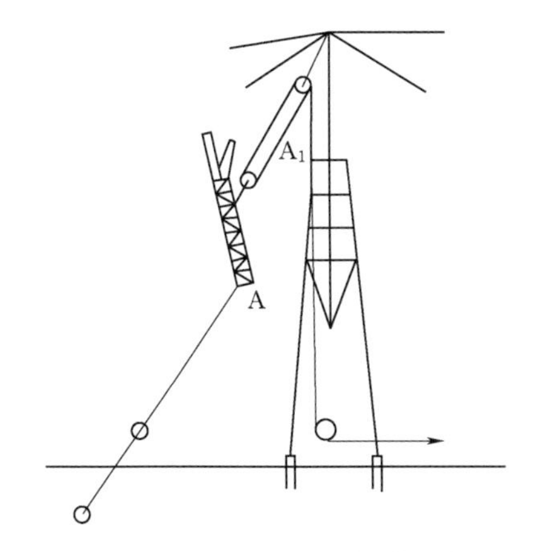

图1-10-1-11 左右分段吊装横担布置示意图

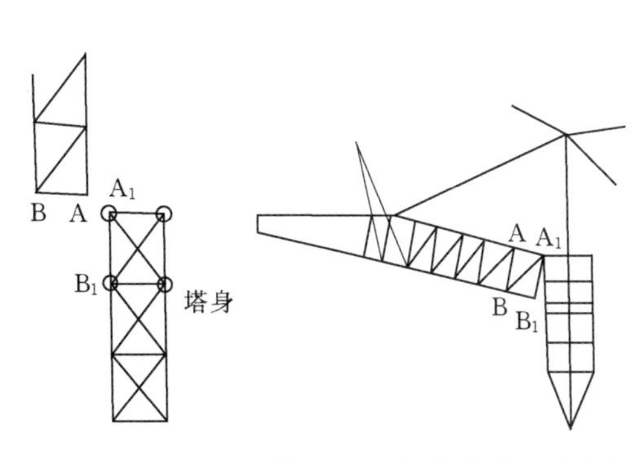

图1-10-1-12 利用AA_1螺栓作为回转支点

1）吊装绳在横担上的绑扎点位置。吊点距横担端头距离约为横担长度的1/3。当横担吊离地面时，横担端头朝上近似呈竖直状态。

2）控制绳使横担与塔身始终保持0.3～0.5m的间距。

3）横担下端吊高至就位状态时，先将横担上平面的A点对准塔头上平面的A_1点，各安装一颗螺栓，戴上螺帽但不要拧太紧。

4）利用AA_1螺栓作为回转支点，缓慢松出绞磨绳，使横担向下旋转，如图1-10-1-12所示。

5）当横担接近水平状态时，应将横担下平面的B孔对准塔头下平面相应的B_1，安装螺栓。

6）当横担呈水平状态时，将横担与塔头段间的连接螺栓全部安装并拧紧。螺栓未全部安装前不应将螺栓拧紧。

7）如果横担与塔头间连接螺栓对孔不准时，允许利用起吊滑车组协助对孔，但不得强行硬拉，应查明原因后再进行对孔。

8）吊装横担前，应将根部采用绑扎圆木或圆管进行适当补强，以防止起吊过程中横担根部变形。

（2）前后分片吊装横担时，横担的补强如图1-10-1-13所示。

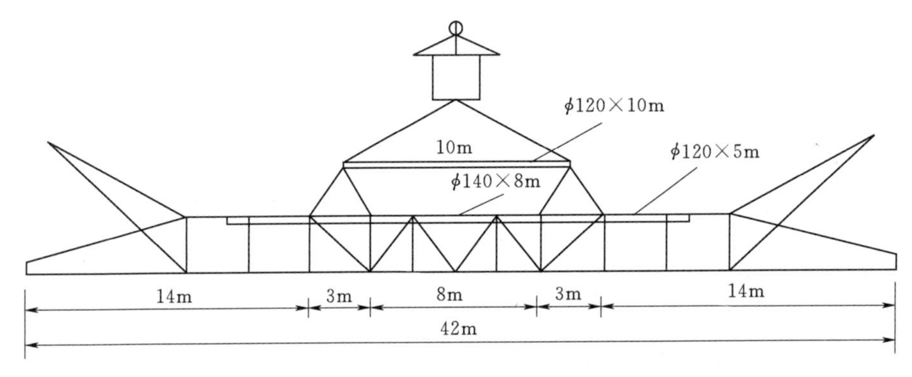

图1-10-1-13　分片吊装横担补强示意图

1）横担在地面组装一个完整的侧面（垂直线路方向的侧面），两侧面间的连接辅材根据横担的自重情况应适当带上，每端不应少于2根，以便两侧面间的连接。

2）横担吊离地面时，应注意观察横担有无变形。吊离地面后，横担应基本呈水平状态向上提升。

3）横担吊至设计位置后应停止牵引，按先低后高的顺序就位。一侧主材就位后再就位另一侧，严禁强拉硬拽。

4）当一侧横担就位后，应将顺线路方向塔头主材间的辅材连接，以保持横担的稳定。只有当横担结构完全处于稳定状态时，方准拆除起吊绳索和补强钢管。

5）当一侧横担就位后，应及时将前后面间辅材连接并拧紧螺栓。

6. 转角塔横担吊装

（1）地线横担的吊装。本标段涉及耐张塔地线横担长度为29.8～30.8m，因此可以用吊装直线塔导线横担的方法吊装耐张塔地线横担。

（2）导线横担的吊装。本标段耐张塔导线横担长度为45m，单侧长约20m，可以利用地线横担分片或分段吊装。

1）起吊滑车组采用100kN滑车组，最大吊重不得超过50kN。

2）横担应组装在地线横担的垂直下方。

3）绑扎横担的吊点绳用2条等长的ϕ17.5钢丝绳，在横担上平面绑扎4点，当横担吊离地面后应呈水平状态。

4）在起吊过程中，横担任一处靠塔身端应与塔身保持0.5m左右的间距，严防被塔

身挂住。

5）横担接近设计位置时应暂停牵引，使横担的塔身端与塔身对应螺孔对准，穿入螺栓，待全部连接螺栓穿上后再逐一拧紧。

6）一侧横担安装后，再经抱杆顶滑车将吊装导线横担的滑车组移动到另一侧地线横担悬挂，为另一侧横担的吊装做好准备。

7. 抱杆拆除

铁塔吊装完毕后，便可进行抱杆的拆除工作，抱杆的拆除可利用专用提升抱杆牵引绳进行降落，降落抱杆的方法与提升抱杆的方法相似，在塔头顶部挂一只30kN单轮滑车（开口）在抱杆底部倒挂一只30kN单滑车。将提升钢丝绳（ϕ13.5）一端绑扎在塔头顶部与单滑车相对应的节点处，另一端经抱杆底部滑车、塔头部滑车后引至地面处的地滑车，直至绞磨，如图1-10-1-14和图1-10-1-15所示。使用专用提升抱杆牵引绳注意事项如下：

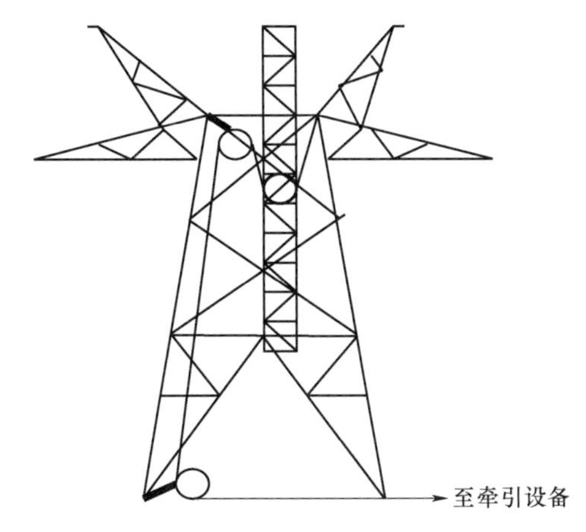

图1-10-1-14　直线塔拆除抱杆示意图

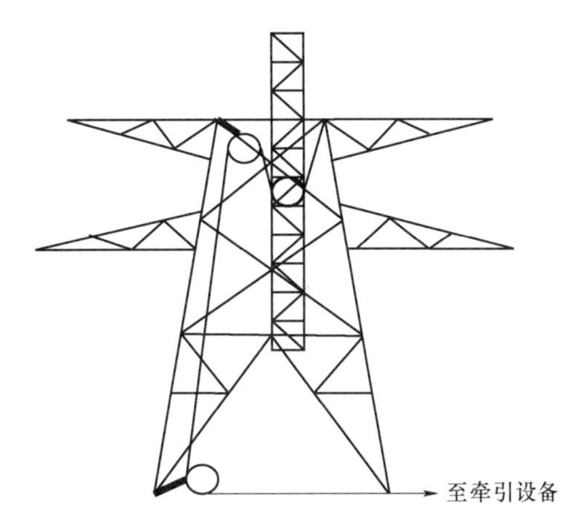

图1-10-1-15　耐张塔拆除抱杆示意图

（1）将起吊构件的两起吊钢绳，从牵引设备侧向塔位抽回适当长度。

（2）抱杆上端适当位置连接一滑车，将提升抱杆牵引绳的一端固定连接在塔身最上端，该牵引绳分别经过对称布置在塔身最上端对角线的滑车、连接在抱杆上端的滑车、塔脚处的地滑车，直至牵引设备。

（3）抱杆提起一点后，应及时拆除承托钢绳、拉线、起吊滑车组、腰环，然后缓缓下落。

（4）抱杆落地后一节节拆除，抱杆每次拆卸长度以8m（2段）为宜，

在待拆下段与上段抱杆对接处都应用白棕绳加以固定，拆除抱杆对接处螺栓后要留一只脱帽螺栓在孔内，操作人员离开后再行牵引，在抱杆下8m段脱离抱杆上段后用白棕绳拉开，放平后再循环上述过程。

四、架线工程

（一）架线工程质量控制流程图

架线工程质量控制流程如图1-10-1-16所示。

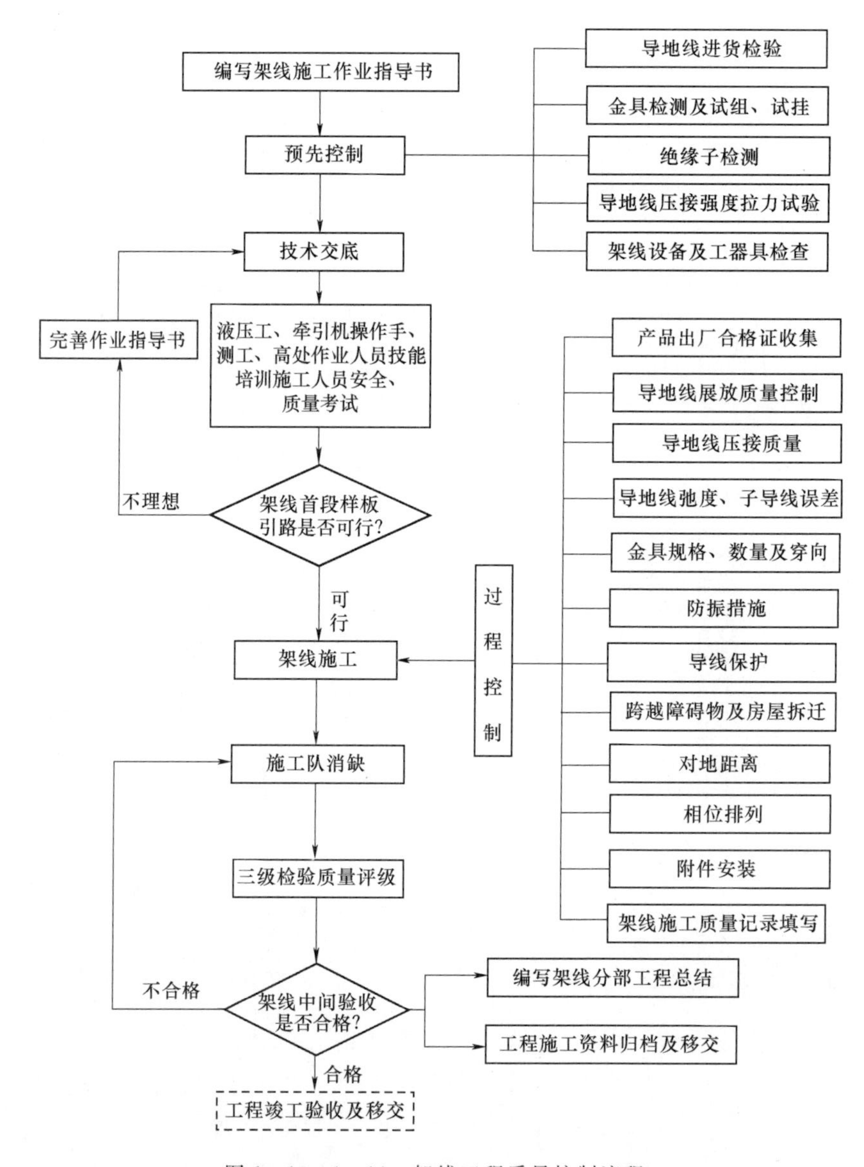

图 1-10-1-16　架线工程质量控制流程

（二）张力架线施工工艺流程

张力架线施工工艺流程如图 1-10-1-17 所示。

（三）架线及附件安装施工方法

架线及附件施工项目安装施工方法见表 1-10-1-7。

表 1-10-1-7　　架线及附件施工项目安装施工方法

序号	施工项目	安装施工方法	主要施工机具选择
1	牵张场选取	架线施工前结合图纸及现场情况进行优选。张力架线应考虑导线过滑车次数不宜过多，否则会影响导线的放线质量，放线段长度一般应控制在 6～8km 以内，过滑车个数控制在 20 个以内	

续表

序号	施工项目	安装施工方法	主要施工机具选择
2	跨越电力线施工	本标段跨越的10kV及以下电力线采取搭设木质跨越架进行带电跨越施工；当跨越35kV及以下电力线优先采用停电跨越的方式进行施工，若无法停电时，按带电跨越的方法进行跨越施工	LDK－40型带电跨越架（当地形不允许时可封网跨越）
3	其他跨越物	跨越的一般公路、等级公路、通信线等利用脚手杆或钢管搭设跨越架并用尼龙网封顶进行跨越施工；利用脚手杆或钢管分段搭设简易跨越架进行跨越施工。导引绳展放时先展放轻型引绳，然后利用引绳牵引导引绳，尽量减少青苗赔偿的损失	钢管、脚手杆（当地形不允许时可封网跨越）
4	导地线展放方法	导线采用"3×(一牵二)"放线模式，即采用3台牵引机和3台二线张力机，同步展放6根子导线。用无人机或动力伞展放ϕ4迪尼玛绳－ϕ10迪尼玛绳－ϕ16导引绳－ϕ30牵引绳，然后用ϕ30牵引绳"3×(一牵二)"展放导线。地线采用"一牵一"方式进行张力架线，牵引绳采用ϕ16。展放时按先地线，后导线的原则进行。导线和地线采用同场展放	250牵引机、SAZ－90×2张力机、SAQ－75牵引机、SAZ－40×2张力机
5	OPGW光缆展放方法	OPGW光缆采用"一牵一"专用牵张设备进行张力架线。由于OPGW光缆受盘长的限制，很难与导线同场展放，根据现场实际情况尽可能地选择同场展放，无条件时与导线分开展放。OPGW光缆放线的施工措施见有关标准	SAQ－75牵引机、SAZ－40×2张力机
6	放线滑车悬挂	OPGW光缆采用HC1－ϕ916×110单轮挂胶放线滑车，并与其金具串的合适金具相连接。地线采用HC1－ϕ660×100mm单轮尼龙放线滑车，并与其金具串的合适金具相连接。导线采用SHD－3NJ－1000/120型三轮放线滑车，放线滑车与导线绝缘子串上的合适金具相连接或采用其它方法悬挂，耐张塔采用定长索具悬挂双滑车，两滑车之间采用刚性连接	HC1－ϕ916×110单轮挂胶放线滑车、HC1－ϕ660×100mm单轮尼龙放线滑车、SHD－3NJ－1000/120型三轮放线滑车
7	导引绳展放	采用无人机或动力伞展放导引绳	ϕ4、ϕ10、ϕ16导引绳
8	紧线	导地线采取直线塔紧线，耐张塔高空断线，平衡挂线方式；断线、压接均在高空作业平台上进行；弛度观测以平行四边形法为主，角度法为辅	5t机动绞磨
9	附件	附件提线使用8套二线提线器，利用铁塔施工眼孔双侧起吊，以防止横担头受扭；附件前在耐张段内每基铁塔上同时对导地线划印，按连续倾斜档的让线值计算软件程序进行让线值计算，并按让线值进行让线安装	二线提线器
10	间隔棒安装	利用作业人员在高空导线上测距，高空安装间隔棒和相间间隔棒	
11	导地线连接	全部采用液压连接的方法，直线接续管采取张力场集中压接，耐张管采取空中压接	300t液压机

（四）放线主工器具选择

1. 导线、地线的相关参数

导线、地线的相关参数见表1－10－1－8。

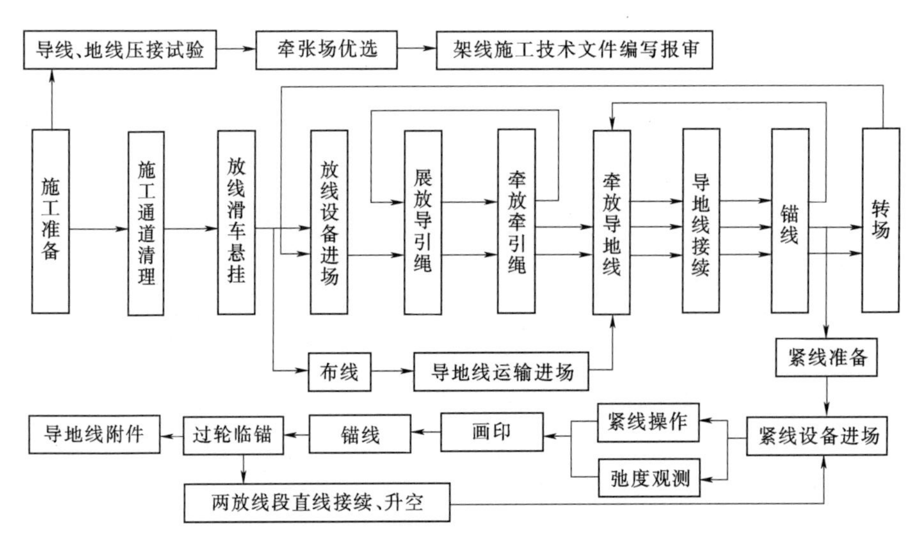

图 1-10-1-17　张力架线施工工艺流程

表 1-10-1-8　　导线、地线的相关参数

线别	型　　号	直径/mm	截面/mm^2	单重/(kg/m)	破断力/kN	备注
导线	6×JL1/G2A-1250/100	43.11	1329.95	4055.1	289.18	
地线	JLB20A-150	15.75	148.07	989.4	178.57	
	OPGW-150	16.6	150	1055	182.00	

根据表 1-10-1-8 综合考虑，选取 6×JL1/G2A-1250/100 导线、OPGW-150 光缆、JLB20A-150 地线作为计算模型。

2. 放线方式的选择

牵引机出口牵引力是放线过程中出现的牵引机的最大牵引力，用于核算牵引机能力；牵引绳力是计算区段中在牵引绳上出现的最大张力，用于核算牵引绳强度；因为高差的关系，牵引绳最大张力要高于牵引机出口牵引力。如果使用“3×(一牵二)”展放导线，牵引绳最大瞬时牵引力达 572.58kN，需购置用大吨位牵引机和破断力 756kN 的牵引绳，此种方法已在±800kV 灵绍线路、±660kV 宁东-山东线路使用“3×(一牵二)”放线，工艺成熟，有现成放线工器具，故本工程使用“3×(一牵二)”放线工艺。

本工程的采用“3×(一牵二)”放线方式，选择 3×ϕ30 的牵引绳牵引导线，通过 ϕ16 的导引绳和配套的连接工具作为辅助传递。

3. 主要工具、机械的选择

架线主要施工机具的准备按照青河特高压直流线路工程 1250mm^2 级大截面导线张力架线施工工艺导则的相关要求进行选择，具体参数如下：

(1) 牵引绳选择。根据牵引绳的综合破断力要求，选择牵引绳最大破断力必须大于或等于 329.7kN，牵引绳可选用现有的 ϕ30（型号为 YL30-18×29Fi）抗扭型钢丝绳（每条长度约 500m，钢丝公称抗拉强度等级 1960N/mm^2，破断力为 640kN）。

(2) 导引绳选择。导引绳的综合破断力 P_P 要求如下：

$$P_P \geqslant Q_P/4 = 540/4 = 135(\text{kN})$$

根据导引绳的综合破断力要求，选择导引绳最大破断力必须大于或等于135kN，导引绳可选用ϕ16抗扭型钢丝绳（每条长度约1000m，钢丝公称抗拉强度等级1960N/mm^2，破断力为165kN）。

（3）主牵引机选择。本标段以一般山地、高山大岭为主，地形差异较大，K_P取值为0.25。以6×JL1/G2A－1250/100型钢芯成型铝绞线的计算拉断力为289.18kN作为机械选择的主要导线。

“一牵二”主牵引机额定牵引力可按下式选用：

$$P \geqslant mK_P T_P$$

式中　P——主牵引机的额定牵引力，kN；

m——同时牵放子导线的根数；

K_P——选择主牵引机额定牵引力的系数，可取$K_P=0.25\sim0.33$，根据具体的地形地貌条件选用相应的系数，本标段为平地、丘陵取$K_P=0.25$；

T_P——被牵放导线的保证计算拉断力，kN；保证计算拉断力T_P为计算拉断力的0.95倍。

主牵引机的卷筒槽底直径应不小于牵引绳直径的25倍。

为保证牵引绳不在主牵引机卷扬机构上打滑或松脱（掉套），应保持牵引绳尾部张力满足下式：

$$2000\text{N} < P_W < 5000\text{N}$$

式中　P_W——牵引绳尾部张力，N。

经计算，$P \geqslant 2\times0.25\times289.18\times0.95\approx137.36(\text{kN})$，卷筒槽底直径$\geqslant 25\times30=750(\text{mm})$，故选择型号为SAQ－25的主牵引机。该型号主牵引机最大牵引力$P_m=280\text{kN}$，持续牵引力$P_e=250\text{kN}$，卷筒槽底直径为960mm，通过抗弯连接器直径为75mm。

（4）主张力机选择。主张力机单根导线额定制动张力可按下式选用：

$$T = K_T T_P$$

式中　T——主张力机单导线额定制动张力，kN；

K_T——选择主张力机单导线额定制动张力的系数$K_T=0.12\sim0.18$，根据具体的地形地貌条件选用相应的系数，本标段为一般山地、高山大岭取$K_T=0.15$。

主张力机的导线轮槽底直径应满足下式：

$$D \geqslant 40d - 100$$

式中　D——张力机的导线轮槽底直径，mm；

d——被展放的导线直径，mm。

导线尾部张力应满足下式：

$$1000\text{N} < T_W < 2000\text{N}$$

式中　T_W——导线的尾部张力，N。

经计算，$T=0.15\times289.18\times0.95=41.21(\text{kN})$，$D \geqslant 40\times43.11-100=1624.4(\text{mm})$。可选择型号为SAZ－2×90、额定制动张力为2×90kN、导线轮槽底直径为

1850mm 的张力机配合放线。

（5）与牵引绳相关连接器的选择。牵引绳的使用安全系数为 3.0，牵引绳综合破断力 Q_P 为 329.7kN。则与牵引绳相关连接器最大使用负荷为

$$H_{max}=Q_P/K=329.7\div 3=109.9(kN)$$

选用 DHG－25 型抗弯连接器，其额定荷载为 250kN（牵引绳间连接）。

选用 SLX－32 型旋转连接器，其额定荷载为 320kN（牵引绳与走板连接）。

导线走板选用 SZ4B－25 型二线走板，其额定负荷为 250kN。

（6）与导线相关连接器的选择。每根导线的最大负荷为

$$D_{max}=H_{max}/n=109.9\div 2=54.95(kN)$$

选用 SLW－120 型单头导线网套连接器，其额定负荷均为 120kN。SLX－13 型旋转连接器（导线与走板连接），其额定负荷为 130kN。

（7）与导引绳相关连接器的选择。导引绳的使用安全系数为 3.0，则最大使用负荷为

$$HP_{max}=PP_1/K=135\div 3=45(kN)$$

选用 DHG－8 型抗弯连接器（导引绳间连接）、SLX－8 型旋转连接器（牵引绳与导引绳连接），其额定负荷均为 80kN。

（8）小牵引机选择。小牵引机的额定牵引力可按下式选择：

$$P\geqslant 0.125Q_P$$

式中　P——小牵引机的额定牵引力，kN；

Q_P——牵引绳的综合破断力，kN。

经计算，$P\geqslant 1/8\times 329.7=41.21(kN)$，可选择现有的型号为 SAQ－75、额定牵引力为 75kN 的小牵引机。卷筒槽底直径≥25×d（牵引绳直径）＝25×16mm＝400mm，选用 SAQ－75 型牵引机（连续牵引力 75kN，卷筒槽底直径 500mm），可满足放线的需要。

（9）小张力机选择。小张力机的额定制动张力可按下式选择：

$$t\geqslant 0.067Q_P$$

式中　t——小张力机的额定制动张力，kN。

经计算，$t\geqslant 1/15\times 329.7=22.09(kN)$，可选择现有的型号为 SAZ－40×2、运行制动张力 40kN 的小张力机。卷筒槽底直径≥25×d（牵引绳直径）＝25×30mm＝750mm，选用 SAZ－40×2 型张力机（卷筒槽底直径 1400mm），可满足放线的需要。

（10）导、地线滑车选择。根据《放线滑轮基本要求、检验规定及测试方法》（DL/T 685—1999）对放线滑车的槽底直径的要求，有

$$D_{导车}\geqslant 20D_{导线}=20\times 43.11=862.2(mm)$$

$$D_{地车}\geqslant 15D_{地线}=15\times 15.75=236.25(mm)$$

$$D_{光车}\geqslant 40D_{光缆}=40\times 16.6=664(mm)$$

式中　$D_{导线}$——导线直径，mm，JL1/G2A－1250/100 导线直径为 43.11mm；

$D_{地线}$——地线直径，mm，JLB20A－150 地线直径为 15.75mm；

$D_{光缆}$——光缆直径，mm，OPGW－150 缆直径为 16.6mm。

根据导线、地线及光缆放线滑车的槽底直径要求，导线放线滑车采用 SHD－3NJ－1000/120 型（槽底直径 ϕ1000）三轮放线滑车。在转角超过 30°的转角塔，宜采用加强型

滑车；在转角40°以上的转角塔，应采用加强型滑车；在垂直挡距较大的塔位，也可采用加强型滑车。地线可采用外径为ϕ660（槽底直径ϕ560）单轮放线滑车，光缆采用外径为ϕ916（槽底直径ϕ800）单轮放线滑车。

本工程最大挡距为1276m，则导线放线滑轮所受的下压力为

$$N_1 = nL_h g_{导} = 2\times1276\times40.55 = 81100(N) = 64.64kN$$

地线放线滑轮所受的下压力为

$$N_1 = L_h g_{地} = 1276\times9.894 = 9894(N) = 7.885kN$$

导线选用的SHD-3NJ-1000/120型三轮放线滑车，额定荷载为120kN>64.64kN；地线可采用外径为ϕ660（槽底直径ϕ560）单轮放线滑车，承载力30kN；光缆采用外径为ϕ916（槽底直径ϕ800）单轮放线滑车，承载力30kN。以上滑车均符合要求。

（11）导线滑车专用挂具的选择。本工程直线塔、直线转角塔采用悬垂绝缘子串下方使用专用联板挂设放线滑车，联板加工为梯形，板厚24mm，材质为Q345，其承载能力360kN（经电科院做拉力试验）；三个三轮滑车采取等距悬挂的方式，挂于联板下部对称的三个挂孔上。

经以上计算，每个导线放线滑车承受最大下压力荷载为64.64kN，则专用挂具承受最大下压力荷载为64.64×3=193.92(kN)<360kN，符合要求。

（12）主要架线施工机具见表1-10-1-9。

表1-10-1-9　　　主要架线施工机具一览表

机具名称	规格	单位	数量	备　注
吊车	50t	台	1	张力场
吊车	25t	台	1	牵引场
主张力机	SAZ-90×2	台	3	最大张力：2×90kN；持续张力：2×80kN
主牵引机	SAQ-250	台	3	最大牵引力：250kN；持续牵引力：240kN
小张力机	SAZ-40×2	台	1	最大张力：2×40kN；状况：良好
小牵引机	SAQ-75	台	1	最大牵张力：75kN
动力伞（无人机）		台	1	
货车	EQ1310GD5N	台	3	载货量：17.9t；运输导线、地线、光缆
液压机	300t	台	6	导线地面压接
轻型液压机	300t	台	2	导线高空压接
液压机	200t	台	2	地线接续管压接
地线滑车	ϕ660单轮	个	40	允许负载：30kN；滑轮宽：110mm；轮槽底径：560mm
光缆滑车	ϕ916单轮	个	40	允许负载：30kN；滑轮宽：120mm；轮槽底径：800mm
导线滑车	ϕ1160三轮	个	240	挂胶、允许负载：120kN；滑轮宽：150mm；轮槽底径：1000mm
高速转向滑车	SHG-916	个	10	额定负载：150kN；外径：916mm
两线牵引走板	25t	个	6	满足技术要求
升空滑车		个	4	

续表

机具名称	规格	单位	数量	备　注
导线分离器		个	8	六分裂导线用
旋转连接器	SLX-8	个	30	额定负载：80kN
旋转连接器	SLX-13	个	12	额定负载：130kN
旋转连接器	SLX-32	个	4	额定负载：320kN
抗弯连接器	DHG-8	个	90	额定负载：80kN
抗弯连接器	DHG-32	个	120	额定负载：250kN
抗弯旋转连接器	8t	个	8	额定负载：80kN
杜邦丝	ϕ3.8	km	30	综合破断力：2.92kN
高强锦纶绳	ϕ8	km	40	综合破断力：18.5kN
高强锦纶绳	ϕ16	km	40	综合破断力：78.8kN
牵引绳	ϕ30	km	30	综合破断力：640kN
导引绳	ϕ16	km	70	综合破断力：114kN
导线牵引管		个	120	破断载荷：不小于60%导线额定拉断力
导线网套连接器	SLW-12	个	18	单头、额定负载：120kN
网套连接器	SLW-5	个	3	单头、额定负载：50kN
网套连接器	SLW（S）-5	个	3	单头、额定负载：50kN
导线卡具	SKLX100	个	192	额定负载：90kN；适用于JL1X1/G3A-1250/70导线
手扳葫芦	12t	个	120	固定牵、张设备、附件安装、锚线
锚线绳	ϕ26钢丝绳	根	96	牵张场线端临锚
锚线绳	ϕ21.5钢丝绳	根	48	高空临锚
压接管护套		套	80	适用于JL1X1/G3A-1250/70导线
压接管护套		套	10	按铝包钢绞线型号选用
高空作业台		套	4	
软梯	14m	套	30	
卸扣	20t	个	40	
卸扣	16t	个	120	
卸扣	10t	个	400	
卸扣	8t	个	80	
地锚	15t	个	60	
地锚	10t	个	40	
地锚	5t	个	40	
锚线架		套	120	
地锚	15t	个	60	大牵机、大张机、导线线端临锚
地锚	10t	个	40	小牵机、小张机、地线、光缆线端临锚

续表

机具名称	规格	单位	数量	备　注
提线器	一提二	个	30	适用于6×JL1/G2A－1250/100导线
剥线器		个	6	适用于6×JL1/G2A－1250/100导线
液压断线器		个	8	适用于6×JL1/G2A－1250/100导线
导线滑车专用挂具	SHB360	个	50	额定荷载360kN

（五）架线工程施工程序

架线工程施工作业流程如图1－10－1－18所示。

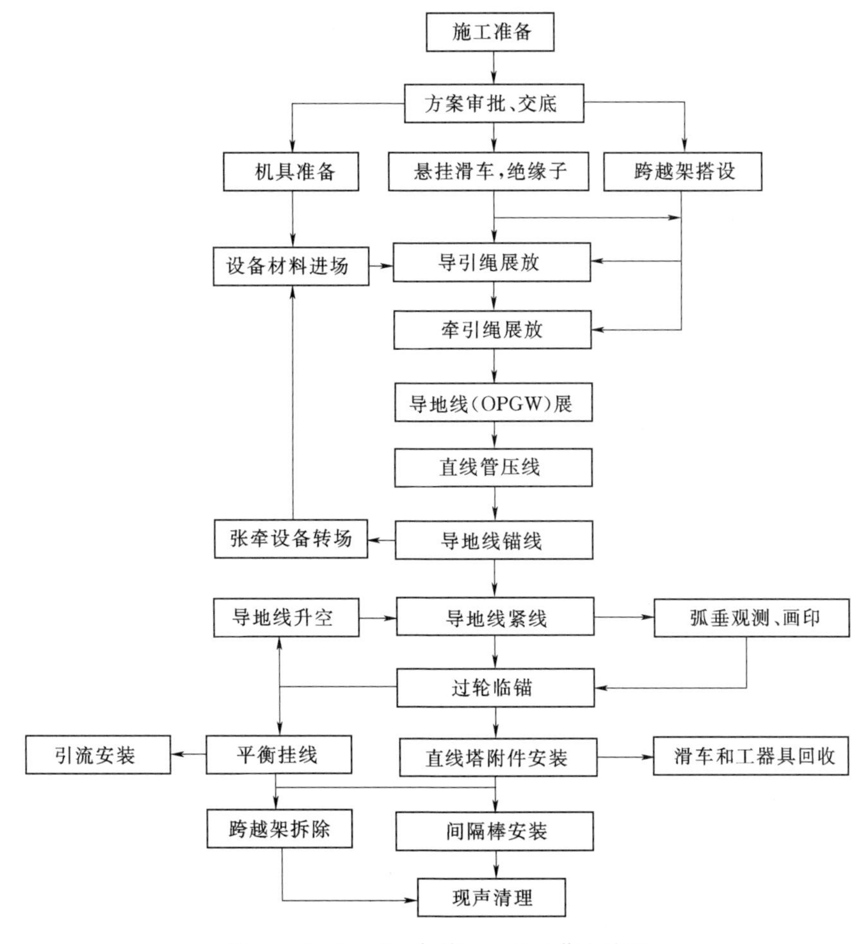

图1－10－1－18　架线工程施工作业流程

（六）架线施工准备

1. 技术准备

（1）设计图纸。施工前认真组织审查、学习全套架线施工图，结合±800kV架空送电线路施工及验收规范、±800kV架空送电线路张力架线施工工艺导则、±800kV架空送电线路工程施工质量检验及评定规程等标准，掌握架线施工的工艺、质量要求。

（2）施工作业指导书。完成《张力架线施工方案》《导线、地线弛度表》《导、地线液压施工手册》《金具组装手册》《跨越施工安全技术措施》《重要跨越施工方案》等作业指导书的编制、审批、培训和安全技术交底。

2. 人员准备

（1）全部架线施工人员参加规程规范、管理制度、施工图和作业指导书培训，通过考试合格后上岗工作。其中特殊工程人员做到持证上岗；所有工作经过安全技术交底方可施工。

（2）每个施工队必须设置专职/兼职安全员。

（3）全体施工人员均应通过体检，机械操作、液压、高空等特种作业人员持有相应作业许可证并在有效期内。

3. 牵张场的布置要求

（1）牵张场及放线区段的确定。根据《±800kV架空送电线路施工及验收规范》（Q/GDW 1225—2014）规定的原则，结合本工程的特点，施工过程中应对沿线的交通情况、地形情况等详细调查后对牵张场进行选择。放线区段的长度一般以6～8km为宜，导线通过放线滑车数量应控制在16个以内，最多不得超过20个。最终方案根据现场的实际情况组织技术人员进行合理优化，并报监理工程师审批后确定。

（2）牵张场的布置要求如下：

1）通往牵张场的道路应平整，并保证运输车辆、吊车、设备能到达目的地。对运输条件较差的牵张场地道路应予以修整，修整后的道路宽度不应小于4m，弯道转弯半径不小于8m，坡度不大于15°。对牵张设备和车辆经过的桥进行鉴定，采取相应措施。

2）临锚地锚与邻塔导线悬挂点的仰角不得大于25°。

3）三台张力机应平行布置，在保证安全的前提下，尽可能缩小两张力机的距离。

4）牵张机或转向滑轮与邻塔导线悬挂点的仰角不宜大于15°，与导线的水平夹角不宜大于5°。

5）牵张场的所有地锚均应回填夯实，并采取措施防止积水或雨淋浸泡。

6）牵张机采用两个9t手搬葫芦与地锚连接。

（七）机械材料运输

1. 导线运输

本工程采用6×JL1/G2A－1250/100大截面导线，重量为4.0551kg/m，导线长度为每轴2500m，净重为10.2t。导线采用PL/4 2600×1500×1900全钢瓦楞结构线轴包装。

（1）线轴的吊装。可拆卸式全钢瓦楞结构线轴具有重量大（毛重最大可达11t）、体积大特点，在施工中吊装、运输有一定的难度，严格执行运输方案为保证线轴的吊装质量及运输的安全，根据线轴的特点，线轴吊装采用专门设计的槽钢吊架使用25t汽车起重机吊装。在起吊前使用特制的吊装架，保证在起吊过程中线轴侧板不受挤压。可拆卸式全钢瓦楞结构线轴吊装需采用钢结构吊架。汽车起重机吊装线轴是工程运用中的重要环节需要规范操作，须持证上岗，以保证吊装的安全、有效减小对线轴和吊套的损害。

(2) 运输过程中的保护措施。在装线轴的运输过程中，需在侧板这下方安装曲率与侧板外径一致的保护装置（道木）。将线轴吊装在卡车的重心位置处，要求线轴立放，严禁平放，线轴底部前后侧分别用道木（200mm×200mm×2200mm）衬垫，使线轴距离车厢底部50～80mm，以防线轴与车厢底单点受力后，造成线盘边缘局部变形，正确的运输方式如图1-10-1-19所示。

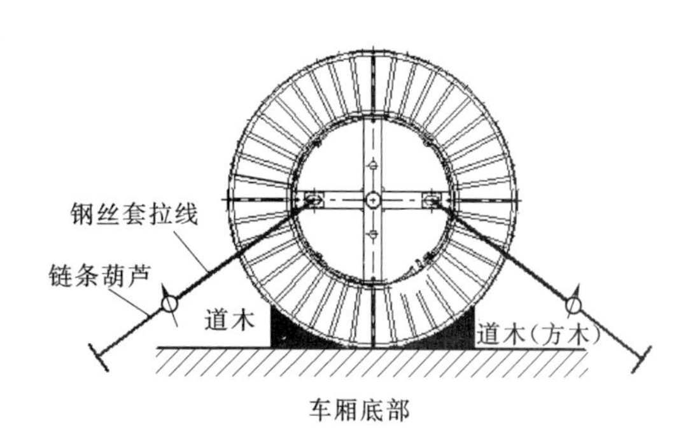

图1-10-1-19　运输过程中对线盘的保护措施

线轴前后侧道木（方木）用4股8号铁丝提前缠绕在道木上，待线轴就位后，用小尖撬杠将铁丝绞紧，在线轴两侧各用两根不小于$\phi 13$的钢丝套、3t链条葫芦收紧，钢丝套的一端安装在线轴上另一端安装在车厢上。防线轴在运输过程中滑动及倾倒。

(3) 存放过程中的保护措施。线轴的存放中应避免摔碰、冲击、损坏。装载后的交货盘侧板应保持与地面处于垂直状态。拆卸后的交货盘堆放高度不宜过高以避免各部件的变形和损坏。

2. 合成绝缘子运输

合成绝缘子吊装前保持原硬纸筒包装储存、运输，装卸须通过斜面跳板和尼龙绳缓慢装、卸车，人力抬运时中间必须有抬起受力点，防止弯曲。堆放高度满足厂家要求并不超过3m。

3. 玻璃绝缘子的运输

对玻璃绝缘子（瓷质绝缘子）产品应整筐搬运，应轻拿、轻放、稳搬、稳码。严防撞击，严禁抛掷。翻滚、摇晃，以防瓷体损坏。对包装破坏或不全者，在装车前应采取有效防护措施。

4. 金具的运输

金具在材料站检查后，仍然装箱运输，金具之间垫以草垫等软包装填充物，避免磨损、碰伤。

(八) 线路跨越原则

(1) 跨越电力线、通信线时，要事先与有关部门取得联系，不停电跨越电力线架线前，应向运行部门书面提供不停电跨越施工方案并申请“退出重合闸”，落实后方可进行不停电跨越施工。

(2) 跨越公路、铁塔时应与主管部门办理施工许可手续，且经批准后执行跨越施工方案。

(九) 放线滑车的悬挂

1. 双滑车悬挂原则

(1) 转角塔悬挂双滑车。

(2) 垂直荷载超过滑车的额定工作荷载时。

(3) 接续管及接续管保护套过单滑车时的荷载超过允许值，可造成接续管弯曲时。

（4）放线张力正常后，导线在放线滑车上的包络角超过30°时。

（5）本工程悬挂双滑车的塔位详见各张力放线区段设计。

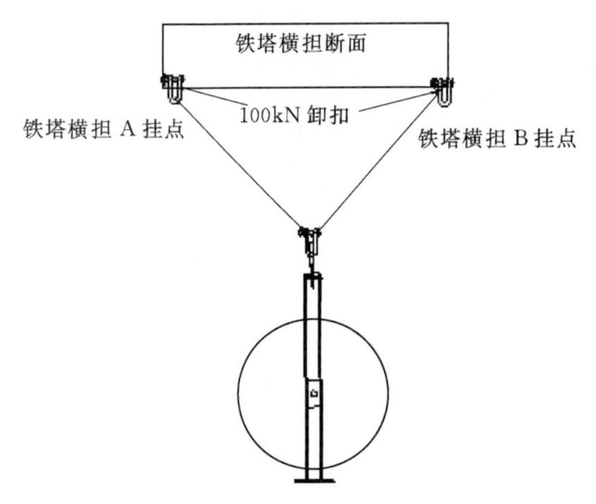

图1-10-1-20　耐张塔地线滑车悬挂示意图

2. 地线滑车悬挂原则

地线展放时全部利用其挂点金具U-16S环挂单ϕ660单轮尼龙滑车。

地线的耐张塔的滑车采用2-ϕ15.5×1m的钢丝套通过50kN卸扣挂在耐张塔地线挂点的施工用孔上，如图1-10-1-20所示。

3. 直线塔滑车的悬挂方式

放线滑车悬挂一般有两种方法，即常规挂法和高挂法。

（1）常规挂法：放线滑车悬挂在绝缘子串下或者挂具下。

（2）高挂法：遇特殊跨越时，放线滑车通过较短挂具悬挂在横担上。

4. 悬挂单或双放线滑车的判定

“3×（一牵二）”放线方式每极导线横线路需悬挂三个放线滑车，顺线路方向根据塔位承受放线时的垂直压力或下列情况之一选择判定悬挂单或双放线滑车（挂双滑车时须用支撑杆间隔）：

（1）垂直荷载超过滑车的最大额定工作荷载时。

（2）放线张力正常后，导线在放线滑车上的包络角超过30°时。

（3）接续管保护套过滑车时的荷载超过其允许荷载（通过试验确定），可能造成接续管弯曲时。

5. 直线塔导线放线单滑车悬挂

直线塔采用悬垂绝缘子串，下方使用专用联板挂设放线滑车。

（1）滑车悬挂前，按照设计图纸要求将绝缘子金具串组装完成，并通过特制联板将滑车组装完成。

（2）在铁塔施工孔悬挂5t滑车，并在横担与塔身接触部位、塔脚处加装5t转向滑车，通过ϕ15磨绳连接至5t绞磨，作为提升放线滑车的主动力；在横担两个挂线点处悬挂滑车，丙纶绳一端与已组装好绝缘子金具串相连，另一端至人力。滑车提升时，绞磨作为主动力，随着滑车的提升，通过人力配合，逐步将绝缘子拉至挂线点处进行连接。

（3）悬挂时需注意两点：一是整个过程需由现场施工负责人指挥，以确保配合得当；二是确保两挂点处连接牢固前，绞磨不得熄火。

6. 联板加工及使用注意事项

（1）联板加工为梯形，板厚24mm，材质为Q345，其承载能力360kN；三个三轮滑车采取等距悬挂的方式，挂于联板下部对称的三个挂孔上；联板上部两边挂孔与金具联板

中心大孔连接，孔径为51mm，须加装加强管，以保证受力安全。

（2）为便于滑车与联板一起起吊悬挂，在联板上部中间挂孔正下方的联板中心轴线方向设置吊装施工孔。

（3）滑车在地面与联板组装好，钢丝绳套与吊装施工孔连接，通过绞磨将滑车与联板一起吊装于金具挂板上连接。

（4）联板的各个挂孔应采取加强焊接，以防止受力产生豁口。

7. 直线转角塔放线滑车悬挂

直线转角塔采用悬垂绝缘子串，下方使用专用联板挂设放线滑车，具体操作过程与直线塔悬挂放线滑车相同。

8. 直线塔、直线转角塔挂双滑车挂设

导线包络角大于30°的直线塔采用双滑车（前后双滑车，旨在减小滑车包络角），如图1-10-1-21所示。两滑车之间用两根100mm×5mm×2000mm槽钢硬撑连接。放线过程中，分别在铁塔横担和塔身上各加装两根钢丝绳，利用手板葫芦调整三个放线滑车距离，使放线滑车间距超过1.5m。导线展放完毕后，紧线前将加装的钢丝绳去掉，并调整放线滑车的挂长，保证三个放线滑车高度一致，以便于紧线施工。

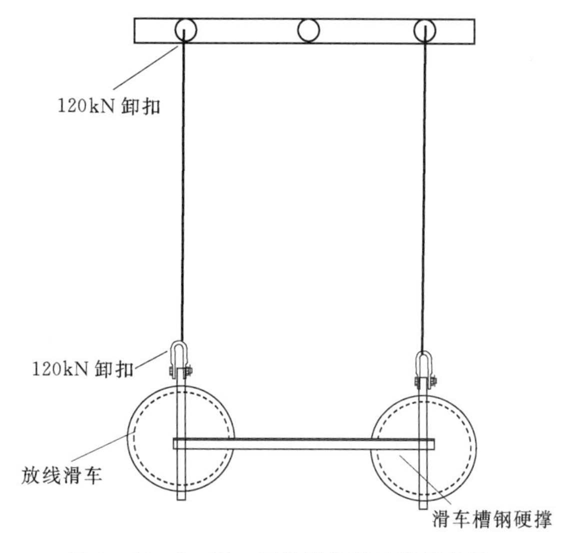

图1-10-1-21 双放线滑车挂设示意图

9. 耐张塔单滑车的悬挂方式

耐张转角塔导线放线滑车（单滑车）悬挂时，采用两根ϕ26钢丝绳在转角塔导线横担前后两侧放线施工孔上用120kN卸扣连接。耐张转角塔导线放线滑车（双滑车）悬挂时，通过一根4m长ϕ26钢丝绳套和120kN卸扣与转角塔导线放线施工孔相连。在导线横担前后侧各悬挂一个导线放线滑车，两滑车间用100mm×5mm×2000mm槽钢相连。

10. 放线滑车的悬挂方法

（1）单合成绝缘子V形串悬挂时应特别注意中间主提升系统的30kN滑车挂在横担B挂点，两侧导线V形串挂点处的10kN滑车的位置应为挂点内侧高处的主材上，考虑挂点金具的重量较大，挂点就位时两名高空人员协同操作；地线支架小尼龙滑车位置为施工方便选定地线挂点附近水平铁采用ϕ13.5×1.5m钢丝套和30kN级U形环悬挂，导线横担端头的两个小尼龙滑车采用同样方式悬挂在横担端头的主材上。合成绝缘子内层包装不要拆除，合成绝缘子的整体环型均压环应安装。

（2）双合成绝缘子V形串悬挂使用特制的连接板将两侧的合成绝缘子串上端金具连接，采用两台绞磨和两套牵引系统在挂点附近同时起吊悬挂。双串双滑车提升时，将两串绝缘子和九轮放线滑车分别在地面组装好，并用 80mm×6mm×1500mm 撑铁连接好，用两套提升系统同时进行提升。

（3）对于耐张塔，前后同时起吊提升，30kN 起重滑车的位置选择在同侧中间挂板的孔，然后各自连接单倍滑车组，通过两台 50kN 机动绞磨同时起吊安装放线滑车。

11. 挂滑车施工注意事项

（1）在跨越高压线路时，跨越挡两端滑车采用接地放线滑车，并与横担之间应有临时接地装置。

（2）严格按区段设计要求，悬挂双滑车。转角塔前后滑车需不等长悬挂的，选择定长钢绳套，准备对应塔号的压线滑车。

（3）合成绝缘子必须轻拿轻放，运输和施工过程中一定注意保证不磨损合成绝缘子。

（4）当放线区段内有重要跨越时，采用 ϕ21 钢丝绳套子将滑车做好二道保险。

（5）挂双滑车塔位，无论何种塔型，均应计算因临塔挂点高差引起的导线在两滑车顶处的高度差或挂具长度。

（十）张力放线

根据±800kV 架空输电线路张力架线施工工艺导则的规定，放线区段的长度一般以 6～8km 为宜，导线通过放线滑车数量应控制在 20 个以内。结合本工程的特点，施工过程中应对沿线的交通情况、地形等情况，经详细调查后选择放线区段。

1. 牵、张场的选择、布置要求

（1）牵张机与邻塔导线悬挂点的仰角不宜大于 15°。

（2）牵、张场地形较平坦，能满足容纳放线所需设备、线轴的需要。

（3）牵引机、张力机、吊车等机械能顺利（或修桥、补路后）到达牵场、张场。

（4）每个张场、牵场事先埋好所有机械锚固地锚、导地线锚固地锚。

（5）大张、大牵一般布置在线路中心线上，张、牵机鼓轮对准出线方向，在保证安全的前提下，尽可能缩小两张力机的距离。

（6）牵场、张场的所有地锚均应回填夯实，并采取措施防止积水或雨淋浸泡。

2. “3×(一牵二)”张力场的布置

“3×(一牵二)”张力场的布置示意图如图 1-10-1-22 所示。

3. “3×(一牵二)”牵引场的布置

“3×(一牵二)”牵引场的布置示意图如图 1-10-1-23 所示。

4. 各级导引绳、牵引绳、导地线展放程序

各级导引绳、牵引绳、导地线展放程序如图 1-10-1-24 所示。

当施工段内全部 ϕ3.8 杜邦丝展放完后，分段将 ϕ3.8 杜邦丝人工抽换为 ϕ8 高强锦纶绳。然后将分段展放的引绳相连接，放入同相的滑车内，同时抽紧引绳；并将连通的 ϕ8 高强锦纶绳端头与盘绕在张力机上的 ϕ16 高强锦纶绳相连。另一端和张力场的小牵引车相连。启动牵引车，控制张力将 ϕ16 高强锦纶绳牵出至张力场（初级牵引稍带张力即可）。

5. 地线展放

地线及 OPGW 光缆展放采用一牵一展放方式，OPGW 光缆的展放施工严格按照生产

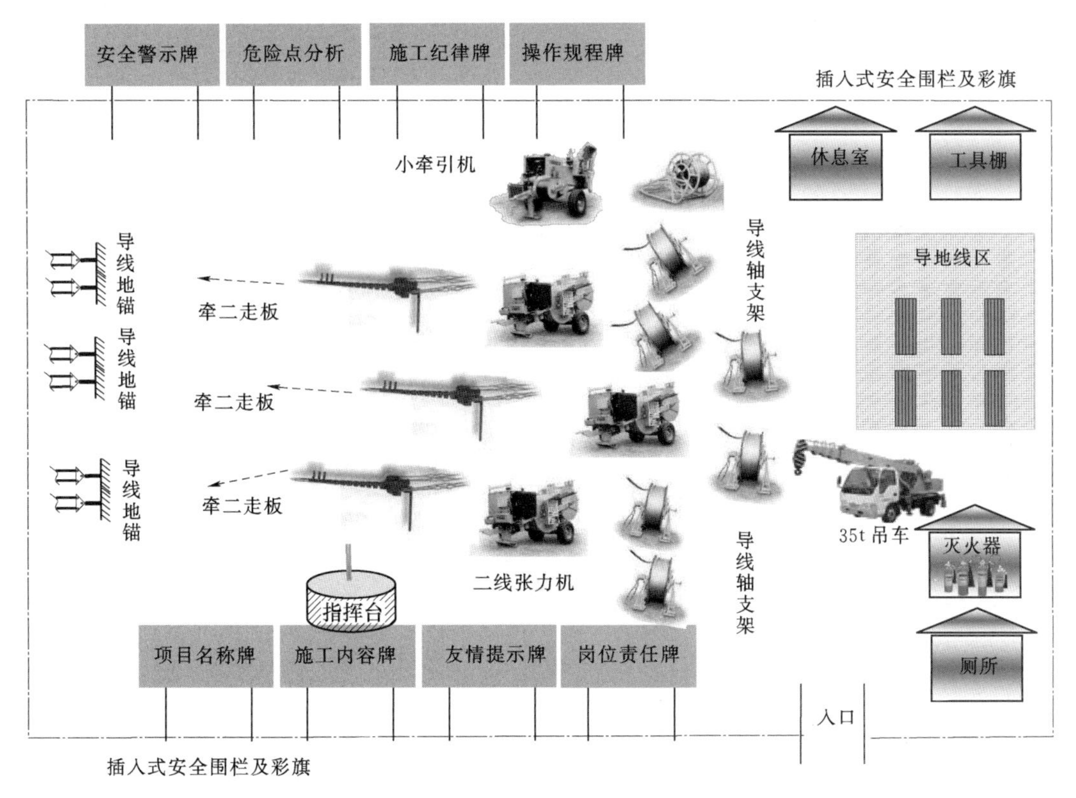

图 1-10-1-22 “3×(一牵二)”张力场的布置示意图

厂商的施工技术要求进行安装。

以导引绳作为架空地线张力放线的牵引绳，使用小牵引机、小张力机牵放架空地线。现场布置应与导线张力放线统一考虑。OPGW 放线区段长度应与 OPGW 长度相适应。牵场、张场所在位置应保证 OPGW 进出口仰角不大于 25°，水平偏角小于 7°。当张力展放 OPGW 时，按制造厂家的技术规定进行施工，OPGW 在放线滑车上的包络角不得大于 60°。

6. 导线展放

根据本标段交叉跨越情况、导线分裂根数、放线施工机具等综合因素考虑，本次张力放线施工本标段采取“3×(一牵二)”同步展放的 6 分裂导线。

(1) 根据《青河特高压直流线路工程 1250mm^2 级大截面导线张力架线施工工艺导则》的要求，成型铝绞线、大跨越及特别重要跨越导线牵引中，必须采用牵引管。本标段导线为 6×JL1/G2A-1250/100 型钢芯成型铝绞线，采用牵引管代替网套，张力放线时，导线牵引管与牵引板末端的旋转连接器相连，通过牵引板牵引过滑车。

(2) 将 6 根子导线分别于 3 个两线走板相连。连接顺序为：ϕ30 牵引绳+32t 旋转连接器+两线走板+13t 旋转连接器+导线牵引管+导线。

7. 开始牵放前的重点检查项目

(1) 跨越架的位置和牢固程度。

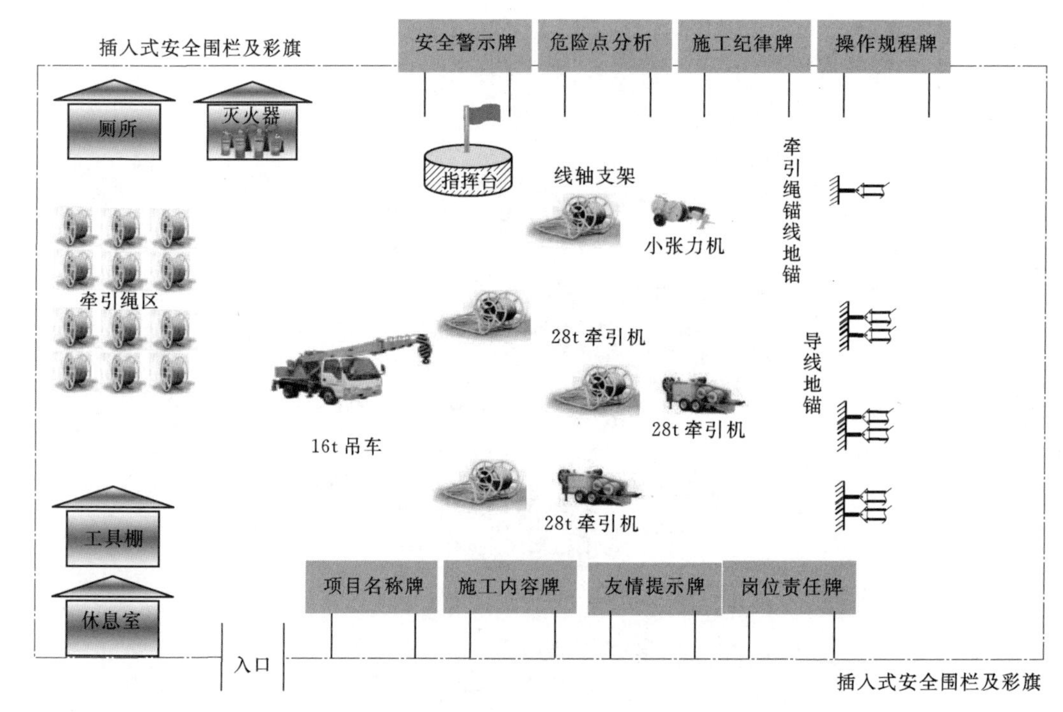

图 1-10-1-23 “3×(一牵二)”牵引场的布置示意图

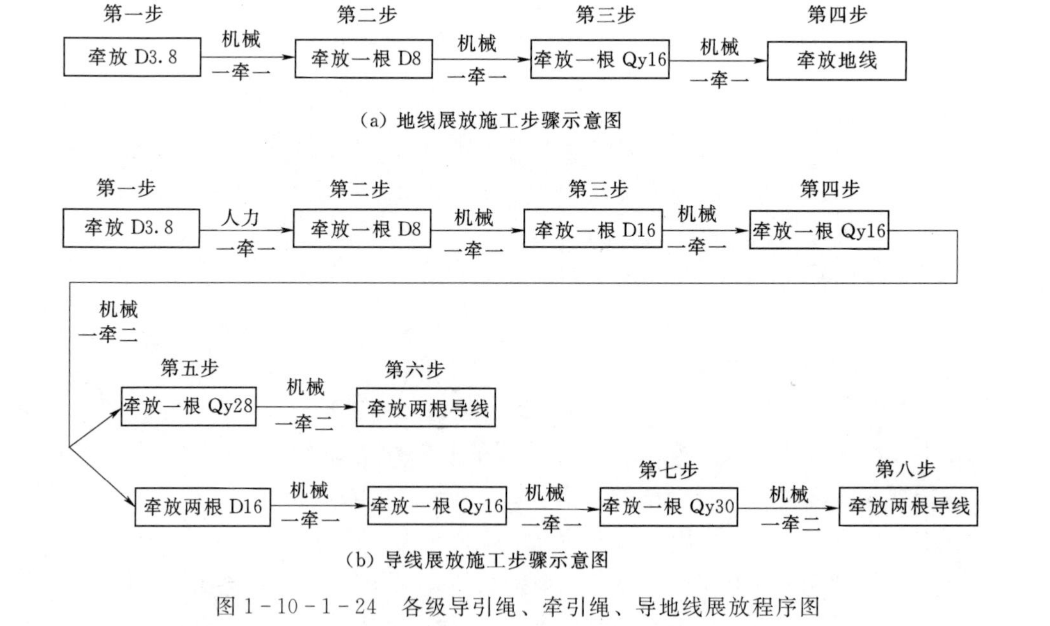

图 1-10-1-24 各级导引绳、牵引绳、导地线展放程序图

(2) 场地布置和机械锚固情况。

(3) 临时接地是否符合要求。

(4) 岗位工作人员是否全部到岗，通信联络是否畅通。

(5) 导地线、光缆与牵引绳、牵引绳与导引绳、导引绳之间等受力系统连接情况。

（6）机械无载起动，空载运转后检查是否符合使用要求；需对液压油预热的机械，起动前应进行温车。

（7）在所有放线滑车上牵引绳是否均位于正确槽位。

8. 牵张机操作

（1）调整好牵张机的整定值，慢速牵引导线，张力机调整子线张力，使走板保持平衡。当走板过第一基塔，并向第二基塔爬坡时，将张力调整到最小计算出口张力。导线调平后逐步调整至正常牵引速度，正常牵引速度控制在30～60m/min。通过直线放线滑车时，适当降低牵引速度，通过转角放线滑车时，牵引速度应控制在15m/min之内，并应注意按转角滑车监视人员的要求调整子导线张力和牵引速度。牵引板通过转角滑车后，应检查牵引板是否翻转、平衡锤位置是否正确，牵引板发现有任何异常均需先停止牵引后，再调整或恢复。牵放过程中应随时调整各子导线的张力机出口张力，使牵引板保持水平，平衡锤保持垂直（牵引板靠近转角塔放线滑车时，牵引板平面与滑车轮轴方向基本平行），为防止多分裂子导线在牵放过程中相互跳、绞，宜使其中少数子导线弛度稍低于其他，而形成若干间隔。

（2）三套张牵机同步展放6根子导线时，各子导线间放线张力基本相等，放线弧垂基本相同，放线速度基本相近。

（3）同步展放的牵引板应错开布置，三走板之间的距离为10～30m，并且在走板通过放线滑车时，速度应减慢。以防止牵引板间同时过放线滑车时，给铁塔和吊具造成较大的冲击。

（4）下列情况应减慢牵引速度：

1）当走板距放线滑车30m左右。

2）导线盘剩余约50m线时。

3）集中压接，松锚后接续牵引前30m。

4）连接器到达牵引机前10m左右。

5）导线换盘后继续牵引，至连接网套出张力机集中压接停机临锚前。

9. 导线换盘

在张力放线过程中，导线尾线在线轴上的盘绕圈数、导引绳及牵引绳尾绳在钢丝绳卷筒上的盘绕圈数均不得少于6圈，尾端应与线轴或卷筒固定。

10. 导线压接

张力放线的直线压接宜在张力机前集中进行，集中压接作业程序如下：

（1）线轴上尚剩6圈导线时停止牵引，张力机制动。

（2）将尾线用ϕ20尼龙绳、卡线器临时锚固在轴架上（锚固力为导线尾部张力）；将线轴上的余线放出后换线轴；将放出的线尾与新轴线头用双头网套连接器临时连接，将余线全部盘绕到新线轴上；恢复线轴制动，拆除尾线临锚。

（3）打开张力机制动，牵引机慢速牵引。网套连接器到达压接操作点时停止牵引，张力机制动。

（4）在压接操作点前将导线临时锚固（锚固力为放线张力）；打开张力机刹车，放出一段导线，拆除双头网套连接器，进行压接作业，压接完成后在接续管外安装保护套。

（5）拆除临锚。拆除方法可以使用张力机回盘导线，也可以是预先在锚线工具中串入一个缓松器，用缓松器松锚（张力放线除了张力机回卷，就是通过链条葫芦松锚，为提高效率就是采用张力机回卷）。临锚拆除后，打开张力机制动，继续牵引。

（6）以一组张力控制机构同时控制 2 根导线放线张力的张力机，集中压接时，应将同组导线均锚在张力机前，再松线压接。

（7）压接后的接续管安装保护钢甲后继续展放，对于导线直线管的钢甲在附件安装间隔棒时拆除；对于地线接续管钢甲在展放通过最后一基滑车后在高空拆除。

11. 耐张线夹与接续管主要参数

通过优化设计和大量试验，确定了 1250mm² 导线耐张线夹及接续管结构尺寸，主要参数见表 1-10-1-10。

表 1-10-1-10　1250mm² 导线耐张线夹及接续管结构尺寸和主要参数　单位：mm

型号	钢锚			铝管				
	钢管内径	钢管外径	压接长度	内径	外径	拔销长度	压接长度	铝管长度
NY-1250/100	14.2	36.0	180	51.0	80.0	150	530	795
JYD-1250/100	22.2	40.0	180	51.0	80.0	150	820	1050

12. 铝模或钢模

按照 Q/GDW 1571—2014 规定，铝模或钢模的主要技术参数见表 1-10-1-11。

表 1-10-1-11　铝模或钢模的主要技术参数

型号	钢模		铝模	
	规格/mm	推荐对边距/mm	规格/mm	推荐对边距/mm
NY-1250/100	36.0	30.76～30.86	80.0	68.6～68.7
JYD-1250/100	40.0	34.20～34.30	80.0	68.6～68.7

JLHA1/G2A-1250/100-84/19、JLHA4/G2A-1250/100-84/19 型高强（中强）钢芯铝合金导线铝管外径为 90mm，铝模推荐对边距为 77.20～77.30mm；钢模与 NY-1250/100 型的相同。

13. 大截面导线压接工艺要求

（1）耐张线夹“倒压”的定义。“倒压”是相对于液压施工规程中耐张线夹铝管的压接方向而言，指耐张线夹铝管的压接顺序是从导线侧管口开始，逐模施压至同侧不压区标记点，跳过“不压区”后，再从钢锚侧不压区标记点顺序压接至钢锚侧管口，如图 1-10-1-25 所示。“倒压”工艺只针对耐张线夹的压接，不涉及接续管的压接。

（2）接续管“顺压”的定义。“顺压”是相对于液压施工规程中接续管铝管的压接方向而言，指接续管铝管的压接顺序是从牵引场侧管口开始，逐模施压至同侧不压区标记点，跳过“不压区”后，再从另一侧不压区标记点顺序压接至张力场侧管口，如图 1-10-1-26 所示。“顺压”工艺只针对接续管的压接，不涉及耐张线夹的压接。

（3）压接机。进行接续管钢管及耐张线夹钢锚的压接时，可选用 1000kN、2000kN、2500kN、3000kN 等液压机及配套模具，在压接直线接续管和耐张线夹的铝管时，应选用

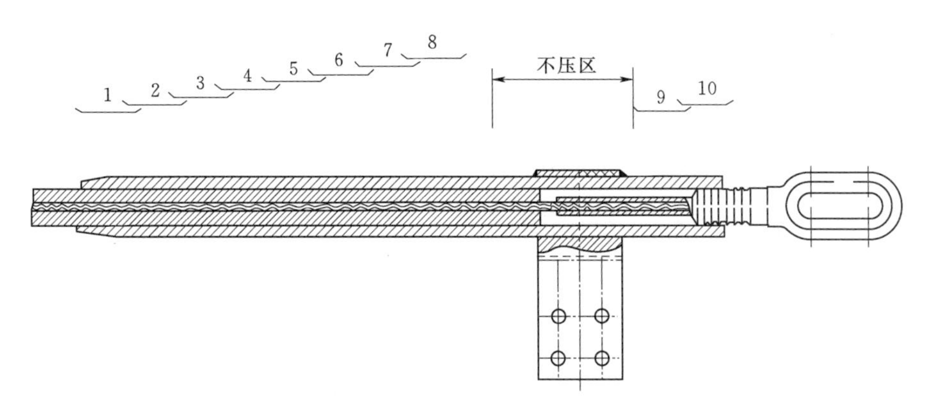

图 1-10-1-25　耐张线夹压接的“倒压”工艺

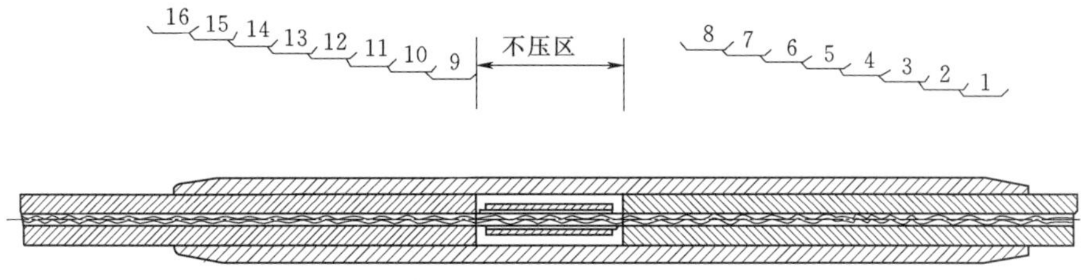

图 1-10-1-26　接续管压接的“顺压”工艺

2000kN 及以上的液压机及配套模具。本工程压接采用 3000kN 及以上液压机。

（4）压接模具。应选用与液压机型号相匹配的铝模或钢模。为了保证压接管压后平直，要求压接时使用导轨式托架。导轨长度不小于 2.5m。

（5）压接前检查测量。

1）导线：检查外径、单丝直径、节径比、外观。参数应满足本工程导线招标技术规范书和《圆线同心绞架空导线》（GB/T 1179）的规定。

2）直线接续管、耐张管：检查内、外直径、长度（含拔梢长度）、外观。参数应满足本工程金具招标技术规范书及《电力金具通用技术条件》（GB/T 2314）的规定。

（6）测量工具。

1）压接现场应配备游标卡尺、钢直尺或钢卷尺。

2）在测量直线接续管、耐张线夹和引流线夹的内、外直径时，需使用精度不低于 0.02mm 的游标卡尺，读到小数点后两位。

3）进行长度测量时可采用钢卷尺或钢板尺，测量数据精确到毫米。如图 1-10-1-27 所示。

4）其他工具，如压接现场还应准备导线卡箍、液压管校直设备、导线剥线器或手工锯、断线钳、耐张线夹引流板角度定位尺等必要工具。

（7）导线剥线。导线端部在切割前应校直。剥线前，宜使用钢制卡箍将导线端头卡牢（距离剥线位置 20mm 左右），避免受力后导线铝丝散股［特别是高（中）强度铝合金导线］。做试件时，操作端导线可提前剥线，其它端导线不得提前剥线，以免压接过程导线铝线伸长，造成后面提前剥线长度不足。

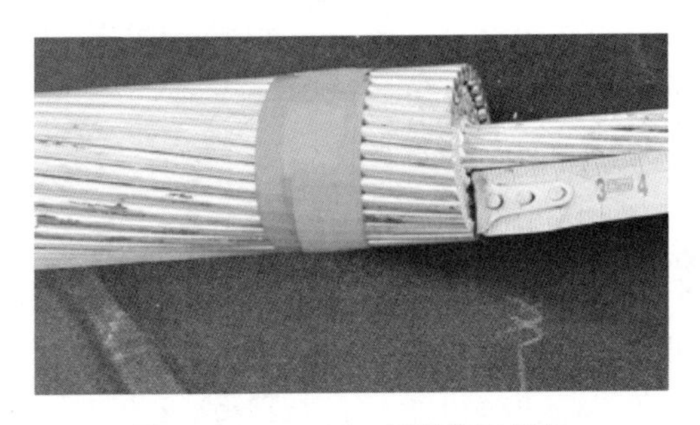

图 1-10-1-27 用钢卷尺测量

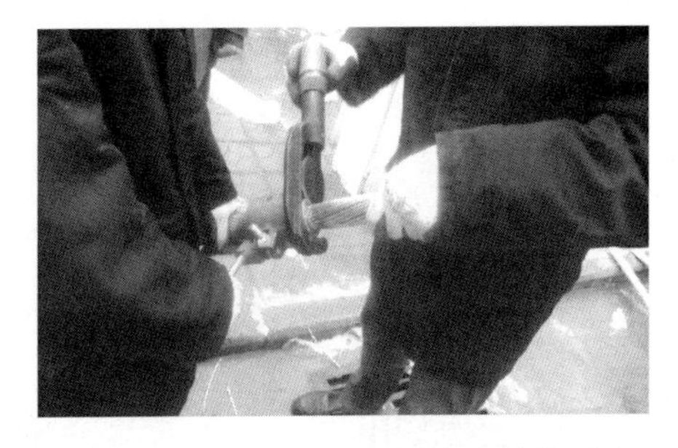

图 1-10-1-28 切割时应与轴线垂直

(8) 切割时应与轴线垂直，如图 1-10-1-28 所示。在铝线剥除剩下最内层时，对导线端头处做倒角处理，以方便后序穿管操作。剥最内层铝股时，先锯掉铝线直径的$\frac{3}{4}$左右，剩余$\frac{1}{4}$层线然后用手掰断，以防止伤及钢芯。

(9) 压接管及导线清洗清理。

1) 清洗。清洗管内壁的油垢，并将管口封堵。用棉丝清除导线穿管范围内（不短于压接长度 1.2 倍）铝线表面，去除铝线后裸露的芯线部分的油垢。用钢丝刷将导线表面氧化膜污垢清除。

2) 涂刷电力脂。用钢丝刷沿钢芯铝导线轴线方向对导线进行电力脂擦刷（电力脂薄薄地均匀的涂上一层），擦刷应能覆盖到压后与铝压接管接触的全部铝线表面。

14. 预紧线及锚线

每极导线/每根地线牵引到预定的锚线地锚后，牵引场导地线锚固采用以下方式：

(1) 导线：ϕ21.5 地锚套+80kN 级 U 形环+3m 包胶临锚绳+80kN 级 U 形环→导线卡线器→导线。

(2) 地线：ϕ21.5 地锚套+50kN 级 U 形环+3m 包胶临锚绳+50kN 级 U 形环→地线卡线器→地线。

(3) 导地线临时锚线水平张力最大不得超过导线、地线保证计算拉断力的 16%（即导线不大于 52.8kN，地线不大于 28.6kN），锚线后导线距离地面不应小于 5m。

(4) 一般情况下由于导地线放线张力较小弛度较大，为节省导地线，可在张力场断线之前采用 75kN 小牵引机和 ϕ16 导引绳进行导地线的预紧，预紧时采用单根卡线器连接后单根牵引，要求挡距中间选择一个较大的挡距进行弛度观测，导地线弛度大于设计弛度 1～2m 即可；预紧完成后可进行适当调整，同极各子导线锚线张力宜稍有差异，使子导线空间位置错开，避免发生线间鞭击。

（十一）紧线施工说明

(1) 挂线、附件安装等作业的准备工作应在紧线前完成，以缩短紧线后导线在滑车中的停留时间，减轻导线损伤。

(2) 操作人员需上导线作业时，须查明导线两端是否有可靠临锚，紧线过程中严禁登上导地线。

(3) 紧线完毕，导线、地线高空临锚完成后，应及时安装二道保护。

(4) 跨越带电线路时，跨越处两头塔位的绝缘子均应短接。

(5) 紧线前应重点检查现场布置、地锚埋设、工器具选用及连接、导地线接续管的位置、导地线有无跳槽和混绞情况。

(6) 导线紧线次序应符合下列原则：

1) 子导线应对称收紧，尽可能先收紧放线滑轮最外边的两根子导线，避免滑车倾斜导致导线跳槽。

2) 宜先收紧张力较大弧垂较小的子导线。

3) 宜先收紧在线挡中搭在其他子导线上的子导线。

4) 同挡导线应基本同时收紧，收紧速度不宜过快。

(7) 锚线时，应使紧线操作塔上的记印保持不变或窜动不多。

(8) 地线紧线及附件施工顺序如下：

1) 装设弛度板。

2) 区段两端耐张塔打反向拉线。

3) 在张力场或牵引场一侧耐张塔完成高空临锚后，另一侧进行紧线、划印。

4) 由放线段中部直线塔向两侧附件安装。

5) 耐张塔挂线。

(9) 紧线结束后，在有压接管的挡内装设六线分线器，防止压接管鞭击损伤导线。六线分离器从压接管上坡方向塔的导线进行安装，并用每极2根ϕ16尼龙绳（中部在分线器上打结）将其拉到压接管附近，每根ϕ8尼龙绳的两头分别固定在该挡两端铁塔横担上，附件安装前收回分线器。

(10) 紧线前准备工作如下：

1) 区段终端耐张塔反向拉线。紧线区段两端耐张塔需提前打反向拉线，每极平衡紧线侧导线张力40kN、地线张力10kN（设计值）。

2) 应为拉线打在紧线段线路对应导、地线的延长线上，对地夹角不大于45°。

3) 每极导线采用两套拉线形式，每套由1个100kN地锚出两根ϕ21.5锚套、2个60kN手扳葫芦、2根ϕ15.5×300m钢绳等组成，拉线上端用ϕ15.5×1.5m钢绳套打在专用挂孔上。

4) 地线采用一套拉线形式：1个50kN地锚、1根ϕ21.5锚套、1个6t手扳葫芦、1根ϕ15.5×300m钢绳。

(十二) 耐张塔紧线

(1) 导线在地面锚线的耐张塔紧线。

1) 本耐张塔应具备的条件：导线横担的一侧已挂好导线、另一侧已经打好平衡拉线，或一侧未挂线、另一侧已经打好平衡拉线。

2) 按标准规定的方法将导线逐根升空，采用导线卡线器+80kN级U环+GJ-150包胶钢绞线+80kN级U环锁在挂点附近的施工孔上。

(2) 耐张塔导线升空完成后，再进行紧线。

(3) 紧线段问题检查、处理。

1) 检查各子导线在放线滑车中的位置，消除跳槽现象。

2）检查子导线是否相互绞劲，如绞劲，需打开后再收紧导线。

3）检查接续管位置，如不合适，应处理后再紧线。

4）导线损伤应在紧线前按技术要求处理完毕。

5）现场核对弧垂观测挡位置，复测观测挡距，设立观测标志。

6）放线滑车在放线过程中设立的临时接地，紧线时仍保留，并于紧线前检查是否仍良好接地。

7）放线滑车采取高挂时，应向下移挂至最终线夹高度。

（4）以能全面掌握和准确控制紧线段应力状态为条件选择弧垂观测挡，选择时兼顾如下各点：

1）观测挡位置分布比较均匀，相邻两观测挡相距不宜超过4个线挡。

2）观测挡具有代表性，如连续倾斜挡的高处和低处、较高悬挂点的前后两侧、相邻紧线段的接合处、重要被跨越物附近应设观测挡。

3）宜选挡距较大、悬挂点高差较小的线挡作观测挡。

4）宜选对邻近线挡监测范围较大的塔号作测站。

5）不宜选邻近转角塔的线挡作观测挡。

（5）紧线施工。

1）紧线段和紧线程序。一般以张力放线施工段作紧线段，以牵张场相邻的直线塔或耐张塔作紧线操作塔。

为了更好地控制紧线弛度质量，对六根子导线同时紧线，地线的紧线每根布置一套紧线装置。紧线顺序应先紧地线，后紧导线。弛度的调整按“粗调、细调、精调、微调”的四调工艺进行，弛度调平后通知各耐张塔锚线，待精调弛度、中部直线塔具备条件后耐张塔挂线。

2）弧垂的观测和调整。观测弧垂是紧线施工中技术较高的一项作业。弧垂观测人员应具备对架线全过程作业熟悉，且具有高处作业合格证；且能熟练使用经纬仪，具备测量工合格证；工作责任心强具有很好的语言表达能力。

弧垂观测必须配备的工器具包括经纬仪、望远镜、科学计算器、卷尺、温度计、报话机、弛度板。

观测弧垂的实测温度应能代表导（地）线的温度，目前仍以测量导线附近的空气温度为准。温度计应挂在通风处，有阳光照射时，温度计宜背向阳光，不宜直射。观测弧垂的气温相差不超过±2.5℃时，其弧垂值可不作调整。

收紧导地线，调整距紧线场最远的观测挡的弧垂，使其合格或略小于要求弧垂；放松导线，调整距紧线场次远的观测挡的弧垂，使其合格或略大于要求弧垂；再收紧，使较近的观测挡合格，依此类推，直至全部观测挡调整完毕；同极子导线用经纬仪统一操平，并利用测站尽量多检查一些非观测挡的子导线弧垂情况；弧垂调整发生困难，各观测挡不能统一时，应检查观测数据。

弧垂达到设计值后，弧垂观测人员应迅速、准确通知紧线指挥人。弧垂的观测人员应等待5～10min待弧垂不发生变动时进行观测，以判定是否符合设计及规范要求。

挂线后必须就观测挡弧垂进行复测一次，并做好记录。

（十三）附件安装

1. 耐张塔附件安装（挂线）

紧线后在耐张塔上进行割线、安装耐张线夹、连接耐张绝缘子金具串和防振锤安装等作业，称为耐张塔附件安装。施工过程如下：

（1）在耐张塔两侧同时对称地即平衡地进行空中锚线，平衡地收紧两侧导线，使两侧锚线卡线器间的导线松弛，悬挂耐张绝缘子串。

（2）在两侧锚线卡线器间的断线位置处割断导线，拆卸放线滑车。

（3）将耐张绝缘子串和导线锚线处用锚线滑车组收紧，确定导线压接位置，采取空中压接的方法进行压接，在操作塔两侧以空中对接法挂线。

（4）松开空中锚线，安装其他附件。

耐张转角塔进行空中临锚时，用ϕ15.5×2.5m（核对放线滑车悬挂位置再定）的钢绳套固定放线滑车，将其预先吊在横担上，使其在收紧临锚时保持紧线时的原位置不变，否则滑车因自重下坠，导线不能随临锚收紧而松弛，造成过牵引量增大，甚至造成事故。紧线完成后即可拆除导线滑车，但断线需根据实际情况进行，当天不能完成压接挂线的不得断开。

2. 平衡挂线

（1）紧线、锚线。耐张塔紧线、锚线机具由ϕ15.5×300m、100kN双轮滑车、50kN机动绞磨、卡线器等，组成4倍滑车组。卡线器根据前面预紧的程度尽可能向外（15m左右），然后紧线、观测弛度差500mm左右时停止紧线；再采用卡线器＋100kN环＋GJ－150×2m包胶钢绞线＋100kN环挂在施工用孔上锚好。

（2）悬挂耐张绝缘子串。由于三联的耐张瓷瓶较重，固采用三台绞磨分开分别起吊三串玻璃绝缘子，注意磨绳的绑固点为牵引板的挂孔，辅助就位尼龙绳的绑固点为调整板挂孔；待离开地面1m左右时三台绞磨同时停止，然后进行连接导线端联板等的工作，当连板等安装无误后，三台绞磨同时起吊，注意三台绞磨必须保证提升速度大致相当，否则受力不均衡；在提升过程中辅助的尼龙绳也同时随着收紧提升，当到达就位点时，辅助就位尼龙绳应收紧控制金具就位。本次所带的金具等主要先考虑两边最外侧的1号和6号导线的对接连接，然后在连接中间的联板和中间的四根导线。

（3）1号、6号线对瓷瓶串的空中对接法挂线。先将导线卡线器卡在1号、6号线足够远的地方（20m左右），将导线卡线器＋100kN环＋100kN双轮滑车组成4倍紧线系统，两磨绳通过横担转向50kN滑车后引至地面两台50kN机动绞磨，同时进行牵引，使绝缘子串趋向水平均匀升起。注意在提升前将链条葫芦的尾勾用铁线绑固在滑车组不滑动的那根磨绳上，使其随着一起提升进行高空对接。

（4）挂线连接。瓷瓶串升起连接好其它几个导线金具后，每根导线利用对接卡线器前面3m处的挂线卡线器＋150kN单轮滑车和ϕ17.5×6m的钢丝套组成；连接完成后适当收紧90kN链条葫芦，拆除对接滑车组；然后连接中间四根导线的联板和金具，组成类似的挂线连接。

3. 断线、压接挂线

（1）等六根导线的挂线均连接完成后，按照先两侧后中间的方式进行本耐张段的弛度精调；弛度调整好后将导线沿链条葫芦顺直，在其调整板的弧形中间螺孔上统一画印。

（2）提升高空作业平台和小型液压机。空中操作平台是一种轻便的长方形平台，通常用多点悬挂在空中临锚的锚绳上，为在空中进行耐张线夹压接等作业提供工作平台。

（3）由画印点考虑调整板状态差异、连接环、耐张管钢锚尺寸及二联板上下子导线差异，综合确定断线点，复查无误后断线。

（4）将液压工具吊装在平台上稳固好，其中液压泵应安置在铁塔横担上，用加长高压油管与平台上的液压钳相连，按照针对工程编制的液压施工作业指导书及液压规程的规定压接耐张线夹，连接金具。

（5）收紧手扳葫芦，按设计图纸通过连接金具将耐张线夹与调整板或联板相连。微放松手扳葫芦，使耐张线夹受力，复查弛度；如有误差，随即通过调整板进行弛度精调，完成挂线作业，安装支撑架及屏蔽环等其余附件。

（6）拆卸锚线工具。每极横担每侧的金具连接好后，将本侧高空平台拆除松至地面，放松链条葫芦，出线摘掉卡线器、拆除锚线工具及本侧二道保险绳。以同样工艺依次完成各极挂线作业，拆除工器具。

（十四）注意事项

（1）高空牵引、压接和挂线工艺中高空作业工作量较多，加之受气候因素（风、雨天）影响较大，存在诸多危险点。因此，要求施工队伍在施工期间对安全问题，一定要提高重视，尤其是对高空作业人员，要做好现场的技术指导和安全监护工作。

（2）施工期间，施工作业现场必须设安全监护人现场监护。

（3）严肃现场技术纪律，严格按确定工艺方案、工艺流程和技术要求施工，任何人不得擅自更改工艺方案。

（4）全部设备、器具等入场前必须进行安全检查，每次使用后必须进行外观检查，确保设备、器具的安全性符合要求。

（5）必需采用安全自锁器与全方位安全带结合的方式进行高空作业，出线作业必须使用速差保护器，进入施工现场人员必须戴好安全帽。

（6）现场分工要明确，指挥人员号令清楚，施工人员要绝对服从指挥，做到令行禁止。

（7）现场工器具、材料摆放要有序，完后清理现场，做到“工完、料净、场地清”。

（8）耐张塔挂线时禁止同极相邻塔位同时作业。

（9）在挂线操作时，现场指挥人员，必须亲自做好“五查”。即：查卡线器（结构与质量是否符合要求，夹板出口是否平滑、无死角）；查临锚绳（包胶是否完好，连接是否牢固，规格是否符合设计）；查链条葫芦（查调向开关是否处于工作状态。有无卡链或打滑跑链等现象，锚钩螺母是否焊接牢固，锚环端部是否有保险环，链条是否有裂纹及保险装置，如缺者必须采取有效措施后，方可使用）；查起重滑车（规格型号是否符合设计，吊钩及门扣是否变形，轮缘是否破损或严重磨损，轴承是否变形及转动是否灵活）；查现场（现场布置及施工现场视野与环境）。

（10）临近电力线路挂线操作，要做好防感应电等伤人工作。即除对临近电力线路采取搭设跨越架保护外，挂线操作前需在操作塔位区域两端采取临时接地措施。

（11）临锚绳要挂工作孔，临锚绳的卡线位置要测量准确，位置合适，链条葫芦要有一定的可调距离，要满足既能收紧导线，也能在导线挂好后能放松临锚绳。出线飞车要牢固可靠，出线作业时工作人员的安全带要套在子导线上，严禁直接挂于飞车上。

（12）耐张塔挂线必须一极一极的进行，收紧临锚绳时应同极两侧同时收紧（不能单收紧一侧），防止耐张塔单侧受力。

（13）高处断线时，作业人员不得站在放线滑车操作，割断最后一根导地线时，应防止滑车失稳晃动。

（14）割断后的导地线应在当天挂接完毕，不得在高处临锚过夜。

（15）建立挂线工艺事故应急救援组织机构，明确各级人员职责。并结合工程实际，编制事故应急处理预案。

（十五）直线塔附件安装

（1）直线塔九轮放线滑车中水平排列的六根子导线在附件安装后呈正六边形排列。注意如果直线塔垂直挡距小于500m时，可以采用一根ϕ17.5×13m的钢丝套双折用两个50kN级U形环挂在前后铁塔B挂点的施工孔上（或使用ϕ17.5×1.5m钢丝套缠绕前后主材），然后挂接4个90kN手扳葫芦在中间线夹附近进行提升。

（2）当该塔垂直挡距大于500m时，附件安装通过铁塔前后两侧铁塔B挂点的施工眼孔各采用4个90kN手扳葫芦＋ϕ15.5钢丝套提线器进行双面双侧起吊。双提升系统同时进行提升，注意两侧同时均匀进行避免单侧受力过大。提线安装时提线工器具取动荷系数为1.2。

（3）所有直线塔附件安装时必须使用ϕ21.5×15m的钢丝套两根和150kN级U形环加装二道保护。

（4）提升导线的吊钩，应有足够的承托面积。吊钩沿线长方向的承托宽度不得小于导线直径的2.5倍，接触导线部分应衬胶，防止导线损伤和结构变化。

（5）附件安装提线时应注意保护导线，待六根导线提起离开滑槽平面适当位置时，拆卸放线滑车，由于九轮放线滑车较重，为防止拆卸过程中伤及导线（必要时在滑车的横梁的下边包上胶皮护管），线上与地面人员需配合操作将放线滑车拆除并松放至地面。

（6）卸下放线滑车后，继续搬动链条葫芦，使六根导线同时升起，当1号和6号子导线线提至预定高度时，通过串动2号和3号、4号和5号子导线提线钢丝绳，使各子导线分开，并呈正六边形布置，安装导线线夹和其他零部件。卸放放线滑车时，应注意防止导线的磨损。

（十六）间隔棒安装

（1）安装间隔棒采用人工走线方法，人工走线时应穿软底鞋。

（2）间隔棒安装位置可用测绳高空测量定位、地面测量定位、计程器定位等方法测定，线上测量应把次挡距折算成线长。在跨越电力线路安装间隔棒时，应使用绝缘测绳或其他间接测量方法测量次挡距。

（3）安装间隔棒人员必须绑扎安全带，安全带应绑在导线上。安装工具和材料，均应用小绳拴在导线上，防止失手掉落。

（4）间隔棒平面应垂直于导线，两极导线间隔棒的安装位置应符合设计要求。

（5）飞车或人工走线跨越电力线路时，必须验算对带电体的净空距离，该距离不得小于最小安全距离。验算荷载时取实际荷载的1.2倍，并计算相邻一基悬垂绝缘子串在不平衡张力下产生的偏移。

（6）刚性跳线安装。六分裂导线由于导线较多，跳线安装比较烦琐和复杂，采用未使用过的导线，在空中模拟制作和精细调整，跳线间隔棒利用软梯在空中安装，以保证跳线工艺的自然美观。主要安装步骤如下：

1）耐张塔跳线为刚性管型引流线（软硬结合），其主体为刚性结构，两端以软导线与耐张线夹的引流板相连。软线部分应美观、顺畅，引流安装时无散股、灯笼现象。

2）刚性跳线由管母线组件、悬跳装置、重锤、引流、间隔棒等组成。

3）导线由耐张线夹向外引出后由间隔棒支承汇入各自跳线线夹，再按内外两侧由线夹引至相应内外侧铝管件末端，从而完成从金具串到刚性跳架的连接。

（7）跳线安装工艺及质量要求如下：

1）所有跳线安装使用的导线必需用未使用过的导线，装运、安装过程中要避免硬弯磨损。压接跳线管前应将导线理顺，并在地上模拟跳线悬挂时形状，转好引流板的方向再进行压接。

2）在地面将硬跳线与悬垂绝缘子串组装好，一并吊装安装在塔上。施工时应根据确定的软跳线长度，将其与硬跳线引流板、耐张线夹引流板联接，再安装软跳线间隔棒。

3）跳线安装好后，跳线不得与金具磨碰，各子跳线相互协调，外形整齐美观，并满足电气间隙要求（特高压规定为7.6m）。

4）引流安装时结合面必须是光面对光面，引流板上的螺栓一定要紧固，紧固力矩达到8000N·m。

5）安装螺栓前，应将引流板与耐张线夹光面用汽油清洗，再用细钢丝刷清除表面的氧化膜，并均匀涂上一层801电力脂。

引流线不宜穿过均压屏蔽环。

（十七）“3×（一牵二）”展放方式防止导线相互缠绕的措施

正常放线时，六根子导线从左到右依次按1号、2号、3号、4号、5号、6号布置，互不干扰，互不磨线，相互平行。但在挡距大于600m及以上的大挡距中或刮风天气，很容易造成导线在张力放线过程中发生错位，出现子导线顺序被打乱，导线无规则的相互缠绕的现象。

1. 处理方法

由于分不清导线实际缠绕状况，所以处理难度很大，需从牵张场同时松出导线和牵引绳，待导线接近地面或完全落地后，人工将导线逐根分开，使之恢复正常状态。

2. 导线相互缠绕造成的后果

（1）增加不安全因素。

（2）导致导线磨损、断股、变形。

（3）拖延工期。

3. 导线缠绕原因分析

（1）不均匀风荷载引起子导线在横线路方向发生相对偏移。

(2) 子导线张力不一致造成弧垂相对偏差。

(3) 放线张力较小。

4. 避免导线互相缠绕措施

(1) 措施一：隔离子导线。当导线六线走板通过滑车进入大挡距后或在刮风天气，将六根尼龙绳的上端分别穿过六根子导线的七个缝隙，然后串上50kN级U形环与避雷线相连，另一端用人力在地面控制，将其拉到挡距中央位置，并临时锚固。这样就能避免导线因横向位移而产生的互相缠绕。

(2) 措施二：安装导线分离器法。导线分离器是由数个滚轮组成一个封闭的结构体系，可作为导线防缠绕和一般压线工具使用，安装导线分离器是一种有效地避免导线缠绕的措施。挡距小于800m时，在靠近挡距中央的分裂导线上安装一个导线分离器；挡距大于800m时，分别在挡距的1/3处在分裂导线上各安装一个导线分离器（共2个）。

（十八）张力架线导线保护

为了确保张力架线的施工质量，减少对导线的磨损，提高导线表面的光洁度，已成为张力架线施工中的关键性问题。因此，施工中应加强导线的保护，其具体措施如下：

1. 导线装卸、运输及保管

(1) 装卸和运输导线时，应轻装轻放，不得碰撞，不得损坏轴套、轴辐及外包装护板。

(2) 装卸、运输、保管中，线轴应立放，不得水平放置和叠压，线轴地面应垫枕木。

(3) 导线轴立放在车厢中部，并应用绳索绑扎牢固，并支好掩木。

(4) 导线轴存放的地面应平整、无石块和积水。

(5) 装卸线轴要用吊车，不得从汽车上推滚落地。

(6) 滚动线轴时的旋转方向应与导线的卷绕方向相同，以免线层松散。

(7) 导线的余线应收卷在钢制线盘上运输。

2. 导线展放过程中的保护措施

(1) 在满足导线对地距离确保安全通过的前提下，应尽量选择较小的张力进行放线。

(2) 在交叉跨越处应采取防磨措施。

(3) 导线接续作业将连接导线的网套连接器绕回线轴时，应采用垫帆布等隔离措施保护线轴上的导线，防止挤伤相邻导线。

(4) 放线工程中，牵引机操作应平稳，保持子导线张力平衡，预防导线跳槽或走板翻转。

(5) 放线滑车等工器具（接地滑车、压接管保护套和旋转连接器），应经常检查，必须转动灵活。根据张力架线施工工艺导则规定，凡计算悬挂双滑车的塔位，必须按双滑车悬挂。

(6) 放线过程中应保证通信系统畅通，加强施工监护。放线次序应先放地线，后放导线。在牵张场及交叉跨越处应理顺导线，防止交叉磨损。

(7) 对于“3×(一牵二)”放线方式，导线展放完毕收紧张力锚线时，3台张力机必须同时进行回牵或者由牵引机进行收紧张力操作，切不可由张力机分次收紧，避免造成导线相互驮线的现象发生，损伤导线，尤其是在山区应特别注意。

3. 导线落地的保护措施

（1）导线落地操作场地应用苫布等软质量物垫在地面上，以保证导线不触碰地面，特别是岩石裸露的地面上，还应垫以方木或木板。

（2）合理选择牵张场地，尽量减少导线落地距离及落地的不良地面。

（3）收放导线余线时，禁止拖放。各子导线和线盘之间保持一定距离，防止交叉混线。

（4）导线与锚线架等接触处应加胶垫等保护物，导线落在垫物上应避免泥、沙及油脂等杂物污染。

（5）导线落地场设专人监护导线，防止导线遭受车压、人踩或机具损坏。

4. 导线临锚操作的保护措施

（1）临锚钢丝绳应采用旋转力小的钢绞线，并包胶处理或套胶皮套管，防止磨损导线。

（2）卡线器安装前要核对型号，并检查钳体是否圆滑，必要时进行磨光处理。卡线器在导线上安装、拆卸时，禁止在导线上滑动或转动，预先确定好位置，争取一次安装到位。安装后立即在卡线器后部安装胶管以保护导线。

（3）高空临锚时，卡线器以外的尾线应用软绳吊好，以免尾线掉落时在卡线器处产生硬弯、松股现象。锚好的六根子导线的尾线应分开，不能紧挨，以免刮风时造成摇摆，使导线相互磨擦受损。

（4）临锚时间不宜过长，应尽量缩短各子工序之间的间隔时间，避免导线在滑车处和导线在挡距中间互相鞭击磨损。

（5）临时临锚应设在导线展放的方向上，张力机的出口处与邻塔导线悬挂点的高差不宜15°。

（6）线端临锚时，宜采用各子导线不等高弧垂临锚。

（7）高空临锚的索具布置，相邻子导线之间应相互错开，与临锚索具靠近的导线应套胶管，避免导线被其磨伤。

5. 导线压接过程中的保护措施

（1）导线压接操作场地形应平整，地面应铺垫帆布，使导线与地面隔离。

（2）断线前应用细铁丝绑紧断线点两侧的导线，防止断线后松股。

（3）断线后待压接的导线应理顺，防止扭曲松股。

（4）压接时置于压模内的导线应双手拿平，防止导线松股。

6. 临锚操作保护导线措施

（1）导线临锚绳宜选用旋转力小的钢绞线，所有的导线临锚钢丝绳可能与导线接触的部位都应套上胶管，防止磨损导线。有条件的地方，可选用包胶处理的钢丝绳作临锚绳。

（2）卡线器安装前应核对型号、检查强度，钳口钳体是否圆滑，必要时应对钳口进行磨光处理。

（3）卡线器安装、拆除时不得使卡线器在导线上滑动、滚动，安装时应在事先测量好位置，一次安装成功。安装完后应立即在导线上卡线器后部安装胶管以保护导线。

（4）高空临锚时，卡线器以外的尾线应用软绳吊好，以免尾线掉落时在卡线器处产生

硬弯、松股现象。锚好的六根子导线的尾线应分开，不能紧挨，以免刮风时造成摇摆，使导线相互磨擦受损。

（5）临锚时间不宜过长，尽量缩短各工序之间的间隔时间。

（6）线端临锚时，宜采用各子导线不等高弧垂临锚。

7. 防止多分裂导线相互鞭击的工艺措施

导线展放完成后，紧线附件安装之前，多分裂导线子导线间易发生鞭击现象，为减少鞭击现象造成的导线损伤，应注意以下要求：

（1）为减少鞭击带来的危害，应尽量缩短放线-紧线-附件各施工工序的时间间隔，减少导线在滑车中的停留时间。

（2）张力放线临锚时，将各子导线作不等高排列，临锚张力应考虑导线防振要求。

（3）特殊严重的情况下，为防止放线过程中导线受风影响而产生相互绞线，采取将各子导线分离的措施。

8. 紧线施工导线保护措施

紧线过程中的护线重点区在紧线场和锚线场，而在松锚、紧挂线及锚线等作业中最易损伤导线，作业时应特别注意：

（1）避免将锚绳、紧线钢绳及其他工具搭在导线上拖动，必须接触导线时，接触部分应套胶管。

（2）妥善保管余线。

（3）限制导线在各种紧线滑车上的包络角，以防止导线内伤。

9. 附件安装时的导线保护措施

（1）紧线完成后，应尽快进行附件安装，避免导线在滑车中受振和在线挡（挡距）中的相互鞭击而损伤。

（2）附件安装用的提线钢绳及提线钩应包胶处理。提线钩与导线的接触长度应大于110mm以上，挂钩宜作成悬垂线夹形。

（3）安装附件时，必须用记号笔画印，严禁用钳子、扳手等硬物在导线上画印。

（4）拆除放线滑车时，应先在导线上安装保护胶管。释放钢丝绳在横担上的挂点位置应避开导线线束方向，防止滑车和释放钢丝绳磨损导线。

（5）传递工具和材料时不得碰撞导线，且应使用软质绳。不得用硬质工具敲击导线。

10. 减轻导线鞭击的措施

（1）尽量缩短放线、紧线和附件的作业时间间隔，减少导线在滑车内的停留时间。

（2）张力放线临锚时，将各子导线作不等高排列锚固，临锚张力应考虑导线防振要求，不应超过导线保证计算拉断力的16%。

（3）导线压接管保护套的外部应缠绕黑胶布，以防伤及相邻导线。

（4）为防止放线过程中导线受风影响而产生相互绞线，采取将各子导线分离的措施。

11. 导线、金具、工器具等的防腐措施

（1）导线在材料站存放过程中要加遮盖物。

（2）金具在材料站存放过程中要做到下铺上盖。

（3）导线金具到达施工现场要妥善保管，如遇雨雪等天气及时检查遮盖物是否遮盖严实。

（4）导线金具的外包装在使用前应保持完整。

（5）现场工器具应做到上铺下盖。

（6）工器具埋入地下的部分应涂防腐涂料，以防发生腐蚀。

（7）张力场在每天施工结束后应将剩余导线包装好。

（十九）跨越施工准备

（1）跨越架的形式应根据被跨越物的大小、现场自然条件及重要性确定。跨越架的高度等应根据被跨物的参数确定，同时跨越架必须进行抗风、抗压等强度验算。

（2）一般跨越施工方案由工程技术部确定，报监理审批后实施；编制重要跨越、特殊地段（跨越35kV及以上电力线路、高速公路、国道、通航河流等）的跨越方案，应由项目总工组织现场调查及测量后，制订方案，报公司总工程师和监理工程师批准后再予实施。

（3）张力架线中的跨越架，应执行国家电网公司国家电网公司电网建设部分的电力安全工作规程和《跨越电力线路架线施工规程》（DL/T 5106）的有关规定，应充分考虑到放、紧线过程中发生张力失控、断线等安全事故时，封网和架体的安全性、防冲击性，以确保施工安全和被跨越物的安全。

（4）搭设或拆除跨越架应设安全监护人。搭设或拆除重要设施的跨越架和封网时，应事先与被跨越设施的运行单位取得联系，邀请其派人现场监督检查。

（二十）一般跨越架的搭设

跨越带电线路、铁路、公路、河流时，根据被跨物的特点、高度、跨越距离等不同情况，采取不同的跨越架搭设方式，主要有毛竹跨越架、铁杆跨越架两种施工方法，见表1-10-1-12。

表1-10-1-12　　一般跨越架的施工方法

施工项目	施　工　方　法	图例说明
跨越10kV、380V等低压带电线路	使用毛竹搭设双面封顶的跨越架	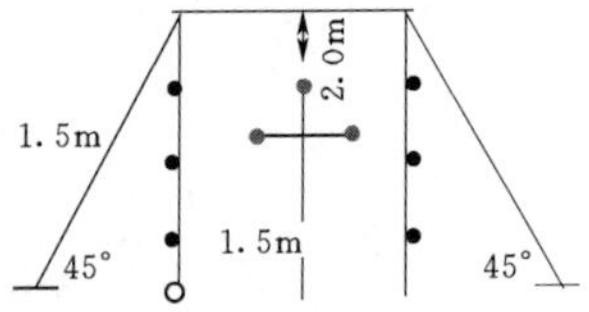 2.0m；1.5m；1.5m；45°；45°
跨越通信线	使用毛竹搭设单排单侧跨越架	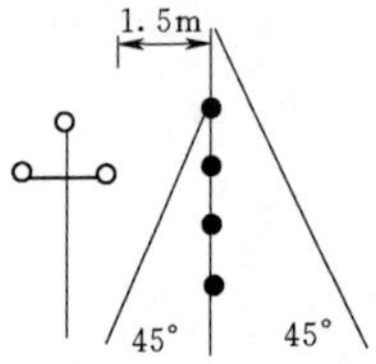 1.5m；45°；45°
跨越土路		
跨越普通公路		

（二十一）特殊跨越架的搭设

采用毛竹式跨越架或格构式羊角杆跨越架，适用于跨越带电线路或高等级公路。毛竹式跨越架是利用毛竹在被跨物两侧搭成楼型，两侧打上临时拉线，利用迪尼玛绳作为承力索，用绝缘杆封网。羊角杆式跨越架是在被跨物两侧组立羊角杆，四侧打上临时拉线，利

用迪尼玛绳作为承力索，用绝缘杆封网。

本标段跨越 110kV 及以上线路，优先选择停电跨越施工。不具备停电条件的跨越，可采取停电封网、带电放线、停电拆网的施工方案。跨越架的形式拟采取一侧立格构式羊角杆，另一侧利用新建铁塔绑假横担（水平抱杆）支撑的方式不停电施工方案。

本标段跨越的高速公路及省级公路采用毛竹搭设跨越架并封网的施工方式。

（1）获得施工许可。施工前应按规定履行措施审批手续，并在获得批准后向运行部门书面申请，落实后方可进行不停电跨越架施工。

（2）羊角杆的组装。采用吊车整体起吊羊角杆前，应检查铁杆各段连接螺栓是否紧固到位。吊车吊臂及铁杆应平行带电线路方向摆放。起吊时，严禁大幅度甩杆。使用吊车进行起立。铁杆起立过程中要使用拉线控制，防止触及邻近的带电线路。起立铁杆过程中要设监护人监视吊车及拉线对带电线路的安全距离。

（3）假横担（水平抱杆）的安装。采用两台机动绞磨起吊假横担（水平抱杆），绞磨必须布置在远离假横担（水平抱杆）下方的位置。起吊过程中要有专人指挥，绞磨操作手必须服从指挥。指挥人员要注意观察假横担（水平抱杆）的倾斜，并向绞磨操作手发布指令，保证假横担（水平抱杆）保持水平状态缓慢上升。起吊过程中严禁从假横担（水平抱杆）下方过人或在假横担（水平抱杆）下方作业。

（4）安装承托绳。将滑车用钢丝绳套分别悬挂在两侧铁杆顶端的同一侧面，作为承托绳的通过滑车。迪尼玛绳通过滑车后接一条钢丝绳再与地锚连接，一端通过手扳葫芦连接地锚，以便调节迪尼玛绳的弧垂。

（5）安装绝缘杆。通过特制滑车挂在迪尼玛绳上，并且用绝缘绳绑扎固定。绝缘杆铺设完毕后，把所有的绳头全部固定在铁塔（铁杆）上，防止风吹缠绕到被跨线路上。跨越架搭设完毕后，经检查验收合格后，可投入放紧线施工。铺设过渡绝缘绳、承力索、绝缘杆，应在良好的天气进行，遇到雨天、六级及以上大风天气时，应停止作业。遇暴雨、强风天气应对跨越架封顶网及各拉线进行检查，必要时需给予加固。

（6）在汇导引绳时，用循环绳来拽，两侧同时用力，防止导引绳与绝缘杆刮蹭，导引绳汇过跨越架后要及时升空。在牵引导线的过程中，要有人监护走板通过跨越架，必要时迅速通知张力场增加张力，防止走板碰着绝缘杆。

（7）放紧线的工作全部完成后，拆除跨越架。跨越架拆除要求按照施工的反工序进行，即先拆除绝缘杆，再拆除承力索，最后采用吊车拆除铁杆，采用两台机动绞磨拆除假横担（水平抱杆）。跨越架拆除过程中，应设专人监护对被跨线路的安全距离。

第二节　榆横-潍坊 1000kV 特高压交流输电线路工程

一、工程概况

（一）基本情况

榆横-潍坊 1000kV 特高压交流输电线路工程（29 标段）线路全长 2×32.63km，共使用铁塔61基，包含直线塔49基，耐张塔12基。基础形式为灌注桩基础、直柱板式基础、人工挖孔基础，铁塔全部为钢管塔。全线导线采用JL/G1A－630/45、JL/G1A－630/55钢芯铝绞线、JLK/G1A－725（900)/40（跳线）扩径钢芯铝绞线，地线为OPGW－185光缆。

（二）施工范围

14S094～14S154基础、组塔、接地装置及导、地线跳线，14S154构架导地线展放。

（三）工程特点及地形、运输状况

本工程沿线地处山东潍坊昌乐临朐，沿线平原山丘为主，运输道路以省道、县道、乡道为主，14S094～14S101位于山丘，已修筑施工道路，满足施工运输要求。

（四）质量控制点内控标准

榆横-潍坊1000kV特高压交流输电线路工程（29标段）工程质量控制点内控标准见表1－10－2－1。

表1－10－2－1　榆横-潍坊1000kV特高压交流输电线路工程（29标段）工程质量控制点内控标准

分部工程	分项工程	质量控制点内控标准
土石方工程	路径复测	（1）直线塔横线路方向偏差不超过50mm。 （2）挡距偏差不超过设计挡距的1%。 （3）转角塔角度偏差不超过1′30″。 （4）塔位高程误差不超过500mm
	基础坑分坑	（1）坑深误差为＋100mm、0mm。 （2）坑底部断面尺寸符合设计要求。 （3）灌注桩基础孔深不得小于设计值，成孔尺寸应大于设计值，且应保证设计锥度
基础工程	灌注桩基础	（1）立柱允许偏差不超过－0.8%。 （2）地脚螺栓、钢筋数量规格符合设计要求。 （3）地脚螺栓倾斜允许偏差不大于1.0%。 （4）地脚螺栓式基础根开及对角线允许偏差不超过±1.6‰。 （5）保护层厚度允许偏差不超过－5mm。 （6）基础顶面间相对高差不大于5mm。 （7）同组地脚螺栓中心对主柱中心偏移不大于8mm。 （8）地脚螺栓露出基础顶面高度允许偏差不超过＋8mm、－4mm。 （9）整基基础中心与中心桩间位移不大于24mm。 （10）整基基础扭转不大于8′。 （11）垂直度允许偏差为1%
	人工挖孔基础	（1）孔径不小于设计值。 （2）桩垂直度一般不应超过桩长的3‰，且最大不超过50mm。 （3）立柱及承台断面尺寸：－0.8%。 （4）钢筋保护层厚度：－5mm。 （5）钢筋笼直径：±10mm。 （6）主筋间距：±10mm。 （7）箍筋间距：±20mm。 （8）钢筋笼长度：±50mm。 （9）基础根开及对角线：一般塔±1.6‰；高塔±0.6‰。 （10）基础顶面高差：5mm。 （11）同组地脚螺栓对立柱中心偏移：8mm。 （12）整基基础中心位移：顺线路方向24mm；横线路方向24mm。 （13）整基基础扭转：一般塔8′；高塔4′。 （14）地脚螺栓露出混凝土面高度：10mm、－5mm

续表

分部工程	分项工程	质量控制点内控标准
基础工程	直柱板式基础	(1) 基础埋深：100mm、0mm。 (2) 立柱及各底座断面尺寸：−0.8%。 (3) 钢筋保护层厚度：−5mm。 (4) 基础根开及对角线：一般塔±1.6‰；高塔±0.6‰。 (5) 基础顶面高差：5mm。 (6) 同组地脚螺栓对立柱中心偏移：8mm。 (7) 整基基础中心位移：顺线路方向24mm；横线路方向24mm。 (8) 整基基础扭转：一般塔8′；高塔4′。 (9) 地脚螺栓露出混凝土面高度：8mm、−4mm
杆塔工程	自立式钢管塔组立	(1) 螺栓紧固率架线后不小于97%。 (2) 节点间主材弯曲1/750。 (3) 直线塔结构倾斜不大于2‰，高塔不大于1.2‰，耐张塔不向内角倾斜
接地工程	接地装置	接地埋设方式、深度及实测电阻值必须符合设计要求。接地线应镀锌防止腐蚀，焊接要符合设计要求
架线工程	导地线展放	(1) 一挡内，每根导（地）线上只允许有一个接续管不允许有补修管。 (2) 跨越电力线、弱电线路、铁路、公路、及通航河流时，导（地）线在跨越挡内接头应符合设计规定或规范规定
	导地线连接管	(1) 导（地）线与接续管、耐张线夹连接，其握着强度不小于线材保证计算拉断力的95%。 (2) 接续管、耐张线夹压后弯曲度允许偏差不大于1.6%
	紧线	(1) 一般情况下弧垂允许偏差不超过±2%。 (2) 一般情况下相间弧垂的相对允许偏差不大于250mm。 (3) 分裂导线同相子导线允许偏差不大于50mm
	附件安装	(1) 本工程区段的悬垂线夹顺线路方向最大偏移不大于240mm。 (2) 铝包带缠绕露出线夹口不应超过10mm。 (3) 防振锤安装位置偏差不超过±24mm。 (4) 间隔棒安装：端次挡距不超过±1.2%，次挡距不超过±2.4%。 (5) 刚性跳线安装应平、美、正、直，软跳线部分近似悬链状，弧垂和电气距离符合设计规定。 (6) 地线绝缘间隙安装距离偏差不超过±2mm
线路防护设施		防护设施施工（安装）符合设计、合同要求

（五）工程质量控制流程

项目质量管理工作总体流程如图1-10-2-1所示。

（六）施工科技创新

1. 采用新设备

(1) 平臂抱杆。平臂抱杆是一种新型抱杆，其允许吊重达8t，吊装范围大，吊装效率好，安全可靠，不需设置落地拉线，特别适合用于钢管塔、跨越塔的吊装，已在皖电东送淮南至上海特高压交流输电示范工程中成功应用，效果显著。

(2) 田野钻机。采用田野钻机对灌注桩基础进行施工，车载田野钻机进行正反旋转开挖的方式，具有环境影响小、工效高、有效降低劳动强度及工程造价等优点，使得田野钻

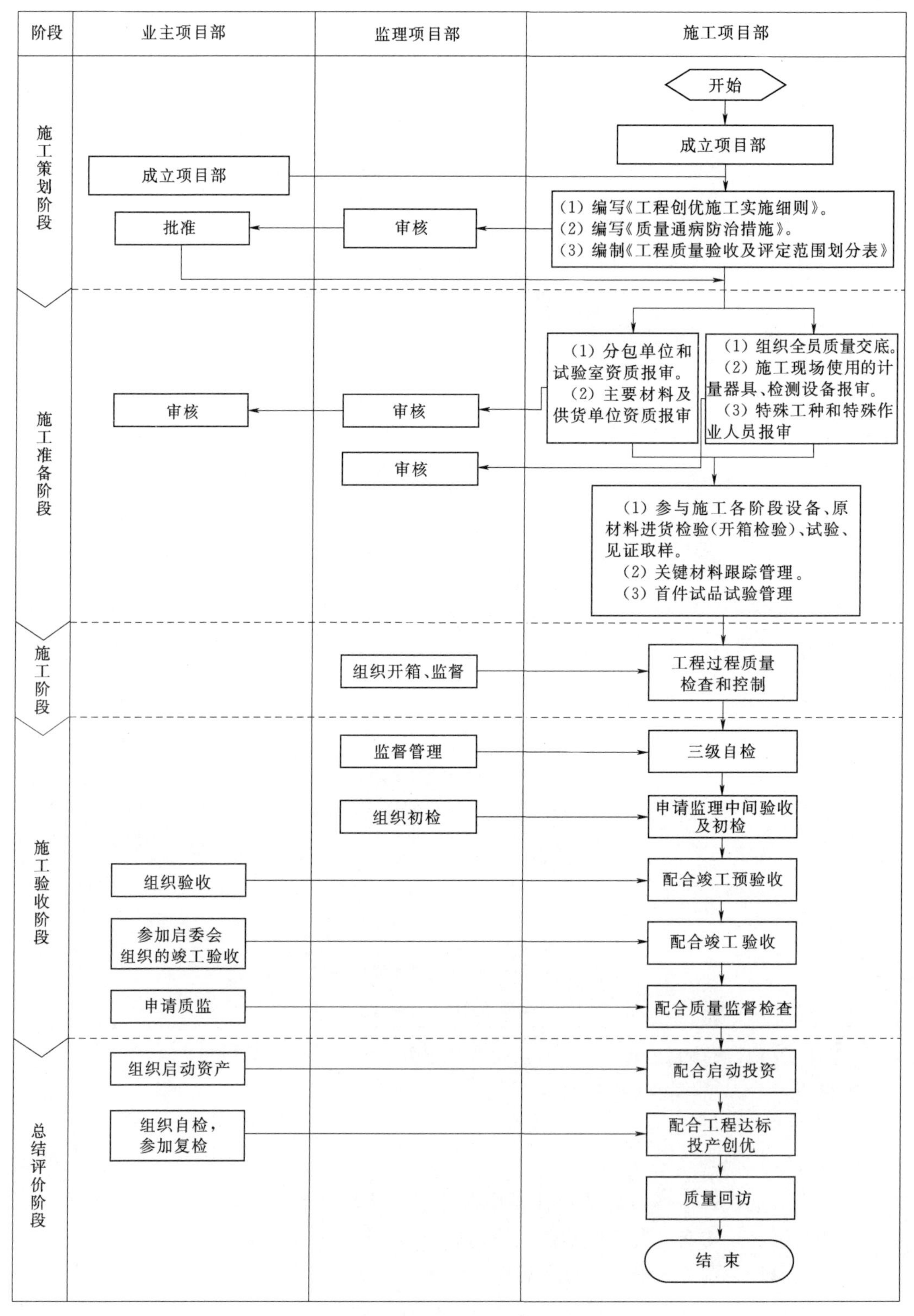

图 1-10-2-1　项目质量管理工作总体流程图

机可在大型输电线路工程中得到广泛应用；能够有效地提高施工的机械化作业程度、降低劳动强度和施工人员安全风险、提高工效和尺寸质量，具有较好的社会效益和经济效益。

2. 采用新技术

采用八分裂630/45导线，同时展放时张力、牵引力大，对受力工器具的安全性要求更高。为保证展放导线的施工质量和安全，我单位借鉴特高压施工经验，采用“2×一牵四”张力放线施工工艺，采用两台大型牵引机同步展放八根子导线。

3. 采用新工艺

(1) 双平臂抱杆组塔技术。双平臂抱杆塔身采用可拆卸式标准节，方便运输。材料采用高强度钢，抗弯矩能力强，塔身起吊时可不设控制绳，适合在临近带电线路、狭窄空间等特殊环境下应用。采用液压顶升系统，劳动强度低、施工效率高。

(2) 电动扭矩扳手。电动扭矩扳手如图1-10-2-2所示，主要应用于钢结构安装行业，专门安装钢结构高强螺栓，高强度螺栓是用来连接钢结构接点的，通常是用螺栓群的方式出现。定扭矩电动扳手既可初紧又可终紧，它的使用是先调节扭矩，再紧固螺栓。定扭矩电动扳手具有操作方便、省时省力、扭矩可调的特点。

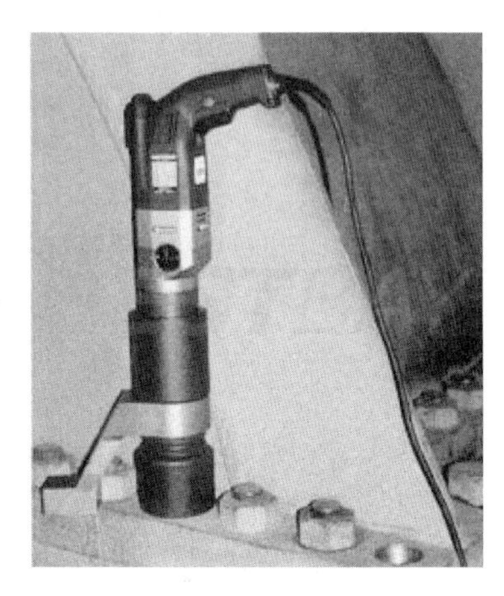

图1-10-2-2 电动扭矩扳手

(3) 防坠落设施应用。在高处作业时，应正确佩带使用全方位安全带、攀登自锁器、水平安全绳、柔性安全网，如图1-10-2-3所示。

图1-10-2-3 防坠安全网

图1-10-2-4 安全站位平台

(4) 专用安全站位平台。本工程双回路铁塔采用钢管塔，塔件组装时无站立点，加工制作专用站位平台，如图1-10-2-4所示，可保证施工安全和提高工作效率。

4. 采用新材料和新工艺

(1) 迪尼玛材料的应用。根据迪尼玛材料具有高强度、低重量、不沉水的特点，利用迪尼玛作为架线施工导引绳，既安全可靠，又降低了对牵引设备的性能要求。作为导线高空临锚绳使用，解决了高空临锚绳磨损导线的问题。

图 1-10-2-5　钢筋剥肋滚压直螺纹连接技术

（2）基础钢筋采用直螺纹连接。钢筋剥肋滚压直螺纹连接技术就是将待连接钢筋端部的纵肋和横肋用滚丝机采用切削的方法剥掉一部分，然后直接滚轧成普通直螺纹，用特制的直螺纹套筒连接起来，形成钢筋的连接。该技术为高效、便捷、快速的施工方法，而且节能降耗、提高效益、连接质量稳定可靠，如图 1-10-2-5 所示。

（3）基础施工中采用商品混凝土浇筑。针对特高压工程基础方量大的特点，根据现场实际地形，在条件允许的情况下基础混凝土浇制全面推广商品混凝土，商品混凝土优先采用泵运方式直接浇筑。泵送混凝土的输送距离长，单位时间的输送量大，可以很好地满足混凝土量大的施工要求，也可以减少施工原材料的占地费用和环境的污染，提高施工效率。

二、土石方基础工程

（一）土石方及基础工程质量控制流程

土石方及基础工程质量控制流程如图 1-10-2-6 所示。

（二）灌注桩基础承台施工技术

主柱、承台、桩身混凝土采用 C30 混凝土、承台底垫层采用 C15，基础保护帽采用 C15。

1. 工艺流程

灌注桩基础承台施工工艺流程如图 1-10-2-7 所示。

2. 技术准备

（1）图纸会审。施工前做好图纸会审工作，施工时必须按照批准的设计文件和经过图纸会审的设计施工图进行施工。

（2）技术交底，进行施工技术交底。技术交底内容要充实，具有针对性和指导性，全体参加施工的人员都要参加交底并签名，形成书面交底记录。

3. 施工准备及有关要求、注意事项

（1）骨料。采用连续级配的粗骨料，以减少水泥用量；砂宜选择中粗砂。石子及砂子的含泥量分别不超过 1%和 3%，并测定骨料的含水率、吸水率，尽量精确配置配合比；现场还要根据实际情况（砂、石含水率）减少浇制用水用量。

（2）施工用水。尽量降低每立方米混凝土的用水量。经验表明，最大限度减少混凝土的单位用水量，可以在保证强度的前提下，降低水化热温升，从而显著改善混凝土的抗裂性。水质采用饮用水；当采用其它水源时，应对水质进行检测，合格后方可使用。

（3）配合比。在保证混凝土强度 C30 及坍落度要求的前提下，应提高掺和料和骨料的含量，以降低每立方米混凝土的水泥用量。施工前，根据设计配合比和现场实际情况（砂、石含水率）调整原材料用量，严格称量控制配合比、水灰比；现场按规定测量混凝土坍落度，适当对配合比进行调整，尽量减少水的用量，降低水化热。

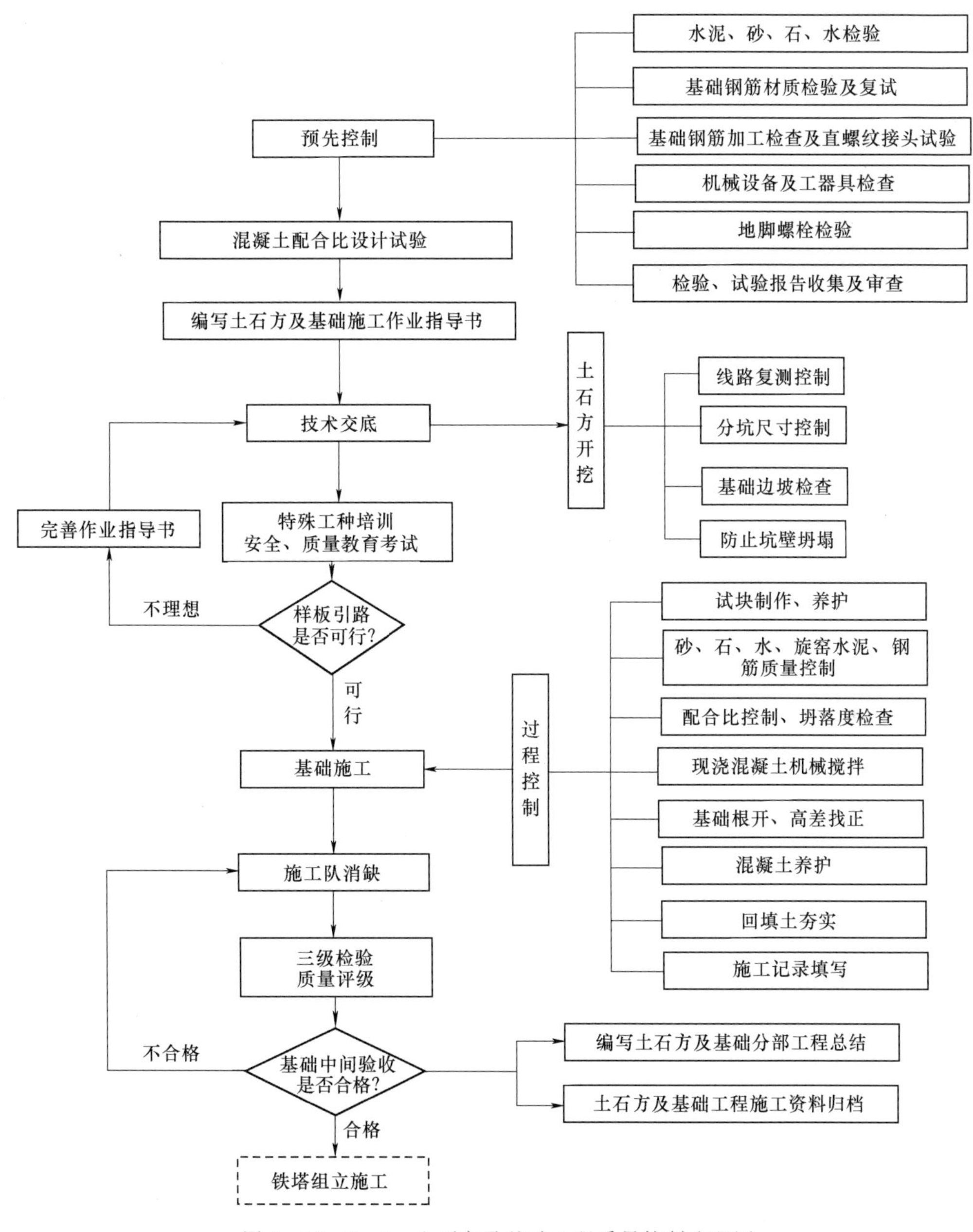

图1-10-2-6 土石方及基础工程质量控制流程图

(4) 钢筋。钢筋进场必须有出厂质量证明书，复试合格后方可使用。钢筋焊接应按规范要求进行焊接接头试验，试验合格后方可施工，焊条采用E43型。

(5) 模板。模板进场后，需对其观感质量、材质等进行检查验收，模板表面应平整，并在使用后定期保养。

(6) 所有工程桩应检测合格并经监理单位签字认定合格，并通过有关质量验收手续后，方可进入下道工序施工。

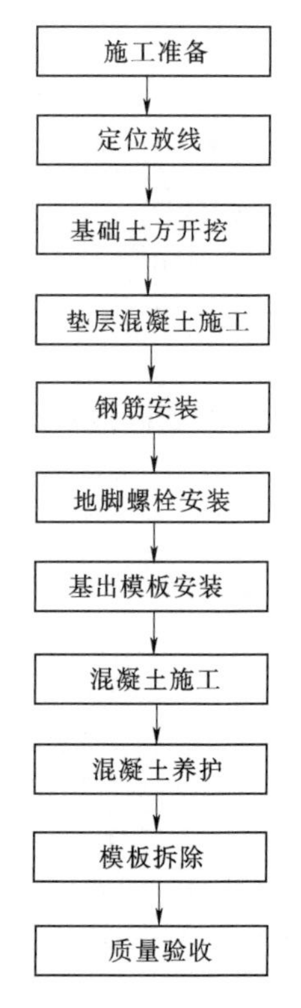

图 1-10-2-7　灌注桩基础承台施工工艺流程

4. 施工机具设备

（1）混凝土地泵。

（2）钢筋加工机具。

（3）模板加工机具。

（4）混凝土插入式振动棒。

5. 定位放线

在清除场地杂物后的基础上，依据基础定位资料、基础布置图，测定基础，引测高程基准点，确定好桩位中心。由施工员根据测量提供的挖制点，用石灰定出基础的开挖边线，包括 0.8m 的施工操作面。

6. 基础土方开挖

（1）根据图纸和地质勘察报告要求，确定开挖方案，开挖后应对基底标高、基础轴线、边坡坡度等进行复测，并组织相关人员进行地基验槽。基底土质应符合设计要求。如有地下水，则准备潜水泵等工器具，在基坑底部设排水明沟及集水井，采取地表排水。

（2）挖土采用挖机，由上而下水平分段进行，每层 0.8m 左右。在开挖时必须考虑基坑开挖及承台施工过程中的边坡保护，考虑上部开挖土层土质类别为粉质黏土，为此设坡度（深：宽）为 1：0.3。

（3）机械开挖时，要配合少量人工清土，用水准仪控制标高，机械开挖到相对基底标高时，预留 20cm 土层人工开挖，以防止超挖。

（4）基坑挖至标高后，沿基槽挖设集水井和 300mm×300mm 排水明沟。

（5）开挖到距基底 20cm 以内后，测量人员测出距基底 20cm 的水平标志线，然后在边坡上或基坑底部钉上小木桩，清理底部土层时用来控制标高。根据轴线及基础轮廓检验基坑尺寸，修整边坡和基底。

（6）人工清土时，边清边检查基坑的宽度和长度。

（7）桩头处理。应先定出垫层标高，在桩身上标注垫层标高；再采用空压机凿桩及人工配合的方法，凿出桩主钢筋。并将桩顶标高以上的桩混凝土打掉，以使承台底板主筋可以穿过桩身，桩主筋伸入承台长度，角度为 75°。同时应注意将清理出的混凝土残渣转运至指定弃渣地点。

7. 开挖注意事项

（1）开挖过程中，严格控制开挖尺寸，基坑底部的开挖宽度要考虑工作面的增加宽度，避免大面积的二次开挖。施工时尽力避免基底超挖，个别超挖的地方经设计单位出方案后，再进行施工。

（2）开挖过程中尽量减少对基土的扰动。

（3）开挖基坑时，有场地条件的，一次留足回填需要的好土，多余土方运到弃土处，避免二次搬运。

（4）土方开挖时，要注意保护标准定位桩、轴线桩、标准高程桩。

8. 垫层混凝土施工

基坑开挖至设计标高后，及时进行基坑验槽，完毕后垫层混凝土即覆盖上，以防止坑底土体受雨水侵蚀而影响基础质量。垫层模板根据测量提供的轴线控制点进行立模，模板中间设置水准点。垫层面基础定边线时，不仅要将承台外包线及轴线定出，还要求将墩柱位置定出，以确保墩柱插筋的准确性。随后，将地脚螺栓放置位置测放出来，并用水准仪控制垫层水平度，将轴线测放到垫层上。

9. 钢筋绑扎

当钢筋的品种、级别或规格需做变更时，应办理设计变更文件。钢筋的绑扎应符合下列规定：

（1）钢筋的交叉点应用扎丝扎牢。

（2）板和墙的钢筋网，交点必须用铁丝全部扎牢，保证受力钢筋不产生位置偏移。

（3）搭接长度的末端距钢筋弯拆处，不得小于钢筋直径的10倍，接头不宜位于构件最大弯矩处。

（4）受拉区域内，Ⅰ级钢筋绑扎接头的末端应做弯钩。

（5）钢筋搭接处，应在中心和两端用铁丝扎牢。

（6）钢筋绑扎的允许偏差应符合表1-10-2-2的规定。

表1-10-2-2　　钢筋绑扎的允许偏差

项　目	允许偏差/mm	项　目	允许偏差/mm
受力钢筋的排距	±5	绑扎箍筋、横向钢筋的间距	±20
钢筋弯起的位置	20		

（7）钢筋绑扎后，必须由施工队长进行自检，然后由项目部质检员进行检验，合格后提请监理验收，并做好验收手续。

10. 钢筋焊接

主筋采用直螺纹连接，圆钢钢筋采用焊接连接，钢筋的焊接头必须符合下列规定：

（1）焊接接头位置必须折弯成一定的角度，保证焊接头两端钢筋在同一轴线上。

（2）焊接头采用双面搭接焊，焊接长度不小于钢筋直径的5倍。

（3）焊缝质量必须符合有关钢筋焊接质量标准，并进行抽样检验。

（4）焊条型号：HPB235钢筋为E43，HRB335级钢筋为E5003。

（5）钢筋应平直、无损伤，表面不得有裂纹、油污、颗粒状或片状老锈。

（6）钢筋加工的允许偏差符合表1-10-2-3规定。

表1-10-2-3　　钢筋加工的允许偏差

项　目	允许偏差/mm	项　目	允许偏差/mm
受力钢筋顺长度方向全长的净尺寸	±10	箍筋内净尺寸	±5
弯起钢筋的弯折位置	±20		

11. 钢筋隐蔽工程验收

在混凝土浇筑前，应进行钢筋隐蔽工程验收，其内容包括：

（1）纵向受力钢筋的品种、规格、数量、位置等。

（2）钢筋的连接方式、接头位置、接头数量、接头面积百分率等。

（3）箍筋、横向钢筋的品种、规格、数量、间距等。

12. 地脚螺栓安装及加固

（1）地脚螺栓的组装，必须保证位置的准确，安装时用两台经纬仪呈90°角方向进行观测，确保其中心位置及螺栓与轴线之间的夹角准确，地脚螺栓顶点必须保证在同一水平面上。

（2）地脚螺栓及预埋件组装后，必须进行整体固定。锚固钢板和托架焊接固定牢固，螺栓上必须设置斜撑，固定在托架上；上部定位钢板，必须和模板支撑横杆进行固定。

（3）地脚螺栓固定后，进行承台钢筋的绑扎，在浇捣混凝土前进行复核，发现偏差应及时进行纠正；在浇捣混凝土时，用经纬仪进行观测，为防止混凝土的挤压使地脚螺栓偏位。必需采用手动葫芦进行调整。

13. 基础模板安装

（1）承台侧模采用大尺寸木质模板、钢模板或者砌砖，竖楞、横楞均用ϕ48×3.5m钢管；对拉拉筋采用ϕ10钢筋。侧模设三道对拉拉筋，并用锁扣将拉筋紧固，模板外侧采用钢管支顶架进行加固，垫木板后支撑于土壁上。

（2）立柱模采用整块的木质模板，加固也同时采用钢管加固与对拉拉筋加固工艺。立柱模板四角及顶面四边均用异型钢模进行倒圆角，倒角半径为25mm。

（3）在混凝土浇筑之前，项目部质监人员、现场监理应对模板工程进行验收。

（4）在涂刷模板隔离剂时，不得沾污钢筋。

（5）模板应接合紧密，接缝不应漏浆。

（6）侧模拆除时，混凝土强度应能保证其表面及棱角不受损伤。

14. 商品混凝土运输

商品混凝土必须选用均有相关强度混凝土生产资质的厂家，并尽量选择距施工现场较近、交通方便的厂家。避免因距离过远或道路不通而超出混凝土的初凝时间。所选商混厂家必须提供所使用产品的相关资料。包括开盘鉴定，混凝土配比申请单，混凝土配比通知单，砂、石、水泥的检验报告，水的检验报告，试块（标养）强度实验报告及各种添加剂的检验报告等。承台浇筑前，必须确认厂家有能力提供足够的混凝土，以确保施工过程积混凝土的连续浇筑。

商品混凝土运输注意事项如下：

（1）采用罐车运输，在运输过程中，罐车搅拌筒必须始终在作慢速转动，从而使混凝土在长途运输后，仍不会出现离析现象，以保证混凝土的质量。

（2）在商混浇筑前应带领罐车司机对现场路径进行查看，选择合适路径。另外，应根据需要方量要求商混厂家留好备用车。

（3）混凝土必须能在最短的时间内均匀无离析地排出，出料干净、方便，能满足施工要求。如与混凝土泵联合输送时，其排料速度应能相匹配。

（4）从搅拌运输车运卸的混凝土中分别取1/4和3/4处试样进行坍落度试验，两个试样的坍落度值之差不得超过30mm。

（5）混凝土搅拌运输车在运送混凝土时通常的搅动转为2～4r/min，整个输送过程中拌筒的总转数应控制在300r以内。

15. 混凝土浇筑

利用混凝土地泵输送混凝土，从一角开始向两个方向同时浇筑，最后闭合在对角线上，不留施工缝；采用分层浇筑的方法保证混凝土浇筑连续性。浇筑时，注意地脚螺栓不得出现碰撞，并对地脚螺栓进行测量监控，振捣时采用插入式振动棒振捣密实，振捣间距小于60cm，顶面采用平板振动器振捣并抹平压光。

（1）浇筑之前要检查模板及其支架、钢筋及其保护层厚度、地脚螺栓等的位置、尺寸，确认正确无误后，方可进行浇筑。同时，还应检查对浇筑混凝土有无障碍（如钢筋或预埋管线过密），必要时予以修正。

（2）混凝土的一次浇筑量要适应各环节的施工能力，以保证混凝土的连续浇筑。并且要控制浇筑层厚度和进度，以利散热。

（3）对现场即将浇筑的混凝土要进行监控，混凝土坍落度应满足施工要求，严禁随意加水。在降雨时不宜浇筑混凝土。

（4）混凝土采用分层的浇筑方法，浇筑层厚度宜40cm，并及时使用振动棒引导混凝土，加快混凝土的流动，从而加快混凝土内部热量散发。

（5）混凝土浇筑时，分层依次向前进行浇筑，并应注意使上下层混凝土一体化，即应在下一层混凝土初凝前将上一层混凝土浇筑完毕。在浇筑上层混凝土时，须将振捣器插入下层混凝土5cm左右以便形成整体。分层浇筑时，尽量使混凝土浇筑速度保持一致，供料均衡，以保证施工的连续性，如图1-10-2-8所示。

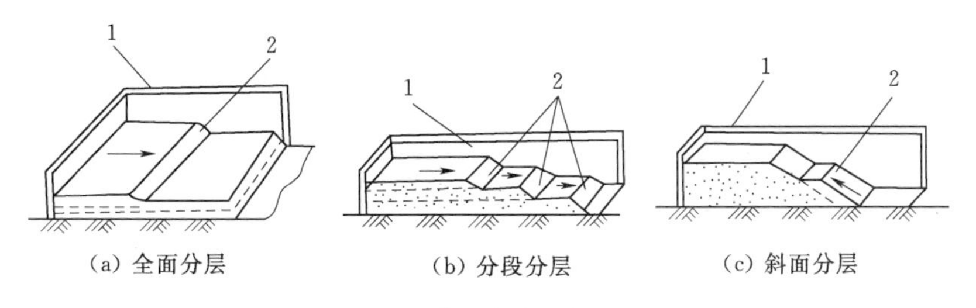

图1-10-2-8　分层浇筑混凝土的几种方法

1—模板；2—新灌注的混凝土

（6）混凝土浇筑的振捣应遵守下列规定：

1）振捣时间以表面出现浮浆、不再出现气泡和混凝土面呈水平不再显著沉降为宜，应避免欠振或过振。

2）使用振动棒时，应遵守下列规定：①振动棒应垂直插入混凝土中，振捣完应慢慢拔出；②移动振动棒时，应按规定间距相接；③振捣第一层混凝土时，振动棒应距混凝土垫层5cm，振捣上层混凝土时，振动棒头应插入下层混凝土5～10cm；④振捣作业时，振动棒头离模板的距离不应小于振动棒的有效作用半径的1/2。

3）混凝土振捣时，要经常检查模板的变形和漏浆情况，发现异常及时处理。

4）泌水。在混凝土浇筑过程中，由于混凝土表面泌水现象普遍存在，为保证混凝土的浇筑质量，要及时清除混凝土表面泌水。严禁在模板上开孔赶水，带走灰浆，并应随时清除黏附在模板、钢筋和地脚螺栓表面的砂浆。

5）二次振捣。混凝土浇筑后，在混凝土初凝前，对已浇筑的混凝土进行一次重复振捣，以排除混凝土因泌水、骨料下沉等产生的沉缩裂缝，并增强混凝土密实度，提高抗裂性。

6）混凝土应一次浇筑成型，内实外光，杜绝修饰，无二次抹面现象。

（7）承台每基取一组，单基超过 200m^3 时，每增加 100m^3 加取一组。试块尺寸按15cm 制作，采用统一试块盒。试块应在现场浇制过程中取样制作，标准养护。

16. 混凝土表面保温养护要求

在混凝土凝结后即须进行妥善的养护及保温措施，避免温度、湿度的急剧变化，并避免振动以及外力的扰动。混凝土浇筑后覆盖保温层不是限制温度上升，而是调节温度下降的速率，使混凝土由于表面与内部之间的温度梯度引起的应力差得以减小。

（1）浇制后应在 12h 内开始浇水养护，当天气炎热、干燥有风时，应在 3h 内进行浇水养护，养护时应在基础模板外侧加遮盖物，浇水次数应能够保持混凝土表面始终湿润，养护用水应与拌制用水相同。

（2）混凝土养护时间，不宜少于 14d，具体养护时间有现场测温记录确定。

（3）基础拆模经表面质量检查合格后应立即回填，并对基础外露部分加遮盖物，按规定期限继续浇水养护，养护时应使遮盖物及基础周围的土始终保持湿润。

（4）采用养护剂养护时，应在拆模并经表面检查合格后立即涂刷，涂刷后不再浇水。

（5）日平均温度低于 5℃时，不得浇水养护。

（6）混凝土养护应有专人负责，并做好养护记录。

17. 模板拆除的要求

（1）不承重或侧压的模板应在混凝土强度能保证构件不变形，边面及棱角不因拆模而受损时方可拆除。

（2）模板拆除时间根据混凝土强度和内外温差确定，并避免在夜间或气温骤降时拆模。在气温较低季节，当预计拆模后有气温骤降，应推迟拆模时间；如必须拆模，应在拆模的同时采取保护措施。

（3）地脚螺栓丝扣部分涂黄油并包裹防护，回收的螺帽及定位钢板应妥善保管并做好标识。

18. 拆模注意事项

（1）拆模前要制定拆模程序、拆模方法及安全措施。拆模前应先填表申请，经监理批准后方可拆模。模板拆除时严禁硬砸乱撬、摇晃振动，不得将撬棒直接着力于混凝土表面。严禁损坏混凝土表面及棱角。

（2）拆下来的模板等及时运走、整理。

19. 基础回填

基础拆模后，经监理验收合格，并做好相关隐蔽工程的资料后，方可开始基础回填。

（1）回填的土料，必须符合设计或施工规范的规定，回填时应清除坑内杂物，并不得在边坡范围内取土，回填土要对称、均匀。

（2）回填土应分层铺摊。一般蛙式打夯机每层铺土厚度为300mm，人工打夯不大于200mm。每层铺摊耙平后方可夯实。

（3）基坑的回填土应连续进行，尽快完成。泥水坑应先排除坑内积水然后回填夯实。

（4）回填土应留有300～500mm的防沉层。

（5）基础回填完毕后，立即用木板（或其他材质）制作成基础保护套，对基础顶面棱角进行保护。保护套厚度为2cm；长度按照基础立柱尺寸而定；宽度不小于10cm；颜色为红白油漆相间，间隔20cm。

20. 地脚螺栓保护措施

基础浇筑完毕后，地脚螺栓外露部分涂黄油，然后用彩条布包裹，预留地脚螺栓顶面，方便基础验收。采用白色PVC管做地脚螺栓保护管。PVC管一端封口，管上中间6～8cm（根据PVC高度而定）贴红纸或涂红色油漆，然后套在地脚螺栓上。PVC高度与直径根据地脚螺栓露出地面和直径而定，高度建议比地脚螺栓露出高度大2cm即可。

（三）灌注桩基础施工技术

1. 灌注桩施工工艺流程

灌注桩施工工艺流程如图1-10-2-9所示。

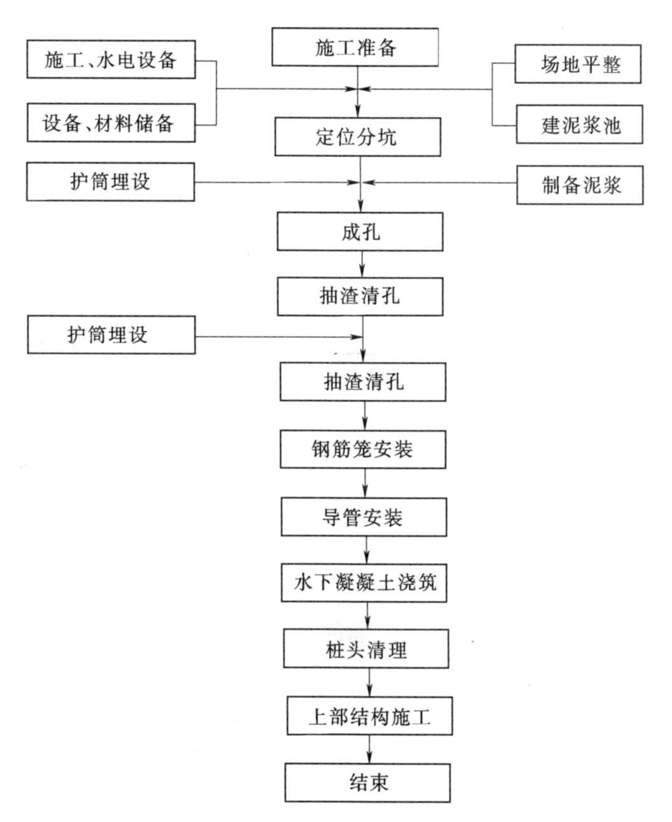

图1-10-2-9　灌注桩施工工艺流程

2. 埋设护筒

(1) 埋设护筒的主要作用是防止孔壁坍塌，固定桩位，防止地表水流入孔内，保护孔口和保持孔内水压力，防止出现塌孔，成孔时引导钻头的钻进方向等。当钻孔较深时，在地下水位以下的孔壁土在静水压力下会向孔内坍塌，甚至发生流砂现象。钻孔内若能保持壁地下水位高的水头，增加孔内静水压力，能为孔壁、防止坍孔。护筒除起到这个作用外，同时还有隔离地表水、保护孔口地面、固定桩孔位置和钻头导向作用等，如图 1-10-2-10 所示。

图 1-10-2-10　护筒埋设

(2) 钢护筒内径计算。主要根据护筒长度、埋设的垂直度和钻机的性能等因素确定，并不宜大于设计桩径 300mm。

计算公式为

$$D \geqslant d + LJ + \delta$$

式中　D——护筒内径，mm；

d——设计钻孔直径，mm；

L——护筒长度，mm；

J——护筒下沉允许倾斜度，取值 0.5%～1%；

δ——钻头摆动的富余量，可取 30～50mm。

本标段桩径为 1.4m、1.6m、1.8m、2.0m，施工护筒采用 2.0m 长，计算结果，护筒采用直径为 1.5m、1.7m、1.9m、2.1m 的护筒。

(3) 钢护筒壁厚确定。一般规范要求钢桩的壁厚为直径的 1/80～1/100，而钢护筒设计，根据本工程桩基要求，结合现场实际地形情况和以往经验，决定采用 Q235A 钢板螺旋焊接，护筒壁厚为 4～8mm。

(4) 钢护筒长度确定。本工程现场地主要为农田地，在农田地的护筒长度为 2.0m。

(5) 钢护筒技术要求：

1) 钢护筒施工要求严格按照测量桩位下放钢护筒，钢护筒的垂直度严格按照技术要求 1%，钢护筒就位以后，将护筒周围 1.0m 范围内的砂土挖出，夯填黏性土至护筒底 0.5m 以下。护筒顶标高高出地面根据不同范围确定不同的高出高度。

2) 护筒由钻机使用“吊线法”埋设安放，同时检查垂直度及中心偏位是否符合要求，护筒中心和桩位中心偏差不得大于 50mm。

3) 钢护筒埋设好后，填土夯实。并且在施工过程中，如遇松动，要不断进行填土夯实。

(6) 钢护筒控制要求。单排桩、边桩平面偏差为 50mm，垂直度偏差为 1%。

3. 制备泥浆

泥浆是泥浆护壁成孔施工中不可缺少的材料，泥浆的质量往往影响的桩孔的成败，在其成孔过程中起到护壁、携渣、冷却和润滑作用。泥浆制备及成孔作业如图 1-10-2-11

图 1-10-2-11　泥浆制备及成孔作业

所示。

混凝土表面养护的要求如下：

（1）由于泥浆有较高的黏性和较大的密度，通过循环可将切削破碎的土渣及石块悬浮起来，同时泥浆排除孔外，起到携渣排土的作用。

（2）在钻孔的施工过程中，钻具与土摩擦易发热而磨损，循环的泥浆对钻机起着冷却和润滑的作用，并可以减轻钻具的磨损。

（3）制备泥浆的方法应根据成孔的土质而确定。在黏性土中成孔时，可在空中注入清水，随着钻机的旋转，将切削下来的土屑与水搅拌，利用原土即可造浆泥浆的密度应控制在 1.1～1.2t/m^3；在其他土质中成孔时，泥浆制备应选用高塑性黏土或膨润土。当砂土层较厚时，泥浆密度应控制在 1.3～1.5t/m^3；在成孔的施工中应经常测定泥浆的相对密度，并定期测定黏度、含砂率和胶体率等指标，以保证成孔和成桩顺利。

4. *成孔方法*

泥浆护壁成孔灌注桩的成孔方法很多，在基础施工中常用的有回转钻成孔、潜水钻成孔、冲击钻成孔、套管成孔、人工掏挖成功等。本工程中使用回转钻成孔。

回转钻成孔时采用常规的地质钻机，在泥浆护壁的施工条件下，由动力装置带动座机回转装置，再经回转装置带动装有钻头的钻杆转动，慢速钻进切削、排渣成孔。

按泥浆循环方式的不同，可分为正循环钻机和反循环回转钻机成孔，其示意图如图 1-10-2-12 所示。

（1）正循环回转钻机的成孔工艺。钻机回转装置带动钻杆和钻头回转切削破碎岩土，从空心钻杆内部空腔注入的加压泥浆或高压水，由钻杆底部喷出，裹携着切削下来的土渣沿孔壁向上流动，由孔口溢浆孔排出后流入泥浆池，经沉淀后将泥浆再次返回孔内进行循环。

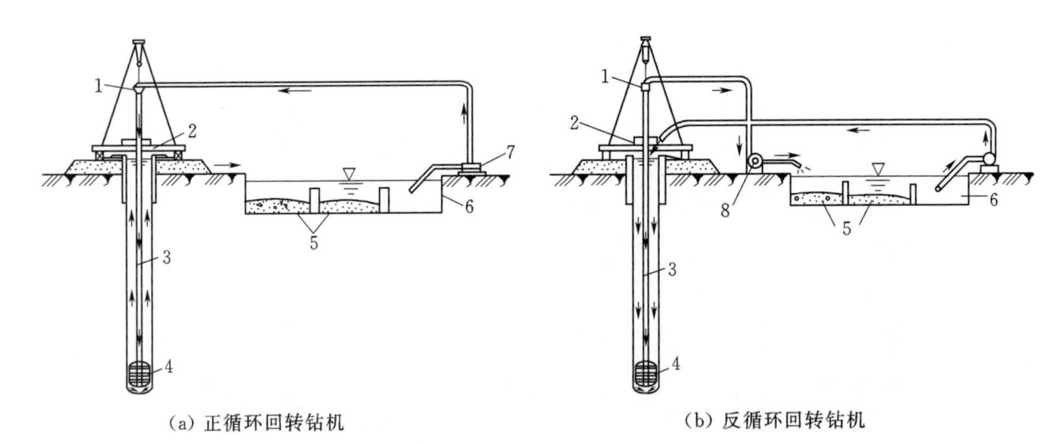

图 1-10-2-12　正、反循环回转钻机成孔示意图

1—泥浆龙头；2—转盘；3—钻杆；4—钻头；5—钻渣；6—泥浆池；7—泥浆泵；8—吸泥泵

正循环钻孔泥浆上返速度较低，排渣能力较差，使用填土、淤泥、黏土、粉土和砂土等地层成孔，成孔直径不宜大于 1m，钻孔深度不宜超过 40m。

（2）反循环回转钻机的成孔工艺。反循环回转钻机由钻机装置带动钻杆和钻头回转切削岩土，孔内泥浆自孔口流入，利用泵吸等措施经由钻杆内腔抽吸出孔外至泥浆池。泵吸反循环利用砂石泵的抽吸作用使钻杆内的水流上升，钻杆内径相对较小，而上返流速较大，所以携带岩粉的能力强。

反循环回转钻孔适用于填土、淤泥、黏土、粉土、砂土、砂砾等地层成孔。当采用圆锥式钻头时，可以在软土层中成孔；当采用牙轮式钻头时，可以在硬岩层中成孔。

强风化岩石、中风化岩石、砂岩等地质情况需要采用冲击钻钻空，钻机安装就位后，底座和顶端要平稳，不得产生位移和沉陷。初钻时进尺适当控制，采用小冲程，使最初成孔竖直、圆顺，防止孔位偏心、孔口坍塌。进入正常钻进后，采用 4～5m 中、大冲程，但最大冲程不超过 6m。钻进过程中及时排渣，并保持泥浆的密度和黏度。同时经常注意地层的变化，在地层的变化处均应捞取渣样，判断地质的类型，填入记录表中，并与设计提供的地质剖面图相对照。钻孔作业要连续进行，不得间断，因故必须停钻时，孔口应加盖，并严禁把冲击锥留在孔内，以防埋钻。冲程要根据地层土质情况来定，一般在通过厚的土层时，用高冲程，通过松散、砂砾石土层时，用中冲程，在易坍塌或流砂地段用小冲程。冲程过高，对孔底扰动大，易引起塌孔，冲程过小，则钻进速度较慢。通过漂石或岩层时，如孔底表面不平整，须先投入小片石将表面垫平，再用十字形冲击锥进行冲击钻进，防止产生斜孔、塌孔故障。要注意均匀放松钢丝绳的长度，否则松绳过少，形成“打空锤”使钻机、钻架、钢丝绳受到较大意外冲击荷载，遭受损害。松绳过多，容易引起钢丝绳纠缠事故。

5. 抽渣清孔

清孔为重要的工序，其目的是为了减少桩基的沉降量，提高其承载能力。当钻孔达到设计深度后，应及时验孔和清孔工作，清除孔底的沉渣和淤泥。

对于不易塌孔的桩孔，可用空气吸泥机清孔，气压一般掌握在 0.5MPa，使管内形成

强大高压气流上涌，被搅动的泥渣随着高压气流上涌从喷口排出，直至喷出清水为止，待泥浆相对密度降到1.1t/m³左右，即认为清孔合格；对于稳定性较差的桩孔，应用泥浆循环法或抽渣筒排渣，泥浆的相对密度达到1.15～1.25t/m³时方为合格。

沉渣的厚度可用沉渣仪进行检测。在清孔时，应保持孔内泥浆面高出地下水位1.0m以上。孔底沉渣厚度指标，若为端承桩应不大于50mm，若为摩擦桩应不大于30mm。如果不能满足要求，应继续清孔。待清孔满足要求后，应立即安放钢筋笼，浇筑混凝土。

6. 钢筋笼制作

（1）钢筋笼制作场地选择在孔附近平坦地面上，设置专门堆放加工制作区域，并配好相应的照明、发电和焊接设备。

（2）钢筋的种类、型号及尺寸需符合设计要求。

（3）进场后的钢筋，须经监理见证取样并送检，试验合格后方可进行制作加工。原材料堆放应按照钢筋的不同型号、不同直径、不同长度分类堆放，标示牌悬挂准确。施工前及过程中需做钢筋焊接试验，每组试验代表300个焊接头。要求搭接形式与实际施工一致，焊接人员与现场实际施工人员一致。

（4）钢筋笼制作顺序为先将主筋等间距布置在专用的钢筋绑扎支架上，保证每节钢筋笼主筋位置一致，待固定住架力筋（加强筋）后，再按照规定的间距布置箍筋。箍筋、架力筋与主筋之间的焊接采用点焊。

（5）钢筋笼连接采用机械连接，钢筋笼与钢筋笼之间连接采用机械连接（套筒），连接接头在同一断面不大于50%。

（6）钢筋笼分段长度，考虑到加工组装精度、吊装变形等要求，分段长度为10～12m，具体长度根据每根灌注桩长度不一样，具体确定，以得到合理利用钢材的要求。

（7）钢筋笼加固措施，为防止钢筋笼在制作、吊装、运输过程中产生变形，在钢筋笼适当间隔处布置架立筋，并于主筋焊接牢固，以增大钢筋笼刚度，吊点位置要求设置在加固处。

（8）注浆管的设置（设置与否，根据图纸要求），注浆管要求与钢筋笼焊接牢固，上下节段的位置必须对齐，同时设计好接头，以防止接头处堵塞管道。

（9）钢筋笼的保护层，一般在主筋外侧安设钢筋护板，其外形呈圆弧状突起，凸起高度根据保护层大小而定，根据图纸要求，灌注桩主筋保护层厚度为60mm。保护层每隔3m对称设置60mm厚的混凝土保护层垫块。

（10）钢筋笼制作允许偏差见表1-10-2-4。

表1-10-2-4 钢筋笼制作允许偏差

项　目	允许偏差/mm	项　目	允许偏差/mm
主筋间距	±10	钢筋笼直径	±10
箍筋间距	±20	钢筋笼长度	±50

7. 钢筋笼的下沉与连接

钻孔完成后进行成孔检测，检查桩孔直径、深度、垂直度和孔底沉渣厚度情况，其偏差不应大于规定的允许偏差数值。成孔检测，并经监理确认，合格后方可进行钢筋笼下沉。

（1）钢筋笼下沉要求对准孔位，平稳、缓慢进行，避免碰撞孔壁。到位后，立即固定。

（2）钢筋笼吊放采用吊车或吊车配合钻机整体放入孔内。即将整体钢筋笼放入孔内，此时主筋位置要求正确、立直，注浆管位置要对准，并做好钢筋防变形的措施，待钢筋笼安设完毕后，一定要检测确认钢筋顶端高度，要符合设计图纸要求。

（3）钢筋笼安放允许偏差：钢筋笼定位高程为±50mm；钢筋笼中心与孔中心为±10mm。

（4）钢筋笼连接要求。同根钢筋焊接接头的间距应大于7.5m，同一截面接头间距不大于主筋总数的50%，相邻主筋接头间距应大于980mm。

（5）钢筋笼主筋净保护层允许偏差±10mm。

8. 钢筋笼固定

最后一段钢筋笼连接好下沉后，应计算钢筋笼长度和底部高程是否符合质量标准，同时将钢筋笼稍微上提使之处于悬空状态，确保钢筋笼保持对中，最后再将钢筋笼上部与钻机地盘焊接牢固，防止下沉或上浮。钢筋笼实体如图1-10-2-13所示。

图1-10-2-13　钢筋笼实体

9. 导管安装

导管直径宜为200～250mm，导管分节长度视工艺要求而确定。在下导管前，应在地面试组和试压，试压的水压力一般为0.6～1.0MPa，底管长度不宜小于4m，各节导管用法兰进行连接，要求接头处不漏浆、不进水。将整个导管安置在起重设备上，可以根据需要进行升降，在导管顶部设有漏斗。将安装好的导管吊入桩孔内，使导管顶部高于泥浆面3～4m，导管的底部距桩孔底部300～500mm。

10. 水下混凝土浇筑原理

泥浆护壁成孔灌注桩混凝土的浇筑，是在孔内泥浆中进行的，所以称为水下混凝土浇筑。浇筑水下混凝土不能直接将混凝土倾倒于水中，必须在与周围环境隔离的条件下进行。水下混凝土浇筑的方法，最常用的是导管法。导管法是将密闭连接的钢管作为混凝土水下浇筑的通道，混凝土沿竖向导管下落至孔底，使混凝土不与泥浆接触，导管底部以适当的深度埋在混凝土内。

11. 水下混凝土浇筑配置混凝土要求

灌注桩的混凝土配置对选用合适的石子粒径和混凝土坍落度很关键。

(1) 水泥宜采用普通硅酸盐水泥，强度等级不小于42.5。

(2) 细骨料宜采用中粗砂，混凝土强度C35，含泥量不大于3%。

(3) 粗骨料采用碎石或卵石，最大粒径应小于400mm，并不得大于钢筋最小净距1/3，当混凝土强度为C35时，含泥量不大于1%。

(4) 宜采用饮用水拌和，当无饮用水时，可采用清洁的河溪水和池塘水。不得使用海水。

(5) 水下灌注的混凝土必须具有良好的和易性，坍落度一般采用180～220mm，混凝土配合比应经过试验确定。

(6) 地脚螺栓及钢筋规格、数量应符合设计要求且制作工艺良好。

(7) 孔底沉渣端承桩不大于50mm，摩擦桩不大于100mm。

(8) 混凝土密实、表面平整，一次成型。

12. 混凝土浇筑

在导管内部放置预制隔水栓，并用细钢丝悬吊在导管中下部，钢丝由顶部漏斗中引出。浇筑混凝土时，当导管中首批混凝土灌注量达到要求后，剪掉悬吊隔水栓的钢丝，混凝土在自重压力作用下，随隔水栓冲出导管下口。首批混凝土灌注量应保证导管能埋入混凝土面以下800mm以上，由于混凝土的密度比泥浆大，混凝土下沉时排挤泥浆沿导管外壁上升，导管底部被埋在混凝土内。浇筑过程中导管内的混凝土在一定落差压力作用下，挤压下部管口处的混凝土，使其在已浇筑的混凝土层内部流动、扩散，边浇筑混凝土边拔导管，逐节拆除上部导管，如此连续浇筑直至桩顶而成桩。

首批混凝土灌注量的计算公式如下：

$$V \geqslant \pi R^2 (H_1 + H_2) + \pi r^2 h_1 \quad (1-10-2-1)$$

式中 V——灌注首批混凝土所需数量，m^3；

R——桩孔半径，m；

H_1——桩孔底至导管底端间距，一般为0.3～0.5m；

H_2——导管初次埋置深度，不小于0.8m；

r——导管半径，m；

h_1——桩孔内混凝土达到埋置深度H_2时，导管内混凝土柱平衡导管外泥浆压力所需的高度，m。

灌注桩首批混凝土灌注量见表1-10-2-5。

表1-10-2-5　灌注桩首批混凝土灌注量

桩径/m	首灌混凝土/m^3	导管直径/m	H_2/m	H_1/m
1.8	3.5922	0.2	1.0	0.4
2.0	4.4274	0.2	1.0	0.4
2.2	5.3506	0.2	1.0	0.4

混凝土灌注时，可在导管顶部放置混凝土漏斗，其容积大于首批灌注混凝土数量，确保导管埋入混凝土土中的深度。

13. 基础模板安装

（1）混凝土浇制完毕后拔出导管后进行基础模板安装，立柱模板采用整块的钢制模板，加固也同时采用钢管加固与对拉拉筋加固工艺。立柱模板四角及顶面四边均用异型钢模进行倒圆角，倒角半径为25mm。

（2）在混凝土浇筑之前，项目部质监人员、现场监理应对模板工程进行验收。

（3）在涂刷模板隔离剂时，不得沾污钢筋。

（4）模板应接合紧密，接缝不应漏浆。

（5）模板拆除时，混凝土强度应能保证其表面及棱角不受损伤。

14. 地脚螺栓安装及加固

（1）地脚螺栓的组装，必须保证位置的准确，安装时用两台经纬仪呈90°角方向进行观测，确保其中心位置及螺栓与轴线之间的夹角准确，地脚螺栓顶点必须保证在同一水平面上。

（2）地脚螺栓及预埋件组装后，必须进行整体固定。锚固钢板和托架焊接固定牢固，螺栓上必须设置斜撑，固定在托架上；上部定位钢板，必须和模板支撑横杆进行固定。

（3）地脚螺栓固定后，在浇捣混凝土前进行复核，发现偏差应及时进行纠正；在浇捣混凝土时，用经纬仪进行观测，为防止混凝土的挤压使地脚螺栓偏位。必需采用手动葫芦进行调整。

15. 混凝土养护及保温

在混凝土凝结后即须进行妥善的养护及保温措施，避免温度、湿度的急剧变化，并避免振动以及外力的扰动。混凝土浇筑后覆盖保温层不是限制温度上升，而是调节温度下降的速率，使混凝土由于表面与内部之间的温度梯度引起的应力差得以减小。混凝土养护应有专人负责，并做好养护记录。

（1）浇制后应在12h内开始浇水养护，当天气炎热、干燥有风时，应在3h内进行浇水养护，养护时应在基础模板外侧加遮盖物，浇水次数应能够保持混凝土表面始终湿润，养护用水应与拌制用水相同。

（2）混凝土养护时间，不宜少于14d，具体养护时间有现场测温记录确定。

（3）基础拆模经表面质量检查合格后应立即回填，并对基础外露部分加遮盖物，按规定期限继续浇水养护，养护时应使遮盖物及基础周围的土始终保持湿润。

（4）采用养护剂养护时，应在拆模并经表面检查合格后立即涂刷，涂刷后不再浇水。

（5）日平均温度低于5℃时，不得浇水养护。

（6）做好混凝土的养护，适当延长拆模时间，提高混凝土强度，减少混凝土表面的温度梯度。

16. 模板拆除的要求

（1）不承重或侧压的模板应在混凝土强度能保证构件不变形，边面及棱角不因拆模而受损时方可拆除。

（2）模板拆除时间根据混凝土强度和内外温差确定，并避免在夜间或气温骤降时拆

模。在气温较低季节，当预计拆模后有气温骤降，应推迟拆模时间；如必须拆模，应在拆模的同时采取保护措施。

（3）地脚螺栓丝扣部分涂黄油并包裹防护，回收的螺帽及定位钢板应妥善保管并做好标识。

17. 拆模注意事项

（1）拆模前要制订拆模程序、拆模方法及安全措施。拆模前应先填表申请，经监理批准后方可拆模。模板拆除时严禁硬砸乱撬，摇晃振动，不得将撬棒直接着力于混凝土表面。严禁损坏混凝土表面及棱角。

（2）拆下来的模板等及时运走、整理。

18. 施工工艺要求

（1）灌注桩桩身混凝土应固结密实，胶结良好，不得有蜂窝、空洞、裂缝、离析、夹层、夹泥渣等固结不良现象。

（2）混凝土与钢筋笼钢筋黏结良好，不得有脱黏露筋现象。

（3）混凝土试块采用标准养护，标准养护试块是检测混凝土本身强度的，在 20℃±2℃的温度下，湿度大于 95%条件下养护 28d 强度，28d 的抗压强度不得低于设计强度，其他性能指标应符合设计要求。

（4）桩身与桩底岩层（或土层）黏结良好，不得残留沉渣夹层物。

（5）保证地脚螺栓的外露高符合设计要求，并且丝扣部分不得进入剪切面，浇筑时地脚螺栓的丝扣部分裹物保护。

（6）每根灌注桩制作混凝土试块一组，承台每基取一组，每组三块，单腿超过 $100m^3$ 的应多加一组。试块规格为 150mm×150mm×150mm，送实验室标养池标养 28d 检测。

（7）灌注桩结构尺寸质量要求符合表 1-10-2-6 规定。

表 1-10-2-6　　灌注桩结构尺寸质量要求

序号	项　目	允许偏差
1	孔径	−50mm
2	孔深	大于设计孔深
3	孔垂直度偏差	小于桩长的 1%
4	立柱及承台断面尺寸	−0.8%
5	桩钢筋保护层厚度（水下）	−16mm
	桩钢筋保护层厚度（非水下）	−8mm
6	钢筋笼直径	±10mm
7	主筋间距	±10mm
8	箍筋间距	±20mm
9	钢筋笼长度	±50mm
10	基础根开及对角线（一般塔）	±1.6‰

续表

序号	项　　目	允许偏差
11	基础根开及对角线（高塔）	±0.6‰
12	基础顶面高差	5mm
13	同组地脚螺栓对立柱中心偏移	8mm
14	整基基础中心位移	顺线路 24mm；横线路 24mm
15	整基基础扭转	一般塔 8′；高塔 4′
16	地脚螺栓露出混凝土面高度	10mm　−5mm

19. 现场施工质量控制要点

灌注桩施工质量控制要点见表 1-10-2-7。

表 1-10-2-7　　灌注桩施工质量控制要点

施工程序	发生项目	发　生　原　因	预 防 及 处 理
钻孔	孔位偏移过大	（1）测量分点有误差。 （2）钻机对点产生偏差。 （3）基面过软，机械整平时滑动	（1）分点测量时，两人以上核对。 （2）对点时应 90°两侧对点桅杆升起前预留偏差。 （3）液压腿下垫长枕木，先支低点后支高点
	孔洞坍塌倾斜	（1）护筒安装短，外围夯填不实。 （2）孔内压力水头小。 （3）钻进过快。 （4）升降钻头砸碰孔口或护筒	（1）根据土质情况，确定护筒长度，分层夯实黏土回填。 （2）随时保持压力水位。 （3）优质泥浆，慢钻低挡。 （4）升降钻头时应慢升慢降，有人监护
	孔壁坍塌	（1）孔内遇流砂层。 （2）泥浆比重低，孔内水压太低。 （3）升降钻头乱碰孔壁	（1）加大泥浆比重或加黏土回填 1m 以上，待沉淀 24h 以后重新开钻。 （2）加大泥浆比重，提高水压头。 （3）观察是否钻机位移动，升降钻头防止过快碰壁
	埋钻卡钻	（1）坍孔、缩径。 （2）孔内有异物。 （3）钻进过快，沉淀物过多，未及时提出钻头	（1）钻进时保持孔内水压头，加大泥浆比重，放慢钻进速度，加大泵量。 （2）缩孔可采用上下反复扫孔。 （3）变换钻头，慢进钻或二次成孔。 （4）可用掏筒或用大泵量冲浮松动。 （5）遇有情况，应立即提出或提起钻头
	钻杆折断	（1）钻进中选用的转速不当，使钻杆扭转或弯曲折断。 （2）钻杆使用过久连接处有伤或磨损过甚。 （3）地质坚硬，进度过快，超负荷引起	（1）控制进尺，遇复杂地质层认真操作。 （2）钻杆连接丝扣完好。 （3）经常检查钻具磨损情况，损坏的及时更换。 （4）控制钻机转速和钻进速度，可分二次钻进方法成孔
	落钻落物	（1）钻杆折断，钻头结构或焊接强度不够。 （2）操作方法不当异物落入孔内	（1）开钻前应清除孔内落物。 （2）经常检查钻具。 （3）为钻进方便在钻身围捆几圈钢丝绳

续表

施工程序	发生项目	发　生　原　因	预防及处理
钢骨架入孔	钢骨架入孔放不下去	(1) 骨架起吊安装后变形。 (2) 孔壁错台。 (3) 缩径	(1) 骨架制作吊装时，应设临时支撑。 (2) 拔出骨架，重新扫孔
	骨架脱落	(1) 骨架连接不牢。 (2) 吊装方法不对	(1) 重新连接、补强。 (2) 改变吊装方法，增加补强措施
混凝土灌注	灌注过程中导管漏水	使用前没做水压试验	使用前应做水压试验，检查接头螺栓是否拧紧
	灌注过程中孔壁坍塌	(1) 成孔至灌注结束时间过长。 (2) 护壁不好	(1) 钻进时用大比重泥浆。 (2) 缩短焊接吊装钢筋笼时间，加快灌注时间，保持水压头高度
	灌注中埋管	(1) 埋管过深。 (2) 中断时间过长	严格控制埋深及保证灌注的连续性
	导管拔断及拔漏	(1) 导管卡钢筋骨架。 (2) 没控制好埋深及中心位置。 (3) 混凝土配比有问题	(1) 安装导管扶正器或用木杆控制导管的位置。 (2) 先测埋深后提升导管，提升高度严格控制。 (3) 样控制混凝土配合比及“三项指标”。 (4) 如出现拔漏，马上停止灌注，重新把导管插入混凝土内 1m 以上，用泥浆泵把导管内的水抽出，用掏子将混合的混凝土掏出，再向导管内注入 1：1.25 的砂浆 $0.1m^3$
	水析现象	(1) 振捣时间过长。 (2) 模板接缝不严。 (3) 混凝土坍落度不合格	(1) 防止过振、漏浆出现砂流。 (2) 模板接缝加设密封条。 (3) 保证混凝土坍落度符合配比要求，合理选配骨料，混凝土搅拌均匀，下料均匀，与振捣协调一致

20. 桩基检测要求

(1) 对钻孔灌注桩基础，每根基桩均采用低应变法进行检测，即检测率为 100%。

(2) 采用高应变方法进行基桩承载力检测，本标段检测数量不少于 5%。具体要求如下：

1) 转角塔：每个施工标段转角塔塔位均需抽检。

2) 直线塔：直线塔抽检均匀、随机分布，覆盖所有塔型及桩径。

3) 单桩基础（包括单桩转角塔）。每基最多选一个桩做高应变检测。

抽检塔号若受设备或现场条件限制无法进场时，由施工项目部书面汇报总监理工程师，并报业主项目部，共同提出抽检方案。

高应变抽检塔位由监理项目部负责实施，检测执行《建筑基桩检测技术规范》（JGJ 106—2014）相关条款规定及合同要求。

（四）人工挖孔基础

1. 人工挖孔基础施工工序

人工挖孔基础的开挖采用人工挖孔与混凝土护壁浇制交替进行，每挖好 1m 后随即浇制一节混凝土护壁。道路条件较好的塔位，采用商品混凝土；商用混凝土车无法抵达的塔位，采用现场机械搅拌、机械振捣浇筑方式。人工挖孔基础施工工序如图 1-10-2-14 所示。

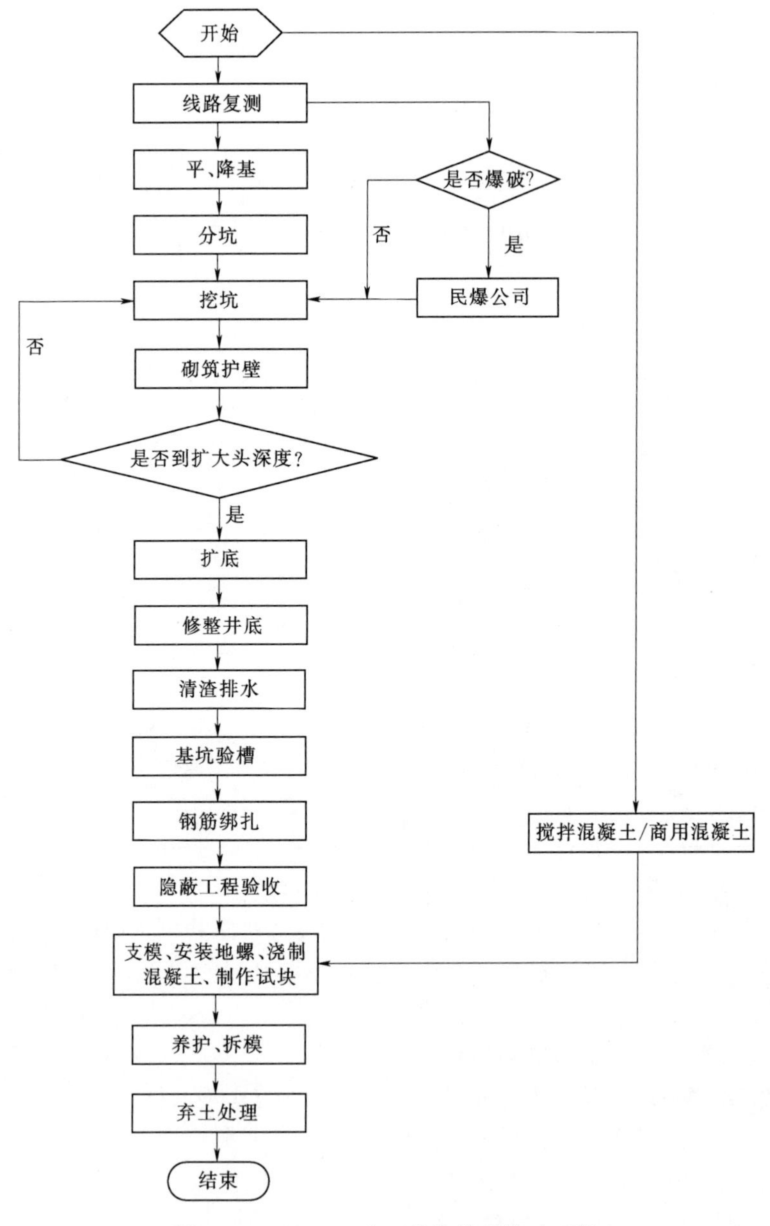

图 1-10-2-14　人工挖孔基础施工工序

2. 施工前准备

（1）施工前进行专项技术交底。

（2）根据基础施工图纸及有关资料了解现场实际情况，核对现场平面尺寸，掌握设计内容及各项技术要求，熟悉土层地质；会审图纸，便于土石方开挖施工及有利于基坑坑壁

稳定。

（3）对基础施工场地上的障碍物进行全面清查，包括施工场地地形、地貌等。

（4）基坑开挖施工以前，测量人员必须对线路进行仔细的复测，并认真记录复测数据，基础的中心桩需经检验核准后方可复测分坑，土方开挖前需先做好定位放样工作。

（5）现场施工范围划分。放样分坑后，确认施工范围，划定堆土范围，要求堆土位置距离开挖点5m以上，施工范围外围设三角围旗，设置进出施工场地的施工便道，在施工便道入口处设置“施工重地，闲人莫入”警告牌。

3. 基坑开挖

（1）基坑开挖现场，必须设专人安全监护，施工人员必须佩带安全帽。

（2）开挖基坑时，应事先清除坑口附近的浮土、浮石，向坑外抛掷土石时，应防止土石回落伤人；当基坑开挖出现片状岩时，应及时自上而下的清除已断裂的片状岩块，防止片状岩块掉落伤人。

（3）采用人工、风镐相结合的开挖方式，基坑开挖采用分层分段自上而下的方法。挖孔施工时，必须找正基础中心，保证挖孔垂直度。

（4）土石方开挖设由专人指挥，并严格遵循“分层开挖、控制边坡、严禁超挖”及“大基坑小开挖、深基坑慢开挖”的原则。当挖至标高接近基础底板标高时，边操平边配合人工清槽，防止超挖，并按围护结构要求及时修整边坡及放坡，防止土石方坍塌。

（5）基坑开挖程序为：复测分坑→人员进场、工器具准备、机械进场→分层开挖→修坡整平等。

（6）坑深超过1.5m时，上下必须采用梯子。

（7）坑内开挖产生的土块应装入提土筐内，通过机械装置，由专人向坑外提土。提土人员须站在垫板上，垫板必须宽出孔口每侧不小于1m，宽度不小于30cm，板厚不小于5cm。孔上作业人员应系安全带，安全绳可固定在锚桩上，不能与爬梯锚桩相同，各自独立使用。多功能吊运机的挂钩必须有防脱、防滑装置，防止提土筐在提升过程中掉落。电动提升机（图1-10-2-15）的旋转半径1.1m，满足本工程本标段施工需要。限定每次提升重量不得超过30kg，以确保可以方便的旋转。根据压重比例，施工时电动提土机下侧底座需要角钢锚桩固定，锚固桩抗上拔力大于50kgf。每次使用前需要坚持锚桩稳定性，确认锚桩未松动后方可施工。

图1-10-2-15　电动提升机示意图

（8）当坑深超过3m时，除了上下梯子外，必须设ϕ14的尼龙绳作为应急爬梯绳（绳子每间隔500mm设一防滑结），尼龙绳末端需设置可靠的固定措施，在基坑周边打设1t级锚桩固定。

（9）当坑深超过5.0m时，坑上安全监护人应密切注意坑下作业人员，并预设送风设

施（送风可利用鼓风机往坑内送风，送风时，送风人员应站在基坑护栏外侧，保证人身安全），向孔内送风不少于5min，排除孔内浑浊空气，防止坑下作业人员因缺氧而发生休克现象；基坑较深时，每次施工作业后，应采取强制送风措施；同时应不定时的更换基坑开挖作业人员，采取坑上坑下轮换作业的方式，轮换间隔时间不宜超过2h；当发现坑内人员有异常状况时，应及时了解坑内空气质量，并根据具体情况及时开展抢救工作。

（10）孔深大于10m时，井底应设照明，且照明必须采用12V及以下安全电压，带罩防水安全灯具，本标段同一使用矿灯；用鼓风机向井下送风，风量不得少于25L/s，且孔内电缆必须有防磨损、防潮、防断等保护措施。

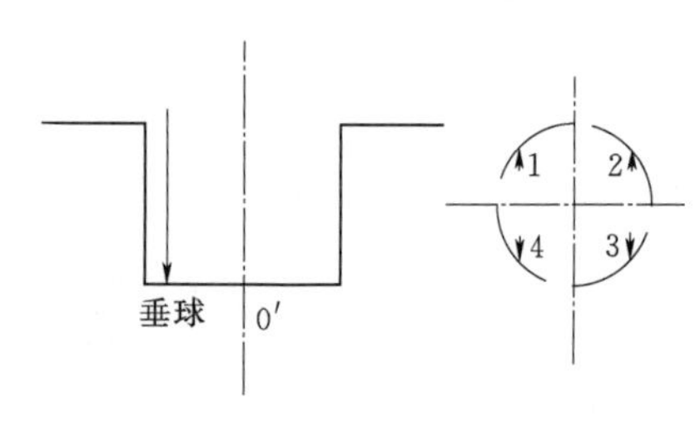

图1-10-2-16　基坑垂直度控制

（11）基坑垂直度的控制。检查孔壁的垂直度，采用垂球法。靠近坑壁悬挂一垂球，注意不使垂球与坑壁相碰，量出上部垂球线与坑壁的距离；再量出坑底垂球落点至坑壁距离，相比较，则可以检查出坑壁是否垂直。一个基坑至少检查4点，对角线方向检查2点，与之垂直的方向再检查2点，如图1-10-2-16所示。

（12）坑底面积超过$2m^2$可由二人同时挖掘，但不得面对面作业。作业人员严禁在坑内休息、吸烟。

（13）在坑口四周围栏范围内严禁堆积土石方、材料和工具，防止掉落坑内伤人。

（14）全方位基础各腿之间视情况设置安全隔离装置，在各基础的内侧打设木桩稳固，用80cm高的竹排或挡板固定于木桩上（木桩直径需在60mm及以上，锚入土层深度在500mm），基坑的废土向基础外侧方向堆弃，如图1-10-2-17所示，并运出至基坑边缘3m以外，弃土时严防滚落伤人。

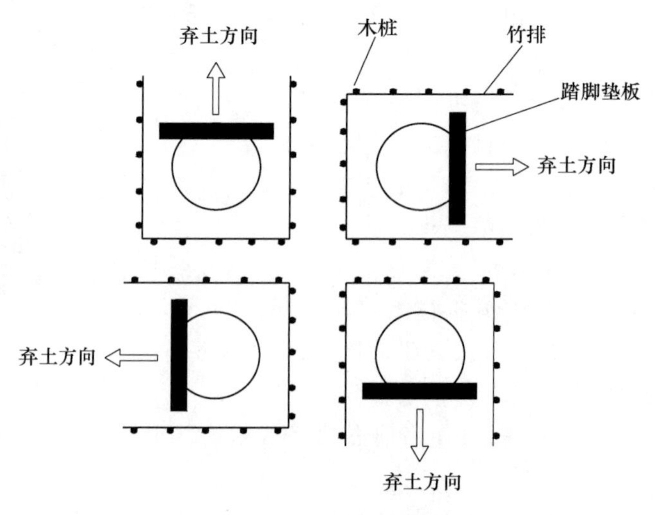

图1-10-2-17　基坑弃土

（15）坑身开挖直径必须一次完成，后期扩挖既危险又难以施工，坑底扩挖部分，对高度低且进深大的扩挖施工应随坑深同步开挖，避免后期施工困难，坑底扩挖部分应采用

人工开挖。在扩挖施工前检查孔壁岩块的完整性，对于岩壁裂纹较多段可先用水泥砂浆做好护面保护。

（16）土石方开挖应减少破坏施工作业需要以外的地面，注意保护环境原状和自然植被，山丘施工，余土应在基础根开内进行平整，对于堡坎堆垒时应留有足够的坡度，以保证土体稳定，防止坍塌。

（17）基坑开挖过程中或开挖后，因雨水天气产生积水现象，应使用排水泵及时对基坑积水进行抽排，防止积水浸泡基坑，影响基础浇制作业和坑壁稳定；基坑开挖过程中发现坑底有渗水，可及时利用水泵进行抽排；若地下水位较高，严重影响施工作业，则应及时将详实情况汇报到技术部门。

（18）基坑深度过深，可能会导致基坑内采光不足，施工人员无法正常进行作业。因此，必须视坑口直径和开挖深度采取必要的照明措施。

（19）对地质有横向裂隙或夹层时，挖孔基础底部扩孔易引起立柱底部周围坍塌，开挖完成后应用角钢等支撑，角钢可直接浇入混凝土中。

（20）使用专用安全逃生笼。委托专业厂家生产加工安全逃生笼，笼身直径按800mm考虑，高度1800mm，笼身设置1500mm高开拉门，笼顶部为封闭式锥顶结构，表面光滑，可以防止落物伤人，如图1-10-2-18所示。人员作业间隙及提土阶段时，作业人员进入安全笼内避免物体打击。

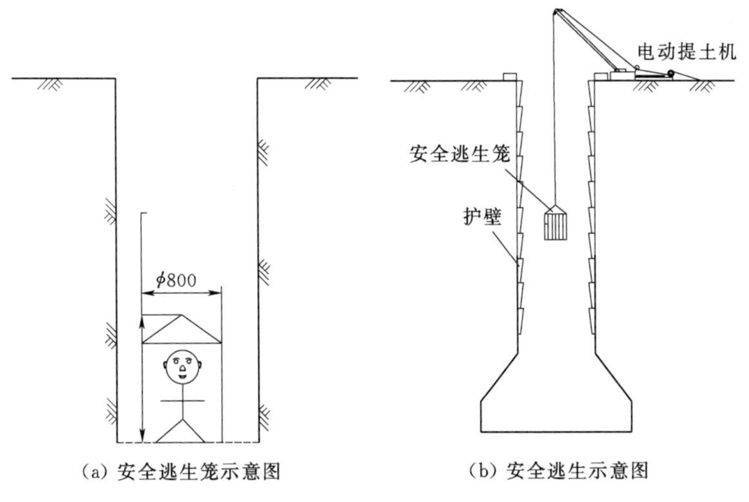

(a) 安全逃生笼示意图　　(b) 安全逃生示意图

图1-10-2-18　安全逃生笼（单位：mm）

紧急情况下，人员进入安全逃生笼，使用电动提土机将笼体提起，起到紧急转移疏散作用。

4．护壁浇制

（1）第一节护壁制作，护壁厚度为200mm，故基坑开挖直径应为基础直径＋140mm＋200mm×2。护壁每段约1m，其中地面端第一节护壁宜高出坑口不少于150mm作为锁口，用于基坑挡水，保证坑口的稳定并防止杂物滚落基坑伤及坑中施工人员。

（2）然后根据副桩上轴线做印点（即为控制桩体垂直度的十字控制点），如图1-10-2-19

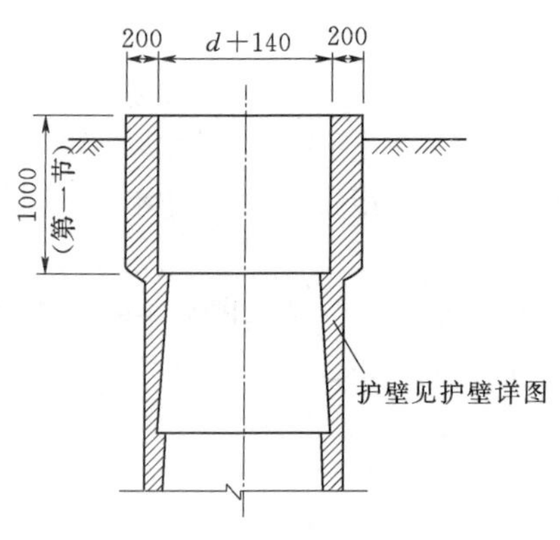

图 1-10-2-19　第一节护壁制作
（单位：mm）
d—设计基础立柱径

所示。

（3）护壁一般以 1000mm 为一节（若土质较差，以 500mm 为一节）进行浇制，每隔 200mm 配一道 $\phi 8$ 箍筋，护壁混凝土应分层浇筑、振捣密实，分层深度不超过 200mm，每节护壁均要在当日连续施工完毕。浇筑前要支模，支模时要根据桩孔中心位置，将模板中心同桩孔中心重合，避免模板位置偏移。每节护壁上小下大（上口 140mm 厚，下口 70mm 厚），上下节之间搭头部分长度不少于 50mm（上口注意保持满足设计孔径要求，下口直径要大于上口 100mm），护壁轴向断面呈八字形、锯齿状结构，浇制时，采用机械搅拌，严格按照 C25 混凝土配合比施工，用器具量取材料进行搅拌，严禁未经量取仅凭经验施工。

（4）每节桩孔护壁做好以后，必须将桩位十字轴线和标高测设在护壁的上口，然后用十字线对中，吊线坠向井底投设，以半径尺杆检查孔壁的垂直平整度。随之进行修整，井深必须以基准点为依据进行检测。保证桩孔轴线位置、标高、截面尺寸满足设计要求。

（5）为了保证桩的垂直度应每浇灌完三节护壁校核中心位置及垂直度一次。

5. 钢筋加工

（1）所有钢筋的规格、数量、长度排列均严格按施工图和有关设计变更进行配备加工，不得任意更改。

（2）运至现场的钢筋规格、数量及尺寸必须检查符合设计要求后方准绑扎和安装。

（3）钢筋表面应洁净、无损伤，油渍、漆污和铁锈等应在使用前清除干净。带有颗粒状或片状老锈的钢筋不得使用。

（4）本工程的主筋钢筋连接主要采用直螺纹连接的方式。加工钢筋接头的操作工人，应经专业人员培训合格后才能上岗，人员应相对稳定。钢筋接头的加工应经工艺检验合格后方可进行。

6. 直螺纹接头的现场加工规定

（1）钢筋端部应切平或镦平后再加工螺纹。

（2）墩粗头不得有与钢筋轴线相垂直的横向裂纹。

（3）钢筋丝头长度应满足企业标准中产品设计要求，公差应为 0～2.0p（p 为螺距）。

（4）钢筋丝头应满足精度要求，应用专用直螺纹量规检验，通规能顺利旋入并达到要求的拧入长度，止规旋入不得超过 3p。抽检数量 10%，检验合格率不应小于 95%。

（5）钢筋直螺纹连接钢筋接头的加工应经工艺检验合格后方可进行。同一施工条件下采用同一批材料的同等级、同型式、同规格接头，应以 500 个为一个验收批进行检验与验收，不足 500 个也应作为一个验收批。抽检数量 10%，检验合格率不应小于 95%。

（6）根据基础施工图要求，钢筋要求弯钩的必须加工弯钩，弯钩的长度及角度要符合图纸要求。

(7) 钢筋应平直，无局部弯折。加工钢筋的允许偏差为：主筋间距误差为±10mm，箍筋间距误差为±20mm，筋骨架直径偏差为±10mm；钢筋骨架长度偏差为±50mm。

7. 直螺纹钢筋接头的安装质量要求

(1) 安装接头时可用管钳扳手拧紧，应使钢筋丝头在套筒中央位置相互顶紧。标准型接头安装后的外露螺纹不宜超过 $2p$。

(2) 安装后应用扭力扳手校核拧紧扭矩，拧紧扭矩值应符合表 1-10-2-8 的规定。同时安装完毕后的外露螺纹不宜超过 2 个螺距。

表 1-10-2-8　　直螺纹接头安装时的最小拧紧扭矩值

钢筋直径/mm	≤16	18～20	22～25	28～32	36～40
拧紧扭矩/(N·m)	100	200	260	320	360

(3) 校核用扭力扳手的准确度级别可选用 10 级。

8. 钢筋的绑扎

(1) 所有主筋、箍筋按图均匀排列，箍筋间距按图均匀排列，网格间距一致。

(2) 基础钢筋笼的绑扎可选择在基坑外或者基坑内均可。坑外绑扎，在坑外搭设简易支架，根据设计图纸要求，将主筋和箍筋在支架上进行绑扎，先绑扎两端再绑中间。

(3) 坑内绑扎钢筋顺序由下向上，底层钢筋应垫混凝土方块，纵横向钢筋应按图纸要求均匀布置。钢筋绑扎铁丝规格规定见表 1-10-2-9。

表 1-10-2-9　　钢筋绑扎铁丝规格

绑扎钢筋直径/mm	扎丝规格	扎丝直径/mm	绑扎钢筋直径/mm	扎丝规格	扎丝直径/mm
$d \leqslant 12$	22 号	0.711	$25 < d$	18 号	1.219
$12 < d \leqslant 25$	20 号	0.914			

(4) 箍筋末端应向基础内，其弯钩叠合处应位于柱角主筋处，且沿主筋方向交错布置。箍筋的转角与钢筋连接处均应绑扎，但箍筋的平直部分和钢筋的相交点可成梅花形交错绑扎。

(5) 确保钢筋保护层厚度符合设计要求。钢筋笼与模板的保护层间距应用等厚度的护板控制。保护层厚度都为 50mm，钢筋各部位保护层厚度要满足设计要求，其误差不超过−5mm。

(6) 在浇筑混凝土前应对钢筋和地脚螺栓进行验收，并做好隐蔽工程施工记录，验收完毕得到现场监理签证后方可进入下一工序。

9. 钢筋绑扎及焊接的质量要求

(1) 内箍筋采用焊接方式，在材料站加工焊接完成后运至施工现场。钢筋间的搭接采用双面焊接，焊接要符合焊接操作规程，搭接长度不小于 $5d$（d 为钢筋直径）。

(2) 钢筋绑扎后，按设计图进行复查，确保数量、规格、位置正确，尺寸误差应在允许范围内，并立即如实记录。

(3) 钢筋在运输过程中发生变形现象在绑扎时应校直后方可绑扎。

10. 钢筋吊装

(1) 在坑口设置三脚架，三脚架高度为最高约为 6m，三脚架与地面夹角为 60°，且嵌入土中300mm。吊装使用电动提土机架的动力设备。吊钩与主筋应绑扎牢固，吊点设置在主筋长度2/3处。

（2）当主筋长度大于10m时，需要人工配合起立钢筋，超长钢筋吊装施工步骤如下：

1）将钢筋一端插入至基坑端口，并将底部放置坑口中心位置，并用一根ϕ14×20m锦纶绳拴紧腿部，当起立钢筋时施工人员收紧锦纶绳作为绊脚绳。

2）在坑口架设三脚架，使用电动提土机架的动力设备。吊钩与主筋应绑扎牢固，吊点设置在主筋长度2/3处。并经在抱杆头部拴紧后，启动动力装置慢慢收紧使钢筋起立。

3）待钢筋起立后，慢慢缓送钢筋腿部14×20m锦纶绳，使得钢筋慢慢放入坑内，直到全部放入基坑内为止。

4）注意钢筋上部端头需绑扎一个控制绳，防止钢筋起立过程中由于惯性向三脚架倾倒。控制及留绳人员需配置2人，控制绳可经过地面绊绳桩以减小尾部受力，方便人员控制，如图1-10-2-20所示。

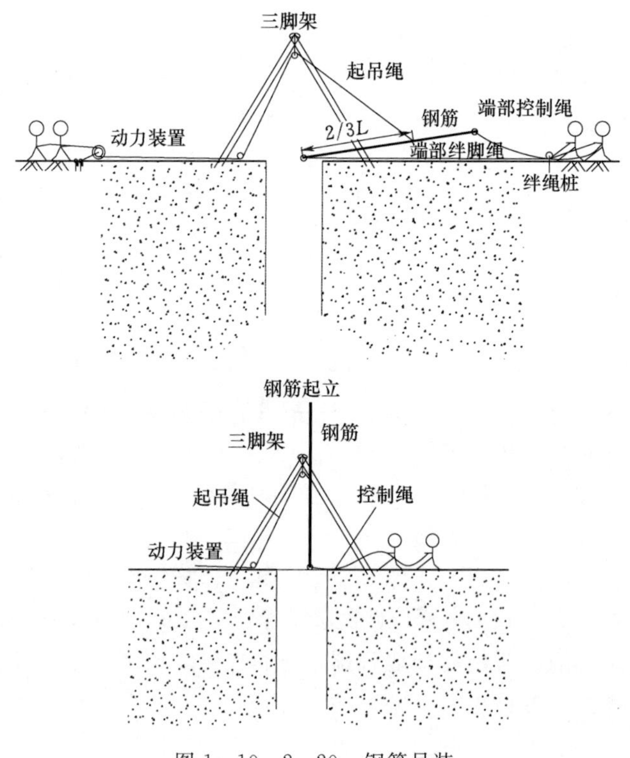

图1-10-2-20 钢筋吊装

11. 模板安装

（1）每个施工人员应熟悉各自施工范围内的基础设计图纸、质量要求、检验评级标准。认真阅读有关规定，根据设计图纸对塔位基坑开挖后的深度进行一次仔细全面的检查，对施工基面、坑深及相互位置的误差，稳定边坡的尺寸等都应在标准允许值之内。

（2）基础坑深控制在+100mm、0mm以内，坑底应平整，同基基坑在允许范围内，以最深基坑为操平依据。

（3）本工程挖孔基础立柱露出地面采用圆形钢质定型模板，保证足够的强度和刚度及整体稳定性，保证基础露出部分工艺美观。钢模采用螺栓连接，螺栓必须穿齐、上紧，不可错位。如发现模板组装好后，接缝较大，应调整模板拼接顺序。

（4）施工过程中模板受力小，只承担地脚螺栓和找正样板的重量，模板不需要额外支护，只需找平即可。遇有立柱外露较大的，支模时用钢管在基础四周搭设高度适中、紧凑牢固的钢管架，钢管架须能承受模板自身重量，混凝土侧向偏离、人工操作台等重量，由专人搭设。

（5）模板安装完成后，无偏心基础应确保圆形模板中心与地螺组中心重合，并坚持地螺至模板边距。保前后要复核基础中心桩是否移动。模板装好后应仔细校核基础根开尺寸、对角线尺寸、基础高差及地脚螺栓外露长度、间距；有偏心基础，应考虑基础偏心。

（6）模板内侧表面涂脱模剂，反复使用时，黏结在模板内侧的残留混凝土应及时清理干净。

12. 混凝土配合比

（1）C25混凝土的配合比见表1-10-2-10。

表1-10-2-10　　C25混凝土的配合比

强度等级	水/kg	水泥/kg	砂/kg	石/kg	坍落度/mm
见配合比报告					

（2）配合比的误差范围（以重量计）：水、水泥不超过±2%，砂、石子不超过±3%。

（3）现场应配计量器具，每班日至少检查2次。

13. 浇制过程

（1）搅拌。

1）本工程基础浇制主要采用机械拌混凝土。

2）搅拌前每次加入搅拌的材料按配合比称定，先上石子，再上水泥、砂子，最后加水。滚筒式搅拌机，搅拌时间不少于1.5min，强制主要式搅拌机不少于2min，不可过搅。

3）混凝土浇筑过程中应严格控制水灰比。每班日或每个基础腿应检查两次及以上坍落度。

4）混凝土配比材料用量每班日或每基基础应至少检查两次，以保证配合比符合施工技术设计规定。

（2）下料。浇灌混凝土时为保证浇筑时不产生离析，利用门架吊放料斗和导管组合以降低混凝土自由倾落高度，其自由倾落高度应控制在2m以内。下料前应该清除坑内积水、杂物、浮土等影响浇筑的物体；雨雪天气不宜露天浇制混凝土，如必须浇制时需及时覆盖，防止雨水冲刷。如图1-10-2-21所示。

（3）振捣。

1）捣固应分层进行，每层厚度不应超过振动棒长度的1.25倍。

2）振动棒插入要快，拔起要慢，同一位置不应超过20s，一般在15s左右，以混凝土表面出现浮浆和不再沉落为准，不宜过振。

3）振捣时，振动棒应插入到下一层混凝土内3～5cm深度。

4）移动采用排列式或交错式，差点间距不大于作用半径1.5倍，不要漏振，一般为30～40cm。

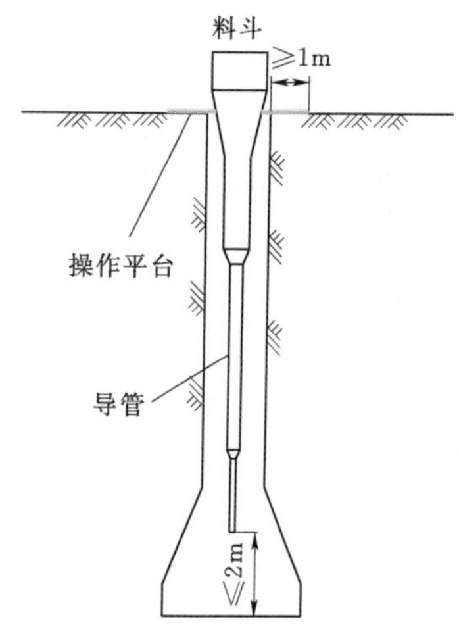

图 1-10-2-21　下料

5）振动棒捣振时，禁止碰模板和钢筋，同时要防止地脚螺栓位置移动。

6）在基础浇制过程中，应随时用坍落度筒检查混凝土坍落度，每班日或每个基础腿不少于两次。

（4）试块制作。人工挖孔桩基础每基需要制作一组试块，单腿超过 100m³ 的在做一组试块。

（5）试块养护。试块制作完成后，与基础同时养护，拆模后送实验室标养。

14. 地脚螺栓的安装

（1）地脚螺栓安装前必须检查地脚螺栓及样架规格，地脚螺栓采用样架厚度一般为 12mm。

（2）施工时地脚螺栓连同箍筋和样架组合在一起架在已支好的定型模板上去。固定好样架，地脚螺栓帽应拧紧，以免捣振时螺栓下沉，并将其丝扣包裹住，以防雨淋和灌入水泥砂浆。

（3）地脚螺栓的标高及露出定位板的高度用经纬仪或者水平仪抄平，应符合设计规定。如有的脚已浇好，应考虑浇制时下沉因素。

（4）地脚螺栓须按标准要求进行检测。

15. 注意事项

（1）基孔开挖后，孔口应设置防水土坎高出地面 0.2m，且用防雨水工具加以覆盖以防坑内积水。

（2）坍落度试验每班日或每条腿必须进行两次，其数值控制在范围（配合比报告范围）。

（3）每条腿宜一次浇成，立柱不得二次浇筑，浇筑应连续进行，间歇时间不应超过 2h；基础上表面用原浆收光 3～4 次，严禁二次抹面、找平。

16. 拆模养护

（1）混凝土自浇制后 12h 开始养护，当天气炎热、干燥有风时，应在 3h 内进行浇水养护，养护时应在基础模板外加遮盖物，浇水次数应能保持混凝土表面始终湿润。

（2）因本工程混凝土采用普通硅酸盐水泥，因此混凝土浇水养护时间不得少于 7d。应对基础外露部分加遮盖物，按规定期限继续浇水养护，养护时应使遮盖物及基础周围的土始终保持湿润。

（3）基础拆模时注意不得使基础表面及棱角受到损伤。基础拆模回填后，其外露部分应继续覆盖养护，或将外露部分用潮湿的土壤培成土包自然养护。地脚螺栓要涂抹黄油并用胶布包裹密实，防止生锈。

（五）直柱板式基础施工技术

（1）塔位施工基面以塔位中心桩高程为准，基础顶面低于中心桩为“－”，基础顶面高于中心桩为“＋”。降低施工基面以该高程起算。现场施工中，本着“环境友好 文明施工”的原则，避免不必要的开挖，基础顶面露出高度为 0.3～0.5m。若实际高程值或铁塔基面降低数值与设计要求有误时，需同设计人员联系确认后再进行基础施工。

（2）杆塔呼称高是指最长腿立柱顶面至铁塔最下层导线横担下平面的垂直距离。

（3）土石方开挖应尽量减少破坏施工作业需要以外的地面，注意保护环境原状和自然植被。山体、丘陵施工时，余土可通过回填、场地平整等方式合理处理。当余土较多时，应另选合适地点堆放，并远离塔位。严禁将开挖土石方顺坡弃置，造成滚坡现象，破坏生态植被。

（4）长短腿及有加高立柱基础的塔位，施工复测结果和分坑结果若与基础配置表及设计图纸不一致时，请及时与设计单位联系，以便调整设计方案。基础浇筑前，要再次核对基础根开及地脚螺栓规格、位置和间距。

（5）基坑开挖后，若发现实际地质情况与设计资料不符，及时与设计人员联系。

（6）主筋采用HRB400螺纹钢筋，其他均采用HPB300钢筋。

（7）本标段直柱基础混凝土采用C25级、垫层采用C15级。

（六）基础工程标准工艺和质量控制要点

基础工程标准工艺和质量控制要点见表1-10-2-11，样品图如图1-10-2-22所示。

表1-10-2-11　　基础工程标准工艺和质量控制要点

工艺类别	工艺编号	工艺名称	工艺标准	施工要点
开挖式基础	02010 10102	直柱大板基础施工	（1）水泥：宜采用通用硅酸盐水泥，强度等级不小于42.5。 （2）细骨料宜采用中粗砂，当混凝土强度小于C30时，含泥量不大于5%；当混凝土强度不小于C30且不大于C55时，含泥量不大于3%；当混凝土强度不小于C60时，含泥量不大于2%。特殊地区可按该地区标准执行。 （3）粗骨料采用碎石或卵石，当混凝土强度小于C30时，含泥量不大于2%；当混凝土强度不小于C30且不大于C55时，含泥量不大于1%；当混凝土强度不小于C60时，含泥量不大于0.5%。 （4）宜采用饮用水拌和，当无饮用水时，可采用清洁的河溪水或池塘水。不得使用海水。 （5）外加剂、掺和料：其品种及掺量应根据需要，通过试验确定。 （6）冬期施工的混凝土，应优先选用硅酸盐水泥或普通硅酸盐水泥。水泥强度等级不应低于42.5，浇筑C15及以上强度等级混凝土时，最小水泥用量不宜少于300kg/m³。 （7）地脚螺栓及钢筋规格、数量应符合设计要求且制作工艺良好。 （8）混凝土密实，表面平整、光滑，棱角分明，一次成型。 （9）偏差控制要求。 1）基础埋深：100mm、0mm。 2）立柱及各底座断面尺寸：−0.8%。 3）钢筋保护层厚度：−5mm。 4）基础根开及对角线：一般塔±1.6‰；高塔±0.6‰。 5）基础顶面高差：5mm。 6）同组地脚螺栓对立柱中心偏移：8mm。 7）整基基础中心位移：顺线路方向24mm；横线路方向24mm。 8）整基基础扭转：一般塔8′；高塔4′。 9）地脚螺栓露出混凝土面高度：10mm、−5mm	（1）基坑开挖根据土层地质条件确定放坡系数。地下水位较高时，应采取有效的降水措施，流沙坑宜采取井点排水。基础浇筑时应保证无水施工。 （2）基坑开挖完成后应及时浇筑，否则应在基础浇筑前预留200mm以上的土层不开挖以保证坑底原状土质，待基础浇筑前开挖。湿陷性黄土、泥水坑等情况应按设计要求进行垫层处理。垫层强度符合要求后方可进行钢筋绑扎和模板支设。 （3）浇筑混凝土的模板表面应平整且接缝严密，混凝土浇筑前模板表面应涂脱模剂。 （4）钢筋焊接符合JGJ 18要求，钢筋绑扎牢固、均匀，在同一截面的焊接头错开布置，同截面焊接头数量不得超过50%。 （5）钢筋保护层厚度控制符合设计要求。 （6）混凝土浇筑前钢筋、地脚螺栓表面应清理干净，复核地脚螺栓的间距、基础根开、立柱标高正确。 （7）现场浇筑混凝土应采用机械搅拌，并应采用机械捣固。在有条件的地区，可尽量应用商品混凝土或集中搅拌站拌制混凝土。 （8）混凝土下料高度超过2m时，应采取防止离析措施。 （9）基础混凝土应根据季节和气候采取相应的养护措施。冬期施工应采取防冻措施。 （10）基础混凝土应一次浇筑成型，内实外光，杜绝二次抹面。 （11）浇筑完成的基础应及时清除地脚螺栓上的残余水泥砂浆，并对基础及地脚螺栓进行保护

图 1-10-2-22　样品图

三、组塔工程

（一）铁塔组立工程质量控制流程图

铁塔组立工程质量控制流程如图 1-10-2-23 所示。

（二）落地式双平臂抱杆组塔施工技术

本标段钢管塔高度为 96～144m，主材单件最长 11.2m。直线塔横担宽度 17.65m，每边横担均可以分成两节吊装；耐张塔地线支架最长 25.4m、导线横担最长 20.6m。

本标段采用平臂抱杆最大起吊重量为 4.608t，塔型为 SZC30153A。

T2T100 型双平臂抱杆作业半径 12.6m 内起吊重量最大为 8t，最大作业半径 21m 时为 4.1t，起吊重量和半径均可满足本工程的铁塔组立要求，其初始独立高度安装选用 25t 汽车吊安装。

根据现场地形、铁塔设计，结合组塔工器具、设备配备情况，从国网设备平台租赁 1 套 T2T100 型平臂抱杆进行铁塔分解组立。

（三）落地双平臂抱杆组塔特点

1. 安全性

（1）塔身采用标准节、套架采用分片式，便于运输。采用液压下顶升，司机室地面控制系统，减少高空作业风险。

（2）抱杆设有安全保护系统，提高安全可靠性。

2. 技术性

（1）适用于不具备外拉线组塔条件的塔位。省去安装远距离的拉线和控制绳。

（2）采用积木式承压基础，底部之间与地面预制件连接，便于现场施工操作。基础地基承载力不小于 $10tf/m^2$。

（3）落地双平臂抱杆回转机构能保证±110°的双向回转，平臂半径范围内的构件就位方便，利于大根开铁塔组立。

3. 经济性

（1）双臂可同时起吊构件，提高了工作效率。

（2）平臂摇起组装功能，可在狭窄、复杂地形使用，扩大了使用范围。

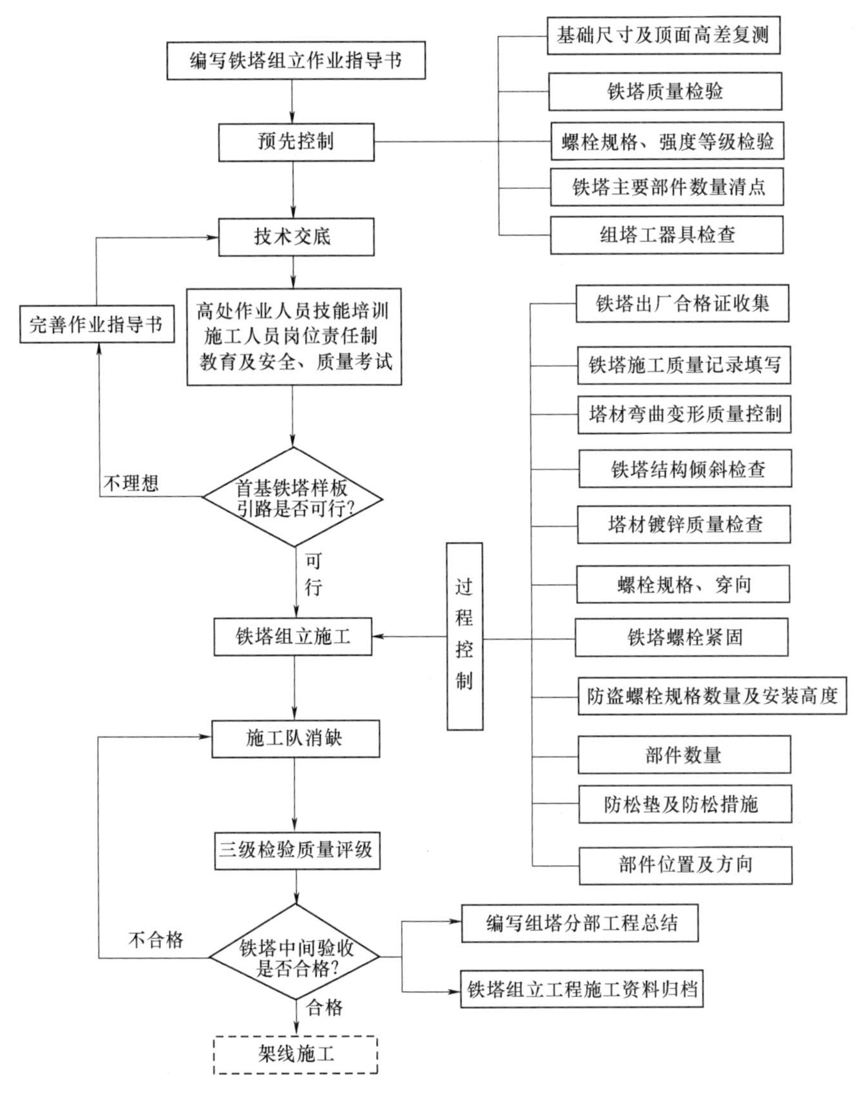

图 1-10-2-23 铁塔组立工程质量控制流程图

（四）T2T100 型平臂抱杆系统组成和性能

（1）T2T100 型平臂抱杆具有完整的主结构、主吊系统、回转系统、变幅系统、附着系统、顶升系统、安全控制及防护系统、电气集中操作系统、电视监控系统，如图 1-10-2-24、图 1-10-2-25 和表 1-10-2-12 所示。此抱杆的可折叠双平臂、液压下顶升、腰环拉线（装配式软附墙），能满足本工程无法设置外拉线或临近带电体情况下铁塔组立的施工需要。

表 1-10-2-12　　T2T100 型平臂抱杆中序号内容

序号	名称	单件重量/kg	数量	外形尺寸/mm	备注
1	塔顶	1487	1	1190×1160×7260	
2	回转机构		2		

续表

序号	名称	单件重量/kg	数量	外形尺寸/mm	备注
3	变幅机构		2		
4	拉杆	302	2	短拉杆 9870×140×140 长拉杆 18760×240×140	21m 幅度时长短拉杆
5	吊臂	2157	2	22050×2030×1640	含变幅机构
6	载重小车	220	2	1400×1200×650	
7	吊钩	700	2	1340×1110×340	
8	回转塔身	1108	1	1450×1160×1100	
9	上支座	1049	1	1500×3350×1390	含回转机构
10	回转支承	300	1	1300×1300×100	
11	下支座	1063	1	2370×1600×1490	
12	塔身	32793	1	1320×1310×153000， 标准节 1320×1310×3000	安装到 150m 高度， 标准节 643kg
13	腰环	322	8	1970×1970×310	
14	套架	6685	1	3510×3080×11780	
15	底架基础	1388	1	4050×4050×550	
16	基础底板	3690	1	4110×4110×200	
17	引进组件		1		
18	电控系统（含司机室）		1		
19	电子式起重量限制器		1		
20	起升机构		1		
21	工具箱		1		

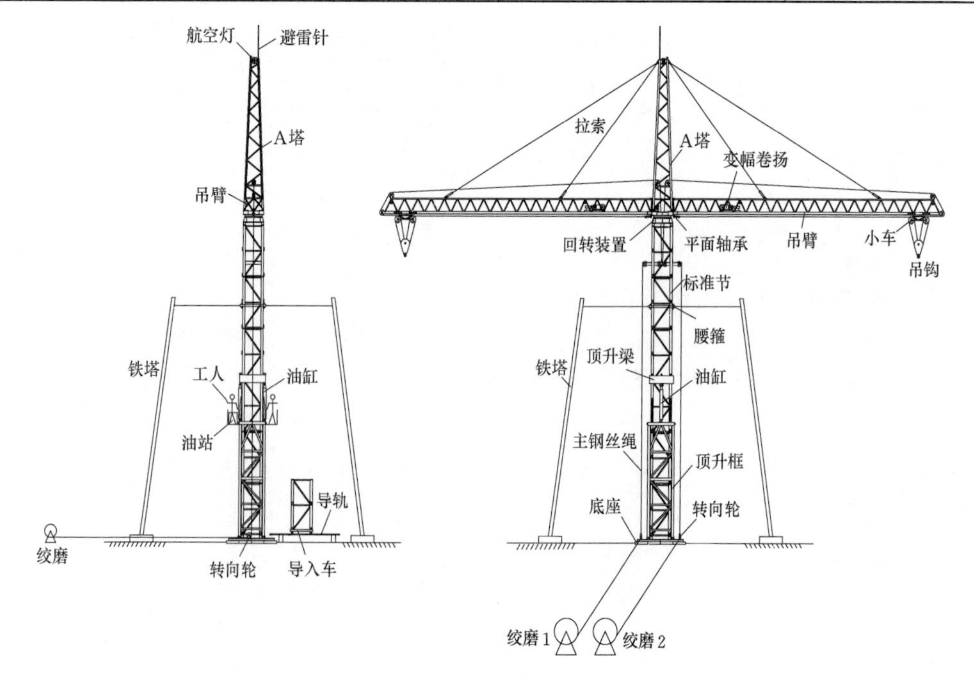

图 1-10-2-24　T2T100 型平臂抱杆系统组成示意图

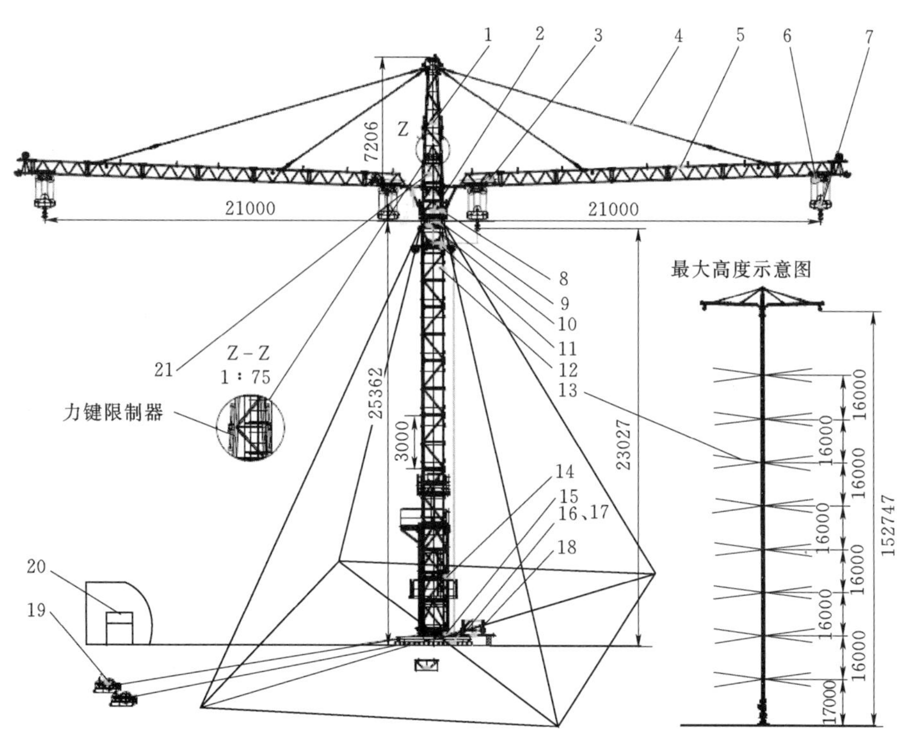

图 1-10-2-25　T2T100 型双平臂抱杆（单位：mm）

（2）主吊系统采用通用电动卷扬机，主吊绳从杆身两侧对称下行，在地面转向后引至主卷扬机，减小对杆身的附加弯矩；顶升套架采用可拆分式，各片重量小，运输轻便。

（3）本方案组立的钢管塔塔型全部为双回路鼓型钢管塔，整体为钢管结构，横担的部分塔材采用角钢。铁塔位于农田地平丘地区，计划采用双平臂抱杆分解组塔施工，经现场勘查，本方案组立钢管铁塔现场均具备进吊车条件。

（4）经过对平臂抱杆组塔各种工况进行受力计算，主要受力钢丝绳选择如下：

1）卷扬机磨绳选用 ϕ15 钢丝绳满足。

2）腰环拉线选用 ϕ17.5 钢丝绳。

3）平臂抱杆套架拉线选用 ϕ26 的钢丝绳。

（5）T2T100 型双平臂抱杆技术参数见相关文献。

（6）25t 汽车吊技术参数见表 1-10-2-13。

表 1-10-2-13　　25t 汽车起重机起重性能表（主臂）　　单位：t

工作半径/m	吊臂长度/m						
	10.2	13.75	17.3	20.85	24.4	27.95	33
3	25	17.5					
3.5	20.6	17.5	12.2	9.5			
4	18	17.5	12.2	9.5			
4.5	16.3	15.3	12.2	9.5	7.5		

续表

工作半径/m	吊　臂　长　度/m						
	10.2	13.75	17.3	20.85	24.4	27.95	33
5	14.5	14.4	12.2	9.5	7.5		
5.5	13.5	13.2	12.2	9.5	7.5	7	
6	12.3	12.2	11.3	9.2	7.5	7	5.1
6.5	11.2	11	10.5	8.8	7.5	7	5.1
7	10.2	10	9.8	8.5	7.2	7	5.1
7.5	9.4	9.2	9.1	8.1	6.8	6.7	5.1
8	8.6	8.4	8.4	7.8	6.6	6.4	5.1
8.5	8	7.9	7.8	7.4	6.3	7.2	5
9		7.2	7	6.8	6	6.1	4.8
10		6	5.8	5.6	5.6	5.3	4.4
12		4	4.1	4.1	4.2	3.9	3.7
14			2.9	3	3.1	2.9	3
16				2.2	2.3	2.2	2.3
18				1.6	1.8	1.7	1.7
20					1.3	1.3	1.3
22					1	0.9	1
24						0.7	0.8
26						0.5	0.5
28							0.4
29							0.3

（五）施工工艺流程

落地双平臂抱杆组塔施工工艺流程如图 1-10-2-26 所示。

（六）落地平臂抱杆组立安装

1. 抱杆安装工艺流程

抱杆安装工艺流程如图 1-10-2-27 所示。

按照主要部件的装配关系示意图从下往上的顺序安装。抱杆顶升状态前需安装以下各部件：基础底板→底架基础→四节标准节→套架→回转总承（下支座、回转支承、上支座）→回转塔身→桅杆→吊臂及载重小车、变幅钢丝绳→拉杆→吊钩及起升钢丝绳。其中套架安装顺序为套架结构→液压顶升系统→顶升承台→走台。

2. 平臂抱杆安装

（1）底架基础安装。平整、夯实基础中心地面，基础底板下土壤的地基承载力应不小于 $10tf/m^2$，本标段土壤的地基承载力为 $11tf/m^2$，满足要求。如地面不平整，应首先进行平整、夯实，也可在平整、夯实后铺垫 10cm 碎石进行找平，制作完成 4.5m×4.5m 的平台，用于安装抱杆基础底板。平台四边布置方向综合考虑每个塔号的塔材卸料点、组装

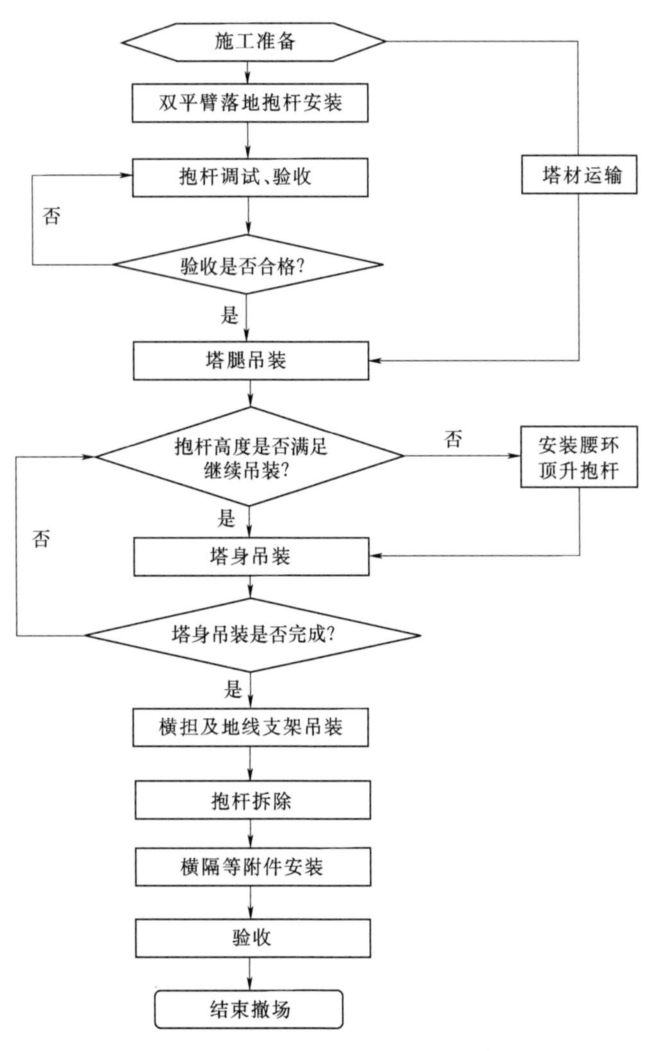

图1-10-2-26　落地双平臂抱杆组塔施工工艺流程图

平台位置确定。一般情况下，对于直线塔，平台四条边的方向分别与横线路、顺线路方向一致；对于耐张塔，平台四条边的方向分别与转角度数的角分线方向、横担摆放方向一致。在提前制作的基础平台上，把16块底块拼装成一个基础底板整体，各底块之间母扣扣入公扣中，楔子要打紧。安装时注意：安装顺序为从左到右，从上到下；拼好后，基础底板共有32个M20螺栓孔。

(2) 标准节吊装。吊装一节标准节（单节：1320mm×1310mm×3000mm、重623kg），用8组M30高强度螺栓组连接于底架基础上；再吊装三节标准节，每两节标准节之间用8组M30高强度螺栓连接；安装三节标准节共需24组M30高强度螺栓组。吊装采用吊车吊装，可将四节标准节在地面上组合成整体一起安装。

(3) 套架和顶升承台吊装。吊装套架结构时，将套架结构拆分成顶升承台、顶升机构组件、套架结构、上走台系、下走台系、底部走台共六部分，采取单吊的方式吊装。利用

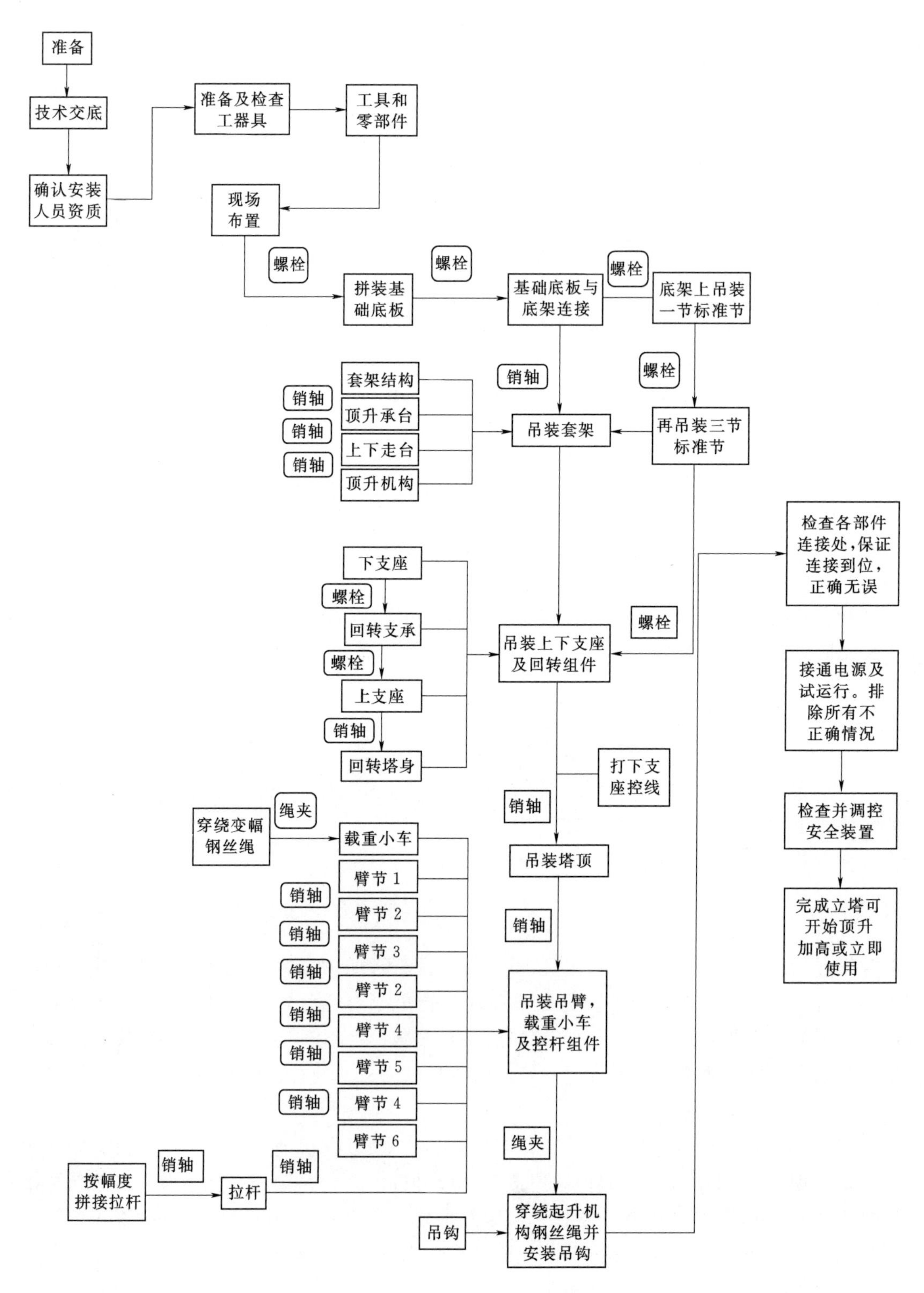

图 1-10-2-27　抱杆安装工艺流程图

吊车依次吊装两套架片（每个套架片重约2000kg）安置在平臂抱杆标准节的两侧（注意躲开标准节装入方向）。套架每个腿均通过4颗M22螺栓连接到底架基础上（螺栓暂不拧紧，以便于另两面侧套架连铁安装）。两套架片安装完毕，连接上大、小号侧的连铁，并将所有螺栓紧固。地形条件允许可将套架在地面上组合成整体一起安装。利用吊车依次吊装顶升架构组件和顶升承台。底部走台、下走台系和上走台系待吊装完桅杆后，再进行吊装。

（4）回转总承（下支座、回转支承、上支座）和回转塔身吊装。套架吊装固定完毕，整体吊装回转总承（下支座、回转支承、上支座），总重为2412kg。下支座与标准节用8组M30高强度螺栓连接。打好4根下支座临时拉线。临时拉线连接方式为：下支座上端四角小挂孔→100kN卸扣→$\phi 15\times 70m$钢绳套（考虑抱杆顶升到安装第二道腰环时的长度）→卡线器→30kN链条葫芦→50kN卸扣→地脚螺栓50kN专用挂板。

（5）塔顶（桅杆）吊装。利用吊车整体吊装桅杆，重1428kg。$\phi 15\times 3m$钢绳套捆扎在桅杆顶部以下2m左右位置处，以满足就位高度。塔顶与回转塔身用4颗$\phi 55$销轴连接。最后吊装底部走台、下走台系、油缸、上走台系，安装回转电机电缆，接通电源并试机无误。

（6）双水平臂吊装。

1）平臂整体组装。安装上长、短拉杆、载重小车和载重小车变幅机构，总重3077kg。载重小车固定在平臂内侧端头；桅杆顶部的收臂防撞胶块需提前拆除，待平臂安装完成后再重新装上。

2）启动回转电机旋转回转塔身至平臂组装方向。

3）通过25t吊车用两根$\phi 20\times 12m$钢丝绳组成V形吊点绳吊装平臂，吊臂起吊到位后，安装拉杆。

（7）穿入载重小车变幅机构的钢绳。在穿绕变幅钢丝绳时，应使变幅机构卷筒上的钢丝绳每放出一段，再缓慢拉紧，直至穿绕好钢丝绳。

注意：认真检查各部件的连接处，如连接销轴、卸扣、钢丝绳夹、螺栓组等，要求连接到位、准确无误。所有销轴都要装上开口销，并将开口销打开。

（8）分别连接两变幅电机的连接电缆。变幅电机和回转电机的连接电缆及监控设备的电源线、信号线等在地面分别预留抱杆顶升到最高时的余度后，整齐盘放在竹胶板平台上。后期顶升抱杆时由专人负责随抱杆提升松弛放出各缆线。平臂抱杆至控制台段的各缆线需埋入地下不少于0.7m。

（9）安装吊钩，并穿绕起升钢丝绳。

3. 抱杆顶升加高

平臂抱杆顶升加高流程如图1-10-2-28所示。

顶升抱杆时，先加高一个标准节，然后依次分两半吊装对应塔号所需的所有腰环（单腰环重322kg），每个腰环在高空连接完成整体后，用$\phi 13\times 1.5m$钢绳套和30kN卸扣分别锁在最上端的标准节上。然后继续顶升抱杆，至最大独立高度21m，顶升抱杆时，下支座的四根$\phi 15$拉线需用双轮制动滚控制均匀放出，不能张紧。

利用液压油缸系统，采用下顶升方式加高，顶升加高的图示如图1-10-2-29～图

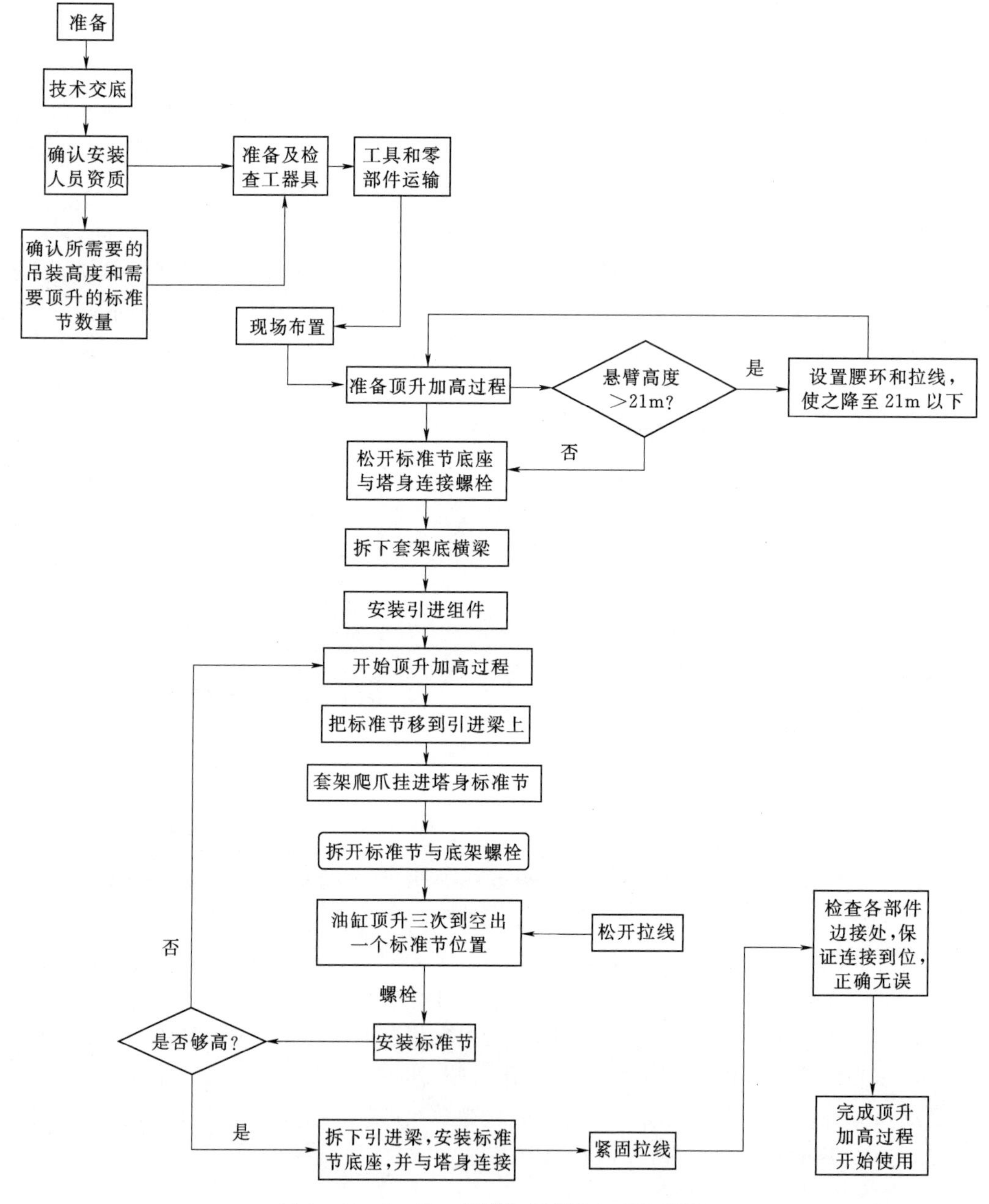

图 1-10-2-28　平臂抱杆顶升加高流程图

1-10-2-32 所示。

（1）开始顶升前，确保抱杆悬臂高度小于 21m。

（2）拆除塔身与底架基础上标准节底座的连接螺栓组 8×M30，拆除套架底横梁。

（3）将顶升承台的扳手杆摇起，使套架爬爪贴近标准节主弦杆踏步，就位后开始顶升油缸，顶升油缸过程中要保证导向滚与塔身的间隙在 3mm 左右，16 只滚轮处的间隙应当一致。

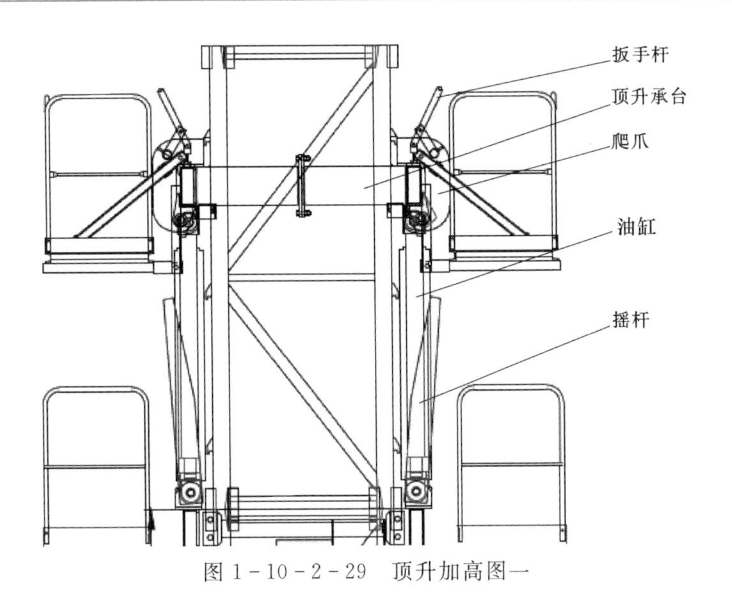

图 1-10-2-29　顶升加高图一

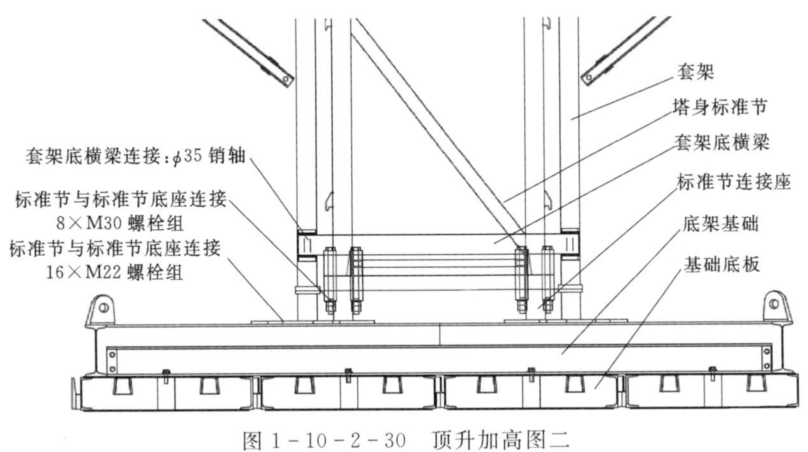

图 1-10-2-30　顶升加高图二

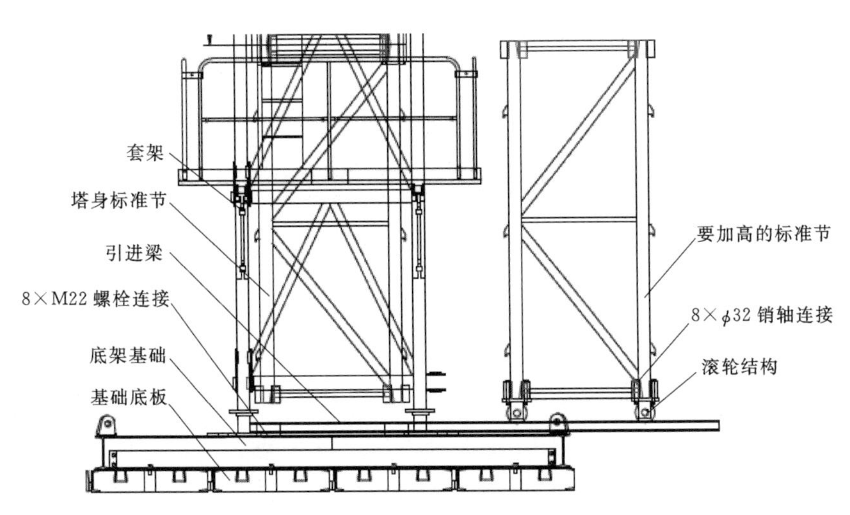

图 1-10-2-31　顶升加高图三

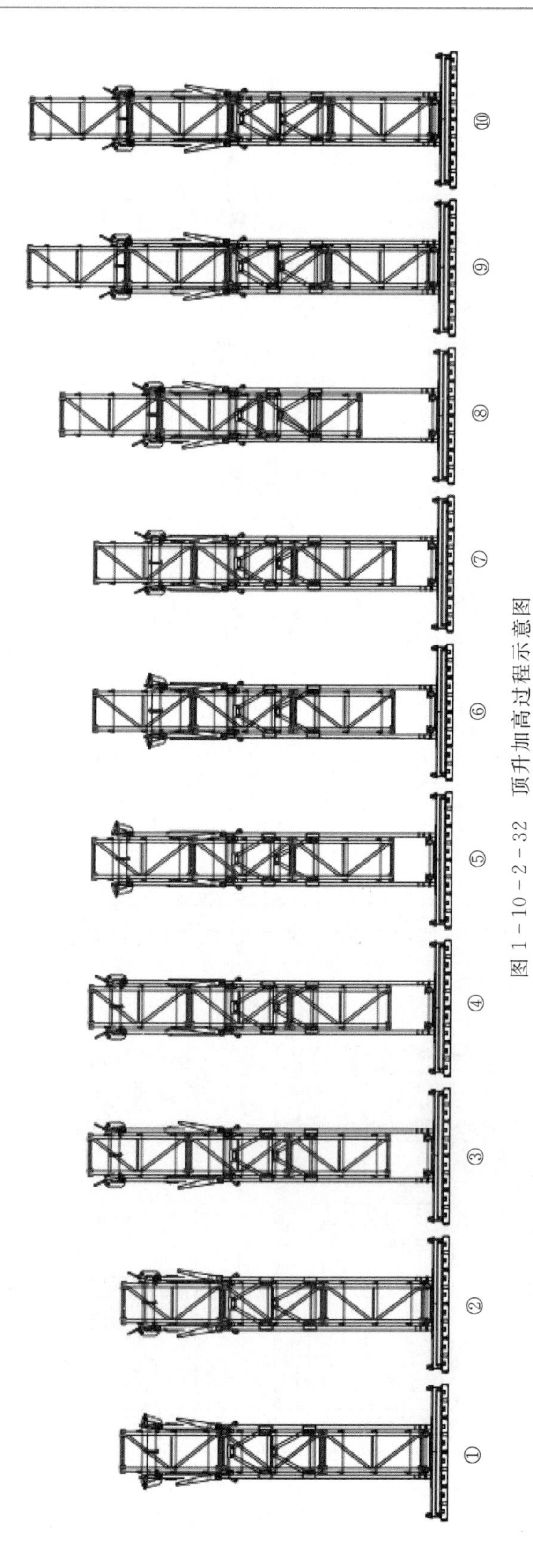

图 1-10-2-32　顶升加高过程示意图

（4）微微顶升一段距离后停止，拆去底架基础上的4个标准节底座（16组M22螺栓连接）。

（5）安装引进组件。用8组M22螺栓与底架基础连接。

（6）吊装标准节。起吊标准节至引进梁的滚轮结构上，并用8颗$\phi32$销轴连接。

（7）开始顶升加高，伸出油缸直至爬爪的顶升面和标准节上的踏步顶升面完全贴合（图1-10-2-32中②）。扳动摇杆使它处于与标准节主弦杆踏步脱开的位置（图1-10-2-32中②、图1-10-2-32中⑧），继续顶升直至将油缸完全伸出（约1.25m）（图1-10-2-32中③）。

（8）再将摇杆摇起，使它贴近标准节主弦杆踏步（图1-10-2-32中④），就位后开始收回油缸，使摇杆顶面与踏步顶升面完全贴合，然后将顶升承台上的扳手杆摇下，使爬爪离开标准节主弦杆踏步（图1-10-2-32中⑤），固定好扳手杆。然后继续完全收回油缸（图1-10-2-32中⑥）。

（9）油缸完全收回后，将摇起扳手杆，套架爬爪贴近标准节主弦杆踏步（图1-10-2-32中⑦）。

（10）按照⑦→⑧→⑨→⑦的顺序重复操作，这样油缸完成总共三次顶升行程，第三次顶升后油缸没有收回，保持完全伸出状态（图1-10-2-32中⑨）。

（11）推进引进梁上的标准节，就位后收回油缸，直至塔身标准节下端面与引进的标准节上端面间距约2cm，停止油缸动作（图1-10-2-32中⑨）。用8组M30的高强度螺栓组将引进梁上的标准节与上面的标准节连接，然后微微顶起油缸，拆下引进的标准节上的滚轮结构（图1-10-2-32中⑩）。再按照⑧→⑨的顺序将油缸收回，完成安装一节标准节过程。

（12）按照前面的步骤继续顶升，直到安装完所有要引进的标准节，最后拆下引进梁，换上标准节底座，收回油缸，使整个塔身落在标准节底座上，紧固好标准节底座与塔身的螺栓，并装上套架底横梁。至此，一次顶升作业过程全部完成。

T2T100抱杆最多可装50节标准节，起升高度150m。抱杆顶升到一定高度时，需要安装腰环，并打好拉线，才能继续顶升使用。具体安装高度及腰环配置见腰环安装部分。

（13）顶升作业时的注意事项如下：

1）在进行顶升作业过程中，必须有一名总指挥，上下两层平台必须有专人负责和观察。专人照管电源，专人操作液压系统，专人紧固螺栓，专人操作顶升承台上的爬爪扳手杆和油缸下部横梁处的摇杆，非有关操作人员不得登上套架的操作平台，更不能擅自启动泵阀开关或其他电气设备。

2）顶升作业应在白天进行，若遇特殊情况，需在夜间作业时，必须备有充足的照明设备。

3）只许在风速不大于8m/s的情况下进行顶升作业，如在作业过程中，突然遇到风力加大，必须停止工作，并安装好标准节底座并与塔身连接，紧固螺栓。

4）顶升前必须放松电缆，使电缆放松长度略大于总的爬升高度，并做好电缆的紧固工作。

5）自准备加节开始，到加完最后一个要加的标准节、连接好塔身和底架基础之间的高强度螺栓结束，整个过程中严禁起重臂进行回转动作及其他作业，回转制动器应紧紧刹住。

6）自爬爪顶在塔身的踏步上，至油缸中的活塞杆全部伸出后，摇杆顶在踏步上这段过程中，必须认真观察套架相对顶升横梁和塔身运动情况，有异常情况应立即停止顶升。

7）在顶升过程中，如发现故障，必须立即停车检查，非经查明真相和将故障排除，不得继续进行爬升动作。

8）所加标准节的踏步必须与已有的塔身节对准。

9）拆装标准节时，操作人员必须站在平台栏杆内，禁止爬出栏杆外或爬上被加标准节操作。

10）每次顶升前后，必须认真做好准备工作和收尾工作，特别是在顶升以后，各连接螺栓应按规定的预紧力紧固，不得松动，爬升套架滚轮与塔身标准节的间隙应调整好，操作杆应回到中间位置，液压系统的电源应切断等。

11）套架两边的四只爬爪或摇杆必须同时支撑在塔身两根主弦杆的踏步上，方可进行顶升。

（14）平臂抱杆提升到最大独立高度 21m 后，吊装作业前需将下支座拉线由单根 $\phi15$ 替换为双根 $\phi21.5$ 钢丝绳，并收紧。

吊装作业前下支座拉线连接方式为：地脚螺栓 100kN 专用挂板→100kN 卸扣→$\phi21.5$ 钢绳套穿过下支座挂点 150kN 卸扣上悬挂的 150kN 滑车→90kN 链条葫芦→100kN 卸扣→另一地脚螺栓 100kN 专用挂板。各腿下支座拉线根据实际长度利用多根 $\phi21.5$ 绳套组合，并通过 100kN 卸扣连接，如图 1-10-2-33 所示。

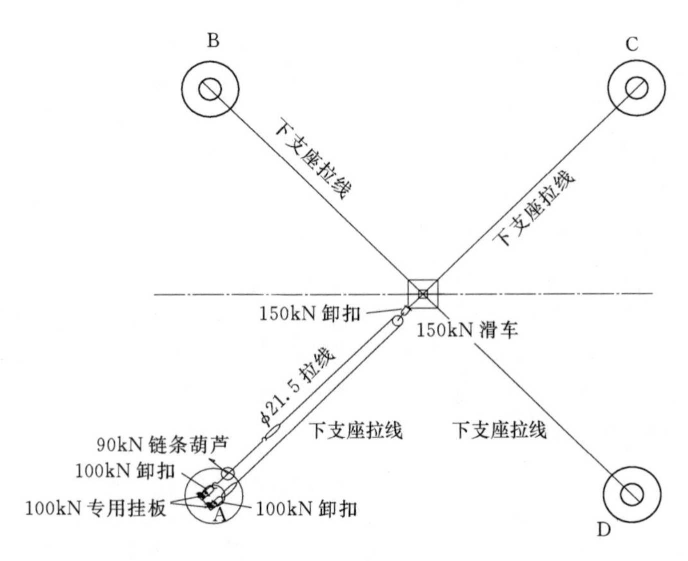

图 1-10-2-33 起吊作业前下支座拉线连接示意图

4. 腰环的安装和配置

（1）腰环的安装。首先将两腰环半框的滚轮装好，共有 8 处；将一件装好滚轮的腰环半框吊至所需安装位置；将另一件装好滚轮的腰环半框吊至第一件腰环半框处，用 12 组

M16的高强度螺栓、垫圈、螺母将两半框连接在一起，此时螺栓螺母暂不拧紧；调整腰环上下位置，安装上下拉线，使得腰环各方向的滚轮都能顶住抱杆主弦杆；待腰环位置确定后，紧固螺栓和拉线。每道腰环打12根拉线，即的4根对角方向的短拉线和8根斜拉方向的长拉线。腰环对角线方向短拉线的组合连接方式为：腰环中间挂孔→50kN卸扣→NUT-2线夹→GJ-80钢绞线→NY-70G耐张线夹→UL-10金具环→100kN卸扣+钢管主材承托板上挂孔。腰环的两根斜拉方向长拉线的组合连接方式为：腰环外侧挂孔→50kN卸扣→NUT-2线夹→GJ-80钢绞线→NY-70G耐张线夹→UL-10金具环→100kN卸扣→钢管主材承托板下挂孔。

进行腰环拉线安装时，NUT-2线夹应放到最大调节长度。参考各塔号每道腰环GJ-80钢绞线在NUT-2线夹上做头的长度，折弯钢绞线，回弯过来的1m左右双折头与本线并到一起用12号镀锌铁线紧密缠绕，缠绕长度不小于150mm。腰环拉线安装完毕，收紧NUT线夹和花篮螺丝，使各拉线均匀受力，观测平臂抱杆正直。安装第一道腰环后，顶升平臂抱杆时，需在下支座四角连接ϕ15拉线，并用双轮钢丝绳溜放器控制拉线随着抱杆的顶升而缓缓放出，并不得张紧。

（2）腰环的配置。抱杆安装后，除了下支座处始终打着拉线外，在塔身加高到一定高度时，需要安装腰环，以保证塔身稳定。腰环配置对抱杆的安全使用有关键的作用。抱杆安装后，腰环以上部分的高度称之为悬臂高度。安装中的抱杆最大悬臂高度不得大于21m。这样，最大安装50m高度时，至少需要8道腰环，于塔身安装条件限制，腰环布置根据每基塔形实际情况确定，如图1-10-2-34所示。

注意：非工作工况，风力超过8级时，抱杆需打好下支座内拉线，并将塔身悬臂段降至12m以下。

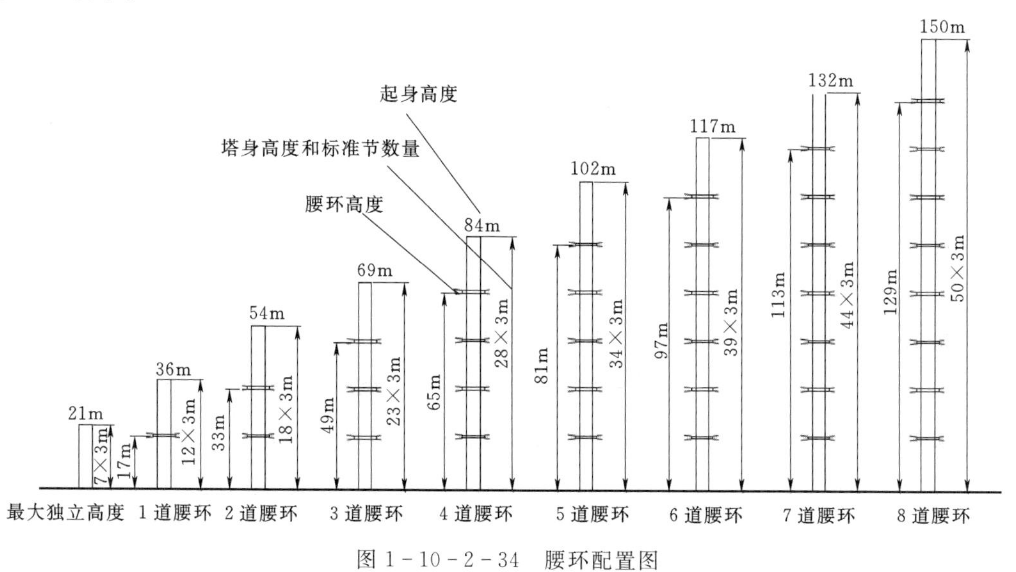

图1-10-2-34　腰环配置图

5. 使用前的检查和试运行

为确保抱杆能正确驱动并在安全状况下进行工作，投入使用前应进行检查和试运行。

（1）检查是指检查立塔工作的正确性和安全性，应按下列项目进行试运转和检查工作：

1）检查各部件之间的紧固连接状况。

2）检查钢丝绳穿绕是否正确及是否有干涉的地方。

3）检查电缆通行状况，尤其是在回转支承处的固定情况。

4）检查抱杆上有无杂物，防止抱杆运转时杂物下坠伤人。

（2）安全装置调试抱杆安全装置主要包括力矩控制器、角度限制器、起重量仪表、起升高度限制器和回转限制器。各安全装置的安装位置和调试方法见说明书电控部分。

（3）抱杆检查项目见表 1－10－2－14。

表 1－10－2－14　　　　抱杆检查项目和应进行的工作

序号	检查项目	应进行的工作
1	基础	检查电缆通过情况，以防损坏
2	塔身	检查塔身连接螺栓是否紧固
3	上下支座	（1）检查与回转支承连接的螺栓紧固情况。 （2）检查电缆的通过情况
4	塔顶	（1）检查吊臂的安装情况。 （2）检查塔顶中间过渡滑轮的连接情况。 （3）保证起升钢丝绳穿绕正确
5	吊臂	（1）检查各处连接销轴、开口销和螺栓的安装。 （2）检查滑轮组的安装。 （3）检查起升、变幅钢丝绳的缠绕及固定情况。 （4）检查载重小车的安装运行情况
6	吊具	（1）检查吊钩的防脱绳装置是否安全、可靠。 （2）检查吊钩有无影响使用的缺陷。 （3）检查起升、变幅钢丝绳的规格、型号是否符合要求。 （4）检查钢丝绳的磨损情况及绳端固定情况
7	机构	（1）检查各机构的安装、运行情况。 （2）各机构的制动器间隙调整合适。 （3）检查各钢丝绳绳头的压紧有无松动
8	安全装置	检查各安全保护装置是否按本说明书的要求调整合格
9	润滑	根据使用说明书检查润滑油位及润滑点
10	钢丝绳	检查起升、变幅钢丝绳穿绕是否正确及是否有干涉

（4）抱杆试验项目。

1）空载试验。各机构应分别进行数次运行，然后再做三次综合动作运行，运行过程中各机构不得发生任何异常现象，各机构制动器、操作系统、控制系统、联锁装置及各安全装置动作应准确可靠，否则应及时排出故障。

2）负荷试验。负荷运行前，必须在小幅度内吊 1.1 倍额定起重量，调整好。起升制动器。在最大幅度处分别吊对应额定起重量的 25％、50％、75％、100％，按要求进行试验。运行过程中各机构不得发生任何异常现象，各机构制动器、操作系统、控制系统、联锁装置及各安全装置动作应准确可靠。

6. 抱杆的使用注意事项

(1) 司机与起重工应符合的条件。必须了解抱杆的构造、工作原理和性能，必须熟知各安全装置的原理和调整方法，熟知机械的操作保养和安全规程；无色盲、视力（包括矫正后）不低于 1.0；无耳聋、高血压、心脏病、癫痫病及其他不适合登高作业的疾病。

(2) 防风措施。抱杆正常工作气温为－20～40℃，风速低于六级（10.8m/s）；四级风以上停止爬升作业，如在爬升过程中风速突然加大，必须停止作业，并将塔身螺栓固紧；风力达到八级或八级以上，应降低塔身的悬臂高度（即最高一道腰环以上的安装高度），并在下支座处打设内拉线。

(3) 首次安装抱杆时，厂家到现场指导安装，并按规定程序进行空载、额载试验及调整各安全装置，经双方验收合格后，方可投入正常使用。以后每次转移工地重新安装后，仍应自行按上述程序进行空载、额载试验及调整安全装置，并做好记录，才能进行作业。

(4) 需要在夜间工作时，除抱杆本身备用照明外，施工现场必须备有充分的照明设备。

(5) 防火措施。抱杆或其附近应备有适宜的灭火器，不能用水灭火，如遇漏电失火，应立即切断电源；操作室内禁止存放润滑油、油棉纱及其它易燃、易爆物品；电气箱不准存放任何东西，并经常保持清洁。

(6) 防雷措施。抱杆所有构件都必须有良好的电气接地措施，防止雷击，遇有雷雨，严禁在塔身附近走动。

(7) 防电措施。为确保人身安全，抱杆供电系统须安装三相四线漏触电保护器；所有电气设备外壳都应与机体妥善连接，并有可靠接地；合上电源后，应用电笔检查抱杆金属结构部分是否漏电，安全后才可登机作业。

(8) 抱杆应定机定人，专机专人负责，非工作人员不得进入操作室和擅自操作，在处理故障时，必须有专职维修人员两人以上。

(9) 抱杆操作。

1) 抱杆操作必须有专人指挥，司机必须在得到指挥信号后，方可进行操作，操作前必须鸣笛，操作时要精神集中。

2) 司机必须严格按抱杆性能表中规定的幅度和起重量进行工作，不允许超载使用。

3) 起升、回转等机构的操作，必须稳起、稳停、平稳运行，逐挡变速，严禁快速换挡，慢速挡不得长时间使用。

4) 回转动作时，将回转/制动开关转至回转位置，只有在回转停稳之后，为防止吊臂被风吹动，才能将开关转至制动位置，严禁将回转/制动开关当作制动“刹车”使用。

5) 工作中，吊钩不得着地或搁在物体上，防止卷筒乱绳。

6) 使用时，发现异常噪音或异常情况，应立即停车检查。

7) 紧急情况下，任何人发出停车信号，都应停车。

8) 抱杆不得斜拉或斜吊物品，并禁止用于拔桩等类似的作业。

9) 发现吊重物绑挂不牢靠，指挥错误或不安全情况，应立即停止操作，并提出改进意见。

10) 工作中抱杆上严禁有闲人，并不得在工作中进行调整或维修机械等作业。

11）工作时严禁闲人走近臂架活动范围以内。

12）电器系统保护装置的调整及其他机构、结构部件的调整值（如制动器、限位开关等），均不允许随意更动。不管因何原因保护装置动作而是抱杆停止动作，操作台上的相应手柄必须回到零位位置。

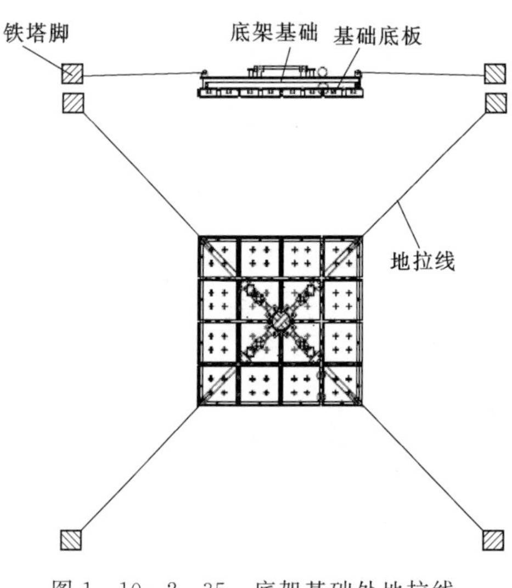

图 1-10-2-35　底架基础处地拉线

13）在使用旁路按钮将变幅小车往内开时，必须在变幅小车碰到吊臂上碰块前人工停止。

14）抱杆作业完毕后，回转机构松闸，吊钩升起。

15）起吊时吊重不允许倾斜。

（10）拉线的使用在抱杆的安装、使用及拆卸的过程中，需要打设多种拉线，主要包括底架基础的地拉线、套架结构顶部的拉线、腰环处的水平拉线以及下支座处的内拉线。各种拉线起到不同的作用，有不同的受力以及不同的打设工况。打设拉线前，需按结构件不同的受力正确选择拉线的规格型号，然后正确选择 U 形卸扣和钢丝绳夹，采用单根或多倍率的方法正确打设各拉线，以保证抱杆的正常使用。

（11）底架基础处地拉线的使用。底架基础处地拉线的打设是为了平衡抱杆基础的水平力，该拉线在抱杆的安装、使用以及拆卸的过程中需始终打设，如图 1-10-2-35 所示。

（七）落地双平臂抱杆组立铁塔

1. 吊装方案概述

根据 T2T100 电力抱杆说明书，T2T100 平臂抱杆的左右两侧平臂最大起重力矩（吊件重量×吊钩至抱杆距离）差为 40tf·m。即如果一侧平臂起吊塔材重 2t，另一侧平臂空载无吊件时，吊钩距离抱杆本体的距离不得大于 20m。如果两侧平臂同时吊装塔材，则必须保证两侧的吊件重于吊钩距抱杆距离的乘积之差在吊装过程中，在任何时刻均不得大于 40tf·m。为避免起吊时出现超过最大起重力矩差，造成平臂抱杆受不平衡力矩过大而倾覆的现象发生，塔材吊装时应采用双平臂同时对称起吊同重量的吊件，并同步移动到就位位置的方式。两侧塔材同时安装就位或者一侧先安装，但吊钩仍受力不摘除，待另一侧塔材就位后，再摘除两侧吊钩。若受客观条件限制，用一侧平臂起吊塔材时，起吊前必须认真核算吊件重量和吊钩于抱杆距离，确保不超过最大起重力矩差，否则另一侧平臂应吊相应的配重，并随着塔材同步调幅。采用平臂抱杆组塔时采取边运输边组立的方法。塔腿和中下段塔身部分采取先单吊主材，然后再零吊水平材或辅材的方法；上段塔身部分当分片重量满足平臂抱杆起吊能力时可分片吊装；塔身吊装完毕后，按由下至上的顺序分内外段依次吊装下、中、上导线横担和地线横担（直线塔的地线支架随上导线横担外侧段一并吊装）。

2. 塔脚吊装

(1) 塔脚吊装时，在垂直于对角线方向的两法兰孔（法兰吊孔的选择应力求使塔脚底板在水平状态下就位）对称安装专用吊具，通过两根 ϕ15×2m 钢丝绳套（或 50kN 尼龙吊带）连接到吊钩。在塔脚外角侧施工孔上连接一根 ϕ15 尼龙绳做控制绳。吊杆为起吊主管的专用吊具，本工程全部采用 10t 的吊杆，配合卸扣和起吊钢丝绳使用。在使用过程中，吊杆穿过法兰孔，采用双螺帽连接，另外一头直接连接卸扣和吊点绳，既安全又实用，如图 1-10-2-36 所示。

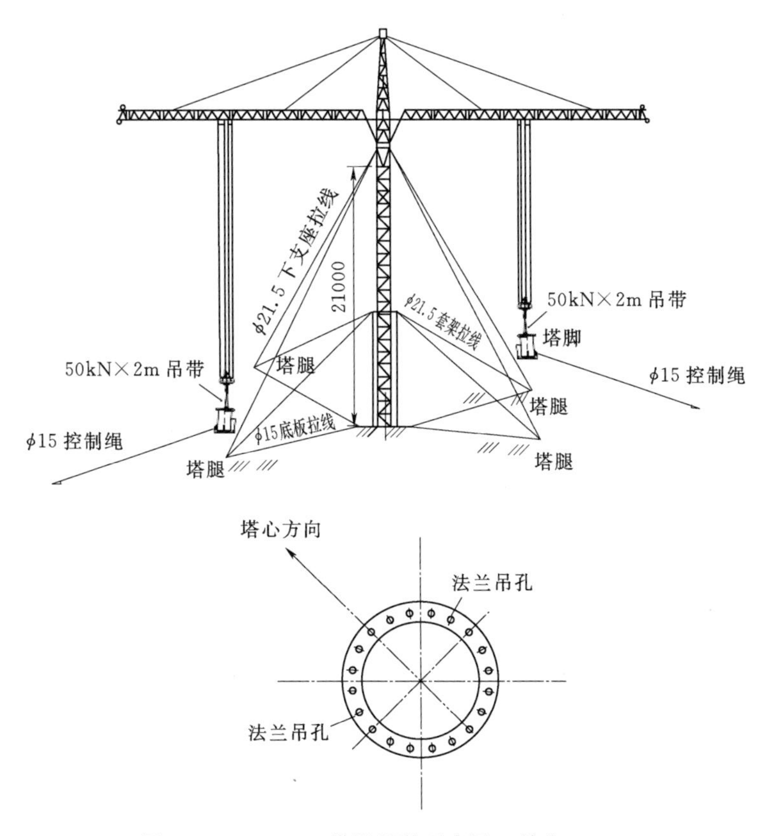

图 1-10-2-36 塔腿吊装示意图（单位：mm）

(2) 单臂吊装塔脚。调节吊装的塔脚距离基础顶面 1m 左右高度，同时调节就位腿及对角侧拉线，使就位侧拉线略显松弛（即退出工作）并保持稳定后，临时拆除此塔腿基础地脚螺栓上锚固的抱杆底板拉线、套架拉线和下支座拉线（其他 3 个塔腿基础的各拉线不得拆除）。降落塔脚安装就位后，立即在塔脚的施工孔上重新打好 3 条拉线。拉线未安装好前，严禁摘除吊钩。

(3) 吊件向地脚螺栓落位时，注意法兰螺孔与地脚螺栓的相对位置，保证均衡就位。

(4) 针对坡度较大主材钢管，要注意内侧地脚螺栓螺杆与主管的距离，地脚螺栓垫片应与塔脚同时入位。发现主材落到基础顶面则无法安装地脚螺栓螺帽的问题则提起吊件，缓慢下落吊件的同时安装地脚螺栓螺母。

(5) 地脚螺栓螺帽安装时，对角线方向最外侧地脚螺栓螺帽先安装到位并紧固，其他

图 1-10-2-37　复紧所有地脚螺栓照片

螺帽暂时不安装到位，与垫片间略保留 1～2 毫米间隙，以便于安装水平材时调整上部主材倾角。

待塔腿辅材全部安装完毕，需再次复紧所有地脚螺丝。塔脚主材上法兰与其相连的塔身主材下法兰间设有一块遮水板，两个凹形导水对称布置在对角线内侧，如图 1-10-2-37 所示。

3. 主材吊装

（1）主材吊装时，在垂直于对角线方向的两法兰孔对称安装专用吊具，与两根 $\phi15\times2$m 钢丝绳套（或 50kN 尼龙吊带）连接吊装。

（2）在主材上、下两端的横顺线路方向各布置一根 $\phi15$ 尼龙绳做控制绳，用以控制主材的起立和就位，如图 1-10-2-38 所示。

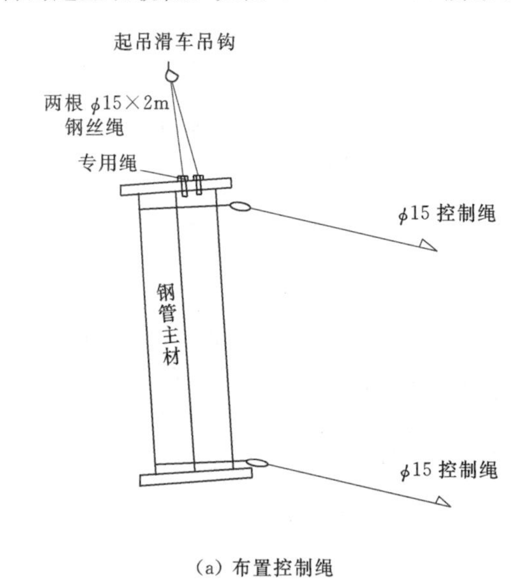

(a) 布置控制绳

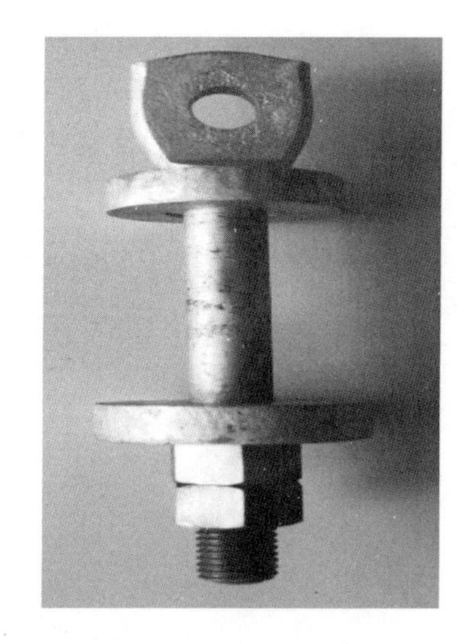
(b) 吊杆

图 1-10-2-38　主材吊装示意图

（3）主材起吊过程中通过调节载重小车幅度，保持塔材与塔身 0.5m 以上的距离。待主材下法兰提升超过已组塔身顶端后，再次调节载重小车，将主材移动至已组塔材正上方，缓缓降落。高空人员控制主材平稳降落，观察上下法兰孔基本对齐，两法兰面接近时后，利用短撬棍、定位销使法兰就位。主材法兰盘在对角线方向外侧均有就位标记，上下法兰连接时按标记对齐，如图 1-10-2-39 和图 1-10-2-40 所示。

图 1-10-2-39　观察上下法兰孔基本对齐

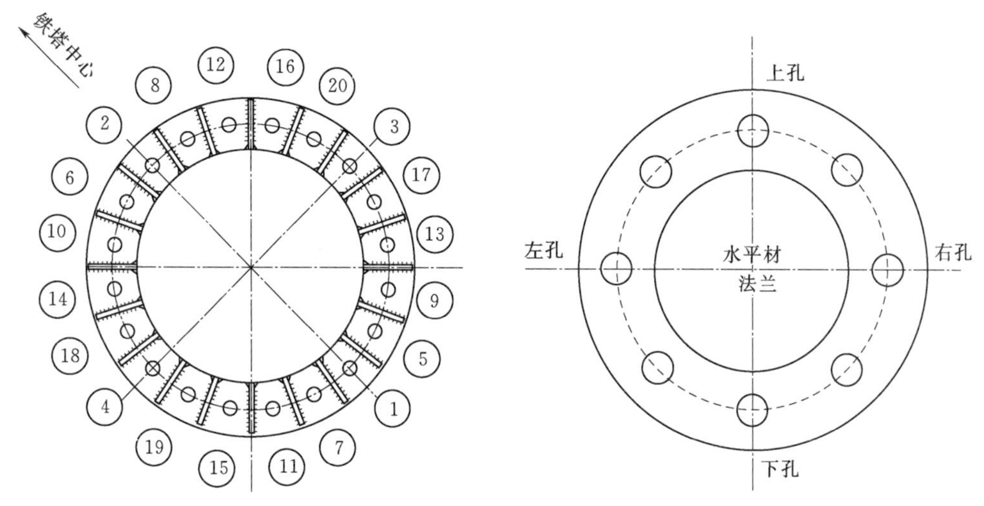

图 1-10-2-40　对位

(4) 高空人员作业前检查安全带（绳）系在管材上，并根据不同作业位置和空间大小，在站位平台挂点上安装自制平台或脚踏板，以便于高空站位操作。主材下法兰接近已组塔材法兰面时，依次在 1 号（对角线方向最外侧）、2 号（对角线方向最内侧）法兰螺孔向上插入短撬棍，构件在短撬棍的控制下落到法兰面上。然后在垂直于对角线方向的 3 号、4 号螺孔内打入定位销，使上下法兰同心，取出短撬棍。在 5 号、6 号、7 号、8 号孔穿入螺栓，带上螺帽，按照 5 号和 6 号一组，7 号和 8 号一组对称方向初步紧固到位。

(5) 主材起吊时，在主材顶部的脚钉槽钢内用 10kN 卸扣悬挂一根 10m 长的攀登绳。主材吊装就位后，将攀登绳连接，固定在塔脚上并收紧。攀登绳每个塔腿主材上设置一根，高空人员上下塔时必须使用攀登自锁器，确保上下塔不失去保护。

塔腿主材吊装时，可仅设置 45°方向临时拉线，吊装斜材及水平材时，增设横线路/顺线路方向临时拉线。临时拉线布置示意图如图 1-10-2-41 所示。

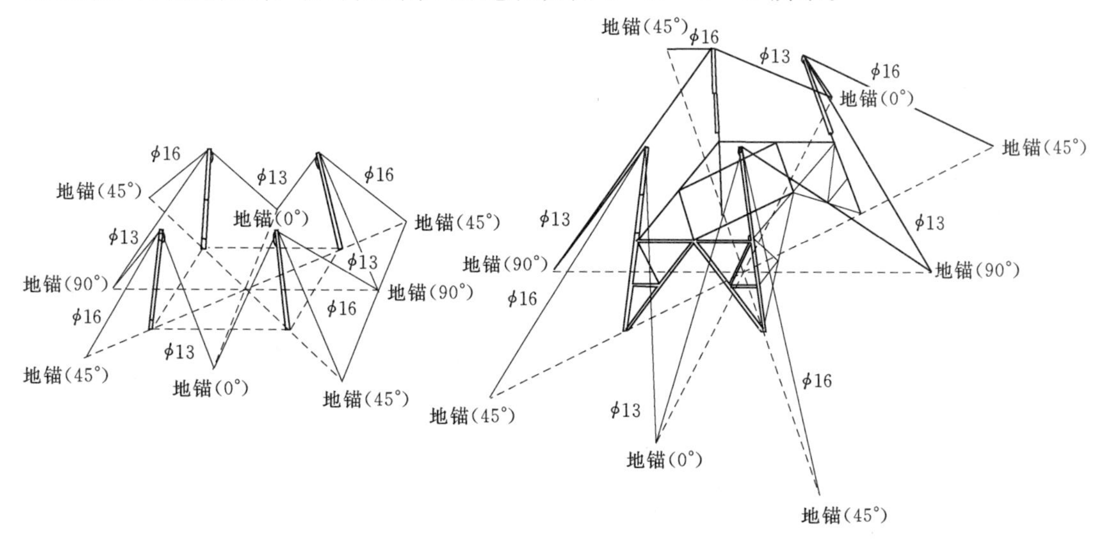

图 1-10-2-41　临时拉线布置示意图

4. 水平材吊装

水平材吊装时采取两点起吊的方法。在距两端各 1/4 处各设置一个吊点，两吊点用 50kN×8m 吊带绑扎，吊带一头缠绕水平材 2 圈后用 50kN 卸扣锁牢，防止滑动，另一头直接挂到起吊滑车的吊钩上，如图 1-10-2-42 所示。

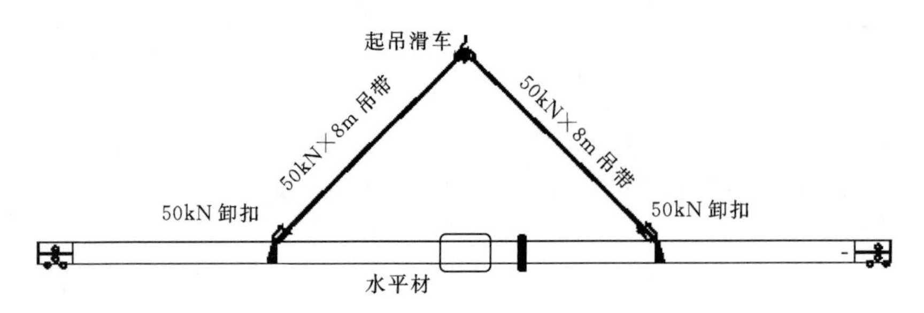

图 1-10-2-42 水平材起吊示意图

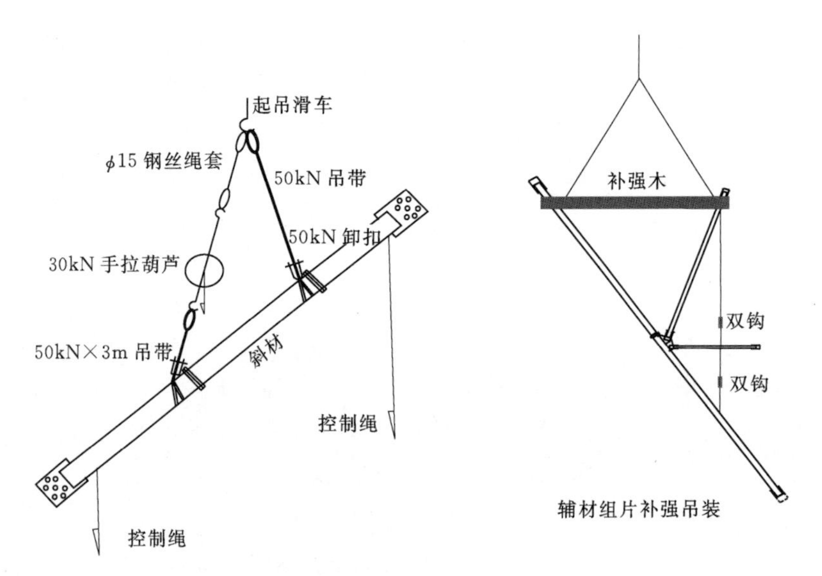

图 1-10-2-43 斜材吊装

安装好水平材后，应随即安装好水平拉锁。高空在水平材上移动时不得失去保护。

5. 斜材吊装

塔腿斜材吊装时，采用两点起吊（有法兰节点时捆绑在节点下方）方式，吊点设在距两端头 1/3 位置处。上端短吊套长度固定，下端长吊套连接一个 30kN 手拉葫芦用以调节斜材的起吊角度，使斜材沿其安装方向上升。起吊不同长度的斜材时，与吊钩相连的吊带（钢丝绳套）需进行调整。必要时采取补强措施，避免吊装时塔材变形，如图 1-10-2-43 所示。斜材吊装时，分别在上下两端设一根 ϕ15 尼龙绳做为控制绳。上部端头穿入一个螺栓，再调节磨绳安装下端螺栓。

斜材安装完毕，其他小辅材可用 ϕ15 尼龙绳人工吊装就位。待所有辅材全部安装完毕，再初步紧固斜材和其他小辅材。

6. Π形结构吊装

Π形结构吊装捆扎方式同水平材吊装，塔身下部八字铁较长（重）时，还需在八字材下端与水平材间连接一道调节绳（50kN 吊带＋30kN 手拉葫芦＋50kN 吊带），用以调节塔件的就位，如图 1-10-2-44 所示。

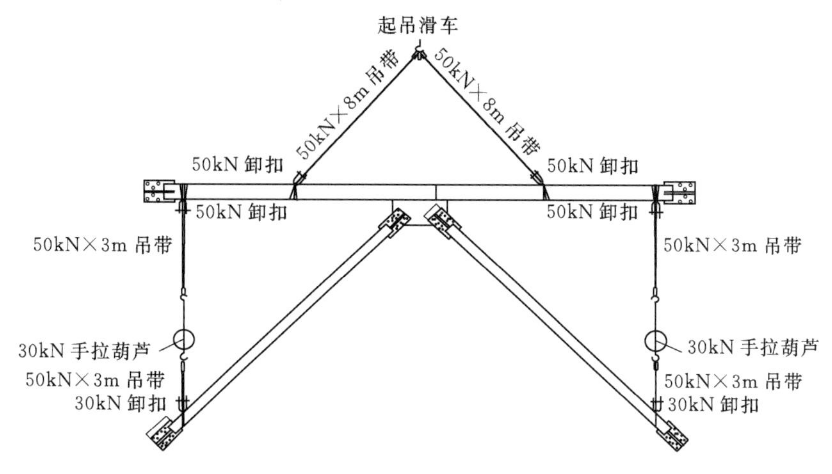

图 1-10-2-44　Π形结构起吊示意图

两斜材下端各设一根 ϕ15 尼龙绳做为控制绳。就位时遵循先水平材后斜材的顺序。

7. 交叉结构吊装

交叉结构吊装时，采用两根定长吊带八字对称起吊。塔身下部交叉结构尺寸较大时，还需在交叉材两侧端头间各连接一道调节绳（50kN 吊带＋30kN 手拉葫芦＋50kN 吊带），如图 1-10-2-45 所示。就位时遵循先上端后下端的顺序。

8. 塔片吊装

（1）有水平材塔片吊装。塔片吊装时，在两根主材顶端法兰内侧分别安装法兰专用吊具，通过 ϕ17.5×5 钢丝绳套（或 50kN 吊带）连接到起吊滑车挂钩内，如图 1-10-2-46 所示。也可在吊件重心以上的两主材上直接绑扎两根 50kN 吊带 V 形起吊。两吊带间夹角不宜超过 90°。塔片下端交叉结构组片时，螺栓不得紧固，已便于辅材的就位。塔片就位时遵循，先主材后辅材，先低端后高端的原则。

（2）无水平材塔片吊装。如图 1-10-2-47 所示，无水平材塔片吊装时，在吊件重心以上的两主材上直接绑扎两根 50kN 吊带 V 形起吊，两吊带间夹角不宜超过 90°。

9. 横担吊装

横担吊装时应尽量靠近塔中心，并应根据平臂抱杆起重性能表，依据吊件重心与塔中心距离，计算吊件是否超重，否则应去掉部分辅材，使吊件重量降至允许吊重以下。当横担整体组装后不超重时，可整体起吊横担。横担整体吊装超重时，需根据塔型分内、外桁架段吊装。

（1）直线塔横担分段吊装时均采用四点起吊，吊点分别设置在节点处，外侧两吊点分别采用 ϕ21.5×10m 钢丝绳并穿一只 60kN 链条（手扳）葫芦，内侧两吊点采用 2 根 ϕ21.5×10m 钢丝绳。吊装顺序为：从下往上依次分内、外段双平臂对称吊装。先吊下横

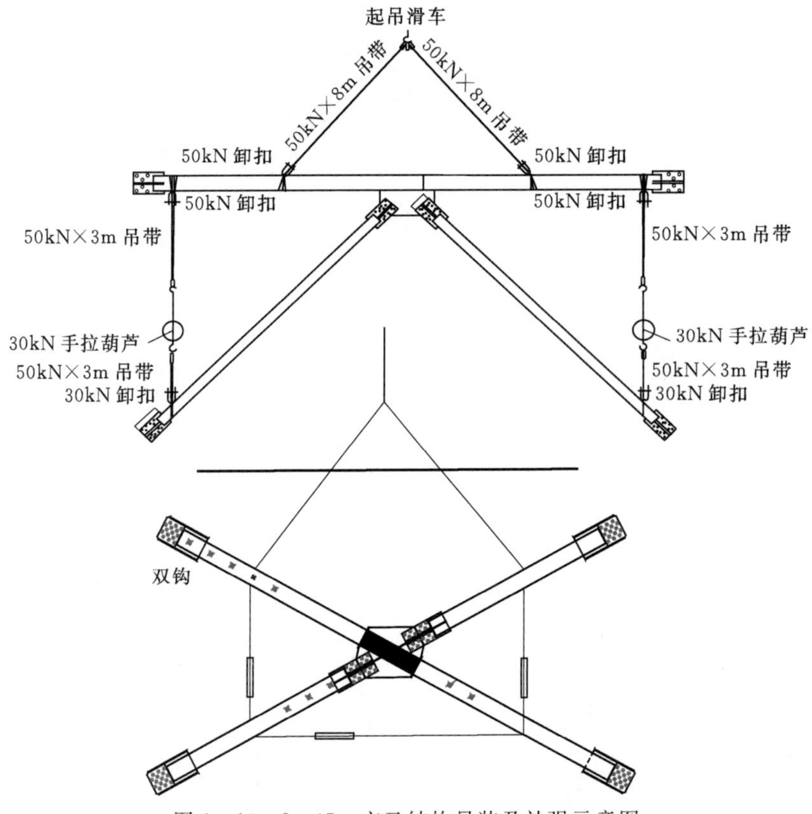

图 1-10-2-45　交叉结构吊装及补强示意图

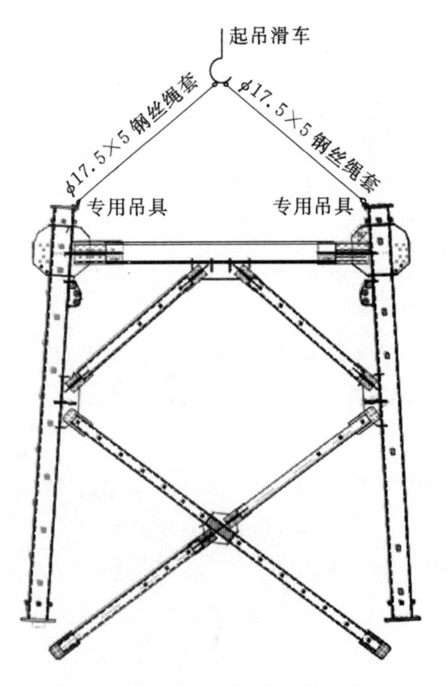

图 1-10-2-46　塔片起吊示意图

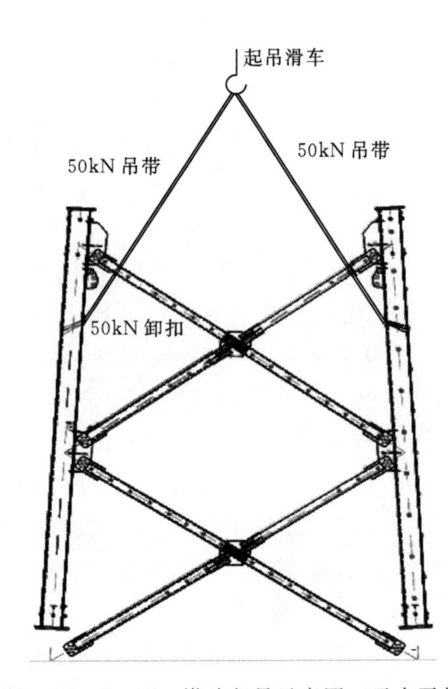

图 1-10-2-47　塔片起吊示意图（无水平材）

担，再吊中横担，最后吊上横担和地线支架。中下横担整吊时吊点的位置及布置如图1-10-2-48所示，顶架+上横担整吊时吊点的位置及布置如图1-10-2-49所示；顶架、横担拆分成两段后吊装时吊点的位置及布置如图1-10-2-50、图1-10-2-51所示。

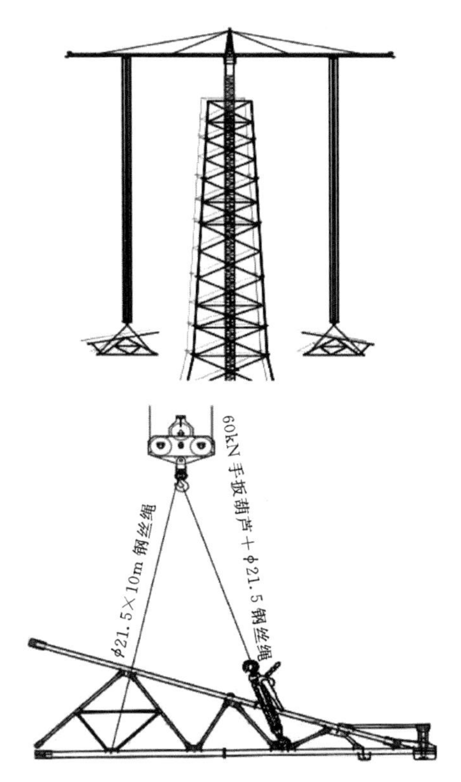

图1-10-2-48　直线塔中下横担起吊示意图

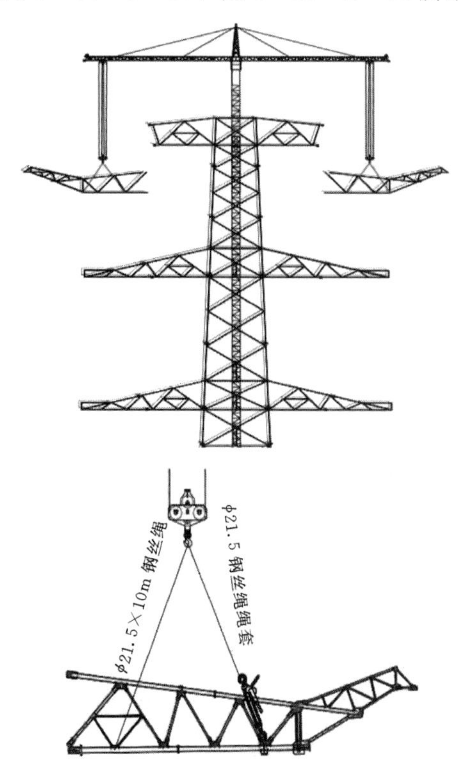

图1-10-2-49　直线塔上横担起吊示意图

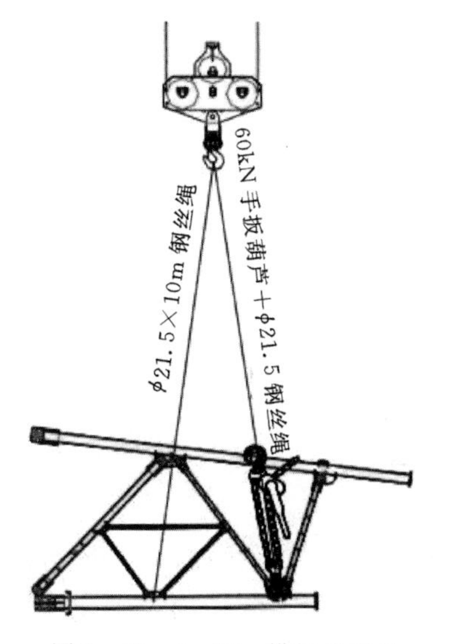

图1-10-2-50　横担分段吊（近塔身侧）起吊示意图

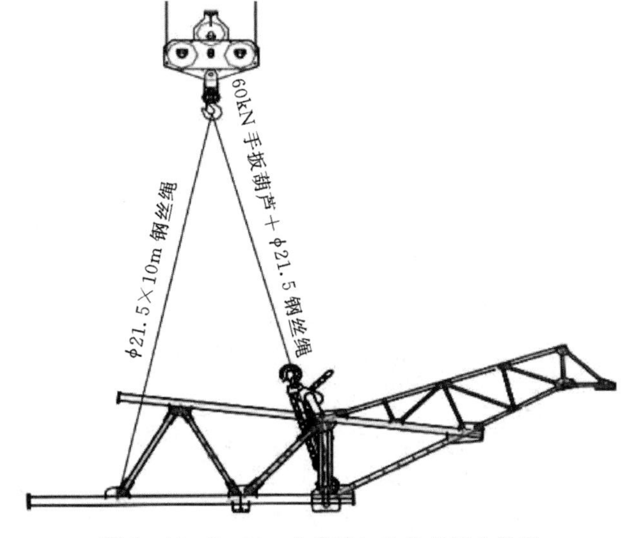

图1-10-2-51　上横担加地线支架分段吊（远塔身侧）起吊示意图

（2）转角塔横担、顶架分段吊装时采用四点起吊，吊点采用 ϕ21.5×8～10m 钢丝绳，其中外侧两根吊点各穿一只 60kN 手扳葫芦。吊装顺序为：从下往上依次分内、外段双平臂对称吊装。先下横担，再中横担、上横担，最后吊地线横担。如图 1-10-2-52 和图 1-10-2-53所示。

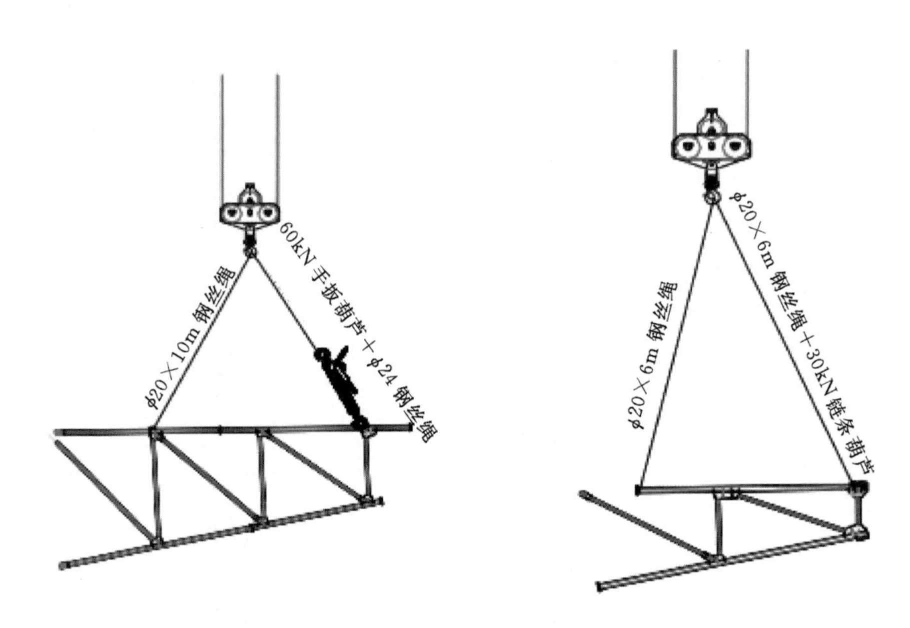

图 1-10-2-52 转角塔顶架分段吊装吊点示意

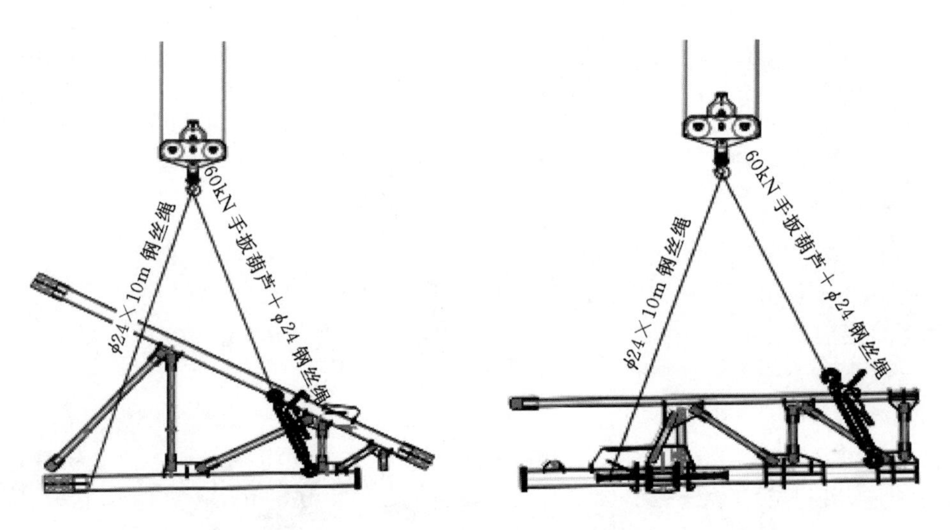

图 1-10-2-53 转角塔横担分段吊装吊点示意

（3）中、上和地线横担横担组装时，需闪开横担投影的正下方，待吊件起吊越过其下一层横担后，在旋转平臂至就位方向。横担接近就位点时，应缓慢移动载重小车使吊件接近就位点，防止吊件碰撞塔身。就位时先安装上主材连接螺栓，再安装下主材连接螺栓，

最后安装辅材螺栓。

（八）平臂抱杆拆卸

抱杆拆卸过程流程如图 1-10-2-54 所示。

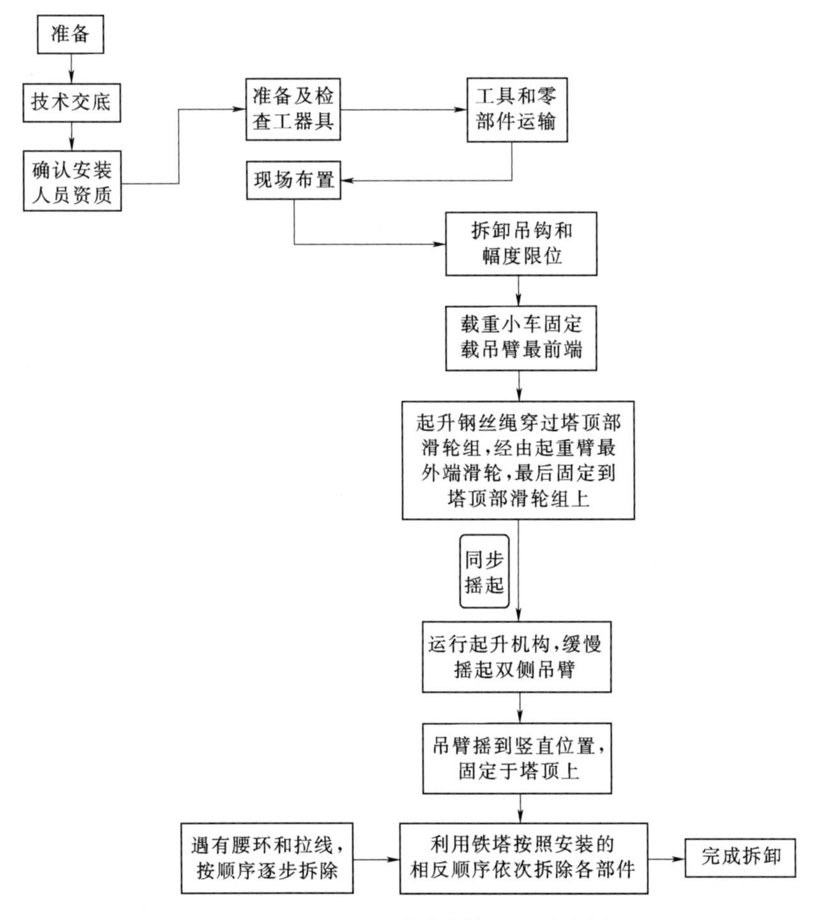

图 1-10-2-54　抱杆拆卸过程流程图

拆卸前，注意检查相邻组件之间是否还有电缆连接。通过计算得知，要将起重臂整体扳起，起重臂所受的最大拉力为 5.5tf 左右，起扳所需的塔顶与起重臂连接的钢丝绳应设 4 倍率，双侧起重臂需同时起扳。

（1）先拆除吊钩和幅度限位。

（2）再将载重小车开至起重臂头部，把起升钢丝绳拆除，把起升钢丝绳穿过塔顶部滑轮组（相应侧滑轮），经由起重臂最外端滑轮组（相应侧滑轮）、端部导轮组，与臂头可拆除部分相连，把臂头可拆除部分卸下后，再进而把钢丝绳与开至臂头的载重小车相连，把载重小车拆除，如图 1-10-2-55 所示。

（3）起升钢丝绳连接方式为：钢丝绳一端穿过抱杆桅杆顶部一侧的顶滑轮，经平臂最外端双滑轮组的一侧轮槽后，返回塔顶悬挂 50kN 滑车，然后经平臂最外端双滑轮组的另一侧轮槽，最后用 50kN 卸扣固定在桅杆的耳铁上，钢丝绳另一端上卷扬机。另一侧连接方式相同。

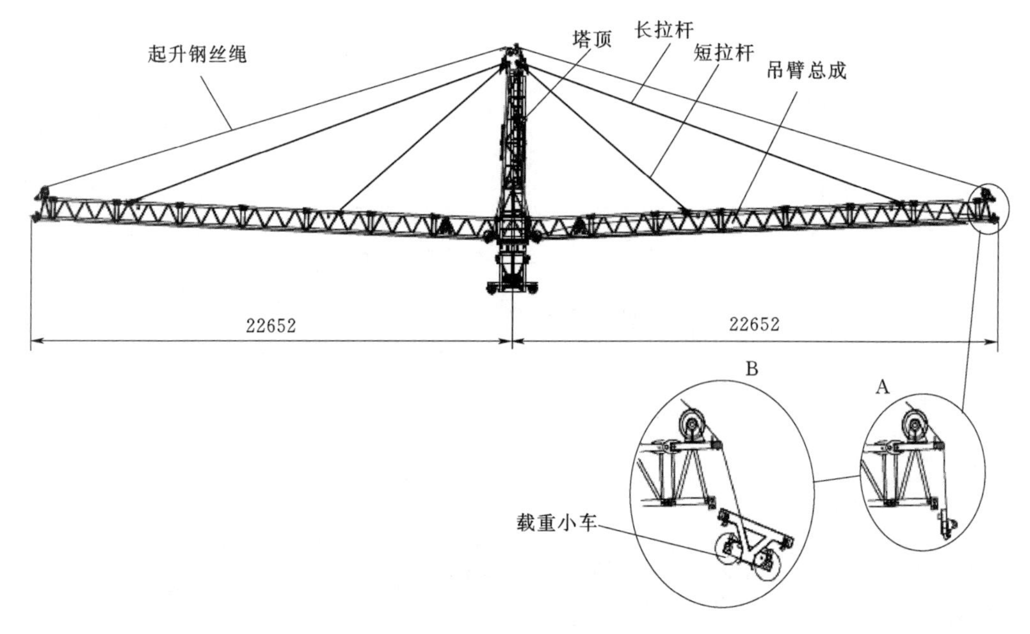

图 1-10-2-55　载重小车拆除（单位：mm）

（4）运行起升机构，使两侧起升钢丝绳得到预紧；确保双侧起升钢丝绳预紧后，再运行起升机构，让两侧吊臂围绕根部铰点同步缓慢的摇起。摇到吊臂中部与塔顶的碰块接触时，将吊臂分别固定在塔顶上。并用撑杆架把吊臂与回转塔身固定铰接在一起。

（5）按照和顶升抱杆相反的顺序，自下而上拆除抱杆。抱杆降落至腰环位置时，将腰环用钢丝绳套锁到最上端的标准节上，拆除腰环拉线。抱杆降至第一道腰环处时，连接四根 ϕ15 下支座拉线后，再高空拆除最后这道腰环。下支座拉线随着抱杆降落而回收，当抱杆剩余四节标准节时（此时平臂顶至基础底板距离约为 38m），在高出平臂顶端 8m 以上位置处的铁塔对角承托板上连接 V 形两路抱杆降落磨绳。磨绳连接方式：磨绳一端利用 100kN 卸扣固定在钢管主材承托板上，另一端经 50kN 起吊动滑车后引至对角侧钢管主材承托板上的 50kN 定滑车，最后经塔脚 50kN 滑车转向后至卷扬机。

（6）抱杆拆散后的注意事项。

1）抱杆拆散后由工程技术人员和专业维修人员进行检查。

2）对主要受力的结构件应检查金属疲劳，焊缝裂纹，结构变形等情况，检查抱杆各零部件是否有损坏或碰伤等。

3）检查完毕后，对缺陷、陷患进行修复后，再进行防锈、刷漆处理。

（7）其他工作。

1）螺栓复紧固与缺陷处理。铁塔组立完毕后螺栓应全部复紧一遍，螺栓紧固应达到规范要求的扭矩。及时安装防松/防卸装置。补齐塔材，对缺陷逐一处理。

2）清理现场。清理现场，做到工完料净场地清。

3）质量验收。按照验收规范和评定规程中的相关内容，对铁塔质量进行验收，并做好记录。

四、架线工程

（一）架线工程质量控制流程图

架线工程质量控制流程如图1-10-2-56所示。

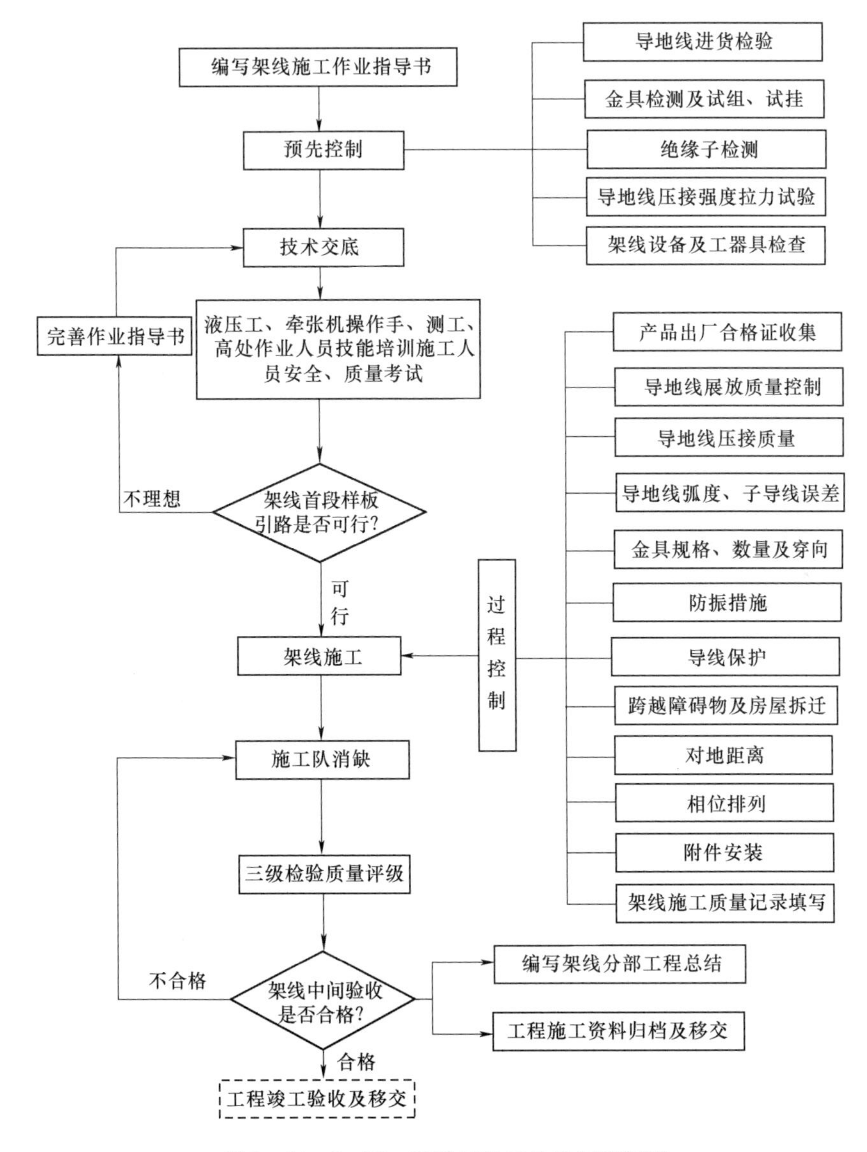

图1-10-2-56 架线工程质量控制流程图

（二）全程不落地展放导引绳（动力伞展放初级引绳）

在架线施工中，为最大限度节约时间、保护环境、提高工效，更好的利用高科技手段来降低工程施工中对材料、工器具的损耗，提高工程施工的安全性以及对被跨越线路的保护，在动力伞展放初级引绳的基础上采用了导引绳一牵四牵引法。

采用动力伞展放两根$\phi 4$迪尼玛绳，展放过程安全、快速，不浪费人力，不影响环

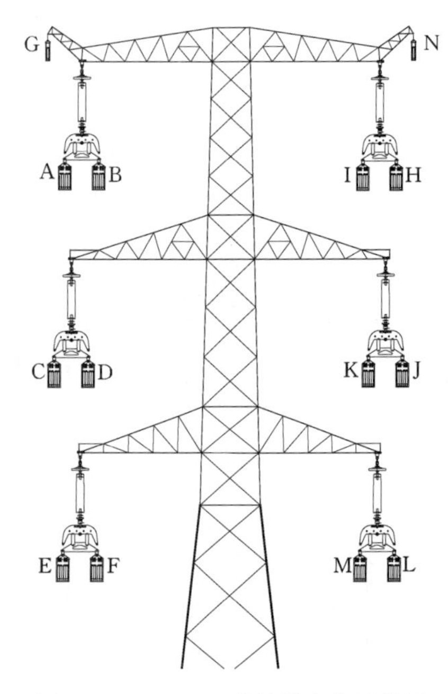

图 1-10-2-57　放线滑车布置简图

境，对通道内部电力线路无任何影响。

采用一根 $\phi 4$ 迪尼玛绳牵引一根 $\phi 10$ 迪尼玛绳，再用 $\phi 10$ 迪尼玛绳牵引一根 $\phi 16$ 导引绳。采用 $\phi 16$ 导引绳配合张力机和牵引机牵引 $\phi 28$ 牵引绳。

1. 施工工艺流程

动力伞展放 $\phi 4$ 迪尼玛绳→$\phi 10$ 迪尼玛绳→$\phi 16$ 导引绳→$\phi 28$ 牵引绳（或展放地线、OPGW 光缆）→展放导线。

2. 放线滑车布置简图

放线滑车布置简图如图 1-10-2-57 所示。

3. 工艺流程简图

工艺流程简图如图 1-10-2-58 所示。

4. 操作要点

(1) 滑车布置。悬挂导线滑车和地线滑车时，将图 1-10-2-57 中的 A、H 两滑车的墙板打开，待迪尼玛绳放入后，关上滑车墙板。横担上平面插红旗，以便动力伞飞行识别，施工人员在横担上平面做好施工前的准备。

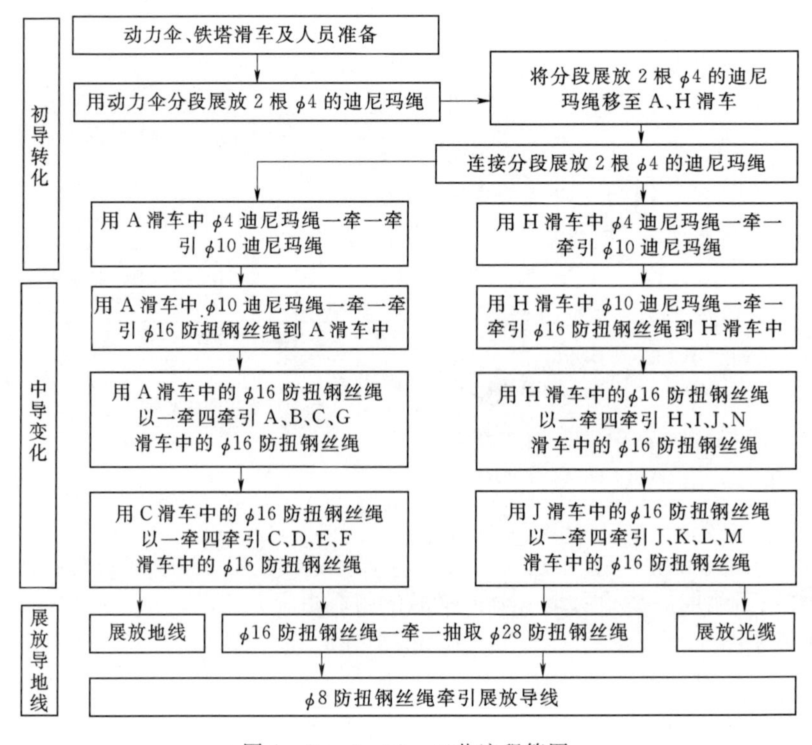

图 1-10-2-58　工艺流程简图

（2）动力伞展放初级导引绳。采用航空动力伞从空中展放两根 $\phi4$ 迪尼玛绳作为初线导绳，两根 $\phi4$ 迪尼玛绳分别送入滑车 A、H 中。

（3）初导转化、中导变化见工艺流程简图。

（4）四根钢丝绳逐基过塔操作要点。

1）被牵引的四根 $\phi16$ 的钢丝绳在与走板连接间采用适合长度的迪尼玛绳。利用迪尼玛绳柔软轻便的特性，在走板过滑车后分别将其穿入另外的三个指定滑车中。

2）锚线。牵引走板过滑车并当迪尼玛绳尾端接近张力侧横担时，将带三根迪尼玛绳的 $\phi16$ 钢绳分别锚在塔身横担上。

3）穿滑车。利用一根未锚的迪尼玛绳回牵走板至五轮滑车处（牵引机配合），此时三根迪尼玛绳已经松弛。自走板连接处将其解开，将三根迪尼玛绳分别穿入指定滑车后，再将其连接到走板上。

4）拆锚。牵引场开始牵引，当张力场侧三根锚绳不受力时停止牵引，拆除三根锚绳，调平走板继续牵引。

5）当 14 根 $\phi16$ 钢丝绳均牵引到位后，就完成了一牵四牵引导引绳的工作，可以进入下一步施工程序。

6）后续施工方法是用 $\phi16$ 钢丝绳牵引 $\phi28$ 牵引绳，同常规方法，不再叙述。

5. 引绳受力计算

引绳计算分为三个步骤，分别为 $\phi4$ 迪尼玛绳牵引 $\phi10$ 迪尼玛绳，$\phi10$ 迪尼玛绳牵引 $\phi16$ 导引绳，最后是 $\phi16$ 导引绳一牵四牵引四根 $\phi16$ 导引绳，详见有关资料。

6. 注意事项

（1）采用四线张力机展放 $\phi16$ 钢丝绳，张力控制的原则是引绳高于跨越架 2m。

（2）利用张力机的回牵功能，确保四根引绳在穿过四个滑车后，需将牵引走板调平在正常牵引。

（3）由于 $\phi16$ 钢丝绳要牵引大牵绳，因此导线滑车中的 $\phi16$ 钢丝绳间采用 8t 旋转连接器连接，而地线和光缆滑车中 $\phi16$ 钢丝绳间采用 5t 旋转连接器连接，张力场要特别注意。

（4）应根据塔高、滑车之间的距离选择三根适当的迪尼玛绳长度，以便在迪尼玛绳分别穿过滑车后能同时连接到走板上。

（5）一牵四 $\phi16$ 钢丝绳的牵引力控制要求：小于 55kN，满足 $\phi16$ 钢丝绳 3 倍的破断力系数要求。四根 $\phi16$ 钢丝绳的张力控制要求：小于 15kN，由于控制高度仅高于跨越架 2m，因此放线时完全能达到该张力要求。

7. 优点

（1）保护引绳。以往工程采用人力放引绳，引绳在地表面被长距离的拖放，引绳与地面长时间摩擦，并沾染各种污物，导致大量引绳受损坏。采用此法，引绳全过程不落地，不与任何地面物体产生摩擦，架线完成后引绳保护油均完好无损，钢丝绳本体无任何损伤。

（2）避免了对地面农田的损坏。本施工方法引绳不落地，大量施工人员不必从农田走过，对农田没有破坏，因此阻工现象大大降低，从而减少了大量的青赔。

（3）大大降低了低压电力线路跨越架的磨损，提高了架线的安全性。高、低电压级电力线路在现场非常繁多，采用全程不落地展放引绳，并用一牵四展放引绳，不会对电力线路的跨越架造成任何磨损，护线变得更加容易，架线的安全得到了有效的保证。

（4）减少了施工过程的拖线人员，提高了工程施工速度。采用人力展放引绳，需要大量的拖线人员和护绳人员。考虑到地形、天气及阻工现象等各方面的因素，采用这种施工方法，可以极大的提高施工的速度。

第三节　新疆750kV输变电工程输电线路关键技术

新疆750kV输变电系列工程（以下简称“新疆750kV工程”）是国家电网公司落实国家西部大开发战略，贯彻两次中央新疆工作座谈会部署的重要德政工程、民生工程，对于实现全疆范围的电力资源优化配置、水火电互补以及“疆电外送”目标，推动新疆经济社会可持续发展和长治久安，推动全球能源互联具有重要意义。

到2016年年底，新疆已拥有750kV输变电系列工程全长4949.1km，投运容量4290MVA，横穿戈壁、跨越雪山，施工环境极其恶劣，大量通道开辟在无人区域，生态环境脆弱，生命保障艰难，是世界上最具挑战性的超高压输变电工程。在国家电网公司的坚强领导下，国网新疆电力公司加强组织领导，精心周密部署，发挥集团化优势，联合新疆维吾尔自治区政府和当地各族人民攻坚克难，发扬“努力超越、追求卓越”的企业精神，在茫茫戈壁、巍巍雪山上战天斗地，在平凡的岗位上日复一日默默坚守，以青春、热血、智慧铸就了伟大的新疆750kV电力“长城”，塑造出“顽强拼搏、攻坚克难、百折不挠、勇攀高峰”的新疆“750精神”，创造了世界电网建设的新奇迹，谱写了丝绸之路繁荣发展的新篇章。

750kV电网工程的开工建设和投运，对发展和加强新疆地区骨干输电网架，填补超高压输变电工程技术和标准的空白等方面都具有极其深远的意义。特殊的工程环境条件决定了工程在推进过程中需要根据新疆自身特色，在国家电网公司研制新技术的基础上，对关键技术进行研究、改进和更新，使其可以更好地应用于新疆750kV电网工程中

由于新疆750kV工程各个输电线路途经地区不同，其所需设备材料与技术也需要进行相应的改进。国网新疆电力公司技术人员针对不同情况，改进了扩径导线、复合横担、四分裂导线等九项技术，为输电线路更好的建设与运行提供了保障。

一、改进地线悬垂金具连接方式

挂点金具连接方式一般为“环-环”连接（U形环与U形环连接），横线路方向是不能转动的。新疆部分输电线路处在大风区内，常年频繁的大风以正对悬垂串联板的角度，持续吹向悬垂串，会给悬垂串带来长期不稳定的水平载荷，造成悬垂串的频繁摆动，出现U形环接触部位磨损。随着风速的增加，两U形挂环之间承受的附加弯矩和应力也随之增加，进一步加速了U形环的磨损。

针对这样的情况，国网新疆电力公司对地线及光缆挂点金具连接方式进行了重新校核

和设计，并改用高强度耐磨金具。鉴于新疆地区的大风区有数量多、区域面积大、风频高风速大（38m/s 以上）等特点，线路受风因素影响较大。在对大风区线路光缆和地线金具进行差异化设计时，采用螺栓与孔的连接方式，并在关键连接点使用高强度耐磨金具，防止线路金具出现普遍性磨损等问题。

采取上述措施后，投运的 750kV 工程中未发现金具有明显磨损，设备运行良好。新疆 750kV 工程中根据大风区的自然特点，应用新的金具连接方式，并在关键点更换为高强度耐磨金具，避免了由此带来的停电等大型事故，也减少了后期运行中的检修成本。

二、边串导线防风偏设计

新疆地区自然微气象变化频繁，风区气候更是难以预测，即使是入夏也有可能出现寒潮和大风。2014 年，新疆全疆范围迎来 6 年同期最强寒潮入侵，北疆各地出现了以大风、降温为主的寒潮天气过程，“三十里风区”“百里风区”的瞬间最大风力达 12 级以上，南疆大部分地区伴有大风和沙尘暴，当时 750kV 吐哈Ⅰ、Ⅱ线分别跳闸，重合不成功。

这一事件引起了国网新疆经研院建管中心的重视，其会同设计单位共同对 750kV 吐哈Ⅰ、Ⅱ线进行全面校核，后来发现在发生故障时，吐哈Ⅰ、Ⅱ线 326 号塔及附近大风风速超过设计风速 28m/s，此时边相绝缘子风偏角为 66°，相距铁塔最近净空距离为 1.5m，不满足工频电气间隙 1.9m 的要求，造成线路放电跳闸。后来设计单位对吐哈Ⅰ、Ⅱ线 28m/s 风速设计区段线路和在建 750kV 线路进行全面校核，制订整改措施，并从技术可行性、施工难度和改造费用、停电损失方面综合比较，推荐合理整改方案，从根本上解决风偏问题。对于其他大风区新建 750kV 线路工程均提高了设计标准。对铁塔 V 形合成绝缘子及金具碗头处采取外围加装卡箍的方法进行预控。采用差异化设计，V 串均采用环-环连接方式，以彻底解决 V 串脱落问题。对于大风区边串导线，考虑在初设时已由设计单位核算，为其适当增加设计裕度。

三、扩径导线

扩径导线是将现有普通导线或大截面导线的临外层或内层的线股减少几根，这样导线外径没有变化，但导线的铝截面减小了，使原导线的临外层或内层的线股由密绕变为疏绕，同时减少铝截面，从而减少导线的总重量，减少铁塔荷载和结构重量，大大降低线路工程投资。

新疆 750kV 工程扩径导线选型按以下思路进行：一是将欲扩径的铝截面导线的外径扩大至与常规导线相同的外径，总拉断力能满足工程设计要求；二是导线表面质量及其他机械物理电气性能均能满足 750kV 输电线路要求；三是同时兼顾生产技术的成熟性与生产成本的增加（与常规导线生产相比）；四是各扩径导线的电气特性和机械特性均满足要求，仅电阻损耗略大于常规导线。

新疆 750kV 线路工程采用 6×LGJK－310/50 扩径导线，有效降低了导线和铁塔造价，每千米工程投资可以节省 7.4 万元，在输送容量不是特别大的 750kV 输电线路中采用具有良好的经济效益。从长期经济性看，采用扩径导线方案与常规导线方案差别不大，但由于采用扩径导线，工程的初期投资较常规导线节省很多，因而在电网建设中具有一定的经济优势，完全可以在更广泛的超、特高压线路工程中推广使用。

四、输油输气管道电磁影响的防护措施

交流输电线路对管道的巡线人员人身安全、管道及其阴极保护设备，以及管道的交流腐蚀等都有着很大的影响。乌苏-伊犁750kV输电线路对西气东输管道的电磁影响进行计算分析和评估结果表明，线路正常运行时的计算结果满足人体安全限值以及管道的交流腐蚀限值；线路发生单相接地故障时的计算结果虽然满足管道安全限值，但不满足人身安全限值。

国网新疆经研院建管中心提出了交流输电线路对输油输气管道的电磁影响推荐限值。在了解石油部门相关的管道设计规程规范的基础上，经济、合理地选取交流输电线路对输油输气管道的电磁影响的防护措施。具体防护措施为：在与输电线路平行输油输气管道段，测试桩、阀室等装置与管道连接、有引上线的位置加装绝缘地面。在条件允许的情况下，使用碎石等铺面3m×3m×0.2m（宽×长×高）的绝缘地面。

乌苏-伊犁750kV输电线路工程是乌苏-伊犁750kV输变电工程的一部分，起自乌苏市西南侧的乌苏750kV变电站，该站址位于西大沟乡附近，止于伊犁750kV变电站，该站址位于尼勒克县境内的苏布台西。线路沿线有省道、油气管线伴行线及多条乡间道路可供利用，交通条件较为便利。工程建设规模为新建750kV单回路输电线路，本段全线采用6×LGJ-400/50钢芯铝绞线。在乌苏750kV变电站进出线段5km采用铝包钢绞线JLB20A-100，其余采用GJ-100钢绞线，采用OPGW-120光缆。乌苏-伊犁750kV输电线路工程自投运以来，从这一区域的运行经验来看，油气管线运行良好，这表明油气管线在安全范围内。事实证明，750kV输电线路对石油管线影响的研究在工程中的应用是成功的，为乌苏-伊犁750kV输电线路工程及石油管线安全可靠运行提供了理论依据和技术支持。

五、复合横担

复合材料（FRP）具有轻质、高强、耐腐蚀、易加工等性能，以及电绝缘性能好良好的特性，是建造输电杆塔的理想材料之一，在未来的输电线路工程中具有广阔的应用前景。特别是对于西北地区的750kV等级的主干网络，推广应用复合材料具有重要的意义。

750kV复合横担塔采用“上”字形杆塔方案，该方案结构形式简单、连接方便。复合横担构件采用环氧树脂-E型玻璃纤维缠绕型材，其纤维含量高、承载力强；通过钢套管节点相连，该类节点传力可靠、连接方便；外敷硅橡胶套，并外带闪裙，增加了复合横担的爬电比距。复合横担拉力由斜拉复合绝缘子传递，充分利用了复合材料抗拉性能优异的特点。

通过研究，技术人员成功地开发出750kV复合横担塔，并通过了结构有限元分析、电场有限元仿真分析、工作电压、污秽耐受、操作冲击耐受、雷电耐受等电气验证试验以及构件疲劳、横担过载及真型试验等结构验证试验。试验和分析结果均表明，750kV复合横担塔设计合理、安全可靠，其结构和电气性能均满足工程应用标准，具有低碳、节

能、环保的优点，是符合工艺美学特点的新型结构，代表了输电杆塔结构的发展趋势。新疆与西北主网联网 750kV 第二通道输变电工程中应用了复合横担塔，这是世界上首次在超高压线路工程中应用复合材料。在该工程中应用了 7 基两个耐张段，投资为 350 万元，节省投资 21 万元，特别是减小线路走廊 12m（约 33%），减少了房屋拆迁，节省了土地资源。因此，复合横担塔具备良好的经济效益和社会效益。

六、四分裂导线

新疆与西北主网联网 750kV 第二通道输变电工程首次在国内 750kV 线路使用四分裂导线方案。以往国内 750kV 线路全采用六分裂导线。实践表明，在低海拔地区，750kV 线路采用四分裂大截面导线，电磁环境满足要求，并具有经济优势。结合二通道线路实际情况，在海拔 1000m 以下地区实际应用四分裂导线约 2×35km，导线采用 JLK/G2A－630（720）/45 扩径钢芯铝绞线，电磁环境满足要求，线路本体投资比 6×L. GJ－400/50 导线方案节省约 3.5 万元/km，且在输送容量较大时，4×JLK/G2A－630（720）/45 导线年费用具有一定的优势。

七、盐湖地区铁塔基础的地基处理技术

新疆与西北主网联网 750kV 第二通道输变电工程线路不可避免要通过盐湖的湖积平原区，该地区地形相对低洼，为天然湿地，长度约 80km，其中 22km 为沼泽地，地下水埋深 0.5～3m，季节性变幅 0.5～1.0m，由大气降水和周边汇水渗流补给，涌水量较大，基坑开挖必须采用有效的抽排水和支护措施。影响塔基稳定的主要因素是软弱地基土，在盐湖和沼泽湿地段必须采取严格的地基处理措施。盐湖地区铁塔基础的地基处理技术如下：

（1）基础设计以扩展柔板斜柱基础和台阶斜柱基础为主，个别无法保证基础边坡或足够上拨土体、主要依靠基础自身重量抵抗上拔力的塔位，以及跨河漫水与地下水较浅的地区，可采用刚性基础。

（2）基础采用高垫浅埋形式，玻璃钢包裹基础，减少腐蚀介质对它的作用强度。

（3）通过分析基坑土方、混凝土与钢材的价格敏感性，优化基础尺寸，降低基础的综合造价。

（4）基础的混凝土为 C25、C30、C40，基础主筋为 HPB335、HRB400 级钢筋，其余为 HPB300 级钢筋。

八、Q345 大截面角钢

新疆与西北主网联网 750kV 第二通道输变电工程沿线部分地区最低温度达到－35℃，考虑钢材低温冷脆，铁塔塔材大量采取 Q345 高强度大截面角钢替代 Q420 高强钢，既满足了安全需求，又保持了相对较轻的塔重。

九、西北电网输电线路抵御沙尘暴外绝缘技术研究

本项目荣获 2010 年度新疆维吾尔自治区科学技术进步三等奖。

图 1-10-3-1　试品垂直悬挂（后方为整流段）

1. 成果简介

“西北电网输电线路抵御沙尘暴外绝缘技术研究”是国网新疆电科院与西安交通大学合作的前沿科技项目，项目阶段起讫时间为 2010 年 1—12 月。按照新疆地区（或具有相同气候环境的其他地区）的沙尘暴环境，依托西安交通大学电力设备电气绝缘国家重点实验室的人工模拟沙尘环境实验系统，开展线路绝缘子在大气与沙尘混合介质条件下的空气流场仿真计算，对绝缘子沿面放电、电场计算、介质击穿、电弧放电进行试验研究，提出绝缘子绝缘结构（包括伞形结构和串型结构）的优化方案，如图 1-10-3-1 所示，为绝缘子的设计和选型提供依据，进一步探究绝缘子的击穿放电规律。

2. 主要创新点

以西北电网输电线路抵御沙尘暴技术为研究重点，在调研新疆地区绝缘子运行状况的基础上，建立和完善了人工模拟沙尘环境积污试验系统和人工模拟强风及沙尘（暴）气隙放电试验系统，研究了沙尘环境下绝缘子表面的积污规律和闪络电压与气候条件的关系，探索了沙尘介质环境下气隙击穿特性，解释了风沙条件下的闪络机理和本质，建立了可用于表面积污初步计算的分析模型和仿真方法。对强风引起绝缘子风偏时的电位和电场分布进行计算，分析了强风沙尘环境对外绝缘特性的影响，综合比较了瓷质和复合绝缘子的积污特性，以及绝缘子伞形结构与积污量的关系。

十、强风区复合绝缘子的研制及应用

本项目荣获 2014 年度新疆维吾尔自治区科学技术进步二等奖。

1. 成果简介

复合绝缘子之所以在新疆电网 750kV 输电线路中大量使用，是因为新疆地区存在着 8 个著名的大风区。以乌北-吐鲁番 750kV 输电线路途径的“三十里风区”为例，在 10m 高度处线路的量高设计风速为 42m/s，其中撕裂最严重的绝缘子有效爬距降低达 20.4%。强风区复合绝缘子伞裙撕裂问题由来已久，但在低电压等级线路中一直未受到足够重视，随着 750kV 线路的投运，杆塔高度的上升加剧了伞裙撕裂事故的发生，对电网安全运行构成直接威胁，引发行业内对哈密南-郑州±800kV 直流输电线路（新疆段）经过风区安全问题的担忧。

4 个绝缘子厂家 8 个型号 750kV 复合绝缘子的风洞试验显示，其中 7 个品牌的复合绝缘子无法抵御乌北-吐鲁番 750kV 输电线路平均呼称高处的最高风速（53.5m/s），出现剧烈大幅摆动现象。通过 4 个厂家绝缘子材料的疲劳龟裂试验发现，其经受疲劳往复平均次数均低于 10000 次，最差的仅能够承受数百次，绝缘子硅橡胶耐疲劳性能较差。由此可以看出，常规 750kV 复合绝缘子抗风性能和硅橡胶耐疲劳性能均较差，研究提高绝缘子抗撕裂能力的有效技术迫在眉睫。

国内外对复合绝缘子的各项研究很广泛，但对强风下伞裙撕裂问题研究尚未见报道。目前的研究主要包括对材料方面的硅橡胶憎水性、漏电起痕性能的研究，提高绝缘子污闪电压、防覆冰闪络结构优化的研究，对特殊气候环境方面的覆冰闪络问题、风沙闪络问题研究。对于强风下绝缘子的伞裙撕裂问题，由于其具有独特的地域特征，因此本项目是对这一问题的首次探索，实物如图 1-10-3-2 所示。

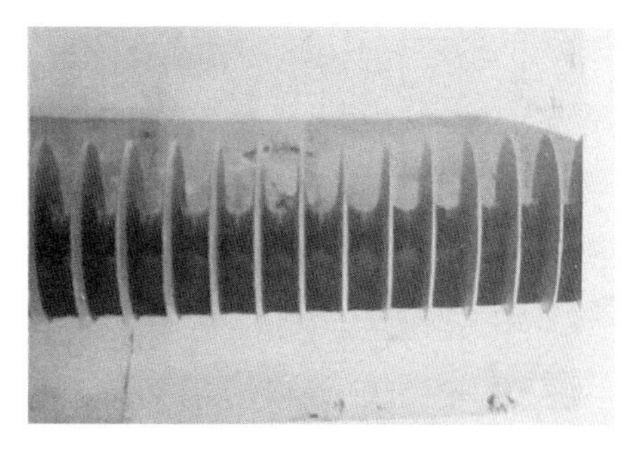

图 1-10-3-2　抗风型复合绝缘子实物

2. 主要创新点

本项目研究主要包括绝缘子硅橡胶材料性能研究、模型的流体激振问题研究、复合绝缘子伞型优化研究。绝缘子硅橡胶材料性能研究主要关注硅橡胶的电气性能，包括漏电起痕、憎水性、撕裂强度等，而对于其耐疲劳性能未作关注，绝缘子硅橡胶材料与其他种类橡胶材料相比，耐疲劳性能极差；模型的流体激振问题研究是针对刚体模型进行研究，其特点是振动幅度小、频率高，而本项目中伞裙结构为弹性体，其固有频率较低，摆动幅度大，给风洞试验中各项测量带来巨大挑战，最终研究人员采用非接触式的高速摄影测量，利用专业分析软件得出频率、幅值等数据；复合绝缘子伞型优化设计一般关注其积污特性、污闪性能、覆冰特性等，研究对象主要为大小伞配合、伞伸出差配合、伞径/伞间距调节，本项目重点考察单片伞裙的抗风性能，研究其结构参数对力学性能的影响，在确保伞裙能经受强风的基础上，进一步保证其电气性能达到污区要求。

十一、强风环境下输电线路复合绝缘子和金具防损技术研究及应用

本项目荣获 2014 年度国家电网公司科学技术进步三等奖，申请并受理国际发明专利 2 项，申请及获得授权的国家发明和实用新型专利 6 项，共发表研究论文 8 篇（EI 和国内核心检索），受邀在国际高电压技术会议、国际输配电发展会议作正式报告。

1. 成果简介

乌北-吐鲁番-哈密 750kV 输电线路是“疆电外送”的重要电力通道，途经“三十里风区”及“百里风区”等强风区，恶劣的气候环境极大考验了线路的安全运行。2011 年 3 月巡视发现 35 基塔 49 支复合绝缘子伞裙环裂、破损，有效爬距降低达 20.4%；全线光缆、地线挂点金具出现严重磨损，940 支导线间隔棒因严重磨损失效。复合绝缘子破损导致电气性能降低，随时可能产生线路跳闸的后果，金具快速磨损随时可能引发掉串及断线等重大安全事故。本项目对于提高线路安全运行水平、指导特殊气候环境下电网建设具有重要意义。

本项目通过理论分析和试验研究，建立伞裙断裂理论体系。通过分析伞型参数与结构刚度的关系，建立复合绝缘子抗风性能评价体系与设计原则，制定了《国网新疆电力公司强风区复合绝缘子选型导则》，设计生产了 2 个型号 750kV 抗风型复合绝缘子样品（图 1-10-3-3），风洞试验验证该复合绝缘子能抵御 60m/s 的风速，通过了型式试验。462 支复合绝缘子已挂网运行两年，无伞裙断裂情况发生，运行效果较好。针对金具

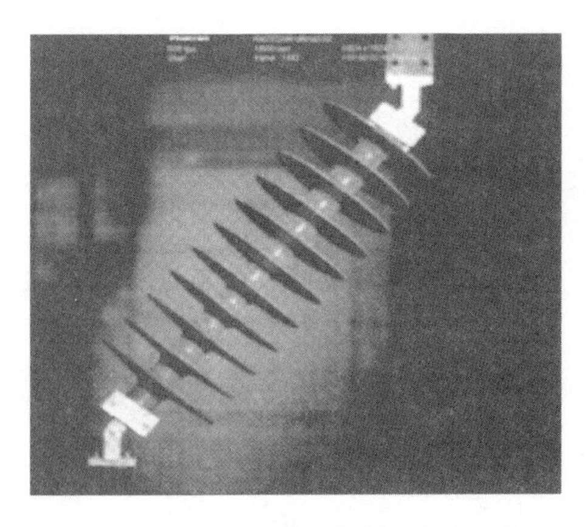
图 1-10-3-3　新设计抗风型复合绝缘子 60m/s 风速下的风洞试验

磨损，本项目开展了金具磨损性能机理分析、技术检测、优化方案研究和金具寿命预测评估，成功研制了连接金具摇摆磨损试验机，提出了适用于新疆强风区线路金具最佳配合方式的建议，改型金具 1747 套、间隔棒 8598 套已挂网运行近 4 年，无明显磨损现象发生，运行效果较好。

截至 2014 年 2 月，采用本项目研究成果，更换绝缘子 462 支，至今无明显破损情况。项目形成的《强风地区复合绝缘子使用技术导则》用于指导强风区复合绝缘子的选型、使用，提出的连接金具优化连接方案及间隔棒线夹选型方案，已成功应用于乌北-吐鲁番-哈密 750kV Ⅰ、Ⅱ线大修金具更换中。2012 年 4 月，针对不同区段磨损情况，实施了 1747 套 U 形环、8598 套间隔棒的更换工作，至今无明显磨损情况发生。该项科技成果将有利于推进特高压输电线路在西北地区和其他强风地区的建设。

2. 主要创新点

提出了强风区复合绝缘子的伞裙摆动问题，研究了绝缘子硅橡胶材料的疲劳特性，揭示了疲劳裂纹的微观发展过程，建立了强风条件下复合绝缘子伞裙断裂理论体系；通过仿真和试验研究，提出了强风区复合绝缘子抗风性能的评价体系，编制了《强风地区复合绝缘子使用技术导则》；建立了强风区的复合绝缘子设计原则，为风区复合绝缘子设计、选型和评估奠定了理论基础，设计 750kV 抗强风复合绝缘子，产品通过型式实验并挂网，已安全运行两年，如图 1-10-3-4 所示；研制了连接金具摆动磨损试验机，提出了适合于强风区的金具结构形式，并在网内大量推广应用，建立了强风区电力金具磨损寿命评估、预测模型。

图 1-10-3-4　新设计抗风型复合绝缘子挂网运行

第四节　直升机吊装组塔技术

一、直升机吊装组塔的优越性

1. 直升机在电力建设施工中的应用

直升机在电力施工中的应用主要是指利用直升机灵活转场不受地形限制，并具有一定

吊装能力的特点，参与输电线路施工的作业，可以有效提高施工效率。在施工过程中，直升机可参与运送抢修物资和人员、塔基重建、塔架吊装、空中架线等。

输电线路直升机杆塔吊装施工是应用直升机外挂铁塔塔材（或塔段）进行铁塔组立安装的作业。与传统采用抱杆或吊车进行分解组塔不同，直升机组塔主要采取人工地面整段组装完成后，由直升机分段吊装与人工辅助配合的施工模式。它具有高效、快捷的特点，并且克服了传统人工组立杆塔受地形因素制约大以及在特殊施工条件下作业前的准备不能实施等局限和不足，投入人力更少，工作效率更高，作业也更安全。

2. 直升机在发达国家用于电力施工的情况

20世纪50年代，发达国家已将直升机用于电力施工吊装，从运载工具逐步发展到今天的直升机自动定位吊装铁塔，如图1-10-4-1所示。

(a) 示例1

(b) 示例2

图1-10-4-1　直升机自动定位吊装铁塔

(1) 2005年，美国在WestVirginia和Virginia两个变电站间的145km长的765kV联络线工程中采用了波音-234直升机运送塔材和组立V形拉线塔。

(2) 2007年6月中旬，在加拿大温哥华岛，采用了波音-234直升机进行138kV线路的铁塔更换，同时还采用了贝尔-204进行铁塔基础施工。

3. 我国应用直升机参与电力施工情况

(1) 2007年11月，在特高压交流试验示范工程线路工程第1标段进行了米-8直升机吊运混凝土浇制铁塔基础的施工试验。

(2) 2015年6月，在锡盟-山东1000kV特高压线路的河北遵化段工程施工现场，国网通航公司开展了直升机吊装组塔作业，如图1-10-4-2所示。直升机吊装组塔作业共历时7d，分别对特高压冀北段线路8A标段3基双回路钢管塔进行吊装，合计重量约372t，共吊装55次，比预计工期提前一周完成。直升机吊装面临塔材重、尺寸大、整段起吊平衡和对接难度大等困难，国网冀北电力公司提出设计制作可调硬支撑和法兰微调装置的思路，提高直升机吊装作业的可操作性和安全性。在特高压工程建设中，这是国内首次采用直升机成功吊装组塔作业，填补了我国电力组塔技术上的空白，为开展直升机深化应用积累了宝贵经验。本次吊装组塔使用的美国埃里克森公司S-64F型直升机，被誉为“空中吊车”。

(a) 示例1

(b) 示例2

图1-10-4-2　S-64型直升机吊装铁塔示例

二、直升机吊装组塔作业流程

直升机吊装组塔作业流程如图1-10-4-3所示。

1. 作业前准备

(1) 技术准备。应按照项目内容制订直升机吊装组塔项目管理实施规划、直升机吊装组塔施工技术方案及直升机吊装组塔起降场的选择与布置空中飞行作业指导书。

(2) 器具准备。

1) 选择机型时，应根据不同的吊装对象、作业区域进行选择。

2) 作业使用的机具和设备应按规定进行检验，受力工具及设备应进行负荷试验。

3) 主吊索长度应满足驾驶员修正直升机飞行姿态和吊件位置飞行阶段的需要，宜根据驾驶员操作熟练程度和选取机型等因素来确定。

4) 应结合作业地点海拔及环境温度，利用作业机型最大连续功率表计算确定最大吊重，使每次吊装塔段及工器具合计总重不超过最大吊重限制。

(3) 人员准备。直升机吊装组立塔作业人员分为飞行作业方人员和施工作业方人员，飞行作业方人员包括作业组（驾驶员、

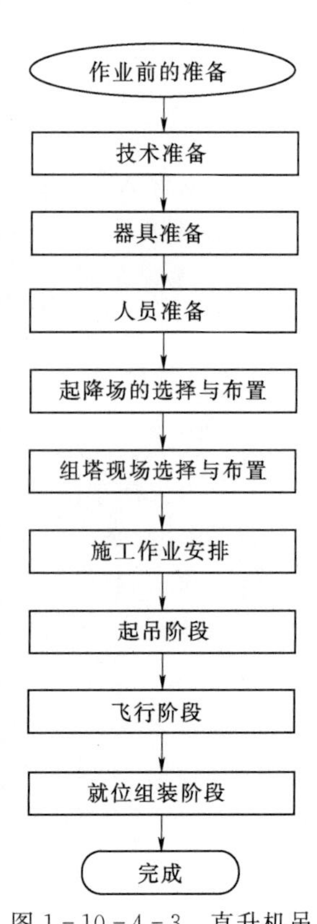

图1-10-4-3　直升机吊装组塔作业流程图

副驾驶、机上操作人员、航空器维护人员、运控员、油料员）、塔上操作人员、地面指挥人员、塔位指挥人员等。施工作业方人员包括地面施工人员、塔上施工人员、地面指挥人员、塔位指挥人员等。

2. 起降场和组料场的选择与布置

（1）起降场选择与布置。一般应设置在料场里，特殊情况下可分别设置，停机坪地面应夯实并进行硬化处理，起落架轮子位置宜铺设带有螺纹麻面的钢板，应考虑作业地点周围障碍物是否影响直升机起降。

（2）组料场选择与布置。组料场宜靠近公路，便于线路器材运抵料场，组料场到本作业段各塔位的平均距离应接近直升机的最佳飞行半径，一般不超过10km或10min的单程飞行时间。组料场（含直升机起降点）宜设置在地质坚硬的荒草地，否则应采取洒水或其他防尘措施。

3. 作业安排

（1）直升机吊装组塔作业应以满足直升机安全、连续、快速作业的要求进行现场安排。

（2）料场塔段的组立、塔位铁塔施工、人员和机具的运输转移等配合作业的进度应与直升机作业紧密衔接。

（3）驾驶员应与运控员共同确定飞行路线，明确降落和备降机场的进出方法，并共同制订飞行计划，按规定时限向军、民航有关部门提交飞行计划申请表。

（4）施工作业方应完成铁塔（塔段）的组装并进行检查，确认导轨、吊点钢绳等附件已完成安装，备吊塔段已按顺序摆放。

（5）安保人员应进行吊装塔位、组料场、起降场的航前清场和警戒工作。

（6）组装现场应配备洒水车，保证地面湿润，避免扬尘。

4. 起吊阶段

起吊塔段时，应先悬停直升机到塔段上空，由地面施工人员完成挂钩，待地面施工人员从塔段上安全撤离后，再缓慢起吊塔段离地。

5. 飞行阶段

（1）飞行阶段应保证均匀加速，但应偏离过渡速度，避免引起直升机和铁塔（或塔段）振动。

（2）在飞行过程中铁塔（或塔段）因多气流影响（或误穿云）而摆动较厉害时，驾驶员不应急于进行操纵以免失误而增加其摆动幅度。确需进行操纵时，应使直升机向铁塔（或塔段）的摆动方向侧移以减少直升机的摆动。

（3）飞行中，操纵驾驶员应保持好飞行状态，发现偏差及时修正；非操纵驾驶员应观察被吊塔段的稳定情况和飞行高度、速度、下降率、航向和各系统工作情况，并进行通信提示。在外挂铁塔（或塔段）晃动比较大操纵驾驶员难以控制的情况下，非操纵驾驶员可参与操纵。

（4）直升机外挂铁塔（或塔段）飞抵塔位上空时，驾驶员应保持好直升机状态和高度，缓慢下降。如需进行微调，飞行操作应柔和细腻。

6. 就位组装阶段

(1) 驾驶员在俯视观察的同时，应接受飞行方塔上操作人员的指挥，共同配合将铁塔（或塔段）就位。

(2) 在直升机吊装组塔过程中，塔上施工人员应配合完成对接操作。

(3) 驾驶员应经飞行方塔上操作人员确认吊装塔段就位后，才能执行直升机脱钩操作。

三、直升机吊装组塔施工作业注意事项

应用直升机吊装组塔施工作业时应注意以下事项：

(1) 直升机应在云体外飞行，距云底的垂直高度应不小于100m，目视能见度在平原地区应不小于2km，在丘陵与山区应不小于3km，风速应不大于8m/s。

(2) 所有进入现场的人员应佩戴合适的个人防护装备，包括但不限于安全帽、防风眼镜、防护耳塞（罩）、手套、警示背心。

(3) 现场作业人员佩戴的安全帽、防风眼镜应符合相关安全检测标准，手套宜采用皮革或不导电的耐用布料，衬衣为长袖紧身衬衣，裤子为到脚踝的紧身长裤，靴子至少高至脚踝，带有防滑鞋底。

(4) 作业通信联络系统应层次清晰，通信系统宜分为飞行对讲系统和配合施工对讲系统两部分，各自独立，频段互不干扰。如有翻译人员，可通过翻译人员与两方对接。

(5) 外挂作业应尽量选择航线下方没有房屋及行人的路径，避免跨越公路及高电压等级电力线路，如必须跨越，应在跨越点安排指挥人员在直升机挂件通过时暂时封闭道路。

(6) 所有人员不应在直升机吊装组塔段航线下行走。现场指挥人员每次作业前应告知全体工作人员发生紧急情况时直升机着陆的方向和位置，以及现场人员在紧急情况下的撤离方向和位置。

(7) 塔上施工人员在直升机飞临铁塔上方时应做好安全防护措施，并位于塔身内安全位置。

(8) 高空人员作业时应系安全带，安全带应拴在主材或牢靠的构件上，并随时检查是否牢固。

(9) 塔上人员在配合直升机吊装作业时，不应站立在吊绳脱钩后可能砸落的方向。

(10) 人员上塔作业时，螺栓、锤子等应随身携带或固定在塔上安全部位，不应将工器具放置于塔上易吹落的位置。

第五节 直升机牵引展放导引绳技术

一、应用直升机牵引、展放导引绳的优越性

应用直升机牵引、展放导引绳进行架空输电线路张力架线施工作业时，最先展放的（用飞行器展放或人工铺放的）叫初级导引绳，最后展放的（直接牵放牵引绳者）称为导引绳，其余中间级称为二级导引绳、三级导引绳。此技术具有高效、快捷的特点，并且

克服了传统架线受地形因素制约的缺陷，投入人力更少，工作效率更高，作业也更安全。

20 世纪 50 年代发达国家已将直升机用于展放牵引导地线的导引绳。

我国近年来采用直升机进行输电线路巡线、检修、带电作业等已日趋成熟，但在电网施工中的应用较少，且主要集中在利用轻型直升机展放导引绳方面。

（1）2004 年 5 月，江苏省送变电公司与中信海直公司合作，成功地进行了 500kV 江阴长江大跨越输电线路直升机展放导引绳的作业。

（2）2006 年，浙江省送变电公司与中信海直公司合作，在浙江省舟山进行了更大跨距导引绳的展放作业。

（3）上海送变电工程公司在 1000kV 晋东南-南阳-荆门特高压交流示范工程输电线路工程中，利用直升机展放了初级导引绳。

（4）云南省送变电工程公司于 2012 年 11 月 26 日，在糯扎渡送电广东±800kV 直流输电线路工程 N144～N147 塔间完成了 26km 的牵放初级牵引绳飞行作业，这是南方电网公司在电网建设中首次成功运用遥控直升机牵放初级引绳。

二、直升机牵引、展放导引绳施工作业流程

直升机牵引、展放导引绳施工作业流程如图 1-10-5-1 所示。

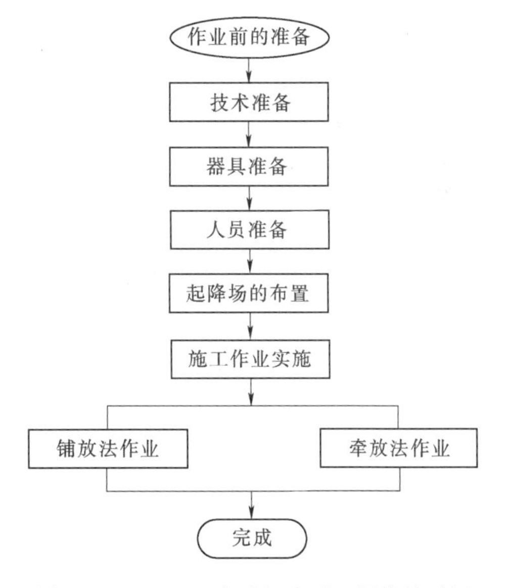

图 1-10-5-1　直升机牵引、展放导引绳施工作业流程图

1. 作业前的准备

（1）技术准备。应按照项目内容制订直升机展放导引绳项目管理实施规划、直升机展放导引绳作业技术方案及直升机展放导引绳空中飞行作业指导书。作业前应进行技术安全交底，明确责任划分和安全应急办法。

（2）器具准备。

1）直升机选型时应综合考虑其性能参数、导引绳参数及放线区段情况等，进行技术、经济比较后确定。

2）导引绳的选择应综合考虑其单位自重、破断力等参数，并应根据后续循环牵引导引绳的需要、线路交叉跨越情况及直升机允许挂载能力等进行确定，并按《±800kV 架空输电线路张力架线施工工艺导则》（DL/T 5286—2013）、《1000kV 架空输电线路张力架线施工工艺导则》（DL/T 5290—2013）中的要求进行选择。

3）配套工器具的选择应与导引绳规格、施工任务要求等相匹配，应通过检验或试验，保证其安装和使用的安全，并符合《架空输电线路施工机具基本技术要求》（DL/T 875—2016）的要求。

4）张力机最高持续放线速度应不大于 250m/min。直升机起降场、张力场、牵引场

应各配备至少一部空地电台，由飞行作业方人员使用。放线区段内各塔上施工人员及地面交叉跨越监控点安保人员应配置对讲机。

（3）人员准备。直升机展放导引绳作业人员分为飞行作业方人员和施工作业方人员，飞行作业方人员包括作业组（驾驶员、副驾驶、机上操作人员、航空器维护人员、运控员、油料员）、塔上操作人员、地面指挥人员、塔位指挥人员等。施工作业方人员包括地面施工人员、塔上施工人员、地面指挥人员、塔位指挥人员等。

2. 起降场布置

起降场地面应平整，并根据情况适当进行硬化处理，防止扬尘。

3. 铺放法作业

（1）展放前，第一轴导引绳端头应锚固于地面并确保牢固可靠。

（2）在铺放导引绳过程中，应控制导引绳张力，使导引绳保持腾空状态。

（3）直升机飞越铁塔将导引绳放入滑车轮槽时，作业人员应处于安全位置，并应确保朝天滑车及导引绳线夹均已打开。

（4）导引绳线轴距塔顶高度应不小于5m。

（5）直升机紧线。直升机调整挂架张力控制装置进行紧线时，应确保导引绳已放入朝天滑车中。

（6）导引绳塔上错固。直升机飞越转角塔时，应先沿飞来的直线方向进行紧线，待塔上作业人员将导引绳锚固后，再转回至线路中心线继续飞行。

（7）更换导引绳线轴。一轴导引绳展放完后，其尾端绳头应自然抛落，可靠锚固于地面。更换线轴时，应确保挂架的索具、控制线路连接可靠。

（8）导引绳连接。直升机携带新的一轴导引绳飞行至接头位置后，其绳头宜用重物坠下，并应与前一轴绳头可靠连接。

（9）导引绳余线锚固。导引绳展放完最后一基塔后，若线轴上仍有余线，则直升机应继续飞行将余线放完，待地面人员将导引绳尾端可靠锚固于地面后，方可返回。

（10）如需要展放多根导引绳，应先将已展放的导引绳移至放线滑车中，再进行下一根导引绳的展放。

4. 牵放法作业

（1）展放前，各轴导引绳均应完成预紧，紧密、有序缠绕，严禁错位、交叉缠绕。

（2）绳头应通过张力机、压线滑车，并向放线方向延伸一段距离后可靠锚固于地面。

（3）导引绳展放。在牵放导引绳过程中，应控制导引绳张力，使导引绳保持腾空状态，直升机巡航速度应与张力机放线速度匹配，一般不大于15km/h。

（4）导引绳入滑车。直升机飞越铁塔时应降低航速，保持稳定飞行姿态，将导引绳放入滑车导杆，并确认导引绳滑入滑车中轮后，方可继续向前飞行。

（5）导引绳锚固。展放完区段最后一基塔后，地面施工人员应与直升机配合，将导引绳尾端可靠锚固于地面。

三、直升机牵引、展放导引绳作业注意事项

（1）作业应在良好天气条件下进行，作业云下能见度应不小于3km，风速应不大于

3m/s。

（2）应根据施工方案要求配备直升机及与之配套的机具设备，并通过检测试验，确保安全可靠。

（3）塔上施工人员应持证上岗，具有一定的高空作业经验，并应佩戴防风、防坠落安全装备。

（4）作业前应对作业过程所需通信设备设施（如具有对讲功能的航空头盔、通信电台、对讲机等）进行检查，确保其处于正常工作状态。

（5）直升机起飞前施工工作负责人应与每基铁塔的塔上施工人员进行通话，逐塔核实塔上及地面监控点人员到位情况和各项准备工作完成情况。

（6）遇有危及飞行安全或需偏离作业方案的情况，机长应做出紧急情况处置。采取紧急程序时，应宣布直升机处于紧急状态，并及时将紧急情况和所采取的措施报告地面指挥人员。

（7）机长拥有采取应急程序、保障飞行安全的最终决定权。机组全体成员应听从机长的指挥，全力协助机长。机长也应视当时情况尽可能听取机组其他成员的意见，采取最安全的措施。

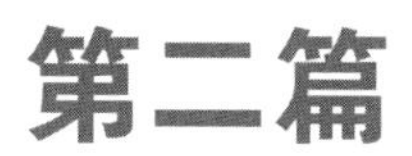

第二篇

高压输电线路巡检新技术

第一章

高压输电线路巡检管理创新

第一节　运检指挥中心

本节以新疆送变电有限公司运检指挥中心为例进行介绍。

一、运检指挥中心任务和职责

（一）设置目的

为满足省级电力公司高压输电线路的运检业务需求，不断优化工作行为、规范工作流程，促进省级电力公司输电设备精益化管理水平持续提升，设置将集中监控和指挥功能于一身的运检指挥中心很有必要，由其负责运行维护检修公司所辖的各级高压交直流输电线路及其廊道保护区。

（二）设置机构

运检体系要设置保电总值班室、应急指挥中心、二级调度中心等，并设置专门的总值班电话，应急指挥电话和调度联系电话。

（三）业务范围

负责运检体系的生产调度、应急指挥、设备状态评价、在线监测、生产信息归口管理等业务。

（四）要求

（1）运检业务生产信息和工作指令应严格遵循“统一指挥、分级管控”的原则，运检指挥中心负责各类生产信息和工作指令的收集及上传下达，严禁各级单位和个人越级汇报或传达信息和指令。

（2）运检业务所辖输电设备涉及线路停送电申请、带电作业退出或恢复重合闸（直流再启动装置）申请，以及故障抢修联系等有关调度许可的工作，统一由运检指挥中心与上级调度申请工作，过程操作及用语严格统一。

（五）运检指挥中心任务

（1）运检指挥中心作为公司输电设备运检业务的数据中心和指挥中心，由公司运维检修部直管。

（2）公司所辖输电设备所有与上级调度部门对应的相关工作职能均由运检指挥中心承担。

（3）运检指挥中心主要接收公司运维检修部的工作指令，经细化和分解后下达至各运检分公司，各运检分公司必须服从运检指挥中心的统一管理。

（4）在公司领导和运维检修部统一领导下，运检指挥中心完成组织、指挥、指导和协调各输电运检分公司输电设备运维管控和应急指挥工作，全盘掌握设备运维工况，动态实时掌控现场作业情况，全面抓好各项运检工作任务落实，为各项运检决策的制定提供有力支撑。

（六）运检指挥中心主要工作职责

（1）向上直接对口电科院状态评价中心，按要求完成状态评价中心下达的各项工作

任务。

(2) 参与送变电有限公司所辖输电设备年度、月度检修计划的平衡，肩负二级调度的工作职能，实时掌握现场检修工作开展情况。

(3) 事故情况下按照上级指示开展应急指挥工作并协助开展故障跳闸分析。

(4) 负责送变电公司输电设备在线监测信息、雷电定位信息、设备负荷及故障信息等信息的全盘监控。根据气候条件及现场危险点情况结合现有各类系统平台，实时监控设备的各项参数信息指导现场工作并开展故障跳闸分析。

(5) 组织开展输电设备状态评价工作。

(6) 负责设备（资产）运维精益管理系统（PMS）的归口管理。

(7) 全面掌握设备缺陷情况，深度参与设备缺陷管控，实时监控输电指标完成情况。

(8) 全面掌握危险点处理情况及发展状态，负责所辖输电设备各类风险预警和保电工作的管理。

(9) 负责各类生产计划的审核和监督执行。

(10) 负责设备六防区段及六防措施信息的管理参与设备维修、改造等措施的制定和设备日常运行管理工作。

(11) 负责贯彻运维检修部及其他上级单位制定的有关标准和规定，行使上级单位赋予的其他职权。

二、设备检修管理

(一) 计划停电检修

1. 运维检修部

(1) 各输电运检分公司根据所辖设备缺陷情况及技改大修项目情况，于每年 10 月 5 日前编制完成下一年度设备停电检修计划，并报运维检修部。

(2) 运维检修部组织相关单位、运检指挥中心和有关人员对下一年度停电计划进行评审，运检指挥中心根据日常掌握的设备运行工况和状态评价结果，对停电计划提出意见，由运维检修部最终审定。

(3) 由运维检修部检修专责将审定后的停电计划报省公司计划调度、运检部等相关部门，并在运检指挥中心留存备案。

(4) 运维检修部、运检指挥中心相关人员按要求参加省公司组织的年度停电检修计划平衡会。

(5) 运维检修部检修专责将省公司批复的年度停电计划发送至相关单位、运检指挥中心和有关人员。

(6) 运维检修部检修专责根据设备实际情况将年度计划分解至各月，于每月 25 日前组织相关单位、运检指挥中心和有关人员对隔月停电计划进行评审，运检指挥中心需根据设备运行工况和状态评价结果，对停电计划提出意见，由运维检修部最终审定（例如，1 月 25 日组织评审 3 月停电计划）。

(7) 运维检修部检修专责于每月 28 日前将审定后的隔月停电计划通过内网邮箱报送至省公司计划调度、设备部、电科院，并在运检指挥中心留存备案。

（8）运维检修部于每月1日前，将送变电公司内部评审过的下月停电计划通过OMS2.0系统填报，并电话告知省公司计划调度（例如，2月1日报3月停电计划）。

（9）每月25日左右，运维检修部组织运检指挥中心按要求参加省公司召开的检修平衡会，确定下月停电计划（例如，2月25日开3月计划平衡会）。

2. 运检指挥中心

（1）各分公司于设备停电前7个工作日，完成停电检修“四措一案”（“四措”是指组织措施、技术措施、安全措施、可靠性措施，“一案”是指应急预案）的编制、审核和批准工作，并将审批后的电子稿报运检指挥中心备案。

（2）运检指挥中心于停电前4个工作日（周末、节假日除外），通过OMS2.0系统填报日停电检修工作计划，并电话告知省公司计划调度，确认状态为“已受理”后方可退出系统。

（3）运检指挥中心于停电前30min与省公司当值调度联系，申请线路工作，确认线路由运行状态转为检修状态后，方可许可现场工作（全程录音，并做好文字记录）。

（4）针对有外委工作票或工作票双签发的情况，外委单位工作负责人应向运检指挥中心工作人员申请工作，得到许可后方可开始工作，严禁未得到许可私自开展工作。“四措一案”中应注明工作票类型、数量、工作负责人及联系方式（监控中心全程录音，并做好文字记录）。

（5）停电检修期间，运检指挥中心应密切关注现场工作状态，了解实时工作进度。如遇临时性突发状况，运检指挥中心应按照运维检修部的指令与省公司当值调度沟通相关事宜，并指挥现场工作。

（6）现场工作结束，运检指挥中心接到工作负责人的电话汇报后，向当值调度申请终结工作（全程录音，并做好文字记录）。

（二）非计划停电检修

非计划停电检修是指发生在计划检修以外的设备停电检修。

1. 非计划停电检修的需求评审和审批

（1）原则上由设备所辖运检分公司提出非计划停电需求，运维检修部组织相关人员及运检指挥中心评审停电需求。

（2）对于确认需要申报非计划停电的工作，由运维检修部向省公司设备部、计划调度做专题申请，汇报具体情况，待计划调度审批。

2. 非计划停电审批后单位操作流程

（1）各运检分公司于设备停电前7个工作日，完成停电检修“四措一案”的编制、审核和批准工作，并将审批后的电子稿报运检指挥中心备案。

（2）运检指挥中心于停电前4个工作日（周末、节假日除外），通过OMS2.0系统填报日停电检修工作计划，并电话告知省公司计划调度，确认状态为“已受理”后方可退出系统。

（3）运检指挥中心于停电前30min与省公司当值调度联系，申请线路工作，确认线路由运行状态转为检修状态后，方可许可现场工作（全程录音，并做好文字记录）。

（4）针对有外委工作票或工作票双签发的情况，外委单位工作负责人应向运检指挥中

心工作人员申请工作，得到许可后方可开始工作，严禁未得到许可私自开展工作。“四措一案”中应注明工作票类型、数量、工作负责人及联系方式（监控中心全程录音，并做好文字记录）。

（5）停电检修期间，运检指挥中心应密切关注现场工作状态，了解实时工作进度。如遇临时性突发状况，运检指挥中心应按照运维检修部的指令与省公司当值调度沟通相关事宜，并指挥现场工作。

（6）现场工作结束，运检指挥中心接到工作负责人的电话汇报后，向当值调度申请终结工作（全程录音，并做好文字记录）。

（三）事故停运检修

1. 事故停运检修申请和评审

（1）对于存在有可能随时导致设备故障的危急缺陷或隐患时，应立即申请事故停运。原则上由设备所辖分公司提出停电需求，运维检修部组织相关人员及运检指挥中心评审停电需求。

（2）对于确认需要申报事故停运的工作，所辖分公司应立即组织编制检修工作“四措一案”，报运维检修部审核、批准后将电子稿报运检指挥中心备案，同时准备好相应工器具及材料、设备。

2. 事故停运检修工作流程

（1）运检指挥中心根据所审批的工作内容和时间，向当值调度申请事故停运，确认线路由运行状态转为检修状态后，许可现场工作。

（2）停电检修期间，运检指挥中心应密切关注现场工作状态，了解实时工作进度。如遇临时性突发状况，运检指挥中心应按照运维检修部的指令与省公司当值调度沟通相关事宜，并指挥现场工作。

（3）现场工作结束，运检指挥中心接到工作负责人的电话汇报后，向当值调度申请终结工作（全程录音，并做好文字记录）。

（四）带电作业

1. 运维检修部

（1）带电作业应纳入计划管理。各运检分公司应于每年 12 月 20 日前根据设备（资产）运维精益管理系统（PMS）缺陷情况编制完成下一年度带电作业计划，并报运维检修部审核。运维检修部于 12 月 25 日前组织运检指挥中心和各分公司完成年度计划评审，12 月 31 日前将评审后的计划在内网协同办公中进行发布，并发运检指挥中心留存。

（2）运维检修部于每月 28 日前将每月 26 日运检指挥中心审核后报给运维检修部检修专责的月度带电作业计划，经最终审批通过的带电作业月计划下发至运检指挥中心备案，由运维检修部计划专责在内网协同办公中进行发布，运检指挥中心负责监督各分公司执行情况。

2. 运检指挥中心

（1）各分公司根据年度带电作业计划，结合设备缺陷情况于每月 25 日前将下月带电作业计划填入“月度运维检修计划”报运检指挥中心审核。

（2）运检指挥中心根据设备缺陷情况对带电作业计划给出审核意见后于每月 26 日将

月度运维检修计划报运维检修部检修专责。

（3）各分公司根据月度带电作业计划安排，将计划分解至各周，并于每周四将带电作业周计划填入“周运维检修计划”报运检指挥中心审核。运检指挥中心根据设备缺陷情况对带电作业周计划给出审核意见后报运维检修部检修专责；运维检修部将最终审批通过的带电作业周计划下发至运检指挥中心备案，由运维检修部计划专责在内网协同办公中进行发布，运检指挥中心负责监督各分公司执行情况。

（4）运检指挥中心结合设备缺陷情况对分公司上报的带电作业周计划提出审核及调整意见，于每周五前上报至运维检修部对口专责，由运维检修部计划专责在内网协同办公中进行发布，运检指挥中心负责监督落实情况并做好带电作业申请及许可工作。

（5）各分公司于作业前7个工作日，完成“四措一案”的编制、审核和批准工作，并将审批后的电子稿报运检指挥中心备案。

（6）运检指挥中心于带电作业前1个工作日12时前（周末、节假日除外），通过OMS2.0系统填报次日带电检修工作计划。各分公司于带电作业前2个工作日22时前（周末、节假日除外）向运检指挥中心提报、告知带电检修工作计划。

（7）每日750kV输电线路同时退出重合闸或直流再启动的线路条数不得超过两条，运检指挥中心对各分公司所报送的带电作业计划进行审核并协调。

（8）线路带电作业，现场工作负责人必须向运检指挥中心提出电话申请和终结，除此之外还应明确线路是否停用重合闸（直流再启动装置）（全程录音，并做好文字记录）。

（9）对于需要停用重合闸（直流再启动装置）的作业，由运检指挥中心向省公司当值调度申请确认后，方可许可现场工作（全程录音，并做好文字记录）。

（10）带电作业期间，运检指挥中心应密切关注现场工作状态，了解实时工作进度。如遇临时性突发状况，运检指挥中心应按照运维检修部的指令与省公司当值调度及相关部门沟通相关事宜，并指挥现场工作行为。

（11）带电作业结束，运检指挥中心接到工作负责人的电话汇报后，向当值调度申请恢复线路重合闸（直流再启动装置）（全程录音，并做好文字记录）。

（五）一般性检修

1．基本要求

（1）一般性检修应纳入计划管理。

（2）一般性检修不需要履行工作许可和终结手续，根据所办理的工作票内容实施即可。作业过程中，运检指挥中心人员应实时关注工作进展情况，如遇临时性突发问题应及时汇报运维检修部，并按运维检修部指令落实相关工作。

（3）在线监测装置维修等随机性较大的一般性检修工作不纳入年度、月度计划管理，但应在“周运维检修计划”和日报中用红色标注详细说明。

（4）涉及需编制“四措一案”的检修工作，各运检分公司应于作业前7个工作日，完成“四措一案”的编制、审核和批准工作，并将审批后的电子稿报运检指挥中心备案。

2．计划管理工作流程

（1）各运检分公司应于每年12月20日前根据设备（资产）运维精益管理系统（PMS）缺陷情况，结合线路特殊区段和气候变化编制完成下一年度一般性检修作业计

划，并报运维检修部审核。运维检修部于12月25日前组织运检指挥中心和各分公司完成年度计划评审，12月31日前将评审后的计划在内网协同办公中进行发布，并发运检指挥中心留存。

（2）各分公司根据年度一般性检修计划，结合设备实际运行情况于每月25日前将下月一般性检修计划填入“月度运维检修计划”报运检指挥中心审核。

（3）运检指挥中心给出审核意见后于每月26日报运维检修部检修专责。

（4）运维检修部于每月28日前将最终审批通过的一般性检修计划下发至运检指挥中心备案，由运维检修部计划专责在内网协同办公中进行发布，运检指挥中心负责监督各分公司执行情况。

（5）各分公司根据月度一般性检修计划安排，将计划分解至各周，并于每周四将周计划填入“周运维检修计划”报运检指挥中心审核。运检指挥中心根据设备缺陷情况等方面对一般性检修周计划给出审核意见后报运维检修部检修专责；运维检修部将最终审批通过的一般性检修周计划下发至运检指挥中心备案，由运维检修部计划专责在内网协同办公中进行发布，运检指挥中心负责监督各分公司执行情况。

（6）运检指挥中心结合设备缺陷情况对运检分公司上报的一般性检修作业周计划提出审核及调整意见，于每周五前上报至运维检修部对口专责，由运维检修部计划专责在内网协同办公中进行发布，运检指挥中心负责监督落实情况。

（六）注意事项

（1）除需要向省公司相关部门报送的年度、月度停电检修计划外，送变电有限公司运检体系内部也应执行检修计划管理，将停电检修、带电作业和一般性检修计划全部纳入“年度运维检修计划”“月度运维检修计划”和“周运维检修计划”，并报运检指挥中心（停电计划直接从省公司审批的停电计划表中摘取）。

（2）各类型检修工期应符合公司有关规定和实际工作所需，严禁在办理工作票时无故放大检修期限。

（3）非计划停运和事故停运应视情节对设备所辖运检分公司进行考核。

（4）设备检修应尽可能综合设备技改、大修项目，消缺工作，以及其他工作内容等集中完成，避免重复停电。停电检修期间未消除或未及时发现的缺陷，经认定后纳入各分公司月度考核。

（5）月度及周检修计划一经批准下达，除因天气原因、调度操作延误或上级单位特殊安排以外，均需严格执行，未执行项纳入各分公司月度考核。

（6）检修计划因故不能按期完工，停电检修必须在原批准的计划检修工期未过半前办理延期申请，具体延长工期由运维检修部核定，但不允许超过原计划检修工期的一半。若工期过半后提出申请，延长期按照非计划检修对待。与省公司调度中心的工作延期申请由运检指挥中心负责，并将具体情况报省公司设备部备案。一般性检修在未完工前均可办理延期，带电作业不允许办理延期。延期申请由设备所辖运检分公司提出，运检指挥中心根据具体情况受理。

（7）已停电的设备，在未得到运检指挥中心值班人员许可开工的指令前，不得进行检修作业。严禁未经申请和未履行许可程序在已停电的设备上工作。

（8）运检指挥中心值班人员受理工作申请时，应互报姓名，申请人应自报单位，并执行录音、书面记录和复诵制度。

（9）各类检修工作应按要求进行视频监控，并且按时限要求完成设备（资产）运维精益管理系统（PMS）相关流程操作。

三、设备运行管理

（一）设备巡视

1. 设备巡视类型

（1）各输电运检分公司应根据线路运行规程，结合所辖设备各类特殊区段和实际运行工况，按要求开展定期巡视（状态巡视）、特殊巡视、故障巡视以及监察性巡视等巡视工作。

（2）各输电运检分公司根据气候变化、地域特点、不同特殊区段变化以及设备运行工况制定所辖设备“‘六防’区段台账及状态区段明细表”并报运检指挥中心审核，运检指挥中心初步审核后报运维检修部审批并下发执行，根据设备状态及运检分公司实际情况，每月20日前可对“‘六防’区段台账及状态区段明细表”进行调整。

2. 设备巡视计划管理

（1）设备定期巡视（状态巡视）纳入计划管理。各输电运检分公司应严格按照所辖设备“‘六防’区段台账及状态区段明细表”编制线路月度巡视计划，填入“月度运维检修计划”，并于每月25日前向运检指挥中心报送下月状态巡视计划。

（2）运检指挥中心结合特殊区段台账和状态巡视区段划分表对各运检分公司巡视计划进行审核后，于每月26日报运维检修部运行专责审定。运维检修部于每月28日前将批准后的定期巡视（状态巡视）计划在内网协同办公中发布，运检指挥中心监督各运检分公司计划执行情况。

（3）各输电运检分公司应按照送变电公司线路巡视相关管理办法，按要求开展监察性巡视工作，并将监察性巡视计划一并填入“月度运维检修计划”，按规定时限完成报送，监察性巡视计划应包含巡视人员、巡视区段、巡视公里数等具体内容。

（4）各分公司根据月度工作总体安排，将定期巡视（状态巡视）计划分解至各周，并于每周四将周计划填入“周运维检修计划”报运检指挥中心审核。运检指挥中心结合特殊区段台账和状态巡视区段划分表对各分公司巡视计划进行审核后，报送运维检修部审批。运维检修部将批准后的周运维检修计划在内网协同办公中发布，运检指挥中心监督各运检分公司计划执行情况。

（5）特殊巡视主要指针对线路某个隐患（危险点）开展的巡视工作，巡视频次根据隐患（危险点）发展状态而动态变化，不列入月度计划管理，只做周计划管控。

（6）故障巡视指为查找故障点而开展的巡视工作。当设备发生故障跳闸时，所属运检分公司根据运检指挥中心的工作安排以及行波测距信息有针对性地开展，具体要求详见故障处理规程。

3. 要求

（1）运检指挥中心要实时掌握现场定期巡视（状态巡视）工作开展情况，每日通过电

话问讯、日报核查以及设备（资产）运维精益管理系统（PMS）数据核查等手段检查分公司当日巡视工作完成情况。

（2）各运检分公司根据实际工作安排，周巡视计划可做适当调整，但必须报运检指挥中心审批。

（3）除运维检修部认可的情况下，各运检分公司当月的月度定期巡视（状态巡视）计划必须全部完成。运检指挥中心于每月5日前完成上月巡视计划核查，对未完成部分列入运检指挥中心月度运行分析会汇报材料进行通报。除遇不可预见的严重和危急缺陷、极端天气、自然灾害、上级临时安排或风险预警通知等情况需对相应线路开展巡视排查外，原则上月度定期巡视（状态巡视）不允许超计划工作，运检指挥中心将对计划完成情况进行核查，并将核查结果报备至计划专责处。

（4）特殊巡视的巡视周期需满足公司有关危险点巡视频次的基本要求。

（5）运检指挥中心每日对各运检分公司隐患（危险点）特巡情况进行检查，对于未按巡视频次要求开展巡视，或特巡点与设备（资产）运维精益管理系统（PMS）隐患台账不对应的情况进行记录，及时向运维检修部汇报，并于每月5日前统一列入运检指挥中心月度运行分析会汇报材料进行通报。

（6）各运检分公司线路巡视按要求监控视频，巡视记录于当日巡视完成3日内必须录入设备（资产）运维精益管理系统（PMS）系统，逾期将纳入月度考核。

（二）隐患（危险点）和特殊区段管理

1. 台账

各分公司按要求建立健全所辖设备隐患（危险点）台账（树木、房屋、施工）、特殊区段台账（鸟害区、大风区、外破易发区、污秽区、覆冰区、多雷区）和交叉跨越台账（电力线路、铁路、公路、河流），并录入设备（资产）运维精益管理系统（PMS），同时做好台账维护，变动信息需在巡视发现确认3日内完成系统更新。

2. 特巡安排和定期巡视计划与隐患等信息紧密结合

（1）各运检分公司特巡安排和定期巡视（状态巡视）计划必须与隐患（危险点）、所辖特殊区段，以及交叉跨越点等信息紧密结合，确保巡视工作的针对性。

（2）运检指挥中心每日以设备（资产）运维精益管理系统（PMS）台账为依据进行核查，对于台账未及时维护、巡视点与台账不对应等情况进行记录，并于每月5日前统一列入运检指挥中心月度运行分析会汇报材料进行通报。

3. 廊道及线路隐患

各运检分公司应加强对廊道隐患（危险点）的管理力度，要求隐患台账必须与现场实际一一对应。运检分公司相关专责和班组长要对所辖线路所有隐患（危险点）的实时状态做到熟知，按要求动态向运检指挥中心反馈、汇报，并在日报中将每日隐患（危险点）巡视情况和发展状态做详细说明。

4. 沟通

（1）各输电运检分公司要与隐患（危险点）施工单位建立沟通联系机制，第一时间掌握施工方停工、开工等实时工作状态，并将相关信息第一时间向运检指挥中心汇报，根据安排做好特巡工作。

（2）异常情况下（一级、二级危险点，特殊区段运行恶化），各运检分公司发现时应立即将详细情况电话告知运检指挥中心值班人员，并报送相关图片或视频信息。同时组织人员蹲守，密切关注事态发展，并与相关单位做好沟通联系，获取有关信息。运检指挥中心将具体情况汇报运维检修部，根据运维检修部的指示做好现场指挥工作。

5.“六防”

各输电运检分公司要建立健全“六防”（防鸟害、防风偏、防雷电、防外破、防冰害、防污闪）治理措施台账。运检指挥中心根据“六防”治理的现状，通过与“六防”区段及历年故障情况进行比对，查找薄弱点，对各运检分公司技改、大修项目评审提出相关意见。

（三）缺陷管理

1. 缺陷分类及管理基本要求

输电设备缺陷分为一般、严重、危急三类。各输电运检分公司要严格落实“危急缺陷 24h 内消除、严重缺陷 30 天内消除”的时限要求。运检指挥中心要协助运维检修部做好缺陷管理工作，并将消缺工作纳入检修计划管理，相关流程遵循计划检修工作流程执行。

2. 所有缺陷执行线上管理

要求所有缺陷执行线上管理。

一般缺陷和严重缺陷发现起 3 日内完成设备（资产）运维精益管理系统（PMS）录入工作，危急缺陷发现时立即汇报运检指挥中心，运检指挥中心根据运检部的指示做好消缺和系统维护工作安排，并实时监控现场设备运行情况和工作进度。

3. 整改

每日根据缺陷标准库审核设备（资产）运维精益管理系统（PMS）缺陷，对于内容不符合要求，定性不准确，超期录入等情况，运检指挥中心按照缺陷流程退回运检分公司进行整改。对于严重、危急等重要缺陷定性运检指挥中心审核后需报运维检修部审批。

4. 消缺率

（1）运检指挥中心需实时掌握设备缺陷情况，在每月的月度分析会中对设备整体缺陷情况进行分析，并提出消缺建议，通报阶段性消缺率。

（2）运维检修部检修专责根据阶段性消缺率，及时做好消缺工作的统筹安排，确保年度消缺率符合指标要求。

（四）状态评价管理

1. 状态评价管理基本要求

（1）运检指挥中心根据各输电运检分公司巡视及检修情况，动态掌握设备缺陷具体情况，实时了解设备运行工况。

（2）各输电运检分公司根据所辖设备缺陷情况开展实时动态评价工作，对于自动评价有误、线路廊道隐患等未列入评价范围的情况，按照《国家电网公司状态评价导则》进行人工修改。

（3）各输电运检分公司每次完成设备评价后，应填写决策建议，生成评价报告，由运

检指挥中心平衡后，报运维检修部备案，由运维检修部状态检修专责根据评价报告列入检修计划或年度项目计划。

（4）动态评价时限要求：新投运设备应在1个月内组织开展首次状态评价工作；检修（A类、B类、C类检修）评价在检修工作完成后2周内完成；特殊专项评价按省公司要求执行。

2. 整改

（1）运检指挥中心结合设备缺陷情况，于每月2日对所有设备评价结果进行校核，对不合格或与实际情况差别较大的数据，将修改意见报运维检修部状态检修专责确认后，安排相关分公司进行整改。

（2）运检指挥中心每年6月开展一次全面定期评价，若出现评价结果与设备实际运行状况出入较大的情况，安排所辖运检分公司及时整改。

（3）运检指挥中心每日对缺陷数据录入、处理情况、与状态评价关联度进行核查，发现问题及时提出整改意见，报运维检修部运行专责确认后，督促相关分公司进行整改。

（五）技术监督管理

1. 技术监督计划

（1）各输电运检分公司根据技术监督各项规范要求，结合设备实际运行状态和《架空输电线路运行规程》（DL/T 741）中各类检测、试验以及维修周期规定及运维检修部要求编制完成本单位年度技术监督计划，并报运维检修部技术监督专责审批。

（2）运维检修部技术监督专责将运检体系各单位年度技术监督计划汇总、审核后报相关领导审定。审定后的年度计划由运维检修部在内网协同办公系统中发布，并下发运检指挥中心监督执行。

（3）各运检分公司根据工作安排将年度技术监督计划分解至各月，填入“月度运维检修计划”，并于每月25日前报运检指挥中心。运检指挥中心汇总后于每月26日报运维检修部技术监督专责审定。运维检修部于每月28日前将最终审批通过的技术监督计划下发至运检指挥中心备案，由计划专责在内网协同办公中进行发布，运检指挥中心负责监督各运检分公司执行情况。

（4）各运检分公司根据月度工作总体安排，将技术监督计划分解至各周，并于每周四将周计划填入“周运维检修计划”报运检指挥中心审核。

2. 检查

（1）运检指挥中心实时掌握现场技术监督工作开展情况，每日通过电话问讯、日报核查以及设备（资产）运维精益管理系统（PMS）数据核查等手段检查分公司当日工作完成情况和检测数据质量，并要求各分公司于工作结束后3日内报送相关检测报告和图片等资料。

（2）各运检分公司根据实际工作安排，周技术监督计划可做适当调整，但必须报运检指挥中心审批。

（3）除运维检修部认可的情况下，各运检分公司当月的技术监督计划必须全部完成，运检指挥中心于每月5日前完成上月工作计划核查，对未完成部分列入运检指挥中心月度运行分析会汇报材料进行通报。

（4）对于设备检测不合格数据，各输电运检分公司要以缺陷的形式录入设备（资产）运维精益管理系统（PMS）并启动流程。

（六）风险预警和保电管理

1. 风险预警和保电方案发布

检修及气象风险预警等预警工作由运检指挥中心根据省公司风险预警通知，按要求编制风险预警执行卡经部室和公司分管领导审批后在内网协同办公系统中发布，监督分公司执行。保电工作由运维检修部运行专责根据省公司保电通知，按要求编制保电方案，经部室和公司分管领导审批后在内网协同办公系统中发布，运检指挥中心监督执行。

2. 落实安排

（1）运检指挥中心根据审批后的风险预警执行卡或保电方案，全面落实各项工作安排，并通过电话询问和日报检查等手段核查保电工作执行情况。

（2）运检指挥中心在保电期间密切监控保电线路所有在线监测及负荷变化，并集中调取该线路所有缺陷和隐患点信息，以此核查所辖运检分公司保电特巡工作的针对性。

（3）运检指挥中心根据保电方案具体要求，核查各运检分公司保电值班情况。

3. 异常处理

（1）对于保电期间发现的现场施工、缺陷恶化等威胁线路安全运行的情况，各运检分公司第一时间向运检指挥中心汇报，同时安排人员赴现场制止并蹲守，时刻掌握现场设备运行情况。运检指挥中心根据运维检修部相关指示，指挥现场具体工作开展。

（2）若保电期间该线路发生故障跳闸，按故障处理规程的规定执行。

四、在线监测及系统应用管理

（一）在线监测管理

1. 基本要求

（1）运检指挥中心根据各运检分公司当日工作安排（含日常工作和保电特巡），每日对工作线路所有在线监测装置进行集中监控，发现异常问题及时安排所辖输电运检分公司进行处理，并跟踪落实处理情况。

（2）运检指挥中心负责对在线监测各类数据进行统计和分析，为生产应用提供参考依据，同时总结在线监测运维经验，为在线监测设备应用提升提出合理化建议。

2. 故障处理

（1）故障跳闸情况下，运检指挥中心接到跳闸通知后第一时间调取跳闸线路行波测距数据、雷电定位信息、各类在线监测信息，为故障原因提供初步分析，并将有关数据提供给现场负责人。后续流程详见故障处理规程。

（2）运检指挥中心负责根据在线监测上线率及时协调运检部完成在线监测故障设备的处理，确保故障设备按时限要求恢复运行。

（二）电网实时负荷管理

1. 基本要求

运检指挥中心每日登录调度系统，实时监控所辖线路负荷变化（有功功率），重点关

注电力外送通道和重要联络线负荷情况。

2. 红外测温

（1）红外测温工作除纳入月度技术监督计划管理外，运检指挥中心还应根据线路实时负荷变化，对于运行方式变化导致的负荷突增或超过额定负荷值60%的情况下，及时安排所属分公司开展红外测温工作。运检指挥中心密切关注测温工作开展过程和数据分析，以及系统录入的及时性、准确性、完整性（工作结束3日内完成录入）。

（2）对于红外测温不合格数据，各输电运检分公司要以缺陷的形式录入设备（资产）运维精益管理系统（PMS）并启动缺陷处理工作流程。

（三）系统应用管理

1. 基本要求

（1）运检指挥中心负责公司设备（资产）运维精益管理系统、GIS系统应用的归口管理，根据实际工作要求，按照时间节点开展各类指标核查工作。

（2）运检指挥中心负责设备（资产）运维精益管理系统（PMS）各类指标的具体核查工作，每日将核查出的不合格数据下发至输电运检分公司，安排所属运检分公司及时整改，落实整改结果，确保应用指标达到省公司指标要求。

2. 整改

运检指挥中心负责设备（资产）运维精益化管理系统双周计划数据治理，根据公司下发的不合格数据，安排所属分公司按照时间节点进行整改，运检指挥中心及时反馈整改结果。如遇特殊原因无法整改等情况，形成书面报告反馈至省公司运维检修部及技术处相关人员，确保设备台账基础数据的准确性和完整性。设备（资产）运维精益管理系统（PMS）各类生产数据录入和台账更新，如无特殊要求外，均要求工作结束3日内完成新数据的录入和维护。

3. 系统自身缺陷或瘫痪等造成无法正常使用时的应对

送变电有限公司运检体系所有生产作业流程和台账记录等原则上均应通过设备（资产）运维精益管理系统（PMS）完成，如遇系统自身缺陷或瘫痪等造成无法正常使用时，各运检分公司在获得运维检修部认可的情况下可先行采取线下作业流程，并报运检指挥中心备案，待系统功能恢复后再补录至系统内相应模块，运检指挥中心监督录入情况。

五、报表、计划、通知等资料管理

（一）日报

1. 日报的种类

日报主要指运维检修日报，此外还有防汛日报、保电日报等阶段性、临时性或新增日报，各种日报应根据其具体要求填报。

2. 运维检修日报管理

（1）各输电运检分公司根据“周运维检修计划”安排，将状态巡视、隐患（危险点）特巡、检修、检测工作分解至每一天，并于每日21时前安排专人按照统一模板报送当日“送变电公司运维检修日报”至运检指挥中心，要求日报内容如实反映当日工作情况、重点问题详细描述。

（2）运检指挥中心收集、汇总并审核各运检分公司报送的“送变电公司运维检修日报”，对漏报、错报或不对应等问题及时电话询问各运检分公司相关专业专责，并要求其按规定整改。运检指挥中心汇总并检查无误后，于次日10时前通过内网邮箱发送至运检体系所有人员。

（3）对未按时、按要求报送日报，或问题数据未按要求及时整改造成日报发布延误的分公司，纳入月度绩效考核。

（二）周计划、周报

1. 管理流程

（1）各输电运检分公司根据“月度运维检修计划”安排，将状态巡视、隐患（危险点）特巡、检修、检测工作分解至每周，并于每周四19时前安排专人按照统一模板报送“周运维检修计划”至运检指挥中心，要求计划安排合理，具备可操作性。

（2）运检指挥中心收集、汇总并审核各运检分公司报送的“周运维检修计划”，对问题数据及时电话询问各分公司相关专业专责，并要求其按规定整改。运检指挥中心汇总并检查无误后，于周五18时前将各专责审核后的周计划发送至计划专责处人员。

（3）运检指挥中心将周电网运行情况、缺陷及隐患处理情况、预警及保电执行情况、检修工作开展情况以及在线监测处理情况等信息按规定模版编制“运检指挥中心运维检修周报”，于每周日19时前报送运维检修部及公司分管领导，并在公司下周一例会上进行汇报。

2. 要求

（1）对未按时、按要求报送“周运维检修计划”，或问题数据未按要求及时整改造成周计划发布延误的运检分公司，纳入月度绩效考核。

（2）三级危险点周报等阶段性、临时性或新增周报，根据具体要求填报。

（三）月计划、月报

1. 管理流程

（1）各输电运检分公司根据年度重点工作安排，将状态巡视、检修、检测工作分解至每月，并于每月25日19时前安排专人按照统一模板报送下月“月度运维检修计划”至运检指挥中心，要求计划安排合理，具备可操作性。月度计划原则上不允许出现未完成的情况，特殊情况得到运维检修部的许可除外。

（2）运检指挥中心收集、汇总并审核各运检分公司报送的下月“月度运维检修计划”，对工作安排不合理等问题及时电话询问各运检分公司相关专业专责，并要求其按规定整改，运检指挥中心汇总并检查无误后于每月26日报运维检修部各专责审定。运维检修部审定后于每月28日下发至运检指挥中心备案，由运检指挥中心发布公告。

（3）运检指挥中心每月5日前（或根据月度运行分析会安排）将各输电运检分公司上月工作计划执行情况、各项运检指标完成情况、电网负荷情况形成总结，并在月度运行分析会中汇报。

（4）运检指挥中心每月25日前，在设备（资产）运维精益管理系统（PMS）系统中填报“月度运行报表”。

（5）各输电运检分公司按模版要求编制完成“运维检修月报及附件”，并于每月2日19时前安排专人报送至运检指挥中心（例如，2月2日报送1月运维内容）。

（6）运检指挥中心收集、汇总、审核各运检分公司“运维检修月报及附件”，对不合格数据要求各运检分公司按规定整改后于每月3日19时前报运维检修部各专责审核。运维检修部审核后于每月4日下发至运检指挥中心备案，由运检指挥中心于当日19时前将审核过的“运维检修月报及附件”通过内网邮箱报送至省公司。

（7）如遇新增周报，根据具体要求填报。

2. 考核

（1）对未按时、按要求报送“月度运维检修计划”，或问题数据未按要求及时整改造成月计划发布延误，以及月度计划工作未落实执行到位的运检分公司，纳入月度绩效考核。

（2）对未按时、按要求报送“运维检修月报及附件”，或问题数据未按要求及时整改造成月报报送延迟的运检分公司，纳入月度绩效考核。

（3）运检指挥中心根据各运检分公司月度计划执行情况、工作落实情况，于每月1日19时前向运维检修部报送运检分公司月度考核意见。

（四）年度总结、计划

运检指挥中心于每年12月10日前完成本年度工作总结和下年度工作计划，报运维检修部备案。

（五）资料管理

运检指挥中心应建立健全相关制度，收集整理相关规程、书籍及台账、报表、任务单等。所有纸质版资料统一纳入文件盒，放置在运检指挥中心的指定文件柜；所有电子版资料统一留存在运检指挥中心的指定电脑中，并建立层次清晰的文件夹和表格链接，同时做好实时更新维护和硬盘同步。

具体应留存的资料如下：

（1）送变电公司运检指挥中心工作规程（电子版、纸质版）。

（2）送变电公司运检指挥中心考核标准（电子版、纸质版）。

（3）送变电公司运检指挥中心管理规定（电子版、纸质版）。

（4）送变电公司运检指挥中心交接班管理规定（电子版、纸质版）。

（5）架空输电线路运行规程（纸质版）。

（6）国家电网公司电力安全工作规程（线路部分）（纸质版）。

（7）送变电公司组织编制的各条输电线路运行规程（电子版、纸质版）。

（8）架空输电线路缺陷标准库［设备（资产）运维精益管理系统（PMS）导出］（电子版、纸质版）。

（9）架空输电线路状态评价导则（电子版、纸质版）。

（10）送变电公司运维检修部审批过的“四措一案”（电子版、纸质版）。

（11）运检指挥中心对各分公司下发的工作任务单（电子版、纸质版）。

（12）送变电公司执行过的历次风险预警执行卡和保电方案（电子版、纸质版）。

（13）送变电公司运维检修日报（电子版、纸质版）。

（14）周运维检修计划（电子版）。

（15）运检指挥中心运维检修周报（电子版、纸质版）。

（16）数据核查清单（电子版）。

（17）月度运维检修计划（电子版）。

（18）运维检修月报及附件（电子版）。

（19）运检指挥中心月度工作总结（电子版、纸质版）。

（20）检修公司月度运行分析会文字材料合订本（电子版、纸质版）。

（21）省公司下达的年度停电检修计划（电子版）。

（22）月度停电检修计划（评审前、评审后）（电子版、纸质版）。

（23）年度技术监督工作计划（电子版）。

（24）运检指挥中心年度工作总结（电子版）。

（25）各类阶段性、临时性或新增类型的日报、周报、月报（电子版）。

（26）省公司下达的年度技改、大修项目计划（含增补）（电子版）。

（27）跳闸信息统计表和历次故障跳闸报告（电子版）。

（28）运维检修部对分公司下发的各类工作通知（电子版、纸质版）。

（29）运维检修部对外报送的各类文字性材料（纸质版）。

（30）输电线路竣工图（电子版）。

（31）电网接线图、电科院组织绘制的特殊区段图（电子版）。

（32）廊道隐患（危险点）台账［设备（资产）］运维精益管理系统（PMS）（纸质版）。

（33）输电线路交叉跨越台账［设备（资产）］运维精益管理系统（PMS）（纸质版）。

（34）输电线路特殊区段台账（污秽区、鸟害区、覆冰区、外破易发区、大风区、雷区）［设备（资产）］运维精益管理系统（PMS）（纸质版）。

（35）输电线路“六防”治理措施台账（运维管控系统）（纸质版）。

（36）运检指挥中心基础资料：

1）人员基本信息登记表（电子版）。

2）人员培训记录（纸质版）。

3）人员考核记录表（纸质版）。

4）人员请销假记录表（纸质版）。

5）人员考试记录表（纸质版）。

6）人员值班表（以周为单位）（电子版、纸质版）。

7）运检指挥中心每月对基层单位的考核建议（电子版）。

8）运检指挥中心值班日志（运维管控系统，纸质版）。

六、生产信息汇报和指令传达管理

（一）生产信息汇报和传达

1. 生产信息汇报和传达的各种情况或事件

下列情况或事件应在各运检分公司、运检指挥中心、运维检修部之间进行汇报和传达：

（1）设备发现需立即处理的危急缺陷。

（2）线路廊道发现危害设备安全运行的隐患或隐患点恶化。

（3）发生人身伤亡、交通、火灾事故。

（4）发生影响电网安全运行的自然灾害。

（5）发生设备故障跳闸（含故障停运、故障抢修）。

（6）发生误操作事故（接地线未拆除的情况下申请终结工作）。

（7）停电检修工作申请、终结、延期，带电作业申请、恢复重合闸（直流再启动装置）。

（8）风险预警和保供电。

（9）新投（含迁改、破口）输电线路送电。

（10）工作计划变更。

（11）其他需沟通协调或与电网安全运行有关的生产信息。

2. 生产信息的集中归口部门

运检指挥中心作为送变电公司生产信息的集中归口部门，原则上负责公司运检体系所有生产信息和工作指令全部通过此机构进行上传下达，或对外报送。发生上述所列举的各种情况，各运检分公司应立即将相关信息以电话和相关文字性资料的方式汇报至运检指挥中心，或由运检指挥中心接到上级调度、上级单位通知后对各分公司进行工作部署和安排指挥，并全过程落实现场执行情况和设备运行情况，实时收集、汇报当前信息，根据上级指示进一步部署运检分公司工作。运检指挥中心对运检分公司发出的各项工作指令，原则上均应得到运维检修部的许可。

3. 汇报内容

汇报的内容主要包括汇报人单位、姓名、事件时间、地点、内容、经过、当前状态、建议采取的措施，必要时附图或照片、视频说明等。故障跳闸或抢修时还应说明测距信息、现场气象情况和地理环境等信息。

（二）运检指挥中心、上级调度之间的信息汇报和传达

1. 需在运检指挥中心和上级调度之间汇报和传达的情况或事件

下列情况或事件需在运检指挥中心和上级调度之间汇报和传达：

（1）带电作业退出、恢复重合闸（直流再启动装置）申请。

（2）停电检修工作申请、终结、延期（含非计划和事故停运）。

（3）发生与电网运行有关的人身伤亡及设备火灾事故。

（4）发生影响电网安全运行的自然灾害。

（5）发生设备故障跳闸（含故障停运、故障抢修）。

（6）发生误操作事故（接地线未拆除的情况下申请终结工作）。

（7）电网风险预警。

（8）新投（含迁改、破口）线路送电。

（9）其他需沟通协调或与电网安全运行有关的生产信息。

2. 联系部门

运检指挥中心作为送变电公司运检体系与上级调度对口的唯一联系部门，负责受理上级调度下达的各项任务安排，并向其申请或汇报相关事宜。发生上述所列情况或事件时，运检指挥中心应第一时间通过录音电话与上级调度取得联系，汇报相关情况。送变电公司运检体系其他单位和个人不允许私自接受上级调度的工作安排或越级汇报相关信息。运检指挥中心与上级调度之间的各项业务对接或信息传达原则上均应得到运维检修部的许可。

3. 汇报内容

汇报的内容主要包括汇报人单位、姓名、事件时间、地点、内容、经过、当前状态、建议采取的措施，必要时附图或照片、视频说明等。故障跳闸或抢修时还应说明测距信息、现场气象情况和地理环境等信息。

（三）会议管理

运检指挥中心按要求安排人员参加公司运检体系及省公司组织的各类会议，具体如下：

1. 运检指挥中心

（1）运检指挥中心周例会（每周四）。

（2）运检指挥中心月度会议（含绩效考核会）（每月 30 日，2 月为最后一天）。

（3）运检指挥中心年度总结会议（每年 12 月 20 日前）。

2. 送变电有限公司

（1）检修公司周例会（周五上午）。

（2）月度运行分析会（每月 10 日前或不定期）。

（3）检修公司年终工作会（不定期）。

（4）故障跳闸分析会（不定期）。

（5）应急视频会议（不定期）。

（6）技改、大修项目评审会（不定期）。

（7）重大检修工作“四措一案”审查会（不定期）。

3. 省公司

（1）月度检修计划平衡会（每月 25 日前）。

（2）年度检修计划平衡会（不定期）。

其他会议按照具体情况，运检指挥中心按要求组织召开或参会。

七、事故处理

（一）事故处理一般原则

1. 事故

本节所指的事故泛指设备故障跳闸（重合成功、停运），以及事故抢修等。

2. 事故处理的指挥者

运检指挥中心是事故处理的指挥者。运检指挥中心根据上级调度、运维检修部的相关指令指挥现场抢修工作，各运检分公司必须严格按照运检指挥中心的指令开展工作。

3. 事故处理原则

（1）运检指挥中心应以保人身、电网、设备安全为第一原则。事故情况下，运检指挥中心值班人员应立即将相关信息准确、简明、清晰地传达至所属运检分公司，根据运维检

修部要求，视现场天气，环境等情况要求，尽可能限制事故发展。

（2）交接班时发生事故，应终止交接班，并由交班人员进行事故处理，待事故处理完毕或告一段落后，方可交班。接班人员应按交班人员的要求协助处理事故。

4. 事故处理职权

（1）运检指挥中心的应急指挥电话，在事故情况下如无其他紧急情况汇报，不得占用应急电话，以免妨碍事故处理。

（2）紧急事故情况下，如有必要，运检指挥中心可以越过所属分公司直接对现场抢修人员发出工作指令，但必须经过运维检修部许可。

（3）运检指挥中心接到调度传达的事故信息后，应立即向运维检修部汇报，根据运维检修部相关指示开展现场指挥工作。

（4）事故处理时，运检指挥中心由当值工作负责人根据运维检修部的指示统一指挥，值班员协助工作负责人做好事故处理。

（5）运检指挥中心当值人员应将事故情况及处理经过详细记录。

（二）事故处理过程

1. 事故处理的一般程序及要求

（1）运检指挥中心接到上级调度发送的事故信息后，第一时间通知所属分公司和运维检修部。

（2）分公司根据测距信息和设备基础信息，迅速制定初步故障排查方案，并向运检指挥中心汇报，同时安排人员赴现场开展故障巡视，查找故障点。

（3）调度信息不完整的情况下，运检指挥中心要密切与调度或相关变电站联系，获取线路故障有效信息，并向运维检修部和所属分公司传达。

（4）运检指挥中心应立即启动事故线路的所有在线监测装置，调取其信息，查看该线路疑似故障段有无施工迹象，有无天气极值告警，有无落雷等情况，并查看线路当前所有隐患和缺陷，做好初步分析和详细记录，同时向运维检修部和现场工作负责人传达，以缩小事故排查范围。

（5）分公司应实时向运检指挥中心汇报故障巡视情况，根据运检指挥中心的指示进一步做好故障排查工作。如遇恶劣天气或险要地势等造成故障排查工作无法顺利开展或故障点长时间未能明确的情况，所辖分公司应及时向运检指挥中心请示下一步工作安排，运检指挥中心所下指令必须得到运维检修部的认可。

（6）跳闸后重合成功或强送成功的情况下，现场人员明确故障点后将故障类型、周边地理信息、天气信息、设备参数信息，以及照片或视频等信息整理后尽快报送至运检指挥中心，由运检指挥中心报运维检修部确认，并由运维检修部组织召开故障跳闸分析会，讨论具体防治措施和实施方法，运检指挥中心和相关分公司按要求参会，并根据运维检修部的要求落实治理措施执行情况。

（7）跳闸后重合成功或强送成功时，如查找到故障点需紧急停电检修时，应按事故停运申请线路停电。

（8）强送不成功，需事故抢修的情况下，所属运检分公司根据现场检查获得的详细资料，通过讨论后形成抢险方案的初步意见，并进一步分析、查阅有关设计及施工图纸、资料，制订切实可行的故障抢修方案，报运维检修部批准后执行，并报运检指挥中心备案。运检指挥中心根据运维检修部的指示做好抢险指挥和相关资料收集工作。抢险结束后，由运维检修部组织召开事故分析会，进一步总结抢修工作，分析讨论后续防治措施，以及部署相关隐患排查工作等，运检指挥中心和相关运检分公司按要求参会，并根据运维检修部的要求落实各运检分公司后续工作执行情况。

2. 事故处理中应注意的几个问题

（1）紧急事故需迅速抢修恢复送电，各分公司来不及执行工作票和“四措一案”流程的情况下，可按照安规要求办理“电力线路事故紧急抢修单”，并立刻启动相关应急预案开展抢修工作，运检指挥中心根据运维检修部的指示做好抢险指挥和相关资料收集工作。

（2）事故抢修时，运检指挥中心负责与上级调度联系，申请和终结抢修工作，并按照调度要求汇报相关实时信息。

（3）运检指挥中心按照运维检修部要求，根据所制定的抢修方案确定抢修队伍，落实抢修物资、车辆和工器具安排等。

（4）抢修过程中，各级抢修队伍现场抢修工作应按照抢修方案所规定的标准化作业流程执行，确保抢修现场安全及施工质量。

（5）紧急情况下需召开应急视频会议（与地州保线站、省公司）时，运维检修部、运检指挥中心、相关分公司按要求参会，并根据上级要求落实或对下部署相关任务，运检指挥中心负责落实具体任务执行情况。视频会场设在送变电有限公司运检指挥中心。

（6）带电作业时，工作负责人一旦发现线路无电，不论何种原因，均应迅速报告运检指挥中心值班人员。由运检指挥中心与上级调度联系，并指挥现场人员行为。

（7）故障巡视或事故抢修时，发生任何突发状况，均应遵循分公司向运检指挥中心汇报，运检指挥中心按运维检修部的指示指挥现场工作的原则执行。

八、运检指挥中心值班管理

（一）运检指挥中心值班人员基本职责

运检指挥中心值班人员在岗期间，是送变电工程公司运维体系事故处理和设备监控的指挥者，在调度业务方面接受上级调度的直接指挥。其基本职责如下：

（1）值班人员应严格遵守并贯彻执行各项规章制度和规程条例，按规范履行相应职责。

（2）运检指挥中心实行 24 小时值守制度，每值 2 人，其中工作负责人 1 人，一般值班员 1 人。

（3）工作负责人负责当值的各项工作把控和安排，一般值班员在工作负责人的指导下开展相应工作。

（4）运检指挥中心班长负责中心整体工作的把控，负责指导当值值班员解决相应疑难问题，负责中心人员管理和日常工作管理。

（二）运检指挥中心值班管理

1. 对值班人员的基本要求

（1）值班人员应具备高度的工作责任心，严格按照工作流程和相关规定完成日常工作业务和上级安排的临时性工作内容，密切关注现场工作动态和设备运行工况，发现异常情

况及时安排运检分公司进行处理，并向运维检修部汇报，根据上级指示采取相应措施。

（2）值班人员应严格遵守岗位纪律，按计划做好值班工作，不允许迟到、早退、缺勤，未经允许不得擅自脱岗，不得随意代班、调班。任何原因的请假均应提前24h履行请销假手续，并在月度绩效考核中扣除相应分值。

（3）值班人员工作期间不做与值班无关的事宜。严禁占用运检指挥中心固定电话进行与工作无关的联系。

2. 值班工作要求

（1）工作许可、事故处理以及日常业务联系，必须有录音和完整的记录，对各分公司的业务联系和工作安排一律使用“运检指挥中心工作任务单”。

（2）运检指挥中心所有人员（含非当值人员）移动电话均应保持24小时开机状态，特殊情况下按要求随时到达工作岗位。

（3）值班计划由运检指挥中心班长于每月25日前完成下月排班。

（4）排班规则为：2人为一组，共分3组。每组值一班（当日10时至次日10时），依次轮换。特殊情况下由班长根据具体情况机动调换。

（5）夜班人员应按照排班规定在远程指挥中心完成相应值班工作后（0时后）方可进入值班宿舍休息。夜班过程中如遇故障跳闸，值班人员应第一时间投入到工作岗位。

（6）值班人员值班期间按要求填写值班日志，对值班过程中所从事的各项工作安排和执行情况、调度业务联系情况，以及存在的问题、需下一班人员重点关注和解决的事项等均应详细记录。

3. 交接班管理

（1）交班人员应检查当值工作任务的执行情况，翔实填好值班日志、工作任务单以及各类报表，在规定时间30min前做好交班准备，整理好监控大厅和值班宿舍卫生，将当日分公司工作安排表、未完成的工作任务单、保电期间的保电方案或风险预警执行卡等需要接班人员重点关注的工作事项纸质版打印好，准备交班。

（2）当值人员应按要求完成相应工作，不得蓄意将工作遗留到下一班值。

（3）接班人员应于接班当日10时前到达运检指挥中心，阅读休班期间的各项记录和资料，了解现场工作情况和设备运行工况，听取交班人员的介绍，如有疑问及时提出。

（4）交接班时，交班人员对接班人员应详细说明下列情况：

1）值班期间电网运行情况。

2）值班期间设备缺陷和廊道隐患情况。电网是否发生事故，是否存在薄弱环节和采取的措施以及下一值应当注意的事项。严重、危急缺陷威胁电网安全的隐患，以及事故处理过程应当重点说明。

3）值班期间检修工作、巡视工作、检测工作情况，以及下一值的当日工作安排和相关资料，如遇保电时要特殊说明，并转交保电方案和风险预警执行卡。

4）电网负荷情况和在线监测监控情况。

5）当值未完成的工作事项或未办结的工作任务单（含上级安排和对分公司下派）。

6）有关上级部门的重要指示和运检指挥中心内部要求事项的落实情况，以及新到文件、邮件或技术资料的传阅提示。

（5）交接班双方工作负责人和一般值班人员均应于正点（10时）在电子版值班日志上签名，同时由接班人员更换值班板上的日期牌和姓名牌。

（6）接班后应掌握规章制度所列全部内容，明确本值应当开展的所有工作，以及工作思路、操作方法和相关联系人，做到勤了解、勤分析、勤调整。

（7）交接班内容以值班日志和移交的相关资料为依据，若记录内容不详实或存在遗漏内容，则由此造成的一切后果均由交班人员承担。若值班日志和相关资料移交全面、翔实，接班后漏处理或未以记录内容为依据进行相关工作时，由此产生的一切后果由接班人员承担。

4. 不得进行交接班的情形

发生下列情况之一时不得进行交接班：

（1）交接班人员未到齐。

（2）事故处理未告一段落。

（3）记录填写不全、资料移交不全或事项交代不清。

（4）监控大厅和宿舍卫生不整洁。

（5）未到交接班时间。

（三）运检指挥中心大厅管理

1. 不得在运检指挥中心大厅从事的活动

（1）禁止在监控大厅内从事会客、娱乐活动等一切与工作无关的事宜。

（2）未经班长或运维检修部许可，值班人员不允许私自接受任何单位或个人对监控大厅进行参观、访问的需求，不允许非运检指挥中心人员对监控大厅一切设备进行操作。

（3）保持监控大厅整洁，禁止将食品带入，禁止吸烟，禁止大声喧哗，禁止摆放工艺品、照片等一切个人物品，工作安排和提示等纸质信息一律张贴至大厅白板，监控台面和操作电脑上不允许张贴任何便签纸张，液态物质远离电器设备，严禁使用干扰仪器正常运行的电子设备和电热器具。

（4）节约能源，空调温度设置应确保设备安全正常运行，杜绝照明设置“长明灯”，计算机、打印机等办公设备长时间不用或下班时应切断电源，减少待机耗能。

2. 来访接待

（1）外单位人员对大厅进行参观调研时，应由运检指挥中心人员陪同，并注重接待礼仪。

（2）运检指挥中心人员接待、讲解时应统一着正装，日常工作注重行为、仪表得体。

3. 设备管理

（1）正确使用监控大厅各项操作系统，熟练掌握操作方法，负责对硬件设备进行日常维护，设备出现问题时及时联系相关单位进行处理，避免因设备停运造成工作延误。

（2）加强监控大厅消防管理，定时检查消防器具的有效期，确保大厅失火情况下能够正常使用。

（3）规范使用公司内网计算机，严格遵守内网计算机管理标准。

（四）运检指挥中心日工作管理

1. 交接班

（1）按交接班规程履行完成交接班手续，掌握当天工作安排。

（2）填写好值班日志和相关记录，按时交接班。

2. 当日工作内容

（1）核查设备（资产）运维精益管理系统（PMS）指标情况和数据录入情况，不合格数据（包含缺陷和状态评价信息）填入“数据核查清单”，并通过“工作任务单”派发所属运检分公司整改。

（2）根据各运检分公司当日工作安排表（日报），逐项核实隐患（危险点）特巡情况，了解隐患发展动态；实时关注现场检修情况；密切掌握缺陷发现情况，遇到突出问题或现场设备运行情况异常及时向运维检修部汇报相关事宜和资料，根据运维检修部的指示做好现场安排和管控。

（3）保电或预警情况下实时掌握各运检分公司值班情况和特巡情况，核查当日工作安排的针对性，以及与计划的对应性。

（4）每日接班后将电网负荷、当日工作线路在线监测、运维管控系统 GIS 页面投到大屏上，实时观测监控信息。

（5）出现故障跳闸时参照事故处理规程执行。

（6）检修工作调度业务按有关规定执行。具体电话联系用语参照调度术语汇编。

（7）非紧急情况下，对下安排的所有工作任务均使用“工作任务单”，写明工作内容和要求，由运维检修部对口专责审核，运维检修部主任批准后方可下发执行。“工作任务单”一律按照年、月、日、序号的规则进行编号，例如 20150301001 则表示 2015 年 3 月 1 日的第一份任务单。

（8）按要求落实运维检修部下发的其他临时性工作安排。

（9）运检指挥中心要注意留存所有经手的资料和报表，以便总结、分析。

（10）每日、每周、每月规定时间节点的当值人员要做好相应报表、材料、计划的汇总、编制和报送工作。

（五）运检指挥中心班组基础管理

1. 考试制度

运检指挥中心建立月度考试制度，由班长每月 10—20 日之间随机选择一天对所有值班人员进行考试（笔试或面谈问答），主要考试内容为监控中心工作规程、运行规程、状态评价规程、安全规程、标准缺陷库，以及目前设备缺陷和隐患现状。考试成绩按要求填入“人员考试记录表”，人员月度考试成绩与当月绩效挂钩，同时计入年度影响年度评优选先资格。

2. 请销假制度

运检指挥中心严格履行请销假制度。请销假人员要求每次准假后在“人员请销假记录表”做请假登记，到岗后在“人员请销假记录表”中做销假登记，请假人员当日绩效奖划拨至代班人员。

3. 业绩考核制度

运检指挥中心值班人员当月考核情况应逐一详细记录在“人员考核记录表”，由于值班人员思想疏忽造成的工作遗漏、延误或错误，视情节必须严肃考核。发生考核时由每班的工作负责人进行登记，个人月度绩效与考核记录紧密挂钩。

4. 培训制度

运检指挥中心人员参加培训前应在“人员培训记录”中做好登记，无须再履行请销假手续，超过3天（含3天）的培训应编写培训小结，相关业务培训资料及时拷贝至运检指挥中心资料管理文件夹。

5. 其他制度

（1）运检指挥中心根据值班计划安排，每周日由当值人员打印“周人员值班表”，并张贴至运检指挥中心值班看板处。

（2）运检指挥中心所有人员信息按要求记录在“人员基本信息登记表”，同时录入运维管控系统，每人在班组资料文件夹中留存蓝底、红底正装照电子版各1张。班组人员信息变动时应由变动人员于3日内自行完善基本信息更新。

（3）运检指挥中心根据各分公司报表报送情况、工作落实情况、设备（资产）运维精益管理系统（PMS）数据合格率等情况，每月1日向运维检修部报送上月对各分公司的考核意见，格式不限，但应说明事由和建议考核分值。

（六）运检指挥中心值班人员应具备的基本素质和人员培训管理

1. 运检指挥中心值班人员应具备的基本素质

运检指挥中心作为送变电公司运检体系的指挥中心和监督管控中心，其值班人员应具备较强的工作责任心和理论水平，对各项规程规范做到内容熟知，同时具备一定的现场经验，具体要求如下：

（1）对待本职工作踏实、认真，工作思路清晰，能够熟练掌握工作岗位的各项工作方法、流程步骤和具体要求，对改善和提升运检指挥中心整体实力能够提出具有实际意义的建议。

（2）熟练掌握《国家电网公司电力安全工作规程（线路部分）》、《架空输电线路运行规程》（DL/T 741）、《架空输电线路状态评价导则》（Q/GDW 173）、《国家电网公司架空输电线路缺陷标准库》，能够对其中的条例和数据做到熟知。

（3）熟练掌握设备（资产）运维精益管理系统（PMS）、雷电定位系统、调度SCADA系统、在线监测、运维管控系统的操作应用，能够达到对分公司进行应用培训的水平。

（4）熟练掌握送变电有限公司运检指挥中心工作规程，准确、清晰背诵其中的任一条例、条款，熟知其内容要求。

（5）熟练掌握送变电公司目前所辖输电设备的基本情况、隐患情况和缺陷情况，并对其实时状态做到心中有数，能够准确提出处理建议。

（6）对各分公司检修工作“四措一案”中的有关内容和工作方案做到熟知，尤其掌握工作过程中的安全风险和注意事项，检修期间能够准确掌握工作实时状态和下一步工作内容，当上级调度询问现场情况时，能够准确回答并作出相应判断。

（7）熟练掌握各类故障产生的原因、机理、处理方法和防治措施，事故情况下能够清晰明确工作流程和注意事项，具备按照运维检修部指示完成事故处理的能力。

（8）具备与上级调度沟通联系的资质和能力（停送电、带电作业、故障抢修、信息汇报），熟知各类调度联系业务的规范用语和操作方法。

(9) 具备查阅图纸的能力。

(10) 熟练掌握运检指挥中心各类硬件设施的操作和基本维护方法。

(11) 能够快速学习并掌握上级单位安排的新增工作内容所需具备的各项能力。

2. 运检指挥中心人员培训管理

(1) 运检指挥中心人员承担调度联系业务前，必须经过送变电工程公司“四种人”培训并通过考核后方可上岗。

(2) 运检指挥中心应及时总结人员自身能力水平存在的薄弱环节，积极开展内部考试、规程制度学习等培训工作，不断提高业务水平，并向运维检修部提出具体培训需求，批准后联系相关人员组织开展培训工作，培训后对参加培训的人员进行考试，未通过者纳入月度考核。

(3) 按要求组织人员参加公司以外的各类培训工作，3 天及以上的培训要求参加人员编写培训总结，并跟踪检查人员培训效果，对于外出培训不认真、总结编写内容敷衍了事，培训效果不理想的人员，超过 3 次后不予再安排外出培训，并纳入年度绩效考核。

(4) 培训结束后，一律将培训资料留存、共享。

(5) 按要求组织人员参加运检指挥中心、送变电有限公司以及省公司等组织的各类考试，考试不合格者纳入当月绩效考核。

(6) 运检指挥中心人员应尽可能地下现场学习，了解、熟悉设备情况和现场检修工作方法，同时征求现场人员对运检指挥中心工作的改进意见。新建（迁改、破口）工程投运前，要注意收集资料，熟悉设备情况。

(7) 运检指挥中心值班人员离岗一个月及以上，应跟班学习 1 天，熟悉目前设备运行情况和工作情况后方可上岗。

九、调度业务联系流程及相关术语

(一) 停、送电联系及规范用语

1. 停电作业申请

(1) 停电作业申请流程如下：

1) 运检指挥中心于停电前 4 个工作日，通过 OMS2.0 系统填报日停电检修工作计划，并确认状态为“已受理”。

2) 运检指挥中心于计划停电时间前 30min 与省调当值调度联系，申请线路工作，确认线路由运行状态转为检修状态（全程录音，并做好文字记录）。

3) 运检指挥中心许可现场工作（不同分公司同时在一条停电线路上作业时不允许共用接地线，一条停电线路涉及两张及以上工作票时，运检指挥中心值班人员逐一对现场工作负责人进行许可，前提是各自工作区段中无共用接地线）。

(2) 停电作业申请规范用语。停电作业申请规范用语见表 2-1-1-1。

2. 工作终结申请

(1) 工作终结申请流程如下：

1) 现场工作结束，工作负责人确认所辖工作票内工作区段接地线已全部拆除，人员、设备已撤离工作现场，无遗留物后方可向运检指挥中心申请终结工作。

表 2-1-1-1　　停电作业申请规范用语

序号	工作情景	规范用语及示例
1	运检指挥中心向上级调度申请工作	我是××公司工作负责人×××，我申请在××千伏××线路（线路编号）××区段进行停电检修工作，工作内容为×××，线路是否已由××状态转入检修状态
2	运检指挥中心许可现场工作	你是××分公司××班组工作负责人×××，申请在××千伏××线路（线路编号）××区段进行停电检修工作，工作内容为×××，线路已由××状态转为检修状态，可以开始工作，我是运检指挥中心值班员×××
3	现场工作负责人复令	我是××分公司××班组工作负责人×××，申请在××千伏××线路（线路编号）××区段进行停电检修工作，工作内容为×××，线路已由××状态转为检修状态，我班组可以开始现场工作

2）运检指挥中心接到现场工作负责人的终结申请后向省调当值调度终结工作（一条停电线路涉及两张及以上工作票时，运检指挥中心接到所有工作负责人的工作终结申请，并确认所有接地线已拆除，人员、设备已撤离工作现场，无遗留物后再向上级调度终结工作）。

（2）工作终结申请规范用语。工作终结申请规范用语见表 2-1-1-2。

表 2-1-1-2　　工作终结申请规范用语

序号	工作情景	规范用语及示例
1	现场工作负责人向运检指挥中心终结工作	我是××分公司××班组工作负责人×××，我在××千伏××线路（线路编号），××区段×××停电检修工作已结束，全部安全措施已拆除，人员、设备已撤离现场，无遗留物，现申请终结工作，线路送电可不考虑我方
2	运检指挥中心复令	你是××分公司××班组工作负责人×××，你在××千伏××线路（线路编号），××区段×××停电检修工作已结束，全部安全措施已拆除，人员、设备已撤离现场，线路送电可不考虑你，我是运检指挥中心值班员×××
3	运检指挥中心向上级调度终结工作	我是××公司工作负责人×××，××千伏××线路（线路编号），××区段×××停电检修工作已结束，全部安全措施已拆除，人员、设备已撤离现场，无遗留问题，现申请终结工作，线路送电可不考虑我方

3. 停送电注意事项

（1）停送电联系时，双方必须使用复诵制度，电话汇报时要明确单位、人员姓名、设备双重名称、工作区段、工作内容等信息，工作终结时要明确现场全部安全措施已拆除。复诵方（上级调度、现场工作负责人）未报姓名时，汇报方应主动询问，停、送电电话联系应全程录音。

（2）运检指挥中心人员停、送电联系时，要在纸质版值班日志做好详细记录，每条记录均应写明时间、汇报人单位和姓名、工作地点、工作内容、停送电时间及工作开始和终结时间等汇报信息。记录后及时录入运维管控系统“值班日志”。

（3）禁止约时停、送电。

（4）非计划停运、事故停运以及事故抢修恢复送电等工作申请和终结的调度联系用语，可参照表 2-1-1-1 和表 2-1-1-2 执行。

（二）带电作业（退出和恢复重合闸或直流再启动装置）联系及规范用语

1. 退出重合闸（直流再启动装置）申请

（1）申请流程如下：

1）运检指挥中心值班人员于带电作业当日与现场工作负责人联系，确认现场条件满

足带电作业要求后，与省调当值调度申请退出线路两侧重合闸。

2）确认线路两侧重合闸退出后向现场工作负责人许可工作。

（2）规范用语如下：

1）运检指挥中心向上级调度申请：我是××公司工作负责人×××，我申请在××千伏××线路（线路编号）××区段进行带电检修工作，工作内容为×××，现场天气满足带电作业要求，申请停用线路两侧重合闸（直流再启动装置）。如遇设备突然停电，未与我取得联系前，不得强送电。

2）运检指挥中心许可现场工作：你是××分公司××班组工作负责人×××，申请在××千伏××线路（线路编号）××区段进行带电检修工作，工作内容为×××。线路两侧重合闸（直流再启动装置）已停用，可以开始工作，我是运检指挥中心值班员×××。

3）现场工作负责人复令：我是××分公司××班组工作负责人×××，申请在××千伏××线路（线路编号）××区段进行带电检修工作，工作内容为×××。线路两侧重合闸（直流再启动装置）已停用，我班组可以开始工作。

2. 恢复重合闸（直流再启动装置）申请

（1）申请流程如下：

1）现场工作结束后，工作负责人确认人员、设备已撤离，无遗留物后，向运检指挥中心终结工作，申请恢复线路两侧重合闸。

2）运检指挥中心接到现场工作负责人的工作终结申请后，向省调当值调度终结工作，申请恢复线路两侧重合闸。

（2）规范用语如下：

1）现场工作负责人向运检指挥中心终结工作：我是××分公司××班组工作负责人×××，我在××千伏××线路（线路编号），××区段×××停电检修工作已结束，人员、设备已撤离现场，申请恢复线路两侧重合闸（直流再启动装置）。

2）运检指挥中心复令：你是××分公司××班组工作负责人×××，你在××千伏××线路（线路编号），××区段×××带电检修工作已结束，人员、设备已撤离现场，我是运检指挥中心值班员×××。

3）运检指挥中心向上级调度终结工作：我是新疆送变电有限公司工作负责人×××，我单位在××千伏××线路（线路编号），××区段×××带电检修工作已结束，人员、设备已撤离现场，申请恢复线路两侧重合闸（直流再启动装置）。

3. 注意事项

（1）电话联系时，双方必须使用复诵制度，电话汇报时要明确单位、人员姓名、设备双重名称、工作区段、工作内容等信息。复诵方（上级调度、现场工作负责人）未报姓名时，汇报方应主动询问，并应全程录音。

（2）运检指挥中心人员联系时，要在纸质版值班日志做好详细记录，每条记录均应写明时间、汇报人单位和姓名、工作地点、工作内容、工作开始和终结时间等汇报信息。

（3）不需停用重合闸（直流再启动装置）的带电作业也应由现场工作负责人向运检指挥中心值班人员申请和终结工作。

（三）值班日志填写规范

运检指挥中心当值值班人员必须按要求填写值班日志，将本值重点隐患、缺陷情况，事故处理情况，保电落实情况，以及检修工作情况和调度联系情况详细记录在值班日志中。并在交接班时与交班人员交代清楚，确认对方已知晓。

（1）如遇事故处理、调度业务联系、对下工作许可等需立即记录的事项，由值班人员在指定的笔记本中登记，杜绝因值班人员疏忽造成信息遗漏。

（2）值班日志（包括纸质版临时记录）首行必须填写当值人员姓名、当值时间段，以及值班日期（两天及以上的班次填写）。值班内容要详细记录事件发生的时间、汇报人单位和姓名、汇报方式、事件内容、处理情况、后续安排、监控中心指令，以及接收人姓名等内容。

（3）值班日志语言描述应清晰、准确，避免错别字，纸质版记录字迹要工整，一律使用楷体书写，便于人员查阅。

十、运检指挥中心日常基本工作流程

（一）设备（资产）运维精益管理系统（PMS）数据核查

1. 设备台账指标核查

（1）核查项目。输电设备台账完整性、输电设备台账录入及时率核查。

（2）核查流程。设备（资产）运维精益管理系统（PMS）→系统导航→应用情况指标→指标评价→指标生成→全部计算→输电设备台账完整性、输电设备台账录入及时率→架空线路台账录入及时率、杆塔台账录入及时率、导线台账录入及时率、地线台账录入及时率。

（3）核查要求。对于新投运线路，各分公司应在线路投运前5个工作日内完成设备台账的录入，在设备投运当日发布，输电设备投运后10日内通过“设备台账补录”功能完善相关台账信息，以确保设备台账录入及时性和准确性。

2. 缺陷指标核查

（1）核查项目。输电缺陷录入及时率、输电严重和危急缺陷消除及时率、输电缺陷与任务单关联率核查。

（2）核查流程。设备（资产）运维精益管理系统（PMS）→系统导航→应用情况指标→指标评价→指标生成→全部计算→输电缺陷录入及时率、严重和危急缺陷超周期率、输电缺陷与任务单关联率。

（3）核查要求。缺陷应在巡视结束后72h内录入设备（资产）运维精益管理系统（PMS）（以系统内发现时间及登记时间为准），超过72h即为不合格数据。消缺时限要求为：“危急缺陷24h内消除、严重缺陷30日内消除”，超期即为不合格数据。

3. 运行记录核查

（1）核查项目。输电线路巡视录入率、输电线路巡视记录录入及时率核查。

（2）核查流程。设备（资产）运维精益管理系统（PMS）→统导航→应用情况指标→指标评价→指标生成→全部计算→输电线路巡视录入率、输电巡视记录录入及时率。

（3）核查要求。分公司所属线路应该在巡视周期到期前［巡视周期及开展巡视的时间以设备（资产）运维精益管理系统（PMS）内时间为准］开展线路巡视工作，超过巡视

周期而系统内并未生成或录入巡视记录的，视为不合格数据。

4. 输电线路故障巡视录入率、故障录入及时率核查

（1）核查项目。输电线路故障巡视录入率、故障录入及时率核查。

（2）工作流程。设备（资产）运维精益管理系统（PMS）→系统导航→应用情况指标→指标评价→指标生成→全部计算→故障巡视录入率、故障录入及时率。

（3）核查流程。设备（资产）运维精益管理系统（PMS）→系统导航→电网运维检修管理→巡视管理→巡视记录查询统计→选择巡视类型（故障巡视）→查询。

（4）核查要求。在输电设备发生故障后，分公司应根据要求及时录入故障信息。在实际开展故障巡视后，必须在设备（资产）运维精益管理系统（PMS）内录入巡视记录，系统内未查询到相关记录视为不合格数据。

5. 输电工作票与工作任务单关联率、停电工作任务单与周检修计划关联率核查

（1）核查项目。输电工作票与工作任务单关联率、停电工作任务单与周检修计划关联率核查。

（2）工作流程。设备（资产）运维精益管理系统（PMS）→系统导航→应用情况指标→指标评价→指标生成→全部计算→输电工作票与工作任务单关联率、停电工作任务单与周检修计划关联率。

（3）核查流程。设备（资产）运维精益管理系统（PMS）→系统管理→实用化指标检查→指标生成→指标检查统计→检修指标→工作计划数、工作任务单数。

（4）核查要求如下：

1）检修记录与工作任务单关联、停电工作任务单与工作计划关联应当全部关联，未关联算作不合格数据。

2）工作计划及工作任务单填写的工作内容应与实际开展的工作一致，系统内无关联缺陷，任务单、检修计划和工作票均不得填写“消缺”字样。

6. 输电线路检测记录核查

（1）核查流程。设备（资产）运维精益管理系统（PMS）→系统导航→电网运维检修管理→检测管理→检测记录查询统计→查询统计。

（2）核查要求。在分公司完成技术监督相关检测工作后，在设备（资产）运维精益管理系统（PMS）中核查数据的准确性、及时性和完整性，对于不合格数据及时要求分公司进行整改。

7. 输电工作票与工作任务单关联率、输电工作票归档及时率核查

（1）核查项目。输电工作票与工作任务单关联率、输电工作票归档及时率核查。

（2）核查流程。设备（资产）运维精益管理系统（PMS）→系统导航→应用情况指标→指标评价→指标生成→全部计算→输电工作票与工作任务单关联率、输电工作票归档及时率。

（3）核查要求。工作票与工作任务单应关联，未关联工作任务单的工作票视为不合格数据。工作票进入待终结状态，现场工作结束后分公司应在3日内将工作票归档并完成工作票三级评审，对于归档不及时，未进行三级评审的视为不合格数据。

8. 工作票填写准确性核查

(1) 核查流程。设备(资产)运维精益管理系统(PMS)→系统导航→主网工作票管理→工作票管理→选择查询条件→查询/查看。

(2) 核查要求。新建状态的工作票，由分公司对工作票内容的准确性及规范性进行把关，工作票进入待终结状态后，运检指挥中心人员按照工作票填写相关规范对工作票进行审查，有填写错误的工作票视作不合格数据。

(二) GIS(移动作业平台)指标核查、统计和评价

1. 工作计划次数、移动作业应用次数、线路检修移动作业开展执行情况、线路巡视移动作业开展执行情况

(1) 流程。设备(资产)运维精益管理系统(PMS)→系统应用报表→现场标准化作业及移动作业指标查询统计→已执行作业文本移动作业开展情况→选择查询条件→查询。

(2) 要求。分公司开展的所有巡视、检修工作原则上均应使用PDA，运检指挥中心除对巡视及检修工作PDA使用率进行统计外，还应对各分公司本月所开展的巡视及检修工作采用移动作业的数量进行统计和评价。对于巡视及检修工作中无故不采用移动作业的，记为不合格数据。

2. 巡视到位率、GIS定位次数、手工备注次数、作业文本执行率、作业文本归档率

(1) 巡视到位率核查流程。设备(资产)运维精益管理系统(PMS)→系统应用报表→现场标准化作业及移动作业指标查询统计→现场标准化作业巡视到位率。

(2) 作业文本执行率/作业文本归档率核查流程。设备(资产)运维精益管理系统(PMS)→现场标准化作业→作业文本管理→作业文本执行率/作业文本归档率。

(3) 要求。巡视工作不允许手动备注坐标，单次巡视(系统内一个作业文本为一次)到位率不得低于80%，每月20—26日指标检查期间应当督促分公司尽快将已上传状态的作业文本归档。

(三) 状态评价

1. 输电设备状态评价覆盖率、设备评价报告归档率核查

(1) 核查项目。设备状态评价覆盖率、设备评价报告归档率。

(2) 设备状态评价覆盖率核查流程。设备(资产)运维精益管理系统(PMS)→系统导航→状态检修管理→评价管理→输电设备状态评价→查询。

(3) 设备评价报告归档率核查流程。设备(资产)运维精益管理系统(PMS)→系统管理→实用化指标检查→指标生成→指标检查统计→状态检修指标→输电设备三级评价完成率。

(4) 要求。运检指挥中心通过对各分公司评价结果和新录入的缺陷、隐患进行检查，对设备评价结果进行校核，对不合格或与实际情况差别较大的数据，将修改意见报运维检修部确认后，督促相关分公司进行整改。

2. 输电设备定期自动评价工作

(1) 核查流程。设备(资产)运维精益管理系统(PMS)→系统导航→状态检修管

理→评价管理→输电设备状态评价→勾选所有线路→设备定期评价。

(2) 核查要求。对于自动评价有误、线路廊道隐患等未列入评价范围的情况，按照《国家电网公司状态评价导则》进行人工修改。设备评价后，各分公司应形成评价报告，给出决策建议，并由运检部检修专责审核后列入检修计划。

3. 输电设备动态评价

(1) 核查流程。设备(资产)运维精益管理系统(PMS)→系统导航→状态检修管理→评价管理→输电设备状态评价→勾选所有线路→选择设备评价。

(2) 核查要求。新投运设备应在1个月内组织开展首次状态评价工作；检修(A类、B类、C类检修)评价在检修工作完成后2周内完成；特殊专项评价按省公司要求执行。具体操作要求参照"设备定期评价"执行。

(四) 运行监控

1. 在线监测实时接入率核查

(1) 工作流程。设备(资产)运维精益管理系统(PMS)→系统导航→应用情况指标→指标评价→指标生成→全部计算→输电线路监测装置接入实时率。

(2) 核查流程。设备(资产)运维精益管理系统(PMS)→状态监测系统→输电监测信息查询统计→所属地市→监测类型(排除视频监测)→运行状态(在运、停运全选)→按监测类型查询统计。

(3) 核查要求。在线监测装置出现告警信息应该及时处理(夏季高温天气常见)，保证该指标100%；在线监测装置实时接入率不得低于95%。

2. 在线监测告警信息处理率查询及处理

(1) 工作流程。设备(资产)运维精益管理系统(PMS)→系统导航→应用情况指标→指标评价→指标生成→全部计算→输电线路监测装告警信息处理率。

(2) 核查流程。设备(资产)运维精益管理系统(PMS)→状态监测系统→监测告警查询→输电告警信息处理情况查询→选择"周期"及"是否处理"→查询→处理(处理流程)。

(3) 核查要求。运检指挥中心应密切关注输电监测装置告警信息处理率，告警信息应及时通知所辖分公司进行处理。

3. 在线监测故障设备协调处理

(1) 核查流程。设备(资产)运维精益管理系统(PMS)→状态监测→监测信息查询→输电监测信息查询→监测类型(排除视频监测)→点击查询→查询数据未上传设备。

(2) 核查要求。每日核查在线监测数据未上传设备，告知厂家在数据未上传设备明细，协助技术监督专责处理故障设备。

4. 视频在线监测实时监控

(1) 核查流程。登录统一视频平台(账户名：ztjcxtpt 密码：ztjcxtpt2016)→"资源"→"省检修公司"→"输电"查看在线监测(视频)设备状态及监控现场→记录异常、脏污等装置的安装杆塔号→通知相关分公司安排处理。

(2) 核查要求。摄像头脏污、视频显示异常、无法显示画面、监控现场有外破迹象等情况，立即通知相关分公司进行处理。

5. 电网负荷监控

（1）核查流程。智能电网调度技术支持系统→集中监控→送变电公司监控页面。

（2）核查要求。运检指挥中心每日对所辖线路的实时负荷密切关注，对于线路实时负荷长时间接近或高于设计最大负荷60%或突然升高的情况，应安排相关分公司开展线路红外测温工作和相应特巡保电工作。

（五）生产调度

1. 停、送电作业调度联系

（1）工作流程如下：

1）停电前30min向值班调度申请检修工作→确认线路已转为检修状态→许可现场工作。

2）接到工作负责人工作终结的通知→向值班调度申请终结工作。

（2）工作要求。停、送电调度业务联系严格遵循“调度业务联系流程及术语”中的有关规定执行，全程做好录音和笔录。

2. 带电作业计划录入环节

（1）工作流程如下：

1）带电作业工作前一日12时前，当日值班人员需在OMS系统中填报次日带电作业工作计划，进入OMS系统→调度运行运用→停电计划管理流程及SOP→送变电上报日检修计划→日前检修计划报备上报→新增→保存→上报。

2）工作当日向值班调度申请退出自动重合闸（直流再启动装置）→确认自动重合闸（直流再启动装置）已退出→许可现场工作。

3）接到工作负责人工作终结的通知→向值班调度申请恢复自动重合闸（直流再启动装置）。

（2）工作要求。带电作业调度业务联系严格遵循本规程第四篇“调度业务联系流程及术语”中的有关规定执行，全程做好录音和笔录。

（六）计划及报表管理

1. 日报汇总、核查、上报

（1）工作流程。汇总分公司运维日报→核查数据准确性→形成运维检修日报→报运维检修部及相关单位。

（2）工作要求。分公司报送时间节点为当日21时，运检指挥中心汇总后上报。

2. 阶段性日报（防汛日报、保电日报等）汇总、核查、上报参照日报汇总、核查、上报执行

略。

3. 周计划汇总、核查、上报

（1）工作流程。汇总分公司周计划→与月计划对比核查数据准确性→报运维检修部各专责审核→发布。

（2）工作要求。运检指挥中心一是要认真核对各分公司上周计划完成情况，对于未完工作及时反馈至运维检修部相关专责，并反馈在日报中；二是要结合月度计划核查下周计

划制定是否合理。

4. 设备（资产）运维精益管理系统（PMS）月报

（1）工作流程。设备（资产）运维精益管理系统（PMS）→计划任务中心→主网检修计划管理→输电工作计划制定→计划编制。

（2）工作要求。本项工作应在每月25日之前完成。

5. 运行月报及检修计划汇总、核查、上报

（1）工作流程。收集各分公司运行月报→内容核查→汇总→报运维检修部各专责审核→报省公司运维检修部。

（2）检查流程。收集各分公司运维检修月度计划→内容核查（包括上月工作完成情况）→汇总→运维检修部审核→发布。

（3）检查要求。结合工作开展情况，重点检查各分公司月报数据及月度运维检修计划内容，未按计划完成的工作或错误数据及时反馈至运检部相关专责。

6. 停电检修计划填报

（1）月计划工作流程。OMS系统→调度运行应用→停电计划管理流程及SOP（销售运作计划）→月度检修计划→填写→上报。

（2）日计划工作流程。OMS系统→调度运行应用→停电计划管理流程及SOP（销售运作计划）→上报日检修计划→填写→上报（停电前4个工作日）。

（3）工作要求。下月月度停电检修计划系统内报送应于每月1日前完成，日停电检修计划系统内报送应于停电4日前完成，提交相关计划后应通知省计划调度，并待系统内所上报计划转为“已受理”后截图留存。

7. 保电及预警期间现场落实情况监督

（1）核查流程。根据运维检修部下发的预警执行卡或保电方案及各分公司的保电安排，落实具体保电工作，并核查当日工作是否按要求反馈在日报当中。

（2）核查要求。对于未按计划要求开展相应工作的情况，及时反馈至运维检修部。

（七）应急指挥及故障抢修

1. 故障抢修

（1）工作流程。向调度申请抢修工作→许可现场抢修作业→确认故障抢修结束、人员撤离→向调度终结。

（2）工作要求。具体流程严格遵循事故处理规程的有关规定。

2. 应急指挥

（1）工作流程。运检指挥中心接到跳闸信息→通知运维检修部及相关分公司→分公司开展故障巡视→运检指挥中心收集相关资料→反馈至分公司及运维检修部→明确故障点→召开故障分析会→落实处理措施。

（2）工作要求。具体流程严格遵循事故处理规程的有关规定。

十一、本节内容涉及的设备基本信息和资料

（一）公司所辖运维检修的高压线路设备基本信息表

公司所辖运维检修的高压线路设备基本信息见表2-1-1-3。

表 2-1-1-3　　公司所辖运维检修的高压线路设备基本信息表

序号	电压等级	线路名称	线路编号	色标	投运日期/(年-月-日)	线路全长/km	起点名称	终点名称	运行负荷限额/MW
1	直流800kV	天中线		绿色	2014-1-27	165.632	特高压天山换流站天中线出线单元	中州换流站天中线进线单元	8000
2	交流750kV	吐哈Ⅰ线	70913	黄色	2010-2-8	369.7	750kV吐鲁番变电站70913吐哈Ⅰ线出线单元	750kV哈密变电站750kV哈吐Ⅰ线线路单元	2300
3	交流750kV	哈天Ⅰ线	71309	灰色	2013-7-8	68.696	750kV哈密变电站71309哈天Ⅰ线出线单元	特高压天山换流站71309哈天Ⅰ线进线单元	2300
4	交流750kV	凤乌线	70810	绿色	2008-6-20	137.006	750kV凤凰变电站凤乌线70810出线单元	750kV乌北变电站乌凤线70810出线单元	1500
5	交流750kV	乌达Ⅰ线	7141	红色	2014-3-18	97.773	750kV乌北变电站7141乌达Ⅰ线出线单元	750kV达坂城变电站7141达乌Ⅰ线出线单元	2300
6	交流750kV	达吐Ⅰ线	70911	黑色	2014-3-18	112.61	750kV达坂城变电站70911达吐Ⅰ线出线单元	750kV吐鲁番变电站70911吐达Ⅰ线出线单元	2300
7	交流750kV	伊苏线	7121	红色	2013-4-29	251.5	750kV伊犁变电站7121伊苏线出线单元	750kV乌苏变电站7121苏伊线出线单元	2300
8	交流750kV	苏凤线	7122	蓝色	2013-4-27	159.367	750kV乌苏变电站7122苏凤线出线单元	750kV凤凰变电站7122凤苏线出线单元	2300
9	交流750kV	吐哈Ⅱ线	70914	绿色	2010-7-21	370.197	750kV吐鲁番变电站70914吐哈Ⅱ线出线单元	750kV哈密变电站750kV哈吐Ⅱ线线路单元	2300
10	交流750kV	天烟Ⅱ线	71312	蓝色	2013-7-8	66.432	特高压天山换流站71312天烟Ⅱ线出线单元	750kV烟墩变电站71312天烟Ⅱ线进线单元	2300
11	交流750kV	烟沙Ⅰ线	71305	白色	2013-7-8	116.599	750kV烟墩变电站71305烟沙Ⅰ线出线单元	250号	2300
12	交流750kV	烟沙Ⅱ线	71306	紫色	2013-7-8	116.749	750kV烟墩变电站71306烟沙Ⅱ线出线单元	248号	2300
13	交流750kV	巴吐Ⅱ线	71015	紫色	2011-1-10	335.12	750kV巴州变电站71015巴吐Ⅱ线单元	750kV吐鲁番变电站71015巴吐Ⅱ线单元	2300

续表

序号	电压等级	线路名称	线路编号	色标	投运日期/(年-月-日)	线路全长/km	起点名称	终点名称	运行负荷限额/MW
14	交流750kV	敦哈Ⅰ线	7104	蓝色	2010-10-26	195.055	332号小号侧出线端	750kV哈密变电站 750kV敦哈Ⅰ线间隔	2300
15	交流750kV	敦哈Ⅱ线	7105	红色	2010-10-26	195.055	332号小号侧出线端	750kV哈密变电站 750kV敦哈Ⅱ线间隔	2300
16	交流750kV	乌彩Ⅱ线	71414	黄色	2014-12-26	156.417	750kV乌北变电站 71414乌彩Ⅱ线出线单元	750kV五彩湾变电站 71414彩乌Ⅱ线出线单元	2300
17	交流750kV	乌彩Ⅰ线	71413	紫色	2015-1-14	156.346	750kV乌北变电站 71413乌彩Ⅰ线出线单元	750kV五彩湾变电站 71413彩乌Ⅰ线出线单元	2300
18	交流750kV	乌达Ⅱ线	7142	蓝色	2014-3-30	97.857	750kV乌北变电站 7142乌达Ⅱ线出线单元	750kV达坂城变电站 7142达乌Ⅱ线出线单元	2300
19	交流750kV	达吐Ⅱ线	70912	紫色	2014-3-30	112.841	750kV达坂城变电站 70912达吐Ⅱ线出线单元	750kV吐鲁番变电站 70912吐达Ⅱ线出线单元	2300
20	交流750kV	哈天Ⅱ线	71310	黑色	2013-7-8	68.7	750kV哈密变电站 71310哈天Ⅱ线出线单元	特高压天山换流站 71310哈天Ⅱ线进线单元	2300
21	交流750kV	凤达线	7143	黄色	2014-5-9	215.604	750kV凤凰变电站 7143凤达线出线单元	750kV达坂城变电站 7143凤达线出线单元	2300
22	交流750kV	库巴Ⅰ线	7149	红色	2014-8-30	286.786	750kV库车变电站 7149库巴Ⅰ线出线单元	750kV巴州变电站 7149巴库Ⅰ线出线单元	2300
23	交流750kV	天烟Ⅰ线	71311	红色	2013-7-8	66.456	特高压天山换流站 71311天烟Ⅰ线出线单元	750kV烟墩变电站 71311天烟Ⅰ线进线单元	2300
24	交流500kV	园天Ⅱ线		紫色	2014-7-18	44.806	花园电厂 500kV园天Ⅱ线出线单元	特高压天山换流站 500kV园天Ⅱ线进线单元	1600
25	交流500kV	园天Ⅰ线		黄色	2014-7-18	44.901	花园电厂 500kV园天Ⅰ线出线单元	特高压天山换流站 500kV园天Ⅰ线进线单元	1600

续表

序号	电压等级	线路名称	线路编号	色标	投运日期/(年-月-日)	线路全长/km	起点名称	终点名称	运行负荷限额/MW
26	交流500kV	南山Ⅰ线		红色	2014-6-29	36.098	南湖电厂 500kV 南山Ⅰ线出线单元	特高压天山换流站 500kV 南山Ⅰ线进线单元	1600
27	交流35kV	接地极线		红色	2014-1-27	65.473	哈密南换流站 天山接地极线出线单元	芨芨台极址 芨芨台极址	
28	交流220kV	金帆线	2827	绿色	2009-1-9	36.498	220kV 金沙变电站 2827 金帆线出线单元	220kV 红帆变电站 2827 金帆线出线单元	250
29	交流220kV	皇林Ⅱ线	2238	黄色	2007-10-15	92.245	220kV 皇宫变电站 220kV 皇林Ⅱ线间隔	吉林台水电站 220kV 皇林Ⅱ线出线	250
30	交流220kV	察帆线	2831	灰色	2009-1-9	67.465	察汗乌苏水电站 2831 察帆线单元	220kV 红帆变电站 2831 察帆线单元	250
31	交流220kV	车兹Ⅰ线	2819	黄色	2005-12-20	0.06	库车电厂 220kV 车兹Ⅰ线出线	220kV 龟兹变电站 220kV 车兹Ⅰ线 2819间隔	250
32	交流220kV	哈石线	2784	红色	2013-5-27	25.552	哈密 750kV 变电站 2784 哈房线出线单元	新疆华电石城子光伏汇集站 2784 哈石线进线间隔	644
33	交流220kV	兹棉Ⅰ线	2971	绿色	2004-12-24	229.218	220kV 龟兹变电站 2971 兹棉Ⅰ线出线单元	220kV 棉城变电站 2971 兹棉Ⅰ线出线单元	250
34	交流220kV	甜思牵Ⅰ线	2765	红色	2012-12-26	8.228	220kV 思甜变电站 2765 甜思牵Ⅰ线出线单元	220kV 思甜牵引站 2765 甜思牵Ⅰ线进线单元	442
35	交流220kV	库牙Ⅰ线	21437	灰色	2014-10-14	13.698	750kV 库车变电站 2257 库牙Ⅰ线出线单元	220kV 牙哈变电站 2276 库牙Ⅰ线出线单元	250
36	交流220kV	道旗牵Ⅰ线	21405	黄色	2014-9-1	20.375	220kV 二道湖变电站 2276 道旗牵Ⅰ线单元	220kV 新红旗村牵引站 2271 道旗牵Ⅰ线进线单元	644
37	交流220kV	银南牵Ⅱ线	2752	灰色	2012-12-29	15.37	220kV 银河路变电站 2752 银南牵Ⅱ线出线单元	哈密南牵引站 2752 银南牵Ⅱ线出线单元	442
38	交流220kV	房台牵Ⅰ线	2771	蓝色	2012-12-26	33.11	220kV 十三间房变电站 2771 房台牵Ⅰ线出线单元	220kV 红台牵引站 2771 房台牵Ⅰ线进线单元	644
39	交流220kV	烟疆Ⅰ线	21303	白色	2013-6-6	29.294	750kV 烟墩变电站 21303 烟疆Ⅰ线出线单元	220kV 东疆变电站 2271 烟疆Ⅰ线出线单元	600

续表

序号	电压等级	线路名称	线路编号	色标	投运日期/(年-月-日)	线路全长/km	起点名称	终点名称	运行负荷限额/MW
40	交流220kV	光堡牵Ⅰ线	2739	白色	2012-12-26	45.849	天光发电厂 光堡牵Ⅰ线2739出线单元	二堡牵引站 光堡牵Ⅰ线2739出线单元	442
41	交流220kV	车兹Ⅱ线	2820	黑色	2005-12-20	0.06	库车电厂 220kV车兹Ⅱ线出线	220kV龟兹变电站 220kV车兹Ⅱ线2820间隔	250
42	交流220kV	烟甜Ⅰ线	21301	紫色	2013-6-6	51.442	750kV烟墩变电站 21301烟甜Ⅰ线出线单元	220kV思甜变电站 2281烟甜Ⅰ线出线单元	600
43	交流220kV	甜梁牵Ⅰ线	2761	黄色	2012-12-26	40.36	220kV思甜变电站 甜梁牵Ⅰ线2761出线单元	220kV黑山梁牵引站 2761甜梁牵Ⅰ线单元	505
44	交流220kV	梨墩Ⅱ线	2812	红色	2013-8-27	32.046	220kV梨城变电站 2812梨墩Ⅱ线单元	220kV大墩子变电站 2812梨墩Ⅱ线单元	250
45	交流220kV	墩台Ⅱ线	2864	灰色	2013-8-21	167.676	220kV大墩子变电站 2864墩台Ⅱ线单元	220kV台远变电站 2864墩台Ⅱ线单元	250
46	交流220kV	白鹿线	2999	绿色	2013-11-2	194.687	220kV阿克苏开关站 2999阿克苏开关站出线单元	220kV巴楚开关站 2999巴楚开关站出线单元	250
47	交流220kV	库兹Ⅰ线	21439	红色	2014-9-8	17.655	750kV库车变电站 2261库兹Ⅰ线出线单元	220kV龟兹变电站 220kV库兹Ⅰ线出线间隔	250
48	交流220kV	民密牵Ⅰ线	21413	红色	2014-10-1	12.28	220kV兴民变电站 2279民密牵Ⅰ线单元	220kV哈密南牵引站 21413民密牵Ⅰ线进线单元	250
49	交流220kV	光堡牵Ⅱ线	2740	黑色	2012-12-26	46.042	天光发电厂 光堡牵Ⅱ线2740出线单元	二堡牵引站 光堡牵Ⅱ线2740出线单元	442
50	交流220kV	库拜Ⅰ线	21441	绿色	2014-8-23	110.517	750kV库车变电站 2265库拜Ⅰ线出线单元	220kV拜城变电站 2996牙拜线出线单元	250
51	交流220kV	甜思牵Ⅱ线	2760	绿色	2012-12-26	6.732	220kV思甜变电站 2760甜思牵Ⅱ线出线单元	220kV思甜牵引站 2760甜思牵Ⅱ线进线单元	442
52	交流220kV	甜亚牵Ⅰ线	21407	黄色	2014-9-1	17.776	220kV思甜变电站 2275甜亚牵Ⅰ线出线单元	220kV新尾亚牵引站 甜亚牵Ⅰ线进线单元	644
53	交流220kV	库牙Ⅱ线	21436	黑色	2014-10-13	13.697	750kV库车变电站 2256库牙Ⅱ线出线单元	220kV牙哈变电站 2996牙拜线出线单元	250

续表

序号	电压等级	线路名称	线路编号	色标	投运日期/(年-月-日)	线路全长/km	起点名称	终点名称	运行负荷限额/MW
54	交流220kV	疆烟牵Ⅰ线	2723	棕色	2012-12-26	38.236	220kV东疆变电站 疆烟牵Ⅰ线2723出线单元	烟墩牵引站 疆烟牵Ⅰ线2723出线单元	442
55	交流220kV	岭柳牵Ⅰ线	21421	红色	2014-9-12	14.019	220kV三道岭变电站 2277岭柳牵Ⅰ线单元	柳树泉牵引站 2277岭柳牵Ⅰ线单元	644
56	交流220kV	什金Ⅱ线	2852	绿色	2001-6-17	136.175	220kV库米什变电站 2852什金Ⅱ线单元	220kV金沙变电站 2852什金Ⅱ线单元	250
57	交流220kV	库拜Ⅱ线	21440	蓝色	2014-9-3	110.801	750kV库车变电站 2264库拜Ⅱ线出线单元	220kV拜城变电站 2276库拜Ⅱ线出线单元	250
58	交流220kV	光房线	2768	红色	2011-10-14	158.406	天光电厂升压站 2768光房线出线单元	220kV十三间房变电站 光房线2768进线单元	644
59	交流220kV	什金Ⅰ线	2847	棕色	2012-8-2	128.191	220kV库米什变电站 2847什金Ⅰ线单元	220kV金沙变电站 2847什金Ⅰ线单元	250
60	交流220kV	台牙Ⅰ线	2809	红色	2010-11-11	87.603	220kV台远变电站 2809台牙Ⅰ线出线单元	220kV牙哈变电站 2809台牙Ⅰ线出线单元	250
61	交流220kV	皇林Ⅰ线	2237	绿色	2005-7-17	93.119	220kV皇宫变电站 220KV皇林Ⅰ线间隔	吉林台水电站 220kV皇林Ⅰ线出线	250
62	交流220kV	巴金Ⅰ线	2843	棕色	2010-12-31	64.501	750kV巴州变电站 2843巴金Ⅰ线单元	220kV金沙变电站 2843巴金Ⅰ线单元	250
63	交流220kV	兹棉Ⅱ线	2970	蓝色	2008-1-19	229.361	220kV龟兹变电站 2970兹棉Ⅱ线出线单元	220kV棉城变电站 2970兹棉Ⅱ线出线单元	250
64	交流220kV	台牙Ⅱ线	2810	蓝色	2014-10-22	87.89	220kV台远变电站 2810台牙Ⅱ线出线单元	220kV牙哈变电站 2810台牙Ⅱ线出线单元	250
65	交流220kV	甜梁牵Ⅱ线	2762	蓝色	2012-12-26	40.488	220kV思甜变电站 甜梁牵Ⅱ线2762出线单元	220kV黑山梁牵引站 2762甜梁牵Ⅱ线单元	505
66	交流220kV	库兹Ⅱ线	21438	紫色	2014-10-19	17.655	750kV库车变电站 2260库兹Ⅱ线出线单元	220kV龟兹变电站 220kV库兹Ⅱ线出线间隔	250
67	交流220kV	银南牵Ⅰ线	2751	绿色	2012-12-29	15.197	220kV银河路变电站 2751银南牵Ⅰ线出线单元	哈密南牵引站 2751银南牵Ⅰ线出线单元	442
68	交流220kV	岭柳牵Ⅱ线	21422	蓝色	2014-9-1	13.969	220kV三道岭变电站 2274岭柳牵Ⅱ线单元	220kV柳树泉南牵引站 2272岭柳牵Ⅱ线进线单元	644

续表

序号	电压等级	线路名称	线路编号	色标	投运日期/(年-月-日)	线路全长/km	起点名称	终点名称	运行负荷限额/MW
69	交流220kV	岭了牵线	2766	紫色	2014-9-1	39.063	220kV 三道岭变电站 2273 岭山牵线单元	220kV 了墩牵引站 2766 岭了牵线进线单元	644
70	交流220kV	石岭线	21418	紫色	2014-9-1	89.692	新疆华电石城子光伏汇集站 2772 出线单元	220kV 三道岭变电站 2278 石岭线单元	644
71	交流220kV	房岭线	21417	绿色	2014-9-1	81.493	220kV 十三间房变电站 2280 房岭线出线单元	220kV 三道岭变电站 2272 房岭线单元	252
72	交流220kV	梨墩Ⅰ线	2811	蓝色	2013-8-27	31.061	220kV 梨城变电站 2811 梨墩Ⅱ线单元	220kV 大墩子变电站 2811 梨墩Ⅱ线单元	250
73	交流220kV	墩台Ⅰ线	2863	紫色	2013-8-23	166.258	220kV 大墩子变电站 2863 墩台Ⅰ线单元	220kV 台远变电站 2811 库台Ⅰ线单元	250
74	交流220kV	房台牵Ⅱ线	2764	绿色	2012-12-26	35.423	220kV 十三间房变电站 房台牵Ⅱ线 2764	红台牵引站 房台牵Ⅱ线 2764	644
75	交流220kV	银村牵Ⅰ线	2713	黑色	2012-12-26	31.55	220kV 银河路变电站 2713 银村牵Ⅰ线出线单元	220kV 红旗村牵引站 2713 银村牵Ⅰ线单元	252
76	交流220kV	哈岭线	2778	绿色	2014-12-10	88.151	750kV 哈密变电站 2778 哈岭线出线单元	220kV 三道岭变电站 2778 哈岭线单元	644
77	交流220kV	道旗牵Ⅱ线	21406	绿色	2014-9-1	20.219	220kV 二道湖变电站 2272 道旗牵Ⅱ线单元	220kV 新红旗村牵引站 2272 道旗牵Ⅱ线进线单元	644
78	交流220kV	房了牵Ⅰ线	2769	白色	2012-12-26	42.904	220kV 十三间房变电站 2769 房了牵Ⅰ线出线单元	220kV 了墩牵引站 2769 房了牵Ⅰ线进线单元	644
79	交流220kV	甜亚牵Ⅱ线	21408	绿色	2014-9-1	17.724	220kV 思甜变电站 2277 甜亚牵Ⅱ线出线单元	220kV 新尾亚牵引站 2277 甜亚牵Ⅱ线进线单元	644
80	交流220kV	房山牵线	21415	灰色	2014-9-1	36.034	220kV 十三间房变电站 2273 房山牵线出线单元	220kV 黑山牵引站 2272 房山牵线进线单元	644
81	交流220kV	岭山牵线	21416	红色	2014-9-1	54.497	220kV 三道岭变电站 2273 岭山牵线单元	220kV 黑山牵引站 2271 岭山牵线进线单元	644
82	交流220kV	道村牵线	2756	黄色	2014-9-1	22.512	220kV 二道湖变电站 2756 道村牵线单元	220kV 红旗村开关站 2756 银村牵Ⅱ线单元	644

续表

序号	电压等级	线路名称	线路编号	色标	投运日期/(年-月-日)	线路全长/km	起点名称	终点名称	运行负荷限额/MW
83	交流220kV	疆烟牵Ⅱ线	2724	灰色	2012-12-26	38.07	220kV东疆变电站 疆烟牵Ⅱ线2724出线单元	烟墩牵引站 疆烟牵Ⅱ线2724出线单元	442
84	交流220kV	民密牵Ⅱ线	21414	蓝色	2014-10-1	12.138	220kV兴民变电站 2280民密牵Ⅱ线单元	220kV哈密南牵引站 21414民密牵Ⅱ线进线单元	250
85	交流220kV	烟疆Ⅱ线	21304	黑色	2013-6-6	29.444	750kV烟墩变电站 21304烟疆Ⅱ线出线单元	220kV东疆变电站 2272烟疆Ⅱ线出线单元	644
86	交流220kV	烟甜Ⅱ线	21302	绿色	2013-6-6	47.926	750kV烟墩变电站 21302烟甜Ⅱ线出线单元	220kV思甜变电站 2271烟甜Ⅱ线出线单元	600
87	交流220kV	巴焉Ⅰ线	2832	黄色	2013-11-8	33.696	750kV巴音郭楞变电站 220kV巴察线出线	220kV焉耆变电站 2832巴焉Ⅰ线单元	250
88	交流220kV	察焉线	2855	绿色	2013-11-7	83.419	察汗乌苏水电站 2855察焉线出线间隔	220kV焉耆变电站 2855察焉线出线单元	250

（二）公司所辖高压输电线路地理接线图

略。

（三）设备（资产）运维精益管理系统（PMS）指标核查清单

1. 设备（资产）运维精益管理系统（PMS）指标检查

（1）设备台账（台账完整率、台账录入及时率、台账错误数据）。

（2）缺陷指标（缺陷内容、定性、处理详情等录入准确性、录入及时率、缺陷归档率、严重和危急缺陷超周期率、缺陷与任务单关联率、缺陷原因填写为“其他”或“原因不明”率、主要字段填写率、缺陷记录数）。

（3）运行记录（巡视录入率、故障巡视录入率、检测记录、故障录入准确性）。

（4）检修指标（检修记录与工作任务单关联率、停电工作任务单与工作计划关联率、工作计划数、工作任务单数）。

（5）状态评价（状态评价准确性、三级评价完成率）。

（6）工作票（系统开票数、填写准确性、归档率、合格率、工作票与任务单关联率）。

2. 设备（资产）运维精益管理系统（PMS）移动作业平台应用指标核查

（1）移动作业开展情况（工作计划次数、移动作业应用次数、线路检修移动作业开展执行情况、线路巡视移动作业开展执行情况）。

（2）标准化作业巡视检修（巡视到位率、GIS定位次数、手工备注次数、作业文本执行率、作业文本归档率）。

（四）运检指挥中心日常基本工作项目清单

运检指挥中心日常基本工作项目清单见表2-1-1-4。

表 2-1-1-4　　运检指挥中心日常基本工作项目清单

序号	项目	类别	工 作 内 容	统计频次	标 准	分工
1	通用项	状态评价	执法记录仪数据核查	每天		白班
2			在线监测实时接入率统计	每天	准确无误，不能低于90%。将数据未上传设备导出发送计划监督专责	白班
3			设备（资产）运维精益管理系统（PMS）日指标查询	每天	满足省公司下发标准	白班
4			设备（资产）运维精益管理系统（PMS）设备自动评价及结果校核（2日）	每月	新投运设备应在1个月内组织开展首次状态评价工作；检修（A类、B类、C类检修）评价在检修工作完成后2周内完成；特殊专项评价按省公司要求执行。具体操作要求参照“设备定期评价”执行，对于自动评价有误、线路廊道隐患等未列入评价范围的情况，按照《国家电网公司状态评价导则》进行人工修改。设备评价后，各分公司应形成评价报告，给出决策建议，并由运检部检修专责审核后列入检修计划	白班
5			设备（资产）运维精益管理系统（PMS）移动作业平台指标校核（19日前）	每月	确保每处坐标正确，录入系统完整	白班
6			设备（资产）运维精益管理系统（PMS）月报填报（25日前）	每月	输电线路危急缺陷情况月报、输电线路运行月报、输电线路跳闸情况月报填报准确	白班
7			工作票许可	每次	审查工作的必要性，线路停、送电和许可工作的命令是否正确，许可的接地等安全措施是否正确完备	倒班
8			隐患录入核查	每天	隐患照片每周更新一次，隐患内容描述准确，及时录入	倒班
9			缺陷录入核查	每天	缺陷应在巡视结束后72h内录入设备（资产）运维精益管理系统（PMS）（以系统内发现时间及登记时间为准），超过72h即为不合格数据。消缺时限要求为：“危急缺陷24h内消除、严重缺陷30日内消除”，超期即为不合格数据	白班/倒班
10			红外测温核查	每天	对红外测温温度进行分析，查找超标杆塔、安排人员进行复测并反馈测量结果	白班
11			接地电阻核查	每天	对接地电阻测量进行分析，查找超标杆塔、安排人员进行复测并反馈测量结果	倒班
12		监控、监测	在线监测实时监控	每天	摄像头脏污、视频显示异常、无法显示画面、监控现场有外破迹象等情况，通知相关分公司进行处理。对在线监测发现的隐患，安排分公司做好相关工作，并报运检部相关专责	倒班
13			电网负荷监控	每天	所辖线路实时负荷长时间接近或高于设计最大负荷60%或突然升高的情况，安排相关分公司开展线路红外测温工作和相应特巡保电工作。对大负荷情况下，安排分公司做好相关工作，并报运检部相关专责	倒班

续表

序号	项目	类别	工作内容	统计频次	标　准	分工
14	通用项	监控、监测	在线监测相关信息	每次	收集电科院“在线监测装置未上传通知单”，各分公司督促厂家在设备停运后3周之内完成修复，因故不能按时修复，运检指挥中心向技术监督专责告知	白班
15			在线监测告警信息处理率查询及处理		在线监测装置出现告警信息应该及时处理（夏季高温天气常见），保证该指标100%	白班
16		工作计划编制、上报、落实、监督	运维日报汇总、核查、上报、归档	每天	分公司报送时间节点为当日20时（特殊状况提前说明），运检指挥中心汇总后上报，报送无误	倒班
17			运维检修日报汇总、核查、上报、归档	每天	运检指挥中心汇总报送时间节点为当日17时，报送无误，将电子版归档	倒班
18			阶段性日报（防汛日报、周报、保电日报等）汇总、核查、上报、归档	季度	运检指挥中心按照时间节点，汇总后上报，报送无误，将电子版归档	倒班
19			分公司日工作情况监督落实	每天	针对前一日巡视计划、检修计划及当日完成情况核查，将核查有误内容截图留存	倒班
20			交接班日志	每天	内容完整、数据无错误，内容无遗漏、无错别字，填规范、发布时间不得超出交接班时间1h	倒班
21			周工作计划汇总、核查、上报、归档（周四）	每周	汇总分公司周计划，与月计划对比核查数据准确性，报运维检修部各专责审核，发布。对核查出的错误数据、未落实工作或落实不到位等情况安排分公司整改并报运检部相关专责，将电子版归档	倒班
22			周工作计划完成情况监督落实（周五）	每周	核对各分公司上周计划完成情况，对于未完工作及时反馈至运维检修部相关专责，并反馈在日报中，结合月度计划核查下周计划制定是否合理	白班
23			月度运行报表及附件汇总、上报、归档（4日前）	每月	收集各分公司运行月报，检查各分公司月报数据，汇总报送运维检修部各专责审核，报省公司运维检修部。对核查出的错误数据、未落实工作或落实不到位等情况安排分公司整改并报运检部相关专责，将电子版归档	倒班
24			月度运维检修计划汇总、核查、上报、归档（28日）	每月	收集各分公司运维检修月度计划，内容核查，汇总发送至运维检修部相关专责审核并发布，将电子版归档	倒班
25			月度运维检修监督落实	每月	结合工作开展情况，检查各分公司本月工作完成情况，未按计划完成的工作或错误数据及时反馈至运检部相关专责，截图留存	白班
26			监察性巡视计划汇总、核查、上报、归档	每月	收集各分公司监察性巡视计划，内容核查，汇总发送至运维检修部相关专责审核。对核查出的错误数据、未落实工作或落实不到位等情况安排分公司整改并报运检部相关专责，将电子版归档	倒班
27			监察性巡视计划监督落实	每月	结合工作开展情况，检查各分公司本月工作完成情况，未按计划完成的工作或错误数据及时反馈至运检部相关专责	白班

续表

序号	项目	类别	工 作 内 容	统计频次	标 准	分工
28	通用项	工作计划编制、上报、落实、监督	停电检修日计划 OMS 系统填报	每次	日停电检修计划系统内报送应于停电 3 日前完成，提交相关计划后应通知省计划调度，准确、无误	倒班
29			带电检修工作日计划 OMS 系统填报	每次	前一天 12 时以前上报，节假日上报提前	倒班
30			分公司月计划完成率核查	每月	结合工作开展情况，检查各分公司本月工作完成情况，未按计划完成的工作或错误数据及时反馈至运检部相关专责	倒班
31		数据收集	数据核查清单（周五）	每周	核查设备（资产）运维精益管理系统（PMS）指标情况和数据录入情况，不合格数据（包含缺陷和状态评价信息）填入“数据核查清单”，并通过“工作任务单”派发所属分公司整改	倒班
32			输电线路廊道隐患台账（周三）	每周	监控中心值班人员根据设备（资产）运维精益管理系统（PMS）内隐患新增、消除等情况，对输电线路廊道隐患台账及时进行更新，下午 17 时之前报送至电科院公共邮箱	倒班
33			运检指挥中心周报（周五）	每周	监控中心值班人员对本周缺陷、隐患、检修、巡视、在线监测等情况进行统计核查，并对重点工作进行监督检查，督促分公司按照要求完成领导安排各项工作	白班
34			运检指挥中心周工作例会（周五）	每周	监控中心值班人员对本周重点完成工作及下周计划进行统计	白班/倒班
35			运检指挥中心月度总结（运行分析会汇报）（不定期）	每月	监控中心值班人员对本周缺陷、隐患、检修、巡视、在线监测等情况进行统计核查，并对重点工作进行监督检查，督促分公司按照要求完成领导安排各项工作	白班/倒班
36			参加月度运行分析会（不定期）	每月	监控中心值班全体人员参会，并记录相关内容	白班/倒班
37			分公司月度绩效考核建议（1 日）	每月	监控中心值班人员根据分公司工作完成情况，如分公司未按计划完成工作，纳入月度考核，并将考核结果报送至计划专责处进行汇总	白班/倒班
38			“六防”台账	季度	见规程要求	
39			检修“四措一案”学习、收集、备案	每次	对各分公司检修工作“四措一案”中的有关内容和工作方案做到熟知，尤其掌握工作过程中的安全风险和注意事项，检修期间能够准确掌握工作实时状态和下一步工作内容，当上级调度询问现场情况时，能够准确回答并做出相应判断	倒班
40			运检部对分公司下发的各项工作安排通知的收集、编号备案并监督完成情况	每次	监控中心值班人员按照通知要求，编辑工作任务单，要求各分公司按照时间节点上报相关报表，实行闭环反馈制度，及时检查分公司是否按照要求完成工作任务单要求	倒班
41			任务单编制、下发	每次	对下安排的所有工作任务均使用“工作任务单”，写明工作内容和要求，同时要求责任人完成后签字确认，并将照片件返还至运检指挥中心留存。“工作任务单”一律按照年、月、日、序号的规则进行编号，例如 20150101001 则表示 2015 年 3 月 1 日的第一份任务单	倒班

续表

序号	项目	类别	工作内容	统计频次	标准	分工
42	通用项	数据收集	电网风险预警卡编制、发布	每次	根据运维检修部下发的预警执行卡或保电方案及各分公司的保电安排，落实具体保电工作	倒班
43			保电方案和特巡计划执行监督	每次	核查保电工作是否按要求反馈运检指挥中心	白班
44			现场履职表（28日）	每月	收集各分公司现场履职表，内容核查，汇总发送至运维检修部相关专责审核并发布，将电子版归档	白班/倒班
45		应急指挥	保电或预警期间的现场落实情况核查	每次	根据运维检修部下发的预警执行卡或保电方案及各分公司的保电安排，落实具体保电工作，并核查当日工作是否按要求反馈在日报当中，对于未按计划要求开展相应工作的情况，及时反馈至运维检修部	白班
46			事故应急指挥	每次	运检指挥中心接到跳闸信息→通知运维检修部及相关分公司→分公司开展故障巡视→运检指挥中心收集相关资料→反馈至分公司及运维检修部→明确故障点→召开故障分析会→落实处理措施	白班/倒班
47			跳闸分析收集	每次	运检指挥中心值班人员及时与现场负责人、运行专责联系，收集现场天气情况，现场抢修人员、车辆、故障特巡情况、故障点及故障原因，要求分公司报送事故跳闸快报及故障分析报告	倒班
48			调度联系［停送电、重合闸（直流再启动装置）、抢修］	每次	运检指挥中心值班人员于带电作业当日与现场工作负责人联系，确认现场条件满足带电作业要求后，与省调当值调度申请退出线路两侧重合闸	倒班
49			跳闸台账填报	每次	运检指挥中心值班人员根据跳闸实际情况，及时更新跳闸台账并收集跳闸分析报告	倒班
50	非常规项	其他工作	现场检查	每次	根据工作安排，跟随分公司相关人员前往现场，检查现场工作开展、完成情况及隐患缺陷相关情况	白班/倒班
51			各项培训	每次	运检指挥中心人员参加培训前应在《人员培训记录》中做好登记，无须再履行请销假手续，超过3天（含3天）的培训应编写培训小结，相关业务培训资料及时拷贝至运检指挥中心资料管理文件夹	白班/倒班
52			省公司下发文件上报材料	每次	根据省公司下发文件要求，完成指令上传下达，并完成相关报表报送工作	白班
53			运维检修部工作安排	每次	根据运维部领导及专责要求，完成指令上传下达，并完成相关报表报送工作	白班/倒班

续表

序号	项目	类别	工作内容	统计频次	标准	分工
54	非常规项	其他工作	各类迎检	每次	根据省公司下发文件要求，对各项检查认真完成，并留存电子资料	白班/倒班
55			缺陷管理	每次		白班/倒班
56			办理各类项目流程	每次		白班/倒班

（五）故障跳闸处理流程图

故障跳闸处理流程如图 2-1-1-1 所示。

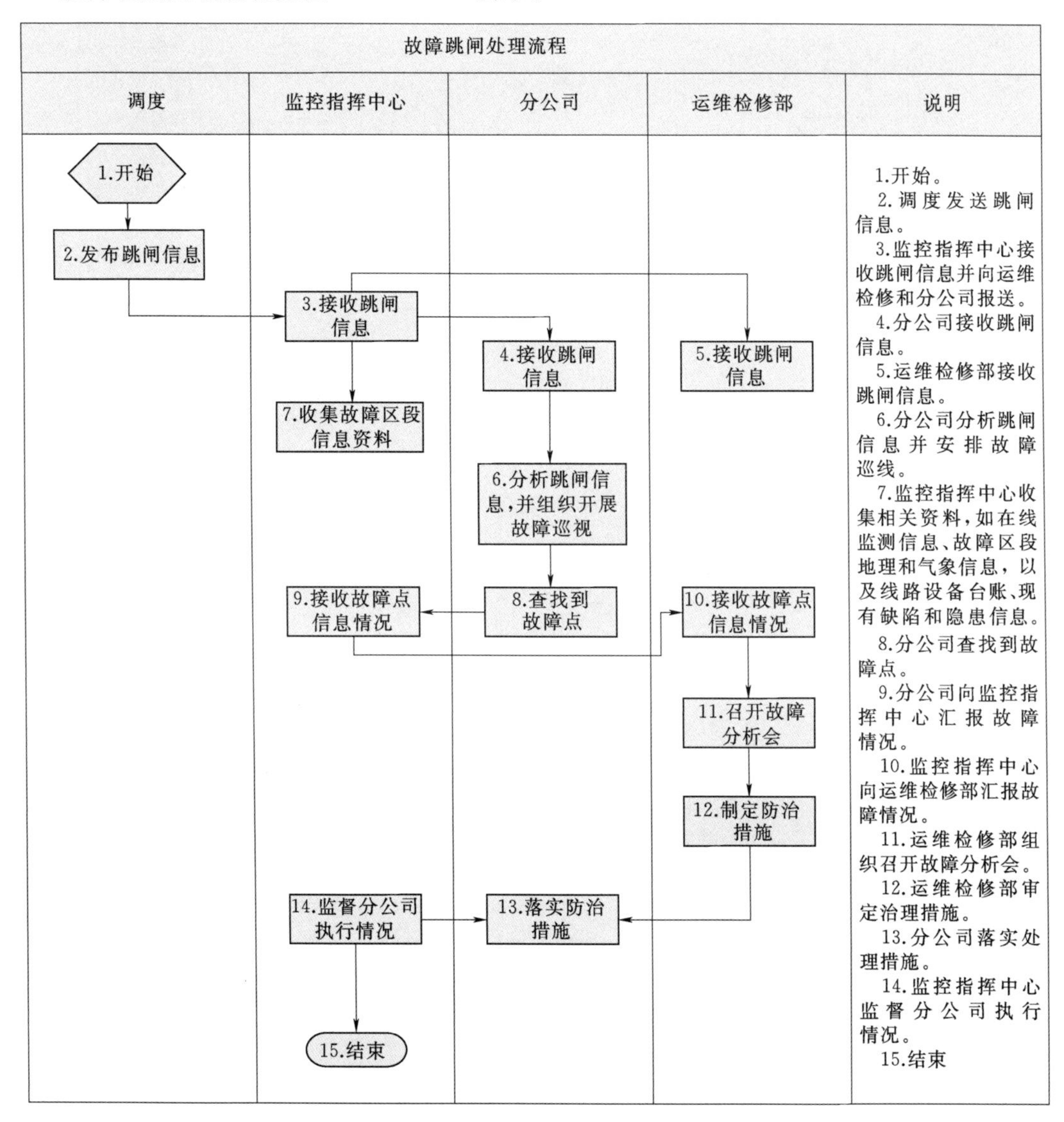

图 2-1-1-1 故障跳闸处理流程图

（六）停送电调度联系工作流程图

停送电调度联系工作流程如图 2-1-1-2 所示。

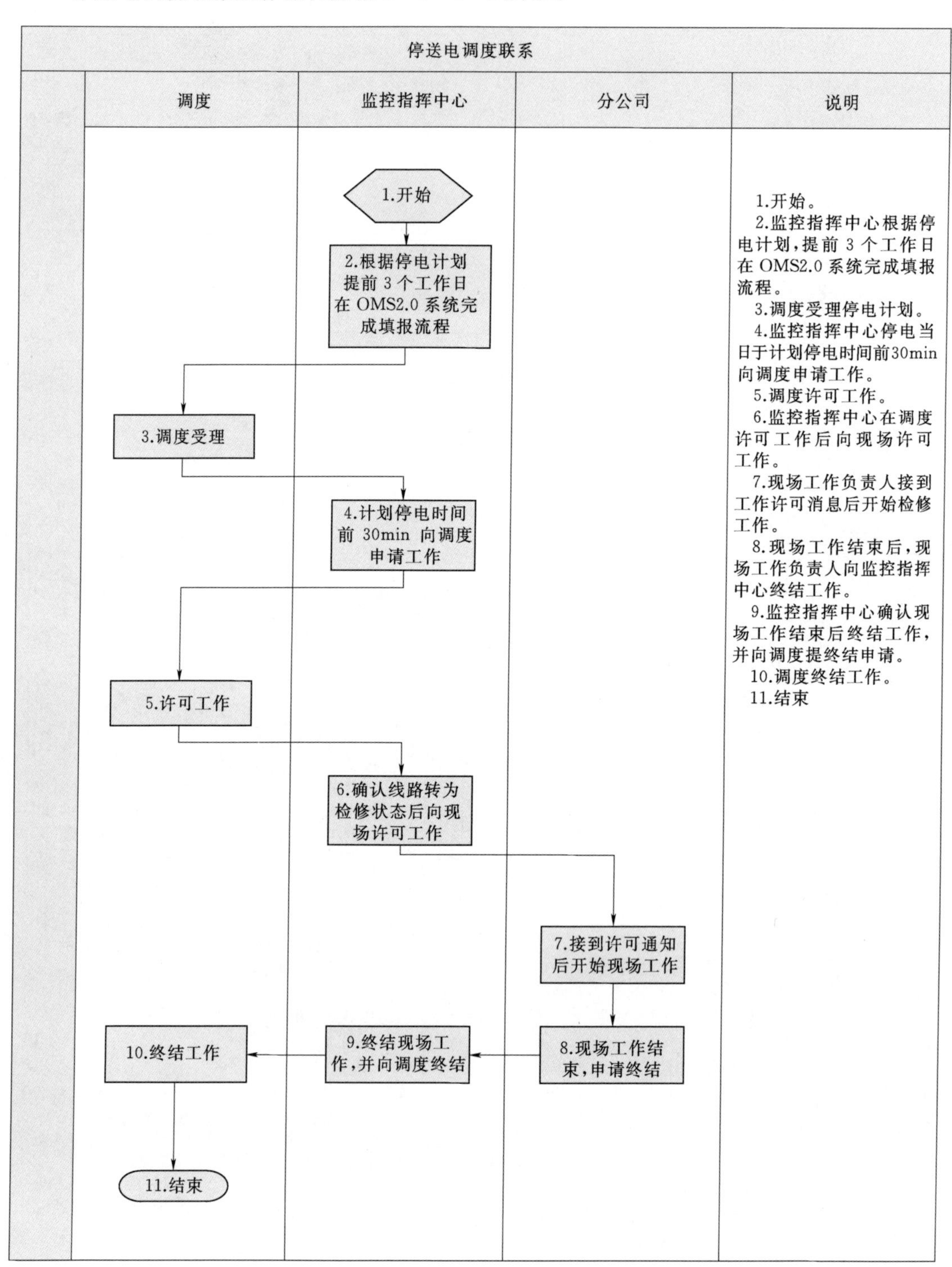

图 2-1-1-2　停送电调度联系工作流程图

（七）运检指挥中心工作任务单模板

运检指挥中心工作任务单模板如图 2-1-1-3 所示。

发送单位	运检指挥中心	编号	×××××××××
接收单位	各输电运检分公司	日期	×××××××××
主题			
内　　容			
联系人：×××、×××、×××、××× 联系电话：××××-×××××××××			
审核人		批准人	

图 2-1-1-3　运检指挥中心工作任务单模板

（八）运检指挥中心纸质版值班日志模板

运检指挥中心纸质版值班日志模板如图 2-1-1-4 所示。

值班人员	
当值时间范围	
值班日期	
内　　容	
值班内容要详细记录事件发生的时间、汇报人单位和姓名、汇报方式、事件内容、处理情况、后续安排、监控中心指令，以及接收人姓名等内容。 交班人员确认签字：　　　　接班人员确认签字： 交接班日期： 交接班时间：	

图 2-1-1-4　运检指挥中心纸质版值班日志模板

（九）运检指挥中心周报模板

运检指挥中心周报模板如图 2-1-1-5 所示。

第×周
（××月××日—××月××日）

××公司运检指挥中心　　20××年××年××日

运维检修周报
一、上周设备运行情况
二、设备缺陷及廊道隐患情况
（一）设备缺陷基本情况
（二）廊道隐患基本情况
（三）隐患治理情况
三、设备状态评价情况
四、本周风险预警及保电方案执行情况
五、检修计划执行情况
六、在线监测设备情况
七、运检指挥中患难与共工作督查

××公司运检指挥中心
20××年××月××日

图 2-1-1-5　运检指挥中心周报模板

（十）运检指挥中心月度工作总结模板

运检指挥中心月度工作总结模板如图 2-1-1-6 所示。

一、设备基本情况
二、设备缺陷情况
三、廊道隐患情况
四、重要通道负荷情况和红外测温五、外送通道负荷及红外测温情况
五、月度计划完成情况
　1. 月度计划整体执行情况
　2. 各类工作计划执行情况统计
六、主要存在的问题及下一步工作要求

图 2-1-1-6　运检指挥中心月度工作总结模板

（十一）运检指挥中心人员通讯录

略。

（十二）公司各输电运检分公司主要人员通讯录

略。

（十三）常用内网网址

略。

第二节　架空输电线路无人机巡检管理

由于输电线路设备大多暴露在旷野环境运行，气象条件复杂、现场环境多变，导线、避雷线、绝缘子、金具在长时间运行中受到各种各样力的长期作用，极易发生断股、锈蚀、过热等情况。依靠传统人工逐基杆塔巡视的作业方法，巡视工作量大、巡视时间长，消耗大量的人力和资源；复杂的地理环境给巡视人员带来未知的安全风险，使得更多深入的工作无法有效展开。近些年来，进行了无人机架空输电线路巡检的试点和应用。无人机巡检智能高效、省时省力，将会成为线路巡检的主要形式，人工巡检变为一种补充方式。

一、架空输电线路无人机巡检系统配置

（一）架空输电线路无人机巡检系统配置的基本原则和分类

1. 架空输电线路无人机巡检系统配置的基本原则

（1）应根据作业需求和设备特点选择无人机巡检系统。

1）线路本体巡检、故障巡检和其他精细化巡检宜优先配置无人直升机巡检系统。

2）线路通道巡检、灾情普查和其他快速普查宜优先配置固定翼无人机巡检系统。

（2）无人机巡检系统应自动化、集成化程度较高且运行可靠，维护方便。

（3）无人机巡检系统操作人员应经专业培训并按照 AC-61-FS-2013-20 的要求持证上岗。

2. 无人机分类和适用范围

（1）中型无人直升机。指空机质量大于 7kg 且小于等于 116kg 的无人直升机，一般是单旋翼带尾桨式无人直升机，适用于中等距离的多任务精细化巡检。

（2）小型无人直升机。指空机质量小于等于 7kg 的无人直升机，一般是电动多旋翼无人机，适用于短距离的多方位精细化巡检和故障巡检。

（3）中型固定翼无人机。指空机质量大于 7kg 且小于等于 20kg 的固定翼无人机，续航时间一般大于等于 2h，适用于大范围通道巡检、应急巡检和灾情普查。

（4）小型固定翼无人机。指空机质量小于等于 7kg 的固定翼无人机，续航时间一般大于等于 1h，适用于小范围通道巡检、应急巡检和灾情普查。

3. 有关架空输电线路无人机巡检系统配置的名词术语

有关架空输电线路无人机巡检系统配置的名词术语见表 2-1-2-1。

表 2-1-2-1　　有关架空输电线路无人机巡检系统配置的名词术语

名词术语	含义或解释
无人机巡检系统（unmanned aerial vehicle inspection system）	指利用无人机搭载可见光、红外等检测设备，完成架空输电线路巡检任务的作业系统。一般由无人机分系统、任务载荷分系统和综合保障分系统组成，包括无人直升机（按结构形式一般分为单旋翼带尾桨式和多旋翼式）巡检系统和固定翼无人机巡检系统
无人机分系统（uav subsystem）	指由无人驾驶航空器、地面站和通信系统组成，通过遥控指令完成飞行任务的无人飞机系统
任务载荷分系统（mission payload subsystem）	指为完成检测、采集和记录架空输电线路信息等特定任务功能的系统，一般包括光电吊舱、云台、相机、红外热像仪和地面显控单元等设备或装置
综合保障分系统（comprehensive support subsystem）	指保障无人机巡检系统正常工作的设备及工具的集合，一般包括供电设备、动力供给（燃料或动力电池）、专用工具、备品备件和储运车辆等
机载追踪器（airborne tracker）	不依赖于机载电源和数传电台工作，能通过定时自动或受控应答方式与工作人员取得联系，确定无人机所在位置信息的机载设备
机头重定向（nose redirection）	对无人机机头朝向进行重新指定，无论无人机机头指向何方，均能按手柄或按键的操控方向飞行
一键返航（a key to return）	指不论无人机处于何种飞行状态，只要工作人员通过地面控制站或遥控手柄上的特定功能键（按钮）启动该功能，无人机应中止当前任务，按预先设定的策略返航
光电吊舱（electrooptical pod）	指挂载在无人机上的密闭舱体，可集成多种检测设备（照相机、摄像机或红外热像仪等），并受控实现转向、变焦、拍照、录像等功能
云台（cradle head）	指安装在无人机上用于固定、支撑检测设备（照相机、摄像机或红外热像仪等），并受控实现专向、拍照等功能的装置
地面控制站（ground control station）	通过通信系统实现无人机分系统或任务载荷分系统遥控、遥测等功能的地面设备的集合
操控手（manual operator）	利用遥控器以手动或增稳模式控制无人机巡检系统飞行的工作人员
程控手（program operator）	利用地面控制站以增稳或全自主模式控制无人机巡检系统飞行的工作人员
任务手（mission operator）	操控机载任务设备对巡检目标进行拍照、摄像的工作人员
空机质量（empty weight）	指除任务载荷、燃油和动力电池外的无人机质量

（二）设备配置

1. 通用配置

（1）应配置机载飞行控制系统，能按照预设航线自动进行飞行作业，并具备一键返航功能。

（2）应配置飞行数据记录仪。

（3）应配置机载追踪器。

（4）应配置插拔式存储设备，存储空间应能满足无人机巡检系统最大巡检能力的要求，固定翼无人机巡检系统不小于 64GB，小型无人直升机巡检系统不小于 32GB，中型

无人直升机巡检系统不小于 64GB。

（5）油动无人机巡检系统所用燃料应为常用民用燃料，例如 93（92）号、97（95）号汽油等。

（6）电动型无人机动力、任务设备和地面站电池配置的数量应能保证正常作业，在充电及储运状态下应有防爆、阻燃等安全措施。

（7）宜配置飞行模拟仿真培训系统，所用语言应为中文。

（8）宜配置图像拼接软件。

（9）宜具备无人机避障设备或防撞功能。

2. 中型无人直升机巡检系统专用配置

（1）宜配置具有可替换功能的单一可见光或单一红外光电吊舱，也可为一体化、可切换设备。光电吊舱应具有减振、增稳功能，替换操作应便捷，可在作业现场完成。

（2）应配置高清可见光检测设备，在距离目标 50m 处获取的可见光图像可清晰辨识销钉级缺陷。

（3）宜配置红外检测设备，在距离目标 50m 处获取的红外视频和红外热图可清晰分辨输电线路发热缺陷点，热图数据应能存储。

（4）应配置可见光摄像机和无线图像传输系统，图像清晰度应能满足巡检要求（标清及以上），传输延时不宜超过 300ms。

（5）应装有左红、右绿、尾白的航行灯。

3. 小型无人直升机巡检系统专用配置

（1）宜配置单一可见光和单一红外检测设备，也可为一体化、可切换设备，宜配置具有减振、增稳功能的云台或光电吊舱。

（2）应配置高清可见光检测设备，在距离目标 10m 处获取的可见光图像可清晰辨识销钉级缺陷。

（3）应配置可见光摄像机和无线图像传输系统，图像清晰度应能满足巡检要求（标清及以上），传输延时不宜超过 300ms。

（4）应配置航行灯，机头朝向应具有明显标识。

（5）应具有机头重定向功能。

4. 固定翼无人机巡检系统专用配置

（1）应配置可见光检测设备，可见光检测设备宜进行标定，应具备定时、定点、定距拍照功能。

（2）应配置机载高清摄像机，高清视频存储时间不应小于固定翼无人机续航时间。

（3）应根据起飞、回收功能配置相应的起降设备，例如弹射器、撞网回收装置等，并应配置备用起降设备。

（4）应配置紧急伞降装置。

5. 综合保障设备

（1）飞行保障设备：

1）中型无人直升机巡检系统应配置运输和测控车辆，车辆应满足 GB 7258 相关要求，配备对无人机巡检系统进行固定和防振的装置。

2）应配置风速仪、望远镜、测距望远镜、备用电源和手持式 GPS 定位仪等飞行保障设备。

3）地面控制站应配置强固型或半强固型计算机，可分屏显示飞行参数和图传视频。计算机不宜采用可触控屏幕，应能满足各种软件运行需要，响应速度快。

（2）维护保养设备：

1）各型无人机巡检系统应配置专用工器具，满足日常维护保养要求。

2）各型无人机巡检系统应配置充足的备品备件，例如电池、尾桨、天线等。

（3）安全保障设备。各型无人机巡检系统应配置灭火器、防静电手套、防爆油箱、警戒带等安全设备和用具。

（三）工作班组人员配置

1. 工作班组配置要求

（1）应用无人机巡检系统的架空输电线路运维单位宜成立无人机巡检专业班组，班组工作人员应掌握 DL/T 741、Q/GDW 1799.2、Q/GDW 11092 中的相关专业知识、安全知识。

（2）无人机巡检系统应用单位宜配置维护保养人员。

2. 工作班人员配置要求

（1）中型无人直升机巡检工作班成员至少应包括操控手、程控手和任务手。

（2）小型无人直升机巡检和固定翼无人机巡检工作班成员至少应包括操控手和程控手。

（3）宜根据巡检现场具体情况配备现场安全监护人员。

（四）特殊环境配置

1. 低温环境巡检

（1）当环境温度低于－10℃时，宜选择低温放电性能好的电池，－10℃时放电能力不低于 20%。

（2）宜配置具有保温和加热功能的设备，可对电池进行预热和保温，保证其在低温状态下正常工作。

（3）当温度过低以至大幅影响电池放电能力时，应采用油动无人机巡检系统进行巡检作业。

2. 高海拔地区巡检

（1）应采用适用于高海拔地区的无人机巡检系统。

（2）应采用适用于高海拔地区的电池。

（3）固定翼无人机弹射起飞架应进行延长处理，保证起飞时的初速度达到放飞要求。

二、无人机的维修和保养

（一）基本要求和职责分工

为规范公司无人机巡检系统维护工作，保障输电线路无人机航巡作业安全、可靠开展，有必要对无人机的维修和保养作出规定。

1. 公司航巡中心职责

（1）负责监管各单位人员使用无人机设备。

（2）审核各单位无人机设备的维保计划。

（3）对各单位设备维保记录建档留底。

2. 融资租赁公司（以下简称“租赁公司”）职责

（1）负责对接各单位进行设备故障处理。

（2）负责设备事故维保全过程的管理。

（3）负责出具设备检测报告及维保清单。

（4）对各单位设备维保记录建档留底。

3. 公司各使用无人机单位职责

（1）按规定使用、操作无人机设备，对设备进行日常维护。

（2）及时反馈设备事故报告至航巡中心和新能租赁。

（3）承担设备事故责任（包括但不限于超出设备质保、有偿保障范围外的经济责任）。

（4）各单位对设备维保记录进行建档留底。

（二）无人机维修保养工作流程

1. 无人机维修工作流程

无人机维修工作流程如图 2-1-2-1 所示。

2. 无人机保养工作流程

无人机保养工作流程如图 2-1-2-2 所示。

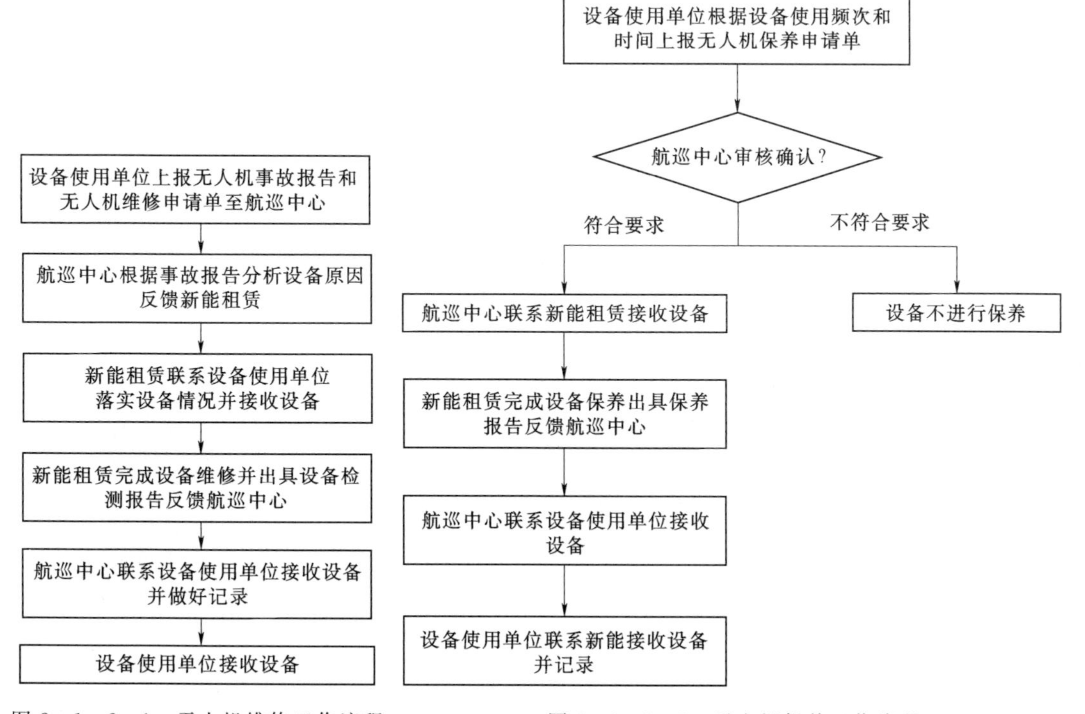

图 2-1-2-1　无人机维修工作流程

图 2-1-2-2　无人机保养工作流程

（三）设备维修保养管理

1. 设备维修保养类别周期和工作内容

设备维修保养类别周期和工作内容见表2-1-2-2。

表2-1-2-2　　设备维修保养类别周期和工作内容

序号	设备	类别	周　　期	工作内容
1	无人机	日常保养	根据设备的使用频率及工作状态自行确定	包含但不限于以下内容： （1）及时清理油污、碎屑，保持各部位清洁。 （2）长期贮存时，整机进行防尘。 （3）电池需按其具体使用说明进行定期充放电
		定期保养	参照具体机型的维护保养手册而定，但不得多于1000个起降架次或1年（以先到的为准）	包含但不限于以下内容： （1）保持机身外观完整无损。 （2）保持机身框架完好无裂纹。 （3）保持紧固件、连接件稳定可靠
2	任务载荷	日常保养	根据设备的使用频率及工作状态自行确定	包含但不限于以下内容： （1）保持任务载荷设备清洁。 （2）保持数据存储空间充足。 （3）合理装卸，妥善贮存，避免碰撞损坏
		定期保养	参照具体机型的维护保养手册而定，但不得多于1000个起降架次或1年（以先到的为准）	包含但不限于以下内容： （1）保持任务载荷安装稳定可靠。 （2）传感器校验。 （3）光电吊舱等精密特种设备的维护应由设备维修机构进行
3	电池	日常	参照具体的维护保养手册而定，但不得多于1000个起降架次或1年（以先到的为准）	包含但不限于以下内容： （1）飞行时尽量避免电池电量耗尽，返航时至少要保持30%以上的电量。 （2）充满后的电池请勿存放时间超过15d，如果超过这个时间后，请再次对电池进行满充后使用，防止虚电飞行发生电量瞬间下降的现象。 （3）电池存放超过30d不使用，需对电池进行放电处理达到30%即可。 （4）电池若长期不使用需进行定期检查，保持电量在30%左右，避免无人机电池馈电造成电芯损坏
		报废	观察电池外壳是否有破损或者变形鼓胀，若电池受损严重，停止对电池的使用，需按照航巡中心要求将电池进行废弃处理	
4	设备报废	对自有资产设备报废应进行登记和保管，作为同型号产品备件进行再利用		

2. 设备维修管理要求

设备使用单位上报无人机事故报告和无人机维修申请单（表2-1-2-3）至航巡中心，航巡中心根据设备事故报告分析原因反馈至租赁公司，租赁公司联系设备使用单位接收设备，租赁公司维修设备后并出具设备检测报告反馈航巡中心，航巡中心联系设备使用

单位接收设备并做好记录。

表 2-1-2-3　　　　无人机设备维修申请单

设备维修申请单						
序号	单位	设备名称	设备编号及 SN 编号	设备损坏情况	移交设备配件	备注（故障描述）
1	送变电	悟 1	SBD-001 W13DDJ12060511	云台	电池一块	螺旋桨、电池

出库日期：　　　　　　　　　　接收单位签字：

单位负责人签字盖章：

3. 设备保养管理要求

设备使用单位根据设备使用频次和时间填报无人机保养申请单（表 2-1-2-4）上报航巡中心，航巡中心审核确认，符合保养要求，航巡中心联系租赁公司接收无人机设备，租赁公司设备保养结束后，出具设备保养报告及清单反馈航巡中心，航巡中心联系设备使用单位接收设备并做好记录。

表 2-1-2-4　　　　无人机设备保养申请单

设备保养申请单					
序号	单位	设备名称	设备 SN 编号	移交设备配件	备注
例	送变电	悟 1	W13DDJ12060511	电池一块	螺旋桨、电池

出库日期：　　　　　　　　　　接收单位签字：

单位负责人签字盖章：

（四）电池使用与报废

1. 电池使用要求

（1）在将电池安装或拔出飞行器之前，需保持电池的电源关闭，勿在电源打开的状态下拔插电池，否则会损坏电源接口。飞行器安装的两块电池，剩余电量必须相同，电池拔出后，要及时盖好插座防尘盖子。

（2）充电时应保证电池和充电器周围无易燃、可燃物的物品，电池充放电要严格按照使用说明书要求执行。

（3）为避免电池使用寿命的损害，禁止在飞行结束后，立即对电池进行充电，应等电池温度降至常温后在进行充电。

2. 电池冬季使用要求

（1）飞行前，务必保证将电池电量充足。

(2) 使用前，需将电池放置在不低于20℃的环境进行保存。

(3) 起飞前需将飞机保持悬停怠速1min左右，让电池利用内部发热，自身预热。

3. 电池报废管理

各单位定期统计报废电池，妥善保管同时上报航巡中心备案；各单位根据报废情况制订次年电池维护计划。航巡中心审核各单位维护计划，联系租赁公司进行维护。

(五) 设备储存保养

(1) 无人机存放时应取下电池和任务设备。

(2) 无人机设备及任务设备应存放在专用存储室内，存储室温度不得高于40℃，不得低于−20℃。库房具体要求见无人机库房管理规定。

(3) 电池应存放在专用电池箱内，短时间存放时应保持满电状态，长时间存放时应将电池放电至30%左右。

三、无人机航巡管理

(一) 无人机航巡作业管理基本要求

无人机航巡作业是指利用无人机对输配、变电设备进行巡视、检修、施工、验收以及其他采集图像作业的过程。为加强无人机巡检运维管理水平，明确工作职责，规范应用流程，确保安全、高效开展无人机航巡作业，应加强无人机航巡作业管理。特别是要明确公司航巡中心（以下简称“航巡中心”）无人机管理组织机构、工作职责、作业流程、飞行巡检方案、无人机设备管理等方面的要求。实行对公司所辖设备无人机参与的巡视、检修、新建工程验收、施工作业等全过程管理。

(二) 管理机构和工作职责

1. 公司设备管理部

设备管理部是公司航巡业务归口管理部门，负责制定输电线路航巡作业管理规章制度和考核指标，协调解决航巡过程中存在的问题。

2. 公司航巡中心

公司航巡中心是公司航巡业务专业管理机构，对内负责各单位输电线路航巡作业计划的审批和工作许可，监控无人机设备规范使用，组织无人机培训取证；对外负责向空域管制部门申请航巡空域，配合国网通航公司完成直升机巡检管理。

3. 各单位运维检修部职责

(1) 负责组织贯彻上级有关规定、制度、标准。

(2) 负责本单位安全保障协议签订及宣贯培训。

(3) 负责开展无人机作业、计划管理、人员培训及设备维护工作。

(4) 负责组建成立专业的无人机巡检班。

4. 各单位无人机作业班组职责

(1) 负责组织开展无人机巡检运维管理和技术管理。

(2) 负责组织开展无人机巡检的效果分析，缺陷和事故处理、异常统计分析。

(3) 负责建立健全无人机作业班所需的无人机设备台账、飞行作业台账、无人机维修

保养台账等并妥善保管。

(4) 负责收集、整理无人机缺陷和问题，反馈航巡中心，配合航巡中心做好无人机大修、设备升级工作。

(5) 负责整理、归档无人机巡检作业报告及相关影像资料。

(6) 负责做好无人机的维护、保养及资产全寿命周期管理，保证无人机设备健康。

(7) 负责管理班组无人机设备及备品备件和无人机巡检专用车辆，并做好定期检查工作。

(三) 空域管理

1. 航巡中心

无人机作业飞行空域申请主体为航巡中心，无人机作业飞行空域使用主体为各单位。

(1) 各单位应建立空域申报协调机制，指定专人负责无人机作业飞行计划、飞行空域管理工作，人员名单和联系方式报至航巡中心备案，若有变动应及时更新。

(2) 各单位应按照公司航巡中心无人机作业空域申请和使用管理办法的相关规定，进行年度、临时空域申请及使用。

(3) 空域申请相关杆塔信息、坐标等文件资料由各单位统一保存管理，杜绝发生相关泄密事件。

2. 空域管理文件摘录

第五章　空域申报及使用

(山东、浙江、湖北、湖南、四川提供手续办理流程)

第三十一条　按照民用无人机航空器管理规定，使用旋翼机型起飞重量小于或等于7千克、采用视距内飞行、在军民航机场净空保护区、人口密集区域、军事保护区及监狱等地区以外飞行，可根据各省空域管制差异，参照执行以下条例。固定翼飞行须遵照以下条例执行。

第三十二条　各单位应在每年10月31日前完成作业飞行空域申请文件的编制。文件内容应包括作业单位、飞行机型、飞行时间、飞行高度、飞行范围、巡检航线(包含巡检航线示意图)、飞行人员资质证件、公司营业执照复印件、应急处置措施、联系人和联系方式等。

第三十三条　各单位应按统一的流程申报作业飞行空域。各单位将空域申请文件初稿在11月5日前报送中国电科院进行形式审核，审核通过后行正式文件统一报送至中国电科院。中国电科院于每年11月20日前将各单位提交的空域申请文件统一提交至各战区空军参谋部航管处或管制分区航管处进行审批。

第三十四条　中国电科院应在各战区空军参谋部航管处批复完的2个工作日之内将无人机作业飞行空域申请批复函件返回各单位；在无人机巡检业务模块中录入空域批复结果。

第三十五条　东部战区、西部战区、北部战区、南部战区所涉及单位应严格按照批复函件中要求与省级空军分区基地参谋部航管气象处、民航局空中交通管制中心区域管制中心、民航空管局空管处、民航空管局运行管制中心、军民航机场、当地公安部门等单位建立联系，办理临时空域批件、作业空域安全评估、无人机飞行活动备案等相关手续。中部战区所涉及单位未申请临时空域，建议参照执行。

第三十六条　东部战区、西部战区、北部战区、南部战区所涉及单位应合法合规使用作业空域。作业人员在作业前1天的15时前，向省级民航局空中交通管制中心区域管制中心区域管制室或所涉及军管当地飞管室申报飞行计划；作业当日飞行前1小时向省级民航局空中交通管制中心区域管制中心区域管制室提出飞行申请，区域管制室待空军分区基地批准后，通知申请单位空域批复情况；作业起飞时及飞行结束后向省级民航局空中交通管制中心区域管制中心区域管制室及所涉及军管当地飞管室通报飞行动态，如遇到上述管制部门临时通知空域管制，无人机应立刻回收并降落。中部战区所涉及单位未申请临时空域，建议参照执行。

（四）作业管理

1. 基本要求

（1）无人机作业必须经过航巡中心许可，严禁未经许可进行无人机作业。

（2）无人机作业必须持有工作票或工作任务单，严禁无票操作。

2. 无人机作业技术条件

无人机作业起降场地应符合要求，各部件连接、紧固件安全可靠，起飞前应设置无人机巡检应急安全策略，如失控保护设定等并进行检查，确保指标正常，作业时飞行性能稳定，动力装置运行良好，通信、图传、数传遥控等信号传输正常，距离信号干扰源保持300m以上距离。

3. 无人机作业前管理要求

（1）无人机作业前，操作人员应按规定进行现场勘察。

（2）无人机作业前必须对设备进行检测，合格后方可进行作业，并保留相关记录。

4. 无人机作业时管理要求

（1）无人机作业时必须贯彻“无人机标准化巡检作业指导书”相关规定执行。

（2）无人机作业过程中，操作人员应实时监视飞行状态，如发生飞行不稳定等异常事件，必须立即降落、查明原因并及时处理，无异常后方可重新作业。

（3）无人机作业过程中造成电网设备故障，应按事故抢修进行，确保电网设备安全稳定运行。

（五）设备管理

1. 设备验收检测

（1）航巡中心应现场参与无人机各项飞行性能试验，包括静态测试、动态测试等，其结果是否符合产品技术规范书要求。

（2）无人机任务载荷、电池及其他附件应按照相关技术规范进行验收。

（3）无人机安装完毕后，应及时进行调试，对仪器设备的功能项目、性能指标及辅助设备、工具等进行严格检查；若出现问题或故障及时向生产厂家提出处理要求及意见。

（4）无人机设备必须检测合格方可使用。

（5）严重硬着陆或坠机后，需要返厂大修的无人机设备，大修后应再次进行检测。

(6) 当无人机主要组成部件，如电机、飞控系统、通信链路、任务设备以及操作系统等进行了更换或升级后，各单位应组织试验检测，确保无人机满足相关标准要求。

2. 设备入库

(1) 新设备、备品备件入库时，应放置于无人机设备专用区域，配置专人对设备进行保管。

(2) 入库的设备及备品、备件应按无人机机型和编号进行登记并分类摆放，台账应做到基础信息翔实、准确。

3. 设备维护和保养

(1) 无人机的保养管理贯彻养修并重、预防为主的原则，认真做好设备的保养和修理，延长使用寿命。

(2) 无人机应用单位应配置专人对无人机设备进行维护保养。

(3) 根据设备的使用情况，结合设备使用说明书、维护保养手册制定维护周期，定期对无人机进行检测、清洁、润滑、紧固，确保设备状态正常。

(4) 无人机维护保养人员对保养质量负责，并负责保养过程记录、检验和监督。

(5) 对于修理、升级过的无人机，维修完毕后须办理试验、鉴定和验收，并建立技术档案工作，对修理的过程须保留记录。

(六) 安全管理培训与评价效果分析

1. 安全管理培训基本要求

(1) 航巡中心为无人机培训专业管理机构，设备管理部为无人机培训的归口管理部门，协调培训机构开展无人机作业培训，并对培训情况进行监督检查。

(2) 各单位应分级建立、健全安全生产岗位，将无人机设备管理、无人机安全管理等岗位职责纳入相关安全生产的规定。

(3) 无人机在使用过程中应严格遵守《国家电网公司架空输电线路无人机巡检作业安全工作规程》的各项规定。

2. 安规考试

各单位应每年组织无人机作业人员对《架空输电线路无人机巡检作业安全工作规程》(Q/GDW 11399) 考试一次，因故间断无人机巡检作业连续3个月以上者，应重新学习该规程，操作人员还应进行实操复训，经考试合格后，方能恢复工作。

3. 资质培训

各单位参与无人机资质培训通过人员，需参加航巡中心组织的针对无人机电力线路巡检相关培训并考核通过或者由各单位有经验的巡视人员带领参与不少于1个月的巡视工作学习无人机电力线路巡检并且无人机安规考试合格通过，方可参加无人机巡视工作。

4. 持证上岗

(1) 无人机操作人员必须认真学习和熟练掌握操作规程、维护保养技术，严格按规范作业，使设备始终处于正常状态。

(2) 无人机操作人员必须持证上岗，操作证必须按时审核保证有效期限，证件不得转借他人，不得操作与证件不符型号的设备，无操作证件人员严禁操作。

5. 评价效果分析

（1）航巡中心为航巡作业绩效评价的专业管理机构，根据输电线路运维管理成效及无人机航巡专业对标按周期进行综合考评。

（2）航巡专业指标主要分为生产指标、运营指标、基础管理指标、激励指标 4 大类进行综合考评，从计划实施、巡检质量、设备应用、作业效率、设备安全、技能提升、标准作业、信息准确、创新建设、专业发展 10 个管理维度考核评价，对标考评体系本着客观、公平、公开、公正的原则，强化过程管理，提升过程控制和改进，促进无人机航巡班组的生产主动性和积极性的提升。

（七）线路巡检资料管理和线路缺陷管理

1. 线路巡检资料管理

（1）资料管理员必须严格执行国家有关的保密政策和制度，维护资料的安全和企业机密。

（2）无人机使用单位资料应设专人管理，负责无人机巡视采集的巡视影像资料和其他文件资料的管理工作，做到资料完整齐备、检索目录准确、存放可靠。

（3）将涉及无人机航巡图、坐标、空域审批文件等用于备案的资料，未经允许不得将相关资料外传。

（4）每完成一条线路巡检后，应将相关巡检材料进行梳理按季度提报至航巡中心。

（5）应及时做好空域许可资料、工作票（单）、航线信息库等资料的归档。

（6）各单位利用无人机巡检电力设备的相关图像、视频及设备地理信息资料应严格保管，不得将相关资料上传、拷贝至无关人员或单位，未经允许，严禁在微信、微博等媒体上传播。

2. 线路缺陷管理

（1）发现的线路缺陷应在当次巡视作业结束后立即向本单位运维检修部汇报，经本单位运维检修部审核无误后，将当日巡检缺陷结合日报上报，缺陷照片按季度与佐证材料上报航巡中心。

（2）各单位缺陷应纳入 PMS 系统进行全过程闭环管理，主要包括缺陷录入、统计、分析、处理、验收和上报等，按季度向航巡中心反馈缺陷处理情况。

（3）线路运维单位应核对缺陷性质，并组织安排缺陷的消除工作，本单位运维检修部应协调、监督、指导缺陷的消除工作，缺陷在未消除之前应制定有效的设备风险管控措施。

四、无人机航巡空域申请管理

（一）基本要求

小型多旋翼和固定翼无人机巡检作业包括正常巡检、故障巡检和特殊巡检，以及利用无人机开展的除异物、检修等，这些作业都需要进行无人机航巡空域申请。因此，有必要规范无人机作业飞行空域的申请和使用，以保证无人机作业安全有序开展。

1. 无人机巡检系统

一种用于对架空输电线路进行巡检作业的装备，由无人机（包括旋翼带尾桨、共轴反

桨、多旋翼和固定翼等形式）系统、任务载荷系统和综合保障系统组成。一般将无人机系统分为旋翼带尾桨或共轴反桨型式的称为中型无人直升机巡检系统；将多旋翼型式的称为小型无人直升机巡检系统；将固定翼型式的称为固定翼无人机巡检系统。

2. 无人机巡检作业

无人机巡检作业是指利用无人机巡检系统对架空输电线路本体和附属设施的运行状态、通道走廊环境等进行检查和检测的工作。根据所用无人机巡检系统的不同，分为中型无人直升机巡检作业、小型无人直升机巡检作业和固定翼无人机巡检作业。

3. 巡检航线

巡检航线是指巡检作业时无人机巡检系统的飞行路线。路线周边不应存在影响无人机巡检系统安全起飞、飞行和降落的地形、地貌、建筑以及其他障碍物等。

4. 巡检作业点

巡检作业点是指中小型无人直升机巡检作业时，无人直升机巡检系统停留进行拍照、摄像等作业的位置。

5. 低空空域

低空空域原则上是指全国范围内真高 1000m（含）以下区域（目前全国只开放 10 个地区，新疆区域未开放）。山区和高原地区可根据实际需要，经批准后可适当调整高度范围。

6. 空中管制区

为维护空中交通秩序、保障空中交通安全和国家安全，按照国家有关法规划设，对航空器在空间内活动应遵守的规则、方式和时间等进行了规定和限制的区域。民用航空的空中管制区包括塔台管制区、进近管制区和区域管制区等，此外还包括但不限于以下区域：

（1）空中禁区。由国家划设的，未按照国家有关规则经特别批准，任何航空器不得飞入的空间。

（2）空中限制区。由管制部门划设的，在规定时限内，未经管制部门许可的航空器禁止飞入的空间。

（3）空中危险区。由管制部门划设，供对空射击或者发射使用的，在规定时限内，禁止无关航空器飞入的空间。

7. 目视视距

（1）目视视距内。驾驶员或观测员与无人驾驶航空器保持直接目视视觉接触的运行方式。直接目视视觉接触的范围为：真高 120m 以下，距离不超过驾驶员或观测员视线范围或最大 500m 半径的范围，两者中取较小值。

（2）超目视视距。无人驾驶航空器在目视视距以外的运行方式。

（二）高压输电线路无人机航巡航线规划

1. 不准设立航巡的地域

未经有关部门审批，严禁在重要目标、政府机关等重要区域以及机场、车站、码头等人口稠密区附近组织无人机作业飞行，距离各军民航场站保持在半径 30km 以外，距离人口密集、军事管制区域及边境保持 10km 以外。

2. 保密条例

公司线路坐标及空域航线属公司核心机密，各单位及员工应绝对保密。

3. 航线是公司的资源

（1）公司无人机作业飞行空域航线属公司航巡中心（以下简称“航巡中心”）掌控，任何单位使用空域航线由所属无人机作业负责人提出空域使用。

（2）航巡中心在公司属于电力无人机巡视管理部门，涉及电力巡检空域责任单位为负责部门，任何单位不得私自申请或委托其他单位办理空域手续，或是私自对接军民航；如各单位具有特殊情况需先向航巡中心报备，批准后实施。

（3）无人机作业飞行空域按常备作业计划进行申请和使用。常备计划包括日常巡视区段、故障频发区段、微地形、微气象区段，按照年度计划开展巡视工作，如遇有在常备作业计划批复许可的飞行空域或时间范围以外，开展的特殊作业应申请临时作业计划，未获得批复情况下，禁止开展各类无人机作业。

4. 无人机作业飞行空域范围应当符合下列要求

（1）多旋翼无人机。起降点距线路 250m 以内，作业飞行区域横向距线路边导线不超过 30m、真高不超过 120m，特殊区域需单独申请高度，但真高不超过 300m。

（2）固定翼无人机。起降点一般距线路 500m 以内，山区等特殊地形在 1000m 以内，作业飞行区域横向距线路边导线不超过 250m、真高不超过 300m。

（3）无人机作业应遵循国家相关法律法规的规定，作业影像杜绝发生泄密问题。

（三）空域申请准备材料种类及要求

1. 各单位需准备材料种类

（1）巡检航线示意图。

（2）飞行人员资格证件。

2. 巡检航线示意图要求

（1）原则上要求各单位 110kV 线路全线申请示意图。

（2）原则上一条输电线路对应一条航线，同塔架设线路以及杆塔并行线路，或两条线路走向大致相同距离不超过 2km，可按一条航线申请。

（3）绘制空域图时需按照地区划分航线，并且一条航线不宜超过 100km。

（4）航线图根据线路走向，将此条线路坐标的起点、转折点、终点标注出来，所标注的点要和线路走向互相保持一致，点与点之间已直线连接，直线内不用标注点；标注点顺序，由上至下，由左至右，依次标注排序；转折点近似在一条直线上的点可以不用标注；尽量避免地名重复。

（5）航线图上标注字体要清晰可见，按照顺序对点位进行排号；获取坐标度分秒时数字均保持 2 位数字，省略小数点后数字；地理信息按照点附近地理名称标注，使用地名、道路名称等（如 1：E87°13′20″，N44°07′09″）。

（6）若已知机场、军事基地、禁飞区等（可参考优云系统查看），以区域点外扩半径 30km，均属禁飞区，示意图中需规避禁飞区。

(7) 航线示意图模板。

1) 航线一：××地区××Ⅰ线。航线一示意图模板如图 2-1-2-3 所示。

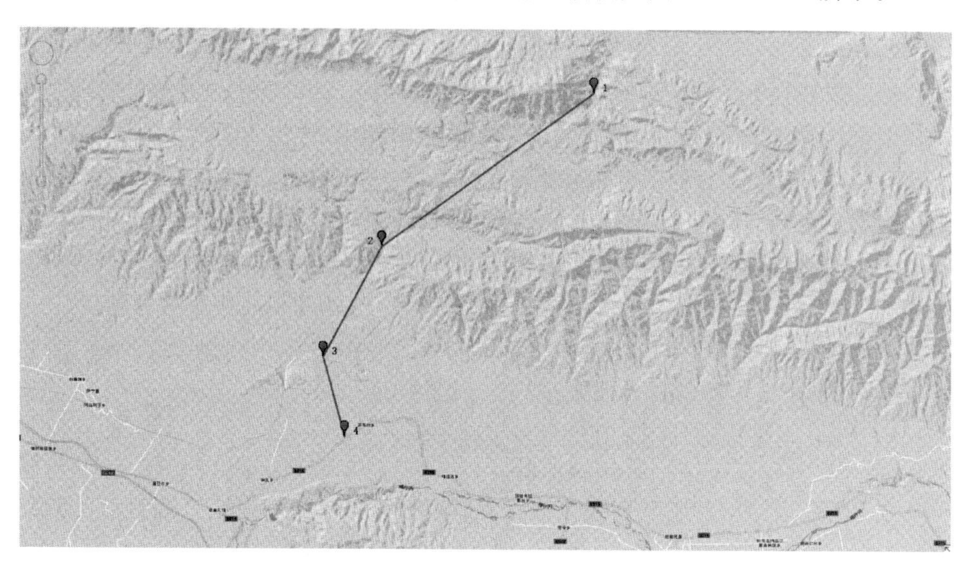

1:E82°23′39″,N44°15′04″
2:E82°05′47″,N44°05′38″
3:E82°00′52″,N43°58′53″
4:E82°02′39″,N43°53′58″

图 2-1-2-3 航线一示意图模板

2) 航线二：××地区××Ⅱ线。航线二示意图模板如图 2-1-2-4 所示。

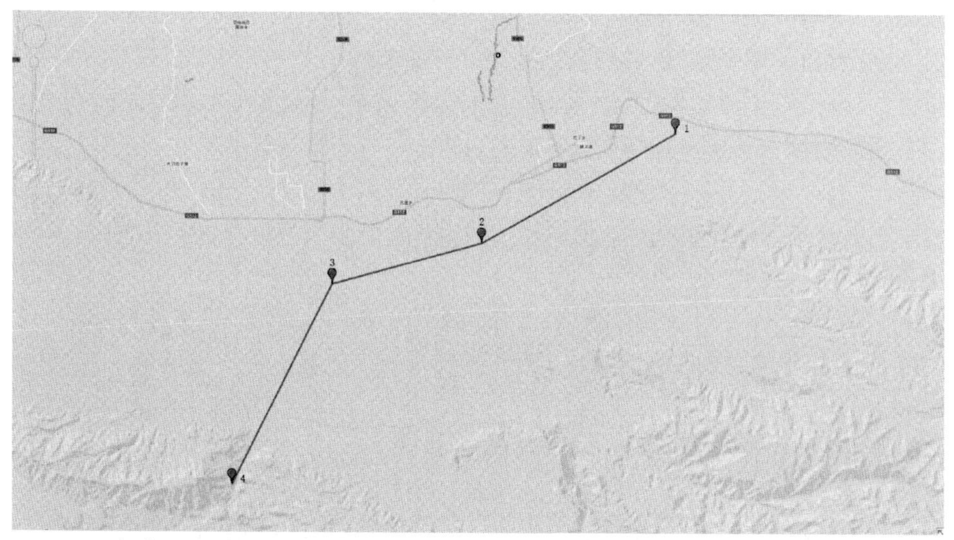

1:E83°01′04″,N44°36′45″
2:E82°44′39″,N44°30′04″
3:E82°32′07″,N44°27′33″
4:E82°23′31″,N44°15′19″

图 2-1-2-4 航线二示意图模板

上述线路按照地区和线路长度进行分割为若干段航线，最终航线由航巡中心确定。

3. 飞行人员资格证件要求

各单位需提供公司操作人员取得的 AOPA 合格证与中国民用航空局飞行标准司执照，扫描清晰按机型分类，扫描要清晰，如图 2－1－2－5 所示。

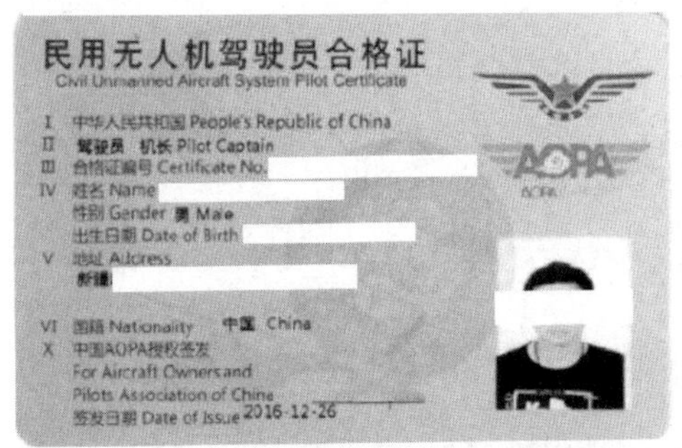

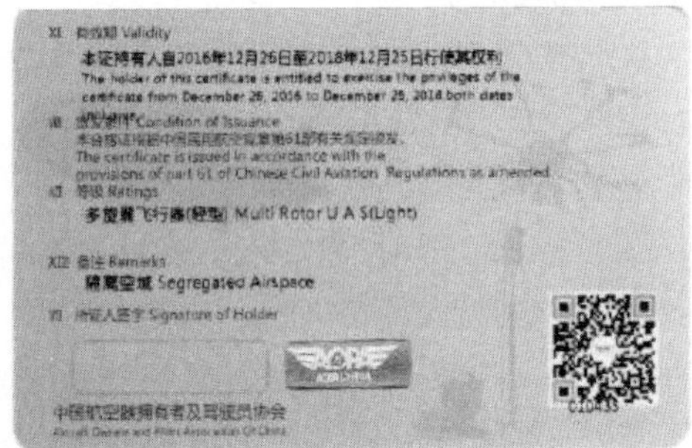

(a) 民用无人机驾驶员合格证

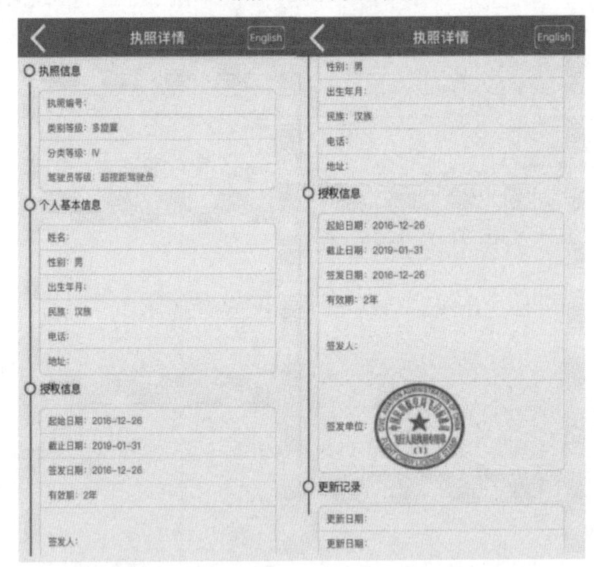

(b) 中国民用航空局飞行标准司执照

图 2－1－2－5　民用无人机驾驶员资格证件

(四) 飞行空域申请和飞行计划申报

1. 空域使用管理流程

空域使用管理流程如图 2－1－2－6 所示。

2. 作业飞行空域申请

航巡中心统一按照年度收集汇总各单位无人机作业飞行空域申请，按照××战区要求，空域批复每季度前 1 个半月，向××战区空军参谋部航管处提交次季度无人机作业飞行空域申请，得到批复后严格按照批复函件中要求与省级空军分区基地参谋部航气处、民航局空中交通管制中心区域管制中心、民航空管局空管处、民航空管局运行管制中心、民航局空中交通管制中心区域管制中心流量室、各军民航机场、当地公安部门等单位建立联

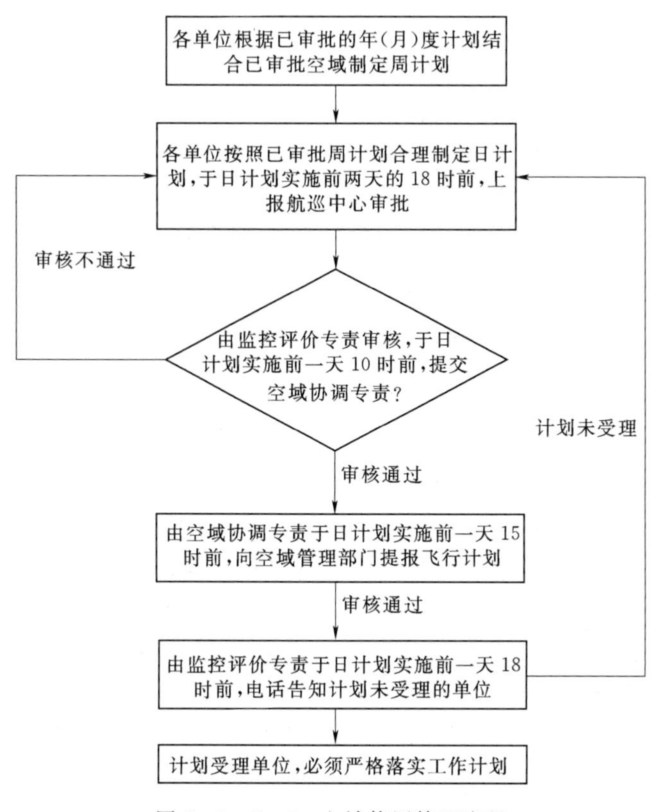

图2-1-2-6　空域使用管理流程

系，办理临时空域批件、作业空域安全评估、作业空域安全评估意见、信息通信协议、安全保障协议、无人机飞行活动备案等相关手续。

飞行空域申请内容通常包括作业单位、机型种类、操控方式、作业时间范围、作业区域编号、航线、高度及示意图，应急处置措施，作业人员资质和联系方式等。

3. 飞行计划申报

公司无人机作业飞行空域经过批准后，航巡中心向作业飞行区域所属飞行管制分区申报飞行计划，并根据飞行管制分区的调配意见组织实施。

（1）时限要求。各单位于飞行前2天18时前向航巡中心上报航巡计划，航巡中心于飞行前1天15时前，向省级民航局空中交通管制中心区域管制中心流量管制室或所涉及军管当地飞管室申报飞行计划；作业当日飞行前1h向省级民航局空中交通管制中心区域管制中心流量管制室提出飞行申请，区域管制室待空军分区基地批准后，通知申请单位空域批复情况；作业起飞时及飞行结束后向省级民航局空中交通管制中心区域管制中心流量管制室及所涉及军管当地飞管室通报飞行动态，如遇到上述管制部门临时通知空域管制，无人机应立刻回收并降落。中部战区所涉及单位未申请临时空域，建议参照执行。

如各地州公司线路或廊道发生紧急突发情况时，涉及单位在作业飞行1h前向航巡中心申请空域，航巡中心向负责飞行管制分区的单位提出临时计划申请。

（2）主要内容。主要内容包括作业单位、机型种类、操控人员信息和联系方式、操控方式、航线、高度、作业区域、起飞时间、预计作业时间和次数、安全措施等。

（五）工作许可与终结

1．工作许可与终结要求

（1）现场操控人员应与航巡中心建立可靠通信联络，并于到达现场后申请工作许可，通报飞行前准备工作情况包括作业单位、操作人员及设备、线路名称及航线编号、现场天气情况和计划飞行与结束时间。

（2）由航巡中心向分区空域管理部门进行报备后许可，许可现场人员工作，现场人员开始工作。

（3）作业结束后现场人员应立即向航巡中心终结工作，由航巡中心向当地空管部门终结飞行。

2．申请工作许可的步骤和有关术语

步骤1　现场操作人员向航巡中心申请：我是××单位的×××，现场飞行人员××人，几级飞手各是××人，使用大疆M200多旋翼无人机××台，对××千伏××线路×××号-×××号开展巡检工作，批件号20×××号航线×：×××地区×××线，开展日常/特殊/巡视，现场天气晴，风速4m/s，温度10℃，计划10时40分飞行，18时30分结束，申请按计划时间开始工作。

航巡中心回复现场人员：申请已记录，请等待工作许可通知，联系人航巡中心×××。

步骤2　航巡中心向空域管理部门申请：我是国网××电力有限公司航巡中心，现申请批件号20×××号航线×：×××地区×××线，位于××县市或机场什么方向，于今日计划10时40分开始飞行18时整结束，开展电路巡检工作，目视/超视距飞行，自行保障。

空域管理部门回复航巡中心：飞行计划已记录，等待回复。

步骤3　空域管理部门回复航巡中心：空域同意，按照空域批复函要求执行。

步骤4　航巡中心批准现场人员：我是航巡中心×××，批件号20×××号航线×：×××地区×××线已批准工作，按照计划时间开始巡检工作。

步骤5　现场操作人员向航巡中心报备：我是××单位的×××，批件号20×××号航线×：×××地区×××线，飞行器于10时45分已起飞。

步骤6　航巡中心向空域管理部门报备：我是国网××电力有限公司航巡中心，批件号20×××号航线×：×××地区×××线，飞行器于10时45分已起飞。

步骤7　现场人员申请结束工作：我是××单位的×××，批件号20×××号航线×：×××地区×××线于17时40分结束巡视工作。

步骤8　航巡中心向当地空域管理部门通报：我是国网××电力有限公司航巡中心×××，现报备批件号20×××号航线×：×××地区×××线于17时40分结束。

（六）突发状况处置

当无人机脱离批准的作业飞行空域范围时，现场班组作业人员应立即采取措施回收无人机，并向航巡中心报告；航巡中心应及时向所属飞行管制分区进行通报。

五、无人机巡检系统应急管理

（一）基本要求

无人机巡检系统是指利用无人机搭载可见光、红外等检测设备，完成架空输电线路巡检任务的作业系统。一般由无人机本体（包括多旋翼、固定翼）、无人机分系统（由无人驾驶航空器、地面站和通信系统组成）、任务载荷分系统（包括光电吊舱、云台、相机、红外热像仪等设备或装置）和综合保障分系统（包括供电设备、动力电池、备品备件等）组成。为提高突发事件（指造成或可能造成人身安全、社会危害和经济损失，需要采取应急处置措施予以应对的事件）应急处置能力，最大限度减少无人机巡检中突发紧急情况造成的社会影响和经济损失，有必要规范无人机巡检系统使用中突发事件应急管理，建立完善应急管理体制和机制。

（二）职责分工

1. 航巡中心职责

（1）参与无人机巡检系统应急管理的全过程。审核无人机巡检应急管理预案、负责同合作单位的组织协调。

（2）主持并构建无人机应急管理的近期、中长期发展规划。

2. 各单位职责

各单位运维检修部在航巡中心的领导下全面负责无人机巡视中突发紧急情况的各项工作，负责组织和参与的工作包括：

（1）航巡中心做好构建无人机应急管理各项制度建设。

（2）建立专业的无人机应急基干分队。

（3）监督无人机应急预案的编制与实施，定期下达应急预案演练的指令。

（4）负责组织无人机应急作业的具体工作。

（5）根据现场实际情况，决定启动、结束无人机巡检应急预案。

（6）负责编写应急事故处理报告、说明等工作。

3. 无人机应急基干分队职责

（1）按照应急预案正确响应应急事件。

（2）负责正确执行应急预案任务、工作，并对巡视作业的安全负责。

（3）做好应急情况时各项记录（包括具体时间、地点、突发事件经过、环境气候条件）。

（4）在归口管理部门的指导下完成各类应急管理制度的编制。

（三）预防与预警

1. 预防

（1）各单位运维检修部应当建立无人机突发事件风险趋势分析机制，对可能发生的突发事件进行综合性分析，编制专项应急预案，有针对性地采取预防措施。

（2）各单位运维检修部应当根据职责分工负责无人机突发事件风险源管理工作，对风险高、危险性较大区域进行调查、评估、勘察，采取安全防范措施。组织开展各类突发事件的辨识、评估，加强风险管理，并及时同航巡中心、当地政府做好沟通。

（3）应根据突发事件的种类、特点，配备必要的检测设备、设施和人员，对气象条件复杂、高海拔、山区等区域加强检测。

（4）每次任务前，无人机管理班组都应做好无人机飞行前准备工作，包括对无人机本体检查、重要零（部）件检查，工作方案、计划等纸质资料检查。

2. 预警

航巡中心应及时获取巡线范围内的气象预警信息并及时下发至各单位运维检修部。

（四）应急处理与善后

1. 无人机作业时可能遇到的突发事件

（1）无人机飞行时遭受外力破坏（鸟害、人为等）导致无法正常返航或直接坠落的。

（2）无人机正常飞行时与地面控制台突然失去联系（强电磁干扰、通信部件失效、重要零件损坏等）造成无法返航或飞离视距的。

（3）无人机正常巡视中突遇不可抗力（强风、气流等气象条件剧烈变化）导致无法正常返航或坠机的。

（4）无人机正常巡视时因为操作失误或其他原因造成碰撞运行中的线路，并导致该线路故障的。

（5）无人机迫降在水面、森林等地形复杂、人员难以到达的地方。

2. 航巡中心对突发事件的应急处理

（1）航巡中心在获取突发事件信息后应及时进行汇总分析，必要时会同相关部门，技术人员、厂家进行商议，对突发事件的危害程度、影响范围等进行评估，研究确定应急处置措施。

（2）无人机突发事件应急处理应在航巡中心的统一领导下进行，确保处置措施与事件造成危害的性质、程度和范围相适应，最大化保护人身、设备安全。

3. 各单位对突发事件的应急处理

（1）加强对突发事件发生、发展情况的跟踪监测，加强信息互通。

（2）上报航巡中心初步预测、分析、评估结果。

（3）与航巡中心、当地政府联系，征求并提出避免或减轻危害的建议。对涉及社会舆论的，做好正确引导。

（4）组织相关人员进入待命状态，调集所需设备、工具、车辆等，并确保其处于良好状态。

（5）根据突发事件的危害程度和上级部门指示，及时转移人员、设备。

（6）组织技术人员对无人机进行定位查找，必要时可请求当地人民政府给予协助，启动联合机制，对失联无人机开展搜索。

（7）法律、法规、规章制度或应急机构根据实际情况提出的必要的防护性、保护性措施。

4. 善后

(1) 突发应急事件处理活动结束后，负责应急处理相关单位应对处置工作进行评估，并向航巡中心报告。报告内容应包括应急处理的工作评估、事件发生的详细过程、存在的问题、改进措施、经验教训等内容。

(2) 对紧急征用、调集单位、部门或个人的设备、物资，在应急工作结束后，应当及时返还、补偿。

(五) 检查考核

1. 自查

各单位应当开展针对突发应急事件的监督制度，对应急管理工作开展自查。

自查的内容应包括对应急组织机构、应急预案的制定及实施、应急设备储备、风险源检测、信息管理、应急预案培训及演练等内容。

2. 评估

航巡中心应对各单位开展应急管理评估工作，并指导其他部分配合无人机管理班组加强应急管理工作。

3. 考核

(1) 对违反规定影响无人机突发事件有效处置的部门和个人，给予通报批评，并纳入相关考核。

(2) 造成严重后果的，公司给予处罚或追究相应责任。

六、无人机驾驶员培训管理

(一) 职责分工

为实现公司发展目标和配合输电专业发展方向，提升输电专业人员努力学习专业知识、爱岗敬业、钻研技能的积极性和主动性，进一步提高并规范一线员工的无人机巡检技术水平和专业技能，应对无人机驾驶员进行专门的技能培训和有效的管理。

1. 公司设备管理部职责

(1) 负责组织无人机相关培训工作。

(2) 负责协调无人机实训培训场地。

2. 公司航巡中心职责

(1) 负责审查各单位上报的培训人员。

(2) 负责对各单位航巡人员进行测评考核。

(3) 负责选拔人员参加无人机驾驶员取证培训。

(4) 负责组织各单位航巡人员技能培训学习。

3. 公司各单位职责

(1) 负责配合航巡中心组织的相关培训工作，按相关要求落实工作。

(2) 负责上报无人机人员培训计划。

(3) 负责安排人员参加无人机技能培训。

（4）负责监督航巡学员认真参加培训。

（5）负责定期安排证件到期人员及时参加复证培训。

（二）无人机技能培训流程及内容

1. 无人机技能培训流程

无人机驾驶员技能培训管理流程如图2-1-2-7所示。

2. 领证

无人机驾驶执照取证工作由航巡中心统一组织、安排；培训分为内部培训和专业机构取证培训，最终目的以能够熟练操控作业类无人机为标准。

3. 无人机驾驶执照培训

（1）各单位根据人员及设备配置情况，选派学习、接受能力较强的人员参加无人机取证培训，上报无人机培训人员名单至航巡中心。

（2）参培人员需签订员工培训协议方能参加无人机驾驶执照（民用无人驾驶航空器驾驶员合格证）取证培训。

（3）由航巡中心统一组织人员参加培训。

4. 培训内容

无人机驾驶执照培训内容见表2-1-2-5。

（三）内部技能培训

各单位无人机资质培训通过人员需参加航巡中心组织的无人机巡检专业技能培训，培训采用递进式模式，由航巡中心组织培训。

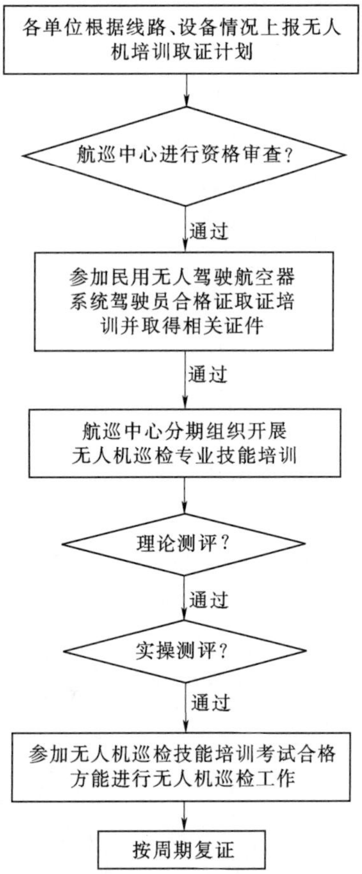

图2-1-2-7　无人机驾驶员技能培训管理流程图

表2-1-2-5　无人机驾驶执照培训内容

序号	培训课程	培训内容
1	理论知识	（1）飞行器理论。 （2）飞行器组装。 （3）地面站知识。 （4）遥控器使用及调试。 （5）相机调试。 （6）理论考核
2	旋翼机模拟器	（1）多轴旋翼机模拟器悬停综合练习。 （2）多轴旋翼机模拟器“8”字航线移动
3	练习机	（1）起飞、降落练习。 （2）2m高度四面悬停。 （3）“8”字航线移动。 （4）练习机考核

续表

序号	培训课程	培训内容
4	多轴旋翼机操作	(1) 起飞、降落练习。 (2) 2m高度四面悬停。 (3) "8"字航线移动。 (4) 无人机实操飞行考核

1. 人员筛选

各单位根据分配名额选派已取得无人机资质人员参加无人机专业技能培训。确认无人机培训人员后，上报无人机培训人员名单至航巡中心。

2. 技能培训

培训内容包括理论培训、实操培训。

(1) 理论培训包括无人机概述、无人机相关法律法规、无人机系统组成及介绍、无人机驾驶员巡航阶段操纵技术及相关知识、无人机遥控装置设置、飞行原理与性能、无人机电网巡检技术。

(2) 实操培训包括无人机组装、维护和保养、地面站设置与飞行前准备、起飞与降落训练、紧急情况下的操作，根据不同技能水平学员针对性地开展实操项目，难度由浅入深，使学员更容易接受，以水平"8"字飞行和输电线路杆塔巡检两个科目为主。

3. 考核方法

(1) 理论考试。

1) 考试内容：无人机安规及相关法律法规、无人机驾驶员巡检操纵技术及相关知识。

2) 考试要求：在规定时间内完成，并且分数达到规定要求。

(2) 实操考试。

1) 考试内容："8"字航线、电力线路杆塔标准化巡检。

2) 考试要求："8"字航线飞行姿态平稳，无明显高度变化，在要求范围内按规定时间完成"8"字飞行；电力线路巡检需按照架空输电线路无人机巡检影像拍摄指导手册要求进行巡检工作，达到以上要求者即为合格，方能进行参加无人机线路巡检工作。

(四) 无人机取证人员巡检培训考核要求

1. 巡检人员分级评定

各单位已取得无人机作业资质人员需参加航巡中心组织的无人机专业电力线路巡检相关培训并考核通过，为加强现场作业人员巡视作业管理，杜绝发生人员违章作业，航巡中心下发关于无人机巡检人员现场作业分级评定的标准，现场参与巡检工作人员需按照相关规定执行现场作业。相关标准内容详见省电力有限公司航巡中心关于开展无人机巡检人员分级评定及现场作业标准的通知。

2. 无人机培训考核管理

各单位每年参与无人机资质培训通过率达100%，参加无人机驾驶员资质培训人员如考试未通过，需履行员工培训协议相关条款，次月必须参加无人机补考，直至通过。

（五）员工培训协议

员工培训协议

甲方（出资培训单位）：

乙方（培训人员）：

身份证号：

根据《劳动法》等有关规定，甲乙双方在平等互惠、协商一致的基础上达成如下条款，以共同遵守。

第一条：培训服务事项

甲方同意出资统一组织乙方参加民用无人驾驶航空器系统驾驶员取证 培训，乙方通过培训取得无人机驾驶员证书回到甲方单位继续工作服务。

第二条：培训时间与方式

（一）培训时间：自____年__月__日至____年__月__日共　天

（二）培训方式：集中面授

第三条：培训项目与内容

无人驾驶航空器系统驾驶员取证考试相关内容

第四条：培训效果与要求

乙方在培训结束时，要保证达到以下水平与要求：

1. 乙方自愿参加甲方组织的 民用无人驾驶航空器系统驾驶员取证 培训学习，愿意接受乙方所提供的条件与费用，并遵守本协议的所有内容和甲方的培训费用管理制度，同时提交本人毕业证书原件交甲方审核保存管理。

2. 培训期间，乙方需努力掌握培训的相关知识或达到培训的目标要求，乙方在培训中务必掌握技术要点，并做认真详细的记录。

3. 培训期间，乙方必须服从培训组织领导的工作、学习安排，遵守公司、主办单位或委托培训单位的各项管理制度，积极维护公司形象和利益，遵守所在国家的法律法规，如果由于自己不慎或故意行为导致自身或甲方利益受损的，所有赔偿均由乙方承担。

4. 乙方参加完培训之后，取得民用无人驾驶航空器系统驾驶员证书，必须服从甲方安排，到甲方所规定的岗位上工作，乙方为甲方服务年限为5年。

5. 乙方自愿报名参加甲方组织的民用无人驾驶航空器系统驾驶员取证培训，并愿意遵守培训学校教学管理要求：

（1）每周的学习时间不得低于8h。自觉接受培训学校老师的监督和管理，服从培训学校老师的管理，认可培训记录统计结果。

（2）积极参加取证考试，认真答卷，按时交卷，努力学习。

（3）培训期间，保证到课率和培训效果，确保培训质效。

6. 乙方在培训期间，如出现违反有关规定，未能通过培训考核或未达到培训要求，未能取得培训证书的，由本人负担全部的培训费。培训过程中，如因甲方或人事变动，甲方有权中断培训，所发生培训费用由甲方承担。

第五条：培训服务费用

（一）费用项目、范围及标准

1. 培训费人均 ××××　元，包含全部课程及教材、练习场地。

2. 培训期内甲方为乙方出资费用项目包括：工资及福利费、培训费（含教材）、食宿费。

3. 其他费用由乙方承担。

第六条：甲方责任与义务

1. 统一组织培训，保证及时支付约定范围内的各项培训费用；

2. 为乙方提供必要的服务和条件；

3. 监督培训机构做好培训指导、监督、协调和服务工作；

4. 保证在乙方完成培训任务取得相应证书后，安排在适合的工作岗位或职务，并给予相应的工资待遇。

第七条：乙方责任与义务

1. 保证完成培训目标和学习任务，取得相关学习证件证明材料；

2. 保证在培训期服从管理，不违反甲方与培训单位的各项政策、制度与规定；

3. 保证在培训期内服从甲方各项安排；

4. 保证在培训期内维护自身安全和甲方一切利益。

第八条：违约责任

（一）下列情况之一，乙方承担的经济责任：

1. 在培训结束时，未能完成培训目标任务，未取得相应证书证明材料，乙方向甲方赔偿全部培训成本费用（后续补考通过只报销首次培训产生的费用）；

2. 在培训期内违反了甲方和培训单位的管理和规定，按甲方和培训单位奖惩规定执行；

3. 在培训期内损坏甲方形象和利益，造成了一定经济损失，乙方补偿甲方全部经济损失；

4. 培训中期自行提出中止培训或解除劳动用工合同，乙方向甲方赔偿全部培训成本费用；

5. 培训期结束后不能胜任甲方根据培训效果适当安排的岗位或职务工作，乙方负担全部培训成本费用；

6. 培训期结束后回到甲方工作后（自受训结束之日起计算），未达到协议约定的工作年限，乙方赔偿部分培训费用：最低服务工作年限为五年，则免除乙方承担当年所有的培训费用，在服务工作期限内除无法抗拒的特殊情况外，乙方提出辞职或离职（乙方违反甲方管理规定另行处理）甲方有权根据乙方实际协议服务期限，要求乙方承担所有的受训费用；

7. 乙方参加培训学习期间的工薪，计入正常考勤，按照乙方当前在甲方服务的基本月薪计算，由甲方支付。

第九条：法律效力

本协议作为甲、乙双方所签订劳动用工合同的附件，经双方签字后，具有法律效力，并在乙方人事档案卷宗中保存。

第十条：附则

1. 未尽事宜双方可另作约定；

2. 当双方发生争议不能协商处理时，由当地劳动仲裁部门或人民法院处理；

3. 本协议一式二份，甲、乙双方各执一份。

甲方（签章）：　　　　　　　　　　乙方（签章）：

年　月　日　　　　　　　　　　　　年　月　日

七、无人机设备采购与库存管理

（一）基本要求和职责分工

为提高无人机使用效益，提升无人机安全性能，确保工作人员日常巡检的正常进行，有必要加强对无人机设备的采购和库存管理。

1. 公司航巡中心职责

（1）负责审核各单位无人机设备、备品备件采购计划。

（2）负责组织各单位统一招标采购。

（3）负责对接各单位负责人领取无人机设备、备品备件。

2. 公司各单位职责

（1）负责定期上报无人机设备、备品备件需求计划。

（2）负责无人机设备、备品备件入库和清查盘点工作。

（3）负责建立无人机设备、备品备件台账。

（4）负责及时录入、更新无人机物资管控系统台账。

3. 各单位无人机班组职责

（1）负责对领用设备检查并联机测试是否正常。

（2）负责对领取的设备进行日常保养维护工作。

（3）领用期间对设备负责，小心存放，防止受损。

（二）无人机设备入库出库管理要求

1. 无人机设备入库管理要求

（1）新设备、备品备件入库时，应放置于无人机设备专用区域，配置专人对设备进行保管。

（2）无人机设备、备品备件入库时，无人机设备管理员应对入库设备进行检查，并核对型号和数量。

（3）无人机设备管理员应对归还设备进行检查，并核对型号和数量。

（4）入库的设备及备品、备件应按无人机机型和编号进行登记并分类摆放，台账应做到基础信息翔实、准确。

2. 出库要求

（1）领用人根据工作需求，并经无人机设备管理员签字确认方可领用设备。

（2）领用人对无人机设备、备品备件进行型号、数量核对。

(3) 设备出库时，需要填写设备出入库检查单，在出入库单中填写相应的出库编号，无问题后，签字领取。

架空输电线路无人机出入库检查单格式见表2-1-2-6。

表2-1-2-6　架空输电线路无人机出入库检查单

作业项目		日期		
型号		编号		
检查类型	检查内容	检查情况	检查内容	检查情况
无人机外观检查	无人机外观无损伤		桨叶完好	
	电机座无松动		相机设备完好	
	云台设备完好		其他搭载设备完好	
遥控器检查	遥控器外观无损伤		监控屏完好	
	摇杆、按钮使用正常		遥控器电量	%
智能电池检查	智能电池外观完好		智能电池电量	%
其他	附属物品			

经手人：　　　　　　　　　　　　　　　　　　设备管理员：

3. 库房管理要求

(1) 无人机库房地面、墙面及顶面的建设应采用不起尘、阻燃材料，室内环境温度不得高于40℃，不得低于−20℃。

(2) 应做好库房的防火，安装灭火器、增加防潮剂、安装监控防盗装置。

(3) 无人机设备、备品备件应按机型分类摆放，且账、卡、物要一一对应。

(4) 无人机设备、备品备件的说明书等原始资料应分类妥善保管。

(5) 无人机电池应存放在独立区域。

(6) 无人机设备管理员应定期对设备台账进行核对，确保设备齐全。

(三) 无人机设备使用情况管理要求

无人机设备管理员应定期对无人机设备、备品备件使用情况进行检查。禁止使用损坏、变形、有故障等不合格的无人机设备、备品备件。

各单位无人机负责人应按年度进行无人机备品备件储备及使用情况统计，统计内容及要求如下：

(1) 如实填写无人机备品备件入库时间、名称、数量。

(2) 如实填写无人机备品备件领用统计。

(3) 如实填写无人机备品备件储备完好情况。

无人机设备及备品备件使用情况统计表见表2-1-2-7和表2-1-2-8。

(四) 无人机设备的维修和报废管理

1. 无人机设备的维修管理要求

(1) 各单位需维修设备时，应登记设备出入库检查单、设备维修申请单，部门负责人签字盖章后交付至航巡中心。

表 2-1-2-7　　无人机设备使用情况统计表

单位	设备名称	单位	设备 SN 编码	飞控编码	设备责任单位/人	购置日期/(年-月-日)	存放地点	备注
送变电	悟 1	架	W13DDJ12060549	041DDB0730		2017-4-3	××××	
	悟 2	架	09YDDC10040403	095XDB800200FJ		2017-4-3	××××	

表 2-1-2-8　　无人机配件及备件使用统计表

序号	单位	设备名称	设备名称	型号/规格	单位	数量	入库日期/(年-月-日)	存放地点	备注
例 1			云台	X5	个	1	2017-4-3	乌鲁木齐	
例 2	×××	悟 1	快拆螺旋桨	1345T	对	10	2017-4-3	乌鲁木齐	
例 3			快拆螺旋桨底座	1345T	个	10	2017-4-3	乌鲁木齐	
			智能飞行电池	TB48	个	10	2017-4-3	乌鲁木齐	

(2) 设备维修后，维修单位负责出具设备维修检测报告，反馈航巡中心，航巡中心通知设备所属单位领取设备。

(3) 设备所属单位接收维修后无人机设备应履行设备验收流程进行验收，方可入库存放。

2. 无人机设备报废管理要求

(1) 对无法继续使用的设备及备品备件进行报废，并做好登记。

(2) 相关设备报废后根据工作需要和库存情况，及时提交物资采购计划。

(3) 已报废电池，要根据航巡中心相关规定处理，不得随意丢弃。

(4) 已报废无人机设备、备品备件应单独存放，不得与合格设备、备品备件混放。

(5) 对形成固定资产设备报废应履行相关制度。

八、无人机设备交接验收

(一) 职责分工

1. 公司设备管理部职责

(1) 负责设备验收全过程管理。

(2) 落实、审定无人机设备验收方案。

2. 公司航巡中心职责

(1) 负责组织各单位准备验收工作。

(2) 负责配合各单位核对无人机机型参数技术标准进行验收工作。

3. 设备租赁单位职责

(1) 负责办理无人机设备验收资料交接手续。

(2) 负责通知各单位领取无人机设备及配件。

4. 公司各单位职责

(1) 负责安排专人，核对设备数量，参数与招标内容是否一致。

(2) 负责安排专人办理无人机设备相关资料交接手续。

(3) 负责做好无人机设备的入库与交接工作。

(二) 设备验收程序和验收内容

1. 验收准备

(1) 航巡中心接到设备部关于设备验收通知后，落实人员、场地，组织各单位准备验收工作。

(2) 各单位安排专人参与完成设备验收工作。

2. 实施验收

航巡中心配合各单位验收负责人根据招标技术文件及附件中的无人机选型参数、技术标准等进行验收。

(1) 外观验收。外观验收包括以下内容：

1) 机体包装箱、机体及零部件是否符合要求。

2) 地面站系统外观、控制摇杆、任务控制钮是否符合要求。

3) 电池连接口是否符合要求。

(2) 飞行能力验证。无人机飞行能力验证包括以下内容：

1) 续航能力测试。

2) 电池充放电测试。

3) 高海拔能力测试。

4) 测控能力及图传系统测试。

5) 组装和撤收时间是否达到要求。

3. 设备验收

设备验收包括以下内容：

(1) 参照无人机合同与设备清单，核对无人机数量与技术招标文件是否一致。

(2) 参照无人机合同与技术招标文件等资料，检查设备型号与配件是否齐备。

4. 资料验收

资料验收包括以下内容：

(1) 出厂合格证。

(2) 使用说明书。

(3) 技术规范书。

(4) 中国电科院检测报告。

(三) 设备交接管理

1. 设备验收通过办理设备交接

在经过各项验收后，各单位负责人在验收单上签字确认。供货单位与各单位办理无人机设备交接手续，各单位负责人及时领取设备和资料。

无人机设备验收清单格式见表2-1-2-9。

表2-1-2-9　　　无人机设备验收清单

序号	设备名称	设备数量	验收数量	备注（问题说明等）
1	经纬 M200	1		
2	禅思 Z30	1		
3	禅思 ZXTB19SR	1		
4	苹果“MINI4”128G银色蜂窝数据机型	1		
5	电机	4		
6	快拆螺旋桨	8		
7	高原螺旋桨	8		
8	机体结构	1		
9	飞行控制系统（含飞行控制软件）	1		
10	GPS	1		
11	图传天线	1		
12	云台	1		
13	可见光传感器	1		
14	红外传感器	1		
15	遥控手柄	1		
16	地面站	1		
17	第一视场角显示器	1		
18	遥控手柄	1		
19	充电设备	1		
20	工具箱	1		
21	动力电池（TB50）	10		
22	动力电池（TB55）	10		
23	快拆螺旋桨底座	4		
24	电池管理站	1		

验收人员确认签字：　　　　　　　　　　　　　日期：

2. 设备验收未通过管理

如未通过所列各项验收指标，航巡中心依据合同与无人机供货单位交涉，限期调试或更换，直至验收合格方可办理交接手续。

第二章

高压输电线路直升机巡检技术

第一节　采用直升机对架空输电线路进行巡检作业的目的和意义

一、目的和意义

一直以来，运用传统的地面巡检作业方式，不仅劳动效率低，劳动强度大，而且巡检质量依赖于人员自身的技术素质、经验和工作责任心，很难保证线路巡检质量。

随着我国电力科技的不断进步以及航空事业的发展，采用直升机对架空输电线路进行巡检作业方式已经成为我国输电线路运行维护的发展方向之一。目前，采用直升机对架空输电线路进行巡检已取得了较好的效果，并积累了关键技术指标。

二、直升机巡检相关术语

直升机巡检相关术语，见表2-2-1-1。

表2-2-1-1　　直升机巡检相关术语

序号	名词术语	定义或解释
1	直升机巡检（Inspection with Helicopter）	在直升机上搭载遥感检测设备，对线路情况进行巡视、检测，包括可见光巡检、红外巡检、紫外巡检等
2	可见光巡检（Visible Inspection）	应用稳像仪、照相机、摄像机等可见光设备对线路本体、辅助设施及线路走廊进行巡视并记录相关信息
3	红外巡检（Infrared Inspection）	应用红外热成像仪对导线连接点、线夹、绝缘子等部件进行温度检测并记录相关信息
4	紫外巡检（Ultraviolet Inspection）	应用紫外成像对导线、绝缘子和金具等部件进行电晕检测并记录相关信息
5	特殊巡检（Special Inspection）	在特殊情况下或根据特殊需要，应用直升机对线路进行巡视检查工作
6	故障巡检（Fault Inspection）	是指线路发生故障后，在特定线路区段为查找故障点而进行的巡视检查工作
7	灾情检查（Post-disaster Inspections）	是指在恶劣气候、地质灾害发生后，对该区段的线路进行巡视，检查设备运行状态及通道走廊环境变化情况
8	单侧巡检（One Side Inspection）	是指直升机在输电线路的一侧对输电设备进行巡检
9	双侧巡检（Bilateral Inspection）	是指直升机在输电线路的左右两侧对输电设备进行巡检

第二节　直升机巡检作业要求

一、直升机巡检作业安全要求

1. 基本要求

（1）巡检作业时，作业线路必须自始至终在直升机飞行员的视线之中，并清楚线路的

走向，若出现飞行员看不清输电线路的情形，应立即上升高度退出后重新进入。

（2）巡检作业时，直升机应远离爆破、射击、打靶、飞行物、烟雾、火焰、无线电干扰等活动区域。

2. 主要安全要求

（1）当直升机悬停巡视时，应顶风悬停；若对直升机姿态进行调整时，航巡员应提醒直升机飞行员线路周围有何障碍物需引起注意。

（2）巡检作业时如错过观察点，直升机应向线路外侧转弯，重新进入，严禁倒飞。

（3）巡检作业时，若需要直升机转到线路的另一侧，必须从塔顶上飞过，严禁从挡中横穿。严禁直升机在变电站（所）、电厂上空穿越。

3. 其他安全要求

（1）当巡检地处狭长地带或大挡距、大落差等特殊地形时，飞行员应根据直升机的性能及气象情况判断是否继续飞行，或调整直升机飞行参数。

（2）相邻两回线路边线之间的距离小于100m（山区为150m）时，直升机不宜在两回线路之间上空飞行。

二、直升机巡检飞行资质要求

1. 适航证

（1）作业所用直升机已取得适航证，并得到民航管理部门的认可。

（2）安装在直升机舱外的所有航巡设备必须经民航相关部门适航测试飞行，取得相应机型的适航证书后，方可安装在直升机上进行作业。

2. 驾驶证

飞行员应持有现行有效的商用驾驶执照，其直升机总飞行时间不少于500h，机长总飞行时间不少于600h，同时接受巡线飞行培训100h以上，持有上岗证后方可执行巡线作业任务。

3. 资质

（1）执行架空输电线路直升机巡检作业的单位应具备乙类及以上资质，具有空中巡查许可经营项目，并具有直升机电力作业相应运行规范和运行手册。

（2）符合上述（1）规定的通航公司在经过省级电力公司审批同意后方可执行直升机巡视作业。

三、登上直升机航巡人员要求

航巡员应具有丰富的高压线路运行维护工作经验，必须经过直升机航巡作业专业培训，考试合格并持证上岗。

四、警示标志要求

开展直升机巡视作业的输电线路宜装有警示标志，警示标志应依据DL/T 289的规定进行制作、安装。

五、巡检作业天气情况要求

（1）作业应在良好天气下进行：作业云下能见度不小于3km，风速不大于8m/s。

（2）遇到雷、雨、雪、大雾、大风等恶劣天气，应根据直升机性能参数和选配装置安装情况，进行飞行安全评估，制定安全措施，飞行单位和线路运维单位分管领导共同批准后方可进行。

六、其他要求

1. 无管会和空管部门的批准

（1）直升机与地面调度系统的无线通信频道，应得到民航无线电管理委员会的批准。

（2）直升机巡线作业飞行使用的空域手续应得到相关空管部门（空军、民航）的批准。

（3）飞行签派员在作业开始前，应与当地空管部门联系，待当地空管部门下达放飞许可后，机组方可开始进行巡检作业，作业结束后应向当地空管部门汇报。

2. 试飞

对于新型结构输电线路，应首先确定飞行、作业相关技术参数后进行试飞。经试飞后方可开展正式作业。

（1）执行架空输电线路巡检作业的直升机主要技术参数要求如下：

1）旋翼直径：9～15m。

2）最大负载：600kg以上。

3）最大平飞速度：200km/h及以上。

4）最大航程：550km及以上。

5）最大载油量：280kg及以上。

（2）执行架空输电线路巡检作业的可选机型见表2-2-2-1。

表2-2-2-1 巡检作业机型选择

作业区域	适用机型
一般地区	EC120B、BELL206B3、MD500、AS350B2
高山区	BELL206-L4、AS350B3、BELL407

（3）作业直升机宜装备导航、飞行记录及远程实时监控指挥和危险提示系统。

机载仪器设备基本配置和性能要求见表2-2-2-2。

表2-2-2-2 机载仪器设备基本配置和性能要求

序号	巡检设备	性能要求	数量
1	稳像仪	14倍及以上具备机械防抖功能	1
2	数码照相机	800万像素及以上单反相机、并配有70～300mm的镜头	1
3	录音笔	—	1
4	机载吊舱	陀螺稳定	1
5	机载红外热成像仪	双视场，分辨率：320×240及以上	1

续表

序号	巡检设备	性能要求	数量
6	机载可见光摄像机	100 万像素及以上	1
7	机载硬盘录像机	防抖性能好	≥1
8	硬盘录像机备份仪	500GB 及以上容量	2
9	液晶监视器	14in 及以上	1
10	机载紫外成像仪	—	1

第三节　直升机巡检前准备工作

一、直升机飞行前准备工作

1. 现场勘察和航线报批

（1）一般应进行现场勘察，了解线路走向、特殊地形、地貌及气象情况。

（2）向线路途经地区的空军、民航相关部门申请航线报批。

2. 选择好直升机临时加油点

（1）加油点场地要求平坦坚硬、无砂石，面积不小于 30m×30m。

（2）加油点场地周围至少有一侧无高大障碍物。

（3）加油点布置于横线路方向 40km 以内，顺线路间隔 80～150km。

3. 机械师

机械师对直升机进行起飞前检查，确保直升机处于适航状态。

4. 飞行签派员申请放飞许可

飞行签派员应提前了解作业现场当天的气象情况，依据 CCAR－91R2 规定，决定是否能够进行飞行巡检作业，并向当地空管部门联系，申请放飞许可。

5. 航巡员确保设备运行良好

航巡员对航巡设备进行安装和开机调试，确保设备运行良好。

二、巡检作业前准备工作

1. 收集巡检线路资料和编制直升机巡视计划

（1）收集巡检线路资料，包括杆塔明细表、线路平断面图、外绝缘台账、杆塔经纬度坐标、交叉跨越信息等，进行航图绘制和领航计算。

（2）根据线路运维单位要求，依据《架空输电线路运行规程》（DL/T 741）相关条款，制订直升机巡视计划，确定巡视方式和重点。

2. 编制巡视作业指导书

按照相应项目编制“直升机巡视作业指导书”，其内容主要包括适用范围、编制依据、工作准备、操作流程、操作步骤、安全措施、所需工器具。

第四节　直升机巡检作业

一、直升机巡检内容

直升机巡检主要对输电线路相关设施进行检查。根据巡检主要内容包括可见光检查、红外温度检测和紫外电晕检测三种巡检作业方法。

1. 可见光检查

应用稳像仪对铁塔上部的塔材、金具、绝缘子、导线、地线、附属设施及线路走廊进行可见光检查。

2. 红外温度检测

应用红外热成像仪对导线连接点、线夹、绝缘子等部件进行温度检测。

3. 紫外电晕检测

应用紫外成像仪对导线、绝缘子及金具进行电晕检测。

二、直升机巡检方式

根据巡检线路电压等级和线路架设方式，分单侧巡检和双侧巡检两种作业方式。

1. 单侧巡检

（1）对于500kV及以下电压等级的交、直流单回路输电线路宜采取单侧巡视方式。

（2）直升机巡检作业平均速度一般保持在15km/h。

2. 双侧巡检

（1）对于同塔多回输电线路和500kV以上电压等级的交、直流输电线路宜采取双侧巡检方式。

（2）直升机巡检作业平均速度一般保持在10km/h。

三、直升机巡检方法

巡检方法分为两类，即挡中巡检和杆塔巡检。

1. 挡中巡检

挡中巡检时，直升机宜以20～40km/h的速度匀速飞行，直升机旋翼与边导线的水平距离为15～30m范围内，由航巡员先对导地线进行目视检测，发现可疑点时使用稳像仪进行检查；使用红外热成像仪对导线接续管进行红外检测；使用紫外成像仪对导线和金具进行电晕检查。在检查过程中，如发现异常情况，可进行悬停检查核实，并记录详细信息。

2. 杆塔巡检

杆塔巡检时，直升机处于悬停状态，直升机旋翼距杆塔水平距离在15～30m范围内，位置与地线横担水平或稍高于地线横担，悬停时间一般为2～5min；由航巡员使用稳像仪对杆塔上部塔材、金具、绝缘子以及附属设施进行可见光检查；使用红外热成像仪对绝缘

子、引流板、导线线夹等进行温度检测；使用紫外成像仪对绝缘子和金具进行电晕检查。

3．注意事项

（1）在巡检同塔多回路垂直排列的线路时，当不能看清下端部件时，直升机可下降高度进行巡检。

（2）在巡检过程中，必要时对输电线路进行可见光、红外、紫外的全程录像。

第五节　直升机巡检种类

直升机巡检分为三类，即一般巡检、故障巡检和特殊巡检。

一、一般巡检

1．作业内容

一般巡视主要对输电线路导线、地线和杆塔上部的塔材、金具、绝缘子、附属设施、线路走廊等进行检查；巡视时可根据线路运行情况、检查要求，选择性搭载相应的航巡设备进行可见光巡视、红外巡视、紫外巡视等巡视项目，各种巡视项目可以单独进行，也可以根据需要组合进行。

2．注意事项

（1）直升机到达巡线区域后，核实所巡线路名称和杆塔号，观察所巡线路周围地形地貌情况，选择与线路约45°夹角进入作业位置。

（2）巡检作业时，直升机主驾驶应位于靠近被巡线路的一侧，严禁直升机在线路正上方巡检飞行。

（3）直升机旋翼与边导线、铁塔的最小安全距离应不小于15m，同时为保证巡检效果，直升机旋翼与最近一侧的边导线、铁塔净空距离不大于30m。

二、故障巡检

1．作业内容

故障巡检主要是查找故障点，检查设备受损情况和其他异常情况。

2．注意事项

（1）根据故障信息，确定重点巡检区段、部位和巡检内容，选择性搭载相应的航巡设备。

（2）在安全要求和技术条件允许的情况下尽量靠近输电设备低速航巡。

三、特殊巡检

特殊巡检是指在特殊情况下或根据特殊需要，应用直升机对线路进行巡检，主要包括灾情检查和其他专项巡检等。

1．检查内容

（1）灾情检查主要是对受灾区域内的输电线路设备状态和线路走廊通道环境进行检查

和评估。

（2）其他巡检主要是针对专项任务，搭载相应设备对架空输电线路进行巡视。

2. 注意事项

（1）灾情检查时应根据现场情况，合理选择直升机，并选装必要的应急装置（如燃油防水系统、旋翼除冰装置、增稳装置等）。

（2）在现场条件允许的情况下，对受灾线路进行检查和全程录像，搜集输电设备受损及环境变化信息。

（3）其他巡检应根据任务需求，选装相应设备，确定飞行和巡检作业技术参数，制订专项巡检作业方案。

（4）巡检作业时，飞行员应注意观察和判断天气变化趋势，主动与地面联系，获取有关气象资料，向邻近机场进行气象咨询。

第六节　巡检资料的整理和移交

一、巡检资料的整理

（1）直升机巡检发现的相关异常情况应及时整理，形成“直升机巡检记录单”，其格式见表2-2-6-1。同时包括文字资料、航巡照片及录像。上述资料均须妥善保管并存档。

表2-2-6-1　　直升机巡检记录单

编号：　　　　　　　　　　报送单位：

序号	线路名称	巡线发现情况	巡线时间	运维单位
1				
2				
3				
4				
5				
6				
7				
8				
9				
10				
11				

备注：（1）注明直升机巡检完成的线路名称及巡检区段。
（2）注明巡线过程中放弃的巡检区段和原因。
（3）注明导线排列顺序。

审批：　　　　　　　　审核：　　　　　　　　编写：

（2）“直升机巡检记录单”内容包括巡检线路名称、巡检区段以及巡检发现的线路相

关异常信息、巡线照片、录像。

二、巡检资料的移交

巡检结束后，应及时将巡检记录单、可见光、红外和紫外照片递交线路运行单位。

第七节　直升机巡检作业风险与预防策略

一、主要风险

1. 山区主要风险

(1) 天气变化快，极易遇到低云低能见的天气，不慎进入云层的风险。

(2) 乱流和侧风的影响，由于海拔高，风力一般要大于平原。

(3) 不规则的高跨线，例如斜上方、正上方等。

(4) 高度差很大的线路。

(5) 与障碍物的安全距离小。

(6) 迫降时，能够使用的安全场地少。

(7) 高海拔时，剩余功率不足的风险。

(8) 高海拔时，发动机结冰的风险。

2. 平原主要风险

(1) 容易吹倒民房、养殖场、庄稼，引起不必要的麻烦。

(2) 噪声。

(3) 误入部队上空。

(4) 与高楼的安全距离小。

(5) 发动机吸入厂矿废烟。

(6) 发动机吸入扬沙，灰尘和焚烧后庄稼的灰烬。

(7) 巡错线路。

二、风险预防策略

1. 飞行前预先准备阶段的策略应对

飞行前预先准备是整个巡检任务的重中之重，特别对于不熟悉的巡线飞行，任何一个环节的遗漏，在空中实施飞行时都有可能造成不必要的麻烦和工作效率的降低，更有可能危及飞行安全。一般来说，飞行任务都是前一天晚上以微信的方式发到巡线群里，接到任务后，首先完成网上准备，然后利用 Googleearth 软件和纸质地图准备以下内容：

(1) 线路的基本走向，地形，最高海拔（计算可用功率，便于加油）。

(2) 起点前两个线塔坐标，以及起点线塔距离起降点距离和方位，终点线塔坐标。

(3) 认真辨别起点线塔周边的地貌和地标特征，以及周边其他线塔的区别，从而减少空中找目标线塔的时间，提高效率。

(4) 认真辨别目标线路与周边线路的交叉、距离、重叠、高度差。

(5) 认真熟悉目标线路周边的地标(公路、河流、村庄、城市、铁路等),预防GPS失效迷航,同时为选择迫降场打下基础。

(6) 根据任务量计算好油量、直升机的重量和重心、可用扭矩。

(7) 做好备份线路,以防其他原因导致计划的目标线路不能实施。

(8) 提前标出通过民房、养殖场、庄稼和人口密集区的线路,采取放弃或者高飞的方法规避风险。

(9) 标出部队的禁飞区域,防止误入。

由于巡线是机长责任制,所以飞行前一天还应了解飞机状况,机组成员(包含2名航检员)状况,了解吃饭、进场、轮班(多班飞行)时间、轮班机组安排等,提醒各部门人员提早休息,养足精力做好次日飞行。

2. 直接准备阶段的策略应对

向签派了解天气和空域状况,日落时间。确认油量满足任务需求,根据气象条件计算出直升机的实际全部重量、可用扭矩。与机组成员再次确认任务线路、名称、起点线塔。微信拍照传给安监人员。确认航检员安全带绑好,航检设备工作正常。

3. 空中飞行实施阶段的策略应对

(1) 飞行巡线前必须要进行两个功率和重心检查:悬停离地后检查、进入起点塔之前检查。如果高海拔地区,应注意防冰系统的检查。

(2) 剩余油量大于1000磅,由于直升机操作和气动性能都没有达到最佳状态,此时应柔和谨慎的操纵直升机,避免大的动作输入,特别在多线路和地形复杂的情况下。

(3) 在下坡巡检坡度很陡同时转弯角度比较大的线路时,一定注意控制好下降率,同时一个方向下降,不要边下降边转航向,以防进入涡环。

(4) 侧风比较大和不稳定时,注意控制好直升机的操作,对于高压线方向来的风,要适当地向线路方向压杆,以保持良好的拍摄角度和距离。对于左座方向来的风,适当地向线路方向左压杆,避免距离高压线过近。

(5) 巡线高度一般在地线上面2~4m,水平距离15~20m进行巡查(这些数据不是固定不变的,应根据不同的风速、光线亮度、线塔类型进行适当调整,在安全和巡检质量之间找到平衡点)。

(6) 气象条件在边缘时,应尽量避免进入山区,如果已经进入山区,要减慢速度,看清山腰或者山顶线塔。

(7) 在线路下面有养殖场或者庄稼等容易吹翻物体的时候,可采用高飞和缓慢通过来规避,如果不行,就果断放弃。

(8) 对于500kV线路的巡检,特别是线路比较密集的情况,一定主要控制好机身与线路的距离,防止被高压电击穿。

《电力设施保护条例实施细则》(1993年3月18日国家经济贸易委员会、公安部令第8号)第五条规定距建筑物的水平安全距离如下:1kV以下1.0m,1~10kV 1.5m,35kV 3.0m,66~10kV 4.0m,154~220kV 5.0m,330kV 6.0m,500kV 8.5m。电磁辐射安全距离:根据有关电力设施保护规定,对于一个110kV的变电站输电高架线而言,

它的保护区域是线外10m范围，换言之，只要在距离电线10m远之外的地方，电磁辐射的安全是有保证的。而对于220kV和500kV的输变电系统电线，其保护区域分别是15m和20m。

(9) 巡检过程中，一定要遵循“1停2看3通过”：“1停”就是巡完一个线塔后要停住；“2看”就是停住后看前方的障碍物，看功率余度，看线路走向；“3通过”就是前飞。特别在线路密集，地形复杂的条件下飞行，到处都是不容易发现的安全隐患，很容易危及飞行安全，一定要注意。

(10) 巡线过程中，如果遇到逆光，同时线路比较复杂时，一定要看清线塔，特别对于太阳光方向容易忽视的斜高跨线。

(11) 左座人员做好提醒和记录，必要时可把头伸出机舱外观察障碍物，及时记录放弃的线塔。在线路特别密集的区域，一定要看清线路的走向，分塔还是并塔，过了密集区，认真核实杆号牌，谨防巡错线路。

4. 飞行后阶段策略应对

(1) 讲评。巡线任务结束后与航检员核对此次飞行巡检和放弃的线塔数量，沟通此次飞行中的问题，为后续流畅的飞行做好准备。通知油料加好下次飞行的油量。

(2) 记录。把飞行时间、巡检和放弃的线塔数量，拍照用微信发给签派人员，认真填写任务书，飞行日报录入（公司和电力两份）、危险源的录入。

(3) 设备。头盔和护具放好，飞行记录本认真填写，如果当天后续没有飞行，需插上起落架销子。

虽然直升机巡检维护不能完全取代常规的人工陆路巡线维护，但直升机具有机动、灵活、快捷的特点，用于输电线路巡检维护，在一些项目上与常规方式比较还有较强的优势。因此，在取得现有经验的基础上，有必要继续进行相关技术的研究和实践，加强与航空公司在相关方面的技术交流和项目合作，以推动该项技术的不断发展和完善。随着国内通用航空业务日趋发展和成熟，在有可行直升机机源和可靠飞行、航务保证条件下，在每年春秋两季可安排对线路进行全线直升机巡检，及时发现线路本身存在的隐患和缺陷，预测预防塔基周边环境变迁对线路安全运行可能造成的危害，采取有力措施予以消除和防备，进一步提高系统运行的安全可靠性。

第三章

架空输电线路无人直升机巡检系统

第一节　架空输电线路无人直升机巡检系统组成和分类

一、系统组成

无人直升机巡检系统应包括无人直升机分系统、任务载荷分系统和综合保障分系统。

1. 无人直升机分系统

无人直升机分系统包括无人直升机平台、通信系统和地面站系统。

（1）无人直升机平台包括无人机本体和飞行控制系统，无人直升机平台应装有航行灯、机载追踪器和飞行数据记录仪。

航行灯（navigation light）是指无人直升机巡检系统上用以表示自身位置和运动方向的信号灯。

机载追踪器（airborne tracker）是指不依赖于机载电源和数传电台工作，能通过定时自动或受控应答方式与工作人员取得联系，确定无人机所在位置信息的机载设备。

飞行数据记录仪（flight data recorder）是指安装在无人机上，用于记录系统工作状况和引擎工作参数等飞行数据的设备。

（2）通信系统包括数据传输系统和视频传输系统。

（3）无人直升机巡检系统的地面站系统包括硬件设备、飞行控制软件和检测软件等。

2. 任务载荷分系统

任务载荷（mission payload）是指搭载在无人直升机上，为完成检测、采集和记录架空输电线路信息等特定任务功能的设备或装置。

（1）任务载荷分系统包括任务设备和地面显控单元。

（2）中型无人直升机巡检系统的任务设备应为光电吊舱。

（3）小型无人直升机巡检系统的任务设备可为光电吊舱，也可为云台搭载可见光、红外成像等设备。

3. 综合保障分系统

（1）综合保障分系统一般包括供电设备、动力供给（燃料或动力电池）、风速仪和频谱仪等专用工具、备品备件和车辆等。

（2）中型无人直升机巡检系统需配备专用车辆，小型无人直升机巡检系统可根据具体需要配备储运车辆。

二、系统分类

1. 中型无人直升机

中型无人直升机指空机质量大于 7kg 且小于等于 116kg 的无人直升机，一般是单旋

翼带尾桨式无人直升机，适用于中等距离的多任务精细化巡检。

2. 小型无人直升机

小型无人直升机指空机质量小于等于7kg的无人直升机，一般是电动多旋翼无人机，适用于短距离的多方位精细化巡检和故障巡检。

第二节 架空输电线路无人直升机巡检系统功能要求

一、通用部分

1. 飞行功能

飞行功能应满足以下要求：

（1）应具备全自主起降功能。全自主起降（automatic takeoff and landing）是指无人直升机无需人工操作，能按照预先设置的指令自动完成起飞、着陆任务。

（2）一般应具备手动、增稳和全自主三种飞行模式，三种飞行模式应能自由切换。

1）手动飞行模式（manual flight）是指无人直升机不依赖导航定位系统，不受飞控系统闭环控制的飞行模式。

2）增稳飞行模式（augmentation flight）是指导航定位系统不参与控制，飞行控制系统控制无人直升机飞行姿态，操作人员控制速度、航向、高度等的飞行模式。

3）全自主飞行模式（automatic flight）是指无人直升机完全由飞控系统闭环控制的飞行模式。

（3）飞行状态和任务模式可灵活设置，设置内容包括但不限于飞行航线、高度、速度，起飞和降落方式，安全策略等，且在地面站上应有参数设置界面。

（4）应具备任务规划功能，一般宜具备在飞行过程中实时修改航路点的功能。

（5）飞行任务可保存，支持重复调用和编辑。

（6）应具备一键返航功能。一键返航（a key to return）是指不论无人机处于何种飞行状态，只要操作人员通过地面控制站或遥控手柄上的特定功能键（按钮）启动该功能，无人机应中止当前任务，按预先设定的策略返航。

2. 通信功能

通信功能满足以下要求：

（1）应能实现无人直升机分系统测控数据的上传和下传。

（2）应能实现任务载荷分系统测控数据的上传和下传。

（3）在通信链路不中断的情况下具有实时视频传输功能。

3. 任务功能

任务功能满足以下要求：

（1）应能对电力设备进行高清可见光拍照和摄像。

1）手动拍照（manual photo）。需要人工操控地面站控制系统下达拍照指令完成的拍照任务。

2）自动程序拍照（automatic photo）。无须人工操作，可按照预设程序（包括地理坐标、拍摄角度、时间间隔等）对巡检目标完成拍照。

3）步进拍照（stepping photo）。无须人工操作，任务设备可按照预设程序对巡检目标完成扫描拍照的功能。

（2）可见光检测设备应具备自动对焦功能，宜具备遥控变焦功能。

（3）红外检测设备应具备自动对焦功能，可获取热图数据，具备伪彩显示功能，应能实时显示影像中温度最高点位置及温度值。

（4）可见光图片、视频及红外热图数据应能在任务设备中存储。红外热图（infrared thermography）是指将红外辐射能转换为相应的电信号显示出的可见图像。

（5）应能记录图像获取的时间和位置信息。

（6）光电吊舱（云台）应具备水平和俯仰转动功能。

4. 地面显示功能

地面显示功能满足以下要求：

（1）应具备地图导入及显示功能，且预设航线、飞行航迹和机头指向等应能在地图中显示。

（2）应能显示和记录飞行状态、发动机（电机）状态、通信状态等遥测参数。应采用高亮显示屏，在户外阳光下应能清晰显示。

（3）飞行数据可在线记录，具备飞行日志数据下载和分析工具。

（4）人机交互界面应为中文界面。

5. 安全保护功能

安全保护功能满足以下要求：

（1）应具有自检功能，自检项目应至少包括飞行控制模块、电池电压值、发动机（电机）工况、遥控遥测信号等。以上任一部件故障，均能进行声、光报警，并且系统锁死，无法起飞。根据报警提示，应能确定故障部件。

（2）应具备飞行状态、通信状态、发动机（电机）状态等参数越限告警功能，报警方式应为声、光报警。

（3）应具备安全控制策略，包括返航策略和应急降落策略。返航策略应至少包括原航线返航和直线返航，可对返航触发条件（通信中断、油/电量不足等）、飞行速度、高度、航线等进行设置。

二、专用部分

1. 中型无人直升机巡检系统

中型无人直升机巡检系统满足以下要求：

（1）中型无人直升机巡检系统宜具备可替换的可见光和红外机载吊舱，替换操作应简便，能在工作现场完成。

（2）宜具备巡检任务界面和飞行控制界面分屏显示的功能。

（3）光电吊舱应具有陀螺增稳和步进拍照功能。

（4）中型无人直升机巡检系统应装有左红、右绿、尾白的航行灯。

（5）巡检目标与图像、视频应建立对应关系，在可见光图像中可标识出杆塔号及线路名称等信息。

（6）应支持航路点信息的批量导入和导出。

2. 小型无人直升机巡检系统

小型无人直升机巡检系统满足以下要求：

（1）应具有机头重定向功能。机头重定向（nose redirection）是指对无人机机头朝向进行重新指定，无论无人机机头指向何方，均能按手柄或按键的操控方向飞行。

（2）机载云台应具有陀螺增稳功能。

（3）无人机外壳宜选用绝缘材料。

（4）应装有航行灯，用于显示机头朝向，表示不同飞行状态或警示作用。机头应有明显标识。

第三节 架空输电线路无人直升机巡检系统技术指标要求

一、中型无人直升机巡检系统技术指标要求

中型无人直升机巡检系统技术指标项目及要求见表2－3－3－1。

表2－3－3－1 中型无人直升机巡检系统技术指标项目及要求

序号	技术指标名称	应满足要求
1	环境适应性	（1）存储温度范围：－20～＋65℃。 （2）工作温度范围：－20～＋55℃。 （3）相对湿度不大于95%（＋25℃）。 （4）抗风能力不小于10m/s（距地面2m高，瞬时风速）。 （5）抗雨能力：能在小雨（12h内降水量小于5mm的降雨）环境条件下短时飞行
2	飞行性能	（1）巡检实用升限（满载，一般地区）不小于2000m（海拔）。 （2）巡检实用升限（满载，高海拔地区）不小于3500m（海拔）。 （3）续航时间（满载，经济巡航速度）不小于50min。 （4）悬停时间不小于30min。 （5）最大爬升率不小于3m/s。 （6）最大下降率不小于3m/s
3	质量指标	（1）空机质量：7～116kg。 （2）正常任务载重（满油）一般大于10kg
4	航迹控制精度	（1）水平航迹与预设航线误差不大于5m。 （2）垂直航迹与预设航线误差不大于5m
5	通信	（1）数传延时不大于80ms，误码率不大于1×10^{-6}。 （2）传输带宽不小于2Mbit/s，图传延时不大于300ms。 （3）距地面高度60m时最小数传通信距离不小于5km。 （4）距地面高度60m时最小图传通信距离不小于5km

续表

序号	技术指标名称	应满足要求
6	任务载荷	（1）可见光图像检测效果要求：在距离目标50m处获取的可见光图像中可清晰辨识3mm的销钉级目标。 （2）高清可见光摄像机帧率不小于24Hz；支持数字及模拟信号输出，支持高清及标清格式；连续可变视场。 （3）红外热像仪分辨率不小于640×480像素；热灵敏度不大于100mK；输出信号制式PAL；在距离目标50m处，可清晰分辨出发热点。 （4）吊舱回转范围方位：$n\times360°$；俯仰：$+20°\sim-90°$。 （5）吊舱回转方位和俯仰角速度不小于60°/s。 （6）吊舱稳定精度不大于100μrad（RMS）。 （7）机载存储应采用插拔式存储设备，存储空间不小于64GB
7	地面展开时间、撤收时间	（1）地面展开时间不大于30min。 （2）撤收时间不大于15min
8	平均无故障间隔时间	不小于50h
9	整机寿命	不小于500h
10	编辑飞行航点	不小于200个

二、小型无人直升机巡检系统技术指标要求

小型无人直升机巡检系统技术指标项目及要求见表2-3-3-2。

表2-3-3-2　　小型无人直升机巡检系统技术指标项目及要求

序号	技术指标名称	应满足的要求
1	环境适应性	（1）存储温度范围：－20～＋65℃。 （2）工作温度范围：－20～＋55℃。 （3）相对湿度不大于95%（＋25℃）。 （4）抗风能力不小于10m/s（距地面2m高，瞬时风速）。 （5）抗雨能力：能在小雨（12h内降水量小于5mm的降雨）环境条件下短时飞行
2	飞行性能	（1）巡检实用升限（满载，一般地区）不小于3000m（海拔）。 （2）巡检实用升限（满载，高海拔地区）不小于4500m（海拔）。 （3）悬停时间不小于20min（满载）。 （4）最大爬升率不小于3m/s。 （5）最大下降率不小于3m/s
3	质量	不含电池、任务设备、云台的空机质量不大于7kg
4	飞行控制精度	（1）地理坐标水平精度小于1.5m。 （2）地理坐标垂直精度小于3m。 （3）正常飞行状态下，小型无人直升机巡检系统飞行控制精度水平小于3m。 （4）正常飞行状态下，小型无人直升机巡检系统飞行控制精度垂直小于5m
5	通信	（1）数传延时不大于20ms，误码率不大于1×10^{-6}。 （2）传输带宽不小于2Mbit/s（标清），图传延时不大于300ms。 （3）距地面高度40m时数传距离不小于2km。 （4）距地面高度40m时图传距离不小于2km

续表

序号	技术指标名称	应满足的要求
6	任务载荷	（1）可见光传感器的成像照片应满足在距离不小于10m处清晰分辨销钉级目标的要求。有效像素不少于1200万像素。 （2）红外传感器的影像应满足在距离10m处清晰分辨发热故障。分辨率不低于640×480；热灵敏度不低于50mK；测温精度不低于2K；测温范围－20～＋150℃。 （3）可视范围应保证水平－180°～＋180°，同时俯仰角度范围－60°～＋30°。 （4）机载存储应采用插拔式存储设备，存储空间不小于32GB
7	地面展开时间、撤收时间	（1）地面展开时间不大于5min。 （2）撤收时间不大于5min
8	平均无故障工作间隔时间	不小于50h
9	整机寿命	不小于500h或1000个架次（以先到者为准）
10	可编辑飞行航点	不小于50个

三、其他要求

（1）中型无人直升机巡检系统最小起降场地面积应不超过5m×5m，小型无人直升机巡检系统最小起降场地面积应不超过2m×2m，起降场地周边净空环境满足安全起降要求。

（2）无人直升机巡检系统所有部件均应能够满足相关国家标准的要求。

（3）任务设备、电池及配套使用工具等均应装箱储运，便于携带运输。

（4）连接接头应具有良好的外绝缘强度、各触点间导通性良好，接头连接牢固、可靠，应具备防误插功能，满足长时间连续使用的需要。

（5）电池循环寿命应不小于300次，0～45℃应能正常充电，在充电及储运状态下应有防爆、阻燃等安全措施。电池宜有固定卡槽，固定于机身上，电源接口宜采用防火花接头。电池（包括飞控电池、舵机电池、任务设备电池以及地面站电池等）单次使用时间应大于相应机型的续航时间。

（6）中型无人直升机油箱应具备一定的抗冲击性和防腐蚀性，宜有油量指示。

（7）中型无人直升机分系统应能与任务载荷分系统集成。中型无人直升机巡检系统集成要求见本章第五节。

（8）无人直升机巡检系统应配备飞行模拟仿真培训系统以及培训教材等，所用语言应采用中文。

（9）无人直升机巡检系统的移交资料见表2－3－3－3，无人直升机巡检系统的移交资料包括但不限于表2－3－3－3中所列的内容。

表2－3－3－3　　无人直升机巡检系统移交资料目录列表

序号	名　称	数量/份	备　注
1	装箱清单表	1	
2	技术规格书	2	包括但不限于型号、结构、技术参数、执行标准等

续表

序号	名　　称	数量/份	备　　注
3	操作手册	2	
4	维护手册	2	
5	备品备件清单	1	
6	随机工具和仪器清单	1	
7	出厂检验报告	1	
8	出厂合格证	1	
9	系统软硬件版本信息表	1	
10	故障记录表	1	
11	维护记录表	1	

第四节　检测试验内容

表2-3-4-1和表2-3-4-2分别列出了中、小型无人直升机巡检系统型式试验和出厂检验的检测内容和试验方法参照标准。

表2-3-4-1　　　　中型无人直升机巡检系统检测试验内容

序号	检验项目	型式试验	出厂检验	检测对象	试验方法参考标准
1	外观及尺寸测量	●	●	无人直升机分系统、任务载荷分系统	
2	重量测量	●	●	无人直升机分系统、任务载荷分系统	
3	输出电压稳定性测试	●	●	无人直升机分系统	※
4	电压适应性测试	●	●	任务载荷分系统	※
5	输出功耗测试	●	●	无人直升机分系统	※
6	功耗测试	●	●	任务载荷分系统	※
7	高低温贮存试验	●	○	无人直升机分系统、任务载荷分系统	GB/T 2423.1
8	高低温工作试验	●	○	无人直升机分系统、任务载荷分系统	GB/T 2423.1
9	湿热试验	●	○	无人直升机分系统、任务载荷分系统	GB/T 2423.1
10	冲击试验	●	○	无人直升机分系统、任务载荷分系统	GB/T 2423.5
11	跌落试验（带包装）	●	○	无人直升机分系统、任务载荷分系统	GB/T 2423.8
12	振动试验	●	○	无人直升机分系统、任务载荷分系统	GB/T 2423.10
13	低气压试验	●	○	无人直升机分系统、任务载荷分系统	GB/T 2423.21
14	淋雨试验	●	○	无人直升机分系统	GB 4208
15	温度变化试验	●	○	任务载荷分系统	GB/T 2423.22
16	电磁兼容测试试验	●	○	无人直升机分系统、任务载荷分系统、整套系统	GB/T 17626.03

续表

序号	检验项目	型式试验	出厂检验	检测对象	试验方法参考标准
17	任务编辑试验	●	●	无人直升机分系统	※
18	自检试验	●	●	无人直升机分系统	※
19	全自主起降试验	●	●	无人直升机分系统	※
20	飞行模式验证及切换试验	●	●	无人直升机分系统	※
21	三维程控飞行试验	●	●	无人直升机分系统	※
22	安全策略试验	●	●	无人直升机分系统	※
23	巡航速度测试试验	●	●	无人直升机分系统	※
24	抗风能力试验	●	○	无人直升机分系统	※
25	淋雨试验	●	○	无人直升机分系统	GB/T 2423.38
26	巡航时间测试试验	●	●	无人直升机分系统	※
27	测控距离测试试验	●	●	无人直升机分系统	※
28	最大起飞重量测试试验	●	○	无人直升机分系统	※
29	任务载重测试试验	●	●	无人直升机分系统	※
30	软件测试试验	●	○	无人直升机分系统	※
31	可见光检测效果试验	●	●	任务载荷分系统	※
32	红外光检测效果试验	●	●	任务载荷分系统	※
33	吊舱旋转角度范围测试试验	●	●	任务载荷分系统	※
34	吊舱回转速率测试试验	●	●	任务载荷分系统	※
35	稳定精度测试试验	●	●	任务载荷分系统	※
36	跟踪精度测试试验	●	●	任务载荷分系统	※
37	电池充放电次数试验	●	○	无人直升机分系统、任务载荷分系统	QC/T 743
38	电池放电特性试验（－20～＋60℃）	●	○	无人直升机分系统、任务载荷分系统	QC/T 743
39	电池安全试验	●	○	无人直升机分系统、任务载荷分系统	QC/T 743
备注	●表示规定必须做的项目；○表示规定可不做的项目；※表示相关标准，另行规定				

表 2-3-4-2　　小型无人直升机巡检系统的检测试验内容

序号	检验项目	型式试验	出厂检验	试验方法参考标准
1	外观及尺寸测量	●	●	
2	重量测量	●	●	
3	高低温贮存试验	●	○	GB/T 2423.1
4	高低温工作试验	●	○	GB/T 2423.1
5	湿热试验	●	○	GB/T 2423.1
6	跌落试验（带包装）	●	○	GB/T 2423.8
7	振动试验	●	○	GB/T 2423.10

续表

序号	检 验 项 目	型式试验	出厂检验	试验方法参考标准
8	低气压试验	●	○	GB/T 2423.21
9	温度变化试验	●	○	GB/T 2423.22
10	淋雨试验	●	○	GB 4208、GB/T 2423.38
11	抗风能力试验	●	○	※
12	电磁兼容测试试验	●	○	GB/T 17626.3
13	任务编辑试验	●	●	※
14	自检试验	●	●	※
15	全自主起降试验	●	●	※
16	飞行模式验证及切换试验	●	●	※
17	三维程控飞行试验	●	●	※
18	安全策略试验	●	●	※
19	最大平飞速度测试试验	●	○	※
20	最大巡航时间测试试验	●	●	※
21	测控距离测试试验	●	●	※
22	最大起飞重量测试试验	●	○	※
23	任务载重测试试验	●	○	※
24	软件测试试验	●	○	※
25	可见光检测效果试验	●	●	※
26	红外光检测效果试验	●	●	※
27	任务设备旋转角度范围测试试验	●	●	※
28	吊舱回转速率测试试验	●	●	※
29	电池充放电次数试验	●	○	QC/T 743
30	电池放电特性试验（－20～＋60℃）	●	○	QC/T 743
31	电池安全试验	●	○	QC/T 743
备注	●表示规定必须做的项目；○表示规定可不做的项目；※表示相关标准，另行规定			

第五节　中型无人直升机巡检系统内部集成要求

本节适用于国家电网公司输电线路巡检用中型无人直升机和任务吊舱的适配。本节对中型无人直升机和任务吊舱配装所涉及的机械、电气和通信等接口进行了规定，在保证各项性能指标的基础上，充分考虑了规范化、通用性、可靠性。中型无人直升机厂商和任务吊舱厂商均须按照本规约规定的适配接口协议执行。

一、术语及定义

（1）中型无人直升机系统：具有垂直起降、自主飞行和通信功能的无人机系统，由中型无人直升机和地面控制站组成。

（2）任务吊舱：可固定安装于无人直升机且具备图像获取、陀螺增稳等功能的检测装置，由机载吊舱和地面显控单元组成。

（3）载机：可搭载任务吊舱的中型无人直升机。

（4）安装支架：用于紧固连接载机和任务吊舱的结构架。

（5）安装面：吊舱安装支架与载机紧固连接点形成的平面。

（6）上行报文：吊舱地面显控单元通过无人机系统提供的透明串口传输至机载吊舱的报文。

（7）下行报文：机载吊舱通过无人机系统提供的透明串口传输至吊舱地面显控单元的报文。

（8）地理信息报文：载机向机载吊舱发送的包含地理位置信息的报文。

二、机械接口规约

1．安装空间适配

（1）载机应提供足够的安装空间，安装面距离地面不小于520mm（确保吊舱在载机上安装后最下端离地面高度不得小于140mm），安装支架的安装面积不小于250mm×250mm，允许转塔回转空间直径不小于270mm。

（2）吊舱体回转直径不大于250mm，总高度不大于400mm，吊舱高出安装面以上部分不得大于20mm，如图2-3-5-1所示。

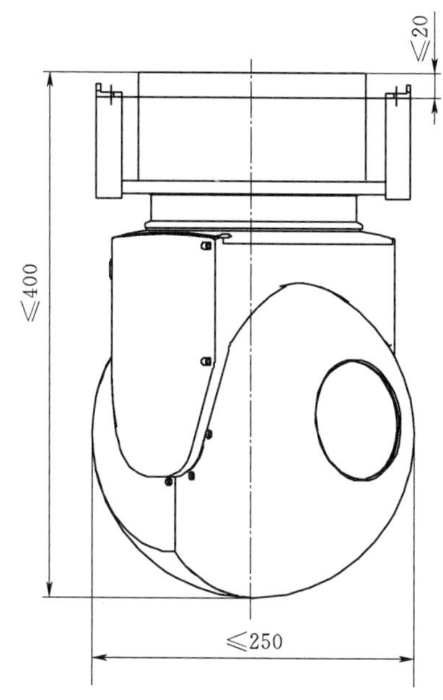

图2-3-5-1　单光源吊舱外形图
（单位：mm）

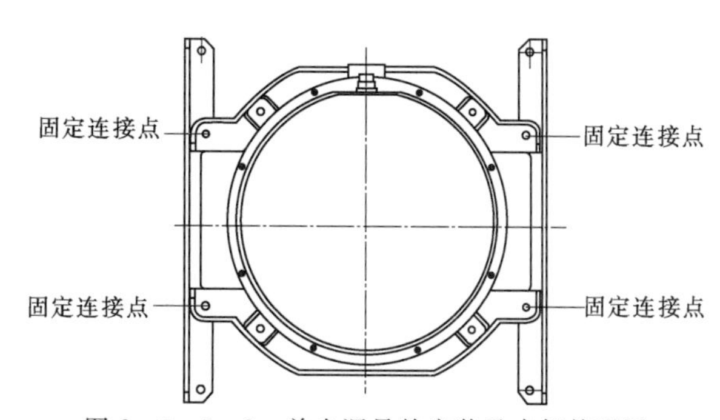

图2-3-5-2　单光源吊舱安装及支架外形图

2. 质量适配

(1) 载机的飞行有效载荷应不小于 10kg。

(2) 单光源吊舱质量不大于 7kg（包括安装支架、无角位移减震器、紧固金具、数据存储设备、电缆等）。

3. 连接方式

安装支架采用 4 个 M5 螺钉、弹簧垫片（或螺纹锁止胶）与载机连接安装，4 个 M5 螺钉等安装，如图 2－3－5－2 所示。

4. 电缆安装

电缆走线应充分考虑安装及检查的易操作性，布置于吊舱的侧边。为保护电缆不发生折断和安装的便捷性，电缆安装不应与安装支架、载机等干涉。

5. 装卸时间

载机与任务吊舱的安装对接应方便、快捷，吊舱挂载或卸载时间不大于 0.5h。

三、电源接口规约

1. 电压适配

(1) 载机供电电压为直流 28(1±15%)V，纹波系数小于 3%。

(2) 吊舱适应电压范围为直流 28(1±20%)V，允许纹波系数 3%。

2. 功率适配

(1) 载机供电峰值功率应不小于 80W，持续功率不小于 60W。

(2) 任务吊舱的峰值功率应不大于 70W，持续功率不大于 55W。

四、通信接口规约

1. 控制接口

(1) 控制接口采用 RS422 全双工串口，用于接收控制命令和发送遥测信息。接插件形式见有关标准的规定。

(2) 无人机地面控制站与吊舱显控单元控制接口采用 9600bit/s 通信波特率。字节定义为每字节 8 个数据位，1 个起始位，1 个停止位，无奇偶校验，具体报文规约见下面 2 的内容。

(3) 机载飞控需向机载吊舱提供地理信息报文，控制接口采用 9600bit/s 通信波特率。字节定义为每字节 8 个数据位，1 个起始位，1 个停止位，无奇偶校验，具体报文规约见下面 2 的内容。

2. 报文规约

本规约规定的报文中每个字节的发送顺序为：高位先发。

(1) 上行报文。

1) 周期：事件发送（操控杆控制有效状态下 $T=80$ms）。

2) 上行报文长度：1 帧报文由 32 字节组成。

3) 上行报文字节示意图如图 2－3－5－3 所示。

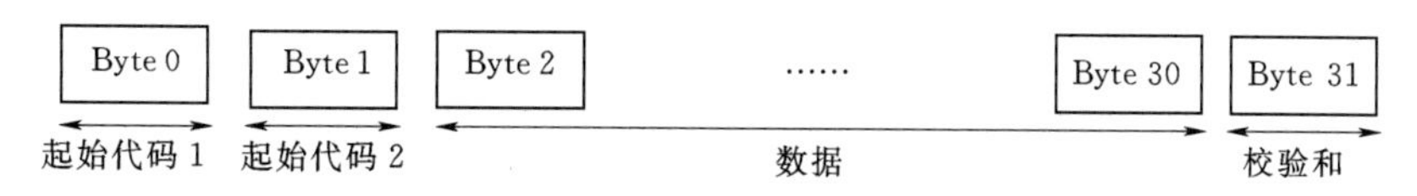

图 2-3-5-3　上行报文字节示意图

4）上行报文内容定义见表 2-3-5-1。

（2）下行报文。

1）周期：$T=80$ms。

2）下行报文长度：1 帧报文由 20 字节组成。

表 2-3-5-1　　上行报文格式定义

Byte	数据格式	描　述	Byte	数据格式	描　述
0	十六进制	53H（帧头标识符）	30	十六进制	00H（帧尾结束符）
1	十六进制	47H（帧头标识符）	31	十六进制	校验和$=\sum i$Byte（$i=0\sim30$）
2～29	自定	自用			

注　如在数据帧中出现了和帧头或帧尾相同的字符，必须进行转译。

3）下行报文字节定义如图 2-3-5-4 所示。

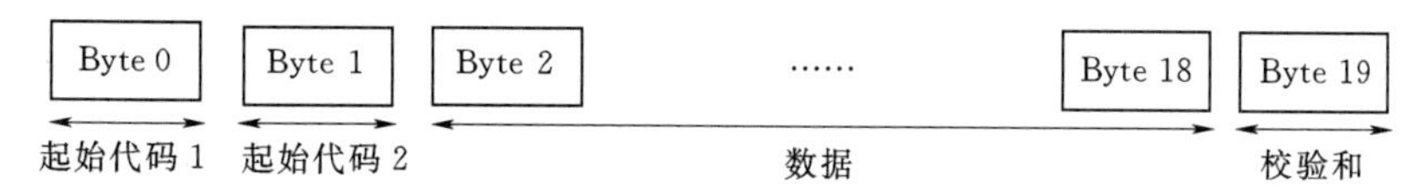

图 2-3-5-4　下行报文字节示意图

4）下行报文内容定义见表 2-3-5-2。

表 2-3-5-2　　下行报文内容定义

Byte	数据格式	描　述	Byte	数据格式	描　述
0	十六进制	53H（帧头）	17	自定	备用
1	十六进制	47H（帧头）	18	十六进制	00H（帧尾结束符）
2～16	自定	自用	19	十六进制	校验和$=\sum i$ Byte（$i=0\sim18$）

注　如在数据帧中出现了和帧头或帧尾相同的字符，必须进行转译。

（3）地理信息通信报文。

1）周期：发送地理信息（$T=0.5$s）。

2）报文长度：1 帧报文由 40 字节组成。

3）报文字节定义如图 2-3-5-5 所示。

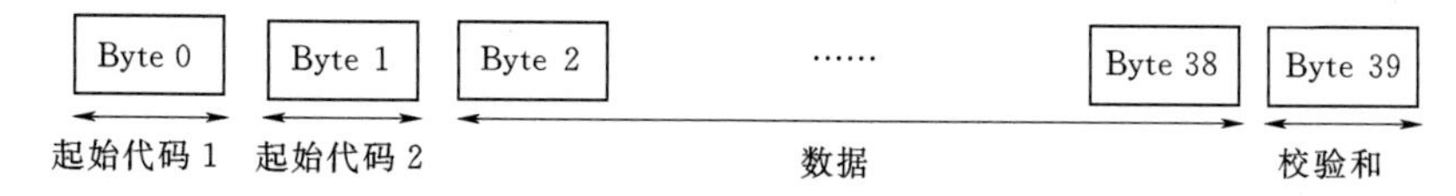

图 2-3-5-5　报文字节示意图

4）地理信息报文格式定义见表2-3-5-3。

表2-3-5-3 地理信息报文格式定义

Byte	数据格式	描　述
0	十六进制	53H（帧头）
1	十六进制	67H（帧头）
2～5	有符号整型数	经度，比例系数 1.00×10^{-7}，单位：(°)
6～9	有符号整型数	纬度，比例系数 1.00×10^{-7}，单位：(°)
10～11	无符号整型数	速度，单位：mm/s
12～14	有符号整型数	海拔，单位：m
15～17	有符号整型数	载机滚转角度：向右滚转为正，向左滚转为负，单位：μrad
18～20	有符号整型数	载机俯仰角度：向后俯仰为正，向前俯仰为负，单位：μrad
21～23	有符号整型数	载机航角度：正北为0，向东为正，向西为负，单位：μrad
24	无符号整型数	年（YY）
25	无符号整型数	月（MM）
26	无符号整型数	日（DD）
27	无符号整型数	时（24时）
28	无符号整型数	分
29	无符号整型数	秒
30—37	自定	备用
38	十六进制	00H（帧尾结束符）
39	十六进制	校验和$=\sum i$ Byte（$i=0\sim38$）

注　如在数据帧中出现了和帧头或帧尾相同的字符，必须进行转译。

五、视频接口和图像数据接口

1．视频接口

（1）标清视频制式：PAL。

（2）红外视频制式：PAL。

2．图像数据接口

图像数据接口主要用于下载已采集的图像数据的，考虑可靠性和使用寿命等条件，可采用插拔存储介质（如SD卡等）用于存储可见光相机、红外热像仪存储的热图数据。

六、电气接插件规格

（1）吊舱与飞机之间连接电缆由吊舱厂家提供，采用J599系列航空电连接器。吊舱端采用J599/24FC35PN，电缆端采用J599/26FC35SN。

（2）吊舱供电电源由飞机提供，且能保证吊舱连续工作1h以上。

（3）接插芯功能定义见表2-3-5-4。

表 2-3-5-4　　接插芯功能定义

芯号	定　　义	备注	芯号	定　　义	备注
1	视频 1 芯线	可见光视频	12	备用	
2	视频 1 地	可见光视频	13	备用	
3	视频 2 芯线	红外视频	14	+28V 电源	
4	视频 2 地	红外视频	15	+28V 电源	
5	数字地		16	+28V 电源	
6	RS422 吊舱发送+		17	+28V 电源	
7	RS422 吊舱发送−		18	电源地	
8	RS422 吊舱接收+		19	电源地	
9	RS422 吊舱接收−		20	电源地	
10	数字地		21	电源地	
11	备用		22	备用	

第四章

固定翼无人直升机巡检系统

第一节 固定翼无人直升机的分类和组成

一、固定翼无人直升机分类

1. 名词术语

固定翼无人直升机名词术语见表 2-4-1-1。

表 2-4-1-1 固定翼无人直升机名词术语

序号	名词术语	含义或解释
1	机载追踪器(airborne tracker)	不依赖于机载电源和数传电台工作，能通过定时自动或受控应答方式与工作人员取得联系，确定无人机所在位置信息的机载设备
2	全自主起降(automatic take off and landing)	无须人工操作，按照预先设置的指令完成起飞、着陆任务
3	手动飞行模式(manual flight)	不依赖导航定位系统，固定翼无人机不受飞控系统闭环控制的飞行模式
4	增稳飞行模式(augmentation flight)	导航定位系统不参与控制，飞行控制系统控制固定翼无人机飞行姿态，操作人员控制速度、航向、高度等的飞行模式
5	全自主飞行模式(automatic flight)	固定翼无人机完全由飞控系统闭环控制的飞行模式
6	滑跑起降(sliding takeoff and landing)	固定翼无人机在起飞和降落时需要在跑道上滑行一段距离的起降方式
7	弹射起飞(catapult takeoff)	固定翼无人机利用弹射装置施加推力，提高初始速度完成起飞的方式
8	手抛起飞(hand throw takeoff)	固定翼无人机借助人力抛掷完成起飞的方式。
9	机腹擦地着陆(belly landing)	固定翼无人机借助机腹与地面的摩擦完成降落回收的方式
10	伞降回收(parachute landing)	固定翼无人机利用降落伞完成降落回收的方式
11	撞网回收(arrested landing)	固定翼无人机利用拦阻网和缓冲装置完成降落回收的方式
12	三维程控飞行(3D programmed flight)	由计算机自动控制无人机按照预设航线变高程飞行的控制方式
13	一键返航(a key to return)	不论无人机处于何种飞行状态，只要操作人员通过地面控制站或遥控手柄上的特定功能键(按钮)启动该功能，无人机应中止当前任务，按预先设定的策略返航
14	真高(actual height)	固定翼无人机飞行时距离地面的垂直距离

2. 固定翼无人直升机系统分类

(1) 中型固定翼无人机。中型固定翼无人机是指空机质量大于 7kg 且小于等于 20kg 的固定翼无人机，续航时间一般大于等于 2h，适用于大范围通道巡检、应急巡检和灾情普查。

(2) 小型固定翼无人机。小型固定翼无人机是指空机质量小于等于 7kg 的固定翼无人机，续航时间一般大于等于 1h，适用于小范围通道巡检、应急巡检和灾情普查。

二、固定翼无人直升机巡检系统组成

固定翼无人直升机巡检系统包括固定翼无人机分系统、任务载荷分系统和综合保障分系统。

1. 固定翼无人机分系统

固定翼无人机分系统包括固定翼无人机平台、通信系统和地面站系统。

（1）固定翼无人机平台包括无人机本体和飞行控制系统，装有机载追踪器和飞行数据记录仪，中型固定翼无人机还增配北斗卫星机载追踪器。

（2）通信系统包括数据传输系统和视频传输系统。

（3）固定翼无人机巡检系统的地面站系统包括硬件设备、飞行控制软件和检测软件等，具备系统航迹及参数显示和控制等功能。

2. 任务载荷分系统

固定翼无人机任务载荷分系统包括任务设备和地面显控单元。

（1）任务设备。任务设备包括可见光照相机和可见光摄像机，可根据巡检任务需求选择搭载红外检测设备。

（2）地面显控单元。地面显控单元可以实时显示视频的设备。

3. 综合保障分系统

固定翼无人机综合保障分系统一般包括供电设备、动力供给（燃料或动力电池）、发射回收装置、专用工具、备品备件等，根据需要可配备储运车辆。

第二节　固定翼无人直升机功能要求

一、起降方式

固定翼无人机起降方式应满足以下要求：

（1）宜具备全自主起降功能。

（2）起飞可采用滑跑、弹射、手抛等方式。

（3）降落可采用伞降、滑跑、机腹擦地、撞网等方式，其中伞降为必备方式。

（4）机载任务设备、电机/发动机等核心部件应具有适当防护措施，防止着陆时受直接冲击。

（5）采用机腹擦地方式降落的固定翼无人机，触地部位应使用耐磨材料。

（6）采用伞降方式的固定翼无人机，机体应具备适当保护措施。

（7）采用撞网方式降落的无人机，机体布局应采用后置螺旋桨的布局形式。

二、飞行功能

固定翼无人机飞行功能应满足以下要求：

（1）应具备一键返航功能。

（2）飞行控制系统应具备三维程控飞行功能。

（3）一般应具备手动、增稳和全自主飞行模式，三种飞行模式可自由无缝切换，切换过程中，固定翼无人机应保持稳定的飞行状态和飞行姿态。

（4）在自主飞行模式下执行任务时，具备定点盘旋功能，相关参数可灵活设置。

（5）飞行状态和任务模式可灵活设置，设置内容包括但不限于飞行航线、高度、速度，起飞和降落方式，安全策略等，且在地面站上应有参数设置界面。

（6）应具备在线任务规划功能，支持通过地面站在飞行过程中实时修改航路点。

（7）飞行任务可保存，并支持重复调用和编辑，且应支持航路点信息批量导入和导出。

（8）飞行数据可在线记录，具有飞行数据下载和分析工具。

三、通信功能

固定翼无人机的通信功能应能满足以下要求：

（1）应能够实现固定翼无人机分系统的测控数据上传和下传。

（2）应能够实现任务载荷分系统的测控数据上传和下传。

（3）具有实时视频传输功能。

四、任务功能

固定翼无人机的任务功能应满足以下要求：

（1）同时具备拍照、全程摄像功能。

（2）拍照支持手动和自动模式（定点、定时和定距）。

（3）可见光图像和视频数据均可机载保存，同时能记录图像获取的时间和位置信息。

（4）红外检测设备应具备伪彩显示功能。

五、地面显示功能

固定翼无人机的地面显示功能应满足以下要求：

（1）应具备地图导入及显示功能，且预设航线、飞行航迹和机头指向等应能在地图中显示。

（2）应具备飞行状态、通信状态等遥测参数的显示和记录功能，宜具备发动机（电机）状态显示和记录功能。

（3）宜具备巡检任务界面和飞行控制界面分屏显示的功能。

（4）应采用高亮屏，在户外阳光下应能清晰显示。

（5）人机交互界面应为中文界面。

六、安全保护功能

固定翼无人机的安全保护功能应满足以下要求：

（1）应具有自检功能，自检项目应至少包括飞行控制模块、电池电压量、发动机（电机）工况、遥控遥测信号等。以上任一部件故障，均能进行声、光报警，并且系统锁死，无法起飞。根据报警提示，应能确定故障部件。

（2）应具备飞行状态、通信状态、发动机（电机）状态等参数越限告警功能，报警方式应为声、光报警。

（3）应具备安全控制策略，包括返航策略和应急降落策略。返航策略应至少包括原航线返航和直线返航，可对返航触发条件、飞行速度、高度、航线等进行设置。应急降落策略触发条件可设置。

（4）若采用弹射起飞，弹射触发启动装置需具备防误操作措施。

第三节　固定翼无人直升机技术要求及其他要求

一、环境适应性

固定翼无人机应满足以下环境适应性要求：

（1）存储温度范围：－20～＋65℃。

（2）工作温度范围：－20～＋55℃（电动）、－30～＋55℃（油动）。

（3）相对湿度：≤90%（＋25℃）。

（4）抗风能力：≥10m/s（距地面2m高，瞬时风速）。

（5）抗雨能力：能在小雨（12h内降水量小于5mm的降雨）环境条件下短时飞行。

二、起降技术指标

固定翼无人机应满足以下起降技术指标要求：

（1）用滑跑方式起飞、降落或采用机腹擦地方式降落时，滑跑距离应小于50m。

（2）弹射架应可折叠，折叠后长度不宜超过2m，重量不宜超过30kg。

（3）采用伞降降落方式时，开伞位置控制误差不宜大于15m。

三、飞行性能技术指标

固定翼无人机应满足以下飞行性能技术指标要求：

（1）巡航速度：60～100km/h。

（2）最大起飞海拔：≥4500m。

（3）最大巡航海拔：≥5500m。

（4）最小作业真高：≤150m。

（5）中型固定翼无人机续航时间：≥2h，小型固定翼无人机续航时间：≥1h。

（6）最小转弯半径：≤150m。

（7）最大爬升率：≥3m/s。

（8）最大下降率：≥3m/s。

四、任务载重

固定翼无人机应满足以下任务载重要求：

（1）中型固定翼无人机正常任务载重：≥2kg。

（2）小型固定翼无人机正常任务载重：≥0.5kg。

五、航迹控制精度

固定翼无人机应满足以下航迹控制精度要求：

（1）水平航迹与预设航线误差：≤3m。

（2）垂直航迹与预设航线误差：≤5m。

六、通信

固定翼无人机通信应满足以下要求：

（1）传输带宽：≥2Mbit/s（标清），图传延时：≤300ms。

（2）数传延时：≤80ms。

（3）通视条件下最小数传距离：≥20km。

（4）通视条件下最小图传距离：≥10km。

七、任务载荷

固定翼无人机任务载荷满足以下要求：

（1）在作业真高 200m 时，采集的视频可清晰识别航线垂直方向上两侧各 100m 范围内的 3m×3m 静态目标。

（2）在作业真高 200m 时，采集的图像可清晰识别航线垂直方向上两侧各 100m 范围内的 0.5m×0.5m 静态目标。

（3）高清可见光摄像机帧率不小于 24Hz；支持数字及模拟信号输出，支持高清及标清格式。

（4）机载存储应采用插拔式存储设备，存储空间不小于 64GB。

八、可靠性和可操作性

1. 固定翼无人机应满足的可靠性要求

（1）平均无故障工作间隔时间 $MTBF \geq 50$h。

（2）机械和电子部件定期检查保养周期不低于 20 个架次。

2. 固定翼无人机应满足的可操作性要求

（1）展开时间：≤20min。

（2）撤收时间：≤10min。

3. 固定翼无人机使用寿命

整机使用寿命不低于 300 架次。

九、其他要求

（1）起降场地周边净空环境满足安全起降要求。

（2）固定翼无人机巡检系统所有部件均应能够满足 GB/T 25480 的要求。

(3) 任务设备、电池及配套使用工具等均应装箱储运，便于携带运输。

(4) 连接接头应具有良好的外绝缘强度、各触点间导通性良好，接头连接牢固、可靠，应具备防误插功能，满足长时间连续使用的需要。

(5) 电池循环寿命应不小于300次，且应满足0～45℃可正常充电，在充电及储运状态下应有防爆、阻燃等安全措施。

(6) 电池宜有固定卡槽，固定于机身上，电源接口宜采用防火花接头。所有电池（包括飞控电池、舵机电池、任务设备电池以及地面站电池等）的单次使用时间应大于相应机型的续航时间。

(7) 油动型固定翼无人机油箱应具备一定的抗冲击性和防腐蚀性，宜有油量指示。

(8) 固定翼无人机巡检系统应配备飞行模拟仿真培训系统以及培训教材等，所用语言应采用中文。

(9) 架空输电线路固定翼无人直升机巡检系统的移交资料见表2-4-3-1，架空输电线路固定翼无人机巡检系统的移交资料包括但不限于表2-4-3-1所列的内容。

表2-4-3-1　　架空输电线路固定翼无人直升机巡检系统的移交资料

序号	名　称	数量/份	备　注
1	装箱清单表	1	
2	技术规格书	2	包括但不限于型号、结构、技术参数、执行标准等
3	操作手册	2	
4	维护手册	2	
5	备品备件清单	1	
6	随机工具和仪器清单	1	
7	出厂检验报告	1	
8	出厂合格证	1	
9	系统软硬件版本信息表	1	
10	故障记录表	1	
11	维护记录表	1	

第四节　固定翼无人直升机的检测试验

对固定翼无人机巡检系统的专用检测试验内容，包括型式试验、出厂检验的内容见表2-4-4-1。

表2-4-4-1　　固定翼无人直升机巡检系统的专用检测试验内容

序号	检验项目	型式试验	出厂检验	试验方法参照标准
1	外观及尺寸测量	●	●	
2	重量测量	●	●	
3	高低温贮存试验	●	○	GB/T 2423.1

续表

序号	检验项目	型式试验	出厂检验	试验方法参照标准
4	高低温工作试验	●	○	GB/T 2423.1
5	湿热试验	●	○	GB/T 2423.1
6	冲击试验	●	○	GB/T 2423.5
7	跌落试验（带包装）	●	○	GB/T 2423.8
8	振动试验	●	○	GB/T 2423.10
9	低气压试验	●	○	GB/T 2423.21
10	温度变化试验	●	○	GB/T 2423.22
11	淋雨试验	●	○	GB 4208、 GB/T 2423.38
12	电磁兼容测试试验	●	○	GB/T 17626.3
13	任务编辑试验	●	●	※
14	自检试验	●	●	※
15	全自主起降试验	●	●	※
16	飞行模式验证及切换试验	●	●	※
17	三维程控飞行试验	●	●	※
18	安全策略试验	●	●	※
19	巡航速度测试试验	●	○	※
20	起飞海拔高度测试试验	●	○	※
21	最小作业真高测试试验	●	○	※
22	测控距离测试试验	●	○	※
23	最大起飞重量测试试验	●	○	※
24	最小转弯半径测试试验	●	○	※
25	续航时间测试试验	●	○	※
26	爬升率、下降率测试试验	●	○	※
27	可见光检测效果试验	●	●	※
28	软件测试试验	●	○	※
29	电池充放电次数试验	●	○	QC/T 743
30	电池放电特性试验（－20～＋60℃）	●	○	QC/T 743
31	电池安全试验	●	○	QC/T 743
备注	●表示规定必须做的项目；○表示规定可不做的项目；※表示相关标准，另行规定			

第五章

架空输电线路无人机巡检作业管理

第一节　巡检计划的制订、上报及审批

一、制订上报审批流程和注意事项

1. 制订上报审批流程

无人机巡检作业计划的制订上报和审批流程如图 2-5-1-1 所示。

2. 注意事项

各单位所辖区域涉及多个县级区域，应将同一县级区域内的全部线路尽量安排在同一月度进行巡视。若某一县区域内线路数量较多，可连续上报该区域月度计划，同一区域线路应集中连续作业，并且同一县级区域计划不得间断，应完成该区域后再进行另一县级区域线路计划上报；若各单位所辖线路途经多个县级区域，应将该线路分段进行考虑，将该线路在某一县级涉及的区段与该县级区域线路安排在同一月进行，每完成一条线路，对巡检佐证材料进行梳理，按季度汇总并上报航巡中心。

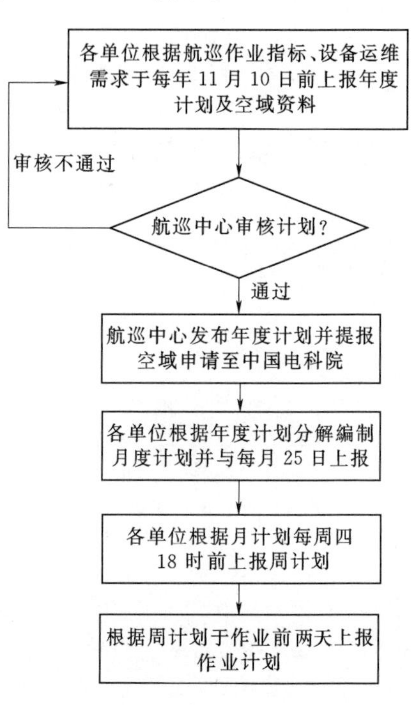

图 2-5-1-1　无人机巡检作业计划的制订上报和审批流程图

二、年度计划

各单位运维检修部结合设备运行工况，按照年度无人机巡检覆盖率不少于 50% 的任务量编制下一年度无人机飞行计划，各单位运维检修部审核后于每年 11 月 10 日前上报航巡中心，航巡中心统一审核后上报省公司设备管理部进行审批。

三、月计划

各单位运维检修部根据审批的年度计划，分解编制月计划，每月 25 日 18 时之前上报航巡中心进行审批，同时对当月无人机巡检工作进行总结，与月计划一起上报。

四、周计划

无人机巡检小组根据审批的月计划，结合线路所在地域的地理环境、气候以及空域管制情况，编制周计划，由各单位指定的航巡工作负责人每周四下午 18 时前上报航巡中心进行审批。

五、作业当日

根据空域申请相关要求，当日执行的工作需提前向空域管理部门申请空域的批准，各

单位须提前两天上报空域审批表至航巡中心。

每日 22 时 0 分前各单位将当日工作开展的情况以日报形式报送至航巡中心内网邮箱。

第二节　空域使用管理

一、无人机巡检作业空域使用管理流程

无人机巡检作业空域使用管理流程如图 2-5-2-1 所示。

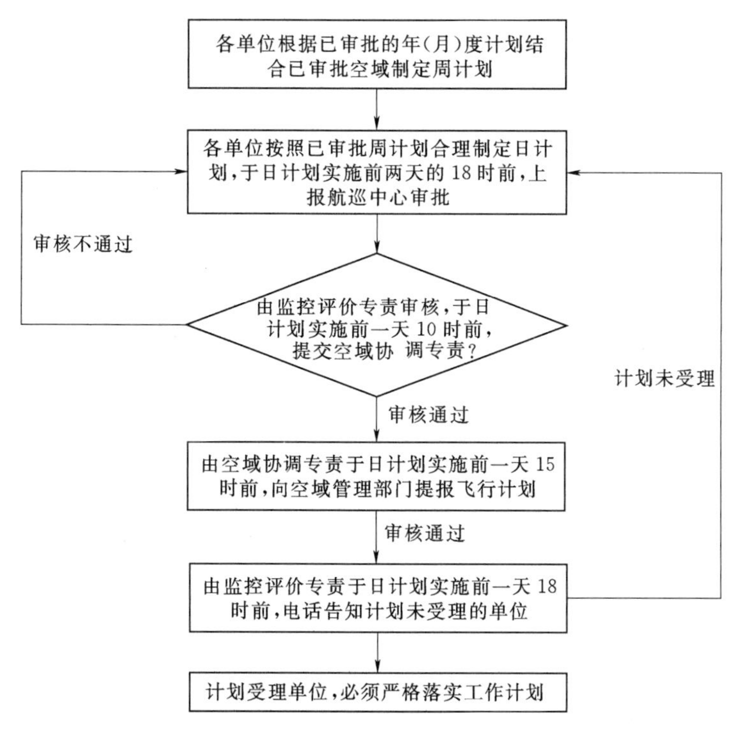

图 2-5-2-1　无人机巡检作业空域使用管理流程图

二、空域申请

1. 年度作业飞行空域申请要求

航巡中心统一汇总年度无人机作业飞行空域申请，每年 11 月 10 日前，向各战区空军参谋部航气处提交次年无人机作业飞行空域申请。

2. 年度作业飞行空域申请内容

申请内容通常包括作业单位、机型种类、操控方式、作业时间范围、航线编号、飞行高度及示意图、应急处置措施、作业人员资质和联系方式等。

三、空域计划申报

1. 时限要求

航巡中心于飞行前一天15时前，向有关飞行管制部门提交飞行计划。根据飞行地区和线路巡检需要，可以视情申请常备计划。发生紧急突发情况时，航巡中心可以在作业飞行1h前，向负责飞行管制分区的单位提出临时计划申请。

2. 空域计划申报主要内容

申报内容主要包括作业单位、机型种类、现场工作负责人及联系方式、航线编号、真高、作业区域所在地、预计起飞时间与降落时间、安全措施等。

四、工作许可与终结

1. 工作许可

(1) 现场工作负责人应与航巡中心建立可靠通信联络，并于到达现场后申请工作许可，通报飞行前准备工作情况，作业申请内容包括作业单位、现场工作负责人、线路名称及航线编号、现场天气情况和计划飞行与结束时间。

(2) 由航巡中心向分区空域管理部门进行报备后许可，许可现场人员工作。

2. 工作终结

作业结束后现场人员应立即向航巡中心终结工作，由航巡中心向当地空管部门终结飞行。

第三节　无人机巡检作业管理

一、无人机巡检作业流程

无人机巡检作业流程如图2-5-3-1所示。

二、作业前准备

1. 人员配备及要求

无人机巡检作业人员配备见表2-5-3-1。

表2-5-3-1　无人机巡检作业人员配备

序号	岗位名称	建议配备人数	人员职责分工
1	现场负责人	1	现场整体管控
2	无人机操作员	1	飞行控制

注　以上人数为一个架次最低人员配置。

无人机巡检作业人员应掌握《架空输电线路运行规程》(DL/T 741)、《架空输电线路无人机巡检作业安全工作规程》(Q/GDW 11399)主要内容，了解航空、气象、地理等必

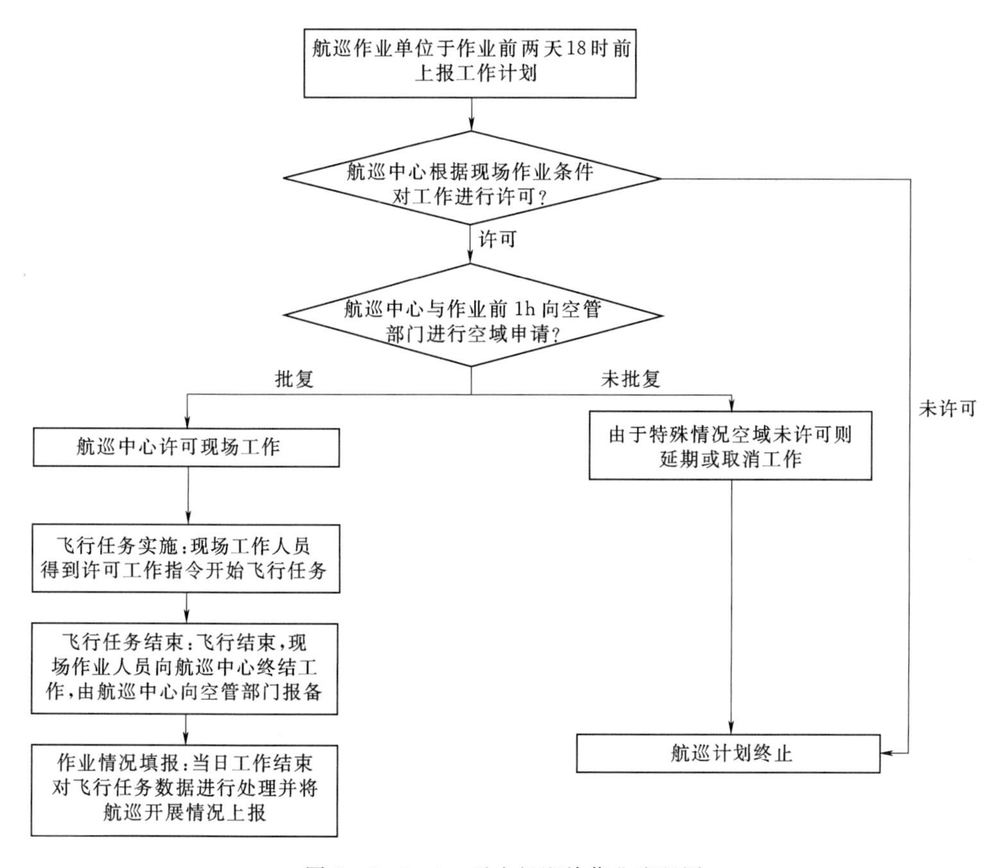

图 2-5-3-1 无人机巡检作业流程图

要知识，并熟悉无人机巡检作业方法和技术手段，通过相应机型的操作培训并持证上岗，人员巡视前，必须熟悉架空输电线路巡视内容和巡视路线。

2. 设备配备及要求

无人机巡检作业主要设备及工器具配备见表 2-5-3-2。无人机巡检作业的主要设备应按相应作业任务配置，并在使用前对设备进行检测或调试，确保设备处于正常状态。

表 2-5-3-2 无人机巡检作业主要设备及工器具配备

序号	巡检设备	数量	备注
1	多旋翼无人机	1 架	必配
2	地面站	1 套	根据机型配置
3	电池	至少 8 块	必配
4	防护眼镜	2 个	根据作业需要配置
5	可见光相机（含存储卡）	1 台	必配
6	平板电脑	1 台	必配
7	红外热成像仪	—	根据机型配置
8	螺旋桨	2 套	必配

续表

序号	巡 检 设 备	数量	备　　注
9	无人机专用工具	1套	必配
10	医用药箱	1个	必配
11	车载充电器	—	根据作业需要配置
12	劳保用品	—	根据作业需要配置
13	巡视背包	1个	必配
14	风速仪	1个	必配
15	温度计	1个	必配

3. 资料准备

巡检作业组应提前收集好巡检线路的地域信息、交叉跨越情况、杆塔 GPS 坐标、运行参数、缺陷记录、地形地貌、气象条件、线路周边的环境情况及无人机巡检作业指导书等。

三、现场勘察

1. 现场勘察的目的和要求

巡检作业前，应进行现场勘察。核查作业范围是否满足空域的相关要求并核实杆塔和主要地标物的 GPS 坐标等信息，同时对现场的温度、风速等影响作业的环境因素进行测量，按照“一地形、一勘察”的要求填写现场勘察单。

2. 无人机起降场地选定

选定无人机起降场地，应满足以下要求。

(1) 起降点不应在线路下方，与线路边线水平距离不小于 15m。

(2) 起降点应为平坦实地（线路途经农田地、山区区段起降点要求飞机落到地面相对平稳），面积不小于 3m×3m。

(3) 作业人员工作地点与起降点直线距离不小于 3m。

(4) 通信、图传、数传遥控等信号传输正常，周围无干扰信号，距离信号干扰源保持 300m 以上距离。

四、起飞前准备

1. 填用飞行检查单工作票工作任务单

起飞作业前，应填写飞行检查单、工作票及工作任务单，使用中型无人直升机和固定翼无人机巡检系统开展的线路巡检等工作填写工作票，使用小型无人直升机巡检系统开展的线路巡检等工作填写工作任务单。

2. 进行航线规划和设定

作业人员明确作业任务内容，根据实际情况确定无人机的飞行方案，并明确应急措施。若采用自主模式飞行，应进行航线规划与设定。

3. 联机调试

起飞前，应在选定的起降场地进行无人机巡检系统的联机调试。

4. 申请飞行许可

现场负责人以电话的形式向航巡中心申请许可，申请内容包括作业单位、现场负责人、机型种类、作业内容、航线编号、作业区域所在地、天气情况（风速、温度）、预计起飞与降落时间等。申请术语示例如下：我是×××公司×××，现申请使用×××××无人机对×××千伏×××××线×××号～×××号，作业区域，航线编号××开展日常巡视，现场天气××，风速××m/s，温度××℃，计划××时××分飞行，××时××分结束，申请按计划时间开始工作。

五、起飞作业

1. 起飞

在空域许可情况下，无人机能否起飞、降落和飞行，由无人机操作人员根据适航标准和气象条件自行确定。

（1）无人机操作人员平稳匀速控制无人机按预定飞行方案飞行，检查过程中作业人员始终保持对尾飞行，如遇特殊情况，无人机操作人员应按现场负责人要求更改飞行方案。

（2）无特殊情况下，多旋翼无人机巡检飞行速度保持匀速飞行，最大速度不大于10m/s。

2. 数据取得

现场负责人通过地面站的实时画面调整云台角度，进行控制拍照/录像等，取得相应的作业数据。

3. 注意事项

（1）现场操作人员操控过程中无人机应始终处于目视可及的范围内，不得有遮挡，在执行飞行任务区域要注意周边是否有信号塔干扰因素、房屋、树木等，现场情况如有不利飞行因素，操作人员立即停止作业。

（2）作业过程中现场负责人每间隔1～2min需向无人机操作人员报告无人机的状态信息，达到飞行预警值时，现场负责人及时通知无人机操作员操作无人机回航。

（3）对单基杆塔进行巡检时，巡检作业时先对距离起降场地近端的电气部分进行检查，最后对远端电气部分进行检查。

（4）巡检作业需从杆塔上方飞越，不得从线路下方穿越线路。

六、作业结束返航

1. 返航前准备

返航前，操作人员应正确判断风向、风速等。

2. 返航过程中

（1）返航过程中应平稳、缓慢地降低无人机高度。

（2）返航过程中，现场负责人应根据飞行高度的变化向操作人员持续通报，同时确认起降场地无外物。

3. 降落

无人机平稳降落后，断开无人机主电源，对设备情况进行检查。

4. 作业终结

现场作业结束后，向航巡中心终结当日工作，作业终结内容包括作业单位、作业负责人、航线编号、工作结束时间。当天按要求填写巡检作业使用记录单，并对影像资料及佐证材料进行梳理存档。

七、资料管理

无人机小组工作结束后需统计分析巡检数据并将当日巡视佐证材料梳理并存档，每完成一条线路的巡视工作后梳理该条线路巡检作业的佐证材料，按季度汇总并上报至航巡中心内网邮箱。

（1）佐证材料包括工作票或工作任务单、现场勘察单、飞行前检查单、巡检使用记录单、无人机巡检照片（左中右相）、缺陷照片。

（2）各类报表、资料应按要求规范填写，并按照时间节点及时反馈。

（3）各单位无人机巡检作业相关资料应定期进行更新、整理并建立存档，航巡中心定期或不定期对各单位进行航巡相关内容的检查。

（4）各单位利用无人机巡检电力设备的相关图像、视频及设备地理信息资料应严格保管，不得将相关资料上传、拷贝至无关人员或单位，未经允许，严禁在微信、微博等媒体上传播。

第四节　无人机巡检作业类型和注意事项

一、无人机巡检作业类型

无人机巡检作业主要包含两大类：一类是杆塔精益化巡检，另一类是通道巡检。各类作业的巡视对象和要求见表 2-5-4-1 和表 2-5-4-2。

表 2-5-4-1　　无人机杆塔精益化巡检作业

巡视对象	检查线路本体和附属设施有无以下缺陷、变化或情况
线路金具	线夹断裂、裂纹、磨损、销钉脱落或严重腐蚀。均压环、屏蔽环烧伤、螺栓松动。防振锤跑位、脱落、严重锈蚀、阻尼线变形、烧伤。间隔棒松脱、变形或离位。各种联板、连接环、调整板损伤、裂纹等。金具锈蚀、变形、磨损、裂纹，开口销及弹簧销缺损或脱出，特别要注意检查金具经常活动、转动的部位和绝缘子串悬挂点的金具
绝缘子及绝缘子串	绝缘子与瓷横担脏污，瓷质裂纹、破碎，钢化玻璃绝缘子爆裂，绝缘子铁帽及钢脚锈蚀，钢脚弯曲。合成绝缘子伞裙破裂、烧伤，金具、均压环变形、扭曲、锈蚀等异常情况。绝缘子与绝缘横担有闪络痕迹和局部火花放电留下的痕迹。绝缘子串、绝缘横担偏斜。绝缘横担绑线松动、断股、烧伤。绝缘子槽口、钢脚、锁紧销不配合，锁紧销子退出等。重要交跨是否采用了独立悬挂点的双串绝缘子，重要交跨主要指下方跨越等级公路和高速公路、铁路、通航河流、人口密集地区

续表

巡视对象	检查线路本体和附属设施有无以下缺陷、变化或情况
发热诊断	导线（有无红色发热点）、线夹及接续管（有无接触点发热）、引流线（有无发热点）、绝缘子（有无击穿发热）、杆塔（有无击穿发热）、耐张管（有无发热）
防鸟装置	变形、螺栓松脱、褪色、破损等
各种监测装置	缺失、损坏、功能失效等
防雷装置	避雷器动作异常、计数器失效、破损、变形、引线松脱；放电间隙变化、烧伤等
防坠落装置	损坏、变形、螺栓松动、断裂
杆号、警告、防护、指示、相位等标识	缺失、损坏、字迹或颜色不清、严重锈蚀等
航空警示器材	高塔警示灯、航空标识球、标识牌缺失、损坏、失灵
地线、光缆	损坏、断裂、弛度变化等

表 2-5-4-2　　无人机通道巡检作业

序号	巡 检 对 象	巡 检 项 目
1	线路通道	施工作业、建筑物、构筑物、山火、覆冰、地质灾害、交叉跨越、树竹生长、防洪、排水、基础、保护设施、道路、桥梁、污染源、采动影响区等情况
2	防鸟装置	变形、螺栓松脱、褪色、破损等
3	各种监测装置	缺失、损坏、功能失效等
4	防雷装置	避雷器动作异常、计数器失效、破损、变形、引线松脱；放电间隙变化、烧伤等
5	杆号、警告、防护、指示、相位等标识	缺失、损坏、字迹或颜色不清、严重锈蚀等
6	航空警示器材	高塔警示灯、航空标识球、标识牌缺失、损坏、失灵
7	地线、光缆	损坏、断裂、弛度变化等

二、无人机巡检作业风险及预控措施

无人机巡检作业风险及预控措施见表 2-5-4-3。

三、无人机巡检作业过程中注意事项

1. 空域审批

在办理空域审批手续时，应按实际作业空域申报，不应扩大许可范围。实际作业范围不能超过批复的空域。

2. 无人机飞行作业过程

(1) 当无人机飞行中出现链路中断故障，可原地悬停等候 1～5min，待链路恢复正常后继续执行巡检任务。若链路仍未恢复正常，可采取沿原飞行轨迹返航或升高至安全高度后返航的安全策略。

(2) 无人机起降点若处于沙漠等尘土较大的地区，需考虑到防尘，在起降点布置好篷布等防尘措施，防止沙粒、尘土在起降过程中因气流原因进入设备。

表 2-5-4-3　　无人机巡检作业风险及预控措施

类别	风险名称	风险来源	预防控制措施
安全	起降现场	场地不平坦，有杂物，面积过小，周围有遮挡	按要求选取合适的场地
		多旋翼无人机 3～5m 内有影响无人机起降的人员或物品	明确多旋翼无人机起降安全范围，严禁安全范围内存在人或物品
		多旋翼无人机起飞和降落时发生事故	巡检人员严格按照产品使用说明书使用产品。 起飞前进行详细检查。 多旋翼无人机进行自检
	飞行故障及事故	飞行过程中零部件脱落	起飞前做好详细检查，零部件螺丝应紧固，确保各零部件连接安全、牢固
		巡检范围内存在影响飞行安全的障碍物（交叉跨越线路、通信铁塔等）或禁飞区	巡检前做好巡检计划，充分掌握巡检线路及周边环境情况资料。 现场充分观察周边情况。 作业时提高警惕，保持安全距离。 靠近禁飞区及时返航
		微地形、微气象区作业	现场充分了解当前的地形、气象条件，作业时提高警惕
		安全距离不足导致导线对多旋翼无人机放电	满足各电压等级带电作业的安全距离要求
		无人机与线路本体发生碰撞	作业时无人机与线路本体至少保持水平距离 8m
		恶劣天气影响	作业前应及时全面掌握飞行区域气象资料，严禁在雷、雨、大风（根据多旋翼抗风性能而定）或者大雾等恶劣天气下进行飞行作业。 在遇到天气突变时，应立即返场
		通信中断	预设通信中断自动返航功能
		动力设备突发故障	由自主飞行模式切换回手动控制，取得飞机的控制权。 迅速减小飞行速度，尽量保持飞机平衡，尽快安全降落
		GPS 故障或信号接收故障，多旋翼迷航	在测控通信正常情况下，由自主飞行模式切换回手动模式，尽快安全降落或返航
设备	飞机安全	多旋翼无人机遭人为破坏或偷盗	妥善放置保管
人员	人员资质	人员不具备相应机型操作资格	对作业人员进行培训
	人员疲劳作业	人员长时间作业导致疲劳操作	及时更换作业人员
	人员中暑	高温天气下连续作业	准备充足饮用水，装备必要的劳保用品。 携带防暑药品
	人员冻伤	在低温天气及寒风下长时间工作	控制作业时间、穿着足够的防寒衣物

（3）无人机设备与输电线路带电导线的最小安全距离应按照省电力有限公司架空输电线路无人机精细化巡检规范的规定执行。

（4）无人机应保持匀速、平稳飞行，切勿“野飞”“乱飞”或在导线间穿梭飞行。

（5）无人机应位于线路的一侧，不宜在线路正上方长时间飞行。

3. 突发事件

(1) 当发生非人为的视距外飞行或迷航时，应及时返航，无人机操作人员须密切监视无人机飞行状态信息、现场负责人须密切监视地面站工作状态，条件允许下可尝试一键返航功能。

(2) 飞行过程中，发生无人机设备故障（坠机）、无人机社会事件等紧急情况，应第一时间向航巡中心反馈，并终止飞行活动。

四、输电线路缺陷隐患管理

1. 线路缺陷隐患管理流程

无人机巡检发现的架空输电线路缺陷（隐患）管理分为照片筛查、缺陷汇总、分析定性、审核上报、录入系统五个环节。输电线路缺陷（隐患）管理流程如图 2-5-4-1 所示。

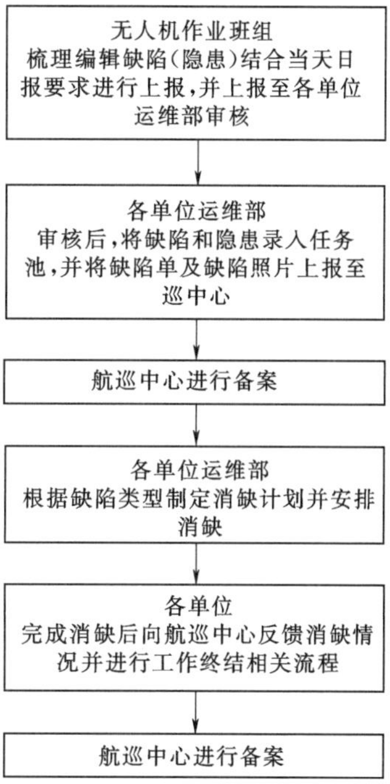

无人机作业班组
梳理编辑缺陷(隐患)结合当天日报要求进行上报，并上报至各单位运维部审核

↓

各单位运维部
审核后，将缺陷和隐患录入任务池，并将缺陷单及缺陷照片上报至巡中心

↓

航巡中心进行备案

↓

各单位运维部
根据缺陷类型制定消缺计划并安排消缺

↓

各单位
完成消缺后向航巡中心反馈消缺情况并进行工作终结相关流程

↓

航巡中心进行备案

图 2-5-4-1　输电线路缺陷（隐患）管理流程图

2. 输电线路缺陷隐患管理要求

(1) 无人机巡检工作负责人应按要求填写缺陷单并对缺陷照片进行描述、编辑汇总后上报各单位运维检修部审核，审核无误后存档至佐证材料按季度统一进行上报。

(2) 经审批后各单位运维检修部根据缺陷类型制定消缺计划并安排消缺，按季度向航巡中心反馈缺陷处理情况。

(3) 各单位定期对无人机巡检情况进行评价，针对缺陷（隐患）情况进行总结分析，逐步提高巡检质量。

第六章

架空输电线路无人机巡检作业安全

第一节　架空输电线路无人机巡检作业安全工作基本要求

一、无人机巡检系统和无人机巡检作业

随着智能电网的建设，常态化人工巡检已不能满足架空输电线路运行维护的要求，无人机在线路巡检中的优势越来越突出。我国已开展无人机巡视相关研究工作，但目前行业内无人机巡视作业尚不规范。2008 年起，国家电网公司系统内部分单位开始将无人机用于架空输电线路巡检。国家电网公司于 2013 年开展直升机、无人机和人工协同巡检模式试点工程，选取 10 家省公司开展协同巡检，推进无人机巡检技术。但无人机升空受民航、军航等部门管制，巡检作业具有较高的技术难度，如果作业流程不规范，会导致无人机坠毁，影响已有线路的安全运行，甚至威胁国家公共财产安全。

1. 无人机巡检系统（unmanned aerial vehicle inspection system）

无人机巡检系统是一种用于对架空输电线路进行巡检作业的装备，由无人机（包括旋翼带尾桨、共轴反桨、多旋翼和固定翼等形式）分系统、任务载荷分系统和综合保障分系统组成。一般将无人机分系统为旋翼带尾桨或共轴反桨形式的称为中型无人直升机巡检系统；将多旋翼形式的称为小型无人直升机巡检系统；将固定翼形式的称为固定翼无人机巡检系统。

2. 无人机巡检作业（unmanned aerial vehicle inspection work）

无人机巡检作业是利用无人机巡检系统对架空输电线路本体和附属设施的运行状态、通道走廊环境等进行检查和检测的工作。根据所用无人机巡检系统的不同，分为中型无人直升机巡检作业、小型无人直升机巡检作业和固定翼无人机巡检作业。

3. 巡检航线（inspection route）

巡检航线是巡检作业时无人机巡检系统的飞行路线。路线周边不应存在影响无人机巡检系统安全起飞、飞行和降落的地形地貌、建筑以及其他障碍物等。

4. 巡检作业点（inspection point）

巡检作业点是中小型无人直升机巡检作业时，无人直升机巡检系统停留进行拍照、摄像等作业的位置。

5. 目视可及（visually accessible）

目视可及是人员通过直接目视可看见无人机巡检系统的范围。

二、作业现场的基本条件和作业人员的基本条件

1. 作业现场的基本条件

（1）作业现场的生产条件和安全设施等应符合有关标准、规范的要求，作业人员的劳动防护用品应合格、齐备。现场使用的安全工器具和防护用品应合格并符合有关要求。

（2）经常有人工作的场所及作业车辆上宜配备急救箱，存放急救用品，并指定专人经常检查、补充或更换。

(3) 作业人员应被告知其作业现场和工作岗位存在的危险因素、防范措施及事故紧急处理措施。

2. 作业人员的基本条件

(1) 经医师鉴定，无妨碍工作的病症（体格检查每两年至少一次）。

(2) 具备必要的电气、机械、气象、航线规划等巡检飞行知识和相关业务技能，熟悉Q/GDW 1799.2和相关规程，并经考试合格。

(3) 具备必要的安全生产知识，学会紧急救护法。

三、人员配置

(1) 使用中型无人直升机巡检系统进行的架空输电线路巡检作业，作业人员包括工作负责人（一名）和工作班成员。工作班成员至少包括程控手、操控手和任务手。

1) 程控手（program operator）是指利用地面控制站以增稳或全自主模式控制无人机巡检系统飞行的人员。

2) 操控手（manual operator）是指利用遥控器以手动或增稳模式控制无人机巡检系统飞行的人员。

3) 任务手（mission operator）是指操控任务载荷分系统对输电线路本体、附属设施和通道走廊环境等进行拍照、摄像的人员。

(2) 使用小型无人直升机巡检系统进行的架空输电线路巡检作业，作业人员包括工作负责人（一名）和工作班成员，分别担任程控手和操控手，工作负责人可兼任程控手或操控手，但不得同时兼任。必要时，也可增设一名专职负责人，此时工作班成员至少包括程控手和操控手。

(3) 使用固定翼无人机巡检系统进行的架空输电线路巡检作业，作业人员包括工作负责人（一名）和工作班成员。工作班成员至少包括程控手和操控手。

四、各岗位人员资质要求

1. 工作票签发人

工作票签发人应通过考试并合格，工作票签发人员名单应书面公布。

2. 工作许可人

工作许可人应通过考试并合格，工作许可人员名单应书面公布。

3. 工作负责人（监护人）

工作负责人应具有3年及以上的架空输电线路巡检实际工作经验，具有10次及以上的无人机巡检实际工作经验，具有一定组织能力和事故处理能力，经专门培训，考试合格并具有上岗证。

4. 操控手

(1) 小型无人直升机巡检系统操控手应累计具有20h及以上的小型无人直升机实际飞行小时数，且本机型实际飞行小时数不少于10h。

(2) 中大型无人直升机巡检系统操控手应累计具有30h及以上的中大型无人直升机实

际飞行小时数，且本机型实际飞行小时数不少于15h。

（3）固定翼无人机巡检系统操控手应累计具有20h及以上的固定翼无人机实际飞行小时数，且本机型实际飞行小时数不少于15h。

5. 程控手

（1）小型无人直升机巡检系统程控手应具有10次及以上的小型无人直升机巡检工作经验，且本机型巡检工作经验不少于6次。

（2）中大型无人直升机巡检系统程控手应具有20次及以上的中大型无人直升机巡检工作经验，且本机型巡检工作经验不少于10次。

（3）固定翼无人机巡检系统程控手应具有10次及以上的固定翼或中大型无人直升机巡检工作经验，且本机型巡检工作经验不少于5次。

6. 任务手

（1）小型无人直升机巡检系统任务手应具有5次及以上的小型无人直升机巡检工作经验，且本机型巡检工作经验不少于3次。

（2）中大型无人直升机巡检系统任务手应具有10次及以上的中大型无人直升机巡检工作经验，且本机型巡检工作经验不少于5次。

7. 机务

（1）小型无人直升机巡检系统机务应具有10次及以上的小型旋翼无人机巡检工作经验，且本机型巡检工作经验不少于6次。

（2）中大型无人直升机巡检系统机务应具有20次及以上的中大型无人直升机巡检工作经验，且本机型巡检工作经验不少于10次。

（3）固定翼无人机巡检系统机务应具有10次及以上的固定翼巡检工作经验，且本机型巡检工作经验不少于5次。

五、教育和培训

1. 考试合格上岗

（1）作业人员应接受相应的安全生产教育和岗位技能培训，经考试合格上岗。

（2）应每年对作业人员进行《架空输电线路无人机巡检作业安全工作规程》（Q/GDW 11399）考试一次。因故间断无人机巡检作业连续三个月以上者，应重新学习该规程，程控手和操控手还应进行实操复训，经考试合格后，方能恢复工作。

（3）新参加无人机巡检工作的人员、实习人员和临时参加作业的人员等，应经过安全知识教育和培训后，方可参加指定工作，且不得单独工作。

（4）任何人发现有违反该规程的情况，应立即制止，经纠正后才能恢复作业。各作业人员有权拒绝违章指挥和强令冒险作业。

2. 试验和推广新技术新工艺新设备的要求

在试验和推广新技术、新工艺、新设备时，应制订相应的安全措施，确定无人机巡检系统状态良好，并履行相关审批手续后方可执行。

3. 空域使用要求

开展架空输电线路无人机巡检作业的各单位应规范化使用空域。

六、设备及资料管理

（1）无人机巡检系统应有专用库房进行存放和维护保养。

（2）维护保养人员应按维护保养手册要求按时开展日常维护、零件维修更换、大修保养和试验等工作。

（3）当无人机巡检系统主要组成部件，如电机、飞控系统、通信链路、任务设备以及操作系统等进行了更换或升级后，运维单位应组织试验检测，确保无人机巡检系统满足相关标准要求。

（4）无人机巡检系统所用电池应按要求进行充（放）电、性能检测等维护保养工作，确保电池性能良好。

（5）每次巡检作业结束后，工作负责人应填写无人机巡检系统使用记录单，如图2-6-1-1所示。记录无人机巡检系统作业表现及当前状态等信息，并于第二个工作日内前交维护保养人员。

<table>
<tr><td colspan="8">架空输电线路无人机巡检系统使用记录单
编号：　　　　　　　　　　　　　　　　　巡检时间：　　年　月　日</td></tr>
<tr><td>使用机型</td><td colspan="7"></td></tr>
<tr><td>巡检线路</td><td></td><td>天气</td><td></td><td>风速</td><td></td><td>气温</td><td></td></tr>
<tr><td>工作负责人</td><td colspan="3"></td><td>工作许可人</td><td colspan="3"></td></tr>
<tr><td>操控手</td><td></td><td>程控手</td><td></td><td>任务手</td><td></td><td>机务</td><td></td></tr>
<tr><td>架次</td><td colspan="3"></td><td>飞行时长</td><td colspan="3"></td></tr>
<tr><td>1. 系统状态</td><td colspan="7">记录无人机巡检系统航前、航后检查情况，飞行过程中的状态等</td></tr>
<tr><td>2. 航线信息</td><td colspan="7">如为首次巡检的航线，记录巡检航线周边环境信息，否则记录周边环境信息的变化情况。周边环境信息包括：空中管制区、重要建筑和设施、人员活动密集区、通信阻隔区、无线电干扰区、大风或切变风多发区和森林防火区等的位置和分布</td></tr>
<tr><td>3. 其他</td><td colspan="7">记录巡检过程中无人机巡检系统出现的其他异常情况</td></tr>
<tr><td colspan="8">记录人（签名）：__________　　　　　　　　工作负责人（签名）：__________</td></tr>
</table>

图2-6-1-1　架空输电线路无人机巡检系统使用记录单格式

（6）设备运维单位应建立线路资料信息，包括线路走向和走势、交叉跨越情况、杆塔坐标、周边地形地貌等，并核实无误。

（7）设备运维单位应提前掌握线路周边重要建筑和设施、人员活动密集区、空中管制区、无线电干扰区、通信阻隔区、大风或切变风多发区、森林防火区和无人区等的分布情况，提前建立各型无人机巡检系统正常以及备选起飞和降落区档案，由工作许可人在地图上进行标注，并及时更新。工作负责人应在每次巡检作业结束后的第二个工作日内前将相关变化情况报送工作许可人。

第二节　保证架空输电线路无人机巡检作业安全的组织措施

一、保证安全的组织措施

开展架空输电线路无人机巡检作业，保证安全的组织措施包括以下七项制度：

（1）空域申报制度。

（2）现场勘察制度。

（3）工作票制度。

（4）工作许可制度。

（5）工作监护制度。

（6）工作间断制度。

（7）工作终结制度。

二、空域申报制度

为维护空中交通秩序、保障空中交通安全和国家安全，按照国家有关法规划设了空中管制区（air traffic control area），这是对航空器在空间内活动应遵守的规则、方式和时间等进行了规定和限制的区域。民用航空的空中管制区包括塔台管制区、进近管制区和区域管制区等，此外还包括但不限于以下区域：

（1）空中禁区：由国家划设的，未按照国家有关规则经特别批准，任何航空器不得飞入的空间。

（2）空中限制区：由管制部门划设的，在规定时限内，未经管制部门许可的航空器禁止飞入的空间。

（3）空中危险区：由管制部门划设，供对空射击或者发射使用的，在规定时限内，禁止无关航空器飞入的空间。

无人机巡检作业应严格按国家相关政策法规、当地民航军管等要求规范化使用空域。

（1）工作许可人应根据无人机巡检作业计划，按相关要求办理空域审批手续，并密切跟踪当地空域变化情况。

（2）各单位应建立空域申报协调机制，满足无人机应急巡检作业时空域使用要求。

三、现场勘察制度

工作负责人和程控手应提前掌握巡检线路走向和走势、交叉跨越情况、杆塔坐标、周边地形地貌、空中管制区分布、交通运输条件及其他危险点等信息，并确认无误。宜提前确定并核实起飞和降落点环境。

（1）工作票签发人或工作负责人认为有必要进行现场勘察的作业场所，应根据工作任务组织现场勘察，并填写架空输电线路无人机巡检作业现场勘察记录单，如图1-6-2-1所示。现场勘察由工作票签发人或工作负责人组织。

架空输电线路无人机巡检作业现场勘察记录

勘察单位＿＿＿＿＿＿　编号＿＿＿＿＿＿

勘察负责人＿＿＿＿＿＿＿＿勘察人员＿＿＿＿＿＿＿＿＿＿＿＿＿＿＿＿＿＿＿＿＿＿＿＿＿

勘察的线路或线段的双重名称及起止杆塔号：

＿＿＿

＿＿＿

勘察地点或地段：

＿＿＿

＿＿＿

巡检内容：

＿＿＿

＿＿＿

现场勘察内容

1. 作业现场条件：
2. 地形地貌以及巡检航线规划要求：
3. 空中管制情况：
4. 特殊区域分布情况：
5. 起降场地：
6. 巡检航线示意图：
7. 应采取的安全措施：
记录人：＿＿＿＿＿＿　　勘察日期：＿＿年＿月＿日＿时＿分至＿＿年＿月＿日＿时＿分

图2-6-2-1　架空输电线路无人机巡检作业现场勘察记录单格式

（2）现场勘察应核实线路走向和走势、交叉跨越情况、杆塔坐标、巡检区域地形地貌、起飞和降落点环境、交通运输条件及其他危险点等，确认巡检航线规划条件。

（3）对复杂地形、复杂气象条件下或夜间开展的无人机巡检作业以及现场勘察认为危险性、复杂性和困难程度较大的无人机巡检作业，应专门编制组织措施、技术措施、安全措施，并履行相关审批手续后方可执行。

四、工作票制度

1. 工作票的种类

对架空输电线路进行无人机巡检作业，应按下列方式进行：

（1）填用架空输电线路无人机巡检作业工作票如图2-6-2-2所示。

架空输电线路无人机巡检作业工作票

单位＿＿＿＿＿＿　编号＿＿＿＿＿＿

1. 工作负责人＿＿＿＿＿＿＿＿＿＿　工作许可人＿＿＿＿＿＿＿＿＿＿＿＿＿＿＿＿＿＿＿＿
2. 工作班＿＿＿＿＿＿＿＿＿＿＿＿＿＿＿＿＿＿＿＿＿＿＿＿＿＿＿＿＿＿＿＿＿＿＿

工作班成员（不包括工作负责人）：＿＿＿＿＿＿＿＿＿＿＿＿＿＿＿＿＿＿＿＿＿＿＿＿

3. 无人机巡检系统型号及组成：＿＿＿＿＿＿＿＿＿＿＿＿＿＿＿＿＿＿＿＿＿＿＿＿＿
4. 起飞地点、降落地点及巡检线路：

＿＿＿＿＿＿＿＿＿＿＿＿＿＿＿＿＿＿＿＿＿＿＿＿＿＿＿＿＿＿＿＿＿＿＿＿＿＿＿

5. 工作任务：

巡检线段及杆号	工作内容

6. 审批的空域范围：

＿＿＿＿＿＿＿＿＿＿＿＿＿＿＿＿＿＿＿＿＿＿＿＿＿＿＿＿＿＿＿＿＿＿＿＿＿＿＿

7. 计划工作时间：

自＿＿年＿月＿日＿时＿分

至＿＿年＿月＿日＿时＿分

8. 安全措施（必要时可附页绘图说明）

8.1 飞行巡检安全措施：＿＿＿＿＿＿＿＿＿＿＿＿＿＿＿＿＿＿＿＿＿＿＿＿＿＿＿＿

＿＿＿＿＿＿＿＿＿＿＿＿＿＿＿＿＿＿＿＿＿＿＿＿＿＿＿＿＿＿＿＿＿＿＿＿＿＿＿

8.2 安全策略：＿＿＿＿＿＿＿＿＿＿＿＿＿＿＿＿＿＿＿＿＿＿＿＿＿＿＿＿＿＿＿＿＿

＿＿＿＿＿＿＿＿＿＿＿＿＿＿＿＿＿＿＿＿＿＿＿＿＿＿＿＿＿＿＿＿＿＿＿＿＿＿＿

8.3 其他安全措施和注意事项：＿＿＿＿＿＿＿＿＿＿＿＿＿＿＿＿＿＿＿＿＿＿＿＿＿

＿＿＿＿＿＿＿＿＿＿＿＿＿＿＿＿＿＿＿＿＿＿＿＿＿＿＿＿＿＿＿＿＿＿＿＿＿＿＿

工作票签发人签名＿＿＿＿　＿＿年＿月＿日＿时＿分

工作负责人签名＿＿＿＿　＿＿年＿月＿日＿时＿分

9. 确认本工作票1～8项，许可工作开始

许可方式	许可人	工作负责人	许可工作的时间
			＿＿年＿月＿日＿时＿分

10. 确认工作负责人布置的工作任务和安全措施

班组成员签名：

＿＿＿＿＿＿＿＿＿＿＿＿＿＿＿＿＿＿＿＿＿＿＿＿＿＿＿＿＿＿＿＿＿＿＿＿＿＿＿

＿＿＿＿＿＿＿＿＿＿＿＿＿＿＿＿＿＿＿＿＿＿＿＿＿＿＿＿＿＿＿＿＿＿＿＿＿＿＿

11. 工作负责人变动情况

原工作负责人＿＿＿＿离去，变更＿＿＿＿为工作负责人。

工作票签发人签名＿＿＿＿　＿＿年＿月＿日＿时＿分

12. 工作人员变动情况（变动人员姓名、日期及时间）

＿＿＿＿＿＿＿＿＿＿＿＿＿＿＿＿＿＿＿＿＿＿＿＿＿＿＿＿＿＿＿＿＿＿＿＿＿＿＿

＿＿＿＿＿＿＿＿＿＿＿＿＿＿＿＿＿＿＿＿＿＿＿＿＿＿＿＿＿＿＿＿＿＿＿＿＿＿＿

13. 工作票延期

有效期延长到＿＿年＿月＿日＿时＿分

工作负责人签名＿＿＿＿　＿＿年＿月＿日＿时＿分

工作许可人签名＿＿＿＿　＿＿年＿月＿日＿时＿分

14. 工作间断

工作间断时间＿＿年＿月＿日＿时＿分

工作负责人签名＿＿＿＿　＿＿年＿月＿日＿时＿分

工作许可人签名＿＿＿＿　＿＿年＿月＿日＿时＿分

工作恢复时间＿＿年＿月＿日＿时＿分

工作负责人签名＿＿＿＿　＿＿年＿月＿日＿时＿分

工作许可人签名＿＿＿＿　＿＿年＿月＿日＿时＿分

图2-6-2-2（一）　架空输电线路无人机巡检作业工作票格式

15. 工作终结

无人机巡检系统撤收完毕，现场清理完毕，工作于____年__月__日__时__分结束。

工作负责人于____年__月__日__时__分向工作许可人____用________方式汇报。

无人机巡检系统状况：

____

16. 备注

（1）指定专责监护人____________________负责监护________________________

____（人员、地点及具体工作）

（2）其他事项____

图 2-6-2-2（二）　架空输电线路无人机巡检作业工作票格式

（2）填用架空输电线路无人机巡检作业工作单如图 2-6-2-3 所示。

架空输电线路无人机巡检作业工作单

单位____________　编号____________

1. 工作负责人____________________　工作许可人____________________

2. 工作班____

工作班成员（不包括工作负责人）：________________________________

3. 作业性质：小型无人直升机巡检作业（　　）　　　应急巡检作业（　　）

4. 无人机巡检系统型号及组成：________________________________

5. 使用空域范围：

____

6. 工作任务：

____

7. 安全措施（必要时可附页绘图说明）：

7.1 飞行巡检安全措施：________________________________

____

7.2 安全策略：________________________________

____

7.3 其他安全措施和注意事项：________________________________

____

8. 上述 1～7 项由工作负责人________根据工作任务布置人________的布置填写。

9. 许可方式及时间

许可方式：________

许可时间：____年__月__日__时__分至____年__月__日__时__分

10. 作业情况

作业自____年__月__日__时__分开始，至____年__月__日__时__分，无人机巡检系统撤收完毕，现场清理完毕，作业结束。

工作负责人于____年__月__日__时__分向工作许可人____用________方式汇报。

无人机巡检系统状况：

____

工作负责人（签名）____________　工作许可人____________

填写时间____年__月__日__时__分

图 2-6-2-3　架空输电线路无人机巡检作业工作单格式

2. 填用架空输电线路无人机巡检作业工作票的工作

使用中型无人直升机和固定翼无人机巡检系统按计划开展的线路设备巡检、通道环境巡视、线路勘察和灾情巡视等工作，应填用架空输电线路无人机巡检作业工作票。

3. 填用架空输电线路无人机巡检作业工作单的工作

(1) 使用小型无人直升机巡检系统开展的线路设备巡检、通道环境巡视、线路勘察和灾情巡视等工作。

(2) 在突发自然灾害或线路故障等情况下需紧急使用无人机巡检系统开展的工作。

4. 工作票（单）的填写与签发

(1) 工作票由工作负责人或工作票签发人填写。工作单由工作负责人填写。

(2) 工作票（单）应用黑色或蓝色的钢（水）笔或圆珠笔填写与签发，内容应正确，填写应清楚，不得任意涂改。如有个别错、漏字需要修改时，应使用规范的符号，字迹应清楚。

(3) 工作票一式两份，应提前分别交给工作负责人和工作许可人。

(4) 用计算机生成或打印的工作票（单）应使用统一的票面格式。工作票应由工作票签发人审核无误，并手工或电子签名后方可执行。

(5) 工作票由设备运维管理单位（部门）签发，也可由经设备运维管理单位（部门）审核合格且经批准的运行检修单位签发。

(6) 运行检修单位的工作票签发人、工作许可人和工作负责人名单应事先送有关设备运维管理单位（部门）备案。

(7) 一张工作票中，工作许可人和工作票签发人不得兼任工作负责人。一张工作单中，工作许可人不得兼任工作负责人。

5. 工作票（单）的使用

(1) 一张工作票（单）只能使用一种型号的无人机巡检系统。使用不同型号的无人机巡检系统进行作业，应分别填写工作票（单）。

(2) 一个工作负责人不能同时执行多张工作票（单）。在巡检作业工作期间，工作票（单）应始终保留在工作负责人手中。

6. 工作票（单）所列人员的基本条件

(1) 工作票签发人应由熟悉人员技术水平、熟悉线路情况、熟悉无人机巡检系统、熟悉本规程，并具有相关工作经验的生产领导人、技术人员或经本单位分管生产领导批准的人员担任。

(2) 工作许可人应由熟悉空域使用相关管理规定和政策、熟悉地形地貌和环境条件、熟悉线路情况、熟悉无人机巡检系统、熟悉本规程，具有航线申请、空管报批相关工作经验，并经省（地、市）检修公司分管生产领导书面批准的人员担任。

(3) 工作负责人（监护人）应由熟悉线路情况、熟悉无人机巡检系统、熟悉本规程，具有相关工作经验，并经省（地、市）检修公司分管生产领导书面批准的人员担任。

(4) 工作班成员应由熟悉线路情况、熟悉无人机巡检系统、熟悉本规程，取得无人机巡检系统培训合格证，并具有相关工作经验的人员担任。

7. 工作票（单）所列人员的安全责任

（1）工作票签发人：

1）负责审查工作必要性和安全性。

2）负责审查工作内容和安全措施等是否正确完备。

3）负责审查所派工作负责人和工作班成员是否适当和充足。

（2）工作许可人：

1）负责审查飞行空域是否已获批准。

2）负责审查航线规划是否满足安全飞行要求。

3）负责审查安全措施等是否正确完备。

4）负责审查安全策略设置等是否正确完备。

5）负责审查异常处理措施是否正确完备。

6）负责按相关要求向当地民航军管部门办理作业申请。

（3）工作负责人（监护人）：

1）正确安全地组织开展巡检作业工作，按国家相关法律法规规定正确使用空域，及时纠正不安全行为。

2）负责检查航线规划、安全策略设置和作业方案等是否正确完备，必要时予以补充。

3）负责检查所列安全措施是否正确完备，是否符合现场实际条件，必要时予以补充。

4）工作前对工作班成员进行危险点告知、交代安全措施和技术措施，并确认每一个工作班成员都已知晓。

5）严格执行所列安全措施。

6）督促、监护工作班成员遵守本规程，正确使用劳动防护用品和执行现场安全措施，及时纠正不安全行为。

7）确认工作班成员精神状态是否良好，必要时予以调整。

（4）工作班成员：

1）熟悉工作内容、工作流程，掌握安全措施，明确工作中的危险点，并履行确认手续。

2）严格遵守安全规章制度、技术规程和劳动纪律，对自己在工作中的行为负责，互相关心工作安全，并监督本规程的执行和现场安全措施的实施。

3）正确使用安全工器具和劳动防护用品。

五、工作许可制度

工作负责人应在工作开始前向工作许可人申请办理工作许可手续，在得到工作许可人的许可后，方可开始工作。工作许可人及办理人应分别逐一记录、核对工作时间、作业范围和许可空域，并确认无误。

（1）工作负责人应在当天工作前和结束后向工作许可人汇报当天工作情况。

（2）已办理许可手续但尚未终结的工作，当空域许可情况发生变化时，工作许可人应及时通知工作负责人视空域变化情况调整工作计划。

（3）办理工作许可手续方法可采用：当面办理、电话办理或派人办理。当面办理和派

人办理时，工作许可人和办理人在两份工作票上均应签名。电话办理时，工作许可人及工作负责人应复诵核对无误。

六、工作监护制度

工作许可手续完成后，工作负责人应向工作班成员交代工作内容、人员分工、技术要求和现场安全措施等，进行危险点告知。在工作班成员全部履行确认手续后，方可开始工作。

(1) 工作负责人应始终在工作现场，对工作班成员的安全进行认真监护，及时纠正不安全的行为。

(2) 工作负责人应对工作班成员的操作进行认真监督，确保无人机巡检系统状态正常、航线和安全策略等设置正确。

(3) 工作负责人应核实确认作业范围地形地貌、气象条件、许可空域、现场环境以及无人机巡检系统状态等满足安全作业要求。任意一项不满足安全作业要求或未得到确认，工作负责人不得下令放飞。

(4) 工作期间，工作负责人若因故暂时离开工作现场时，应指定能胜任的人员临时代替，离开前应将工作现场交代清楚，并告知工作班全体成员。原工作负责人返回工作现场时，也应履行同样的交接手续。

(5) 若工作负责人必须长时间离开工作现场时，应履行变更手续，并告知工作班全体成员及工作许可人。原、现工作负责人应做好必要的交接。填用架空输电线路无人机巡检作业工作票的应由原工作票签发人履行变更手续。

七、工作间断制度

在工作过程中，如遇雷、雨、大风以及其他任何情况威胁到作业人员或无人机巡检系统的安全，但可在工作票（单）有效期内恢复正常，工作负责人可根据情况间断工作，否则应终结本次工作。若无人机巡检系统已经放飞，工作负责人应立即采取措施，作业人员在保证安全条件下，控制无人机巡检系统返航或就近降落，或采取其他安全策略及应急方案保证无人机巡检系统安全。

(1) 在工作过程中，如无人机巡检系统状态不满足安全作业要求，且在工作票（单）有效期内无法修复并确保安全可靠，工作负责人应终结本次工作。

(2) 已办理许可手续但尚未终结的工作，当空域许可情况发生变化不满足要求，但可在工作票（单）有效期内恢复正常，工作负责人可根据情况间断工作，否则应终结本次工作。若无人机巡检系统已经放飞，工作负责人应立即采取措施，控制无人机巡检系统返航或就近降落。

(3) 白天工作间断时，应将发动机处于停运状态、电机下电，并采取其他必要的安全措施，必要时派人看守。恢复工作时，应对无人机巡检系统进行检查，确认其状态正常。即使工作间断前已经完成系统自检，也必须重新进行自检。

(4) 隔天工作间断时，应撤收所有设备并清理工作现场。恢复工作时，应重新报告工作许可人，对无人机巡检系统进行检查，确认其状态正常，重新自检。

(5) 工作票的有效期与延期：

1) 工作票的有效截止时间，以工作票签发人批准的工作结束时间为限。

2) 工作票只允许延期一次。若需办理延期手续，应在有效截止时间前2h由工作负责人向工作票签发人提出申请，经同意后由工作负责人报告工作许可人予以办理。

八、工作终结制度

工作终结后，工作负责人应及时报告工作许可人，报告方法可采用当面报告、电话报告。工作终结报告应简明扼要，并包括下列内容：工作负责人姓名、工作班组名称、工作任务（说明线路名称、巡检飞行的起止杆塔号等）已经结束、无人机巡检系统已经回收、工作终结。

已终结的工作票（单）应保存一年。

第三节 保证架空输电线路无人机巡检作业安全的技术措施

一、航线规划

1. 应严格按照批复后的空域进行航线规划

(1) 应根据巡检作业要求和所用无人机巡检系统技术性能进行航线规划。

(2) 航线规划应避开空中管制区、重要建筑和设施，尽量避开人员活动密集区、通信阻隔区、无线电干扰区、大风或切变风多发区和森林防火区等地区。对首次进行无人机巡检作业的线段，航线规划时应留有充足裕量，与以上区域保持足够的安全距离。

(3) 航线规划时，无人机巡检系统飞行航时应留有裕度。对已经飞行过的巡检作业航线，每架次任务的飞行航时应不超过无人机巡检系统作业航时，并留有一定裕量。对首次实际飞行的巡检作业航线，每架次任务的飞行航时应充分考虑无人机巡检系统作业航时，留有充足裕量。

2. 航线规划应注意事项

(1) 除必要的跨越外，无人机巡检系统不得在公路、铁路两侧路基外各100m之间飞行、距油气管线边缘距离不得小于100m。

(2) 除必要外，航线不得跨越高速铁路，尽量避免跨越高速公路。

(3) 选定的无人机巡检系统起飞和降落区应远离公路、铁路、重要建筑和设施，尽量避开周边军事禁区、军事管理区、森林防火区和人员活动密集区等，且满足对应机型的技术指标要求。

(4) 不得在无人机巡检系统飞行过程中更改巡检航线。

二、安全策略设置

(1) 应充分考虑无人机巡检系统在飞行过程中出现偏离航线、导航卫星颗数无法定位、通信链路中断、动力失效等故障的可能性，合理设置安全策略。

（2）应充分考虑巡检过程中气象条件和空域许可等情况发生变化的可能性，合理制订安全策略。

三、做好航前检查航巡监控和航后检查工作

1. 航前检查

（1）应确认当地气象条件是否满足所用无人机巡检系统起飞、飞行和降落的技术指标要求；掌握航线所经地区气象条件，判断是否对无人机巡检系统的安全飞行构成威胁。若不满足要求或存在较大安全风险，工作负责人可根据情况间断工作、临时中断工作或终结本次工作。

（2）应检查起飞和降落点周围环境，确认满足所用无人机巡检系统的技术指标要求。

（3）每次放飞前，应对无人机巡检系统的动力系统、导航定位系统、飞控系统、通信链路、任务系统等进行检查。当发现任一系统出现不适航状态，应认真排查原因、修复，在确保安全可靠后方可放飞。

（4）每次放飞前，应进行无人机巡检系统的自检。若自检结果中有告警或故障信息，应认真排查原因、修复，在确保安全可靠后方可放飞。

2. 航巡监控

（1）各型无人机巡检系统的飞行高度、速度等应满足该机型技术指标要求，且满足巡检质量要求。

（2）无人机巡检系统放飞后，宜在起飞点附近进行悬停或盘旋飞行，作业人员确认系统工作正常后方可继续执行巡检任务。否则，应及时降落，排查原因、修复，在确保安全可靠后方可再次放飞。

（3）程控手应始终注意观察无人机巡检系统发动机或电机转速、电池电压、航向、飞行姿态等遥测参数，判断系统工作是否正常。如有异常，应及时判断原因，采取应对措施。

（4）操控手应始终注意观察无人机巡检系统飞行姿态，发动机或电机运转声音等信息，判断系统工作是否正常。如有异常，应及时判断原因，采取应对措施。

（5）采用自主飞行模式时，操控手应始终掌控遥控手柄，且处于备用状态，注意按程控手指令进行操作，操作完毕后向程控手汇报操作结果。在目视可及范围内，操控手应密切观察无人机巡检系统飞行姿态及周围环境变化，突发情况下，操控手可通过遥控手柄立即接管控制无人机巡检系统的飞行，并向程控手汇报。

（6）采用增稳或手动飞行模式时，程控手应及时向操控手通报无人机巡检系统发动机或电机转速、电池电压、航迹、飞行姿态、速度及高度等遥测信息。

（7）无人机巡检系统飞行时，程控手应密切观察无人机巡检系统飞行航迹是否符合预设航线。当飞行航迹偏离预设航线时，应立即采取措施控制无人机巡检系统按预设航线飞行，并再次确认无人机巡检系统飞行状态正常可控。否则，应立即采取措施控制无人机巡检系统返航或就近降落，待查明原因，排除故障并确认安全可靠后，方可重新放飞执行巡检作业。

(8) 各相关作业人员之间应保持信息畅通。

3. 航后检查

(1) 当天巡检作业结束后，应按所用无人机巡检系统要求进行检查和维护工作，对外观及关键零部件进行检查。

(2) 当天巡检作业结束后，应清理现场，核对设备和工器具清单，确认现场无遗漏。

(3) 对于油动力无人机巡检系统，应将油箱内剩余油品抽出，对于电动力无人机巡检系统，应将电池取出。取出的油品和电池应按要求保管。

第四节 安全注意事项

一、一般注意事项

1. 使用的无人机巡检系统应通过试验检测

(1) 作业时，应严格遵守相关技术规程要求，严格按照所用机型。

(2) 现场应携带所用无人机巡检系统飞行履历表、操作手册、简单故障排查和维修手册。

(3) 工作地点、起降点及起降航线上应避免无关人员干扰，必要时可设置安全警示区。

(4) 现场禁止使用可能对无人机巡检系统通讯链路造成干扰的电子设备。

2. 油料

(1) 带至现场的油料应单独存放，并派专人看守。作业现场严禁吸烟和出现明火，并做好灭火等安全防护措施。

(2) 加油及放油应在无人机巡检系统下电、发动机熄火、旋翼或螺旋桨停止旋转以后进行，操作人员应使用防静电手套，作业点附近应准备灭火器。

(3) 加油时，如出现油料溢出或泼洒，应擦拭干净并检查无人机巡检系统表面及附近地面确无油料时，方可进行系统上电以及发动机点火等操作。

(4) 雷电天气不得进行加油和放油操作。在雨、雪、风沙天气条件时，应采取必要的遮蔽措施后才能进行加油和放油操作。

3. 起飞和降落

起飞和降落时，现场所有人员应与无人机巡检系统始终保持足够的安全距离，作业人员不得位于起飞和降落航线下。

4. 个人防护

(1) 巡检作业现场所有人员均应正确佩戴安全帽和穿戴个人防护用品，正确使用安全工器具和劳动防护用品。

(2) 现场作业人员均应穿戴长袖棉质服装。

5. 其他注意事项

(1) 工作前8h及工作过程中严禁饮用任何酒精类饮品。

（2）工作时，工作班成员禁止使用手机。除必要的对外联系外，工作负责人不得使用手机。

（3）现场不得进行与作业无关的活动。

二、使用中型无人直升机巡检系统的巡检作业安全注意事项

1. 检查

（1）操控手应在巡检作业前一个工作日完成所用中型无人直升机巡检系统的检查，确认状态正常，准备好现场作业工器具以及备品备件等物资，并向工作负责人汇报检查和准备结果。

（2）程控手应在巡检作业前一个工作日完成航线规划工作，编辑生成飞行航线、各巡检作业点作业方案和安全策略，并交工作负责人检查无误。

2. 巡检

（1）应在通信链路畅通范围内进行巡检作业。

（2）宜采用自主起飞，增稳降落模式。

（3）起飞和降落点宜相同。

（4）巡检飞行速度不宜大于15m/s。

3. 航线

（1）巡检航线应位于被巡线路的侧方，且宜在对线路的一侧设备全部巡检完后再巡另一侧。

（2）沿巡检航线飞行宜采用自主飞行模式。即使在目视可及范围内，也不宜采用增稳飞行模式。

（3）不得在重要建筑和设施的上空穿越飞行。

4. 悬停

（1）沿巡检航线飞行过程中，在确保安全时，可根据巡检作业需要临时悬停或解除预设的程控悬停。

（2）无人直升机巡检系统悬停时应顶风悬停，且不应在设备、建筑、设施、公路和铁路等的上方悬停。

5. 巡检作业点

（1）无人直升机巡检系统到达巡检作业点后，程控手应及时通报任务手，由任务手操控任务设备进行拍照、摄像等作业，任务手完成作业后应及时向程控手汇报。任务手与程控手之间应保持信息畅通。

（2）若无人直升机巡检系统在巡检作业点处的位置、姿态以及悬停时间等需要调整以满足拍照和摄像作业的要求，任务手应及时告知程控手具体要求，由程控手根据现场情况和无人直升机状态决定是否实施。实施操作应由程控手通过地面站进行。

（3）巡检作业时，无人直升机巡检系统距线路设备距离不小于30m，水平距离不小于25m，距周边障碍物距离不小于50m。

三、使用小型无人直升机巡检系统的巡检作业安全注意事项

（1）操控手应在巡检作业前一个工作日完成所用无人直升机巡检系统的检查，确认状

态正常，准备好现场作业工器具以及备品备件等物资。

（2）应在通信链路畅通范围内进行巡检作业。在飞至巡检作业点的过程中，通常应在目视可及范围内；在巡检作业点进行拍照、摄像等作业时，应保持目视可及。

（3）可采用自主或增稳飞行模式控制无人直升机巡检系统飞至巡检作业点，然后以增稳飞行模式进行拍照、摄像等作业。不应采用手动飞行模式。

（4）无人直升机巡检系统到达巡检作业点后，宜由程控手进行拍照、摄像等作业。

（5）程控手与操控手之间应保持信息畅通。若需要对无人直升机巡检系统的位置、姿态等进行调整，程控手应及时告知操控手具体要求，由操控手根据现场情况和无人直升机状态决定是否实施。实施操作应由操控手通过遥控器进行。

（6）无人直升机巡检系统不应长时间在设备上方悬停，不应在重要建筑及设施、公路和铁路等的上方悬停。

（7）巡检作业时，无人直升机巡检系统距线路设备距离不小于5m，距周边障碍物距离不小于10m。

（8）巡检飞行速度不宜大于10m/s。

四、使用固定翼无人机巡检系统的巡检作业安全注意事项

（1）操控手应在巡检作业前一个工作日完成所用固定翼无人机巡检系统的检查，确认状态正常，准备好现场作业工器具以及备品备件等物资，并向工作负责人汇报检查和准备结果。

（2）程控手应在巡检作业前一个工作日完成航线规划工作，编辑生成飞行航线、各巡检作业点作业方案和安全策略，并交工作负责人检查无误。

（3）巡检航线任一点应高出巡检线路包络线100m以上。

（4）起飞和降落宜在同一场地。

（5）使用弹射起飞方式时，应防止橡皮筋断裂伤人。弹射架应固定牢靠，且有防误触发装置。

（6）巡检飞行速度不宜大于30m/s。

第五节 巡检作业异常处理

一、设备异常处理

（1）无人机巡检系统在空中飞行时发生故障或遇紧急意外情况等，应尽可能控制无人机巡检系统在安全区域紧急降落。

（2）无人机巡检系统飞行时，若通信链路长时间中断，且在预计时间内仍未返航，应根据掌握的无人机巡检系统最后地理坐标位置或机载追踪器发送的报文等信息及时寻找。

二、特殊工况应急处理

（1）巡检作业区域出现雷雨、大风等可能影响作业的突变天气时，应及时评估巡检作

业安全性，在确保安全后方可继续执行巡检作业，否则应采取措施控制无人机巡检系统避让、返航或就近降落。

（2）巡检作业区域出现其他飞行器或飘浮物时，应立即评估巡检作业安全性，在确保安全后方可继续执行巡检作业，否则应采取避让措施。

（3）无人机巡检系统飞行过程中，若班组成员身体出现不适或受其他干扰影响作业，应迅速采取措施保证无人机巡检系统安全，情况紧急时，可立即控制无人机巡检系统返航或就近降落。

三、次生灾害应急处理

（1）应采取有效措施防止无人机巡检系统故障或事故后引发火灾等次生灾害。

（2）无人机巡检系统发生坠机等故障或事故时，应妥善处理次生灾害并立即上报，及时进行民事协调，做好舆情监控。

第七章

高压输电线路检修新技术

第一节 大吨位瓷瓶卡具电动液压同步收紧装置的研究与应用

一、主要技术创新点

大吨位瓷瓶卡具电动液压同步收紧装置主要是通过电动液压驱动方式来驱动前后两部分传动卡具，保证工机具使用过程中节省作业人员劳动强度，解决超特高压输电线路更换绝缘子时间长的问题。与以往的手动液压紧具比较，更可靠、更合理、更科学、更经济且安装维护方便，具有极高的应用价值，提高了更换绝缘子检修工作的效率和人员的安全。其技术创新点主要有三项：机械设计、连接方式、操作形式。

1. 机械设计

采用质量轻、强度高的合金材料。

(1) 以往选用的液压紧具，油泵、换向阀、手把杆存在于液压紧具本体，质量较重、保压时间短，容易受到外界温度的影响。内部结构复杂，适用范围较小。

(2) 新式液压紧具将油泵、换向阀、手把杆等进行重新设计通过外部装置操控。保压时间长，不受外界温度的限制。内部结构在满足承力要求情况下，设计简化、安全可靠、体积小、质量轻、便于携带。

2. 连接方式

采用卡套连接，由子母头、高压油管、三通阀门组成。

以往液压紧具缸体与油泵、换向阀、手把杆直接连接。长时间使用会出现密封圈失效，造成漏油、失压等问题。本装置采用抗压力较大的高压油管，T形的三通阀门，通过子母头与液压紧具本体连接起来。密闭性好，防止逆流功能强，稳压时间长，调节速率快。

3. 操作形式

采用电动形式，实现同步操作，受力均匀，压力可控。

以往液压紧具是手动操作方式，在高空作业中作业人员靠人力控制两台液压紧具活塞的收压和放压，如果两台手动液压紧具受力不平均，致使其中一台紧具荷载过大而发生崩缸的危险，并会出现液压紧具停止工作无法拆除等安全隐患。本装置采用电动操作，具体方式如图2-7-1-1～图2-7-1-3所示的整体连接图所示，电动液压泵的公头与液压分流阀的单头端相连，双头段分别与高压软管的公头相连。高压软管另一端是液压快速连接头，公头分别与液压缸的母头相连。工作时通过电动机遥控器，时时控制，给液压泵提供压力，分流阀控制流量，用来调节活塞杆的移动速度。

二、效益与应用

大吨位瓷瓶卡具电动液压同步收紧装置有很大的实用价值，受到同行业人员的一致好评，可以取代在检修工作中使用手动液压紧具工作的各类作业。它的出现有利于提高行业

检修班组的安全生产水平，优化检修作业方式，推动超特高压检修作业的发展。能保证更换绝缘子过程中更安全、高效、可靠，减少了作业人员的劳动强度，同时避免了人员高空作业检修工作中产生失压、卡壳、漏油、崩缸及丝杠停止工作无法拆除等问题，提高了工作效率和工作的安全性。

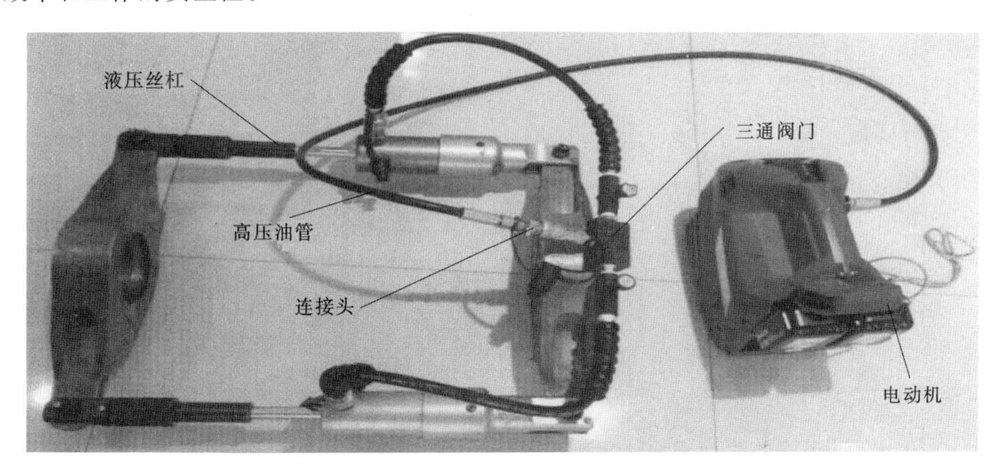

图 2-7-1-1　电动液压同步收紧装置整体组装图

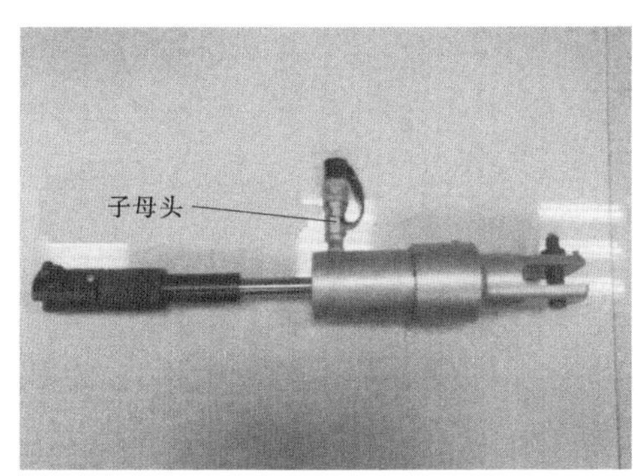

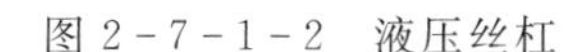

图 2-7-1-2　液压丝杠

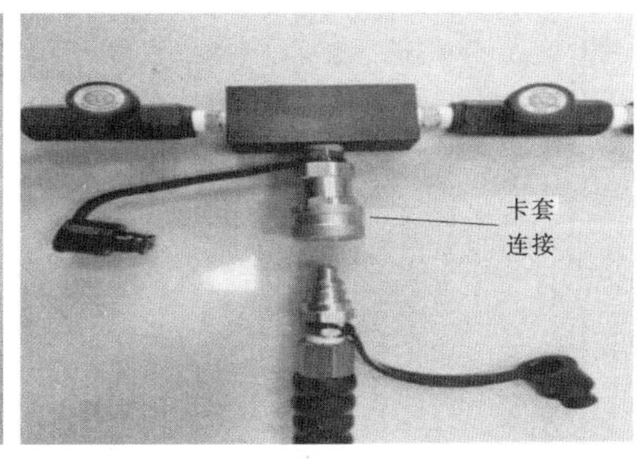

图 2-7-1-3　三通阀门

第二节　大截面导线电位转移棒的研制

一、主要技术创新点

大截面导线电位转移棒是一种新式的电位转移工具，它能够满足大截面导线尺寸要求（±1100kV 导线尺寸为 47.35m），同时还轻捷、便利。大截面导线电位转移棒前端采用一种自动夹紧结构和脱卸结构，带电作业人员进入等电位时能迅速连接带电设备，退出等电位时不需要将身体前倾，通过尾端的控制按钮和控制机构，可将电位转移棒迅速取出。大截面导线电位转移棒联通效果良好，接触可靠，同时能避免在转移过程中操作头掉落，大大减轻了作业人员的操作强度，确保了电力系统安全可靠运行对提高经济效益起到了重要作用。图 2-7-2-1 所示为大截面导线电位转移棒实物图，图 2-7-2-2 所示为大截面导线电位转移棒在带电作业上的应用。

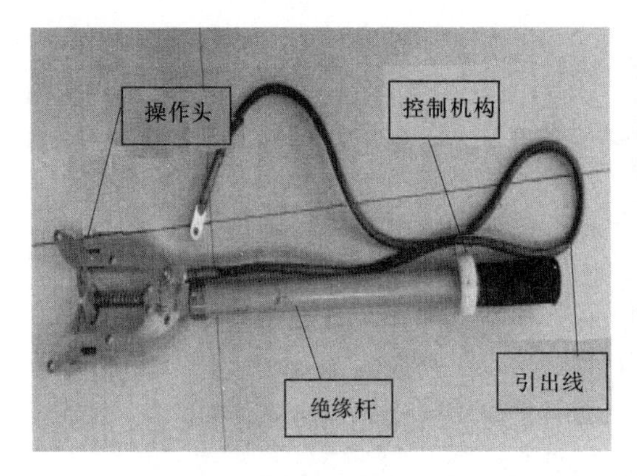

图 2-7-2-1 大截面导线电位转移棒

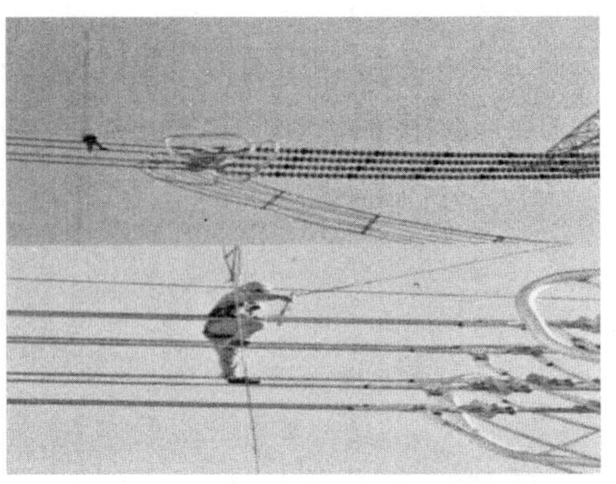
图 2-7-2-2 大截面导线电位转移棒在带电作业上的应用

主要技术创新点如下：

(1) 大截面导线电位转移棒选用铝合金材质、钳夹口径大试用于大截面导线的压铸工艺制作的 U 形操作头。能满足大截面导线横截面积（例如，±110kV 特高压直流输电线路为 1250mm²）的接触要求，且质量较轻，作业人员携带和操作过程中极少损耗作业人员的体力，大大减轻了作业人员的操作强度。

(2) 大截面导线电位转移棒采用的操作方式是半自动操作方式，有稳定可靠的自动定位夹紧结构和快速脱离导线结构。自动定位夹紧结构将导线有效卡进卡槽内使其不被滑落，使用时操作简单，在操作过程中无须像传统操作头一样用很大的力将导线夹紧，在带电作业人员与电网有足够的安全距离的情况下，保证接入电网的一次性成功率。快速脱离导线结构的设计及制作是一种便捷可靠的远端快速脱离机构。当带电作业人员离开电网时，通过尾端的控制按钮和控制机构，可以在留有足够安全距离的情况下将电位转移棒迅速取出，实现远端快速脱离电网，确保整个脱离过程安全便捷，提高了工作效率。使用大截面导线电位转移棒进出等电位全过程都能有效解决瞬时电流对屏蔽服的灼烧。大截面导线选用的引出线型号长度为 1m，直径为 8mm 的铜导线。引出导线与弹簧锁紧卡槽固定方式选择螺栓连接，质量轻，携带方便，操作简便。

二、效益与应用

1. 安全效益

大截面导线电位转移棒具有很大的实用价值，受到同行业人员的一致好评，可以取代现有超高压、特高压各种非规范的带电作业电位转移工具。大截面导线电位转移棒的出现有利于提高行业带电作业班组的安全生产水平，优化带电作业方式，推动超高压、特高压带电作业的发展。保证进、出等电位的一次性成功减少了作业人员的劳动强度，同时避免了人员高空作业检修工作中产生的操作头与导线滑落的问题，提高了工作安全性。

2. 经济效益

2018年9月科研团队在世界电压等级最高特高压输电工程昌吉-古泉±1100kV特高压直流输电线路102号耐张塔进行模拟进入等电位工作（图2-7-2-2），现场使用大截面导线电位转移棒，现场模拟实验非常成功，作业人员对首次±1100kV等电位作业有了进一步的认识，对所需工器具要加明确，为今后±1100kV全线通电后进行带电作业积累了宝贵的经验。截至2018年10月2日，世界电压等级最高、输送容量最大、送电距离最远、技术水平最先进的特高压直流输电工程昌吉-古泉±1100kV特高压直流输电工程实现全线通电，±1100kV特高压直流输电工程输送的电量相当于全新疆750kV输送的电量外加一条±800kV输送电量的总和，每年可向华东地区输送电量达到660亿kW·h，可供5000万家庭电力需求，该条线路停电一天少输送电量1.8×10^{9}kW·h。按0.3元/(kW·h)计算，将带来的经济损失约为0.54亿元，如该工具推广使用，可有效减少停电次数，带来可观的经济效益。

第三节　±800kV特高压直流输电线路耐张绝缘子导线端部卡具的研制

一、主要技术创新点

本卡具是为±800kV特高压直流输电线路耐张绝缘子导线端部研制的，该成果与±800kV特高压直流输电线路耐张绝缘子闭式卡配合使用，解决了耐张塔导线端第一片绝缘子更换的难题。其次，本卡具采用钛合金材质加工制造，具有质量轻、强度高、占用空间小等优点，在高空组装简便、操作简单、安全系数高等特点，大大提高了高空作业的安全性。其主要技术创新点如下：

（1）±800kV耐张绝缘子导线端部卡具是一种组合式导线端部卡具，其设计图如图2-7-3-1所示。包括主体件和翻板件。主体件的两端、翻板件的一端有拉杆接头安装孔，主体件和翻板件上有位置对应的型腔孔，其特征在于所述的主体件是组合件，是由主板和副板通过至少两套双头台阶螺栓紧固连接组成，主板和副板平行，主体件上的型腔孔在主板上；翻板件与副板的对应边绞接，绞接后形成的板面与所述板面相同；翻板件与主体件扣合后形成的型腔与线路金具双联碗头形状相适配。

（2）±800kV耐张绝缘子导线端部卡具的主体件上的型腔孔为扁圆孔。

（3）±800kV耐张绝缘子导线端部卡具的主体件和翻板件均采用钛合金材料加工制造。其实物及现场应用，如图2-7-3-2所示。

（4）本项目成果解决了更换±800kV三联串绝缘子导线端第一片绝缘子难题。整套卡具由3件组成，分别为55kN导线端部卡具，50kN横担端部卡具以及550kN闭式卡具。50kN闭式卡具分别与550kN导线端部卡具、550kN横担端部卡具及5kN闭式卡具配合，经验证可以实现550kN耐张绝缘子串任意位置零值绝缘子的更换。

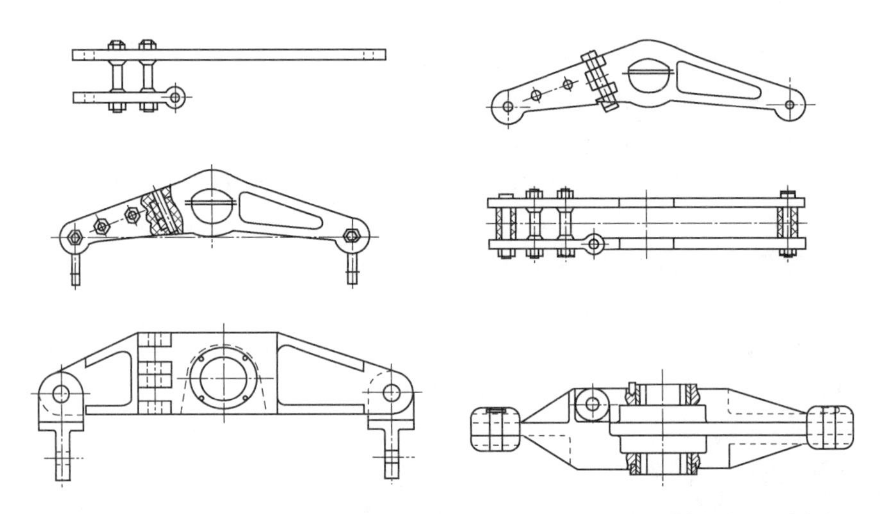

图 2-7-3-1　±800kV 特高压直流输电线路耐张绝缘子导线端部卡具设计图

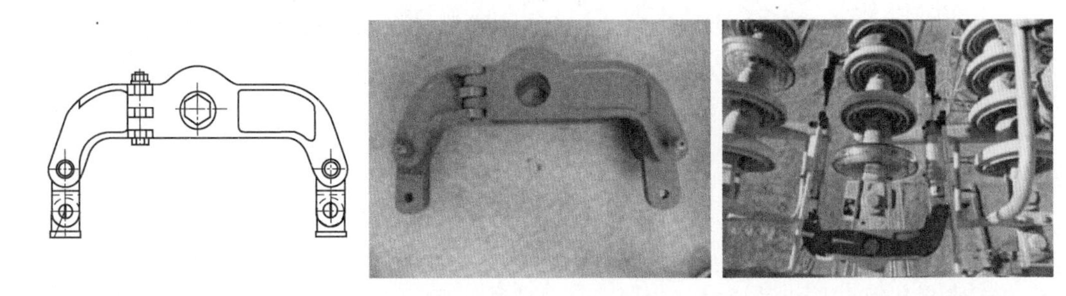

图 2-7-3-2　±800kV 特高压直流输电线路耐张绝缘子导线端部卡具实物及现场应用

二、效益与应用

±800kV 天中直流线路自 2014 年投运以来，每年均有耐张塔玻璃绝缘子自爆发生，更换一片自爆绝缘子时间约 40min，±800kV 天中直流线路目前输送负荷 500 万 kW·h，每千瓦时的上网单价为 0.2 元。

(1) 2016 年全年仅更换耐张塔导线端部第一片绝缘子 5 片，则

更换所需要的时间＝5×40min＝200min＝3.3h

节约电能＝3.3h×500kW·h＝1650 万 kW·h

避免经济损失＝1650 万 kW·h×0.2 元/(kW·h)＝330 万元

(2) 2017 年 1—7 月仅更换耐张塔导线端部第一片绝缘子 6 片，则

更换所需要的时间＝6×40min＝240min＝4h

节约电能＝4h×500 万 kW·h＝200 万 kW·h

避免经济损失＝2000 万 kW·h×0.2 元/(kW·h)＝400 万元

因此，2016 年至 2017 年 7 月共计避免经济损失 730 万元。

800kV耐张绝缘子导线端部卡具的成功研制，解决了±800kV直流线路耐张塔导线端部绝缘子更换问题。本成果采用钛合金材质加工制造，具有质量轻、强度高、方便携带，占用空间小等优点，在高空中组装简便、操作简单、减轻了高空作业的工作强度，大大提高了人员的安全性。本卡具已在国网新疆电力公司输电线路专业成熟应用，适用于特高压输电线路等电位作业更换耐张导线绝缘子，发挥了其先进性、高效性、经济性，减少了停电损失负荷，带来巨大的经济效益和社会效益。

本卡具创造性、新颖性，成果整体技术达到国内领先水平。

第四节　高空自走检修工作平台的应用

一、主要技术创新点

高空自走检修工作平台如图2-7-4-1所示。该高空自走检修工作平台轻便，具有在导线上自走、前进后退刹车、过间隔棒、同乘2～3人、能够行走坡度超过45°的导线等功能，可满足各种线路环境下的输电线路导线修补（含液压修补、护线条修补等方式）、间隔棒更换等检修工作需要。高空自走检修工作平台，可以有效解决陡坡线路故障点检修问题，降低检修工作人员强度，实现在导线上多人、安全、快速、自走、可靠检修等功能效果。主要技术创新点如下：

图2-7-4-1　高空自走检修工作平台现场应用

（1）解决了输电线路检修过程中高差较大，导线比较陡峭，人员难到达工作点的问题，提出并实现了输电线路高空作业平台化，超过45°也可爬坡行走，作业平台通过间隔棒不受影响，在大坡度点可停留作业。

（2）采用航空铝合金作为基础材料，大大降低成品的重量，并保障了平合的整体机械性能和承载性。

（3）动力行走轮采用最新复合橡胶，耐用，抓力强；并采用双轮挤压搭挂技术设计，最大程度加大了行走轮与导线的摩擦力，在高坡度行走时不打滑，且不磨损导线。动力行走轮采用双组行走轮及双挂结构设计，通过轮组间配合操作，在过间隔棒与导线行走时可以轻松通过，并可有效保障行走的平稳与安全。

（4）动力源系统采用变频大扭矩马达，可以随时停止平台行走；电源系统采用高能低温锂电系统，并采用低电量（剩余20%）报警及快速插换设计，有效保障了平台高空工作的可持续性及安全性。动力机构和大扭矩伺服马达如图2-7-4-2所示，电气控制原理如图2-7-4-3所示。

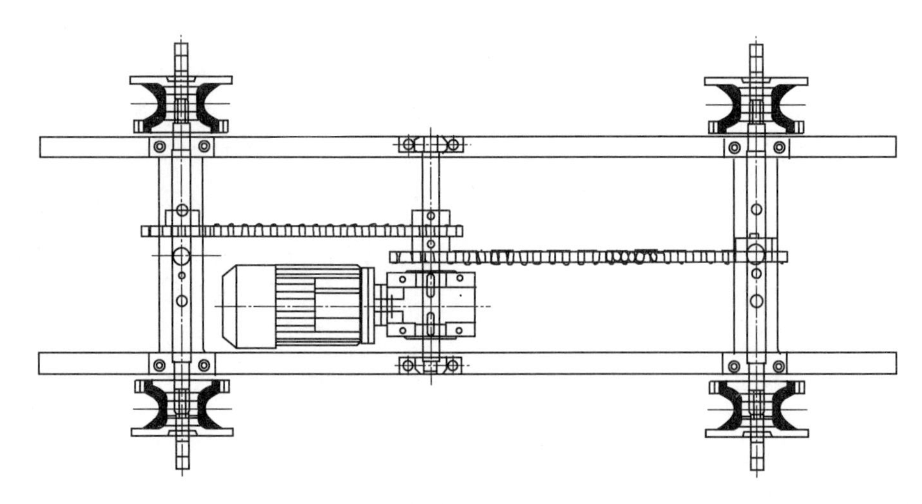

图 2-7-4-2　动力机构和大扭矩伺服马达

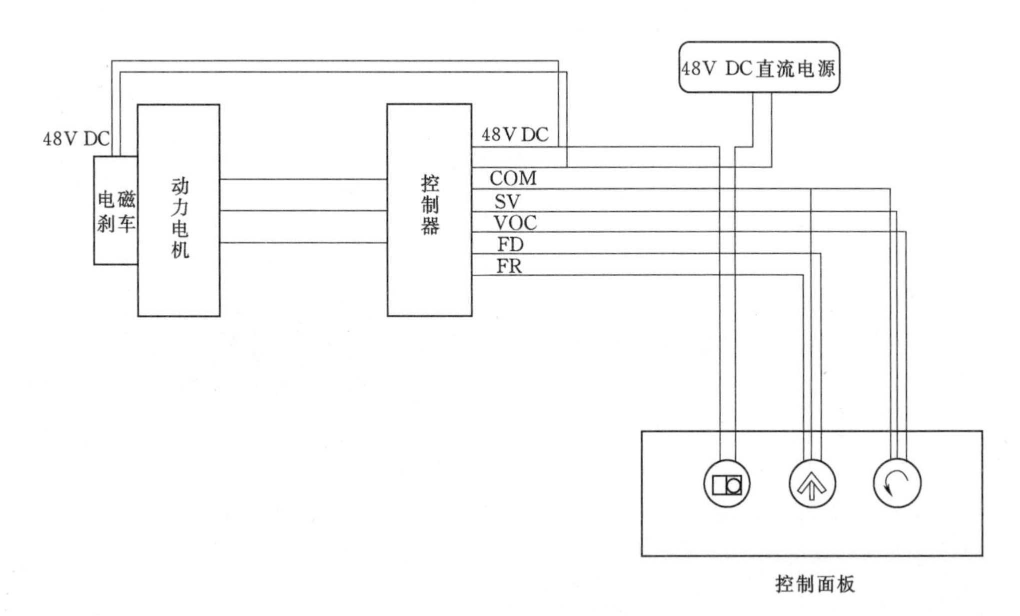

图 2-7-4-3　电气控制原理图

（5）控制采用无级调速设计，可以有效地控制平台的行走速度；并通过方向控制键，可以实现平台前进后退的自由转换，且不影响动力的输出。

（6）整体平台采用大空间平台设计，针对老式飞车，极大增加了作业空间，并可以荷载其他辅助类工具，极大的延伸了高空的作业空间。

二、效益与应用

该新研制的高空自走作业平台重 50kg，总开发成本约 23 万元，目前国内市场没有同款类作业平台，较进口的同类作业平台成本约 55 万元（重约 230kg），对比节约 32 万元。传统单人高空检修，地面需要配合两人。如果实现平台双人检修，工时将由 6h 降低到 2h

以内，平均一次检修至少降低4h工作强度。可由原来的3×6h工，减少到2×2h工。该高空自走检修工作平台可广泛用于国内同行业220kV输电线路检修作业时的应用，能够有效提升电网技术水平，有较高的实用价值。

第五节　750kV及以上输电线路新型引流调距线夹的研制和应用

一、调距线夹的作用和问题

调距线夹主要用在超特高压输电线路上，用于输电线路的引流线与防电晕屏蔽环、引流线与拉杆、引流线与引流线之间的连接，起固定和支撑引流线，防止引流线与屏蔽环、金具拉杆及引流线相磨造成导线磨损、断股等缺陷的作用。

在电网运行过程中，耐张塔引流调距线夹受大风影响出现断裂、松动情况频繁发生。以××输电运检分公司为例，自2015年以来，已对所辖14条750kV线路开展带电消缺工作共计100余条次。其中：引流调距线夹松动缺陷44条次，占比44%；因调距线夹松动、损坏，造成线路导线断股缺陷19条次，占比19%。针对以上问题，对750kV及以上输电线路新型引流调距线夹研究迫在眉睫。调距线夹的典型缺陷如图2-7-5-1所示。

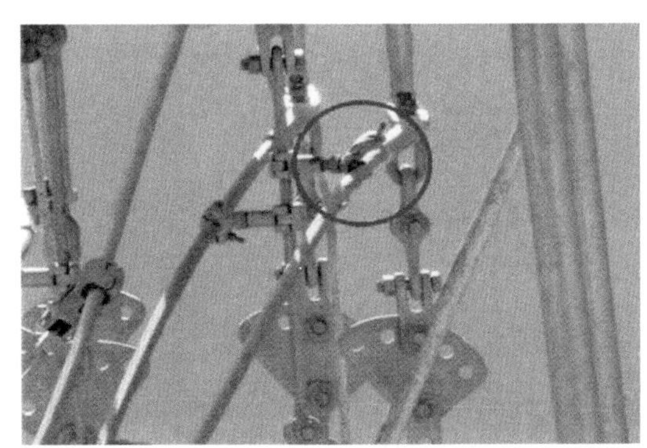

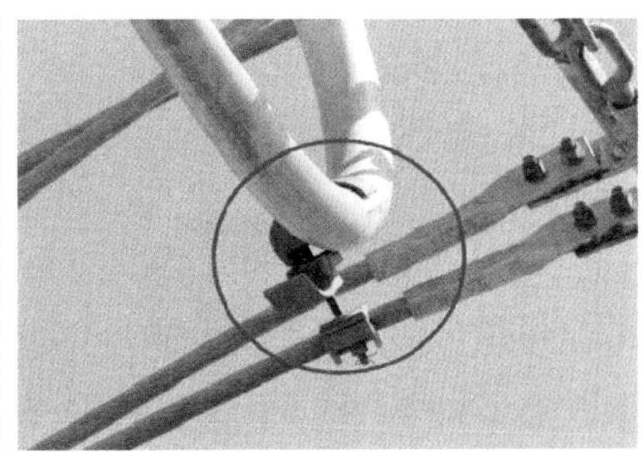

图2-7-5-1　调距线夹的典型缺陷

二、新型引流调距线夹的研制

750kV及以上输电线路新型引流调距线夹，改变了原有调距线夹抱箍闭合方式，加入软连接、可调节式中心螺杆等元素，使其能更有效地适应大风恶劣天气下输电线路的安全运行要求。新旧调距线夹结构对比如图2-7-5-2所示。

（1）将原线夹单面固定方式改变为双面固定，在螺栓松动后，抱箍依然闭合，有效防止橡胶护垫损坏磨损导线（金具）。

（2）采用球-窝软连接方式，球面螺杆能转动自如，不受安装空间限制，易于在高空

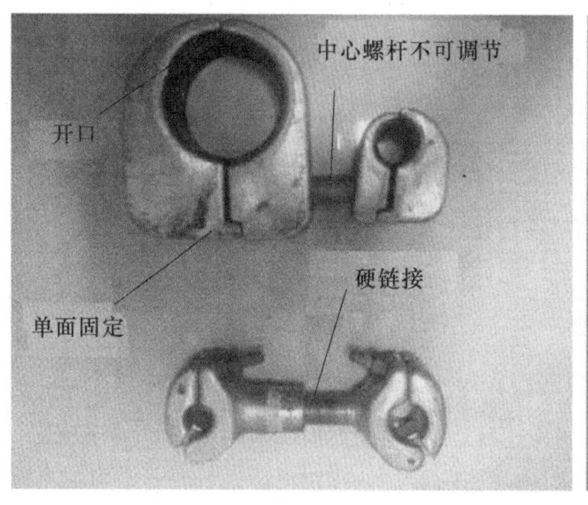

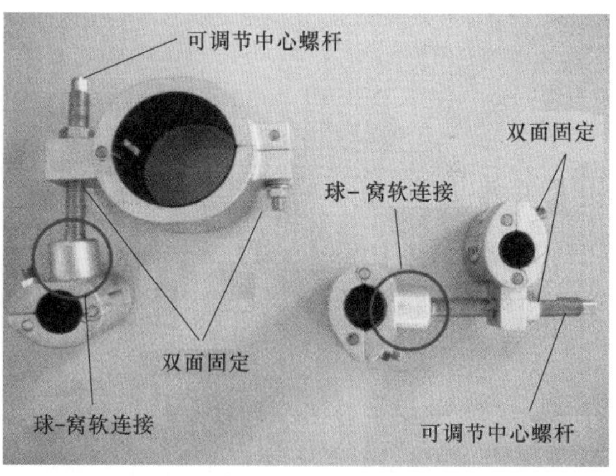

图 2-7-5-2　新旧调距线夹结构对比

安装。融合阻尼间隔棒功能，可减少导线振动对线夹产生的危害，链接部位具有一定活动裕度，可缓解风对线夹的直接作用力，避免调距线夹出现断裂、损坏情况。

(3) 设计可调节式中心螺杆，可在安装前后分别对距离进行调节，螺杆从调距线夹一侧螺孔伸出，能最大限度地使均压环夹（拉杆夹）和引流线夹的调节距离变大，可满足不同使用情况。调整螺杆头部做成方头，螺母从一侧锁紧，有效防止连轴转现象发生，同时改进机体材料，选用超硬铝锻件制作，调距螺杆采用 45 号优质结构钢经调质处理后生产加工，保证了高强度、高可靠性。新型引流调距线夹如图 2-7-5-3 所示。

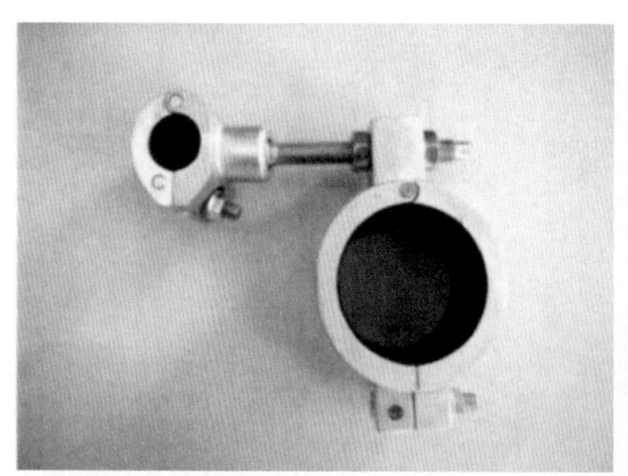
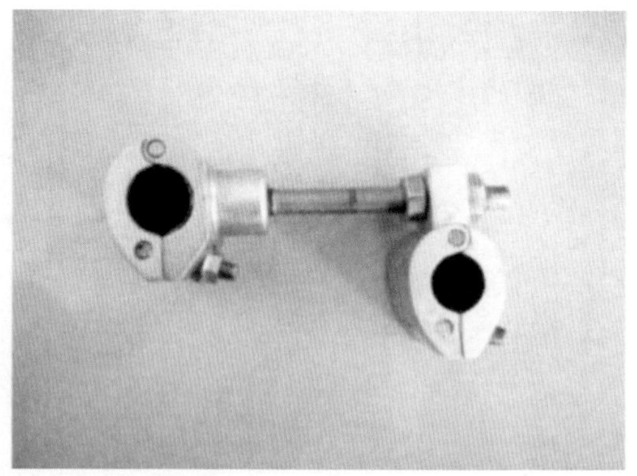

图 2-7-5-3　新型引流调距线夹

三、效益与应用

1. 效益

××输电运检分公司累计带电消除 750kV 输电线路耐张引流线调距线夹断裂、损坏缺陷 44 条，占整个全年系统缺陷数量的 44%。经过科学计算，若使用 750kV 输电线路新型引流线夹，能够节约车辆行驶时间约 220h，车辆租赁费按每日 400 元计算，每日工作时间按 8h 计算，节约人力 176 人·次，4.92 工时/次，10.6 元/工时，以此计算：

将节约工时成本＝176人·次×4.92工时/次×10.6元/工时＝9178.8元

所使用的车辆每小时耗油10L，油价为6.44元/L，则

将节省车辆租赁费及燃油费＝20h×10L/h×6.44元/L＋220h÷8h/d×400元/d＝25168元

因此，共产生经济效益34346.8元。

2. 应用

(1) 750kV输电线路新型引流线夹具有高强度、安装简单的特点，利于高空作业人员操作，有效缩短了作业人员的检修时间，提高检修效率。

(2) 新型调距线夹提高线夹使用寿命，可有效减少开展带电作业次数，避免不必要的检修工作，提高线路安全运行系数，减少线路后期运维投入最大限度保证了线路供电可靠性，对实现可持续发展奠定坚实的基础，具有较高的经济效益和社会效益。

第六节　输电线路柔性防风拉线装置的研究与应用

一、主要技术创新点

通过设计新的拉线金具及柔性拉线装置，控制塔头部门电气间隙、可有效减轻铁塔横担的荷载，解决了强风天气下750kV输电线路风偏跳闸问题，确保了750kV主网架的安全稳定运行。

输电线路柔性防风拉线装置现场如图2-7-6-1所示，输电线路柔性防风拉线地面装置如图2-7-6-2所示。

图2-7-6-1　输电线路柔性防风拉线装置现场图

图2-7-6-2　输电线路柔性防风拉线地面装置

主要技术创新点如下：

（1）对于750kV直线塔边相分裂导线挂线联板，采用此拉线固定方式，具有防止导线磨损的功能。本装置的拉线固定部件包括一个钢质圆盘和2块十字形联板，通过螺栓及橡胶垫可以安装在原线路六分裂挂线的LL型联板上，作为750kV防风拉线导线端的最佳挂点，能够避免以往遇到的拉线金具与导线磨损问题。

（2）采用角钢插入预制基础的方式，形成导轨，采用三角联板在轨道内滑动方式使拉线具有伸缩的功能。以往的输电线路防风拉线装置都是通过地锚进行锚固，属于刚性连接，750kV输电线路在风偏作用下，摆动较大，极易引起金具疲劳损伤。

（3）采用带配重的联板在轨道内滑动、限位，使柔性防风拉线具有微风时静止，风力超过配重时滑动、强风时抑制风偏角三个状态。以往的防风拉线装置一直都是拉紧状态，但是在750kV线路原塔设计结构下，超过36m/s以上风速，导致金具、横担超负荷运行，有横担断裂的危险。

（4）基于柔性防风拉线在不同风偏角情况下拉紧和放松，推算出绝缘子串风偏角在微风时0°，强风时不大于30°的风偏角范围内具有导线、金具不磨损，风偏角不超标，横担受力不过载的属性。

二、效益与应用

本装置能够有效地防治因极端天气引起的风偏跳闸故障，从根本上解决了线路隐患，保障了超高压电网的可靠运行。另外，对于部分需要加装防风拉线的超高压输电线路，已经形成一整套带电作业实施方案，无须进行非计划停电检修，取得良好经济效益的同时，保证了输电线路持续稳定运行。该柔性防风拉线装置在新疆电力公司所辖的750kV输电线路中推广应用。通过停电检修、带电检修两种方式进行了实施，对在750kV吐哈一线、二线以及750kV阿楚一线直线塔边相共计184基塔进行了防风拉线改造。经过3年的线路运维工况来看，该防风拉线装置在极端强风天气情况下能够有效抑制风偏角过大，同条件天气下，风偏引起的故障跳闸从2次/a，降至0次/a，完全避免了强风区直线塔边相风偏引起的跳闸。安装后对该防风拉线装置进行了定期检查，未发现异常现象，首次安装的设备3年期间能够保持原有的功能，未见金具串、绝缘子、导线的受损现象，整体效果良好。该装置能够解决极端天气下超特高压输电线路风偏跳闸问题，比以往的输电线路采用的防风设施更可靠、更合理、更科学、更经济且安装维护方便，具有极高的应用价值。

第七节　多分裂导线走线握把的研制

一、传统线路走线作业方式

目前，750kV及以上输电线路逐年增多，线路验收走线作业越来越普遍。传统的走线方法主要采用双手紧握胶皮套管，并利用后背延长绳（5m）将六分裂导线的6根导线包围连接，同时利用安全带腰带系在1根子导线上，手握的胶皮套管（或直接抓导线）属

于一般的胶皮管子截取部分，存在摩擦力大、不易抓牢、容易脱落等现象，更不满足标准化作业的要求。

二、走线握把的研制

针对这一问题，通过对六分裂导线分析，观察走线人员行为习惯后，研制出了一种全新的适用于线路验收走线时手上用的握把。作业人员在走线过程中双手握住该握把，推动其（全包围在上子导线上）滚动前进。握把具备自动、快捷打开和自锁功能。同时，将左右握把环分别通过绳索与安全带腰环连接，实现了时刻双层保护，提高走线作业效率和安全性，如图2-7-7-1所示。主要技术创新点如下：

（1）走线人员在走线过程中手扶的握手为全包围式开口设计，握把可以在导线上滚动行走，安装更快捷方便。同时，握把具备速差控制和自锁功能。

（2）左右握把分别与身体通过一根安全绳可靠连接，实现双重保护。

（3）握把采用航空铝合金，内部滚轮采用不锈钢，重量不大于450g。

（4）握把速差功能，既保证正常行走时的良好通过性，还能通过握把与导线摩擦力解决大高差导线走线时速度控制。

（5）握把自锁功能，握把为全包围式开口设计，既能保证装拆方便，又能保证人员一旦翻线坠落具备自锁保护功能。

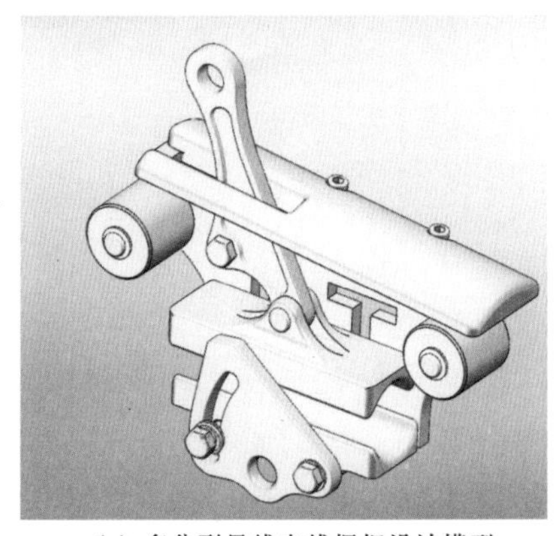

（a）多分裂导线走线握把设计模型

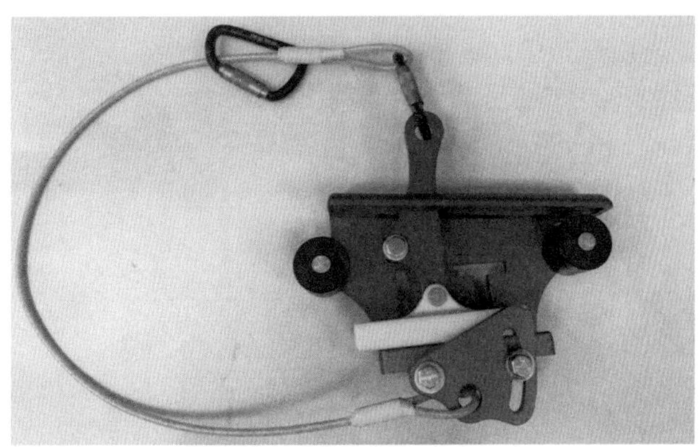

（b）多分裂导线走线握把实物

图2-7-7-1　多分裂导线走线握把

（6）握把由原普通胶皮套管改为包胶轮，具备摩擦阻力小，使用寿命长，手动快捷打开和自锁，速差控制等功能。

（7）走线双重保护措施由原来的后背延长绳（5m）将6根导线包围连接，同时利用安全带腰带系在1根子导线改为由2个安全绳一侧分别于安全胸环相连，一侧与以上带自锁功能的左右握把相连并卡在2根子导线上。

三、效益与应用

（1）在采用了该多分裂导线走线握把以后，行走每挡导线可节约4min，提高了走线效率，同时大大降低了对导线的磨损，本项目总开发成本3万元，研制出多分裂导线走线握把共 6 套（即 12 个）可同时供两组走线人员使用。

（2）该多分裂导线走线握把主要由主握把和安全绳索组成，将传统走线安全带、走线用手扶握把集成于一体，实现走线用装备具备手动快捷打开和自锁、速差控制，实现双保护措施更加简便快捷，目前市场上没有该类产品，国外也无相关资料可查。

（3）该握把的研制，在原有的安全带连接方式上增加了与握把的两条安全带连接，增加了可靠性，该握把解决传统使用胶管或赤手扶导线的弊端，满足标准化作业要求，填补了国内外同行业空白，在系统内有很好的推广应用价值。

第八节　钢筋混凝土电杆接地联板装拆固定器的研制

一、钢筋混凝土电杆接地

1. 接地的作用

输电线路杆塔必须有可靠的接地，以确保雷电流导泄入大地，为确保雷电流不对线路绝缘产生危害，就必须保证整个雷电流回路畅通无阻，接地引下线电阻值在要求范围内。为此需要对杆塔进行接地电阻测量。近年来随着技术监督接地电阻测量五年一滚动计划，以及线路运维里程日益增长，班组人员的工作量在不断增大，接地电阻测量工作如图 2-7-8-1所示。

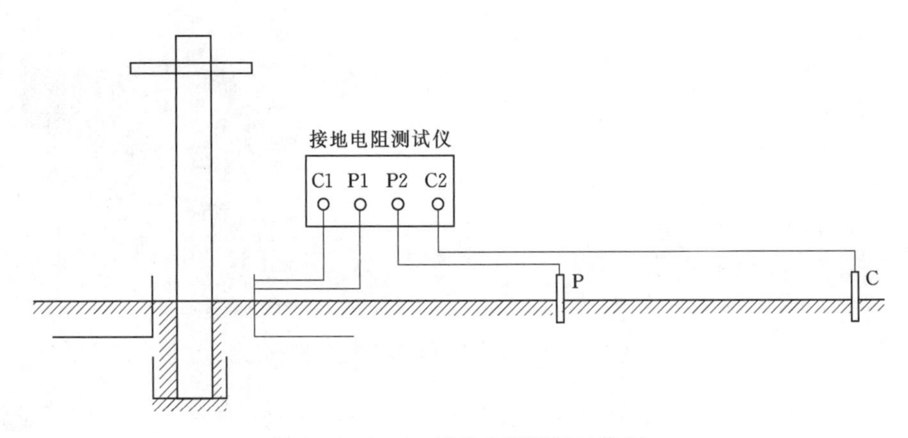

图 2-7-8-1　接地电阻测量工作图

2. 接地联板

目前输电线路混凝土杆接地引下线通常焊接在接地联板上，接地联板通过螺栓固定安装在混凝土杆的侧面，但是当对接地钢筋进行电阻值测量或其他检修作业时，往往需要将螺栓拆卸下来使接地联板脱离电杆，但在任务完成后，由于输电线路长期运行，接地钢筋会随着土壤下沉有轻微下沉，使得接地联板上的螺栓孔与混凝土杆侧面螺栓孔错孔，导致工作效率较低，并且处理起来费时费力，如图 2-7-8-2～图 2-7-8-4 所示。

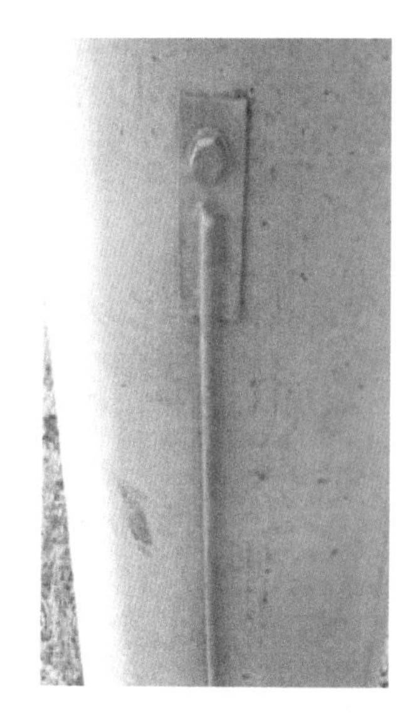

图 2-7-8-2　未拆卸的接地联板

图 2-7-8-3　拆卸后缺陷情况

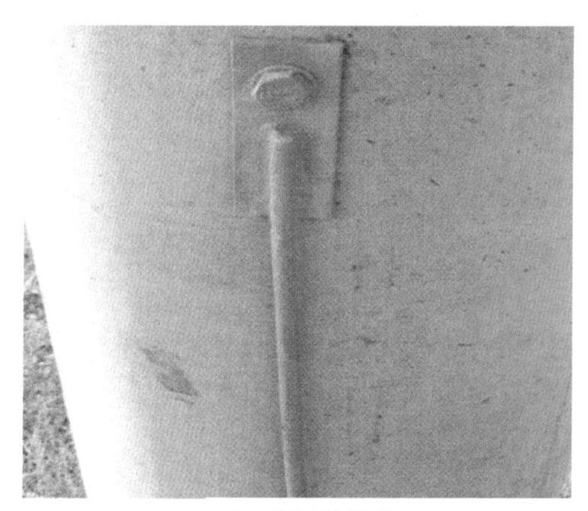

(a) 测量前状态

(b) 测量后状态(螺孔有明显的错孔)

(c)合理拉拽接地钢筋

(d) 铁锹去除上方泥土

图 2-7-8-4　接地联板缺陷情况及处理作业

二、课题选定和目标设定

1. 课题选定

通过对调查数据分析可知，未出现错孔的平均工时约为 11min23s；出现错孔的平均工时约为 37min10s；并且错孔范围在 0.8～1.3cm 之间。出现工时差异的主要原因是处理接地联板螺孔与混凝土杆杆体上的螺孔错孔时，没有较为简便高效的工作方法。

课题选择程序如图 2-7-8-5 所示。

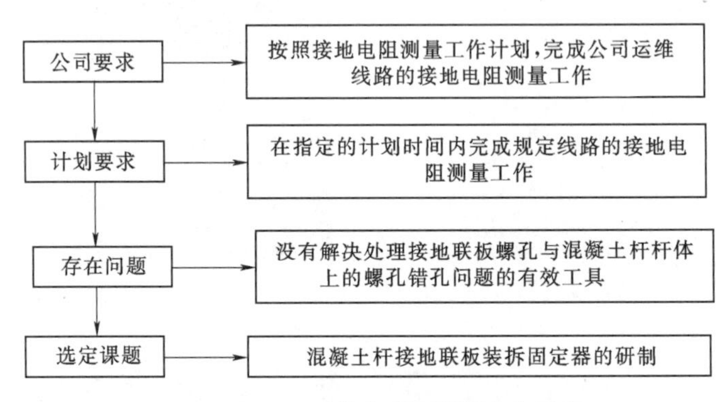

图 2-7-8-5　技术攻关课题选定程序

2. 目标设定

（1）量化目标。由调查分析可知，平均每基混凝土杆接地电阻测量所需时长为 21min44s，其中未出现错孔问题时平均每基只需要 11min23s；在工具研制成功后使用研制工具解决问题时需要消耗一定时间，故设定钢筋混凝土电杆接地电阻测量所需时长为 13min。

（2）定性目标。操作简便、快捷、安全，提高拆装接地联板工作的简便性，降低作业人员劳动强度，保证作业人员安全。

三、方案确定

1. 总方案

为实现目标，确定了三种方案，见表 2-7-8-1。

表 2-7-8-1　　解决钢筋混凝土电杆接地联板拆装的三种方案

项目	方案一	方案二	方案三
核心构件	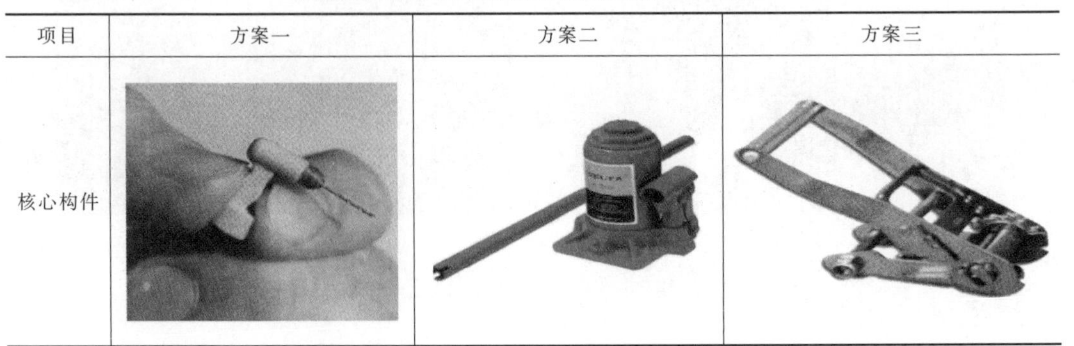		

续表

项目	方案一	方案二	方案三
措施	研制便携式扩孔机，对接地联板螺孔进行扩孔，使接联板螺栓孔与杆体上螺孔相对应，可以顺利将螺栓安装上	结合输电线路情况，研制适用于混凝土杆接地联板装拆的千斤顶，在回装接地联板过程中可以通过千斤顶向上顶接地联板，使接地联板螺栓孔与混凝土杆杆体上的螺栓孔相对应	研制一种可以固定在杆体上承力，下方与接地联板相连接的提升器，通过紧绳装置收紧绳带提升接地联板，使接地联板螺栓孔与混凝土杆杆体上的螺栓孔相对应
成本/元	500～1000	200～600	50～150
安全性	使用电钻危险性高，破坏性强	使用千斤顶相对柔和危险性低	使用紧绳器相对柔和危险性低
适用性	适用性中，错孔距离较大的扩孔容易扩出边缘	适用性中等，对农田地等地质较软的土壤，不宜使用	适用性强，适用于各种情况下
操作性	操作性强，需具备较强的操作能力	操作性中等，容易学会，容易操作	操作简单，易教易学
携带	质量较重，携带不便	质量重，体积大	质量较轻，体积较小
实用效果	处理错孔问题直截了当，但对接地联板造成破坏，并有一定危险性	能够较为简便的解决错孔问题，但部分地形地质无法使用	能够简便快捷的解决错孔问题，成本低，安全性高，体积较小便于携带
结论	不采用	不采用	采用

2. 对方案进行Ⅱ级分解

将上述一级方案进行进一步分解，从上方固定方式、绳索材质、紧绳装置、提升钩形状选择等四个方面出发，进行细化，如图 2-7-8-6 所示。

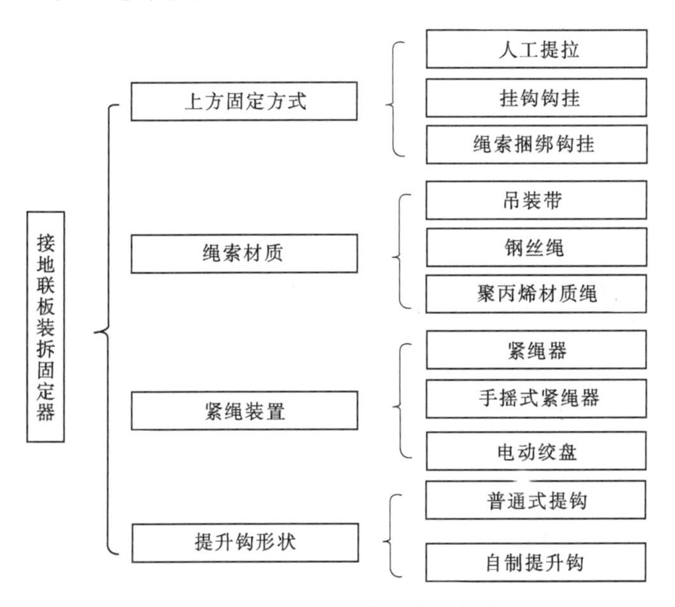

图 2-7-8-6　方案Ⅱ级分解细化图

3. Ⅱ级方案确定

（1）上方固定方式。上方的固定主要是为了承力，是提升接地联板受力的关键部位。关于上方固定方式共提出三种方案：人工提拉、挂钩钩挂、绳索捆绑钩挂。对三种方案的对比分析见表2-7-8-2。

表2-7-8-2　　上方固定方式三种方案对比表

方案	方案内容	优　点	缺　点	结论
人工提拉	由单人或多人配合，并通过绳索等工具，向杆体借力持续提拉，使得将其上方固定	灵活多变，适应性强	需要人力较多，并需要人力持续提拉，并且不够稳定	不采取
挂钩钩挂	在该工具上方链接挂钩，将其钩挂在抱箍或其他杆体上可钩挂之处	固定牢靠、简单方便	适用性不强，需要寻找可钩挂的地方	不采取
绳索捆绑钩挂	在该工具上方连接挂钩，并另取一条绳索将其捆扎在混凝土杆杆体上，通过摩擦力或杆体上其他设施的阻挡来固定上方	灵活简便，操作简单经济适用	相较捆绑时间较长	采取

（2）绳索材质的确定。绳索为混凝土杆接地联板装拆固定器的主要柔性材料，起到各部件的连接作用，同时也是起到力的传递作用。关于绳索材质的选择共提出三种方案：吊装带、钢丝绳、聚丙烯材质绳。对三种方案的对比分析见表2-7-8-3。

表2-7-8-3　　绳索材质的三种方案比较分析表

方案	材　料	优　点	缺　点	结论
吊装带		（1）重量轻、使用方便。 （2）耐腐蚀，耐磨性能好。 （3）起重平稳、安全。 （4）强度：扁平吊装带1～30tf，圆形吊装带1～300tf。 （5）弹性深长：额定载荷下小于10%，极限工作力下2%～3%。 （6）价格2～30元/m	（1）不能与尖锐物体接触摩擦。 （2）在受潮时，强力损失可达15%	采取
钢丝绳		（1）不易骤然整根折断，工作可靠。 （2）承载安全系数大，使用安全可靠。 （3）具有较高的抗拉强度、抗疲劳强度和抗冲击韧性。 （4）耐腐蚀性好，能够在各种有害介质的恶劣环境中正常工作。 （5）价格1.5～5元/m	挠性相对较小，质量重，不方便携带	不采取
聚丙烯材质绳		（1）比重低，质量轻。 （2）化学性质稳定，便于维护储存。 （3）价格便宜1元/m	（1）抗磨性一般。 （2）不适合做静力绳。 （3）很好的延伸性，不宜起吊	不采取

（3）紧绳装置的确定。接地联板装拆固定器的核心构件就是紧绳装置，通过紧绳收短绳索，从而使提升钩向上提升接地联板，紧绳装置的三种方案的对比分析见表 2－7－8－4。

表 2－7－8－4　　紧绳装置的三种方案的对比分析

方案	材　　料	优　　点	缺　　点	结论
紧绳器		（1）操作简单，应用广泛。 （2）有锁扣装置。 （3）质量轻。 （4）价格 20～30 元	收紧速度慢	采取
手摇式紧绳器		（1）操作简单。 （2）收绳速度较快。 （3）质量轻。 （4）价格 30～200 元	没有闭锁装置，需要人力持续收紧	不采取
电动绞盘		（1）收绳匀速稳定。 （2）电动无需人工收紧	（1）质量重，不方便携带。 （2）需要持续供电，线路上供电不方便。 （3）成本较高 200～500 元	不采取

（4）提升钩形状的确定。提升钩用于钩提接地联板，在收紧绳索的同时，使提升钩钩提接地联板，从而使接地引下线上拔，两种方案的对比分析见表 2－7－8－5。

表 2－7－8－5　　提升钩两种方案的对比分析

方案	方 案 内 容	优　　点	缺　　点	结论
普通式提钩	可以直接够买现有钩形	方案易得，市场购买	没有与电力行业上接地联板结构相符的提钩	不采取
自制提升钩	自制灵活，能更加符合电力线路，接地联板结构要求	能够制作出符合接地联板结构的提钩	需要自己加工制作	采取

4．方案Ⅲ级分解

将Ⅱ级方案进一步分解为Ⅲ级方案，分解图如图 2－7－8－7 所示。

5．Ⅲ级方案确定

（1）挂钩的选择见表 2－7－8－6。

（2）吊装带形式的确定见表 2－7－8－7。

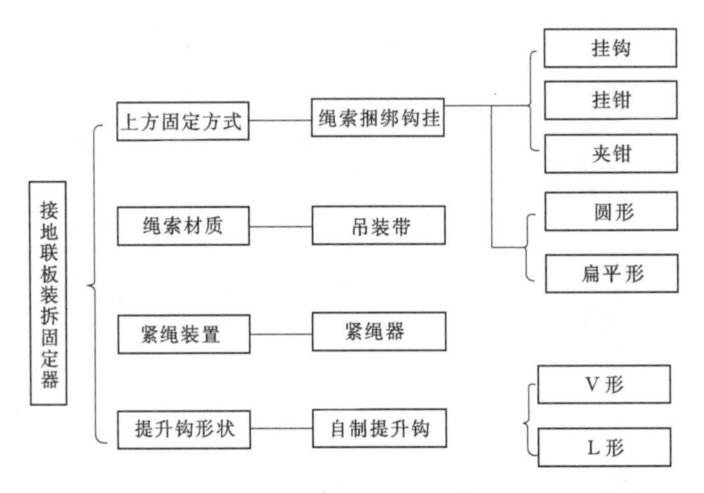

图 2-7-8-7　方案Ⅲ级分解图

表 2-7-8-6　　挂钩形式方案三种方案对比表

方案	材　　料	优　　点	缺　　点	结论
挂钩		(1) 结构简单。 (2) 使用方便快捷。 (3) 便于设计加工。 (4) 固定牢靠	需要一定的结构强度	采用
挂钳		固定牢靠结构简单	装拆较慢，时间长	不采用
夹钳		吃力越大越牢固美观大方	(1) 夹固不方便。 (2) 开始固定不牢靠。 (3) 结构相对复杂	不采用

表 2-7-8-7　　　　吊装带形式两种方案对比分析表

方案	材　　料	优　　点	缺　　点	采用
圆形		(1) 美观大方。 (2) 强度：圆形吊装带 1～300t	(1) 收绳过程中左右缠绕，不够稳定。 (2) 超载或临时使用造成局部损伤时，不易发现	不采取
扁平形		(1) 层层缠绕，受力稳定，便于收绳。 (2) 强度：扁平吊装带 1～30tf。 (3) 超载或临时使用造成局部损伤时，其外套会首先断裂警示可避免事故的发生。 (4) 吊装稳定性好	不易与尖刺，尖锐物体接触摩擦，容易断裂	采取

(3) 自制提升钩的确定见表 2-7-8-8。

表 2-7-8-8　　　　自制提升钩两种方案对比分析表

方案	设计图	优　　点	缺　　点	结论
V形		有凹槽，提升接地联板稳定牢靠	提升时联板与杆体容易夹住提升钩	采取
L形		结构简便，容易方便上螺栓	必须垂直提升	不采取

6. 方案Ⅳ级分解

将Ⅲ级方案进一步分解为Ⅳ级方案。

7. Ⅳ级方案确定

(1) 挂钩形式选择见表 2-7-8-9。

(2) 吊装带强度选择。一般采用国际色标来区分吨位，见表 2-7-8-10、表 2-7-8-11。吊带国际色标卡对于吨位大于 12000kg 的均采用橘红色，同时带体及标牌均有载荷标识。提拉接地钢筋力为 20000～27000N。

(3) 提升钩材质的选择见表 2-7-8-12。

表 2-7-8-9　　挂钩形式两种方案对比表

方案	材料	优　点	缺　点	结论
双股钢钩		(1) 单位接触面承力小。 (2) 不易旋转，固定牢固，易操作。 (3) 结构强度高	相比较质量较重	采用
U形吊钩		(1) 衔接处不易脱钩。 (2) 结构简单。 (3) 结构强度高	(1) 单位接触面承力大。 (2) 易旋转，不易固定，不易操作	不采用

表 2-7-8-10　　吊带国际色标卡

载荷	色　标	载荷	色　标
1000kg	紫色	6000kg	褐色
2000kg	绿色	8000kg	蓝色
3000kg	黄色	10000kg	橘红色
4000kg	灰色	12000kg	橘红色
5000kg	红色		

表 2-7-8-11　　吊装带国际标准承力色三种方案对比表

方案	承力/kg	优　点	缺　点	结论
绿色	2000	经济实惠	承力能力略不足	不采用
黄色	3000	(1) 经济划算。 (2) 承力在要求范围内	承力能力居中	采用
灰色	4000	承力能力最强	经济负担重	不采用

表 2-7-8-12　　提升钩材质三种方案对比表

方案	优　点	缺　点	结论
木质材料	(1) 易于制作。 (2) 花费成本低	结构强度不足	不采用
钢材料	(1) 结构强度大。 (2) 花费成本低（8 元/kg）	(1) 制作难度大。 (2) 抗氧化能力不强	采用
钛合金材料	(1) 结构强度较强。 (2) 机械性能、韧性好。 (3) 抗氧化能力强	(1) 花费成本较高（价格 200 元/kg）。 (2) 制作难度较大	不采用

8. 方案Ⅴ级分解及确定

将Ⅳ级方案进一步分解为Ⅴ级方案，如图 2-7-8-8 所示。

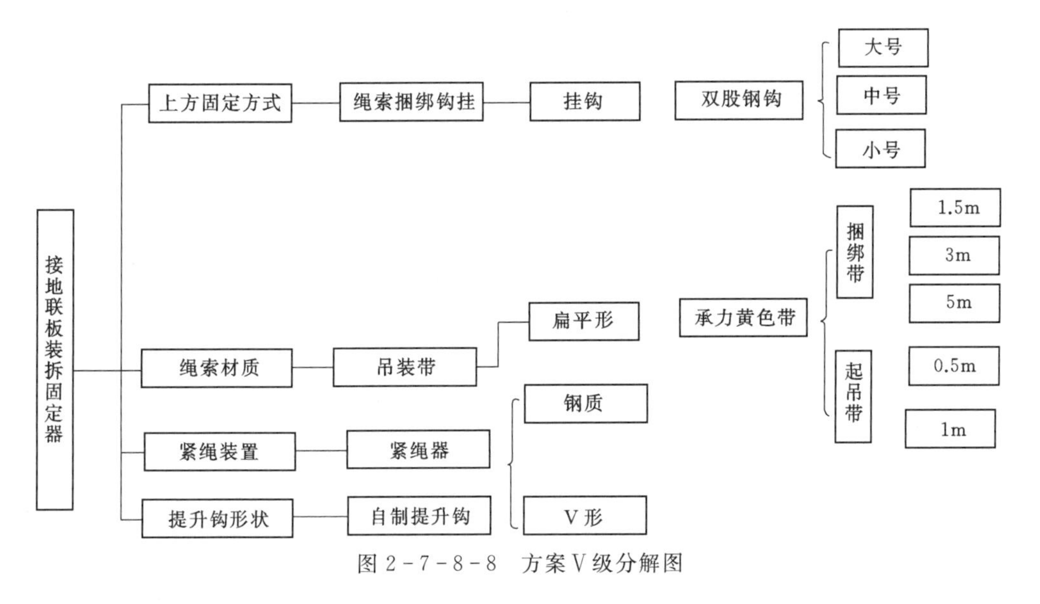

图 2-7-8-8 方案Ⅴ级分解图

(1) 挂钩大小型号的选择见表 2-7-8-13。

表 2-7-8-13　　挂钩大小型号三种方案对比表

方案	优　　点	缺　　点	结论
大号	刚性大，不易弯曲	(1) 质量重安装使用不便。 (2) 不经济	不采用
中号	(1) 刚性较好。 (2) 便于携带。 (3) 手持方便。 (4) 经济划算	使用材料较多	采用
小号	(1) 使用方便快捷。 (2) 便于设计加工	刚性弱	不采用

(2) 捆绑带长度的选择见表 2-7-8-14。

表 2-7-8-14　　捆绑带长度三种方案对比表

(220kV 线路等径电杆一般直径 400mm，周长 1.25m 左右)

长度/m	优　　点	缺　　点	结论
1.5	(1) 成本低。 (2) 便于操作	长度较短，相较捆绑不够牢固	不采用
3	(1) 长度适中，便于操作。 (2) 成本较适中	用料较稍多	采用
5	捆绑牢固	(1) 不便操作。 (2) 成本花费高	不采用

(3) 起吊带长度的选择见表 2-7-8-15。

表 2-7-8-15　　起吊带长度两种方案对比表

方案	优　点	缺　点	结论
0.5m	用料较少	长度不便于现场人员作业	不采用
1m	长度适中，便于工作	用料稍多	采用

9. 最佳方案确定

最佳方案确定如图 2-7-8-9 所示。

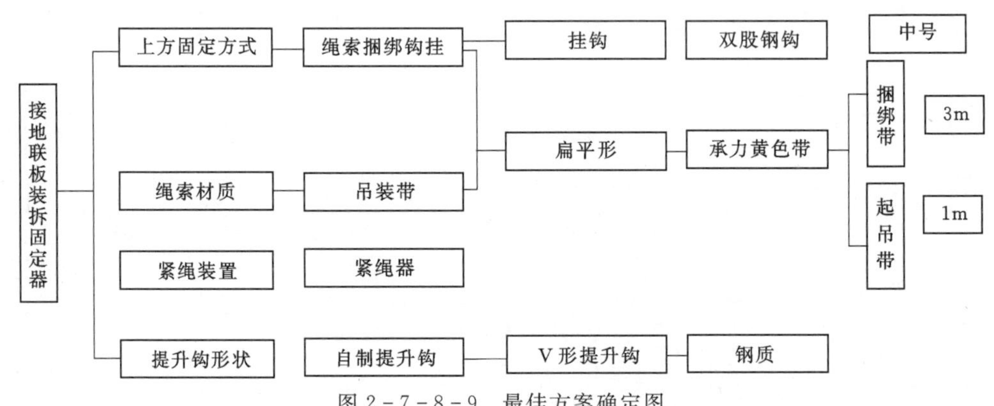

图 2-7-8-9　最佳方案确定图

四、制订对策

有了最佳方案，科研人员根据“5W1H”的原则制订了对策表，见表 2-7-8-16。

表 2-7-8-16　　对　策　表

序号	对策	目标	措施	地点	时间
1	绘制图纸	有较为简便易懂的组装使用图	进行设计图绘图	运维基地	5月10—15日
2	中号双股钢钩	可承受 3tf 的拉力	(1) 进行材料选购。 (2) 进行拉力试验	运维基地	6月1—5日
3	3m 捆绑带	可承受 3tf 的拉力	(1) 进行材料选购。 (2) 进行裁剪制作。 (3) 进行拉力试验	运维基地	6月25—28日
4	1m 起吊带	可承受 3tf 的拉力	(1) 进行材料选购。 (2) 进行裁剪制作。 (3) 进行拉力试验	运维基地	6月25—28日
5	紧绳器	可与器吊带匹配	进行材料选购	五金市场	7月7—13日
6	制作提升钩	可承受 3tf 的拉力	(1) 进行材料选购。 (2) 进行制作加工。 (3) 进行拉力试验	运维基地	7月23—28日
7	成品组装	次组装完成	按图组装	运维基地	8月10—15日
8	现场试用	试验成功	现场抽测试验	220kV 库拜一线	8月15—20日

五、对策实施

1. 对策实施一：绘制图纸

绘制图纸如图 2－7－8－10 所示。

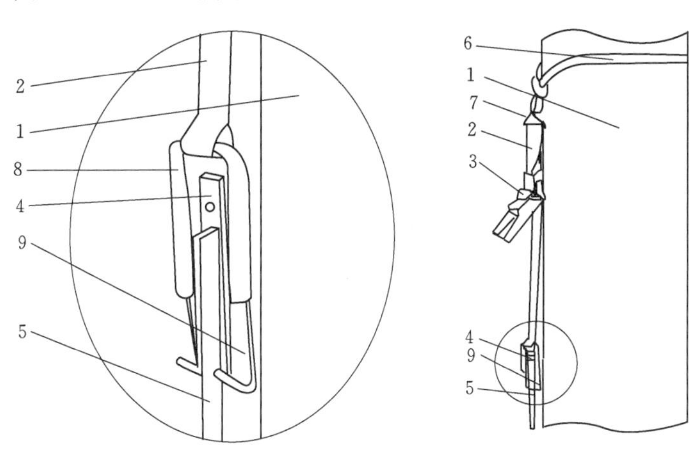

图 2－7－8－10　绘制图纸

1—混凝土杆体；2—连接带；3—紧绳器；4—钢筋联板；5—接地联板；
6—捆绑带；7—挂钩；8—连接架；9—提升钩

使用方法如下：

（1）将 6（捆绑带）固定于 1（混凝土杆体）上，用来承受提升过程中所受的向下的反作用力。

（2）通过 7（挂钩）使 2（连接带）、3（紧绳器）、9（提升钩）构成的一套提升工具挂在 6（捆绑带）上。

（3）将 9（提升钩）挂在 5（接地联板）上。

（4）通过上下搬动 3（紧绳器）使 8（连接架）收卷到紧绳器内。从而使 9（提升钩）对 5（接地联板）施加向上的升力。从而使接地钢筋上提。

2. 对策实施二：中号双股钢钩

科研人员前往某五金市场，选购双股钢钩，回到运维基地后用 3t 的拉力进行受力试验。试验结果见表 2－7－8－17。

表 2－7－8－17　　　捆绑带拉力试验结果表

试验次数	第一次	第二次	第三次	第四次	第五次	目标	结论
中号双股钢钩	无变形	无变形	无变形	无变形	无变形	不发生断裂或形变	通过

3. 对策实施三：捆绑带制作

科研人员选购黄色吊装带（承力 3tf），制作捆绑带，如图 2－7－8－11 所示。

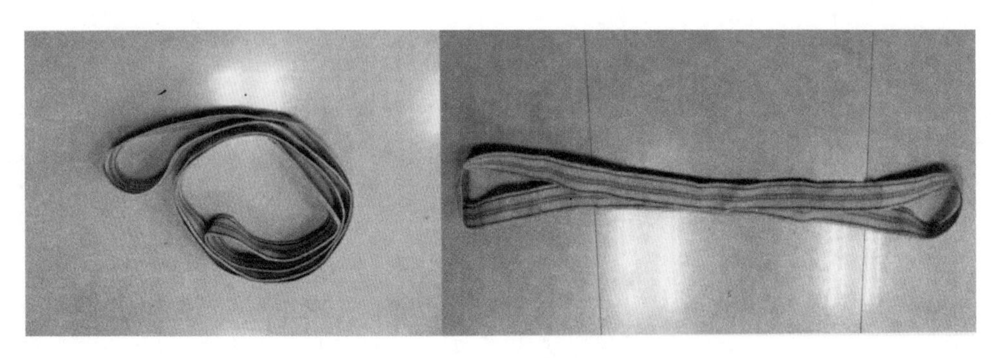

图 2-7-8-11　捆绑带制作

科研人员对 3m 带用 3tf 的拉力进行拉力试验，试验结果见表 2-7-8-18。

表 2-7-8-18　　捆绑带拉力试验结果表

试验次数	第一次	第二次	第三次	第四次	第五次	目标	结论
长度 3m 的捆绑带	无损伤	无损伤	无损伤	无损伤	无损伤	不发生断裂或损伤	通过

4. 对策实施四：起吊带制作

科研人员选购黄色吊装带（承力 3tf），制作起吊带，如图 2-7-8-12 所示。

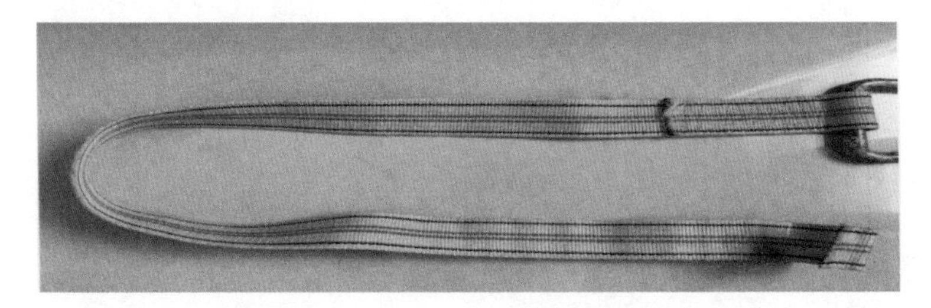

图 2-7-8-12　起吊带制作

科研人员对起吊带用 3tf 的拉力进行拉力试验，试验结果见表 2-7-8-19。

表 2-7-8-19　　起吊带拉力试验结果表

试验次数	第一次	第二次	第三次	第四次	第五次	目标	结论
起吊带	无损伤	无损伤	无损伤	无损伤	无损伤	不发生断裂损伤	通过

5. 对策实施五：紧绳器

紧绳器与起吊带进行组合试验，经试验紧绳器能与起吊带相匹配，匹配情况如图 2-7-8-13所示。

6. 对策实施六：V 形提升钩

根据设计图加工制作出 V 形提升钩，如图 2-7-8-14 所示。

科研人员进行提升钩和电杆接地联板匹配组合，以及对提升钩进行 3tf 承力试验，数据见表 2-7-8-20。

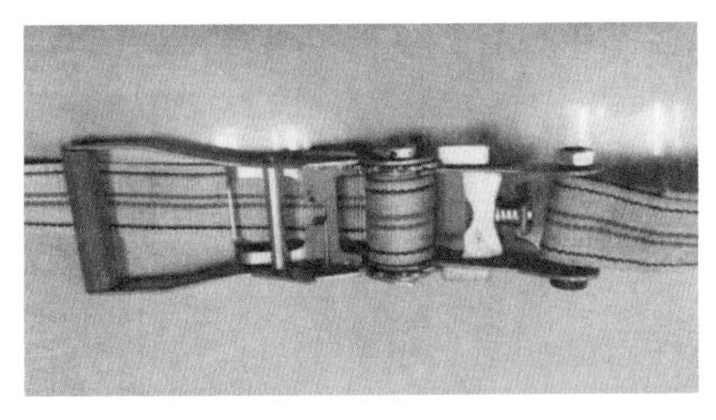

图 2-7-8-13　紧绳器与起吊带组合

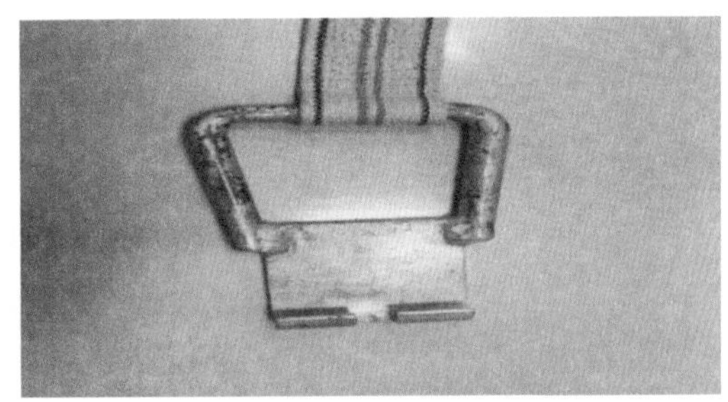

图 2-7-8-14　V 形提升钩

表 2-7-8-20　　提升钩承力试验

试验次数	第一次	第二次	第三次	第四次	第五次	目标	结论
V 形提升钩	无损伤	无损伤	无损伤	无损伤	无损伤	不产生裂纹或损伤	合格

7. 对策实施七：成品组装

科研人员在运维基地对工具构件按照设计图纸进行组装，组装成果如图 2-7-8-15 所示。

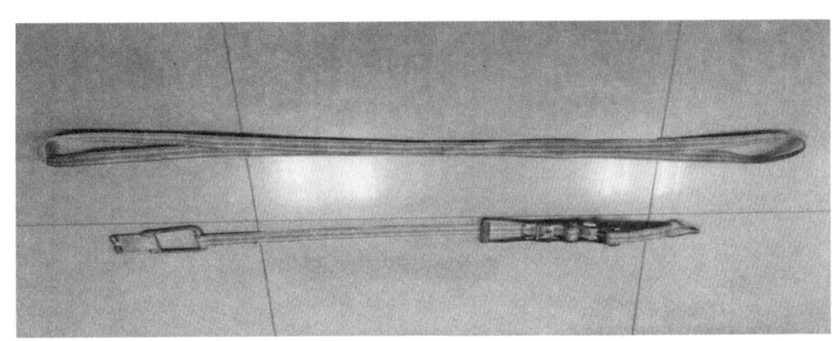

图 2-7-8-15　接地联板装拆固定器

8. 对策实施八：现场试甲

科研人员携带制作工具进行现场试验，对 220kV××一线抽取 10 基电杆进行接地电阻测量工作，如图 2-7-8-16 所示。

图 2-7-8-16　接地联板装拆固定器现场试验

六、效果检查

1. 目标值检验

通过对220kV××线10基杆塔进行接地电阻测量，并进行统计调查，统计结果见表2-7-8-21。

表2-7-8-21　　220kV××线现场接地电阻测量情况

序号	杆号	测量所用时间	序号	杆号	测量所用时间
1	007	11min12s	6	062	14min33s
2	008	13min24s	7	092	13min11s
3	013	10min33s	8	094	12min15s
4	023	12min07s	9	104	09min48s
5	043	11min26s	10	110	11min23s

确定220kV电杆的接地电阻测量所需工时有明显降低。最终改进前后及目标值的比对如图2-7-8-17所示。

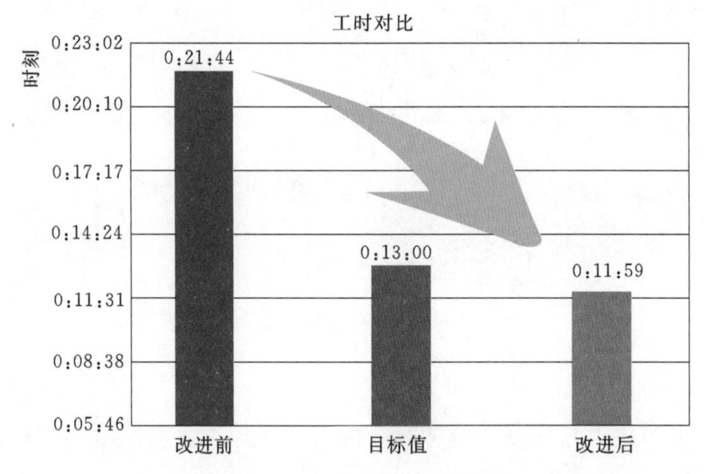

图2-7-8-17　测量时间平均值降至11min59s
（低于目标值，目标完成）

2. 经济效益

将该工具用于公司所辖220kV线路，共计60条线路，9542基电杆，平均每年需要测量1908基。以此计算经济效益结果见表2-7-8-22。

表2-7-8-22　　220kV××线现场接地电阻测量情况

类型	项目	计算公式	合计
时间效益	节约工时	测量基数×(改进前单基测量时间－改进后单基测量时间)＝1908×(0.35－0.2)＝286.2(h)	286.2h

续表

类型	项目	计算公式	合计
经济效益	节约车辆费	节约工时÷每日有效工作时间(注:除出去到达杆塔所用时间)×单日台班费=286.2÷2×400=38160(元)	38160元
	节约人工费	原单基单人人工费×人数×基数－改进后单基单人人工费×人数×基数=180÷(3÷0.35)×4×1908－180÷(3÷0.15)×2×1908=80140(元)	80140元
	合计	车辆费＋人工费=118300元	118300元

第九节　输电线路杆塔新型防鸟罩研制和应用

一、选题背景

鸟害是影响电力安全生产的重要因素，随着防鸟工作的开展，安装防鸟罩和防鸟刺逐渐成了有效防止鸟粪闪络的措施之一。

防鸟罩就是针对电力杆塔防止鸟害粪便闪络跳闸而开发出来的一款产品，安装在输电线路设备的杆塔横担的下部绝缘子上部位置，呈现圆状，如图2－7－9－1所示。

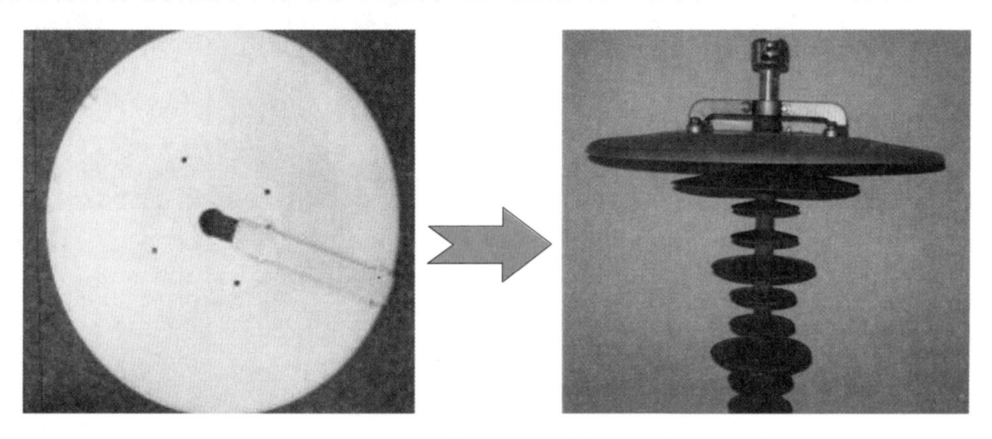

图2－7－9－1　防鸟罩安装于绝缘子地电位端示意图

然而在实际生产应用中，鸟粪闪络跳闸的现象仍普遍存在。鸟粪闪络是一种突发性事件，闪络前没有任何征兆，闪络时也极少为人见，只能事后进行判断。为防止鸟闪事故的发生，不得不多次开展检修工作，检修人员的工作量越来越大。为减轻检修人员的负担，进一步降低因鸟粪闪络引起的线路跳闸事故，防止鸟闪事故的发生，提高输电线路抵御鸟害的能力，有必要开展对防鸟罩的研究改进工作。

为找到安装鸟罩后线路还发生鸟闪跳闸的具体原因，科研人员进行鸟类在线路上的活动跟拍，发现有大型鸟类落在杆塔上时，鸟罩并不能完全地起到防鸟害作用，如图2－7－9－2所示。

根据模拟试验和现场跳闸对比发现防鸟罩能起到阻挡鸟粪的作用，但仍不能杜绝鸟害闪络跳闸事故的发生，还有提升和改进的空间，为解决鸟害闪络跳闸事故的发生，将课题

(a) 横担端放电点

(b) 导线端放电点

(c)鸟在杆塔上站立图

图 2-7-9-2 传统防鸟罩仍不能杜绝鸟害闪络跳闸事故

选定为“研制新型防鸟罩”。

二、课题选定

1. 课题查新

首先根据研发思路，在“公网公司电子商务平台”、国家产品介绍网站、中国专利网站进行了检索，只有防鸟罩等产品，没有对鸟粪滴落状态进行处理的产品。

2. 课题借鉴

借鉴直线双串绝缘子大盘径绝缘防鸟罩，如图 2-7-9-3 所示，本实用新型涉及一种直线双串绝缘防鸟罩，包括顶板，所述顶板周围设置有固定隔挡封条，顶板与挡板上设置有肋条，所述肋条上设置与双串绝缘子螺栓相对应的锁紧孔，挡板下端边缘设置有排

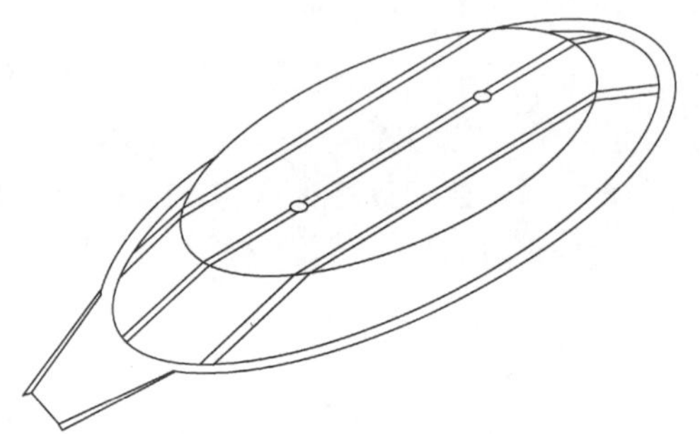
图 2-7-9-3 直线双串绝缘子大盘径绝缘防鸟罩

水槽，它的优点是大盘径绝缘防鸟罩可以用于直线挂点绝缘子上，有效阻挡杆塔上鸟粪掉落在绝缘子上造成线路跳闸事故，并可以在线路带电情况下安装和清扫，减少停电损失，提高供电可靠性。

3. 课题选定

为了研制一种可以有效阻挡鸟粪，结合查新资料，借鉴直线双串绝缘子大盘径绝缘防鸟罩相关专利成果，研制一种新型防鸟罩，使鸟粪从鸟罩边缘不能直接成柱状流向导线的思路，科研人员提出以下三种方式，见表2-7-9-1。

表2-7-9-1　　研制新型防鸟罩的三种方式比较

项目	课题一	课题二	课题三
课题简介	在横担处涂刷具有驱鸟气味的油漆	研制智能驱鸟机器人	防鸟罩防鸟新方法，在其表面设计挡条，凹凸面，引流口，使其流量分散，速度减慢
制作难度	简单	大	一般
作业难度	大	大	小
防鸟	差（随时间长气味逐渐消失，安装一段时间后驱鸟效果消失）	一般（可以干扰鸟类活动，但容易故障损毁）	好（鸟粪通过引流槽口对鸟粪分流，能有效避免鸟粪成串下落，防止空气间隙变小而引发线路跳闸）
图片			
结论	不采用	不采用	采用

通过上述比选，综合考虑在防鸟罩表面制作带引流槽的挡条是最有效解决鸟粪顺鸟罩边缘成柱状下落的问题。

三、目标设定和目标可行性分析

1. 目标值设定

（1）量化目标。鸟粪量的大小是造成鸟闪事故发生的主要原因，根据观察，得出鸟粪单股量的多少是形成放电通道的因素之一。所以希望研制出的新式防鸟罩引流后，在单位时间内流下的鸟粪量降至原来的50以下，如图2-7-9-4所示。

（2）目标值设定依据。鸟粪量的大小是造成鸟闪事故发生的主要原因，根据观察，得出鸟粪单股量的多少是形成放电通道的因素之一。

（3）功能目标设定。

1）根据原有防鸟罩的方案进行表面加工处理。

2）在不影响原防鸟罩安全性能的基础上，进一步提高防鸟性能，改变鸟粪从防鸟罩边缘滴落向导线时的形状和速度。

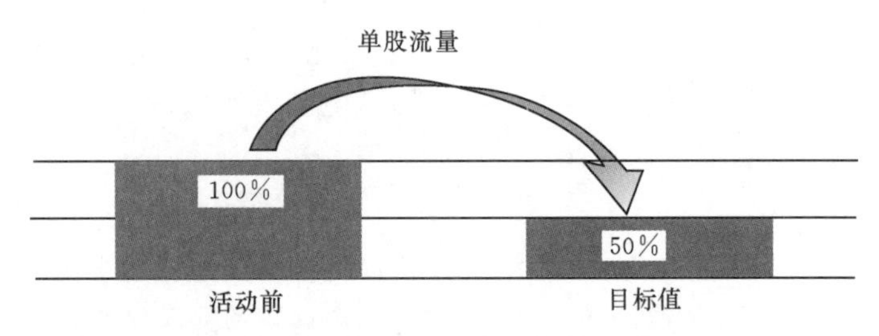

图 2-7-9-4　量化目标对比图

3）通过设计图形，加工后可适用于鸟害频发的任何电力线路上。

2. 目标可行性分析

目标可行性分析见表 2-7-9-2。

表 2-7-9-2　　目标可行性分析表

序号	项目	可行性依据	是否可行	审核人
1	牢固性	采用一体加工，装在运行线路杆塔上运行 6 个月，无任何破损和变形	可行	×××
2	安装性	在老式防鸟罩表面加隔挡条，重量增加不多，安装操作和以前一样	可行	×××
3	实用性	通过在塔上对旧式和新式鸟罩表面留下鸟粪量的多少进行测验，新式鸟罩挡鸟粪效果好，经过检验，新式鸟罩上面留下的鸟粪量是旧式鸟罩的一半多	可行	×××
4	研制经费	公司提倡开展质量管理项目，鼓励创新并给予经费支持	可行	×××
总结	研制新型防鸟罩是可行的			

四、提出方案

1. 解决方案的提出

根据研制新型防鸟罩亲和图，总结出三种解决方案，如图 2-7-9-5 所示。

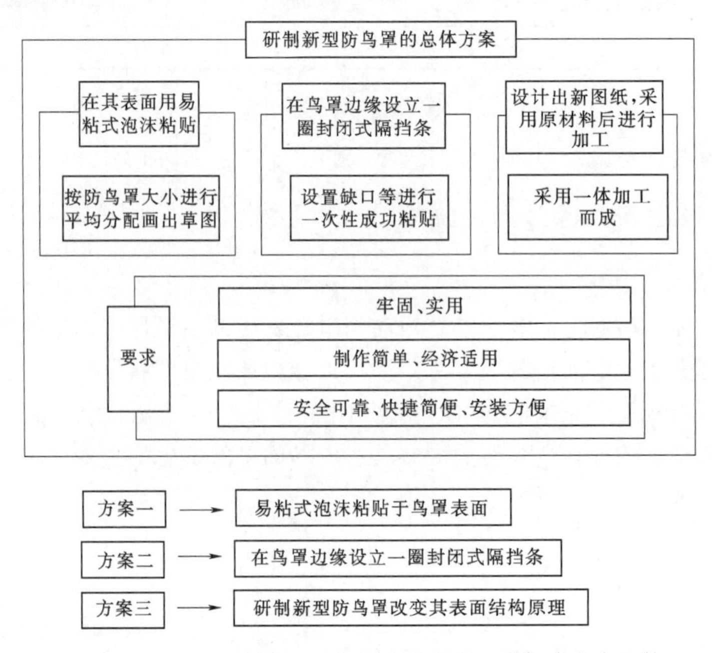

图 2-7-9-5　研制新型防鸟罩亲和图及三种解决方案比较

研制新型防鸟罩方案的比较见表2-7-9-3。

表2-7-9-3　　研制新型防鸟罩方案的比较表

项目	方案一	方案二	方案三
课题简介	在防鸟罩表面制作凸凹面，降低鸟粪在下落过程中的速度	在鸟罩边缘加装一圈封闭式隔挡条，阻止鸟粪从鸟罩边缘流下	研制新型防鸟罩，在其表面科学设计隔挡条，使其流量分散，减缓下降速度
制作难度	一般	一般	简单
长期效果	效果不佳	下雨天负面影响大	阻挡效果明显
防鸟效果	差（鸟粪量大还会以柱状形式从边缘流下，从而影响防鸟效果）	一般（鸟粪容易堆积于鸟罩表面，后期清扫难度大，鸟罩受不均匀压力影响容易发生倾斜变形，给线路运行带来安全隐患）	好（鸟粪通过引流槽口对鸟粪分流，能有效避免鸟粪成串下落，防止空气间隙变小而引发线路跳闸）
效果图			
结论	不采用	不采用	采用

2. 总体方案的比选

从成本、实用、效果、安装等几个方面进行深入分析对比，比选出最佳方案，对比图、表见图2-7-9-6、表2-7-9-4。

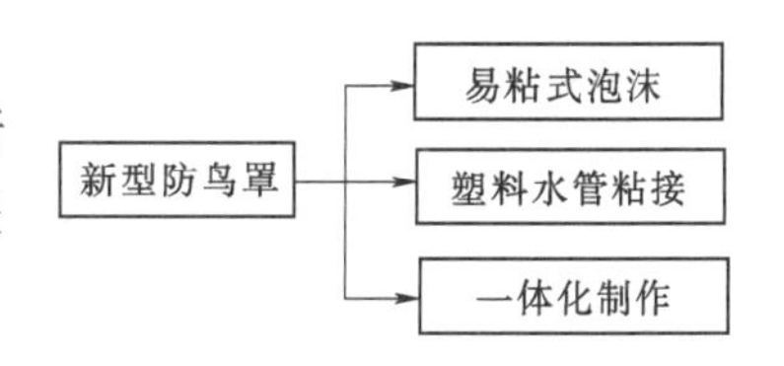

图2-7-9-6　总体方案图

3. 方案分解

确定最优方案后，为使新式防鸟罩的性能满足工艺要求，对方案进行一级分解，分解为整体材料选择和隔挡条设计。

表2-7-9-4　　方案比选表

方案	方案一	方案二	方案三
核心方案	用易粘式泡沫粘接	用塑料水管粘接	鸟罩一体化材质（环氧树脂）
材料研究	适应于室内没有风吹雨淋的环境，在太阳暴晒下，在2～3d就变形脱开，难以起到阻挡作用	适用于户外各种条件，需要用塑料胶将做好的塑料隔挡条粘在防鸟罩表面上	适用于户外风吹雨淋环境，和鸟罩一体不容易脱落，可以起到阻挡鸟类排泄物作用
优点	轻便、易粘，易采购	易采购、不易老化、价格低	安全系数高、不易老化、一体阻挡效果好

续表

方案	方案一	方案二	方案三
缺点	材质松软易变性，易老化，易脱落	胶粘效果不佳，在外部环境下容易脱胶、龟裂	新制作模具
实现效果	能实现效果，但使用时间短	连接不牢固，时间长容易脱落	能满足效果实施
成品效果图			
结论	不采用	不采用	采用

针对新式防鸟罩材料选择，为满足强度要求，提出了以下几种方案，如图 2-7-9-7 所示。

经过试验得出玻璃纤维和硬塑料不满足强度要求，质地太脆容易损坏。环氧树脂和碳化纤维满足要求，但碳化纤维成本过于高昂不满足经济实用型，于是选用环氧树脂作为最终制作材料。

在隔挡条设计时进行二级分解，分解为隔挡条圈数和隔挡条开口圆心角，如图 2-7-9-8 所示。

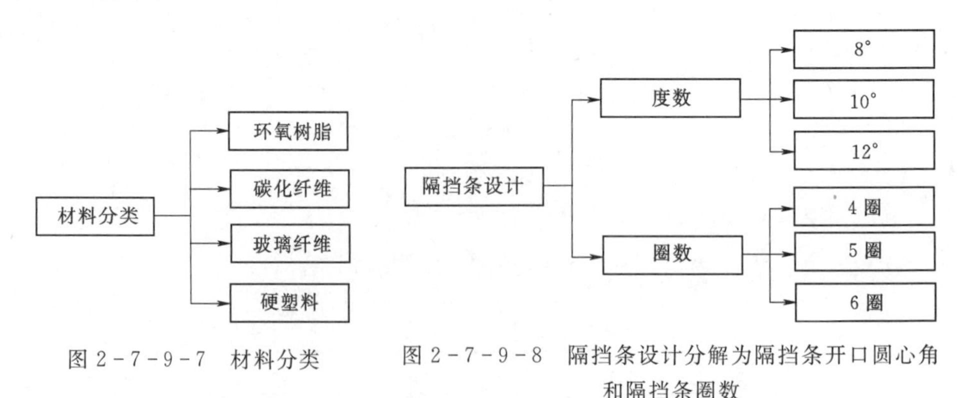

图 2-7-9-7　材料分类

图 2-7-9-8　隔挡条设计分解为隔挡条开口圆心角和隔挡条圈数

对于隔挡条设计提出了几点构思：圈数分别为 4 圈、5 圈和 6 圈，开口圆心角大小分别为 8°、10°和 12°。使用类似鸟粪一样的液体经过模拟试验，计算出不同圈数在不同圆心角情况下单位时间内流到容器的体积，结果见表 2-7-9-5。

模拟时，用 200mL 类似鸟粪一样的液体倾倒于鸟罩上，统计单一开口留下的模拟物。

通过试验得出：当圈数为 6 圈圆心角为 8°时单位时间流量最小，并且成滴落状缓慢流下，所以小组最终得出结论，将防鸟罩隔挡条圈数设计为 6 圈，圆心角设计为 8°。

表 2-7-9-5　　模拟试验数据　　单位：mL

圆心角	圈数		
	4 圈	5 圈	6 圈
12°	92	84	73
10°	85	71	65
8°	70	62	51

4. 最佳方案确定

通过比较分析，最终得出的方案如图 2-7-9-9 所示。

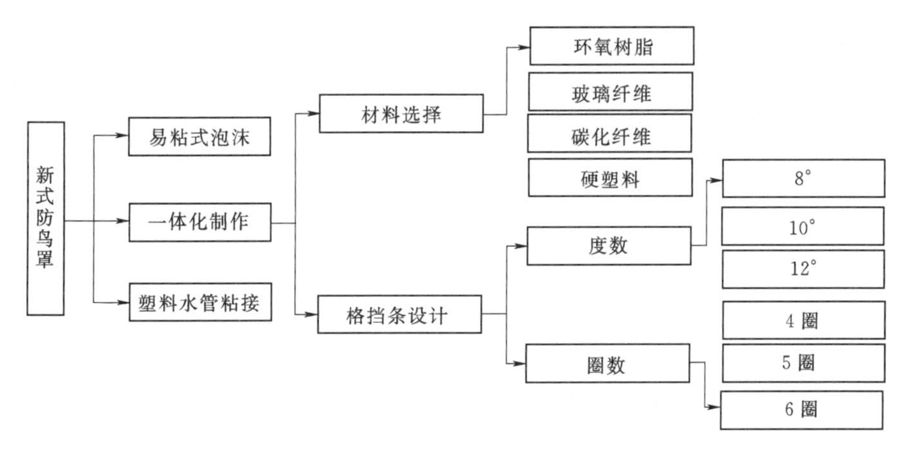

图 2-7-9-9　最佳方案确定

五、对策制订和实施

1. 制订对策表

有了最佳方案，根据“5W1H”的原则制订的对策表见表 2-7-9-6。

表 2-7-9-6　　根据“5W1H”原则制订的对策表

序号	对策	目标量化	措施	地点	责任人	时间
1	设计目标图纸	(1) 可依据照图纸施工。 (2) 能够有效分流	CAD 制图	运维基地	×××	××××
2	购买制作材料	质量合格，经久耐用	根据设计要求购买材料	运维基地	×××	××××
3	模具制作	提高加工质量	根据 CAD 图制作模具	运维基地	×××	××××
4	加工制作	结构合理，坚固不易损坏，要求能够满足实际应用要求	模具加工	库尔勒基地	×××	××××
5	试验	达到预期效果	进行模拟试验	运维基地	×××	××××

2. 按对策表实施

（1）根据设计要求使用CAD制图软件进行图纸制作。

（2）图纸绘制完成后按比选方案购买材料，在当地建材市场购买环氧树脂板，如图2-7-9-10所示。

图2-7-9-10　环氧树脂板

（3）原材料购买完成后，联系制作工厂，制作开口模具并联系厂家制成品。

（4）科研人员在工厂试验场与专业技术工人一起按照图纸设计要求粗加工制作了新型一体化防鸟罩，防鸟罩结构坚固，符合设计要求，如图2-7-9-11所示。

3. 对实施效果进行检查

新型防鸟罩制作完成后，为检验目标效果，分别对新旧鸟罩进行了20次模拟试验，每组试验进行都取平均值，制作图表进行综合对比，如表2-7-9-7和图2-7-9-12所示。

表2-7-9-7　　**模拟试验数据**　　单位：mL

模拟流量	旧式防鸟罩（单股）	新型防鸟罩（单股）	新旧数据对比
100	94	45	48.93%
150	145	70	48.27%
200	197	98	49.74%
250	244	85	33.33%
300	292	102	34.90%

图2-7-9-11　新型防鸟罩成品

试验结果显示，对于不同流量，虽然结果存在一定差异，但是总体上分流效果均在设定目标值以下，目标要求实现，如图2-7-9-13所示。

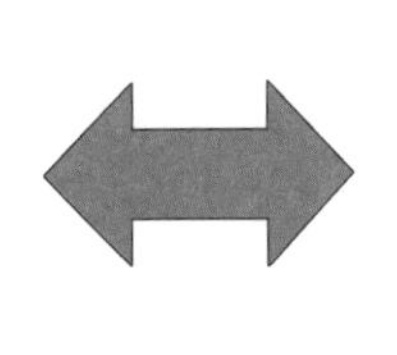

图 2-7-9-12　新方法

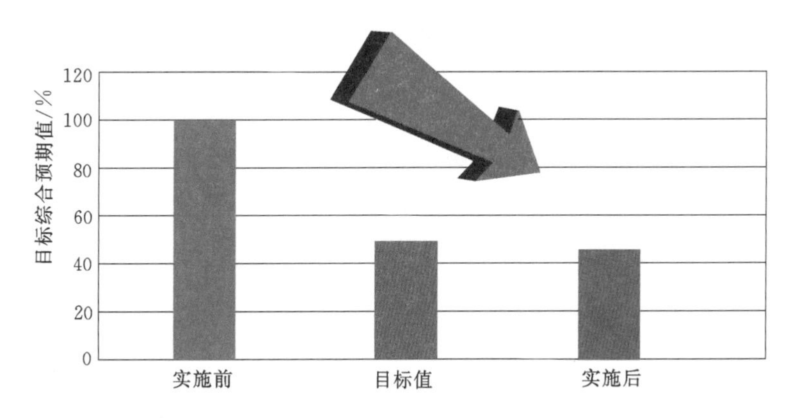

图 2-7-9-13　目标综合预期值达到要求

考虑天气等因素，模仿下暴雨等情况雨水成柱状，给线路增加隐患，如图 2-7-9-14 所示。

通过模拟试验对比改造后防鸟罩在改变表面结构的情况下，遇到雨天不会形成柱状，潜在负面影响可以排除。

图 2-7-9-14　模拟雨水情况下的效果图

六、确认效果和标准化

1. 目标值检验

通过模拟试验对比改造后防鸟罩在改变表面结构的情况下，遇到雨天不会形成柱状，负面影响可以排除：隔挡条能有效阻止模拟排泄物（泥水）集中成串滴落。当泥水滴落在防鸟罩上向下滑移时，由于隔挡条引流作用，泥水到达防鸟罩边缘时已十分微小并且成滴状滴落。

2. 效果

（1）免去了鸟害季节人员蹲守驱鸟的人力和故障发生后进行故障巡视所需的大量人力、时间。

（2）确保了大批商业用电、民用电的正常使用，避免了商业用户的经济损失。

（3）消除了鸟害造成的输电线路事故隐患，使得输电线路得以更加安全可靠地运行。

3. 标准化

（1）对新式防鸟罩的设计图纸进行整理归档。

（2）结合所研制的新式防鸟罩的特点，编写“新型防鸟罩工具技术导则”，并报请国家电网公司运维检修部、安全监察部批准，准予在全公司推广使用。

第十节　无人机清除杆塔导线异物技术

一、无人机清除飘挂物技术

我国南方地区季风气候复杂多变，夏季台风频繁，强风经常把农用薄膜、塑料薄膜、编织带、广告条幅等吹刮到架空输电线路导线上，轻则引起线路放电跳闸，重则绝缘子掉串或断线。台风季节正值电力系统迎峰度夏期间，高压线路往往无法停电，进而无法人工摘除。实现在线路不停电情况下非人工作业方式清除线路飘挂物，迫在眉睫。

（一）无人机喷火清障

图 2-7-10-1　喷火清障无人机实物照片

输电线路飘挂物一般多为可燃性塑料件和化纤件，譬如风筝、塑料薄膜、编织袋、广告条幅等。可利用飞行器搭载喷火模块后，通过喷洒化学燃料、点火、喷洒助燃等几个步骤，一可以在高压线路不停电情况下，将输电线路上的外来飘挂物彻底燃烧清除。

中国南方电网有限公司广州广电局在全球率先成功研制出了输电线路喷火清障无人机，如图 2-7-10-1 所示，实现了飞行器从“巡视”到“检修”的延伸发展，切实提升了输电线路运维精益化水平。

1. 无人机喷火清障作业原理

喷火清障无人机的原理结构如图 2-7-10-2 所示。

为了提高喷射的准确度和减少飞行器飞行状态的干扰，增加了喷嘴自稳装置，此项结构已经申请机构实用新型专利。喷嘴自稳装置如图 2-7-10-3 所示。

零件 1 与零件 2 用螺旋方式固定；零件 2 与零件 3 紧配连接；零件 3 与零件 4 紧配连接；零件 5 与零件 6 作为方向连杆的驱动体，零件 5 与零件 6 受外部伺服器连杆驱动时，喷嘴可以在一定的范围内实现全角度的摆动。外部驱动由陀螺仪调整修正的比例，从而实

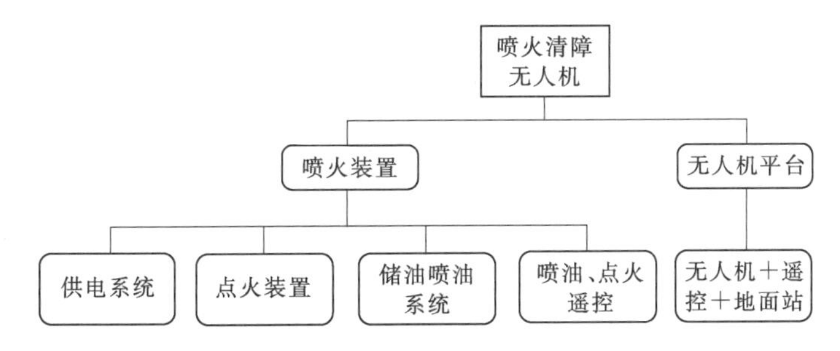

图 2-7-10-2　喷火清障无人机的原理结构

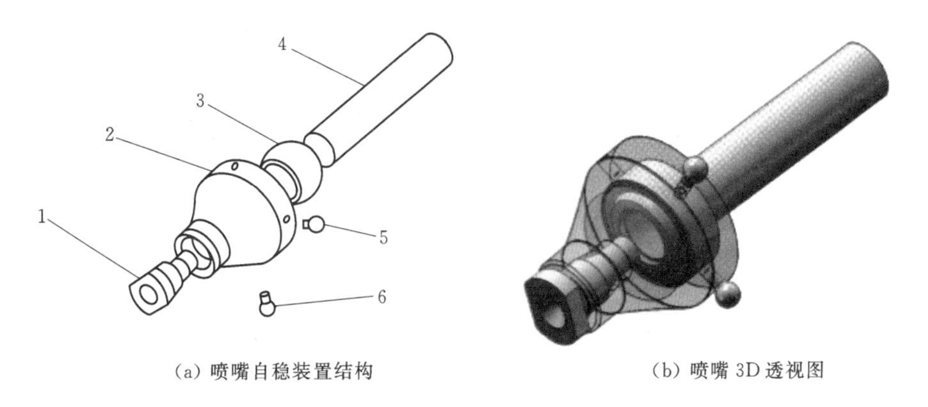

(a) 喷嘴自稳装置结构　　(b) 喷嘴 3D 透视图

图 2-7-10-3　喷嘴自稳装置

1—喷嘴；2—旋转头；3—球头万向节；4—固定杆；5—横向连杆控制头；6—纵向连杆控制头

现喷头的自稳定。

2. 无人机喷火清除飘挂物作业步骤

(1) 作业步骤一：空中向目标物喷洒燃料，如图 2-7-10-4 所示。

(a) 地面视角

(b) 无人机视角

图 2-7-10-4　作业步骤一：空中喷洒燃料

(2) 作业步骤二：点火，如图 2-7-10-5 所示。

3. 无人机喷火清除飘挂物的同时不会损伤导线的原因

(1) 一般的农用薄膜、塑料薄膜的燃点温度是 150～200℃，火焰最高温度可达 1000℃，所以对于一切燃点低于 1000℃的可燃性飘浮物均可采用无人机喷火方式清除。

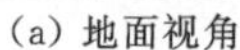
(a) 地面视角

(b) 无人机视角

图 2-7-10-5 作业步骤二：点火

(2) 实际的火舌长度是可以调整的。根据广州局下辖铁塔的大小结构和空气间隙的安全要求，无人机火舌长度可以控制在 5m 之内。

(3) 在研发该特种作业方式前，广州供电局输电所已委托一家导线设备的主供货商做了型式试验，验证了该作业方式对导线设备的机械性能和导电性能不产生损伤。导线中熔点最低的是铝，纯铝的熔点是 660℃，但熔化铝却需要几个小时的热积累时间。而火焰温度虽然达到 1000℃，但实际喷火时间只不过几十秒，热积累时间极短，而且在空旷的空中作业，热量迅速散去。因此，火焰不会对导线设备产生损伤。

4. 应用示例

2016 年 7 月 8 日上午，广州供电局输电管理所××运维班巡线员查线时发现 500kV××线 252 号至 253 号塔挡中挂有农用塑料薄膜。时值迎峰度夏负荷高峰期，广州电网负荷再创新高，达 1422.96 万 kW。作为 500kV 重要线路的××线停电十分困难，经研究决定采用无人机带电喷火燃烧处理飘挂物。作业取得圆满成功，既避免了 500kV 重要线路停电，又安全高效地把飘挂物清除，产生了巨大的经济、安全效益，如图 2-7-10-6、图 2-7-10-7 所示。

(a) 地面视角

(b) 无人机视角

图 2-7-10-6 导线上的飘挂物迅速燃烧

(二) 无人机搭载激光清障装置

中国南方电网有限公司的无人机搭载激光清障装置开创性地提出采用激光器并搭载高精度稳定云台实现近距离的对架空输电线路进行空中清障作业，从而实现在不停电的情况

(a) 地面视角

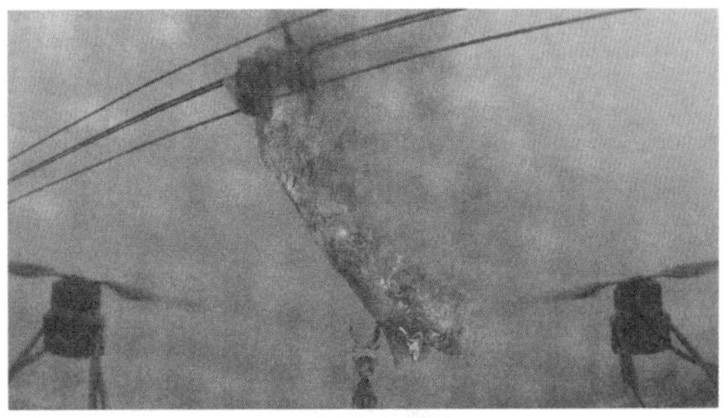

(b) 无人机视角

图 2-7-10-7 农用塑料薄膜燃烧完毕（对导线不产生损伤）

下，非接触式进行带电清障作业，具有很强的创新性和实用性。

1. 激光器及光学系统工作原理

利用布拉格光纤光栅与增益光纤进行低损耗的熔接，将 n 个 LD 耦合输入振荡级的增益光纤或是通过透镜组将泵浦光直接耦合。增益光纤与利用低损耗熔接的布拉格光纤光栅或双色镜共同组成光纤激光器的诺振腔，在光纤受到泵浦能量激发时，即可输出相应波长的激光。

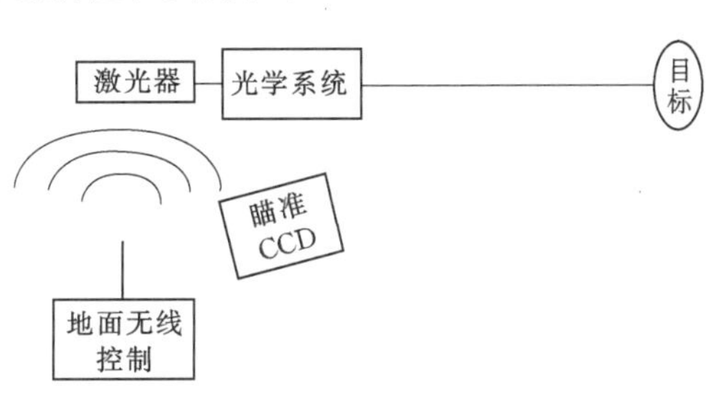

图 2-7-10-8 无人机激光清障系统示意图

激光清障系统主要用于清除输电线路上的聚乙烯附着物，其工作原理为激光系统发射绿激光，经光学系统聚焦在聚乙烯薄膜上，使得聚乙烯薄膜在短时间内达到熔点。工作距离为 5～10m。系统示意如图 2-7-10-8 所示。

激光清障系统主要由激光器、光学系统、瞄准 CCD（电荷耦合器件图像传感器）及地面无线控制系统四部分组成。激光器首先发射一束弱可见激光用于瞄准指示，地面操作人员通过瞄准 CCD 返回的视频信号，通过无线控制系统向激光器发出信号，激光器发射强激光将目标烧蚀。

2. 瞄准系统工作原理

无人机搭载激光器进行高空作业时难免会发生抖动，给激光瞄准造成困难。使用基于三轴稳定云台的激光瞄准系统，利用图像识别跟踪技术，将目标点时刻锁定，可以显著提高激光瞄准的稳定性。图 2-7-10-9 所示为激光清障装置实物图，图 2-7-10-10 所示为 CCD 返回的视频信号，图 2-7-10-11 所示为激光装置现场清除外飘物现场。

图 2-7-10-9 无人机搭载的激光清障装置

（三）无人机搭载的电热丝清障装置

当架空地线上存在有较大的附着物时，采用可落线的无人机为载体，搭载接触式清障装置能起到更好的效果。针对较细小的外飘物，如风筝线、钓鱼线等，可通过非落线的方式，利用电热丝清障装置在空中对其进行清除。上述两种方式均是利用电热丝发热原理，将悬挂在导地线上外飘物熔断清除。

图 2-7-10-10　CCD返回的视频信号

图 2-7-10-11　激光装置现场清除外飘物现场

1. 接触式电热丝清障装置工作原理

接触式电热丝清障装置搭载在可落线的无人机上。无人机通过顶部的挂钩悬挂在地线上，通过落线行走装置靠近线路附着物，之后使用电热丝清障装置清障。清障完成后，无人机复飞降落到地面。

若搭载在普通无人机上，仅将无人机飞行至外飘物附近处，之后使用电热丝清障装置清障，清障完成后，降落到地面。

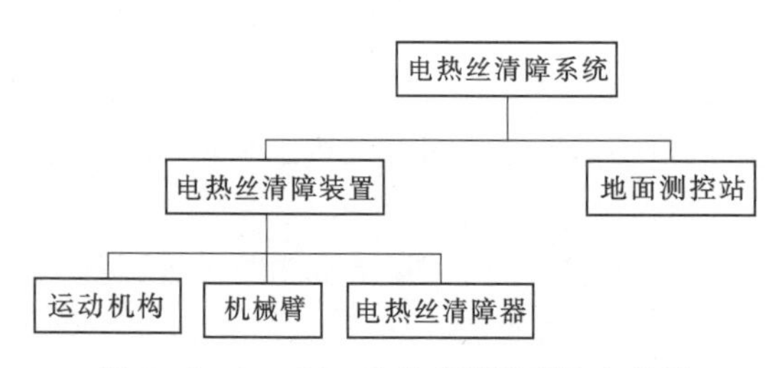

图 2-7-10-12　电热丝清障系统电热丝清障装置原理

如图 2-7-10-12 所示，以搭载在可落线的无人机为例，系统按功能分为运动机构、机械臂、电热丝清障器、地面测控站等几部分，电热丝清障装置与地面测控站（包括图像显示和机械臂运动控制）组成电热丝清障系统的整体，实现系统清障的功能。

电热丝清障系统采取了摇臂方式的机械臂，可以在水平面内旋转，通过一个舵机驱动，通过地面遥控来调整角度用于瞄准障碍物。机械臂上安装有一个摄像头用于观察高空地线上的障碍物的位置，摄像头的视频信息无线传递到地面的显示屏用于辅助瞄准清除障碍物。机械臂的一端安装有用于清除障碍物的电热丝，通过地面遥控电子开关可以控制电热丝是否工作。清障部分采用双层电热丝，清障效果良好，实物如图 2-7-10-13 所示。图 2-7-10-14 和图 2-7-10-15 所示为无人机搭载电热丝清障装置效果图。

2. 落线机构工作原理

落线机构（图 2-7-10-16）顶部采用整体三角形结构，将整体重心下移，减小飞行中产生的晃动，增加落线的稳定性。落线导轨采用弧形设计，重心下移，同时弧形设计增大了落线范围，减少落线过程中对导线的碰撞。无人机落线巡检线上行走系统包括线上行走轮、线上行走轮驱动电机、电机驱动器、行走速度检测模块以及行走系统接口部件等的硬件、软件系统。

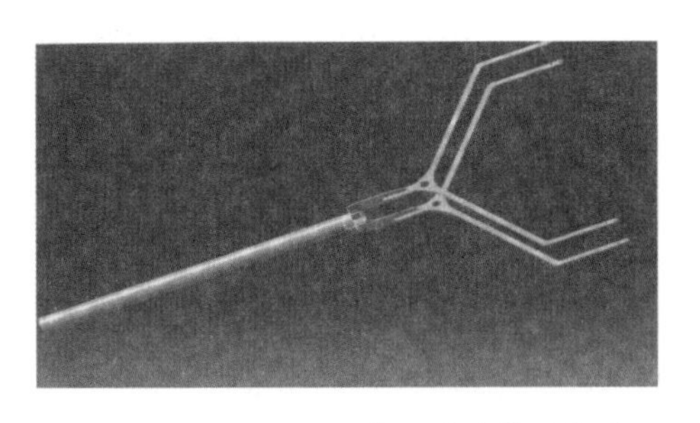

图 2-7-10-13　电热丝清障装置外形

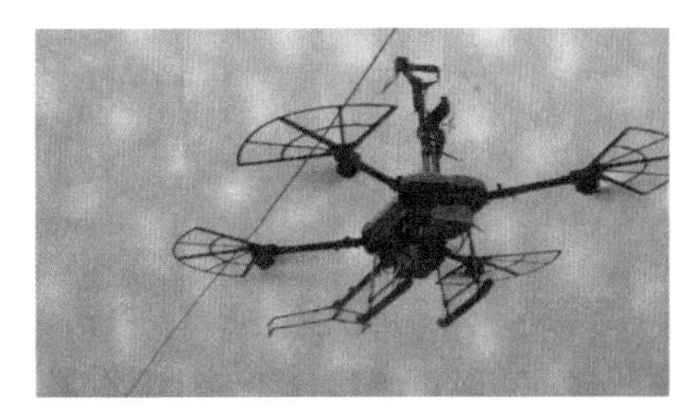

图 2-7-10-14　落线无人机搭载电热丝清障装置效果图

图 2-7-10-15　无人机搭载电热丝清障装置效果图

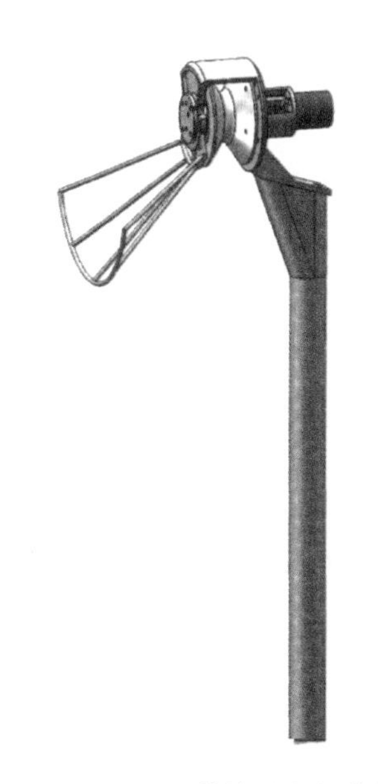

图 2-7-10-16　落线无人机的落线机构整体结构

3. 辅助落线机构工作原理

辅助落线机构由两部分组成：一部分是安装在落线机构底部向上拍摄的第一视角摄像头，用于获取地线与挂钩的相对位置，供飞控手判断能否落线；另一部分是安装在落线机构落线杆上的双目视觉＋超声系统，用于获取地线与落线机构的距离和相对位置，帮助飞控手充分接近地线。

二、无人机喷药清除鸟巢技术

（一）无人机喷洒清除鸟巢作业原理

鸟巢、蜂巢是输电线路的两种常见危害，应当清除之。运维管理中发现，对一些发展早期或处于暂不危及线路安全稳定运行的鸟巢和蜂巢，可以不清除鸟巢和蜂巢，而是清除“始作俑者”。为此，南方电网公司借鉴无人机田间喷洒农药的事例，探索了一种无人机喷洒药物消除鸟害、蜂害的方式。

无人机喷洒作业早已广泛运用在农用植保方面。农用喷洒无人机多为竖向雾化喷洒，这样有利于高效均匀地覆盖农作物，但对于清除输电杆塔上的鸟巢和蜂巢是很难采用这种往下喷洒的方式作业的。针对电网中鸟巢和蜂巢的喷洒，方式上有些不同，采用水平喷洒的方式则比较适宜。

无人机喷洒药物清除鸟巢原理结构图如图 2-7-10-17 所示。

（二）具备喷洒驱鸟驱蜂药物的多旋翼无人机

具备喷洒驱鸟驱蜂药物的多旋翼无人机技术参数如下：

（1）多旋翼飞行器搭载喷洒装置、喷洒装置喷射液体驱鸟驱蜂。液体射程不小于 5m，每次满载液量不少于 2.5L。

（2）喷射装置可以快拆，方便连接和加液。

（3）喷头采用自稳结构，当搭载喷洒装置飞行器飞行姿态改变时，喷头自动保持原方向不变。

利用高速涵道风扇和伺服器设计制造了喷洒角度可调的药物远程喷洒装置，并将其整合到无人机平台上，最终形成药物喷洒（驱蜂驱鸟）无人机，如图 2-7-10-18 所示。

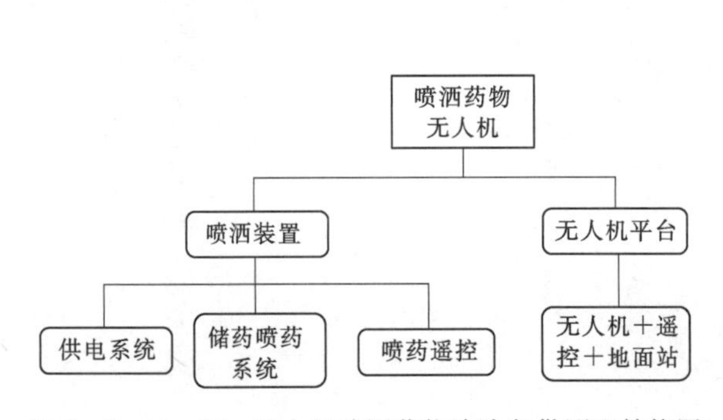

图 2-7-10-17　无人机喷洒药物清除鸟巢原理结构图

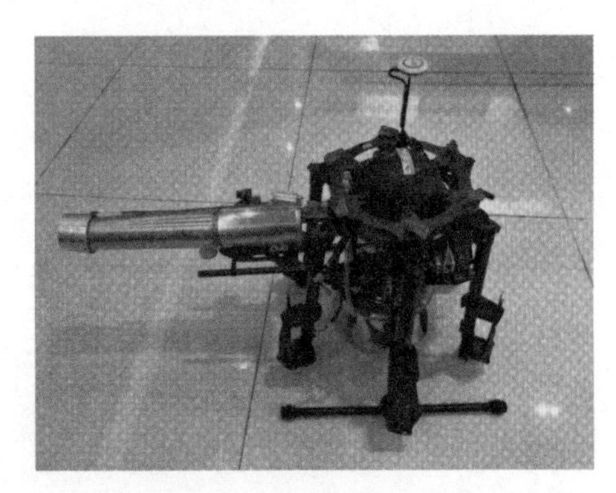

图 2-7-10-18　喷洒药物无人机实物照片

第八章

高压输电线路检修工具创新研制

第一节　带电工器具/带电工器具J形钩辅助工具

一、将等电位作业方式转变为地电位作业方式

通过改进的带电工器具将以往带电作业中所采用的等电位作业方式转变为地电位作业方式。对输电线路中使用的与不同螺栓尺寸规格相匹配的棘轮扳手进行改进，通过螺纹连接器与输电线路带电作业中使用的绝缘操作杆相连接，再利用自主设计制作的J形钩辅助工器具，通过其传动、导向、受力的作用对螺栓进行间接的补装和紧固，这样的配合作业方式可以避免作业人员采用等电位作业，避免作业人员进出强电场带来的安全隐患。采用地电位利用绝缘操作杆进行间接作业，在保证安全距离的前提下，对运行线路上的螺栓进行间接操作，如图2-8-1-1所示。

图2-8-1-1　等电位作业方式转变为地电位作业方式

二、带电工器具改进的创新点

改进的带电工器具/带电工器具J形钩辅助工具如图2-8-1-2所示。该工器具可以实现地电位间接完成直线塔型横线路穿向螺栓以及耐张塔型横线路及纵线路穿向螺栓的紧固，通过辅助工器具可以达到良好的紧固效果，避免了以往部分杆塔因安全距离不足而不得不进行停电作业带来的经济损失。

三、效益与应用

补装和紧固螺栓的带电工器具在××送变电工程公司带电作业领域得到了成功应用，对于110kV、220kV高压输电线路螺栓的紧固和补装作业达到了良好的应用效果，填补

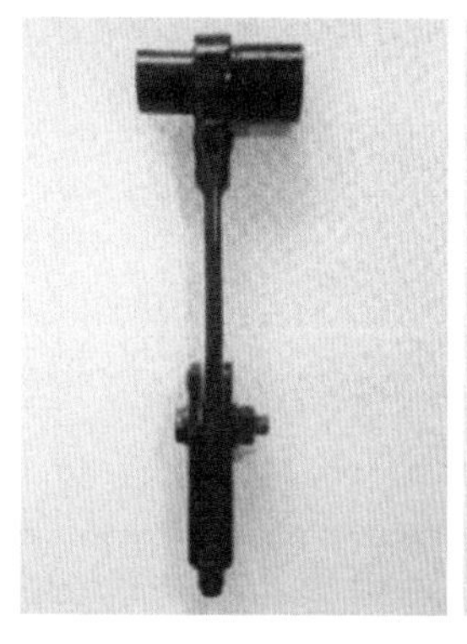 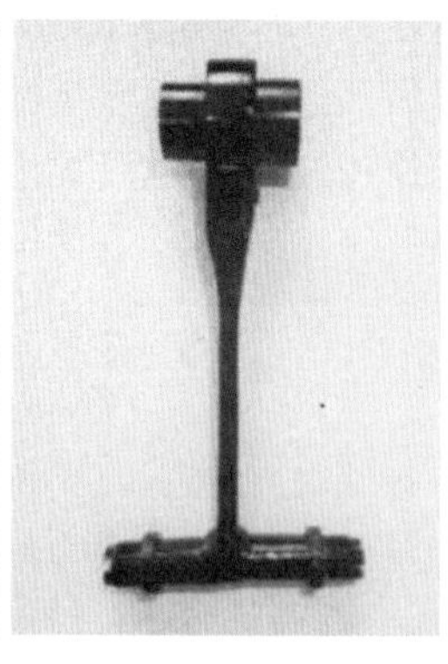 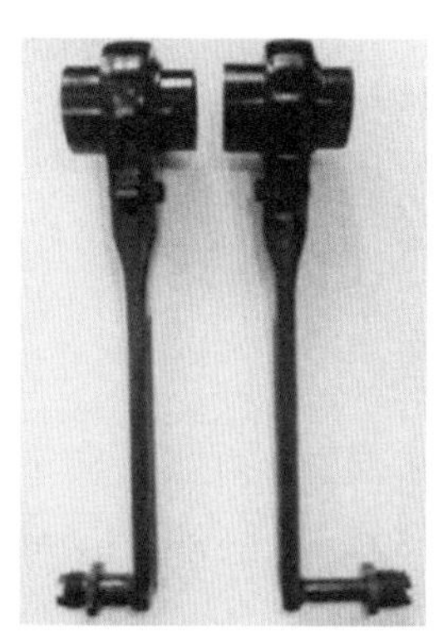 

图 2-8-1-2　带电工器具/带电工器具J形钩辅助工具

了国内带电作业由等电位作业转变为地电位作业的空白。

第二节　电位转移工具的创新和研制

一、电位转移工具要解决的问题

安全带和电位转移棒的创新和研制成果与屏蔽服配合使用，可以形成完整的成套带电作业防护用具，如图 2-8-2-1 所示。保证能够与屏蔽服充分接触，以面接触代替原有的点接触，形成一个可靠的等电位整体，有效避免等电位电工由于身体的移动可能出现点接触、接触不良产生间隙造成瞬时大电流（电弧）对屏蔽服产生烧灼，同时用新式的电位转移工具可以有效提高作业效率，避免其对作业人员的安全性也带来威胁，提高作业安全性。

图 2-8-2-1　成套带电作业防护用具

主要解决的主要问题如下：

（1）增大了电位转移棒与屏蔽服连接的可靠性和接触面积，提高连接强度，减少瞬时电流，避免电位转移过程中大电流（电弧）对屏蔽服产生烧灼。

（2）改进了电位转移棒与带电体连接方式，设计出可靠的防脱措施，可与联板和导线可靠连接，提高带电作业的安全性。

二、实现的目标

（1）采用新式的电位转移棒转移电位、脱离电位时能够在 1～2s 完成，限制瞬时电流的产生，完全避免带电设备的瞬时放电。

（2）利用新式安全带连接电位转移棒和屏蔽服，能够与屏蔽服充分接触，增大接触面积，减小瞬时电流，电位转移过程中无瞬时电流（电弧）对屏蔽服烧灼。

（3）通过新式安全带和电位转移棒的配合使用，制订出用于超特高压电位转移时的标准作业技术方法，形成统一的电位转移作业规范。

三、主要科技创新

（1）通过对鸭嘴式金属钳进行加工改造，能够可靠连接，钳夹牢固，在电位转移过程中迅速连接和脱离带电设备。

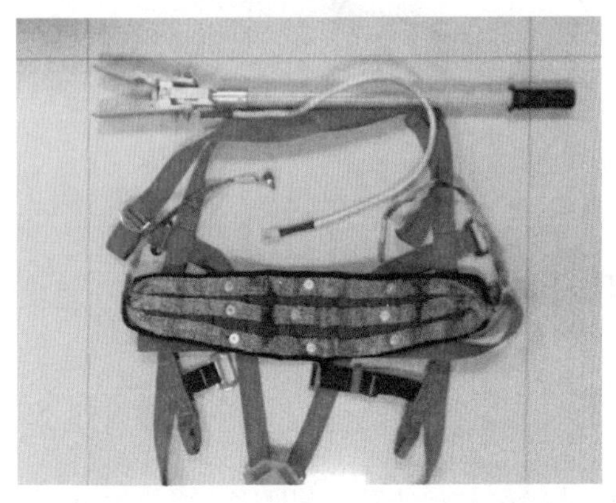

图 2-8-2-2　改造后的鸭嘴式金属钳和新式安全带

（2）据人体运动过程分析，在进行攀登、走动、屈身等带电作业常见的动作时，腰部都是没有很大的动作变化，所以新式安全带选用宽腰式安全带进行改进。安全带使用过程中，安全带紧贴屏蔽服，与屏蔽服可靠接触，完全避免瞬时电流（电弧）对屏蔽服的烧灼，如图 2-8-2-2 所示。

（3）安全带紧密接触屏蔽服，从而有效地防止电位转移过程中由于人员身体移动、动作而在电位转移棒和屏蔽服连接处产生空气间隙，空隙间隙的消失就避免了空气击穿产生的放电现象，进而形成可靠的“等电位体”，空气间隙的消失限制了瞬时电流（电弧）的产生，从而从根本上预防了瞬时电流（电弧）对屏蔽服的烧灼，也解决了连接不可靠对作业人员带来的安全隐患，如图 2-8-2-3 所示。

图 2-8-2-3　电位转移工具在现场的应用

（4）以往安全带没有此类专用于电位转移、减小电弧烧灼的作用。

（5）以往的电位转移棒通过金属夹块或者利用铜线缠绕胳膊上与屏蔽服接触电位转移棒连接不方便，可靠性不高，需要经常检查连接是否良好，耗费了大量的准备与结束工作时间。

第三节 新型工作接地线的研制和应用

一、新型工作接地线的研制

1. 问题的提出

工作接地线是输电线路停电检修作业的必需安全防护用品。目前作业现场普遍使用的是抛落式鸭嘴线夹接地线，即操作人员站在铁塔横担上，手持接地线向下探，寻找导线进行挂接。由于750kV线路绝缘距离较远（达到8～11m），遇到大风时，操作接地线容易被风吹偏，很难定位挂接接地线，有时甚至半个小时也无法挂好接地线，因此研制了PZX-10型新型工作接地线。针对大风区段的停电作业，在封挂工作接地线时，解决大风区段的封挂接地线难的问题。该接地线具有结构简单、挂接导线容易、拆卸方便、接地可靠的特点，特别适用于高压线路的工作人员接地防护，如图2-8-3-1所示。

2. 技术创新点

对接地线线夹进行结构改进，实现接地线易挂、易拆安全、可靠，可以很好地克服大风风偏的影响。接地线夹头必须能自动夹紧导线，工作完成后还能远程自动松开导线。目前市场上没有可供借鉴的类似经验，须全部重新设计。

现有的接地线夹为鸭嘴下探式，抗风能力弱，难以对准导线，研制的新型接地线夹改下探式为勾提式，如图2-8-3-2所示。当导线夹靠近导线时，向上提拉，导线夹自动夹紧导线。拆除时，猛提拉绳，导线夹能自动松开导线，即完成脱钩。新型接地工作线结构如图2-8-3-3所示。

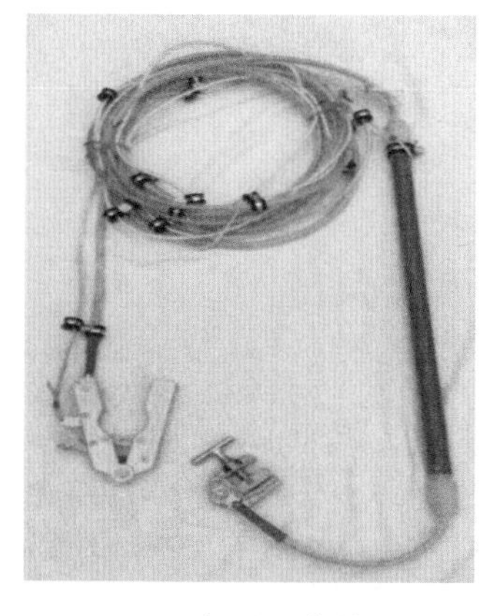

图2-8-3-1 新型工作接地线实物图

图2-8-3-2 新型接地线应用现场

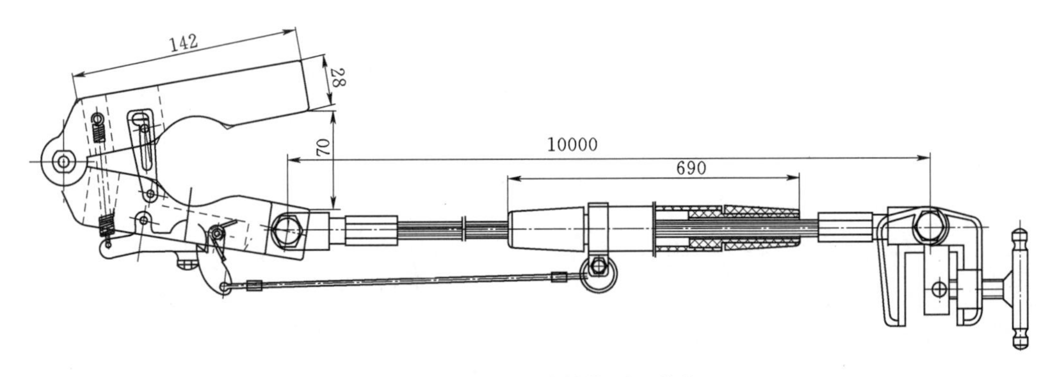

图2-8-3-3　新型接地线结构图（单位：mm）

二、效益与应用

在经济效益方面，按照人员工价一天400元计算，即每小时工价50元，挂一根接地线节省30min，省25元，一组为75元；高空作业时间明显节省，挂一根接地线节省30min，一组节省1.5h。

该新型接地线研制成功后，可广泛用于国内同行业220～750kV输电线路停电检修作业时的应用，有较高的实用价值，在国内极具推广价值。该新型接地线将是国内首创，填补了输电线路在大风区挂接地线难的问题。现已申请了国家实用新型专利，并确认受理通过，如图2-8-3-4所示。

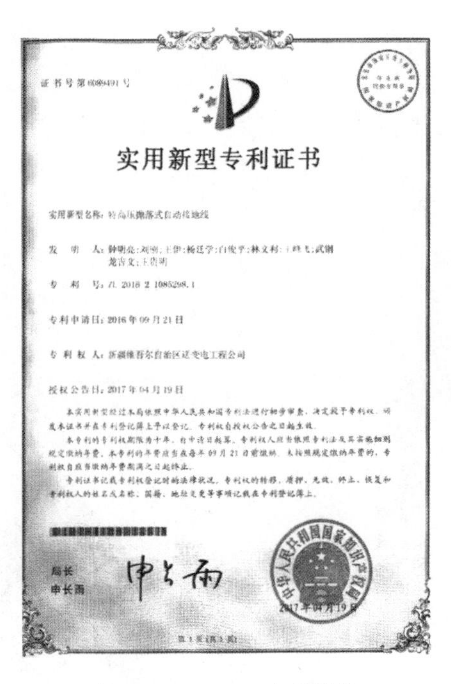

图2-8-3-4　专利证书

第四节 220kV 输电线路间接作业用可视化电动遥控工具

一、课题设想

带电作业在现阶段的线路检修中被越来越重视，特别是运用等电位作业法和间接作业法的频率非常高。

目前，大多数带电作业项目需人员进入强电场才可完成，在 220kV 输电线路进行带电作业受作业空间的安全距离、组合间隙以及绝缘工具的有效绝缘长度等因素的影响，人员开展等电位作业时危险性较大。

研制可安装在操作杆端部的工器具，改变以往操作杆的使用方式，改变普通勾销器操作方向与操作杆方向一致，通过斜面齿轮实现力的方向的改变并通过传动比改变力的大小，解决大部分操作受局限的问题。在绝缘杆上分别连接有扳手，旋转器，套筒扳手和锥状器。在一根绝缘杆上分别连接有多种作业工具，因此能够一具多用，减少更换工具的时间，而且还能够提高作业速度，适宜作为 220kV 输电线路金具的安装、调换以及检修的组合工具。利用可视化电动遥控工具，使人员可在直线塔横担处进行间接作业开口销补装及螺栓螺帽补装缺陷的处理工作，扩展间接作业的工作范围，加大间接作业在 220kV 输电线路带电作业的使用率，从而减少了带电工器具的使用，人员的投入，及人员进入强电场的次数。不仅提高了经济效益还提高了带电作业的安全性。220kV 间接作业用电动工具整体设计图如图 2－8－4－1 所示。

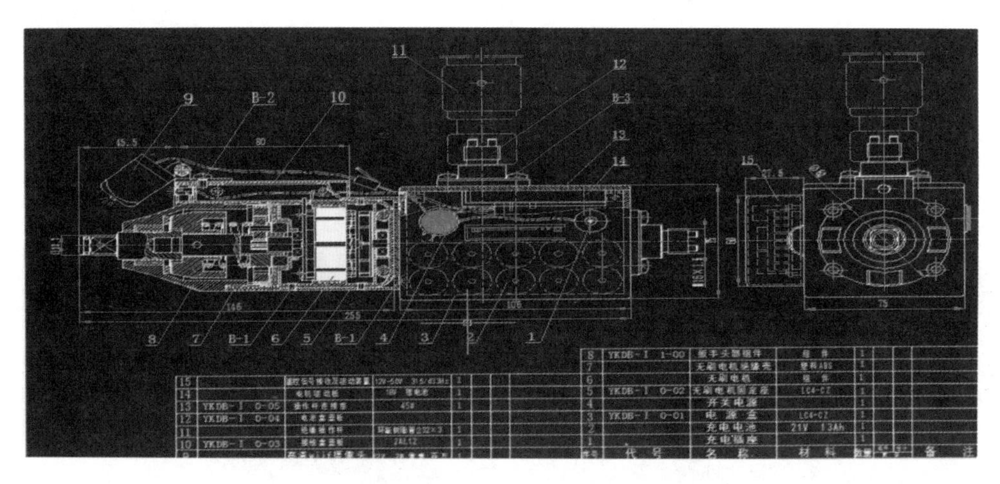

图 2－8－4－1 220kV 间接作业用电动工具整体设计图

二、主要技术创新点

(1) 发光二极管的给电由遥控控制，一是能发出信号反馈此时工作状态（正转或反转），二是在光线不足的情况下为摄像头提供光源。

（2）无线接收控制器，性能稳定、功耗低，有效避免导线的电磁干扰环境等特点，且使用方便，无须采用传统跳线或拨码开关编码。

（3）绝缘操作杆和操作杆连接座带螺纹插接，具有防松功能。

（4）星轮减速机构、过载保护装置、方形传动杆之间的联系关系为方形传动杆和过载保护装置连接，然后过载保护装置和行星轮减速机构连接，最后行星轮减速机构和无刷电机输出轴连接，在行星轮减速机构和无刷电机之间添加绝缘保护层。

（5）螺母套筒内置强力磁铁，有效控制螺母运动，防止出现高空坠物。

（6）利用电动扳手上方位置装设绝缘杆连接头，改变检修人员作业位置，由传统的导线侧面脚钉位置转移至导线正上方横担位置，更省力、更安全、作业空间更大。

（7）实现可视化，利用高清无线摄像设备，对作业过程进行全程监控，消除带电检修过程中作业人员的视野盲区，利用手机软件与摄像头进行 WiFi 连接，将实时的操作图像通过手机屏幕直观地展现在工作人员眼前，避免作业人员凭直觉进行操作，直接提高操作效率。

（8）解决目前边相无法利用操作杆进行间接作业进行检修的限制，可在边相横担位置利用电动扳手进行垂直操作，解决边相的缺陷，提高间接作业的使用率。

三、效益与应用

220kV 输电线路间接作业用可视化电动遥控工具为间接作业检修方法提供了新工具、新方法，与前期研发的间接作业补销器形成配套工具能有效降低检修工时，为公司赢得荣誉。在经济效益方面，按照人员工价一天 400 元计算，即工价 50 元/h，采用等电位作业法消除一条缺螺帽的危急缺陷 60min，采用间接作业法 30min，节省 30min；高空作业时间明显缩短。

目前，该工具已在库尔勒输电运检分公司试点使用，反馈效果良好，可快速完成螺母缺失类的危急缺陷。新工具后续将向同行业 220V 输电线路带电检修作业进行推广，有极高的实用价值。220kV 间接作业用电动工具实物图如图 2-8-4-2 所示，在线路上的应用如图 2-8-4-3 所示。

图 2-8-4-2 220kV 间接作业用电动工具实物图

图 2-8-4-3 220kV 间接作业用电动工具应用

第五节　超特高压导线补修工具的研制和应用

一、研制带电压接导线专用机具

从750kV输电线路遇到的导线磨损问题出发，与德国电动液压泵设备厂家、机械设计和加工厂家合作，研制出适用于750kV架空输电线路带电压接导线的专用机具，通过自主创新，推出了拥有自主知识产权的科研成果。解决了线路因导线磨损出现危机缺陷影响线路正常运行的安全隐患，该专用机具可以实现带电作业将导线彻底修复，避免了750kV电网因危急缺陷被迫停运的电量损失。

主要技术创新点如下：

(1) 首次提出了用钛合金材料制作导线压接液压缸体，比同级别传统液压缸体重量减轻了64%。机具的轻量化技术达到国内领先。

(2) 通过改造实现了整体液压机具质量为30kg，能够带电压接40mm^{2}截面及以下的所有钢芯铝绞线导线，如图2-8-5-1所示。

图2-8-5-1　超高压导线补修工具实物图

(3) 完成750kV电压等级带电补接导线的方法、技术标准、规程规范等填补了国内空白。

二、效益与应用

截至2016年年底，××地区32条750kV线路开展带电作业消除导线断股危机缺陷84次，不停电产生的电费2268万元；通过使用本项目液压工具一次成功修复导线断股缺陷节约成本19.825万元/a。

第六节　电力安全工器具试验架的改进与应用

一、改进后的安全工器具试验架优势

电力绝缘工器具直接关系到电力企业生产过程的人身和设备安全，故绝缘工器具的预防性试验尤为重要。新型绝缘工器具试验架在原有的试验架上做了大量改进，如图2-8-6-1和图2-8-6-2所示。原有试验架需将绝缘绳一圈圈不重叠的缠绕在架子上，绝缘绳大部分比较长，缠绕时费时费力；原有试验架高压端和接地端需卡接在4根对应的金属卡槽内，需要4人（包括试验操作人员）方可完成试验过程。新型的试验架与原有试验架相比，将缠绕方式改为上下缠绕，可将绝缘绳均匀缠绕在上侧高压端及下侧接地端之间，且通过调节上下两端之间的距离来满足不同规格、不同电压等级的绝缘绳试验要求，有效地解决了以往较为烦琐的试验方法，简化了操作步骤，提高了试验效率。原有试验架仅能完成35kV及以下电压等级的绝缘绳索类工器具试验，而新型的试验架可以通过调节电极距离针对不同电压等级（最高220kV）的绝缘工器具进行试验。原有试验架仅能完成绳索类的绝缘工器具试验，新型试验架可以完成绝缘绳、绝缘软梯、绝缘滑车等一系列绝缘工器具试验，扩大了试验范围，并可以同时完成多件不同类型的绝缘试验，提高了试验的效率。新发明的试验架最大亮点在于鱼骨金属架造型的设计，以及上下可调节高度的构思，面对不同的绝缘工器具、不同的电压等级可以快速简捷的调整试验条件，经过反复研讨制作出了该新型试验架，已正常投入使用。

图2-8-6-1　原有安全工具试验架

图2-8-6-2　改进后的安全工具试验架

二、主要技术创新点

1. 扩大了试验范围

原来试验架仅能完成绳索类（绝缘绳、绝缘绳套、绝缘绳圈）的被测绝缘试验工器具，而新型试验架能完成绳索类（绝缘绳、绝缘绳套、绝缘绳圈、绝缘软梯、绝缘滑车等）的被测绝缘试验工器具，扩大了试验范围。

2. 电压等级呈现多样性

原来试验架仅能完成35kV电压等级的绳索类试验，而新型试验架通过调节鱼骨金属架，能够完成对10～220kV各种电压等级的绝缘工器具试验，电压等级的选择呈现多

样性。

3. 减少了试验人员和劳动强度

原有试验架需要至少 4 人（包括高压试验操作人员）进行试验前准备工作，而新型试验架仅需要 2 人（包括高压试验操作人员）就能完成试验前准备工作。

使用该绝缘工器具试验架，不但提高了试验效率，缓解了被测绝缘工器具量大、试验人员不足、客户要求试验周期短的实际问题，而且使试验人员掌握了新型绝缘工器具试验架的试验方法，具有推广意义。

三、效益与应用

绝缘工器具试验站主要负责完成××送变电工程公司内部绝缘工器具的周期试验，但随着电网建设在新疆的发展，绝缘工器具的业务量将不断增加，获得的经济效益尤为显著。

以 1 根 200m 长的绝缘绳试验为例，绝缘绳试验费用为每 50m 400 元，该绝缘绳的试验费为 1600 元。原有的试验架一次只能做 1 根 200m 长的绝缘绳，需要 4 个人 15min 做完试验。新型试验架一次可以做 4 根 200m 长的绝缘绳，需要 2 人 15min 完成试验。也就是说同样的时间内原有的试验架可以完成 1600 元并需要 4 个人工；而新型的试验架可以完成 6400 元并只需要 2 个人工。

（1）投入计算。原有试验架需要投入 4 人，新型试验架只需要投入 2 人，完成同样的工作量（800m 绝缘绳）原有试验架需要时间为 60min，而新型试验架所需时间只需要 15min。

（2）产出计算。原有试验架 15min 产出为 1600 元，新型试验架 15min 产出为 6400 元。

可见使用该试验架不但能提高试验效率，还能够节约了人力、时间、物力，能够在较短的周期内完成绝缘工器具试验，满足客户要求。

第七节　220kV 全能软梯头的研制

一、传统软梯头的弊端

目前，电网检修过程中，维护单位所管辖的线路导线有多种分裂结构，除了单导线外，还有间距 400mm 的水平双分裂线路及垂直双分裂线路，且水平双分裂线路上有间隔棒。对于不同分裂形式的输电线路，野外检修时需要带不同形式的梯头。该现象在全国 220kV 输电线路带电及停电检修作业中普遍存在。原来的方法是不同的导线分裂结构用不同的软梯头。这种方法不仅运输梯头时费时、费力，而且水平双分裂导线有间隔棒时水平双分裂软梯头不能通过，给检修工作带来许多麻烦。正因为以上诸多原因，研制一种全功能铝合金软梯头就很有必要。这种多功能铝合金软梯头具有可过单导线、垂直双分裂导线、水平双分裂导线的功能，且可以过水平间隔棒。

二、研制思路

新研制的220kV全能软梯头实物照片如图2-8-7-1所示。

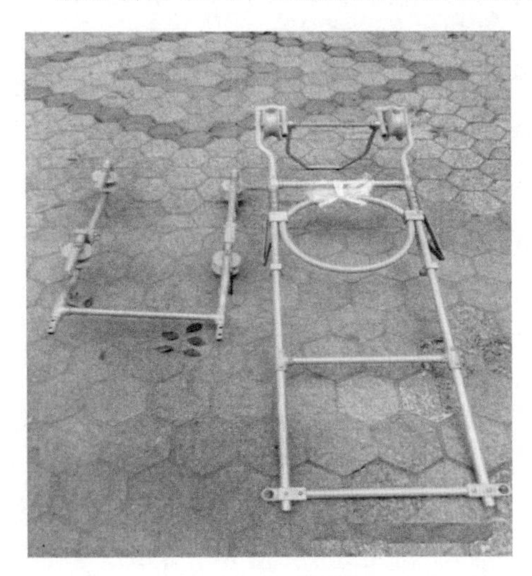

图2-8-7-1　220kV全能软梯头实物图

研制思路是开发一种多功能梯头，可以同时满足其单、双分裂导线线路的要求。水平双分裂导线梯头过间隔棒是个难点，须全部重新设计。

（1）根据220kV输电线路特点以及现有梯头结构特点，将单导线软梯头、垂直双分裂软梯头、水平双分裂软梯头组合在一起。实现装/拆方便，挂接可靠，能平稳通过间隔棒，具有整体重量轻，强度大，符合人体工程学，具有防跳线装置，如图2-8-7-2所示。

（2）设计一个梯头下段作为一个共用下段，另分别设计一个单线梯头上段，一个垂直双分裂梯头上段及一个水平双分裂梯头上段，分别与梯头下段互换使用，即三个上梯头，一个下梯头。水平双分裂软梯头上端利用间隔棒拉杆顺利通过间隔棒，如图2-8-7-3所示。

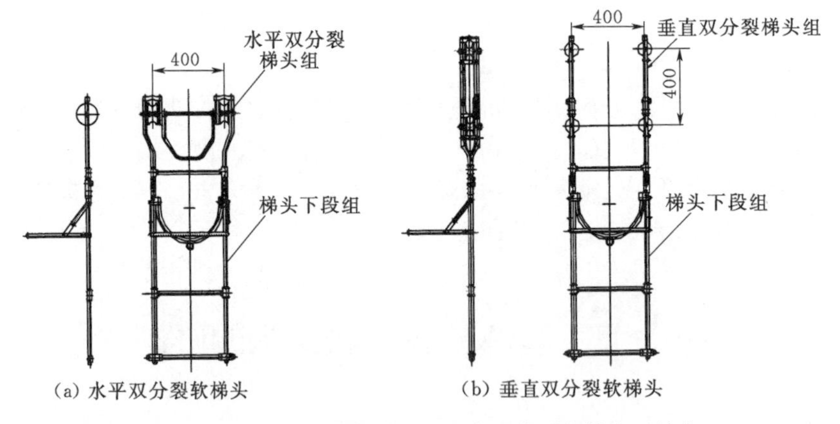

图2-8-7-2　水平双分裂软梯头和垂直双分裂软梯头（单位：mm）

（3）利用杠杆原理，当梯头行进至水平双分裂间隔棒时，转动过间隔棒拉杆与水平双分裂间隔棒接触时，搬动间隔棒拉杆使梯头走线轮抬起，操作者及梯头在牵引绳的作用下越过间隔棒，如图2-8-7-4所示。

三、效益与应用

一个普通软体头为2000元，一组（水平、垂直）为4000元，全能软梯头一组为3000元，可节省1000元。一组（水平、垂直）普通软梯头重量为20kg，全能软梯头一组重量为13kg，一组可节省7kg。由于国内同行业在35～220kV检修作业时进电场工具基

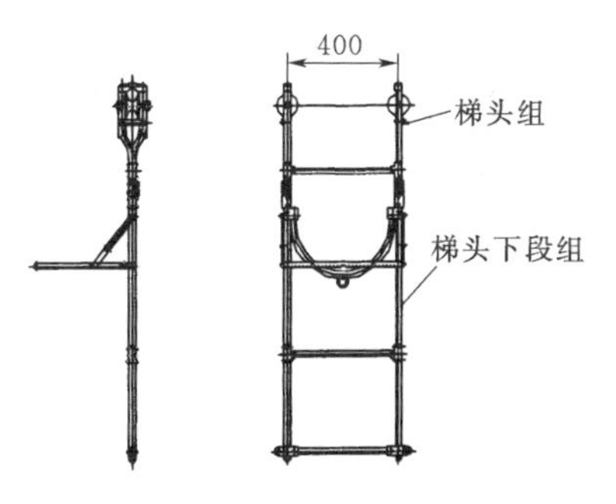

图 2-8-7-3　单导线软梯头（单位：mm）

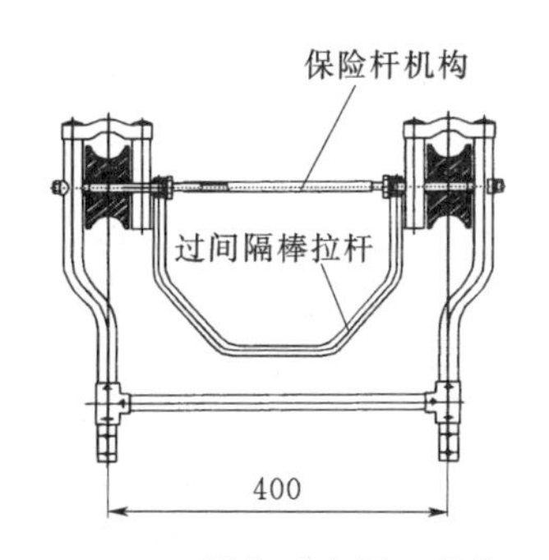

图 2-8-7-4　操作示意图（单位：mm）

本相同，故该项目在国内极具推广价值，是国内首创，填补了国内无水平双分裂软梯头过间隔棒的空白。该项目研制成功后可广泛用于国内同行业 220kV 检修作业时软梯在单导线、垂直双分裂、水平双分裂上使用，简单性、多用性、便捷性、安全性，实现了水平双分裂软梯头过间隔棒的可能性，在国内极具推广价值。

第八节　高压智能接地线

一、传统接地线

目前输电线路上使用的接地线大部分为普通的鸭嘴式接地线，如图 2-8-8-1 所示。

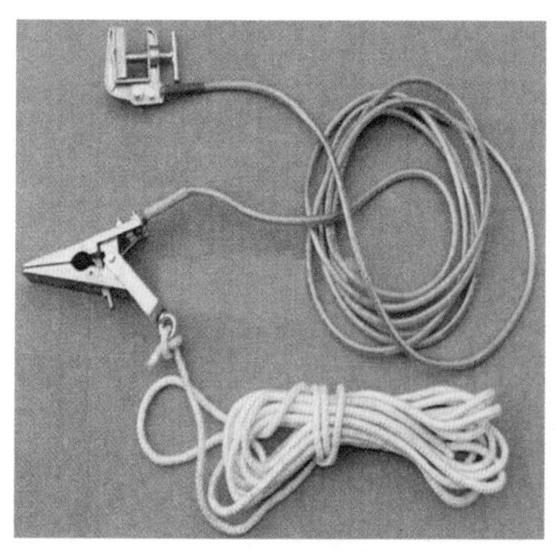

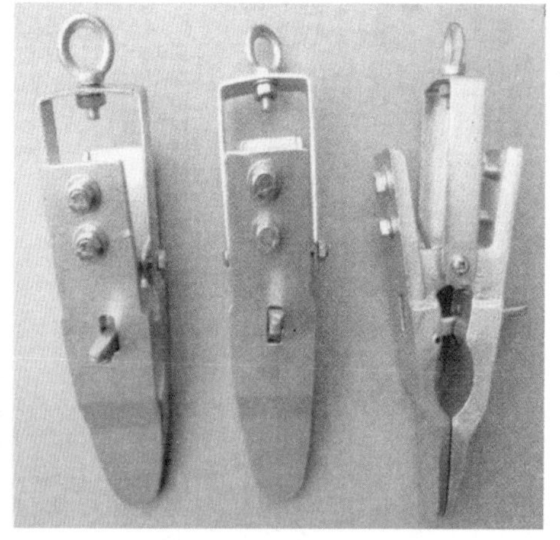

图 2-8-8-1　高压输电线路所用的鸭嘴式普通接地线

在挂设时受风力影响接地线来回摆动，鸭嘴式接地线夹在封挂时容易旋扭，很难对准导线，并且如果触碰力度不够，没能成功将接地线夹卡在导线上，就需塔上检修人员将接地线重新提起，手动将接地线夹再次打开，重复之前封挂操作，封挂接地线显得费时费力，对检修人员技能水平要求很高，如图 2-8-8-2 所示。

其次就是停电检修期间每天都要安排人员检查接地线封挂状态，耗费很多的时间和人

图 2-8-8-2　封挂接地线

力物力，给工区带来很大的困扰，大大增加了检修工作量和综合成本。

二、高压智能接地线的研制开发

1. 特点

新疆送变电工程公司根据线路检修工作的需要，开发了 TZJX-10 型 220kV 以上新型智能全自动接地线，具有结构简单，挂接导线容易，工作可靠迅速，实时监测控制方便，安全可靠等特点。特别适用于高压、超高压、特高压线路的接地防护。

2. 技术创新

现对工作接地线夹进行结构改进，加载力学传感装置，控制接地线夹开关，并加载智能监测板，同时实现对现有一般接地线夹进行简易改造后可投入使用，一个后台服务器通过 3G 网络可远程管理公司所辖所有监测板，服务器及时记录将记录所有的故障及报警，便于工作负责人及检修人员在第一时间到达异常工作接地线故障地点处理问题，实现接地线易拆易挂、实时可监控的特点，提高线路停电检修期间预防感应电伤人的安全可靠性，有效减少或避免感应电对作业人员的伤害。其主要技术创新点如下：通过一个服务器可远程管理公司所辖所有监测板，服务器及时记录将记录所有的故障及报警，便于工作负责人及检修人员在第一时间到达异常工作接地线故障地点。通过实施工作接地线辅助设备改

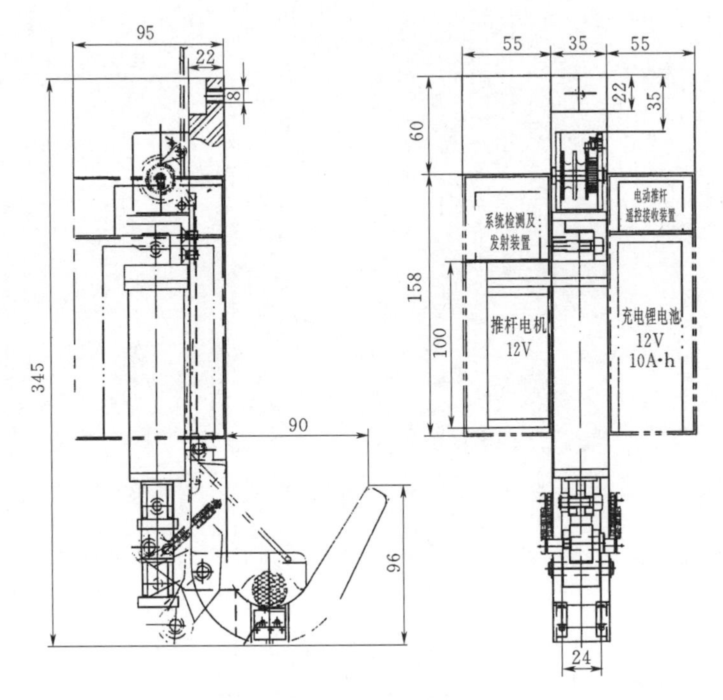

图 2-8-8-3　智能接地线夹结构图（单位：mm）

造，实现接地线易拆易挂、实时可监控的特点，提高线路停电检修期间感应电对人身作业的安全可靠性，有效减少或避免感应电对操作人员的伤害。

3. 接地线夹

现有的接地线夹为鸭嘴下探式，抗风能力弱，难以对准导线。研制的新型全自动智能接地线夹结构为上拉式（钩形），夹紧导线时通过上提定位，电动锁紧。接地铜线靠在导线上，无论强风多大，均可夹紧导线，其原理如同海钓的炸弹钩，智能接地线夹结构如图2-8-8-3所示，实物照片如图2-8-8-4所示。

其优点为在接地线夹低于导线时，接地铜线已经贴近导线，停止放线。操作人员向下注意观察，同时通过铜线调整接地线夹的姿态，向上提起，对准导线上拉，到达接线夹底部时按下电子遥控器锁紧按钮，电推杆复位，接线夹在弹簧力的作用下自动夹紧导线。此时，已完成了新型全自动智能接地线的接线工作。拆除时，按下点击遥控器打开按钮，线夹脱离导线。实现了挂接导线定位可靠、易拆易挂的特点，节约了人力物力。

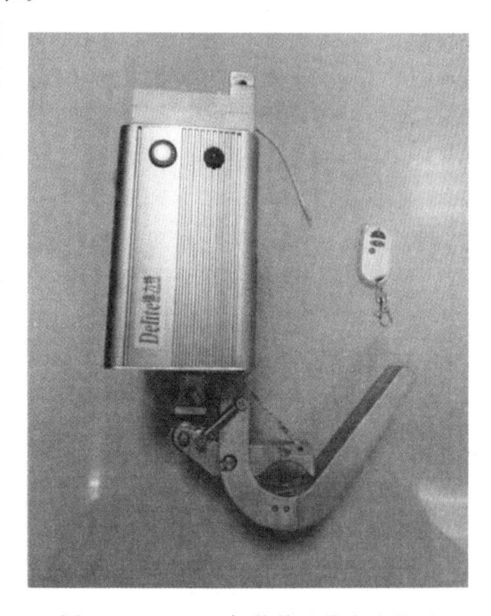

图2-8-8-4 智能接地线夹实物图

4. 手机监控及后台服务系统

图2-8-8-5所示为智能接地线后台监控原理。

（1）当输电导线被压块压向提钩杆底部时，输电导线挤压检测头上的弹簧片（微动开关上的弹簧片），检测线接通。检测装置提供给发射

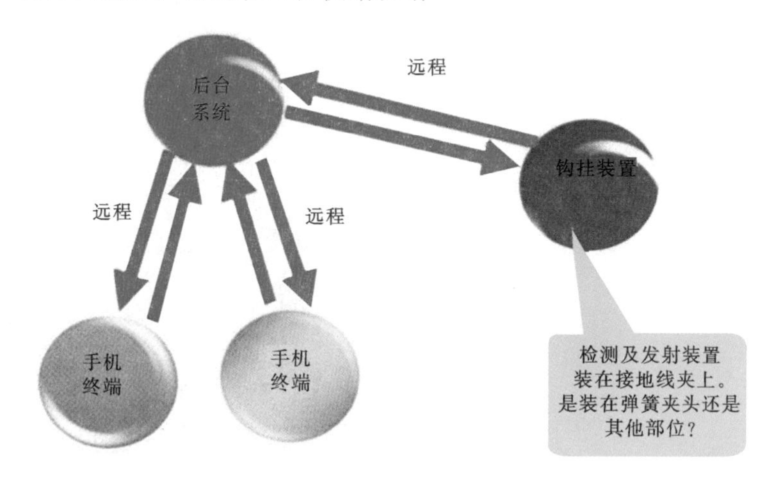

图2-8-8-5 智能接地线后台监控原理

装置一信号，由发射装置发出。监控板上有3G通信模块，并且插有手机3G卡。

（2）通过3G技术，服务后台接收到信息，再通过3G技术，由服务后台将信息传送

到操作者和管理人员的手机上，此时操作人员根据系统提示“接地装置工作可靠，操作人员可以上线路作业”的信号，开始作业。如操作人员手机接收的是“接地装置工作故障，请派人检查智能接地线夹。故障排除前，严禁操作人员上线路作业”的语言信号，暂停作业，找出故障原因。

(3) 检测及发射装置采用 12V、10A·h 大功率可充电锂电池供电，保证供电持续充足。

(4) 当开始进行作业时，系统进入省电状态，即使连续工作几天，也能保证电量足够。同时系统会间隔一段时间，再次发出信号，方便操作人员施工和管理人员掌控。

(5) 为防止监控板断电或者通信信号不好引起监控失效，安装前应对服务器检查，检查监控板是否掉线，测试服务器信号是否工作正常，并且主动发送手机短信到管理人员的手机。

(6) 如系统或电控部分出现故障，在接线夹夹头部分装有故障处理机构，此时只需提应急线绳，就可很方便地将智能接地线卸下。

(7) 一个服务器可远程管理上万个监测板，服务器将记录所有的故障及报警。

第九章

带电作业新技术

第一节 带电更换750kV输电线路耐张塔边相单根引流线

一、主要技术创新点

此项目首次提出了通过带电作业更换750kV输电线路耐张塔边相单根引流线的方法，如图2-9-1-1所示。

作业人员须默契配合，4名等电位人员与地面人员在作业时必须配合默契，新引流线吊上及旧引流线放下时，必须整体水平缓慢下放，地面配合人员控制好牵引绳，防止其摆动，整个过程中更换引流线要与等电位、地电位保持足够的安全距离。作业人员的默契配合是该项目成败的关键，也是难点，此项目的整个作业过程需要带电作业人员集中精力、通力合作、相互配合。

图2-9-1-1 带电作业更换750kV输电线路耐张塔边相单根引流线

二、带电作业流程

1. 人员组成

人员组成共19人，其中工作负责人1名，专责监护人2名，等电位作业人员4名，地面辅助电工12人。

2. 操作程序

（1）1号等电位电工携带个人工器具上塔，采用“跨二短三”的方式沿瓷质绝缘子串转移至引流管中间位置。

（2）2号等电位电工携带10m绝缘传递绳及1号绝缘起吊绳登塔至更换单根引流线侧横担，通过10m绝缘传递绳将1号绝缘起吊绳传递至1号等电位电工处，由1号等电位电工安装固定在引流管中间位置。

（3）3号、4号等电位电工登塔，同2号等电工一起采用“跨二短三”的方式沿瓷质绝缘子串转移至引流管处。

（4）地面电工配合1号、2号、3号、4号等电位电工，将2号、3号、4号、5号起吊绳，6号、7号辅助牵引绳传至等电位作业人员处，分别固定在合适位置。2号、3号起吊绳固定在引流管两端位置，4号、5号起吊绳固定在引流子线两端（两端引流板附近），6号、7号辅助牵引绳固定在引流板与引流管之间待更换的引流子线上。

（5）1号、2号电工配合完成大号侧引流子线与引流间隔棒的脱离工作，并拆除引流板与主线的连接。3号、4号电工配合完成大号侧引流子线与引流间隔棒的脱离工作，并

拆除引流板与主线的连接。

（6）地面电工配合将引流子线下放至地面。下放过程中5根绝缘起吊绳要做到同步，同时地面电工分别控制5根绝缘起吊绳的尾绳及6号、7号辅助牵引绳，使引流线与地电位保持足够的安全距离。

（7）地面电工根据旧引流线长度放样，完成新引流线与引流板的压接制作。

（8）地面电工与等电位电工配合将新引流子线起吊至加装位置。起吊过程中，5根绝缘起吊绳要做到同步缓慢同时通过尾绳与6号、7号辅助牵引绳控制安全距离。

（9）等电位电工恢复新引流子线与引流间隔棒的连接，并完成引流板的连接，汇报终结工作。

（10）拆除工具，人员撤离，作业结束。

第二节　组合带电作业工具的研制和220kV间接作业类型的拓展

一、组合带电作业工具的研制

目前220kV带电作业中的多数作业项目需人员进入强电场才可完成，由于220kV输电线路带电作业受作业空间的安全距离、组合间隙以及绝缘工具的有效绝缘长度等因素的影响，人员开展等电位作业时危险性较大。

研制可安装在操作杆端部的工器具，改变以往操作杆的使用方式，改变普通勾销器操作方向与操作杆方向的一致性，通过斜面齿轮实现力的方向的改变，如图2-9-2-1所示。并通过传动比改变力的大小，解决大部分操作受局限的问题。在绝缘杆上分别连接有扳手、旋转器、套筒扳手和锥状器，在一根绝缘杆上分别连接有多种作业工具，因此能够一具多用，减少更换工具的时间，而且还能够提高作业速度，宜作为220kV输电线路金具的安装、调换以及检修的组合工具。利用操作杆的可转动性，使人员可在直线塔横担处间接进行开口销补装及螺栓补装等工作。扩展间接作业的工作范围，加大间接作业在220kV输电线路带电作业的使用率，从而减少了带电工器具的使用，人员的投入及人员进入强电场的次数。不仅提高了经济效益还提高了带电作业的安全性。

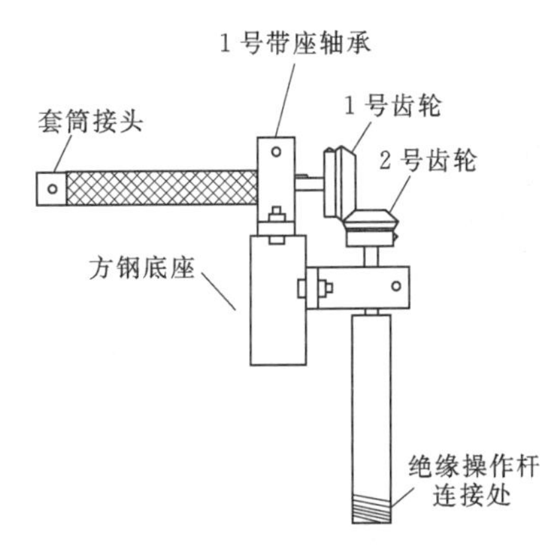

图2-9-2-1　斜面齿轮实现力的方向的改变

二、主要技术创新点

（1）改变以往 220kV 直线杆只能进行中相及边相面向塔身内侧的开口销处理工作。

图 2－9－2－2　应用组合带电作业工具在直线横担处进行间接作业

（2）改变操作杆水平使用方式，避免操作杆重心在操作杆上水平晃动，影响操作时的稳定性。

（3）改变操作杆只能进行抬举、拉伸的单一工作方式。

（4）在一根绝缘杆上分别连接有多种作业工具，能够一具多用，减少更换工具的时间，而且还能够提高作业速度。

（5）利用操作杆的可转动性，通过力的传递使人员可在直线塔横担处进行间接作业开展开口销类缺陷的处理工作，利用齿轮的传动性从而改变力的方向并通过比例改变力大小，如图 2－9－2－2 所示。

三、效益与应用

扩展了间接作业的工作范围，加大了间接作业在 220kV 输电线路带电作业的使用率，如图 2－9－2－3 和图 2－9－2－4 所示。以处理 1 条螺母类缺陷为例，以等电位方式消除一条缺陷投入人员 5 人（除人工费外，每人每天 280 元住宿标准）投入车辆 2 辆（每辆车费用大约为 800 元）；同时间接作业消除缺陷时，投入人员 2 人，车辆 1 辆。

图 2－9－2－3　组合带电作业工具

图 2－9－2－4　使用组合带电作业工具处理缺陷

用此工具进行螺母类缺陷处理工作，直接经济效益为（5 人－2 人）×280 元＋800 元×（2 辆－1 辆）＝1640 元。

以 2016 年度××送变电工程公司共计消除螺母类缺陷 100 条计算，将节省成本 164000 元。

使用组合带电作业工具，可减少人员进入强电场的次数，增加了作业时人员的安全性。降低带电工器具的使用率，延长工器具的使用寿命，如图2-9-2-4所示。

第三节　均压环螺栓带电补装工具的研制和应用

一、研制目的

××公司目前运行220kV线路共计33条，总长近1250.8km，据统计，2016年至今，220kV线路消缺总数为313条，其中：均压环松动，螺栓缺失、脱落缺陷162条，占消缺总数的51%，等电位均压环缺陷102条。因均压环失效，致使绝缘子发黑缺陷21条。

均压环螺栓带电补装工具，是一种用于在线路带电状态下，连接绝缘操作杆，在220kV线路直线塔塔身地电位位置，远距离完成等电位均压环的复位及螺栓补装，紧固的操作工具。其研制目的为有效地解决现阶段220kV线路直线塔等电位均压环，螺栓松动、缺失、均压环脱落频发缺陷，依靠停电检修周期长，带电检修效率低的问题，避免因消缺不及时，造成绝缘子串分布电压不均匀，出现闪络事故，在现场实际应用中取得良好效果。

二、主要技术创新点

目前，在国内各网省公司，均没有带电对220kV线路直线塔等电位均压环，进行恢复及紧固的操作工具。一般都采用停电消缺及带电“软梯法”进行消除，但停电消缺周期长，无法保证消缺及时性，而带电消除因等电位作业准备工作步骤复杂，且劳动强度高，致使消缺效率低，无法满足输电线路对检修工作高效的要求。

主要原因是220kV输电线路开展带电作业时需保证绝缘操作工具最小有效绝缘长度2.1m的要求，导线距离塔身水平最近距离均在3m以上，意味着人员需利用长度至少4m的绝缘操作杆对其进行操作，而均压环孔仅为6～7mm，螺栓必须紧固到位，否则很可能会出现二次消缺的问题，对人员视力及技能水平要求高，故这种悬空操作难度较大。

同时，安全距离对工具体型大小、重量、操作空间都具有一定的限制，工具既要具备均压环复位，单个螺栓紧固、补装的功能，又要保证体积不能够过大，影响人员操作、操作时工具活动范围不能过大，影响带电作业安全性，也一直是要解决的难题。研制的均压环带电补装工具和实际应用如图2-9-3-1和图2-9-3-2所示。

三、效益与应用

1. 近期收益

2016年至今，累计消除等电位均压环缺陷102条，新工具作业较传统等电位作业，可减少单次作业时间近44min、作业人员（含驾驶员）共4人、车辆1辆。按照××公司规定，220kV线路带电补装金具螺栓的定额参数为4.92工时/人、9.41元/工时，由此计算得：

共计节约作业时间＝102×44＝4448(min)≈74.8h

产生直接经济效益＝4.92 工时/人×9.41 元/工时×4 人×102 次≈18889.3 元

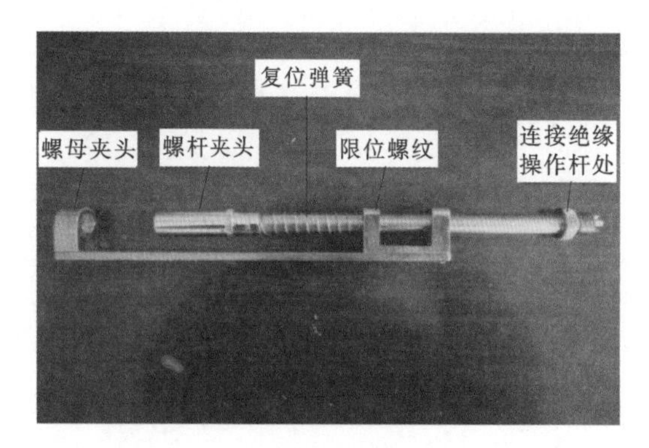

图 2-9-3-1　均压环带电补装工具

图 2-9-3-2　用补装工具紧固均压环螺栓

2. 长期收益

(1) 采用新工具作业以后，相较等电位作业方法，单次作业人员减少 3 人，所用工器具减少一半，整套作业流程简化 60%，且人员无须进入强电场，作业安全风险、劳动强度降低，有效保障带电作业人身、设备安全，同时，检修效率显著提高。

(2) 避免等电位均压环松动、脱落后，需等待线路停电消除，而缺陷长时间持续恶化，造成绝缘子闪络，迫使线路停运的恶性事故发生，提高线路运行安全系数。

(3) 均压环带电紧固工具体积小、轻巧方便，其连接部位采用现有绝缘操作杆连接方式，通用性强。同时，该工具具有操作简单、易培训的优点，推广性强。

第四节　直升机等电位带电作业技术

一、直升机等电位带电作业的优越性

直升机带电检修作业指利用直升机悬停的能力，对高压输电线路进行空中带电作业。直升机等电位带电作业依据等电位原理，利用直升机平台直接或通过绝缘吊索间接把检修人员运送到带电的作业点上，完成检修任务的一种方法。直升机等电位带电作业具有高效、快捷的特点，并且克服了传统人工带电检修方法受地形因素制约大以及在特殊故障条件下不能实施等局限和不足，投入人力更少，工作效率更高，作业也更安全。

2007 年，北京超高压公司与首都通用直升机公司合作，采用直升机平台作业法，在培训线路上进行了 500kV 边相的直升机带电作业试验。

2007 年 6 月，华北电网有限公司通过研究，率先在北京沙河试验站试验线路上，先后进行了直升机带电检修作业项目平台法和吊索带电作业应用，包括平台法带电安装防绕击避雷针、平台法带电安装地线标志球、平台法带电修补避雷线、平台法带电更换导线间隔棒、平台法带电修补导线及吊索法带电安装导线防振锤等共计 6 项直升机带电检修作业，完成大部分能够开展的直升机带电检修作业项目的试验实践，积累了重要的实践经

验，取得了重要的试验数据。

2009年，国网通航公司开展了直升机带电水冲洗绝缘子、带电检修线路等带电作业研究。同年，湖北超高压输变电公司在国内成功完成超高压线路直升机带电作业应用技术研究。

2010年4月12日，湖北超高压输变电公司租用上海中瑞通用航空公司的MD 500E型直升机，在500kV双玉一回线路494号至495号杆塔之间进行了地线防振锤安装和更换、标志球的安装和更换、地线和导线预绞丝的安装和更换、间隔棒的安装和更换等项目的带电作业工作。

图2-9-4-1　云南通航直升机带电更换间隔棒

2011年4月1日，云南电网公司利用BELL-206型直升机在楚雄高海拔地区尝试了500kV紧凑型交流线路直升机带电更换间隔棒作业（图2-9-4-1），成功实现直升机在500kV小湾电站至楚雄换流站二回紧凑型输电线路上开展带电更换间隔棒作业。

2014年11月22日至12月2日，国网通航公司在湖北武汉500kV凤凰山变电站进行直升机吊篮法带电作业演示，采用BELL-429型直升机，利用双根吊索悬吊插入式吊篮及检测人员，顺利开展了吊篮进入、离开电位飞行，完成修补管修补导线、预绞丝修补导线、更换导线间隔棒3项演示作业项目。

2014年12月9日，国网湖北检修公司在武汉市流芳镇国网公司1000kV特高压试验基地内，首次成功实施特高压线路直升机平台法检修作业，开展了直升机在特高压线路上进行带电导线地线的预绞丝补强、地线防振锤安装等工作。由国网湖北电力检修公司研发的国家电网重点科研项目——特高压线路直升机带电检修试验取得圆满成功。

图2-9-4-2　广东电网采用吊索法开展直升机带电作业

2017年9月，广东电网公司将直升机带电作业应用于在运行超高压输电线路。由一架BELL-429型直升机用绝缘索分次悬吊两名作业人员运送到500kV襟桂线，对167号和169号铁塔间导线和金具进行检查、消缺，更换线路间隔棒、防振锤各一个。同年11月，广东电网公司机巡作业中心在江门市新会崖门500kV鼓峰甲线进行了直升机带电作业。此次带电作业共派出带电工2名，涉及6个塔位，共处理缺陷20余处，历时仅3h，与以往人工带电作业需要花费数天时间相比，大大提高作业效率。图2-9-4-2所示为广东电网开展直升机带电作业现场。

目前，采用直升机等电位带电作业可以进行的工作包括零距离检测设备缺陷，包括金具、导地线、绝缘子等缺陷；检修更换金具、间隔棒、绝缘子；补强、更换部分导地线和导地线爆破压接等。

直升机等电位带电作业不仅能承担常规的带电作业，而且能胜任常规带电作业无法进行的工作。由于直升机带电作业无须在导地线上增加垂直荷载，它可以用来处理单导地线或两分裂导线中部的缺陷，如防振锤滑移复位、导地线损伤和棒式支柱绝缘子两侧防振锤的更换等，由于直升机带电作业不需要使用进入电位的绝缘工具或绝缘支撑工具，因此在小雨天气时仍能进行等电位带电作业。

MD 500E 型直升机有 5 个螺旋桨，尺寸小、飞行性能稳定，在 500kV 水平布置的输电线路等电位作业时，能穿越边相导地线进入中相作业；BELL - 206 型直升机尺寸稍大，只能进入 500kV 水平布置的边相进行等电位作业，中相只能用吊绳将作业人员吊入工作部位。MD 500 型和 BELL - 206 型直升机都通过了等电位充放电试验和工频过电压闪络耐受试验，能进行等电位带电作业，具有良好的耐强电稳定特性。

根据国外成功经验、结合国内带电检修作业技术和输电线路特点，直升机带电检修作业可划分为平台法、吊索法和吊篮法 3 种带电检修作业方式。

二、直升机平台法带电检修作业

(一) 平台法带电作业的优势

平台法作业方式是在直升机的两侧或机腹安装检修平台，直升机携带乘坐在检修平台上的带电作业人员直接接触带电线路并进行等电位作业。它采用一个与直升机滑撬保持足够好的电气和机械连接的平台（连接电阻不大于 1Ω），一个或多个带电检修作业人员坐在该平台上开展带电检修作业，属于等电位的作业方法。图 2 - 9 - 4 - 3 所示为直升机带电更换间隔棒（平台法）。

等电位作业的等效电路如图 2 - 9 - 4 - 4 所示，其中 C 为直升机接近高压带电体由于

图 2 - 9 - 4 - 3　直升机带电更换间隔棒（平台法）

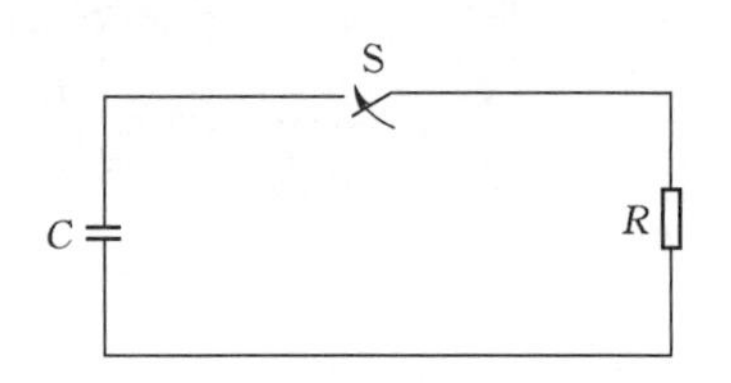

图 2 - 9 - 4 - 4　平台法带电作业等电位作业的等效电路

静电感应现象充电而出现的电容，R 为人体与直升机的电阻。

进入等电电位一刻即开关 S 闭合时，电容电压为 U，对电阻 R 放电，其电流初始值为

$$I=U/R$$

该电流为电容放电电流，持续时间短、衰减快。在作业人员与直升机保持良好的电气连接并穿着屏蔽服的情况下，放电电流迅速被屏蔽服旁路，大约经过零点几微秒，电流就衰减到最大值的1%以下，等电位进入稳态阶段。

由于直升机搭载作业人员悬浮在输电线路附近进入等电电位，其与地面保持了足够的绝缘强度，通过人体的泄漏电流属于微安等级。作业人员使用电位转移杆进电位，这样不但能使直升机保持足够的安全距离，同时进电位距离加大，也使感应电荷减小，从而避免等电位瞬间放电电流对人体的影响。

平台法可开展的项目有带电安装地线标志球、带电安装防绕击避雷针、带电修补避雷线、带电修补导线、带电更换导线间隔棒等。

（二）平台法带电作业难点

平台法开发的难点在于所用直升机必须通过等电位测试。目前通过该项测试的机型仅有 BELL-206 系列和 MD 500 系列。另外一个难点是检修平台的开发。检修平台是对直升机的改装，其设计必须通过有关航空权威部门的适航认证，并且其参数必须满足带电检修电气连接参数的需要。

（三）平台法带电作业设备

1. 检修作业平台

根据所选直升机负载情况和输电线路结构特点，考虑带电检修作业设备必须具有导电性能好、强度高等要求，国网公司设计制造了硬铝材质检修作业平台。为平衡直升机的负载，将平台安装在直升机驾驶员侧的滑撬上，在另一侧滑撬上安装气泵、发动机等工具设备。该套检修平台已通过权威部门 FAA 的 STC 适航认证。图 2-9-4-5 所示为检修作业平台。该平台具有以下特点：

（1）整体重量轻，仅 26kg，适合飞行要求。

（2）采用卡扣固定，结构牢固，平台支撑杆长度可调节，安装、拆卸方便。

（3）硬铝材质，强度高，导电性能好（平台与直升机的连接电阻小于 1Ω）。

（4）设有多道安全防护设施，安全性高（设有安全带和工器具防坠栏）。平台法可开展的项目包括带电安装地线标志球、带电安装防绕击避雷针、带电修补避雷线、带电修补导线、带电更换导线间隔棒等。

2. 平台法带电作业设备应满足要求

（1）采用平台法带电作业的直升机机型应通过等电位考核试验。

（2）机载操作平台设计应根据作业直升机的实际尺寸确定，并采用导电性能好、强度高的金属材料制作。

（3）机载操作平台可通过连接部件固定在直升机正驾驶一侧，平台导电元件应与直升机导电设备可靠连接，连接电阻值应不大于 12Ω。

（4）机载操作平台应安装配重设备，以保证直升机的载重平衡。

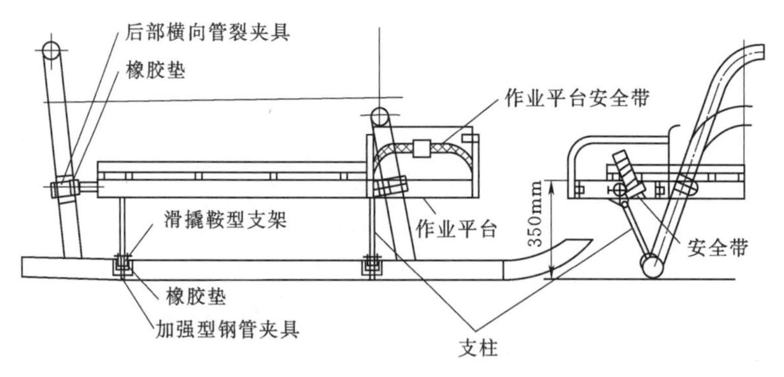

图 2-9-4-5　平台法带电作业硬铝材质检修作业平台

（5）检修平台上应设置人员及工器具防坠落系统，确保作业人员及工器具不会因直升机的摆动而从平台上坠落。

（四）平台法作业流程

平台法作业流程如图 2-9-4-6 所示。

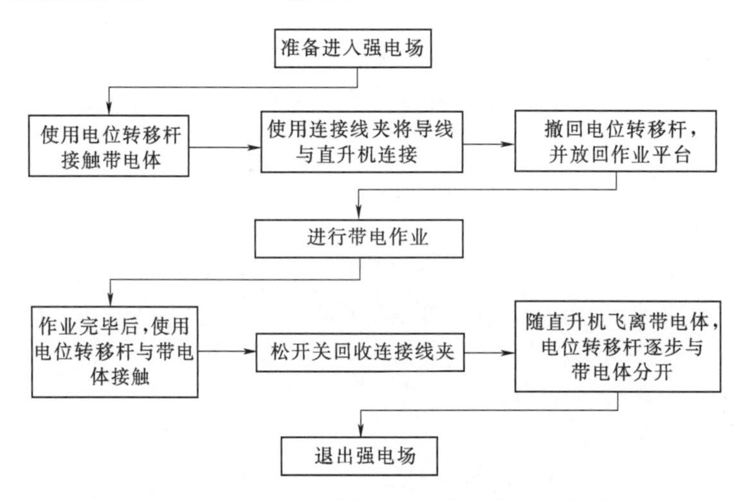

图 2-9-4-6　直升机平台法带电作业流程图

（五）平台法作业安全要求

（1）直升机应以 15°～45°角度从高处缓慢靠近带电导线。

（2）当距离目标 10～15m 时，作业人员应协助驾驶员观察直升机周围间隙，特别是主旋翼、尾桨与带电导线的安全距离应满足要求。

（3）直升机靠近导线进入等电位过程中，机载作业人员应使用电位转移棒进行电位转移，动作应平稳、准确、快速。

（4）电位转移时，电位转移棒应与检修平台保持电气连接。

（5）作业人员应确保连接线夹与导线可靠连接后，才能将电位转移棒放置到操作平台上，并确保作业期间直升机和带电作业人员与导线保持等电位。

（6）在作业过程中，驾驶员应时刻保持直升机悬停位置稳定，监视直升机仪表盘指示、直升机及机上设备与周围接地体或其他相导线的安全距离，并确保与作业人员沟通

顺畅。

（7）地面工作人员应先连接好直升机接地线，直升机才能着陆。机上工作人员在接地线未连接好之前不应与地面直接接触。非专业人员不应进入直升机着陆区半径20m范围内。

三、直升机吊索法带电检修作业

（一）吊索法带电检修作业范围

直升机吊索法检修作业方式主要是为了解决直升机受安全距离限制无法进入等电位，或由于作业时间超出直升机允许的悬停时间而无法用平台法开展检修作业的问题而产生的一种带电作业方式。吊索法作业方式是利用直升机通过绝缘绳将人和物吊到高压线上或铁塔上，工作完毕再将人和物接下来的一种工作方法。直升机吊索法带电作业如图2-9-4-7所示。

图2-9-4-7　直升机吊索法带电检修作业

吊索法带电作业法可以开展的项目包括带电安装或更换导线防振锤、导线间隔棒、带电修补导线等项目。

（二）吊索法作业难点

由于吊索法作业方法直升机不是处于等电位，故其主要难点在于吊索的选择和脱钩系统的研制。

（三）吊索法作业设备应满足的要求

（1）吊索的承重力和电气性能必须满足相关标准的要求。

（2）脱钩系统的主要作用是当检修作业人员到达作业点后，若遇作业现场天气突然变化或直升机出现故障时，使直升机与检修作业人员能够快速分离。脱钩流程如图2-9-4-8所示。

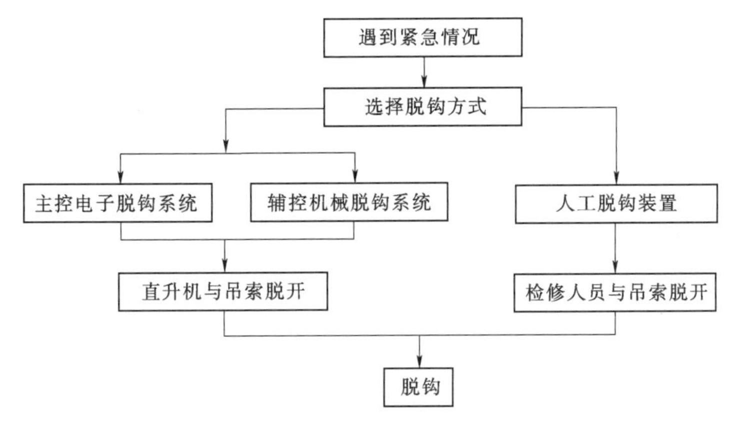

图2-9-4-8　吊索法带电作业脱钩流程图

（3）悬吊作业人员或设备的绝缘绳索的电气性能和机械性能等各项性能指标，应满足《带电作业用绝缘绳索》（GB/T 13035）的要求。

（4）悬吊系统应配置两套相互独立的脱钩系统，确保作业人员安全。

（5）绝缘绳索应满足《带电作业用绝缘绳索》（GB/T 13035）和《带电作业用绝缘绳索类工具》（DL 779）的要求，最小有效绝缘长度应满足带电作业要求。从直升机机腹到悬吊作业人员或设备的吊索长度应根据驾驶员操作熟练程度和选取机型等因素来确定。

（6）绝缘工具应避免受潮和表面损伤、脏污，未使用的绝缘工具应放置在清洁、干燥的苫布或垫子上。

（四）吊索法作业流程

吊索法作业流程如图 2-9-4-9 所示。

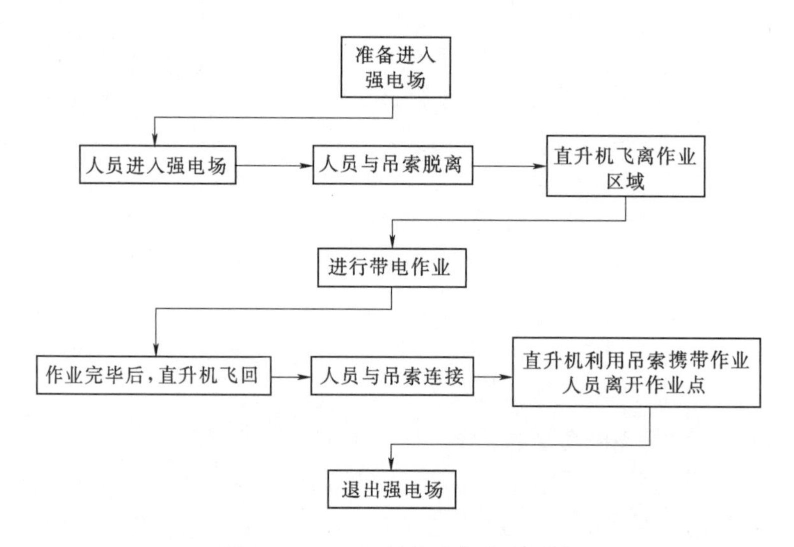

图 2-9-4-9　吊索法作业流程图

（五）吊索法作业安全要求

（1）直升机吊钩上应安装可靠的防扭转装置，防止悬吊作业人员在空中旋扭、飘摆。

（2）作业人员进行航行障碍物、作业塔号识别和确认时，直升机应从悬吊作业人员或悬吊物高于导线 30m 的高度缓慢下降靠近带电导线；驾驶员应检查悬吊作业人员所处的位置及其与周围带电体的距离，并及时调整飞行姿态。

（3）悬吊作业人员或悬吊物距离目标 10～15m 时，作业人员应通过通信设备和飞行手势指导驾驶员缓慢下降直升机。

（4）在下降过程中，驾驶员与作业人员应及时交流直升机下降的速度和角度，并实时调整。

（5）直升机在靠近导线进入等电位过程中，作业人员应使用电位转移棒进行电位转移，动作应平稳、准确、快速。

（6）电位转移时，电位转移棒应与悬吊物保持电气连接。

(7) 作业人员应确保连接线夹与导线可靠连接后，才能将电位转移棒收回，并确保作业期间带电作业人员、悬吊物与导线保持等电位。

(8) 到达作业位置后，作业人员应在确保已将安全带与导线连接后，才能拆除与绝缘吊索的连接装置，并通知驾驶员将直升机飞离线路上方。

(9) 直升机着陆前，地面工作人员宜利用临时接地装置，按照先作业人员或作业设备后直升机的顺序进行放电操作。非专业人员不得进入直升机着陆区半径20m范围内。

(10) 直升机在着陆时，应待带电作业人员落地，地面工作人员解开吊钩后，直升机方可移至停机位着陆。

(11) 地面工作人员应随着直升机的下降及时回收吊索，防止吊索被吹起后与直升机旋翼缠绕。

四、直升机吊篮法带电检修作业

(一) 吊篮法带电作业特点

吊篮法带电作业方式是通过直升机吊运可搭载人员和工具的吊篮，将吊篮挂在导线或地线上，直升机将吊篮及作业人员送入等电位，作业人员在吊篮里的一种带电作业方式。吊篮法直升机不进入等电位，只有吊篮进入等电位。吊篮进入等电位后可采用两种作业方式，根据工作内容，直升机可以脱离或不脱离。一是直升机悬停，作业人员在直升机下面悬吊的吊篮内等电位作业；二是将吊篮固定在导线上，直升机脱离离开，作业人员在吊篮内等电位作业，作业完毕直升机重新吊挂吊篮脱离离开。如图2-9-4-10所示。

图2-9-4-10　等电位直升飞机吊篮法带电作业现场图

(二) 吊篮法作业难点

吊篮法作业方式对飞行员的驾驶水平要求较高，需解决吊篮的空中旋转问题，存在一定风险。吊篮主要是根据不同的导线和作业任务需要站立的人员数进行设计的，因此在进行不同的作业任务时就设计不同的吊篮。同时，必须对配套外挂吊篮等主要工器具进行适航审定，目前国内办理适航审定不仅流程复杂，而且周期较长。

图2-9-4-11　吊篮法直升机带电作业使用直升机吊挂（吊篮）工作框

(三) 吊篮法作业设备应满足的要求

吊篮法直升机带电作业使用的直升机吊挂（吊篮）工作框如图2-9-4-11所示。

将带电作业的人员和设备吊挂到需要进行带电作业的线路位置上方。机载导航、校准系统是直升机上左驾驶位人员控制吊篮位置的指示系统，该系统进行吊篮的升降、位置对准。通过机载导航、校准系统，直升机机上左驾驶位人员可以将吊篮顺利吊挂到作业区域。

工作框是直升机吊篮法带电作业时作业人员的主要工具，当直升机将吊篮吊挂到作业区域时，吊篮上的作业人员就将吊篮与导线锁闭，然后，吊篮与直升机的吊挂绳脱离，带电作业人员就在吊篮上进行作业。作业完毕后，直升机再到作业区域上方将吊篮吊挂，吊到地面区域。吊框主要是根据不同的导线和作业任务需要站立的人员数进行设计的，因此，在进行不同的作业任务时就选用不同的吊框。

对吊篮要求如下：

(1) 吊篮应满足导线分裂结构进入与悬挂，应具备合理的空间布局，能够满足1～2名带电检修作业人员正常操作，并能满足工器具及相关零部件的放置等。

(2) 吊篮需在分裂导线上平稳滑动，宜设有滑轮组件，滑轮材料宜选择不损伤导线的MC尼龙工程塑料等非金属材料。

(3) 吊篮应设有刹车组件，便于在导线上实现吊篮位置精确控制及固定。

(四) 吊篮法作业流程

吊篮法带电作业流程如图2-9-4-12所示。

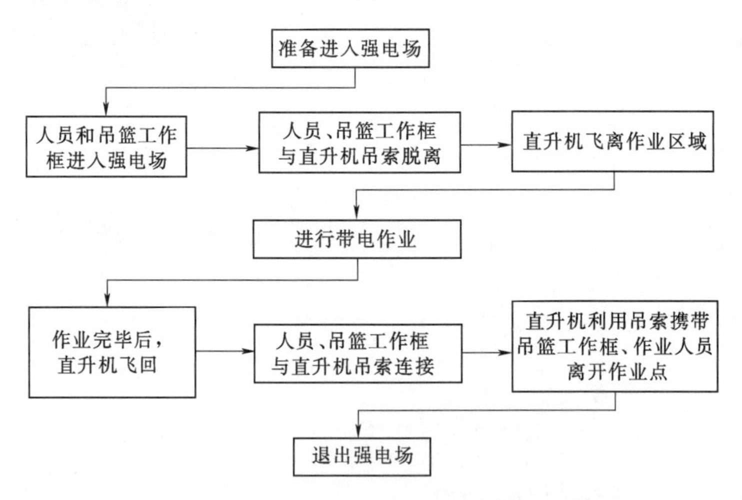

图2-9-4-12　直升机吊篮法带电作业流程图

(五) 吊篮法作业安全要求

(1) 直升机吊钩上应安装可靠的防扭转装置，防止悬吊的吊篮工作框、作业人员在空中旋扭、飘摆。

(2) 作业人员进行航行障碍物、作业塔号识别和确认时，直升机应从悬吊作业人员或吊篮工作框高于导线30m的高度缓慢下降靠近带电导线；驾驶员应检查悬吊作业人员以及吊篮工作框所处的位置及其与周围带电体的距离，并及时调整飞行姿态。

(3) 悬吊作业人员和吊篮工作框距离目标10～15m时，作业人员应通过通信设备和飞行手势指导驾驶员缓慢下降直升机。

(4) 在下降过程中，驾驶员与作业人员应及时交流直升机下降的速度和角度，并实时

调整。

（5）直升机在靠近导线进入等电位过程中，作业人员应使用电位转移棒进行电位转移，动作应平稳、准确、快速。

（6）电位转移时，电位转移棒应与吊篮工作框保持电气连接。

（7）作业人员应确保连接线夹与导线可靠连接后，才能将电位转移棒收回，并确保作业期间带电作业人员、吊篮工作框与导线保持等电位。

（8）到达作业位置后，作业人员应在确保吊篮工作框与导线连接到位，且已将安全带与导线连接后，才能拆除与绝缘吊索的连接装置，并通知驾驶员将直升机飞离线路上方。

（9）直升机着陆前，地面工作人员宜利用临时接地装置，按照先作业人员或作业设备后直升机的顺序进行放电操作。非专业人员不得进入直升机着陆区半径20m范围内。

（10）直升机在着陆时，应待带电作业人员落地或作业设备（包括吊篮、吊椅、吊梯等）进入地面托架，地面工作人员解开吊钩后，直升机方可移至停机位着陆。

（11）地面工作人员应随着直升机的下降及时回收吊索，防止吊索被吹起后与直升机旋翼缠绕。

第五节　直升机带电水冲洗绝缘子

一、直升机带电水冲洗优越性

直升机带电水冲洗绝缘子设备指的是通过直升机对高压交直流输电线路上的绝缘子串进行带电水冲洗，从而代替以往的靠人工清扫及其他手段开展的防污闪工作。直升机带电水冲洗简单易行，工作效率高，清洗效果好，经济效益显著。

随着输电电压的升高和远距离输电的发展，直升机带电水冲洗得到广泛应用。这种方法尤其适用于超高压、特高压交直流输电线路绝缘子的清洗，它降低了污秽造成的工频闪络，提高了电网的绝缘水平和运行可靠性。北美、欧洲、澳大利亚、以色列和日本等国家和地区都广泛采用了直升机带电水冲洗作业；我国的台湾和香港采用直升机带电水冲洗已多年，中国南方电网公司2004年年底进行了直升机带电水冲洗的研究和演示。直升机带电水冲洗绝缘子操作方法如图2-9-5-1所示。

二、直升机带电水冲洗设备

（一）水枪及其喷头

（1）绝缘水枪有短管、长管两种，短管水枪靠长水柱绝缘，常用于MD 500E型直升机，长管水枪常用于BELL-206型直升机。

（2）水冲洗流量约为30L/min，喷头水压为70～100bar≈71～102kgf/cm^2。以MD 500型和BELL-206型直升机为例，1h可冲洗500kV绝缘子25～30串。MD 500型直升机机身较小，可进入水平布置的中相或垂直布置中间相进行各侧面冲洗；BELL-206型

(a) 示例 1

(b) 示例 2

图 2-9-5-1　直升机带电水冲洗绝缘子操作方法

需用长枪穿越边相进行中相和各相另一侧面的冲洗。

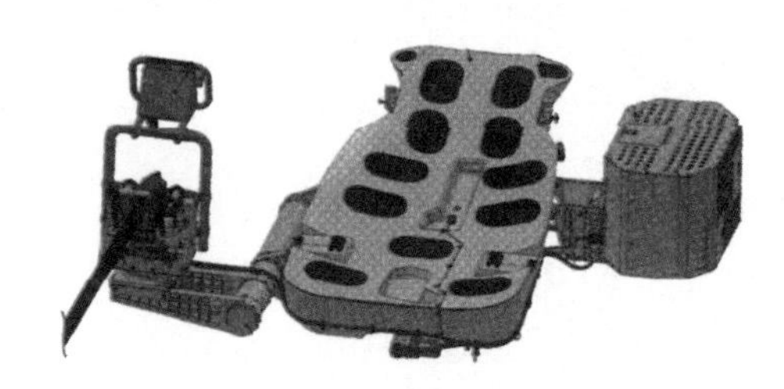

图 2-9-5-2　直升机水冲洗机载设备构件组成实物照片

(二) 水冲洗设备组成

直升机水冲洗机载设备由机载水箱、水泵及发动机组与安装基座、水枪组合及其安装托架等主要元件组成，具有整体重量轻、操作轻便灵活、模块化设计、拆卸维修方便等优点，构件组成如图 2-9-5-2 所示。地面设备包括野外停机综合补给车、油车、指挥车和水质检测仪等设备。

1. 机载水箱

直升机随机携带水箱的容积不可能太大，这主要取决于直升机负载指标。水箱安装在底仓外面，容积在 400L 左右，材质有玻璃纤维、塑料、低碳钢、不锈钢及铝合金。水箱外形为扁平正方形或扁平长方形，在水箱设计时还要为吸水管、泄压回路、观测计、水位探测仪、阻力探测仪预留足够尺寸的孔位，在负压出水管凸起处设置旋转整流栅以提高效率。

2. 水泵与发动机组

大部分机载清洗设备均使用更高压力且更低流量的水流，这是与飞行特点相适应的。目前标准设备采用汽油发动机，功率为 20～25kW，高压水泵最大压力为 12.5MPa，流量为 100L/min。

3. 高压水枪

直升机的安装托架可旋转，水枪全长 6～8m（长度可调），水枪前半部分（靠近喷嘴部分）4m 长均为合成绝缘材料制作，后半部分（靠近机身部分）为高强度合金材料制作。水枪喷嘴可转动，喷嘴尺寸要小于 3.2mm，配有特殊的硬质合金衬套。图 2-9-5-3 所示为机载水冲洗设备安装图。

4. 野外停机补给车

可载重10～15t的八轮柴油卡车为底盘，全轮驱动，配备水冲洗用纯水处理设备、水箱及水泵动力输出装置。在卡车水箱上面安装液压支撑承力板，作为直升机野外移动停机坪。整体采用集装箱式设计，具有净化水、提供直升机起降平台、保温、储水等功能。

图2-9-5-3　机载水冲洗设备安装图

三、带电水冲洗电气特性

带电水冲洗的用水一般采用电阻率为10000Ω·cm的去离子水，去离子水可购买，也可自行过滤加工。在清洗带电绝缘子时，应使用高电阻率低导电性的水，对于500kV超高压输电线路绝缘子，水质的电阻率应超过50000Ω·cm，在每天的水冲洗作业开始之前，要对水质做常规检验，因为电阻率会随着温度的升高而迅速下降，所以在现场监控上应配备便携式水质电阻率测量仪。图2-9-5-4所示为水柱工频放电电压与水电阻率的关系，可知随着水电阻率的增加，水柱工频放电电压有增高的趋势。但是当水电阻率大于2500Ω·cm之后，水柱放电电压增长陡度变小。因此根据图2-9-5-4，规定当水电阻率小于1500Ω·cm时应将水柱距离增大，以补偿由于水电阻率降低而使放电电压降低的影响。发电厂多采用除盐水进行冲洗，水电阻率高达几万欧厘米至十几万欧厘米。由于如此高的水电阻率会较大地提高水柱的放电电压值，因此也可适当减小水柱的距离。

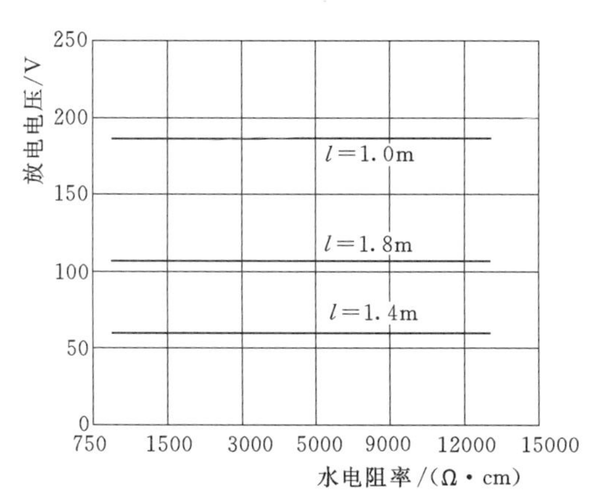

图2-9-5-4　水柱工频放电电压与水电阻率的关系

对于绝缘且不落地的直升机水冲洗，由于直升机处于中间电位，不必考虑通过水流泄漏至清洗设备、直升机和机组人员的电流。绝缘子闪络与否，主要取决于表面的绝缘状况。一方面绝缘子冲湿后表面盐分受潮，使导电性能大大增加，附盐密度直接影响水冲洗时绝缘子表面的绝缘电阻；另一方面水枪喷水又可使绝缘子净化，提高绝缘水平，水电阻率也直接影响表面绝缘电阻；对于不同试品，沿面的泄漏距离对表面绝缘电阻也起很大作用。因此盐密、水电阻及绝缘子的爬电比距（泄漏比距）是影响电弧发展的三要素。

因此建议：电压小于或等于230kV时，采用的水最低电阻率为1300Ω·cm；电压大于230kV时，水最低电阻率为2600Ω·cm。安全冲洗的临界盐密法是通过系统地研究水阻、盐密及爬电比距以及其他因素对设备水冲洗闪络的影响，定量地控制水冲洗条件，保证水冲洗安全的一种科学方法。《电力设备带电水冲洗导则》（GB/T 13395—2008）规定：冲洗前应掌握绝缘子的表面盐密，当超出表2-9-5-1临界盐密值时，不宜进行带电水冲洗。

表 2-9-5-1　　绝缘子水冲洗临界盐密值

绝缘子种类	电站支柱绝缘子		线路绝缘子	
	普通型绝缘子	耐污型绝缘子	普通型绝缘子	耐污型绝缘子
爬电比距/(mm/kV)	14～16	20～31	14～16	20～31
临界盐密/(mg/cm^2)	0.12	0.20	0.15	0.22

随着水电阻值的上升，其对应的耐污绝缘子和普通型绝缘子临界盐密值会有所上升。但水电阻值越大，水处理的难度也越大，不但影响经济性，而且对于直升机水冲洗这样需要不断补充水的方式来说，续航能力又受到了限制。经过比较，最终选择了 50000Ω·cm 这个指标，主要考虑到该表仅适用于 220kV 及以下电压等级，冲洗 500kV 的线路时还需要做出很大的裕量，并且要求有足够的作业范围，对绝大多数的绝缘子都能够适应，同时还具有较好的经济性和续航能力。

四、直升机带电水冲洗基本条件

（一）水冲洗作业人员要求和培训要求

直升机带电水冲洗作业在国内尚属于新生事物，飞行员过去所接受的教育是远离高压电力设施的飞行作业，在该项业务领域内国内尚无经验丰富的飞行员。飞行员在执行直升机带电水冲洗业务飞行时，无论在心理上还是技术上，考验非常严峻，所以飞行人员的训练是很关键的一个环节。

地面带电水冲洗操作员在国内有许多电力培训机构可供培训取证，但是直升机带电水冲洗作业与地面带电水冲洗作业还是有很大的不同，水冲洗操作员应参加相关的飞行作业培训方可胜任该项工作。

经过对国外部分直升机带电水冲洗业务较为成熟国家的初步了解，部分国家的电力公司已经具备直升机带电水冲洗飞行培训和作业培训，澳大利亚 Aeropower 公司在该项业务方面比较成熟，中国的香港中华电力公司也较成熟，建议今后开展该项业务拓展工作时可组织人员前往参加培训。

（二）水冲洗作业适航审定

开展直升机带电水冲洗业务需要对机载设备进行适航审定，取得机载设备挂靠在直升机机腹下方的适航审定许可，适航审定由中国民航局适航审定司负责。经过对国内外相关设备厂家调研分析发现，在国外，许多带电水冲洗设备已通过国外当地民航局批准，在国内适航审定时可提供国外适航审定的批复文件，在中国境内开展该项作业只需在民航局办理登记手续，只需得到中国民航局的认证，流程较为简单，故建议今后开展直升机带电水冲洗业务时购置国外已经获得适航许可的水冲洗作业设备。

五、直升机带电水冲洗作业实施和注意事项

（一）操作方法

直升机水冲洗和普通水冲洗方式存在较大差异。目前国际上采用的水冲洗基本都为单

枪。操作方式有操作员手动控制和飞行员固定控制两种，前者因应用业绩好、作业方式通用性强而被采用。该方式将水枪和水泵发动机组分别搭载在直升机后舱门滑橇左右两侧，飞行员控制直升机悬停在适当位置，由飞行员与冲洗操作员配合，使直升机悬停位置、作业清洗角度、清洗范围达到最佳。

（二）作业位置

直升机悬停在绝缘子串附近，直升机与绝缘子串等高（距地面30m左右）喷嘴与绝缘子距离为2～3m。距离过大，则冲洗效果会大大降低；距离过近，则对飞行控制要求较高。图2-9-5-5所示为直升机冲洗绝缘子串的位置示意图。

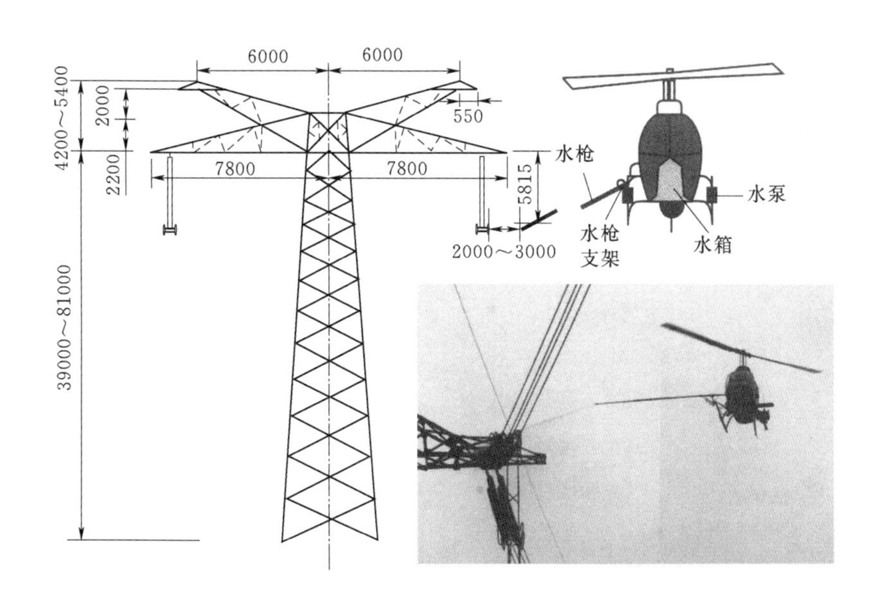

图2-9-5-5　直升机冲洗绝缘子串的位置示意图（单位：mm）

（三）水冲洗步骤

水冲洗作业首先要避免冲洗过程中形成二次污染造成人为闪络，其次要提高绝缘子沟槽内冲洗效果。对3种不同绝缘子（悬垂绝缘子串、耐张双联绝缘子串和耐张四联绝缘子串），水冲洗作业工艺应遵循以下原则：

（1）清洗悬垂绝缘子串，应自下而上分段进行。

（2）清洗双联耐张绝缘子串，应自导线端向接地端分段进行。

（3）清洗耐张四联绝缘子串，应遵循先冲下两串、再冲上两串的顺序。

（4）一般情况下，水枪喷嘴与水平面间保持10°夹角。

（5）为防止“邻近效应”造成其他相绝缘子受潮发生污闪，应先冲洗下风侧绝缘子串，后冲洗上风侧绝缘子串。

下面以500kV线路为例说明冲洗步骤。

当直升机悬停至合适位置后，水枪操作手首先将水枪喷嘴冲水方向调整到与绝缘子下缘夹角10°以上，然后将水枪水流调到最大，由导线端向接地端进行分段循环冲洗，绝缘子分布包含悬垂分布和耐张水平分布，3种不同绝缘子（悬垂绝缘子串、耐张双联绝缘子串

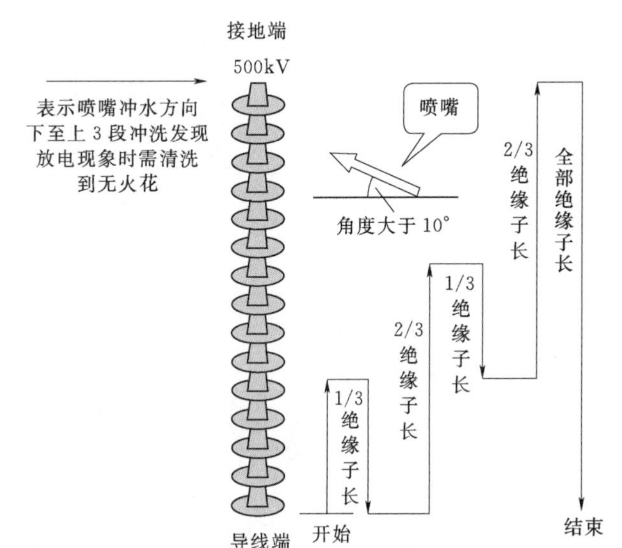

图 2-9-5-6 悬垂绝缘子串水冲洗步骤示意图

和耐张四联绝缘子串）的具体水冲洗步骤如图 2-9-5-6～图 2-9-5-8 所示。

（四）直升机带电水冲洗注意事项

（1）在每天的水冲洗作业开始之前，作业指挥员应首先确认冲洗线路已退出重合闸。在给机载设备补给冲洗用水前必须测量水的电阻率，其检测结果符合规定后方可使用。

（2）水枪操作手在冲洗绝缘子前，应首先确认冲洗线路名称及相序。确认该线路塔绝缘子完好，在冲洗过程中，发现有损坏的绝缘子或设备，不可清洗，应立即通报处理。

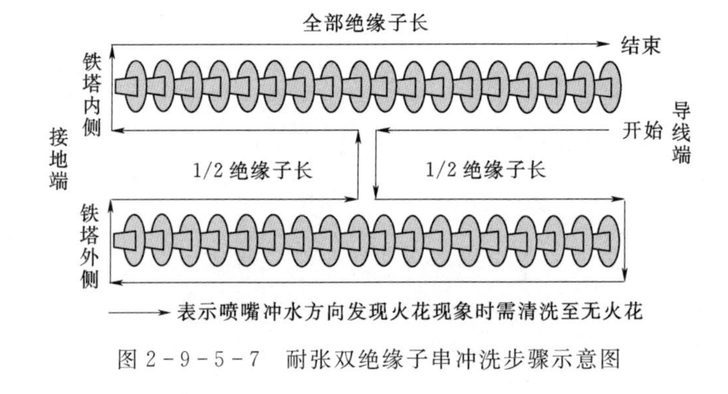

图 2-9-5-7 耐张双绝缘子串冲洗步骤示意图

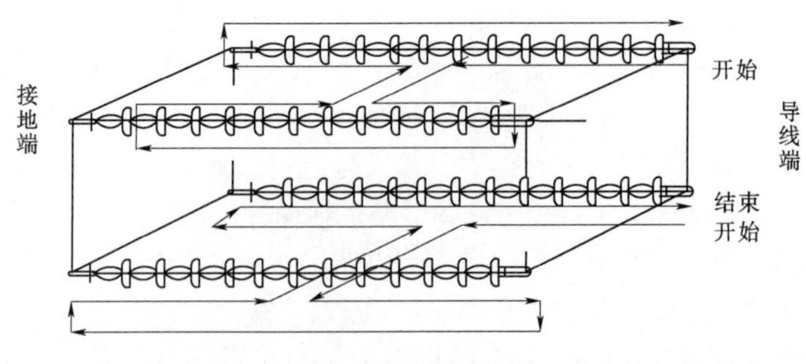

图 2-9-5-8 耐张四联绝缘子串冲洗工艺示意图

（3）在水冲洗作业过程中，飞行员和水枪操作手要时刻保持通话交流并相互提醒，保持规定距离进行水冲洗作业，使直升机和机载设备与周围物体保持足够安全距离。

（4）在冲洗作业过程中，冲洗水柱要正对风向作业，避免清洗绝缘子的脏水顺风喷溅到相邻未清洗的脏绝缘子上，形成二次污染。冲洗中若发现有局部泄漏火花，应加强水

冲洗。

（5）在冲洗过程中悬停，遇有风时，直升机要顶风悬停，以便使飞机更稳定。若要对飞行进行调整，水枪操作员要提醒飞行员线路周围有何障碍物需注意，以免有气流影响，使直升机突然撞线。

第六节　无人机带电检测零值绝缘子

一、无人机带电检测零值绝缘子原理和组成

1. 原理

绝缘子检测装置用于检测瓷质绝缘子的性能状况，国内常用的有火花叉和光电杆等。随着无人机技术的发展应用，利用无人机携带检测装置进行瓷质绝缘子零值检测成为一种新的发展方向，检测人员只需在地面操控检测无人机。与传统人工相比，在保证作业人员人身安全的同时，提高作业效率至原来的4～6倍。无人机有效飞行高度能达到500m以上，能有效地到达外业人员难以进入的区域，适用于绝大部分输电线路绝缘子探测。工作人员通过图像设备，实时操控飞机将火花叉插进待测绝缘子两端，进行检测判断，并通过机载视频图像拍摄装置，地面人员可以实时观测以及判断瓷质绝缘子的状态。

2. 组成

无人机接触式绝缘子检测装置由无人机及绝缘子电火花间隙测零器组成。该装置能克服人员登塔、角度不准、操作困难等缺点，创新式地解决了接触式的绝缘子零值探测难题。

对于无人机的总体要求如下：

（1）非常轻便，便于操作。

（2）搭载探测设备时，飞行安全、稳定。

（3）绝缘距离不低于1m。

（4）探测设备总重不超过1kg。

（5）探测设备振动幅度小于3cm。

图2－9－6－1～图2－9－6－3所示为部分无人机零值绝缘子检测装置示意图。

图2－9－6－1　FPV摄像头

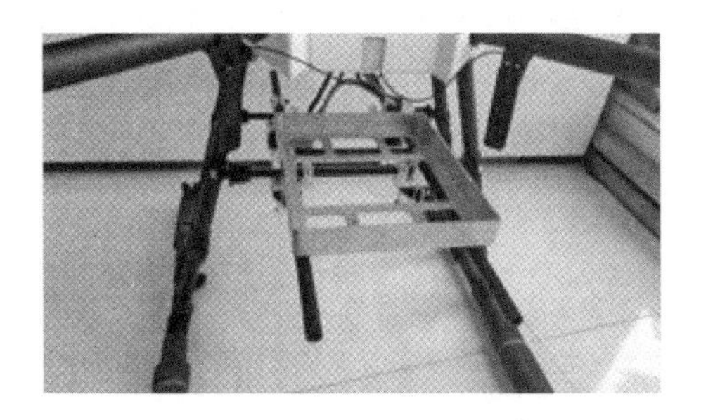

图2－9－6－2　可滑动调节的电池底座

二、无人机带电检测零值绝缘子应用

输电线路瓷质绝缘子基于无人机的接触式检测方案是一种创新式的带电检测绝缘子方案，能有效替代人工完成零值检测，同时极大地保证操作人员的人身安全。目前无人机接触式绝缘子检测技术已经成熟，基于无人机平台的接触式带电检测装置能够稳定飞行并完成瓷质绝缘子检测任务，该检测方案成本低、效率高，适合进入人员难以到达的地区检测。

图 2－9－6－4 所示为无人机带电检测零值绝缘子样机试飞。

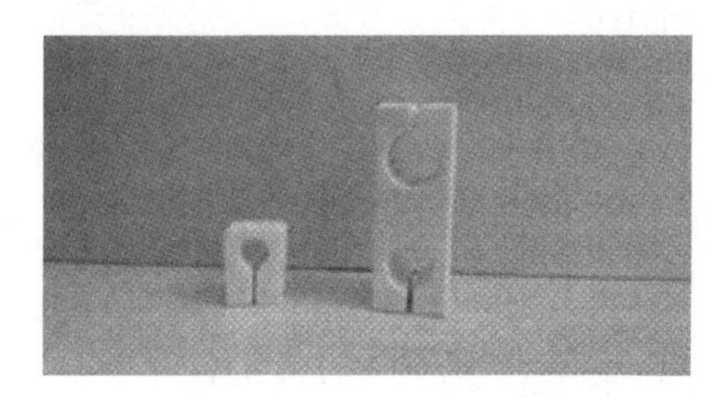

图 2－9－6－3　3D 打印的连接件

图 2－9－6－4　无人机带电检测零值绝缘子样机试飞

第七节　带电更换 220kV 耐张串金具工器具研制与应用

当 220kV 耐张串金具发生损坏或变形时，采用的作业方法是带电更换整串绝缘子。针对该作业方法所用工具繁多、作业程序复杂、作业人员数量多等问题，研制了带电更换 220kV 输电线路耐张串金具专用的工器具，可以更换耐张串两端的金具及第 1 片绝缘子。经过现场应用后，认为新的作业方法可减少作业人员和工器具数量，简化作业程序，提高作业效率，达到带电作业安全高效的目的。

一、带电更换 220kV 耐张串金具目前存在的问题

220kV 输电线路耐张串金具主要指绝缘子串在导线侧和横担侧与联板相连接的直角挂板、球头环、碗头挂板等。其中：一端的碗头挂板与导线侧的联板连接；另一端的直角挂板、球头环与横担侧的联板相连接。每个部件都承受着水平荷载及外部荷载，部分承担着电气与机械双重荷载。当金具发生损坏或变形时，目前所采用的带电作业方法是带电更换 220kV 整串绝缘子，操作人员及应用的工具数量多且操作复杂、作业程序烦琐、作业时间长。即使是处理一个部件缺陷，也须采用这种方法，增加作业人员劳动强度，延长了缺陷处理时间，人身安全也存在一定的隐患。

二、专用工器具的研制

1. 基本要求

研制带电更换 220kV 耐张串金具的工器具，要求既要保证人身安全，又要保证输

电线路的运行安全；要满足安装简单、重量轻、连接部位少、操作简便的要求；并且针对不同的绝缘子串连接方式和金具型号、绝缘子型号的不同，选择合适的组装部件。该工器具由金具连接部分（与横担侧、导线侧悬挂绝缘子的联板固定）、绝缘子连接部分（固定绝缘子钢帽部分）、承力部分（省力丝杠）组成。对于金具连接部分，选用与金具型号、绝缘子型号相匹配的部件；对于绝缘子连接部分，在更换横担侧、导线侧耐张串时，由于绝缘子方向发生了改变，需采用不同的连接部件；对于承力部分，部件可以通用。

2. 研制内容及安全要求

研制的工器具主要针对目前应用较为广泛的XWP－70、XWP－100型耐张绝缘子串，对于其他型号的绝缘子，可以在此基础上增加工器具的规格、承载能力。

研制的工器具包括与绝缘子、金具（联板）连接和固定的工具以及承力工具，如图2－9－7－1所示。该工具用于常规配置的220kV输电线路上，不但可以更换耐张串两端的金具，还可以直接更换耐张串两端（即导线侧、横担侧）第1片损坏的绝缘子，具有安装简单、操作方便、轻便通用、轻重适合的特点。工器具的型号依据金具和绝缘子的型号确定。可以依据不同的绝缘子、金具型号合理选择工器具。

三、应用推广情况

在巴彦淖尔电业局220kV临公线、库临线、临隆线等输电线路上，使用专用工器具对耐张串金具（图2－9－7－2～图2－9－7－4），导线侧、横担侧第1片绝缘子进行了更换。

使用专用工器具进行操作，与常规作业方法比较，减少作业人员及工具数量，缩短了作业时间，尤其是减少了操作环节，提高了作业效率，效果十分明显。使用专用工器具的新作业方式与原作业方式的作业时间、作业人员、工器具数量比较情况见表2－9－7－1。

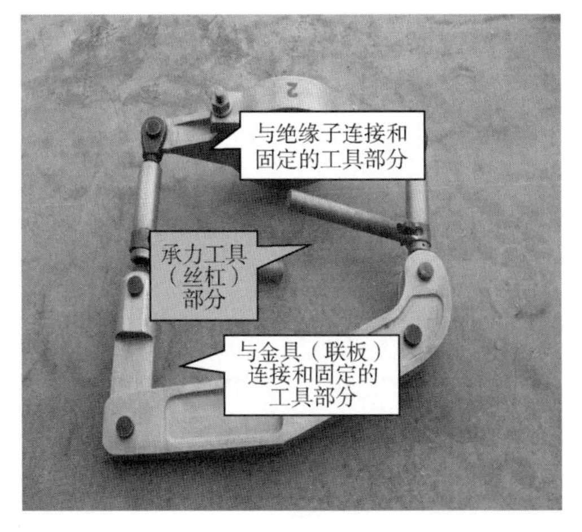

图2－9－7－1 带电更换220kV耐张串金具工器具组装图

图2－9－7－2 使用专用工器具更换绝缘子串时的应用组装

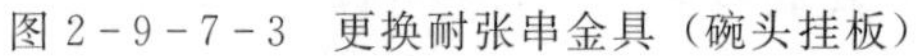
图 2-9-7-3　更换耐张串金具（碗头挂板）

图 2-9-7-4　摘取碗头挂板后的效果

表 2-9-7-1　　新作业方式与原作业方式的比较

项　目	原作业方式（更换整串绝缘子）	新作业方式	
		更换导线侧金具	更换横担侧金具
绝缘软梯/副	1	1	不用
梯头/个	1	1	不用
跟头滑车（绳索及滑车）/副	1	1	不用
全套屏蔽服/套	1	1	1
卡具（前后卡各1副）/套	1	不用	不用
托瓶架/副	1	不用	不用
传递绳/条	1	1	1
等电位操作人员保护绳/条	1	1	不用
托瓶架起落绳/条	1	不用	不用
操作杆/副	1	1	1
测零杆/副	1	1	1
托瓶架固定器/副	1	不用	不用
研制的专用工器具/套	无	1	1
作业人员/人	6	4	3
作业时间/min	40	25	15

四、结论

带电更换 220kV 耐张串金具工器具的应用，缩短了缺陷处理时间、简化了作业程序，

并且在更换220kV耐张串横担侧金具时省略了等电位作业的程序，为保证作业安全、设备安全提供了有力的保证。

第八节　带电更换220kV耐张塔双联单串玻璃绝缘子的改进方法

架空输电线路的安全稳定运行，离不开线路运行单位的检修维护工作。每年因为质量缺陷或雷击闪络等原因都会造成玻璃绝缘子发生自爆或损坏，若线路同一耐张塔单串玻璃绝缘子出现多片自爆或损坏缺陷，往往需要立即对有缺陷的玻璃绝缘子串进行更换，传统的做法是申请线路停电进行消缺。而在现有220kV电网运行方式和电力供应紧张的情况下，由于停电更换绝缘子串周期较长使得隐患不能及时排除，将对电网运行和电能供应产生极大影响，甚至是不能实现的。因此，带电作业更换单串玻璃绝缘子就成为了一种有效的检修方式。

通常，绝缘托瓶架是在更换单串玻璃绝缘子中，检修人员应用较为广泛的一种硬质绝缘工器具。运行中的玻璃绝缘子不仅承受工作电压，同时还承受机械力的作用。托瓶架通过转移机械力而起承托作用，使得绝缘子串在自重作用下，始终在托瓶架上保持直线状态，以便于带电检修工作的有序开展。本文将根据南方电网带电作业技能竞赛中更换220kV耐张塔双联单串玻璃绝缘子的实际案例，考虑传统托瓶架在更换单串玻璃绝缘子时，其三脚支架会发生扭转变形的隐患，通过力学分析对传统托瓶架进行改造，以确保带电检修作业更加安全稳定的进行。

一、带电作业更换双联单串玻璃绝缘子案例分析

（一）带电作业中进入强电场的方法

1. 沿绝缘子串进入强电场

该方法的原理是利用绝缘子串的绝缘性能，作业人员通过“跨二短三”的方法，以绝缘子串为绝缘通道从而达到等电位作业位置。该作业方法对良好绝缘子串长度要求较高，在扣除人体短接的三片绝缘子后，良好绝缘子片数应满足安全规程有关规定，该作业方法一般适用于220kV及以上输电线路耐张杆塔。

2. 利用转臂梯进入强电场

该方法的作业原理是利用绝缘转臂梯，使得等电位电工与地电位绝缘，通过绝缘转臂梯达到进入强电场的目的，该方法不受带电作业位置的高度限制，一般适用于超高杆塔及220kV以上的输电线路。

3. 沿软梯或硬梯进入强电场

该方法的作业原理是利用绝缘软梯或硬梯使作业人员与地面绝缘，通过攀登软梯或硬梯进入强电场。该作业方法受作业位置对地高度、导地线型号以及作业人员技能水平等的限制，一般适用于110～220kV输电线路。

（二）传统托瓶架在带电作业更换双联单串玻璃绝缘子中的应用

1. 托瓶架及其优点

带电作业中使用的绝缘托瓶架，两端的金属件应做表面防腐处理，且金属表面应达到光滑且无毛刺，中间的托瓶架杆件应做充分的绝缘处理。托瓶架工具应选材优良，绝缘材料不仅要有足够的机械强度和耐压水平，也要具备一定的耐潮性能和抵抗异常气候状态的能力，从而可以在环境恶劣时延缓事故发生的时间，以便于作业人员安全撤离现场。

在此次带电更换220kV耐张塔双联单串玻璃绝缘子项目中，为了减少塔上地电位和等电位作业人员的工作强度，我们采用绝缘托瓶架的方法，充分利用地面辅助人员的配合，从而减少高空作业人员的工作强度。在带电作业中，通过改变操作方法，将承托和起降托瓶架的工作由等电位作业人员与地面辅助人员进行配合操作，从而使得作业位置相对固定，避免了因地电位或等电位作业人员作业位置转移而导致的延时性和危险性。

2. 托瓶架法的应用

在带电作业更换双联单串玻璃绝缘子过程中，塔上作业人员收紧丝杆，检查承力工具各部件受力良好。在脱离绝缘子时，地电位作业人员收紧丝杠及卡具，等电位作业人员单独控制托瓶架及绝缘子串。在地电位作业人员操作到适当程度时，与等电位电工配合将绝缘子串脱离导线，并保持自然垂直。托瓶架上的绝缘子串放落时应匀速平稳，避免绝缘子串在垂直后发生振荡。托瓶架法更换220kV双联单串玻璃绝缘子如图2-9-8-1所示。

图2-9-8-1　托瓶架法更换220kV双联单串玻璃绝缘子

在恢复绝缘子串时，当垂直的绝缘子放入托瓶架中间时，等电位作业人员不用等待地电位作业人员经作业转移到等电位作业人员的位置，通过与地面人员配合，直接可以单独操作托瓶架，将绝缘子串控制成水平状态。此时，地电位作业人员可直接进行放松丝杠及卡具操作，避免了作业转移后再进行操作的现象。托瓶架在收起时也应匀速平稳，避免与导线和金具发生碰撞。利用托瓶架进行整串玻璃绝缘子更换，如图2-9-8-1所示。

二、改进型绝缘托瓶架

（一）托瓶架法更换双联单串玻璃绝缘子的力学分析

运行线路中耐张绝缘子串承受导线的水平张力作用，导线的水平张力与档距和气象条件有关，若均已知，则可由工程机械特性表查出导线应力。导线的水平张力为

$$F=\sigma S/9.8$$

式中　F——导线的水平张力，kgf；

σ——导线应力，N/mm^2；

S——导线的截面积，mm^2。

带电更换整串耐张绝缘子串时，收紧导线使得绝缘子串松弛。当绝缘子串导线端金具拆除后，通过托瓶架三脚架横杆的转动，从而将耐张绝缘子串由水平状态变为竖直状态，该过程属于绕固定轴转动，与新绝缘子串被放入托瓶架的逐渐安装完毕的转动过程相反。由于塔上作业人员可能很难掌握平衡，且与地面作业人员可能存在配合误差，从而在绝缘子串的自身重力、导线应力和人为可能存在的偏转拉力作用下，使得此时的托瓶架，特别是三脚架承受的力非常大。

在实际带电作业中，三脚支架扭转变形的主要原因存在于处于竖直状态绝缘子串的脱离放落过程。此过程中，根据具体地形和工器具的摆放位置，若使绝缘子串顺利放落地面而无托瓶架阻挡，必须让处于竖直状态的托瓶架沿着三脚架主杆扭转一定角度，更换新绝缘子串的这个阶段刚好相反。在这个阶段中，地电位作业人员不能保证施力方向保持完全水平旋转，可能会存在其他方向的偏转拉力，这会使托瓶架三脚架主杆产生力矩的作用，从而导致主杆在滑车连接孔口的固定位置产生扭转变形，从而降低了带电作业的成功率和安全性。

图2-9-8-2所示为传统托瓶架三脚支架示意图，图2-9-8-3所示为使用传统托瓶架三脚支架更换绝缘子串后发生的扭转变形现象。

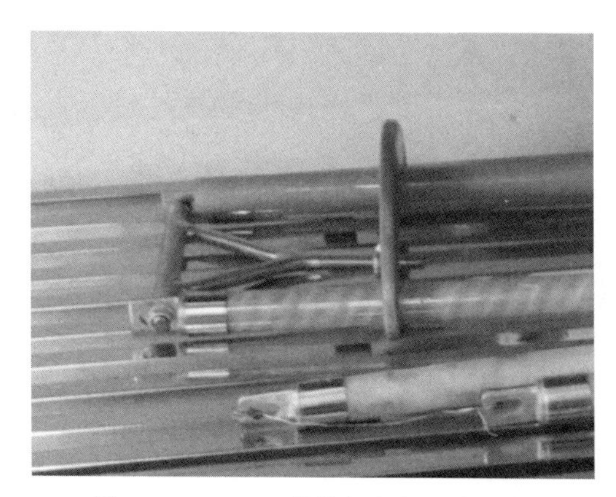

图2-9-8-2　传统托瓶架三脚支架

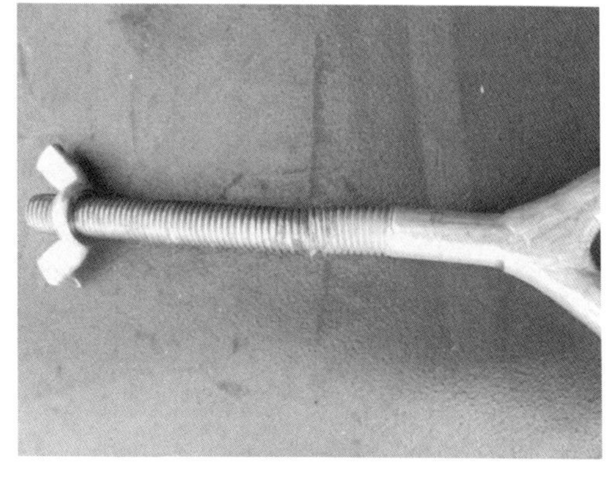

图2-9-8-3　扭转变形的托瓶架三脚支架

（二）传统绝缘托瓶架的改进措施

为了解决托瓶架三脚支架的扭转变形问题，本文针对应用现状提出了两种改进方法，增加了三脚支架的机械强度和转动灵活性。

1. 三脚支架斜边不直接固定在托瓶架主杆上

托瓶架主杆在更换绝缘子串的向下放落过程中，会由水平方向转变为竖直方向，从而带动托瓶架三脚支架发生转动，原三脚支架横杆由于直接固定在托瓶架前卡具上，使得转动不灵活。同时由于整串玻璃绝缘子的转动和等电位及地电位作业人员的不平衡力，使其存在一定程度的外扭转应力。

采用更换三脚架两斜边固定点的方法进行改进，在托瓶架的横杆上安装新的固定三脚架斜边的金具，将三脚架两斜边固定在新安装的金具上，三脚架横杆两端插入新固定金具圆形转轴槽内，使得托瓶架能够更加灵活的多方向转动，从而在更换绝缘子串的变换托瓶架位置时，减少对三脚架的扭转作用。

2. 改变三脚支架主杆的长度

当更换绝缘子串的托瓶架由水平方向转变为竖直方向时，三脚支架会随之发生转动，若三脚架主杆较长，则在转动过程中会更容易发生扭转变形。因此，在满足固定托瓶架的尺寸以及保持足够强度的前提下，适当减少三脚架主杆的长度，也能够在一定程度上减少对三脚支架主杆产生的外扭转应力。

结合两种改进措施设计的新型托瓶架三脚支架如图 2-9-8-4 所示。

三、带电作业更换双联单串玻璃绝缘子的其他改进措施

原装的滑车为金属制滑车，滑车的总体尺寸相对较小。当采用绝缘绳索拉伸绝缘子串时，其产生的摩擦力较大，地面作业人员需要使用较大的力才能拉动整串玻璃绝缘子。此外，在拉绳过程中，绝缘绳索容易牵动金属滑车的边缘，导致绝缘绳索逐渐磨损严重，容易发生安全事故。鉴于此，在原位置安装了新型环氧滑车，环氧材质的使用大大解决了拉绳费力和磨损问题，同时极大地提高了带电作业的工作效率，保证了作业过程的安全。图 2-9-8-5 所示为改进型环氧滑车。

图 2-9-8-4　改进型托瓶架三脚支架

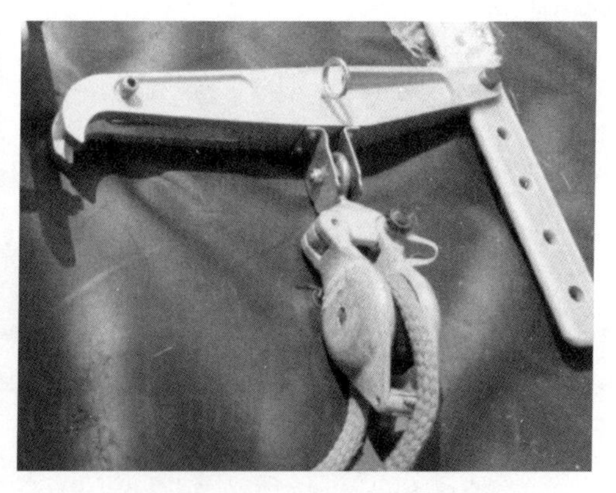

图 2-9-8-5　改进型环氧滑车

在实际更换双联单串玻璃绝缘子过程中，需要将传递绳滑车由主材位置转移至延长环位置。通常采用的是使用 U 形环固定在延长环上，而在实际作业过程中，此种方法需要地电位作业人员拆开 U 形环主杆并安装在延长环上，这使得带电作业时间增加。再者，由于需要将传递绳滑车从横担位置拆开，随后通过 U 形环安装在延长环上，这增加了作业过程中传递绳滑车高空坠落的风险。通过实际案例可知，应设计一种卡槽式滑车，既可以直接卡在横担的角钢上，也可以卡在延长环或 U 形环上，这样不仅提高了带电作业的效率，同时也减少了作业过程中，传递绳滑车坠落的风险。

四、结论

带电作业可以最大程度的减少因停电检修而导致的电能损失，提高了供电可靠性，产

生了更大的经济效益。本文通过实际案例分析，对传统托瓶架三脚支架进行了位置和尺寸的改进，从而消除了带电更换双联单串玻璃绝缘子时三脚支架的扭转变形缺陷；同时对传统滑车进行了材质和连接方式的改进，解决了其易磨损和坠落问题。上述改进方法的通用性和适用性较强，现场应用证明可降低带电更换 220kV 耐张塔双联单串玻璃绝缘子的工作强度，且大大提高了带电检修作业的成功率和安全性。

第九节 输电线路带电作业等电位折梯的研制

现如今，城市范围不断扩大，人口逐渐增多，土地资源也随之变得紧张。为了压缩线路走廊，降低线路成本，节约工程投资，越来越多的城市输电线路开始采用紧凑型输电线路铁塔。相比于普通铁塔，紧凑型铁塔塔身与导线之间的距离有所缩短。对于三相导线水平布置的紧凑型铁塔，中相导线往往置于塔窗内，与塔身距离较近。在对中相导线进行等电位带电作业时，需要工作人员从塔身进入中相导线，在移动过程中，不能满足安全距离的要求。因此，对紧凑型铁塔中相导线的等电位作业，提出了全新的挑战。

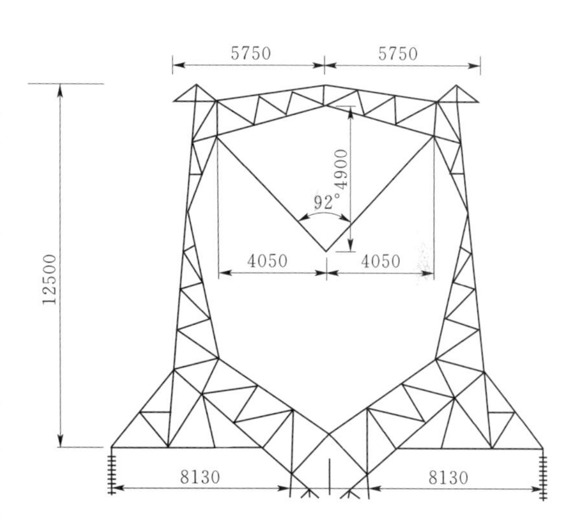

图 2-9-9-1 紧凑型铁塔塔头尺寸（单位：mm）

500-ZMV（27）型单回路猫头塔塔头尺寸如图 2-9-9-1 所示。对于 500kV 电压等级，为了保证等电位作业人员的人身安全，等电位作业人员沿工具进入强电场的过程中，必须保证人体与带电体、地电位间的组合间隙时刻保持在 4.0m 以上。而对于如图 2-9-9-1 所示的紧凑型猫头铁塔，中相导线距两侧塔材距离 4.05m，距上方塔材 4.9m，考虑到人员身高和进入电场过程中的臂展，从上方和两侧进入等电位时，均不能满足组合间隙的要求。而从下方爬软梯进入电场虽然能够满足组合间隙的要求，但由于软梯及软梯头本身金属结构存在安全性、悬空过程中不稳定性以及操作过程复杂性等原因，一般不采用。

一、工具设计

1. 进入电场路径

进入电场路径如图 2-9-9-2 所示。

影响紧凑型铁塔带电作业开展的主要原因，是塔窗尺寸的缩小。在研制新工具时，考虑进出电场时避开塔窗，从塔窗外侧顺线路方向进入电场，等电位行进路线如图 2-9-9-2 所示。

2. 尺寸设计

为了实现上述路径，新工具使用折叠梯的原理，根据铁塔以及导线型号、尺寸设计。折梯由水平和竖直两个部分组成，水平部分长度 4120mm，采用平梯形式，结构牢固，梯挡间距 290mm；竖直部分长度 6342mm，采用蜈蚣梯形式，方便向上攀爬且减轻重量，挡距 200mm。设计图如图 2-9-9-3 所示。

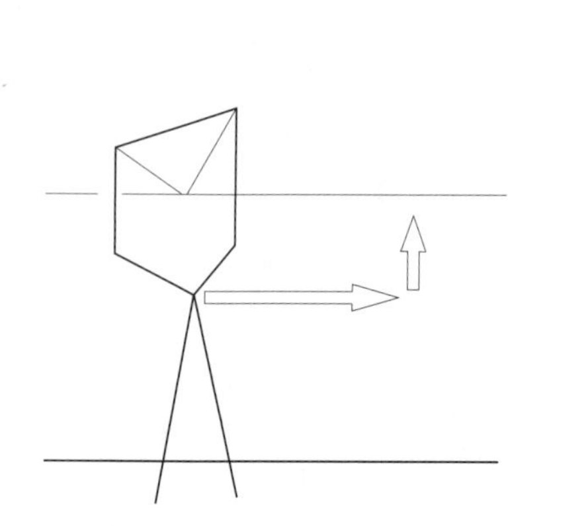
图 2-9-9-2　进入电场路径

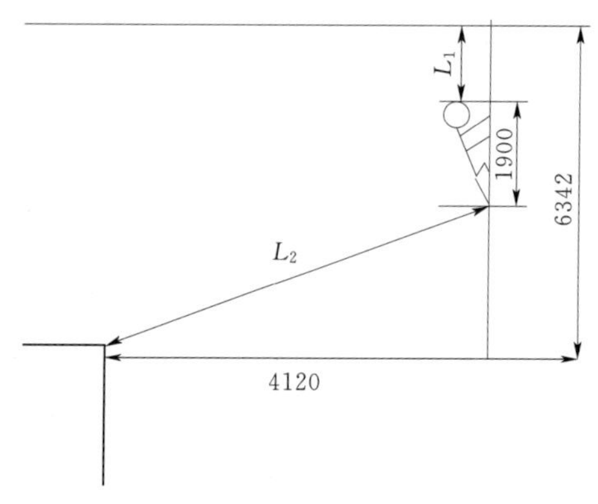

图 2-9-9-3　工作人员在折梯上行进示意图（单位：mm）

3. 安全距离校验

工作人员在折梯上行进示意图如图 2-9-9-3 所示。折梯设计如图 2-9-9-4 所示。组合间隙 $L=L_1+L_2$，其中：

$$L_2=\sqrt{(6342-1900-L_1)^2+(4120-500)^2}\quad (\mathrm{mm})$$

人体在折叠梯上活动短接的距离取 500mm。则

$$L=\sqrt{(6342-1900-L_1)^2+(4120-500)^2}+L_1\quad (\mathrm{mm})$$

经过计算得到人体在梯上移动时的最小组合间隙为（$0\leqslant L_1\leqslant 4442$）：

$$L_{\min}=5730\mathrm{mm}>4000\mathrm{mm}$$

故其安全距离能够得到保证。

4. 水平移动辅助

除了满足必需的安全距离和组合间隙外，折梯在使用的过程中还要保证自身的稳定。由于蜈蚣梯上部是通过滑车与导线连接的，人员在硬梯上水平移动会造成梯子前后晃动。因此，在平梯上加装平板滑车，作业人员坐在滑车上，通过塔上电工拉动绳子前后移动。

二、实物制作

制作完成的折叠梯实物如图 2-9-9-5 所示。

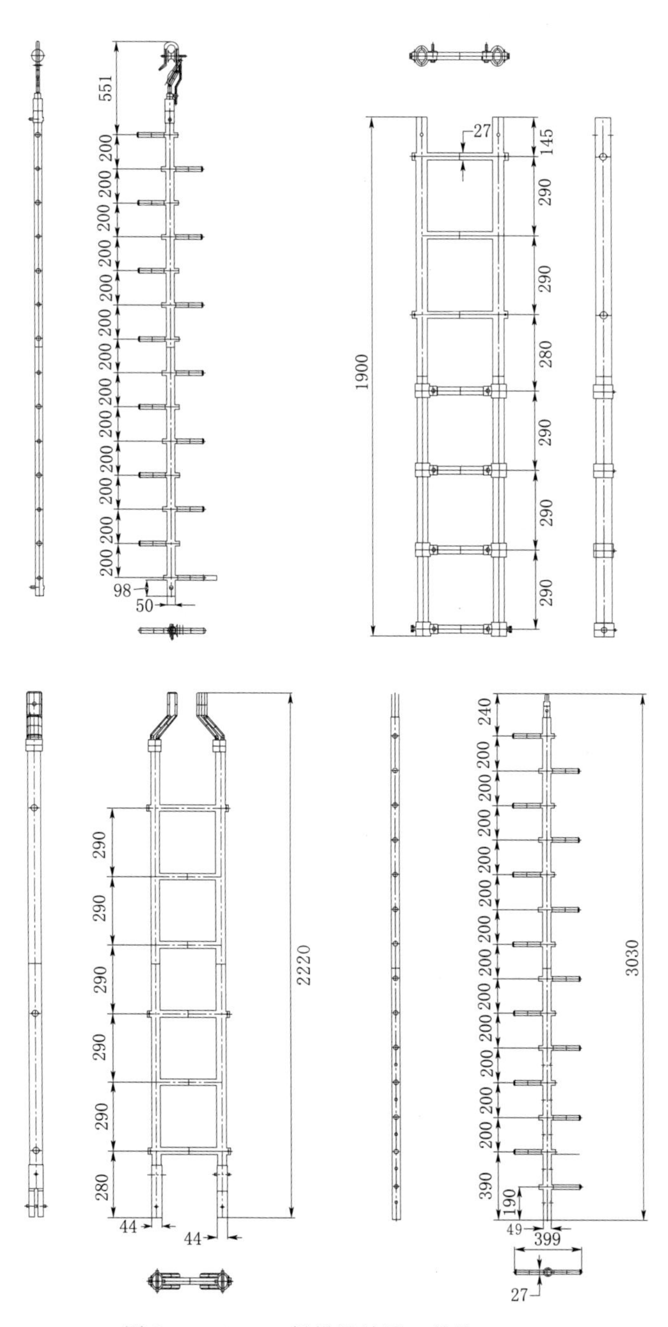

图 2-9-9-4　折梯设计图（单位：mm）

该折叠梯有如下特点：

（1）除自身重量外，可耐受 150～200kg 重量，能满足日常带电作业的要求。

（2）分段制作，方便运输。

（3）梯头加装带自动锁扣的滑车，方便与导线连接且安全性高。

（4）平梯段加装平板滑车，解决横向移动摇晃的问题。

图 2-9-9-5　折叠梯实物图

图 2-9-9-6　人员通过折叠梯水平部分

三、现场试验

2016 年 11 月，在 500kV 尹郭 5101 线 4 号直线塔上对工器具进行了模拟操作试验，铁塔型号为 500-ZMV（27）型单回路猫头塔，塔头尺寸如图 2-9-9-1 所示。试验过程中，折叠梯可靠牢固，进入等电位过程顺利，且能够满足组合间隙要求，试验取得圆满成功，折叠梯通过试验验证，实际操作流程如图 2-9-9-6～图 2-9-9-8 所示。

图 2-9-9-7　人员通过折叠梯竖直部分

图 2-9-9-8　人员准备进入等电位

四、结论

本文所研制的带电作业等电位折梯，目的是通过实现 L 形路径进入电场，避开紧凑型铁塔塔窗，保证作业人员在电位转移过程中满足组合间隙的要求，保障作业安全。

目前，该折叠梯已在输电带电培训中进行了运用，在带电更换 500kV 中相 V 形绝缘

子串项目上，实训教师和学员成功使用折叠梯进入等电位并完成操作。为折叠梯今后的进一步运用打下了良好的基础。

第十节　输电线路数字化绝缘承力工具的研制与应用

在线路检修、抢修和带电作业工作中大量使用承力工器具，这些承力工具在使用中的载荷是不断变化的，一旦承受拉力超过额定荷载，将可能造成严重的后果，甚至导致倒塔断线、群死群伤事故的发生。

同时，随着高压线路新型大截面导线的应用，以往简单、凭经验安排检修工作的承力工器具已不满足工作需求。多次的事故教训证明，无依据工作现象必须改变，检修工作的可靠、可控性必须依靠科学施工方式才能真正提高生产过程的安全性。

近年来，高压线路设计的杆塔逐步升高、挡距增大，特别是超高压和特高压线路建设速度的加快，更应该对传统的工器具加以科学的技术改进。

为此，本文研制了一种系列化、实用化的输电线路带电作业绝缘承力工具，用于实时监控检修工具拉力的连续变化，确保施工及检修安全和检修质量。

一、装置构成及原理描述

（一）装置模块与组件

本文所提出的输电线路数字化绝缘承力工具的主要功能模块是由承力工具受力感知元件和承力传感器专用载体两部分构成。除此之外，还包含有数字化监测预警装置、传输模块以及余揽支架等附属功能模块，实物图如图 2-9-10-1 所示。

其系列化成套实物装置如图 2-9-10-2 所示。

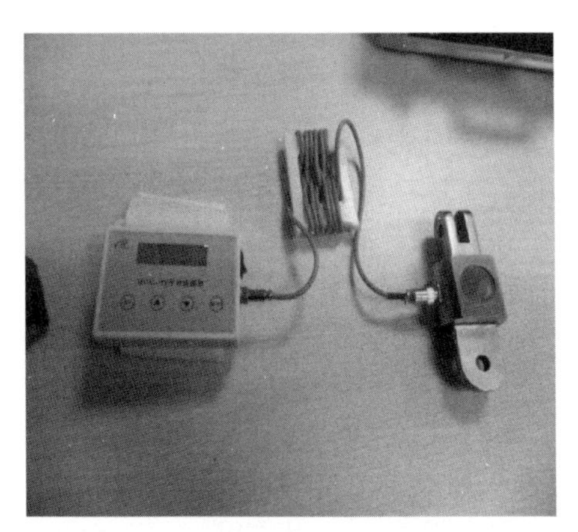

图 2-9-10-1　输电线路数字化绝缘承力工具实物图

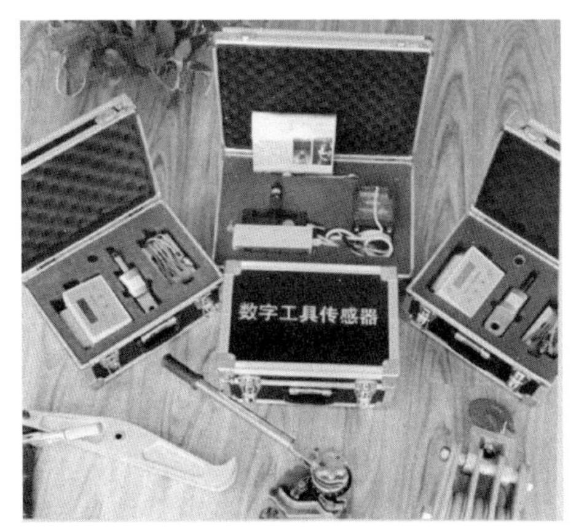

图 2-9-10-2　数字化绝缘承力系列化工具实物图

（二）装置工作原理分析

1. 承力工具受力感知元件

承力工具受力感知元件主要包括敏感元件、转换元件、测量电路以及辅助电源四个部分，它将各种力学量转化为电信号，其结构连接及工作示意图如图 2-9-10-3 所示。

本文中受力感知元件的力传感器为电阻应变式传感器并采用全桥工作模式接入电桥。电阻应变式传感器是以电阻应变计为转换元件的电阻式传感器，由弹性敏感元件、电阻应变计、补偿电阻和外壳组成，可根据具体测量要求设计成多种结构形式。弹性敏感元件受到所测量的力而产生形变，并使附着其上的电阻应变计一起变形，电阻应变计再将描述形变的模拟量转换为电阻值的变化，从而可以测量力、压力、扭矩、位移、加速度和温度等多种不同的物理量，其实物如图 2-9-10-4 所示。

以电阻应变式传感器为核心的受力感知元件具有结构紧凑，测量精度高，性能稳定、测量范围宽、抗偏能力强等特点，能够满足输电线路施工及检修工作要求。

图 2-9-10-3　承力工具受力感知元件示意图

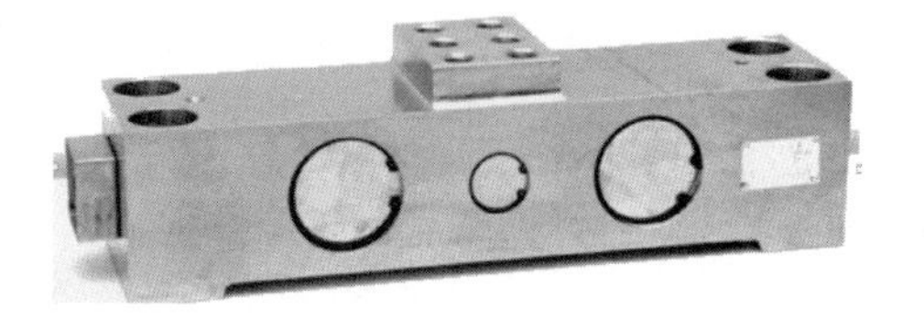

图 2-9-10-4　电阻应变式传感器实物图

2. 承力传感器专用载体

为了能够测量承力工具受力情况，需要把监测传感器合成到承力工具中，为了能监测到力的大小，需要一种承力传感器专用载体串联进承力工具中，通过承力传感器专用载体形变来感知力的大小。

通过比较分析，本文采用单双耳型专用挂环取代 U 形挂环作为力传感器载体的结构形式，采用不锈钢材质，安装方式多样，使用范围广且固定牢靠，承力工具受力时通过检测感应器弹性体蠕变测量出承力工具所受的综合应力，具体实物如图 2-9-10-5 所示。

3. 数字化监测预警装置

为了保证施工及检修工作的安全性，数字化监测预警装置应能实时收集和处理承力工具受力感知元件的数据，并对超过额定荷载的受力情况进行报警，实现数据显示与报警功能。故施工数字化监控预警装置应包括两部分：①内部数据处理部分；②外设部分。其中外设部分包括显示装置、过载预警设置按键和报警装置，成品实物图如图 2-9-10-6 所示。

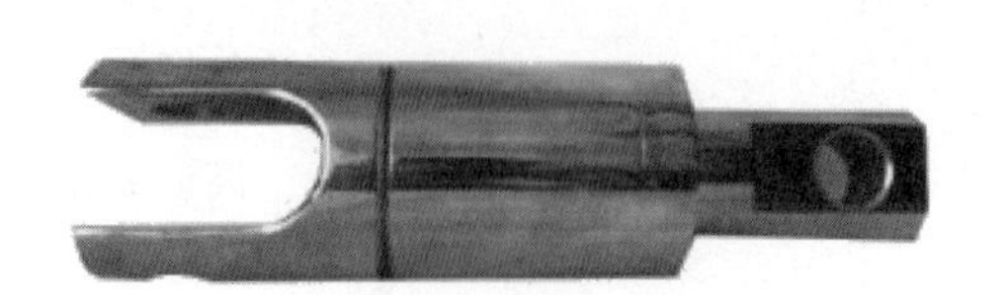

图 2-9-10-5　单双耳型专用挂环

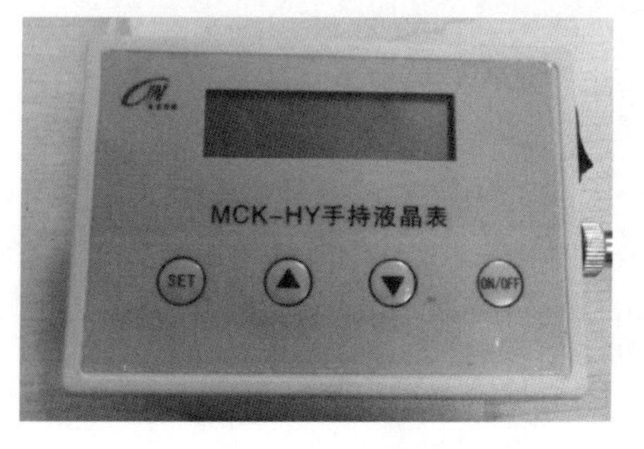

图 2-9-10-6　监测预警装置实物图

内部数据处理模块功能主要通过数字处理器来实现，本文中使用的是型号为STM32的单片机。

对于外设部分的构成，由于对显示效果、按键复杂程度等的要求不高，为降低成本并简化装置组成，本文均选用较为便宜并且可靠的元件进行实现。具体来讲，对于受力的显示，采用LCD屏也称作液晶显示屏的装置来实现；对于过载预警设定按键，选择机械键盘进行操作；同样的，报警模块的选取也遵守上述规则，本文中选用的是有源蜂鸣器来实现报警功能，程序控制方便，易于操作。

单片机收集和处理力传感器的数据，并通过键盘对报警值进行设定，最终实现数据显示与报警功能，整体电路图连接如图2-9-10-7所示。

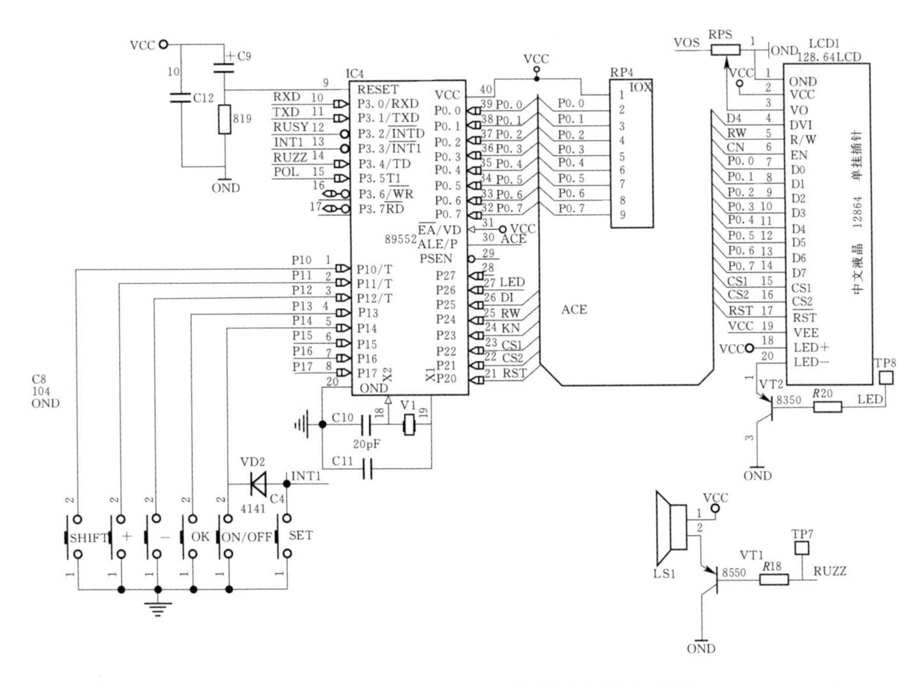

图2-9-10-7　单片机与各模块连接电路图

4. 传输模块及余缆支架

传输模块用于将力传感器采集到的受力信息传输至数字化监控显示装置上，由于承力工具在承受超过额定荷载的瞬间，就极有可能会发生事故，所以要求能够将力传感器采集到的受力信息快速、稳定地传输至数字化监控显示装置上。

DVI连接线是基于TMDS转换最小差分信号技术来传输数字信号，TMDS运用先进的编码算法把8bit数据（R、G、B中的每路基色信号）通过最小转换编码为10bit数据（包含行场同步信息、时钟信息、数据DE、纠错等），经过DC平衡后，采用差分信号传输数据，有较好的电磁兼容性能，可以用低成本的专用电缆实现长距离、高质量的数字信号传输，能够满足输电线路施工及检修作业过程中的数据传输需求。

余缆支架是用尼龙材料制作的专门工具，用于收盘多余数据线，并根据现场需求释放数据线，是解决余缆下坠造成短接空间距离的有效装置。

图 2-9-10-8 拉力试验图示

二、装置试验结果分析

本文在某拉力测试中心对输电线路数字化绝缘承力装置进行拉力试验，如图 2-9-10-8 所示。

记录在不同拉力下承力装置监测预警装置的显示值，测试结果见表 2-9-10-1。

从表中结果可以看出，测量误差均小于 1%，满足工程要求。

表 2-9-10-1　　拉力测试结果表

序号	拉力值/tf	测量值/tf	测量误差	序号	拉力值/tf	测量值/tf	测量误差
1	5	4.96	0.80%	4	8	7.96	0.50%
2	6	6.04	0.67%	5	10	10.06	0.60%
3	7	7.06	0.87%	6	平均误差		0.68%

三、装置运行与效果分析

输电线路数字化绝缘承力工具研制成功后，能够应用但不限于输电线路跨越高铁高速公路安全防护网监控施工、输电大跨越挡距导地线的展放挂线过牵引作业、线路运维带电作业更换耐张绝缘子作业、电缆隧道中路径弯曲、大截面高压电缆拖运施工等施工或检修工作，更适用大截面导地线、大挡距的超高压或特高压线路设备的检修工作，现已陆续在河南省电力公司的多个项目中配合施工或检修作业使用。

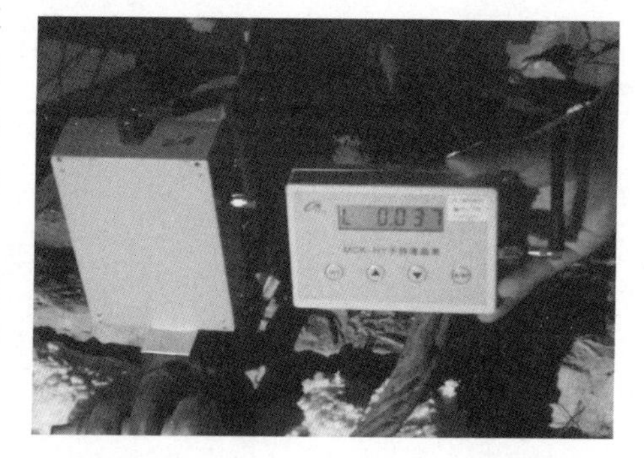
图 2-9-10-9 承力工具应用图示

2015 年在 110kV Ⅰ Ⅱ 柳祭、Ⅰ Ⅱ 祭贺线同塔四回线路改造工程跨越京广高铁施工中，首次采用本文研制的承力感应器进行监控作业，实现了真正意义上的数字化管控措施，取得圆满成功。跨高铁施工中承力工具应用示意图如图 2-9-10-9 所示。

输电线路跨高铁施工时，由于对施工的可靠性要求高，施工难度增加。为了防止线路由于过牵引而别拉断危害高铁网的正常运行，必须实施拉力实时监测，防止线路被过牵引，牵引示意如图 2-9-10-10 所示。

2016 年本项目在输电带电作业更换大跨越耐张绝缘子工作中得到进一步应用，如图 2-9-10-11 所示。用实时准确的数据指导现场作业，有效地提高了现场工作的安全性和可靠性，同时保障了检修作业的质量。

2016 年 4 月，数字化承力工具在郑州祥和集团电力安装公司组织施工的“220kV 官渡至凤凰跨越郑开轻轨”工程中再次得到检验并积累许多宝贵经验，现场如图 2-9-10-12 所示。

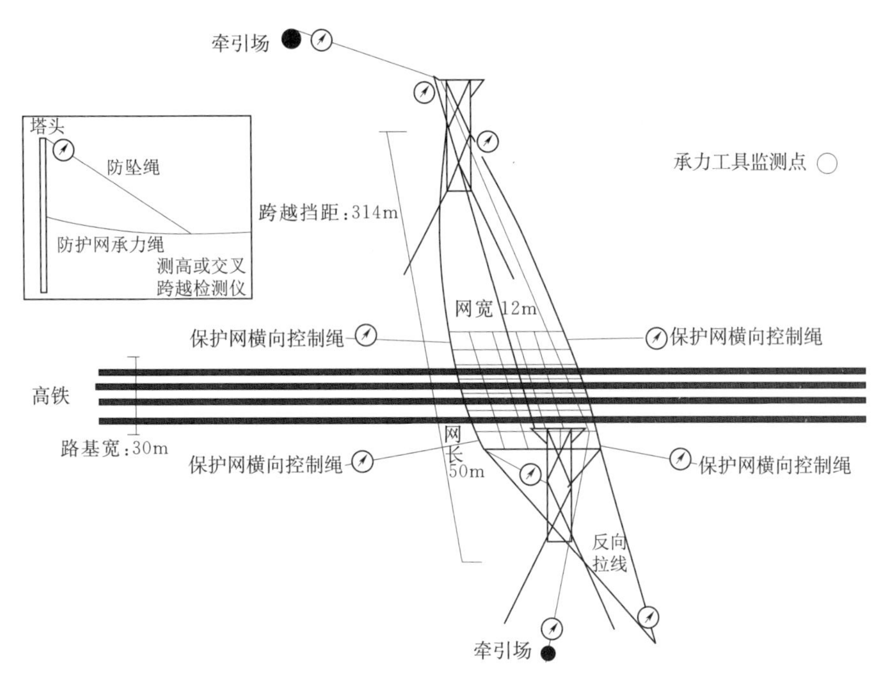

图 2-9-10-10　跨高铁施工中承力工具应用示意图

(a) 检修人员进行工器具安装调试　　(b) 承力工具的应用

图 2-9-10-11　承力工具用于大跨越检修施工现场图

(a) 承力工具应用连接图　　(b) 承力工具应用效果图

图 2-9-10-12　输电线路施工现场承力工具应用效果图

四、结论

输电线路数字化绝缘承力工具的研制，加速了输电线路施工、检修工作以及带电作业向着标准化、精细化发展。重要的是该装置具备的监控功能使检修人员作业过程中能实时读取承力工器具承受的载荷，以现场实际信息指导安全作业，防止工器具过载、临界使用，有效确保了在作业的全过程中设备和人员的安全。

第十章

高压输电线路技术改造

第一节　改善和提高高压输电线路运行环境新技术

高压输电线路的运行环境是指防污闪、防雷害、防冰害、防舞动、防风害、防鸟害、防外力破坏、防地质灾害、采空影响区、交叉跨越等。

一、防污闪

（一）安装污秽在线监测装置

根据线路沿线污染源分布情况合理安装污秽在线监测装置。

绝缘子污秽在线监测装置能够实时监测影响高压输电线路绝缘子污秽的盐密、灰密、气温、相对湿度等因素，为绝缘子防污闪提供参考数据，并发出预警。绝缘子污秽在线监测设备由太阳能蓄电池、系统主机、传感器等组成，是一套用于监测盐密、灰密、气温、相对湿度等影响线路绝缘子污秽因素的监测装置，装置主要由前端装置实时测量线路绝缘子盐密、灰密、气温、相对湿度等参数，通过GPRS/WiFi/光纤网络实时的传送到中心监控分析系统，管理人员可以在后台查看前线监测数据，并对异常情况采取必要的预防措施。

1. 功能特点

（1）采用无线3G/GPRS/CDMA网络传送泄漏电流数据给监控中心系统。

（2）具有远程控制采集泄漏电流数据功能。

（3）具有自动分析报警提示值班人员功能。

（4）采用三层高品质密封金属盒，具有良好的抗电磁干扰能力、封闭、防雷、防雨、防尘等功能。

（5）采用高效的太阳能及蓄电池供电方式，可以远程控制球机电源。

（6）具有高温、低温环境下工作，具有自加热功能。

（7）监控容量大，可设多级用户的权限管理。

2. 主要技术参数

污秽在线监测装置主要技术参数见表2-10-1-1。

表2-10-1-1　污秽在线监测装置主要技术参数

项目	技术参数
供电方式	太阳能及高性能聚合物蓄电池
通信方式	GPRS/WiFi/OPGW光纤通信
监测参数	（1）盐密值测量范围：0～1.0mg/cm²；准确度：±10%。 （2）灰密值测量范围：0～2.0mg/cm²；准确度：±10%。 （3）气温测量范围：－40～＋50℃；准确度：±0.5℃。 （4）相对湿度测量范围：0～80%RH；准确度：±4%
后端软件平台	（1）平台接入：支持接入省局/市局PMS系统。 （2）浏览方式：支持PC客户端/手机客户端实时查看污秽数据。 （3）远程管理：支持远程更新、配置与调试前端装置参数

（二）更换或修理绝缘子

污闪区主要影响变电站和输电线路绝缘配合，因为空气中的粉尘等会附着在绝缘子上，导致绝缘性能下降，所以在进行绝缘设计时候需要提前考虑污染物对绝缘性能的影响，也就是提高绝缘强度（比如增加绝缘子片数）。

污区分布图作为电网新建、扩建输变电工程外绝缘设计和电网运行设备外绝缘改造的依据，在预防发生大面积污闪、确保电网安全稳定运行中具有重要作用。为进一步提高电网发展质量，全面推行资产全寿命周期管理，国网公司生产技术部统一组织中国电力科学研究院、各网省公司开展电力系统污区分布图修订工作。各单位均采用饱和污秽度进行污区等级划分，并广泛应用信息化技术。新发布的《国家电网公司电力系统污区分布图（2011年版）》实现了公司系统各单位的全覆盖。使新版污区分布图比以往版本更精准，具有前瞻性。国家电网公司要求各单位深入推进污区分布图在输变电工程外绝缘设计中的应用，全面开展输变电设备外绝缘校核和改造工作，继续做好现场饱和盐密、灰密数据测试和分析工作，深化防污闪先进技术研究，进一步提高公司防污闪工作技术水平。

根据污区分布图对外绝缘配置进行校核，不满足要求的应采取更换复合绝缘子、涂覆防污闪涂料、调爬、加装增爬裙等措施进行修理。

（1）对运行异常的污秽在线监测装置，应进行修理。

（2）针对复合外绝缘表面（复合绝缘子、防污闪涂料涂层）憎水性不满足要求的，应采取更换绝缘子、复涂等措施进行修理。

（3）针对易发生雪闪的杆塔绝缘子，应采取加装大盘径绝缘子、涂覆防污闪涂料、加装增爬裙等措施进行修理。

二、防雷害

（一）我国输电线路防雷害的“四道防线”

目前我国输电线路防雷害，一般采用如下“四道防线”：

（1）第一道防线，线路装设避雷线、避雷针，防止雷电直击导线。

（2）第二道防线，降低杆塔接地电阻，加强线路绝缘，装设耦合地线等防止雷击杆塔或避雷线引起绝缘闪络。

（3）第三道防线，采用线路避雷器，防止雷击闪络后转化为稳定电弧。

（4）第四道防线，采用自动重合闸、双回路供电等措施，防止线路中断供电。

（二）建设雷电监测系统

根据技术发展及运行需要，建设雷电监测系统。

雷电在线安全监测系统基于云物联、传感器、智能算法技术、大数据、移动互联等技术手段，可实现入侵过电压、过电流、接地状态及阻值、泄漏电流、温度、湿度等环境变量的变化趋势及雷电信息采集（能够采集到入侵雷电流/电涌的峰值、极性、能量，其中峰值的精度不低于90%）的实时监测。同时将采集监测数据进行大数据处理，通过互联网实现对重要安全场所相关的安全及环境数据进行监测与管理功能。

架空输电线路分布范围广，沿线地形地貌复杂，雷电活动分布不均匀，输电线路结构、绝缘差异较大，对线路处于不同微地形、微气象区域的部分，需要进行输电线路防雷的差异化评估，依据风险程度采用不同防雷措施，或进行输电线路防雷的差异化改造。输电线路防雷的差异化评估是依靠雷电定位系统，在对雷电进行监测的基础上，基于线路走廊雷电监测数据样本库，应用大数据手段分析电网雷电活动规律，对输电线路的地闪密度划分雷区等级，绘制雷电分布图；对线路走廊雷电流进行统计分析，为输电线路的设计、运行管理和防雷改造提供依据。为了指导电网全面开展架空输电线路差异化防雷工作，依托电网雷电定位系统，运用基于输电线路走廊雷电活动强度，充分考虑精细化地形地貌影响及线路结构等差异化因子的全线路雷击故障风险逐杆塔分析方法，绘制电网雷区分布图，全面评估雷电风险，并根据雷电变化规律逐年进行修订。电网雷区分布图主要包括地闪密度分布图、反击/绕击雷害风险分布图以及反击/绕击雷害历史分布图。

（三）改造线路防雷设施

（1）对处于C1及以上雷区的110(66)kV、220kV无避雷线或使用单根避雷线的线路，宜采取架设双避雷线的措施进行改造。

架空线路雷击种类主要分为直击雷和感应雷，220kV以上电压等级输电线路主要考虑直击雷的影响。直击雷主要有反击和绕击两类。反击与雷电流幅值、接地电阻、线路绝缘水平等因素有关；绕击与地形地貌、线路保护角、线路绝缘水平及雷电流幅值等因素有关。

根据地闪密度（N_g）值，将雷电活动频度从弱到强分为4个等级、7个层级。

1）A级——N_g<0.78次/(km^2·a)。

2）B1级——0.78次/(km^2·a)≤N_g<2.0次/(km^2·a)。

3）B2级——2.0次/(km^2·a)≤N_g<2.78次/(km^2·a)。

4）C1级——2.78次/(km^2·a)≤N_g<5.0次/(km^2·a)。

5）C2级——5.0次/(km^2·a)≤N_g<7.98次/(km^2·a)。

6）D1级——7.98次/(km^2·a)≤N_g<11.0次/(km^2·a)。

7）D2级——N_g≥11.0次/(km^2·a)。

其中：A级为少雷区，对应的平均年雷暴日数不超过15；B1级和B2级为中雷区，对应的平均年雷暴日数超过15，但不超过40；C1级和C2级为多雷区，对应的平均年雷暴日数超过40，但不超过90；D1级和D2级为强雷区，对应的平均年雷暴日数超过90。

（2）依据电网雷区分布图和雷害风险评估情况，对重要线路处于山顶、边坡、垭口等特殊地形的杆塔、大跨越、大挡距、导地线对地高度较高的杆塔、耐张转角塔及前后直线塔和C1及以上雷区的杆塔，应采取安装避雷器等措施进行防雷改造。

（3）对一般线路处于山顶、边坡、垭口等特殊地形的杆塔和大跨越、大挡距、导地线对地高度较高的杆塔、耐张转角塔及前后直线塔以及C2及以上雷区的杆塔，可采取安装避雷器等措施进行防雷改造。

（四）对现有防雷设施进行修理

（1）针对接地电阻不满足规程及防雷改造指导原则要求的杆塔地网，应采取更换或延长接地线、加装垂直接地极等降阻措施进行修理。

（2）针对锈蚀严重的杆塔地网，应进行修理。

（3）针对未采用明设接地的110kV及以上线路的钢筋混凝土电杆，宜采用外敷接地

引下线的措施进行修理。

（4）对绝缘配置较低的杆塔在满足风偏、交叉跨越和导线对地安全距离的前提下，应采取适当增加绝缘子片数或复合绝缘子干弧长度等措施进行修理。

（5）根据电网雷区分布图和雷害风险评估情况，应采取加装塔顶避雷针、耦合避雷线等措施进行防雷治理。

（6）对雷电监测系统出现的缺陷或异常进行修理。

三、防冰害

（一）建设线路覆冰预报预警系统

针对冰害易发地区，应建设输电线路覆冰预报预警系统。针对冰害易发区段，重要线路宜安装覆冰在线监测装置，一般线路可安装覆冰在线监测装置。

目前，检测线路覆冰的方法主要有人工巡视、观冰站等，这些方法存在着劳动强度大、投资高，检测结果准确性差等问题。输电线路覆冰在线监测技术通过在易覆冰区域的铁塔上安装覆冰自动监测站，将数据通过无线通信网络传往监控中心，可随时掌握线路的覆冰情况，并可实现预警、报警，达到降低电网覆冰事故损失的目的。输电线路覆冰在线监测系统是集计算机技术、微量信号传感技术、电磁兼容技术、数据信息处理技术、低功耗技术、视频技术、网络通信技术等为一体的技术集合体。系统在输电线路杆塔安装拉力传感器、倾角传感器、温湿度传感器、风速传感器、风向传感器、摄像机，采用无线通信技术（通常是GSM或GPRS）进行现场数据/图像的实时传输。后台专家系统根据前台获取的数据，进行力学分析，利用等值覆冰厚度计算模型、风荷载数学模型、风偏距离数学模型计算出等值覆冰厚度、杆塔纵向不均衡张力和导线风偏距，并可对覆冰生长进行预测。

输电线路覆冰在线监测系统实现的功能如下：

（1）导线等值覆冰厚度监测。利用绝缘子受力数据，建立在一个垂直挡距单元内导线自重、风压系数、绝缘子倾角、绝缘子垂直荷重和导线等值覆冰厚度的数学模型，在线监测在一个垂直挡距内导线等值覆冰厚度的变化。

（2）视频在线监测。通过现场摄像头的转动，可获取多方位多角度的现场图像，一般选取绝缘子、金具、导线、杆塔基础等关键部位，定时进行拍照。图像通过GPRS传至后台与监测数据进行对比分析。

（3）气象数据监测。在线监测测点周围的温度、湿度、风速、风向等数据，必要时，可增加降雨量、日照监测等功能。

（4）杆塔荷载监测。利用沿两个垂直方向（坐标）的倾角数据，可建立杆塔受力三维力学解析模型，实现对杆塔垂直荷载及不均衡张力的监测。

（5）风偏距监测。利用绝缘子垂直线路方向的倾斜角（该数据可直接获取或解析得到，根据倾角传感器现场安装方式而定），可实现风偏距监测。

（6）自动预警报警功能。根据线路设计标准或用户要求，设定预警、报警值，预警、报警信息可在客户端显示，专家系统也会根据预报警信息，自动提高数据采集频率，实现实时跟踪。

（7）覆冰生长预测。导线覆冰生长模型应考虑气象条件、线路走向及悬挂高度、导线直径及扭转性能等因素。Makkonen 模型把导线半径、气温、风速、降水率、风向及覆冰时间等作为输入量，对冰柱生长的覆冰模型进行了分析和计算。考虑预测模型的可靠性及实用性，选择 Makkonen 模型对导线覆冰生长进行预测。

（二）建立气象观测站或观冰点

针对规划的特高压交直流输电线路路径，应沿线建立气象观测站或观冰点。

（三）技术改造

（1）针对轻、中、重冰区输电线路冰区耐张段长度分别大于 10km、5km、3km 的，宜采取增加耐张塔的方式进行改造。

（2）对覆冰情况下导地线纵向不平衡张力不满足要求的杆塔，应采取更换加强型杆塔、增加杆塔等方式进行改造。

（3）对覆冰较重、连续上下山的线路区段，可采取将导线更换为钢芯铝合金绞线或少分裂大截面导线，地线适当加大截面，并相应提高地线支架强度等措施进行改造。

（4）针对实际覆冰厚度超过设计标准的线路，应进行防冰改造治理。针对处于中重冰区较多线路宜采取配置融冰装置、建设融冰电源点和融冰短路点等措施进行改造。

（四）修理

（1）对输电线路覆冰预报预警系统出现的缺陷或异常进行修理。

（2）针对不满足防冰闪要求的杆塔，应采取改为 V 形或倒 V 形串、插入大盘径绝缘子、更换防冰闪复合绝缘子、安装增爬裙、线夹回转式间隔棒、相间间隔棒等措施进行修理。

（3）对单侧高差角大于 16°或两侧挡距比达到 2.5 倍的直线塔，应采取绝缘子串金具提高一个强度等级的措施进行修理。

（4）针对重、中冰区的线路区段，可采取防松措施进行修理。

（5）针对覆冰在线监测装置、融冰装置、融冰电源点和融冰短路点等设备出现的缺陷或异常进行修理。

四、防舞动

（一）舞动区

架空输电线路舞动是一种空气动力不稳定现象，是不均匀覆冰导线在风力的作用下而引起的一种低频率（为 0.1～3Hz）、大振幅（为导线直径的 20～300 倍）的自激振动现象。舞动产生的危害是多方面的，通常导致线路闪络、跳闸，甚至发生金具及绝缘子损坏，导线断股、断线，杆塔螺栓松动、脱落，倒塔等重大电网事故。统计资料表明，我国属于舞动灾害最严重的国家。2009 年冬季，河南、山西、湖南、江西、浙江、辽宁、河北和山东等 14 个省份相继发生 7 次大范围输电线路覆冰舞动现象，造成多条不同电压等级线路发生机械和电气故障，给电网运行带来巨大威胁。在国家自然科学基金、国家电网公司科技项目的支持下，中国电力科学研究院有限公司输变电工程研究所监测与评估研究室副主任刘彬带领的团队攻坚克难、自主创新，联合国网湖北电力等公司，建立了应用气象地理法和频次法划分舞动区域等级的理论基础，提出了气象因子和地形起伏度与覆冰舞

动定量关系组合模型，提出了舞动区域分布图绘制方法，绘制了舞动区域分布图。首次提出基于气象地理法的舞动区域分布图绘制方法，解决了无线路地区舞动状态量捕捉难题。在应用频次法绘制湖北省舞动分布图的基础上，刘彬团队从气象特征分析、舞动气象因子模型建立、气象要素的数学概率计算、地形订正研究、气象地理建模方法，以及舞动分布图分区原则等方面，开展了舞动分布图绘制研究工作，应用气象地理法，牵头绘制了国家电网公司舞动区域分布图。新版电网舞动区域分布图已在国网公司系统内得到了广泛应用。2017 年起，国家电网公司设备管理部组织相关省份依据新版电网舞动分布图开展了±800kV 复奉、锦苏、宾金、天中线和 1000kV 特高压交流线路相应风险因子的评估，对保障国网公司特高压重要输电通道（±800kV 复奉、锦苏、宾金）安全稳定运行提供了坚强的保障。新版电网舞动区域分布图是±800kV 陕北-武汉、青海-河南等特高压直流输电工程开展防舞动灾害设计的重要依据，可指导开展线路走廊所经区域舞动强弱的分级。电网舞动区域分布图的应用全面提高了我国电网规划、建设及运维的技术水平，大大提升了电网抵御舞动灾害的能力，具有显著的经济效益和巨大的社会效益。新版电网舞动区域分布图的应用使我们对舞动灾害规律有了更加客观的认识，可以提前采取应对措施来抗击电网舞动灾害，对进一步增强电网抵御舞动灾害的能力和水平，确保线路的安全稳定运行具有重要的意义；新版舞动区域分布图的应用降低了舞动灾害导致的线路故障率，减少了线路巡检、维护及故障处置等方面人力、财力和物力的投入，进一步实现资源优化配置；新版舞动区域分布图的应用可减少电网舞动灾害的发生，确保电网的安全稳定运行，满足工农业正常生产和人民正常生活的需要，对促进经济发展与社会和谐稳定具有十分重要的现实意义。

（二）改造措施

（1）对处于 1 级舞动区且曾发生舞动以及处于 2 级及以上舞动区存在舞动可能性的线路，如采用修理性措施无法解决的，应采取缩小挡距等措施进行改造。对紧凑型线路如采用防舞措施后仍然无法满足运行要求，可改造为常规线路或更改路径。

（2）针对已发生过舞动的大挡距线路，可采取缩小挡距的措施进行改造。

（3）针对处于 3 级舞动区的 500kV 及以上线路重要交叉跨越段耐张塔，可改造为钢管塔。

（三）其他措施

（1）对处于 1 级舞动区且已发生舞动或处于 2 级及以上舞动区存在舞动可能性的线路，应采取加装线夹回转式间隔棒、相间间隔棒、双摆防舞器等措施进行治理。

（2）针对处于 3 级舞动区的线路悬垂绝缘子串的联间距不满足要求 [110(66)～220kV 线路不小于 450mm，330～750kV 线路不小于 500mm，特高压线路不小于 600mm] 的，宜进行调整。

（3）针对处于 2 级及以上舞动区的杆塔，宜采取防松措施进行修理。

（4）针对处于 3 级舞动区的耐张塔跳线金具，应更换为抗舞性能好的金具。

五、防风害

（一）风及其风害

风的类型包括阵风、旋风、龙卷风、台风、飑线风、山谷风、海陆风、冰川风、季风、信风、反信风、焚风。风能促使干冷和暖湿空气发生交换，风是一种自然能源，很早以前，人类就学会制造风车，借风力吹动风车来抽水和加工粮食，现在人们还利用风车来发电。帆船的行驶也是靠风力的推动。风在日常生活中的作用很多，但风也经常给人类带来灾害。暴风、台风、飓风会使农田淹没、房屋倒塌、水电中断，龙卷风会使汽车、人类、房屋等消失得无影无踪。

由于输电线路绝大部分在室外环境中运行，因此风害造成输电线路故障是输电线路最常见的故障类型之一。对风害故障进行系统分析与研究，为制订输电线路相应的防风害措施提供方向，能够减轻风害对输电线路影响。风偏故障是输电线路最基本的风害类型，输电线路大部分风害故障都是风偏故障，损失相对较小。风偏故障主要是指导线在横线路方向风的作用下，导线产生风偏后由于电气安全距离不足导致放电跳闸，而且风力越大导线风偏角越大导致电气安全距离越小。

（二）防风害措施

（1）针对处于强风区、飑线风多发区的杆塔，可采取增加耐张段、更换或增加杆塔等措施进行改造。

（2）针对防风偏校核不满足要求的杆塔，应采取双串、V形串绝缘子、棒式绝缘子支撑、加装重锤、硬跳线连接、加装绝缘包覆等方式进行修理。

（3）针对处于强风区、飑线风多发区的杆塔，可根据线路运行环境，采取加装防风拉线、松软地基增加拉线盘埋设深度、杆基周围砌护坡加固等措施进行修理。

（4）针对风振严重地区，应采取提高塔材、金具、导地线强度及防松、防振的措施进行修理。

六、防外力破坏

（1）对处于人口密集区和重要交叉跨越处的拉线塔（杆）宜改造成自立式杆塔。

（2）对因外部环境变化造成地势落差较大，严重影响线路安全运行的，可采取改变基础形式或改迁路径进行改造。

（3）对线路附近施工工期较长的地段，宜安装声光报警、视频在线监测（可移动式）等装置。

（4）针对山火易发地区，应建设输电线路山火监测预警系统。

（5）对于长期处于恶劣通道运行环境的，如多次发生过山火、覆冰舞动等现象，大风等微气象条件特殊区域的，或对地距离普遍较小，多次发生过外力破坏现象的输电线路，可对该部分区段线路进行改造。

（6）对因外部环境变化造成地势落差较大，影响线路安全运行的，应采取加固基础、修筑挡墙等措施进行修理。对基础防护措施出现的缺陷进行修理或修缮。

（7）对未采取防盗措施的铁塔应采取加装防盗螺栓等措施。

（8）杆塔拉线、拉棒应采取防锯割等措施。

（9）对在线路保护区或附近的公路、铁路、水利、市政等施工现场应采取装设警示牌、架设限高架（网）等措施。

（10）对易遭外力碰撞的线路杆塔应采取设置防撞墩、涂刷醒目警示漆、安装拉线保

护套等措施。

(11) 对杆塔上和线路保护区内未安装或缺失、损坏的各类警示标识应进行补充、更换。

(12) 对线路附近施工工期较长的地段，宜安装声光报警、视频在线监测（可移动式）等装置。

(13) 对输电线路山火监测预警系统出现的缺陷和异常进行修理。

七、防鸟害

(一) 鸟害分布图的绘制

通过收集输电线路区域内历年来涉鸟故障数据、数字高程模型资料和与数字高程模型资料相匹配的行政区电子地图，绘制基于涉鸟故障数据的输电线路全区域鸟害频次分布图和运行经验专题图，再将二者合并，并将参照鸟害风险等级从低到高排列，最终生成输电线路鸟害分布图。基于相应区域的涉鸟故障历史资料与精确的地理要素，科学准确地绘制鸟害分布图，为已建线路的防鸟害治理和未建线路的规划提供参考依据，降低输电线路鸟害跳闸事故的发生，保障高压架空输电线路地安全运行。

(二) 防鸟害措施

(1) 依据鸟害分布图开展防鸟害治理工作，并根据鸟害情况，定期修订鸟害分布图。

(2) 针对鸟害易发区，应采取加装防鸟刺、防鸟挡板、驱鸟器、大盘径绝缘子、防鸟型均压环等措施，必要时加装导线、金具绝缘护套。

八、防地质灾害

(一) 地质灾害

2008 年 5 月 12 日，四川汶川发生 8 级特大地震，给四川人民生命财产造成重大损失。四川金信石信息技术有限公司根据四川省具体情况，开发了地质灾害信息管理系统。系统搜集各个灾害点的相关信息并整理归档，提供多种方式对灾害点进行查询、管理、统计和分析，系统对灾害点避险搬迁安置农户的调查、地质灾害易发程度进行分区标识，确定防治重点和重点防治区，健全群专结合的监测网络，实现短信预警及专家远程实时会诊，协助各级人民政府制定地质灾害防治方案、防灾预案和避险搬迁安置工程规划，发挥减灾防灾效益，保护人民生命财产安全。电力系统可以开发输电线路沿线地质灾害信息管理系统，对输电线路沿线地质情况了如指掌，做到防灾心中有数。

(二) 防地质灾害措施

(1) 针对处于洪水冲刷、暴雨冲刷、山体滑坡、泥石流易发区域的杆塔，应采取改塔、迁移等措施进行改造。

(2) 对于处于河网、沼泽等区域及分洪区和洪泛区的杆塔，发现杆塔倾斜影响安全距离，应采取迁移等措施进行改造。

(3) 针对处于洪水冲刷、暴雨冲刷、山体滑坡、泥石流易发区域的杆塔，应采取加固杆塔基础、修筑挡墙、开挖截（排）水沟、维修上下边坡等措施。

(4) 对于处于河网、沼泽等区域及分洪区和洪泛区的杆塔，宜采取修筑防漂浮物撞击设施等措施。

九、采空区

（一）采空区

采空区是人为挖掘或天然地质运动在地表下面形成的“空洞”。特高压线路途经煤矿采空区的输电杆塔地基稳定性问题，是造成杆塔倾斜甚至倒杆塔断线的主要原因，因此需展开对特高压线路采空区进行地球物理勘探。采取结合现场调查、地球物理勘探、数值计算、模糊综合评判等多种手段，对杆塔地基稳定性进行定性及定量评价研究。开发“输电线路采空区地基稳定性评价系统”软件，进行采空区杆塔倾斜预测。

（二）改造措施

（1）针对采空区杆塔倾斜情况，可采取安装杆塔倾斜在线监测装置、更换可调式塔脚板等措施进行改造。

（2）针对处于采空区的线路，根据线路状态评估情况，可采取迁出采空区、采用大板基础、可调式塔脚板等措施进行改造。

（3）针对处于采空区的双回路线路，宜采取改造为单回的措施进行改造。

（4）针对处于采空区的孤立挡线路，宜采取放大挡距、增加呼高等措施进行改造。

（三）修理措施

（1）针对采空区杆塔倾斜情况，应采取打临时拉线、释放导地线张力、回填杆塔周围裂缝、安装杆塔倾斜在线监测装置、调节地脚螺栓，填充U形钢板等措施进行修理。

（2）针对处于采空区的线路，根据状态评估情况，可采取加长地脚螺栓等措施进行修理。

十、交叉跨越

（1）针对跨越主干铁路、高速公路等交叉跨越，不满足独立耐张段要求的杆塔，宜根据状态评估结果改造为独立耐张段。

（2）对于因线路周围环境变化（不含违章建筑、树木），造成线路对地距离和交叉跨越距离不足的，应采取加高杆塔或更换为高塔等措施进行改造。

（3）针对跨越高铁、电气化铁路的35kV线路，宜采用电缆入地穿越的方式进行改造。

（4）针对线路重要交叉跨越，应采用双串绝缘子结构且宜采用双独立挂点的措施进行修理，无法设置双独立挂点的，可采用单挂点双联绝缘子串结构。

（5）重要交叉跨越挡内线路有接头时，应采用预绞式金具加固或更换导线等方式进行处理。

第二节 输电线路设备缺陷

高压输电线路设备主要包括杆塔、基础、导地线、绝缘子、金具、附属设施等。

一、杆塔

（1）针对倾斜程度超过运行标准的杆塔，可采取整体更换的措施进行改造。

（2）针对锈（腐）蚀严重、主材开裂、有效截面损失较多、强度下降严重的杆塔，可采取整体更换的措施进行改造。

（3）针对杆体裂纹超标、主筋外露的混凝土杆，可采取整体更换的措施进行改造。

（4）对倾斜程度超过运行标准的杆塔，应采取纠偏、补强等措施进行修理。

（5）针对锈（腐）蚀严重、主材开裂、有效截面损失较多、强度下降严重的杆塔，应采取防腐处理、更换塔材等措施进行修理。

（6）针对杆体裂纹超标的混凝土杆，应采取加固措施进行修理，必要时进行更换。

（7）对杆塔爬梯设备，松动、损坏、缺失的，应进行修理。

二、基础

（1）针对杆塔基础周围水土流失、山体塌方、滑坡等导致塔腿被掩埋或基础失稳的缺陷，可采取杆塔移位等措施进行改造。

（2）针对杆塔基础出现上拔或混凝土表面严重脱落、露筋、钢筋锈（腐）蚀和装配式铁塔基础松散等导致杆塔失稳的缺陷，应采取局部修复等措施进行治理。

（3）针对杆塔基础周围水土流失、山体塌方、滑坡等导致塔腿被掩埋或基础失稳的缺陷，应采取修筑挡土墙、护坡等措施进行治理。

三、导地线

（1）针对断股、散股、严重锈（腐）蚀的导地线，可采取整体更换的方式进行改造。

（2）针对沿海、重污染区氧化严重的导地线，宜采取更换铝包钢芯铝绞线（铝包钢绞线）等耐腐蚀氧化的新型导线进行改造。

（3）针对断股、散股、严重锈（腐）蚀的导地线，应采取修补、加强、更换等方式进行修理。

（4）针对沿海、重污染区氧化严重的导地线，宜采取更换铝包钢芯铝绞线（铝包钢绞线）等耐腐蚀氧化的新型导线进行局部修理。

（5）对因微风振动引起多处严重断股或动弯应变值超标的导地线，应采取加装防振锤、阻尼线等措施进行修理。

四、绝缘子

（1）针对投运两年内年均劣化率（自爆率）大于0.04%，两年后检测周期内年均劣化率（自爆率）大于0.02%，或年劣化率（自爆率）大于0.1%的瓷（玻璃）绝缘子，应查明原因，宜采取更换等相应措施进行修理。

（2）针对线路出现机电性能严重下降或存在质量问题的瓷（玻璃）绝缘子，应采取更换的措施进行修理。

（3）针对伞裙、护套出现龟裂、破损或端头密封开裂、老化的棒形及盘形复合绝缘子，应采取更换的措施进行修理。

（4）针对采用非压接工艺、真空灌胶工艺生产及采用非耐酸芯棒的复合绝缘子，应采取更换的措施进行修理。

五、金具

（1）针对出现螺栓松动、部件脱落、偏斜、疲劳、磨损、滑移、变形、锈蚀、烧伤、裂纹、转动不灵活的金具，应进行更换。

（2）针对出现鼓包、裂纹、穿孔、烧伤、滑移、出口处断股、弯曲度不符合要求、发热变色的引流连接金具，应采用开断重接、更换等措施。

（3）针对大跨越处磨损严重的金具，应更换为高强度耐磨金具。

（4）针对存在掉爪、磨损导线等缺陷的间隔棒，应进行更换。

（5）针对易腐蚀地区腐蚀严重的金具，应更换为耐腐蚀型金具。

六、接地装置

（1）针对埋深不足、截面不满足要求、缺失的接地装置，应进行修理。

（2）针对腐蚀严重的接地装置，宜因地制宜地采取耐腐措施进行修理。

七、附属设施

（1）针对需要在线监测运行状态的输电线路，可采取加装在线监测装置的方式进行改造。

（2）针对运行异常、无法修复的高塔电梯、攀爬机，可采取更换的方式进行改造。

（3）针对运行异常、无法修复的带电作业工器具库房设备，可采取更换的方式进行改造。

（4）针对运维特别困难地区直升机巡线需要，可建设直升机停机平台。

（5）对线路“三牌”、色标（回路）牌等线路标识褪色、破损、缺失的，达到较大规模时，可进行补充、更换。

（6）针对功能异常的在线监测装置，应进行修理。

（7）针对损坏的防鸟、防雷、防舞动、防风偏、防外破、防坠落等装置，应进行修理和补充。

（8）针对运行异常的高塔电梯、攀爬机，应进行修理。

（9）针对工作异常的带电作业工器具库房设备、带电作业车载平台，应进行修理。

（10）针对直升机巡线的需要，应安装航巡牌、航巡球等，对于损坏的应进行更换。

八、通道

（1）针对保护区外危及线路运行安全的超高树木，达到较大规模时，可采取修剪、砍伐等措施进行修理。

（2）针对坍塌、破损的巡视专用道路及便桥，应进行修理。

九、直流线路接地极

(1) 针对接地极腐蚀超标的炭棒，破损、老化的管孔，应进行修理。
(2) 针对工作异常的接地极水温、水位、电流在线监测系统，应进行修理。
(3) 针对出现故障的接地极线路元件和元件馈电电缆，应进行修理。
(4) 针对接地极接地电阻不满足标准要求的，应进行修理。

第三节　新技术推广

一、防雷新技术

为提高防雷工作的技术水平，推广应用新一代雷电定位系统、差异化防雷评估系统，可试点应用雷电预警系统、故障智能监测系统。

1. 雷电定位系统

雷电定位系统（LLS）是一个实时监测雷电活动的系统，它主要由方向时差探测器（TDF）、中央处理机（NPA）和高电信息系统（LIS）三部分所组成，它能实时测量雷电发生的时间、地点、幅值、极性、回击次数等参数，为防雷保护工作提供大量实用数据，并为快速查找输电线路的雷出故障点提供方便。雷电信息系统（LIS）是雷电定位系统的三个组成部分之一。它是一个由计算机等硬件和LIS专用软件所构成的雷电分析显示终端，主要实现雷击点位置及雷电运行轨迹的彩色屏幕显示及雷电信息的分析统计。LIS收到中央处理机NPA发来的雷电信号后，根据雷电的经纬度，通过一系列的变换、计算、处理使其成为计算机屏幕图形坐标，并将雷击点及雷电参数定位在屏幕上地图的相应位置。LIS既可作为一个本地终端与NPA放在同一处，也可作为远方显示终端远离NPA放置，此时，必须建立起LIS与NPA之间的通信通道。

2. 差异化防雷评估系统

为有效提高输电线路防雷性能评估水平与治理能力，根据输电线路走廊雷电活动、地形地貌、线路结构和绝缘配置、防雷计算方法、防雷措施等差异性，提出一种输电线路差异化防雷性能评估方法和治理策略。该方法是基于雷电定位系统长期监测数据，统计分析输电线路全线走廊雷电分布规律，结合线路特征参数等选择合适的防雷计算分析方法，逐基杆塔进行防雷性能评估，确定各级杆塔防雷安全等级及其决定因素。依据现有防雷措施技术特点，采取针对性防护措施配置，制订多套具有不同特点防雷改造方案，并进行技术经济性评价，依据改造目标和管理要求，确定出最佳改造方案，明确给出投入与预期效果的定量关系最终形成输电线路防雷治理策略。该方法对设计部门实施输电线路差异化防雷设计、运行管理部门有针对性实施防雷治理以及提高输电线路防雷安全运行水平有重大意义。

3. 雷电预警系统

雷电预警系统通过电场传感探头，对大气中的环境电场进行连续监控，同时将收集的大气电场数据实时传送到相关控制系统中。FAMEMS900 雷电预警系统是一套基于地面电场仪和闪电定位的雷电监测和预警系统。它能够实时计算显示云对地雷击的发生时间、位置、雷电流幅值和极性等雷电参数，并以雷击点的分时彩色图清晰地显示出雷电的运动轨迹，有利于在大范围内实时监测雷电的发生、发展和成灾情况。雷电预警系统能够探测云地闪的发生位置和移动趋势，并将数据发送到远程中心站进行多站综合定位处理，专为易受雷击影响行业提供服务。

4. 故障智能监测系统

XJGT－3000 杆塔故障智能监测系统可以实时监测杆塔的倾斜、振动、雷击电流与极性、工频闪络、环境温湿度等，及时了解运行杆塔的安全、可靠状况，根据倾斜监测数据发展趋势，对超标杆塔倾斜状况及时进行多种方式预报警，指导检修和维护，提醒运行维护人员加固地基，防止倒塔事故发生。

XJGT－3000 杆塔故障智能监测系统采用先进成熟的信号采集、控制网络通信等技术，结合光纤传感技术、电子测量技术、太阳能新能源技术、智能数据分析技术，对杆塔安全信息——如环境温湿度、双轴倾斜角度、雷击电流与频度、工频闪络、三轴振动加速度的实时监测并及时预警和报警。系统兼具智能化、云模式、高精度等多重优势。该监测系统既是专门为电力企业对小气候观测、流动气象观测哨、季节性生态监测等开发生产的多要素自动气象站，又能实时监测杆塔的倾斜、雷击电流及振幅频率等情况，及时了解运行杆塔的安全、可靠状况根据监测数据发展趋势，对超标杆塔状况及时进行多种方式预报警，指导检修和维护，提醒运行维护人员加固地基，防止倒塔事故发生。系统主要包括杆塔在线监测装置和后台综合分析软件两部分，系统通过对杆塔的各种状态量进行测量和报告，将数据通过 3G/GPRS/CDMA 等方式传送到后台综合分析软件系统进行分析和决策，准确反映出杆塔当前的各种状态，使系统管理人员把握运行的实际情况，帮助其进行决策和安全评估。

二、防山火冰害新技术

为提高线路防山火、防冰害工作技术水平，在山火、冰害易发区可应用输电线路山火监测预警系统、覆冰预报预警系统。

采用智能化监控设备，集成识别多种外力因素和自然灾害造成的安全隐患，主要包括施工机械和人员违规操作、树木生长物、房屋建筑超限、杆塔基础的外力破坏、线路舞动、线路覆冰、山火等。系统主要具有无人值守，自动识别，识别功能模块化，结合微气象数据按需应用，自备电源，风光互补，稳定工作时间长，前、后端兼顾，声、光、电结合手机综合报警提供安全隐患分析，GIS 展示一体化平台等功能和特点。

山火监测方案由前端视频图像采集设备和后端视频监控管理系统组成。

前端设备由远距离双视场（可视、红外）成像监测设备、山火报警模块、高精度智能云台、网络传输设备组成，主要负责图像的采集、分析和报警检测。

后端视频管理系统由中心管理服务器、流媒体转发服务器、录像存储服务器、GIS 管理服务器、报警联动服务器、应急指挥服务器、客户端监控软件等组成，主要负责设备管理、用户管理、视频监控录像、流媒体转发、火方情确认及分析、火源定位、GIS 地图标

注等功能。

三、其他新技术

1. 分布式故障测距装置

对于山区等运维困难的，或跨区域多单位运维的线路，可加装分布式故障测距装置，以提高故障查找效率。

长期以来，电网公司和科研院校的专家学者都对输电线路故障测距予以广泛关注和积极研究。输电线路故障测距可以通过线路两端的电压电流信息或者行波等对故障点快速定位，以方便巡线人员尽快去现场处理，恢复线路供电，节省了巡线需要消耗的大量人力、物力和财力。由于闪络等瞬时性故障造成的输电线路故障跳闸，没有明显的烧伤痕迹，从表面看没有任何明显的破坏迹象，给故障点的排查带来了很大的困难。而在所有故障跳闸中这类事件占90%以上。输电线路故障测距可以及时发现这种隐患，提前预防以避免永久故障。

任何测距原理都是基于线路模型，利用电气量和故障距离的关系来构造的。就高压直流输电线路而言，其长度决定了必须基于分布参数模型来推导测距公式，因此描述分布参数线路电气特征的波动方程成了测距的基础。波动方程的达朗贝尔解说明电压、电流均是由前行波和反行波叠加形成的，行波是既与时间相关又与距离相关的物理量，且传播距离和传播时间受波速度的约束，因此固定观测点，通过行波到达的时间信息可以推算传播距离，这就是行波法的基本原理。行波会在线路边界和故障点之间来回折反射，在计及多次折反射的一个较长的时间范围内行波信号呈现周期性规律，因此行波信号的频率也可以反映线路边界到故障点的距离，这种利用暂态信号频域特征的测距方法称为固有频率法。根据时间换空间的思想，某一时刻下，线路某处的前行波可以用测量点处前行波的历史值得到，反行波可以用测量点处反行波的将来值得到。因此，通过测量点处电压和电流行波便可推知线路上任意一点的电压和电流值，结合故障点电压电流的特征便可进行故障定位，这种直接利用波动方程推导沿线电气量分布的方法就是故障分析法。

故障定位方法依据不同的原理，主要分成阻抗法、故障分析法和行波法等。

（1）阻抗法。阻抗法根据工频电气量，利用故障时测量到的电流、电压量来求出故障回路的阻抗，通过构造电压平衡方程，由于线路长度与阻抗成正比，利用数值分析方法即可得到故障点与测量点之间的电抗，因此可求出故障的大致位置。

（2）故障分析法。故障分析法是利用故障时记录的电流电压数据，经过分析计算，计算出故障点到测量点之间的距离。提出专家系统来对故障录波数据进行集中处理，并确定切实可用的联网方案，因此可以解决不同型号录波器的联网和数据传送问题。

（3）行波法。当输电线路发生故障时，将会产生电流、电压行波，行波以接近光速的速度向线路两端传播。通过测量故障出现时的电流、电压行波在线路上传播的时间，计算出故障距离。

2. 智能故障指示装置

对于支线较多、电缆架空分段较多的35～110kV线路，可加装智能故障指示装置。

故障指示装置是一种能反映有短路电流通过而现出故障标志牌（红牌）的电磁感应设

备。在35～110kV架空线路沿线加装智能故障指示装置，一旦线路发生故障，短路电流流过，故障指示器便动作，故障标志红牌便出现。然后沿线巡视，电源侧至故障点之前的故障指示器都出现红牌，故障点以后的故障指示器都不出现红牌，即可判断故障点便在最后一个红牌点与其后第一个非红牌点之间。

智能故障指示装置通常包括电流和电压检测、故障判别、故障指示器驱动、故障状态指示及信号输出和自动延时复位控制等部分。通过检测空间电场电位梯度来检测电压，通过电磁感应检测线路电流。架空型故障指示器传感器和显示（指示）部分集成于一个单元内，通过机械方式固定于架空线路（包括裸导线和绝缘导线），架空型故障指示器一般由三个相序故障指示器组成，且可带电装卸，装卸过程中不误报警。

（1）根据是否具备通信功能故障指标器分为就地型故障指示器和带通信故障指示器。

1）就地型故障指示器。检测到线路故障并就地翻牌或闪光告警，不具备通信功能，故障查找仍需人工介入。

2）带通信故障指示器。由故障指示器和通信装置（又称集中器）组成，故障指示器检测到线路故障不仅可就地翻牌或闪光告警，还可通过短距离无线方式将故障信息传至通信装置，通信装置再通过无线公网或光纤方式将故障信息送至主站。带通信故障指示器还可选配遥测、遥信功能，并将遥测信息以及开关开合、储能等状态量报至主站。

（2）根据故障指示器实现的功能可分为短路故障指示器、单相接地故障指示器和接地及短路故障指示器。

1）短路故障指示器（又称二合一故障指示器）用于指示短路故障电流流通的装置。其原理是利用线路出现故障时电流正突变及线路停电来检测故障。根据短路时的特征，通过电磁感应方法测量线路中的电流突变及持续时间判断故障，因而它是一种适应负荷电流变化，只与故障时短路电流分量有关的故障检测装置。它的判据比较全面，可以大大减少误动作的可能性。

2）单相接地故障指示器可用于指示单相接地故障，其原理是通过接地检测原理，判断线路是否发生了接地故障。

3）接地短路故障指示器在设计上，综合考虑了接地和短路时输电线路的特点。

3. 修理无人机缺陷

对线路巡视无人机出现异常和缺陷应进行修理。严格按照无人机正常周期进行零件维修更换和大修保养，定期对无人机进行检查、清洁、润滑、紧固。无人机如长期不用，应定期上电启动，检查设备状态。如有异常现象，应及时调整、维修。

4. 研发更加适合输电线路巡检的无人机

无人机在输电线路巡检中普遍存在着“信息孤岛”的问题，即无人机主要通过WiFi、蓝牙等形式实现无人机与遥控器的点对点连接，而作业数据只能线下导出再分析，作业时效性及后期数据管理存在一定困难。目前，已有部分机巡作业人员尝试通过3G/4G实现巡视图像传输与远程控制，但受带宽限制，无法可靠实现远程实时监控与控制，限制了无人机在电网行业的深度应用；与此同时，也有一些技术人员尝试通过无人机挂载笨重的5G-CPE模块实现5G通信，但是无人机基本不具体载荷能力，无法搭载其他设备进行作业。

为解决上述问题，国网福建电科院自主研发了一款5G无人机，摒弃传统“无人机+CPE”组合模式，创新整合最新5G通信模组至5G无人机本体，通信模块体积由原来的90mm×96.6mm×178mm压缩为30mm×52mm×3.6mm，重量原来800g压减到9g，功率由原来的24W减少为不到5W，极大提升了无人机的载荷利用率，为5G无人机开展应用场景拓展奠定了坚实基础。

为实现“有5G的地方就能飞无人机”，国网福建电科院在现有无人机地面站的基础上进行二次开发，研发出一套专用于5G无人机的无人机控制地面站，与电信公司联合研究适用于无人机的5G个性化SA组网模式，实现影像数据与控制信息等融合传输，进一步简化无人机数据通信链路，为实现远程实时控制与自主作业奠定基础，同时还将突破传统无人机点对点传输模式的安全距离限制（空旷场地极限距离10km，若有物体遮挡，有效安全距离2km），只要有5G信号覆盖的地方便可正常飞行。

国网福建电科院技术人员将深入总结试飞过程中存在问题，与国网福建电力信通公司、中国电信加强联合技术攻关，不断提升自研5G无人机可靠性、适用性、易用性，不断拓展自研5G无人机在输、变、配等领域创新应用。

第十一章

高压输电线路多旋翼无人机巡检拍摄技术

第一节　多旋翼无人机巡检作业标准化作业指导书

一、适用范围

本作业指导书适用于使用多旋翼无人机（以下简称“无人机”）进行输电线路设备的日常巡检及故障巡检工作。

二、起飞前准备

1. 组织措施

起飞前准备组织措施是要明确所有作业人员的分工和职责，见表2-11-1-1。

表2-11-1-1　　　起飞前准备组织措施

序号	人员分工	职　　责	作业人员	备注
1	工作负责人（监护人）1名	组织巡检工作开展、地面站数据监控		
2	操控手1名	利用遥控器以手动或增稳模式控制无人机巡检系统飞行的人员		
3	任务手1名	操控任务荷载分系统对输电线路本体、附属设施和通道走廊环境等进行拍照、摄像的人员		

2. 安全措施

为保证巡检人员的安全，起飞前准备的安全措施既包括个人的防护措施，也包括整个航巡作业过程中的安全措施，见表2-11-1-2。

表2-11-1-2　　　起飞前准备的安全措施

序号	安全措施内容
1	飞行组成员作业时必须佩戴安全帽，穿紧袖口上衣，不得戴线织手套
2	飞行作业起降场地必须符合无人机起降条件。如起降场地为黄土地，应使用起降毯，使用起降毯要固定牢靠，防止起降时吹起。必要时起降场地应设置围栏
3	作业应在良好天气下进行。遇到雷、雨、雪、大雾、五级及以上大风等恶劣天气禁止飞行。在特殊或紧急条件下，若必须在恶劣气候下进行巡检作业时，应针对现场气候和工作条件，制定安全措施，经本单位主管领导批准后方可进行
4	严格按照“××电力公司无人机飞行前检查单”要求做好各项准备、检查工作，确认无误后方可起飞
5	在执行无人机巡检作业过程中，操控手和任务手严禁接打电话
6	如遇天气突变或无人机出现特殊情况时应进行紧急返航或迫降处理
7	无人机应对设备保持5～10m的飞行距离，并在下风侧飞行
8	在确保巡检设备及无人机安全的情况下，无人机可以从杆塔顶部快速跨越，如无法确保安全必须从导线下部穿过
9	只允许在通信范围内执行巡检飞行作业；在飞行全过程应确保测控链路畅通状态

3. 准备工作安排

起飞前准备工作安排内容及标准见表2-11-1-3。

表2-11-1-3　　起飞前准备工作安排内容及标准

序号	内容	标　　准	责任人	备注
1	核查有关资料	（1）查阅工作段设备的相关信息，包括杆塔坐标、高程、被跨越和跨越情况、邻近构筑物等。 （2）落实杆塔全高、挡距情况		
2	确认现场气象条件	依据无人机使用条件，确定现场气象条件是否满足安全飞行要求		
3	组织现场作业人员学习作业指导书	掌握整个操作程序，理解工作任务及操作中的危险点及控制措施		
4	人员要求	精神状态良好，技术能力能胜任飞行工作，操控手取得AOPA飞行许可证		

4. 工器具

起飞前应将巡检作业用的工器具全部准备好，无论是数量还是质量都应符合要求，见表2-11-1-4。

表2-11-1-4　　起飞前工器具准备一览表

序号	名　　称	型号/规格	单位	数量	备　　注
1	多旋翼无人机		架	1	
2	图传地面站及任务载荷		套	1	任务载荷包括：照相机、摄像机、测温仪等
3	电池检测仪		个	1	
4	无人机电池组		块	若干	根据飞行任务确定
5	测风仪		个	1	
6	测距仪		台	1	根据飞行任务确定
7	操作台		个	1	根据飞行任务确定
8	维修组装工具		套	1	
9	起降毯		块	1	根据飞行任务确定

5. 危险点分析及技术措施

起飞前应对该次巡航的危险点及其应采取的技术措施通晓，并严格执行，见表2-11-1-5。

表2-11-1-5　　航巡作业危险点及技术措施

序号	危险点	技　术　措　施
1	无人机带病起飞	（1）现场作业人员，必须在无人机起飞前认真检查无人机的机桨、机臂、云台、搭载设备连接是否牢固可靠。 （2）地面检测飞控信号，图传信号是否正常

续表

序号	危险点	技术措施
2	无人机意外失控	（1）操控手应对起降场地进行确认，确保起降场地无影响起降的异物及旁观人员。 （2）如在飞行途中出现失控，应本着将损失减少至最小的原则进行迫降。首先应考虑迫降场地地面有无人员
3	无人机发生撞机	（1）作业前要对飞行区域进行了解，要落实在飞行区域内的邻近，下穿，上跨的各种情况。 （2）操控手在起飞、飞行过程和降落时，视线应保持与无人机同步，如要进行定点拍摄，应先将无人机悬停并停稳后再进行拍摄作业。 （3）飞行作业全过程不得失去监护，监护的范围包括起降场地的秩序维护，飞行过程中及时提醒操控手无人机与设备的垂直距离、水平距离。 （4）巡检过程中，巡检人员之间应保持信息联络畅通，确保每项操作均知会全体人员，禁止擅自违规操作

三、作业程序

1. 开工

开工的主要工作内容见表2－11－1－6。

表2－11－1－6　　开工主要工作内容

序号	内容	作业人员签字
1	工作负责人办理“××电力公司无人机巡检作业工作单”“××电力公司无人机巡检作业现场勘察记录单”“××电力公司无人机巡检系统使用记录单”“××电力公司无人机飞行前检查单”	
2	（1）工作负责人现场核对工作线路名称、杆塔编号。 （2）工作负责人组织全体工作人员戴好安全帽，在现场列队宣读工作票，交代工作任务、安全措施、注意事项，工作成员明确后，进行签字确认	

2. 作业内容及标准

航巡作业步骤和作业内容及标准见表2－11－1－7。

表2－11－1－7　　航巡作业步骤和作业内容及标准

序号	作业步骤	作业内容及标准	安全措施注意事项	责任人
1	起飞前检查	现场环境检查；使用测风仪检查风速是否超过限值	严格按照无人机使用技术条件执行	
		无人机系统检查；机体检查，桨叶检查，电气检查	检查各连接插口，固定螺栓，锁止标识	
		任务载荷系统检查；任务载荷中相机、摄像机等设备正常，电池电量充足。任务载荷与无人机电气连接检查	任务载荷与无人机连接可靠，信号链接正常，各项操作正常	
		测控系统检查；地面测控设备检查，开机后测控系统上、下行数据检查	确定连接可靠，与地面站链接正常，信号正常	
		以上地面站架设及各系统检查完毕，确认无误，工作负责人签名后方可起飞作业		

续表

序号	作业步骤	作业内容及标准	安全措施注意事项	责任人
2	起降及飞行过程	监护人要与操控手时刻保持联系，读实时的飞行高度，电池电压，高空风力等相关数据。在无人机飞行时注意无人机与周边设施的水平和垂直距离		
3	降落	巡检任务结束后无人机返航，返回至在降落点上方并悬停	随时观测无人机的飞行航线	
		降低无人机高度至安全降落高度内，确认降落地面平整，无影响安全降落因素后方可进行降落操作	降落安全区域内无杂物等影响降落因素	
		降落时应注意观察下降垂速，确保无人机下降垂速不超过 1.5m/s	降落时垂速不得超出 1.5m/s	
		在无人机桨叶还未完全停止下来前，严禁任何人接近无人机		

四、无人机降落检查及设备撤收

无人机完成预定巡检任务降落地面后的作业内容和要求见表 2-11-1-8。

表 2-11-1-8　无人机完成预定巡检任务降落地面后的作业内容和要求

序号	作业内容	作业步骤及标准	注意事项	责任人
1	降落检查	巡检工作结束后，需要对无人机进行检查，以确保所有部件的正常		
		飞行后的检查项目同飞行前的检查项目		
2		补充填写完整“××电力公司无人机巡检系统使用记录单”，完成各种履历表记载		
3		设备检查完毕，做好相关记录后，进行设备撤收，定置安放各种设备		
4		填写“××电力公司无人机巡检作业报告”单，报告中应包括发现的缺陷图像		

第二节　多旋翼无人机巡视作业指导书范例

一、范围

本指导书针对架空输电线路多旋翼无人机飞行巡视情况编制，适用于××电力公司检修公司使用多旋翼无人机进行输电线路巡视检查工作。

二、引用文件

（1）××电力公司架空输电线路无人机巡视作业管理制度。
（2）检修公司架空输电线路无人机巡检作业管理制度。
（3）检修公司无人机飞行任务单。

三、巡视周期

按无人机巡视计划执行。

四、飞行巡视要求

（一）人员要求

人员要求见表2-11-2-1。

表2-11-2-1　　人员要求

序号	内容	备注
1	作业人员应精神状态良好、心情愉悦、精力充沛	
2	必须持有无人机管理机构核准的无人机操控资质	
3	必须熟练掌握《电力安全工作规程（线路部分）》有关知识	
4	作业人员穿着具有一定防护性能的防护服	
5	作业人员严禁戴手链或其他易缠绕的物品	
6	现场飞行作业时必须佩戴安全帽	
7	作业现场应有维修工具及急救箱	
8	飞行作业前手机等个人通信工具必须交由工作负责人统一保管	

（二）环境要求

环境要求见表2-11-2-2。

表2-11-2-2　　环境要求

序号	内容	备注
1	起飞地点保证半径3m内为平面，半径15m内无凸出障碍物	
2	无人机飞行时风速不应大于6m/s	
3	飞行环境温度保持在－30～＋50℃	
4	飞行区域能见度不低于400m	
5	飞行区域保证GPS搜星颗数在6颗以上，精度不小于6m	
6	飞行区域不应选择在电磁干扰过强的环境中	

（三）飞行巡视工器具及材料要求

飞行巡视工器具及材料要求见表2-11-2-3。

表 2-11-2-3　　飞行巡视工器具及材料要求

序号	名称	规　　格	单位	数量	备注
1	无人机	多旋翼	架	1	
2	地面站		套	1	
3	机载设备	可见光/红外	套	1	
4	操控遥控装置		套	2	
5	天线装置	全向	套	1	
6	天线装置	定向	套	1	
7	风速风向仪		套	1	
8	对讲机		部	2	
9	望远镜		部	1	
10	GPS定位仪		台	1	
11	专用工具箱		套	1	
12	围挡装置	围挡杆/围挡条	个	若干	

（四）分工

分工见表 2-11-2-4。

表 2-11-2-4　　分　　工

序号	工作人员	作　业　内　容
1	工作负责人	下达飞行指令、协助作业人员观测现场情况
2	无人机操控员	无人机飞行操控
3	地面站操控员	地面站操控

五、作业程序

（一）飞前准备

1. 无人机巡检系统检查

无人机巡检系统检查见表 2-11-2-5。

表 2-11-2-5　　无人机巡检系统检查

序号	项目	内　　容	备注
1	无人机及设备检查	按照前面表 2-11-2-3 的无人机飞行巡视工器具及材料要求，检查有无丢失、外观有无损坏，有无正确放置在规定的运输箱、运输包内	接受工作任务后
2	无人机及设备电池	保证无人机动力电池、地面站、遥控器、微波盒、摄像机电池电量充足	接受工作任务后

2. 飞行地理数据准备

飞行地理数据准备见表 2-11-2-6。

表 2-11-2-6 飞行地理数据准备

序号	项目		内容	备注
1	杆塔信息	杆塔经度	通过杆塔GPS定位信息坐标与飞控系统相关软件验证无误	
2		杆塔纬度		
3		海拔高程		
4		杆塔全高	根据实际图纸数据录入	

3. 起飞前现场勘查

起飞前现场勘查见表 2-11-2-7。

表 2-11-2-7 起飞前现场勘查

序号	项目		内容	备注
1	通道信息	通道环境	以飞行航线50m范围内无障碍物	
2		交叉跨越	明确通道中线路上跨或下穿情况，准确改变无人机航向及高度	
3		气象条件	多点测量飞行区域气象条件，且无影响	

（二）起飞前的检查

起飞前的检查见表 2-11-2-8。

表 2-11-2-8 起飞前的检查

序号	内容	备注
1	无人机机身完整无裂痕	
2	无人机各零部件牢固可靠	
3	无人机起落架平整无变形	
4	无人机桨叶无损伤且清洁	
5	无人机动力电池电量	
6	无人机飞控系统通信链路正常稳定	
7	地面站系统电池电量	
8	地面站软件运行正常，各项显示指标正常	
9	机载设备运行正常	

（三）输电线路飞行巡检

输电线路飞行巡检见表 2-11-2-9。

（四）飞行总结

飞行总结见表 2-11-2-10。

（五）维护保养

维护保养见表 2-11-2-11。

表 2-11-2-9　　　　输电线路飞行巡检

序号	项目	内容	作业步骤	标准用语	备注
1	展开无人机巡检系统	无人机操控员展开无人机，地面站操控员展开地面站系统，工作负责人测试现场风力、风向、温度、清除现场异物并设置围挡	（1）工作负责人测试现场风力、风向、温度、清除现场异物，并做相应记录，维持场地秩序。 （2）无人机操控员展开无人机机翼、安装机载设备、安装无人机动力电池、打开遥控器开关，无人机通电进入起飞程序，进行自检搜星。 （3）地面站操控员根据需求架设全向或定向天线，打开地面站软件、激活视频（无人机通电后）		无人机操控员在展开无人机时检查无人机设备，详见表 2-11-2-8 中 1～5。地面站操控员检查地面站设备，详见表 2-11-2-8 中 6～8
2	无人机手控定点巡检	无人机操控员操作无人机起飞，手控无人机进行巡检；地面站操控员通过地面站报告线路情况与无人机操控员配合完成巡视任务；工作负责人维持飞行场地秩序，密切观测风力、风向情况	（1）无人机操控员确认无人机自检无误即遥控器显示为 PH（位置锁定）模式，卫星颗数为 6 颗以上，精度 6m 以上并且听到连续“哔哔”的提示音时向工作负责人请示起飞。获批后将遥控器油门杆拉到底，滑动杆 F 往前推，启动电机，确认无人机运转正常时推动油门，无人机离开地面 5m 左右将 PH 模式转换为 DPH（动态锁定）模式。如进行自驾飞行巡检，将 DPH 模式转换为 WP（自动驾驶）模式。每次模式转换均需向工作负责人报告获批。 （2）地面站操控员通过地面站报告无人机飞行姿态、电池电量、风力、风向和航线偏移情况等，并且定时向无人机操控员通告	无人机操控员：无人机自检正常。 地面站操控员：显示正常。 工作负责人：可以起飞	
	无人机自驾飞行巡检	（1）无人机操控员操作无人机起飞，获批切入自驾模式进行无人机巡检，并应时刻注意无人机飞行姿态。 （2）地面站操控员通过地面站通告无人机飞行情况和航线位置等。 （3）工作负责人维持飞行场地秩序，密切观测风力、风向情况		无人机操控员：切换自驾。 地面站操控员：接收数据正常。 工作负责人：可以切换。 无人机操控员：已切换。 地面站操控员：自驾模式正常。 工作负责人：开始作业。 地面站操控员：启动预设航线。 地面站操控员：到达×号航点。 无人机操控员：×号航点作业结束。 无人机操控员：作业结束	

续表

序号	项目	内容	作业步骤	标准用语	备注
3	无人机降落	(1) 无人机操控员操作无人机平稳降落到指定区域。 (2) 地面站操控员通过地面站通告飞行姿态、电池电压等。 (3) 工作负责人清场机降地点，密切观测风力、风向情况	(1) 工作负责人确认降落点当时风力、风向适合降落、秩序良好。 (2) 无人机操控员操纵无人机以“落叶飘”形式降落高度到达距地面约10m处时垂直缓慢降落到指定区域。 (3) 地面站操控员在无人机操控员操纵无人机降落时为无人机操控员提供无人机飞行姿态、风力、风向、电池电量等飞行数据	无人机操控员：是否降落。 地面站操控员：接收数据正常。 工作负责人：可以降落	
4	无人机回收	待无人机平稳降落，螺旋桨停止转动后开始回收工作	(1) 无人机操控员拆下无人机动力电池后关闭遥控器电源，拆除机载设备，回收机体。 (2) 地面站操控员关闭地面站系统所有电源后回收地面站和天线。 (3) 工作负责人做好相关飞行记录		

表2-11-2-10　　飞行总结

序号	项目	内　容	备注
1	无人机影像资料整理	(1) 无人机航拍照片、视频筛选（选出清晰可见的照片）。 (2) 针对所拍视频做好后期剪辑工作	
		照片分类建档（缺陷照片、设备照片、事故照片）	
2	总结	(1) 针对所拍缺陷照片做好缺陷记录。 (2) 针对所有清晰照片做好后期分析工作，总结出拍摄的时间、地点、顺逆光、角度、焦距、对焦模式等	
3	填制巡检结果记录单	根据总结分析结果，填制巡检结果记录单	

表2-11-2-11　　维护保养

序号	项目	内　容	备注
1	各个系统电池的充放电	无人机动力电池、机载设备、地面站、遥控器充电并做好相应记录	
2	外表擦拭检查	无人机设备外表擦拭并进行相应检查	

附件1：

单回路耐张杆塔标准化巡视作业卡

作业名称：________________________________

工作负责人：______________________________

作业人员：________________________________

1．标准化流程及安全质量控制

序号	悬停位置	巡　视　内　容	确认
1	A1点（远景，斜45°角）	对杆塔基础和塔腿进行拍摄	
2		对杆塔塔身进行拍摄	
3		对杆塔塔头进行拍摄	
4	A2点（平行于左侧地线横担，斜45°角）	对左侧地线小号侧横担进行拍摄	
5		对左侧地线大号侧横担进行拍摄	
6	A3点（平行于中相小号侧耐张绝缘子串，斜45°角）	对中相小号侧绝缘子与杆塔连接部分金具和前半段绝缘子进行拍摄	
7		对中相小号侧整串耐张绝缘子进行拍摄	
8		对中相小号侧绝缘子与导线连接部分金具和后半段绝缘子进行拍摄	
9	A4点（平行于中相大号侧耐张绝缘子串，斜45°角）	对中相大号侧绝缘子与杆塔连接部分金具和前半段绝缘子进行拍摄	
10		对中相大号侧整串耐张绝缘子进行拍摄	
11		对中相大号侧绝缘子与导线连接部分金具和后半段绝缘子进行拍摄	
12	A5点（平行于左侧小号侧耐张绝缘子串，斜45°角）	对左侧小号侧绝缘子与杆塔连接部分金具和前半段绝缘子进行拍摄	
13		对左侧小号侧整串耐张绝缘子进行拍摄	
14		对左侧小号侧绝缘子与导线连接部分金具和后半段绝缘子进行拍摄	
15	A6点（平行于左侧大号侧耐张绝缘子串，斜45°角）	对左侧大号侧绝缘子与杆塔连接部分金具和前半段绝缘子进行拍摄	
16		对左侧大号侧整串耐张绝缘子进行拍摄	
17		对左侧大号侧绝缘子与导线连接部分金具和后半段绝缘子进行拍摄	
18	A7点（平行于右侧地线横担，斜45°角）	对右侧小号侧地线横担进行拍摄	
19		对右侧大号侧地线横担进行拍摄	
20	A8点（平行于右侧小号侧耐张绝缘子串，斜45°角）	对右侧小号侧与杆塔连接部分金具和前半段绝缘子进行拍摄	
21		对右侧小号侧整串耐张绝缘子进行拍摄	
22		对右侧小号侧与导线连接部分金具和后半段绝缘子进行拍摄	
23	A9点（平行于右侧大号侧耐张绝缘子串，斜45°角）	对右侧大号侧与杆塔连接部分金具和前半段绝缘子进行拍摄	
24		对右侧大号侧整串耐张绝缘子进行拍摄	
25		对右侧大号侧与导线连接部分金具和后半段绝缘子进行拍摄	

2．确认签字

工作负责人：　　　　　　　　作业人员：

附件2：

单回路直线杆塔标准化巡视作业卡

作业名称：______________________________

工作负责人：____________________________

作业人员：______________________________

1. 标准化流程及安全质量控制

<table>
<tr><th>序号</th><th>悬停位置</th><th>巡　视　内　容</th><th>确认</th></tr>
<tr><td>1</td><td rowspan="3">A1点
（远景，斜45°角）</td><td>对杆塔基础和塔腿进行拍摄</td><td></td></tr>
<tr><td>2</td><td>对杆塔塔身进行拍摄</td><td></td></tr>
<tr><td>3</td><td>对杆塔塔头进行拍摄</td><td></td></tr>
<tr><td>4</td><td>A2点
（平行于左侧地线横担，斜45°角）</td><td>对左侧地线横担进行拍摄</td><td></td></tr>
<tr><td>5</td><td rowspan="3">A3点
（平行于左侧耐张绝缘子串，斜45°角）</td><td>对左侧绝缘子与杆塔连接部分金具和上半段绝缘子进行拍摄</td><td></td></tr>
<tr><td>6</td><td>对左侧整串耐张绝缘子进行拍摄</td><td></td></tr>
<tr><td>7</td><td>对左侧绝缘子与导线连接部分金具和下半段绝缘子进行拍摄</td><td></td></tr>
<tr><td>8</td><td rowspan="3">A4点
（平行于中相耐张绝缘子串，斜45°角）</td><td>对中相绝缘子与杆塔连接部分金具和上半段绝缘子的左半部分进行拍摄</td><td></td></tr>
<tr><td>9</td><td>对中相整串耐张绝缘子的左半部分进行拍摄</td><td></td></tr>
<tr><td>10</td><td>对中相绝缘子与导线连接部分金具和下半段绝缘子的左半部分进行拍摄</td><td></td></tr>
<tr><td>11</td><td>A5点
（平行于右侧地线横担，斜45°角）</td><td>对右侧地线横担进行拍摄</td><td></td></tr>
<tr><td>12</td><td rowspan="3">A6点
（平行于右侧耐张绝缘子串，斜45°角）</td><td>对右侧与杆塔连接部分金具和上半段绝缘子进行拍摄</td><td></td></tr>
<tr><td>13</td><td>对右侧整串耐张绝缘子进行拍摄</td><td></td></tr>
<tr><td>14</td><td>对右侧与导线连接部分金具和下半段绝缘子进行拍摄</td><td></td></tr>
<tr><td>15</td><td rowspan="3">A7点
（平行于中相耐张绝缘子串，斜45°角）</td><td>对中相绝缘子与杆塔连接部分金具和上半段绝缘子的右半部分进行拍摄</td><td></td></tr>
<tr><td>16</td><td>对中相整串耐张绝缘子的右半部分进行拍摄</td><td></td></tr>
<tr><td>17</td><td>对中相绝缘子与导线连接部分金具和下半段绝缘子的右半部分进行拍摄</td><td></td></tr>
</table>

2. 确认签字

工作负责人：　　　　　　　　　　作业人员：

附件 3：

双回路耐张杆塔标准化巡视作业卡

作业名称：________________________________

工作负责人：______________________________

作业人员：________________________________

1. 标准化流程及安全质量控制

序号	悬停位置	巡　视　内　容	确认
1	A1 点 （远景，斜 45°角）	对杆塔基础和塔腿进行拍摄	
2		对杆塔塔身进行拍摄	
3		对杆塔塔头进行拍摄	
4	A2 点 （平行于左侧地线横担，斜 45°角）	对左侧地线横担小号侧进行拍摄	
5		对左侧地线横担大号侧进行拍摄	
6	A3 点 （平行于左侧上线小号侧耐张绝缘子串，斜 45°角）	对左侧上线小号侧绝缘子与杆塔连接部分金具和前半段绝缘子进行拍摄	
7		对左侧上线小号侧整串耐张绝缘子进行拍摄	
8		对左侧上线小号侧绝缘子与导线连接部分金具和后半段绝缘子进行拍摄	
9	A4 点 （平行于左侧上线大号侧耐张绝缘子串，斜 45°角）	对左侧上线大号侧绝缘子与杆塔连接部分金具和前半段绝缘子进行拍摄	
10		对左侧上线大号侧整串耐张绝缘子进行拍摄	
11		对左侧上线大号侧绝缘子与导线连接部分金具和后半段绝缘子进行拍摄	
12	A5 点 （平行于左侧中线小号侧耐张绝缘子串，斜 45°角）	对左侧中线小号侧绝缘子与杆塔连接部分金具和前半段绝缘子进行拍摄	
13		对左侧中线小号侧整串耐张绝缘子进行拍摄	
14		对左侧中线小号侧绝缘子与导线连接部分金具和后半段绝缘子进行拍摄	
15	A6 点 （平行于左侧中线大号侧耐张绝缘子串，斜 45°角）	对左侧中线大号侧绝缘子与杆塔连接部分金具和前半段绝缘子进行拍摄	
16		对左侧中线大号侧整串耐张绝缘子进行拍摄	
17		对左侧中线大号侧绝缘子与导线连接部分金具和后半段绝缘子进行拍摄	

续表

序号	悬停位置	巡　视　内　容	确认
18	A7 点（平行于左侧下线小号侧耐张绝缘子串，斜 45°角）	对左侧下线小号侧绝缘子与杆塔连接部分金具和前半段绝缘子进行拍摄	
19		对左侧下线小号侧整串耐张绝缘子进行拍摄	
20		对左侧下线小号侧绝缘子与导线连接部分金具和后半段绝缘子进行拍摄	
21	A8 点（平行于左侧下线大号侧耐张绝缘子串，斜 45°角）	对左侧下线大号侧绝缘子与杆塔连接部分金具和前半段绝缘子进行拍摄	
22		对左侧下线大号侧整串耐张绝缘子进行拍摄	
23		对左侧下线大号侧绝缘子与导线连接部分金具和后半段绝缘子进行拍摄	
24	A9 点（平行于右侧地线横担，斜 45°角）	对右侧地线横担小号侧进行拍摄	
		对右侧地线横担大号侧进行拍摄	
25	A10 点（平行于右侧上线小号侧耐张绝缘子串，斜 45°角）	对右侧上线小号侧与杆塔连接部分金具和前半段绝缘子进行拍摄	
26		对右侧上线小号侧整串耐张绝缘子进行拍摄	
27		对右侧上线小号侧与导线连接部分金具和后半段绝缘子进行拍摄	
28	A11 点（平行于右侧上线大号侧耐张绝缘子串，斜 45°角）	对右侧上线大号侧与杆塔连接部分金具和前半段绝缘子进行拍摄	
29		对右侧上线大号侧整串耐张绝缘子进行拍摄	
30		对右侧上线大号侧与导线连接部分金具和后半段绝缘子进行拍摄	
31	A12 点（平行于右侧中线小号侧耐张绝缘子串，斜 45°角）	对右侧中线小号侧与杆塔连接部分金具和前半段绝缘子进行拍摄	
32		对右侧中线小号侧整串耐张绝缘子进行拍摄	
33		对右侧中线小号侧与导线连接部分金具和后半段绝缘子进行拍摄	
34	A12 点（平行于右侧中线大号侧耐张绝缘子串，斜 45°角）	对右侧中线大号侧与杆塔连接部分金具和前半段绝缘子进行拍摄	
35		对右侧中线大号侧整串耐张绝缘子进行拍摄	
36		对右侧中线大号侧与导线连接部分金具和后半段绝缘子进行拍摄	
37	A13 点（平行于右侧下线小号侧耐张绝缘子串，斜 45°角）	对右侧下线小号侧与杆塔连接部分金具和前半段绝缘子进行拍摄	
38		对右侧下线小号侧整串耐张绝缘子进行拍摄	
39		对右侧下线小号侧与导线连接部分金具和后半段绝缘子进行拍摄	
40	A14 点（平行于右侧下线大号侧耐张绝缘子串，斜 45°角）	对右侧下线大号侧与杆塔连接部分金具和前半段绝缘子进行拍摄	
41		对右侧下线大号侧整串耐张绝缘子进行拍摄	
42		对右侧下线大号侧与导线连接部分金具和后半段绝缘子进行拍摄	

2. 确认签字

工作负责人：　　　　　　　　　　作业人员：

附件 4：

双回路直线杆塔标准化巡视作业卡

作业名称：________________

工作负责人：________________

作业人员：________________

1. 标准化流程及安全质量控制

序号	悬停位置	巡 视 内 容	确认
1	A1 点（远景，斜 45°角）	对杆塔基础和塔腿进行拍摄	
2		对杆塔塔身进行拍摄	
3		对杆塔塔头进行拍摄	
4	A2 点（平行于左侧地线横担，斜 45°角）	对左侧地线横担进行拍摄	
5	A3 点（平行于左侧上线耐张绝缘子串，斜 45°角）	对左侧上线绝缘子与杆塔连接部分金具和上半段绝缘子进行拍摄	
6		对左侧上线整串耐张绝缘子进行拍摄	
7		对左侧上线绝缘子与导线连接部分金具和下半段绝缘子进行拍摄	
8	A4 点（平行于左侧中线耐张绝缘子串，斜 45°角）	对左侧中线绝缘子与杆塔连接部分金具和上半段绝缘子进行拍摄	
9		对左侧中线整串耐张绝缘子进行拍摄	
10		对左侧中线绝缘子与导线连接部分金具和下半段绝缘子进行拍摄	
11	A5 点（平行于左侧下线耐张绝缘子串，斜 45°角）	对左侧下线绝缘子与杆塔连接部分金具和上半段绝缘子进行拍摄	
12		对左侧下线整串耐张绝缘子进行拍摄	
13		对左侧下线绝缘子与导线连接部分金具和下半段绝缘子进行拍摄	
14	A6 点（平行于右侧地线横担，斜 45°角）	对右侧地线横担进行拍摄	
15	A6 点（平行于右侧上线耐张绝缘子串，斜 45°角）	对右侧上线与杆塔连接部分金具和上半段绝缘子进行拍摄	
16		对右侧上线整串耐张绝缘子进行拍摄	
17		对右侧上线与导线连接部分金具和下半段绝缘子进行拍摄	
18	A7 点（平行于右侧中线耐张绝缘子串，斜 45°角）	对右侧中线绝缘子与杆塔连接部分金具和上半段绝缘子进行拍摄	
19		对右侧中线整串耐张绝缘子进行拍摄	
20		对右侧中线绝缘子与导线连接部分金具和下半段绝缘子进行拍摄	
21	A6 点（平行于右侧下线耐张绝缘子串，斜 45°角）	对右侧下线与杆塔连接部分金具和上半段绝缘子进行拍摄	
22		对右侧下线整串耐张绝缘子进行拍摄	
23		对右侧下线与导线连接部分金具和下半段绝缘子进行拍摄	

2. 确认签字

工作负责人： 作业人员：

第三节 多旋翼无人机架空输电线路本体巡检影像拍摄安全要求和技术要求

一、安全要求

无人机本体巡检应遵守相关的安全规定，具体要求如下：

（1）作业前应办理空域申请手续，空域审批后方可作业，并密切跟踪当地空域变化情况。

（2）作业前应掌握巡检设备的型号和参数、杆塔坐标及高度、巡检线路周围地形地貌和周边交叉跨越情况。

（3）作业前应检查无人机各部件是否正常，包括无人机本体、遥控器、云台相机、存储卡和电池电量等。

（4）作业前应确认天气情况，雾、雪、大雨、冰雹、风力大于10m/s等恶劣天气不宜作业。

（5）保证现场安全措施齐全，禁止行人和其他无关人员在无人机巡检现场逗留，时刻注意保持与无关人员的安全距离。避免将起降场地设在巡检线路下方、交通繁忙道路及人口密集区附近。

（6）作业前应规划应急航线，包括航线转移策略、安全返航路径和应急迫降点等。

（7）无人机巡检时应与架空输电线路保持足够的安全距离。

二、技术要求

无人机本体巡检应满足相关技术要求，具体如下：

（1）拍摄时应确保相机参数设置合理、对焦准确，保证图像清晰、曝光合理、不出现模糊现象。

（2）输电线路目标设备应位于图像中间位置，销钉类目标及缺陷在放大情况下清晰可见，典型示例如图2-11-3-1～图2-11-3-4所示，其他类型目标及缺陷如图2-11-7-32～图2-11-7-43所示。

(a) 耐张绝缘子横担端(目标设备)

(b) 绝缘子及挂板上销钉清晰可见(放大)

图2-11-3-1 耐张绝缘子横担端图像

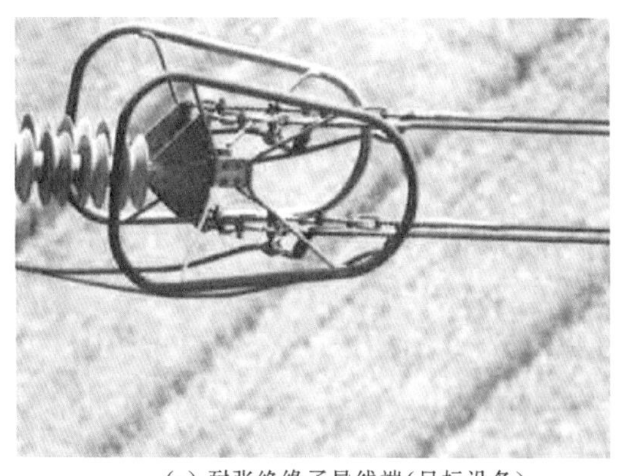

(a) 耐张绝缘子导线端(目标设备)

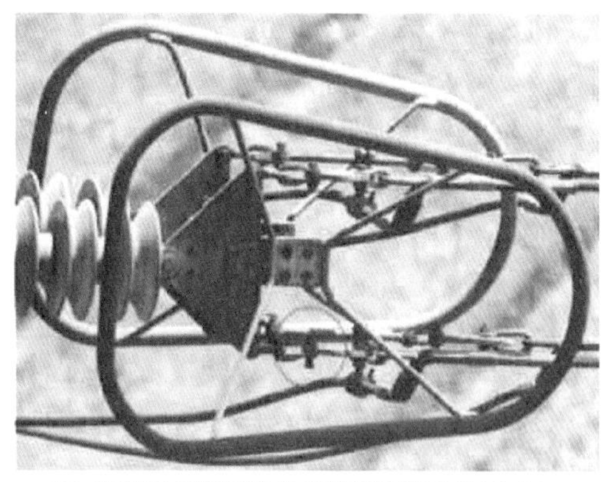

(b) 绝缘子与导线连接处销钉清晰可见(放大)

图 2-11-3-2　耐张绝缘子导线端图像

(a) 引流导线端(目标设备)

(b) 重锤及线夹上销钉与螺栓清晰可见(放大)

图 2-11-3-3　引流导线端图像

(a) 地线 U 形挂环(目标设备)

(b) 挂板上销钉及缺陷清晰可见(放大)

图 2-11-3-4　架空地线 U 形挂环图像

三、作业流程

标准化作业流程如图 2-11-3-5 所示。

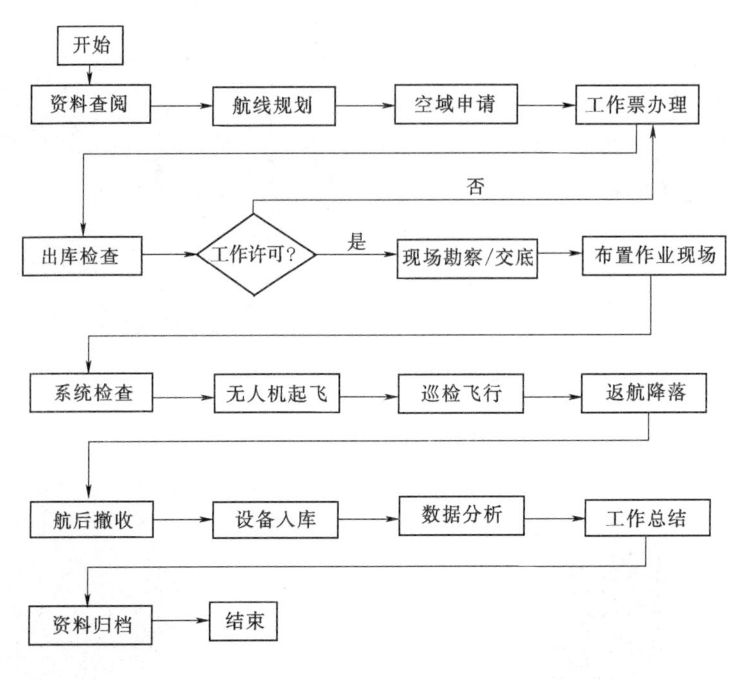

图 2-11-3-5　标准化作业流程图

第四节　巡检拍摄内容和拍摄原则

一、巡检拍摄内容

多旋翼无人机巡检拍摄内容应包含塔全貌、塔头、塔身、塔号牌、绝缘子、各挂点、金具、通道等，具体拍摄部位和拍摄重点见表 2-11-4-1，典型图例如图 2-11-7-1～图 2-11-7-31 所示。

表 2-11-4-1　　巡检拍摄部位和拍摄重点

塔型	拍摄部位	拍　摄　重　点
直线塔	塔概况	塔全貌、塔头、塔身、塔号牌、塔基
	绝缘子串	绝缘子
	悬垂绝缘子横担端	绝缘子碗头销、保护金具、铁塔挂点金具
	悬垂绝缘子导线端	导线线夹、各挂板、联板等金具
		碗头挂板销
	地线悬垂金具	地线线夹、接地引下线连接金具、挂板
	通道	小号侧通道、大号侧通道

续表

塔型	拍摄部位	拍　摄　重　点
耐张塔	塔概况	塔全貌、塔头、塔身、塔号牌、塔基
	耐张绝缘子横担端	调整板、挂板等金具
	耐张绝缘子导线端	导线耐张线夹、各挂板、联板、防振锤等金具
	耐张绝缘子串	每片绝缘子表面及连接情况
	地线耐张（直线金具）金具	地线耐张线夹、接地引下钱连接金具、防振锤、挂板
	引流线绝缘子横担端	绝缘子碗头销、铁塔挂点金具
	引流绝缘子导线端	碗头挂板销、引流线夹、联板、重锤等金具
	引流线	引流线、引流线绝缘子、间隔棒
	通道	小号侧通道、大号侧通道

二、巡检拍摄原则

1. 基本原则

多旋翼无人机巡检路径规划的基本原则是面向大号侧先左后右，从下至上（对侧从上至下），先小号侧后大号侧。有条件的单位，应根据输电设备结构选择合适的拍摄位置，并固化作业点，建立标准化航线库。航线库应包括线路名称、杆塔号、杆塔类型、布线型式、杆塔地理坐标、作业点成像参数等信息。

2. 直线塔拍摄原则

（1）单回直线塔：面向大号侧先拍左相再拍中相后拍右相，先拍小号侧后拍大号侧。

（2）双回直线塔：面向大号侧先拍左回后拍右回，先拍下相再拍中相后拍上相（对侧先拍上相再拍中相后拍下相，∩形顺序拍摄），先拍小号侧后拍大号侧。

3. 耐张塔拍摄原则

（1）单回耐张塔：面向大号侧先拍左相再拍中相后拍右相，先拍小号侧再拍跳线串后拍大号侧。小号侧先拍导线端后拍横担端，跳线串先拍横担端后拍导线端，大号侧先拍横担端后拍导线端。

（2）双回耐张塔：面向大号侧先拍左回后拍右回，先拍下相再拍中相后拍上相（对侧先拍上相再拍中相后拍下相，∩形顺序拍摄），先拍小号侧再拍跳线后拍大号侧，小号侧先拍导线端后拍横担端，跳线串先拍横担端后拍导线端，大号侧先拍横担端后拍导线端。

第五节　输电线路典型塔型巡检路径规划与拍摄技术

一、交流线路单回直线酒杯塔

交流线路单回直线酒杯塔无人机巡检路径规划如图 2-11-5-1 所示，其拍摄技术见表 2-11-5-1。

A-1　塔全貌
B-2　塔头
C-3　塔身
D-4　塔号牌
E-5　塔基
F-6　左相导线端挂点
F-7　左相整串绝缘子
F-8　左相横担挂点
G-9　左相地线
H-10　中相左横担挂点
H-11　中相左端串绝缘子
H-12　中相导线端挂点
H-13　中相右整串绝缘子
H-14　中相右横担挂点
I-15　右侧地线
J-16　右相横担挂点
J-17　右相整串绝缘子
J-18　右相导线端挂点
K-19　小号侧通道
K-20　大号侧通道

图 2-11-5-1　交流线路单回直线酒杯塔无人机巡检路径规划

表 2-11-5-1　　　交流线路单回直线酒杯塔无人机巡检拍摄技术

无人机悬停区域	拍摄部位编号	拍摄部位	无人机拍摄位置	拍摄角度	拍摄质量要求
A	1	塔全貌	从杆塔远处，并高于杆塔，杆塔完全在影像画面里	俯视	塔全貌完整，能够清晰分辨塔材和杆塔角度，主体上下占比不低于全幅80%
B	2	塔头	从杆塔斜上方拍摄	俯视	能够完整看到杆塔塔头
C	3	塔身	杆塔斜上方，略低于塔头拍摄高度	平/俯视	能够看到除塔头及塔基部位的其他结构全貌
D	4	塔号牌	无人机镜头平视或俯视拍摄塔号牌	平/俯视	能清晰分辨塔号牌上线路双重名称
E	5	塔基	走廊正面或侧面面向塔基俯视拍摄	俯视	能够看清塔基附近地面情况，拉线是否连接牢靠
F	6	左相导线端挂点	面向金具锁紧销安装侧，拍摄金具整体	平/俯视	能够清晰分辨螺栓、螺母等小尺寸金具及防振锤。设备相互遮挡时，采取多角度拍摄。每张照片至少包含一片绝缘子
F	7	左相整串绝缘子	正对绝缘子串，在其中心点以上位置拍摄	平视	需覆盖绝缘子整串，可拍多张照片，最终能够清晰分辨绝缘子片表面损痕和每片绝缘子连接情况
F	8	左相横担挂点	与挂点高度平行，小角度斜侧方拍摄	平/俯视	能够清晰分辨螺栓、螺母、锁紧销等小尺寸金具。设备相互遮挡时，采取多角度拍摄。每张照片至少包含一片绝缘子
G	9	左相地线	高度与地线挂点平行或以不大于30°角度俯视，小角度斜侧方拍摄	平/俯/仰视	能够判断各类金具的组合安装状态，与地线接触位置铝包带安装状态，清晰分辨锁紧位置的螺母销级物件。设备相互遮挡时，采取多角度拍摄

续表

无人机悬停区域	拍摄部位编号	拍摄部位	无人机拍摄位置	拍摄角度	拍摄质量要求
H	10	中相左横担挂点	与挂点高度平行，小角度斜侧方拍摄	平视	能够清晰分辨螺栓、螺母、锁紧销等小尺寸金具。设备相互遮挡时，采取多角度拍摄。每张照片至少包含一片绝缘子
H	11	中相左整串绝缘子	正对绝缘子串，在其中心点以上位置拍摄	平视	需覆盖绝缘子整串，可拍多张照片，最终能够清晰分辨绝缘子片表面损痕和每片绝缘子连接情况
H	12	中相导线端挂点	与挂点高度平行，小角度斜侧方拍摄	平视	能够清晰分辨螺栓、螺母、锁紧销等小尺寸金具及防振锤。设备相互遮挡时，采取多角度拍摄。每张照片至少包含一片绝缘子
H	13	中相右整串绝缘子	正对绝缘子串，在其中心点以上位置拍摄	平视	需覆盖绝缘子整串，可拍多张照片，最终能够清晰分辨绝缘子片表面损痕和每片绝缘子连接情况
H	14	中相右横担挂点	正对横担挂点位置拍摄	平/俯视	能够清晰分辨挂点锁紧销等金具
I	15	右侧地线	高度与地线挂点平行或以不大于30°角度俯视，小角度斜侧方拍摄	俯视	能够判断各类金具的组合安装状态，与地线接触位置铝包带安装状态，清晰分辨锁紧位置的螺母销级物件。设备相互遮挡时，采取多角度拍摄
J	16	右相横担挂点	与挂点高度平行，小角度斜侧方拍摄	平视	能够清晰分辨螺栓、螺母、锁紧销等小尺寸金具。设备相互遮挡时，采取多角度拍摄。每张照片至少包含一片绝缘子
J	17	右相整串绝缘子	正对绝缘子串，在其中心点以上位置拍摄	平视	需覆盖绝缘子整串，如无法覆盖则至多分两段拍摄，最终能够清晰分辨绝缘子片表面损痕和每片绝缘子连接情况
J	18	右相导线端挂点	与挂点高度平行，小角度斜侧方拍摄	平视	能够清晰分辨螺栓、螺母、锁紧销等小尺寸金具及防振锤。设备相互遮挡时，采取多角度拍摄。每张照片至少包含一片绝缘子
K	19	小号侧通道	塔身侧方位置先小号通道，后大号通道	平视	能够清晰完整看到杆塔的通道情况，如建筑物、树木、交叉、跨越的线路等
K	20	大号侧通道	塔身侧方位置先小号通道，后大号通道	平视	能够清晰完整看到杆塔的通道情况，如建筑物、树木、交叉、跨越的线路等

注　拍摄角度和拍摄图片张数以能够清晰展示所需细节为目标，根据实际作业环境可做适当调整。

二、交流线路单回直线猫头塔

交流线路单回直线猫头塔无人机巡检路径规划如图2-11-5-2所示，其拍摄技术见表2-11-5-2。

图 2-11-5-2　交流线路单回直线猫头塔无人机巡检路径规划

表 2-11-5-2　　交流线路单回直线猫头塔无人机巡检拍摄技术

无人机悬停区域	拍摄部位编号	拍摄部位	无人机拍摄位置	拍摄角度	拍摄质量要求
A	1	塔全貌	从杆塔远处，并高于杆塔，杆塔完全在影像画面里	俯视	塔全貌完整，能够清晰分辨塔材和杆塔角度，主体上下占比不低于全幅80%
B	2	塔头	从杆塔斜上方拍摄	俯视	能够完整看到杆塔塔头
C	3	塔身	杆塔斜上方，略低于塔头拍摄高度	平/俯视	能够看到除塔头及塔基部位的其他结构全貌
D	4	塔号牌	无人机镜头平视或俯视拍摄塔号牌	平/俯视	能清晰分辨塔号牌上线路双重名称
E	5	塔基	走廊正面或侧面面向塔基俯视拍摄	俯视	能够看清塔基附近地面情况，拉线是否连接牢靠
F	6	左相导线端挂点	面向金具锁紧销安装侧，拍摄金具整体	平/俯视	能够清晰分辨螺栓、螺母、锁紧销等小尺寸金具及防振锤。设备相互遮挡时，采取多角度拍摄。每张照片至少包含一片绝缘子
F	7	左相绝缘子串	正对绝缘子串，在其中心点以上位置拍摄	平视	需覆盖绝缘子整串，可拍多张照片，最终能够清晰分辨绝缘子片表面损痕和每片绝缘子连接情况
F	8	左相横担挂点	与挂点高度平行，小角度斜侧方拍摄	平/俯视	能够清晰分辨螺栓、螺母、锁紧销等小尺寸金具。设备相互遮挡时，采取多角度拍摄。每张照片至少包含一片绝缘子

续表

无人机悬停区域	拍摄部位编号	拍摄部位	无人机拍摄位置	拍摄角度	拍摄质量要求
G	9	左侧地线	高度与地线挂点平行或以不大于30°角度俯视，小角度斜侧方拍摄	平/俯/仰视	能够判断各类金具的组合安装状态，与地线接触位置铝包带安装状态，清晰分辨锁紧位置的螺母销级物件。设备相互遮挡时，采取多角度拍摄
H	10	中相横担挂点	与挂点高度平行，小角度斜侧方拍摄	平视	能够清晰分辨螺栓、螺母、锁紧销等小尺寸金具。设备相互遮挡时，采取多角度拍摄。每张照片至少包含一片绝缘子
H	11	中相绝缘子串	正对绝缘子串，在其中心点以上位置拍摄	平视	需覆盖绝缘子整串，可拍多张照片，最终能够清晰分辨绝缘子片表面损痕和每片绝缘子连接情况
H	12	中相导线端挂点	与挂点高度平行，小角度斜侧方拍摄	平视	能够清晰分辨螺栓、螺母、锁紧销等小尺寸金具及防振锤。设备相互遮挡时，采取多角度拍摄。每张照片至少包含一片绝缘子
I	13	右侧地线	高度与地线挂点平行或以不大于30°角度俯视，小角度斜侧方拍摄	俯视	能够判断各类金具的组合安装状态，与地线接触位置铝包带安装状态，清晰分辨锁紧位置的螺母销级物件。设备相互遮挡时，采取多角度拍摄
J	14	右相横担处挂点	与挂点高度平行，小角度斜侧方拍摄	平视	能够清晰分辨螺栓、螺母、锁紧销等小尺寸金具。设备相互遮挡时，采取多角度拍摄。每张照片至少包含一片绝缘子
J	15	右相绝缘子串	正对绝缘子串，在其中心点以上位置拍摄	平视	需覆盖绝缘子整串，如无法覆盖则至多分两段拍摄，最终能够清晰分辨绝缘子片表面损痕和每片绝缘子连接情况
J	16	右相导线端挂点	与挂点高度平行，小角度斜侧方拍摄	平视	能够清晰分辨螺栓、螺母、锁紧销等小尺寸金具及防振锤。设备相互遮挡时，采取多角度拍摄。每张照片至少包含一片绝缘子
K	17	小号侧通道	塔身侧方位置先小号通道，后大号通道	平视	能够清晰完整看到杆塔的通道情况，如建筑物、树木、交叉、跨越的线路等
K	18	大号侧通道	塔身侧方位置先小号通道，后大号通道	平视	能够清晰完整看到杆塔的通道情况，如建筑物、树木、交叉、跨越的线路等

注　拍摄角度和拍摄图片张数以能够清晰展示所需细节为目标，根据实际作业环境可做适当调整。

三、直流线路单回直线塔

直流线路单回直线塔无人机巡检路径规划如图2-11-5-3所示，其拍摄技术见表2-11-5-3。

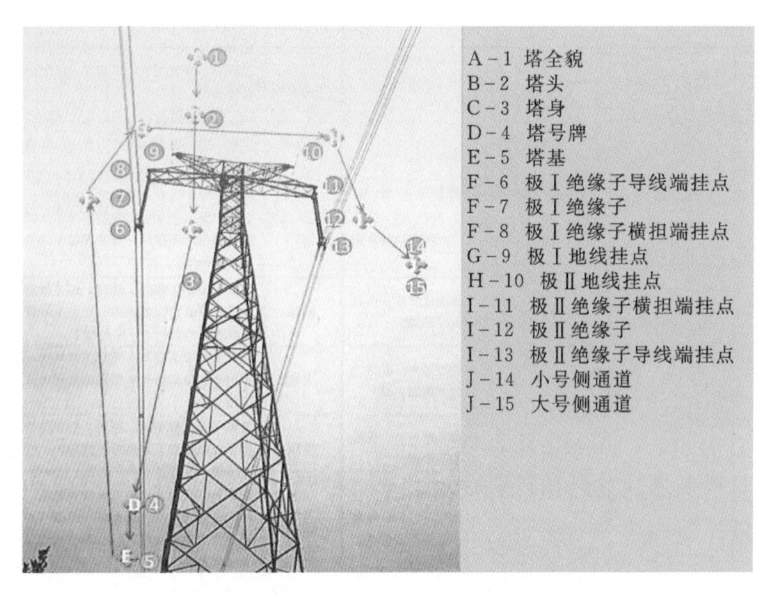

图 2-11-5-3　直流线路单回直线塔无人机巡检路径规划

表 2-11-5-3　直流线路单回直线塔无人机巡检拍摄技术

无人机悬停区域	拍摄部位编号	拍摄部位	无人机拍摄位置	拍摄角度	拍摄质量要求
A	1	塔全貌	从杆塔远处，并高于杆塔，杆塔完全在影像画面里	俯视	塔全貌完整，能够清晰分辨塔材和杆塔角度，主体上下占比不低于全幅80%
B	2	塔头	从杆塔斜上方拍摄	俯视	能够完整看到杆塔塔头
C	3	塔身	杆塔斜上方，略低于塔头拍摄高度	平/俯视	能够看到除塔头及塔基部位的其他结构全貌
D	4	塔号牌	无人机镜头平视或俯视拍摄塔号牌	平/俯视	能清晰分辨塔号牌上线路双重名称
E	5	塔基	走廊正面或侧面面向塔基俯视拍摄	俯视	能够看清塔基附近地面情况
F	6	极Ⅰ绝缘子导线端挂点	面向金具锁紧销安装侧，拍摄金具整体	平/俯视	能够清晰分辨螺栓、螺母、锁紧销等小尺寸金具及防振锤。设备相互遮挡时，采取多角度拍摄。每张照片至少包含一片绝缘子
F	7	极Ⅰ绝缘子	正对绝缘子串，在其中心点以上位置拍摄	平视	需覆盖绝缘子整串，拍多张照片，最终能够清晰分辨绝缘子片表面损痕和每片绝缘子连接情况
F	8	极Ⅰ绝缘子横担端挂点	与挂点高度平行，小角度斜侧方拍摄	平/俯视	能够清晰分辨螺栓、螺母、锁紧销等小尺寸金具。设备相互遮挡时，采取多角度拍摄。每张照片至少包含一片绝缘子
G	9	极Ⅰ地线挂点	高度与地线挂点平行或以不大于30°角度俯视，小角度斜侧方拍摄	平/俯/仰视	能够判断各类金具的组合安装状态，与地线接触位置铝包带安装状态，清晰分辨锁紧位置的螺母销级物件，设备相互遮挡时，采取多角度拍摄

续表

无人机悬停区域	拍摄部位编号	拍摄部位	无人机拍摄位置	拍摄角度	拍摄质量要求
H	10	极Ⅱ地线挂点	高度与地线挂点平行或以不大于30°角度俯视，小角度斜侧方拍摄	平/俯/仰视	能够判断各类金具的组合安装状态，与地线接触位置铝包带安装状态，清晰分辨锁紧位置的螺母销级物件。设备相互遮挡时，采取多角度拍摄
I	11	极Ⅱ绝缘子横担端挂点	与挂点高度平行，小角度斜侧方拍摄	平/俯视	能够清晰分辨螺栓、螺母、锁紧销等小尺寸金具。设备相互遮挡时，采取多角度拍摄。每张照片至少包含一片绝缘子
I	12	极Ⅱ绝缘子	正对绝缘子串，在其中心点以上位置拍摄	平视	需覆盖绝缘子整串，可拍多张照片，最终能够清晰分辨绝缘子片表面损痕和每片绝缘子连接情况
I	13	极Ⅱ绝缘子导线端挂点	面向金具锁紧销安装侧，拍摄金具整体	平/俯视	能够清晰分辨螺栓、螺母、锁紧销等小尺寸金具及防振锤。设备相互遮挡时，采取多角度拍摄。每张照片至少包含一片绝缘子
J	14	小号侧通道	塔身侧方位置拍摄小号通道	平视	能够清晰完整看到杆塔的通道情况，如建筑物、树木、交叉、跨越的线路等
J	15	大号侧通道	塔身侧方位置拍摄大号通道	平视	能够清晰完整看到杆塔的通道情况，如建筑物、树木、交叉、跨越的线路等

注 拍摄角度和拍摄图片张数以能够清晰展示所需细节为目标，根据实际作业环境可做适当调整。

四、直流线路单回耐张塔

直流线路单回耐张塔无人机巡检路径规划如图2-11-5-4所示，其拍摄技术见表2-11-5-4。

图2-11-5-4 直流线路单回耐张塔无人机巡检路径规划

表 2-11-5-4　　　直流线路单回耐张塔无人机巡检拍摄技术

无人机悬停区域	拍摄部位编号	拍摄部位	无人机拍摄位置	拍摄角度	拍摄质量要求
A	1	塔全貌	从杆塔远处，并高于杆塔，杆塔完全在影像画面里	俯视	塔全貌完整，能够清晰分辨塔材和杆塔角度，主体上下占比不低于全幅80%
B	2	塔头	从杆塔斜上方拍摄	俯视	能够完整看到杆塔塔头
C	3	塔身	杆塔斜上方，略低于塔头拍摄高度	平/俯视	能够看到除塔头及塔基部位的其他结构全貌
D	4	塔号牌	无人机镜头平视或俯视拍摄塔号牌	平/俯视	能清晰分辨塔号牌上线路双重名称
E	5	塔基	走廊正面或侧面面向塔基俯视拍摄	俯视	能够看清塔基附近地面情况
F	6	极Ⅰ小号侧导线端挂点	面向金具锁紧销安装侧，拍摄金具整体	平/俯视	能够清晰分辨螺栓、螺母、锁紧销等小尺寸金具及防振锤。设备相互遮挡时，采取多角度拍摄。每张照片至少包含一片绝缘子
F	7	极Ⅰ小号侧绝缘子	正对绝缘子串，在其中心点以上位置拍摄	平视	需覆盖绝缘子整串，可拍多张照片，最终能够清晰分辨绝缘子片表面损痕和每片绝缘子连接情况
F	8	极Ⅰ小号侧横担端挂点	与挂点高度平行，小角度斜侧方拍摄	平/俯视	能够清晰分辨螺栓、螺母、锁紧销等小尺寸金具。设备相互遮挡时，采取多角度拍摄。每张照片至少包含一片绝缘子
G	9	极Ⅰ跳线串横担端挂点	与挂点高度平行，小角度斜侧方拍摄	平/俯视	能够清晰分辨螺栓、螺母、锁紧销等小尺寸金具。设备相互遮挡时，采取多角度拍摄。每张照片至少包含一片绝缘子
G	10	极Ⅰ跳线绝缘子	正对绝缘子串，在其中心点以上位置拍摄	平视	需覆盖绝缘子整串，可拍多张照片，最终能够清晰分辨绝缘子片表面损痕和每片绝缘子连接情况
G	11	极Ⅰ跳线串导线端挂点	面向金具锁紧销安装侧，拍摄金具整体	平/俯视	能够清晰分辨螺栓、螺母、锁紧销等小尺寸金具及防振锤。设备相互遮挡时，采取多角度拍摄。每张照片至少包含一片绝缘子
H	12	极Ⅰ大号侧横担端挂点	与挂点高度平行，小角度斜侧方拍摄	平/俯视	能够清晰分辨螺栓、螺母、锁紧销等小尺寸金具。设备相互遮挡时，采取多角度拍摄。每张照片至少包含一片绝缘子
H	13	极Ⅰ大号侧绝缘子	正对绝缘子串，在其中心点以上位置拍摄	平视	需覆盖绝缘子整串，可拍多张照片，最终能够清晰分辨绝缘子片表面损痕和每片绝缘子连接情况
H	14	极Ⅰ大号侧导线端挂点	面向金具锁紧销安装侧，拍摄金具整体	平/俯视	能够清晰分辨螺栓、螺母、锁紧销等小尺寸金具及防振锤。设备相互遮挡时，采取多角度拍摄。每张照片至少包含一片绝缘子

续表

无人机悬停区域	拍摄部位编号	拍摄部位	无人机拍摄位置	拍摄角度	拍摄质量要求
I	15	极Ⅰ地线挂点	高度与地线挂点平行或以不大于30°角度俯视，小角度斜侧方拍摄	平/俯/仰视	能够判断各类金具的组合安装状态，与地线接触位置铝包带安装状态，清晰分辨锁紧位置的螺母销级物件。设备相互遮挡时，采取多角度拍摄
J	16	极Ⅱ地线挂点	高度与地线挂点平行或以不大于30°角度俯视，小角度斜侧方拍摄	平/俯/仰视	能够判断各类金具的组合安装状态，与地线接触位置铝包带安装状态，清晰分辨锁紧位置的螺母销级物件。设备相互遮挡时，采取多角度拍摄
K	17	极Ⅱ小号侧导线端挂点	面向金具锁紧销安装侧，拍摄金具整体	平/俯视	能够清晰分辨螺栓、螺母、锁紧销等小尺寸金具及防振锤。设备相互遮挡时，采取多角度拍摄。每张照片至少包含一片绝缘子
K	18	极Ⅱ小号侧绝缘子	正对绝缘子串，在其中心点以上位置拍摄	平视	需覆盖绝缘子整串，可拍多张照片，最终能够清晰分辨绝缘子片表面损痕和每片绝缘子连接情况
K	19	极Ⅱ小号侧横担端挂点	与挂点高度平行，小角度斜侧方拍摄	平/俯视	能够清晰分辨螺栓、螺母、锁紧销等小尺寸金具。设备相互遮挡时，采取多角度拍摄。每张照片至少包含一片绝缘子
L	20	极Ⅱ跳线串横担端挂点	与挂点高度平行，小角度斜侧方拍摄	平/俯视	能够清晰分辨螺栓、螺母、锁紧销等小尺寸金具。设备相互遮挡时，采取多角度拍摄。每张照片至少包含一片绝缘子
L	21	极Ⅱ跳线绝缘子	正对绝缘子串，在其中心点以上位置拍摄	平视	需覆盖绝缘子整串，可拍多张照片，最终能够清晰分辨绝缘子片表面损痕和每片绝缘子连接情况
L	22	极Ⅱ跳线串导线端挂点	面向金具锁紧销安装侧，拍摄金具整体	平/俯视	能够清晰分辨螺栓、螺母、锁紧销等小尺寸金具及防振锤。设备相互遮挡时，采取多角度拍摄。每张照片至少包含一片绝缘子
M	23	极Ⅱ大号侧横担端挂点	与挂点高度平行，小角度斜侧方拍摄	平/俯视	能够清晰分辨螺栓、螺母、锁紧销等小尺寸金具。设备相互遮挡时，采取多角度拍摄。每张照片至少包含一片绝缘子
M	24	极Ⅱ大号侧绝缘子	正对绝缘子串，在其中心点以上位置拍摄	平视	需覆盖绝缘子整串，可拍多张照片，最终能够清晰分辨绝缘子片表面损痕和每片绝缘子连接情况
M	25	极Ⅱ大号侧导线端挂点	面向金具锁紧销安装侧，拍摄金具整体	平/俯视	能够清晰分辨螺栓、螺母、锁紧销等小尺寸金具及防振锤。设备相互遮挡时，采取多角度拍摄。每张照片至少包含一片绝缘子

续表

无人机悬停区域	拍摄部位编号	拍摄部位	无人机拍摄位置	拍摄角度	拍摄质量要求
N	26	小号侧通道	塔身侧方位置拍摄小号通道	平视	能够清晰完整看到杆塔的通道情况，如建筑物、树木、交叉、跨越的线路等
N	27	大号侧通道	塔身侧方位置拍摄大号通道	平视	能够清晰完整看到杆塔的通道情况，如建筑物、树木、交叉、跨越的线路等

注　拍摄角度和拍摄图片张数以能够清晰展示所需细节为目标，根据实际作业环境可做适当调整。

五、交流线路双回直线塔

交流线路双回直线塔无人机巡检路径规划如图 2-11-5-5 所示，其拍摄技术见表 2-11-5-5。

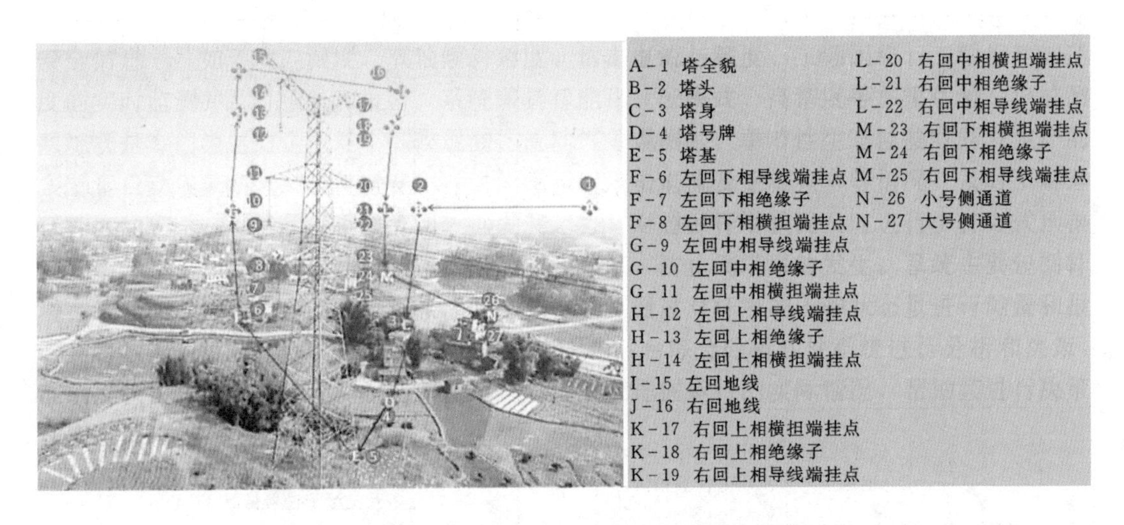

图 2-11-5-5　交流线路双回直线塔无人机巡检路径规划

表 2-11-5-5　　　交流线路双回直线塔无人机巡检拍摄技术

无人机悬停区域	拍摄部位编号	拍摄部位	无人机拍摄位置	拍摄角度	拍摄质量要求
A	1	塔全貌	从杆塔远处，并高于杆塔，杆塔完全在影像画面里	俯视	塔全貌完整，能够清晰分辨塔材和杆塔角度，主体上下占比不低于全幅 80%
B	2	塔头	从杆塔斜上方拍摄	俯视	能够完整看到杆塔塔头
C	3	塔身	杆塔斜上方，略低于塔头拍摄高度	平/俯视	能够看到除塔头及塔基部位的其他结构全貌
D	4	塔号牌	无人机镜头平视或俯视拍摄塔号牌	平/俯视	能清晰分辨塔号牌上线路双重名称
E	5	塔基	走廊正面或侧面面向塔基俯视拍摄	俯视	能够看清塔基附近地面情况

续表

无人机悬停区域	拍摄部位编号	拍摄部位	无人机拍摄位置	拍摄角度	拍摄质量要求
F	6	左回下相导线端挂点	面向金具锁紧销安装侧，拍摄金具整体	平/俯视	能够清晰分辨螺栓、螺母、锁紧销等小尺寸金具及防振锤。设备相互遮挡时，采取多角度拍摄。每张照片至少包含一片绝缘子
F	7	左回下相绝缘子	正对绝缘子串，在其中心点以上位置拍摄	平视	需覆盖绝缘子整串，可拍多张照片，最终能够清晰分辨绝缘子片表面损痕和每片绝缘子连接情况
F	8	左回下相横担端挂点	与挂点高度平行，小角度斜侧方拍摄	平/俯视	能够清晰分辨螺栓、螺母、锁紧销等小尺寸金具。设备相互遮挡时，采取多角度拍摄。每张照片至少包含一片绝缘子
G	9	左回中相导线端挂点	面向金具锁紧销安装侧，拍摄金具整体	平/俯视	能够清晰分辨螺栓、螺母、锁紧销等小尺寸金具及防振锤。设备相互遮挡时，采取多角度拍摄。每张照片至少包含一片绝缘子
G	10	左回中相绝缘子	正对绝缘子串，在其中心点以上位置拍摄	平视	需覆盖绝缘子整串，可拍多张照片，最终能够清晰分辨绝缘子片表面损痕和每片绝缘子连接情况
G	11	左回中相横担端挂点	与挂点高度平行，小角度斜侧方拍摄	平/俯视	能够清晰分辨螺栓、螺母、锁紧销等小尺寸金具。设备相互遮挡时，采取多角度拍摄。每张照片至少包含一片绝缘子
H	12	左回上相导线端挂点	面向金具锁紧销安装侧，拍摄金具整体	平/俯视	能够清晰分辨螺栓、螺母、锁紧销等小尺寸金具及防振锤，设备相互遮挡时，采取多角度拍摄。每张照片至少包含一片绝缘子
H	13	左回上相绝缘子	正对绝缘子串，在其中心点以上位置拍摄	平视	需覆盖绝缘子整串，可拍多张照片，最终能够清晰分辨绝缘子片表面损痕和每片绝缘子连接情况
H	14	左回上相横担端挂点	与挂点高度平行，小角度斜侧方拍摄	平/俯视	能够清晰分辨螺栓、螺母、锁紧销等小尺寸金具，设备相互遮挡时，采取多角度拍摄。每张照片至少包含一片绝缘子
I	15	左回地线	高度与地线挂点平行或以不大于30°角度俯视，小角度斜侧方拍摄	平/俯/仰视	能够判断各类金具的组合安装状态，与地线接触位留铝包带安装状态，清晰分辨锁紧位置的螺母销级物件。设备相互遮挡时，采取多角度拍摄
J	16	右回地线	高度与地线挂点平行或以不大于30°角度俯视，小角度斜侧方拍摄	平/俯/仰视	能够判断各类金具的组合安装状态，与地线接触位置铝包带安装状态，清晰分辨锁紧位置的螺母销级物件。设备相互遮挡时，采取多角度拍摄

续表

无人机悬停区域	拍摄部位编号	拍摄部位	无人机拍摄位置	拍摄角度	拍摄质量要求
K	17	右回上相横担端挂点	与挂点高度平行，小角度斜侧方拍摄	平/俯视	能够清晰分辨螺栓、螺母、锁紧销等小尺寸金具。设备相互遮挡时，采取多角度拍摄。每张照片至少包含一片绝缘子
K	18	右回上相绝缘子	正对绝缘子串，在其中心点以上位置拍摄	平视	需覆盖绝缘子整串，可拍多张照片，最终能够清晰分辨绝缘子片表面损痕和每片绝缘子连接情况
K	19	右回上相导线端挂点	面向金具锁紧销安装侧，拍摄金具整体	平/俯视	能够清晰分辨螺栓、螺母、锁紧销等小尺寸金及防振锤。设备相互遮挡时，采取多角度拍摄。每张照片至少包含一片绝缘子
L	20	右回中相横担端挂点	与挂点高度平行，小角度斜侧方拍摄	平/俯视	能够清晰分辨螺栓、螺母、锁紧销等小尺寸金具。设备相互遮挡时，采取多角度拍摄。每张照片至少包含一片绝缘子
L	21	右回中相绝缘子	正对绝缘子串，在其中心点以上位置拍摄	平视	需覆盖绝缘子整串，可拍多张照片，最终能够清晰分辨绝缘子片表面损痕和每片绝缘子连接情况
L	22	右回中相导线端挂点	面向金具锁紧销安装侧，拍摄金具整体	平/俯视	能够清晰分辨螺栓、螺母、锁紧销等小尺寸金具及防振锤。设备相互遮挡时，采取多角度拍摄。每张照片至少包含一片绝缘子
M	23	右回下相横担端挂点	与挂点高度平行，小角度斜侧方拍摄	平/俯视	能够清晰分辨螺栓、螺母、锁紧销等小尺寸金具。设备相互遮挡时，采取多角度拍摄。每张照片至少包含一片绝缘子
M	24	右回下相绝缘子	正对绝缘子串，在其中心点以上位置拍摄	平视	需覆盖绝缘子整串，可拍多张照片，最终能够清晰分辨绝缘子片表面损痕和每片绝缘子连接情况
M	25	右回下相导线端挂点	面向金具锁紧销安装侧，拍摄金具整体	平/俯视	能够清晰分辨螺栓、螺母、锁紧销等小尺寸金具及防振锤。设备相互遮挡时，采取多角度拍摄。每张照片至少包含一片绝缘子
N	26	小号侧通道	塔身侧方位置拍摄小号通道	平视	能够清晰完整看到杆塔的通道情况，如建筑物、树木、交叉、跨越的线路等
N	27	大号侧通道	塔身侧方位置拍摄大号通道	平视	能够清晰完整看到杆塔的通道情况，如建筑物、树木、交叉、跨越的线路等

注 拍摄角度和拍摄图片张数以能够清晰展示所需细节为目标，根据实际作业环境可做适当调整。

六、交流线路双回耐张塔

交流线路双回耐张塔无人机巡检路径规划如图 2－11－5－6 所示，其拍摄技术见表 2－11－5－6。直流线路双回耐张塔无人机巡检路径规划及拍摄技术可参照应用。

图 2－11－5－6　交流线路双回耐张塔无人机巡检路径规划

表 2－11－5－6　　交流线路双回耐张塔无人机巡检拍摄规则

无人机悬停区域	拍摄部位编号	拍摄部位	无人机拍摄位置	拍摄角度	拍摄质量要求
A	1	塔全貌	从杆塔远处，并高于杆塔，杆塔完全在影像画面里	平/俯视	塔全貌完整，能够清晰分辨塔材和杆塔角度，主体上下占比不低于全幅 80%
B	2	塔头	从杆塔斜上方拍摄	平/俯视	能够完整看到杆塔塔头
C	3	塔身	杆塔斜上方，略低于塔头拍摄高度	平/俯视	能够看到除塔头及塔基部位的其他结构全貌
D	4	塔号牌	无人机镜头平视或俯视拍摄塔号牌	平/俯视	能清晰分辨塔号牌上线路双重名称
E	5	塔基	走廊正面或侧面面向塔基俯视拍摄	俯视	能够看清塔基附近地面情况，拉线是否连接牢靠
F	6	左回下相小号侧绝缘子导线端挂点	面向金具锁紧销安装侧，拍摄金具整体	平/俯视	能够清晰分辨螺栓、螺母、锁紧销等小尺寸金具及防振锤。设备相互遮挡时，采取多角度拍摄。每张照片至少包含一片绝缘子
F	7	左回下相小号侧绝缘子	正对绝缘子串，在其中心点以上位置拍摄	平视	需覆盖绝缘子整串，可拍多张照片，最终能够清晰分辨绝缘子片表面损痕和每片绝缘子连接情况
F	8	左回下相小号侧绝缘子横担端挂点	与挂点高度平行，小角度斜侧方拍摄	平/俯视	能够清晰分辨螺栓、螺母、锁紧销等小尺寸金具。设备相互遮挡时，采取多角度拍摄。每张照片至少包含一片绝缘子

续表

无人机悬停区域	拍摄部位编号	拍摄部位	无人机拍摄位置	拍摄角度	拍摄质量要求
F	9	左回下相大号侧绝缘子横担端挂点	与挂点高度平行，小角度斜侧方拍摄	平/俯视	能够清晰分辨螺栓、螺母、锁紧销等小尺寸金具。设备相互遮挡时，采取多角度拍摄。每张照片至少包含一片绝缘子
F	10	左回下相大号侧绝缘子	正对绝缘子串，在其中心点以上位置拍摄	平视	需覆盖绝缘子整串，可拍多张照片，最终能够清晰分辨绝缘子片表面损痕和每片绝缘子连接情况
F	11	左回下相大号侧绝缘子导线端挂点	与挂点高度平行，小角度斜侧方拍摄	平/俯视	能够清晰分辨螺栓、螺母、锁紧销等小尺寸金具及防振锤。设备相互遮挡时，采取多角度拍摄。每张照片至少包含一片绝缘子
G	12	左回中相小号侧绝缘子导线端挂点	面向金具锁紧销安装侧，拍摄金具整体	平/俯视	能够清晰分辨螺栓、螺母、锁紧销等小尺寸金具及防振锤。设备相互遮挡时，采取多角度拍摄。每张照片至少包含一片绝缘子
G	13	左回中相小号侧绝缘子	正对绝缘子串，在其中心点以上位置拍摄	平视	需覆盖绝缘子整串，可拍多张照片，最终能够清晰分辨绝缘子片表面损痕和每片绝缘子连接情况
G	14	左回中相小号侧绝缘子横担端挂点	与挂点高度平行，小角度斜侧方拍摄	平/俯视	能够清晰分辨螺栓、螺母、锁紧销等小尺寸金具。设备相互遮挡时，采取多角度拍摄。每张照片至少包含一片绝缘子
G	15	左回中相大号侧绝缘子横担端挂点	与挂点高度平行，小角度斜侧方拍摄	平/俯视	能够清晰分辨螺栓、螺母、锁紧销等小尺寸金具。设备相互遮挡时，采取多角度拍摄。每张照片至少包含一片绝缘子
G	16	左回中相大号侧绝缘子	正对绝缘子串，在其中心点以上位置拍摄	平视	需覆盖绝缘子整串，可拍多张照片，最终能够清晰分辨绝缘子片表面损痕和每片绝缘子连接情况
G	17	左回中相大号侧绝缘子导线端挂点	与挂点高度平行，小角度斜侧方拍摄	平/俯视	能够清晰分辨螺栓、螺母、锁紧销等小尺寸金具及防振锤。设备相互遮挡时，采取多角度拍摄，每张照片至少包含一片绝缘子
H	18	左回上相小号侧绝缘子导线端挂点	面向金具锁紧销安装侧，拍摄金具整体	平/俯视	能够清晰分辨螺栓、螺母、锁紧销等小尺寸金具及防振锤。设备相互遮挡时，采取多角度拍摄。每张照片至少包含一片绝缘子
H	19	左回上相小号侧绝缘子	正对绝缘子串，在其中心点以上位置拍摄	平视	需覆盖绝缘子整串，可拍多张照片，最终能够清晰分辨绝缘子片表面损痕和每片绝缘子连接情况

续表

无人机悬停区域	拍摄部位编号	拍摄部位	无人机拍摄位置	拍摄角度	拍摄质量要求
H	20	左回上相小号侧绝缘子横担端挂点	与挂点高度平行，小角度斜侧方拍摄	平/俯视	能够清晰分辨螺栓、螺母、锁紧销等小尺寸金具。设备相互遮挡时，采取多角度拍摄。每张照片至少包含一片绝缘子
H	21	左回上相大号侧绝缘子横担端挂点	与挂点高度平行，小角度斜侧方拍摄	平/俯视	能够清晰分辨螺栓、螺母、锁紧销等小尺寸金具。设备相互遮挡时，采取多角度拍摄。每张照片至少包含一片绝缘子
H	22	左回上相大号侧绝缘子	正对绝缘子串，在其中心点以上位置拍摄	平视	需覆盖绝缘子整串，可拍多张照片，最终能够清晰分辨绝缘子片表面损痕和每片绝缘子连接情况
H	23	左回上相大号侧绝缘子导线端挂点	与挂点高度平行，小角度斜侧方拍摄	平/俯视	能够清晰分辨螺栓、螺母、锁紧销等小尺寸金具及防振锤。设备相互遮挡时，采取多角度拍摄。每张照片至少包含一片绝缘子
I	24	左回地线挂点	高度与地线挂点平行或以不大于30°角度俯视，小角度斜侧方拍摄	小号侧平视/大号侧平视	能够判断各类金具的组合安装状态，与地线接触位置铝包带安装状态，清晰分辨锁紧位置的螺母销级物件。设备相互遮挡时，采取多角度拍摄
J	25	右回地线挂点	高度与地线挂点平行或以不大于30°角度俯视，小角度斜侧方拍摄	小号侧平视/大号侧平视	能够判断各类金具的组合安装状态，与地线接触位置铝包带安装状态，清晰分辨锁紧位置的螺母销级物件。设备相互遮挡时，采取多角度拍摄
K	26	右回上相小号侧绝缘子导线端挂点	面向金具锁紧销安装侧，拍摄金具整体	平/俯视	能够清晰分辨螺栓、螺母、锁紧销等小尺寸金具及防振锤。设备相互遮挡时，采取多角度拍摄。每张照片至少包含一片绝缘子
K	27	右回上相小号侧绝缘子	正对绝缘子串，在其中心点以上位置拍摄	平视	需覆盖绝缘子整串，可拍多张照片，最终能够清晰分辨绝缘子片表面损痕和每片绝缘子连接情况
K	28	右回上相小号侧绝缘子横担端挂点	与挂点高度平行，小角度斜侧方拍摄	平/俯视	能够清晰分辨螺栓、螺母、锁紧销等小尺寸金具。设备相互遮挡时，采取多角度拍摄。每张照片至少包含一片绝缘子
K	29	右回上相跳线串横担端挂点	杆塔右回上相跳线绝缘子外侧适当距离处	平/俯视	采取平拍方式针对销钉穿向，拍摄下挂点连接金具；采取俯拍方式拍摄挂点上方螺栓及销钉情况，金具部分应占照片50%空间以上
K	30	右回上相跳线绝缘子	杆塔右回上相跳线绝缘子外侧适当距离处	平视	拍摄出绝缘子的全貌，应能够清晰识别每一片伞裙
K	31	右回上相跳线串导线端挂点	杆塔右回上相跳线绝缘子外侧适当距离处	小号侧俯视/大号侧俯视	分别位于导线端金具的小号侧及大号侧拍摄两张照片，每张照片应包括从绝缘子末端碗头至重锤片的全景，且金具部分应占照片50%空间以上

续表

无人机悬停区域	拍摄部位编号	拍摄部位	无人机拍摄位置	拍摄角度	拍摄质量要求
K	32	右回上相大号侧绝缘子横担端挂点	与挂点高度平行，小角度斜侧方拍摄	平/俯视	能够清晰分辨螺栓、螺母、锁紧销等小尺寸金具。设备相互遮挡时，采取多角度拍摄。每张照片至少包含一片绝缘子
K	33	右回上相大号侧绝缘子	正对绝缘子串，在其中心点以上位置拍摄	平视	需覆盖绝缘子整串，可拍多张照片，最终能够清晰分辨绝缘子片表面损痕和每片绝缘子连接情况
K	34	右回上相大号侧绝缘子导线端挂点	与挂点高度平行，小角度斜侧方拍摄	平/俯视	能够清晰分辨螺栓、螺母、锁紧销等小尺寸金具及防振锤。设备相互遮挡时，采取多角度拍摄。每张照片至少包含一片绝缘子
L	35	右回中相小号侧绝缘子导线端挂点	面向金具锁紧销安装侧，拍摄金具整体	平/俯视	能够清晰分辨螺栓、螺母、锁紧销等小尺寸金具及防振锤。设备相互遮挡时，采取多角度拍摄。每张照片至少包含一片绝缘子
L	36	右回中相小号侧绝缘子	正对绝缘子串，在其中心点以上位置拍摄	平视	需覆盖绝缘子整串，可拍多张照片，最终能够清晰分辨绝缘子片表面损痕和每片绝缘子连接情况
L	37	右回中相小号侧绝缘子横担端挂点	与挂点高度平行，小角度斜侧方拍摄	平/俯视	能够清晰分辨螺栓、螺母、锁紧销等小尺寸金具。设备相互遮挡时，采取多角度拍摄。每张照片至少包含一片绝缘子
L	38	右回中相跳线串横担端挂点	杆塔右回中相跳线绝缘子外侧适当距离处	平/俯视	采取平拍方式针对销钉穿向，拍摄下挂点连接金具；采取俯拍方式拍摄挂点上方螺栓及销钉情况，金具部分应占照片50%空间以上
L	39	右回中相跳线绝缘子	杆塔右回中相跳线绝缘子外侧适当距离处	平视	拍摄出绝缘子的全貌，应能够清晰识别每一片伞裙
L	40	右回中相跳线串导线端挂点	杆塔右回中相跳线绝缘子外侧适当距离处	小号侧俯视/大号侧俯视	分别位于导线端金具的小号侧及大号侧拍摄两张照片，每张照片应包括从绝缘子末端碗头至重锤片的全景，且金具部分应占照片50%空间以上
L	41	右回中相大号侧绝缘子横担端挂点	与挂点高度平行，小角度斜侧方拍摄	平/俯视	能够清晰分辨螺栓、螺母、锁紧销等小尺寸金具。设备相互遮挡时，采取多角度拍摄。每张照片至少包含一片绝缘子
L	42	右回中相大号侧绝缘子	正对绝缘子串，在其中心点以上位置拍摄	平视	需覆盖绝缘子整串，可拍多张照片，最终能够清晰分辨绝缘子片表面损痕和每片绝缘子连接情况
L	43	右回中相大号侧绝缘子导线端挂点	与挂点高度平行，小角度斜侧方拍摄	平/俯视	能够清晰分辨螺栓、螺母、锁紧销等小尺寸金具及防振锤。设备相互遮挡时，采取多角度拍摄。每张照片至少包含一片绝缘子

续表

无人机悬停区域	拍摄部位编号	拍摄部位	无人机拍摄位置	拍摄角度	拍摄质量要求
M	44	右回下相小号侧绝缘子导线端挂点	面向金具锁紧销安装侧，拍摄金具整体	平/俯视	能够清晰分辨螺栓、螺母、锁紧销等小尺寸金具及防振锤。设备相互遮挡时，采取多角度拍摄。每张照片至少包含一片绝缘子
M	45	右回下相小号侧绝缘子	正对绝缘子串，在其中心点以上位置拍摄	平视	需覆盖绝缘子整串，可拍多张照片，最终能够清晰分辨绝缘子片表面损痕和每片绝缘子连接情况
M	46	右回下相小号侧绝缘子横担端挂点	与挂点高度平行，小角度斜侧方拍摄	平/俯视	能够清晰分辨螺栓、螺母、锁紧销等小尺寸金具。设备相互遮挡时，采取多角度拍摄。每张照片至少包含一片绝缘子
M	47	右回下相跳线串横担端挂点	杆塔右回下相跳线绝缘子外侧适当距离处	平/俯视	采取平拍方式针对销钉穿向，拍摄下挂点连接金具；采取俯拍方式拍摄挂点上方螺栓及销钉情况，金具部分应占照片50%空间以上
M	48	右回下相跳线绝缘子	杆塔右回下相跳线绝缘子外侧适当距离处	平视	拍摄出绝缘子的全貌，应能够清晰识别每一片伞裙
M	49	右回下相跳线串导线端挂点	杆塔右回下相跳线绝缘子外侧适当距离处	小号侧俯视/大号侧俯视	分别位于导线端金具的小号侧及大号侧拍摄两张照片，每张照片应包括从绝缘子末端碗头至重锤片的全景，且金具部分应占照片50%空间以上
M	50	右回下相大号侧绝缘子横担端挂点	与挂点高度平行，小角度斜侧方拍摄	平/俯视	能够清晰分辨螺栓、螺母、锁紧销等小尺寸金具。设备相互遮挡时，采取多角度拍摄。每张照片至少包含一片绝缘子
M	51	右回下相大号侧绝缘子	正对绝缘子串，在其中心点以上位置拍摄	平视	需覆盖绝缘子整串，可拍多张照片，最终能够清晰分辨绝缘子片表面损痕和每片绝缘子连接情况
M	52	右回下相大号侧绝缘子导线端挂点	与挂点高度平行，小角度斜侧方拍摄	平/俯视	能够清晰分辨螺栓、螺母、锁紧销等小尺寸金具及防振锤。设备相互遮挡时，采取多角度拍摄。每张照片至少包含一片绝缘子
N	53	小号侧通道	塔身侧方位置先小号通道，后大号通道	面朝小号侧顺线路方向	能够清晰完整看到杆塔的通道情况，如建筑物、树木、交叉、跨越的线路等
O	54	大号侧通道	塔身侧方位置先小号通道，后大号通道	面朝大号侧顺线路方向	能够清晰完整看到杆塔的通道情况，如建筑物、树木、交叉、跨越的线路等

注 拍摄角度和拍摄图片张数以能够清晰展示所需细节为目标，根据实际作业环境可做适当调整。

七、直流线路双回直线塔

直流线路双回直线塔无人机巡检路径规划如图2-11-5-7所示，其拍摄技术见表2-11-5-7。

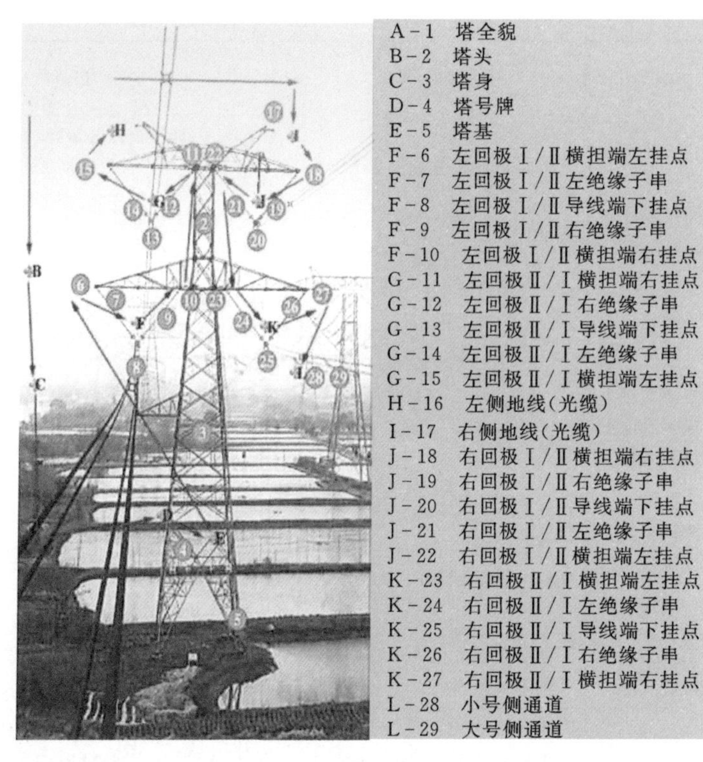

图 2－11－5－7　直流线路双回直线塔无人机巡检路径规划

表 2－11－5－7　　直流线路双回直线塔无人机巡检拍摄技术

无人机悬停区域	拍摄部位编号	拍摄部位	无人机拍摄位置	拍摄角度	拍摄质量要求
A	1	塔全貌	从杆塔远处，并高于杆塔，杆塔完全在影像画面里	俯视	塔全貌完整，能够清晰分辨塔材和杆塔角度，主体上下占比不低于全幅80%
B	2	塔头	从杆塔斜上方拍摄	俯视	能够完整看到杆塔塔头
C	3	塔身	杆塔斜上方，略低于塔头拍摄高度	平/俯视	能够清晰完整看到杆塔下横担至塔号牌平面之间的塔材结构
D	4	塔号牌	无人机镜头平视或俯视拍摄塔号牌	平/俯视	能清晰分辨塔号牌上线路双重名称
E	5	塔基	走廊正面或侧面面向塔基俯视拍摄	俯视	能够看清塔基附近地面情况
F	6	左回极Ⅰ/Ⅱ横担端左挂点	线路外侧杆塔下横担偏下位置正对目标拍摄	仰视	能够清晰分辨螺栓、螺母、销针、锁紧销等小尺寸金具。设备相互遮挡时，采取多角度拍摄
F	7	左回极Ⅰ/Ⅱ左绝缘子串	相应导线上方适当距离拍摄	仰视	需覆盖绝缘子整串，可拍多张照片，最终能够清晰分辨绝缘子表面损痕情况
F	8	左回极Ⅰ/Ⅱ导线端下挂点	相应导线上方适当距离拍摄	俯视	能够清晰分辨螺栓、螺母、锁紧销等小尺寸金具及防振锤。设备相互遮挡时，采取多角度拍摄

续表

无人机悬停区域	拍摄部位编号	拍摄部位	无人机拍摄位置	拍摄角度	拍摄质量要求
F	9	左回极Ⅰ/Ⅱ右绝缘子串	相应导线上方适当距离拍摄	仰视	需覆盖绝缘子整串，可拍多张照片，最终能够清晰分辨绝缘子表面损痕情况
F	10	左回极Ⅰ/Ⅱ横担端右挂点	在本拍摄目标的线路大号侧方向适当距离微仰视	仰视	能够清晰分辨螺栓、螺母、销针、锁紧销等小尺寸金具。设备相互遮挡时，采取多角度拍摄
G	11	左回极Ⅱ/Ⅰ横担端右挂点	在本拍摄目标的线路大号侧方向适当距离微仰视	仰视	能够清晰分辨螺栓、螺母、销针、锁紧销等小尺寸金具。设备相互遮挡时，采取多角度拍摄
G	12	左回极Ⅱ/Ⅰ右绝缘子串	相应导线上方适当距离拍摄	仰视	需覆盖绝缘子整串，可拍多张照片，最终能够清晰分辨绝缘子表面损痕情况
G	13	左回极Ⅱ/Ⅰ导线端下挂点	相应导线上方适当距离拍摄	俯视	能够清晰分辨螺栓、螺母、锁紧销等小尺寸金具及防振锤。设备相互遮挡时，采取多角度拍摄
G	14	左回极Ⅱ/Ⅰ左绝缘子串	相应导线上方适当距离拍摄	仰视	需覆盖绝缘子整串，可拍多张照片，最终能够清晰分辨绝缘子表面损痕情况
G	15	左回极Ⅱ/Ⅰ横担端左挂点	线路外侧杆塔上横担偏下位置正对目标拍摄	仰视	能够清晰分辨螺栓、螺母、销针、锁紧销等小尺寸金具。设备相互遮挡时，采取多角度拍摄
H	16	左侧地线（光缆）	线路外侧杆塔羊角偏下位置正对目标拍摄	平拍	能够判断各类金具的组合安装状态，与地线接触位置铝包带安装状态，清晰分辨螺栓、螺母、销针等小尺寸金具及防振锤。设备相互遮挡时，采取多角度拍摄
I	17	右侧地线（光缆）	线路外侧杆塔羊角偏下位置正对目标拍摄	平拍	能够判断各类金具的组合安装状态，与地线接触位置铝包带安装状态，清晰分辨螺栓、螺母、销针等小尺寸金具及防振锤。设备相互遮挡时，采取多角度拍摄
J	18	右回极Ⅰ/Ⅱ横担端右挂点	线路外侧杆塔上横担偏下位置正对目标拍摄	仰视	能够清晰分辨螺栓、螺母、销针、锁紧销等小尺寸金具。设备相互遮挡时，采取多角度拍摄
J	19	右回极Ⅰ/Ⅱ右绝缘子串	相应导线上方适当距离拍摄	仰视	需覆盖绝缘子整串，可拍多张照片，最终能够清晰分辨绝缘子表面损痕情况
J	20	右回极Ⅰ/Ⅱ导线端下挂点	相应导线上方适当距离拍摄	俯视	能够清晰分辨螺栓、螺母、锁紧销等小尺寸金具及防振锤。设备相互遮挡时，采取多角度拍摄
J	21	右回极Ⅰ/Ⅱ左绝缘子串	相应导线上方适当距离拍摄	仰视	需覆盖绝缘子整串，可拍多张照片，最终能够清晰分辨绝缘子表面损痕情况
J	22	右回极Ⅰ/Ⅱ横担端左挂点	在本拍摄目标的线路大号侧方向适当距离微仰视	仰视	能够清晰分辨螺栓、螺母、销针、锁紧销等小尺寸金具。设备相互遮挡时，采取多角度拍摄

续表

无人机悬停区域	拍摄部位编号	拍摄部位	无人机拍摄位置	拍摄角度	拍摄质量要求
K	23	右回极Ⅱ/Ⅰ横担端左挂点	在本拍摄目标的线路大号侧方向适当距离微仰视	仰视	能够清晰分辨螺栓、螺母、销针、锁紧销等小尺寸金具。设备相互遮挡时，采取多角度拍摄
K	24	右回极Ⅱ/Ⅰ左绝缘子串	相应导线上方适当距离拍摄	仰视	需覆盖绝缘子整串，可拍多张照片，最终能够清晰分辨绝缘子表面损痕情况
K	25	右回极Ⅱ/Ⅰ导线端下挂点	相应导线上方适当距离拍摄	俯视	能够清晰分辨螺栓、螺母、锁紧销等小尺寸金具及防振锤。设备相互遮挡时，采取多角度拍摄
K	26	右回极Ⅱ/Ⅰ右绝缘子串	相应导线上方适当距离拍摄	仰视	需覆盖绝缘子整串，可拍多张照片，最终能够清晰分辨绝缘子表面损痕情况
K	27	右回极Ⅱ/Ⅰ横担端右挂点	在本拍摄目标的线路大号侧方向适当距离微仰视	仰视	能够清晰分辨螺栓、螺母、销针、锁紧销等小尺寸金具。设备相互遮挡时，采取多角度拍摄
L	28	小号侧通道	塔身侧方位置先小号通道，后大号通道	面朝小号侧顺线路方向	能够清晰反映通道情况，如建筑物、树木、交叉、跨越的线路等
L	29	大号侧通道	塔身侧方位置先小号通道，后大号通道	面朝大号侧顺线路方向	能够清晰反映通道情况，如建筑物、树木、交叉、跨越的线路等

注　拍摄角度和拍摄图片张数以能够清晰展示所需细节为目标，根据实际作业环境可做适当调整。

八、换位塔

换位塔无人机巡检路径规划如图 2-11-5-8 所示，其拍摄技术见表 2-11-5-8。

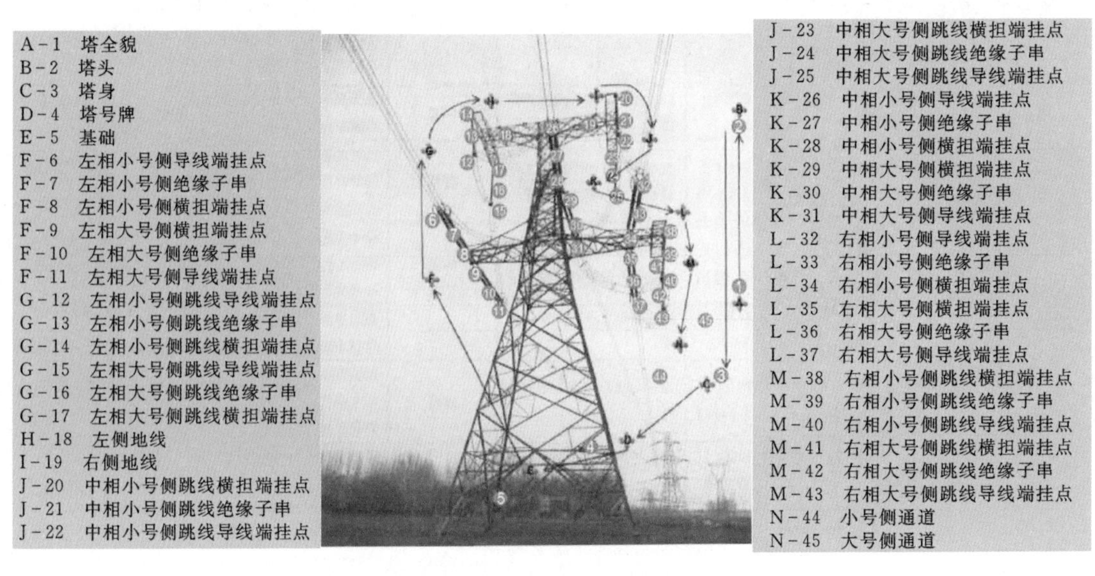

图 2-11-5-8　换位塔无人机巡检路径规划

表 2-11-5-8　　换位塔无人机巡检拍摄技术

无人机悬停区域	拍摄部位编号	拍摄部位	无人机拍摄位置	拍摄角度	拍摄质量要求
A	1	塔全貌	从杆塔远处，并高于杆塔，杆塔完全在影像画面里	俯视	塔全貌完整，能够清晰分辨塔材和杆塔角度，主体上下占比不低于全幅80%
B	2	塔头	从杆塔斜上方拍摄	俯视	能够完整看到杆塔塔头
C	3	塔身	杆塔斜上方，略低于塔头拍摄高度	平/俯视	能够看到除塔头及塔基部位的其他结构全貌
D	4	塔号牌	无人机镜头平视或俯视拍摄塔号牌	平/俯视	能清晰分辨塔号牌上线路双重名称
E	5	基础	走廊正面或侧面面向塔基俯视拍摄	俯视	能够看清塔基附近地面情况，拉线是否连接牢靠
F	6	左相小号侧导线端挂点	面向金具锁紧销安装侧，拍摄金具整体	平/俯视	能够清晰分辨螺栓、螺母、锁紧销等小尺寸金具及防振锤。设备相互遮挡时，采取多角度拍摄。每张照片至少包含一片绝缘子
F	7	左相小号侧绝缘子串	正对绝缘子串，在其中心点以上位置拍摄	平视	需覆盖绝缘子整串，可拍多张照片，最终能够清晰分辨绝缘子片表面损痕和每片绝缘子连接情况
F	8	左相小号侧横担端挂点	与挂点高度平行，小角度斜侧方拍摄	平/俯视	能够清晰分辨螺栓、螺母、锁紧销等小尺寸金具。设备相互遮挡时，采取多角度拍摄。每张照片至少包含一片绝缘子
F	9	左相大号侧横担端挂点	与挂点高度平行，小角度斜侧方拍摄	平/俯视	能够清晰分辨螺栓、螺母、锁紧销等小尺寸金具。设备相互遮挡时，采取多角度拍摄。每张照片至少包含一片绝缘子
F	10	左相大号侧绝缘子串	正对绝缘子串，在其中心点以上位置拍摄	平视	需覆盖绝缘子整串，可拍多张照片，最终能够清晰分辨绝缘子片表面损痕和每片绝缘子连接情况
F	11	左相大号侧导线端挂点	面向金具锁紧销安装侧，拍摄金具整体	平/俯视	能够清晰分辨螺栓、螺母、锁紧销等小尺寸金具及防振锤。设备相互遮挡时，采取多角度拍摄。每张照片至少包含一片绝缘子
G	12	左相小号侧跳线导线端挂点	面向金具锁紧销安装侧，拍摄金具整体	平/俯视	能够清晰分辨螺栓、螺母、锁紧销等小尺寸金具及防振锤。设备相互遮挡时，采取多角度拍摄。每张照片至少包含一片绝缘子
G	13	左相小号侧跳线绝缘子串	正对绝缘子串，在其中心点以上位置拍摄	平视	需覆盖绝缘子整串，可拍多张照片，最终能够清晰分辨绝缘子片表面损痕和每片绝缘子连接情况

续表

无人机悬停区域	拍摄部位编号	拍摄部位	无人机拍摄位置	拍摄角度	拍摄质量要求
G	14	左相小号侧跳线横担端挂点	与挂点高度平行，小角度斜侧方拍摄	平/俯视	能够清晰分辨螺栓、螺母、锁紧销等小尺寸金具。设备相互遮挡时，采取多角度拍摄。每张照片至少包含一片绝缘子
G	15	左相大号侧跳线导线端挂点	面向金具锁紧销安装侧，拍摄金具整体	平/俯视	能够清晰分辨螺栓、螺母、锁紧销等小尺寸金具及防振锤。设备相互遮挡时，采取多角度拍摄。每张照片至少包含一片绝缘子
G	16	左相大号侧跳线绝缘子串	正对绝缘子串，在其中心点以上位置拍摄	平视	需覆盖绝缘子整串，可拍多张照片，最终能够清晰分辨绝缘子片表面损痕和每片绝缘子连接情况
G	17	左相大号侧跳线横担端挂点	与挂点高度平行，小角度斜侧方拍摄	平/俯视	能够清晰分辨螺栓、螺母、锁紧销等小尺寸金具。设备相互遮挡时，采取多角度拍摄。每张照片至少包含一片绝缘子
H	18	左侧地线	高度与地线挂点平行或以不大于30°角度俯视，小角度斜侧方拍摄	平/俯/仰视	能够判断各类金具的组合安装状态，与地线接触位置铝包带安装状态，清晰分辨锁紧位置的螺母销级物件。设备相互遮挡时，采取多角度拍摄
I	19	右侧地线	高度与地线挂点平行或以不大于30°角度俯视，小角度斜侧方拍摄	平/俯/仰视	能够判断各类金具的组合安装状态，与地线接触位置铝包带安装状态，清晰分辨锁紧位置的螺母销级物件。设备相互遮挡时，采取多角度拍摄
J	20	中相小号侧跳线横担端挂点	与挂点高度平行，小角度斜侧方拍摄	平/俯视	能够清晰分辨螺栓、螺母、锁紧销等小尺寸金具。设备相互遮挡时，采取多角度拍摄。每张照片至少包含一片绝缘子
J	21	中相小号侧跳线绝缘子串	正对绝缘子串，在其中心点以上位置拍摄	平视	需覆盖绝缘子整串，可拍多张照片，最终能够清晰分辨绝缘子片表面损痕和每片绝缘子连接情况
J	22	中相小号侧跳线导线端挂点	面向金具锁紧销安装侧，拍摄金具整体	平/俯视	能够清晰分辨螺栓、螺母、锁紧销等小尺寸金具及防振锤。设备相互遮挡时，采取多角度拍摄。每张照片至少包含一片绝缘子
J	23	中相大号侧跳线横担端挂点	与挂点高度平行，小角度斜侧方拍摄	平/俯视	能够清晰分辨螺栓、螺母、锁紧销等小尺寸金具。设备相互遮挡时，采取多角度拍摄。每张照片至少包含一片绝缘子

续表

无人机悬停区域	拍摄部位编号	拍摄部位	无人机拍摄位置	拍摄角度	拍摄质量要求
J	24	中相大号侧跳线绝缘子串	正对绝缘子串，在其中心点以上位置拍摄	平视	需覆盖绝缘子整串，可拍多张照片，最终能够清晰分辨绝缘子片表面损痕和每片绝缘子连接情况
J	25	中相大号侧跳线导线端挂点	面向金具锁紧销安装侧，拍摄金具整体	平/俯视	能够清晰分辨螺栓、螺母、锁紧销等小尺寸金具及防振锤。设备相互遮挡时，采取多角度拍摄。每张照片至少包含一片绝缘子
K	26	中相小号侧导线端挂点	面向金具锁紧销安装侧，拍摄金具整体	平/俯视	能够清晰分辨螺栓、螺母、锁紧销等小尺寸金具及防振锤。设备相互遮挡时，采取多角度拍摄。每张照片至少包含一片绝缘子
K	27	中相小号侧绝缘子串	正对绝缘子串，在其中心点以上位置拍摄	平视	需覆盖绝缘子整串，可拍多张照片，最终能够清晰分辨绝缘子片表面损痕和每片绝缘子连接情况
K	28	中相小号侧横担端挂点	与挂点高度平行，小角度斜侧方拍摄	平/俯视	能够清晰分辨螺栓、螺母，锁紧销等小尺寸金具。设备相互遮挡时，采取多角度拍摄。每张照片至少包含一片绝缘子
K	29	中相大号侧横担端挂点	与挂点高度平行，小角度斜侧方拍摄	平/俯视	能够清晰分辨螺栓、螺母、锁紧销等小尺寸金具。设备相互遮挡时，采取多角度拍摄。每张照片至少包含一片绝缘子
K	30	中相大号侧绝缘子串	正对绝缘子串，在其中心点以上位置拍摄	平视	需覆盖绝缘子整串，可拍多张照片，最终能够清晰分辨绝缘子片表面损痕和每片绝缘子连接情况
K	31	中相大号侧导线端挂点	面向金具锁紧销安装侧，拍摄金具整体	平/俯视	能够清晰分辨螺栓、螺母、锁紧销等小尺寸金具及防振锤。设备相互遮挡时，采取多角度拍摄。每张照片至少包含一片绝缘子
L	32	右相小号侧导线端挂点	面向金具锁紧销安装侧，拍摄金具整体	平/俯视	能够清晰分辨螺栓、螺母、锁紧销等小尺寸金具及防振锤。设备相互遮挡时，采取多角度拍摄。每张照片至少包含一片绝缘子
L	33	右相小号侧绝缘子串	正对绝缘子串，在其中心点以上位置拍摄	平视	需覆盖绝缘子整串，可拍多张照片，最终能够清晰分辨绝缘子片表面损痕和每片绝缘子连接情况
L	34	右相小号侧横担端挂点	与挂点高度平行，小角度斜侧方拍摄	平/俯视	能够清晰分辨螺栓、螺母、锁紧销等小尺寸金具。设备相互遮挡时，采取多角度拍摄。每张照片至少包含一片绝缘子

续表

无人机悬停区域	拍摄部位编号	拍摄部位	无人机拍摄位置	拍摄角度	拍摄质量要求
L	35	右相大号侧横担端挂点	与挂点高度平行，小角度斜侧方拍摄	平/俯视	能够清晰分辨螺栓、螺母、锁紧销等小尺寸金具。设备相互遮挡时，采取多角度拍摄。每张照片至少包含一片绝缘子
L	36	右相大号侧绝缘子串	正对绝缘子串，在其中心点以上位置拍摄	平视	需覆盖绝缘子整串，可拍多张照片，最终能够清晰分辨绝缘子片表面损痕和每片绝缘子连接情况
L	37	右相大号侧导线端挂点	面向金具锁紧销安装侧，拍摄金具整体	平/俯视	能够清晰分辨螺栓、螺母、锁紧销等小尺寸金具及防振锤。设备相互遮挡时，采取多角度拍摄。每张照片至少包含一片绝缘子
M	38	右相小号侧跳线横担端挂点	与挂点高度平行，小角度斜侧方拍摄	平/俯视	能够清晰分辨螺栓、螺母、锁紧销等小尺寸金具。设备相互遮挡时，采取多角度拍摄。每张照片至少包含一片绝缘子
M	39	右相小号侧跳线绝缘子串	正对绝缘子串，在其中心点以上位置拍摄	平视	需覆盖绝缘子整串，可拍多张照片，最终能够清晰分辨绝缘子片表面损痕和每片绝缘子连接情况
M	40	右相小号侧跳线导线端挂点	面向金具锁紧销安装侧，拍摄金具整体	平/俯视	能够清晰分辨螺栓、螺母、锁紧销等小尺寸金具及防振锤。设备相互遮挡时，采取多角度拍摄。每张照片至少包含一片绝缘子
M	41	右相大号侧跳线横担端挂点	与挂点高度平行，小角度斜侧方拍摄	平/俯视	能够清晰分辨螺栓、螺母、锁紧销等小尺寸金具。设备相互遮挡时，采取多角度拍摄。每张照片至少包含一片绝缘子
M	42	右相大号侧跳线绝缘子串	正对绝缘子串，在其中心点以上位置拍摄	平视	需覆盖绝缘子整串，可拍多张照片，最终能够清晰分辨绝缘子片表面损痕和每片绝缘子连接情况
M	43	右相大号侧跳线导线端挂点	面向金具锁紧销安装侧，拍摄金具整体	平/俯视	能够清晰分辨螺栓、螺母、锁紧销等小尺寸金具及防振锤。设备相互遮挡时，采取多角度拍摄。每张照片至少包含一片绝缘子
N	44	小号侧通道	塔身侧方位置	平视	能够清晰完整看到杆塔的通道情况，如建筑物、树木、交叉、跨越的线路等
N	45	大号侧通道	塔身侧方位置	平视	能够清晰完整看到杆塔的通道情况，如建筑物、树木、交叉、跨越的线路等

注　拍摄角度和拍摄图片张数以能够清晰展示所需细节为目标，根据实际作业环境可做适当调整。

九、紧凑型塔

紧凑型塔无人机巡检路径规划如图 2-11-5-9 所示，其拍摄技术见表 2-11-5-9。

图 2-11-5-9　紧凑型塔无人机巡检路径规划

表 2-11-5-9　　紧凑型塔无人机巡检拍摄技术

无人机悬停区域	拍摄部位编号	拍摄部位	无人机拍摄位置	拍摄角度	拍摄质量要求
A	1	塔全貌	从杆塔远处，并高于杆塔，杆塔完全在影像画面里	俯视	塔全貌完整，能够清晰分辨塔材和杆塔角度，主体上下占比不低于全幅 80%
B	2	塔头	从杆塔斜上方拍摄	俯视	能够完整看到杆塔塔头
C	3	塔身	杆塔斜上方，略低于塔头拍摄高度	平/俯视	能够看到除塔头及塔基部位的其他结构全貌
D	4	塔号牌	无人机镜头平视或俯视拍摄塔号牌	平/俯视	能清晰分辨塔号牌上线路双重名称
E	5	基础	走廊正面或侧面面向塔基俯视拍摄	俯视	能够看清塔基附近地面情况，拉线是否连接牢靠
F	6	下相左 V 串横担端挂点	与挂点高度平行，小角度斜侧方拍摄	平/俯视	能够清晰分辨螺栓、螺母、锁紧销等小尺寸金具。设备相互遮挡时，采取多角度拍摄。每张照片至少包含一片绝缘子
F	7	下相左 V 串绝缘子串	正对绝缘子串，在其中心点以上位置拍摄	平视	需覆盖绝缘子整串，可拍多张照片，最终能够清晰分辨绝缘子片表面损痕和每片绝缘子连接情况

续表

无人机悬停区域	拍摄部位编号	拍摄部位	无人机拍摄位置	拍摄角度	拍摄质量要求
F	8	下相导线端挂点	面向金具锁紧销安装侧，拍摄金具整体	平/俯视	能够清晰分辨螺栓、螺母、锁紧销等小尺寸金具及防振锤。设备相互遮挡时，采取多角度拍摄。每张照片至少包含一片绝缘子
F	9	下相右V串绝缘子串	正对绝缘子串，在其中心点以上位置拍摄	平视	需覆盖绝缘子整串，可拍多张照片，最终能够清晰分辨绝缘子片表面损痕和每片绝缘子连接情况
F	10	下相右V串横担端挂点	与挂点高度平行，小角度斜侧方拍摄	平/俯视	能够清晰分辨螺栓、螺母、锁紧销等小尺寸金具。设备相互遮挡时，采取多角度拍摄。每张照片至少包含一片绝缘子
G	11	右相右V串横担端挂点	与挂点高度平行，小角度斜侧方拍摄	平/俯视	能够清晰分辨螺栓、螺母、锁紧销等小尺寸金具。设备相互遮挡时，采取多角度拍摄。每张照片至少包含一片绝缘子
G	12	右相右V串绝缘子串	正对绝缘子串，在其中心点以上位置拍摄	平视	需覆盖绝缘子整串，可拍多张照片，最终能够清晰分辨绝缘子片表面损痕和每片绝缘子连接情况
G	13	右相导线端挂点	面向金具锁紧销安装侧，拍摄金具整体	平/俯视	能够清晰分辨螺栓、螺母、锁紧销等小尺寸金具及防振锤。设备相互遮挡时，采取多角度拍摄。每张照片至少包含一片绝缘子
G	14	右相左V串绝缘子串	正对绝缘子串，在其中心点以上位置拍摄	平视	需覆盖绝缘子整串，可拍多张照片，最终能够清晰分辨绝缘子片表面损痕和每片绝缘子连接情况
G	15	右相左V串横担端挂点	与挂点高度平行，小角度斜侧方拍摄	平/俯视	能够清晰分辨螺栓、螺母、锁紧销等小尺寸金具。设备相互遮挡时，采取多角度拍摄。每张照片至少包含一片绝缘子
H	16	左相右V串绝缘子串	正对绝缘子串，在其中心点以上位置拍摄	平视	需覆盖绝缘子整串，可拍多张照片，最终能够清晰分辨绝缘子片表面损痕和每片绝缘子连接情况
H	17	左相导线端挂点	正对绝缘子串，在其中心点以上位置拍摄	平视	需覆盖绝缘子整串，可拍多张照片，最终能够清晰分辨绝缘子片表面损痕和每片绝缘子连接情况
H	18	左相左V串绝缘子串	正对绝缘子串，在其中心点以上位置拍摄	平视	需覆盖绝缘子整串，可拍多张照片，最终能够清晰分辨绝缘子片表面损痕和每片绝缘子连接情况
H	19	左相左V串横担端挂点	与挂点高度平行，小角度斜侧方拍摄	平/俯视	能够清晰分辨螺栓、螺母、锁紧销等小尺寸金具。设备相互遮挡时，采取多角度拍摄。每张照片至少包含一片绝缘子
I	20	左侧地线	高度与地线挂点平行或以不大于30°角度俯视，小角度斜侧方拍摄	平/俯/仰视	能够判断各类金具的组合安装状态，与地线接触位置铝包带安装状态，清晰分辨锁紧位置的螺母销级物件。设备相互遮挡时，采取多角度拍摄

续表

无人机悬停区域	拍摄部位编号	拍摄部位	无人机拍摄位置	拍摄角度	拍摄质量要求
J	21	右侧地线	高度与地线挂点平行或以不大于30°角度俯视，小角度斜侧方拍摄	平/俯/仰视	能够判断各类金具的组合安装状态，与地线接触位置铝包带安装状态，清晰分辨锁紧位置的螺母销级物件。设备相互遮挡时，采取多角度拍摄
K	22	小号侧通道	塔身侧方位置	平视	能够清晰完整看到杆塔的通道情况，如建筑物、树木、交叉、跨越的线路等
K	23	大号侧通道	塔身侧方位置	平视	能够清晰完整看到杆塔的通道情况，如建筑物、树木、交叉、跨越的线路等

注　拍摄角度和拍摄图片张数以能够清晰展示所需细节为目标，根据实际作业环境可做适当调整。

十、交流线路单回耐张干字塔

交流线路单回耐张干字塔无人机巡检路径规划如图2-11-5-10所示，其拍摄技术见表2-11-5-10。

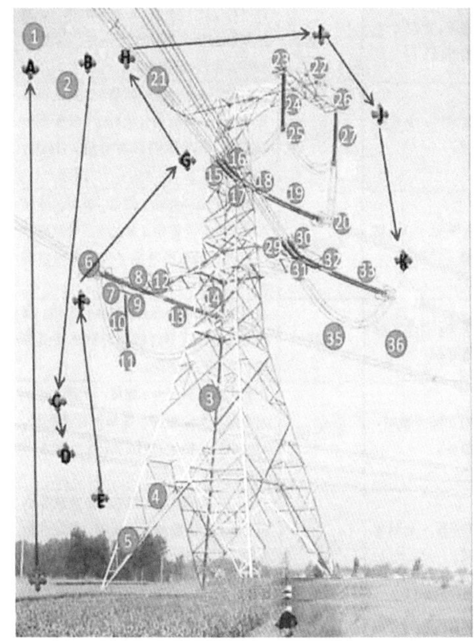

图2-11-5-10　交流线路单回耐张干字塔无人机巡检路径规划

表2-11-5-10　　交流线路单回耐张干字塔无人机巡检拍摄技术

无人机悬停区域	拍摄部位编号	拍摄部位	无人机拍摄位置	拍摄角度	拍摄质量要求
A	1	塔全貌	从杆塔远处，并高于杆塔，杆塔完全在影像画面里	俯视	塔全貌完整，能够清晰分辨塔材和杆塔角度，主体上下占比不低于全幅80%
B	2	塔头	从杆塔斜上方拍摄	俯视	能够完整看到杆塔塔头

续表

无人机悬停区域	拍摄部位编号	拍摄部位	无人机拍摄位置	拍摄角度	拍摄质量要求
C	3	塔身	杆塔斜上方，略低于塔头拍摄高度	平/俯视	能够看到除塔头及塔基部位的其他结构全貌
D	4	塔号牌	无人机镜头平视或俯视拍摄塔号牌	平/俯视	能清晰分辨塔号牌上线路双重名称
E	5	塔基及地面	走廊正面或侧面面向塔基俯视拍摄	俯视	能够看清塔基附近地面情况
F	6	左相小号侧导线端挂点	面向金具锁紧销安装侧，拍摄金具整体	平/俯视	能够清晰分辨螺栓、螺母、锁紧销等小尺寸金具及防振锤。设备相互遮挡时，采取多角度拍摄。每张照片至少包含一片绝缘子
F	7	左相小号侧绝缘子串	正对绝缘子串，在其中心点以上位置拍摄	平视	需覆盖绝缘子整串，可拍多张照片，最终能够清晰分辨绝缘子片表面损痕和每片绝缘子连接情况
F	8	左相小号侧横担挂点	与挂点高度平行，小角度斜侧方拍摄	平/俯视	能够清晰分辨螺栓、螺母、锁紧销等小尺寸金具。设备相互遮挡时，采取多角度拍摄。每张照片至少包含一片绝缘子
F	9	左相跳线横担挂点	与挂点高度平行，小角度斜侧方拍摄	平/俯视	能够清晰分辨螺栓、螺母、锁紧销等小尺寸金具。设备相互遮挡时，采取多角度拍摄。每张照片至少包含一片绝缘子
F	10	左相跳线绝缘子串	正对绝缘子串，在其中心点以上位置拍摄	平视	需覆盖绝缘子整串，可拍多张照片，最终能够清晰分辨绝缘子片表面损痕和每片绝缘子连接情况
F	11	左相跳线导线端挂点	面向金具锁紧销安装侧，拍摄金具整体	平/俯视	能够清晰分辨螺栓、螺母、锁紧销等小尺寸金具及防振锤。设备相互遮挡时，采取多角度拍摄。每张照片至少包含一片绝缘子
F	12	左相大号侧横担挂点	与挂点高度平行，小角度斜侧方拍摄	平/俯视	能够清晰分辨螺栓、螺母、锁紧销等小尺寸金具。设备相互遮挡时，采取多角度拍摄。每张照片至少包含一片绝缘子
F	13	左相大号侧绝缘子串	正对绝缘子串，在其中心点以上位置拍摄	平视	需覆盖绝缘子整串，可拍多张照片，最终能够清晰分辨绝缘子片表面损痕和每片绝缘子连接情况
F	14	左相大号侧导线端挂点	面向金具锁紧销安装侧，拍摄金具整体	平/俯视	能够清晰分辨螺栓、螺母、锁紧销等小尺寸金具及防振锤。设备相互遮挡时，采取多角度拍摄，每张照片至少包含一片绝缘子

续表

无人机悬停区域	拍摄部位编号	拍摄部位	无人机拍摄位置	拍摄角度	拍摄质量要求
G	15	中相小号侧导线端挂点	面向金具锁紧销安装侧，拍摄金具整体	平/俯视	能够清晰分辨螺栓、螺母、锁紧销等小尺寸金具及防振锤。设备相互遮挡时，采取多角度拍摄。每张照片至少包含一片绝缘子
G	16	中相小号侧绝缘子串	正对绝缘子串，在其中心点以上位置拍摄	平视	需覆盖绝缘子整串，可拍多张照片，最终能够清晰分辨绝缘子片表面损痕和每片绝缘子连接情况
G	17	中相小号侧横担挂点	与挂点高度平行，小角度斜侧方拍摄	平/俯视	能够清晰分辨螺栓、螺母、锁紧销等小尺寸金具。设备相互遮挡时，采取多角度拍摄。每张照片至少包含一片绝缘子
G	18	中相大号侧横担挂点	与挂点高度平行，小角度斜侧方拍摄	平/俯视	能够清晰分辨螺栓、螺母、锁紧销等小尺寸金具。设备相互遮挡时，采取多角度拍摄。每张照片至少包含一片绝缘子
G	19	中相大号侧绝缘子串	正对绝缘子串，在其中心点以上位置拍摄	平视	需覆盖绝缘子整串，可拍多张照片，最终能够清晰分辨绝缘子片表面损痕和每片绝缘子连接情况
G	20	中相大号侧导线端挂点	面向金具锁紧销安装侧，拍摄金具整体	平/俯视	能够清晰分辨螺栓、螺母、锁紧销等小尺寸金具及防振锤。设备相互遮挡时，采取多角度拍摄。每张照片至少包含一片绝缘子
H	21	左侧地线	高度与地线挂点平行或以不大于30°角度俯视，小角度斜侧方拍摄	平/俯/仰视	能够判断各类金具的组合安装状态，与地线接触位置铝包带安装状态，清晰分辨锁紧位置的螺母销级物件。设备相互遮挡时，采取多角度拍摄
H	22	右侧地线	高度与地线挂点平行或以不大于30°角度俯视，小角度斜侧方拍摄	平/俯/仰视	能够判断各类金具的组合安装状态，与地线接触位置铝包带安装状态，清晰分辨锁紧位置的螺母销级物件。设备相互遮挡时，采取多角度拍摄
J	23	中相左跳线横担挂点	与挂点高度平行，小角度斜侧方拍摄	平/俯视	能够清晰分辨螺栓、螺母、锁紧销等小尺寸金具。设备相互遮挡时，采取多角度拍摄。每张照片至少包含一片绝缘子
J	24	中相左跳线绝缘子串	正对绝缘子串，在其中心点以上位置拍摄	平视	需覆盖绝缘子整串，可拍多张照片，最终能够清晰分辨绝缘子片表面损痕和每片绝缘子连接情况
J	25	中相左跳线导线端挂点	面向金具锁紧销安装侧，拍摄金具整体	平/俯视	能够清晰分辨螺栓、螺母、锁紧销等小尺寸金具及防振锤。设备相互遮挡时，采取多角度拍摄。每张照片至少包含一片绝缘子

续表

无人机悬停区域	拍摄部位编号	拍摄部位	无人机拍摄位置	拍摄角度	拍摄质量要求
J	26	中相右跳线横担挂点	与挂点高度平行，小角度斜侧方拍摄	平/俯视	能够清晰分辨螺栓、螺母、锁紧销等小尺寸金具。设备相互遮挡时，采取多角度拍摄。每张照片至少包含一片绝缘子
J	27	中相右跳线绝缘子串	正对绝缘子串，在其中心点以上位置拍摄	平视	需覆盖绝缘子整串，可拍多张照片，最终能够清晰分辨绝缘子片表面损痕和每片绝缘子连接情况
J	28	中相右跳线导线端挂点	面向金具锁紧销安装侧，拍摄金具整体	平/俯视	能够清晰分辨螺栓、螺母、锁紧销等小尺寸金具及防振锤。设备相互遮挡时，采取多角度拍摄。每张照片至少包含一片绝缘子
K	29	右相小号侧导线端挂点	面向金具锁紧销安装侧，拍摄金具整体	平/俯视	能够清晰分辨螺栓、螺母、锁紧销等小尺寸金具及防振锤。设备相互遮挡时，采取多角度拍摄。每张照片至少包含一片绝缘子
K	30	右相小号侧绝缘子串	正对绝缘子串，在其中心点以上位置拍摄	平视	需覆盖绝缘子整串，可拍多张照片，最终能够清晰分辨绝缘子片表面损痕和每片绝缘子连接情况
K	31	右相小号侧横担挂点	与挂点高度平行，小角度斜侧方拍摄	平/俯视	能够清晰分辨螺栓、螺母、锁紧销等小尺寸金具。设备相互遮挡时，采取多角度拍摄。每张照片至少包含一片绝缘子
K	32	右相大号侧横担挂点	与挂点高度平行，小角度斜侧方拍摄	平/俯视	能够清晰分辨螺栓、螺母、锁紧销等小尺寸金具。设备相互遮挡时，采取多角度拍摄。每张照片至少包含一片绝缘子
K	33	右相大号侧绝缘子串	正对绝缘子串，在其中心点以上位置拍摄	平视	需覆盖绝缘子整串，可拍多张照片，最终能够清晰分辨绝缘子片表面损痕和每片绝缘子连接情况
K	34	右相大号侧导线端挂点	面向金具锁紧销安装侧，拍摄金具整体	平/俯视	能够清晰分辨螺栓、螺母、锁紧销等小尺寸金具及防振锤。设备相互遮挡时，采取多角度拍摄。每张照片至少包含一片绝缘子
K	35	小号侧通道	塔身侧方位置先小号通道，后大号通道	平视	能够清晰完整看到杆塔的通道情况，如建筑物、树木、交叉、跨越的线路等
K	36	大号侧通道	塔身侧方位置先小号通道，后大号通道	平视	能够清晰完整看到杆塔的通道情况，如建筑物、树木、交叉、跨越的线路等

注 拍摄角度和拍摄图片张数以能够清晰展示所需细节为目标，根据实际作业环境可做适当调整。

十一、拉线塔

拉线塔无人机巡检路径规划如图 2-11-5-11 所示，其拍摄技术见表 2-11-5-11。

图 2－11－5－11　拉线塔无人机巡检路径规划

表 2－11－5－11　　拉线塔无人机巡检拍摄技术

无人机悬停区域	拍摄部位编号	拍摄部位	无人机拍摄位置	拍摄角度	拍摄质量要求
A	1	塔全貌	从杆塔远处，并高于杆塔，杆塔完全在影像画面里	俯视	塔全貌完整，能够清晰分辨塔材和杆塔角度，主体上下占比不低于全幅80%
B	2	塔头	从杆塔斜上方拍摄	俯视	能够完整看到杆塔塔头
C	3	塔身	杆塔斜上方，略低于塔头拍摄高度	平/俯视	能够看到除塔头及塔基部位的其他结构全貌
D	4	塔号牌	无人机镜头平视或俯视拍摄塔号牌	平/俯视	能清晰分辨塔号牌上线路双重名称
E	5	塔基及地面拉线	走廊正面或侧面面向塔基俯视拍摄	俯视	能够看清塔基附近地面情况，拉线是否连接牢靠
F	6	左相导线端挂点	面向金具锁紧销安装侧，拍摄金具整体	平/俯视	能够清晰分辨螺栓、螺母、锁紧销等小尺寸金具及防振锤。设备相互遮挡时，采取多角度拍摄。每张照片至少包含一片绝缘子
F	7	左相绝缘子串	正对绝缘子串，在其中心点以上位置拍摄	平视	需覆盖绝缘子整串，可拍多张照片，最终能够清晰分辨绝缘子片表面损痕和每片绝缘子连接情况
F	8	左相横担挂点	与挂点高度平行，小角度斜侧方拍摄	平/俯视	能够清晰分辨螺栓、螺母、锁紧销等小尺寸金具。设备相互遮挡时，采取多角度拍摄。每张照片至少包含一片绝缘子
F	9	左侧拉线挂点	高度和拉线塔端挂点水平	平视	能够清晰分辨螺栓、螺母、锁紧销等小尺寸金具。设备相互遮挡时，采取多角度拍摄

续表

无人机悬停区域	拍摄部位编号	拍摄部位	无人机拍摄位置	拍摄角度	拍摄质量要求
G	10	左侧地线	高度与地线挂点平行或以不大于30°角度俯视，小角度斜侧方拍摄	平/俯/仰视	能够判断各类金具的组合安装状态，与地线接触位置铝包带安装状态，清晰分辨锁紧位置的螺母销级物件。设备相互遮挡时，采取多角度拍摄
I	11	中相横担挂点	与挂点高度平行，小角度斜侧方拍摄	平/俯视	能够清晰分辨螺栓、螺母、锁紧销等小尺寸金具。设备相互遮挡时，采取多角度拍摄。每张照片至少包含一片绝缘子
I	12	中相绝缘子串	正对绝缘子串，在其中心点以上位置拍摄	平视	需覆盖绝缘子整串，可拍多张照片，最终能够清晰分辨绝缘子片表面损痕和每片绝缘子连接情况
I	13	中相导线端挂点	与挂点高度平行，小角度斜侧方拍摄	平视	能够清晰分辨螺栓、螺母、锁紧销等小尺寸金具及防振锤。设备相互遮挡时，采取多角度拍摄。每张照片至少包含一片绝缘子
J	14	右侧地线	高度与地线挂点平行或以不大于30°角度俯视，小角度斜侧方拍摄	平/俯/仰视	能够判断各类金具的组合安装状态，与地线接触位置铝包带安装状态，清晰分辨锁紧位置的螺母销级物件。设备相互遮挡时，采取多角度拍摄
K	15	右相横担处挂点	与挂点高度平行，小角度斜侧方拍摄	平/俯视	能够清晰分辨螺栓、螺母、锁紧销等小尺寸金具。设备相互遮挡时，采取多角度拍摄。每张照片至少包含一片绝缘子
K	16	右相拉线挂点	高度和拉线塔端挂点水平	平视	能够清晰分辨螺栓、螺母、锁紧销等小尺寸金具。设备相互遮挡时，采取多角度拍摄
K	17	右相绝缘子串	正对绝缘子串，在其中心点以上位置拍摄	平视	需覆盖绝缘子整串，可拍多张照片，最终能够清晰分辨绝缘子片表面损痕和每片绝缘子连接情况
K	18	右相导线端挂点	面向金具锁紧销安装侧，拍摄金具整体	平/俯视	能够清晰分辨螺栓、螺母、锁紧销等小尺寸金具及防振锤。设备相互遮挡时，采取多角度拍摄。每张照片至少包含一片绝缘子
L	19	小号侧通道	塔身侧方位置先小号通道，后大号通道	平视	能够清晰完整看到杆塔的通道情况，如建筑物、树木、交叉、跨越的线路等
L	20	大号侧通道	塔身侧方位置先小号通道，后大号通道	平视	能够清晰完整看到杆塔的通道情况，如建筑物、树木、交叉、跨越的线路等

注　拍摄角度和拍摄图片张数以能够清晰展示所需细节为目标，根据实际作业环境可作适当调整。

第六节　巡检资料归档

一、图像存放整理

当日巡检工作完成后，将巡检图像导出至专用电脑指定硬盘中，按照以下规范进行分

级文件夹管理：

文件夹第一层：××公司××kV××线无人机巡视资料。（例：山东公司500kV邹川Ⅱ线无人机巡视资料，“Ⅱ”为罗马数字）

文件夹第二层：#××无人机巡视资料。（例：#201无人机巡视资料，“#”在阿拉伯数字前）

文件夹第三层：×年无人机巡视资料。

文件夹第四层：×月无人机巡视资料，当月缺陷照片存放于第四层。

文件夹第五层：每基杆塔对应无人机巡视资料。

五层图像存放规范要求如图2-11-6-1所示。

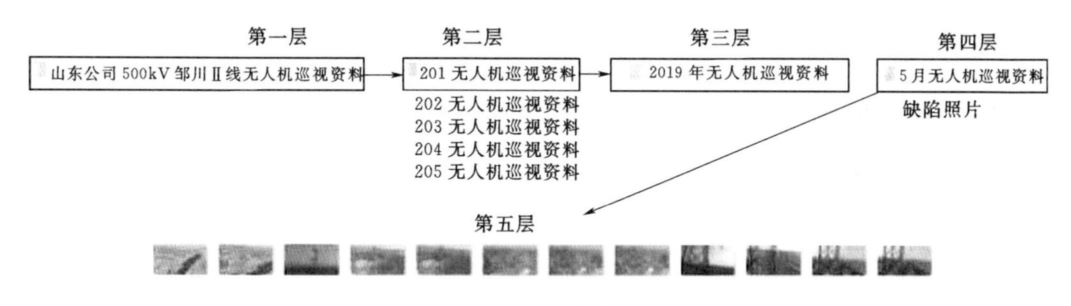

图2-11-6-1　图像存放示意图

二、图像分析及规范命名

图像分析工作应尽快完成（一般3个工作日内）。发现缺陷后应编辑图像，对图像中缺陷进行标注，并将图像重命名，命名规范如下：

“电压等级+线路名称+杆号”-“缺陷简述”-“该图片原始名称”

示例如下：

500kV聊韶Ⅱ线#124塔-上相挂点缺销钉-DSG-0001.JPG

（1）缺陷描述按照“相-侧-部-问”顺序进行命名。

（2）每张图像只标注并描述一条缺陷。

缺陷命名与标识示例如图2-11-6-2所示。

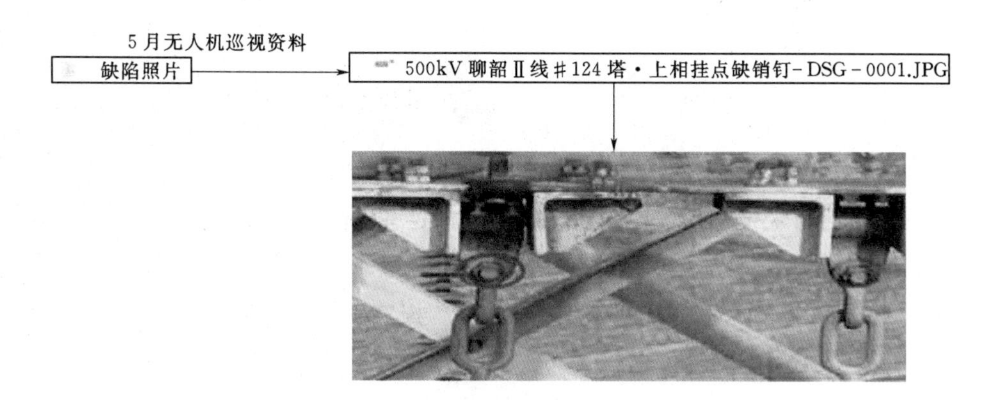

图2-11-6-2　缺陷命名与标识示例

第七节　无人机巡检拍摄典型图例集锦

为了进一步提升无人机线路本体巡检质量和效率，规范多旋翼无人机本体巡检的作业流程和拍摄方法，同时为缺陷智能识别技术提供标准化样本数据，加快缺陷智能化识别技术研究进度，选择无人机巡检拍摄典型图例供参考。

一、拍摄典型图例

拍摄典型图例如图 2-11-7-1～图 2-11-7-31 所示。

二、放大图片典型示例

放大图片典型示例如图 2-11-7-32～图 2-11-7-43 所示。

图 2-11-7-1　塔全貌

图 2-11-7-2　塔头

图 2-11-7-3　塔身

图 2-11-7-4　铁塔编号牌和禁止攀登标志牌

图 2-11-7-5 塔基

图 2-11-7-6 直线塔悬垂绝缘子串

图 2-11-7-7 直线塔悬垂绝缘子横担端挂点（平视）

图 2-11-7-8 直线塔悬垂绝缘子串横担端挂点（俯视）

图 2-11-7-9 直线塔悬垂绝缘子串导线端挂点（小号侧）

图 2-11-7-10 直线塔悬垂绝缘子串导线端挂点（大号侧）

图 2-11-7-11　耐张塔耐张绝缘子串

图 2-11-7-12　耐张绝缘子串横担端挂点（平视）

图 2-11-7-13　耐张绝缘子串横担端挂点（俯视）

图 2-11-7-14　耐张绝缘子串导线端挂点（平视）

图 2-11-7-15　耐张绝缘子串导线端挂点（俯视）

图 2-11-7-16　直流线路跳线导线端挂点（小号侧）

图 2-11-7-17　直流线路跳线导线端挂点（大号侧）

图 2-11-7-18　直流线路绝缘子横担端挂点

图 2-11-7-19　直流线路绝缘子导线端挂点

图 2-11-7-20　直流线路跳线横担端内侧挂点

图 2-11-7-21　直流线路跳线横担端外侧挂点

图 2-11-7-22　直线塔地线挂点

图 2-11-7-23　耐张塔地线挂点

图 2-11-7-24　引流线

图 2-11-7-25　引流线绝缘子横担端（平视）

图 2-11-7-26　引流线绝缘子横担端（俯视）

图 2-11-7-27　引流线绝缘子导线端（小号端）

图 2-11-7-28　引流线绝缘子导线端（大号端）

图 2-11-7-29　附属设施

图 2-11-7-30　通道（小号侧）

图 2-11-7-31　通道（大号侧）

图 2-11-7-32　悬垂绝缘子横担端（放大）

图 2-11-7-33　悬垂绝缘子导线端（放大）

图 2-11-7-34　耐张绝缘子横担端（放大）（一）

图 2-11-7-35　耐张绝缘子横担端（放大）（二）

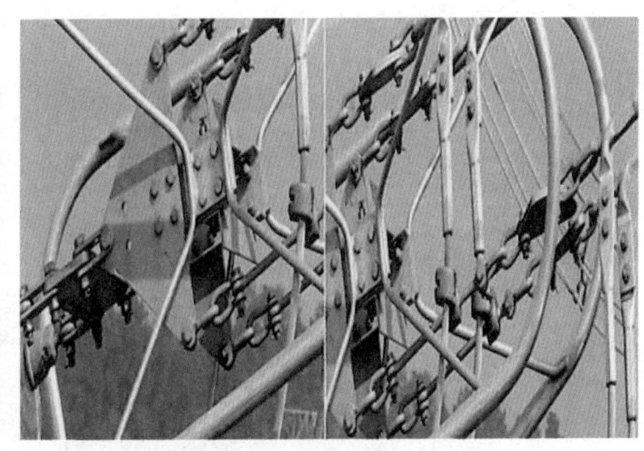

图 2-11-7-36　耐张绝缘子导线端（放大）

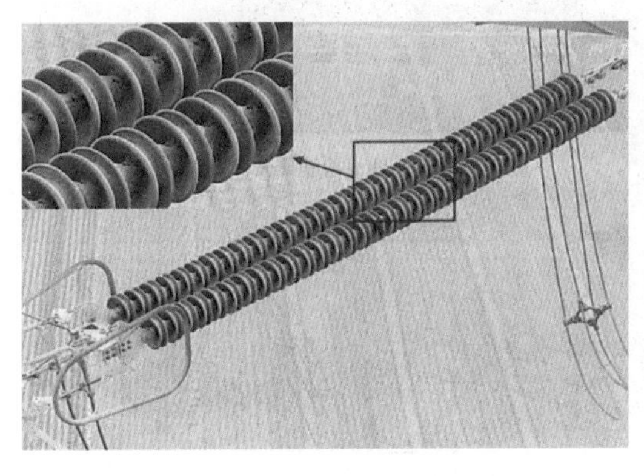

图 2-11-7-37　耐张绝缘子串（放大）

图 2-11-7-38　地线悬垂金具（放大）

图 2-11-7-39　地线耐张金具（放大）

图 2-11-7-40　直线塔架空地线（放大）

图 2-11-7-41　引流线绝缘子横担端（放大）

图 2-11-7-42　引流线绝缘子导线端（放大）

图 2-11-7-43　引流线及间隔棒（放大）

第十二章

机器人在高压输电线路巡检中的应用

第一节　巡线机器人的发展及现状

电力线路巡线机器人是现代机器人技术的应用之一。今后，各种机器人将在各个领域内发挥更大的作用，特别是危险操作等领域替代人类，完成重要的工作，改善人们的生活。

巡线机器人研究始于20世纪80年代末，加拿大、中国、日本、韩国、美国的研究处于领先地位。目前突破了一系列关键技术（机构、控制、通信、绝缘、电磁兼容等），研制出了多种类型的样机，并开展了带电检测与维护作业的试验。

巡线机器人已成为特种机器领域的一个研究热点。移动巡线机器人可以沿电力电线自主行走、跨越障碍并进行线路巡检。巡线机器人能够带电工作，以一定的速度沿输电线爬行，并能跨越防震锤、耐张线夹、悬垂线夹、杆塔等障碍，利用携带的传感仪器对杆塔、导线及避雷线、绝缘子、线路金具、线路通道等实施接近检测。

一、国外巡线机器人研究情况

国外巡线机器人的研究始于20世纪80年代末，日本、美国、加拿大、泰国的一些研究机构先后开展了巡线机器人的研究。他们研制的巡线机器人可以分为两类：一类具有跨越障碍物功能，但结构尺寸大、质量大，因而实用性差，并大多仍处在实验室研制阶段；另一类则只能在两杆塔间的直线段巡线，不具备跨越障碍物功能，因而其巡线作业范围受到极大限制。东京电力公司的Sawada等研制了光纤复合架空地线（OPGW）巡检移动机器人。该机器人利用一对驱动轮和一对夹持轮沿地线（OPGW）爬行，能跨越地线上防振锤、螺旋减振器等障碍物，遇到线塔时，机器人采用仿人攀援机理，先展开携带的弧形手臂，手臂两端勾住线塔两侧的地线，构成一个导轨，然后本体顺着导轨滑到线塔的另一侧。待机器人夹持轮抱紧线塔另一侧的地线后，将弧形手臂折叠收起，以备下次使用。机器人运动控制有粗略控制和精确定位两种模式，粗略控制是把线塔和地线的资料数据（线塔的高度、位置，地线长度，线路上附件数量等）预先编制好程序输入机器人，据此控制机器人的行走和越障；精确定位控制则根据传感器反馈信息进行控制。机器人携带的损伤探测单元采用涡流分析方法探测光纤复合架空地线铠装层的损伤情况，并把探测数据记录到磁带上。

巡检飞行机器人是另一种是线路巡检飞行机器人，采用小型无人飞行器，安装CCD摄像机，可以超视距测控飞行和低空飞行，具有智能化程度高的特点。如国外EA Technology公司研制的电线巡检机器人Sprite是一种小型对称旋翼飞行器，机身设计特别考虑到了空气紊流的影响，安装了增稳控制系统，可以在阵风扰动中平稳飞行。飞行器安装有一个高精度CCD摄像机，有一个变焦镜头安装在主动平衡系统上，平衡系统可以保证飞行器飞行时图像的平稳。

二、国内巡线机器人研究情况

国内巡线机器人的研究始于20世纪90年代末，我国巡线机器人的研究主要集中在高校和研究院。

中国科学院沈阳自动化研究所申请的发明专利200410020490.8（申请日：2004年4月30日）涉及一种超高压输电线巡检机器人机构。它由移动车体、后手臂、前手臂组成，其中：移动车体由本体和行走轮组成，行走轮通过水平转动副和移动副安装在本体上，并与线相抓持，本体通过转动副分别与前、后手臂相连，手臂末端为手爪；前手臂、后手臂结构相同，其中每一手臂由上臂、下臂两部分组成，上臂为连杆及滚珠丝杠与滑块组合结构，通过水平转动副与下臂相连接，下臂为大行程伸缩机构。该发明工作空间大、重量轻、能耗低且越障能力强。

中国科学院自动化研究所申请的发明专利200310118302.0（申请日：2003年11月18日）涉及机器人技术领域，是110kV高压输电线路自动巡检机器人的一个单体。该发明中的高压输电线路自动巡检机器人单体由防护罩、驱动臂、驱动臂升降电机、小臂、小臂升降电机组成，其驱动臂包括驱动轮、驱动轮轴、同步带、同步带轮、主电机、主电机输出轴、开合电机、开合螺杆等，其中，主电机带动驱动轮，使巡检机器人单体在输电线上行走，开合电机控制开合机构，决定驱动轮与输电线之间的挂靠或撤离；其小臂中设有支撑轮和关节轴承，支撑轮槽曲率较大，与输电线保持点接触，有利于关节轴承对支撑轮姿态的自调节。该发明自动巡检机器人单体，可实现在输电线上稳定行走、跨越障碍物、紧急刹车等功能，取代了人工巡检高压输电线路。

武汉大学申请的发明专利200510019930.2（申请日：2005年12月1日）公开了一种高压巡线机器人沿输电线路进行导航的方法，其特征在于：将一系列相同参数的电磁传感器分别布置在机器人的手臂上，各组传感器分别同轴线布置，让机器人的各待调控部位的空间位姿状态能通过各该部位的传感器阵列组相对高压输电导线的距离表征。本发明的优点是：实现简单，结构小巧，成本低廉；可避免强电场、强磁场的干扰，实用性强；控制算法简单，操作方便。如配备相应的机器人设备，可以用来辅助完成高压巡线机器人沿架空高压输电线路进行全自动化的巡检作业。

山东大学申请的专利200510042569.5（申请日：2005年3月18日）为沿110kV输电线自主行击的机器人及其工作方法。机器人由机器人本体、控制装置、传感器、检测装置和无线图像传输设备组成，控制装置和无线图像传感器CCD安装在每只手的前方，检测装置包括高速球摄像机和热成像仪通过云台与机器人本体相连。能够在110kV输电线路上平稳行走，自主地跨越输电线上的各种障碍，代替人进行输电线路的巡线工作，减轻输电线路巡线的工作量，提高工作效率和检测的精度，达到确保输电线路安全运行的突出特点。

山东科技大学在2011年研制了巡检机器人，西安交通大学2012年设计了三臂式巡线机器人，山东电力研究院2012年研制出用于多分裂线路巡检的巡线机器人。

部分巡线机器人样机如图2-12-1-1所示。

华北电力大学申请的发明专利200410098960.2（申请日：2004年12月17日）提供

图 2-12-1-1　巡线机器人样机

了一种电力线路巡检机器人飞机及其控制系统。飞机结构采用共轴双螺旋桨反向驱动结构，采用两个发动机分别驱动两个螺旋桨反向旋转，通过控制两个发动机的转速比控制飞机机身的稳定；使用 GPS 系统与 GIS 系统确定飞机的飞行轨迹，使用基于 32 位的精简指令集计算机处理器 ARM 的嵌入式系统进行飞行姿态调整，使用蓄电池为发动机电机、检测传感器以及数据链路系统提供电源。控制系统由电力线路巡检机器人飞机导航系统、飞行路径自主规划系统、数据链路系统、基于多传感器融合的在线检测系统构成。其优点在于：有效的改善电力线路的监控质量，保障输电网络的安全平稳运行，并且安全、可靠、适应性好，监测速度快，机器人飞机智能化程度高，可实现超视距测控飞行、程控自主飞行及自动返航等多种功能。

三、超高压输电线路巡检机器人

超高压输电线路巡检机器人是以机器人本体平台为载体，携带高清摄像机和红外热成像仪等检测仪器，沿输电线路的相线或上方的架空地线运行，对线路进行检查、维护等工作。“智能巡检机器人及巡检技术”属于国家电网公司“十二五”科技规划中“输变电设备运行与管理”领域的重点任务，是重点发展的新技术，具有广阔的发展前景。

该机器人在国家“863”计划以及国网东北电网有限公司支持下研制完成，攻克了超高压环境下的机器人机构、驱动与控制、远程通信以及电磁兼容等多项关键技术，是具有自主知识产权的新型移动机器人，可应用于 500kV 超高压输电线路巡检作业。

巡检机器人系统由巡检机器人和地面移动基站组成。巡检机器人在超高压输电线路上沿线行走，通过摄像机等检测设备检测输电设施的损伤情况，地面基站对机器人具有远程控制与监测功能，机器人上的高速球形摄像机拍摄的输电设施（输电线、绝缘子及杆塔等）图像可通过无线传输系统传送至地面基站，进行显示、存储与处理，以便地面人员及时准确地掌握输电线路的运行状态，发现线路设施的损伤、缺陷等故障情况。

第二节　巡线机器人的功能及组成

一、巡线机器人的功能

（1）移动功能。作为一款线上行走机器人，它需要适应超高压线路的特性，能够在线上稳定的行走，速度太慢将影响巡线检查效率，太快又会因为线路上的障碍物造成不可预测的危险状况。

（2）攀爬功能。考虑高压输电线路的柔性特点，巡检机器人需要完成较大角度攀爬，特别是在两个山头的塔杆之间以满足实际线路要求。

（3）越障功能。巡检机器人的越障能力是其整个机械结构设计的关键，为了提高巡视检测的效率，机器人需要安全通过普通障碍物。

（4）安全保护功能。在高空作业过程中，若机器人发生机械故障，很可能会对周围工作人员甚至整个电网造成巨大威胁，因此，在机械结构设计时，需要谨慎考虑机器人的自我保护能力提高安全性。

（5）电机驱动控制能力。超高压巡检机器人要在线上完成各种复杂动作，其运动的根本是电机的转动，因而需要对机器人上的各个电机进行伺服控制，通过上层指令实现对各电机的位置控制和速度控制。

（6）通信功能。机器人在高空作业，而工作人员一般在地面操作，因此，必须通过无线通信将操作人员的指令发送给机器人，使其完成相应动作，同时，机器人采集的数据也通过无线传输返回给地面。

二、巡线机器人的组成

巡线机器人是一种复杂的机电一体化产品，包括机械系统、运动控制系统、无线传输系统、检测系统及电源系统。巡线机器人辅助人工巡检，促进了巡检的自动化程度，提高了效率，节约了成本。

（1）机械系统作为机器人功能实现的基本组成，是制约巡线机器人技术发展及实体化的关键技术之一。机械系统主要由行走系统、夹持系统、传动系统及刹车系统组成。这种基本巡线的程序需要A、B两个电动机，触动传感器和光电传感器。程序开始，先收集白光的光感值，触动传感器松开后，收集黑光的光感值，然后进行求平均数计算。以平均数作为光电分支的分界点，大于分界点，A停B转；小于分界点，则B停A转。这是一个轮回，跳转到光电分支的分界点前即可。

（2）运动控制系统、无线传输系统、检测系统及电源系统归属于电气系统，需实现的功能有：巡线机器人在线平稳运动的功能；无线传输功能，对高空中的巡线机器人进行远程遥控；检测功能，通过摄像头采集到需要的图像信息，经无线传输系统传给地面的工作人员，供后期对图像信息进行分析。

（3）机器人可携带红外热成像仪、高清摄像头、噪声传感器、铁磁传感器，辅助人工完成对电力设备红外巡检和变压器噪声检测。

总之，巡线机器人是以移动机器人作为载体，以可见光摄像机、红外热成像仪、其他检测仪器作为载荷系统，以机器视觉—电磁场—GPS—GIS的多场信息融合作为机器人自主移动与自主巡检的导航系统，以嵌入式计算机作为控制系统的软硬件开发平台。具有障碍物检测识别与定位、自主作业规划、自主越障、对输电线路及其线路走廊自主巡检、巡检图像和数据的机器人本体自动存储与远程无线传输、地面远程无线监控与遥控、电能在线实时补给、后台巡检作业管理与分析诊断等功能。

第三节 高压输电线智能巡检排异物机器人

一、项目简介

目前我国500kV超高压线路已经发展到12.2万km以上。由于高压输电线路时常会悬挂有各种异物，如不及时进行处理，将会威胁线路的安全运行，造成极大的经济损失。目前高压输电线路清除异物仍主要是采用人工作业方式，这种原始的方法危险性大、成本高，劳动强度大，受线路环境制约。某科研团队成功设计了一款能够巡线、排除异物的机器人，安全性高、适应性强、成本低、效率高，具有广泛的应用前景。

二、产品性能优势

1. 单双线设计

采用单线/双线两种设计，以适应不同线路对线路路数、重量、体积等要求。

2. 自动越障

合理设计行走轮和张紧轮，可以平稳翻越间隔棒和防振锤。

3. 多功能除障

机械臂、砂轮、刀片的联合控制，实现对障碍物的抓取、切割和去除。

4. 远程遥控

基于手机APP的远程遥控，从地面即可实现对机器人的远程操作，方便且安全。

5. 视频传输

远程实现视频传输与监控，方便观察输电线路实际情况，采取相应措施。

三、市场前景及应用

国内目前成熟的智能清障巡线机器人较少，技术并不成熟，且高压线巡线清障的难度大，危险程度高。截至2015年年底，国家电网公司经营区域110kV及以上输电线路长度约66.23万km，其中220kV及以上线路长度32.06万km，它是我国电力系统的主网架。按照平均每10km引进1个高压输电线路巡检机器人，每个巡检机器人初步价格10万元计算，则市场空间近70亿元，潜力巨大。

四、技术成熟度

某机械工程学院巡线机器人研发团队目前已与陕西某供电公司签订合作开发协议，并取得四项专利，样机试验如图 2-12-3-1 所示。

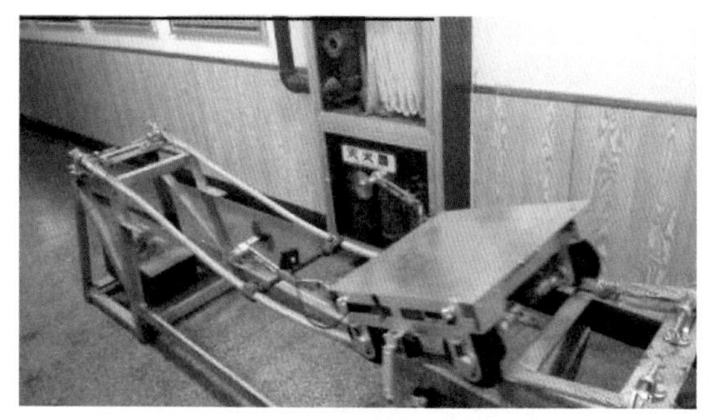

(a) 一种用于输电线路巡检机器人的行走机构（CN206417094U）

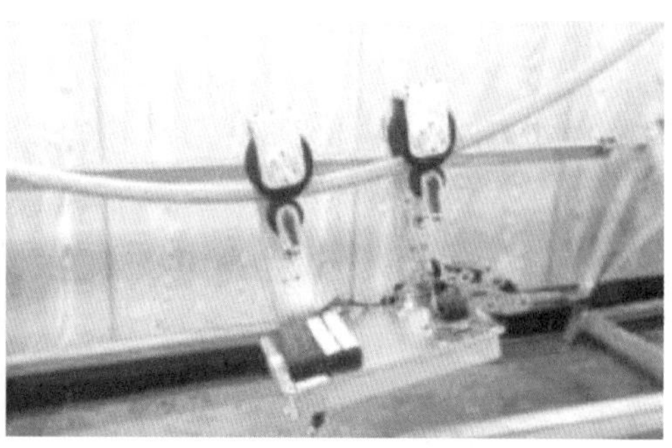

(b) 一种用于输电线路巡检机器人的辅助爬坡机构(CN206416176U)

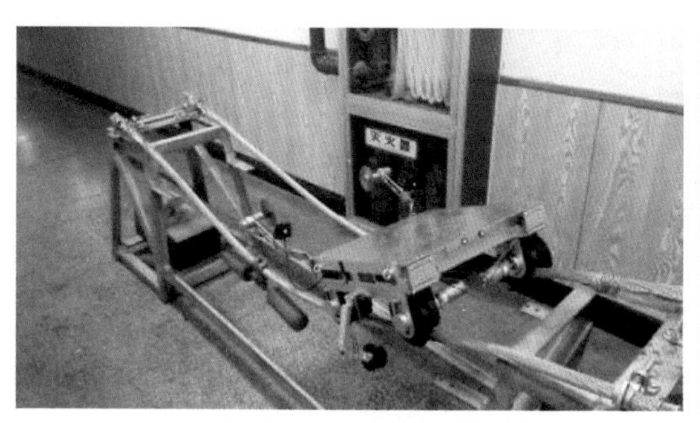

(c) 一种用于输电线路除异物机器人的组合清障装置(CN206432623U)

(d) 一种履带机器人摆臂驱动装置（CN102887181B）

图 2-12-3-1　样机试验

第四节　巡检机器人在南方电网的应用

一、基本情况

落户于顺德大良五沙工业园内的广东科凯达智能机器人公司，基于武汉大学机器人研究所吴功平教授团队的原创技术所生产的巡检机器人，集成了巡检仪器设备，机器人沿着高压线路行驶，巡视并储存定位后的巡视图像，通过后台软件自动或人工分析来判别线路的缺陷或安全隐患，随后进行检修维护。该机器人的最大优势是甚至可以垂直攀爬。科凯达巡检机器人重量不超过 50kg，是日本和加拿大同类型机器人的一半。机器人要沿高压线巡检，重量不能太大。同时，这一机器人还能适用于不同线路结构，即使 U 形路线也毫无障碍。

相较于传统人工巡线，机器人巡线的优势体现在工作质量和效率上。人工巡线需要借助望远镜、照相机或红外传热成像仪等巡视，机器人是近距离巡视，准确度大幅提升；机器人可多任务同时执行，实时反馈线路情况。机器人能将工人彻底从辛苦危险的高压线巡检工作中解放出来。

按科凯达公司的规划，目前巡检机器人研发完成了近期（1年）的目标，即自动巡视和自动判别，在未来3～5年内，将完善自动规划、自动检测、自动维护等功能。机器人将增加多关节机械手，完成导/地线断股修补、缠绕异物清除、绝缘子更换等。这些工作平日皆由工人带电作业完成，与人工对比，可省成本近三成。

目前有三台科凯达公司巡检机器人已在南方电网、湖南电力公司等试用。依据国家电网和南方电网的调研，国内110kV及以上输电线路总长度约100万km，按每100km配置一台计算，共需要1万台巡检机器人，加上石油、石化企业的需求，巡检机器人市场总产值约250亿元。

科凯达将根据现有技术积累延伸产品领域，包括输电线路绝缘子带电检测与清扫机器人、输电线路清障与维护作业机器人、变电站巡检机器人等。

二、高压带电巡检试验

云南电力公司首款线路巡检机器人成功开展了首次高压带电巡检试验。

在云南省曲靖市沾益县白水镇香山附近，云南省首款线路巡检机器人攀附在带电运行的220kV平富Ⅰ回线的架空地线上，一边沿着线路的走向慢慢向前行进，一边用自身所携带的可见光摄像机和红外热成像仪等设备对线路健康情况进行“把脉问诊”，仅仅只利用了15min就完成了两基铁塔之间线路巡检工作，这也是云南首款线路巡检机器人在云南省高原气候环境下成功开展首次高压带电巡检试验，成功应用多种智能巡检设备对输电线路形成全方面、多维度巡检和实时动态分析。巡检机器人机身采用轻量化设计，只有25kg重。它首先在线路首末段利用自动上下线装置进入到铁塔顶端的地线上，然后全线路全自主运行，自动调用相应越障程序依次智能自主越过线路金具和杆塔等障碍物，利用铁塔上的能量补给系统及时进行能量补给，通过利用所携带的可见光摄像机、红外热成像仪和激光雷达系统等设备对线路进行巡检，可随时掌握和了解输电线路运行情况，以及线路周围环境和线路保护区的变化情况，及时发现和消除隐患。

曲靖地处云贵高原，境内海拔高，昼夜温差大，气候变化明显，其输电线路所处环境恶劣，巡视人员走路巡线面临的安全风险比较多。而且，曲靖供电局输电所目前有235人，管辖着8647km输电线路，缺员率达到了9%，因此急需借助高科技设备开展机巡，逐步减少和替代常规人工巡视的工作。平时路况比较好的情况下，一天也只能巡视完7～8基铁塔和线路。等这个巡检机器人全面投入使用后，一天就能自动巡检15基杆塔，而且像销钉这种细小物件上的各种缺陷和隐患也

图2-12-4-1　巡线机器人在双分裂导线上行走

都能及时发现和处理。

由曲靖供电局和广东科凯达智能机器人有限公司联合研发的这个巡检机器人已经是第四代产品，采用了国内外先进的巡检机器人技术，并根据曲靖电网高压线路环境特性，对机器人本体轻量化设计、适应恶劣环境、故障识别与定位、故障诊断分析等若干关键技术进行实用化研究，将大大提升电网智能化巡检水平，最终将实现曲靖电网“机巡为主、人巡为辅”的协同巡检。图2-12-4-1所示为巡线机器人在双分裂导线上行走，图2-12-4-2所示为巡线机器人顺利通过各种障碍，图2-12-4-3所示为技术负责人团队在对线路上每个异处和疑点进行取证分析，为下一步巡检机器人在电网的全面推广使用奠定基础和积累经验。

图2-12-4-2　巡线机器人顺利通过各种障碍

图2-12-4-3　技术负责人团队在对线路上每个异处和疑点进行取证分析

第五节　架空智能巡检机器人

根据中国南方电网有限责任公司超高压输电公司广州局建设智慧输电线路实际运维管理的需要，一批架空输电线路智能巡检机器人已经顺利挂载“上线”。作为超高压输电公司广州局第一条智慧输电线路，该线路以实际需求为导向，进行创新融合，结合设备及环境的典型特征，从智能巡视、智能操作、智能安全、智能建模、平台建设、标准制度以及运维模式改革等六个方面着手，建设一条具有本质坚强、实时感知、全息互联、自主预警、智能处置等五个特征的智慧输电线路。利用机器人进行巡检工作和维护超高压输电网络的正常运行，对提高电网智能化水平、保障电网安全运行具有重要意义。

一、架空智能巡检机器人系统

近年来，无人机代替电力工人巡线，提高了巡线工作效率，也提高了工作质量。可是，随着禁飞区域的划定，部分地区无人机飞不起来，巡线只能回到原始的双腿模式。如今，智能巡检机器人的“上线”则解决了这一难题。超高压输电公司广州局输电队伍，完成了太阳能充电基站安装和智能巡检机器人挂载，同时在试点区段的铁塔进行地线金具改造，为机器人平稳通过铁塔线路连接点铺平道路。

架空智能巡检机器人系统由巡检机器人、太阳能充电基站、微气象系统等组成，采用远程遥控和自主巡检控制方式。利用两只外延的滑轮在地线上悬挂移动，可以越过铁塔连接处，实现全线无障碍。智能巡检机器人拥有完善的本体保护机制，能够有效地防止掉落、死机等设备突发故障。面对恶劣天气，机器人可以自动回塔；低于30%电量可以自动回塔充电。辅以10cm精准定位系统，多重容错机制，实现机器人高度智能自动化运行。运维人员每天只要打开电脑里的机器人后台管理系统，就能实时了解塔体、塔基、导地线、金具及附属物运行状态，实时分析诊断，真正实现“看得见、盯得牢、防得住”的输电线路安全管理，为输电线路安全运维构筑立体防线。

二、架空智能巡检机器人的优势

巡检机器人可实现输电线路高空巡检全覆盖。

智能巡检机器人的投入应用是对输电线路传统巡检方式的高视角近距离巡检的完美补充，在提高了工作效率和精益度的同时，实现了高空巡检“全覆盖”，使输电线路巡检从“人巡”过渡到“机器人巡”，从根本上解决人身安全隐患；从“人眼判别”升级到“机器视觉和AI缺陷识别”，为线路的运维提供更为可靠的诊断结果。智能巡检机器人长期实时在线自主巡检，能轻松跨越森林、大江、湖泊、高海拔等巡检人员难以到达区域，减少了传统巡检范围盲区，辅以三维建模技术，真实呈现线路通道情况，精准测量树障，实时对输电线路杆塔、绝缘子、金具以及输电线路通道全过程状态精细巡视。智能巡检机器人能更加清晰地辨别锈蚀、断裂、异物飘浮、接头位置的高温异常等线路通道缺陷及细微异常情况，并将巡检数据自动采集和实时后台智能分析，把发现的缺陷，短信通知运维人员，让现存问题和潜在威胁及时发现和处理，大大提高了线路隐患排除和运维的安全性、时效性、精准性。

三、架空巡检机器人的巨大发展空间

针对目前轮臂式高压巡检机器人机体过重、巡检效率低下以及容易打滑等问题，科研人员提出了一种基于磁悬浮的高压直流输电线路巡检机器人的技术方案。利用高压直流导线周围的磁场，采用全新的磁悬浮技术，使机器人能悬浮于线路之上，并利用洛伦兹力牵引机器人移动，从而简化巡检机器人的结构，提高巡检效率，彻底消除打滑问题。根据架空高压直流输电导线周围的磁场特性，设计了实现磁力悬浮和磁力驱动的线圈结构以及与之相适应的机器人的总体结构，阐述了磁力驱动和磁力悬浮的实现原理，并从理论上证明了实现巡检机器人的磁悬浮和磁力驱动的可行性。

在国际智能移动机器人的大发展为超高压输电线路巡检机器人这个新事物提供了可能性。利用机器人进行巡检工作和维护超高压输电网络的正常运行，不但可以减轻电力工人的劳动强度，而且对提高电网自动化水平、保障电网安全运行具有重要意义。

第六节　机器人修剪树木和除冰技术

一、机器人修剪树木技术原理和应用

架空电力线及杆塔附件长期暴露在野外，受到持续的外界影响。尤其位于森林茂盛的山区，输电线下树木生长速度极快，树线距离过近，往往需要紧急停电处理，影响可靠供电。因此，利用机器人爬树并携带工具对树木顶端进行切断处理，对于减轻巡视人员的劳动强度、提高供电效率和安全性具有重大意义。下面以广州供电局研发的砍树机器人为例进行介绍。

（一）技术原理

爬树机器人本体由机械结构、电机、舵机、控制器、通信模块、电源等组成。系统架构一般由爬树机器人本体和控制端组成，控制端可以采用普通智能手机安装控制 APP 实现，爬树机器人和手机之间采用 WiFi 连接进行控制指令的传输。

机器人本体采用仿生学原理，模拟昆虫蠕动行走方式，由两组夹持机构交替夹紧和上升完成攀爬。同时为了躲避树枝，机器人在攀爬过程中可以通过柔性机构改变攀爬方向。对于较小的树枝则可以用自带的切割装置切断。

夹持机构采用舵机驱动齿轮对的方式进行夹紧，为了增加摩擦力，夹持机构嵌入了利齿，可以嵌入到树皮内，从而避免松动。另外，为了避免舵机长时间工作增加了弹性拉紧器，从而减轻了舵机工作强度，提高了电池续航能力。

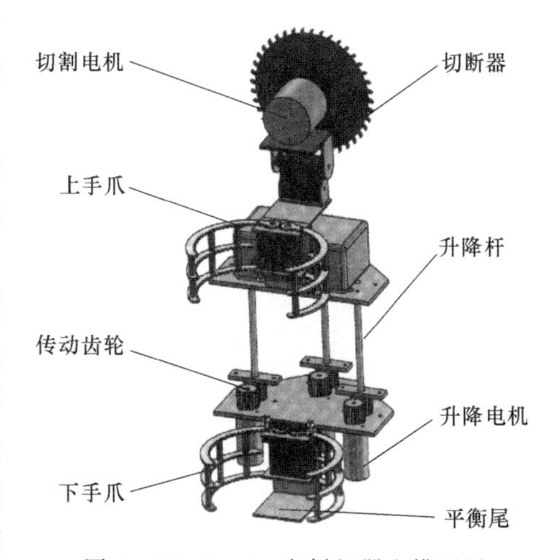

图 2-12-6-1　爬树机器人模型图

爬行机构采用三轴并联机构，第一级采用齿轮转动，从而具有较高效率。第二级采用丝杆螺母传动，可以实现自锁，断电机器人也不会下滑，从而保证机器人的安全。柔性机构采用弹簧组构成，从而可以通过调整三个轴不同的移动位移来实现机器人前进和俯仰方向的调整从而躲避树枝。图 2-12-6-1 所示为爬树机器人模型图。

（二）应用情况

机器人具备爬树能力，可以实现爬树和下树功能；具备修剪树木能力，可以实现修剪最大直径 4cm 的树枝。如图 2-12-6-2 所示为机器人爬树作业现场。

二、除冰机器人的技术原理和应用

（一）架空输电线路除冰方法分类

根据工作原理差异，输电线路的除冰方式大致分为四种方式，即机械除冰、热力融

图 2-12-6-2　机器人爬树作业现场

冰、自然被动除冰以及其他除冰方式，各种除冰方法具有不同的优缺点。

除冰机器人是近些年来智能电网重点研究的除冰技术之一，主要是从巡线机器人发展而来的。巡线机器人的研究为除冰机器人的研究工作打下了坚实的理论与实践基础，除冰机器人在巡线机器人的基础上增加了线路除冰功能。

（二）除冰机器人工作原理

除冰机器人是一个复杂的机电一体化系统，典型除冰机器人一般由两大部分组成，包括机器人和除冰装置。机器人一般由三大部分组成，主要包括机械部分、控制部分和传感部分，具体由机械系统（包含驱动部分）、人机交互系统、机器人与环境交互系统、感知系统、控制系统等构成。除冰装置主要有冲击式、切削式和综合方式三种。除冰机器人的工作原理如图 2-12-6-3 所示。

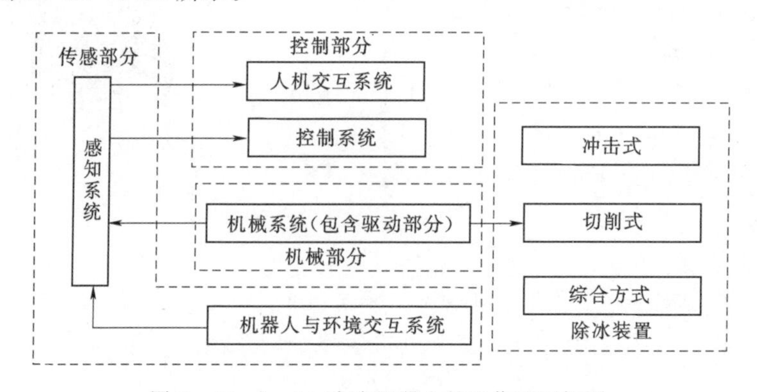

图 2-12-6-3　除冰机器人的工作原理框图

1. 传感部分

除冰机器人的传感部分主要有两类，一类是机器人对外界环境的感知，另一类是机器

人对自身状态的感知。

除冰机器人对外界的感知主要通过传感器完成，一般包括温湿度传感器、红外（激光）测距传感系统、视觉系统等。温湿度传感器主要用于感知除冰作业附近的温湿度情况，为除冰作业提供数据决策参考。红外测距传感系统主要用于机器人判断相对障碍物或导线端部距离，便于机器人为下一步运动做控制计划。视觉系统是除冰机器人较为高端的感知系统。

机器人视觉是使机器人具有视觉感知功能的系统。机器人视觉可以通过视觉传感器获取目标物的二维图像，并通过视觉处理器进行分析和解释，进而转换为符号，让机器人能够辨识物体，并确定其位置。机器视觉系统是指用计算机来实现人的视觉功能，也就是用计算机来实现对客观的三维世界的识别的系统。

除冰机器视觉系统主要由三部分组成：图像的获取、图像的处理和分析以及图像的输出和显示。视觉系统检测输电线路的结冰状况、线路的缺损以及机器人运动轨迹，决定线路是否符合质量要求和机器人是否按预定轨迹运动，并根据检测结果产生相应的信号输入上位机。图像获取设备包括光源、摄像机等；图像处理设备包括相应的软件和硬件系统；输出设备是与机器人控制系统相连的有关系统，包括控制器、报警装置和图像显示装置等。数据传输到计算机，进行分析和控制，若发现不合格品，则报警器报警，记录缺损点的位置并产生相应操作等。

除冰机器人的自身状态感知主要指自身运行状态的感知、运行参数极限的感知以及电源续航能力等方面的感知。

2．控制部分的功能

根据除冰机器人的结构和功能特点，一般要求除冰机器人的控制系统具有以下功能：

（1）障碍识别（具有越障功能时），在除冰机器人运行过程中，除冰机器人应做到识别障碍物的类型，检测确定其距离，并做出判断，及时地选择越障策略，同时在遇到特殊的情况时，可以报警。

（2）运动控制，控制器应对除冰机器人的所有运动环节进行有效的控制操作，如驱动轮上电机和关节上的电机的启动、停止和转向，保证关节的位置控制和角度控制具有较高的精度和灵敏度等。

（3）状态位置识别，除冰机器人应具有对各执行机构的状态的检测与识别功能，如执行机构的极限位置检测。因此，为了保护机械机构不被损坏以及有效位置的检测，应该在每个执行机构正反两个极限位置设置开关传感器，提供相应的控制信号，同时也可以作为复位系统的参考位置。

（4）远程通信，远程图像传输功能为了得到机器人当前所处的状态和本身位姿的实时图像，以及后续的线路故障检测，机器人必须具有图像远程传输功能。此外，为了方便机器人位姿调整和复杂情况下的顺利越障，需要给机器人控制器加上遥控功能，实现自动和手动控制的相结合，提高机器人的可靠性。

（5）抗干扰（特别是带电作业机器人），由于除冰机器人的作业环境具有很强的电磁场，要求其控制系统应该具有较强的抗电磁干扰能力。

3. 控制部分的控制结构

机器人的控制是一个智能控制过程，智能控制就是驱动智能机器自主地实现其目标的过程。智能控制是同时具有一种知识表示的非数学广义模型和以数学模型表示的混合控制过程，也往往是那些含有复杂性、不完全性、模糊性或不确定性，以及不存在已知算法的非数字过程，并以知识进行推理，以启发来引导求解过程。

一般来讲，移动机器人的控制结构可分为集中式、递阶式、分布式和混合式四种。其中递阶式系统结构改变了集中式中只有一个全局控制器控制整个系统的缺点，把系统分为多个层次，每一层由若干控制单元组成，每个单元智能与上一层通信。整个系统的活动分布在多个层次上实现，降低了问题的复杂性，同时使得系统能够处理大量的静态和动态信息，使得系统的控制能力大大增强。系统的响应速度和优化性能较好，结构更加合理。递阶式系统是目前除冰机器人常用的控制系统结构。

4. 机械部分

架空输电线路除冰机器人要保证在导地线上稳定行走，安全、有效去除线路覆冰，而且控制系统还要尽可能简单，具有越障功能的除冰机器人还需要考虑越障手臂和长时间续航能力。由于高压线周围存在强磁场，为防止磁场干扰和外界环境的腐蚀，除冰机器人结构应力求紧凑，其工作部件尽量进行绝缘封存，因此其机械结构需要考虑的因素较多，机械结构是除冰机器人的基石。

目前大部分除冰机器人均不具备越障功能和长时间续航能力，机械结构的复杂性主要集中在行走机构、蓄电池和除冰装置三部分。部分巡检机器人具备越障和长时间续航功能，其机械结构较常规机器人复杂。

目前，应用在架空输电线路上的行走机构主要有轮式行走机构和步进式行走机构两种。步进式行走机构一般应用在斜拉桥缆索、管道外壁的检查与维护过程中，其行走原理为过机构上多只手臂的交替移动完成一步一步的步进爬行。轮式行走机构行走原理为依靠由电机驱动的行走轮与管线之间的摩擦力来驱动机器人行走前进。轮式行走机构行走平稳，速度快，有利于所携带的探测仪器可靠工作，目前已有的巡线机器人多采用轮式行走机构。

除冰机器人的越障功能是架空输电线路除冰机器人的技术难点。除冰机器人的越障过程是指从机器人辨识到障碍物开始到机器人后机械臂离开障碍物这一动作过程。这一过程是除冰机器人搜索辨识目标、数学模型还原精确定位解算和操作臂协调控制的过程。单纯的移动机构并不具有越障的功能，需要其他机构辅助实现。目前应用的越障辅助机构形式有轮臂复合机构、仿人手臂攀援机构、多节分体机构等。轮臂复合机构结构紧凑、质量轻、控制难度低、对线路损伤程度小，最符合除冰机器人越障要求，但对作业环境有一定要求。由于现有的高压输电线路的架设遵守作业规范，障碍环境状况为已知，根据已有线路有针对性设计巡检机器人的轮臂复合机构可以达到跨越线路障碍的要求。

所有机器人的动作均由驱动系统部分完成。驱动系统也就是执行装置，是驱动机械系统的驱动装置，根据驱动源的不同，可以分为电动、液压、气动以及这三种驱动的综合应用。驱动系统可以直接与机械系统相连，也可以通过齿轮、链条、同步带等传动装置与机械系统间接相连。电机驱动具有无污染、运动精度高、易于控制、成本低、效率高等优

点，是目前机器人系统中应用最广的驱动装置。驱动电机常用直流伺服电动机，其具有调速方便，调速范围广，低速性能好启动转矩大，启动电流小、转速和转矩易控制、运行平稳、体积小、重量轻、效率高等优点，缺点是噪声比交流伺服电机大，换向器需经常维护，电刷极易磨损，需经常更换。

5. 取电方式

需要具备长续航能力的除冰机器人一般采用电流互感器取电和蓄电池结合的方法。蓄电池采用轻便的锂电池。由于地线中的感应电流较小，难以满足地线除冰机器人的功耗，因此常用加大蓄电池的方式来满足较长时间续航能力的要求，对于500kV及以上交流架空输电线路，部分研究单位也在尝试采用感应取能的方式满足地线除冰机器人的长时间续航要求。

6. 除冰装置

目前除冰装置的除冰主要有切削、刮铲、碾压、敲击等方法。除冰装置根据其除冰原理可分为冲击式、切削式及综合式三种。

（1）冲击式除冰装置。冲击式除冰装置原理是利用冰的脆性，采用冲击系统推动除冰刀具进行往复直线运动以粉碎覆冰，这种除冰装置的典型代表为加拿大魁北克水电研究所研制的一种电缆除冰器破冰装置。该破冰装置由轴套与四个翼刀组成，翼刀呈锥形间隔安装在轴套上，锥形开口指向小车前进方向，轴套的开合由转板实现。采用这种除冰装置能够适应各种厚度覆冰，且整套装置拆装方便，但整套装置体积过大，不利于除冰机器人越障。

（2）切削式除冰装置。切削式除冰装置采用刀具切削方式切除覆冰，这种方法的特点是除冰效果好，但容易损伤线路，需采取保护措施。切削式除冰装置的除冰单元一般包括破冰铁刀盘、刀盘电机减速器、刀盘电机。破冰铁刀盘由内、外两轮式破冰铁刀各两片组成，内轮式破冰铁刀直径小于外轮式破冰铁刀，刀盘电机经刀盘电机减速器减速后，带动铁刀转动除冰。外轮式破冰铁刀切除导线两侧覆冰，内轮式破冰铁刀则主要切除导线上部覆冰。内、外轮式破冰铁刀通过螺栓连接，必要时可通过加垫片的方式适应不同直径的导线。

（3）综合式除冰装置。综合式除冰装置是切削、冲击、碾压等各种除冰方法的综合使用，这种方式能够通过各种除冰方法的综合运用有效去除覆冰。其典型代表为北京电力建设研究院研究的除冰装置，该装置是敲击、刮铲、冲击三种方式组合，包括旋转除冰装置、振动冲击锥以及刮冰铲。除冰时，三个装置同时工作，通过横向敲击、轴向冲击、轴向挤压去除线路覆冰。除冰过程首先由旋转敲击敲碎冰层，去除大部分覆冰；厚度较大、附着牢固的坚硬覆冰则由电动机驱动振动冲击锥进行往复冲击去除；最后由刮冰铲通过其旋转敲击以及冲击去除残余覆冰。

（三）除冰机器人应用情况

图2-12-6-4所示为除冰机器人作业现场。

该除冰机器人在六盘水供电局的110kV玉杨白线、110kV沙鲁平李线、35kV杉勺线（原杉玉格线）等线路上使用，效果良好。在110kV玉杨白线75～76号杆，导线覆冰厚度40mm，除冰速度可达15m/min。

(a) 现场图 1

(b) 现场图 2

图 2-12-6-4　除冰机器人作业现场

第十三章

电网智能运检技术

第一节　电网智能运检概述

一、电网智能运检特征和体系架构

（一）电网智能运检的必要性

目前，我国电网运营着全世界电压序列跨度最大（380V～1000kV）、输配电线路最长（最长直流线路达到3100km）、地形地貌最复杂（从西部高山峻岭到东部沿海地区）、气候变化最多样（寒带、温带、亚热带，台风、沙尘暴等）、各种发电方式（传统火电、水电，新能源太阳能光伏、光热发电，风能发电，海洋潮汐能发电，地热发电等）和多种输电方式并存（交流、直流、柔直）的电网。电网运行维护检修业务是保障电网设备安全和大电网安全运行的核心环节，电网运检系统肩负着设备的运维检修、质量监督和安全管理重任，对保障大电网安全运行起着非常重要的作用。

当前，电网运检仍然面临着多重因素的影响，设备质量问题仍是当前困扰之一。输电通道环境极其复杂，外力因素时刻威胁设备安全；电网设备增长迅速与人员基本稳定的矛盾加大了运检任务难度；传统的运检模式难以适应时代发展及电网发展要求。因此，迫切需要信息化技术与电网运检业务的创新融合来提升运检效率效益，保障电网设备安全运行。

智能运检核心是以“大云物移智”等信息通信新技术与传统运检业务融合为主线，开展智能运检关键技术应用，推动运检体系的自动化、智能化、集约化变革，强力支撑国家电网公司建设具有卓越竞争力的世界一流能源互联网企业的新时代战略目标。

（二）电网智能运检特征

2016年12月，国家电网公司发布了《智能运检白皮书》，提出了智能运检的概念，这就是：以“大云物移智”等新技术为支撑，以保障电网设备安全运行、提高运检效率效益为目标，具有本体及环境感知、主动预测预警、辅助诊断决策及集约运检管控功能，是实现运检业务和管理信息化、自动化、智能化的技术、装备及平台的有机体。

智能运检以电网运行的安全性、可靠性、经济性为前提，全面推进现代信息技术与运检业务集约化的深度融合，具备设备状态全景化、数据分析智能化、运检管理精益化、生产指挥集约化这四个特征（简称“四化”特征），从而大幅提升设备状态管控力和运检管理穿透力。

（三）电网智能运检体系架构

电网智能运检的建设应紧紧围绕国家电网公司“168”战略工作的内在要求，以实现电网更安全、运检更高效、服务更优质为目标，主动适应国家和公司两个层面的“互联网+”战略、电网发展及体制变革需求。

应用“大云物移智”等新技术，以电网运检智能化分析管控系统（简称“管控系统”）全面融合运检专业多源系统数据，发挥集约化生产指挥中枢作用，以推动现代信息通信技术与传统运检技术融合为主线，以智能运检九大典型技术领域为重点，以设备、通

道、运维、检修和生产管理智能化为途径，全面构建智能运检体系，全面提升设备状态管控力和运检管理穿透力，大力支撑公司坚强智能电网建设，引领世界范围的智能运检管理模式变革。电网智能运检体系架构如图 2-13-1-1 所示。

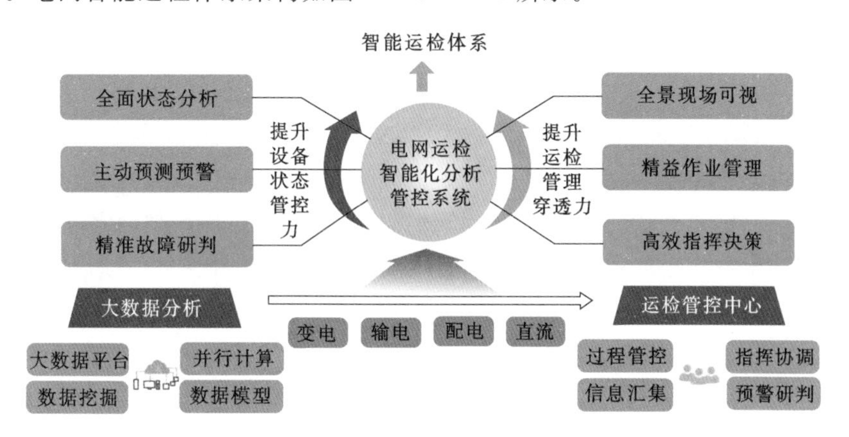

图 2-13-1-1　电网智能运检体系架构图

二、电网智能运检重点内容

《智能运检白皮书》提出，到 2021 年，初步建成智能运检体系。突破传统运检模式在信息获取、状态感知及人力为主作业方式等方面的困局，全面提升设备状态感知能力、主动预测预警能力、辅助诊断决策及集约运检管控能力，全面提高运检效率和效益。

《智能运检白皮书》中明确以智能运检九大典型技术领域为重点，以关键信息技术为支撑，构建“二维互动感知—四类融合分析—三层集约管控”的智能运检体系。

（一）二维互动感知

实现设备本体与传感器一体化技术、基于物联网的互联感知技术等两个维度的设备状态信息互动感知。

1. 基于“一体化、标准化、模块化”的智能化设备

推进设备本体与状态传感器一体化融合设计制造，提升设备自感知、自诊断能力，实现设备状态全面可知、可控。从设备运检角度提出海量、常用、主要设备的设计、制造、基建等环节标准化典型需求，推进设备模块化设计制造，同类设备、模块之间可替换技术路线的实现，大幅减少运维检修工作难度。

2. 基于物联网的设备状态及运检资源感知体系

依托射频识别（RFID）、二维码、智能芯片等智能识别技术，结合各类设备状态传感器、在线监测装置、智能穿戴、移动终端、北斗定位等感知手段，构建电网设备及运检资源物联网，实现电网设备、运检资源信息互联互通，建立统一数据模型，实现设备识别、状态感知、资源展示无缝衔接，有力支撑全面设备状态管控和资源实时配置。

（二）四类融合分析

实现环境预警数据、立体巡检数据、不停电检测数据、设备评价大数据的深度融合分析。

1. 基于环境监测的通道预测预警体系

深化气象、雷电、覆冰、山火、台风、地质灾害、外力破坏等通道环境的实时监测预警系统建设，结合现场巡检、在线监测、自动气象站等现场数据，进行实时订正和联合分析，实现多系统海量数据融合，推进大尺度预警信息微观化研究和应用，有效提升通道环境预测预警精度。

2. 基于智能装备的立体巡检体系

应用直升机、无人机、巡检机器人等智能装备，构建全方位、多角度的线路、变电站立体化巡检体系。建立直升机、无人机巡检数据中心，实现巡检数据的实时录入和智能分析，建立变电站设备状态远程监控系统，实现巡检信息收集自动化、巡检结果处理智能化，逐步减少人工巡视直至完全改变传统巡检方式。

3. 基于不停电检测的状态检修技术

开展成熟检测技术深化应用和不停电检测新技术探索，建立基于设备不停电检测的体系和技术标准。通过不停电检测，基本掌握设备状态，准确预测设备隐患/故障，通过停电试验，完成设备深度评估，优化制订检修策略，大幅降低设备停电时间，大幅减少检修资源投入，实现社会效益和经济效益的全面提升。

4. 基于大数据分析的评价诊断辅助决策技术

通过大数据分析技术在运检专业的深化应用，融合海量视频、图像、设备信息、运检业务、通道环境信息、调度系统等多源数据，在数据挖掘基础上，建立动态评价、预测预警、故障研判等分析模型，实现数据驱动的设备状态主动推送，提高设备状态评价诊断的智能化和自动化水平。

（三）三层集约管控

实现指挥决策层、业务管理层、现场作业层的集约管控。

1. 基于管控系统的生产指挥决策体系

应用“大云物移智”等新技术，依托管控系统信息汇集、数据分析及信息流转功能，构建基于管控系统及运检管控中心的生产指挥决策体系，精确掌握设备实时状态全景，全面管控运检业务及资源，实现决策指令、现场信息在运检管控中心和作业现场实时交互，大幅提升运检管控决策科学性，提高现场作业执行效率。

2. 基于移动作业的全流程业务管控

构建以移动作业为基础，以变电专业的验收、运维、检测、评价、检修和输电专业移动巡检为主线的全业务过程管控体系，通过各个环节 APP 和移动终端的全面应用，实现物资采购、基建、运维、检修、退役等各环节在信息系统及模块间的数据联动贯通。实现作业数据移动化、信息流转自动化，显著提升运检作业现场管理穿透力。

3. 基于新技术、新装备的现场作业效率提升

在设备标准化、智能化基础上，利用图像智能识别、3D 打印、机械臂等新技术、新装备，优化传统运检现场工作方式，实现立体化运维、安全高效带电作业、智能工厂化检修等方面的升级，有效提升运检效率，推进运检现场工作智能化。

三、电网智能运检核心关键技术

信息化代表新的生产力和新的发展方向，已经成为引领创新和驱动转型的先导力量。在电网智能运检领域，大数据技术、云计算技术、物联网技术、移动互联技术、人工智能技术（简称“大云物移智”技术）是最为核心的关键技术。

（一）大数据技术

1. 面向设备状态评估的历史知识库

对设备状态相关的状态监测、带电检测、试验、气象、运行以及设备缺陷和故障记录等海量历史数据进行多维度统计分析和关联规则挖掘，从电压等级、设备厂家、设备类型、运行年限、安装地区等多个层面和多个维度揭示设备状态变化的统计分布规律、设备缺陷和故障的发生规律及设备状态的关联变化规则，形成基于海量数据挖掘分析的历史知识库，为设备家族性缺陷分析、状态评价、故障诊断和预测提供支撑，为状态检修辅助决策提供依据。

2. 设备状态异常的快速检测

电网设备在实际运行过程中，受到过负荷、过电压、突发短路、恶劣气象、绝缘劣化等不良工况和事件的影响，设备状态会发生异常变化，这些异常运行状态如不能及时发现并采取有效措施，会导致设备故障并造成巨大的经济损失。从不断更新的大量设备状态数据中快速发现状态异常变化是设备状态大数据分析的重要优势。

目前，一些研究采用聚类分析、状态转移概率和时间序列分析等方法进行状态信息数据流挖掘，实现设备状态异常的快速检测，取得了一定的效果，基于高维随机矩阵、高维数据统计分析等方法建立多维状态的大数据分析模型，利用高维统计指标综合评估设备状态变化，也展现了良好的应用前景。

3. 设备状态的多维度和差异化评价

由于电网设备的分布性和电网的复杂性，要对电网设备进行全面和准确的状态评价，需要考虑电网运行、设备状态以及气象环境等不同来源的数据信息，同时结合设备当前和历史状态变化进行综合分析。近年来，考虑多参量的设备状态评价方法受到较多的关注，主要利用预防性试验、带电检测、在线监测的数据结合故障记录、家族缺陷等对设备整体健康状态进行分析，采用的方法包括累积扣分法、几何平均法、健康指数法等简单数学方法以及模糊理论、神经网络、贝叶斯网络、证据推理、物元理论、层次分析等智能评价方法。但现有方法主要基于某个时间断面的数据对设备状态进行评价，大数据的主要优势是通过融合分析实时和历史数据，实现多维度、差异化评价。

4. 设备状态变化预测和故障预测

设备状态变化预测是从现有的状态数据出发寻找规律，利用这些规律对未来状态或无法观测的状态进行预测。传统的设备状态预测主要利用单一或少数参量的统计分析模型（如回归分析、时间序列分析等）或智能学习模型（如神经网络、支持向量机等）外推未来的时间序列及变化趋势，未考虑众多相关因素的影响。大数据分析技术可以挖掘设备状态参数与电网运行、环境气象等众多相关因素的关联关系，基于关联规则优化和修正多参量预测模型，使预测结果具备自修正和自适应能力，提高预测的精度。

设备故障预测是状态预测重要环节，主要通过分析电网设备故障的演变规律和设备故障特征参量与故障间的关联关系，结合多参量预测模型和故障诊断模型，实现电网设备的故障发生概率、故障类型和故障部位的实时预测。目前的研究主要采用贝叶斯网络、Apriori 等算法挖掘故障特征参量的关联关系，进而利用马尔科夫模型、时间序列相似性故障匹配等方法实现不同时间尺度的故障预测。

5. 设备故障智能诊断

对已发生故障或存在征兆的潜伏性故障进行故障性质、严重程度、发展趋势的准确判断，有利于运维人员制订针对性检修策略，防止设备状态进一步恶化。传统的故障诊断方法主要基于温度分布、局部放电、油中气体以及其他电气试验等检测参量，采用横向比较、纵向比较、比值编码等数值分析方法进行判断。

（二）云计算技术

1. 异构资源的整合优化

云计算可以充分整合电力系统现有的业务数据信息与计算资源，建立业务协同和互操作的信息平台，满足智能运检对信息与资源的高度集成与共享的需要。与网格计算采用中间件屏蔽异构系统的方法不同，云计算利用服务器虚拟化、网络虚拟化、存储虚拟化、应用虚拟化与桌面虚拟化等多种虚拟化技术，将各种不同类型的资源抽象成服务的形式，针对不同的服务用不同的方法屏蔽基础设施、操作系统与系统软件的差异。例如，云计算的基础设施层采用经过虚拟化后的服务器资源、存储资源与网络资源，能够以基础设施即服务（IaaS）的方式通过网络被用户使用和管理，从而可以更有效地屏蔽硬件产品上的差异。

2. 基础设施资源的自动化管理

云计算主要以数据中心的形式提供底层资源的使用，从一开始就支持广泛企业计算，普适性更强。因此，云计算更能满足智能运检信息平台中数据中心建设的需要。同时云计算技术的扩容非常简单，可以直接利用闲置的 x86 架构的服务器搭建，且不要求服务器类型相同，大幅降低建设成本，并借助虚拟化技术的伸缩性和灵活性，提高资源的利用率。云计算技术通过将文件复制并且储存在不同的服务器，解决了硬件意外损坏这个潜在的难题。另外，几乎所有的软件和数据都在数据中心，便于集中维护，且云计算对用户端的设备要求最低，几乎不存在维护任务。

3. 海量电网数据的可靠存储

在智能电网不断建设的背景下，运检相关信息的数据量是非常巨大的。智能运检使状态监测数据向高采样率、连续稳态记录和海量存储的趋势发展，远远超出传统电网状态监测的范畴。不仅涵盖一次系统设备，还囊括了二次系统设备；不仅包括实时在线状态数据，还包括设备基本信息、试验数据、运行数据、缺陷数据、巡检记录等离线信息。数据量极大，且对可靠性和实时性要求高。云计算采用分布式存储的方式来存储海量数据，并采用冗余存储与高可靠性软件的方式来保证数据的可靠性。云计算系统中广泛使用的数据存储系统之一是 Google 文件系统（GFS）。GFS 将节点分为 3 类角色：主服务器（masterserver）、数据块服务器（chunk server）与客户端（client）。

(1) 主服务器是 GFS 的管理节点，存储文件系统的元数据，负责整个文件系统的

管理。

（2）数据块服务器负责具体的存储工作，文件被切分为64MB的数据块，保存3个以上备份来冗余存储。

（3）客户端提供给应用程序的访问接口，以库文件的形式提供。客户端首先访问主服务器，获得将要与之进行交互的数据块服务器信息，然后直接访问数据块服务器完成数据的存取。由于客户端与主服务器之间只有控制流，而客户端与数据块服务器之间只有数据流，极大地降低了主服务器的负载，并使系统的I/O高度并行工作，进而提高系统的整体性能。

因此，云计算可以满足智能电网信息平台对海量数据存储的需要，可以在一定规模下达到成本、可靠性和性能的最佳平衡。

4. 各类电网数据的高效管理

电网数据广域分布、种类众多，包括实时数据、历史数据、文本数据、多媒体数据、时间序列数据等各类结构化和半结构化数据，各类数据查询与处理的频率及性能要求也不尽相同。云计算的数据管理技术能够满足智能电网信息平台对分布的、种类众多的数据进行处理和分析的需要。以作为云计算中数据管理技术的Big Table为例，Big Table是针对数据种类繁多、海量的服务请求而设计的，这正符合上述智能电网信息平台的特点与需要。与传统的关系数据库不同，Big Table把所有数据都作为对象来处理，形成一个巨大的分布式多维数据表，表中的数据通过一个行关键字、一个列关键字以及一个时间戳进行索引。Big Table将数据一律看成字符串，不作任何解析，具体数据结构的实现需要用户自行处理，这样可以提供对不同种类数据的管理。另外，采用时间戳记录各类数据的保存时间，并用来区分数据版本，可以满足各类数据的性能要求，具有很强的可扩展性、高可用性以及广泛的适用性。因此，云计算能够高效地管理智能运检信息中类型不同、性能要求各异的各类多元数据。

（三）物联网技术

1. 在输变电设备状态监测方面

智能运检对输变电设备运维与管控提出了新要求，以状态可视化、管控虚拟化、平台集约化、信息互动化为目标，实现设备运行状态可观测、生产全过程可监控、风险可预警的智能化信息系统。功能需求包括电网系统级的全景实时状态监测、电网设备全寿命周期状态检修、基于态势的最优化灵活运行方式、及时可靠地运行预警、实时在线仿真与辅助决策支持、电网装备持续改进等。

输变电设备在线监测与故障诊断是智能运检建设的重要组成部分。物联网作为“智能信息感知末梢”，可监测的内容主要包括气象条件、覆冰、导地线微风振动、导线温度与弧垂、输电线路风偏、铁塔倾斜、污秽度等。设备监测不仅包含电网装备的状态信息，如设备健康状态、设备运行曲线等，还包含电网运行的实时信息，如机组工况、电网工况等。

将物联网技术引入到设备故障诊断中，一方面，利用无线传感器网络强大的信息采集能力，可大大提高设备的在线监测水平，获取更多在线监测信息；另一方面，利用射频识别技术，物联网也可以为设备的故障诊断提供巡检信息，将这些信息与设备本体属性进行关联，获取设备的预防性试验和缺陷等信息。借助智能信息融合诊断方法，综合分析和处理物联网中各方面的信息，实现更为准确的诊断，有利于提高诊断系统的可靠性，从而有利于电网安全稳定运行。

2. 在输变电设备智能巡检方面

电网设备智能巡检主要借助电网设备上安装的射频识别标签，记录该设备的数据信息，包括编号、建成日期、日常维护、修理过程及次数，此外还可记录设备相关地理位置和经纬度坐标，以便构建基于地理信息系统的电网分布图。在电力巡检管理方面，通过射频识别、全球定位系统、地理信息系统及无线通信网，监控设备运行环境，掌握运行状态信息，通过识别标签辅助设备定位，实现人员的到位监督，指导巡检人员按照标准化与规范化的工作流程进行辅助状态检修与标准化作业等。

物联网利用强大而可靠的通信网络，不仅可以将在线监测信息、巡检信息实时、准确地传送到信息平台中，还可以将诊断结果及时地发送给相关工作人员，以便对设备进行维修，确保故障诊断的实时性。

3. 在设备全寿命管理方面

资产全寿命周期成本管理是指从资产的长期效益出发，全面考虑资产的规划、设计、建设、购置、运行、维护、改造、报废的全过程，在满足效益、效能的前提下使资产全寿命周期成本最小的一种管理理念和方法。

电网资产全寿命周期管理是安全管理、效能管理、全周期成本管理在资产管理方面的有机结合，是立足我国基本国情，深入分析电网企业的技术特征和市场特征，总结电网资产管理实践、适应新的发展要求提出来的科学方法。国际大电网会议在 2004 年提出要用全寿命周期成本来进行设备管理，鼓励制造厂商提供产品的全生命周期成本（LCC）报告。

电子标签是物联网的内核，应用电子身份标签，可以建立包括人员、物资、设备、装备、身份管理体系，在设备制造阶段即建立设备档案库，并逐步增加设备运输、仓储、安装、试验、验收、投运、巡视、检修、拆除（位移）、退役等过程信息，支撑设备全寿命周期管理。通过人员、装备电子标签的定位识别，实现运检资源的合理调配和运检进度管控；通过设备身份智能检测与识别技术，实现对设备的快速定位，支撑设备巡检和历史数据查询，支撑备品备件、工器具、仪器仪表的出入库智能管理；通过各类传感器监测电网设备的全景状态信息，并与设备本体属性进行关联，评估设备状态并预估寿命，为周期成本最优提供辅助决策等功能，实现电力资产全寿命周期管理。

4. 在生产过程现场安全管控方面

电力运维和检修工作中，因人员误入间隔或带电区域导致的人身、设备事故时有发生。通过物联网技术、带电感知技术的研究和现场应用，可以实现作业前安全风险区域划分，作业期间实施过程管控，实现室内、室外条件下运维检修人员和电网设备的精确定位，对误入间隔、误入带电区域等情况进行预判和预警，有效提高现场安全管控水平。

（四）移动互联技术

1. 移动快速识别

设备巡视、检修、维护、增容扩建现场管理等工作的模式多是工作人员携带图表到现

场查询，用图表记录巡检、检修、试验信息、设备运行状况及设备缺陷，回到班组后再将现场作业信息的结果录入PMS2.0系统中或以纸质文档保存。随着电网设备数量的增加和规模的扩大，巡检环境也更加复杂，传统巡检方式面临着巡检操作过于依赖巡检人员的经验与状态、纸笔记录对环境要求较高、巡检的真实性依赖于巡检人员自觉、巡检数据不易于保存与查阅、不能对人员设备实行信息化管理等问题，很容易出现漏巡、漏记、补记、不按时或定时巡检和修试，不按章理巡视、检修和试验，纸质图表较难维护更新带来数据的准确性无法保证等诸多不足与人为失误因素。

运检人员在进行设备巡视和检修时，需要确定当前设备的各项基础信息、历史运行数据以及缺陷数据等。巡检人员通过以上技术手段结合智能移动终端，就能快速获取设备ID，然后利用此ID快速从服务器查询出所需的各类数据信息，从而加快巡视和检修工作速度，提高工作效率。

采用基于图像识别的仪器仪表读数识别技术能让移动智能终端具备通过拍照或视频实时识别设备读数的能力，在班组巡视过程中遇到需要抄录的数据项时，可快速自动读取设备读数，避免手工录入，节省录入时间，配合头戴式增强现实智能移动设备能极大弥补设备录入数据不方便的短板，增强头戴式智能移动设备的实用价值。

此外，为运检管控中心和各级管理人员提供作业进展情况、人员轨迹、现场风险信息、作业质量信息，通过移动作业终端获取人员的实时位置，与历史轨迹比对，对工作人员的到岗到位情况进行检查。利用高精定位技术，特别是基于北地基增强的高精定位技术能将定位精度提升至厘米级，终端能精确获取当前位置，可用于引导、规划巡检人员的行进路径，管理和监督巡检人员的到岗到位状态，能提高巡检效率和质量。

2. 即时通信与专家会商

通过移动终端可以实现与运检指挥中心的值班人员、设备部等相关部门的技术管理支撑人员的即时通信和实时穿透收取消息。指挥中心可以指定推送到特定单位、特定手机，APP收到后可进行回复，反馈现场问题，并且通过接单的方式实现APP工作的派发。

将智能语音技术（TTS/STT）运用于一线员工实时通信中，班组成员可直接使用STT技术将自身的语音转换为文本，从而达到快速录入如巡视结果、缺陷以及隐患的描述信息等文本信息。如遇紧急情况自己无法判断故障或问题时，可以与专家组现场组会沟通，互发语音、文字、图片、短视频等。此外，还可添加联系人、组建群组、收发群组信息及个人信息等。此外，手持式智能移动终端或者头戴式智能移动终端，通过应用增强现实技术，班组成员可通过终端屏幕查看叠加在真实设备中的辅助显示信息，也可用于远程专家系统、培训系统以及巡视系统中。

3. 缺陷及故障等的快速诊断

部分专业设有状态监测典型案例库，可以供移动终端随时调用，而且案例库是开放式的大数据库，内容可不断更新完善。通过终端的专家系统模块，可将异常图谱跟专家系统典型案例库中的典型图谱进行比对来辅助判断，解决问题。班组成员通过智能移动终端实现设备缺陷识别，并能够快速查找设备及部件资料以及历史缺陷信息的资料，自动标注缺陷位置、生成缺陷描述信息，帮助班组成员快速录入缺陷信息。

4. 专业任务匹配与安排

通过班组移动作业平台，分专业开展不同作业任务，进而可以对多专业的工作情况直接掌控。

（五）人工智能技术

1. 输变电设备巡检及输电通道风险评估

综合利用直升机、无人机、巡线（巡检）机器人、视频、图像等对输变电设备本体和输电通道环境进行立体巡检和风险评估将成为未来电网巡检的主要手段。目前，对于立体巡检获得的海量可见光图片及视频、红外图像、激光扫描三维图像和遥感图像，主要通过人工方式用肉眼分辨筛选出缺陷位置、缺陷类型和输电通道环境变化情况，效率低下且重复工作量巨大。图像识别是新一代人工智能技术最具应用价值并且应用效果最好的领域之一，国家电网公司在输电本体和通道缺陷、防外破图像识别，变电开关刀闸位置、表计识别等方面均有很多尝试，并取得了不错的效果，对提高一线班组数据分析辨别效率有极大帮助。因此，基于图像识别、知识图谱构建及推理等新一代人工智能算法，有效处理立体巡检获得的图像及视频数据，准确识别出输变电设备本体的缺陷和输电线路通道的潜在风险，可以大幅提高输变电设备巡检和输电通道风险评估的精度和效率。

2. 电网主要灾害预警预报

电网主要灾害的成灾机理非常复杂，对灾害发生可能性和严重程度的预警、预测需综合考虑气象参数、地形地地貌特征和线路自身结构特性等的耦合影响，无法用传统的方法建立考虑全部影响因素的物理和数学模型。因此，有必要结合已有电网主要灾害事故记录，避开对成灾机理的解析模型研究，利用深度学习算法及跨媒体分析推理技术等挖掘主导影响因素，建立影响参数和灾害特征之间的映射关系，基于小样本深度学习技术，完善基于气象—监测—线路结构—灾害发生—破坏程度等环节的一体化灾害智能预警模式，解决目前由于灾害数据稀缺而导致预警精度不足问题。

3. 输电线路无人机智能巡检

目前的无人机巡检需要多名技术人员配合操作，对操作人员的技术水平有着较高的要求，在复杂线路巡检过程中增加了由于操作失误而引发安全事故的风险，因此需要开展无人机的自主巡航和主动遮障等技术的研发。无人机的设备识别和故障识别受到拍摄视角、背景环境等多重因素的影响，需要开展适用于复杂环境背景的输电线路无人机多场景目标自动识别研究，开展自主巡检策略研究，实现对重点区域异常部件/部位的多视角自主检测。

4. 输电线路设备故障智能诊断和状态评估

我国输电线路目前积累了大量多源异构的故障、缺陷及隐患数据，亟须突破常规深度学习只针对二维空间语义信息建模的限制，对现有海量数据进行智能融合和深层特征提取，对输电线路的潜在缺陷进行深层识别和评估，并重点解决老旧线路运行状态评估的难题。

5. 现场高效作业与安全风险智能预警

作业现场存在小型分散、作业点多面广、安全监管难、人身安全风险大等问题，需要

研究通过视频抓取、图像识别、跨媒体感知、智能穿戴、机器智能学习、计算机视觉等技术，实现现场作业风险管控、作业工器具在线安全诊断、作业人员行为智能感知、作业风险智能预警、作业模拟真实场景在线培训等，减少人工差错，增强现场作业安全和效率，提升现场作业的标准化、自动化、智能化水平。

四、电网运检智能分析管控系统

2016年，国家电网有限公司提出以智能运检技术发展规划为指导，积极适应“互联网+”为代表的发展新形态，应用“大云物移智”等新技术，融合多源数据，建立管控系统，有力支撑生产管理智能化，实现数据驱动运检业务创新发展和效率提升，全面推动运检工作方式和生产管理模式的革新。

（一）功能定位

电网运检智能分析管控系统与电网智能运检体系的关系图如图2-13-1-2所示，设备智能化、通道智能化、运维智能化和检修智能化是智能运检体系的主体，生产管理智能化是智能运检体系的中枢。管控系统作为数据分析和生产指挥平台，主要具有生产指挥、数据分析、智能研判、通道环境预警、可视化等功能；PMS系统作为基础信息和业务流转平台，主要具有基础台账信息采集、日常业务数据流转等功能。PMS系统和输变电状态监测系统、机器人系统等多套信息系统共同支撑运检日常业务的开展。管控系统通过汇集PMS系统等运检业务系统的数据，深化应用，提升设备状态管控力和运检管理的穿透力。

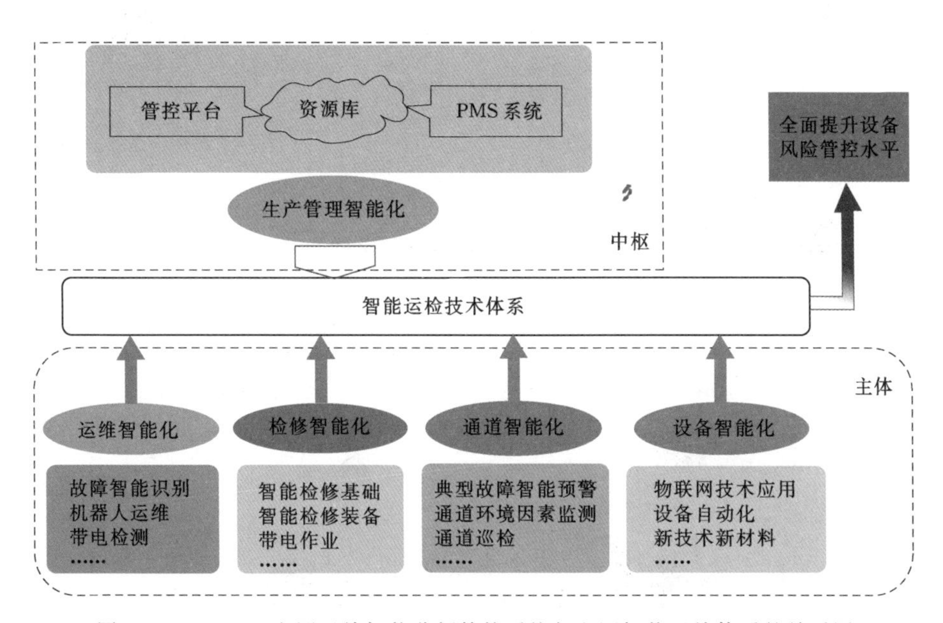

图2-13-1-2 电网运检智能分析管控系统与电网智能运检体系的关系图

（二）总体架构

管控系统采用“两级部署、三级应用”的总体架构，总部与省（市）公司之间纵向贯通，电网运检智能分析管控系统主体架构如图2-13-1-3所示。不同于PMS、输变电状态监测等系统的传统BS架构，管控系统采用分布式云存储与云计算，融合PMS、状态监

测、山火、覆冰、雷电、气象等多套信息系统数据，具有大数据分析能力，同时充分利用电力物联网建设成果，具有实时交互可视化能力。管控系统具备开放性与可扩展性，支持各网省公司个性定制，可满足从总部、省公司、地市/检修公司，到基层班组各级人员不同的需要，全面、高效支撑运检业务。

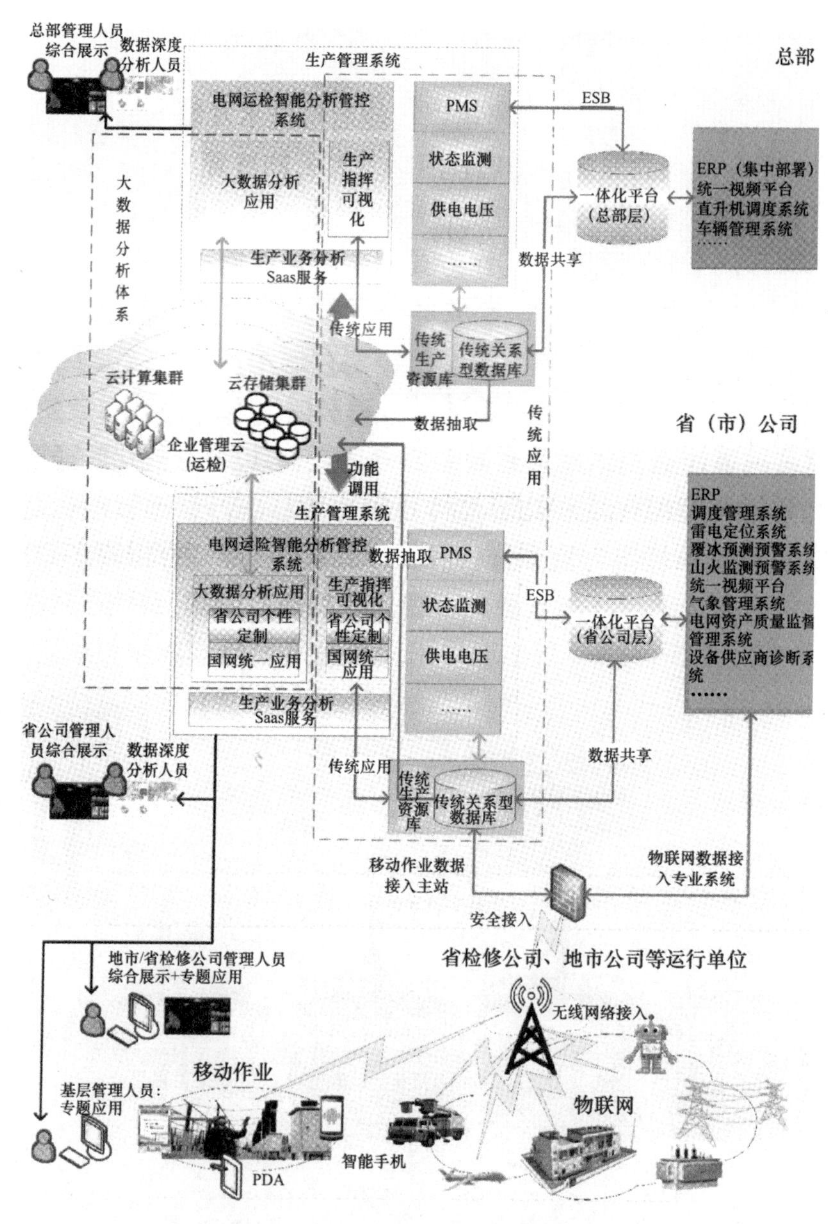

图 2-13-1-3 电网运检智能分析管控系统主体架构图

（三）主要功能及实现

按照国家电网有限公司顶层设计，以提质增效为目标，充分利用公司已有信息化成果，不重复录入数据，不增加一线人员工作量，依托“大云物移智”新技术，以数据驱动

全面状态分析、主动预测预警、精准故障研判，通过集约指挥实现全景现场可视、精益作业管理、高效指挥决策，实现运检管理精益化、生产指挥集约化、设备状态全景化、数据分析智能化。

1. 设备精细管理

（1）设备台账基础管理。构建以设备为中心，通过同步PMS2.0台账数据，对设备按电压等级、运维单位、生产厂家、设备类型、数量、分布情况、关键参数等进行多维度统计、分析以及多种形式展示，使设备统计和管理更加便捷直观。

（2）输电三维GIS应用。搭建高清三维GIS平台，开展输电线路参数化建模。此外三维GIS平台具有距离测量、面积测量、三跨分析等功能，支撑电网设备故障分析、远程察勘等业务的开展。

依托卫星影像、激光雷达扫描数据、无人机/直升机航拍影像等形成三维GIS地图，在三维GIS地图中搭建输电线路及杆塔三维模型，形成输电三维平台。通过接入状态监测数据、卫星山火遥感信息、雷电监测数据、通道可视化监控信息等，实现线路及通道状态实时监测；通过接入带高程信息的气象数据，可实现不同地形地貌条件下气象预测预报结果的直观展示，为线路及通道防灾减灾、巡视或检修任务安排、应急抢险等提供参考；通过融入河流水系、路网信息等，可实现输电线路交叉跨越的快速智能分析，为运维单位针对性开展“三跨”（跨越铁路、高速公路、重要输电线路）隐患点的排查、巡检等提供参考。

通过接入与电网相关联的实时气象网格数据，将网格数据与设备坐标位置进行关联，可实现乡镇电力管理站、变电站（换流站）/线路的未来3天逐小时温度、风速、降雨等气象预报服务，为一线人员针对性开展现场作业提供辅助支撑。预报精度为3km×3km，局部区域可达1km×1km，是常规天气预报精度的9倍以上。

2. 状态智能分析

获取运检专业的设备试验、在线监测、缺陷等数据，调控专业的运行工况数据，外部的气象环境数据，开展多维分析；建立设备状态智能评价模型，融合多源数据，智能评价设备状态，提出辅助决策建议，提升设备状态智能分析水平。

（1）缺陷分析。管控系统以图形化方式按设备类型、设备厂家、运行年限等统计分析设备缺陷情况，支持关联查看设备各种信息、同类缺陷分析等功能。

通过同步PMS2.0数据，将设备缺信息按照设备类型、电压等级、运维单位、生产厂家、缺陷数量、缺陷等级、发生时间、分布情况等进行统计、展示，直观展现缺陷总体情况。同时，根据缺陷等级、发现时间，进行消缺情况分析，展示未消缺陷的同时，为检修计划的制定等提供参考。

通过进一步对缺陷数据进行挖掘，从缺陷表中抽取设备类型、生产厂家、缺陷性质、缺陷部位、缺陷原因数据，并进行多维度关联匹配，实现同类设备缺陷、同厂家设备缺陷、同类缺陷原因缺陷等的快速分析，为运维单位针对性开展缺陷排查、隐患整改，以及家族性缺陷分析等提供参考。

（2）在线监测分析。管控系统直观展示不同电压等级、不同类型在线监测装置信息，分析在线监测装置运行工况，支持时间、空间等多维信息统计和实时告警数据查看。

通过分析状态监测系统各类装置的数据回传频率，判断是否出现数据中断、数据延迟，装置长时间不在线等情况，为运维单位针对性开展故障装置消缺、保障电网设备监测实时性等提供依据。同时，还可以根据在线监测装置台账，匹配故障率较高的在线监测装置生产厂家、运行年限等，为不同类型监测装置运行维护、新增装置采购等提供支撑。

通过对实时数据进行挖掘，根据实际情况设置预告警阈值、设备状态分析模型（如覆冰拉力等值换算模型、油色谱三比值或大卫三角形评价模型、导线舞动评价模型）等，实现设备状态的实时分析和发展趋势判断。

此外，通过将在线监测数据与 GIS 地图结合，将监测装置与地图坐标、线路杆塔及变电站位置相匹配，直观展现故障、告警在线监测装置的分布，便于直观展现当前装置运行情况。

3. 负载率分析

针对变压器、线路，按输电、变电、配电专业，分析最大负荷、负载率、重过载时长、轻载比例等信息，支持按时间、单位等维度查阅以及分析同期对比。

管控系统通过接入调度实时负荷数据，并根据 PMS2.0 设备基础台账中的额定负载或输送功率，判断电网设备是否存在重载、过载情况，根据设备负荷变化的时间规律，可重点排查长期重过载的情况，同时关联 PMS2.0 中对应设备的缺陷情况、历史故障、状态评价结果以及监测试验数据，便于运维单位重点针对存在缺陷、状态评价为异常的重过载设备开展设备运维、检修以及扩容改造等。

4. 状态智能评价

融合设备台账等静态数据、巡视记录等准动态数据和状态监测等动态数据，搭建设备状态评价和趋势预测大数据分析模型，开展覆冰、山火、雷电、洪涝、台风等环境信息与设备状态信息关联分析，智能分析评价设备状态，支持辅助决策。

通过接入 PMS2.0 状态评价数据，一方面，根据新投设备情况、设备检修情况、缺陷情况等，统计分析状态评价工作开展情况，直观展现是否存在应评价而未评价的情况，提升状态评价工作管理水平。另一方面，可在管控系统中建立状态评价大数据模型，以设备为中心，通过分析接入的各类试验检测数据、巡检记录、缺陷及故障、在线监测数据等，结合设备设计参数，按照输变电设备状态评价导则中各状态量判断依据建立评价库，实现设备状态在线评估，判断设备劣化程度或级别。

（四）故障智能诊断

融合保护动作、调度运行、在线监测、分布式行波等数据，关联查看故障设备履历、现场视频等信息，实现故障定位和故障原因初步分析，为快速处置提供决策建议。

1. 故障信息判别

首先管控系统需要判断真实跳闸信息，将调度开关实时变位信息、停电检修计划、开关负荷数据接入管控系统，并对所有数据进行解析，以标准格式存入数据库中。当管控系统接收到开关合转分信号后，分析该信号是否与停电检修计划匹配，如匹配则为计划停电，分析结束。如不匹配，则根据合转分时间查找对应开关此时刻之前的负荷值，高于限值则判定为故障，否则为误发信号。

2. 故障点定位及故障原因识别

故障诊断主要分为两个方面，一方面是故障定位，另一方面是故障原因分析。

（1）对于故障定位，可通过接入变电站保护测距、线路行波测距、雷电定位系统、输电线路山火监测数据等，将故障数据与线路杆塔位置进行匹配，综合判断具体的故障点或故障区段。对于安装有保护测距、线路行波测距装置的，优先利用测距信息判断故障点。针对部分测距信息无法采集的线路故障，则可利用雷电定位系统、输电线路山火监测数据、在线监测异常信息等，通过外部信息辅助开展故障定位。

（2）引起输电线路故障的原因主要有雷击、风偏、污闪、山火、鸟害、异物短路、外力破坏等。故障线路运行的恶劣环境因素尤其气象要素，是导致故障的主因，给电力系统安全运行带来巨大安全隐患。如今电力系统调度中的设备甚为先进，再加上环境监测系统、气象监测系统、污秽监测系统及视频监控系统等的不断被引入，已可实现对输电线路运行的外部环境状况以及电力系统的运行状态的实时监测，这为故障诊断及故障影响要素分析提供了技术支撑以及信息来源。因此，在进行输电线路故障原因辨识分析研究中考虑气象因素的影响是可行的，也是十分有必要的。

3. 故障外部特征

自然灾害引发的输电线路故障具有如下特点：受自然气象变化规律影响很大，跳闸事件发生的时间相对集中，具有一定的规律。故障规律是对故障发生可能性的一种衡量，对于原因辨识提供一定依据。根据各种线路故障原因的外部特征分析，除了天气、时段和季节特征外，不同故障发生与地形条件、风力、温度、湿度也具有一定的关系。由于气压、湿度、温度可对空气密度、碰撞电离及吸附过程产生影响，故而间隙临界击穿电压随之改变影响了故障发生的可能性。

（1）天气特征。天气与输电线路的故障发生之间存在一定的关系，输电线路故障的发生时常伴随着恶劣的天气状况，如雷雨、大风、雪、雾等，因此利用现代电力系统所得的污秽监测设备、雷电监测设备、气象预警设备以及其他外部环境监测设备所得的实时监测信息可为故障原因的辨识分析提供数据来源和技术支撑。所统计的故障样本中，故障发生时刻的天气有晴天、阴天、多云、阴雨、雨夹雪、雷雨、大风、大雾等，案例将其划分为五类：晴朗、雷雨、雨雾（阴雨、毛毛雨、大雾等）、阴云（阴天、多云）以及大风，在图 2-13-1-4 中分别用数字 1～5 所表示在纵坐标上。案例数据包含 105 个样本，横坐标表示故障样本的序号，故障类型分为雷击、风偏、鸟闪、污闪、树闪以及山火，并用不同颜色表示。

各种类型的故障都具有较为明显的天气特征，尤其雷击故障以及污闪故障与相应的天气几乎呈现一对一的特征，说明这两种故障的发生与天气具有极大的相关性。因此，天气特征可作为输电线路故障辨识的有效特征。

（2）季节月份特征。在四季分明地区的气象灾害也相应具有明显的季节特性。图 2-13-1-5 分别给出了不同故障原因类型发生时刻所对应的一年 12 个月的分布情况。

总体看来，发生故障的峰值月份出现在 4—9 月。雷击以及风偏故障主要集中在夏季前后，因夏季多发雷雨等强对流天气；污闪均发生在温度相对较低、降雨少、污秽积累严重的冬季；在春秋季节发生鸟害和山火，其中鸟闪在 3 月、4 月以及 8—11 月发生较多，

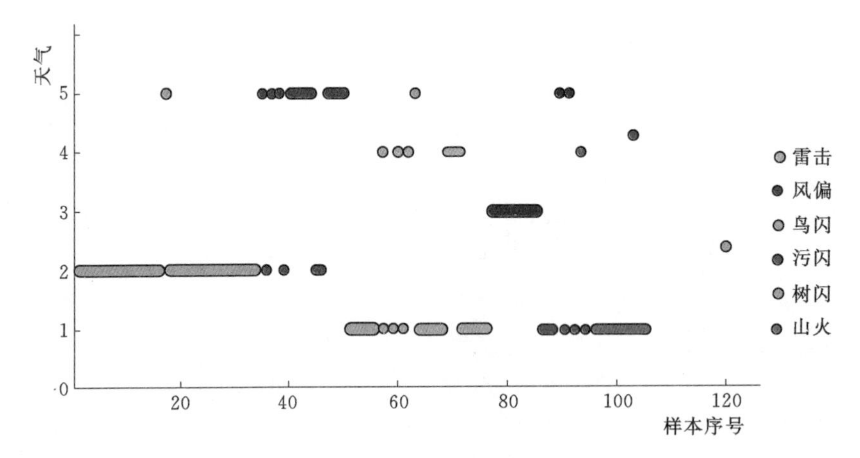

图 2-13-1-4　输电线路故障外部特征之天气特征

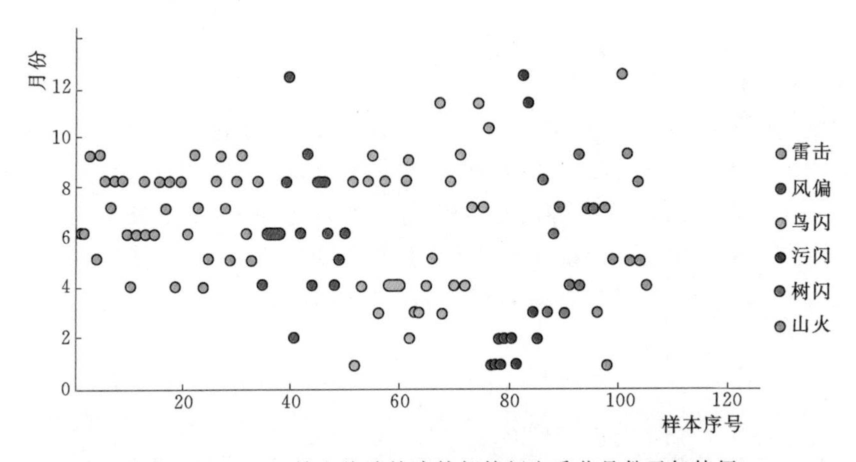

图 2-13-1-5　输电线路故障外部特征之季节月份天气特征

分别对应筑巢期以及候鸟迁徙；树木故障多集中于降雨量多，生长快速地春夏时节。因此，季节月份也可作为故障原因辨识的有效特征。

(3) 时段特征。按照小时将一天划分为 24 个时段，针对 6 种故障类型样本。所对应的故障发生时段统计情况如图 2-13-1-6 所示。

雷击跳闸多发生于日间，分布较为均匀，汇集于 8：00—20：00，这与雷电活动特征基本相符；在鸟害故障中，凌晨 2：00—7：00 发生较多，与鸟类清晨觅食习性一致；而污闪故障夜间以及凌晨相对较多，对应气温较低、空气湿度大，利于绝缘子表面的污秽层湿润，而分布不似理论分析的集中程度是因为故障样本的不完备。树闪故障以及山火故障多集中温度较高的中午及下午时段。为了统计计算方便，也可将故障时间进一步划分为四个时段：清晨（5：00—9：00）、白天（10：00—16：00）、晚上（17：00—22：00）、午夜（23：00—4：00）。

4. 故障内部特征

了解故障内部特征主要方法是解析故障录波图。故障类型不同，录波图反映出的信息

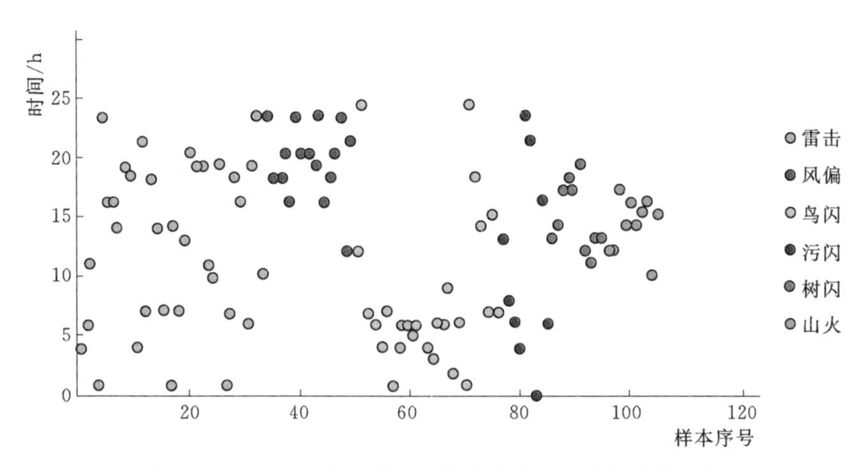

图 2-13-1-6　输电线路故障外部特征之昼夜时段特征

也不同，从中主要得出两类故障信息：一是观测所得的故障前后各相电压和电流的波形变化信息，以及跳闸后的重合闸是否成功等直接信息；二是由录波数据进行分析计算而获得的间接信息。

（1）故障相重合闸特征。重合闸是基于故障线路被跳开后，故障点的绝缘性能能否快速恢复而决定是否能重合成功，具体统计结果如图 2-13-1-7 所示，纵坐标表示重合闸情况，重合成功为 1，重合不成功为零。雷击、鸟粪所导致的故障在跳闸后空气的绝缘性能由于电弧熄灭而瞬间恢复，所以重合闸多为成功；而风偏、污闪及山火故障后其主要环境因素在短期内无法得到改善，因此重合闸不易成功。而树闪故障则根据短路的物体不同而表现不同特性，不具有明显特征，因此重合闸特性也可用于故障原因的辨识。

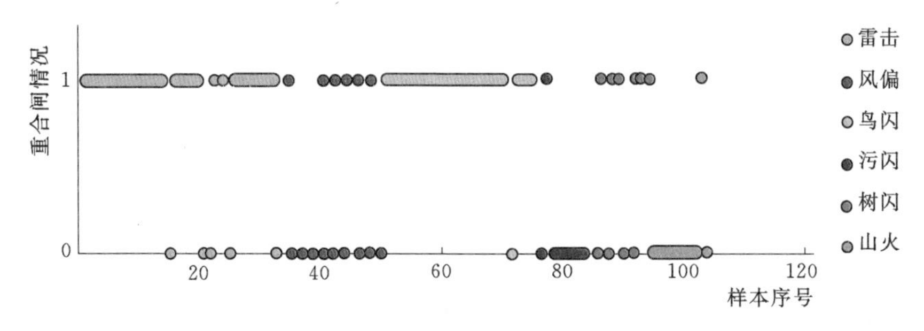

图 2-13-1-7　输电线路故障内部特征之故障相重合闸特征

（2）故障相电流非周期分量特征。由于非线性的过渡电阻会引入谐波，因此山火、树闪这两种非金属性接地故障分量中往往含有丰富谐波，而雷击、污闪等含量极少。三次谐波在单相接地故障中的特征相较其他次谐波更为突出，因此选用三次谐波作为高频谐波的表征。同时鉴于故障发生瞬间线路电流值以及外界有无能量注入情况不同，部分故障类型的故障相电流存在一定的衰减直流分量。因此，通过对故障相电流提取直流含量及三次谐波分量进行特征分析与验证。鉴于故障发生初期故障信号中大量的高频暂态分量的考虑，选取故障发生时刻半个周波后的录波数据进行分析，高频分量多衰减殆尽，因此显著减小暂态分量对待求参数的影响。通过对故障样本的计算分析，得出样本的故障相电流直流含

量以及三次谐波含量情况分别如图 2-13-1-8 和图 2-13-1-9 所示。

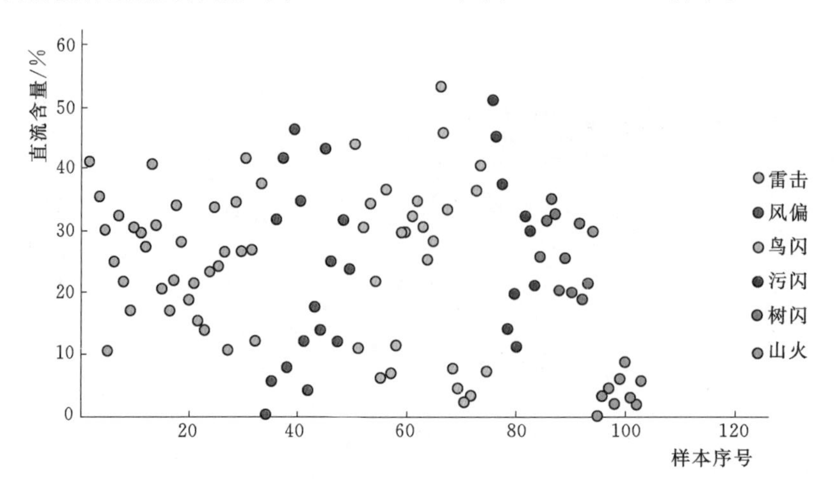

图 2-13-1-8 输电线路故障内部特征之故障相电流直流含量特征

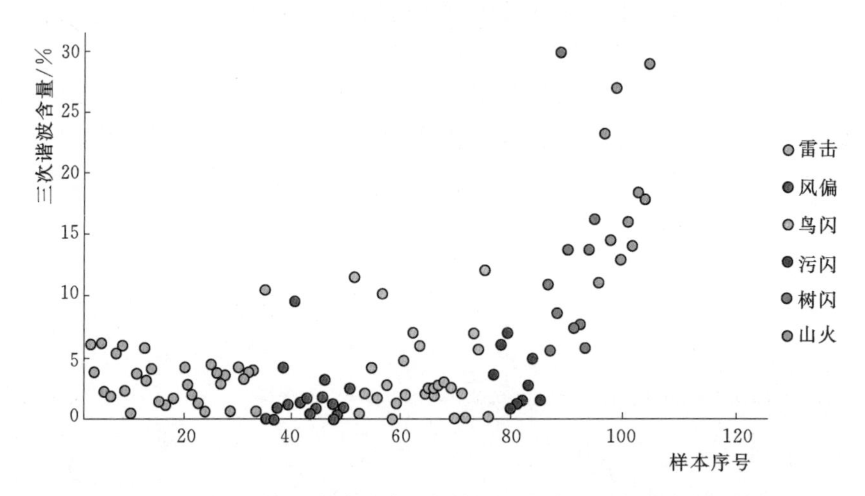

图 2-13-1-9 输电线路故障内部特征之故障相三次谐波含量特征

从数据统计可看出，雷击接地故障的故障相电流直流衰减含量较多，而山火故障所对应含量均少于 9%；与之相反，山火故障的高次谐波含量要比近似金属性故障的三次谐波含量多得多，一般大于 10%，结果与理论分析相符合。

除上述故障内部特征外，通过对故障录波数据进行解析，还可以实现故障相电流过零点畸变特征挖掘和故障过渡电阻特征挖掘。如山火故障相电流所得到的高频分量在从故障开始时刻至故障结束期间的每个过零点附近都有较大的波形值，而雷击故障仅在故障开始及故障结束时刻存在波动，在故障期间其值都维持在很小的值，无较大波动。

利用故障后线路两端录波器所得电压、电流的采样数据及线路参数，可实现过渡电阻瞬时值的求解。雷击、风偏、鸟害、污闪这几种金属性接地短路故障的过渡电阻均值都较小，一般都在 10Ω 下，属于低阻故障；过渡非金属性异物短路故障的过渡电阻均值相对较大，普遍介于 15～50Ω 之间，属于中阻故障；而山火故障的过渡电阻均值相较于其他

故障要大得多，普遍大于 100Ω，可称为高阻故障。

5. 故障特征自适应调整

当故障发生时，利用基于历史信息建立的辨识模型对故障原因进行判别，故障处理结束后，需要将发生的故障作为标准故障类型录入历史故障数据库，并将实际的故障原因与模型判别结果进行对比，对比结果作为是否修改模型训练库的依据。

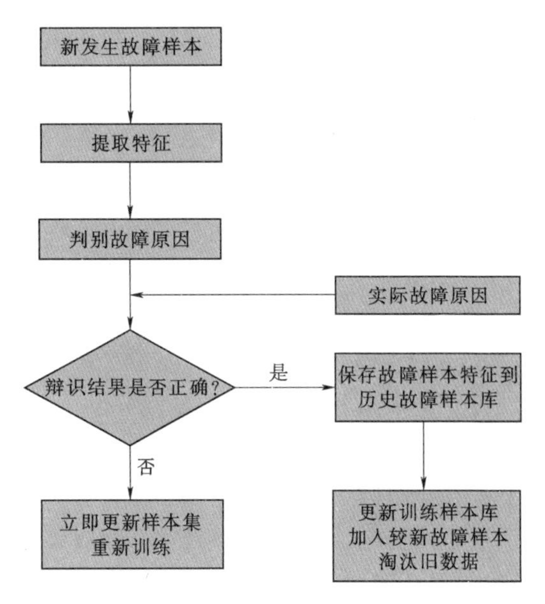

图 2-13-1-10　识别算法自更新原理图

如果判别结果有所偏差，那么随即修改实际的故障原因模型训练库的样本集，加入该次故障的实际特征数据进行重新训练，得到修正后的辨识模型，从而能够自主学习，适应环境的变化，更加准确地辨识故障原因。如果判别结果与实际结果没有偏差，则不需要修改训练库中的样本，而是记录该故障特征及故障原因，然后经过一定的时间再对训练样本数据库进行更新。通过这种方法可以达到淘汰较老数据，增进新数据的目的，从而使辨识模型能够适应环境的潜移默化。识别算法自更新原理如图 2-13-1-10 所示。

（五）运检过程管控

通过运检管控中心，应用管控系统，可有效掌握各项工作关键节点信息，特别是针对现场作业管控。通过移动视频监控设备，在管控系统实现作业现场与管理人员语音视频互联互通，并关联工作票、管控方案等信息，开展运检作业远程管控和技术诊断、指导，延伸运检作业风险管控的深度和广度，解决春秋检点多面广，管理人员无法面面俱到的问题，使风险管控更加到位。

运检过程管控重点是作业内容、风险等级与 PMS2.0 中工作票、管控方案、设备相关信息以及现场视频等的关联匹配，匹配方法通常通过线路名称、作业时间等关键字段进行搜索匹配，即可实现作业相关信息的全量快速展示。

（六）输电线路通道风险评估

利用三维 GIS 平台，开展雷电、山火、覆冰等风险评估，融合视频、图像、无人机等信息，实现输电通道状态风险管控。

1. 雷电监测预警

建立雷电监测预警中心，对 110kV 及以上骨干网架实现雷电监测高精度全覆盖，管控系统根据雷电监测数据，结合线路分布，开展重要输电通道提前 30min～1h 的雷电预警，为针对性开展巡检工作提供支撑。

2. 覆冰预测预警

建立覆冰预测预警中心，覆冰预测预警精度达到全网 3km×3km、典型微地形区域 0.5km×0.5km，管控系统将电网覆冰预测预警精确到杆塔，提高冬季防冰抗冰的能力。

3. 山火监测预警

建立山火监测预警中心，开展输电线路山火同步卫星广域实时监测，管控系统结合线路分布分析影响范围并及时预警，为现场异常快速处置提供有效支撑。

4. 台风监测预警

建立台风监测预警中心，实现国家电网公司东部沿海地区110kV及以上电压等级电网台风监测全面覆盖，实现0.5km×0.5km分辨率台风风场预报，将台风灾害预警信息发布时间间隔缩短至1h，面向电网输变电设备提供专业、快速、可靠、有效的台风监测预警服务。

5. 通道可视化

管控系统基于三维GIS，融合直升机、无人机、视频、图像等数据，实现全方位、多角度输电通道可视化，便于有针对性地开展风险管控。

（七）项目精益管理

管控系统可获取PMS系统项目计划数据和ERP系统项目实施数据，对大修、技改、零购、城市配网等项目，按前期、招标采购、合同签订、施工、投运、结算等直观环节，进行实施情况管控，并对滞后项目自动提醒和预警，提高项目精益管理水平。

第二节　电网状态感知技术

一、带电检测技术

（一）电网状态感知技术

电网状态感知是应用各种传感、量测技术实现对状态的准确、全面感知，用于评估设备运行状态，实现对设备状态的精准管控。电网状态感知包括对设备本体以及外部环境通道的状态感知，是构成电网智能运检应用的数据基础，电网状态感知技术的应用对于保障电网及设备的安全运行有重要意义。目前已有一批成熟技术在实际中得到应用，发现了大量设备缺陷及外部威胁，对保障电网及设备的安全运行起到了重要作用。

（二）带电检测技术

电力设备带电检测是指在不停电状态下利用检测装置对高压电气设备状态进行检测，从而掌握设备运行状态。该方法一般采用便携式设备在带电状态下进行检测，有别于安装固定监测装置进行长期连续的在线监测。带电检测是发现设备潜伏性缺陷的有效手段，是预防设备故障的重要措施之一。

二、红外热像检测技术

（一）红外热像仪基本原理

自然界中，一切温度高于绝对零度（－273.16℃）的物体都会辐射出红外线，辐射出的红外线（简称红外辐射）带有物体的温度特征信息。通过对设备红外辐射量的检测可实现对设备温度的测量，基于设备温度的横向、纵向对比可实现设备运行状态诊断。

电磁波谱中比微波波长短、比可见光波长长（0.75pm$<x<$1000μm）的电磁波就是红外辐射。实际的物体都具有吸收、辐射、反射、穿透红外辐射的能力。吸收是指物体获得并保存来自外界的红外辐射能力；辐射是指物体自身发出红外辐射的能力；反射是指物体弹回来自外界的红外辐射的能力；透射是指来自外界的红外辐射经过物体穿透出去的能力。

实际物体的辐射由两部分组成：自身辐射和反射环境辐射。光滑表面的反射率较高，容易受环境影响（反光）；粗糙表面的辐射率较高。电力设备的红外检测，实质是对设备（目标）发射的红外辐射进行探测及显示的过程。设备发射的红外辐射功率经过大气传输和衰减后，由检测仪器光学系统接收并聚焦在红外探测器上，并把目标的红外辐射信号功率转换成便于直接处理的电信号，经过放大处理，以数字或二维热图像的形式显示目标设备表面的温度值或温度场分布。红外测温原理示意图如图2-13-2-1所示。

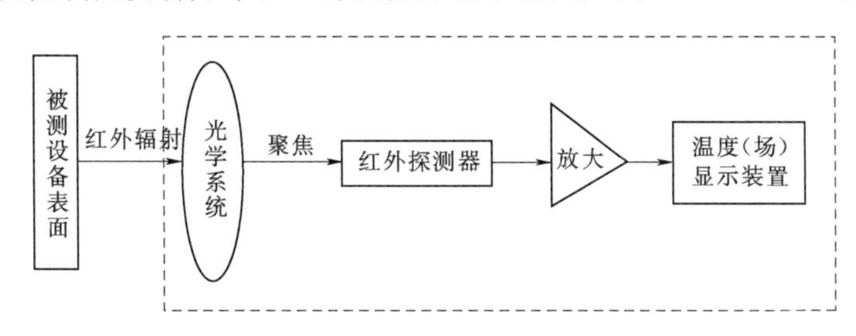

图2-13-2-1　红外测温原理示意图

（二）电网设备发热故障分类

从红外检测与诊断的角度可将高压电气设备的发热故障分为外部故障和内部故障。

（1）外部故障是指裸露在设备外部各部位发生的故障（如长期暴露在大气环境中工作的裸露电气接头故障、设备表面污秽以及金属封装的设备箱体涡流过热等）。从设备的热图像中可直观地判断是否存在热故障，根据温度分布可准确地确定故障的部位及故障严重程度。

（2）内部故障则是指封闭在固体绝缘、油绝缘及设备壳体内部的各种故障。由于这类故障部位受到绝缘介质或设备壳体的遮挡，通常难以直观获得故障信息。但是依据传热学理论，分析传导、对流和辐射三种热交换形式沿不同传热途径的传热规律（对于电气设备而言，多数情况下只考虑金属导电回路、绝缘油和气体介质等引起的传导和对流），并结合模拟试验、大量现场检测实例的统计分析和解体验证，也能够获得电气设备内部故障在设备外部显现的温度分布规律或热（像）特征，从而对设备内部故障的性质、部位及严重程度作出判断。

（三）电气设备发热原因

电气设备发热原因可分为以下几类。

1. 电阻损耗（铜损）增大故障

电力系统导电回路中的金属导体都存在相应的电阻，因此当通过负荷电流时，必然有一部分电能按焦耳-楞次定律以热损耗的形式消耗掉。如果在一定应力作用下导体局部拉长、变细，或多股绞线断股，或因松股而增加表面层氧化，均会减少金属导体的导流截面积，从而造成增大导体自身局部电阻和电阻损耗的发热功率。电力设备载流回路电气连接不良、松动或接触表面氧化会引起接触电阻增大，该连接部位与周围导体部位相比，就会产生更多的电阻损耗发热功率和更高的温升，从而造成局部过热。

2. 介质损耗增大故障

除导电回路以外，固体或液体（如油等）电介质也是许多电气设备的重要组成部分，该种介质在交变电压作用下引起的损耗，通常称为介质损耗。由于绝缘电介质损耗产生的发热功率与所施加的工作电压平方成正比，而与负荷电流大小无关，因此称这种损耗发热为电压效应引起的发热，即电压致热型发热故障。即使在正常状态下，电气设备内部和导体周围的绝缘介质在交变电压作用下也会有介质损耗发热。当绝缘介质的绝缘性能出现故障时，会引起绝缘介质的介质损耗（或绝缘介质损耗因数）增大，导致介质损耗发热功率增加，设备运行温度升高，该种原因引起的设备发热温升通常仅有几摄氏度，所以对于测量装置要求较高。介质损耗的微观本质是电介质在交变电压作用下将产生两种损耗：一种是电导引起的损耗；另一种是由极性电介质中偶极子的周期性转向极化和夹层界面极化引起的极化损耗。

3. 铁磁损耗（铁损）增大故障

由绕组或磁回路组成的高压电气设备，由于铁芯的磁滞、涡流效应而产生的电能损耗称为铁磁损耗或铁损。由于设备结构设计不合理、运行不正常，或者由于铁芯材质不良，铁芯片间绝缘受损，导致出现局部或多点短路现象，可分别引起回路磁滞或磁饱和或在铁芯片间短路处产生短路环流，增大铁损并导致局部过热。另外，对于内部带铁芯绕组的高压电气设备（如变压器和电抗器等），如果出现磁回路漏磁，还会在铁制箱体产生涡流发热。由于交变磁场的作用，电器内部或载流导体附近的非磁性导电材料制成的零部件有时也会产生涡流损耗，因而导致电能损耗增加和运行温度升高。

4. 电压分布异常和泄漏电流增大故障

有些高压电气设备（如避雷器和输电线路绝缘子等）在正常运行状态下有一定的电压分布和泄漏电流，当出现故障时会改变其分布电压和泄漏电流的大小，导致其表面温度分布异常。此时的发热虽然仍属于电压效应发热，但发热功率由分布电压与泄漏电流的乘积决定。

（四）红外检测要求

1. 一般检测环境要求

检测时应尽量避开视线中的遮挡物，环境温度一般不低于5℃，相对湿度一般不大于85%；天气以阴天、多云为宜，夜间图像质量为佳；不应在雷、雨、雾、雪等气象条件下进行，检测时风速一般不大于5m/s；户外晴天要避开阳光直接照射或反射进入仪器镜头，在室内或晚上检测应避开灯光的直射，宜闭灯检测；检测电流致热型设备，最好在高峰负荷下进行，如不满足，一般也应在不低于30%的额定负荷下进行，同时应充分考虑小负荷电流对测试结果的影响。

2. 精确检测环境要求

风速一般不大于0.5m/s；设备通电时间不小于6h，最好在24h以上；检测应在阴

天、夜间或晴天日落2h后；被检测设备周围应具有均衡的背景辐射，应尽量避开附近热辐射源的干扰，某些设备被检测时还应避开人体热源等的红外辐射；避开强电磁场，防止强电磁场影响红外热像仪的正常工作。

3. 飞机巡线检测基本要求

除满足一般检测的环境要求和飞机适航的要求外，还应满足以下要求：禁止夜航巡线，禁止在变电站和发电厂等上方飞行；飞机飞行于线路的斜上方并保证有足够的安全距离，巡航速度以50～60km/h为宜；红外热成像仪应安装在专用的带陀螺稳定系统的吊舱内。

（五）现场操作方法

1. 一般检测

仪器在开机后需进行内部温度校准，待图像稳定后方可开始工作。一般先远距离对所有被测设备进行全面扫描，发现有异常后，再有针对性地近距离对异常部位和重点被测设备进行准确检测。仪器的色标温度量程宜设置在环境温度如10～20K的温升范围。有伪彩色显示功能的仪器，宜选择彩色显示方式，调节图像使其具有清晰的温度层次显示，并结合数值测温手段，如热点跟踪、区域温度跟踪等手段进行检测。应充分利用仪器的有关功能，如图像平均、自动跟踪等，以达到最佳检测效果。环境温度发生较大变化时，应对仪器重新进行内部温度校准，校准方法按仪器的说明书进行。作为一般检测，被测设备的辐射率一般取0.9。

2. 精确检测

检测温升所用的环境温度参照物应尽可能选择与被测设备类似的物体，且最好能在同一方向或同一视场中选择。在安全距离允许的条件下，红外仪器宜尽量靠近被测设备，使被测设备（或目标）尽量充满整个仪器的视场，以提高仪器对被测设备表面细节的分辨能力及测温准确度，必要时，可使用中、长焦距镜头，线路检测一般需使用中、长焦距镜头。为了准确测温或方便跟踪，应事先设定几个不同的方向和角度，确定最佳检测位置，并可做上标记，以供复测用，提高互比性和工作效率。正确选择被测设备的辐射率，特别要考虑金属材料表面氧化对选取辐射率的影响。将大气温度、相对湿度、测量距离等补偿参数输入，进行必要修正，并选择适当的测温范围。记录被检设备的实际负荷电流、额定电流、运行电压，被检物体温度及环境参照体的温度值。

（六）红外热像仪分类和应用

1. 手持式、便携式红外热像仪

手持式、便携式红外热像仪在电力设备带电检测中已经广泛使用，具有灵活、使用效率高、诊断实时的优点，是目前常规巡检普测和精确测温的主要使用方式。

2. 连续监测式红外热像仪

连续监测式红外热像仪主要用于无人值守变电站、重点设备的连续监测，以红外热成像和可见光视频监控为主，智能辅助系统为辅，具有自动巡检、自动预警、远程控制、远程监视以及报警等功能。连续监测式红外热像仪主要分为固定式和移动式。固定式为定点安装，可实现重点设备的长时间连续监测，运行状态变化预警。移动式的优势是布点灵活，可监测设备覆盖全面，适合隐患设备的后期分析监测、缺陷设备检修前的运行监测。

3. 线路巡检车载式

车载红外监控系统主要应用于城市配网和沿道路旁的架空线路检测，可大幅提高巡检效率。

4. 机载吊舱式红外热像仪

小型无人机（主要指旋翼型无人机）搭载小型红外热像仪可实现测温、拍照、录像、存储等基本巡检工作；单次飞行可实现少量杆塔巡检工作。中型无人机主要搭载6～8kg吊舱完成巡检工作，配合出色的飞控可以实现超视距3～4km范围内的线路巡检任务，可搭载高清相机和热像仪，可叠加地理信息坐标、定位杆塔、实时测温分析等。大型无人机可搭载20kg及以上设备完成数十千米范围的线路巡检工作，红外、紫外、可见光数据可以通过地面控制站实时传输，地面数据分析系统可系统化处理采集到的所有数据。直升机巡检系统主要依靠30kg左右的光电吊舱设备对超高压、特高压线路进行巡检，可记录红外、紫外、可见光等数据。

5. 巡检机器人红外热像仪

变电站智能巡检机器人集机电一体化、多传感器融合、磁导航、机器人视觉、红外检测技术于一体，解决了人工巡检劳动强度大等问题。通过对图像进行分析和判断，及时发现电力设备的缺陷、外观异常等问题。

三、局部放电检测技术

局部放电是电气设备在故障发展初期最为重要的表现特征之一，当设备存在局部放电时，通常会同时产生各类信号，包括特高频信号、超声波信号、高频信号等，针对不同的设备类型及放电原因，选择对应检测方法即可实现对设备局部放电的准确检测。

（1）特高频和超声波局部放电检测技术主要应用于GIS设备、开关柜、配网架空线路等的局部放电检测。

（2）特高频局部放电检测装置一般由特高频传感器、信号放大器、检测仪主机及分析诊断单元组成。特高频局部放电检测技术基本原理是通过特高频传感器对电气设备局部放电时产生的特高频电磁波（300MHz～3GHz）信号进行检测，通过特征分析判断电气设备内部是否存在局部放电以及诊断局部放电类型、位置及严重程度，实现局部放电检测。在开关柜设备中，当内部存在局部放电时，开关柜中局部放电产生的特高频信号将向四周发散传播，并通过开关柜的缝隙传播出来，利用特高频传感器可实现开关柜局部放电的检测。在GIS设备中，由于其同轴结构，使得电磁波能在GIS管道内进行长距离传播，通过GIS设备的浇注孔或内置传感器可检测出设备内部局部放电。由于其频带范围高，可有效地抑制背景噪声，如空气电晕等。由于通信、广播等类型的干扰信号有固定的中心频率，因而可用带阻法消除其影响。另外，还可通过在不同位置测到的局部放电信号的时延差来对局部放电源进行定位，此时通常需要应用示波器配合完成。

（3）高频局部放电检测技术主要应用于变压器、电缆等的局部放电检测。

（4）暂态地电压局部放电检测技术主要应用于开关柜等的局部放电检测。

四、输电线路在线监测技术

（一）输电线路在线监测的内容

输电线路在线监测技术是指直接安装在输电线路设备上可实时记录设备运行状态特征量的测量系统及技术，是实现状态监测、状态检修的重要手段。随着现代通信技术的成熟与推广，输电线路在线监测技术取得了长足进步，一系列输电线路在线监测系统相继出现，如输电线路杆塔倾斜在线监测、覆冰在线监测、微气象在线监测、导线舞动在线监测、视频/图像在线监测等，有效提高了现有输电线路的运行安全水平。

（二）输电线路在线监测系统的一般流程

输电线路在线监测系统的一般流程是：监测装置实时完成输电线路设备状态、环境信息的采集；通过通信模块及通信网络发送至各级监测中心；监测中心专家利用各种修正理论模型、试验结果和现场运行结果判断输电线路的运行状况，并及时给出信息，从而有效防止各类事故的发生。输电线路在线监测系统典型架构如图 2-13-2-2 所示。

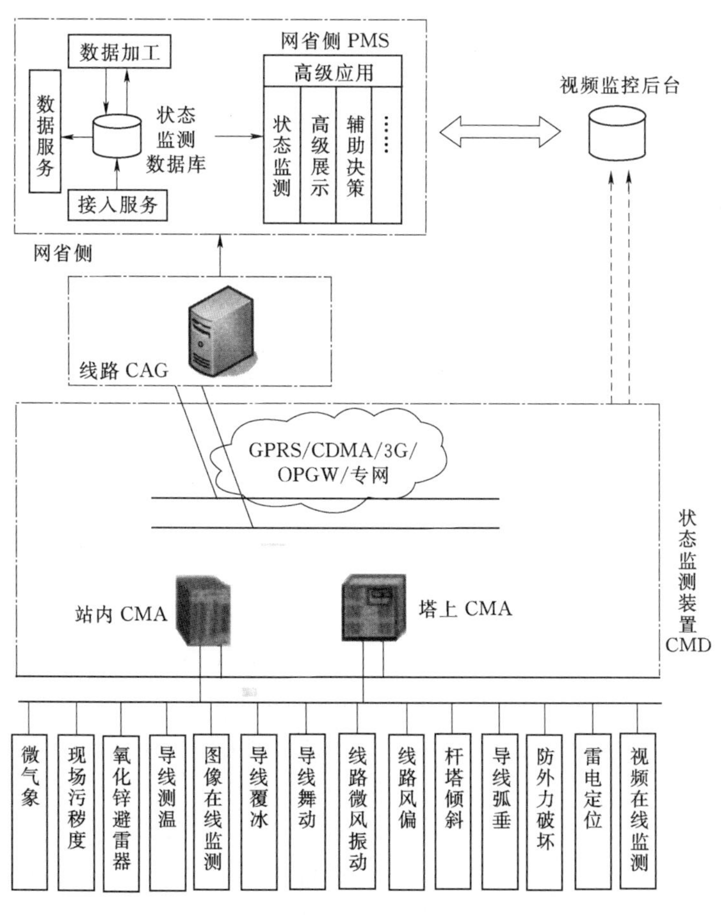

图 2-13-2-2 输电线路在线监测系统典型架构图

五、卫星遥感技术

（一）遥感和卫星遥感

（1）广义地讲，各种非接触的、远距离的探测和信息获取技术就是遥感；狭义地讲，遥感主要指从远距离、高空以及外层空间的平台上，利用可见光、红外、微波等探测仪器，通过摄影或扫描、信息感应、传输和处理，从而识别地面物质的性质和运动状态的现代化技术系统。

（2）卫星遥感作为一门新兴的对地观测综合性技术，相较于传统技术，具有探测范围广、采集速度快、采集信息量大、获取信息条件受限制少等一系列优势，它的出现和发展大大拓宽了人类探知的能力和范围。

（二）遥感卫星技术应用

近年来卫星遥感技术在电网运检领域的应用发展迅速，主要包括电网山火、地质灾害、电网气象等方面的探测和预防应用。

1. 基于卫星遥感的山火探测技术

输电线路山火跳闸是影响其安全稳定运行的重要因素，在山火高发时段，各运维单位投入大量的人力物力开展线路巡视、重点区段蹲守和山火现场监控等工作，但这种工作方式存在工作效率低、投入大等问题。随着遥感技术不断发展、影像分辨率不断提高以及计算机信息处理技术的不断增强，利用遥感卫星对输电线路走廊区域的监测数据进行山火风险评估，可以大范围有效获取监测区域状况，具有快速获取地面宏观信息、准确判定火险高危区域的特点。将红外探测仪安装在卫星上，对地面进行大面积的热点监测。然而，安装在卫星上的红外探测器受环境的影响很大，如探测角度、云层厚度、大气层垂直结构以及地形等。环境、气候因素会影响卫星红外遥感的探测结果，引起误判。为解决这个问题，可采用各种数据处理方法来提高分析结果的可靠性，如时域动态分析法、三通道合成法、遥感卫星上下文火点识别法等。

2. 基于光学卫星遥感的地质灾害识别技术

利用遥感技术可以不断地探测到地质灾害发生的背景与条件等大量信息，事先圈定出地质灾害可能发生的地区、时段及危险程度；在地质灾害发展过程中，利用卫星和航空遥感图像对其进行长、中期动态监测分析，可以不断监测地质灾害的进程和态势，及时把信息传送到抗灾部门，有效地进行抗灾；在地质灾害发生后，利用遥感技术可以迅速准确地查出地质灾害地点、范围、程度，为减灾防灾对策的制订提供技术支持。

在光学遥感成像时，由于各种因素的影响，使得遥感图像存在一定的几何变形和辐射量失真现象，变形和失真影响了图像的质量和使用，必须进行消除或削弱。简单说，几何变形是指图像上的像元在图像坐标系中的坐标与其在地图坐标系等参照坐标系中的坐标之间的差异，消除这种差异的过程称为几何纠正。利用传感器观测目标的反射和辐射能量时，传感器得到的测量值与目标的光谱反射率或光谱辐射强度等物理量不相同，这是由于测量值中包含了太阳的位置和角度条件、大气条件所引起的失真，消除图像数据中辐射所含失真的过程称为辐射量校正。在卫星图像数据提供给用户使用之前，一般都经过辐射量校正和一定的几何纠正，在实际应用中应根据具体情况加以相应处理。一般遥感数据预处

理流程如图 2-13-2-3 所示。

3. 基于雷达卫星遥感的地质灾害探测技术

雷达遥感是利用卫星或航空航天器主动发射电磁波微波到地面，再通过传感器接收地面反射的电磁波而成像的新一代遥感技术。利用雷达遥感技术可以实现不受天气气候和白天黑夜影响的全天候对地遥感，容易产生不缺失的时间序列雷达遥感图像。合成孔径雷达（SAR）是 20 世纪 50 年代末研制成功的一种微波遥感器。它利用载有雷达的飞行平台的运动来得到长的合成天线，由此获得高分辨率的图像。SAR 与传统的光学遥感器相比，其优点主要在于具备全天候、全天时工作能力，穿透力强，采用侧视方式一次成像面积大，成本低，SAR 的纹理特性能获取其他遥感系统所难见的断层，有利于研究地表构造和预测新矿源，分辨率高且不受平台高度或距离的影响，这点对于几百千米乃至上千千米高的卫星遥感系统尤为重要。

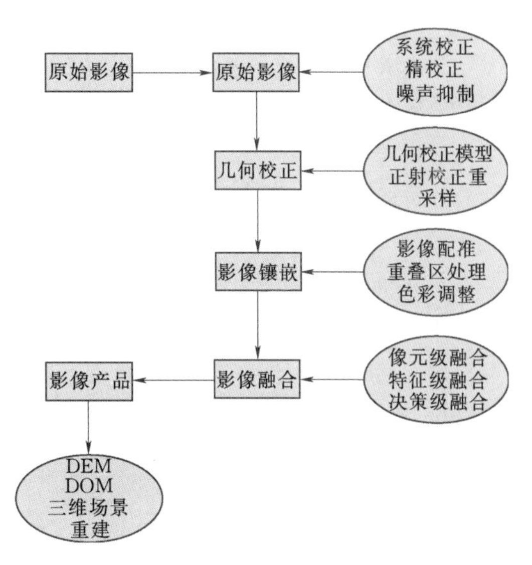

图 2-13-2-3 一般遥感数据预处理流程图

通过两幅或两幅以上的雷达遥感图像进行相位干涉处理的技术，称为合成孔径雷达干涉测量技术（InSAR），InSAR 是获取高精度地面高程信息的前沿技术之一。作为 InSAR 技术的延伸，差分干涉测量技术（D-InSAR）可以用于监测地表微小形变，它的发展为非接触式监测提供了新的思路，其监测范围大、精度高、全天候、全天时等独特优点对输电线路地质灾害形变监测具有十分重要的意义。

差分干涉测量技术（D-InSAR）是对两幅以上的干涉图或对一幅干涉图加一幅地面数字高程模型（DEM）图进行再处理的一种技术，它可以有效地去掉地形、轨道基线距离等对相位的影响。在包含有地形信息和地面位移信息的干涉图中，由地面高程引起的干涉条纹与基线距有关，而由地面变化引起的干涉条纹与基线距无关，所以可以用差分的方法消除由地形引起的干涉条纹。D-InSAR 技术目前主要应用于城市地面沉降监测、滑坡、地震形变测量以及冰川移动监测等。为了提取地表形变信息，必须把参考面相位以及地形因素从原始干涉图中去掉，即二次差分干涉。常用的 D-InSAR 技术有二轨法、三轨法和四轨法。无论是二轨法、三轨法还是四轨法，D-InSAR 技术都是通过去除干涉相位中的地形相位来获取最终的变形相位。D-InSAR 技术处理流程一般包括影像裁剪、图像配准及重采样、干涉与滤波、相位差分、相位解缠、地理编码，如图 2-13-2-4 所示。

4. 基于卫星遥感的输电通道巡视技术

与基于直升机或无人机的输电线路巡检技术相比，目前基于卫星遥感的输电通道巡视研究较少，这是因为卫星遥感的空间和时间分辨率不足以满足定期输电通道巡视需求。近

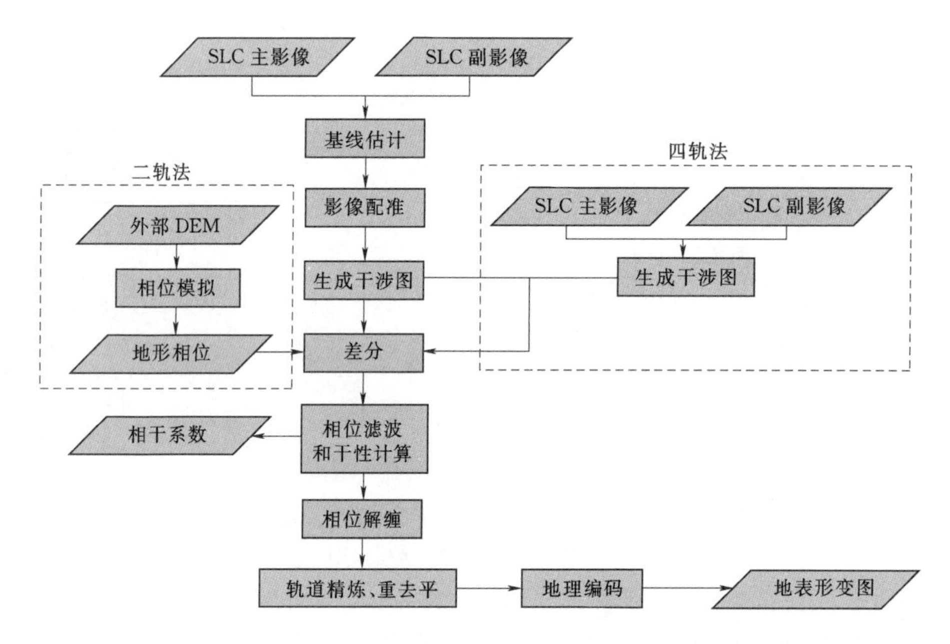

图 2-13-2-4　D-InSAR 技术处理流程图

年来卫星遥感发展迅速，光学卫星空间分辨率达到黑白 2m，彩色优于 8m，重访周期在 1 周左右；合成孔径雷达（SAR）卫星空间分辨率达到 1m，可全天候获取微波波段地物目标信息。因此，卫星遥感与电力运检的交叉应用研究日益丰富。

从业务应用层面，国家电网有限公司开发了输电通道卫星遥感巡视系统，2017 年，在浙江嘉湖密集通道湖州区段、新疆哈密天中线区段开展了多时相卫星遥感巡视技术应用，同时在汛期对湖南江城线等区段开展了洪涝灾害监测预警研究。

输电通道卫星遥感巡视关键技术路线如图 2-13-2-5 所示，主要包括遥感影像预处理、环境信息智能提取和多时相环境变化监测 3 个核心环节。

卫星遥感原始数据缺少必要的地理、光谱信息，无法直接用于输电通道环境巡视。因此，卫星遥感影像预处理是开展实际巡视应用的第一步，旨在将卫星遥感原始数据处理成具备经纬度信息、去除几何与大气畸变的可用基础影像，用于后续的环境隐患识别。

卫星遥感数据分为光学和合成孔径雷达（SAR）两大类，二者预处理技术有所不同。对于光学卫星遥感数据，预处理流程主要包括几何校正（地理定位、几何精校正、正射校正等）、辐射校正（传感器校正、大气校正及太阳地形校正等）、图像融合、图像镶嵌、图像裁剪和去云及阴影处理 6 个方面。对于 SAR 数据，预处理流程主要包括几何校正、辐射校正、多视、斑点噪声滤波和相对配准步骤。

输电通道环境信息智能提取技术是输电通道卫星遥感巡视技术体系的核心，其木质是高分辨率卫星遥感智能图像识别技术。在预处理后的卫星遥感影像基础上，如何提取合适的特征，构建有效的分类识别算法，是输电通道环境信息智能提取的关键。

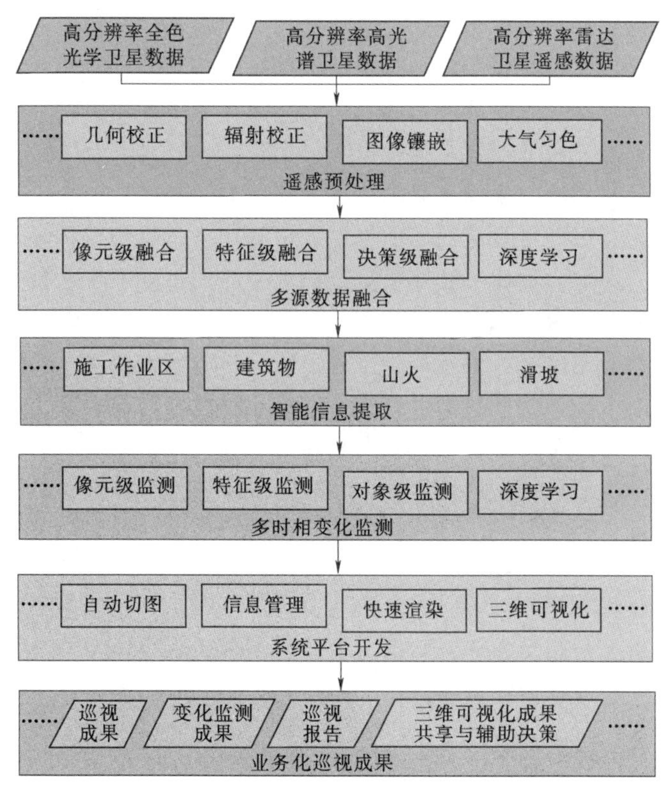

图 2-13-2-5 输电通道卫星遥感巡视关键技术路线

第三节 移动作业技术和实物 ID 技术

一、移动作业技术

（一）概述

随着智能运检技术的全面推广和应用，传统的“PC 端＋服务器”模式已经不能满足日益增长的电网运检业务需求。更加小型化、智能化的移动终端以及智能可穿戴设备被越来越多地应用在巡检、抢修以及日常办公业务当中。移动端及相关设备与移动应用作为电力企业内部作业与外部服务的延伸，极大地拓展了各级管理人员的工作范围，也为基层班组开展现场作业提供极强的辅助支撑。

目前智能化移动终端设备主要包括智能可穿戴设备，手持式终端，移动监控设备等。

（二）智能可穿戴设备

可穿戴技术是一种可以穿在身上的微型计算机系统，具有简单易用、解放双手、随身佩戴、长时间连续作业和无线数据传输等特点。可穿戴技术可以延伸人体的肢体和记忆功能，它的智能化在物理空间上表现为以用户访问为中心。可穿戴设备在变电站带电作业中具有广泛的应用空间，一方面可穿戴设备可以提供大量现场数据，为电网的管理、分析和

决策提供实时、准确的海量数据支撑；另一方面为生产作业一线人员提供基于行为告警的智能化作业工具，保障变电站带电作业安全、标准、高效、智能，可以预见可穿戴设备将对电网的安全生产带来前所未有的深刻影响力。

1. 智能头盔

典型的可穿戴计算系统大多使用微型的头戴显示器（Head Mounted Display，HMD）作为显示设备，具备良好的可穿戴性和便携性，可为用户提供与桌面显示器相近的显示效果，适合信息浏览。在电力行业，智能头盔以电力系统的标准安全头盔为基础，加装高清摄像头，同时集成通信、芯片加密、本地存储、GPS 等模块的方式，实现高清视频的现场采集存储、内外网音视频交互以及设备位置定位的功能。主要应用在站内检修、高处作业等不方便携带其他设备，而又急需远方支援的作业环境。内部设计上，在头盔后部布置了主要的控制运算和处理单元。部分传感器和通信天线等布置在外壳上可见的适当位置。头盔式音视频单兵设备还可扩展声音采集、含氧量采集、红外测温、测距等模块，以实现更加复杂的监视功能。同时，还支持以 WiFi 无线网络为基础的定位功能（室内定位）。可穿戴头盔软件支持多线程工作模式，可以实现多种监视、采集和传输任务的协同。巡检作业集中监视和控制软件是巡检作业管理系统的核心，完成巡检作业任务管理、作业过程集中监视、数据采集和存储等功能，服务器端提供数据、图像和声音的显示存储、管理、查询和统计功能。智能安全帽的体系架构如图 2-13-3-1 所示。

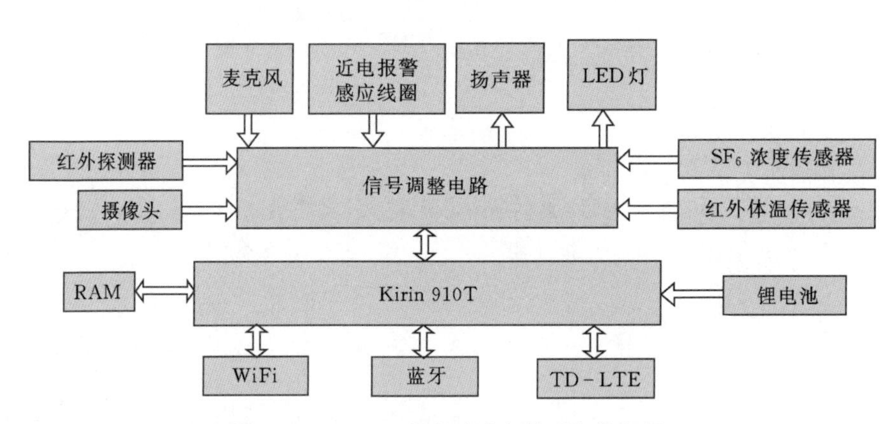

图 2-13-3-1　智能安全帽体系架构框图

智能安全帽在电网业务中的应用如下：

（1）到货验收。利用智能安全帽的测距和拍摄功能，对物资材料的图像和相关参数进行记录。同时，与相关信息系统中数据进行比对，实现物资到货的辅助验收和记录。测量和图像数据也会及时发回数据中心，实现物资资料的实时采集。

（2）智能巡检。智能安全帽可以配合手机 APP 实现巡检工作的智能化。使用运检智能安全帽的红外成像功能采集变压器运行状态下红外图谱，红外图谱经服务器端分析判断后，再通过手机 APP 反馈设备的当前状态，实现巡检工作的自动化、智能化。同时还可以通过安全帽上的可见光摄像头拍摄实物照片，形成设备的实物照片图库，为图像识别分析等高级功能应用搭建基础平台。

（3）与智能手表、手环等配合。配合智能手环上的血压、脉博监测传感器，智能头盔可以有效监测工作人员的体征状态，对于体征状态出现异常的工作人员，智能头盔可以提供闪烁、报警等提示信息，避免人员疲劳作业。同时，智能手表、手环还可以充当智能头盔的第二块显示屏，方便工作人员开展设备参数、运行规程等与现场图像联动的资料查阅工作。

2. 智能眼镜

智能眼镜具有使用方便、体积轻巧、功能强大的特点受到公众的普遍关注，智能眼镜的出现也为电网运维的新工具开发提供了新的思路。智能眼镜在电网业务中的应用如下：

（1）现场运检人员佩戴智能眼镜，在辨识出设备后，后台能及时将设备参数、历史检修记录、运行状态等信息推送给现场运检人员，并通过智能眼镜有效地展现给现场运检人员。

（2）当佩戴智能眼镜的运检人员碰到无法独立解决的现场技术问题时，可以通过智能眼镜向监控中心寻求技术指导。监控中心工作人员通过回传的现场视频以及现场工作人员的音频判断技术难题的解决办法，并通过语音的方式进行技术指导。

3. 智能服装

智能服装与传统作业工装相比，虽然在外观造型及色彩应用方面没有很大区别，其明显优势在于服装功能的开发。设计师通过引入现代信息化技术，赋予了服装更人性化、智能化及科技化的功能。现代设计师所设计的智能服装都具备一定的科技性，给人带来新的体验，但从功能角度来看，其实用性较弱，仅适用于特殊行业的人群。如宇航员所穿戴的服装就属于典型的智能服装，具备强大、多样的功能，如控制压力、输送氧气等；智能防火服，除能降低外界火源对消防人员的身体危害外，也能帮助消防人员与外界指挥人员沟通，有效提升消防人员的工作效率。

在电力系统中，智能服装应用目前还未大量推广，但在基层一线现场已经有班组在应用相关产品——降温服，通过把小型压缩机、水泵整合起来制成一套冷凝循环系统，降温服的水温、水量都可调解，温度可控制为 16～28℃。在闷热、高温的环境下穿上以后，体感气温能降低 10℃以上。作业人员的工作时间可以延长一倍，对预防中暑还有一定效果。

（三）手持式移动终端

手持式移动终端作为移动互联网在电网企业和电力工程中的具体应用，极大地促进了电网企业的发展与技术革新。在实际应用中，移动终端作为办公室工作的延伸，极大拓展了一线工作人员的工作范围，并利用手持式终端的摄像头、4G 通信、GPS 等模块，进一步提高业务开展质效。

1. 手持式移动终端的主要类型

（1）普通移动终端。普通移动终端即为市面上的各类手机、平板等移动终端。普通移动终端更加普适化，在软硬件设计上具有较强的通用性和广泛性。硬件上通常采用金属/玻璃/塑料机身，搭配双摄像头、蓝牙、typc－c/micro－usb 数据/充电接口、4G/WiFi、GPS/北斗定位等标准设备，软件上采用厂商定制的 Android 系统，系统定制化程度相对定制移动终端较低，用户对于系统的控制权限也较低。总体设计上也以轻薄、高性能为主，对于工业上的常用的RFID、USB接口等往往需要购买额外的连接和转换设备。普通移动终端造价费用低、普适性强，往往应用于舒适环境下的普通移动办公以及变电站内的巡检工作。但普通移动终端电池普遍偏小，耐摔耐污防水程度也较低，在线路巡线、超长时间使用方面存在短板。

（2）定制移动终端。定制移动终端指的是系统和硬件均采用高度定制化方式生产的移动终端。定制移动终端一般是为某个项目或者某个企业专门设计生产的，系统功能及安全防护可根据用户需求高度定制，比如对充电接口的数据传输功能进行限制，蓝牙、WiFi接入点限制，开机自动启动验证及安全服务，双系统，专用设备驱动加载，主服务器远程控制、操作监视等，此类功能和安全策略必须通过系统层高度定制化才能实现。

定制移动终端相当于普通移动终端的“加固”版本，采用了更加严苛的外观设计和性能设计，对于设备的耐高温高压、防高处摔落、防磁防干扰、防水防尘、续航存储等也提出了更高要求。在功能上则与普通的移动终端没有太大区别，都能实现音视频交互和数据文本传输。手持式便携音视频单兵设备主要应用在酷暑、高寒、高海拔等气候环境恶劣，普通移动终端难以长时间稳定运行的环境中。定制移动终端与普通移动终端存在较大的软硬件区别，通常更厚更重，系统也更加复杂。

2. 手持式移动终端的主要业务

（1）电力生产运维管理。运维检修人员可以利用移动终端，从主站业务系统下载离线巡视、检修作业内容，便捷并且准确地开展巡视和检修工作。在作业过程中，记录作业相关信息如作业地点、作业时间、操作设备信息等，同时对操作的具体步骤和巡检发现的异常情况及潜在隐患进行记录。巡检、检修操作结束后，将现场操作人员记录的信息回传到主站业务系统，同时闭环整个巡检流程，从而对巡检作业实现全过程管控。输电巡视以移动GIS为支撑，结合GPS、RFID等定位技术，在智能移动终端上可进行电网设备查询、定位、路径规划、导航、轨迹记录、标准化作业、远程专家等作业，巡视过程中可结合大数据，进行设备运行监控和故障预判分析。

（2）电力营销应用。传统的电力营销以纸质材料为媒介，需要客户经理和电力用户携带相应材料进行接洽，烦琐且材料容易丢失。移动电力营销终端可实现业扩增容、抄表缴费、用电检查、移动售电、客户服务等功能，同时对关键指标和主要业务进程进行管控，具有可视化、信息化、直观化等优点。

（3）电力抢修服务。居民用户和一般工商业用户在出现停电等故障时，可通过智能手机端的抢修软件与电力公司取得联系，填写具体的故障类型、位置住址、联系方式等信息，生成抢修工单；电力公司抢修人员可以根据手持终端接到的工单，初步判断故障原因，并根据用户位置信息调配抢修车辆，从而缩短抢修服务时间，简化抢修服务流程。

（4）物资管理。电网企业存在备品备件等物资统一管理的特点，不同厂家、不同型号、不同规格采用PDA结合条码、二维码、RFID等采集手段，自动识别和采集数据。

（5）机房运维管理。信息通信机房工作频繁，对机房运维管理是信息通信运维工作的重要内容，可以利用条形码或二维码等方式，对机房内的设备、线路进行识别，对机房内

工作人员操作进行记录。通过智能移动终端对条形码和二维码进行扫描识别，与后台信息维护单元无线连接，从而将设备或线路的详细信息显示在移动终端上，也便于信息更新，可以将标签打印设备与移动终端连接，直接打印最新信息的标签，移动终端普及后，甚至可以不必打印，简化标签管理的复杂性。

（四）移动监控设备

1. 移动视频监控设备

移动视频监控设备是一类特殊的移动终端，主要用于视频监控。由于视频传输流量大、传输效率要求高、对硬件负载压力大，因此需要专用的终端来实现需求。移动监控设备的硬件依赖专业定制的箱体、高清摄像头、芯片、通信传输模块等实现。通过在风险作业现场架设专用的移动云台，实现指挥中心对作业现场的远程管控。通过 PC 端操作现场的摄像头，全方位观察作业现场的可能存在的危险点和风险因素，同时也可以监控现场作业过程中是否有违章现象，可以随时通过远程呼叫及时提醒。

2. GIS 局部放电重症监护系统

（1）GIS 局部放电重症监测系统硬件由两部分组成：一是用于局部放电信号接收的特高频电流传感器、超声波传感器、高频电流传感器；二是用于采集、存储、通信和数据初步分析的数据采集前端主机。传感器常规监测传感器包括 3 个特高频、4 个超声波传感器，也可根据监测设备实际情况自由组合传感器的数量，以满足现场局部放电在线监测的具体应用要求。特高频检测带宽为 300～1500MHz；超声波检测带宽为 20～300kHz。数据采集前端主机主要功能是数据处理及向服务器上传数据，其中 FPGA 经 AD 转换完毕后进行数据采集，核心板对数据实现数据处理、存储及通信。

（2）重症监测系统软件安装在数据处理云服务器上，数据采集前端主机通过 3G/WiFi 将监测数据传输至系统软件，系统软件对上传的监测数据进行采集与解析，并通过前端网页对解析后的数据进行查询、展示和分析，为判断 GIS 绝缘状态提供依据。系统软件主要包含信息管理、数据查询、用户中心和系统管理 4 个部分。

1）信息管理主要包括网站信息管理、数据采集前端主机信息管理、被测 GIS 设备信息管理、监测测点信息管理和信道信息管理。

2）数据查询主要包括报警数据、历史数据和发展趋势查看，通过对各个监测点历史数据信息的查询以及多个监测点不同时间的图谱对比，为用户判断局放类型、信号发展趋势提供参考。

3）用户中心主要实现不同用户的权限管理及密码管理功能。

4）系统管理主要实现密码修改以及日志查询等。

（3）GIS 局部放电重症监测系统（简称重症监测系统）综合应用特高频（UHF）、超声波（AE）和高频电流（HFCT）检测原理对运行中的 GIS 进行短期实时局部放电在线监测，并且可对发生的局放信号诊断分析，能够及早发现电力设备内部存在的绝缘缺陷。该系统具备以下功能：

1）能够同时开展局部放电的多技术综合监测。

2）可显示局部放电的特征图谱，如 PRPD、PRPS 图谱等，且具有数据远传功能，可将检测图谱上传至云监控平台，通过 PC/移动终端可实时远程查看。

3）具有局部放电神经网络深度学习诊断功能，可准确诊断放电类型以及判断严重程度，为状态检修提供科学依据。

二、电力设备实物 ID 技术

（一）电网实物资产统一身份编码的作用

电网实物资产统一身份编码（Identity，简称“ID”）建设是国家电网有限公司一项重大基础工程，通过实物 ID 固化物料、设备、资产间的分类对应关系，贯通电网资产各阶段管理中存在的项目编码、WBS（Work Breakdown Structure）编码、物料编码、设备编码、资产编码等各类专业编码，实现实物资产在规划计划、采购建设、运维检修和退役报废全寿命周期内信息共享与追溯，提升公司资产精益化管理水平。

（二）电网实物 ID 标签

1. 二维码标签

二维码又称二维条码，常见的二维码为 QR Code，QR 全称 Quick Response，是一个近几年来移动设备上超流行的一种编码方式，它比传统的条形码（Bar Code）能存更多的信息，也能表示更多的数据类型。二维条码/二维码（2 - dimensional bar code）是用某种特定的几何图形按一定规律在平面（二维方向上）分布的黑白相间的图形记录数据符号信息的；在代码编制上巧妙地利用构成计算机内部逻辑基础的“0”“1”比特流的概念，使用若干个与二进制相对应的几何形体来表示文字数值信息，通过图像输入设备或光电扫描设备自动识读以实现信息自动处理；它具有条码技术的一些共性，每种码制有其特定的字符集；每个字符占有一定的宽度；具有一定的校验功能等，同时还具有对不同行的信息自动识别功能及处理图形旋转变化点。

2. RFID 标签

RFID 是一种非接触式的自动识别技术，它通过射频信号自动识别目标对象并获取相关数据，识别工作无须人工干预，可工作于各种恶劣环境。RFID 技术可识别高速运动物体并可同时识别多个电子标签，操作快捷方便，在超市中频繁使用。RFID 电子标签分有源标签、无源标签、半有源半无源标签三类，其工作原理为标签进入磁场后，接收解读器发出的射频信号，凭借感应电流所获得的能量发送出存储在芯片中的产品信息（Passive Tag，无源标签或被动标签），或者主动发送某一频率的信号（Active Tag，有源标签或主动标签）；解读器读取信息并解码后，送至中央信息系统进行有关数据处理。

3. 电网资产实物 ID 编码构成

目前国家电网有限公司二维码码制采用 QR 码，纠错等级采用 H（30%）级别。电网实物 ID 由国家电网公司统一管理，其配套使用二维码实物 ID 和 RFID 标签，由使用单位自行组织安装和维护。实物 ID 标签分为二维码标签和 RFID 标签两种类型，同一设备的两种标签实物 ID 编码相同。

电网实物资产实物 ID 是电网资产的终身唯一编号，由 24 位十进制数据组成，代码结构由公司代码段、识别码、流水号和校验码四部分构成，编码构成如图 2 - 13 - 3 - 2 所示，标注二维码标签的产品铭牌如图 2 - 13 - 3 - 3 所示。

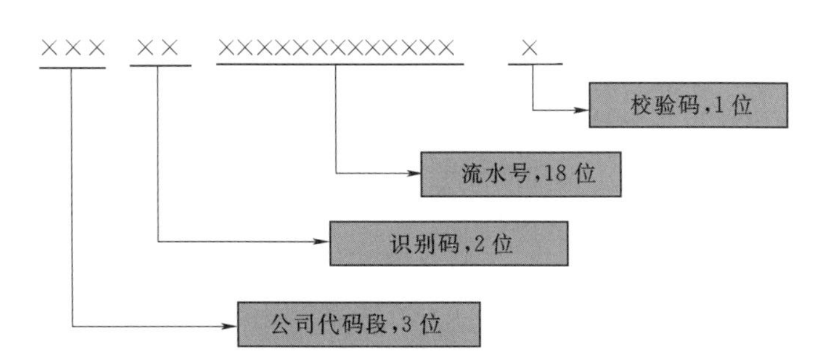

图 2-13-3-2　电网资产实物 ID 编码构成规定

4. 电网资产实物 ID 编码管理

实物 ID 由国家电网有限公司统一管理，其配套使用 RFID 和二维码实物 ID 标签，如图 2-13-3-4（a）和（b）所示，二维码标签中部为二维码本体，下侧为实物 ID 编码；RFID 标签表面应印制二维码及实物 ID 编码信息。

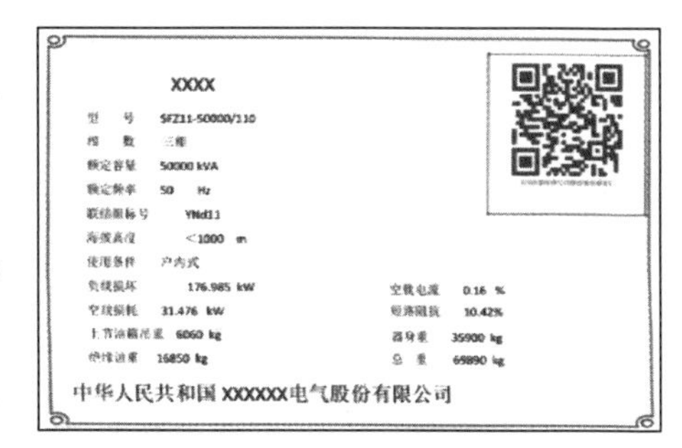

图 2-13-3-3　标注二维码标签的产品铭牌

实物 ID 标签由使用单位自行组织安装和维护。实物 ID 标签和电网资产一一对应，安装在资产实物本体上，采取物资采购申请源头赋码、供应商设备名牌和实物 ID 标签一体化安装，已投运资产设备由资产实物管理部门赋码安装。对于用于线路杆塔、高空设备等特殊情况下可采用主、副标签形式，主标签安装于电网资产本体，副标签安装于电网资产附近易于运维检修且不影响使用的位置，且主副标签应保持信息一致。

（a）二维码标签

（b）RFID 标签

图 2-13-3-4　配套使用的 RFID 和二维码实物 ID 标签

（三）电网实物 ID 技术框架

基础架构遵循国家电网有限公司“一平台、一系统、多场景、微应用”的整体技术规划，新增的功能采用微应用的开发技术要求，技术开发架构应基于国家电网有限公司应用系统统一开发平台（SG-UAP）进行开发，基于国网云平台进行部署。

基于全业务统一数据中心架构要求，结合各单位现有系统与支撑资产实物 ID 的信息化微应用建设要求，在处理域访问技术方面，基于服务总线、消息中间件以及统一数据访问服务等技术实现实物 ID 建设相关业务数据库访问。

对于实物 ID 建设分析应用，遵照全业务统一数据中心分析技术框架整体要求，数据源采用定时抽取、同步复制、实时接入、文件采集等方式进行数据获取，并通过统一分析服务实现基于实物 ID 的资产全寿命周期专题分析。

（四）电网实物 ID 技术应用

电网设备以实物 ID 为索引，贯通电网实物资产信息在规划设计、物资采购、工程建设、运行维护、退役处置等各业务环节的信息，提高基于数据的电网资产精益化管理水平，服务和支撑资产全寿命周期管理深化建设。

1. 设备质量信息分析

将设备在监造、出厂试验、抽检、建设安装、运维检修等各环节发现的质量问题，相关专业人员通过扫描实物 ID 提报到质量信息平台，实现各环节的质量信息填报入口统一化，实现设备全寿命周期质量问题的综合分析，为招标环节供应商质量评价提供基础数据。

2. 电子签章单体收发货

通过扫描实物 ID 自动进入电子签章签收模块，线上实时完成实物 ID 信息核查、货物交接单、到货验收单、投运单、质保单、结算单据的签署，将线下纸质单据转化为线上电子单据管理，简化和规范业务流程，有效提高了内外部人员的业务协作效率，保障了实物 ID 源头管控质量。

3. 交接试验报告结构化录入

调试单位人员利用微应用扫描实物 ID 编码标签，获取设备相关信息，实现对工程设备的调试报告、试验报告等信息维护功能，并对调试报告、试验报告数据进行结构化存储。

4. 移动巡检功能应用

（1）巡视签到确认。巡视人员通过扫码，确认已经巡视过的设备，同时确保值守或者保电时，运行人员到岗到位。

（2）现场查看维护设备信息。保证运行人员快速调阅监测数据、设备参数、缺陷/隐患记录、故障记录、运行记录等信息。

5. 设备生命大事记分析

基于实物 ID 追溯设备投运前端环节信息，将规划、采购、生产、验收、运维等重要节点信息引用至 PMS2.0 生命大事记模块，以实物 ID 为主线，开展基于生命周期的综合统计分析，初步实现以物资采购批次为维度，统计分析同批次设备在运行过程中发生的缺陷、故障，对出现问题较多的供应商进行评价，对同批次其他设备状态评价提供参考意见，彻底打通了设备制造、建设及运检环节的信息壁垒，真正实现信息可追溯，为智能运检大数据分析提供有力支撑。

6. 电网设备智能盘点

以单条输电线路、单个变电站、单条 10kV 线路、单个小区为单元，根据管理要求定期推送盘点任务，根据巡视运维周期灵活安排盘点时间，将资产盘点工作化整为零，进一步探索智能盘点结果的财务决策作用，结合大数据技术与电网资产管理的融合，降低资产

管理风险，提升资产基础管理的质量和效率。

7. 资产健康指数测算

通过实物ID建设获取资产设备的运行信息、故障信息、缺陷信息以及外部环境信息（地理位置、其他导致设备停运的因素），通过电网资产健康评估模型预测设备未来停运的概率，为电网设备检修计划提供决策依据。未来可使用物联网监控获得更多的实时数据，利用深度学习算法提高预测的准确度。

第四节　运检数据处理技术

一、运检大数据处理流程和国网大数据平台

（一）运检大数据处理流程

运检大数据处理基本流程如图2-13-4-1所示。

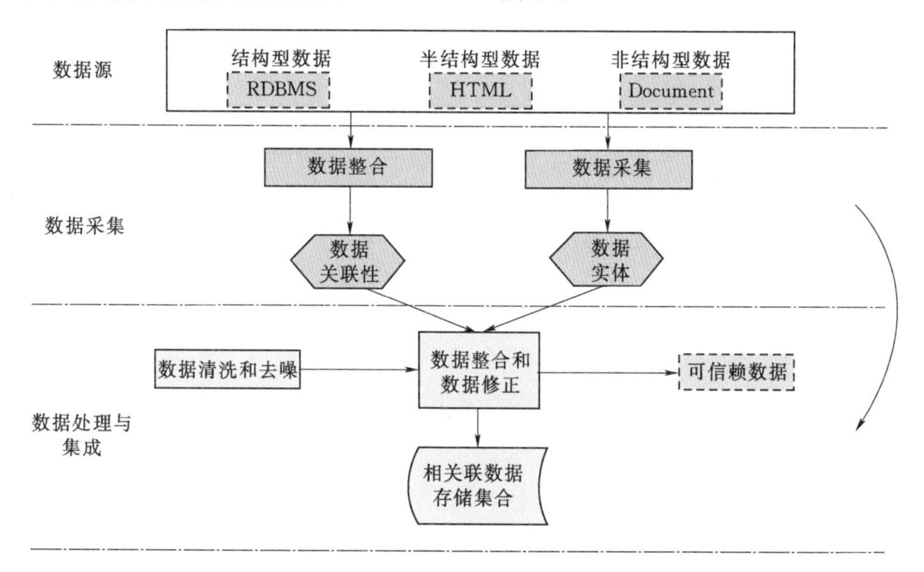

图2-13-4-1　运检大数据处理基本流程

运检大数据处理流程一般包括数据采集、数据整合、数据清洗、数据存储等步骤。其中数据采集基于大数据的设备特征量和缺陷或故障模式之间的相关关系，实现设备关键特征量优选，确定需抓取的数据类别，制订数据抓取策略，从PMS、主站系统、调度系统等信息平台获取数据；数据整合通过对多元数据集成技术，实现多元离线数据、实时数据和视频信息数据的集成整合，形成设备状态分析数据档案，为充分利用这些数据资源实现设备集中监控、设备状态评价、故障诊断等应用奠定基础；数据清洗首先检测出异常数据，再对检测出的异常数据进行处理，通过基于统计与趋势分析、相关因素分析等技术，实现数据清洗；最终形成可信赖数据，实现在运检大数据平台的有效存储，为下一步高级应用及分析提供基础。

（二）国网大数据平台

（1）随着智能电网的建设与发展，电力设备状态监测、生产管理、运行调度、环境气象等数据逐步推动电力设备状态评价、诊断和预测向基于全景状态的综合分析方向发展。然而，影响电力设备运行状态的因素众多，爆发式增长的状态监测数据加上与设备的状态密切相关的电网运行，电网运检数据具备数据来源多、数据体量大、类型异构多样、数据关联复杂等特征，属于典型大数据，传统的数据处理和分析技术无法满足要求，亟须借助大数据技术开展数据的处理、分析、融合，支持设备状态评估、风险预警、决策指挥等。

（2）智能运检的大数据分析主要是指获取大量设备状态、电网运行和环境气象等电力设备状态相关数据，基于统计分析、关联分析、机器学习等大数据挖掘方法进行融合分析和深度挖掘，从数据内在规律分析的角度挖掘出对电力设备状态评估、诊断和预测有价值的知识，建立多源数据驱动的电力设备状态评估模型，实现电力设备个性化的状态评价、异常状态的快速检测、状态变化的准确预测以及故障的智能诊断，全面、及时、准确地掌握电力设备健康状态，为设备智能运检和电网优化运行提供辅助决策依据。

（3）国网大数据平台于2015年在国网山东、上海、江苏、浙江、安徽、福建、湖北、四川、辽宁电力及国网客服中心10家试点单位实施，取得了集技术、平台、应用于一体的系统成果与技术创新，在多源数据统一存储、计算资源动态分配与隔离、统一数据对外访问等方面实现了技术创新，首次设计出电网企业一体化全业务模型，模型运行效率与精度同传统方式相比有较大提升，为公司各专业基于平台开展大数据分析与应用提供便捷手段。

（4）国家电网公司大数据平台架构如图2-13-4-2所示。

国网大数据平台分为基础运行平台和管理工作平台，基础运行平台提供数据存储、计算、整合能力；管理工作平台提供基础运行平台的配置和运行管理功能。国网大数据平台对外提供的能力如下：

1）应用安全管理。提供平台各业务应用的定义、身份标识、资源配额等管理能力。

2）数据存储。提供分布式文件、列式数据库、分布式数据仓库、关系型数据库等数据存储能力。

3）数据计算。提供批量计算、内存计算、查询计算、流计算等计算能力和资源共享、隔离能力。

4）数据管理。提供元数据管理和分布式数据管理能力。

5）数据整合。提供离线数据抽取、实时数据接入等数据整合能力。

6）作业任务调度。定时调度平台数据传输任务、各类计算任务执行。

（5）大数据平台存储计算组件实现全业务的量测数据、非结构数据的统一存储和分析计算，逐步实现一次存储，多处使用。采用HBASE存储用采、调度、输变电、计量、供电电压等采集量测数据，采用HDFS存储文档、音视频等非结构化数据，如图2-13-4-3所示。

二、运检数据采集技术

运检数据采集主要根据需抓取的数据类别，制订数据抓取策略，从PMS系统、主站

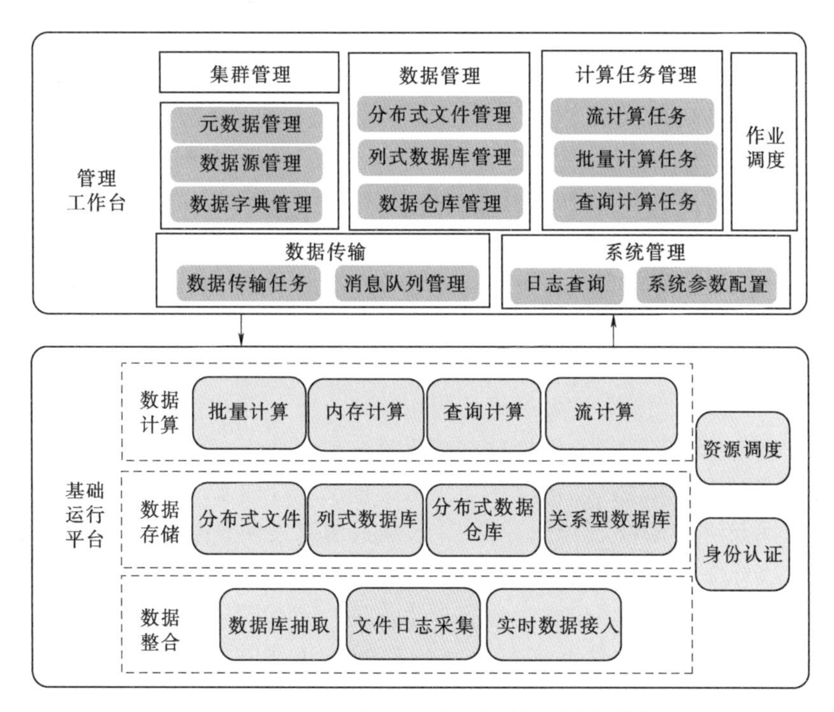

图 2-13-4-2　国家电网公司大数据平台架构框图

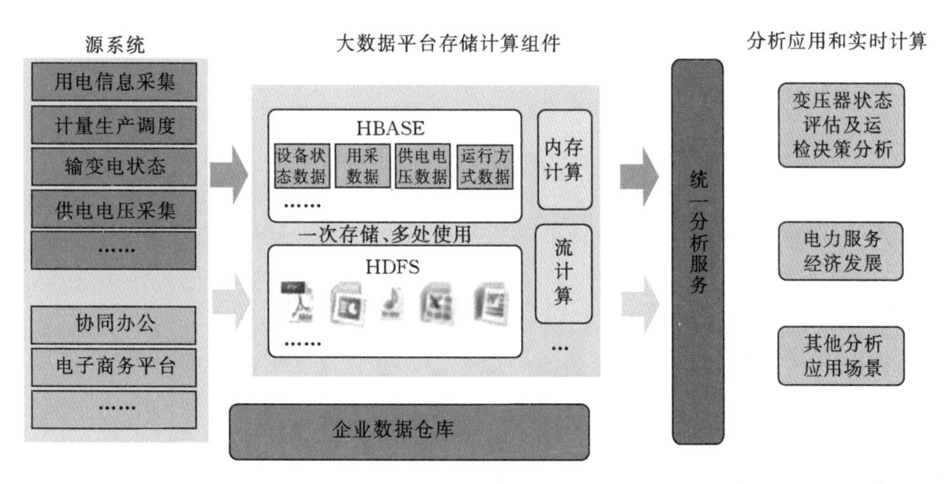

图 2-13-4-3　国家电网公司大数据平台数据采集、存储计算和分析应用

系统、调度系统等信息平台获取数据，主要包括了跨时区数据集成、跨系统数据集成以及视频信息数据融合。

（一）数据抓取方式

基于大数据分析的设备状态评估所需要的数据包括基础技术参数、巡检和试验数据、带电检测和在线监测数据、电网运行数据、故障和缺陷数据、气象信息等，完全涵盖能够直接反映与间接反映设备状态的信息。数据抓取方法主要有以下几种：

（1）XML 文件方式。

（2）远程浏览方式。

（3）数据中心+E文件方式。

（4）消息邮件+E/G文件方式。

（5）消息邮件+WF文件。

（6）告警直传方式。

（二）跨区实时数据集成方法

为充分利用电力设备的实时运行数据，设备状态监测平台需要进行实时数据的跨区集成。传统的方法有以下两种：

（1）采用耦合性较强的数据接口方式，即设备状态监测平台直接与各专业子系统主站进行数据交互。这种方式对各主站系统的影响较大，当有实时数据刷新时主站系统都要调用数据接口进行数据交互。当数据接口有变化时，主站系统又需要进行接口升级。特别是对于稳定性和可靠性要求很高的调度自动化系统来说，这种方式的实用性较差。

（2）采用耦合性较弱的文件传输方式，即通过制定某种数据标准规范，各专业子系统主站周期性生成符合该种标准规范的数据文件，并传输给设备状态监测平台。这种方式可以减少对各主站系统的影响，但数据的实时性较差。特别是对于部署在电网安全区的调度自动化，周期性生成数据文件并通过物理隔离器传送到电网安全Ⅲ区，整个过程耗时较长。

针对传统方法的缺点，提出了基于实时数据库的电力设备实时运行数据集成应用方法，根据调度自动化的电网运行数据和在线监测数据的特点采用了以下方法进行集成。

1. Ⅰ区电网运行数据的集成

设备状态监测平台部署在电网安全Ⅲ区，与调度自动化系统之间需要通过物理隔离器进行通信。通过在电网安全区和Ⅲ区分别部署一套实时数据库来实现集成应用。

2. Ⅲ区在线监测数据的集成

由于各个在线监测系统的后台软件系统各自独立、互不兼容，使用时需要反复在不同系统之间切换，效率低下。当设备厂家不断增多时，将会给实际使用人员带来巨大麻烦，严重影响各系统的可用性。另外，目前各在线监测系统部署分散，有的部署在各变电站，有的部署在各区县局，有的甚至部署在厂家。各单位部署部门也各不相同，造成信息分散、难以有效利用的局面。

整合站端在线监测数据有两个方案，第一个方案是设备状态检修分析系统直接与各专业在线监测系统主站通信，采用界面集成等方式接入在线监测数据。此方案若成功接入一套专业在线监测系统，则可接入其涵盖的站端在线监测设备。但此方案存在建模多头维护、台账一致性问题，数据可用性低。如果协调各厂家配合，按照标准规约、建模规范进行系统主站改造，则需要制定多系统台账变更/维护的管理规定规范各系统运维策略，后期需要投入大量的精力进行管控和协调，工作量大，项目工期长。第二个方案是在站端采用IEC 61850实现在线监测数据的整合。此方案的数据可用性高，可形成自动化运维过程，后期管控压力小。在站端采用已成熟应用的IEC 61850实时接入各在线监测装置的数据，并保存到站端实时数据库。通过周期上传、变化上送、总召等方式实现站端在线监测数据的上传，在线监测数据统一保存至主站端实时数据库。主站端实时数据库为设备数据

一体化管理平台的进一步应用提供实时数据服务。整个过程的数据交互都是基于 IEC 61850 和实时数据库接口标准，在实际工程管理中可以减少针对各类在线监测系统数据接口规范的协调工作。

（三）跨系统数据集成方法

运检大数据平台以 ECIM 模型为标准，基于适配器模式，建立多层数据仓库的模型集成框架。数据集成框架主要分为关系数据适配器、实时数据适配器、XML 适配器、协议适配器、统一模型管理器五大组件。

通过建立基于 ECIM 模型的统一模型框架，统一了调度 SCADA 系统、子站在线监测系统，生产管理系统台账，形成多维度的主模型，并存储于集成框架的数据仓库中。同时，建立的主模型又分为多个层级：系统集成层、变电站接入层、站端接入层、数据集中接入层。该方式可以灵活的集成异构系统、多变电站、多站端接入装置、站端多个数据集中装置等不同层次关系的异构数据，实现多层次的数据仓库体系。

而数据集成方式则通过关系数据视频器、实时数据适配器、协议适配器 XML 适配器实现。

（四）视频信息融合方法

视频信息集成了变电、输电等多种图像视频的应用，在监控后台集中展示和分析，实现了多视角、多方位，全面而客观地展现电网的运行状态。传输方式上，输电杆塔上涉及多种传输方式，输电隧道视频、变电站内视频则采用从多个第三方厂家集成的方式，集成方式多样，给集成带来一定的难度。不同时期、不同厂家建设的视频系统、摄像头等，传回的码流存在一定的私有码流，在系统集成、新摄像头接入时带来一定问题。

1. 视频信息流压缩技术

RTSP（Real Time Streaming Protocol）是用来控制声音或影像的多媒体串流协议，并允许同时多个串流需求控制，传输时所用的网络通信协定并不在其定义的范围内，服务器端可以自行选择使用 TCP 或 UDP 来传送串流内容，它的语法和运作跟 HTTP1.1 类似，但并不特别强调时间同步，所以比较能容忍网络延迟。

H.264 视频压缩技术有低码率、图像质量高、容错能力强、网络适应性强的特点。与其他现有的视频编码标准相比，在相同的带宽下 H.264 视频压缩技术提供更加优秀的图像质量。通过该标准，在同等图像质量下的压缩效率比以前的标准（MPEG2）提高了 2 倍左右。

另外，H.264 编解码技术的另一优势就是具有很高的数据压缩比率，在同等图像质量的条件下，H.264 的压缩比是 MPEG－2 的 2 倍以上，是 MPEG－4 的 1.5～2 倍。压缩技术将大大节省网络数据流量和视频稳定性，具备占用带宽少，清晰度高的特点。

2. 私有码流融合技术

由于电网视频监控系统在不同的建设时期选用了不同的技术和不同厂家的产品，导致了标准不统一、技术路线不一致等问题。以输电视频监控所使用的摄像产品来说，每个厂家都针对 RTSP 流的压缩进行了特殊的优化，往往需要使用厂家的解码器才能对视频数据进行解码，给视频集成带来一定难度。在研究 H.264 视频压缩技术细节后，提出厂家提供的码流必须支持 H.264 Baseline Profile，不得包含私有数据格式，音频编解码统一采

用 ITU－TG711，解决 RTSP 私有码流集成的问题。编解码的具体要求为：

（1）编码模式：应支持双码流编码模式，即实时流（主码流）和辅码流；辅码流支持 3GPP 流封装。

（2）分辨率：实时流的视频分辨率应至少达到 4CIF，辅码流的视频分辨率应支持 CIF、QCIF 或 QVGA。

（3）码流带宽：实时流带宽至少为 128kbit/s～4Mbit/s，辅码流带宽至少为 64kbit/s～1Mbit/s。

（4）封装格式：实时流和辅码流支持 PS 流封装。

3. 跨系统的视频信息集成技术

输电视频监控通过整合各厂家、各类接入方式的视频监测数据进行集中化展现和控制。

采用 RTMP（Real Time Messaging Protocol）实时消息传送协议作为播放器和服务器之间音频、视频和数据传输协议，采用统一 SDK 进行云台控制视频信息和控制信息数据流向。三种接入方式如下：

（1）视频接入单元接入，通过 WIFI 传输的视频数据接入就近变电站内的输电接入单元，视频接入单元接入与状态监测子站无缝集成，将数据接入综合数据网将传输回视频监控平台。

（2）3G4G 方式的专网接入，视频信号使用专网手机卡，通过 APN 通道接入内网，传输到输电监控平台。

（3）独立视频服务器接入，将已完成建立单独的视频服务器通过综合数据网将视频信息传输到视频监测平台。

正由于上述集成方式复杂，接口往往难以统一，系统在充分调研需求的基础上，和集成厂家开展了多次技术交流，统一了 3G、WiFi 接入摄像头的接口，功能上实现了电源控制、云台控制、告警、获取播放地址等应用功能。统一 SDK 后视频前端装置具有两个 IP 地址，一个 IP 地址归球机电源控制单元所有，视频服务软件可通过规约解析软件向视频前端装置发送电源控制指令，规约解析软件与视频前端装置之间通信采用 UDP 协议并遵循国网输电线路状态监测系统通信规约。另一个 IP 地址归球机所有，视频监控系统只有通过球机电源控制单元给球机上电后，才可以通过这个 IP 地址按照 ONVIF 协议控制球机浏览实时视频。

三、运检数据整合技术

运检数据整合首先需要对采集到的半结构化、非结构化运检数据进行处理，并对运检数据规范化处理，为电网设备状态评价、故障诊断、风险预警等高级应用提供基础，在此基础上根据高级应用对需要用到的基础数据开展相关关系分析，优选关键特征量，最终形成每个高级分析应用数据集合。

四、运检数据清洗技术

运检数据分别来自不同的信息系统，其获取方式也不尽相同，由于大量台账、缺陷、

巡检、试验等数据通过人工录入的方式进入系统，以及停电试验、在线监测、带电检测等数据因为检测仪器的稳定性和可靠性不满足要求，不可避免存在部分异常数据，该部分数据影响了大数据分析的准确性，大大降低运检数据的实用性。为了提高运检数据应用效果，保证分析结果可靠，必须通过数据校验和无效数据剔除即数据清洗技术提升数据质量。

数据校验和无效数据剔除的前提是异常检测，首先检测出数据中的异常点，再进一步对异常点进行校验和剔除。目前异常检测的主要目的是找出数据中没有统计意义的或无法进行数据质量提升的数据。这些异常数据的情况主要包括：①某段时间内无数据上传，导致存在大量无记录空白区域；②某段时间内上传数据始终不变，与被监测设备状态明显不符的值，或存在明显错误区域；③存在不合理数据（负值和超量程数据）；④由于干扰、测量设备故障等情况下出现的奇异值；⑤数据中存在一定比例随机噪声，导致数据的直观趋势不明显；⑥与其他数据相比存在矛盾的数据。

对典型区域、同类同型输变电设备、同厂家监测装置的状态数据等进行统计分析，得出数据的分布特征，再根据发布特征，重新对数据进行校验。校验方法包括基于 MCD 稳健统计分析的数据校验模型、基于动态阈值的数据校验模型、基于知识发现的在线监测的注意值计算方法、基于相关因素分析的数据校准模型和置信度分析模型等。

第五节　电网故障诊断和风险预警技术

一、电网故障定位技术

（一）智能化的电网故障定位技术

故障准确诊断和风险及时预警是保障电网安全运行的重要环节之一，传统的故障诊断和风险预警主要基于运检人员现场查勘和经验判断，工作效率低，及时性不高，不利于快速恢复供电和电网抗灾应急决策。随着信息新技术、新装备的发展，使得电网故障快速诊断、风险综合智能评估成为现实。

故障定位技术根据其采用的定位信号分为稳态量定位法和暂态量定位法。稳态量定位法的原理是以测量到的线路故障电流及电压信号为基础，根据线路及系统负荷等参数，利用长线传输方程、欧姆定律、基尔霍夫定律列出电压及电流方程，求解故障位置。暂态量定位方法以暂态故障行波分量为基础，当系统内某条线路出现故障时，故障点产生的电压或电流行波以接近光速在整个输电网传输，在传输过程中，经过阻抗不连续的位置如变压器、母线和其他使线路阻抗发生变化的节点时发生反射和折射，安装在线路或变电站内的暂态信号检测装置检测到行波信号后，根据电压或电流行波传输时间和线路拓扑等数据进行计算，确定故障发生的位置。

（二）输电线路网络行波技术

电力系统发生故障、雷击或倒闸等操作时会产生暂态行波信号，变电站内母线或输电线路等位置安装的行波采集装置可检测到行波信号，其中包含有丰富的故障信息（包括故障发生时间、故障位置、故障类型等)。网络行波测距系统包括线路检测装置、变电站系统分站后置机、地市子站、省主站等，各地市的线路故障行波信息和结果只存在其本地数据库中，对于跨区域线路无法实现双端定位，地市线路故障行波信息传送至省主站后，由主站进行统一分析、统一管理，可实现跨区线路双端定位等功能。

统一平台作为系统数据存储、分析的中心点；分站安装于各地市公司，作为系统运维管理支撑点及行波数据中转站，分站非必需，可以不建。子站安装于各变电站或线路铁塔，主要起到行波型号采集的作用。

国家电网公司对输电线路故障跳闸十分重视，在各种规程中均提出，无论跳闸是否重合成功，必须找到故障点，并分析故障原因。对于地形复杂的中西部地区，由于输电线路通道资源十分紧张，存在大量经过崇山峻岭及无人区的输电线路，在故障定位不准确的情况下，故障查找十分困难。因此网络行波测距系统由于其相较传统定位技术在定位精度上的优势，被视为破解线路运维难题的重要技术手段。

(三) 输电线路分布式行波技术

分布式行波技术采用的是分布式故障测距方法，对于故障电流行波的检测采用多点分布式检测方法，由安装在输电线路上的监测装置检测导线故障电流行波传输时间实现。通过沿输电线路安装若干个检测装置进行电流行波波头检测，利用故障电流行波到达时间进行故障定位。监测节点可以沿线分布部署，利用故障电流行波及其折、反射波的波头到达时间获得波速信息，提高测距精度，减少洞穴和盲区，消除系统运行方式的变化、线路参数的变化、过渡电阻造成的测量精度不准确，简化分析计算。

二、电网故障诊断技术

电网的故障诊断主要是对于电网设备的故障诊断。目前常用的电网设备故障诊断方法是通过例行试验、在线监测、带电检测、诊断性试验进行综合分析判断，主要的思路是融合设备的化学试验、电气试验、巡检、运行工况、台账等各种数据信息，建立故障原因和征兆间的数学关系，从而通过计算推导主要设备的潜伏性故障。具体诊断方法有基于设备故障树诊断方法、基于多算法融合的设备故障诊断模型、基于案例规则推理的设备故障诊断模型。

故障树分析（Fault Tree Analysis，FTA）又称事故树分析，是安全系统工程中最重要的分析方法。事故树分析是指从一个可能的事故开始，自上而下、一层层地寻找事件的直接原因和间接原因，直到基本原因，并用逻辑图把这些事件之间的逻辑关系表达出来。

三、电网灾害风险评估及预警技术

(一) 冬季寒潮和输电线路覆冰风险预警技术

冬季输电线路覆冰灾害严重影响电网安全。针对电网的大面积覆冰灾害，利用现有的气象数值预报工作模式开展覆冰风险预警，同时结合输电线路覆冰在线监测数据开展覆冰气象预报与导线覆冰厚度预测，结合实际线路的设计参数开展覆冰风险评估。整个预警流程可分为寒潮预报、导线覆冰监测、覆冰增长特性分析、基于高度变化的覆冰模型修正、覆冰风险评估及预警5个环节。

（二）雷雨季节输电线路雷击风险评估技术

在高压和超、特高压输电线路运行的总跳闸次数中，由于雷击引起的跳闸次数占40%～70%，尤其是在多雷、土壤电阻率高、地形复杂的山区，雷击输电线路而引起的事故率更高，雷电已成为影响输电线安全稳定运行的主要影响因素。因此，输电线路防雷评估一直是输电线路运行管理的重要内容。

输电线路雷电定位系统经过多年发展和建设，已具备开展塔位级雷击风险智能评估的基础条件，可以提供精确的塔位级落雷密度和雷电波形参数。通过电网生产管理系统PMS、电网三维GIS信息系统等多个系统的信息融合和数据提取，可以在准确获知线路与杆塔设备参数的基础上，结合所处地理环境落雷特征，实现线路雷击风险的评估。基于电网信息化水平的大幅提升，实现线路各基杆塔雷击风险的差异化评估，为制订线路防雷差异化改造方案提基础。

（三）台风灾害监测预警技术

根据台风中心距离线路的直线垂直距离进行预警。假设设定预警距离值为L，当台风中心位置离线路直线垂直距离大于L时，为台风灾害远距离告警区；当小于L时，为台风灾害短距离临近告警区；当台风灾害处于短临告警区域时，结合输电线路杆塔抗风特性数据库及1km×1km台风气象预报结果，发出台风灾害越限告警。当预报台风路径接近输电线路通道时，系统开始对台风中心附近的输电杆塔塔材应力开展计算，根据计算结果按照危险等级划分标准，给出不同的预警等级。

由于输电杆塔构件应力设计值与杆塔材质、荷载分布有关，需要提前收集重要输电通道线路杆塔全部塔型的设计文件资料，包含计算所需的必要参数，再进行应力分布计算，并提前将不同风速作用下的应力分布结果存入数据库。

根据线路通道的重要等级，不同等级线路的阈值设定方法不同。对于重要通道线路，按照杆塔受力分析，针对杆塔塔材受力情况分级预警。对于非重要通道线路，当线路区段风速超过设计风速80%时，发出蓝色级风偏风险预警；当线路区段风速超过设计风速90%时，发出黄色级风偏风险预警；当线路区段风速超过设计风速100%时，发出橙色级风偏风险预警；当线路区段风速超过设计风速110%时，发出红色级风偏风险预警。对于重要通道线路，当线路区段风速超过设计风速100%时，发出蓝色倒塔风险预警；当线路区段风速超过设计风速105%时，发出黄色倒塔风险预警；当线路区段风速超过设计风速110%时，发出橙色倒塔风险预警；当线路区段风速超过设计风速115%时，发出红色倒塔风险预警。

（四）地质灾害监测预警技术

由于地质灾害成灾机理非常复杂、影响因素众多且影响权重不一，无论从监测或预警的角度都不能依托某一类型的监测数据进行决策。目前输电走廊地质灾害监测、预警、评估和治理主要依赖于地质灾害相关监测数据，获取这些数据的方法包括卫星遥感、无人机遥感、地质雷达、地表传感等各类技术手段。因此，输电通道地质灾害监测的总体思路是：利用多波段、多空间的各类传统及先进监测技术手段，对目标区域和点位进行持续监测，并通过对多类监测数据的分析和验证，获得经济性、准确性兼具的输电走廊地质灾害监测，构成“天、空、地”地质灾害监测体系。

（1）“天”。卫星遥感，指 DInSAR 监测。

（2）“空”。航空遥感，指机载 LiDAR 监测。

（3）“地”。地面监测，指光纤传感技术。

（五）输电线路舞动预警技术

1. 主要影响因素

（1）舞动经常发生在每年的冬季至翌年初春，多伴随冻雨或雨夹雪的天气。

（2）发生舞动的气温大多在－6～0℃范围内，导线上覆冰多为雨凇形式。

（3）发生舞动的导线覆冰厚度一般在 2～25mm 范围内，且为偏心覆冰。导线偏心覆冰厚度约 15mm，覆冰断面形状为新月形（或 D 形），是非常典型的易于舞动的覆冰类型。

（4）风激励是导线舞动的另一必要条件。通常线路舞动时的风速一般在 4～25m/s 内，风向与线路夹角大于 45°。

（5）线路结构参数，如张力、弧垂、挡距长度、导线分裂数等均会对线路舞动产生影响。相同环境条件下，分裂导线比单导线更易发生舞动，分裂导线大挡距更易于舞动。

（6）在易于形成稳流大风，且当线路走向与风向夹角大于 45°的开阔地带线路更容易起舞，其他具有风场加速效应的峡谷、迎风山坡、垭口等微地形区域也是容易发生舞动的地区。

（7）线路舞动是一种低频、大幅值振荡的形式，持续时间由数小时到数天不等，可能造成的危害有线路停电跳闸、断线、杆塔结构受损甚至倒塔等，停电时间长、抢修恢复困难。

2. 输电线路舞动预测预警及风险评估的目标

针对上述特点，可以确定输电线路舞动预测预警及风险评估的目标如下：

（1）输电线路是否发生舞动，即舞动发生的概率。

（2）线路舞动的受损风险，即线路舞动的危害。

3. 架空输电线路舞动预警系统的建设

在大量历史舞动事件的数据分析以及多因子关联特征建模的基础上，结合气象数值预报技术与电网 GIS 信息系统，利用舞动数值仿真计算和智能算法实现线路舞动的预测预警。

（六）输电线路通道山火预警技术

输电通道的山火预警可以分为山火天气预报、山火发生预报和山火行为预报等三种形式。山火天气预报不考虑火源因素，只是预报天气条件引起火灾可能性的大小；山火发生预报是综合考虑天气条件、可燃物的干燥程度和火源出现规律等因子来预测预报火灾发生的可能性；山火行为预报是指当火灾发生后，预测预报山火的蔓延速度和方向、释放的能量、火的强度以及灭火工作的难易程度等。输电线路走廊山火风险评估属于山火发生预报的范畴。

（七）输电线路通道树障风险评估及预警技术

清理树障已成为保障电力设施安全运行的一项重要工作。近年来，随着输电线路在线监测技术的发展，无人机巡检、倾斜摄影和激光雷达扫描逐步应用于架空输电线路走廊树障监测，提高了线路运维单位树障隐患及时感知和预知能力，支撑、指导运维单位及时开

展树障消除措施。

（八）绝缘子污秽变化和风险评估技术

绝缘子的污闪是一个复杂的过程，通常可分为积污、受潮、干区形成、局部电弧的出现和发展四个阶段。为了防止发生绝缘子大面积污闪事故，通的做法是开展绝缘子盐密变化的长期监测，通过绝缘子盐密测量和数据分的方法，研究积污发展规律和特征，制订合理的清洗策略。目前广泛采用的污秽评估方法是基于污秽在线监测装置及人工盐密、灰密测试结果，按照阈值法进行污秽等级判断；或者采用喷水法，通过观察水滴在被测设备表面的形态实现污秽等级的划分。但该方法耗时耗力，不能满足大规模快速评价的要求。国网四川省电力公司基于聚类分析的污秽风险评估方法，按照污秽变化规律、分级策略、风险评估，通过对污秽在线监测装置监测数据进行分类结果实现了不同污秽等级的快速评价。

四、电网气象环境预测预报技术

（一）电网气象环境预测预报技术特点

不同于国家气象部门的数值预测预报主要是针对人口密集地区和大众气象需求，电网气象环境的预报系统需根据预报区域的地理、天气、气候特征，结合电网特殊需求，对模式的动力、物理过程和气象观测资料同化等方面进行局地化调试和完善，以期获得针对电网需求的关键气象要素的预报结果。随着数值天气预报技术的快速发展和计算机速度的不断提升，数值天气预报的精度不断提升，且越来越多地应用于电网气象环境领域。

（二）电网气象预报方法

电网气象预报使用的数值天气预报技术的原理是将描写天气运动过程的大气动力学和热力学的偏微分方程组进行数值离散化，然后获取反映大气当前动力和热力状况的初始场和边值场，并输入离散化偏微分方程组进行数值求解，在计算的同时添加各种微尺度物理过程的参数化方案，然后利用观测数据对计算进行同化和订正，最终得到随时间演化的未来预报场。

（三）电网气象预报模型

数值天气预报的技术流程目前已形成了成熟的、可移植的集成模型，即数值天气预报模式。数值天气预报模式分为两种：一种是大尺度的全球模式，另一种是中尺度的区域模式。全球模式的目标是求解全球的天气状况。区域模式的目标在于求解局地几百几千千米范围的局地天气状况。区域模式一般采用格点差分计算方法，并从全球模式的预报场中提取背景场进行动力降尺度，其预报精度依赖于全球模式的预报精度，但由于区域模式的分辨率较全球模式更为精细化，且能吸收更多的包括雷达等观测数据，因此预报结果较全球模式更为精确，目前较为著名的区域模式包括美国的 WRF、MM5、MPAS 等。随着大规模集群计算能力的提升，观测站点的增加、数值计算方法和气象理论的深入研究，数值天气预报的准确度不断攀升。电网气象环境属于局地区域预报，需要的主要是区域模式。数值天气预报技术主要包含数据输入及预处理、主模式、后处理三个部分，如图 2－13－5－1 所示。

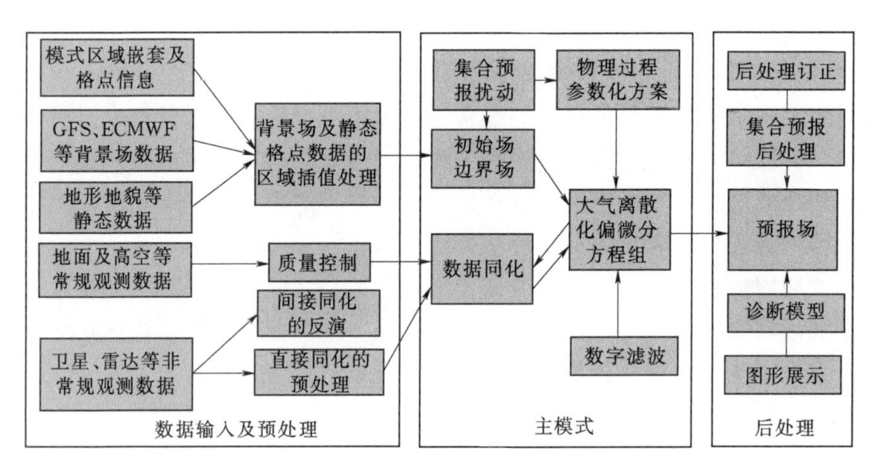

图 2-13-5-1　区域数值天气预报技术集成体系

（四）气象环境预测预报应用

使用数值天气预报技术可以对电网气象环境要素，如降水量、风速、风向、气温等要素进行定点、定时、定量预报，提升气象信息的实用性和可靠性。

第六节　输电设备智能化技术

一、智能输电设备的分类

（一）智能化高压设备组成和功能

智能化高压设备在组成上通常包括三个部分：①高压设备；②传感器或/和执行器，内置或外置于高压设备或设备部件；③智能组件，通过传感器或/和执行器，与高压设备形成有机整体，实现与主设备相关的测量、控制、计量、监测、保护等全部或部分功能。

随着新材料、新技术的发展，利用光、电等多种物理效应，具有高灵敏度、高稳定性、高可靠性的新型传感器技术以及新型结构原理的一次设备应用在电网设备中，实现电网设备的智能控制、运行与控制状态的智能评估等智能化功能。通过电网设备的感知功能、判断功能及行之有效且可靠的执行功能，使电网设备达到最佳运行工况。

（二）智能化输电设备分类

由于传统输电设备在进行远距离输电时具有可靠性差、输送效率低等缺点，很难适应新型能源发电的间歇性、分布式特点。因此该需求直接推动了智能输电设备的产生、发展和应用。智能输电设备主要包括以下三类：

1. 柔性交流输电设备

该类设备能够对输电系统的运行参数（如电压、阻抗、相位等）进行实时控制和调整，从而提高输电功率、降低输电成本、减少输电损耗。目前，已经应用的柔性交流输电设备有静止调相机、静止快速励磁器、串联补偿器以及无功补偿器等。

2. 柔性直流输电设备

该类设备主要为换流站和逆变站，实现交直流电之间的能量转换，即首先将发电厂产生的高压交流电转换为高压直流电，然后进行远距离传输，到达目的地后，再将高压直流电转换为高压交流电。与交流输电系统相比，直流输电系统具有稳定性高、损耗低等优势。

3. 高温超导输电设备

主要包括超导磁储能设备、超导限流器和高温超导直流输电电缆。该类设备利用超导体电力技术，减少关键部件的阻抗值，由于没有焦耳热损耗和交流损耗，从而降低电力系统的损耗，提高电力系统的稳定性和输电效率。

二、柔性交流输电

（一）问题的提出

我国幅员辽阔，能源分布与负荷中心之间不对称、不协调，需要远距离输电与构建跨区大电网。大电网有很多优越性，但毋庸置疑容易出现系统振荡、系统稳定控制、交直流混合电网协调、潮流调控能力、电压崩溃与电压稳定等问题，这都要求提高输电系统的输电能力和调控能力。柔性交流输电（FACTS）技术的出现，可以有效缓解以上问题。

（二）柔性交流输电技术的特点

柔性交流输电技术是在输电系统的主要部位采用具有单独或综合功能的电力电子装置，对输电系统的主要参数（如电压、相位差、电抗等）进行灵活快速的适时控制，以期实现输送功率合理分配，降低功率损耗和发电成本，大幅度提高系统稳定和可靠性。柔性交流输电技术其主要功能为：较大范围地控制潮流、保证输电线路容量接近热稳定极限；在控制区域内可以传输更多功率，减少发电机的热备用；依靠限制短路和设备故障的影响防止线路串级跳闸，阻尼电力系统振荡。

（三）柔性交流输电设备

柔性交流输电设备主要包括可控串补装置、静止无功补偿装置、静止无功发生器、统一潮流控制器等。

1. 可控串补装置（TCSC）

可控串补装置由阻尼装置、串联电容器组、控制保护装置、可控硅阀组及氧化锌非线性电阻等部分共同构成。可控串补设备关键技术包括高压平台上阀组制造与集成技术、串补系统各元件的保护原理与技术、光供电的电子式互感器技术及高压平台上的阀组触发、冷却、监视技术等。通过将可控串补技术应用于现代电力系统中，不仅有助于提高电力系统的输送能力、降低网损，而且还有助于保证潮流分布的均衡性及电力系统的稳定性。

2. 静止无功补偿装置（SVC）

静止无功补偿装置由电器组与空心电抗器并联组成，通过将空心电抗器与晶闸管串联，便可以控制晶闸管触发角达到控制流过空心电抗器电流的目的。静止无功补偿设备关键技术包括可控硅阀组的触发技术，多目标、多任务 SVC 综合控制技术及系统设计与集成技术等。通过将静止无功补偿技术应用于输电网中，既能够增加输电线路的输电能力，又能够起到调节电力系统电压、平衡三相电流的作用。同时，通过将静止无功补偿技术应用于配电网中，既有助于控制与系统的无功交换，增强电力系统的安全稳定性，又有助于降低配网损耗，增强供电质量。

3. 静止无功发生器（STATCOM）

静止无功发生器是一种平滑可控的动态无功率补偿装置，该项装置依托于全控器件的电压源型逆变器完成无功的吸收与发出。静止无功补偿器目前具有三种类型，即可控饱和电抗器型、自饱和电抗器型及相控电抗器型。静止无功发生器关键技术主要有基于全控器件阀组的冷却技术、基于全控器件阀组的触发技术、基于全控器件阀组的结构设计与制造技术及多目标、多任务静止无功发生器综合控制技术等。通过将静止无功发生器应用于现代电力中，既可实现动态快速连续调节无功输出，以满足功率因数补偿要求，又能够发挥超强无功补偿作用，以保证较快的响应速度。

4. 统一潮流控制器（UPFC）

统一潮流控制器依托于FACTS装置，采取多种有效方法统一控制电力系统的电压、阻抗及相角等多方面线路参数，以实现控制有功、无功潮流与等效阻抗的目的。统一潮流控制器关键技术包括柔性交流输电技术、换流技术等。通过将统一潮流控制器应用到现代电力系统中，能够达到独立控制输电线路中有功、无功功率的目的，对提高电力系统输电效率具有积极显著积极效应。

三、柔性直流输电

（一）直流输电工程的系统结构

直流输电工程的系统结构分为两端（端对端）直流输电系统和多端直流输电系统两大类。两端直流输电系统只有一个整流站（送端）和一个逆变站（受端），它与交流系统只有两个连接端口。多端直流输电系统与交流系统有三个或三个以上的连接端口，它有三个或三个以上的换流站。两端直流输电系统又可分为单极系统、双极系统和背靠背直流系统三种类型。目前直流输电工程主要应用在远距离大容量输电和电力系统联网两个方面，其主要特点与其两端需要换流和输电部分为直流这两个基本点有关，因此其发展与换流技术的发展有着密切的关系。

（二）已实现工程应用的柔性直流输电系统构成

目前，已实现工程应用的柔性直流输电系统包括两端型系统、三端型系统和五端型系统，其中两端型系统工程应用最多。两端柔性直流输电系统由两个电压源换流站和两条直流输电线路构成，如图2-13-6-1所示。

两端柔性直流输电系统由换流站、换流变压器、换向电抗器、交流滤波器、直流电容器等部分组成，其中每个电压源换流站主要包括电压源换流器VSC（Voltage Source Converter)、换流变压器（或换流电抗器）、直流侧电容器和交流滤波器。换流变压器是VSC与交流侧能量交换的纽带，同时也起到对交流电流进行滤波的作用。VSC直流侧电容器的作用是为VSC提供直流电压支撑、缓冲桥臂关断时的冲击电流、减小直流侧谐波；交流滤波器的作用是滤去交流侧谐波。两侧的换流站通过直流输电线相连或采用背靠背连接方式，一侧工作于整流状态，称为送端站；另一侧工作于逆变状态，称为受端站，两站协调运行共同实现两侧交流系统间的功率交换。两端换流站中的任一个既可以作整流站也

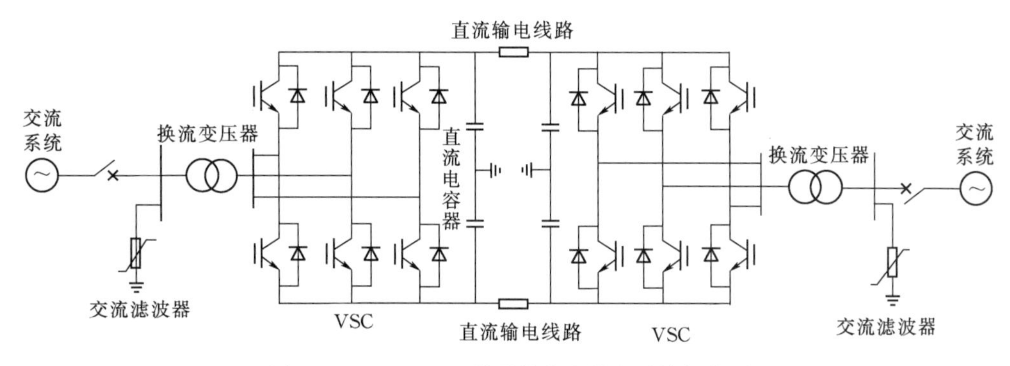

图 2-13-6-1　两端柔性直流输电系统拓扑图

可以作逆变站运行，功率可双向传输。

（1）换流变压器。换流变压器为电压源换流器提供合适的工作电压，保证电压源换流器输出最大的有功功率和无功功率。

（2）交流滤波器。因换流器输出的交流电压中可能会有一定量的高次谐波，通常应在换流母线处安装适当数量的交流波器，由于需要滤除的都是高次谐波，所以其体积和容量都较小，这也是柔性直流输电系统的一个技术优势。

（3）换向电抗器。换向电抗器是交流系统和电压源换流器之间进行功率传输的纽带，它在很大程度上决定了换流器的功率输送能力以及有功功率与无功功率的控制，同时也起到滤波的作用。

（4）电压源换流器 VSC。VSC 的使用是柔性直流输电区别于常规直流输电的关键部分，在桥臂中用可控电力电子管（IGBT、IGCT）取代了以往的晶闸管，使整个变流系统更加可控。

（5）直流电容器。电压源换流器直流侧储能元件，为换流器提供直流电压；同时可缓冲系统故障时引起的直流侧电压波动，减少直流侧电压纹波并为受端站提供直流电压支撑。

（三）柔性直流输电特点

（1）正常运行时，VSC-HVDC 可以同时而且独立地控制有功功率和无功功率，甚至可以使功率因数为 1，这种调节能够快速完成，控制灵活方便。而传统 HVDC 中控制量只有触发角，不可能单独控制有功功率或无功功率。此外，VSC-HVDC 不仅不需要交流侧提供无功功率而且能够起到 STATCOM 的作用，动态补偿交流母线的无功功率，稳定交流母线电压。这意味着故障时，如果 VSC-HVDC 容量允许，系统既可向故障系统提供有功功率的紧急支援，又可提供无功功率紧急支援，从而能提高系统的功角稳定性和系统的电压稳定性。

（2）VSC 电流能够自关断，可以工作在无源逆变方式，所以不需要外加的换相电压，受端系统可以是无源网络，克服了传统 HVDC 受端必须是有源网络的根本缺陷，使利用 HVDC 为远距离的孤立负荷送电成为可能。

（3）潮流反转时，直流电流方向反转而直流电压极性不变，与传统 HVDC 恰好相反。这个特点有利于构成既能方便地控制潮流又有较高可靠性的并联多端直流系统，克服了传统多端 HVDC 系统并联连接时潮流控制不便、串联连接时又影响可靠性的缺点。

(4) 由于 VSC－HVDC 交流侧电流可以被控制，所以不会增加系统的短路功率。这意味着增加新的 VSC－HVDC 线路后，交流系统的保护整定基本不需改变。

(5) 模块化设计使 VSC 的设计、生产、安装和调试周期大大缩短。同时，VSC－HVDC 采用 PWM 技术，开关频率相对较高，经过高通滤波后就可得到所需交流电压，可以不用变压器，从而简化了换流站的结构，并使所需滤波装置的容量也大大减小。换流站的占地面积仅约同容量下传统直流输电的 20%。采用新型（XLPE）直流电缆，可以直接安装在现有交流电缆管内，从而使输送容量提高约 50%。

四、光纤复合架空相线

（一）光纤复合架空相线（Optical Fiber Phase Conductor，OFPC）结构

OFPC 是将传统的架空导线中心的受力构件中的一根或多根钢芯线，换成由穿入不锈钢管的光纤单元替代，再与多根铝包钢线绞合后构成架空相线的中心加强芯，外层再绞合两层绞向相反的铝（或铝合金）线，构成导电线路，从而组成光纤复合架空相线实现输电与通信的双重功能。与光纤复合架空地线（OPGW）比较，共同点都是绞合了一个光纤单元；不同的是 OFPC 绞合于架空导线中，具有导线和通信的双重功能，后者绞合于架空地线中，具有地线和通信的双重功能。图 2－13－6－2 为光纤复合架空相线（OFPC）的结构剖面示意图。

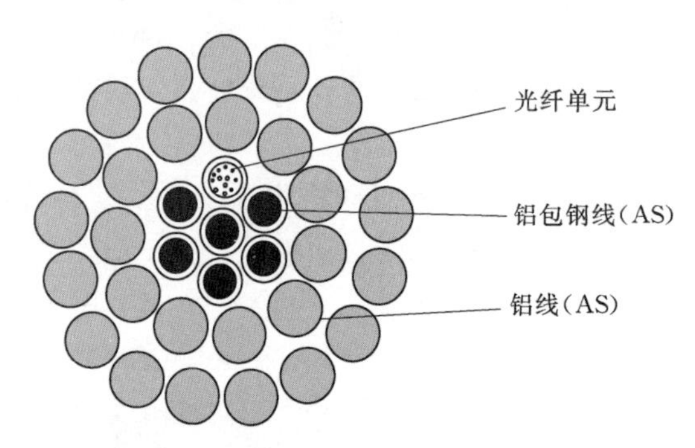

图 2－13－6－2　光纤复合架空相线（OFPC）的结构剖面示意图

（二）OFPC 的优势

OFPC 通信是具有技术先进、安全可靠、节能效果显著的新型通信方式。OFPC 作为架空相线架设，既输送电能，又作为光纤通信使用，不需要另外架设通信线路就可实现变电站之间的通电和通信。与普通架空光缆相比，OFPC 为全金属结构，提高了耐腐蚀性，延长了使用寿命。与光纤复合架空地线（OPGW）相比可以达到显著的节能效果，减少电能损失。同时可以利用光纤测温技术实现 OFPC 的实时温度在线监测功能，为输电线路状态监测、动态增容提供了新的技术手段。

（三）OFPC 光纤测温技术原理及其特点

1. OFPC 光纤测温技术原理

OFPC 光光纤测温是利用拉曼反射原理和光纤材质的光敏性对温度的变化进行实时监测的，可以充分掌握线路的运行状态，并通过温度的变化有效干预线路电流变化；同时，OFPC 测温技术的应用，也对冬季在线融冰、融雪创造了条件。

拉曼反射测温原理是向被测试光纤发射光脉冲，光脉冲通过光纤时一部分光会偏离传播方向并向空间散射，利用散射光回波延时测定测试点的位置。同时由于散射回波的强度受温度变化影响，可根据反射回来的光的强度计算出测试点的温度。利用以上原理，可计

算出线路测试点的温度计位置。

光纤光栅测温原理是通过特殊加工方式，使光纤内部形成相位光栅，局部形成一个窄带反射面，对特定波长的光进行反射，当光纤温度发生变化时，光栅周期会随着光纤的物理特性变化而变化，反射波长也随之改变。通过反射波长变化程度的测量，便可测量出光栅所在位置光纤温度的变化，通过对反射延时的测量，可确定光栅的位置。利用以上原理可测量出测试点的位置及温度变化情况。

2. OFPC 测温技术特点

OFPC 测温应用简便，不需在线路或杆塔上安装特殊的测温装置，结合 OFPC 光缆的特点，融入了光纤测试技术原理，既降低了线路建设成本，又达到了线路温度实时监控的目的，还可以实现输电与通信的双重目的。

（四）OFPC 技术的应用前景

OFPC 技术解决了目前其他光缆遭遇电腐蚀、无法满足交叉跨越距离要求、遭雷击、被偷盗、线损大等诸多弊端。利用电力系统输电线路路径资源架设 OFPC 光缆的方式很好地满足了各种需求。OFPC 同时具备线路测温与通信的双重优势。OFPC 测温技术的应用实现了输电线路在线实时温度的监测，不仅能对融冰提供参考数据，而且可确保导线在规定的温度内运行，使导线在安全的前提下，充分发挥导线的输电能力。通过掌握导线的运行温度，还能降低电网线损，防止电网过载，降低电网运行成本。

OFPC 作为一种新型电力通信光缆技术将会在未来智能电网的建设中发挥越来越重要的作用。

五、超导输电技术

随着可再生能源比重的不断增加，现有输电网交流运行模式将面临日益严峻的挑战。为此国际上似乎有了以下共识：采用直流输电网的模式是建设未来大规模可再生能源电网的较好选择。

未来超导输电技术的一个极为重要的发展趋势就是重点发展高温超导直流输电电缆，由于超导直流输电电缆没有焦耳热损耗和交流损耗，从而可以最大程度地提高输电效率。

同时，超导直流输电电缆需要的冷却系统，如果采用液化天然气（液化温度为 110K）或液氢（液化温度为 27K）作为冷却介质，就可以实现输电和输气的一体化。这是因为，一方面，目前已有的高温超导材料的临界温度已经超过了液化天然气温度，仅从临界温度的角度看，已经具备研制输电输气一体化“超导能源管道”的可能性；另一方面，由于可再生能源具有波动性的特点，利用可再生能源制备天然气或氢气，不仅可以将不可调度的波动能源转变成可调度的能源，而且可以用于超导输电电缆的冷却。因此，发展“超导能源管道”也将是超导输电技术的另一重要方向。

此外，直流输电网中的短路故障开断也是一个极其重要的问题。由于超导体存在超导态-正常态转变特性，即超导体在过流时迅速转变为正常态，因而利用超导体研制的短路故障限流器对于超导直流输电系统来说也是很有意义的，它可以迅速将短路电流限制在预定的水平，使得直流短路故障的开断变得更加简易。

总之，随着直流输电乃至直流输电网的发展，研究开发超导直流输电系统、超导直流输电-输气一体化的“超导能源管道”和直流超导限流器，是未来超导输电技术的重要发展趋势，值得高度关注。通过在超导物理、超导材料、超导输电关键技术及其在电网中应用的关键科学问题的系统性突破，全面推动超导输电技术的发展，并通过15～20年的努力，建成数百千米级的高温超导输电示范系统，为我国未来能源输送奠定坚实的技术基础。

第十四章

输电线路状态评价与状态检修新技术

第一节　输电线路状态评价目的与做法

一、输电线路状态评价目的和要求

1. 输电线路状态检修的含义

为适应电网发展要求，提高输电设备检修工作的针对性和有效性，根据标准《架空输电线路状态检修导则》(DL/T 1248) 的要求，按照国家电网公司关于规范开展状态检修的工作意见以及各地区在网内开展设备状态检修的具体实际情况，全面推进设备状态检修工作的开展，实现状态检修工作的标准化、规范化、制度化。

输电线路状态检修是指通过各种有效的监测、检查手段，准确掌握输电线路的运行状态，从而确定设备的检修周期、检修方式和检修项目。状态检修是把以时间为依据的定期检修转为以设备运行状态诊断为依据的设备检修管理，真正做到“应修必修，修必修好”。

2. 输电线路状态评价的目的

输电线路状态检修离不开设备状态评价，状态评价与线路各单元状态量息息相关。设备状态评价主要依据国家电网公司《输变电设备状态检修试验规程》《输电线路状态评价导则》等技术标准，依据收集到的各类设备信息，通过持续、规范的设备跟踪管理，综合离线、在线等各种分析结果，准确掌握设备运行状态和健康水平，为开展状态检修下一阶段工作创造条件。由于目前在线监测手段、方法和管理上还不成熟，状态评价工作目前主要以日常监视、检测和试验为主，辅以部分在线监测设备，避免因为过分依赖在线监测造成在设备状态掌握上出现问题。

3. 输电线路状态评价的要求

状态评价作为状态检修的基础，必须确保状态量信息收集准确无误，从而客观、真实地反映现场设备的运行状态和发展趋势，为制订检修计划提供科学的依据。状态评价改变了以往不考虑输电线路的实际运行状态，定期安排检修或者盲目延长检修周期的不当做法，变全线检修为点、段检修，确保线路运行安全、经济、可靠。

二、输电线路状态评价流程和做法

1. 输电线路状态评价流程

国家电网公司为适应新形势的要求，在公司系统内部推进输电设备状态检修工作。根据国家电网公司规范、指导系统内状态检修工作的要求，编制出版了《架空输电线路运行状态评价技术导则》(DL/T 1249—2013)，其状态评价流程如图 2-14-1-1 所示。

2. 输电线路状态评价的状态量信息来源

(1) 状态量信息来源选择原则和分类。为了提高设备状态评价的准确度，状态量的选择应该考虑能够充分反映设备真实状态的足够多的信息，包括各种技术指标、性能

和运行情况等参数。状态量的信息来源，主要分为原始资料、运行资料、检修资料以及其他资料4种类别的信息。输电线路状态评价应基于上述4类信息的搜集和整理，结合与同类设备比较，开展定量分析、设定状态量权重、基本扣分值，进行状态量扣分，做出综合判断。

（2）线路的原始资料是线路状态量收集的源头，其收集应涵盖线路的各个单元。主要包括设计图、竣工图、安全技术协议、铭牌信息、型式试验报告、订货技术协议、设备监测报告、出厂试验报告、交接验收报告等。通过收集和整理原始资料初步建议线路台账资料及明细表，为线路状态评价工作的开展奠定基础。

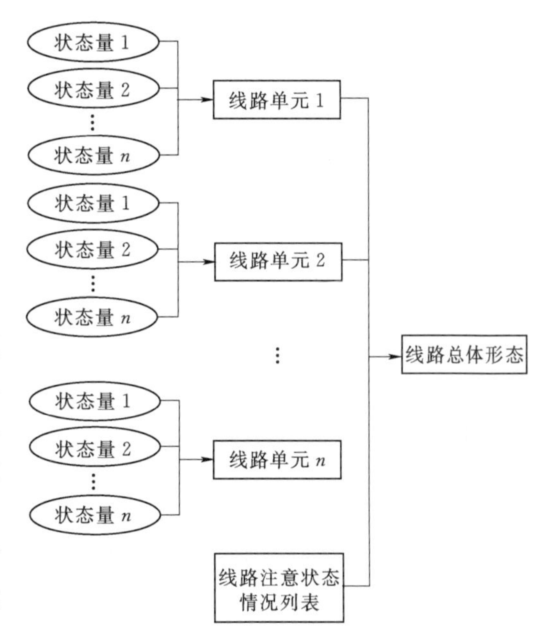

图2-14-1-1　输电线路状态评价流程框图

（3）线路的运行信息主要包括运行工况、巡检情况、在线监测、历年缺陷和异常记录等信息。由于输电线路分布广泛，所处的地理环境复杂，因此需要搜集线路的运行工况。当线路的运行工况发生改变时，需要注意线路单元对应状态量的变化。线路巡视人员须熟悉专责线路的设备运行状况，掌握设备变化规律和检修技术，熟悉相关的规程、规定，根据线路的特殊区段，开展状态巡视，加强线路危险点的监控，分析状态量的变化情况。由于目前在线监测手段、方法和管理上还不成熟，输电线路状态评价工作须避免过分依赖在线监测装置。

（4）线路的检修信息主要包括检修报告、反措执行情况、设备技改及主要部件更换情况、检修人员巡检情况等信息。线路检修包括“检查、修理”两项内容。根据运行巡视、检测和在线监测等发现的设备缺陷和各类异常，进行分析、归纳、总结，及时安排线路设备的计划停电检修或带电检修，并应坚持“应修必修，修必修好”的原则。

（5）线路的其他资料主要包括检测报告、抽样试验报告，设备的运行、缺陷和故障的情况，其他影响线路安全稳定运行的因素，如通道、环境等信息。线路单元的状态量除了外观检查外，还应采取检测、试验等手段，以便获取肉眼无法获取的状态量参数，如通过复合绝缘子、瓷绝缘子抽样送检，导地线机械强度试验等试验结果来发现线路存在的隐患问题。设备的缺陷情况应根据国网公司、网省公司发布的家族性缺陷信息、不良工况等，对线路单元开展状态量分析。家族缺陷系由设计、材质或工艺等共性因素导致的设备缺陷，不论当前是否检出同类缺陷，在缺陷隐患消除前，必须纳入状态评价中予以综合考虑，不良工况则是在运行中经受的、可能对设备状态造成不良影响的各种特别工况，在经受不良工况后，设备可能出现潜在的隐患，应进行设备状态评价。

3. 状态量信息分析方法和要求

（1）纵向横向数据对比分析。易受环境影响的线路单元状态量应进行纵向横向数据对比分析，当A、B、C三相的上次试验值和当前试验值分别为a_1、b_1、c_1和a_2、b_2、c_2，在分析设备A相当前试验值a_2是否正常时，可以根据$a_2/(b_2+c_2)$与$a_1/(b_1+c_1)$相比有无明显差异进行判断，一般不超过±30%可判为正常。

（2）显著性差异分析。在相近的运行和检测条件下，相同设计、材质和工艺的一批设备，其状态量不应有明显差异，否则应进行显著性差异分析。若线路某个单元状态量与其他设备有显著性差异，即使满足注意值或警示值要求，也应引起注意。该方法采用设备的当前试验值与状态量试验平均值、样本偏差进行比较，得出分析结论。显著性差异分析法也适用于同一设备同一状态量历年试验结果的分析。

（3）异常缺陷分析。异常缺陷分析是对线路单元运行中发现的异常数据、缺陷隐患进行整理、分析，剖析缺陷发生的原因、数据突变的根源，以便准确判断线路的状态量，因设计、材质或工艺等共性因素导致的设备缺陷进行统一整理，找准状态量劣化的原因，从而归纳总结家族性缺陷和不良工况。积累线路单元的历年资料信息，科学开展设备评价，制定检修策略。

4. 线路单元状态评价方法和要求

针对线路特点，将输电线路分为杆塔、基础、导地线、绝缘子串、金具、接地装置、附属设施和通道环境8个线路单元，每个单元制定了量化的评分标准，评分标准主要参照运行规程中各部件运行规范制定，状态量应扣分值等于该状态量基本扣分值乘以权重系数，状态量正常时不扣分。在确定线路单元状态量扣分时，应对该条线路所有同类设备的状态进行评价，但某状态量在线路不同地方出现多处扣分，不应将多处扣分进行累加，只取其中最严重的扣分作为该状态的扣分。线路单元的评价应同时考虑单项状态量的扣分和该单元所有状态量的合计扣分，根据扣分值可将单元设备评价为正常、注意、异常、严重4个状态。

5. 线路总体评价方法和要求

线路的总体评价取决于各个单元设备评价状况，当整条线路所有单元评价为正常状态且未出现普遍性轻微缺陷时，则该条线路总体评价为正常状态。由于单元扣分未进行累计，所以在线路总体评价时应注意普遍性轻微缺陷，存在表2-14-1-1所列的状况之一，则将设备状态评价下降一个等级。当任一线路单元状态评价为注意状态、异常状态、严重状态时，架空线路总体状态评价为其中最严重的状态。

表2-14-1-1　　线路注意状态普遍性轻微缺陷情况

注意状态量	状态量描述
钢筋混凝土杆裂纹情况	10%以上的钢筋混凝土杆出现轻微裂纹情况
铁塔锈蚀情况	10%以上的铁塔出现轻微锈蚀情况
塔材紧固情况	3基铁塔出现松动情况
导地线锈蚀或损伤情况	导地线出现5处以上的轻微锈蚀或损伤情况
外绝缘配置与现场污秽度适应情况	外绝缘配置与现场污秽度不相适应，有效爬电比距比有关标准要求值低3mm/kV
盘形悬式绝缘子劣化情况	年劣化率大于0.1%

续表

注意状态量	状 态 量 描 述
复合绝缘子缺陷情况	早期淘汰工艺制造的复合绝缘子
连接金具家族性缺陷情况	由于设计或材料缺陷在运行中发生过故障
线路设计缺陷情况	线路设计考虑不周，致使线路多次发生同类故障或存在安全隐患

第二节 输电线路运行单元及其状态量

《架空输电线路运行状态评价技术导则》（DL/T 1249）根据线路的特点，将输电线路分为杆塔、基础、导地线、绝缘子串、金具、接地装置、附属设施和通道环境8个线路单元，每个线路单元在功能和作用上是相对独立的同类设备。

一、基础单元

1. 杆塔基础结构设计

（1）杆塔基础结构设计原则。输电线路基础设计原则为线路经由各段基础形式的选择，结合各段地形、水文地质情况、施工条件以及杆塔形式加以确定，并且在满足规程、规范的前提下，尽可能地降低工程造价。

（2）杆塔基础结构设计功能要求。为使线路能安全、稳定地运行，杆塔基础结构设计应满足如下的功能要求：能承受正常施工和正常运行时可能出现的各种工况下的荷载；在正常使用时具有良好的工作性能；正常维护下具有足够的耐久性能；在偶然事件发生及发生后，仍能保持必需的整体稳定。

（3）杆塔基础类型及其特点。杆塔基础设计适用于一般地段的基础类型比较多，有充分利用岩土力学性能的掏挖类基础，还有最普通的大开挖基础等。只要地质条件满足要求，应该优先采用掏挖类基础，当不能满足时采用大开挖基础。掏挖类基础分为全掏挖和半掏挖两种形式。当地表土不易成型时，采用半掏挖基础。这两种基础的最大特点是能够充分利用地基原状土的力学性能，提高基础的抗拔、抗倾覆承载能力，具有开挖土方量小、钢材用量少、节省模板、施工简单、节省投资等优点。然后是大开挖基础。大开挖基础形式较多，按基础对地基的影响可分为轴心基础（基础中心在塔脚的垂直线上）和偏心基础（基础中心在塔腿主材的延长线上）；按基础本体受力状态可分为刚性基础和柔性基础；按基础主柱的形态又可分为直柱基础和斜柱基础。

2. 有腐蚀性地下水基础的运行故障

具有结晶性侵蚀的地下水中含有过多的硫酸根（SO_4^{2-}），与混凝土中的水泥作用，使混凝土遭受侵蚀。因此，根据侵蚀等级而分别采取大于C50高强等级的普通硅酸盐水泥、普通抗硫酸盐水泥和高抗硫酸盐水泥等措施。具有结晶性侵蚀的地下水的判断方法和标准为：

（1）地层中含有纤维状、透镜状、碎屑状、层状和结核状石膏。

（2）盐湖、盐田、盐渍土和其他含盐（如岩盐、芒硝、光卤石、水氧镁石膏等）地区以及海水和海水渗入地区。

（3）硫化矿及煤矿矿水渗入地区。

（4）工业废水（酸性，含大量硫酸盐、镁盐及铵盐等）渗入地区。

（5）使水矿化的地形地貌条件。具有分解性侵蚀的地下水，水中氢离子（pH 值）、重碳酸根离子（HCO_3^-）及游历碳酸（CO_2）等对混凝土具有分解破坏作用。当地下水具有分解性侵蚀时，宜采用不低于 C30 强度等级的水泥；当 pH≤4.0 时，宜采取在混凝土表面涂覆沥青或在基础周围填筑黏土保护层等防护措施。

3. 有季节性冻土基础的运行故障

季节性冻土是指冬季冻结、夏季融化的土层。建于季节性冻土上的建筑物基础，冬季由于地基土中的游离水分结冰而体积增大，春暖开化后融沉而体积减小，反复冻融会降低地基土的强度，产生不均匀沉降，造成建筑物开裂甚至损坏。由于季节性冻土具有的冻胀性、沉融性等特性，对输电线路杆塔基础影响很大，因此在基础设计时必须加以考虑。通常，杆塔上部结构传至基础顶面的设计荷载不太大，为了降低成本、提高成效，一般会考虑采用将基础浅埋的设计方案。但杆塔基础本身会受到上拔力的作用，如果再加上地基土的冻胀力影响，那么就需要增加基础埋深或增大截面尺寸以保证基础的上拔稳定性，而增大截面尺寸又会使冻胀力增加，所以在季节性冻土地区输电线路杆塔基础工程中采用合适的方法处理基础的冻胀和冻融问题是至关重要的。

杆塔基础防冻措施如下：

（1）主角钢插入式混凝土基础入冬前在斜铁入地处挖沟留出冻鼓余量。

（2）冻鼓严重地段混凝土基础应采用锥形不用方柱形，减少冻切力，基础表面涂一层渣油作为隔层。

（3）金属基础地下十字横铁应换成十字钢板，斜铁入地处挖沟留出冻鼓余量。

4. 有洪水冲刷基础的运行故障

（1）洪水对杆塔基础的破坏作用如下：

1）基础周围土壤受到严重冲刷而流失，使基础失去抗倾覆能力引起倒塔。

2）洪水面上的漂浮物撞击杆塔或杆塔上挂上漂浮物后增大了迎水面积，使洪水对杆塔的冲击力成倍增加，超过基础的设计抗倾覆能力而倾倒。

（2）防范措施。线路设计时应对附近的河流、水库、湖泊等情况调查清楚，尤其要掌握上游水库的防洪等级标准，尽量避开易遭洪水危害处。对于河道内或汛期有可能遭受洪水侵袭的杆塔基础，建议采用深桩基础，同时整治河道护住河岸不被水流冲刷。

二、杆塔单元

输电线路杆塔是支承架空输电线路导线和地线并使它们之间以及与大地之间保持一定距离的杆形和塔形的构筑物，其安全可靠性直接关系到整个输电线路的安全运行。在架空输电线路工程中，杆塔建设费用约占本体投资的 30%及以上，直接决定着线路的经济性。随着我国特高压电网的建设以及同塔多回线路、紧凑型线路、大截面导线等输电新技术的推广应用，输电线路杆塔大荷载、大型化的趋势愈发明显。

1. 杆塔分类

按杆塔的用途和特点可以分为5类，分别是直线杆塔、耐张杆塔、转角杆塔、终端杆塔及特殊杆塔。

(1) 直线杆塔用于线路直线段的中间部分，也称中间杆塔。支持导线和避雷线使其对地面和地物保持足够的限距，也是线路中用得最多的杆塔，占全部杆塔的80%～85%。采用悬垂绝缘子串悬挂导线。

(2) 耐张杆塔用于直线段两端锚固导线和避雷线，承担导线和避雷线的张力，也称承力杆塔。将线路直线段限制到适当的长度，便于施工、检修和事故抢修。采用耐张绝缘子串锚固导线。

(3) 转角杆塔用于线路转角处并具有耐张塔相同的作用和特点。转角在5°以上者通常采用耐张型转角杆塔；5°及以下者常采用直线型转角杆塔。

(4) 终端杆塔用于线路的起点和终点，是耐张转角杆塔的一种特殊型式，即仅允许在一侧架线。

(5) 特殊杆塔可以分为跨越杆塔、换位杆塔及分歧杆塔3种。在线路跨越河流、海峡、铁路、电力线、通信线、公路和大山沟等时，出现较大的挡距或要求较高的杆塔称为跨越杆塔；处于导线相序变化位置处的杆塔，称为换位杆塔，包括直线换位杆塔和耐张换位杆塔两种；当线路中间需要T接另一条线路时，在T接点需采用分歧杆塔。

2. 杆塔运行故障

(1) 气候对杆塔造成的故障。冬季、雨季和特殊天气对杆塔的安全运行造成很大的伤害，冬季到临，温度降低，杆塔各部位由于收缩系数不一致，容易导致杆塔断裂，过负荷的覆冰也容易致使倒塔事故的发生；在雨季、潮湿、高温、大雾等天气条件下，塔材虽然采用了热镀锌的防锈措施，但如果钢材镀锌前除锈不彻底或热镀锌厚度不足，塔材仍然会生锈，特别在化工厂、火力发电厂、沿海和居民区附近，锈蚀情况会更为严重，必须进行防锈蚀处理，如涂刷防锈漆、涂刷带锈涂料或涂刷阴极保护性涂料等。运行中的混凝土杆会发生裂纹和混凝土剥落，如不及时修补会发展到损坏而不能使用。运行中的混凝构件的损坏过程一般经过裂纹、钢筋锈蚀、保护层剥落和钢筋锈断4个阶段。如能在第1阶段及时进行修补，则可避免发生损坏。即使发展到第2、第3阶段，只要采取正确的修补措施，仍能延长混凝土构件的使用寿命。

(2) 人为因素对杆塔造成的故障。首先，一些杆塔在设计时，将杆塔设置在人类活动比较频繁的地区，这客观地造成人类活动对杆塔的破坏；其次，线路运维人员对杆塔的正常检查和维修不到位，造成杆塔的隐性事故；最后，对电网保护的宣传工作不到位，社会和民众对杆塔保护的意识不强，会发生偷盗杆塔构件事件。

三、导地线单元

导地线是输电线路中最重要的元件，依靠导线输送电力至用户，依靠它形成电力网络，平衡各地电力供应。当雷击线路时地线把雷电流引入大地，以保护线路绝缘免遭大气过电压的破坏。

1. 导线

(1) 架空电力线路的导线应具备以下特性：①导电率高，以减少线路的电能损耗和电压降；②耐热性能高，以提高输送容量；③具有良好的耐振性能；④机械强度高，弹性系数大，有一定柔软性，容易弯曲，以便于加工制造；⑤耐腐蚀性强，能够适应自然环境条件和一定的污秽环境，使用寿命长；⑥质量轻、性能稳定、耐磨、价格低廉。

(2) 常用的导线材料有铜、铝、铝镁合金和钢。在这些材料中，铜的导电性能最好，机械强度高、耐腐蚀性强，是一种理想的导线材料。但是，铜的质量大，价格昂贵。就我国的情况来看，铜的储量少、产量低，而且其他工业需要大量铜材，所以架空线路的导线，除特殊情况之外，都不采用铜线。铝的导电率虽然比铜稍低，导电性能差，但也是一种导电性能较好的材料。铝的导热性能好、质量柔韧易于加工、无低温脆性、耐腐蚀性较强、质量轻，而且铝矿资源丰富产量高，价格低廉。其缺点是抗张强度低。由于铝的密度小，采用铝线时杆塔受力较小。但铝的机械强度低，允许应力小，导线施放时弧垂较大，导致杆塔高度增加。所以，铝导线只能用在挡距较小的10kV及以下的线路。对于挡距较大、电压较高的线路，则需用铝和其他金属配合，以提高导线的机械强度。此外，铝的抗酸、碱、盐的能力较差，故沿海地区和化工厂附近地区不宜采用。铝镁合金材料的密度和铝相等，也是一种很轻的金属材料。其抗张强度很大，几乎比铝高一倍。铝镁合金的导电率比铝低10%左右，所以从电气和机械两方面来看，铝镁合金也是制造导线的较好材料。但铝镁合金导线受振动而断股的现象较严重，使其使用受到限制。随着断股问题的解决，铝镁合金将成为一种很有前途的导线材料。钢的导电率是最低的，但它的机械强度很高，且价格较有色金属低廉，在线路跨越山谷、江河等特大挡距且电力负荷较小时可采用钢导线。钢线需要镀锌以防锈蚀。

(3) 裸导线都由多股圆线同心绞合而成。若架空线路的输送功率大，导线截面大，对导线的机械强度要求高，而多股单金属铝绞线的机械强度仍不能满足要求时，则把铝和钢两种材料结合起来制成钢芯铝绞线，不仅有较好的机械强度，且有较高的电导率。由于交流电的趋肤效应，使铝线截面的载流作用得到充分的利用，而其所承受的机械荷载则由钢芯和铝线共同承担。这样，既发挥了两种材料的各自优点，又补偿了它们各自的缺点。因此，钢芯铝线被广泛地应用在35kV及以上的线路中。

(4)《圆线同心绞架空导线》(GB/T 1179—2008) 规定，导线型号第一个字母均用J，表示同心绞合；单一导线在J后面为组成导线的单线代号，组合导线在J后面为外层线和内层线的代号，二者用“/”分开；在型号尾部加防腐代号F，表示导线采用涂防腐油结构。标称截面表示构成导线的截面，单位为mm^2。单一导线直接用其截面数，组合导线采用前面为外层铝线的导线截面，后面为内层加强芯线的截面，中间用“/”分开。绞合结构用构成导线的单线根数表示。单一导线直接用单线根数，组合导线采用前面为导电铝线根数，后面为内层加强芯线根数，中间用“/”分开。绞线常用的单线有硬铝线 (L)、高强度铝合金线 (LHA1、LHA2)、镀锌钢线 (G1A、G1B、G2A、G2B、G3A，其中1、2、3分别表示普通强度、高强度、特高强度镀铸钢线，A、B分别表示镀层厚度普通、加厚)、铝包钢线 (LB1A、LB2B、LB2)。如JL-400-37表示由37根硬铝线制成的铝绞线，硬铝线的标称截面为$400mm^2$；JL/G1A-400/35-48/7表示由48根硬铝线和7根A

级镀层普通强度镀锌钢线绞制成的钢芯铝绞线，硬铝线的标称截面为400mm²。圆线同心绞架空导线的型号和名称见表2-14-2-1。

表2-14-2-1 圆线同心绞架空导线的型号和名称

型 号	名称
JL	铝绞线
JLHA2、JLHA1	铝合金绞线
JL/G1A、JL/G1B、JL/G2A、JL/G2B、JL/G3A	钢芯铝绞线
JL/G1AF、JL/G2AF、JL/G3AF	防腐性钢芯铝绞线
JLHA2/G1A、JLHA2/G1B、JLHA2/G3A	钢芯铝合金绞线
JLHA1/G1A、JLHA1/G1B、JLHA1/G3A	钢芯铝合金绞线
JL/LHA2、JL/LHA1	铝合金芯铝绞线
JL/LB1A	铝包钢芯铝绞线
JLHA2/LB1A、JLHA1/LB1A	铝包钢芯铝合金绞线
JG1A、JG1B、JG2A、JG3A	钢绞线
JLB1A、JLB1B、JLB2	铝包钢绞线

2. 地线

架空地线一般多采用钢绞线，但近年来，在超高压线路上有采用良导体作架空地线的趋势。架空地线一般都通过杆塔接地，但也有采用所谓的“绝缘地线”的。绝缘地线即采用带有放电间隙的绝缘子把地线和杆塔绝缘起来，雷击时利用放电间隙引雷电流入地。这样做对防雷作用毫无影响，而且还能利用架空地线作载流线；可以用于架空地线融冰；还可以作为载波通信的通道；在线路检修时，可作为电动机的电源；此外还可对小功率用户供电等。绝缘地线还可减小地线中由感应电流而引起的附加电能损耗。对超高压和特高压输电线路，为了减小其对邻近的通信线路的危险影响和干扰影响，以及降低超高压线路的潜供电流，常用铝包钢绞线或其他有色金属线作绝缘地线。目前，对双地线架空线路，大多采用一根钢绞线，另一根复合光缆。复合光缆的外层铝合金绞线起到防雷保护，芯部的光导纤维起通信作用。

3. 导地线腐蚀运行故障

导线本身在制造过程中经常出现表面划伤、油污等表面问题，加上其长期处于野外露天之下，不可避免地受到自然条件（风、雨、冰雪等）和其他外界条件的影响，导致线股间会出现磨损。磨损一方面造成导线表面的损伤，这种损伤加上自然条件下的酸雨、盐分等条件作用势必影响导线表面的形貌特征，随之带来导线的微动疲劳磨损、腐蚀磨损等，促使微裂纹的形成和扩展，加快了线路的疲劳断裂，极大地减少了导线的使用寿命，严重时还会导致导线断股，造成重大的经济损失。

引起钢芯发生腐蚀的形式主要表现有以下几种情况：

（1）点蚀。以针状腐蚀开始，由于腐蚀的产生，受腐蚀部位变黑色或变成深褐色，特别是在近海地区严重腐蚀环境中，点蚀深度增加，使表面呈现受腐蚀的外观。

（2）缝隙腐蚀。是在氧气不足的情况下产生的，由雨水或冷凝水形成的含水电解液也可导致缝隙腐蚀的产生，特别在裂缝非常小、氧气很难渗进的地方常出现缝隙腐蚀。

(3) 电化学腐蚀。当两种电化学势能差很大的金属相互接触过程中可能产生这种腐蚀。如果水汽把这两种金属连接起来就形成一个电流回路，合成电流将显著地增加容易产生化学反应的金属的腐蚀速度。

(4) 应力腐蚀开裂。钢芯处于氯化物水溶液环境中时可能产生氯离子应力腐蚀开裂，在海雾环境，钢又处于很高的拉应力作用下，而且气温又超过正常的环境温度，就会产生应力腐蚀开裂。

4. 导地线疲劳磨损运行故障

导地线在风的作用下会发生振动，常见的振动形式有微风振动、舞动、次挡距振动 3 种。微风振动是由于稳定的微风吹过导线时，在导线的背面产生上下交替变化的气流旋涡，从而使导线受到上下交替的脉冲力作用。当这个脉冲力的冲击频率与导线垂直固有自振频率接近或相等时，导线就会在垂直面内产生谐振形成稳定的微风振动。微风振动具有振动频率高、振幅小、振动时间长等特点，会使导线产生疲劳和磨损破坏，容易引起线路疲劳断股等事故，由于微风振动是高频小振幅振动，其对导线的破坏具有一定的隐蔽性，不像导线舞动那么直观。舞动是不均匀覆冰导线在风的作用下产生的一种低频率（为 0.1～5Hz)、大振幅（为导线直径的 20～300 倍）的自激振动，在振动形态上表现为在一个挡距内只有一个或少数几个半波。输电线路舞动的发生通常取决于 3 方面的要素：导线不均匀覆冰、风激励和线路结构参数。导线发生舞动后，全挡架空线作定向的波浪式运动，且兼有摆动和扭转。由于振幅大易引起导地线间混线，烧伤或烧断导线而停电。次挡距振动是有间隔棒的分裂导线在两相邻间隔棒间各子导线的舞动。实践证明分裂导线比单导线更易发生舞动，因当风吹到迎风侧的子导线后引起尾流，会导致背风侧子导线的空气动力不稳定，以致产生周期性的振荡。其特点是频率略高于舞动频率（1～3Hz)，振幅稍大于微风振动幅值（5～10cm)，介于前两种振动之间。次挡距振动会引起分裂导线相互鞭击而损伤导线和间隔棒。

5. 混线、断线运行故障

在大风情况下，由于导地线使用不同材质、不同粗细和不同重量的架空线，各自的摆动轨迹不同。当设计不周或实际风速超过设计风速时，会发生挡内导地线间的混线。特别在增架耦合地线时为获得较好的耦合效果，往往要求与导线间的距离尽量小一些，而忽略了不同期摆动所造成的严重后果。耐张或转角杆塔引流线过长，又没有采取限制引流线摆动的措施，大风时引流线摆动过大对杆塔构件放电。风力过大时，易将附近的树枝、塑料大棚、柴草等杂物刮起落在导地线上，造成混线、断线。

6. 导地线覆冰运行故障

自然条件下的导线覆冰机制十分复杂，影响覆冰的因素很多，包括气象条件、高度（海拔、覆冰凝结高度和导线悬挂高度）、地理环境、线路走向和导线本身条件。输电线路覆冰在我国分布比较广泛，许多地区的输电线路都曾发生过覆冰事故，原因如下：

(1) 因覆冰厚度过厚，超过了设计荷载而压断导地线，并继而拉到杆塔。

(2) 因相邻挡覆冰厚度相差甚大，出现过大的不平衡张力，当超过杆塔设计允许值时拉到杆塔。

(3) 架空地线覆冰后弧垂过大，对下方导线距离不足，引起导线对地线放电而烧伤或烧断导地线。

(4) 导线覆冰后弧垂增大，对下方被跨越物或对地面距离不够而放电。

(5) 导地线覆冰后天气转暖，覆冰脱落时引起导地线脱冰跳跃，垂直排列时会引起相间或导地线间混线放电。

(6) 导地线覆冰后极易引发长时间打幅值舞动，造成更大损失。

四、绝缘子单元

架空线路的绝缘子是用来支持导线的，它同金具组合将导线固定在杆塔上，并使导线同杆塔可靠绝缘，绝缘子在运行时不仅要承受工作电压的作用，同时要承受操作过电压和雷电过电压的作用，加之导线自重、风力、冰雪以及环境温度变化的机械荷载作用，所以绝缘子不仅要有良好的电气绝缘性能，同时要具有足够的机械强度。

1. 绝缘子分类

目前，输电线路上使用的绝缘子主要有盘形悬式瓷绝缘子、盘形悬式钢化玻璃绝缘子、有机复合绝缘子和长棒形瓷绝缘子4类。

(1) 盘形悬式瓷绝缘子的电瓷是由石英砂、黏土和长石等原料，经球磨、制浆、炼泥、成形、上釉、烧结而成的瓷件，与钢帽、钢脚经高标号水泥胶装成为帽脚式盘形悬式瓷绝缘子。钢帽和钢脚承受机械拉力，瓷件主要承受压力，瓷件的颈部较薄，也是电场强度集中的区域。当瓷件的颈部存有微气孔等缺陷，或在运行中出现裂纹时，有可能将瓷件击穿，出现零值绝缘子，因此这种类别的绝缘子为可击穿型绝缘子。

(2) 玻璃件与钢帽、钢脚经高标号水泥胶装成为帽脚式盘形悬式钢化玻璃绝缘子。其结构、外形与瓷绝缘子十分接近，当运行中的玻璃件受到长期的机械力和电场的综合作用而导致玻璃件劣变时，钢化玻璃体的伞盘会破碎，即出现“自爆”。钢化玻璃绝缘子最显著的特点是，当钢化玻璃绝缘子出现劣质绝缘子时它会自爆，因而免去了绝缘子需逐个检测的繁杂程序。

(3) 有机复合绝缘子的硅橡胶伞盘为高分子聚合物，芯棒为引拔成型的玻璃纤维增强型环氧树脂棒，制造成型的棒形悬式有机复合绝缘子是由硅橡胶伞裙附着在芯棒外层与端部金具连接成一体，两端金具与芯棒承受机械拉力。就目前情况来看，芯棒与端部金具的连接方式主要有外楔式、内楔式、内外楔结合式、芯棒螺纹胶装式和压接式，复合绝缘子由于硅橡胶伞盘的高分子聚合物所特有的憎水性和憎水迁移性使得复合绝缘子具有优良的防污闪性能。另外，由于其制造装备和制造工艺相对简单，复合绝缘子产品质量较轻，因而颇受使用部门的欢迎。

(4) 长棒形瓷绝缘子为实心瓷体，采用高铝配方的高强度瓷，因而其机电性能优良。烧制成的瓷材，除了有较高的电气性能之外，机械性能有了大幅的提高。长棒形瓷绝缘子仅在瓷体两端才有金具，几乎不含有任何内部结构应力，因而其机电应力被分离。它的结构特点改变了传统的瓷件受压为抗拉，使得金具数大为减少，输电损耗降低，也降低了对无线电和电视广播的干扰。其外形可使自洁性能提高，不仅在单位距离内比盘形绝缘子爬电距离增加1.1～1.3倍，同时可有效利用爬电距离，其最大特点是属不可击穿型绝缘结构。

2. 绝缘子运行故障

(1) 由于盘形悬式瓷绝缘子瓷件与钢帽、水泥黏合剂之间的温度膨胀系数相差较大，当运行中盘形悬式瓷绝缘子在冷热变化时，瓷件会承受较大的压力和剪应力，导致瓷件开裂，而且盘形悬式瓷绝缘子的瓷件存在剥釉、剥砂、膨胀系数大等问题，受外力作用时，会产生有害应力引起裂纹扩展。盘形悬式瓷绝缘子的劣化表现为头部隐形的“零值”和“低值”，对零值或低值盘形悬式瓷绝缘子，必须登杆进行逐片检测，每年需花费大量的人力和物力。由于检测零值和劣质的准确度不高，即使每年检测一次，也会有相当数量的漏检低值绝缘子仍在线路上运行，导致线路的绝缘水平降低，使线路存在着因雷击、污秽闪络引起掉串的隐患。盘形悬式钢化玻璃绝缘子有缺陷时伞裙会自爆，只要坚持周期性的巡检，就能及时发现和更换。

(2) 有机复合绝缘子在运行过程中出现局部放电情况，憎水性能减弱；绝缘子各连接部位脱胶、裂缝、滑移；伞套材料脆化、硬化、粉化、开裂；明显积污秽和金属附件有明显锈蚀及芯棒暴露等。针对此情况，运行应及时进行绝缘子的清扫；应加强对运行有机复合绝缘子进行运行巡视、运行性能检验、憎水性能检测以及机械性能检测；运行单位在调爬过程中，可考虑采用组合绝缘；有机复合绝缘子频发吊串事故应引起足够的重视；加强对有机复合绝缘子的事故分析、统计工作，不断提高运行经验。

五、金具单元

1. 金具分类

按性能和用途大致可分为悬垂线夹、耐张线夹、连接金具、接续金具、防护金具等类型。

(1) 悬垂线夹用于将导线固定在绝缘子串上或将避雷线悬挂在直线杆塔上，亦用于换位杆塔上支持换位导线，耐张、转角杆塔上固定跳线。

(2) 耐张线夹用于将导线或避雷线固定在非直线杆塔的耐张绝缘子串上，起锚固作用，亦用来固定拉线杆塔的拉线。耐张线夹按结构和安装条件的不同，大致上可以分为两类：第一类，耐张线夹要承受导线或避雷线（拉线）的全部拉力，线夹握力应不小于被安装导线或避雷线额定抗拉力的 90%，但不作为导电体。这类线夹，在导线安装后还可以拆下，另行使用。该类线夹有螺栓型耐张线夹、楔形耐张线夹及压缩性耐张线夹等。第二类，耐张线夹除承受导线或避雷线的全部拉力外，又作为导电体。因此这类线夹一旦安装后，就不能再行拆卸，又称为死线夹。由于是导电体，线夹的安装必须遵守有关安装操作规程的规定认真进行。

(3) 连接金具用来将悬式绝缘子组装成串，悬挂在杆塔上。直线杆塔用的悬垂线夹及非直线杆塔用的耐张线夹与绝缘子串的连接，也是由连接金具组装在一起的。其他如拉线杆塔的拉线金具与杆塔的锚固，也都要使用连接金具。

(4) 接续金具用于输电线路的导线及避雷线两终端，承受导线及避雷线全部张力的接续和不承受全部张力的接续，也用导线及避雷线断股的补修。接续金具既承受导线或避雷线的全部拉力，同时又是导电体。因此，接续金具接续后必须满足下列条件：①接续点的

机械强度，应不小于被接续导线计算拉断力的95%；②接续点的电阻，应不大于被接续等长导线的电阻；③接续点在额定电压下，长期通过最大负荷电流时，其温升不得超过导线的温升。

（5）防护金具包括用于导线和避雷线的机械防护金具及用于绝缘子的电气防护金具两大类。机械防护金具有防止导线和避雷线振动的护线条、防振锤、间隔棒及悬重锤。电气防护金具有绝缘子串用的均压环、防止产生电晕的屏蔽环及均压和屏蔽组成整体的均压屏蔽环。电压220kV及以下线路，除高海拔地区外，一般不需要安装均压环。近年来架空避雷线采取对地绝缘，以供通信需要，避雷线用绝缘子本身带有放电间隙，也无须另配其他电气防护金具。

2. 金具运行故障

在电网运行环境中，不同类型的金具在长期服役的过程中，面临各种气候条件的考验，都会不同程度地产生疲劳失效从而导致事故的发生，如舞动造成间隔棒掉爪、断裂。导线和绝缘子长期的振动也容易引起金具的磨损，这种磨损再加上气候条件（如酸雨、盐分等）的作用，会加速金具的表面损伤和裂纹的萌生与扩展，从而极大地降低金具的疲劳寿命。

3. 造成金具磨损的原因

（1）环境因素。架空输电线路长年在大气中运行，受大风、昼夜温差，覆冰、雷击、雨水等恶劣气象的影响使导线不停振动而引起附加应力，虽比正常运行应力小很多，但频繁出现的交变弯曲应力、长时间和周期性的振动将导致金具的疲劳损坏，甚至断线事故。

（2）线路设计参数。截面形状与表面状况、股丝、股数、直径、材料、挡距长度和悬挂高度、架空线张力、导线年平均运行应力、悬挂点张力差、导地线水平荷重与垂直荷重等均将影响线路的防振水平，进而影响金具的磨损。

（3）金具自身设计参数。金具材料一般采用铸铁和锻压钢，连接处的干摩擦、线夹上存在铁锈，加雨水的锈蚀，将加速金具的磨损。风力作用下线夹挂板受扭转作用而不能自持平衡，承压面减小使挂板磨损加剧。

（4）其他原因。施工时没拧紧螺栓、漏加垫片和开口销、采用不配套的悬垂线夹和导地线等，均会造成金具磨损。

六、接地装置单元

1. 接地装置组成

接地装置是接地极（体）与接地线的总称。接地极可分自然接地极和人工接地极。自然接地极就是杆塔直接和大地接触的各种金属件，如金属基础、钢筋混凝土基础和电杆、拉线棒、拉线盘等；接地线指杆塔与接地极之间的连接线。

2. 接地装置运行故障

接地装置的运行环境恶劣，容易发生腐蚀。接地装置的腐蚀主要是电化学腐蚀，电化学腐蚀是依靠腐蚀原电池的作用而进行的腐蚀过程。接地装置的腐蚀受腐蚀微电池和腐蚀宏电池的共同作用，腐蚀微电池的形成是由于接地体存在金属化学成分、金属组织、物理状态不均匀和金属表面膜不完整。腐蚀宏电池的形成是由于接地体埋设各部分土壤的氧渗透率和土质结构的不同，形成氧浓差电池和盐分浓差电池。这就是接地引下线地下部分和回填土质不均匀、埋深不同的接地体容易腐蚀的原因。接地装置发生腐蚀后，接地体碳钢材料起层、松散，有效直径变小，甚至会出现多处断裂。腐蚀的接地网，其导电性能大大降低，接地电阻增大。为了及时掌握杆塔接地电阻的变化，分析接地体腐蚀的趋势，全线段应根据环境的变化调整测量周期，每次雷击故障后的杆塔必须进行测试。

七、附属设施单元

线路附属设施主要包括线路杆塔及名称的识别标牌，如杆号牌、警示牌、防误登杆塔牌等；辅助防雷设施，如线路避雷器、防绕击侧针、消雷器等；防鸟设施，如鸟刺等；线路状态在线监测装置，如杆塔倾斜在线监测设备、绝缘子盐密在线监测设备、线路视频在线监测设备等十余种；杆塔爬梯及防坠落装置，工作人员攀登上塔使用；附属通信设施，如 ADSS 以及光缆的接头盒等。在线路巡视和维护的过程中，要检查各种附属设施无移位、损坏或丢失等问题。

八、通道环境单元

通道环境是影响线路运行安全的首要因素，主要指线下及周边因素与导线之间是否能够保证安全距离，如线下建房、施工等人员作业与机械施工，均极易引发碰线导致线路跳闸。因此，运维单位应针对性地对所辖线路植被较多地区加强巡视，对危及设备安全运行的通道内新增树木、交叉跨越、建筑的垂直或水平距等信息及时更新，准确掌握线路防护区内的外力隐患及相关动态，及早动手，将事故隐患消灭在萌芽状态。

第三节　输电线路风险评估

一、输电线路风险评估的目的和意义

1. 风险理论

（1）风险。通常情况下，风险是指不好的结果产生的不确定性，而机会则是指好的结果产生的不确定性。伴随产生的另外两个概念就是成本和收益。这 4 个概念在决策时是非常重要的依据。风险分析中主要有客观实体派和主观建构派两大流派。客观实体派，倾向于以金钱观点来比较风险大小，在经济领域较为常见；主观建构派则偏重于从社会、心理、文化等方面来考虑风险。两者本质无异，相关的研究成果都具有很重要的借鉴意义。风险相关术语在不同文献中的描述略有差异，其包含的内容也有广窄之分，但这并不会影响到整体风险的分析和管理。

（2）风险评估理论。风险评估和管理是决策制定过程中不可或缺的一部分，它用来平衡所有的不确定利益和成本。对于决策者而言，该理论可以描述当前决策面临的一切潜在的不确定性，是一个非常强大的辅助工具。风险管理最终目标是为用户正确评估自身可能产生的损失并对其进行控制。其管理过程中基本流程包括：①风险识别，即何种环节中将产生何种损失，由何种原因引起；②风险分析（风险评估），即定性和定量分析，分析风

险的具体后果和发生概率；③风险监督和控制，即监督风险的发展，在风险即将超过忍受范围时采取一定的措施进行控制。

（3）风险分析应遵循的原则。在风险分析时，应该遵循如下的分析原则：

1）风险分析是正式的、严谨的、定量化的。

2）风险分析的目的是支持决策，应当把风险分析作为系统运行过程的一部分。

3）风险分析可以按各种等级的详细程度、彻底程度和精密程度来进行。

4）风险分析详细、彻底、精确程度与分析对象的重要性和环境潜在的破坏程度大小相一致。

5）在一个对象的早期概念阶段，能够而且应该实施近似的风险分析，随着研究工作的逐渐开展，风险分析的精度和详细程度也随之提高。

2. 风险决策方法

在风险控制环节中，不但要考虑到风险自身的高低，也要同时考虑到为了降低风险而付出的成本，这种行为又称做风险决策。主要方法有：

（1）最大可能法。最大可能法的实质是将概率最大的那个结果看成是必然事件，即发生的概率为1，而将其他结果看作不可能事件。这一方法适用于某一结果比其他结果发生的概率大得多的情况。决策者的决策行为也就此变成了确定性决策问题。该方法的前提是决策者掌握了足够的信息来判断决策结果发生的概率。如果仍然存在许多不确定性因素影响对概率的判断，则不适宜采用该方法。

（2）期望值法。利用期望值法进行风险决策要考虑决策者的风险偏好程度。其步骤是在收集相关资料后，列出主要的可行方案，算出每个可行方案的期望值来加以比较。如果决策者是风险厌恶型，目标是损失最小，则应采取期望值最小的行动方案。如果决策者是风险偏好型，目标是收益最大，则应选择期望值最大的可行方案。该方法结合了概率分析和决策者对风险和收益的态度，在大多数情况下都适用。

（3）概率不确定情况下的风险决策。现实中，有时很难估计出事件发生的概率，而只能对风险后果进行估计。这时，决策者是在一种不确定的情况下进行决策，故决策结果在很大程度上依赖于决策者对风险所持的态度。

应该指出，低概率高损害和高概率低损害事件的不同度量方法以及将它们合并为一个期望值函数的做法，可能会扭曲这些事件以及所发生序列的相关重要性。用将风险期望值作为风险衡量的唯一标准时可能会导致错误的结果。这是因为当某些极端情况出现时，虽然其概率很小，但其后果将会远超过当前正在采用的风险评估方法能够得到的最大风险。因此，在应用风险评估方法时，一定要注意适用的范围和必要的前提条件。

3. 输电线路风险评估的目的

架空输电线路是电网的重要组成部分，输电线路的安全稳定运行直接影响着电网的稳定性和供电的可靠性。由于我国不同区域地理和气象条件差别大，并且受到走廊的限制，输电线路分布广泛，电网设施所处自然条件往往非常恶劣，极易遭受冰灾、雷害、地震、狂风、暴雨、污秽、泥石流等自然灾害的破坏。近年来，极端恶劣气象条件呈现频发的趋势，不断发生大面积、长时间的雾霾天气，频发的雨凇、雾凇和大风天气，以及各种地质灾害等，都给电网运行带来巨大的威胁。2008 年发生在中国南方地区的覆冰灾害，四川的地震对电网的影响最为严重，其中冰灾对国网公司系统直接经济损失超过100亿元，地震灾害对国家电网系统造成的直接经济损失超过120亿元。2009年年底至2010年年初13个网省公司爆发的大范围覆冰舞动事故，共造成公司系统600余条66kV以上线路发生舞动，300余条线路发生闪络跳闸事故，严重影响了公司系统输电线路的稳定运行。

4. 架空输电线路风险评估意义

在这种现状下，传统的周期检修和故障检修策略就凸现出存在维修过度、维修不足和人力物力极大浪费等缺点，因而不再满足当前电网自身发展的需求，状态检修能够结合设备当前的运行情况进行设备状态的判断，从而做出设备是否需要维修和何时进行维修的优化决策，体现出了极大的优势。

对于输电线路的状态检修而言，其包括的风险种类很多，可以有设备风险、成本风险、维修风险、管理风险等。这其中，处于最重要地位的是设备风险。其他风险都可以看作是由设备风险引起的。设备风险不单纯是设备发生故障时设备自身遭受的损失，它还和设备故障后导致的其他后果有关，比如说因线路覆冰倒塔对人身产生的伤害和系统减供等严重后果。此外，从企业的社会责任角度出发，还应该考虑由系统减供等方面因素引起的社会不安定情况。因此，进行设备风险评估时，不但要了解设备自身相关信息、状态信息、故障历史记录，还需要了解设备在电力网络中所处的地位和起到的作用，这样才能完整反映设备风险的大小。

二、输电线路风险评估的方法

1. 输电线路设备风险评估流程

整个设备风险评估流程如图2-14-3-1所示。

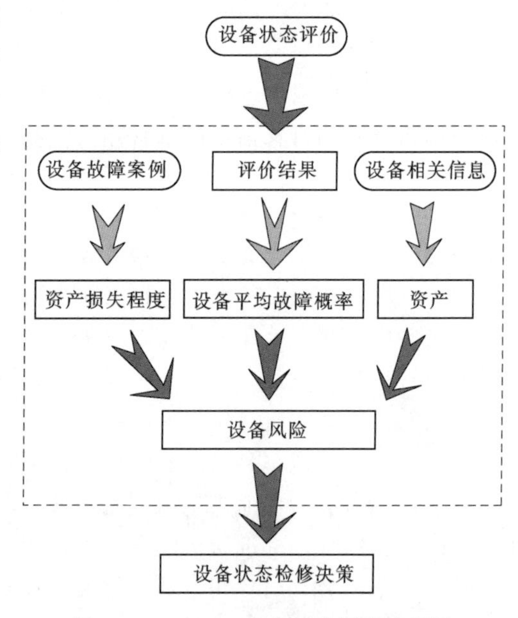

图2-14-3-1　设备风险评估流程图

对于某个对象的风险评价可以风险值作为目标，可以用定性或者定量两种方式进行，在《输变电设备风险评估导则》（Q/GDW 1903）（简称《导则》）中，风险评估以风险值为指标，综合考虑资产、资产损失程度及设备发生故障的概率三者的作用，风险值按下式计算：

$$R(t)=A(t)F(t)P(t) \qquad (2-14-3-1)$$

式中　t——某个时刻；

A——资产；

F——资产损失程度；

P——设备平均故障率；

R——设备风险值。

对于普通的风险模型，其参数包含的内容可以非常复杂繁多。对于输电设备而言，风险模型中各参数计算可以进行一定的简化。其中设备资产由设备价值、用户等级和设备地位3部分组成；资产损失程度由成本、安全和环境3部分组成。

风险评估所需要的初始信息如下：

（1）设备状态评价结果（设备状态评价分值）。

（2）设备故障案例（设备故障、损失程度及可能性）。

（3）设备相关信息，包括设备台账、电网结构及供电用户信息。

2. 资产和资产损失程度

（1）资产。设备资产评估考虑设备价值 A_1、用户等级 A_2 和设备地位 A_3 共3个因素，按下式计算：

$$A=\sum_{i=1}^{3}W_{A_i}A_i \tag{2-14-3-2}$$

式中　i——$i=1$，代表设备价值；$i=2$ 代表用户等级；$i=3$ 代表设备地位；

W_{A_i}——资产因素的权重，取值参见有关标准；

A_i——某个资产因素；

A——资产。

每个因素分成多个等级，取值范围为0～10。随着用户的变化以及电网的发展，设备价值、用户等级和设备地位应进行相应调整。

（2）资产损失程度。资产损失程度由成本、环境和安全3个要素的损失程度确定，其中安全损失度由人身安全和电网安全两个子要素的损失程度构成。每一个要素的损失程度由要素损失值和要素损失概率确定，按下式计算：

$$F_j=\sum_{k=1}^{3}IOF_{jk}\times POF_{jk} \tag{2-14-3-3}$$

式中　j——$j=1$ 代表成本，$j=2$ 代表环境，$j=3$ 代表人身安全，$j=4$ 代表电网安全；

k——要素损失等级；

IOF_{jk}——某一等级下的要素损失值；

POF_{jk}——某一等级下的要素损失概率；

F_j——某一要素的损失程度。

安全损失程度按下式计算：

$$F_5=F_3+F_4 \tag{2-14-3-4}$$

式中　F_5——安全损失程度；

F_3——人身安全损失程度；

F_4——电网安全损失程度。

资产损失程度为每一个要素损失程度的加权之和，资产损失程度按下式计算：

$$F=\sum_{j}W_{Fj}\times F_j \tag{2-14-3-5}$$

式中　F——资产损失程度；

W_{Fj}——要素损失程度权重；

$j=1$、2、5——1代表成本，2代表环境，5代表安全；

F_j——某一要素的损失程度。

3. 设备平均故障率

设备平均故障率按下式计算：

$$P=K\times e^{-C\times ISE} \tag{2-14-3-6}$$

式中　ISE——设备状态评价分值；

K——比例系数；

C——曲率系数；

P——平均故障率，取值范围0～1。

4. 设备风险的计算及处理原则

设备风险按式（2-14-3-1）进行计算。确定设备风险值后，风类设备按照风险值大小排序，作为输变电设备状态检修的决策依据。安排检修时间时应考虑设备继续运行对风险值改变的影响。资产、资产损失程度、平均故障率可以分别排序，作为状态检修决策参考。如需对不同类设备（如同一间隔的不同设备）风险值大小进行排序，按照设备类型进行风险值加权，加权后的间隔风险值按下式计算：

$$R_w(t)=\sum_{l=1}^{n}R_l(t)W_{Rl} \tag{2-14-3-7}$$

式中　t——某一时刻；

l——间隔内的某一设备，$l=1\sim n$；

R_l——某一设备的风险值；

W_{Rl}——某一设备的风险值权重；

R_w——间隔风险值。

5. 输电线路风险评估案例

按照上述方法，对某条500kV的输电线路进行风险评估，评估报告见表2-14-3-1。

表2-14-3-1　500kV××线风险评估报告

基本参数			
单位名称	××	线路名称	500kV××线
线路长度	16.199km	杆塔数量	38
导线型号	4×LGJ-300/35	避雷线型号	LBGJ-120-40AC/LBGJ-100-20AC
设计单位	××设计院	投运日期	2008.2.4
绝缘子型号	FC16P/155、FC160P/155、FC21P/170、FC210P/170、FC300/195、FC300P/195		
资产评估			
设备价值： 此线路电压等级为500kV，设备价值取值范围为8～10。 允许最大电流为2200A，设备价值取值为9			
用户等级： 500kV××线为××变电站至××电厂的联络线，是××电厂输出的一个重要通道。 考虑以上因素，认为××线的用户等级为一级用户，用户等级的取值为10			
设备地位： 属于××变电站至××电厂的联络枢纽线路，对保证××电厂送出具有重大影响。500kV××线设备地位取值为8（满足$N-1$的要求）			

续表

<table>
<tr><td>资产因素</td><td>设备价值</td><td colspan="2">用户等级</td><td>设备地位</td><td>资产</td></tr>
<tr><td>取值</td><td>9</td><td colspan="2">10</td><td>8</td><td>9</td></tr>
<tr><td colspan="6">资产损失程度评估</td></tr>
<tr><td rowspan="2">要素</td><td rowspan="2">成本</td><td rowspan="2">环境</td><td colspan="2">安全</td><td rowspan="2">资产损失程度</td></tr>
<tr><td>人身</td><td>电网</td></tr>
<tr><td>计算值</td><td>0.873</td><td>0.417</td><td>0</td><td>0.112</td><td>0.4774</td></tr>
<tr><td colspan="6">设备故障率计算</td></tr>
<tr><td>缺陷情况</td><td colspan="5">(1) 27号塔左、中、右线绝缘子均顺线路小号侧方向偏斜350mm；
(2) 一个防振锤滑移</td></tr>
<tr><td>设备状态评价分值</td><td>K</td><td colspan="2">C</td><td colspan="2">设备故障率</td></tr>
<tr><td>64</td><td>8770</td><td colspan="2">0.15</td><td colspan="2">59.40%</td></tr>
<tr><td>风险值</td><td colspan="5">2.552</td></tr>
<tr><td colspan="6">评估结果</td></tr>
<tr><td colspan="6">设备风险值：2.552；
资产评估结果：9；
资产损失程度评估结果：0.4774；
设备故障率计算结果：59.4%</td></tr>
</table>

第四节　输电线路状态检修

一、我国输电线路设备检修的发展阶段

电力系统输电线路设备检修方式的发展大致经历了这样的3个阶段，即从事后检修发展到定期检修和状态检修。

（一）事后检修

事后检修是20世纪50年代以前主要采用的方式，就是在设备发生了故障或事故以后才进行检修。这是基于那时没有形成现在这样庞大的网络，因此设备发生故障时影响面小，同时大部分设备简单，人们对电力依赖性不强，所以当时只进行简单的日常维护和检修，没有开展系统检修和管理。

（二）定期检修

定期检修是从1954年在电力系统各种设备发展起来的检修管理制度，这是预防性检修体系的一种方法，其检修等级、周期均按照主管部门颁发的全国统一的规程规定执行，检修项目统一，检修间隔统一，检修工期统一。这种传统的检修制度，在以往的定检中也确实发现了设备的缺陷和故障，并及时消除，曾起到一定的积极作用。但是，随着供电技术装备水平的提高和改革的深入，定期检修制度的不足也越来越显现出来。定期检修制度一般情况下对设备的运行状态不加判断，即到了预定的大、中、小修周期便安排人力、物

力、进行检修工作。通常检修工作完成之后也缺乏必要的与之相适应的判断检修质量的检测手段即检测装置，因而由于设备检修后处理不当而酿成的事故例子屡见不鲜。同时定期检修还存在一定的“检修不足”，对该检修的设备没有进行检修，其原因或是试验方法、设备有问题，或是有的缺陷未被发现，或是检修任务重、时间紧，造成该修的设备没修，从而使设备发生故障而引起损失。定期检修造成检修费用浪费，提高了电能成本。状态检修是一种先进的设备检修管理机制，是社会生产力的发展在检修领域的具体体现。状态检修的技术基础是设备状态的准确评价，根据监测手段所获取的各种状态信息，分析故障发生的现象，评估故障发展的趋势，依据设备的重要程度而采用不同的检修策略，并合理地安排检修时间和检修项目，使设备状态“可控、在控”，保证电力设备安全经济运行。

（三）状态检修

状态检修起源于20世纪60年代美国航空工业，接着在军舰的检修、核工业的检修中采用，并很快在电力行业中采用。现今在国外，例如美国、加拿大、法国等国家已经推行输变电设备状态检修的先进方法多年，他们具备完善的监测系统、先进的测量设备以及一整套科学的管理方法。我国输电线路的状态检修工作仍处在探索、研究的阶段，由于我国的国情和设备情况不同于国外，应在借鉴国外先进的方法、设备的同时，结合实际建立一整套科学的管理模式、实时监测系统以及各类监测设备，建立综合分析状态信息智能专家系统，从而实现输电线路状态检修。

二、输电线路状态检修的意义和效果

状态检修（Condition Based Maintenance，CBM），就是根据设备的运行状态确定检修策略的检修方式。状态检修以设备诊断技术为基础，结合设备的历史和现状，参考同类设备的运行情况，应用系统工程的方法进行综合分析判断，从而查明设备内部状况，根据各种参数的变化规律，预测隐患的发展趋势，并提出防范措施和治理对策。状态检修由美国杜邦公司 I. D. Quinn 于1970年首先倡议。

（一）状态检修的意义

输电线路可靠性及运行情况直接决定着电力系统的稳定和安全。检修是保证输电设备健康运行的必要手段。长期以来，输电线路采取定期检修的方式。定期检修时根据巡视记录、线路事故情况及检测数据，按照预定时间或检修周期进行检修。这种检修方式能使电网运行方式较早、较充分地安排。但定期检修坚持到期必修，有失科学性，会发生检修过剩，造成不必要的人、财、物的浪费；同时，如果检修质量得不到保证，反而会带来更多的缺陷和故障。因此，定期检修的缺陷日益突出，需要根据线路的特点开展新的检修方式。

输电线路状态检修是一种先进的维修管理方式，能有效地克服定期维修造成设备过修或失修问题，是较为理想的检修方式，是今后发展的趋势。

（二）状态检修的效果

状态检修可给电力系统和社会带来巨大的经济效益，应稳步推进状态检修工作。状态检修对安全生产及经济效益产生的效果主要有：①具有很强的针对性并能改善电网的安全，提高供电可靠率；②可以使检修具有实效性，能及时、准确地解决问题；③延长设备的使用寿命，改善设备的安全；④减少生产用人、用车和工作时间，提高经济效益。

三、输电线路状态检修系统的建立

输电线路状态检修系统的建立，主要包括状态数据的采集和状态信息库的建立。

（一）状态数据的采集

不同于发电机、变压器等设备的状态检修，线路状态数据的采集可以带电检测到或通过在线监测技术和装置，比较方便、易行。带电作业是在线路不停电的状态下进行的，能够提供一些真实的线路状态数据。在线检测系统能够提供十分充分的状态数据，现在一些线路上已经开始使用，但是，目前对线路状态量获取所需的在线监测技术和装置，以及数据库和专家智能模型的建立，还未达到实用化水平，尚处于试点、探索、积累经验的阶段，这些问题的存在，在一定程度上阻碍了状态检修的发展。因此，随着线路状态检修工作的深入和发展，在线监测技术和装置需要不断地推广和应用。

（二）状态信息库的建立

输电线路状态信息库的建立是进行状态维修的基础，所有采集的线路状态信息必须要进入信息库进行管理。目前，输电线路地理信息系统（GIS）、输电线路生产管理系统（PMS）已推广应用，可以实现对状态数据的管理，已成为我们日常工作中不可缺少的根据和得力助手，输电线路状态信息综合评估系统和整个供电企业的管理系统目前尚未使用，所以状态评估和维修决策这部分工作要由人工完成。因此，输电线路状态信息化需要建立状态综合评估系统、输电线路地理信息系统、GPS定位巡视系统、输电线路生产管理系统等，各系统各自的状态信息共享，实现互动调用。

因此，状态检修是应用先进的诊断技术对设备进行诊断后，根据设备的技术状态和存在的问题安排检修项目和检修时间。从发展来看，状态检修不仅能更好地贯彻“安全第一、预防为主”的方针，而且可以避免目前定期检修中的一些盲目性，实现减员增效，可进一步提高企业的经济效益和社会效益。这充分说明，状态检修在电力系统检修中的重要性，而带电作业是实施状态检修的重要途径和手段，因此，积极开展带电作业，全面实现对输电线路进行状态检修，是保证电网安全运行，保证人身设备安全的前提，也是现代电网生存、发展的重中之重。

四、输电线路状态检修分类及检修项目

根据线路特点，按工作性质内容与工作涉及范围，对线路检修工作进行分类。线路状态检修共分5类，即A类检修、B类检修、C类检修、D类检修、E类检修。其中A类、B类、C类是停电检修，D类、E类是不停电检修，线路的检修分类及检修项目见表2-14-4-1。

五、输电线路设备状态监控的分类和分级

状态检修工作的核心是确定设备状态，依据设备的状态开展相应的试验、检修工作。将设备检修管理工作的重点由修理转到管理上来，大力加强设备状态的监控，通过强调管理和技术分析的作用，严格控制、细化分析，真正做到“应修必修，修必修好”。

根据输电线路巡视、检测、异常、故障情况并结合设备本体设计的电气、机械性能和不同线路区段所处地理环境特点对线路运行条件进行统计、分析，进而进行设备监控的分

类和分级，是把握设备状态的基础。

（一）按设备故障类型分类

1. 污秽区

（1）a级：统一爬电距离小于25.2mm/kV。

（2）b级：统一爬电距离25.2～31.5mm/kV。

（3）c级：统一爬电距离31.5～39.4mm/kV。

（4）d级：统一爬电距离39.4～50.4mm/kV。

（5）e级：统一爬电距离50.4～59.8mm/kV。

表2-14-4-1　　　　输电线路检修分类及检修项目

检修分类	检　修　项　目
A类检修	A.1　新建、更换、移位、升高杆塔。 A.2　导线、地线、光纤复合架空地线更换。 A.3　全线或大批量绝缘子更换。 A.4　其他需要停电进行的线路技改工作
B类检修	B.1　线路设备需要停电进行的更换或加装： B.1.1　横担或主材。 B.1.2　少量绝缘子。 B.1.3　避雷器。 B.1.4　金具。 B.2　主要部件处理： B.2.1　导线、地线修复、重新压接。 B.2.2　导线、地线弛度调整。 B.2.3　绝缘子喷涂防污闪涂料。 B.2.4　间隔棒更换。 B.2.5　导线防振锤更换、复位。 B.3　需要停电处理的重大及以上缺陷。 B.4　其他
C类检修	C.1　绝缘子表面清扫。 C.2　复合绝缘子抽样试验。 C.3　线路避雷器检查及试验。 C.4　金具紧固检查。 C.5　导线、地线、光纤复合架空地线线夹开夹检查。 C.6　导线走线检查。 C.7　绝缘子盐密取样。 C.8　增爬裙检查。 C.9　相间间隔棒检查。 C.10　导线、地线、光纤复合架空地线异物处理。 C.11　导线线夹发热处理。 C.12　避雷器本体严重损伤或发热处理。 C.13　需要停电处理的一般缺陷。 C.14　其他
D类检修	D.1　扶正、加固杆塔。 D.2　基础护坡及防洪、防碰撞设施修复。 D.3　基础、护面、保护帽修复。 D.4　铁塔防腐处理。 D.5　钢筋混凝土杆塔裂纹修复。 D.6　更换或修复杆塔拉线（拉棒）。 D.7　更换或加装杆塔斜材及其他组件。 D.8　拆除杆塔鸟巢、蜂窝及附生植物。 D.9　更换或修复接地装置。 D.10　安装或修补附属设施。 D.11　通道清障（交叉跨越处理、树竹砍伐、危险物处理等）。 D.12　绝缘子带电检零。 D.13　按地电阻测量。 D.14　红外测温。 D.15　导线、地线、光纤复合架空地线弧垂测量。 D.16　交叉跨越测量。 D.17　杆塔倾斜度测量。 D.18　模拟盐密串取样。 D.19　避雷器、可控避雷针读数及外观检查。 D.20　安装地电位避雷及其他设施。 D.21　地电位安装、修复在线监测及其他设施。 D.22　其他
E类检修	E.1　等电位更换绝缘子。 E.2　等电位更换金具、同隔棒。 E.3　等电位修补导线。 E.4　等电位处理线夹发热。 E.5　等电位摘除异物。 E.6　其他等电位工作

注　A类检修，需要线路停电进行的技改工作，主要包括对线路主要单元（如杆塔和导地线等）进行更换、改造等。B类检修，需要线路停电进行的检修工作，主要包括对线路主要单元进行少量更换或加装，绝缘子涂刷防污闪涂料，需要停电进行的重大及以上缺陷消除工作等。C类检修，需要线路停电进行的试验工作，需要停电进行的一般缺陷消除工作。D类检修，在地面或地电位上进行的不停电检查、检测、试验、维护或更换。E类检修，等电位带电检修、维护或更换。

参照最新的污秽区分布图，每年及时调整污秽度监测点，按周期进行污秽度监测，动态调整线路污秽等级。

2. 雷害区

依据《雷区分级标准与雷区分布图绘制规则》（Q/GDW 672—2011），综合考虑地闪密度、不同电压等级危险雷电密度分布（反击和绕击）、运行经验、地形地质地貌概况等因素，将输电线路发生雷击闪络危险风险分为以下 4 个层级。

（1）Ⅰ级：危险雷电密度小，线路雷击跳闸概率低。

（2）Ⅱ级：危险雷电密度较小，线路雷击跳闸概率较低。

（3）Ⅲ级：危险雷电密度较大，线路雷击跳闸概率较高。

（4）Ⅳ级：危险雷电密度大，线路雷击跳闸概率高。

3. 覆冰区

现在的基本做法是按照线路设计阶段划定的线路沿线气象区确定覆冰区，并根据实际运行经验进行调整。目前，正在研究以相对湿度划分冰区等级的方法。

4. 鸟害区

指大鸟密集的沼泽、湖泊、水库区和群鸟集结区。

5. 风口区

局部环境风速不小于 20m/s（风力 8 级及以上）的微地形区。

6. 倒塔断线区

指运行超过 15 年的线路，铁塔腐蚀严重，导线金具疲劳；拉线塔连续超过 3 基及以上区段；大高差、大跨越挡段；发生过掉串、掉线故障的区段和存在同样设备隐患的区段。

（二）按线路所处的地理位置分类

主要分为山地、林区、丘陵区、河湖水库区、采空区、开山放炮区、厂矿区、居民区、公路和铁路穿越区、盐碱区、洪水冲刷区。

在《输变电设备状态检修试验规程》（DL/T 393—2010）规定的巡视、例行试验周期基础上，根据设备监控的分类、分级情况，研究确定不同区域、不同季节、不同气候条件下的巡视、检测重点，划定不同时间段的监控等级，合理缩短或延长巡检周期，加强运行监视，针对性地采取防控措施。对不满足运行要求的线路设备进行大修、改造等可行性研究，列入大修、技改计划进行整治。制约安全生产的技术难题，列入科技攻关计划，着力解决，确保设备状态的可控、在控、能控。

第五节　输电线路状态检修策略

一、输电线路整体状态检修策略

线路状态检修策略包括检修时限和检修方法，检修可以采取停电或不停电策略。其中停电检修包括综合检修、缺陷处理、检测试验等；不停电检修包括等电位带电作业、地电位带电作业或者地面维修等。检修策略应根据线路状态评价的结果动态调整。

（一）状态检修时限

（1）立即开展。指从发现问题到采取措施处理时间不超过 24h。

（2）尽快开展。指从发现问题到采取措施处理时间不超过一周。

（3）适时开展。指从发现问题到采取措施处理时间不超过一个检修周期。

（4）基准周期开展。线路整体检修的基准周期包括检测试验基准周期和检修维护基准周期。检测试验基准周期为DL/T 393—2010规定的线路设备试验周期；检修维护正常周期为《架空输电线路运行规程》（DL/T 741—2010）规定的线路设备检修维护周期。

（二）线路整体状态检修策略

根据线路评价结果，制定相应的检修策略，线路整体状态检修策略见表2-14-5-1。

表2-14-5-1　线路整体状态检修策略表

线路状态	推荐策略			
	正常状态	注意状态	异常状态	严重状态
检修策略	“正常状态”检修策略	“注意状态”检修策略	“异常状态”检修策略	“严重状态”的检修策略
推荐周期	基准周期或延长一年	不大于基准周期	适时开展	尽快开展

1. 正常状态的检修策略

被评价为“正常状态”的线路，执行C类检修。根据线路实际状况，C类检修可按照DL/T 393规定基准周期或延长一年执行。在C类检修之前，可以根据实际需要适当安排E类检修。

2. 注意状态的检修策略

被评价为“注意状态”的线路，若用D类或E类检修可将线路恢复到正常状态，则可适时安排D类或E类检修，否则应适时开展C类检修。如果单项状态量扣分导致评价结果为“注意状态”时，应根据实际情况提前安排C类检修。如果仅由线路单元所有状态量合计扣分或总体评价导致评价结果为“注意状态”时，可按基准周期执行，并根据线路的实际状况，增加必要的检修或试验内容。

3. 异常状态的检修策略

被评价为“异常状态”的线路，根据评价结果确定检修类型，并适时安排检修。

4. 严重状态的检修策略

被评价为“严重状态”的线路，根据评价结果确定检修类型，并尽快安排检修。

此外，状态检修策略还有单元状态量检修策略和复合绝缘子发热引起线路状态变化时的检修策略。

（三）单元状态量检修策略

单元状态量检修策略是不论塔位段评价、线路单元评价、线路整体评价结果是“正常状态”“注意状态”“异常状态”“严重状态”中的哪一种，存在扣分的各单元状态量都应参照单元状态量检修策略开展检修。

（四）复合绝缘子发热引起的线路状态检修策略

复合绝缘子发热引起线路状态变化时的检修策略是指线路因复合绝缘子发热引起线路状态评价结果发生变化时，线路运行单位应高度注意，特别对运行时间在10年及以上的老旧复合绝缘子，在根据评价结果确定检修策略同时，对使用同厂家、同批次复合绝缘子的线路要适当缩短线路C类检修周期，增加复合绝缘子抽样试验力度和频次。

二、输电线路实现状态检修须具备的条件

（一）技术档案

开展线路状态检修必须首先建立完善的技术档案，主要包括：

（1）制造厂家提供的资料。要求厂家提供完整的产品说明书，详尽的阐述设备的构造、原理、性能、图纸和运行维护标准和要求，同时提供出厂试验记录、产品合格证书、安装图纸等整套相关资料。

（2）设备安装资料。施工单位按施工验收规范提供的资料，包括设备、材料卸装与运输情况，安装前的检查与保管情况、安装技术记录、设计变更通知书和变更的实际施工图和交接试验记录等。

（3）线路投运以来的参数、缺陷记录、运行中发现的事故和障碍及各种异常情况的记录。

（4）历次周期性检查、检修记录及报告。

（二）技术内容

状态维修涉及先进的传感器技术、信息采集处理技术、干扰抑制技术、模式识别技术、故障严重性分析、寿命评估和可靠性评价等技术领域。具体分析如下：

（1）预测性维修、预测性维修关键是依靠先进的故障诊断技术对潜伏故障进行分类和严重性分析判断，以决定设备（部件）是否需要立即退出运行和是否应及时采取应对措施。

（2）可靠性评估。可靠性评估是在对设备或元件的运行状态进行综合监测后，采取概率统计的手段，在对整个系统可靠性影响评估的基础上决定维修计划的一种维修策略。

（3）在线和离线监测技术。监测输电线路的运行状态，应是一个全方位多系统组成的一整套实时监测系统。输电线路要实施全系统在线监测有一定的难度，但对于直接影响输电线路安全的绝缘监测、污秽情况监测、环境监测等要实施在线监测，对其他类型的状态监测则可采用离线的按一定周期的巡回监测系统。

（三）实现输电线路状态检修的基础

掌握线路的运行状态和做好运行线路的基础管理工作是实现状态检修的基础，应做好以下方面工作：

（1）强化常规的测试工作。就是根据设备的原始状态、运行环境、历年状态变化趋势等因素，确定更为合理的测试周期。

（2）抓好在线监测技术和装置的开发和应用。在线监测技术和装置是实现状态检修的关键技术支撑，由于它能实时地测试设备的状态，因而能及时、准确、有效地发现设备的早起缺陷，并能及时确定检修计划；针对目前在线监测装置的现状，深入开展在线监测装置实用情况的调研和评估工作，是确保状态检修实施策略的重要途径。

（3）高度重视数理分析工作，综合分析设备的技术状况。要实行状态检修，必须要有描述设备状态的确切数据，状态检修计算机管理系统是推行这一体系的基础性工程。

（4）加强感官诊断，重视培养人才的工作。诊断技术日益仪表化、智能化，要正确处理精密诊断和直观的关系，提高检修人员的素质。

三、输电线路运行单元状态检修策略

输电线路运行单元状态检修策略见表 2－14－5－2。

表 2-14-5-2　　　　输电线路运行单元状态检修策略

序号	运行单元	状态量	状态量具体描述	检修策略	
				检修方法	检修时限
1	基础	基础保护帽及基础护面损坏	杆塔或基础变形导致保护帽或护面破损、裂缝	D.1 D.3	立即开展
2			回填土下沉导致护面破损、裂缝	D.3	尽快开展
3			外力破坏导致保护帽或护面破损、裂缝	D.3	适时开展
4		杆塔基础表面损坏	阶梯式基础阶梯间出现裂缝	D.3	立即开展
5			杆塔基础有钢筋外露	D.3	尽快开展
6			基础混凝土表面有较大面积水泥脱落、蜂窝、露石或麻面	D.3	适时开展
7		基础护坡及防洪设施损坏	基础护坡及防洪设施损毁，造成严重水土流失，危及杆塔安全运行；处于防洪区域内的杆塔未采取防洪措施；基础不均匀沉降或上拔	D.2 D.3	立即开展
8			基础护坡及防洪设施损坏，造成大量水土流失	D.2	尽快开展
9			基础护坡及防洪设施破损，造成少量水土流失	D.2	适时开展
10		杆塔基础保护范围内基础表面取土	混凝土杆基础被取土 30cm 以上；杆塔基础被取土 60cm 以上	D.2	立即开展
11			混凝土杆基础被取土 20～30cm；杆塔基础被取土 30～60cm	D.2	尽快开展
12		防碰撞设施	防碰撞设施缺失或损坏，失去防碰撞作用	D.2	尽快开展
13			防碰撞设施损坏，尚能发挥防碰撞作用	D.2	适时开展
14			防碰撞设施警告标志不清晰或缺失	D.2	尽快开展
15		基础立柱淹没	杆塔基础位于水田中的立柱低于最高水面	D.2	尽快开展
16			位于河滩和内涝积水中的基础立柱露出地面高度低于 5 年一遇洪水位高程	D.2	适时开展
17		拉线基础埋深	拉线基础埋深低于设计值 60cm 以上	D.2	立即开展
18			拉线基础埋深低于设计值 40～60cm	D.2	尽快开展
19			拉线基础埋深低于设计值 20～40cm	D.2	适时开展
20		拉线基础外力破坏	被围于围墙内、位于道路上	D.11	适时开展
21	杆塔	杆塔倾斜	一般杆塔、钢管杆（塔）倾斜度不小于 20‰，50m 以上杆塔、钢管杆（塔）倾斜度不小于 15‰；混凝土杆倾斜度不小于 25‰	立即开展	
22			一般杆塔、钢管杆（塔）倾斜度 15‰～20‰，50m 以上杆塔、钢管杆（塔）倾斜度 10‰～15‰；混凝土杆倾斜度 20‰～25‰	D.1	尽快开展
23			一般杆塔、钢管杆（塔）倾斜度 10‰～15‰，50m 以上杆塔、钢管杆（塔）倾斜度 5‰～10‰；混凝土杆倾斜度 15‰～20‰	D.1	适时开展

续表

序号	运行单元	状态量	状态量具体描述	检修策略	
				检修方法	检修时限
24	杆塔	钢管杆杆顶最大挠度	直线钢管杆杆顶最大挠度大于10‰；直线转角钢管杆杆顶最大挠度大于15‰；耐张钢管杆杆顶最大挠度大于24‰	D.1	立即开展
25			直线钢管杆杆顶最大挠度7‰～10‰；直线转角钢管杆杆顶最大挠度10‰～15‰；耐张钢管杆杆顶最大挠度22‰～24‰	D.1	尽快开展
26			直线钢管杆杆顶最大挠度5‰～7‰；直线转角钢管杆杆顶最大挠度7‰～10‰；耐张钢管杆杆顶最大挠度20‰～22‰	D.1	适时开展
27		杆塔、钢管塔主材弯曲	主材弯曲度大于7‰	B.1.1	尽快开展
28			主材弯曲度5‰～7‰	B.1.1	尽快开展
29			主材弯曲度2‰～5‰	B.1.1	适时开展
30		杆塔横担歪斜	歪斜度大于10‰	B.1.1	尽快开展
31			歪斜度5‰～10‰	B.1.1	尽快开展
32			歪斜度1‰～5‰	B.1.1	适时开展
33		杆塔和钢管塔构件缺失、松动	缺少大量非主要承力塔材、螺栓、脚钉或较多节点板，螺栓松动15%以上，地脚螺母缺失；未采取塔材防盗措施	D.7	尽快开展
34			缺少较多非主要承力塔材、螺栓、脚钉或个别节点板，螺栓松动10%～15%；采取的防盗措施不满足防盗要求	D.7	尽快开展
35			缺少少量非主要承力塔材、螺栓、脚钉，螺栓松动10%以下；防盗防外力破坏措施失效或设施缺失	D.7	适时开展
36			少量非主要承力塔材、螺栓、脚钉变形	D.7	基准周期开展
37		连接钢圈、法兰盘损坏	钢管杆、混凝土杆连接钢圈焊缝出现裂纹	D.1	立即开展
38			钢管杆、混凝土杆法兰盘个别连接螺栓丢失	D.1	尽快开展
39			钢管杆、混凝土杆连接钢圈锈蚀或法兰盘个别连接螺栓松动	D.1	尽快开展
40		杆塔、钢管杆（塔）锈蚀情况	锈蚀很严重、大部分非主要承力塔材、螺栓和节点板剥壳	D.4	尽快开展
41			锈蚀较严重、较多非主要承力塔材、螺栓和节点板剥壳	D.4	适时开展
42			镀锌层失效，有轻微锈蚀	D.4	基准周期开展
43		混凝土杆裂纹	普通混凝土杆横向裂缝宽度大于0.4mm，长度超过周长2/3；纵向裂纹超过该段长度的1/2；保护层脱落、钢筋外露。预应力混凝土电杆及构件纵向、横向裂缝宽度大于0.3mm	D.5	尽快开展

续表

序号	运行单元	状态量	状态量具体描述	检修策略	
				检修方法	检修时限
44	杆塔	混凝土杆裂纹	普通混凝土杆横向裂缝宽度0.3～0.4mm，长度为周长1/3～2/3；纵向裂纹为该段长度的1/3～1/2；水泥剥落，严重风化。预应力混凝土电杆及构件纵向、横向裂缝宽度0.1～0.2mm	D.5	尽快开展
45			普通混凝土杆横向裂缝宽度0.2～0.3mm；预应力钢筋混凝土杆有裂缝，裂纹小于该段长度的1/3；水泥剥落，有风化现象。预应力混凝土电杆及构件纵向、横向裂缝宽度小于0.1mm	D.5	尽快开展
46		外部影响	未经许可在杆塔上架设电力线、通信线、广播线、以及安装广播喇叭等装置	D.11	尽快开展
47			在杆塔及拉线上筑有鸟巢、蜂窝以及有蔓藤类植物附生	D.8	尽快开展
48	导地线	腐蚀、断股、损伤和闪络烧伤	钢芯铝绞线、钢芯铝合金绞线：导线损伤范围导致强度损失在总拉断力的50%以上且截面积损伤在总导电部分截面积60%及以上；铝绞线、铝合金绞线：股损伤截面超过总面积的60%及以上；镀锌钢绞线：7股断2股以上，19股断3股以上	B.2.1 B.3.3	立即开展
49			钢芯铝绞线、钢芯铝合金绞线：导线损伤范围导致强度损失在总拉断力的17%～50%且截面积损伤在总导电部分截面积的25%～60%；铝绞线、铝合金绞线：股损伤截面占总面积的25%～60%；镀锌钢绞线：7股断2股，19股断3股	B.2.1 E.3	尽快开展
50			钢芯铝绞线、钢芯铝合金绞线：导线在同一处损伤导致强度损失未超过总拉断力的5%～17%且截面积损伤未超过总导电部分截面积7%～25%间；铝绞线、铝合金绞线：断股损伤截面占总面积的7%～25%；镀锌钢绞线：7股断1股，19股断2股；光纤复合架空地线：断股损伤截面占面积的7%～17%（光纤单元未损伤）	B.2.1 E.3	尽快开展
51			钢芯铝绞线、钢芯铝合金绞线：导线在同一处损伤导致强度损失未超过总拉断力的5%且截面积损伤未超过总导电部分截面积7%；铝绞线、铝合金绞线：断损截面不超过总面积7%；镀锌钢绞线：19股断1股；光纤复合架空地线：断损截面积不超过总面积7%（光纤单元未损伤）	B.2.1 E.3	适时开展
52		异物悬挂	导地线异物悬挂，危及线路安全运行	C.10 E.5	立即开展
53			导地线异物悬挂，影响线路安全运行	C.10 E.5	尽快开展
54			导地线异物悬挂，但不影响线路安全运行	C.10 E.5	尽快开展

续表

<table>
<tr><th rowspan="2">序号</th><th rowspan="2">运行单元</th><th rowspan="2">状态量</th><th rowspan="2">状态量具体描述</th><th colspan="2">检修策略</th></tr>
<tr><th>检修方法</th><th>检修时限</th></tr>
<tr><td>55</td><td rowspan="8">导地线</td><td rowspan="2">异常振动、舞动、覆冰</td><td>舞动区段未采取防舞动措施；重冰区段未采取防冰闪措施</td><td>C. 4</td><td>尽快开展</td></tr>
<tr><td>56</td><td>分裂导线鞭击、扭绞和粘连</td><td>C. 4</td><td>尽快开展</td></tr>
<tr><td>57</td><td rowspan="2">弧垂</td><td>弧垂偏差最大值 110kV 为＋10％以上、－5％以上，220kV 及以上为＋6％以上、－5％以上；相间弧垂偏差最大值：110kV 为 400mm 以上，220kV 及以上线路为 500mm 以上；同相子导线弧垂偏差最大值：垂直排列双分裂导线为＋150mm 以上、－50mm 以上，其他排列形式分裂导线 220kV 为 130mm 以上，330kV 及以上为 100mm 以上</td><td>B. 2. 2</td><td>尽快开展</td></tr>
<tr><td>58</td><td>弧垂偏差最大值 110kV 为＋6％～10％、－2.5％～－5％，220kV 及以上为＋3％～6％、－2.5％～－5％；相间弧垂偏差最大值：110kV 为 200～400mm，220kV 及以上线路为 300～500mm；同相子导线弧垂偏差最大值：垂直排列双分裂导线为 100～150mm、0～50mm，其他排列形式分裂导线 220kV 为 80～130mm，330kV 及以上为 50～100mm</td><td>B. 2. 2</td><td>基准周期开展</td></tr>
<tr><td>59</td><td>跳线</td><td>最大风偏时不满足电气距离要求</td><td>E. 1
E. 2</td><td>立即开展</td></tr>
<tr><td>60</td><td rowspan="3">OPGW 及其附件</td><td>附件损伤、丢失</td><td>D. 10</td><td>尽快开展</td></tr>
<tr><td>61</td><td>接地线接触不良</td><td>D. 9</td><td>适时开展</td></tr>
<tr><td>62</td><td>接线盒松脱或锈蚀严重、松动、变形</td><td>D. 10</td><td>适时开展</td></tr>
<tr><td>63</td><td rowspan="11">绝缘子串</td><td rowspan="2">绝缘子串闪络、爬电</td><td>正常运行有爬电现象</td><td>E. 1</td><td>尽快开展</td></tr>
<tr><td>64</td><td>遭受雷击闪络烧伤</td><td>E. 1</td><td>尽快开展</td></tr>
<tr><td>65</td><td>绝缘子表面温度</td><td>同串表面温差超过 1℃</td><td>E. 1</td><td>尽快开展</td></tr>
<tr><td>66</td><td>绝缘子电压分布不合格</td><td>盘形悬式绝缘子电压值低于 50％标准规定值（电压分布标准值见 DL/T 626），或电压值高于 50％的标准规定值，但明显低于相邻两侧合格绝缘子的电压值</td><td>E. 1</td><td>尽快开展</td></tr>
<tr><td>67</td><td>绝缘子机械强度下降</td><td>绝缘子机械强度下降到 85％额定机电破坏负荷以下</td><td>E. 1</td><td>尽快开展</td></tr>
<tr><td>68</td><td rowspan="2">绝缘子铁帽、钢脚锈蚀</td><td>绝缘子铁帽锌层严重锈蚀起皮；钢脚锌层严重腐蚀在颈部出现沉积物，颈部直径明显减少，或钢脚头部变形</td><td>E. 1</td><td>尽快开展</td></tr>
<tr><td>69</td><td>钢脚锌层损失，颈部开始腐蚀</td><td>E. 1</td><td>尽快开展</td></tr>
<tr><td>70</td><td rowspan="2">复合绝缘子端部连接</td><td>端部金具连接出现滑移或缝隙</td><td>E. 1</td><td>立即开展</td></tr>
<tr><td>71</td><td>抽样检测发现端部密封失效</td><td>E. 1</td><td>尽快开展</td></tr>
<tr><td>72</td><td rowspan="2">复合绝缘子芯棒护套和伞裙损伤</td><td>复合绝缘子芯棒护套破损；伞裙多处严重破损或伞裙材料表面出现粉化、龟裂、电蚀、树枝状痕迹等现象</td><td>E. 1</td><td>尽快开展</td></tr>
<tr><td>73</td><td>伞裙有部分破损、脱落、老化、变硬现象</td><td>E. 1</td><td>尽快开展</td></tr>
</table>

续表

序号	运行单元	状态量	状态量具体描述	检修策略	
				检修方法	检修时限
74	绝缘子串	锁紧销缺损	锁紧销断裂、缺失、失效	E.1	尽快开展
75			锁紧销锈蚀、变形	E.1	适时开展
76		绝缘子积污	在积污期来临以前，瓷或玻璃绝缘子表面盐密达到该绝缘子串在最高运行电压下能够耐受盐密值50%以上	E.1	尽快开展
77			在积污期来临以前，瓷或玻璃绝缘子表面盐密为该绝缘子串在最高运行电压下能够耐受盐密值30%～50%	E.1	基准周期开展
78		瓷绝缘子零值和玻璃绝缘子自爆情况	一串绝缘子中含有多只零值瓷绝缘子或玻璃绝缘子自爆情况，且良好绝缘子片数少于规定的最少片数	B.1.2	立即开展
79			一串绝缘子中含有一只或多只零值瓷绝缘子或玻璃绝缘子自爆情况，但良好绝缘子片数大于或等于规定的最少片数	E.1	尽快开展
80		复合绝缘子及防污涂料憎水性	现场测试复合绝缘子及防污涂料憎水性HC6级及以下	B.1.2/E.1	尽快开展
81			现场测试复合绝缘子及防污涂料憎水性HC4～HC5级	B.1.2/E.1	尽快开展
82			现场测试复合绝缘子及防污涂料憎水性HC2～HC3级	B.1.2/E.1	基准周期开展
83		招弧角及均压环损坏	招弧角及均压环严重锈蚀、损坏、变形、移位；招弧角间隙值与设计值偏差超过20%及以上	E.2	尽快开展
84			招弧角及均压环部分锈蚀、烧蚀	E.2	适时开展
85		绝缘子串倾斜	悬垂绝缘子串顺线路方向的偏斜角（除设计要求的预偏外）大于0°，且其最大偏移值大于350mm，绝缘横担端部偏移大于130mm	E.1	适时开展
86			悬垂绝缘子串顺线路方向的偏斜角（除设计要求的预偏外）7.5°～10°，且其最大偏移值300～350mm，绝缘横担端部偏移100～130mm	E.1	适时开展
87		瓷绝缘子釉面破损	瓷件釉面出现多个面积200mm² 以上的破损或瓷件表面出现裂纹	E.1	尽快开展
88			瓷件釉面出现单个面积200mm² 以上的破损或多个面积较小的破损	E.1	尽快开展
89		增爬裙损坏，脱落	同串绝缘子中2片以上增爬裙脱落或严重损伤	E.1	尽快开展
90			同串绝缘子中2片及以下增爬裙脱落或严重损伤	E.1	适时开展
91	金具	金具变形	变形影响电气性能或机械强度	E.2	尽快开展
92			变形不影响电气性能或机械强度	E.2	适时开展
93		金具锈蚀、磨损	锈蚀、磨损后机械强度低于原值的70%，或连接不正确，产生点接触磨损	E.2	尽快开展
94			锈蚀、磨损后机械强度低于原值的70%～80%	E.2	尽快开展
95		金具裂纹	出现裂纹	E.2	尽快开展

续表

序号	运行单元	状态量	状态量具体描述	检修策略	
				检修方法	检修时限
96	金具	锁紧销（开口销、弹簧销等）缺损	关键位置锁紧销断裂、缺失、失效	E. 2	尽快开展
97			非关键位置锁紧销断裂、缺失、失效	E. 2	基准周期开展
98			锈蚀、变形	E. 2	基准周期开展
99		接续金具	导地线出口处断股、抽头或位移，金具有裂纹；螺栓松动，相对温差不小于 80%或相对温升大于 20℃	B. 1. 4 C. 4 E. 2 E. 3 E. 4	立即开展
100			外观鼓包、烧伤、弯曲度大于 2%，相对温差 35%～80%或相对温升 10～20℃	E. 2 E. 3	尽快开展
101		间隔棒缺损和位移	间隔棒缺失或损坏	E. 2	尽快开展
102			间隔棒安装或连接不牢固，出现松动、滑移等现象	E. 2 E. 2	适时开展
103		重锤缺损	重锤缺损，经验算会导致导线或跳线风偏不足	E. 2	尽快开展
104			重锤锈蚀	E. 2	基准周期开展
105		地线绝缘子放电间隙	间隙短接的	E. 2	尽快开展
106			间隙与设计值偏差 20%以上	E. 2	基准周期开展
107		防振锤缺损	防振锤滑移、脱落	E. 2	适时开展
108			防振锤锈蚀、扭转、失效	E. 2	基准周期开展
109		预绞丝护线条损坏	预绞丝护线条发生位移大于 30cm、破损严重	E. 2	尽快开展
110			预绞丝护线条发生位移、破损轻微	E. 2	基准周期开展
111		阻尼线位移	发生位移大于 30cm，影响防振效果的	E. 2	适时开展
112			发生位移不大于 30cm，不影响防振效果的		基准周期开展
113	拉线	拉线棒锈蚀	拉线棒锈蚀超过设计截面 30%以上	D. 6	立即开展
114			拉线棒锈蚀超过设计截面 25%～30%	D. 6	尽快开展
115			拉线棒锈蚀超过设计截面 20%～25%	D. 6	尽快开展
116			拉线棒锈蚀不超过设计截面 20%	D. 6	适时开展
117		拉线锈蚀损伤、缺件	断股、锈蚀截面大于 17%；UT 线夹任一螺杆上无螺帽；UT 线夹锈蚀、损伤超过截面 30%；拉线及拉线金具未采取防盗措施	D. 6	立即开展

续表

序号	运行单元	状态量	状态量具体描述	检修策略	
				检修方法	检修时限
118	拉线	拉线锈蚀损伤、缺件	断股、锈蚀7%～17%截面；UT线夹缺少两颗双帽UT线夹锈蚀、损伤超过截面25%～30%；拉线及拉线金具采取的防盗措施不满足要求	D. 6	尽快开展
119			断股、锈蚀小于7%截面；摩擦或撞击；受力不均，应力超出设计要求；UT线夹被埋或安装错误，不满足调节需要或缺少一颗双帽；UT线夹锈蚀损伤超过截面20%～25%	D. 6	尽快开展
120	附属设施	接地引下线	所有接地引下线断开	D. 9	尽快开展
121			部分接地引下线与杆塔断开；所有引下线截面积不足	D. 9	适时开展
122			部分引下线截面积不足	D. 9	适时开展
123		接地电阻值	所有塔腿电阻值大于规定值	D. 9	尽快开展
124			部分塔腿电阻值大于规定值	D. 9	适时开展
125		接地体锈蚀、损伤	直径小于60%设计值	D. 9	适时开展
126			直径为60%～80%设计值	D. 9	适时开展
127			直径为80%～90%设计值	D. 9	基准周期开展
128		接地射线及环网长度	接地射线或环网长度不足	D. 9	适时开展
129		接地体埋深	开挖检查埋深小于40%设计值，或接地体外露	D. 9	尽快开展
130			开挖检查埋深为40%～60%设计值	D. 9	适时开展
131			开挖检查埋深为60%～80%设计值	D. 9	基准周期开展
132		避雷器	非空气间隙避雷器本体损坏、发热	C. 12	立即开展
133			计数器损坏；接地线脱落	D. 20	尽快开展
134			支架缺件、锈蚀	D. 20	适时开展
135		安装在塔身或地线等位置处于地电位的防雷设施损坏	防雷设施脱落、损坏、变形或缺损	D. 20	尽快开展
136		标志牌缺损	线路名称、塔号牌、相序牌与线路实际情况不一致；同杆多回线路无色标标示	D. 10	尽快开展
137			悬挂的航空指示标志牌与现场情况不一致	D. 10	尽快开展
138			该设标志而未设标志牌	D. 10	适时开展
139			标牌破损、缺失、字迹不清	D. 10	基准周期开展
140		在线监测装置缺损	在线监测装置安装不牢、缺损、无法正常工作	D. 20	尽快开展
141		防鸟设施损坏	防鸟装置未安装牢固、损坏、变形严重或缺失	D. 10	尽快开展

续表

序号	运行单元	状态量	状态量具体描述	检修策略	
				检修方法	检修时限
142	附属设施	爬梯、护栏、导轨缺损	爬梯、护栏、导轨缺损	D. 7	尽快开展
143			爬梯、护栏、导轨变形、锈蚀	D. 7	基准周期开展
144		附属通信设施缺损	附属通信设施安装不牢、缺损	D. 20	尽快开展
145	线路防护区	杆塔附近边坡塌方	杆塔周围边坡发生塌方，进一步发展会影响塔位基础的稳定性	D. 2	尽快开展
146		线路附近有危险物体	上方有危及输电设备安全的危石或其他危险物体可能会脱落	D. 11	尽快开展
147		交叉跨越距离	各类杆线、树木以及建设的公路、桥梁等对架空输电线路的交跨距离小于规定值	A. 1	立即开展
148			架空输电线路对下方各类杆线、树木以及建设的公路、桥梁等交跨距离为100%～120%规定值	D. 11	尽快开展
149			架空输电线路对下方各类杆线、树木以及建设的公路、桥梁等交跨距离为120%～150%规定值	D. 11	适时开展
150		通道内树木、建筑	架空输电线路保护区内大面积种植高大乔木树；线路通道内违章建房；在杆塔与拉线之间修筑道路；在距离线路300m内进行爆破作业	D. 11	尽快开展
151			超高树木倒向线路侧时不能满足安全距离者；通道内树木不满足防火安全距离要求；架空输电线路保护区外建房、因超高有可能发生高空落物砸向导线；在1.5倍杆塔高度内堆放炸药、汽油等易爆物品；在线路通道内堆放威胁线路安全的可燃、易燃物品；在基础附近进行有可能影响基础稳定的取土、打桩、修路等作业	D. 11	尽快开展
152			架空输电线路保护区内零星种植树木，近年内对电网不构成威胁，但树木达到自然生长高度后对导线的安全距离不足时	D. 11	适时开展

第六节　输电线路状态检修计划制订及调整

一、输电线路状态检修计划的制订

1. 状态检修计划分类和适用范围

输电线路状态检修应依据设备检修策略，包括设备寿命周期内的长期计划、三年滚动计划和年度检修计划，在设备状态评价和诊断基础上，制订检修计划、检修排序和具体的检修方案，并考虑电网运行方式、环境影响因素的变化适时调整。其中寿命周期内的长期计划适用于寿命尚大于5年的设备；三年滚动计划适用于3年内需要检修的设备；年度计划适用于到期的注意状态的设备，以及设备评价结论处于严重或异常状态的设备。正常情

况下应按计划实施，但在评价结论发生改变时，应及时调整计划，达到“应修必修”的要求。从具体实施方面，状态检修计划制定应综合考虑技改大修、缺陷处理、测试试验、带电作业消缺等工作。

2. 状态检修计划编制内容

（1）运行单位依据状态评价结果编制设备寿命周期内的长期计划、三年滚动计划和年度检修计划并上报。检修计划内容包括检修内容（含检修等级）、费用预算、可靠性指标等。

（2）运行单位根据上级主管部门的审批意见，在10个工作日之内编制完成年度、季度、月度检修计划。

二、输电线路状态检修计划的调整

1. 调整方法

线路状态检修计划需要根据线路状态评估、运行分析结果，参照线路风险评估因素，结合设计单位和设备制造厂家要求，同时考虑线路所处电网运行方式、环境变迁，适时予以调整，包括长期计划、三年滚动计划和年度计划。

目前，一些单位在传统周期检修计划基础上，开展基于可靠性或基于成本分析的检修计划的优化工作，虽然在一定程度上使设备检修计划得到了改进，但由于设备状态的多变性和目标函数的多样性，简单靠一个或几个约束条件，难以达到检修计划编排的最佳要求。而采用全面设备状态评价的方法，准确掌握设备的真实状态，并运用风险评估方法评价设备风险程度，为编制设备检修计划提供了较为完善的依据。

2. 全面设备状态评价

全面设备状态评价主要包括收集设备信息和开展设备状态评价两部分。

（1）设备信息收集是收集设备制造、投运、维护、检修、试验等全过程信息。设备信息包括预防性试验、不良运行工况记录、缺陷记录、检修记录、质量记录和在线监测信息等几个方面。供电企业设备信息收集一般由班组和工区负责完成，运行资料积累应至少有连续2个预试周期，以防止偶然事件影响评价结果。

（2）设备状态评价依据《国家电网公司输变电设备状态评价导则》等最新标准进行。该导则与传统设备评价方法的最大区别在于：传统评价以百分制得分情况确定设备健康状态，而新导则采用扣分的方法评价设备健康水平。相比之下，新导则不仅考虑了设备总扣分值，同时也考虑了单项扣分值超过一定限度时的影响。所以，新导则比传统评价百分制得分方法更科学。按不同的扣分情况，将设备状态评价结果分为正常状态、注意状态、异常状态和严重状态4种状态，4种状态分别表示了设备不同的健康水平。供电企业设备状态评价组织形式分为班组、工区和专家组三级评价。三级评价最终形成设备状态评价专业报告。

在设备状态评价和风险评估基础上，参考电网建设、技术改造以及关联设备不重复停电等问题，可以使检修计划得到更好的优化。正常情况下应按计划实施，但在评价结论发生改变时，应及时调整计划，达到“应修必修”的要求。

第七节　输电线路状态检修的实施

一、输电线路状态检修项目的实施流程

线路状态检修项目实施应严格按照检修计划、具体检修方案和检修作业指导书执行，加强检修现场安全管控，加强检修作业人员检修技能培训和现场培训，严格组织落实安全技术交底制度，加强过程检验和检修结束后验收，确保检修计划的安全、有序开展，确保检修质量可靠，安全高效。输电线路状态检修实施流程如图 2－14－7－1 所示。

1. 编制检修方案

针对具体的状态检修项目应编制详细的检修方案，方案应包括检修现场管理组织机构、检修工作程序、检修内容、技术要求、检修人员及工机具安排、安全注意事项、检修质量标准等。

2. 现场安全管控

检修方案应包含安全注意事项，并对全体检修作业人员进行安全技术交底，安全措施及安全监护应到位。根据设备风险评估确定的设备风险等级，建立各种事故抢修的预家和机制，细化安全生产事故应急管理和应急响应程序，及时有效地实施应急处置。停电检修包括综合检修、缺陷处理、检测试验等；不停电检修包括等电位带电作业、地电位带电作业或者地面维修等。检修策略应根据线路状态评价的结果动态调整。

3. 组织实施

状态检修应根据检修计划和实际情况，采取停电或带电作业方式，线路运行单位应努力研究，积极探索带电作业，减少输电线路停电次数，缩短停电时间，提高线路可用率。同一条线路不同 A 类、B 类或 C 类检修项目应尽可能安排在一次停电工作中，避免重复停电，并积极协调运行单位应投入充分的资源，建立现场检修组织机构，明确划分检修任务和职责，确保检修工作按期、高效、优质完成；各级检修管理、技术人员应到岗到位，监督、指导检修工作的开展；检修人员应熟悉本次检修目的和内容，熟练掌握检修技能和工机具使用方法，完成本人的检修任务。

4. 状态检项目验收

对于较大的状态检修项目，如大修、技改工作完成并自检后，随即进行验收，验收人员应由运行单位非检修人员组成，验收不合格者，返工处理；对于般较小的检修项目，可在检修人员自检的基础上，组织其他检修人员验收即可。

5. 检查考核

输电线路状态检修工作实行统一管理、分级负责。运行管理单位应组织制订状态检修工作考核办法，落实责任，严格考核，考核范围，包括以下方面：

（1）执行输电线路状态检修标准规范情况。

（2）设备状态信息资料收集、归档情况。

（3）设备状态评价流程执行情况。

(4) 开展风险评估情况。

(5) 按照确定的状态检修策略实施检修工作情况。

(6) 执行状态检修计划、检修方案情况。

(7) 现场标准化作业执行情况。

(8) 安全措施到位及执行情况。

(9) 检修现场检查及检修质量验收情况。

输电线路状态检修实施流程如图 2-14-7-1 所示。

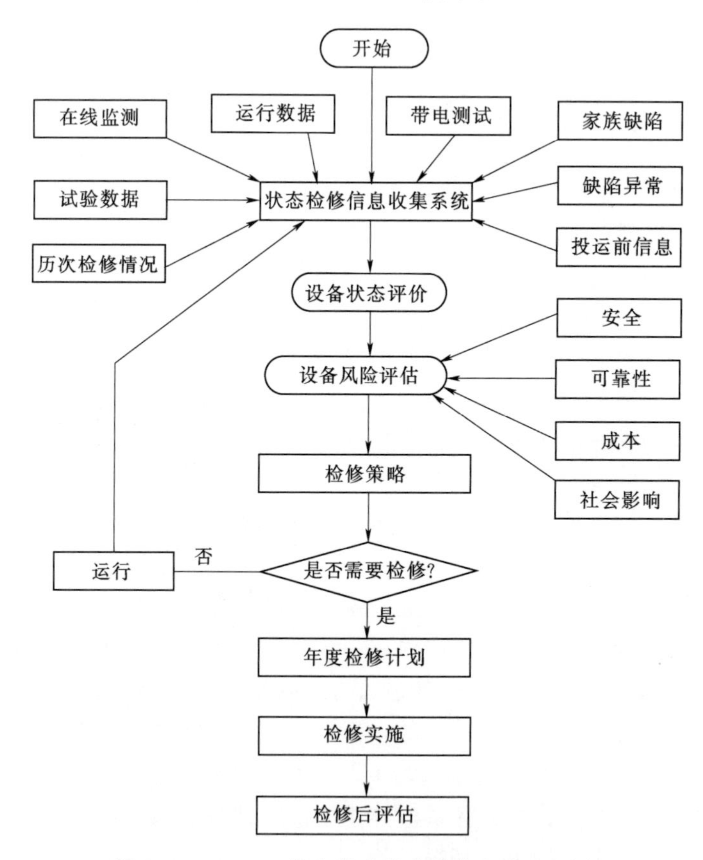

图 2-14-7-1　输电线路状态检修实施流程图

二、超高压输电线路状态检修项目的实施

输电线路分布分散、检测参数众多、存储数据量巨大，以往对输电线路的管理和控制多采用人工记录管理。目前，在超高压输电线路状态检修工作中，大多采用设备状态检修管理系统与现场线路移动巡检作业系统、生产管理系统（PMS）相结合的工作模式。

1. 超高压设备状态检修管理系统

设备状态检修管理系统是根据设备状态及安全风险决定何时开展设备检修、如何开展设备检修。其主要功能是获取并处理输变电设备相关基础资料、设备的实时/历史数据等反映设备健康状态的特征参数，评估设备当前健康状况，并通过综合优化检修策略模型分

析，提出检修决策建议，并将决策建议传送到安全生产管理系统，指导状态检修工作的具体实施。

设备状态检修管理系统功能结构图如图 2-14-7-2 所示。

设备状态检修管理系统主要内容如下：

(1) 设备状态评估规则库管理。实现对设备状态量的定义以及状态量与其他业务模块信息关联。

(2) 设备状态评估及检修策略制定。以规则库状态量为基础，参照状态量扣分原则，实现自动和手动对设备进行打分评估。根据设备打分结果，参照标准检修策略，自动给出建议的检修策略。在此基础上，结合设备实际状态、相关设备检修计划进行人工交互，制订初步检修计划，提交到综合生产计划管理模块。

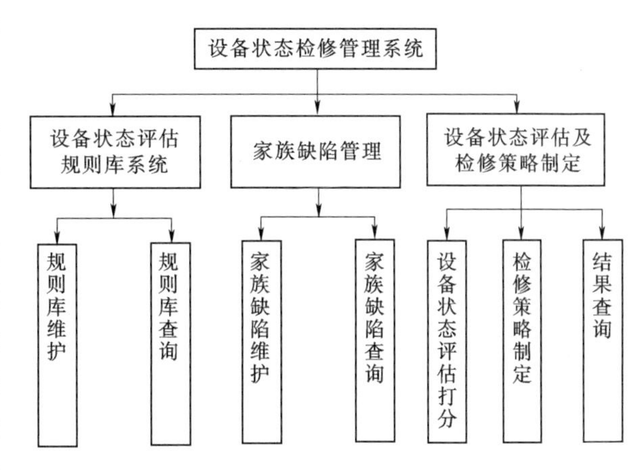

图 2-14-7-2 设备状态检修管理系统功能结构图

(3) 家族缺陷管理。通过与状态量进行关联，为设备自动打分提供基础信息。

与状态检修管理系统相关的模块主要包括生产管理系统的运行管理、台账管理、缺陷管理、修试管理以及综合生产计划管理 5 个模块，其与外部设备关联示意图如图 2-14-7-3 所示。其中前 4 个模块为设备状态检修的基础信息来源，为设备状态量提供基础信息；综合生产计划管理模块是系统的输出，本系统最终输出结果将被提交到综合生产计划中去。

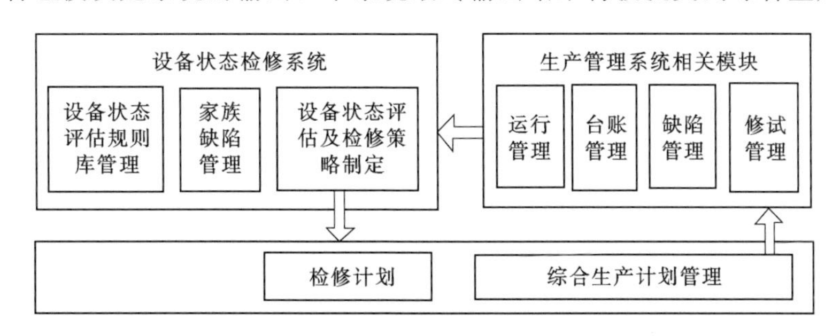

图 2-14-7-3 状态检修系统与外部设备关联示意图

2. 超高压线路移动巡检作业系统

移动巡检作业系统主要负责线路运行人员日常巡检内容的现场录入。运行人员在线路现场巡视时，及时地将所发现的缺陷等情况记录在掌上电脑（PDA）中，然后通过 PDA 传输至输电线路生产管理系统中，进行输电线路信息资料的及时更新收集。PDA 的使用，将场内支持与场外作业同步串联起来，达到了信息化作业的要求。线路移动巡检作业流程见图 2-14-7-4。

移动巡检作业系统的优点如下：

(1) 结合 PMS 图形平台，在线路移动巡检作业系统中引入区域巡视的概念，打破了

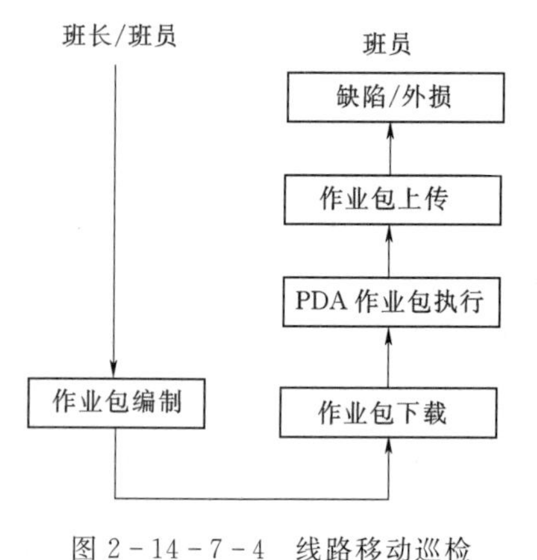

图 2-14-7-4　线路移动巡检作业流程图

传统单线巡视的作业方式，根据地理信息平台将整个线路巡视区域依据不可跨越的巡视障碍和合理的巡视路径，划分为若干个正常巡视分区和环境巡视分区，并平衡各分区的巡视工作量。

（2）提供态检修的前期信息，便于日常资料管理。

（3）巡视工作的每个环节内容都可在系统中完成。

（4）真正做到将标准化管理理念引入。

3. 超高压输电线路状态检修存在的问题和发展趋势

超高压输电线路实施状态检修，可避免定期检修中的一些盲目性，降低运行维护费用，提高资金利用率，提高输电线路的运行可靠性，减轻运行检修人员劳动强度，促进运行检修人员知识更新，从而进一步提高企业社会效益和经济效益。随着状态监测技术的开发完善，状态检修必然成为今后超高压输电线路的检修方式。

但超高压输电线路具有输电容量大、距离远、线路长、沿线地理环境复杂等特点，线路沿线影响输电线路故障因素众多，而且外部因素、不定因素较多。对有些缺陷实现状态监测、故障诊断、状态检修还存在许多技术难点，具体如下。

（1）输电线路状态检修方式的确定。输电线路检修方式可根据线路状态分类和设备不同缺陷选用不同的检修方式。输电线路的缺陷较大部分可以用带电检修的方式来实现状态检修；对于不能够带电作业的缺陷，就要列入状态检修计划，在规定的检修时间内予以消除。

（2）目前全面推行输电线路状态检修还存在一定的问题。由于输电线路在线监测技术还不健全，不能满足状态信息的要求，而且费用昂贵；对在线监测的信号加工处理和故障诊断仅进行简单的统计，而故障诊断的模型、判断的标准尚不健全，可信度不高；状态检修管理系统开发功能还未完善。

随着状态监测技术的提高、诊断理论和技术的进步、计算机辅助系统开发的更完善，输电线路的状态检修必然成为今后超高压输电线路的检修方式。

三、特高压输电线路状态检修工作展望

我国正在建设以特高压电网为骨干网架的坚强智能电网，特高压输电受到广泛关注并得到不断的发展。由于特高压输电线路承载大容量的电能输送任务，决不能在不考虑因素的前提下进行无目的的检修，在建设初期就必须综合考虑经济效益，对其所有的设备进行全寿命管理，全面了解设备的性能，建立每一个设备的管理档案，对日常维护中出现的故障和缺陷必须记录在案，同时每年必须对特高压输电线路进行必要的整体评价，经过几年的运行和维护，制定出特高压输电线路的检修策略，并按此策略对其进行状态检修。

随着我国特高压输电技术的不断成熟和新型功能性材料在输电线路中的研发和推广运

用，如碳纤维复合芯扩容导线、耐热铝导线、复合杆塔技术、纳米防污闪涂料、防覆冰铁磁发热材料、超疏水涂料及新型热镀防腐材料等，可以极大地提高输电线路各种设备的寿命，加大检修周期，降低维护成本，不断地推动了特高压输电检修的发展。

此外，随着我国带电作业技术水平的不断提高、特高压线路带电作业相关技术研究和相应工器具的研制及特高压线路带电作业的操作成功，标志着特高压线路带电作业从理论走向了实践，带电检修作业方式为特高压线路处理故障等带电检修作业提供了一种现实可行的作业方法。

第八节　输电线路带电作业安全工器具

一、带电作业项目和带电作业过程

（一）带电作业项目

在架空输电线路上开展的带电作业项目主要有以下内容：

（1）带电更换直线塔悬垂串单片或整串绝缘子。

（2）带电更换直线塔V串绝缘子。

（3）带电更换直线塔悬垂线夹。

（4）带电更换耐张串单片或整串绝缘子。

（5）带电更换导线间隔棒。

（6）使用预绞丝补修导线。

（7）带电拆除导线上异物。

（8）带电检查维修架空地线。

（9）带电检测绝缘子。

（二）带电作业方法

在500V交流架空输电线路上带电更换直线Ⅰ串绝缘子，采用的作业方法主要是地电位与等电位结合作业法，在超、特高架空输电线路上开展的带电作业项目也主要是以等电位作业法以及地电位与等电位结合作业法。

直线塔上等电位电工进入等电位方法有多种，根据运载工具的不同，可以分为绝缘滑轨吊椅法、小绝缘吊篮（椅）法、绝缘挂梯（包括软梯和硬质挂梯）法、绝缘硬梯（包括转动平梯）法等。劣质绝缘子检测仪的种类繁多，检测原理和使用方法不尽相同。从使用方法上可以分为接触式和非接触式两大类，而实际工作中使用较多的接触式劣质绝缘子检测仪又可再细分为火花间隙检测仪、光电检测仪、绝缘子绝电阻检测仪、脉冲电压绝缘电阻检测仪等。

架空输电线路运行维护的作业方法是灵活多变的，作业工器具也是各种各样的。同一个作业项目，具体采用哪种作业方法、使用哪些作业工器具受输电线路电压等级、设备安装型式、作业环境、地域特征、使用习惯等多种因素的影响。

（三）带电作业过程

以采用地电位与等电位结合作业法带电更换直线Ⅰ串绝缘子为例，其现场作业过程如下：

（1）检查工具、材料。

（2）塔上电工携带绝缘传递绳登塔，在横担的适当位置将绝缘传递绳和绝缘滑车装好，等电位电工登塔。

（3）地面电工将检测工具传递至塔上，塔上电工对绝缘子进行检测。

（4）地面电工将作业工器具传递至塔上，进行准备工作。

（5）等电位电工进入强电场（等电位）。

（6）塔上电工与等电位电工配合将导线垂直荷重转移到作业工器具上。

（7）转移绝缘子位置并进行更换。

（8）塔上电工与等电位电工配合恢复绝缘子串连接，拆除工具。

（9）塔上人员检查无遗留物后，依次返回地面，作业结束。

二、带电作业安全工器具规程规范和分类

（一）带电作业安全工器具规程规范

（1）《带电作业工具基本技术要求与设计导则》（GB/T 18037）。主要规定了交、直流10～500kV带电作业工具应具备的基本技术要求，提出了工具的涉及、验算、保管、检验等方面的技术规范及指导原则。

（2）《带电作业工具、装置和设备使用的一般要求》（DL/T 877）。主要规定了带电作业工具、装置和设备的制造、选择、使用和维修的一般要求，例如：工器具特性、使用条件和维修条件等。

（3）《带电作业工具、装置和设备的质量保证导则》（DL/T 972）。主要规定了带电作业产品的质量保证原则、试验分类、质量保证方案及质量保证抽样程序等。

（4）《带电作业工具、装置和设备预防性试验规程》（DL/T 976）。主要规定了通常环境条件下，在交、直流电力系统进行带电作业时所使用的工具、装置和设备预防性试验的项目、周期和要求，用以判断工具、装置和设备是否符合使用条件，预防其损坏，以保证带电作业时人身及设备安全。

以上这些标准涉及范围包括操作工器具、安全防护工具和检测工具，是对带电作业工具、装置和设备的一般共性问题和要求进行规范。超、特高压输电工程安全工器具制造、使用、判定、维护等也可参照这些标准。

但是，DL/T 976中关于各种绝缘工器具电气性能指标的规定电压等级最高只到直流±500kV，无法满足±800V直流特高压输电工程的技术要求。关于个人电场防护用具（静电防护服）是根据理论计算以及现场试验结果，结合实际使用经验确定了其应满足的主要技术参数（包括服装各部分电阻值要求、屏蔽效率要求等），工作人员还必须加戴屏蔽效率不小于20dB的离子流屏蔽面罩。

综上所述，一方面，超、特高压输电工程的特点（电压等级高、结构参数高等）决定了以上标准并不完全适用；另一方面，对于超、特高压输电工程检修作业特有的安全工器具（如验电器等），目前还没有相关标准和规范对其进行规定。因此，对于个别的运行维护安全工器具还需通过理论分析和现场试验来确定其应满足的技术要求和适用范围。

（二）带电作业安全工器具分类

（1）绝缘工具，可以分为硬质绝缘工具、软质绝缘工具、绝缘运载工具3种。包括：绝缘操作杆、绝缘支拉吊杆、绝缘滑车、绝缘托瓶架、绝缘绳索、绝缘软梯、绝缘吊篮（椅）等。

（2）金属工具，包括金属挂具、导线卡具、绝缘子卡具、联结金具卡具、横担卡具、紧线器、通用小工具等。

（3）个人安全防护工具，包括静电防护服（含上衣、裤子、帽子、离子流屏蔽面罩、手套、短袜、鞋子及相应的连接线和连接头）、安全带、安全帽、高空防坠器、后备保护绳、便携式接地线等。

（4）检测工具，包括验电器、绝缘子检测仪等。

在实际运行检修作业中，绝缘工具常和金属工具组合在一起作为专用装置使用，对这些专用装置不但有电气性能要求，也有机械强度要求。例如，绝缘支拉吊杆或绝缘绳索等和紧线器以及各类卡具装配在一起用于更换绝缘子或绝缘子串；绝缘支拉吊杆或绝缘绳索和金属挂具等装配在一起作为提线工具以取代悬垂绝缘子串来承受电气绝缘和机械荷载；绝缘绳索和绝缘吊篮（椅）组合在一起供等电位作业人员进出等电位时使用。因此，可以将绝缘工具和金属工具合并为操作工器具。

（三）超、特高压输电线路带电作业特点

超、特高压输电工程具有以下特点：

（1）线路的结构参数高。线路的杆塔高、塔头尺寸大；导线截面大，分裂数多；绝缘子串长、绝缘子片数多、吨位大；金具尺寸大、吨位大。

（2）线路的运行参数高。带电作业位置周围空间场强高。

（3）线路长，沿线地理环境、气象环境复杂。线路途径山区、丘陵、采空区、江河等多种地形，沿线地质地貌复杂，所经地区还会遇上重污、覆冰、强风、雷暴等极端气象条件。

以上这些特点决定了超、特高压输电工程检修作业与现有的线路存在不同，在作业方式、工具的灵活和轻便化、人员安全防护等方面具有自身特点。因此，根据超、特高压输电工程的特点，结合运行维护经验，对工器具进行分类，研究各种工器具应满足的技术性能指标，以满足超、特高压输电工程检修作业需求。

总体上看，超、特高压输电工程检修作业的主要内容与一般线路的基本类似，作业中用到的工器具也基本相同，但在具体的性能指标上有不同的要求。

三、验电器

（一）接触式电容型验电器

目前，国内外对于500kV及以下电压等级输变电工程验电器的研究较多，相关技术逐渐发展成熟、可靠，并且在电力系统中得到了推广应用。我国制定的《电容型验电器》（DL/T 740）则对用于交流1～330kV电力系统的接触式电容型验电器进行了规范，主要的技术要求如下：

（1）在额定电压（或额定电压范围）下，验电器应能清晰地显示。在规定的启动电压

范围内，验电器应正常启动并可连续显示。邻近的带电体或接地部件的存在不应影响验电器的正常显示，干扰电场的存在不应影响正常显示。

（2）在正常的光照条件下，验电器的光显示信号对于正常操作者应是清晰可见的；在正常的背景噪声下，验电器的声音信号对处于正常操作位置的人员，应是清晰可闻的。

（3）在额定频率变化±3%的范围内能给出正确指示。

（4）验电器的响应时间应小于1s。

（5）具有自检功能，能对验电器的所有电路，包括电源和功能进行检测。

（6）在额定电压下能连续无故障地工作5min以上。

（7）在正常操作时，验电器如同时触及带电和接地部件，不应发生闪络和击穿；正常验电时，不应电火花的作用致使毁坏或停止工作。

（8）验电器应具有抗振动、抗冲击、抗跌落性能。

（9）验电器的质量应尽可能减小，操作时操作杆在水平状态下的弯曲度不应超过整体长度的10%，且握着力不超过200N。

（二）非接触式验电器基本原理

非接触式验电器目前还处在研制和试验阶段，它主要是通过对带电设备附近的电场或设备发生局部放电时的相关参量检测来实现验电功能。

1. 基于紫外脉冲法的非接触式验电器

当设备带电时，由于空间电场强度的存在，在设备表面会出现电晕或局部放电，而电晕或局部放电都会向外辐射出光波和声波。光谱分析表明，放电产生的紫外线大部分波长介于280～400mm之间，还有少部分波长小于280mm。由于太阳光中含有的紫外线波长在300～400mm之间，因此为了避免太阳光的干扰，可以利用工作波段在185～260mm之间的紫外线传感器对设备表面的电晕或局部放电进行检测，并且通过对检测到的紫外线辐射强度和光脉冲次数进行分析和统计来判断设备表面电场强，基于紫外脉冲法的非接触式验电器就是通过高灵敏度紫外光谱仪，记录设备表面电晕和局部放电过程中辐射的紫外线，然后加以处理和分析，达到判断设备是否带电的目的。基于此种原理的验电器除了具有非接触式验电方式的优点外，还具有在软件上加以改进后可以用于输变电设备缺陷检测的特点。但是，这种方法也存在着以下缺点，还需要进一步深入研究。

（1）在晴好天气条件下，如果设备表面有明显电晕放电，可以较好地实现验电功能；但如果设备表面电晕放电现象很微弱，则验电距离需要缩短，验电时间需要延长，且需要在多个位置、不同角度下进行多次测量才能判断设备是否带电；如果设备表面没有电晕放电或局部放电，则无法实现验电功能。

（2）受现场条件影响大，环境温度和湿度、设备材质、设备表面均压处理（尺寸、表面光滑程度）、周围构件等都会对设备表面的电晕放电和局部放电强弱产生影响，进而直接影响到验电结果的准确性和可靠性。

（3）不适合在雨、雪、雾等天气条件下使用。

（4）仪器接受到的紫外辐射强度与设备电压等级高低之间不存在一一对应关系，还无法建立清晰、明确的检测规范。

（5）设备造价高。如果只靠检测有无紫外辐射来判断设备是否带电，则准确度不高，

且紫外探头造价仍高达10万元以上；若不仅检测有无紫外辐射，也检测单光子的强弱，那么虽然可极大地提高验电的准确度，但满足此需要的紫外探头造价可高达数十万元人民币。此外，带电设备表面放电光谱中的紫外辐射随着传播距离的增加迅速衰减，在验电距离较远时，就需要更高灵敏度的紫外传感器，而这又会大大地增加设备的成本。

2. 基于超高频局部放电检测的非接触式验电器

基于超高频局部放电检测的非接触式验电器设计思路与基于紫外脉冲法的基本相同。不同之处在于该种验电器不是检测伴随设备表面电晕或局部放电发射出来的紫外辐射，而是通过测量带电设备在单位时间内因局部放电所产生的超高频（300～3000MHz）电脉冲的强度和数量，来判断设备是否带电。该方法也是近年来提出来的一种新的非接触式验电方法，它的优点和缺点均与紫外脉冲法类似。只不过，应用些种原理的验电器在雨、雪、雾天气下的使用效果比晴朗天气要好，且造价相对低廉。

3. 基于电磁感应法的非接触式验电器

带电设备周围都有电场存在，基于电磁感应法的非接触式验电器即是通过检测被测设备周围是否存在电场来判断设备是否带电。目前常用的测量电场方法主要有Pocket效应法、交变感应法和平行板电容法。Pocket效应法是在铌酸锂（LN）晶片上利用钛扩散技术形成Mach-Zehnder（MZ）干涉结构的光波导，然后使特定波长的激光束通过该光波导。当存在外界电场时，由于Pocket效应，在该光波导中传播的激光束的折射率会发生改变，且其大小与电场幅值成正比，方向与电场方向有关，即

$$|\Delta n_e| = r_{eff}E \quad (2-14-8-1)$$

式中　r_{eff}——电光系数；

E——电场。

由于电场E的作用，激光束在经过两条分支光波导后，存在光程差，因此输出激光功率为

$$P_0 = 0.5P_i[1+\cos(kR+\phi_0)] \quad (2-14-8-2)$$

式中　P_i——激光输入功率；

ϕ_0——不存在电场E时的光程差；

k——电场作用系数。

当$\phi_0=90°$，且$kE \ll 1$时，激光输出功率为

$$P_0 = \alpha + \beta E \quad (2-14-8-3)$$

其中α、β为常数，由此可见，激光输出功率为外界电场强度的线性函数。通过检测激光输出功率的大小即可得到电场强度的大小。对于工频电场，忽略式（2-14-8-3）中的常数项a后，可得$P_0=\beta E$，即仅需测量激光输出功率的变化，即可得到外部电场强度的大小。

（1）交变感应法主要用于直流场的测量，它由定子（感应片）和转子（屏蔽片）构成，通过转子旋转时，定子周期性地暴露于外部电场E中，产出交变输出信号。

（2）平行板电容法是最为简便、也是目前应用最多的测量电场方法。两块平行放置的极板在电场中会感应出不同极性的电荷，因而在两极板之间会产生电压差。对于交流电场可将一个电阻与两极板串联，通过测量电阻两端的电压来推算电场强度的大小。

（3）基于电磁感应法的非接触式验电器不存在基于紫外脉冲检测和超高频局部放电检测原理的非接触式验电器的缺点，且造价相对较低。其主要技术难点是如何排除邻近被测设备的带电体对空间场强的干扰，这也是该类产品目前还没有得到推广应用的重要原因之一。

（三）声光型验电器

目前在我国220V～500kV线路主要使用声光型验电器，其原理框图如图2-14-8-1所示。

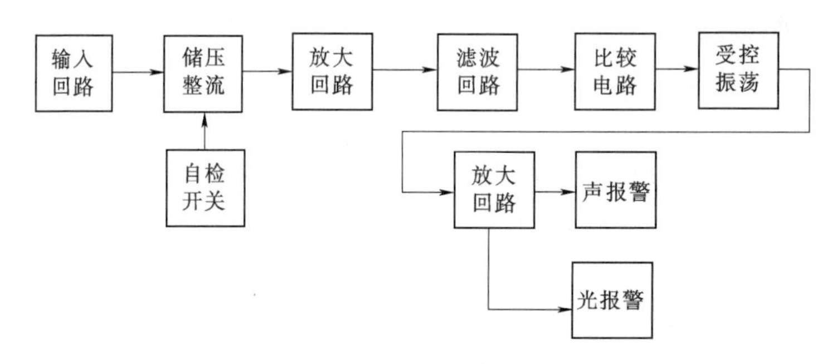

图2-14-8-1　声光型验电器原理框图

1. 验电器的功能及技术要求

根据《带电作业　验电器　第1部分：交流电压1kV以上用电容型》（IEC 61243-1）标准，明确规定了电容型验电器的主要功能及技术要求：

（1）在额定运行电压下验电器应能清晰地显示，在规定的启动电压范围内，验电器应正常启动并可连续显示。对于单一额定电压或有数挡可切换电压的验电器，启动电压为$0.15U_r \leqslant U_t \leqslant 0.40U_r$；对于适用于一定电压范围且范围较宽的验电器，启动电压为$0.10U_r \leqslant U_t \leqslant 0.45U_r$。邻近的带电体或接地部件的存在不应影响验电器的正常显示，干扰电场的存在不应影响正常显示。

（2）在规定的光照条件下，对于处于正常操作位置的人员，验电器发出的光信号应是清晰可见的。在规定的噪声背景下，验电器发出的声信号应是清晰可闻的。

（3）针对不同气候条件的要求，验电器可分为低温型、常温型、高温型3种类型，验电器应在相对应的温度范围内正常工作。按气候分类见表2-14-8-1。

表2-14-8-1　　按气候分类

气候类型	气候条件范围（操作和储存）	
	温度/℃	湿度/%
低温型（D）	-40～+55	20～96
常温型（C）	-25～+55	20～96
高温型（G）	-5～+70	12～96

（4）在额定频率变化±3%的范围内验电器应能给出正确指示。

（5）验电器的响应时间应小于1s，在直流电压下应无响应。对验电器施加额定电压5min，验电器应在电火花发生时不致损坏或停止工作。

（6）绝缘材料应满足额定电压下的电气绝缘要求，绝缘杆的最小有效绝缘长度应不低于规定长度，带电作业时应保证作业人员及设备的安全。

（7）验电器应具有抗振动、抗冲击、抗跌落性能，指示器的重量应减到最小且具有所需的性能要求，应便于使用者安全、可靠地进行操作。

（8）自检元件无论是内装的还是外附的，均应能检测指示器的所有电路，包括电源和指示功能。如果不能检测所有的电路，应在使用说明书中清楚地申明，并应保证这些未被自检的电路是高度可靠的。

（9）验电器在正常操作时，如同时触及带电和接地部件，验电器不应闪络和击穿。不应由于电火花的作用致使显示器毁坏或停止工作。通过绝缘件的泄漏电流不应大于0.5mA。

2. 验电器的电气绝缘要求

验电器在正常操作时，必须确保作业人员的安全。在系统运行电压和操作过电压的作用下不应发生闪络和击穿，且在规定的工作条件下通过绝缘件流经人体的电流不应大于0.5mA，为满足这一要求，采用的绝缘材料及绝缘杆的有效绝缘长度须满足有关标准的规定和要求，IEC 61243－1的标准中对绝缘杆的最小有效绝缘长度规定见表2－14－8－2。

表2－14－8－2　　绝缘杆的最小有效绝缘长度

额定电压 U_r/kV	$U_r \leqslant 36$	$36 < U_r \leqslant 72.4$	$72.4 < U_r \leqslant 123$	$123 < U_r \leqslant 170$	$170 < U_r \leqslant 245$	$245 < U_r \leqslant 420$
最小有效绝缘长度 L/mm	525	900	1300	1750	2450	3200

另外，规定手柄长度最少为115mm，若需要时可做得更长。

在IEC标准中，没有规定其他电压等级包括1000kV电压等级带电作业用验电器的绝缘件的最小有效绝缘长度。根据我国国家标准《带电作业工器具基本技术要与设计导则》（GB/T 18037），要求带电作业工器具满足危险率应不大于1×10^{-5}，依据此要求可以通过试验研究确定带电作业工具的最小有效绝缘长度。

3. 验电器的试验布置及试验装置

在IEC 61243－1中，检测验电器的试验布置如图2－14－8－2所示（无接触电极延长段的布置）。图2－14－8－2中环电极尺寸、球电极尺寸、电极间隔距离的尺寸规定见表2－14－8－3。

表2－14－8－3　　试验装置及尺寸规定（无接触电极延长段）

额定电压 U_r/kV	电极距离 a_0/mm	H/mm	环直径 ϕ_D/mm	球直径 ϕ_d/mm
$1 < U_r \leqslant 12$	300	>1500	550	60
$12 < U_r \leqslant 24$				
$24 < U_r \leqslant 52$				
$52 < U_r \leqslant 170$	1000	>2500	1050	100
$170 < U_r \leqslant 420$				

以上试验布置及装置参数的最高适用电压为420kV，对于其他电压等级的验电器，以上试验布置及装置参数是否合适则需进行验证试验。例如，试验装置中的球电极直径在额定电压为1～52kV范围内规定为60mm，在额定电压为52～420kV范围规定为

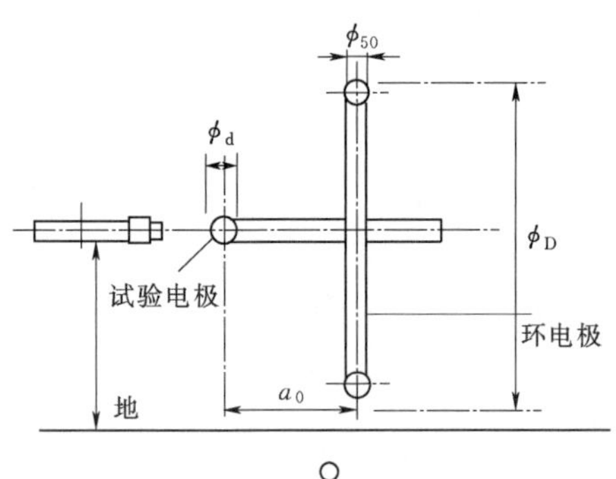

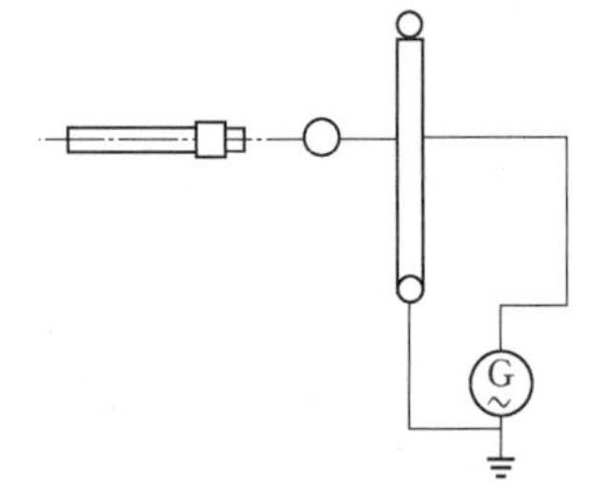

图 2-14-8-2　检测验电器功能的试验布置（无接触电极延长段）

100mm，当额定电压增大时，球电极直径是否仍为 100mm 或需适当增大，且球直径的变化是否会影响启动电压及其他性能的测量？这都需要通过试验来加以验证。

4. 用于特高压输电线路的验电器

针对特高压输电线路的特点，对于验电装置及验电作业提出了下列的新要求：

（1）安全性。由于特高压线路电压等级高，对于验电装置的电气绝缘性能提出了更高的要求。增加验电装置绝缘部件的有效绝缘长度可以提高装置的绝缘性能，但绝缘部件加长后（根据现有的研究成果，要是验电装置能够满足特高压线路电气绝缘要求，其绝缘部件的有效绝缘长度必须超过 6.2m）会增加装置重量、增大操作难度，同样也会带来安全隐患。因此，对于特高压验电装置的安全性设计要全面考虑。

（2）可靠性。由于特高压线路电压等级高，对验电装置的干扰电场更强，因此特高压线路验电装置就必须具有更高的抗干扰能力才能满足特高压线路验电作业的需要。由于特高压线路间隙大，验电作业的劳动强度大，因此提高验电装置的可靠性，增强装置对于同相电场和反相电场干扰的抵御能力显得尤其重要。

（3）可操作性。目前，大多数 10kV、220kV 和 50kV 输电线路的停电检修工作中使用的专用高压验电器为抽拉式。作业中，作业人员将其装在工具袋内，背至杆塔上逐段抽出进行验电。实践证明，抽拉式高压验电器在作业中存在不宜携带、容易跌落、容易损坏和使用不便等缺陷，在特高压验电装置设计中应努力避免这样的问题。

（四）直流、交流验电器对比

直流、交流验电器技术指标对比见表 2-14-8-4。

表 2-14-8-4　直流、交流验电器技术指标对比

指标	直流验电器	交流验电器
验电方式	非接触式	非接触式
验电距离	35m＜D≤42m	20m＜D≤50m
测距	激光测距精度	激光测距精度
测量精度	0.02V	0.02V
报警音量	≥60dB	≥60dB
使用环境温度	－10～＋45℃	10～＋45℃
环境湿度	相对湿度 45%～75%	相对湿度 45%～75%
特点	地面验电，操作与机体分离，双通道	地面验电，操作与机体分离，双通道

四、静电防护服（离子流防护）

（一）交/直流电场对作业人员的影响

运行检修工作是掌握电网设备运行情况并及时发现和处理设备缺陷的重要手段之一。根据检修目的和内容的不同，检修作业人员有两种作业工况：一种是作业人员直接接触带电设备进行等电位作业；另一种是作业人员处于地电位，对输变电设备进行巡视、检测。

研究和实践经验表明，不论检修作业人员处于哪种作业工况，都必须采取相应安全防护措施，以保证作业的安全开展。电场对地电位巡视及检修人员的危害主要表现在以下几个方面：

（1）使人员产生刺激感，不利于作业。这是由于在电场作用下，人体表面会积聚电荷，当电场强度较低时，给人的感觉类似于微风吹拂；当强度高时，可使人员有分散的刺痛和蠕动感。国内外公认的人体对表面局部场强的“电场感知水平”为240kV/m。

（2）导致暂态电击，引发安全事故。处在电场中对地绝缘的物体，由于静电感应而积累一定的电荷，当人体（作为导体）接触到这些带电物体时，物体上的电荷将通过人体向地面或其他地方释放，人体中即有暂态电流流过，这种现象称为暂态电击。人体遭受电击时，流过人体的电流重则产生直接的生理危害，轻则可使人烦恼、产生恐惧、引起肌肉不自觉反应或导致二次伤害（如从高处跌倒等）。

（3）对长期暴露于强电场中的人员有可能产生不利生理影响。目前多数国家认为长期暴露于低水平电场下对人体没有明显影响，但还需采取措施尽可能减少长期暴露在高场强环境中的时间。

超、特高压输电工程运行电压高、空间场强高，以上危害更为明显，目前国内已有的静电防护服可能无法完全满足作业人员安全防护的需要。因此，有必要针对超、特高压输电工程特点研制出静电防护服，保护地电位作业人员免受高压电场和静电感应的影响，提高作业的安全性。此外，还可起到改善作业环境，创造良好作业氛围。

（二）静电防护服功能

超、特高压输电工程静电防护服装是用导电材料与纺织纤维混纺交织成布后做成的服装，以有效地保护线路和变电站巡视地电位作业人员免受高压直流电场和离子流的影响。整套静电防护服包括帽、眼镜、离子流防护面罩、上衣、手套、裤子、袜子和鞋。

1. 基本功能

超、特高压输电工程检修作业中，强电场对地电位作业人员影响大，并且直流输电工程还存成离子流的影响，因此地电位作业人员必须对静电场和离子流进行防护，以确保作业的安全开展。在电场和离子流防护机理上，超、特高压静电防护服使用导电材料与纺织纤维混纺交织成布后制成服装，在人体表面形成一个等电位屏蔽面，保护作业人员免受高电场和离子流影响。总的来看，静电防护服应具有以下功能。

2. 屏蔽电场

对电场进行有效屏蔽以满足安全作业的要求。屏蔽效率是衡量静电防护服性能的一项重要指标，是测量电极被屏蔽前后的电压比值，即

$$SE=20\lg\frac{U_{\mathrm{ref}}}{U} \qquad (2-14-8-4)$$

式中　SE——屏蔽效率，dB；

U_{ref}——基准电压，V；

U——屏蔽之后的电压值，V。

3. 离子流防护

直流输电工程作业人员除了需要屏蔽直流静电场。还要限制流入人体的空间离子电流，通过对材料以及防护服样式的设计解决这一问题。

我国国家标准规定：对于500kV及以下电压等级输变电工程使用的静电防护服，其衣料屏蔽效率不得小于28dB；直流静电防护服衣料屏蔽效率也有相应的规定。目前还没±800kV直流特高压静电防护服的相关标准，工作环境的电场强度高并且有离子流的存在，因此对其电场屏蔽效率应有更高的要求，但屏蔽效率具体为多少合适，还需通过理论分析实验和来确定。

4. 防水性能

《国家电网公司电力安全工作规程（电力线路部分）》规定，带电作业应在良好天气下进行，如遇雷电（听见雷声、看见闪电）、雪雹、雨雾不得进行带电作业。根据以上规定，带电作业使用的屏蔽服对防水性能可以不作要求。但由于±800kV直流特高压输变电工程线路长，翻越崇山峻岭，沿线气象环境多变，巡检人员在巡线时可能会遭遇到雷电、雪雹、雨雾等恶劣天气。此外，对于站内检修工作人员，在雨、雾等天气下仍有可能必须进行一些户外工作，因此为提高穿戴的舒适性，以更好地保障检修作业人员的身心健康，在保证电场屏蔽效果和使用经济性的前提下，对±800kV直流特高压静电防护服增加适当的防水性能就显得尤为必要了。

5. 其他功能

还需具有耐汗蚀、耐洗涤及较好的服用性能等。而对旁路电流能力、载流容量、阻燃性耐电火花能力则可不作太多要求。

（三）静电防护服技术指标

静电防护服有关屏蔽效率、防水性能、离子流防护等技术指标见表2-14-8-5。

表2-14-8-5　　静电防护服技术指标

1000kV交流静电防护服	屏蔽效率	不低于33dB
	防水性能	不低于4级
±800kV直流静电防护服	屏蔽效率	不低于33dB
	防水性能	不低于4级
	离子流防护	具备离子流防护能力
±660kV直流静电防护服	屏蔽效率	不低于30dB
	防水性能	不低于4级
	离子流防护	具备离子流防护能力

五、接地线

（一）接地线作用

为防止感应电压及意外来电对人身造成伤害，检修作业中必须使用的个人保安线及短路接地线。接地问题直接关系到人身和设备的安全，特别是随着超、特高压输电工程的发展，电网规模不断扩大，短路接地电流越来越大，因此要根据超、特高压输电工程的特点、实际运行参数以及复杂的地理、气象环境来确定接地线的技术参数，需要开展以下研究工作：

（1）按照工程实际，通过理论分析和仿真计算，确定便携式短路接地线的截面积。

（2）根据直流输电工程的特点与工程实际，通过理论分析与计算，确定个人保安线的截面积。

（二）接地线技术要求

按照《国家电网公司电力安全工作规程（变电部分）》第4.3.3条的规定："成套接地线应用有透明护套的多股软铜线组成，其截面积不得小于$25mm^2$，同时应满足装设地点短路电流的要求"，并且为了与其他电压等级的短路接地线截面积保持一致，避免工作人员错拿短路接地线的现象发生，最终确定±800kV直流特高压便携式短路接地线的截面积应该不小于$25mm^2$。

（三）个人保安线截面积

当作业点附近有邻近、平行、交叉跨越及同杆塔架设线路，为防止停电检修线路上感应电压伤人，应对需要接触或接近导线工作的作业人员配备个人保安线进行保护；个人保安线也可用于架空地线上检修作业人员的防感应电压保护。

在1000kV特高压交流输变电工程检修维护作业中，流过个人保安线上的感应电流最高幅值为103A，经过0.1s后达到稳定值49A（有效值）。同时，按照《国家电网公司电力安全工作规程（线路部分）》第3.5.3条规定："个人保安线应使用有透明护套的多股软铜线，截面积不准小于$16mm^2$，且应带有绝缘手柄或绝缘部件。禁止用个人保安线代替接地线"因此，个人保安线截面积为取$16mm^2$（安全载流量为91A），这样还是有较高安全裕度的。

六、绝缘操作杆

（一）作用

绝缘操作杆是电力系统中对带电设备进行操作使用较为广泛的工具之一，在使用操作杆时一般是地电位作业，即导体—绝缘杆—人体（大地）的作业方式，主要用于短时间对带电设备进行操作，如接通或断开高压隔离开关、跌落熔丝具，装拆携带式接地线，以及进行测量和试验时使用。因此，绝缘操作杆的电气性能直接关系着人身及设备安全，事关重大。因绝缘原材料质量低劣、绝缘操作杆的结构不合理、绝缘杆表面脏污受潮、试验过程中热击穿等原因导致绝缘操作杆使用时存在安全隐患，给电力部门的运行维护工作带来了极大的不便。

（二）绝缘操作杆最小有效绝缘长度

（1）在海拔100m及以下地区，当线路最大操作过电压为1.72p.u.（无分闸电阻）时，操作工具最小有效绝缘长度为6.2m；当线路最大操作过电压为1.66p.u.（有分闸电阻）时，操作工具最小有效绝缘长度为6.0m。

（2）在海拔1000～200m地区，当线路最大操作过电压为1.72p.u.（无分闸电阻）时，操作工具最小有效绝缘长度为6.5m；当线路最大操作过电压为1.66p.u.（有分闸电阻）时，操作工具最小有效绝缘长度为6.3m。

（三）绝缘操作杆结构

一般绝缘操作杆由工作头、绝缘杆和握柄3部分组成。工作部分起完成操作功能的作用，大多由金属材料制成，样式因功能不同而不同，并均安装在绝缘部分的上面；绝缘部分起绝缘隔离作用，一般由电木、胶木、塑料带、环氧玻璃布管等绝缘材料制成；握手部分用与绝缘部分相同的材料制成，为操作人员手握部分。现有的绝缘操作杆在使用过程中因结构的原因导致使用不方便，携带不方便，据此对±800kV直流特高压带电作业绝缘操作杆结构展开研究，在保证最小绝缘长度的基础上研制出结构更合理使用更方便的绝缘操作杆，从而提高工作人员对带电设备操作效率，为电网正常运行提供有力的器具支持。

通过对以往的绝缘操作杆使用情况以及反馈信息进行统计与分析，对现有的绝缘操作杆的结构进行比较分析，确定±800kV直流特高压绝缘操作杆结构如下：

（1）采用4节分段式，可根据使用空间组装成不同长度，有效地克服了因长度固定而使用不便的缺点。

（2）工作部分采用旋转式接口。在进行操作时，将操作杆工作部分对准设备接口连接好后旋转操作杆，操作杆与带电设备连接更牢固，从而保证了后面的工作的顺利进行。

参 考 文 献

[1] 刘振亚. 智能电网技术 [M]. 北京：中国电力出版社，2010.
[2] 李超英，王瑞琪，宋海涛，等. 智能配电网运维管理 [M]. 北京：中国电力出版社，2016.
[3] 郑波，郭艳红，杨少鲜. 我国无人机产业发展现状及趋势特点 [J]. 军民两用技术产品，2014 (8)：12-14.
[4] 陈黎. 战争新宠儿——军用无人机现状及发展 [J]. 国防科技工业，2013 (6)：58-59.
[5] 郑波，汤文仙. 全球无人机产业发展现状与趋势 [J]. 军民两用技术产品，2014 (8)：8-11.
[6] 刘国高，贾继强. 无人机在电力系统中的应用及发展方向 [J]. 东北电力大学学报，2012，32 (1)：53-56.
[7] 李磊. 无人机技术现状与发展趋势 [J]. 硅谷，2011 (1)：46.
[8] 常于敏. 无人机技术研究现状及发展趋势 [J]. 电子技术与软件工程，2014 (1)：242-243.
[9] 李力. 无人机输电线路巡线技术及其应用研究 [D]. 长沙：长沙理工大学，2012.
[10] 厉秉强，王骞，王滨海，等. 利用无人直升机巡检输电线路 [J]. 山东电力技术，2010，172 (1)：1-4.
[11] 汤明文，戴礼豪，林朝辉，等. 无人机在电力线路巡视中的应用 [J]. 中国电力，46 (3)：35-38.
[12] 王柯，彭向阳，陈锐民，等. 无人机电力线路巡视平台选型 [J]. 电力科学与工程，2014，30 (6)：46-53.
[13] 李春锦，文泾. 无人机系统的运行管理 [M]. 北京：北京航空航天大学出版社，2011.
[14] 孙毅. 无人机驾驶员航空知识手册 [M]. 北京：中国民航出版社，2014.
[15] 张祥全，苏建军. 架空输电线路无人机巡检技术 [M]. 北京：中国电力出版社，2016.
[16] 周安春. 电网智能运检 [M]. 北京：中国电力出版社，2020.
[17] 邵瑰玮. 超特高压输电线路运行维护及检修技术 [M]. 北京：中国电力出版社，2016.
[18] 华北电力科学研究院有限责任公司，北京电机工程学会，国家电网公司华北分部. 紧凑型输电技术与应用 [M]. 北京：中国电力出版社，2017.
[19] 中国电力建设企业协会. 电力建设科技成果选编（2014 年度）[M]. 北京：中国电力出版社，2015.
[20] 徐建中，赵成勇. 架空线路柔性直流电网故障分析与处理 [M]. 北京：中国电力出版社，2019.
[21] 本书编委会. 架空输电线路无人机巡检应用技术 [M]. 北京：中国电力出版社，2020.
[22] 国家电网有限公司. 输电电缆运检 [M]. 北京：中国电力出版社，2020.
[23] 葛雄，金哲，刘志刚，等. 超、特高压输电线路无人机巡检典型案例分析 [J]. 电工技术，2017 (9)：100-103.
[24] 国家电网公司运维检修部. 架空输电线路无人机巡检影像拍摄指导手册 [M]. 北京：中国电力出版社，2018.
[25] 国家电网公司运维检修部. 架空输电线路无人机巡检作业安全工作规程 [M]. 北京：中国电力出版社，2015.
[26] 苏奕辉，梁伟放. 架空输电线路隐患、缺陷及故障表象辨识图册 [M]. 北京：中国电力出版社，2017.
[27] 李春锦，文泾. 无人机系统的运行管理 [M]. 北京：北京航空航天大学出版社，2011.
[28] 辛愿，刘鹏. 论我国民用无人机领域的立法规制 [J]. 职工法律天地，2018 (8)：105.
[29] 刘季伟. 论民用无人机“黑飞”的法律规制 [D]. 青岛：山东科技大学，2017.
[30] 程建登. 特高压直流运维技术体系研究及应用 [M]. 北京：中国电力出版社，2017.

[31] 中国南方电网有限责任公司. 架空输电线路机巡技术 [M]. 北京：中国电力出版社，2019.
[32] 国网天津市电力公司. 输变电工程建设管理工作手册 [M]. 北京：中国电力出版社，2015.
[33] 国网新疆电力公司. 脉动天山　新疆 750kV 电网建设与发展 [M]. 北京：中国电力出版社，2016.
[34] 全国输配电技术协作网. 2017 带电作业技术与创新 [M]. 北京：中国水利水电出版社，2017.